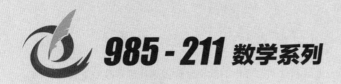

**985-211 数学系列**

# 数学分析
# 培优12讲

主 编　刘小松　朱香玲　杨 鎏

U0226120

哈尔滨工业大学出版社
HARBIN INSTITUTE OF TECHNOLOGY PRESS

## 内 容 简 介

本书为"985-211丛书"中的提高简程,对考研和数学竞赛中的数学分析解题方法和策略进行了归纳和总结,是在编者多年讲授数学分析、数学分析选讲、考研数学材料的基础上,多次修订而成,同时补充了考研数学分析综合试题的解题方法和策略.本书共分为12讲,内容主要包括一元函数微积分、多元函数微积分、无穷级数及含参变量积分等.

本书系统全面,例题丰富,思路新颖,注重基础,适用于高等院校数学类各专业的学生学习"数学分析"课程及报考研究生复习使用,也可供从事数学分析教学的年轻教师参考使用.

**图书在版编目(CIP)数据**

数学分析培优12讲/刘小松,朱香玲,杨鎏主编.
哈尔滨:哈尔滨工业大学出版社,2024.12.—(985-211数学系列).—ISBN 978 - 7 - 5767 - 1850 - 8

Ⅰ.O17

中国国家版本馆 CIP 数据核字第 2024FH8077 号

SHUXUE FENXI PEIYOU 12 JIANG

策划编辑　刘培杰　张永芹
责任编辑　刘家琳　李　烨　张嘉芮
封面设计　孙茵艾
出版发行　哈尔滨工业大学出版社
社　　址　哈尔滨市南岗区复华四道街 10 号　邮编 150006
传　　真　0451 - 86414749
网　　址　http://hitpress.hit.edu.cn
印　　刷　哈尔滨起源印务有限公司
开　　本　787 mm×1 092 mm　1/16　印张 27.75　字数 642 千字
版　　次　2024 年 12 月第 1 版　2024 年 12 月第 1 次印刷
书　　号　ISBN 978 - 7 - 5767 - 1850 - 8
定　　价　68.00 元

"数学分析"是本科阶段一门非常重要的专业基础课,也是数学专业硕士研究生入学考试的必考课程."数学分析"这门课程具有很强的理论性,课程内容的构建严格遵循逻辑推理和证明,从实数理论、极限理论等基础概念出发,逐步构建起整个理论体系.例如,极限理论作为核心基础,其严密性体现在对极限定义的精确阐述以及相关定理的严谨推导上.以函数在某一点处的连续性证明为例,必须依据极限的定义以及一系列相关定理进行细致入微的推导,这种对逻辑思维的严格训练是数学分析课程的关键特征之一."数学分析"还为后续众多数学课程提供了深厚的理论支撑,如"微分方程""实变函数""泛函分析"等课程都离不开"数学分析"所奠定的极限、微积分等理论基础.

从数学分析的内容来看,各个知识点之间相互关联、相互渗透,形成了一个完整的知识体系,只有系统地学习和掌握了各个知识点,才能真正理解数学分析的内涵,才能为后续课程打下坚实的基础.虽然"数学分析"的内容有较强的整体性,但涉及的知识点比较多且较难掌握.课程内容的构建是基于严格的逻辑推理和证明,从实数理论、极限理论等基础概念出发,逐步推导出函数的连续性、可微性、可积性等重要性质,每一个定理、命题都需要经过严谨的论证.例如,当证明函数在某一点处的连续性时,需要根据极限的定义和相关定理进行细致的推导,这种严密的逻辑思维训练是"数学分析"课程的重要特点.对于考研复习的大多数学生来说,特别是"数学分析"基础不是很好的学生,在短时间内很难掌握严谨又灵动的语言和结论,对于数学分析的复习,需要按照一定的顺序和逻辑对知识点进行重构,帮助学生建立起完整的知识框架.编写《数学分析培优12讲》的三位老师,都有十年以上讲授"数学分析"和"数学分析选讲"课程的教学经历,教程最初是李颂孝教授"数学分析选讲"课程的内容,随后刘小松老师编入"数学分析"中的课后习题与多所高校的历年考研真题,最后根据"大表哥"杨鎏老师多年考研辅导的建议,对讲义内容进行了进一步完善,最终整理成书.

书中的每一道题都是编者精挑细选、反复琢磨，并在多年的线上、线下教学过程中收集、创新或改编的优质题目. 书中的题目几乎囊括了全国硕士研究生入学考试数学分析的所有考点和题型，主要包括极限理论、一元函数的连续、一元函数的积分、实数的完备性、级数理论、多元函数的连续与微分、多元函数的重积分、曲线积分与曲面积分和含参变量积分.

此书定位明确，属于培优习题集，适合有一定基础的读者，也是考研冲击名校和数学竞赛复习不错的数学分析辅导用书. 书中的大部分习题主要来源但不限于《吉米多维奇数学分析习题集》，裴礼文的《数学分析中的典型问题与方法》，陈纪修的《数学分析》课后习题，华东师范大学《数学分析》横线之下习题与每一章的总复习题，以及考研数学分析真题，还有国外很多的经典的题库.

本书内容具有前瞻性，由于编者长期从事数学分析教学一线工作，多年的数学考试指导经验使得他们对研究生入学考试与数学竞赛的重点与命题规律熟稔于心. 书中所有内容均配有线上同步的教学视频（哔哩哔哩、小鹅通、小红书、微信），学完本书，相信读者对于数学分析的理解，数学分析研究生入学考试以及竞赛题目的完成度，都有质的飞跃.

本书的出版获得了广东省教育厅省级质量工程项目"函数论课程群教研室"（粤教高函[2021]29号）与嘉应学院"数学"重点学科建设经费的资助. 感谢哈尔滨工业大学出版社的编辑在编者编写本书时给予的指导及宝贵建议！本书在编写过程中还参阅了大量的国内外教辅、教材、历年考研真题，在此对这些作者一并表示感谢！

由于编者们水平有限，书中难免存在一些疏漏之处，恳请广大同行和读者批评指正！

QQ交流群 1　　QQ交流群 2　　大表哥微信　　哔哩哔哩

编　者
2024 年 11 月

⊙

目

录

# 第1讲

# 极限理论

## 第1节　按定义证明极限的存在性

### 一、用定义证明序列极限

**定义 1($\varepsilon-N$语言)**　设$\{a_n\}$是一给定的数列,$a$是一个实常数.如果对于任意给定的正数$\varepsilon$,可以找到正整数$N$,使得当$n>N$时,$|a_n-a|<\varepsilon$成立,那么称常数$a$是数列的极限,或称数列$\{a_n\}$收敛于$a$,记为$\lim\limits_{n\to\infty}a_n=a$,或$a_n\to a(n\to\infty)$.

**定义 2($\varepsilon-X$语言)**　设函数$f(x)$在$|x|$大于某一正数时有定义.如果存在常数$A$,对于任意给定的正数$\varepsilon$,可以找到正数$X$,使得当$|x|>X$时,对应的函数值$f(x)$都满足不等式$|f(x)-A|<\varepsilon$,那么常数$A$称作函数$f(x)$当$x\to\infty$时的极限,记作$\lim\limits_{x\to\infty}f(x)=A$或$f(x)\to A(x\to\infty)$.

**定义 3($\varepsilon-\delta$语言)**　设函数$f(x)$在$x_0$的某一去心邻域内有定义.如果存在常数$A$,对于任意给定的正数$\varepsilon$,可以找到正数$\delta$使得当$0<|x-x_0|<\delta$时,$|f(x)-A|<\varepsilon$成立,那么称$A$是函数$f(x)$在点$x_0$的极限,记为$\lim\limits_{x\to x_0}f(x)=A$或$f(x)\to A(x\to x_0)$.

利用极限定义验证极限的前提是知道数列(函数)的极限值,关键是找出$N(\delta)$,有如下基本方法:

(1) 求最小的$N$:从不等式$|a_n-a|<\varepsilon$直接解出$n$.

(2) 适当放大法:不等式$|a_n-a|<\varepsilon$比较复杂,无法直接解出,或求解过程比较繁杂,为此先将表达式$|a_n-a|$进行化简,并适当放大,使之成为关于$n$的简单函数$H(n)$(仍为无穷小量),即$|a_n-a|<H(n)$.于是要使$|a_n-a|<\varepsilon$,只要$H(n)<\varepsilon$,解此不等式便得所求.

(3) 分步法:不对$n$作限制(尤其是函数极限),便无法化简和放大,为此先限定$n>N_1$,然后按(2)求得$N_2$,于是所求的$N=\max\{N_1,N_2\}$.

**典型例题**

**例 1**　证明:$\lim\limits_{n\to\infty}\sqrt[n]{a}=1$,其中$a>0$.

**证明** 对 $a$ 的取值进行分类,然后通过放大法证明.

(1) 当 $a=1$ 时,显然有 $\lim\limits_{n\to\infty}\sqrt[n]{a}=1$.

(2) 当 $a>1$ 时,令 $\alpha=\sqrt[n]{a}-1$,则 $\alpha>0$,并有 $a=(1+\alpha)^n\geqslant 1+n\alpha$,那么有 $\alpha\leqslant\dfrac{a-1}{n}$.

于是对任意给定的正数 $\varepsilon$,取 $N=\left[\dfrac{a-1}{\varepsilon}\right]$,当 $n>N$ 时,有 $|\sqrt[n]{a}-1|<\varepsilon$.所以 $\lim\limits_{n\to\infty}\sqrt[n]{a}=1$.

(3) 当 $0<a<1$ 时,令 $\beta=\dfrac{1}{\sqrt[n]{a}}-1$,则 $\beta>0$.于是有 $\dfrac{1}{a}=(1+\beta)^n\geqslant 1+n\beta=1+n\left(\dfrac{1}{\sqrt[n]{a}}-1\right)$,从而有

$$1-\sqrt[n]{a}\leqslant\frac{\left(\dfrac{1}{a}-1\right)\sqrt[n]{a}}{n}<\frac{\dfrac{1}{a}-1}{n}.$$

对任意给定的正数 $\varepsilon$,取 $N=\left[\dfrac{1-a}{a\varepsilon}\right]$,当 $n>N$ 时,有 $|\sqrt[n]{a}-1|<\varepsilon$.所以 $\lim\limits_{n\to\infty}\sqrt[n]{a}=1$.

**例 2** 用 $\varepsilon-N$ 定义证明 $\lim\limits_{n\to\infty}\dfrac{n}{3^n}=0$.

**证明** 应用二项展开式,得

$$3^n=(1+2)^n=1+C_n^1\cdot 2+C_n^2\cdot 2^2+\cdots+C_n^n\cdot 2^n>4\cdot\frac{n(n-1)}{2}$$
$$=2n(n-1),n>2.$$

于是

$$0<\frac{n}{3^n}<\frac{n}{2n(n-1)}=\frac{1}{2(n-1)}<\frac{1}{n}.$$

对任意 $\varepsilon>0$,取 $N=\max\left\{\left[\dfrac{1}{\varepsilon}\right],2\right\}$,则当 $n>N$ 时,$0<\dfrac{n}{3^n}<\varepsilon$,故 $\lim\limits_{n\to\infty}\dfrac{n}{3^n}=0$.

**例 3** 设 $a_n>0,a>0$,若 $\lim\limits_{n\to\infty}a_n=a$,则:

(1) $\lim\limits_{n\to\infty}\dfrac{a_1+a_2+\cdots+a_n}{n}=a$;(2) $\lim\limits_{n\to\infty}\sqrt[n]{a_1 a_2\cdots a_n}=a$.

**证明** (1) 因为 $\lim\limits_{n\to\infty}a_n=a$,所以对任意给定的正数 $\varepsilon$,可以找到正整数 $N_1$,当 $n>N_1$ 时,有 $|a_n-a|<\dfrac{\varepsilon}{2}$,则有

$$\left|\frac{a_1+a_2+\cdots+a_n}{n}-a\right|=\left|\frac{a_1+a_2+\cdots+a_n-na}{n}\right|$$
$$\leqslant\frac{|a_1-a|+|a_2-a|+\cdots+|a_N-a|}{n}+\frac{|a_{N+1}-a|+\cdots+|a_n-a|}{n}$$
$$\leqslant\frac{|a_1-a|+|a_2-a|+\cdots+|a_N-a|}{n}+\frac{n-N}{n}\cdot\frac{\varepsilon}{2}.$$

由于不等式中有

$$\lim_{n\to\infty}\frac{|a_1-a|+|a_2-a|+\cdots+|a_N-a|}{n}=0,$$

因此对上述给定的正数 $\varepsilon$,可以找到正整数 $N_2$,当 $n > N_2$ 时,有

$$\frac{\mid a_1 - a \mid + \mid a_2 - a \mid + \cdots + \mid a_N - a \mid}{n} < \frac{\varepsilon}{2}.$$

当 $n > N = \max\{N_1, N_2\}$ 时,有

$$\left|\frac{a_1 + a_2 + \cdots + a_n}{n} - a\right| < \frac{\varepsilon}{2} + \frac{\varepsilon}{2},$$

即

$$\lim_{n \to \infty} \frac{a_1 + a_2 + \cdots + a_n}{n} = a.$$

(2) 设 $a_n > 0, a > 0$,则 $\lim\limits_{n \to \infty} \ln a_n = \ln a$. 根据(1)中的结论,有

$$\lim_{n \to \infty} \sqrt[n]{a_1 a_2 \cdots a_n} = \lim_{n \to \infty} e^{\frac{\ln a_1 + \ln a_2 + \cdots + \ln a_n}{n}} = e^{\lim\limits_{n \to \infty} \frac{\ln a_1 + \ln a_2 + \cdots + \ln a_n}{n}}$$
$$= e^{\ln a} = a.$$

**例 4**　用 $\varepsilon - N$ 定义证明:若 $\lim\limits_{n \to \infty} a_n = a$,则 $\lim\limits_{n \to \infty} \dfrac{a_1 + a_2 + \cdots + a_n}{n} = a$,并举反例说明逆命题不成立.

**证明**　证明见例 3.

逆命题是不成立的,比如 $a_n = (-1)^n$ 发散,但

$$\lim_{n \to \infty} \frac{a_1 + a_2 + \cdots + a_n}{n} = 0.$$

**例 5**　设函数 $f(x)$ 在每一个有限区间 $(a, b)$ 内有界,并满足 $\lim\limits_{x \to +\infty} (f(x + 1) - f(x)) = A$. 证明:$\lim\limits_{x \to +\infty} \dfrac{f(x)}{x} = A$.

**证明**　由 $\lim\limits_{x \to +\infty} (f(x + 1) - f(x)) = A$ 可知,对任意给定的正数 $\varepsilon$,存在正数 $M_1$,使得当 $x \geqslant M_1$ 时,$\mid (f(x + 1) - f(x)) - A \mid < \dfrac{\varepsilon}{2}$. 于是有

$$A - \frac{\varepsilon}{2} < f(x + 1) - f(x) < A + \frac{\varepsilon}{2},$$

$$A - \frac{\varepsilon}{2} < f(x) - f(x - 1) < A + \frac{\varepsilon}{2},$$

$$\vdots$$

$$A - \frac{\varepsilon}{2} < f(M_1 + 1) - f(M_1) < A + \frac{\varepsilon}{2}.$$

则

$$\left(A - \frac{\varepsilon}{2}\right)(x - M_1) + f(M_1) < f(x + 1) < \left(A + \frac{\varepsilon}{2}\right)(x - M_1) + f(M_1).$$

因此

$$A - \frac{\varepsilon}{2} - \frac{\left(A - \frac{\varepsilon}{2}\right)(M_1 + 1) - f(M_1)}{x + 1} < \frac{f(x + 1)}{x + 1}$$

$$< A + \frac{\varepsilon}{2} - \frac{\left(A + \frac{\varepsilon}{2}\right)(M_1 + 1) - f(M_1)}{x + 1}.$$

故

$$A - \frac{\varepsilon}{2} - \frac{A(M_1 + 1) - f(M_1)}{x + 1} \leqslant \frac{f(x+1)}{x+1} \leqslant A + \frac{\varepsilon}{2} - \frac{A(M_1 + 1) - f(M_1)}{x+1}.$$

又因为 $f(x)$ 在 $[M_1, M_1 + 1]$ 上有界,所以对上述的 $\varepsilon$,存在正数 $M_2$,当 $x > M_2$ 时,有

$$\left| \frac{A(M_1 + 1) - f(M_1)}{x+1} \right| < \frac{\varepsilon}{2},$$

故当 $x > M = \max\{M_1, M_2\}$ 时,有 $A - \varepsilon < \frac{f(x+1)}{x+1} < A + \varepsilon$,即

$$\lim_{x \to +\infty} \frac{f(x)}{x} = A.$$

## 二、用柯西(Cauchy)收敛准则证明极限

**定义 4** 若数列 $\{a_n\}$ 具有以下特征:对于任意给定的 $\varepsilon > 0$,存在正整数 $N$,使得当 $n$, $m > N$ 时,$|a_n - a_m| < \varepsilon$ 成立,则称 $\{a_n\}$ 是一个柯西列(或基本数列).

**定理 1(柯西收敛原理)** 数列 $\{a_n\}$ 收敛的充分必要条件是 $\{a_n\}$ 是一个柯西列.

**定理 2(柯西收敛原理)** 设函数 $f$ 在 $\mathring{U}(x_0; \delta')$ 上有定义,$\lim\limits_{x \to x_0} f(x)$ 存在的充分必要

条件是:对任意给定的 $\varepsilon > 0$,可以找到正数 $\delta(< \delta')$,使得对任何 $x', x'' \in \mathring{U}(x_0; \delta)$ 有 $|f(x') - f(x'')| < \varepsilon$.

当 $x \to \infty$ 时,函数极限存在的柯西收敛原理:

$\lim\limits_{x \to \infty} f(x)$ 存在的充分必要条件是:对任意给定的正数 $\varepsilon$,可以找到正数 $A$,当 $|x|$, $|y| > A$ 时,有 $|f(x) - f(y)| < \varepsilon$.

### 典型例题

**例 6** 应用柯西收敛原理,证明以下数列 $\{a_n\}$ 收敛:

$(1) a_n = \frac{\sin 1}{2} + \frac{\sin 2}{2^2} + \cdots + \frac{\sin n}{2^n}$;$(2) a_n = 1 + \frac{1}{2^2} + \frac{1}{3^2} + \cdots + \frac{1}{n^2}$.

**证明** (1)设 $m, n$ 为正整数,且 $m > n$,根据绝对值三角不等式,有

$$\begin{aligned}
|a_n - a_m| &= \left| \frac{\sin(n+1)}{2^{n+1}} + \frac{\sin(n+2)}{2^{n+2}} + \cdots + \frac{\sin m}{2^m} \right| \\
&\leqslant \left| \frac{\sin(n+1)}{2^{n+1}} \right| + \left| \frac{\sin(n+2)}{2^{n+2}} \right| + \cdots + \left| \frac{\sin m}{2^m} \right| \\
&\leqslant \frac{1}{2^{n+1}} + \frac{1}{2^{n+2}} + \cdots + \frac{1}{2^m} \\
&= \frac{1}{2^n} \left( \frac{1}{2} + \frac{1}{2^2} + \cdots + \frac{1}{2^{m-n}} \right) < \frac{1}{n},
\end{aligned}$$

故对任意给定的正数 $\varepsilon$,取 $N = \left[ \frac{1}{\varepsilon} \right] + 1$,对任意的 $m, n > N$,有 $|a_n - a_m| < \varepsilon$. 由柯西收

敛原理知数列 $\{a_n\}$ 收敛.

（2）设 $m,n$ 为正整数，且 $m > n$，应用不等式 $\dfrac{1}{(n+1)^2} < \dfrac{1}{n(n+1)}$，有

$$
\begin{aligned}
|a_n - a_m| &= \left| \frac{1}{(n+1)^2} + \frac{1}{(n+2)^2} + \cdots + \frac{1}{m^2} \right| \\
&\leqslant \left| \frac{1}{n(n+1)} + \frac{1}{(n+1)(n+2)} + \cdots + \frac{1}{(m-1)m} \right| \\
&= \frac{1}{n} - \frac{1}{n+1} + \frac{1}{n+1} - \frac{1}{n+2} + \cdots + \frac{1}{m-1} - \frac{1}{m} \\
&= \frac{1}{n} - \frac{1}{m} < \frac{1}{n},
\end{aligned}
$$

故对任意给定的正数 $\varepsilon$，取 $N = \left[\dfrac{1}{\varepsilon}\right]$，对任意的 $m,n > N$，有 $|a_n - a_m| < \varepsilon$. 由柯西收敛原理知数列 $\{a_n\}$ 收敛.

**例 7** 设对任意的正整数 $n$，$|x_{n+1} - x_n| \leqslant c_n$，$S_n = \displaystyle\sum_{i=1}^{n} c_i$，且 $\{S_n\}$ 收敛，证明：$\{x_n\}$ 收敛.

**证明** 显然数列 $\{c_n\}$ 中的各项是非负的. 由 $\{S_n\}$ 收敛，知 $\{S_n\}$ 是一柯西列，故对任意的正数 $\varepsilon$，存在正整数 $N$，使得当 $n > N$ 时，根据三角不等式，对任意的正整数 $p$，有

$$
|S_{n+p} - S_n| = \sum_{i=1}^{p} c_{n+i} < \varepsilon.
$$

另有

$$
|x_{n+p} - x_n| \leqslant |x_{n+p} - x_{n+p-1}| + \cdots + |x_{n+1} - x_n| = \sum_{i=1}^{p} c_{n+i-1},
$$

所以，对任意的正数 $\varepsilon$，存在正整数 $N$，使得当 $n > N$ 时，对任意的正整数 $p$，有 $|x_{n+p} - x_n| < \varepsilon$. 因此 $\{x_n\}$ 是一柯西列，故 $\{x_n\}$ 收敛.

**例 8** 设 $|x_{n+1} - x_n| \leqslant \dfrac{1}{2}|x_n - x_{n-1}|$（$n \geqslant 2$），试证 $\{x_n\}$ 收敛.

**证明** 令 $y_1 = 0$，$y_{n+1} = |x_{n+1} - x_n|$（$n \geqslant 2$），则有 $y_{n+1} \leqslant \dfrac{1}{2^{n-1}} y_2$，因此 $\displaystyle\lim_{n\to\infty} y_{n+1} = 0$.

故对任意给定的正数 $\varepsilon$，存在正整数 $N$，当 $m > N$ 时，有 $y_m < \dfrac{\varepsilon}{2}$.

对上述的 $\varepsilon$ 和 $N$，当 $n > m > N$ 时，有

$$
|x_n - x_m| \leqslant \sum_{i=m}^{n} y_i \leqslant y_m \sum_{i=m}^{n} \frac{1}{2^{n-1-i}} < 2y_m < \varepsilon.
$$

由柯西收敛原理知 $\{x_n\}$ 收敛.

**例 9** 设 $f$ 是 $(-\infty, \infty)$ 内的可微函数，且满足 $f(x) > 0$，$|f'(x)| \leqslant \dfrac{1}{2}$. 任取常数 $a_0$，令 $a_n = f(a_{n-1})$，$n = 1, 2, \cdots$，证明 $\{a_n\}$ 收敛.

**证明** 应用拉格朗日（Lagrange）中值定理，存在 $\xi_n$ 介于 $a_{n-1}$ 与 $a_n$ 之间，有

$$
f(a_n) - f(a_{n-1}) = f'(\xi_n)(a_n - a_{n-1}),
$$

所以

$$| a_{n+1} - a_n | = | f(a_n) - f(a_{n-1}) | \leqslant \frac{1}{2} | a_n - a_{n-1} | \leqslant \cdots \leqslant \frac{1}{2^n} | a_1 - a_0 |,$$

则对任意的正整数 $p$,有

$$| a_{n+p} - a_n | \leqslant \sum_{k=n}^{n+p-1} | a_{k+1} - a_k | \leqslant \sum_{k=n}^{n+p-1} \frac{1}{2^k} | a_1 - a_0 | \leqslant \frac{1}{2^{n-1}} | a_1 - a_0 |,$$

上式中当 $n \to \infty$ 时,极限为零.所以由柯西收敛准则知 $\{a_n\}$ 收敛.

**例 10** 证明:任一无限十进制小数 $\alpha = 0.b_1 b_2 \cdots b_n \cdots (n = 1, 2, \cdots)$ 的 $n$ 位不足近似所组成的数列

$$\frac{b_1}{10}, \frac{b_1}{10} + \frac{b_2}{10^2}, \cdots, \frac{b_1}{10} + \frac{b_2}{10^2} + \cdots + \frac{b_n}{10^n}, \cdots$$

是一柯西列,其中 $b_k$ 为 $0, 1, 2, \cdots, 9$ 中的一个数,$k = 1, 2, \cdots$.

**证明** 令 $a_n = \frac{b_1}{10} + \frac{b_2}{10^2} + \cdots + \frac{b_n}{10^n}$,则对任意的正整数 $p$,有

$$| a_{n+p} - a_n | = \frac{b_{n+1}}{10^{n+1}} + \cdots + \frac{b_{n+p}}{10^{n+p}} \leqslant \frac{9}{10^{n+1}} \Big( 1 + \frac{1}{10} + \cdots + \frac{1}{10^p} \Big) < \frac{1}{10^n} < \frac{1}{n},$$

则对任意给定的正数 $\varepsilon$,取 $N = \left[ \dfrac{1}{\varepsilon} \right]$,当 $n > N$ 时,有 $| a_{n+p} - a_n | < \varepsilon$,故 $\{a_n\}$ 是一柯西列.

**例 11** 利用柯西收敛准则讨论数列 $x_n = 1 - \frac{1}{2} + \frac{1}{3} - \cdots + (-1)^{n+1} \frac{1}{n}$ 的收敛性.

**证明** 对任意的正整数 $p$,当 $p$ 为偶数时,有

$$| x_{n+p} - x_n | = \left| \frac{1}{n} - \Big( \frac{1}{n+1} - \frac{1}{n+2} \Big) - \cdots - \Big( \frac{1}{n+p-2} - \frac{1}{n+p-1} \Big) - \frac{1}{n+p} \right| < \frac{1}{n};$$

当 $p$ 为奇数时,有

$$| x_{n+p} - x_n | = \left| \frac{1}{n} - \Big( \frac{1}{n+1} - \frac{1}{n+2} \Big) - \cdots - \Big( \frac{1}{n+p-1} - \frac{1}{n+p} \Big) \right| < \frac{1}{n}.$$

则对任意给定的正数 $\varepsilon$,取 $N = \left[ \dfrac{1}{\varepsilon} \right] + 1$,当 $n > N$ 时,有 $| x_{n+p} - x_n | < \varepsilon$.所以 $\{x_n\}$ 是一柯西列.

## 三、极限存在的否定形式

(1) $\lim\limits_{n \to \infty} a_n \neq a$ 的充分必要条件为:存在 $\varepsilon_0 > 0$,对任意的 $N > 0$,存在 $n_0 > N$,有 $| a_{n_0} - a | \geqslant \varepsilon_0$;同时也等价于对任意的 $N > 0$,存在 $m_0, n_0 > N$,有 $| a_{m_0} - a_{n_0} | \geqslant \varepsilon_0$.

(2) $\lim\limits_{x \to a} f(x) \neq b$ 的充分必要条件为:存在 $\varepsilon_0 > 0$,对任意的 $\delta > 0$,存在 $0 < | x_0 - a | < \delta$,有 $| f(x_0) - b | \geqslant \varepsilon_0$;同时也等价于对任意的 $\delta > 0$,存在 $0 < | x_0 - a | < \delta$,$0 < | y_0 - a | < \delta$,有 $| f(x_0) - f(y_0) | \geqslant \varepsilon_0$.

(3) $\lim\limits_{x \to \infty} f(x) \neq b$ 的充分必要条件为:存在 $\varepsilon_0 > 0$,对任意的 $A > 0$,存在 $x_0 > A$,有 $| f(x_0) - b | \geqslant \varepsilon_0$;同时也等价于对任意的 $A > 0$,存在 $| x_0 |, | y_0 | > A$,有 $| f(x_0) - f(y_0) | \geqslant \varepsilon_0$.

**典型例题**

**例 12** 设 $D(x)$ 是狄利克雷(Dirichlet)函数, $x_0 \in \mathbf{R}$. 证明: $\lim\limits_{x \to x_0} D(x)$ 不存在.

**证明** 对任意的 $x_0 \in \mathbf{R}$, 取 $\varepsilon_0 = \dfrac{1}{2}$, 对任意的 $\delta > 0$, 设 $x_1, x_2$ 分别为 $\mathring{U}(x_0; \delta)$ 中的有理数与无理数, 则有 $D(x_1) = 1, D(x_2) = 0$. 那么有 $\mid D(x_1) - D(x_2) \mid = 1 > \varepsilon_0$, 因此 $\lim\limits_{x \to x_0} D(x)$ 不存在.

**例 13** 叙述 $\lim\limits_{x \to +\infty} f(x)$ 不存在的定义, 证明 $\lim\limits_{x \to +\infty} \cos x, \lim\limits_{x \to +\infty} \sin x$ 不存在.

**证明** $\lim\limits_{x \to +\infty} f(x)$ 不存在的定义为: 存在 $\varepsilon_0 > 0$, 对任意的 $A > 0$, 存在 $x_0, y_0 > A$, 使得 $\mid f(x_0) - f(y_0) \mid \geqslant \varepsilon_0$.

取 $\varepsilon_0 = \dfrac{1}{2}$, 对任意的 $A > 0$, 令 $x_0 = 2\pi([A] + 1), y_0 = 2\pi([A] + 1) + \dfrac{\pi}{2}$, 则有 $x_0$, $y_0 > A$, 且

$$\cos x_0 = 1, \cos y_0 = 0, \sin x_0 = 0, \sin y_0 = 1,$$

那么有

$$\mid \cos x_0 - \cos y_0 \mid = 1 \geqslant \varepsilon_0, \mid \sin x_0 - \sin y_0 \mid = 1 \geqslant \varepsilon_0.$$

所以 $\lim\limits_{x \to +\infty} \cos x, \lim\limits_{x \to +\infty} \sin x$ 均不存在.

**例 14** 设 $0 < k \leqslant 1$, 利用柯西收敛原理证明 $a_n = 1 + \dfrac{1}{2^k} + \cdots + \dfrac{1}{n^k}$ 是发散的.

**证明** 存在正数 $\varepsilon_0 = \dfrac{1}{2}$, 对任意的 $N > 0$, 存在 $m, n > 0 (m > n)$, 取 $m = 2n$ 时有 $\mid a_m - a_n \mid \geqslant \varepsilon_0$, 即

$$\frac{1}{(n+1)^k} + \cdots + \frac{1}{(2n)^k} \geqslant \frac{1}{n+1} + \cdots + \frac{1}{2n} \geqslant \frac{n}{2n} = \frac{1}{2} = \varepsilon_0.$$

那么, 由柯西收敛原理可知 $\{a_n\}$ 是发散的.

**例 15** 设不收敛数列 $\{x_n\}$ 有界, 试证存在 $\{x_n\}$ 的两个收敛子列 $\{x_{n_k}^{(1)}\}$ 及 $\{x_{n_k}^{(2)}\}$ 满足 $\lim\limits_{k \to \infty} x_{n_k}^{(1)} \neq \lim\limits_{k \to \infty} x_{n_k}^{(2)}$.

**证明** 因为 $\{x_n\}$ 有界, 所以由致密性定理, 知 $\{x_n\}$ 有收敛子列, 记为 $\{x_{n_k}^{(1)}\}$, 设 $\lim\limits_{k \to \infty} x_{n_k}^{(1)} = x$. 而 $\{x_n\}$ 不收敛, 所以在 $x$ 的任一邻域之外有 $\{x_n\}$ 中无穷多项, 故存在 $\varepsilon_0 > 0$ 及子列 $\{x_{n_k}^{(3)}\}$, 使 $\mid x_{n_k}^{(3)} - x \mid \geqslant \varepsilon_0$. 由 $\{x_{n_k}^{(3)}\}$ 有界, 知 $\{x_{n_k}^{(3)}\}$ 存在收敛子列, 记为 $\{x_{n_k}^{(2)}\}$, 设 $\lim\limits_{k \to \infty} x_{n_k}^{(2)} = y$. 而

$$\mid y - x \mid = \lim\limits_{k \to \infty} \mid x_{n_k}^{(2)} - x \mid \geqslant \varepsilon_0, y \neq x,$$

所以 $\{x_{n_k}^{(1)}\}, \{x_{n_k}^{(2)}\}$ 收敛, 且

$$\lim\limits_{k \to \infty} x_{n_k}^{(1)} \neq \lim\limits_{k \to \infty} x_{n_k}^{(2)}.$$

## 四、极限存在的判定定理

**定理 3(单调有界定理)** 单调有界数列必收敛, 即单调递增且有上界的数列必有极

限;单调递减且有下界的数列必有极限.

**定理 4(单调有界定理)** 设 $f$ 是 $\mathring{U}_+(x_0)$ 上的单调有界函数,则右极限存在 $\lim\limits_{x \to x_0^+} f(x)$.

**注** 单调有界定理对于其他三类单侧极限 $\lim\limits_{x \to x_0^-} f(x)$,$\lim\limits_{x \to +\infty} f(x)$,$\lim\limits_{x \to -\infty} f(x)$ 也是成立的.

**定理 5(海涅(Heine)定理)** 如果极限 $\lim\limits_{x \to x_0} f(x)$ 存在,$\{x_n\}$ 为 $f(x)$ 的定义域内任一收敛于 $x_0$ 的数列,且满足 $x_n \neq x_0 (n \in \mathbf{N}_+)$,那么相应的函数值数列 $\{f(x_n)\}$ 必收敛,且

$$\lim_{n \to +\infty} f(x_n) = \lim_{x \to x_0} f(x).$$

### 典型例题

**例 16** 设 $H_n = 1 + \dfrac{1}{2} + \dfrac{1}{3} + \cdots + \dfrac{1}{n}$. 证明:$\lim\limits_{n \to +\infty}(H_n - \ln n)$ 存在.

**证明** 设 $a_n = H_n - \ln n$,则 $a_{n+1} - a_n = \dfrac{1}{n+1} - \ln\left(1 + \dfrac{1}{n}\right) < 0$,这里我们用到了常用不等式 $\dfrac{x}{1+x} < \ln(1+x) < x, x > -1, x \neq 0$. 因为

$$a_n = \sum_{k=1}^{n} \frac{1}{k} - \ln n > \sum_{k=1}^{n} \int_{k}^{k+1} \frac{1}{x} \mathrm{d}x - \ln n = \int_{1}^{n+1} \frac{1}{x} \mathrm{d}x - \ln n$$
$$= \ln(n+1) - \ln n > 0,$$

所以,0 是 $\{a_n\}$ 的一个下界. 因此 $\{a_n\}$ 是单调递减且有下界的数列,故 $\lim\limits_{n \to +\infty}(H_n - \ln n)$ 存在.

**例 17** 设 $y_0 \in (0,1)$,$y_{n+1} = y_n(2 - y_n)$,$n = 0,1,2,\cdots$. 证明 $\lim\limits_{n \to \infty} y_n = 1$.

**证明** 因为 $y_{n+1} = y_n(2 - y_n) = 1 - (1 - y_n)^2, n = 0,1,2,\cdots$,所以由数学归纳法得 $0 < y_n < 1$,且 $\dfrac{y_{n+1}}{y_n} = 2 - y_n > 1$. 于是,$\{y_n\}$ 是单调有界的,从而存在极限,设为 $\lim\limits_{n \to \infty} y_n = b$ 且 $0 < b \leqslant 1$. 在等式 $y_{n+1} = y_n(2 - y_n)$ 两边对 $n$ 取极限,解得 $b = 0$ 或 $b = 1$,其中 $b = 1$ 为所求,即

$$\lim_{n \to \infty} y_n = 1.$$

**例 18** 若 $\{a_n\}$ 满足存在正常数 $M$,使得对所有 $n = 2,3,\cdots$,都有

$$|a_2 - a_1| + |a_3 - a_2| + \cdots + |a_n - a_{n-1}| \leqslant M. \qquad (*)$$

证明:

(1) 数列 $\{a_n\}$ 收敛;

(2) 试问上述条件 $(*)$ 是不是数列 $\{a_n\}$ 收敛的必要条件?为什么?

**证明** (1) 数列 $S_n = \sum\limits_{k=1}^{n} |a_{k+1} - a_k|$ 单调递增,且 $S_n = |a_2 - a_1| + |a_3 - a_2| + \cdots + |a_n - a_{n-1}| \leqslant M, n = 2,3,\cdots$ 有界,则 $\{S_n\}$ 收敛,即 $\sum\limits_{k=1}^{n} |a_{k+1} - a_k|$ 收敛,因此 $\sum\limits_{k=1}^{n}(a_{n+1} - a_n)$ 绝对收敛,故 $\sum\limits_{k=1}^{n}(a_{n+1} - a_n) = a_{n+1} - a_1$ 收敛,从而数列 $\{a_n\}$ 收敛.

（2）上述条件（＊）不是数列 $\{a_n\}$ 收敛的必要条件. 例如, 取 $a_n = \dfrac{(-1)^{n-1}}{n}, n = 1$, $2, \cdots$, 则数列 $\{a_n\}$ 收敛, 但它并不满足条件（＊）.

**例 19**　记 $a > 0$, $a_1 = \dfrac{1}{2}\left(a + \dfrac{1}{a}\right)$, $a_{n+1} = \dfrac{1}{2}\left(a_n + \dfrac{1}{a_n}\right)$, $n = 1, 2, \cdots$. 证明 $\{a_n\}$ 的极限存在, 并求该极限.

**证明**　由 $a > 0$, $a_1 = \dfrac{1}{2}\left(a + \dfrac{1}{a}\right)$, 知 $a_1 \geqslant 1$. 又

$$a_{n+1} = \frac{1}{2}\left(a_n + \frac{1}{a_n}\right), n = 1, 2, \cdots,$$

则

$$a_2 = \frac{1}{2}\left(a_1 + \frac{1}{a_1}\right), a_3 = \frac{1}{2}\left(a_2 + \frac{1}{a_2}\right), \cdots,$$

所以 $a_n \geqslant 1$, 则

$$a_{n+1} = \frac{1}{2}\left(a_n + \frac{1}{a_n}\right) \geqslant 1,$$

对任意 $n \in \mathbf{N}_+$, 有 $a_n \geqslant 1$, 故

$$a_{n+1} - a_n = \frac{1}{2}\left(a_n + \frac{1}{a_n}\right) - a_n = \frac{1 - a_n^2}{2a_n} \leqslant 0,$$

因此 $\{a_n\}$ 单调递减且有下界, 故 $\{a_n\}$ 是有极限的. 设极限为 $A$, 则 $A \geqslant 1$, 在 $a_{n+1} = \dfrac{1}{2}\left(a_n + \dfrac{1}{a_n}\right)$ 两边取极限, 可得 $A = \dfrac{1}{2}\left(A + \dfrac{1}{A}\right)$, 求解可得 $A = 1$, 即 $\lim\limits_{n \to \infty} a_n = 1$.

**例 20**　设 $a_1 = 0$, $a_{n+1} = \dfrac{1}{4} + a_n^2$, $n = 1, 2, \cdots$. 证明数列 $\{a_n\}$ 的极限存在, 并求其值.

**证明**　因为 $a_{n+1} - a_n = a_n^2 - a_n + \dfrac{1}{4} = \left(a_n - \dfrac{1}{2}\right)^2 \geqslant 0$, 所以 $\{a_n\}$ 单调递增. 下证 $a_n \leqslant \dfrac{1}{2}$, 应用数学归纳法：

（1）当 $n = 1$ 时, $a_1 = 0 < \dfrac{1}{2}$, 结论成立；

（2）假设当 $n = k$ 时, $a_k \leqslant \dfrac{1}{2}$, 则当 $n = k+1$ 时, $a_{k+1} = \dfrac{1}{4} + a_k^2 \leqslant \dfrac{1}{2}$.

由（1）（2）可证, $a_n \leqslant \dfrac{1}{2}$, 即 $\{a_n\}$ 有上界 $\dfrac{1}{2}$. 故 $\{a_n\}$ 的极限存在, 等式两边取极限, 设 $\lim\limits_{n \to \infty} a_n = x$, 则有 $x = \dfrac{1}{4} + x^2$, 解得 $x = \dfrac{1}{2}$, 所以 $\{a_n\}$ 的极限为 $\dfrac{1}{2}$.

**例 21**　设 $\lim\limits_{u \to \infty} f(u) = A$, $\lim\limits_{x \to a} g(x) = \infty$, 试证明 $\lim\limits_{x \to a} f(g(x)) = A$.

**证明**　因 $\lim\limits_{u \to \infty} f(u) = A$, 故对任意给定的正数 $\varepsilon$, 存在 $X > 0$, 使得当 $|u| > X$ 时, 恒有 $|f(u) - A| < \varepsilon$. 由 $\lim\limits_{x \to a} g(x) = \infty$ 可知, 对正数 $X$, 存在 $\delta > 0$, 使得对任意 $x$, 只要 $0 < |x - a| < \delta$, 就有 $|g(x)| > X$, 故 $|f(g(x)) - A| < \varepsilon$, 所以

$$\lim\limits_{x \to a} f(g(x)) = A.$$

**例 22** 已知 $f(x)$ 在 $[a,+\infty)$ 上可导,若 $\lim\limits_{x\to+\infty} f(x)$,$\lim\limits_{x\to+\infty} f'(x)$ 都存在,求证:$\lim\limits_{x\to+\infty} f'(x)=0$.

**证明** 对任意的 $n\in \mathbf{N}_+$,由拉格朗日中值定理可知,存在 $\xi_n\in (n,n+1)$,使得

$$f(n+1)-f(n)=f'(\xi_n)$$

因为极限 $\lim\limits_{x\to+\infty} f(x)$,$\lim\limits_{x\to+\infty} f'(x)$ 都存在,所以由归结原则可知

$$\lim\limits_{n\to+\infty} f'(\xi_n)=\lim\limits_{n\to+\infty}(f(n+1)-f(n))=\lim\limits_{x\to+\infty}(f(x+1)-f(x))=0$$

又因为极限 $\lim\limits_{x\to+\infty} f'(x)$ 存在,所以再由归结原则可知

$$\lim\limits_{x\to+\infty} f'(x)=\lim\limits_{n\to+\infty} f'(\xi_n)=0.$$

**例 23** 叙述并证明 $\lim\limits_{x\to+\infty} f(x)=-\infty$ 的归结原则.

**证明** $\lim\limits_{x\to+\infty} f(x)=-\infty$ 的归结原则:

设 $f(x)$ 在 $U(+\infty)$ 上有定义.若 $\lim\limits_{n\to+\infty} x_n=+\infty$,则 $\lim\limits_{x\to+\infty} f(x)=-\infty$ 的充分必要条件是 $\lim\limits_{n\to\infty} f(x_n)=-\infty$.

必要性.设 $\lim\limits_{x\to+\infty} f(x)=-\infty$,则对任意正数 $M$,存在正数 $X$,使得当 $x>X$ 时,有

$$f(x)<-M.$$

若 $\lim\limits_{n\to+\infty} x_n=+\infty$,则对正数 $X$,存在正整数 $N$,使得当 $n>N$ 时,有 $x_n>X$.所以当 $n>N$ 时,有

$$f(x_n)<-M,$$

所以 $\lim\limits_{n\to+\infty} f(x_n)=-\infty$.

充分性.若 $\lim\limits_{n\to+\infty} x_n=+\infty$,则假设 $\lim\limits_{x\to+\infty} f(x)\ne-\infty$.根据函数极限定义的否定知,存在正数 $M_0$,对任意的正数 $X$,存在 $x>X$,使 $f(x)\geqslant-M_0$ 成立.取 $X_n=n,n\in \mathbf{N}_+$.

对于 $X_1=1$,存在 $x_1>1$,使 $f(x_1)\geqslant-M_0$ 成立;

对于 $X_2=\max\{x_1,2\}$,存在 $x_2>X_2$,使 $f(x_2)\geqslant-M_0$ 成立;

……

对于 $X_k=\max\{x_{k-1},k\}$,存在 $x_k>X_k$,使 $f(x_k)\geqslant-M_0$ 成立;

……

按照上述构造,得到数列 $\{x_n\}$,有 $x_n>\max\{x_{n-1},n\}$.所以 $\lim\limits_{n\to\infty} x_n=+\infty$,$\lim\limits_{n\to\infty} f(x_n)\ne-\infty$.这与已知相矛盾.因此 $\lim\limits_{x\to+\infty} f(x)=-\infty$.

# 第 2 节　求极限的若干方法

## 一、初等方法

**典型例题**

**例 1** 求 $\lim\limits_{n\to\infty}\cos\dfrac{\pi}{2^2}\cdot\cos\dfrac{\pi}{2^3}\cdot\cdots\cdot\cos\dfrac{\pi}{2^n}$.

**解**　$\lim\limits_{n\to\infty}\cos\dfrac{\pi}{2^2}\cdot\cos\dfrac{\pi}{2^3}\cdot\cdots\cdot\cos\dfrac{\pi}{2^n}=\lim\limits_{n\to\infty}\dfrac{\sin\dfrac{\pi}{2}}{2^{n-1}\sin\dfrac{\pi}{2^n}}=\dfrac{2}{\pi}\lim\limits_{n\to\infty}\dfrac{\dfrac{\pi}{2^n}}{\sin\dfrac{\pi}{2^n}}=\dfrac{2}{\pi}.$

**例 2**　设 $a_1-a_2+a_3-a_4+\cdots+a_{2k-1}-a_{2k}=0$，试证明

$$\lim_{n\to\infty}(a_1\sqrt{n+1}-a_2\sqrt{n+2}+\cdots+a_{2k-1}\sqrt{n+2k-1}-a_{2k}\sqrt{n+2k})=0.$$

**证明**　由于

$$a_1-a_2+a_3-a_4+\cdots+a_{2k-1}-a_{2k}=0,$$

因此

$$a_1\sqrt{n+1}-a_2\sqrt{n+2}+\cdots+a_{2k-1}\sqrt{n+2k-1}-a_{2k}\sqrt{n+2k}$$
$$=a_1\sqrt{n+1}-a_2\sqrt{n+2}+a_3\sqrt{n+3}-a_4\sqrt{n+4}+\cdots+a_{2k-1}\sqrt{n+2k-1}-$$
$$a_{2k}\sqrt{n+2k}-(a_1-a_2+a_3-a_4+\cdots+a_{2k-1}-a_{2k})\sqrt{n+1}$$
$$=-a_2(\sqrt{n+2}-\sqrt{n+1})+a_3(\sqrt{n+3}-\sqrt{n+1})-a_4(\sqrt{n+4}-\sqrt{n+1})+\cdots-$$
$$a_{2k}(\sqrt{n+2k}-\sqrt{n+1}).$$

所以

$$\lim_{n\to\infty}(a_1\sqrt{n+1}-a_2\sqrt{n+2}+\cdots+a_{2k-1}\sqrt{n+2k-1}-a_{2k}\sqrt{n+2k})=0,$$

其中，对任意常数，有

$$\lim_{n\to\infty}(\sqrt{n+c}-\sqrt{n})=\lim_{n\to\infty}\frac{c}{\sqrt{n+c}+\sqrt{n}}=0.$$

**例 3**　求极限 $\lim\limits_{x\to+\infty}(\sin\sqrt{x+1}-\sin\sqrt{x})$.

**解**　由和差化积公式可得

$$|\sin\sqrt{x+1}-\sin\sqrt{x}|=\left|2\sin\frac{\sqrt{x+1}-\sqrt{x}}{2}\cos\frac{\sqrt{x+1}+\sqrt{x}}{2}\right|$$
$$<2\cdot\frac{\sqrt{x+1}-\sqrt{x}}{2}=\frac{1}{\sqrt{x+1}+\sqrt{x}}.$$

那么

$$\lim_{x\to+\infty}(\sin\sqrt{x+1}-\sin\sqrt{x})=0.$$

**例 4**　求极限 $\lim\limits_{n\to\infty}(3\sqrt{n+2}-4\sqrt{n+1}+\sqrt{n})$.

**解**　应用分子有理化，有

$$\lim_{n\to\infty}(3\sqrt{n+2}-4\sqrt{n+1}+\sqrt{n})=\lim_{n\to\infty}(3(\sqrt{n+2}-\sqrt{n+1})-(\sqrt{n+1}-\sqrt{n}))$$
$$=\lim_{n\to\infty}\left(\frac{3}{\sqrt{n+2}+\sqrt{n+1}}-\frac{1}{\sqrt{n+1}+\sqrt{n}}\right)=0.$$

**例 5**　设 $f(x)$ 在 $(0,+\infty)$ 内满足方程 $f(2x)=f(x)$，且 $\lim\limits_{x\to+\infty}f(x)=a$，证明 $f(x)\equiv a$.

**证明**　设 $f(x)$ 在 $(0,+\infty)$ 内满足方程 $f(2x)=f(x)$，则对任意 $x\in(0,+\infty)$，$n\in\mathbf{N}$，有

$$f(x) = f(2x) = f(2^2 x) = f(2^3 x) = \cdots = f(2^n x),$$

由于 $\lim\limits_{x \to +\infty} f(x) = a$，故对任意 $x \in (0, +\infty)$，有

$$f(x) = \lim\limits_{n \to \infty} f(2^n x) = a.$$

## 二、变量替换法

**典型例题**

**例 6**　设 $\lim\limits_{n \to \infty} a_n = a, \lim\limits_{n \to \infty} b_n = b$，试证

$$\lim\limits_{n \to \infty} \frac{a_1 b_n + a_2 b_{n-1} + \cdots + a_n b_1}{n} = ab.$$

**证明**　令 $a_n = a + \alpha_n, b_n = b + \beta_n$，则

$$\lim\limits_{n \to \infty} \alpha_n = 0, \lim\limits_{n \to \infty} \beta_n = 0,$$

代入可得

$$\frac{a_1 b_n + a_2 b_{n-1} + \cdots + a_n b_1}{n} = \frac{(a + \alpha_1)(b + \beta_n) + \cdots + (a + \alpha_n)(b + \beta_1)}{n}$$

$$= ab + a \cdot \frac{\beta_1 + \beta_2 + \cdots + \beta_n}{n} + b \cdot \frac{\alpha_1 + \alpha_2 + \cdots + \alpha_n}{n} +$$

$$\frac{\alpha_n \beta_1 + \alpha_{n-1} \beta_2 + \cdots + \alpha_1 \beta_n}{n}.$$

上式最后一项中由第 1 节例 4 可知

$$\lim\limits_{n \to \infty} \frac{\alpha_1 + \alpha_2 + \cdots + \alpha_n}{n} = 0, \lim\limits_{n \to \infty} \frac{\beta_1 + \beta_2 + \cdots + \beta_n}{n} = 0,$$

下证第四项的极限也为零. 由 $\lim\limits_{n \to \infty} \alpha_n = 0$，可知存在正数 $M$，使得 $|\alpha_n| < M$. 根据 $\lim\limits_{n \to \infty} \beta_n = 0$，

则对任意给定的正数 $\varepsilon$，存在正整数 $N_1$，使得当 $n > N_1$ 时，有 $|\beta_n| \leqslant \dfrac{\varepsilon}{2M}$. 那么有

$$\left| \frac{\alpha_n \beta_1 + \alpha_{n-1} \beta_2 + \cdots + \alpha_1 \beta_n}{n} \right|$$

$$= \left| \frac{\alpha_n \beta_1 + \cdots + \alpha_{n-N+1} \beta_N}{n} + \frac{\alpha_{n-N} \beta_{N+1} + \cdots + \alpha_1 \beta_n}{n} \right|$$

$$\leqslant \left| \frac{\alpha_n \beta_1 + \cdots + \alpha_{n-N+1} \beta_N}{n} \right| + \frac{|\alpha_{n-N} \beta_{N+1}| + \cdots + |\alpha_1 \beta_n|}{n}$$

$$\leqslant \left| \frac{\alpha_n \beta_1 + \cdots + \alpha_{n-N+1} \beta_N}{n} \right| + \frac{n-N}{n} \cdot \frac{\varepsilon}{2},$$

对上述的 $\varepsilon > 0$，存在正整数 $N_2$，使得当 $n > N_2$ 时，有

$$\left| \frac{\alpha_n \beta_1 + \cdots + \alpha_{n-N+1} \beta_N}{n} \right| \leqslant \frac{\varepsilon}{2}.$$

所以当 $n > \max\{N_1, N_2\}$ 时，有

$$\left| \frac{\alpha_n \beta_1 + \alpha_{n-1} \beta_2 + \cdots + \alpha_1 \beta_n}{n} \right| < \varepsilon.$$

因此

$$\lim_{n\to\infty}\frac{\alpha_n\beta_1+\alpha_{n-1}\beta_2+\cdots+\alpha_1\beta_n}{n}=0,$$

故

$$\lim_{n\to\infty}\frac{a_1b_n+a_2b_{n-1}+\cdots+a_nb_1}{n}=ab.$$

**例 7** 求 $\lim\limits_{n\to\infty}\dfrac{\sqrt{2}}{2}\cdot\dfrac{\sqrt{2+\sqrt{2}}}{2}\cdot\cdots\cdot\dfrac{\sqrt{2+\sqrt{2+\cdots+\sqrt{2}}}}{2}$.

**解**

$$\frac{\sqrt{2}}{2}=\cos\frac{\pi}{4}=\cos\frac{\pi}{2^2},$$

$$\frac{\sqrt{2+\sqrt{2}}}{2}=\frac{\sqrt{2(1+\sqrt{2}/2)}}{2}=\frac{\sqrt{2(1+\cos\pi/4)}}{2}=\cos\frac{\pi}{8}=\cos\frac{\pi}{2^3},$$

$$\frac{\sqrt{2+\sqrt{2+\sqrt{2}}}}{2}=\frac{\sqrt{2+2\cos\pi/8}}{2}=\frac{\sqrt{2(1+\cos\pi/4)}}{2}=\cos\frac{\pi}{16}=\cos\frac{\pi}{2^4},$$

$$\vdots$$

依次替换下去,可得

$$\lim_{n\to\infty}\frac{\sqrt{2}}{2}\cdot\frac{\sqrt{2+\sqrt{2}}}{2}\cdot\cdots\cdot\frac{\sqrt{2+\sqrt{2+\cdots+\sqrt{2}}}}{2}=\lim_{n\to\infty}\cos\frac{\pi}{2^2}\cdot\cos\frac{\pi}{2^3}\cdot\cdots\cdot\cos\frac{\pi}{2^{n+1}}=\frac{2}{\pi}.$$

## 三、夹逼定理

**典型例题**

**例 8** 求极限 $\lim\limits_{n\to\infty}(a^n+b^n)^{\frac{1}{n}}$,其中 $a>b>0$.

**解** 由 $a<(a^n+b^n)^{\frac{1}{n}}<2^{\frac{1}{n}}a$,对上式中 $n$ 取极限,有

$$\lim_{n\to\infty}a=a,\lim_{n\to\infty}2^{\frac{1}{n}}a=a,$$

所以,由夹逼定理知

$$\lim_{n\to\infty}(a^n+b^n)^{\frac{1}{n}}=a.$$

**例 9** 求极限 $\lim\limits_{n\to\infty}\left(\dfrac{\sin\dfrac{\pi}{n}}{n+1}+\dfrac{\sin\dfrac{2\pi}{n}}{n+\dfrac{1}{2}}+\cdots+\dfrac{\sin\dfrac{\pi}{n}}{n+\dfrac{1}{n}}\right)$.

**解** 由于

$$\frac{1}{n+1}\sum_{k=1}^{n}\sin\frac{k\pi}{n}\leqslant\sum_{k=1}^{n}\frac{\sin\dfrac{k\pi}{n}}{n+\dfrac{1}{k}}\leqslant\frac{1}{n}\sum_{k=1}^{n}\sin\frac{k\pi}{n},$$

上式取极限,由夹逼定理可知

$$\lim_{n\to\infty}\left(\frac{\sin\frac{\pi}{n}}{n+1}+\frac{\sin\frac{2\pi}{n}}{n+\frac{1}{2}}+\cdots+\frac{\sin\pi}{n+\frac{1}{n}}\right)=\lim_{n\to\infty}\frac{1}{n}\sum_{k=1}^{n}\sin\frac{k\pi}{n}=\int_0^1\sin\pi x\,\mathrm{d}x=\frac{2}{\pi}.$$

**例 10** 求极限 $\displaystyle\lim_{n\to\infty}\left(\frac{1}{n^2+1}+\frac{2}{n^2+2}+\cdots+\frac{n}{n^2+n}\right)$.

**解** 由于

$$\frac{1}{n^2+1}+\frac{2}{n^2+2}+\cdots+\frac{n}{n^2+n}\leqslant\frac{1+2+\cdots+n}{n^2+1}=\frac{\frac{1}{2}n(n+1)}{n^2+1},$$

$$\frac{1}{n^2+1}+\frac{2}{n^2+2}+\cdots+\frac{n}{n^2+n}\geqslant\frac{1+2+\cdots+n}{n^2+n}=\frac{\frac{1}{2}n(n+1)}{n^2+n},$$

则根据极限的保不等式性有

$$\lim_{n\to\infty}\frac{\frac{1}{2}n(n+1)}{n^2+n}\leqslant\lim_{n\to\infty}\left(\frac{1}{n^2+1}+\frac{2}{n^2+2}+\cdots+\frac{n}{n^2+n}\right)\leqslant\lim_{n\to\infty}\frac{\frac{1}{2}n(n+1)}{n^2+1}.$$

故

$$\lim_{n\to\infty}\left(\frac{1}{n^2+1}+\frac{2}{n^2+2}+\cdots+\frac{n}{n^2+n}\right)=\frac{1}{2}.$$

**例 11** 求极限 $\displaystyle\lim_{n\to\infty}\sum_{k=1}^{n}\sin\frac{\pi}{\sqrt{n^2+k}}$.

**解** 当 $n$ 充分大时

$$0<\sum_{k=1}^{n}\sin\frac{\pi}{\sqrt{n^2+k}}<\sum_{k=1}^{n}\sin\frac{\pi}{n}=n\sin\frac{\pi}{n},$$

$$\sum_{k=1}^{n}\sin\frac{\pi}{\sqrt{n^2+k}}>\sum_{k=1}^{n}\sin\frac{\pi}{n+1}=n\sin\frac{\pi}{n+1},$$

故

$$\lim_{n\to\infty}\sum_{k=1}^{n}\sin\frac{\pi}{\sqrt{n^2+k}}=\pi.$$

## 四、定积分法

典型例题 ▶▶▶

**例 12** 求极限 $\displaystyle\lim_{n\to\infty}\left(\frac{1}{n+1}+\frac{1}{n+2}+\frac{1}{n+3}+\cdots+\frac{1}{2n}\right)$.

**解** 由定积分的定义,有

$$\lim_{n\to\infty}\left(\frac{1}{n+1}+\frac{1}{n+2}+\frac{1}{n+3}+\cdots+\frac{1}{2n}\right)=\lim_{n\to\infty}\sum_{k=1}^{n}\frac{1}{n+k}=\lim_{n\to\infty}\frac{1}{n}\sum_{k=1}^{n}\frac{1}{1+\frac{k}{n}}$$

$$=\int_0^1\frac{\mathrm{d}x}{1+x}=\ln 2.$$

**例 13**　求极限 $\lim\limits_{n\to\infty}\left(\dfrac{\sqrt[n]{(n+1)(n+2)\cdots(n+n)}}{n}\right)$.

**解**　由定积分的定义及分部积分,有

$$
\begin{aligned}
\lim_{n\to\infty}\left(\frac{\sqrt[n]{(n+1)(n+2)\cdots(n+n)}}{n}\right) &= \exp\left(\lim_{n\to\infty}\frac{1}{n}\sum_{k=1}^{n}\ln\left(1+\frac{k}{n}\right)\right)\\
&= \exp\left(\int_0^1 \ln(1+x)\,\mathrm{d}x\right)\\
&= \mathrm{e}^{2\ln 2-1} = \frac{4}{\mathrm{e}}.
\end{aligned}
$$

**例 14**　求极限 $\lim\limits_{n\to\infty}\dfrac{1}{n}\left(\cos\dfrac{\pi}{3n}+\cos\dfrac{2\pi}{3n}+\cdots+\cos\dfrac{n\pi}{3n}\right)$.

**解**　由定积分的定义,有

$$
\begin{aligned}
\lim_{n\to\infty}\frac{1}{n}\left(\cos\frac{\pi}{3n}+\cos\frac{2\pi}{3n}+\cdots+\cos\frac{n\pi}{3n}\right) &= \lim_{n\to\infty}\frac{1}{n}\sum_{k=1}^{n}\cos\frac{\pi}{3}\cdot\frac{k}{n}\\
&= \int_0^1 \cos\frac{\pi x}{3}\,\mathrm{d}x = \frac{3\sqrt{3}}{2\pi}.
\end{aligned}
$$

**例 15**　求极限 $\lim\limits_{n\to\infty}\sqrt[n]{\left(1+\left(\dfrac{1}{n}\right)^2\right)\left(1+\left(\dfrac{2}{n}\right)^2\right)\cdots\left(1+\left(\dfrac{n}{n}\right)^2\right)}$.

**解**　由定积分的定义及分部积分,有

$$
\begin{aligned}
&\lim_{n\to\infty}\sqrt[n]{\left(1+\left(\frac{1}{n}\right)^2\right)\left(1+\left(\frac{2}{n}\right)^2\right)\cdots\left(1+\left(\frac{n}{n}\right)^2\right)}\\
&= \lim_{n\to\infty}\exp\left(\frac{1}{n}\sum_{k=1}^{n}\ln\left(1+\left(\frac{k}{n}\right)^2\right)\right)\\
&= \lim_{n\to\infty}\exp\left(\int_0^1 \ln(1+x^2)\,\mathrm{d}x\right),
\end{aligned}
$$

其中

$$
\int_0^1 \ln(1+x^2)\,\mathrm{d}x = x\ln(1+x^2)\Big|_0^1 - \int_0^1 x\,\mathrm{d}\ln(1+x^2) = \ln 2 - 2\left(1-\frac{\pi}{4}\right).
$$

所以

$$
\lim_{n\to\infty}\sqrt[n]{\left(1+\left(\frac{1}{n}\right)^2\right)\left(1+\left(\frac{2}{n}\right)^2\right)\cdots\left(1+\left(\frac{n}{n}\right)^2\right)} = \mathrm{e}^{\left(\ln 2-2\left(1-\frac{\pi}{4}\right)\right)}.
$$

**例 16**　求极限 $\lim\limits_{n\to\infty}\dfrac{n}{\sqrt[n]{(n+1)!}}$.

**解**　由于

$$
\lim_{n\to\infty}\frac{n}{\sqrt[n]{(n+1)!}} = \lim_{n\to\infty}\frac{1}{\sqrt[n]{n+1}}\cdot\frac{n}{\sqrt[n]{n!}},
$$

其中 $\lim\limits_{n\to\infty}\dfrac{1}{\sqrt[n]{n+1}}=1$,且由定积分的定义及分部积分,有

$$
\lim_{n\to\infty}\frac{n}{\sqrt[n]{n!}} = \lim_{n\to\infty}\frac{1}{\sqrt[n]{\dfrac{1}{n}\cdot\dfrac{2}{n}\cdot\cdots\cdot\dfrac{n}{n}}} = \frac{1}{\exp\left(\lim\limits_{n\to\infty}\dfrac{1}{n}\sum\limits_{k=1}^{n}\ln\dfrac{k}{n}\right)} = \frac{1}{\exp\left(\int_0^1 \ln x\,\mathrm{d}x\right)} = \mathrm{e}.
$$

所以

$$\lim_{n\to\infty}\frac{n}{\sqrt[n]{(n+1)!}}=\lim_{n\to\infty}\frac{1}{\sqrt[n]{n+1}}\cdot\lim_{n\to\infty}\frac{n}{\sqrt[n]{n!}}=\mathrm{e}.$$

**例 17**　求极限 $\displaystyle\lim_{n\to\infty}\frac{1}{n}\sqrt[n]{n(n+1)\cdots(2n-1)}$.

**解**　由定积分的定义及分部积分,有

$$\lim_{n\to\infty}\frac{1}{n}\sqrt[n]{n(n+1)\cdots(2n-1)}=\mathrm{e}^{\lim\limits_{n\to\infty}\ln\sqrt[n]{\left(1+\frac{0}{n}\right)\left(1+\frac{1}{n}\right)\cdots\left(1+\frac{n-1}{n}\right)}}$$

$$=\mathrm{e}^{\lim\limits_{n\to\infty}\frac{1}{n}\left(\ln\left(1+\frac{0}{n}\right)+\ln\left(1+\frac{1}{n}\right)+\cdots+\ln\left(1+\frac{n-1}{n}\right)\right)-\ln n}$$

$$=\mathrm{e}^{\int_0^1\ln(1+x)\mathrm{d}x}=\mathrm{e}^{x\ln(1+x)\,\big|_0^1-\int_0^1\frac{x}{1+x}\mathrm{d}x}$$

$$=\mathrm{e}^{2\ln 2-1}=\frac{4}{\mathrm{e}}.$$

## 五、广义洛必达(L'Hospital) 法则

称 $\dfrac{0}{0}$ 型或 $\dfrac{\infty}{\infty}$ 型为不定式极限,洛必达法则是求不定式极限最常用的方法. 但对有些极限需要用广义洛必达法则.

**定理1($\dfrac{*}{\infty}$ 型不定式极限,洛必达法则)**　设 $f(x)$ 和 $g(x)$ 在 $(a,a+r]$,$r>0$ 上可导,若满足:

(1) $g'(x)\neq 0$；

(2) $\displaystyle\lim_{x\to a^+}g(x)=\infty$；

(3) $\displaystyle\lim_{x\to a^+}\frac{f'(x)}{g'(x)}=A$($A$ 为有限数或者 $\pm\infty$),

则有 $\displaystyle\lim_{x\to a^+}\frac{f(x)}{g(x)}=A$.

**典型例题**

**例 18**　求极限 $\displaystyle\lim_{x\to 0}\frac{\sin 2x^2-x\tan x}{x^2\mathrm{e}^x-3\cos 2x+3}$.

**解**　根据重要极限及洛必达法则,有

$$\lim_{x\to 0}\frac{\sin 2x^2-x\tan x}{x^2\mathrm{e}^x-3\cos 2x+3}=\lim_{x\to 0}\frac{\sin 2x^2-x\tan x}{x^2\mathrm{e}^x+6\sin^2 x}=\lim_{x\to 0}\frac{\sin 2x^2-x\tan x}{x^2\left(\mathrm{e}^x+6\dfrac{\sin^2 x}{x^2}\right)}$$

$$=\frac{1}{7}\lim_{x\to 0}\frac{\sin 2x^2-x\tan x}{x^2}$$

$$=\frac{1}{7}\lim_{x\to 0}\frac{4x\cos 2x^2-\tan x-x\sec^2 x}{2x}$$

$$=\frac{1}{7}\left(2-\frac{1}{2}\lim_{x\to 0}\left(\frac{\tan x}{x}+\sec^2 x\right)\right)=\frac{1}{7}.$$

**例 19**　设 $f(x) = \dfrac{2\sin(x-2) + ([x]-1)x^2 - 2([x]+1)x + 8}{(x-2)^2}$，求 $\lim\limits_{x \to 2^-} f(x)$ 及 $\lim\limits_{x \to 2^+} f(x)$.

**解**　令 $t = x - 2$，应用洛必达法则，有

$$\lim_{x \to 2^-} f(x) = \lim_{x \to 2^-} \frac{2\sin(x-2) - 4x + 8}{(x-2)^2} = \lim_{t \to 0^-} \frac{2\sin t - 4t}{t^2}$$

$$= 2\lim_{t \to 0^-} \frac{\sin t - 2t}{t} \cdot \frac{1}{t} = +\infty;$$

$$\lim_{x \to 2^+} f(x) = \lim_{x \to 2^+} \frac{2\sin(x-2) + x^2 - 6x + 8}{(x-2)^2} = \lim_{t \to 0^+} \frac{2\sin t + t(t-2)}{t^2}$$

$$= \lim_{t \to 0^+} \frac{2\cos t + 2t - 2}{2t} = \lim_{t \to 0^+} \frac{-2\sin t + 2}{2} = 1.$$

**例 20**　求极限 $\lim\limits_{x \to 0} \dfrac{\displaystyle\int_0^{x^2} \mathrm{d}y \int_0^y \arctan t\,\mathrm{d}t}{x(1 - \cos x)}$.

**解**　应用洛必达法则，有

$$\lim_{x \to 0} \frac{\displaystyle\int_0^{x^2} \mathrm{d}y \int_0^y \arctan t\,\mathrm{d}t}{x(1 - \cos x)} = \lim_{x \to 0} \frac{\displaystyle\int_0^{x^2} \mathrm{d}y \int_0^y \arctan t\,\mathrm{d}t}{\dfrac{x^3}{2}} = \lim_{x \to 0} \frac{2x \displaystyle\int_0^{x^2} \arctan t\,\mathrm{d}t}{\dfrac{3}{2}x^2}$$

$$= \lim_{x \to 0} \frac{2\displaystyle\int_0^{x^2} \arctan t\,\mathrm{d}t + 4x^2 \arctan x^2}{3x} = 0.$$

**例 21**　设 $f(x)$ 在 $(a, +\infty)$ 内可导，若 $\lim\limits_{x \to +\infty} f(x)$，$\lim\limits_{x \to +\infty} f'(x)$ 与 $\lim\limits_{x \to +\infty} f''(x)$ 均存在，则 $\lim\limits_{x \to +\infty} f'(x) = \lim\limits_{x \to +\infty} f''(x) = 0$.

**证明**　由洛必达法则，有

$$\lim_{x \to +\infty} \frac{f(x)}{x} = \lim_{x \to +\infty} f'(x) = 0;$$

$$0 = \lim_{x \to +\infty} \frac{f'(x)}{x} = \lim_{x \to +\infty} f''(x),$$

故

$$\lim_{x \to +\infty} f'(x) = \lim_{x \to +\infty} f''(x) = 0.$$

**例 22**　设 $f(x)$ 在 $(a, +\infty)$ 内可微，且 $\lim\limits_{x \to +\infty} \left( f(x) + \dfrac{1}{\alpha} f'(x) \right) = A$，其中 $\alpha$ 为正数，求 $\lim\limits_{x \to +\infty} f(x)$ 和 $\lim\limits_{x \to +\infty} f'(x)$.

**解**　在下式中应用广义洛必达法则，有

$$\lim_{x \to +\infty} f(x) = \lim_{x \to +\infty} \frac{f(x)\mathrm{e}^{\alpha x}}{\mathrm{e}^{\alpha x}} = \lim_{x \to +\infty} \frac{\alpha \mathrm{e}^{\alpha x} \left( f(x) + \dfrac{1}{\alpha} f'(x) \right)}{\alpha \mathrm{e}^{\alpha x}} = A,$$

另有

$$\frac{1}{\alpha} \lim_{x \to +\infty} f'(x) = \lim_{x \to +\infty} \left( f(x) + \frac{1}{\alpha} f'(x) - f(x) \right) = 0,$$

所以

$$\lim_{x \to +\infty} f'(x) = 0.$$

**例 23** 设 $f(x)$ 在 $(a, +\infty)$ 内可微,且 $\lim\limits_{x \to +\infty}\left(f(x) + \dfrac{x}{\alpha}f'(x)\right) = A$,其中 $\alpha$ 为正数,求 $\lim\limits_{x \to +\infty} f(x)$ 和 $\lim\limits_{x \to +\infty} xf'(x)$.

**解** 根据广义洛必达法则,有

$$\lim_{x \to +\infty} f(x) = \lim_{x \to +\infty} \frac{x^\alpha f(x)}{x^\alpha} = \lim_{x \to +\infty} \frac{\alpha x^{\alpha-1}\left(f(x) + \dfrac{x}{\alpha}f'(x)\right)}{\alpha x^{\alpha-1}} = A.$$

所以 $\lim\limits_{x \to +\infty} xf'(x) = 0$.

**例 24** 设 $f(x)$ 是 $[a, +\infty)$ 上一阶连续可导的函数,$\lim\limits_{x \to +\infty}\left(f(x) + \displaystyle\int_a^x f(t)\mathrm{d}t\right) = A$,证明:$\lim\limits_{x \to +\infty}\displaystyle\int_a^x f(t)\mathrm{d}t = A$,$\lim\limits_{x \to +\infty} f(x) = 0$.

**证明** 应用广义洛必达法则,有

$$\lim_{x \to +\infty}\left(f(x) + \int_a^x f(t)\mathrm{d}t\right) = \lim_{x \to +\infty} \frac{\mathrm{e}^x\left(f(x) + \displaystyle\int_a^x f(t)\mathrm{d}t\right)}{\mathrm{e}^x}$$

$$= \lim_{x \to +\infty} \frac{\mathrm{e}^x\left(f(x) + \displaystyle\int_a^x f(t)\mathrm{d}t\right) + \mathrm{e}^x(f(x) + f'(x))}{\mathrm{e}^x}$$

$$= \lim_{x \to +\infty}\left(\left(f(x) + \int_a^x f(t)\mathrm{d}t\right) + (f(x) + f'(x))\right) = A,$$

所以

$$\lim_{x \to +\infty}(f(x) + f'(x)) = 0.$$

在上式中解微分方程可得 $f(x) = C\mathrm{e}^{-x}$,其中 $C$ 为正常数. 所以 $\lim\limits_{x \to +\infty} f(x) = 0$. 因此

$$\lim_{x \to +\infty}\int_a^x f(t)\mathrm{d}t = \lim_{x \to +\infty}\left(f(x) + \int_a^x f(t)\mathrm{d}t\right) - \lim_{x \to +\infty} f(x) = A.$$

**例 25** 求极限 $\lim\limits_{x \to +\infty}\left(\dfrac{1}{x} \cdot \dfrac{a^x - 1}{a - 1}\right)^{\frac{1}{x}}$ $(a > 0, a \neq 1)$.

**解** 令 $f(x) = \left(\dfrac{1}{x} \cdot \dfrac{a^x - 1}{a - 1}\right)^{\frac{1}{x}}$,取对数得

$$\ln f(x) = \frac{1}{x}\left(\ln\frac{1}{x} + \ln\frac{a^x - 1}{a - 1}\right) = -\frac{\ln x + \ln(a - 1)}{x} + \frac{\ln(a^x - 1)}{x}.$$

由广义洛必达法则可得

$$\lim_{x \to +\infty} \ln f(x) = \lim_{x \to +\infty}\left(-\frac{\ln x + \ln(a - 1)}{x} + \frac{\ln(a^x - 1)}{x}\right) = \lim_{x \to +\infty}\left(-\frac{1}{x} + \frac{a^x \ln a}{a^x - 1}\right).$$

则:

(1) 当 $0 < a < 1$ 时,$\lim\limits_{x \to +\infty} \ln f(x) = 0$,那么 $\lim\limits_{x \to +\infty}\left(\dfrac{1}{x} \cdot \dfrac{a^x - 1}{a - 1}\right)^{\frac{1}{x}} = 1$.

(2) 当 $a > 1$ 时，$\lim\limits_{x \to +\infty} \ln f(x) = \ln a$，那么 $\lim\limits_{x \to +\infty} \left( \dfrac{1}{x} \cdot \dfrac{a^x - 1}{a - 1} \right)^{\frac{1}{x}} = a$.

**例 26**　$0 < x_1 < 1, 0 < \alpha < 1$，数列 $\{x_n\}$ 满足关系式

$$x_{n+1} = 1 - (1 - x_n)^{\alpha}.$$

求 $\lim\limits_{n \to \infty} x_n$ 及 $\lim\limits_{n \to \infty} \dfrac{x_{n+1}}{x_n}$.

**解**　由于 $x_{n+1} = 1 - (1 - x_n)^{\alpha}$，那么应用数学归纳法可得 $1 - x_{n+1} = (1 - x_1)^{\alpha^n}$. 因此

$$\lim_{n \to \infty} x_n = \lim_{n \to \infty} (1 - (1 - x_1)^{\alpha^{n-1}}) = 0.$$

由洛必达法则可得

$$\lim_{n \to \infty} \frac{x_{n+1}}{x_n} = \lim_{n \to \infty} \frac{1 - (1 - x_1)^{\alpha^n}}{1 - (1 - x_1)^{\alpha^{n-1}}} = \lim_{t \to 0} \frac{1 - (1 - x_1)^{\alpha t}}{1 - (1 - x_1)^{t}}$$

$$= \lim_{t \to 0} \frac{\alpha (1 - x_1)^{\alpha t} \ln(1 - x_1)}{(1 - x_1)^{t} \ln(1 - x_1)} = \alpha.$$

## 六、中值定理法

**典型例题**

**例 27**　设 $x_1 = a > 0, x_n = \sqrt{3 + x_{n-1}}, n = 2, 3, \cdots$. 试证：$\{x_n\}$ 收敛，并求其极限.

**证明**　显然 $x_n > 0$，设 $f(x) = \sqrt{3 + x}\ (x > 0)$，则 $|f'(x)| = \dfrac{1}{2\sqrt{3 + x}} \leqslant \dfrac{1}{2}$.

由微分中值定理，存在 $\xi_n \in (x_{n-1}, x_n)$，使得

$$|x_n - x_{n-1}| = |f'(\xi_n)| \cdot |x_{n-1} - x_{n-2}| \leqslant \frac{1}{2} |x_{n-1} - x_{n-2}|$$

$$\leqslant \cdots \leqslant \frac{1}{2^{n-2}} |x_2 - x_1|.$$

那么

$$|x_{n+p} - x_n| \leqslant \sum_{k=n+1}^{n+p} |x_k - x_{k-1}| \leqslant |x_2 - x_1| \sum_{k=n+1}^{n+p} \frac{1}{2^{k-2}}.$$

由于 $\sum\limits_{n} \dfrac{1}{2^n}$ 收敛，因此，由柯西收敛原理可知 $\{x_n\}$ 收敛. 在等式 $x_n = \sqrt{3 + x_{n-1}}$ 两边对 $n$ 取极限，解得 $\lim\limits_{n \to \infty} x_n = \dfrac{1 + \sqrt{13}}{2}$.

**例 28**　求 $\lim\limits_{x \to +\infty} ((x+2)\ln(x+2) - 2(x+1)\ln(x+1) + x\ln x)$.

**解**　设

$$F(x) = (x+1)\ln(x+1) - x\ln x,$$

则

$$F'(x) = \ln(x+1) - \ln x,$$

由拉格朗日中值定理，存在 $\xi_x \in (x, x+1)$，使得

$$F'(x) = \ln(x+1) - \ln x = \frac{1}{\xi_x}[(x+1) - x] = \frac{1}{\xi_x}.$$

故

$$\lim_{x \to +\infty}(F(x+1) - F(x)) = \lim_{x \to +\infty} F'(\xi_x) = \lim_{x \to +\infty} F'(x) = 0,$$

且

$$\lim_{x \to +\infty}((x+2)\ln(x+2) - 2(x+1)\ln(x+1) + x\ln x)$$
$$= \lim_{x \to +\infty}(F(x+1) - F(x)),$$

所以

$$\lim_{x \to +\infty}((x+2)\ln(x+2) - 2(x+1)\ln(x+1) + x\ln x) = 0.$$

**例 29** 若 $p > -1$,求证 $\lim\limits_{n \to +\infty}\left(\dfrac{1^p + 2^p + \cdots + n^p}{n^{p+1}} - \dfrac{1}{p+1}\right) = 0$.

**证明** 由施托尔茨(Stolz)公式得

$$\lim_{n \to +\infty}\frac{1^p + 2^p + \cdots + n^p}{n^{p+1}} = \lim_{n \to +\infty}\frac{n^p}{n^{p+1} - (n-1)^{p+1}}.$$

再由拉格朗日中值定理,存在 $\xi_n \in (n-1, n)$,使得 $n^{p+1} - (n-1)^{p+1} = (p+1)\xi_n^p$,则有

$$\lim_{n \to +\infty}\frac{n^p}{n^{p+1} - (n-1)^{p+1}} = \lim_{n \to +\infty}\frac{n^p}{(p+1)\xi_n^p} = \frac{1}{p+1}.$$

故

$$\lim_{n \to +\infty}\left(\frac{1^p + 2^p + \cdots + n^p}{n^{p+1}} - \frac{1}{p+1}\right) = 0.$$

**例 30** 求极限 $\lim\limits_{x \to 0}\dfrac{e - e^{\cos x}}{x\sin x}$.

**解** 由拉格朗日中值定理,存在 $\xi_x \in (\cos x, 1)$,有

$$\lim_{x \to 0}\frac{e - e^{\cos x}}{x\sin x} = \lim_{x \to 0}\frac{e^{\xi_x}(1 - \cos x)}{x\sin x} = e \cdot \lim_{x \to 0}\frac{\frac{1}{2}x^2}{x^2} = \frac{e}{2}.$$

**例 31** 设 $\alpha > 0$,求极限 $\lim\limits_{x \to \infty}((x+1)^\alpha - x^\alpha)$.

**解** "无穷大减去无穷大"标准做法:

(1) 当 $\alpha = 1$ 时,显然 $\lim\limits_{x \to \infty}((x+1)^\alpha - x^\alpha) = 1$;

(2) 当 $0 < \alpha < 1$ 时,

$$\lim_{x \to \infty}((x+1)^\alpha - x^\alpha) = \lim_{x \to \infty} x^\alpha\left(\frac{(x+1)^\alpha}{x^\alpha} - 1\right) = \lim_{x \to \infty} x^\alpha\left(\left(1 + \frac{1}{x}\right)^\alpha - 1\right).$$

由泰勒(Taylor)公式,当 $x \to \infty$ 时,有

$$\left(1 + \frac{1}{x}\right)^\alpha = 1 + \alpha\frac{1}{x} + \frac{\alpha(\alpha-1)}{2}\left(\frac{1}{x}\right)^2 + o\left(\left(\frac{1}{x}\right)^2\right), x \to \infty,$$

那么

$$\lim_{x \to \infty}((x+1)^\alpha - x^\alpha) = \lim_{x \to \infty} x^\alpha\left(1 + \frac{\alpha}{x} + \frac{\alpha(\alpha-1)}{2}\left(\frac{1}{x}\right)^2 + o\left(\frac{1}{x^2}\right) - 1\right)$$
$$= \lim_{x \to \infty} x^\alpha\left(\frac{\alpha}{x} + \frac{\alpha(\alpha-1)}{2}\left(\frac{1}{x^2}\right) + o\left(\frac{1}{x^2}\right)\right) = 0.$$

（3）当 $\alpha > 1$ 时，令 $F(x) = x^\alpha$，则根据微分中值定理得到存在 $\xi \in (x, x+1)$，使得

$$(x+1)^\alpha - x^\alpha = \alpha \xi^{\alpha-1},$$

那么当 $x \to \infty$ 时，$\alpha \xi^{\alpha-1} \to \infty$. 所以 $\lim\limits_{x \to \infty}((x+1)^\alpha - x^\alpha)$ 不存在.

## 七、对数求极限法

**典型例题**

**例 32**　求极限 $\lim\limits_{x \to \infty}\left(\dfrac{2x+3}{2x+1}\right)^{3x+1}$.

**解**　根据等价替换有

$$\lim_{x \to \infty}\left(\frac{2x+3}{2x+1}\right)^{3x+1} = \exp\left(\lim_{x \to \infty}(3x+1)\ln\frac{2x+3}{2x+1}\right) = \exp\left(\lim_{x \to \infty}(3x+1)\ln\left(1+\frac{2}{2x+1}\right)\right)$$

$$= \exp\left(\lim_{x \to \infty}(3x+1)\frac{2}{2x+1}\right) = \mathrm{e}^3.$$

**例 33**　求 $c$，使得 $\lim\limits_{x \to +\infty}\left(\dfrac{x+c}{x-c}\right)^x = \displaystyle\int_{-\infty}^{c} t\mathrm{e}^{2t}\,\mathrm{d}t$.

**解**　根据等价替换，有

$$\lim_{x \to +\infty}\left(\frac{x+c}{x-c}\right)^x = \exp\left(\lim_{x \to +\infty} x\ln\left(1+\frac{2c}{x-c}\right)\right) = \exp\left(\lim_{x \to +\infty} x \cdot \frac{2c}{x-c}\right) = \mathrm{e}^{2c}.$$

根据分部积分，有

$$\int_{-\infty}^{c} t\mathrm{e}^{2t}\,\mathrm{d}t = \frac{1}{2}\int_{-\infty}^{c} t\,\mathrm{d}\mathrm{e}^{2t} = \frac{1}{2}c\mathrm{e}^{2c} - \frac{1}{2}\int_{-\infty}^{c}\mathrm{e}^{2t}\,\mathrm{d}t = \frac{1}{2}c\mathrm{e}^{2c} - \frac{1}{4}\mathrm{e}^{2c}.$$

因此，有 $\mathrm{e}^{2c} = \dfrac{1}{2}c\mathrm{e}^{2c} - \dfrac{1}{4}\mathrm{e}^{2c}$，解得 $c = \dfrac{5}{2}$.

**例 34**　求极限 $\lim\limits_{n \to \infty}\left(\dfrac{\sqrt[n]{a}+\sqrt[n]{b}}{2}\right)^n$，$a > 0, b > 0, a \neq 1, b \neq 1$.

**解**　应用海涅定理，有

$$\lim_{n \to \infty} n\left(\frac{\sqrt[n]{a}+\sqrt[n]{b}}{2} - 1\right) = \lim_{n \to \infty}\frac{(\sqrt[n]{a}-1)+(\sqrt[n]{b}-1)}{\dfrac{2}{n}} = \lim_{x \to 0}\frac{(a^x-1)+(b^x-1)}{2x}$$

$$= \lim_{x \to 0}\frac{a^x\ln a + b^x\ln b}{2} = \frac{\ln a + \ln b}{2},$$

又有

$$\ln\left(\frac{\sqrt[n]{a}+\sqrt[n]{b}}{2}\right)^n = n\left(\frac{\sqrt[n]{a}+\sqrt[n]{b}}{2}-1\right)\ln\left(1+\left(\frac{\sqrt[n]{a}+\sqrt[n]{b}}{2}-1\right)\right)^{\frac{1}{\left(\frac{\sqrt[n]{a}+\sqrt[n]{b}}{2}-1\right)}},$$

则 $\ln\left(\dfrac{\sqrt[n]{a}+\sqrt[n]{b}}{2}\right)^n \sim n\left(\dfrac{\sqrt[n]{a}+\sqrt[n]{b}}{2}-1\right)$. 所以

$$\lim_{n \to \infty}\left(\frac{\sqrt[n]{a}+\sqrt[n]{b}}{2}\right)^n = \lim_{n \to \infty}\mathrm{e}^{\ln\left(\frac{\sqrt[n]{a}+\sqrt[n]{b}}{2}\right)^n} = \sqrt{ab}.$$

**例 35**　求极限 $\lim\limits_{x \to 0}(\cos x)^{\frac{1}{x^2}}$.

**解** 由于

$$\lim_{x \to 0} \frac{\cos x - 1}{x^2} = \lim_{x \to 0} \frac{-\frac{1}{2}x^2}{x^2} = -\frac{1}{2},$$

因此

$$\lim_{x \to 0}(\cos x)^{\frac{1}{x^2}} = \exp\left(\lim_{x \to 0}\frac{1}{x^2}\ln(1 + \cos x - 1)\right) = e^{-\frac{1}{2}}.$$

**例 36** 若 $a \neq 0, h \neq 0, b \neq c$，求 $\lim\limits_{x \to \infty}\left(\dfrac{ax+b}{ax+c}\right)^{hx+k}$.

**解** 根据等价替换，有

$$\lim_{x \to \infty}\left(\frac{ax+b}{ax+c}\right)^{hx+k} = \exp\left(\lim_{x \to \infty}(hx+k)\ln\left(1 + \frac{b-c}{ax+c}\right)\right)$$

$$= \exp\left(\lim_{x \to \infty}(hx+k)\frac{b-c}{ax+c}\right) = e^{\frac{(b-c)h}{a}}.$$

**例 37** 求极限 $\lim\limits_{x \to +\infty}\left(\dfrac{1+x^a}{1+x^b}\right)^{\frac{1}{\ln x}}$ $(a, b > 0)$.

**解** 当 $a, b > 0$ 时，则根据等价替换，有

$$\lim_{x \to +\infty}\ln\left(\frac{1+x^a}{1+x^b}\right)^{\frac{1}{\ln x}} = \lim_{x \to +\infty}\frac{\ln\frac{1+x^a}{1+x^b}}{\ln x} = \lim_{x \to +\infty}\frac{\frac{ax^{a-1}}{1+x^a} - \frac{bx^{b-1}}{1+x^b}}{\frac{1}{x}}$$

$$= \lim_{x \to +\infty}\left(\frac{ax^a}{1+x^a} - \frac{bx^b}{1+x^b}\right) = a - b,$$

所以

$$\lim_{x \to +\infty}\left(\frac{1+x^a}{1+x^b}\right)^{\frac{1}{\ln x}} = e^{a-b}.$$

## 八、等价无穷小替换

常用的无穷小等价关系，当 $x \to 0$ 时：

(1) $x \sim \sin x \sim \arcsin x \sim \tan x \sim \arctan x$；

(2) $(1+x)^\mu \sim 1 + \mu x$，特别地，$\mu = \dfrac{1}{2}$ 时，$\sqrt{1+x} \sim 1 + \dfrac{1}{2}x$；

(3) $a^x \sim 1 + x\ln a$，特别地，$a = e$ 时，$e^x \sim 1 + x$；

(4) $\ln(1+x) \sim x$.

**注** 用等价无穷小替换在乘除、复合或分子(分母)整体时可以用，但在和差时不能应用. 等价无穷小替换法和洛必达法则结合起来使用，效果更好.

典型例题

**例 38** 求极限 $\lim\limits_{x \to 0}\dfrac{\arctan x - x}{x\tan^2 x}$.

**解** 根据等价替换和洛必达法则，有

$$\lim_{x \to 0} \frac{\arctan x - x}{x \tan^2 x} = \lim_{t \to 0} \frac{t - \tan t}{\tan t \cdot t^2} = \lim_{t \to 0} \frac{t - \tan t}{t^3} = \lim_{t \to 0} \frac{1 - \sec^2 t}{3t^2}$$

$$= \frac{1}{3} \lim_{t \to 0} \frac{\cos^2 t - 1}{t^2}$$

$$= -\frac{1}{3} \lim_{t \to 0} (1 + \cos t) \frac{1 - \cos t}{t^2} = -\frac{1}{3}.$$

**例 39**　求极限 $\displaystyle\lim_{x \to 0} \frac{\dfrac{x^2}{2} + 1 - \sqrt{1 + x^2}}{(\cos x - e^{\frac{x^2}{2}}) \sin^2 x}$.

**解**　根据等价替换和泰勒展开式,有

$$\lim_{x \to 0} \frac{\dfrac{x^2}{2} + 1 - \sqrt{1 + x^2}}{(\cos x - e^{\frac{x^2}{2}}) \sin^2 x} = \lim_{x \to 0} \frac{\dfrac{x^2}{2} + 1 - \sqrt{1 + x^2}}{(\cos x - e^{\frac{x^2}{2}}) x^2}$$

$$= \lim_{x \to 0} \frac{\dfrac{x^2}{2} + 1 - \left(1 + \dfrac{1}{2}x^2 - \dfrac{1}{8}x^4 + o(x^5)\right)}{\left(\left(1 - \dfrac{x^2}{2} + o(x^3)\right) - \left(1 + \dfrac{x^2}{2} + o(x^3)\right)\right) x^2} = -\frac{1}{8}.$$

**例 40**　求极限 $\displaystyle\lim_{x \to 0} \left(\frac{1}{\ln(x+1)} - \frac{1}{x}\right)$.

**解**　根据等价替换和洛必达法则,有

$$\lim_{x \to 0} \left(\frac{1}{\ln(x+1)} - \frac{1}{x}\right) = \lim_{x \to 0} \frac{x - \ln(1+x)}{x \ln(1+x)} = \lim_{x \to 0} \frac{x - \ln(1+x)}{x^2}$$

$$= \lim_{x \to 0} \frac{1 - \dfrac{1}{1+x}}{2x} = \lim_{x \to 0} \frac{1}{2(1+x)} = \frac{1}{2}.$$

**例 41**　求极限 $\displaystyle\lim_{x \to 0} \frac{\ln(1 + x^2)}{\sec x - \cos x}$.

**解**　根据等价替换,有

$$\lim_{x \to 0} \frac{\ln(1 + x^2)}{\sec x - \cos x} = \lim_{x \to 0} \frac{x^2}{1 - \cos x} \cdot \frac{\cos x}{1 + \cos x} = \lim_{x \to 0} \frac{x^2}{\dfrac{x^2}{2}} \cdot \frac{\cos x}{1 + \cos x} = 1.$$

**例 42**　求极限 $\displaystyle\lim_{x \to 0} \frac{\dfrac{x^2}{2} + 1 - \sqrt{1 + x^2}}{\sin x^2 (\cos x - e^{x^2})}$.

**解**　当 $x \to 0$ 时,根据等价替换和泰勒展开式,有

$$\frac{x^2}{2} + 1 - \sqrt{1 + x^2} = \frac{x^2}{2} + 1 - 1 - \frac{x^2}{2} - \frac{x^4}{8} + o(x^4) \sim -\frac{x^4}{8};$$

$$\sin x^2 \sim x^2; \cos x - e^{x^2} = (\cos x - 1) + (1 - e^{x^2});$$

$$(\cos x - 1) \sim -\frac{1}{2}x^2; (1 - e^{x^2}) \sim -x^2, x \to 0,$$

故,当 $x \to 0$ 时,有

$$\cos x - e^x = (\cos x - 1) + (1 - e^{x^2}) \sim -\frac{3}{2}x^2,$$

故 $\sin x^2(\cos x - e^x) \sim -\dfrac{3}{2}x^4$. 所以

$$\lim_{x\to 0}\frac{\dfrac{x^2}{2}+1-\sqrt{1+x^2}}{\sin x^2(\cos x - e^{x^2})}=\lim_{x\to 0}\frac{\dfrac{x^4}{8}}{-\dfrac{3}{2}x^4}=-\frac{1}{12}.$$

**例 43**  求极限 $\lim\limits_{x\to 0}\dfrac{\tan x^3}{(1-\cos x)\sin x}$.

**解**  利用等价无穷小 $\tan x^3 \sim x^3$，$1-\cos x \sim \dfrac{1}{2}x^2$，$\sin x \sim x$，有

$$\lim_{x\to 0}\frac{\tan x^3}{(1-\cos x)\sin x}=\lim_{x\to 0}\frac{x^3}{\dfrac{1}{2}x^2 \cdot x}=2.$$

**例 44**  求极限 $\lim\limits_{x\to 0}\dfrac{e^x \sin x - x(1+x)}{x^3}$.

**解**  由泰勒公式有

$$\lim_{x\to 0}\frac{e^x \sin x - x(1+x)}{x^3}=\lim_{x\to 0}\frac{\left(1+x+\dfrac{x^2}{2}+o(x^2)\right)\left(x-\dfrac{x^3}{6}+o(x^3)\right)-x-x^2}{x^3}$$

$$=\lim_{x\to 0}\frac{\left(\dfrac{1}{2}-\dfrac{1}{6}\right)x^3+o(x^3)}{x^3}=\frac{1}{3}.$$

**例 45**  求极限 $\lim\limits_{x\to \infty}(\sqrt[m]{x^m+x^{m-1}}-\sqrt[m]{x^m-x^{m-1}})$，其中 $m>1$.

**解**  当 $x\to\infty$ 时，有 $\dfrac{1}{x}\to 0$，故

$$\lim_{x\to\infty}(\sqrt[m]{x^m+x^{m-1}}-\sqrt[m]{x^m-x^{m-1}})=\lim_{x\to\infty}x\left(\left(1+\frac{1}{x}\right)^{\frac{1}{m}}-\left(1-\frac{1}{x}\right)^{\frac{1}{m}}\right)$$

$$=\lim_{x\to\infty}x\left(1+\frac{1}{m}\cdot\frac{1}{x}-\left(1-\frac{1}{m}\cdot\frac{1}{x}\right)+o\left(\frac{1}{x}\right)\right)$$

$$=\frac{2}{m}.$$

## 九、利用级数的定义或性质求极限

**典型例题**

**例 46**  设数列 $\{a_n\}$ 为单调递增正数列，试证明：级数 $\sum\limits_{n=1}^{\infty}\left(1-\dfrac{a_n}{a_{n+1}}\right)$ 收敛当且仅当数列 $\{a_n\}$ 收敛.

**证明**  首先证明：设 $-1<a_n\leqslant 0$，则由 $\lim\limits_{n\to\infty}a_n=0$ 及 $\lim\limits_{n\to\infty}\dfrac{a_n}{\ln(1+a_n)}=1$，应用比较判别法知 $\sum\limits_{n=1}^{\infty}a_n$ 收敛等价于 $\sum\limits_{n=1}^{\infty}\ln(1+a_n)$ 收敛.

设 $\{a_n\}$ 为单调递增正数列,则 $0 \leqslant 1 - \dfrac{a_n}{a_{n+1}} < 1$,故 $\displaystyle\sum_{n=1}^{\infty}\left(1 - \dfrac{a_n}{a_{n+1}}\right)$ 收敛等价于

$$\sum_{n=1}^{\infty} \ln\left(1 - \left(1 - \frac{a_n}{a_{n+1}}\right)\right) = \sum_{n=1}^{\infty} \ln\frac{a_n}{a_{n+1}}$$

收敛,而 $\displaystyle\sum_{n=1}^{k} \ln\frac{a_n}{a_{n+1}} = \ln\frac{a_1}{a_{k+1}}$,故 $\displaystyle\sum_{n=1}^{\infty} \ln\frac{a_n}{a_{n+1}}$ 收敛等价于 $\left\{\ln\dfrac{a_1}{a_{k+1}}\right\} = \{\ln a_1 - \ln a_{k+1}\}$ 收敛,等价于 $\{a_n\}$ 收敛.

**例 47**　求极限 $\displaystyle\lim_{n\to\infty}\left(\dfrac{1}{a} + \dfrac{3}{a^2} + \dfrac{5}{a^3} + \cdots + \dfrac{2n-1}{a^n}\right)(a > 1)$.

**解**　幂级数 $\displaystyle\sum_{n=1}^{\infty}(2n-1)x^n$ 的收敛半径为 $\displaystyle\lim_{n\to\infty}\dfrac{2n-1}{2n+1} = 1$,且其在 $x = \pm 1$ 处的通项都是无穷大量,故在 $x = \pm 1$ 处都是发散的.那么在 $(-1, 1)$ 内,有

$$\sum_{n=1}^{\infty}(2n-1)x^n = 2x\sum_{n=1}^{\infty}nx^{n-1} - \sum_{n=1}^{\infty}x^n = 2x\sum_{n=1}^{\infty}(x^n)' - \frac{x}{1-x}$$

$$= 2x\left(\sum_{n=1}^{\infty}x^n\right)' - \frac{x}{1-x} = 2x\left(\frac{x}{1-x}\right)' - \frac{x}{1-x}$$

$$= \frac{2x}{(1-x)^2} - \frac{x}{1-x} = \frac{x(1+x)}{(1-x)^2}.$$

当 $a > 1$ 时,有 $\dfrac{1}{a} \in (0, 1)$,则

$$\sum_{n=1}^{\infty}\frac{2n-1}{a^n} = \frac{\dfrac{1}{a}\left(1 + \dfrac{1}{a}\right)}{\left(1 - \dfrac{1}{a}\right)^2} = \frac{a+1}{(a-1)^2},$$

即

$$\lim_{n\to\infty}\left(\frac{1}{a} + \frac{3}{a^2} + \frac{5}{a^3} + \cdots + \frac{2n-1}{a^n}\right) = \frac{a+1}{(a-1)^2}.$$

## 十、利用施托尔茨公式求极限

**定理 2**　(1) 设数列 $\{x_n\}$ 严格单调递增,且 $\displaystyle\lim_{n\to\infty}x_n = +\infty$.若

$$\lim_{n\to\infty}\frac{y_n - y_{n-1}}{x_n - x_{n-1}} = \begin{cases} a \\ +\infty, a \in \mathbf{R}, \\ -\infty \end{cases}$$

则

$$\lim_{n\to\infty}\frac{y_n}{x_n} = \begin{cases} a \\ +\infty, a \in \mathbf{R}. \\ -\infty \end{cases}$$

(2) 设 $\displaystyle\lim_{n\to\infty}y_n = 0$,数列 $\{x_n\}$ 严格单调递减,且 $\displaystyle\lim_{n\to\infty}x_n = 0$.若

$$\lim_{n\to\infty}\frac{y_n - y_{n-1}}{x_n - x_{n-1}} = \begin{cases} a \\ +\infty, a \in \mathbf{R}, \\ -\infty \end{cases}$$

则

$$\lim_{n\to\infty}\frac{y_n}{x_n}=\begin{cases}a\\+\infty, a\in\mathbf{R}.\\-\infty\end{cases}$$

**典型例题**

**例 48** 设 $x_1 = \sin x > 0, x_{n+1} = \sin x_n$，求 $\lim\limits_{n\to\infty}\sqrt{\dfrac{n}{3}}x_n$.

**解** 当取定 $x$ 之后，则 $\{x_n\}$ 单调递减，且由数学归纳法可知 $0 < x_n < 1$，则 $\lim\limits_{n\to\infty}x_n = 0$. 那么由施托尔茨公式有

$$\lim_{n\to\infty}nx_n^2 = \lim_{n\to\infty}\frac{n}{\dfrac{1}{x_n^2}} = \lim_{n\to\infty}\frac{(n+1)-n}{\dfrac{1}{\sin^2 x_n}-\dfrac{1}{x_n^2}} = \lim_{x\to 0}\frac{1}{\dfrac{1}{\sin^2 x}-\dfrac{1}{x^2}}$$

$$= \lim_{x\to 0}\frac{x^2\sin^2 x}{x^2-\sin^2 x} = 3.$$

所以 $\lim\limits_{n\to\infty}\sqrt{\dfrac{n}{3}}x_n = 1$.

**例 49** 设 $a_1 > 0, a_{n+1} = a_n + \dfrac{1}{a_n}, n = 1, 2, \cdots$，证明：$\lim\limits_{n\to\infty}\dfrac{a_n}{\sqrt{2n}} = 1$.

**证明** 由 $a_1 > 0$ 和数学归纳法可知 $\{a_n\}$ 单调递增，假设 $\{a_n\}$ 收敛于有限数 $a$，在等式 $a_{n+1} = a_n + \dfrac{1}{a_n}$ 两边对 $n$ 取极限得 $\lim\limits_{n\to\infty}\dfrac{1}{a_n} = 0$. 这与假设相矛盾，于是 $\lim\limits_{n\to\infty}a_n = +\infty$. 设 $x_n = a_n^2, y_n = 2n$，应用施托尔茨公式有

$$\lim_{n\to\infty}\frac{a_n^2}{2n} = \lim_{n\to\infty}\frac{a_{n+1}^2-a_n^2}{2(n+1)-2n} = \frac{1}{2}\lim_{n\to\infty}(a_{n+1}^2-a_n^2),$$

另有

$$a_{n+1}^2-a_n^2 = 2+\frac{2}{a_n}\ \text{和}\ \lim_{n\to\infty}\frac{1}{a_n} = 0,$$

所以

$$\frac{1}{2}\lim_{n\to\infty}(a_{n+1}^2-a_n^2) = 1.$$

因此 $\lim\limits_{n\to\infty}\dfrac{a_n}{\sqrt{2n}} = 1$.

**例 50** 设数列 $\{S_n\}, \sigma_n = \dfrac{S_1+S_2+\cdots+S_n}{n+1}, \lim\limits_{n\to\infty}\sigma_n = S, \lim\limits_{n\to\infty}n(S_n-S_{n-1}) = 0$. 证明：$\lim\limits_{n\to\infty}S_n = S$.

**证明** 由于

$$S_n-\sigma_n = \frac{(S_n-S_1)+(S_n-S_2)+\cdots+(S_n-S_n)}{n+1},$$

那么应用施托尔茨公式有

$$\lim_{n\to\infty}(S_n - \sigma_n) = \lim_{n\to\infty} n(S_n - S_{n-1}) = 0,$$

所以

$$\lim_{n\to\infty} S_n = \lim_{n\to\infty}(S_n - \sigma_n) + \lim_{n\to\infty} \sigma_n = S.$$

**例 51** 设 $\lim\limits_{n\to\infty} n(A_n - A_{n-1}) = 0$. 试证 $\lim\limits_{n\to\infty}\dfrac{A_1 + A_2 + \cdots + A_n}{n}$ 存在时

$$\lim_{n\to\infty} A_n = \lim_{n\to\infty}\frac{A_1 + A_2 + \cdots + A_n}{n}.$$

**证明** 由于

$$\lim_{n\to\infty} A_n = \lim_{n\to\infty}\left(A_n - \frac{A_1 + A_2 + \cdots + A_n}{n}\right) + \lim_{n\to\infty}\frac{A_1 + A_2 + \cdots + A_n}{n},$$

且由例 50 可知

$$\lim_{n\to\infty}\left(A_n - \frac{A_1 + A_2 + \cdots + A_n}{n}\right) = 0,$$

因此

$$\lim_{n\to\infty} A_n = \lim_{n\to\infty}\frac{A_1 + A_2 + \cdots + A_n}{n}.$$

**例 52** 求极限 $\lim\limits_{n\to\infty}\left(\dfrac{2}{2^2-1}\right)^{\frac{1}{2^{n-1}}}\left(\dfrac{2^2}{2^3-1}\right)^{\frac{1}{2^{n-2}}}\cdots\left(\dfrac{2^{n-1}}{2^n-1}\right)^{\frac{1}{2}}$.

**解** 令

$$A_n = \left(\frac{2}{2^2-1}\right)^{\frac{1}{2^{n-1}}}\left(\frac{2^2}{2^3-1}\right)^{\frac{1}{2^{n-2}}}\cdots\left(\frac{2^{n-1}}{2^n-1}\right)^{\frac{1}{2}},$$

则

$$\ln A_n = \frac{1}{2^{n-1}}\ln\frac{2}{2^2-1} + \frac{1}{2^{n-2}}\ln\frac{2^2}{2^3-1} + \cdots + \frac{1}{2}\ln\frac{2^{n-1}}{2^n-1}$$

$$= \frac{1}{2^{n-1}}\left(\ln\frac{2}{2^2-1} + 2\ln\frac{2^2}{2^3-1} + \cdots + 2^{n-2}\ln\frac{2^{n-1}}{2^n-1}\right).$$

应用施托尔茨公式有

$$\lim_{n\to\infty}\ln A_n = \lim_{n\to\infty}\frac{2^{n-2}\ln\dfrac{2^{n-1}}{2^n-1}}{2^{n-1} - 2^{n-2}} = \ln\frac{1}{2},$$

所以

$$\lim_{n\to\infty}\left(\frac{2}{2^2-1}\right)^{\frac{1}{2^{n-1}}}\left(\frac{2^2}{2^3-1}\right)^{\frac{1}{2^{n-2}}}\cdots\left(\frac{2^{n-1}}{2^n-1}\right)^{\frac{1}{2}} = \frac{1}{2}.$$

## 第 3 节 数列的上、下极限

**定义 1** 有界数列 $\{x_n\}$ 的最大聚点 $\overline{A}$ 与最小聚点 $\underline{A}$ 分别称为 $\{x_n\}$ 的上极限与下极限，记作 $\overline{A} = \varlimsup\limits_{n\to\infty} x_n$，$\underline{A} = \varliminf\limits_{n\to\infty} x_n$.

数列的上、下极限利用上、下确界来定义

$$\varlimsup_{n\to\infty} x_n = \lim_n \sup_{k\geqslant n} x_k = \inf_n \sup_{k\geqslant n} x_k; \quad \varliminf_{n\to\infty} x_n = \lim_n \inf_{k\geqslant n} x_k = \sup_n \inf_{k\geqslant n} x_k.$$

重要结论：任意有界数列都存在收敛子列；任何数列都有广义收敛子列；任意数列都存在单调子列；数列收敛等价于其任意子列都收敛.

**定理1** 设$\{x_n\}$是有界数列.

(1) $\varlimsup_{n\to\infty} x_n = H$的充分必要条件是对任意给定的$\varepsilon > 0$，则：

（i）存在正整数$N$，使得$x_n < H + \varepsilon$对一切的$n > N$成立；

（ii）$\{x_n\}$中有无穷多项，满足$x_n > H - \varepsilon$.

(2) $\varliminf_{n\to\infty} x_n = h$的充分必要条件是对任意给定的$\varepsilon > 0$，则：

（i）存在正整数$N$，使得$x_n > h - \varepsilon$对一切的$n > N$成立；

（ii）$\{x_n\}$中有无穷多项，满足$x_n < h + \varepsilon$.

**典型例题**

**例1** 设数列$\{a_n\}_{n=1}^{\infty}$满足条件

$$a_{m+n} \leqslant a_m + a_n, n, m = 1, 2, \cdots$$

且有下界，证明：数列$\left\{\dfrac{a_n}{n}\right\}_{n=1}^{\infty}$收敛于其下确界.

**证明** 对任意固定的$m \in \mathbf{N}$和任意的$n \in \mathbf{N}$，存在$p, q \in \mathbf{N}, 0 \leqslant q < m$，使得$n = pm + q$. 于是

$$\frac{a_n}{n} = \frac{a_{pm+q}}{pm+q} \leqslant \frac{a_{pm} + a_q}{pm+q} \leqslant \frac{pa_m + a_q}{pm+q} \leqslant \frac{a_m}{m} + \frac{a_q}{pm}.$$

令$n \to \infty$，则$p \to \infty$，而有$\varlimsup_{n\to\infty} \dfrac{a_n}{n} \leqslant \dfrac{a_m}{m}$，两边关于$m$取下确界，得

$$\varlimsup_{n\to\infty} \frac{a_n}{n} \leqslant \inf_{m\geqslant 1} \frac{a_m}{m} \leqslant \varliminf_{n\to\infty} \frac{a_n}{n} \leqslant \varlimsup_{n\to\infty} \frac{a_n}{n},$$

这说明$\left\{\dfrac{a_n}{n}\right\}$的极限存在，且等于$\inf\limits_{m\geqslant 1} \dfrac{a_m}{m}$.

**例2** 设$\{x_n\}_{n=1}^{\infty}$是非负数列，试证：若$\lim\limits_{n\to\infty} \dfrac{x_{n+1}}{x_n} = l$，其中$l$为常数，则$\lim\limits_{n\to\infty} \sqrt[n]{x_n} = l$.

**证明** 对任意的正数$\varepsilon$，不妨设$\varepsilon < l$. 由$\lim\limits_{n\to\infty} \dfrac{x_{n+1}}{x_n} = l$，可知存在正整数$N$，当$n > N$时，有

$$l - \varepsilon < \frac{x_{n+1}}{x_n} < l + \varepsilon.$$

设$n > N$，则有

$$\sqrt[n]{x_N}\,(l-\varepsilon)^{\frac{n-N}{n}} < \sqrt[n]{x_n} < \sqrt[n]{x_N}\,(l+\varepsilon)^{\frac{n-N}{n}},$$

那么有

$$l - \varepsilon < \varliminf_{n\to\infty} \sqrt[n]{x_n} \leqslant \varlimsup_{n\to\infty} \sqrt[n]{x_n} < l + \varepsilon.$$

由$\varepsilon$的任意性可知

$$\lim_{n\to\infty}\sqrt[n]{x_n}=\overline{\lim_{n\to\infty}}\sqrt[n]{x_n}=l,\lim_{n\to\infty}\sqrt[n]{x_n}=l.$$

**例 3**　证明:若 $\lim_{n\to\infty}x_n=x,-\infty<x<0$,则

$$\overline{\lim_{n\to\infty}}(x_n\cdot y_n)=\lim_{n\to\infty}x_n\cdot\underline{\lim_{n\to\infty}}y_n;\underline{\lim_{n\to\infty}}(x_n\cdot y_n)=\lim_{n\to\infty}x_n\cdot\overline{\lim_{n\to\infty}}y_n.$$

**证明**　由 $\lim_{n\to\infty}x_n=x,-\infty<x<0$,可知对任意的正数 $\varepsilon$,存在正整数 $N_1$,对一切的 $n>N_1$,有 $x-\varepsilon<x_n<x+\varepsilon$.不妨设 $0<\varepsilon<-x$,则当 $n>N_1$ 时,有 $x-\varepsilon<x_n<x+\varepsilon<0$.

记 $\overline{\lim_{n\to\infty}}y_n=H,\underline{\lim_{n\to\infty}}y_n=h$,则对上述的 $\varepsilon$,存在正整数 $N_2$,对一切的 $n>N_2$,有 $h-\varepsilon<y_n<H+\varepsilon$. 令 $N=\max\{N_1,N_2\}$,则当 $n>N$ 时,有

$$\min\{(x-\varepsilon)(H+\varepsilon),(x+\varepsilon)(H+\varepsilon)\}<x_n\cdot y_n$$
$$<\max\{(x-\varepsilon)(h-\varepsilon),(x+\varepsilon)(h-\varepsilon)\}.$$

于是

$$\underline{\lim_{n\to\infty}}(x_n\cdot y_n)\geqslant\min\{(x-\varepsilon)(H+\varepsilon),(x+\varepsilon)(H+\varepsilon)\},$$
$$\overline{\lim_{n\to\infty}}(x_n\cdot y_n)\leqslant\max\{(x-\varepsilon)(h-\varepsilon),(x+\varepsilon)(h-\varepsilon)\}.$$

由 $\varepsilon$ 的任意性可知

$$\underline{\lim_{n\to\infty}}(x_n\cdot y_n)\geqslant xH=\lim_{n\to\infty}x_n\cdot\overline{\lim_{n\to\infty}}y_n,\overline{\lim_{n\to\infty}}(x_n\cdot y_n)\leqslant xh\leqslant\lim_{n\to\infty}x_n\cdot\underline{\lim_{n\to\infty}}y_n.$$

由于

$$\underline{\lim_{n\to\infty}}y_n=\underline{\lim_{n\to\infty}}\left(\frac{1}{x_n}\cdot(x_n\cdot y_n)\right)\geqslant\lim_{n\to\infty}\frac{1}{x_n}\cdot\overline{\lim_{n\to\infty}}(x_n\cdot y_n),$$
$$\overline{\lim_{n\to\infty}}y_n=\overline{\lim_{n\to\infty}}\left(\frac{1}{x_n}\cdot(x_n\cdot y_n)\right)\leqslant\lim_{n\to\infty}\frac{1}{x_n}\cdot\underline{\lim_{n\to\infty}}(x_n\cdot y_n),$$

又得到

$$\underline{\lim_{n\to\infty}}(x_n\cdot y_n)\leqslant\lim_{n\to\infty}x_n\cdot\overline{\lim_{n\to\infty}}y_n,\overline{\lim_{n\to\infty}}(x_n\cdot y_n)\geqslant\lim_{n\to\infty}x_n\cdot\underline{\lim_{n\to\infty}}y_n.$$

因此,有

$$\overline{\lim_{n\to\infty}}(x_n\cdot y_n)=\lim_{n\to\infty}x_n\cdot\underline{\lim_{n\to\infty}}y_n;\underline{\lim_{n\to\infty}}(x_n\cdot y_n)=\lim_{n\to\infty}x_n\cdot\overline{\lim_{n\to\infty}}y_n.$$

**例 4**　证明:(1) $\overline{\lim_{n\to\infty}}(-x_n)=-\underline{\lim_{n\to\infty}}x_n$;(2) $\overline{\lim_{n\to\infty}}(cx_n)=\begin{cases}c\overline{\lim_{n\to\infty}}x_n,c>0\\c\underline{\lim_{n\to\infty}}x_n,c<0\end{cases}.$

**证明**　仅对 $\{x_n\}$ 是有界数列的情况给出证明.

(1) 设 $\underline{\lim_{n\to\infty}}x_n=\eta$,则对任意给定的 $\varepsilon>0$,存在正整数 $N$,使得 $x_n>\eta-\varepsilon$ 对一切 $n>N$ 成立,且 $\{x_n\}$ 中有无穷多项,满足 $x_n<\eta+\varepsilon$.于是 $-x_n<-\eta+\varepsilon$ 对一切 $n>N$ 成立,且 $\{-x_n\}$ 中有无穷多项,满足 $-x_n>-\eta-\varepsilon$,所以

$$\overline{\lim_{n\to\infty}}(-x_n)=-\eta=-\underline{\lim_{n\to\infty}}x_n.$$

(2) 设 $c>0,\overline{\lim_{n\to\infty}}x_n=\xi$,则对任意给定的 $\varepsilon>0$,存在正整数 $N$,使得 $x_n<\xi+\dfrac{\varepsilon}{c}$ 对

一切 $n > N$ 成立,且 $\{x_n\}$ 中有无穷多项,满足 $x_n > \xi - \dfrac{\varepsilon}{c}$. 于是 $cx_n < c\xi + \varepsilon$ 对一切 $n > N$ 成立,且 $\{cx_n\}$ 中有无穷多项,满足 $cx_n > c\xi - \varepsilon$,所以

$$\overline{\lim_{n\to\infty}}(cx_n) = c\xi = c\,\overline{\lim_{n\to\infty}}x_n.$$

设 $c < 0$,$\varlimsup_{n\to\infty}x_n = \eta$,则对任意给定的 $\varepsilon > 0$,存在正整数 $N$,使得 $x_n > \eta + \dfrac{\varepsilon}{c}$ 对一切 $n > N$ 成立,且 $\{x_n\}$ 中有无穷多项,满足 $x_n < \eta - \dfrac{\varepsilon}{c}$. 于是 $cx_n < c\eta + \varepsilon$ 对一切 $n > N$ 成立,且 $\{cx_n\}$ 中有无穷多项,满足 $cx_n > c\eta - \varepsilon$,所以

$$\overline{\lim_{n\to\infty}}(cx_n) = c\eta = c\,\varliminf_{n\to\infty}x_n.$$

**例 5** 证明:

(1) $\varliminf_{n\to\infty}(x_n + y_n) \geqslant \varliminf_{n\to\infty}x_n + \varliminf_{n\to\infty}y_n$;

(2) 若 $\lim\limits_{n\to\infty} x_n$ 存在,则 $\varliminf_{n\to\infty}(x_n + y_n) = \lim\limits_{n\to\infty} x_n + \varliminf_{n\to\infty}y_n$.

**证明** (1) 记 $\varliminf_{n\to\infty}x_n = h_1$,$\varliminf_{n\to\infty}y_n = h_2$,则对任意给定的 $\varepsilon > 0$,存在正整数 $N$,对一切 $n > N$,$x_n > h_1 - \dfrac{\varepsilon}{2}$,$y_n > h_2 - \dfrac{\varepsilon}{2}$ 成立,即

$$x_n + y_n > h_1 + h_2 - \varepsilon,$$

于是

$$\varliminf_{n\to\infty}(x_n + y_n) \geqslant h_1 + h_2 - \varepsilon.$$

由 $\varepsilon$ 的任意性,得到

$$\varliminf_{n\to\infty}(x_n + y_n) \geqslant h_1 + h_2 = \varliminf_{n\to\infty}x_n + \varliminf_{n\to\infty}y_n.$$

(2) 若 $\lim\limits_{n\to\infty} x_n$ 存在,则由(1),有

$$\varliminf_{n\to\infty}(x_n + y_n) \geqslant \lim_{n\to\infty}x_n + \varliminf_{n\to\infty}y_n,$$

且

$$\begin{aligned}\varliminf_{n\to\infty}y_n &= \varliminf_{n\to\infty}[(x_n + y_n) - x_n] \geqslant \varliminf_{n\to\infty}(x_n + y_n) + \varliminf_{n\to\infty}(-x_n)\\ &= \varliminf_{n\to\infty}(x_n + y_n) - \lim_{n\to\infty}x_n,\end{aligned}$$

两式结合即得到

$$\varliminf_{n\to\infty}(x_n + y_n) = \lim_{n\to\infty}x_n + \varliminf_{n\to\infty}y_n.$$

# 第2讲

# 函数的连续性

## 第1节　基本概念与性质

**1. 基本初等函数**

幂函数,指数函数,对数函数,三角函数,反三角函数.

**2. 初等函数及其性质**

由基本初等函数经过有限次四则运算及有限次复合运算而获得的函数称为初等函数.

初等函数的基本特征:有界性,单调性,奇偶性和周期性.

**3. 重要的非初等函数**

符号函数,取整函数,狄利克雷函数,黎曼(Riemann)函数.

**4. 连续函数及其性质**

连续函数的几种等价描述:

(1) 极限形式:$\lim\limits_{x \to x_0} f(x) = f(x_0)$.

(2) 增量形式:$\lim\limits_{\Delta x \to 0} \Delta y = 0$,其中 $\Delta x = x - x_0$,$\Delta y = f(x) - f(x_0)$.

(3)"$\varepsilon - \delta$" 语言:对任意给定的 $\varepsilon > 0$,存在正数 $\delta$,当 $\mid x - x_0 \mid < \delta$ 时,$\mid f(x_0) - f(x) \mid < \varepsilon$.

(4) 邻域形式:对任意给定的 $\varepsilon > 0$,存在正数 $\delta$,当 $x \in U(x_0;\delta)$ 时,有 $f(x) \in U(f(x_0);\varepsilon)$.

(5) 海涅定理:设 $\{x_n\}(n \in \mathbf{N}_+)$ 为 $f(x)$ 定义域内任一收敛于 $x_0$ 的数列且 $x_n \neq x_0$,都有 $\lim\limits_{x \to x_0} f(x) = f(x_0)$.

(6) 左、右极限:$f(x_0 + 0) = f(x_0 - 0) = f(x_0)$.

证明函数 $f(x)$ 在某区间连续,只需证明在其中任意一点连续即可.常用的方法除上面所给出的六种等价描述之外,还可以利用连续函数的四则运算性质和连续函数的复合性质.

连续函数的性质:

局部有界性,局部保号性,四则运算性质和复合性质.

**5. 间断点的类型**

若函数 $f(x)$ 在点 $x_0$ 不连续,则称 $f(x)$ 在点 $x_0$ 间断,$x_0$ 称为 $f(x)$ 的间断点. 对于间断点 $x_0$,可作如下分类:

(1) 第一类间断点:$f(x_0+0)$,$f(x_0-0)$ 都存在.

( i ) 若 $f(x_0+0) \neq f(x_0-0)$,则称 $x_0$ 为跳跃间断点;

( ii ) 若 $f(x_0+0) = f(x_0-0)$,则称 $x_0$ 为可去间断点.

(2) 第二类间断点:$f(x_0+0)$,$f(x_0-0)$ 中至少有一个不存在.

**典型例题**

**例 1** 按定义证明:$f(x) = \dfrac{1}{x}$ 在其定义域内连续.

**证明** $f(x)$ 的定义域为 $\{x \mid x \in \mathbf{R}, x \neq 0\}$,设 $x_0$ 为任一不为零的实数,对任意的正数 $\varepsilon$,特别地,取 $\delta_1 = \dfrac{|x_0|}{2}$,当 $|x-x_0| < \delta_1$ 时,有

$$\left| \frac{1}{x} - \frac{1}{x_0} \right| = \left| \frac{x-x_0}{xx_0} \right| < \frac{|x-x_0|}{\frac{1}{2}x_0^2}.$$

令 $\delta = \min\left\{\delta_1, \dfrac{1}{2}x_0^2\varepsilon\right\}$,则

$$|f(x) - f(x_0)| = \left| \frac{1}{x} - \frac{1}{x_0} \right| < \varepsilon,$$

故 $f(x) = \dfrac{1}{x}$ 在其定义域内连续.

**例 2** 判断函数 $f(x) = \operatorname{sgn}(\cos x)$ 的间断点的类型.

**解** 因为

$$f(x) = \begin{cases} 1, & x \in \left(2k\pi - \dfrac{\pi}{2}, 2k\pi + \dfrac{\pi}{2}\right) \\ 0, & x = k\pi \\ -1, & x \in \left(2k\pi + \dfrac{\pi}{2}, 2k\pi + \dfrac{3\pi}{2}\right) \end{cases}, k \in \mathbf{Z},$$

所以

$$\lim_{x \to \left(2k\pi - \frac{\pi}{2}\right)^+} \operatorname{sgn}(\cos x) = 1, \quad \lim_{x \to \left(2k\pi - \frac{\pi}{2}\right)^-} \operatorname{sgn}(\cos x) = -1;$$

$$\lim_{x \to \left(2k\pi + \frac{\pi}{2}\right)^+} \operatorname{sgn}(\cos x) = -1, \quad \lim_{x \to \left(2k\pi + \frac{\pi}{2}\right)^-} \operatorname{sgn}(\cos x) = 1.$$

因此,$x = 2k\pi - \dfrac{\pi}{2}$ 与 $x = 2k\pi + \dfrac{\pi}{2}$ 均为第一类间断点中的跳跃间断点.

**例 3** 讨论函数 $f(x) = \begin{cases} 2x + \dfrac{1}{x}, & x < 1 \\ x-2, & 1 \leqslant x < 2 \\ 3(x-2)\sin\dfrac{1}{x-2}, & x > 2 \end{cases}$ 的连续性,若有间断点,判别其

类型.

**解**　因为当 $x<0,0<x<1,1<x<2$ 和 $x>2$ 时,函数都是连续的,所以间断点只能是 $0,1,2$,且有

$$\lim_{x\to 0}f(x)=\infty,$$

$$\lim_{x\to 1^-}f(x)=\lim_{x\to 1^-}\left(2x+\frac{1}{x}\right)=3,\lim_{x\to 1^+}f(x)=\lim_{x\to 1^+}(x-2)=-1,$$

$$\lim_{x\to 2^-}f(x)=\lim_{x\to 2}(x-2)=0,\lim_{x\to 2^+}f(x)=\lim_{x\to 2^+}3(x-2)\sin\frac{1}{x-2}=0.$$

所以 $x=0$ 为第二类间断点,$x=1$ 是第一类间断点中的跳跃间断点,$x=2$ 为第一类间断点中的可去间断点.

**例 4**　判断函数 $f(x)=\begin{cases}\sin\pi x,x\in\mathbf{Q}\\0,x\in\mathbf{R}\backslash\mathbf{Q}\end{cases}$ 的连续性,并判断间断点的类型,其中 $\mathbf{Q}$ 表示有理数集,$\mathbf{R}$ 表示实数集.

**解**　对任意的点 $x_0\in\mathbf{R}$,则由实数的稠密性可知 $\pi x_0$ 的任一邻域 $U(\pi x_0)$ 中有无穷多个有理数和无理数.于是对任意的 $x\in U(\pi x_0)$ 且 $x\in\mathbf{R}$,有 $f(x)=0$.所以 $f$ 在点 $x_0$ 连续,必有 $\sin\pi x_0=0$.于是 $f(x)$ 在点 $x_0$ 连续当且仅当 $\sin\pi x_0=0$,即 $x_0=n$ 时为整数.故函数在 $x=n$ 处连续,其中 $n$ 为整数.

当 $x_0\neq n$ 时,则由海涅定理可知 $\lim_{x\to x_0^-}f(x)$ 与 $\lim_{x\to x_0^+}f(x)$ 均不存在,所以是第二类间断点.

**例 5**　证明:$R(x)$ 在 $(0,1)$ 内任意有理点处不连续,在 $(0,1)$ 内任意无理点处连续,其中 $R(x)$ 为黎曼函数

$$R(x)=\begin{cases}\dfrac{1}{q},x=\dfrac{p}{q},p<q,(p,q)=1\\0,x\text{ 为}(0,1)\text{ 中无理数以及 }0,1\end{cases}.$$

**证明**　(1) 若 $x$ 为 $[0,1]$ 上无理数或 $0,1$,则对任意的 $\varepsilon>0$,$|R(x)-0|<\varepsilon$.

(2) 若 $x$ 为 $(0,1)$ 内的有理数,设 $x=\dfrac{p}{q},p<q,(p,q)=1$,则对任意的 $\varepsilon>0$,满足 $|R(x)-0|=\dfrac{1}{q}\geqslant\varepsilon$ 的有理数分母只能在 $\{q,q-1,\cdots,2\}$ 中选取.所以满足 $|R(x)-0|\geqslant\varepsilon$ 的有理数至多有 $\dfrac{(q-1)(q+2)}{2}$ 个,不妨设为 $x_2<x_3<\cdots<x_{m-1},m>2$,且记 $x_1=0,x_m=1$.这就是说,除 $x_2,x_3,\cdots,x_{m-1}$ 这 $m-2$ 个点外,其他点的函数值都小于 $\varepsilon$.所以:

（i）若 $x_0=0$ 或 $1$,则分别取 $0<\delta<x_2$ 或 $0<\delta<1-x_{m-1}$,当 $x\in\overset{\circ}{U}_+(x_0;\delta)$ 或 $x\in\overset{\circ}{U}_-(x_0;\delta)$ 时,都有 $|R(x)-0|<\varepsilon$.

（ii）若 $x_0$ 是 $x_2,x_3,\cdots,x_{m-1}$ 中的某一个点,可设 $x_0=x_k$,则令

$$\delta=\min_{2\leqslant k\leqslant m-1}\{x_k-x_{k-1},x_{k+1}-x_k\},$$

所以当 $x\in\overset{\circ}{U}(x_0;\delta)$ 时,$|R(x)-0|<\varepsilon$.

（ⅲ）若 $x_0 \notin \{x_2, \cdots, x_{m-1}\}$，$x_0 \in (x_k, x_{k+1})$，$k = 1, 2, \cdots, m-1$，则令

$$\delta = \min_{1 \leqslant k \leqslant m-1} \{x_0 - x_k, x_{k+1} - x_0\},$$

所以当 $x \in U(x_0; \delta)$ 时，$|R(x) - 0| < \varepsilon$.

于是，对上述的 $\varepsilon > 0$，对任意的 $x_0 \in [0, 1]$，总存在某个正数 $\delta$，使得 $x \in \mathring{U}(x_0; \delta) \cap [0, 1]$ 时，有 $|R(x) - 0| < \varepsilon$. 这就证明了 $\lim\limits_{x \to x_0} R(x) = 0$. 那么，若 $x_0$ 为 $[0, 1]$ 上的无理数或 $0, 1$，则有 $\lim\limits_{x \to x_0} R(x) = R(x_0) = 0$；若 $x_0$ 为 $(0, 1)$ 内任意有理数，不妨记 $x_0 = \dfrac{p}{q}$，$p < q$，$(p, q) = 1$，有 $\lim\limits_{x \to x_0} R(x) = 0 \neq R(x_0) = \dfrac{1}{q}$. 所以 $R(x)$ 在 $(0, 1)$ 内任意有理点处不连续，在 $(0, 1)$ 内任意无理点处连续.

**例6** 设函数

$$f(x) = \begin{cases} \dfrac{\arctan(ax^3)}{x - \arcsin x}, & x < 0 \\ 6, & x = 0 \\ \dfrac{e^{ax} + x^2 - ax - 1}{x \ln\left(1 + \dfrac{x}{4}\right)}, & x > 0 \end{cases},$$

问 $a$ 为何值时，$f(x)$ 在 $x = 0$ 处连续；$a$ 为何值时，$x = 0$ 是 $f(x)$ 的可去间断点？

**解** 讨论 $f(x)$ 在 $x = 0$ 处的连续性，需讨论 $f(x)$ 在 $x = 0$ 处的左、右极限，根据无穷小量的等价性和洛必达法则知

$$\lim_{x \to 0^-} f(x) = \lim_{x \to 0^-} \frac{\arctan(ax^3)}{x - \arcsin x} = \lim_{x \to 0^-} \frac{ax^3}{x - \arcsin x} = \lim_{x \to 0^-} \frac{3ax^2 \sqrt{1 - x^2}}{\sqrt{1 - x^2} - 1}$$

$$= -\lim_{x \to 0^-} 3a(1 - x^2 + \sqrt{1 - x^2}) = -6a;$$

$$\lim_{x \to 0^+} f(x) = \lim_{x \to 0^+} \frac{e^{ax} + x^2 - ax - 1}{x \ln\left(1 + \dfrac{x}{4}\right)} = 4 \lim_{x \to 0^+} \frac{e^{ax} + x^2 - ax - 1}{x^2}$$

$$= 2 \lim_{x \to 0^+} \frac{ae^{ax} + 2x - a}{x} = 2a^2 + 4.$$

若 $f(x)$ 在 $x = 0$ 处连续，则 $\lim\limits_{x \to 0^-} f(x) = \lim\limits_{x \to 0^+} f(x) = f(0)$，此时有 $-6a = 2a^2 + 4 = 6$，解得 $a = -1$. 故当 $a = -1$ 时，$f(x)$ 在 $x = 0$ 处连续.

若 $x = 0$ 是 $f(x)$ 的可去间断点，则 $\lim\limits_{x \to 0^-} f(x) = \lim\limits_{x \to 0^+} f(x) \neq f(0)$，即 $-6a = 2a^2 + 4 \neq 6$，解得 $a = -2$. 故当 $a = -2$ 时，$x = 0$ 是 $f(x)$ 的可去间断点.

**例7** 设 $f(x)$ 在 $[a, b]$ 上黎曼可积，当 $0 < a \leqslant x \leqslant b$ 时，令 $g(x) = \max\limits_{a \leqslant t \leqslant x} t^2 \displaystyle\int_a^t f(s)\, \mathrm{d}s$. 证明：$g(x)$ 在 $[a, b]$ 上连续.

**证明** 由于 $f(x)$ 在 $[a, b]$ 上黎曼可积，因此，对任意的 $x \in [a, b]$，存在正数 $M$，使得 $|f(x)| \leqslant M$. 设 $x_0$ 为 $[a, b]$ 上的任意一点，接下来证明 $g(x)$ 在 $x = x_0$ 处的连续性.

（1）当 $x_0 = a$ 时，对任意的 $\varepsilon > 0$，存在 $\delta_1 = \sqrt{\dfrac{\varepsilon}{M}}$，当 $x \in \mathring{U}_+(a; \delta_1)$ 时，有

$$|g(x)-g(a)| = \left| \max_{a \leqslant t \leqslant x} t^2 \int_a^t f(s)\mathrm{d}s - \max_{a \leqslant t \leqslant a} t^2 \int_a^t f(s)\mathrm{d}s \right| \leqslant M\delta_1^2 < \varepsilon$$

(2) 当 $x_0 = b$ 时,对任意的 $\varepsilon > 0$,存在 $\delta_2 = \sqrt{\dfrac{\varepsilon}{M}}$,当 $x \in \mathring{U}_-(b; \delta_2)$ 时,有

$$|g(x)-g(b)| = \left| \max_{a \leqslant t \leqslant x} t^2 \int_a^t f(s)\mathrm{d}s - \max_{a \leqslant t \leqslant b} t^2 \int_a^t f(s)\mathrm{d}s \right| \leqslant M\delta_2^2 < \varepsilon$$

(3) 当 $x_0 \in (a, b)$ 时,对任意的 $\varepsilon > 0$,存在 $\delta_3 = \sqrt{\dfrac{\varepsilon}{4M}}$,当 $x \in U(x_0; \delta_3)$ 时,有

$$|g(x)-g(x_0)| = \left| \max_{a \leqslant t \leqslant x} t^2 \int_a^t f(s)\mathrm{d}s - \max_{a \leqslant t \leqslant x_0} t^2 \int_a^t f(s)\mathrm{d}s \right| \leqslant 4M\delta_3^2 < \varepsilon$$

由上可知 $g(x)$ 在 $[a, b]$ 上连续.

**例 8**    设 $f(x)$ 在 $(0, +\infty)$ 内连续,且 $\lim\limits_{x \to +\infty} \sin f(x) = 1$,证明:$\lim\limits_{x \to +\infty} f(x)$ 存在.

**证明**    由于 $\lim\limits_{x \to +\infty} \sin f(x) = 1$,但 $\lim\limits_{x \to +\infty} \sin x$ 不存在,因此由归结原则可知 $f(x)$ 在 $(0, +\infty)$ 内有界.下证 $\lim\limits_{x \to +\infty} f(x)$ 存在.

若 $\lim\limits_{x \to +\infty} f(x)$ 不存在,则由 $\lim\limits_{x \to +\infty} \sin f(x) = 1$ 可知存在两个不同的数列 $\{x_{n_k}\}$ 和 $\{y_{n_k}\}$,正整数 $k_1$ 和 $k_2$,使得 $k \to \infty$ 时有 $x_{n_k} \to +\infty$, $y_{n_k} \to +\infty$,且

$$\lim_{k \to +\infty} f(x_{n_k}) = 2k_1\pi + \frac{\pi}{2}, \quad \lim_{k \to +\infty} f(y_{n_k}) = 2k_2\pi + \frac{\pi}{2},$$

不妨设 $k_1 < k_2$,则由连续函数的介值定理可知,存在数列 $\{z_{n_k}\}$ 使得 $\lim\limits_{k \to +\infty} f(z_{n_k}) = 2k_2\pi$.

于是 $\lim\limits_{k \to +\infty} \sin f(z_{n_k}) = 0$,由归结原则知这与 $\lim\limits_{x \to +\infty} \sin f(x) = 1$ 矛盾.

**例 9**    已知 $f(x) = \lim\limits_{n \to \infty} \dfrac{\ln(\mathrm{e}^n + x^n)}{n}$ $(x > 0)$.

(1) 求 $f(x)$ 的解析式;

(2) 判断 $f(x)$ 在其定义域内是否连续.

**解**    (1) 当 $x < \mathrm{e}$ 时,$f(x) = \lim\limits_{n \to \infty} \dfrac{n + \ln\left(1 + \left(\dfrac{x}{\mathrm{e}}\right)^n\right)}{n} = \lim\limits_{n \to \infty} \dfrac{n + \left(\dfrac{x}{\mathrm{e}}\right)^n}{n} = 1$;

当 $x > \mathrm{e}$ 时,$f(x) = \lim\limits_{n \to \infty} \dfrac{\ln x^n + \ln\left(1 + \left(\dfrac{\mathrm{e}}{x}\right)^n\right)}{n} = \ln x$;

当 $x = \mathrm{e}$ 时,$f(\mathrm{e}) = \lim\limits_{n \to \infty} \dfrac{\ln(\mathrm{e}^n + \mathrm{e}^n)}{n} = 1$.

所以 $f(x) = \begin{cases} 1, & x \leqslant \mathrm{e} \\ \ln x, & x > \mathrm{e} \end{cases}$.

(2) 因为 $\lim\limits_{x \to \mathrm{e}^-} f(x) = \lim\limits_{x \to \mathrm{e}^+} f(x) = f(\mathrm{e}) = 1$,所以函数 $f(x)$ 在 $x = \mathrm{e}$ 处连续.

又当 $x \leqslant \mathrm{e}$ 时,$f(x) = 1$ 连续;当 $x > \mathrm{e}$ 时,$f(x) = \ln x$ 也连续,所以 $f(x)$ 在其定义域内是连续的.

**例 10**    已知 $a, b > 1$,$F(x)$ 定义在 $[0, 1]$ 上,且 $F(ax) = bF(x)$,证明:$F(x)$ 在 $x = 0$ 处右连续.

**证明**　将 $x = 0$ 代入，有 $F(0) = bF(0) = 0$. 故只需证 $\lim\limits_{x \to 0^+} F(x) = 0$ 即可.

由 $F(ax) = bF(x)$，可得

$$F(x) = bF\left(\frac{x}{a}\right) = b^2 F\left(\frac{x}{a^2}\right) = \cdots = b^n F\left(\frac{x}{a^n}\right),$$

则有

$$\frac{1}{b^n} F(x) = F\left(\frac{x}{a^n}\right),$$

上式两边对 $n \to \infty$ 取极限，有 $\lim\limits_{n \to \infty} F\left(\frac{x}{a^n}\right) = 0$. 故对任意给定的 $\varepsilon > 0$，存在正数 $N$，使得 $n \geqslant N$ 时有 $\left| F\left(\frac{x}{a^N}\right) \right| < \frac{\varepsilon}{b^N}$. 由于 $F(x) = b^N F\left(\frac{x}{a^N}\right)$，因此存在 $\delta > 0$，对任意的 $x \in (0, \delta)$ 有

$$F(x) = b^N F\left(\frac{x}{a^N}\right) < b^N \frac{\varepsilon}{b^N} = \varepsilon,$$

所以，$F(x)$ 在 $x = 0$ 处右连续.

**例 11**　证明：若 $f$ 在点 $x_0$ 连续，则 $|f|$ 与 $f^2$ 也在点 $x_0$ 连续. 又问若 $|f|$ 与 $f^2$ 在 $I$ 上连续，则 $f$ 在 $I$ 上是否必连续？

**证明**　若 $f$ 在点 $x_0$ 连续，对任意的 $\varepsilon < 1$，存在 $\delta > 0$，使得 $f$ 在 $U(x_0; \delta)$ 上有定义，当 $x \in U(x_0; \delta)$ 时，有 $|f(x)| < |f(x_0)| + 1$.

由于 $||f(x)| - |f(x_0)|| \leqslant |f(x) - f(x_0)| < \varepsilon$，因此 $f$ 在点 $x_0$ 连续必有 $|f|$ 也在点 $x_0$ 连续.

因为

$$|f^2(x) - f^2(x_0)| = |f(x) - f(x_0)||f(x) + f(x_0)| < 2(|f(x_0)| + 1)\varepsilon,$$

所以 $f^2$ 也在点 $x_0$ 连续.

若 $|f|$ 与 $f^2$ 在 $I$ 上连续，则 $f$ 不一定在 $I$ 上连续. 例如

$$f(x) = \begin{cases} -1, & x \in \mathbf{Q}, \\ 1, & x \in \mathbf{R} \backslash \mathbf{Q}, \end{cases}$$

其中 $\mathbf{Q}$ 表示有理数集，$\mathbf{R}$ 表示实数集，则 $|f| = f^2 \equiv 1$ 在 $\mathbf{R}$ 上连续，但 $f$ 在 $\mathbf{R}$ 上不连续.

**例 12**　设函数 $f$ 只有可去间断点，定义 $g(x) = \lim\limits_{y \to x} f(y)$. 证明：$g$ 为连续函数.

**证明**　由于 $f$ 只有可去间断点，因此对任意的 $x_0$，$\lim\limits_{y \to x_0} f(y)$ 存在. 根据 $g(x)$ 的定义可知，对任意的 $x_0$，有

$$\lim\limits_{x \to x_0} g(x) = \lim\limits_{x \to x_0} \lim\limits_{y \to x} f(y) = \lim\limits_{y \to x_0} f(y), \quad g(x_0) = \lim\limits_{y \to x_0} f(y),$$

所以 $g$ 为连续函数.

**例 13**　设 $f$ 为 $\mathbf{R}$ 上的单调函数，定义 $g(x) = f(x+0)$. 证明：$g$ 在 $\mathbf{R}$ 上每一点右连续.

**证明**　不妨设 $f$ 为 $\mathbf{R}$ 上的单调递增函数，设 $g(x) = f(x+0) = \inf\limits_{x \in \mathring{U}_+(x_0)} f(x) = A$，则任取 $x_0 \in \mathbf{R}$，对任意的 $\varepsilon > 0$，存在 $\delta > 0$，当 $x \in \mathring{U}_+(x_0; \delta)$ 时，有

$$A - \varepsilon < f(x_0) \leqslant f(x_0 + 0) \leqslant f(x) \leqslant f(x+0) < A + \varepsilon.$$

于是，当 $x \in \mathring{U}_+(x_0;\delta)$ 时，有
$$|g(x) - g(x_0)| = |f(x+0) - f(x_0+0)| < 2\varepsilon,$$
所以 $g$ 在 **R** 上每一点右连续.

**例 14**　设 $f(x)$ 定义在 $(a,b)$ 内，$c \in (a,b)$，又设 $H(x)$ 和 $G(x)$ 分别在 $(a,c]$ 和 $[c,b)$ 上连续且在 $(a,c)$ 和 $(c,b)$ 内是 $f(x)$ 的原函数. 令
$$F(x) = \begin{cases} H(x), & a < x < c \\ G(x) + C_0, & c \leqslant x < b \end{cases},$$
其中选择 $C_0$ 使 $F(x)$ 在 $x=c$ 处连续. 就下列情况，回答 $F(x)$ 是否为 $f(x)$ 的原函数.

（1）$f(x)$ 在 $x=c$ 处连续；

（2）$x=c$ 是 $f(x)$ 的第一类间断点；

（3）$x=c$ 是 $f(x)$ 的第二类间断点.

**解**　（1）根据单侧导数的定义，有
$$\lim_{x \to c^-} \frac{F(x) - F(c)}{x - c} = F'(c-0) = f(c-0),$$
$$\lim_{x \to c^+} \frac{F(x) - F(c)}{x - c} = F'(c+0) = f(c+0),$$
则由 $f(x)$ 在 $x=c$ 处连续和导数极限定理可知 $F(x)$ 在 $x=c$ 处可导，且 $F'(c) = f(c)$. 所以 $F(x)$ 是 $f(x)$ 在 $(a,b)$ 内的原函数.

（2）由于 $x=c$ 是 $f(x)$ 的第一类间断点，因此由导数极限定理可知 $F(x)$ 不是 $f(x)$ 在 $(a,b)$ 内的原函数.

（3）不能确定，$F(x)$ 可以是 $f(x)$ 的原函数，也可以不是 $f(x)$ 的原函数. 例如
$$f(x) = \begin{cases} -2x^{p-3}\cos\dfrac{1}{x^2} + px^{p-1}\sin\dfrac{1}{x^2}, & x \neq 0 \\ 0, & x = 0 \end{cases}.$$
取 $F(x) = \begin{cases} x^p \sin\dfrac{1}{x^2}, & x \neq 0 \\ 0, & x = 0 \end{cases}$，于是：

（ⅰ）当 $p < 3$ 时，$x=0$ 是 $f(x)$ 的第二类间断点，但 $F(x)$ 不是 $f(x)$ 在 **R** 上的原函数.

（ⅱ）当 $p \geqslant 3$ 时，$x=0$ 是 $f(x)$ 的第二类间断点，此时 $F(x)$ 是 $f(x)$ 在 **R** 上的原函数.

# 第 2 节　一致连续

**一致连续**　设函数 $f(x)$ 在区间 $I$ 内有定义，对任意的 $\varepsilon > 0$，存在 $\delta > 0$，对任意的 $x_1, x_2 \in I$，当 $|x_1 - x_2| < \delta$ 时，有 $|f(x_1) - f(x_2)| < \varepsilon$，则称 $f(x)$ 在 $I$ 上一致连续.

**非一致连续**　设函数 $f(x)$ 在区间 $I$ 内有定义，存在 $\varepsilon_0 > 0$，对任意的 $\delta > 0$，存在 $x_1, x_2 \in I$，当 $|x_1 - x_2| < \delta$ 时，有 $|f(x_1) - f(x_2)| \geqslant \varepsilon_0$，则称 $f(x)$ 在 $I$ 上非一致连续.

**典型例题**

**例1** (1) 叙述 $f(x)$ 在区间 $I$ 上一致连续的定义.

(2) 若 $f(x),g(x)$ 都在区间 $I$ 上一致连续且有界,证明 $F(x)=f(x)g(x)$ 在 $I$ 上一致连续.

**证明** (1) 对任意给定的 $\varepsilon>0$,存在 $\delta>0$,当 $x_1,x_2\in I$ 且 $|x_1-x_2|<\delta$ 时,总有 $|f(x_1)-f(x_2)|<\varepsilon$,则称 $f(x)$ 在 $I$ 上一致连续.

(2) 若 $f(x),g(x)$ 在 $I$ 上有界,则存在正常数 $M$,使得对任意 $x\in I$,有 $|f(x)|\leqslant M$, $|g(x)|\leqslant M$.

若 $f(x),g(x)$ 在 $I$ 上一致连续,则对任意 $\varepsilon>0$,存在 $\delta>0$,使得对任意 $x,y\in I$,只要 $|x-y|<\delta$,就有

$$|f(x)-f(y)|<\varepsilon,|g(x)-g(y)|<\varepsilon,$$

从而

$$\begin{aligned}|f(x)g(x)-f(y)g(y)|&\leqslant|f(x)g(x)-f(x)g(y)|+|f(x)g(y)-f(y)g(y)|\\&=|f(x)||g(x)-g(y)|+|g(y)||f(x)-f(y)|\\&<2M\varepsilon.\end{aligned}$$

故 $f(x)g(x)$ 在 $I$ 上一致连续.

**例2** 证明:若函数 $f(x)$ 在区间 $a\leqslant x<+\infty$ 上连续且极限 $\lim\limits_{x\to+\infty}f(x)$ 存在,则 $f(x)$ 在此区间上是一致连续的.

**证明** 设 $\lim\limits_{x\to+\infty}f(x)=A$,对任意给定的正数 $\varepsilon$,存在大于 $a$ 的正数 $G$,当 $x\geqslant G$ 时,有 $|f(x)-A|<\dfrac{\varepsilon}{2}$. 那么对上述 $\varepsilon$,对任意的 $x\geqslant G,x'\geqslant G$ 有

$$|f(x')-f(x)|<\varepsilon,$$

则由柯西收敛原理知,$f$ 在 $[G,+\infty)$ 上一致连续,且已知 $f$ 在 $[a,G]$ 上连续,所以 $f(x)$ 在 $[a,+\infty)$ 上是一致连续的.

**例3** 设 $f(x)$ 在 $(-\infty,+\infty)$ 内连续,且 $\lim\limits_{x\to\infty}f(x)$ 存在,证明:

(1) $f(x)$ 在 $(-\infty,+\infty)$ 内有界;

(2) $f(x)$ 在 $(-\infty,+\infty)$ 内一致连续.

**证明** (1) 记 $\lim\limits_{x\to\infty}f(x)=A$,则对任意的 $\varepsilon<1$,存在 $G>0$,使得当 $|x|>G$ 时,有 $|f(x)-A|\leqslant 1$,故 $|f(x)|\leqslant|A|+|f(x)-A|\leqslant|A|+1$.

设 $f(x)$ 在 $(-\infty,+\infty)$ 内连续,则在 $[-G,G]$ 上也连续,故 $f(x)$ 在 $[-G,G]$ 上有界,即存在正常数 $M$,使得对任意 $x\in[-G,G]$,恒有 $|f(x)|\leqslant M$,所以 $|f(x)|\leqslant\max\{|A|+1,M\}$. 因此 $f(x)$ 在 $(-\infty,+\infty)$ 内有界.

(2) 设 $\lim\limits_{x\to\infty}f(x)$ 存在,由柯西收敛原理知,对任意 $\varepsilon>0$,存在 $X>0$,使得对任意 $x,y$,只要 $|x|\geqslant X,|y|\geqslant X$,就有 $|f(x)-f(y)|<\dfrac{1}{2}\varepsilon$.

设 $f(x)$ 在 $(-\infty,+\infty)$ 内连续,则 $f(x)$ 在 $[-X,X]$ 上连续. 由康托(Cantor)定理,

$f(x)$ 在 $[-X,X]$ 上一致连续,故存在 $0<\delta<1$,使得对任意 $x,y\in[-X,X]$,只要 $|x-y|<\delta$,就有 $|f(x)-f(y)|<\dfrac{1}{2}\varepsilon$.

任取 $x<y\in(-\infty,+\infty)$,使得 $|x-y|<\delta$,则 $x,y$ 不可能一个在 $(-\infty,-X]$ 上,一个在 $[X,+\infty)$ 上,可分以下情形:

（ⅰ）若 $x,y\in(-\infty,-X]$,或 $x,y\in[X,+\infty)$,或 $x,y\in[-X,X]$,则都有 $|f(x)-f(y)|<\dfrac{1}{2}\varepsilon$.

（ⅱ）若 $x\in(-\infty,-x]$,$y\in[-X,X]$,则 $|x-(-X)|<\delta$,$|y-(-X)|<\delta$,故

$$|f(x)-f(-X)|<\frac{1}{2}\varepsilon,\ |f(y)-f(-X)|<\frac{1}{2}\varepsilon,$$

故

$$|f(x)-f(y)|\leqslant|f(x)-f(-X)|+|f(-X)-f(y)|<\frac{1}{2}\varepsilon+\frac{1}{2}\varepsilon=\varepsilon.$$

（ⅲ）若 $x\in[-X,X]$,$y\in[X,+\infty)$,则 $|x-X|<\delta$,$|y-X|<\delta$,从而

$$|f(x)-f(X)|<\frac{1}{2}\varepsilon,\ |f(y)-f(X)|<\frac{1}{2}\varepsilon.$$

故

$$|f(x)-f(y)|\leqslant|f(x)-f(X)|+|f(X)-f(y)|<\frac{1}{2}\varepsilon+\frac{1}{2}\varepsilon=\varepsilon.$$

因此,对任意 $x<y\in(-\infty,+\infty)$,只要 $|x-y|<\delta$,就有 $|f(x)-f(y)|<\varepsilon$,故 $f(x)$ 在 $(-\infty,+\infty)$ 内一致连续.

**例 4**　设函数 $f(x)$ 在 $(a,+\infty)$ 内连续,且 $\lim\limits_{x\to a^+}f(x)$ 和 $\lim\limits_{x\to+\infty}f(x)$ 都存在,试证明: $f(x)$ 在 $(a,+\infty)$ 内一致连续,并举例说明,其逆命题不成立.

**证明**　任取 $b>a$,令 $F(x)=\begin{cases}f(x),x\in(a,b]\\ f(a+0),x=a\end{cases}$,则 $F(x)$ 在 $[a,b]$ 上一致连续,于是,$F(x)$ 在 $(a,b]$ 上一致连续,即 $f(x)$ 在 $(a,b]$ 上一致连续.

若 $\lim\limits_{x\to+\infty}f(x)$ 存在,则由柯西收敛原理可知,对任意 $\varepsilon>0$,总存在 $X>a$,使得对任意 $x,y\geqslant X$,恒有 $|f(x)-f(y)|<\dfrac{1}{2}\varepsilon$. 设 $f(x)$ 在 $(a,X)$ 内一致连续,则对任意 $\varepsilon>0$,存在 $\delta>0$,使得对任意 $x,y\in(a,X]$,只要 $|x-y|<\delta$,就有 $|f(x)-f(y)|<\dfrac{1}{2}\varepsilon$.

现在任取 $x<y\in(a,+\infty)$,使得 $|x-y|<\delta$. 若 $x,y\in(a,X]$,则 $|f(x)-f(y)|<\dfrac{1}{2}\varepsilon$;若 $x,y\geqslant X$,则 $|f(x)-f(y)|<\dfrac{1}{2}\varepsilon$. 若 $x\in(a,X]$,$y\in[X,+\infty)$,则

$$|f(x)-f(y)|\leqslant|f(x)-f(X)|+|f(X)-f(y)|<\frac{1}{2}\varepsilon+\frac{1}{2}\varepsilon=\varepsilon.$$

故 $f(x)$ 在 $(a,+\infty)$ 内一致连续.

其逆命题不成立,例如设 $f(x)=\sin x$ 在 $(0,+\infty)$ 内一致连续,但 $\lim\limits_{x\to+\infty}f(x)$ 不存在.

因此一致连续性不能保证极限的存在.

**例5** 已知函数 $f(x)$ 在 $(a,b)$ 内连续,证明:$f(a+0)$ 与 $f(b-0)$ 存在的充分必要条件是 $f(x)$ 在 $(a,b)$ 内一致连续.

**证明** 必要性.由于 $f(a+0)$ 与 $f(b-0)$ 存在,所以记

$$g(x)=\begin{cases} f(a+0), & x=a \\ f(x), & x\in(a,b), \\ f(b-0), & x=b \end{cases}$$

则 $g(x)$ 在 $[a,b]$ 上连续,由康托定理可知 $g(x)$ 在 $[a,b]$ 上一致连续,从而 $g(x)$ 在 $(a,b)$ 内一致连续,即 $f(x)$ 在 $(a,b)$ 内一致连续.

充分性.由于 $f(x)$ 在 $(a,b)$ 内一致连续,从而对任意 $\varepsilon>0$,存在 $\delta\in(0,b-a)$,当 $x_1$,$x_2\in(a,b)$ 且 $|x_1-x_2|<\delta$ 时,有 $|f(x_1)-f(x_2)|<\varepsilon$.从而限制 $x_1,x_2\in(b-\delta,b)$ 时上式也成立,那么由柯西收敛原理可知 $f(b-0)$ 存在,同理可得 $f(a+0)$ 也存在.

**例6** 设 $f(x)$ 在 $[0,+\infty)$ 上一致连续,对任意 $x\geqslant0$,有 $\lim\limits_{n\to+\infty}f(x+n)=0$.证明:$\lim\limits_{x\to+\infty}f(x)=0$.

**证明** 因为 $f(x)$ 在区间 $[0,+\infty)$ 上一致连续,所以对于任意的正数 $\varepsilon$,存在 $\delta>0$,使得当 $x',x''\in[0,+\infty)$ 且 $|x'-x''|<\delta$ 时,$|f(x')-f(x'')|<\varepsilon$ 成立.考虑闭区间 $[0,1]$,将其 $m$ 等分,每等份长 $\dfrac{\delta}{2}$,各个分点记为 $x_0,x_1,x_2,\cdots,x_{m-1},x_m$.

由条件 $\lim\limits_{n\to\infty}f(n+x_i)=0$,所以存在 $N_i$ 使得当 $n>N_i$ 时,$|f(n+x_i)|<\varepsilon$,$i=0,1$,$2,\cdots,m$ 成立.取 $N=\max\{N_0,N_1,\cdots,N_m\}$,则当 $n>N$ 时,有 $|f(n+x_i)|<\varepsilon$,$i=0,1$,$2,\cdots,m$.取 $G=N+1$,对于任意 $x>G$,存在 $n$ 使得 $x\in[n,n+1]$ 且 $n>N$,即存在 $x_i$ 使得

$$x\in[n+x_i,n+x_{i+1}],$$

所以

$$|x-(n+x_i)|\leqslant\frac{\delta}{2}<\delta.$$

因此

$$|f(x)|\leqslant|f(n+x_i)|+|f(x)-f(n+x_i)|<\varepsilon+\varepsilon=2\varepsilon.$$

由极限定义,得到 $\lim\limits_{x\to+\infty}f(x)=0$.

**例7** 讨论 $f(x)=x\sin x$ 在 $[0,+\infty)$ 上的一致连续性.

**解** 在重要极限中应用归结原则,有

$$\lim_{x\to0}\frac{\sin x}{x}=\lim_{k\to\infty}k\sin\frac{1}{k}=1,$$

则根据函数极限的保号性可知,存在正整数 $N_1$,使得当 $k>N_1$ 时,$k\sin\dfrac{1}{k}>\dfrac{1}{2}$ 成立.

令 $x'=2k\pi+\dfrac{1}{k}$,$x''=2k\pi$,则对任意的正数 $\delta$,存在正整数 $N_2$,使得当 $k>N_2$ 时,有 $\dfrac{1}{k}<\delta$,且

$$\left| f\left(2k\pi + \frac{1}{k}\right) - f(2k\pi) \right| = \left| \left(2k\pi + \frac{1}{k}\right) \sin \frac{1}{k} - 0 \right| \geqslant 2k\pi \sin \frac{1}{k}.$$

取 $N = \max\{N_1, N_2\}$，$\varepsilon_0 = 1$，对任意的正数 $\delta$，当 $k > N$ 时，有 $|f(x') - f(x'')| > \pi > \varepsilon_0$. 所以 $f(x)$ 在 $[0, +\infty)$ 上不一致连续.

**例 8**　证明：$f(x) = \sqrt{x}$ 在 $[0, +\infty)$ 上一致连续.

**证明**　任取 $x, y \in [0, +\infty)$，有

$$|f(x) - f(y)|^2 = |\sqrt{x} - \sqrt{y}|^2 \leqslant |\sqrt{x} - \sqrt{y}| |\sqrt{x} + \sqrt{y}| = |x - y|,$$

即 $|\sqrt{x} - \sqrt{y}| \leqslant \sqrt{|x - y|}$. 对任意 $\varepsilon > 0$，取 $\delta = \varepsilon^2$，则对任意 $x, y \in [0, +\infty)$，只要 $|x - y| < \delta$，就有 $|f(x) - f(y)| < \varepsilon$，故 $f(x) = \sqrt{x}$ 在 $[0, +\infty)$ 上一致连续.

**例 9**　证明函数 $\sin \dfrac{1}{x}$ 在 $(0, +\infty)$ 内不一致连续，但对任意 $a > 0$ 在 $[a, +\infty)$ 上一致连续.

**证明**　取 $x_n = \dfrac{1}{2n\pi}$，$y_n = \dfrac{1}{2n\pi + \dfrac{\pi}{2}}$，则 $n \to \infty$ 时，有 $|x_n - y_n| \to 0$，但

$$\left| \sin \frac{1}{x_n} - \sin \frac{1}{y_n} \right| = 1,$$ 所以 $\sin \dfrac{1}{x}$ 在 $(-\infty, +\infty)$ 内不一致连续.

由于

$$\left| \sin \frac{1}{x_1} - \sin \frac{1}{x_2} \right| = \left| 2\cos \frac{\dfrac{1}{x_1} + \dfrac{1}{x_2}}{2} \sin \frac{\dfrac{1}{x_1} - \dfrac{1}{x_2}}{2} \right| \leqslant \left| \frac{1}{x_1} - \frac{1}{x_2} \right|$$
$$= \left| \frac{x_2 - x_1}{x_1 x_2} \right| < \frac{|x_2 - x_1|}{a^2}.$$

因此对任意给定的正数 $\varepsilon$，设 $x_1, x_2 \in (a, 1)$，令 $\delta = \dfrac{|x_2 - x_1|}{a^2} \varepsilon$，则当 $|x_2 - x_1| < \delta$ 时，有 $\dfrac{|x_2 - x_1|}{a^2} < \varepsilon$，则 $\left| \sin \dfrac{1}{x_1} - \sin \dfrac{1}{x_2} \right| < \varepsilon$. 因此，$\sin \dfrac{1}{x}$ 对任意 $a > 0$ 在 $[a, +\infty)$ 上一致连续.

# 第 3 节　连续函数的性质

**1. 连续函数的局部性质**

**复合函数连续性**　若函数 $y = \varphi(x)$ 在点 $x_0$ 连续，$z = f(y)$ 在点 $y_0$ 连续，$y_0 = \varphi(x_0)$，则复合函数 $z = f[\varphi(x)]$ 在点 $x_0$ 连续，即

$$\lim_{x \to x_0} f(\varphi(x)) = f(\lim_{x \to x_0} \varphi(x)) = f(\varphi(x_0)).$$

**局部有界性**　若函数 $f(x)$ 在点 $x_0$ 连续，则 $f(x)$ 在 $U(x_0)$ 内有界.

**局部保号性**　若函数 $f(x)$ 在点 $x_0$ 连续，且 $f(x_0) > 0$（或 $< 0$），则存在 $\delta > 0$，对任意的 $|x - x_0| < \delta$，有 $f(x) > 0$（或 $f(x) < 0$）.

**2. 闭区间上连续函数的性质**

**有界性**　若函数 $f$ 在闭区间 $[a, b]$ 上连续，则 $f$ 在 $[a, b]$ 上有界.

**最值性**  若函数 $f$ 在闭区间 $[a,b]$ 上连续,则 $f$ 在 $[a,b]$ 上有最大值与最小值.

**介值性质**  若函数 $f$ 在闭区间 $[a,b]$ 上连续,且 $f(a) \neq f(b)$,若 $u$ 满足:$f(a) < u < f(b)$(或 $f(a) > u > f(b)$),则至少存在一点 $c \in (a,b)$ 使得 $f(c) = u$.

**根的存在定理**  若函数 $f$ 在闭区间 $[a,b]$ 上连续,且 $f(a)f(b) < 0$,则存在 $c \in (a, b)$ 使得 $f(c) = 0$.

**注**  介值性质和根的存在定理是等价的.

**一致连续性定理**  若函数 $f$ 在闭区间 $[a,b]$ 上连续,则 $f$ 在 $[a,b]$ 上一致连续.

### 典型例题

**例1**  设 $f(x)$ 在 $\mathbf{R}$ 上连续,且 $\lim\limits_{x \to \infty} f(x)$ 存在,证明:

(1) $f(x)$ 在 $\mathbf{R}$ 上有界;

(2) $f(x)$ 在 $\mathbf{R}$ 上能够取到最大值或最小值.

**证明**  (1)设 $\lim\limits_{x \to \infty} f(x)$ 存在,记 $\lim\limits_{x \to \infty} f(x) = A$,则对任意的正数 $\varepsilon < 1$,存在 $X > 0$,使得对任意的 $|x| > X$,有 $|f(x) - A| < \varepsilon$,因此

$$|f(x)| \leqslant |A| + |f(x) - A| \leqslant |A| + 1.$$

由于 $f$ 在 $\mathbf{R}$ 上连续,因此 $f$ 在 $[-X, X]$ 上连续,故 $f$ 在 $[-X, X]$ 上有界,即存在正常数 $M$,使得对任意 $x \in [-X, X]$,恒有 $|f(x)| \leqslant M$. 所以 $|f(x)| \leqslant \max\{|A| + 1, M\}$,即 $f(x)$ 在 $\mathbf{R}$ 上有界.

(2)设 $\lim\limits_{x \to \infty} f(x) = A$,$f(x)$ 在 $\mathbf{R}$ 上连续,则对任意的正数 $\varepsilon$,存在 $X > 0$,使得对任意的 $|x| > X$,有 $|f(x) - A| < \varepsilon$,且 $f$ 在 $[-X, X]$ 上一致连续. 从而 $f$ 在 $[-X, X]$ 上能取得最大值、最小值,不妨设 $f$ 在 $[-X, X]$ 上的最大值、最小值分别为 $M, m$. 于是有:

（ⅰ）若 $m \leqslant A \leqslant M$,则 $f$ 在 $[-X, X]$ 上取到最大值、最小值;

（ⅱ）若 $A > M$,则 $f$ 在 $[-X, X]$ 上取到最小值;

（ⅲ）若 $A < m$,则 $f$ 在 $[-X, X]$ 上取到最大值.

**例2**  设 $f$ 在 $[a, +\infty)$ 上连续,且 $\lim\limits_{x \to +\infty} f(x)$ 存在. 证明:$f$ 在 $[a, +\infty)$ 上有界. 又问 $f$ 在 $[a, +\infty)$ 上必有最大值和最小值吗? 给出证明或者反例.

**证明**  设 $\lim\limits_{x \to +\infty} f(x) = A$,则对于 $\varepsilon = 1$,存在正数 $M > a$,使得当 $x > M$ 时,有 $|f(x) - A| < \varepsilon = 1$. 于是,当 $x > M$ 时,有 $|f(x)| < |A| + 1$.

因为 $f$ 在 $[a, +\infty)$ 上连续,所以 $f$ 在 $[a, M]$ 上也连续. 故存在正数 $G$,使得当 $x \in [a, M]$ 时,$|f(x)| < G$. 于是,对一切 $x \in [a, +\infty)$,$|f(x)| < \max\{G, |A| + 1\}$,即 $f$ 在 $[a, +\infty)$ 上有界.

$f$ 在 $[a, +\infty)$ 上不一定有最大值和最小值. 如:$f(x) = \dfrac{1}{x}$ 在 $[1, +\infty)$ 上连续且 $\lim\limits_{x \to +\infty} \dfrac{1}{x} = 0$,但 $f(x)$ 在 $[1, +\infty)$ 上无最小值,而 $f(x) = -\dfrac{1}{x}$ 在 $[1, +\infty)$ 上无最大值.

**例3**  设 $f(x)$ 为 $(-\infty, +\infty)$ 内的连续函数,周期为 1,即 $f(x+1) = f(x)$,$x \in \mathbf{R}$. 证明:

(1) $f(x)$ 在 $(-\infty,+\infty)$ 内取得最大值与最小值.

(2) 存在 $x_0$ 使得 $f(x_0+\pi)=f(x_0)$.

**证明** (1) 由 $f$ 在 $[0,1]$ 上连续知,存在 $\xi,\eta\in[0,1]$,使得 $f(\xi)\leqslant f(x)\leqslant f(\eta)$,而 $f(\xi),f(\eta)$ 就分别是 $f$ 在 $\mathbf{R}$ 上的最小值和最大值.事实上,对任意的 $x\in\mathbf{R}$,有

$$f(\xi)\leqslant f(x-[x])=f(x)\leqslant f(\eta).$$

(2) 设 $F(x)=f(x+\pi)-f(x)$,则

$$F(\xi)=f(\xi+\pi)-f(\xi)\geqslant 0\geqslant f(\eta+\pi)-f(\eta)=F(\eta).$$

由连续函数介值定理,可知存在 $x_0$ 在 $\xi$ 和 $\eta$ 之间,使得 $F(x_0)=0$.

**例 4** 证明:任一实系数奇次方程至少有一实根.

**证明** 设一实奇次方程为 $a_nx^n+a_{n-1}x^{n-1}+\cdots+a_1x+a_0=0$,不妨设 $a_n>0$.令

$$f(x)=a_nx^n+a_{n-1}x^{n-1}+\cdots+a_1x+a_0,$$

则有

$$\lim_{x\to-\infty}f(x)=\lim_{x\to-\infty}\left(a_n+\frac{a_{n-1}}{x}+\cdots+\frac{a_1}{x^{n-1}}+\frac{a_0}{x^n}\right)x^n=-\infty,$$

$$\lim_{x\to+\infty}f(x)=\lim_{x\to+\infty}\left(a_n+\frac{a_{n-1}}{x}+\cdots+\frac{a_1}{x^{n-1}}+\frac{a_0}{x^n}\right)x^n=+\infty.$$

所以由介值定理可知,存在 $x_0\in(-\infty,+\infty)$,使得 $f(x_0)=0$.

**例 5** 设函数 $f$ 在 $[0,2a]$ 上连续,且 $f(0)=f(2a)$.证明:存在点 $x_0\in[0,a]$,使得 $f(x_0)=f(x_0+a)$.

**证明** 令 $\varphi(x)=f(x+a)-f(x)$,则 $\varphi(x)$ 在 $[0,a]$ 上连续,且有

$$\varphi(0)=f(a)-f(0),\varphi(a)=f(2a)-f(a)=f(0)-f(a).$$

所以,若 $f(a)=f(0)$,则取 $x_0=0$ 或 $x_0=a$,此时有 $f(x_0)=f(x_0+a)$.

若 $f(a)\neq f(0)$,则 $\varphi(0)\varphi(a)<0$. 所以由介值定理可知存在 $x_0\in(0,a)$,使得 $\varphi(x_0)=0$, 即 $f(x_0)=f(x_0+a)$.

**例 6** 设 $f$ 在 $[a,b]$ 上连续,$x_1,x_2,\cdots,x_n\in[a,b]$.证明存在 $\xi\in[a,b]$,使得

$$f(\xi)=\frac{1}{n}(f(x_1)+f(x_2)+\cdots+f(x_n)).$$

**证明** 由于 $f(x)$ 在 $[a,b]$ 上连续,不妨设 $a<x_1<x_2<\cdots<x_n<b$,$[x_1,x_n]\subset[a,b]$,因此 $f(x)$ 在 $[x_1,x_n]$ 上连续. 故 $f(x)$ 在 $[x_1,x_n]$ 上有最大值 $M$ 和最小值 $m$.那么对任意的 $x\in[x_1,x_n]$,有 $m\leqslant f(x)\leqslant M$,其中

$$m=\min_{x\in[x_1,x_n]}f(x),M=\max_{x\in[x_1,x_n]}f(x),m\leqslant\frac{f(x_1)+f(x_2)+\cdots+f(x_n)}{n}\leqslant M.$$

令 $\mu=\dfrac{f(x_1)+f(x_2)+\cdots+f(x_n)}{n}$,则 $m\leqslant\mu\leqslant M$.由介值定理的推论知,存在 $\xi\in[x_1,x_n]$,使得

$$f(\xi)=\mu=\frac{f(x_1)+f(x_2)+\cdots+f(x_n)}{n}.$$

**例 7** 设函数 $f$ 在 $[0,1]$ 上连续,且 $f(0)=f(1)$.证明:对任何正整数 $n$,存在 $\xi\in[0,1]$ 使得 $f(\xi)=f\left(\xi+\dfrac{1}{n}\right)$.

**证明**　令 $F(x)=f\left(x+\dfrac{1}{n}\right)-f(x)$，则

$$F(0)+F\left(\frac{1}{n}\right)+\cdots+F\left(\frac{n-1}{n}\right)=f(1)-f(0)=0.$$

若 $F(0),F\left(\dfrac{1}{n}\right),\cdots,F\left(\dfrac{n-1}{n}\right)$ 中有一个为零，则记为 $F(\xi)=0$，结论成立.

若 $F(0),F\left(\dfrac{1}{n}\right),\cdots,F\left(\dfrac{n-1}{n}\right)$ 全不为零，则至少存在两点 $\xi_1,\xi_2\in\left\{0,\dfrac{1}{n},\cdots,\right.$ $\left.\dfrac{n-1}{n}\right\}$，使得 $F(\xi_1)F(\xi_2)<0$，因此由介值定理，知存在 $\xi$ 介于 $\xi_1,\xi_2$ 之间，使得 $F(\xi)=0$，结论成立.

**例 8**　设 $f$ 为 $[a,b]$ 上的非常数的连续函数，$M,m$ 分别是最大值、最小值. 证明:存在 $[\alpha,\beta]\subset[a,b]$，使得:

(1) $m<f(x)<M,x\in(\alpha,\beta)$;

(2) $f(\alpha),f(\beta)$ 恰好分别是 $f(x)$ 在 $[a,b]$ 上的最大值、最小值(或最小值、最大值).

**证明**　设 $f$ 在 $[a,b]$ 上的最大值、最小值分别为 $M,m$，则有 $M>m$. 选取其中一个合适的最小值点为 $\alpha$. 若 $\alpha$ 的任意邻域含有无限多个最大值点，记为 $\{x_n\}$，因此含有收敛子列 $\{x_{n_k}\}$，且有 $\lim\limits_{k\to\infty}x_{n_k}=\alpha$. 于是根据海涅定理有

$$\lim_{k\to\infty}f(x_{n_k})=f(\alpha),$$

上式成立时导致 $M=m$，矛盾. 所以存在 $\delta>0$，使得 $U(\alpha;\delta)$ 内只有有限个最大值点，不失一般性，设 $U(\alpha;\delta)$ 内只有一个最大值点，记为 $\beta$. 不妨设 $\beta>\alpha$，当 $x\in(\alpha,\beta)$ 时，$m<f(x)<M$，且 $f(\alpha)=m,f(\beta)=M$.

**例 9**　设 $f$ 为 $[a,b]$ 上的增函数，其值域为 $[f(a),f(b)]$. 证明 $f$ 在 $[a,b]$ 上连续.

**证明**　假设 $f$ 为 $[a,b]$ 上的增函数，其值域为 $[f(a),f(b)]$，且 $f$ 在 $[a,b]$ 上有一间断点 $x_0$.

(1) 若 $x_0=b$，则由单调有界原理可知 $f$ 在 $x=b$ 处存在左极限，不妨记为 $\lim\limits_{x\to b^-}f(x)=A_1$，所以存在 $\delta_1>0$，使得 $x\in U_-(b;\delta_1)$ 有 $f(x)<A_1<f(b)$，$(A_1,f(b))\subset[f(a),f(b)]$，这与 $f$ 的值域为 $[f(a),f(b)]$ 矛盾. 所以 $f$ 在点 $b$ 连续.

(2) 用(1)的方法可证 $f$ 在点 $a$ 连续.

(3) 若 $x_0\in(a,b)$，则由单调有界原理可知 $f$ 在 $x_0$ 处存在左、右极限，记为

$$\lim_{x\to x_0^-}f(x)=A_2,\ \lim_{x\to x_0^+}f(x)=A_3.$$

那么分别存在正数 $\delta_2$ 与 $\delta_3$，使得:

(i) 当 $x\in U_-(x_0;\delta_2)$ 时，$f(x)<A_2<f(x_0)$;

(ii) 当 $x\in U_+(x_0;\delta_3)$ 时，$f(x_0)<A_3<f(x)$.

所以 $(A_2,f(x_0))\subset[f(a),f(b)]$，$(f(x_0),A_3)\subset[f(a),f(b)]$，这与 $f$ 的值域为 $[f(a),f(b)]$ 矛盾. 所以 $f$ 在点 $x_0$ 连续.

综上，可知 $f$ 在 $[a,b]$ 上连续.

**例 10**　证明:对于所有的实数 $x$ 和 $y$ 都满足方程
$$f(x+y) = f(x) + f(y)$$
的唯一的连续函数 $f(x)(x \in \mathbf{R})$ 是线性齐次函数
$$f(x) = ax,$$
式中 $a = f(1)$ 是任意的常数.

**证明**　当 $x = m$ 为正整数时,则 $f(m) = mf(1)$,从而 $f(x) = mf\left(\dfrac{x}{m}\right)$. 于是当 $m$ 与 $n$ 为正整数时,有
$$f\left(\frac{n}{m}x\right) = nf\left(\frac{x}{m}\right) = \frac{n}{m}f(x).$$

令 $y = 0$,则 $f(x) = f(x) + f(0)$,得 $f(0) = 0$,进而有
$$f(-x) = -f(x),$$
$$f\left(-\frac{n}{m}x\right) = -f\left(\frac{n}{m}x\right) = -\frac{n}{m}f(x).$$

故对任何有理数 $c$,均有 $f(cx) = cf(x)$.

设 $a$ 为任意的实数,则存在一有理数列 $\{a_n\}$,使得 $\lim\limits_{n \to \infty} a_n = a$. 那么根据 $f$ 连续有
$$f(ax) = \lim_{n \to \infty} f(a_n x) = \lim_{n \to \infty} a_n f(x) = af(x).$$
因此,对任意的实数 $x$,有 $f(x) = f(x \cdot 1) = xf(1) = ax$,其中 $a = f(1)$.

**例 11**　证明:对于所有实数 $x$ 和 $y$ 都满足方程
$$f(x+y) = f(x)f(y)$$
唯一不恒等于零的连续函数 $f(x)(x \in \mathbf{R})$ 是指数函数:$f(x) = a^x$,式中 $a = f(1)$ 是正常数.

**证明**　由
$$f(x) = f\left(\frac{x}{2} + \frac{x}{2}\right) = \left(f\left(\frac{x}{2}\right)\right)^2,$$
知 $f(x) \geqslant 0$. 由于 $f(x)$ 不恒等于零,因此存在 $x_0$ 使得 $f(x_0) > 0$. 于是在等式 $f(x+y) = f(x)f(y)$ 中令 $x = x_0, y = 0$,可得 $f(x_0) = f(x_0)f(0)$,故 $f(0) = 1$. 所以
$$1 = f(0) = f(x)f(-x),$$
从而有 $f(x) > 0$.

当 $m$ 与 $n$ 为正整数时,则
$$f(mx) = f((m-1)x)f(x) = f((m-2)x)\left(f(x)\right)^2 = \cdots = (f(x))^m;$$
$$f(x) = f\left(m \cdot \frac{x}{m}\right) = \left(f\left(\frac{x}{m}\right)\right)^m.$$
于是
$$f\left(\frac{n}{m}x\right) = \left(f\left(\frac{x}{m}\right)\right)^n = (f(x))^{\frac{n}{m}}.$$
从而有
$$f\left(-\frac{n}{m}x\right) = \left(f\left(\frac{x}{m}\right)\right)^{-n} = (f(x))^{-\frac{n}{m}}.$$
由此可知,对任何有理数 $c$,有 $f(cx) = (f(x))^c$.

设 $a$ 为任意实数,则存在一有理数列 $\{a_n\}$ 使得 $\lim\limits_{n\to\infty} a_n = a$. 那么根据 $f$ 连续有

$$f(ax) = \lim\limits_{n\to\infty} f(a_n x) = \lim\limits_{n\to\infty} (f(x))^{a_n} = (f(x))^a.$$

因此,对任意的实数 $x$,有 $f(x) = f(x \cdot 1) = (f(1))^x = a^x$,其中 $a = f(1)$.

**例 12** 证明:对于所有的正数 $x$ 和 $y$ 都满足方程

$$f(xy) = f(x) + f(y)$$

的唯一不恒等于零的连续函数 $f(x)(x > 0)$ 是指数函数: $f(x) = \log_a x$,式中 $a$ 为正常数.

**证明** 在等式 $f(xy) = f(x) + f(y)$ 中令 $y = 1$,可得 $f(1) = 0$. 由 $f(x)$ 不恒等于零知,存在 $x_0 > 0$ 使得 $f(x_0) > 0$. 因此, $f(x_0^2) = 2f(x_0)$. 从而,存在正整数 $n$ 使得 $f(x_0^n) = nf(x_0) > 1$. 因此根据连续函数的介值性,存在 $a$ 介于 $1$ 与 $x_0{}^n$ 之间,使得 $f(a) = 1$. 先考虑函数 $F(x) = f(a^x)(x \in \mathbf{R})$,则

$$F(x + y) = f(a^{x+y}) = f(a^x) + f(a^y) = F(x) + F(y).$$

那么由例 10 知 $F(x) = F(1)x$,且 $F(1) = f(a) = 1$. 故 $F(x) = f(a^x) = x$. 令 $a^x = y$,则有 $f(y) = \log_a y$.

若 $x_0 > 0, f(x_0) < 0$,则考虑函数 $g(x) = -f(x)$. 于是 $g(x_0) > 0$ 且易验证 $g(xy) = g(x) + g(y)$. 从而有 $g(x) = \log_a x = -f(x)$. 因此 $f(x) = \log_{a^*} x$,其中 $a^* = \dfrac{1}{a} > 0$.

**例 13** 证明:对于所有的实数 $x$ 和 $y$ 都满足方程

$$f(xy) = f(x)f(y)$$

的唯一不恒等于零的连续函数 $f(x)(x > 0)$ 是幂函数: $f(x) = x^a$,式中 $a$ 是常数.

**证明** 考虑函数 $F(x) = f(e^x)(x \in \mathbf{R})$,则

$$F(x + y) = f(e^{x+y}) = f(e^x)f(e^y) = F(x)F(y)$$

那么由例 11 知 $F(x) = f(e^x) = b^x$. 令 $e^x = y$,则 $y > 0$,且

$$f(y) = b^x = e^{ax} = y^a.$$

# 第3讲

# 一元函数微分学

## 第1节　导数与微分的概念

设函数 $y = f(x)$ 在自变量 $x_0$ 的改变量是 $\Delta x$，相应的函数改变量是 $\Delta y = f(x_0 + \Delta x) - f(x_0)$.

**定义1**　若函数 $y = f(x)$ 在其定义域中一点 $x_0$ 处的极限

$$\lim_{\Delta x \to 0} \frac{\Delta y}{\Delta x} = \lim_{\Delta x \to 0} \frac{f(x_0 + \Delta x) - f(x_0)}{\Delta x}$$

存在，则称 $f(x)$ 在 $x_0$ 处可导，并称这个极限为函数 $f(x)$ 在点 $x_0$ 处的导数，记为 $f'(x_0)\left(\text{或 } y'(x_0), \dfrac{\mathrm{d}f}{\mathrm{d}x}\Big|_{x=x_0}, \dfrac{\mathrm{d}y}{\mathrm{d}x}\Big|_{x=x_0}\right)$.

当上述极限不存在时，可研究其单侧极限，即左、右导数.

**定义2**　设函数 $y = f(x)$ 在点 $x_0$ 的左邻域 $(x_0 - \delta, x_0)$ 上有定义，若左极限

$$\lim_{\Delta x \to 0^-} \frac{f(x_0 + \Delta x) - f(x_0)}{\Delta x}, \ -\delta < \Delta x < 0$$

存在，则称该极限为函数 $f$ 在点 $x_0$ 的左导数，记作 $f'_-(x_0)$.

类似可定义右导数

$$f'_+(x_0) = \lim_{\Delta x \to 0^+} \frac{f(x_0 + \Delta x) - f(x_0)}{\Delta x}, \ 0 < \Delta x < \delta,$$

左、右导数统称为单侧导数.

**可导的充分必要条件**　$f$ 在点 $x_0$ 可导的充分必要条件为：$f$ 在点 $x_0$ 的左、右导数存在且相等.

**有限增量公式**　设 $f$ 在点 $x_0$ 可导，则

$$\lim_{\Delta x \to 0} \frac{\Delta y}{\Delta x} = \lim_{\Delta x \to 0} \frac{f(x_0 + \Delta x) - f(x_0)}{\Delta x},$$

由此得

$$\Delta y = f'(x_0)\Delta x + o(\Delta x),$$

称为 $f$ 在点 $x_0$ 的有限增量公式. 注意，此公式对 $\Delta x = 0$ 仍旧成立.

若函数 $f$ 在区间 $I$ 上每一点都可导，则称 $f$ 为 $I$ 上的可导函数，此时，若区间 $I$ 为闭区间，

则区间的端点处的导数应理解为相应的单侧导数.

**导数的几何意义**　函数 $f$ 在点 $x_0$ 可导的充分必要条件是:曲线 $y = f(x)$ 在点$(x_0, f(x_0))$ 存在不平行于 $y$ 轴的切线.

若函数 $y = f(x)$ 在点 $x_0$ 可导,则曲线 $y = f(x)$ 在点 $(x_0, f(x_0))$ 的切线方程为

$$y - f(x_0) = f'(x_0)(x - x_0).$$

**注**　此说明可导一定存在切线,但存在切线未必可导.

**导数与连续的关系**

(1) 若 $f$ 在点 $x_0$ 可导,则 $f$ 在点 $x_0$ 连续,但反之不成立.

(2) 若 $f$ 在点 $x_0$ 的左(右)导数存在,则 $f$ 在点 $x_0$ 左(右)连续.

**导数的两大特征**

(1) $f'(x)$ 无第一类间断点;

(2) $f'(x)$ 具有介值性.

**定义3**　对函数 $y = f(x)$ 在其定义域中一点 $x_0$,若存在一个只与点 $x_0$ 有关,而与 $\Delta x$ 无关的数 $g(x_0)$,使得当 $\Delta x \to 0$ 时恒成立关系式

$$\Delta y = g(x_0)\Delta x + o(\Delta x),$$

其中 $o(\Delta x)$ 表示 $\Delta x$ 的高阶无穷小量,则称函数 $f(x)$ 在点 $x_0$ 可微,并称 $g(x_0)\Delta x$ 为 $y = f(x)$ 在点 $x_0$ 的微分,记作

$$\mathrm{d}y \mid_{x=x_0} = g(x_0)\Delta x (= g(x_0)\mathrm{d}x) \text{ 或 } \mathrm{d}f(x)\mid_{x=x_0} = g(x_0)\Delta x (= g(x_0)\mathrm{d}x).$$

**可微与可导的关系**

函数 $f$ 在点 $x_0$ 可微的充分必要条件是:$f$ 在点 $x_0$ 可导.

**一阶微分形式的不变性**

对函数 $y = f(u)$,不论 $u$ 是自变量,还是中间变量,都有

$$\mathrm{d}y = f'(u)\mathrm{d}u.$$

### 典型例题

**例1**　函数 $f(x)$ 二阶连续可导,且 $f(0) = 0$,$g(x) = \begin{cases} \dfrac{f(x)}{x}, & x \neq 0 \\ f'(x), & x = 0 \end{cases}$,讨论 $g(x)$ 在 $x = 0$ 处是否连续可导.

**解**　当 $x \neq 0$ 时,有 $g'(x) = \dfrac{xf'(x) - f(x)}{x^2}$.

根据导数的定义,应用洛必达法则有

$$g'(0) = \lim_{x \to 0} \frac{g(x) - g(0)}{x - 0} = \lim_{x \to 0} \frac{\dfrac{f(x)}{x} - f'(0)}{x} = \lim_{x \to 0} \frac{f(x) - f'(0)x}{x^2}$$

$$= \lim_{x \to 0} \frac{f'(x) - f'(0)}{2x} = \frac{f''(0)}{2}.$$

再次应用洛必达法则有

$$\lim_{x \to 0} g'(x) = \lim_{x \to 0} \frac{xf'(x) - f(x)}{x^2} = \lim_{x \to 0} \frac{xf''(x)}{2x} = \frac{f''(0)}{2} = g'(0).$$

所以 $g'(x)$ 在 $x=0$ 处连续,即 $g$ 在 $x=0$ 处连续可导.

**例 2**　设函数 $f(x)$ 在区间 $[a,b]$ 上满足 $\alpha$ 次利普希茨(Lipschitz)条件,即存在正常数 $M$,对于任意的 $x,y\in[a,b]$ 有 $|f(x)-f(y)|\leqslant M|x-y|^{\alpha}$,证明:当 $\alpha>1$ 时,$f(x)$ 为常值函数.

**证明**　由于

$$\left|\frac{f(x+\Delta x)-f(x)}{\Delta x}\right|\leqslant\frac{M|\Delta x|^{\alpha}}{|\Delta x|}=M|\Delta x|^{\alpha-1},$$

因此对任意的 $x\in[a,b]$,有

$$f'(x)=\lim_{\Delta x\to 0}\frac{f(x+\Delta x)-f(x)}{\Delta x}=0,$$

故 $f$ 是常值函数.

**例 3**　设 $f''(0)$ 存在,$F(x)=\begin{cases}\dfrac{f(x)-f(0)}{x},&x\neq 0\\ f'(0),&x=0\end{cases}$,证明:$F(x)$ 的导函数在 $x=0$ 处连续,且 $F'(0)=\dfrac{1}{2}f''(0)$.

**证明**　由 $f''(0)$ 存在知,$f(x)$ 在 $x=0$ 的某个邻域内连续可微,则

$$\begin{aligned}F'(0)&=\lim_{x\to 0}\frac{F(x)-F(0)}{x}=\lim_{x\to 0}\frac{\dfrac{f(x)-f(0)}{x}-f'(0)}{x}\\&=\lim_{x\to 0}\frac{f(x)-f(0)-f'(0)x}{x^2}\\&=\lim_{x\to 0}\frac{f'(x)-f'(0)}{2x}=\frac{1}{2}f''(0).\end{aligned}$$

当 $x\neq 0$ 时

$$F'(x)=\frac{xf'(x)-(f(x)-f(0))}{x^2},$$

则

$$\begin{aligned}\lim_{x\to 0}F'(x)&=\lim_{x\to 0}\frac{xf'(x)-(f(x)-f(0))}{x^2}\\&=\lim_{x\to 0}\frac{xf'(x)-xf'(0)+xf'(0)-(f(x)-f(0))}{x^2}\\&=\lim_{x\to 0}\frac{f'(x)-f'(0)}{x}+\lim_{x\to 0}\frac{f'(0)x-(f(x)-f(0))}{x^2}\\&=f''(0)-\frac{1}{2}f''(0)=\frac{1}{2}f''(0)=F'(0).\end{aligned}$$

所以,$F(x)$ 的导函数在 $x=0$ 处连续.

**例 4**　设 $f(x)=\begin{cases}x^2\cos\dfrac{1}{x},&x\neq 0\\ 0,&x=0\end{cases}$,求 $f(x)$ 的导函数.

**解**　当 $x\neq 0$ 时,有

$$f'(x) = 2x\cos\frac{1}{x} + x^2\left(-\sin\frac{1}{x}\right)\left(-\frac{1}{x^2}\right) = 2x\cos\frac{1}{x} + \sin\frac{1}{x}.$$

根据导数的定义

$$f'(0) = \lim_{x\to 0}\frac{f(x) - f(0)}{x} = \lim_{x\to 0}\frac{x^2\cos\frac{1}{x}}{x} = \lim_{x\to 0}x\cos\frac{1}{x} = 0.$$

因此

$$f'(x) = \begin{cases} 2x\cos\dfrac{1}{x} + \sin\dfrac{1}{x}, & x\neq 0 \\ 0, & x=0 \end{cases}.$$

**例 5** 已知 $f(x) = \begin{cases} x^2 e^{-x^2}, & x\geqslant 0 \\ x^3\sin\dfrac{1}{x}, & x<0 \end{cases}$，求 $f'(x)$.

**解** 因为

$$\lim_{x\to 0^+}f(x) = \lim_{x\to 0^-}f(x) = 0 = f(0),$$

所以，$f(x)$ 在 $x=0$ 处是连续的.

当 $x\neq 0$ 时

$$f'(x) = \begin{cases} 2x e^{-x^2} - 2x^3 e^{-x^2}, & x>0 \\ 3x^2\sin\dfrac{1}{x} - x\cos\dfrac{1}{x}, & x<0 \end{cases},$$

于是

$$\lim_{x\to 0^+}f'(x) = \lim_{x\to 0^-}f'(x) = 0.$$

故 $\lim_{x\to 0}f'(x) = 0$，由导数极限定理，$f'(0) = 0$. 因此

$$f'(x) = \begin{cases} 2x e^{-x^2} - 2x^3 e^{-x^2}, & x>0 \\ 0, & x=0 \\ 3x^2\sin\dfrac{1}{x} - x\cos\dfrac{1}{x}, & x<0 \end{cases}.$$

**例 6** 令 $f(x) = \begin{cases} x^n\sin\dfrac{1}{x}, & x\neq 0 \\ 0, & x=0 \end{cases}$，其中 $n$ 为自然数，讨论 $n$ 的取值使以下结论成立：

(1) 函数 $f(x)$ 在 $x=0$ 处连续；

(2) 函数 $f(x)$ 在 $x=0$ 处可导.

**解** (1) 因为 $\lim_{x\to 0}\sin\dfrac{1}{x}$ 不存在，所以 $n=0$ 时，$f(x)$ 在 $x=0$ 处不连续. 当 $n>0$ 时，$\lim_{x\to 0}x^n = 0$，$\left|\sin\dfrac{1}{x}\right| \leqslant 1$，则 $\lim_{x\to 0}f(x) = \lim_{x\to 0}x^n\sin\dfrac{1}{x} = 0 = f(0)$，那么 $f(x)$ 在 $x=0$ 处连续. 因此当且仅当 $n>0$ 时，$f(x)$ 在 $x=0$ 处连续.

(2) 当 $x\neq 0$ 时，$\dfrac{f(x) - f(0)}{x} = x^{n-1}\sin\dfrac{1}{x}$，由上面讨论可知，当且仅当 $n-1>0$，即

$n > 1$ 时,$\lim\limits_{x \to 0} x^{n-1} \sin \dfrac{1}{x}$ 存在,且当 $n > 1$ 时,$\lim\limits_{x \to 0} x^{n-1} \sin \dfrac{1}{x} = 0$,即 $f'(0) = 0$. 故当且仅当 $n > 1$ 时,$f(x)$ 在 $x = 0$ 处可导.

**例 7**　设 $p$ 为实常数,讨论函数

$$f(x) = \begin{cases} x^p \sin \dfrac{1}{x^2}, & x \neq 0 \\ 0, & x = 0 \end{cases}.$$

(1) 当 $p$ 取何值时在 $x = 0$ 处连续?

(2) 当 $p$ 取何值时在 $x = 0$ 处可导?

(3) 当 $p$ 取何值时导函数在 $x = 0$ 处连续?

**解**　(1) 由于 $x \neq 0$ 时,$\sin \dfrac{1}{x^2}$ 是有界量,因此,当 $p > 0$ 时,有

$$\lim_{x \to 0} x^p \sin \frac{1}{x^2} = 0 = f(0),$$

故 $f$ 在 $x = 0$ 处连续.

(2) 因为

$$\lim_{x \to 0} \frac{f(x) - f(0)}{x - 0} = \lim_{x \to 0} \frac{x^p \sin \dfrac{1}{x} - 0}{x} = \lim_{x \to 0} x^{p-1} \sin \frac{1}{x},$$

所以当 $p > 1$ 时,$f$ 在 $x = 0$ 处可导,且 $f'(0) = 0$.

(3) 当 $x \neq 0$ 时,有

$$f'(x) = -2x^{p-3} \cos \frac{1}{x^2} + px^{p-1} \sin \frac{1}{x^2},$$

则有

$$\lim_{x \to 0} f'(x) = \lim_{x \to 0} \left( -2x^{p-3} \cos \frac{1}{x^2} + px^{p-1} \sin \frac{1}{x^2} \right).$$

因此,当 $p > 3$ 时,导函数在 $x = 0$ 处连续.

**例 8**　设 $f(x) = \begin{cases} x^2 \ln x + 1, & x > 0 \\ 1, & x = 0 \\ \dfrac{2(1 - \cos x)}{x^2}, & x < 0 \end{cases}$,研究其导数的连续性.

**解**　当 $x > 0$ 时,$f'(x) = 2x \ln x + x$.

根据导数的定义,应用洛必达法则,有

$$f'_+(0) = \lim_{x \to 0^+} \frac{f(x) - f(0)}{x} = \lim_{x \to 0^+} x \ln x = 0,$$

$$f'_-(0) = \lim_{x \to 0^-} \frac{f(x) - f(0)}{x} = \lim_{x \to 0^-} \frac{2 - 2\cos x - x^2}{x^3} = \lim_{x \to 0^-} \frac{2\sin x - 2x}{3x^2} = 0.$$

所以 $f'(0) = 0$.

当 $x < 0$ 时,有

$$f'(x) = \frac{2x \sin x - 4(1 - \cos x)}{x^3},$$

则有

$$\lim_{x \to 0^-} f'(x) = \lim_{x \to 0^-} \frac{2x\sin x - 4(1 - \cos x)}{x^3} = 2 \lim_{x \to 0^-} \frac{x\cos x - \sin x}{3x^2} = 2 \lim_{x \to 0^-} \frac{-x\sin x}{6x} = 0.$$

当 $x > 0$ 时,有 $f'(x) = 2x\ln x + x$,则有

$$\lim_{x \to 0^+}(2x\ln x + x) = 0,$$

所以,$f'(x)$ 在 $x = 0$ 处连续. 因此,$f'(x)$ 在 **R** 上连续.

**例 9** 确定 $a,b$ 使得 $f(x) = \begin{cases} \dfrac{1}{x}(1 - \cos ax), & x < 0 \\ 0, & x = 0 \\ \dfrac{1}{x}\ln(b + x^2), & x > 0 \end{cases}$ 在 **R** 上处处可导,并求其导数.

**解** 由 $f(x)$ 在 $x = 0$ 处连续得到 $f(0 + 0) = 0$,则

$$\lim_{x \to 0^+} f(x) = \lim_{x \to 0^+} \frac{\ln(b + x^2)}{x} = 0,$$

得 $b = 1$.

当 $x < 0$ 时

$$f'(x) = \frac{ax\sin ax + \cos ax - 1}{x^2};$$

当 $x > 0$ 时

$$f'(x) = \frac{\dfrac{2x}{b + x^2}x - \ln(b + x^2)}{x^2} = \frac{2x^2 - (b + x^2)\ln(b + x^2)}{x^2(b + x^2)}.$$

由于 $f(x)$ 在 $x = 0$ 处可导,则 $f'(0 + 0) = f'(0 - 0)$,即

$$f'(0 + 0) = \lim_{x \to 0^+} \frac{2x^2 - (b + x^2)\ln(b + x^2)}{x^2(b + x^2)} = \lim_{x \to 0^+} \frac{4x - 2x\ln(b + x^2) - 2x}{2bx + 4x^3} = \frac{1 - \ln b}{b},$$

$$f'(0 - 0) = \lim_{x \to 0^-} \frac{ax\sin ax + \cos ax - 1}{x^2} = \lim_{x \to 0^-} \frac{a^2 x\cos ax}{2x} = \frac{a^2}{2},$$

可得 $\dfrac{a^2}{2} = \dfrac{1 - \ln b}{b}$,故 $a = \pm\sqrt{2}$,将 $a,b$ 代入,有

$$f'(x) = \begin{cases} \dfrac{\pm\sqrt{2}x\sin(\pm\sqrt{2}x) + \cos(\pm\sqrt{2}x) - 1}{x^2}, & x < 0 \\ 1, & x = 0 \\ \dfrac{2x^2 - (1 + x^2)\ln(1 + x^2)}{x^2}, & x > 0 \end{cases}.$$

**例 10** 设函数 $f(x)$ 在 $(-\infty, +\infty)$ 内连续,且 $f'(0)$ 存在,若对任意的 $x, y \in \mathbf{R}$,有

$$f(x + y) = \frac{f(x) + f(y)}{1 - f(x)f(y)}.$$

证明:函数 $f(x)$ 在 **R** 上可微.

**证明** 取 $y = 0$ 时,有 $f(x) = \dfrac{f(x) + f(0)}{1 - f(x)f(0)}$,则有

$$f(x) - f^2(x)f(0) = f(x) + f(0).$$

对上式取 $x \to 0$ 的极限,有

$$\lim_{x \to 0}(f(x) - f^2(x)f(0)) = \lim_{x \to 0}(f(x) + f(0)).$$

由 $f(x)$ 在$(-\infty, +\infty)$ 内连续,有 $f(0)(1 + f^2(x)) = 0$,又 $1 + f^2(x) > 0$,所以 $f(0) = 0$. 又有

$$\begin{aligned}
\lim_{y \to 0}\frac{f(x+y) - f(x)}{(x+y) - x} &= \lim_{y \to 0}\frac{f(x+y) - f(x)}{y} = \lim_{y \to 0}\frac{\dfrac{f(x) + f(y)}{1 - f(x)f(y)} - f(x)}{y} \\
&= \lim_{y \to 0}\frac{f(x) + f(y) - f(x)(1 - f(x)f(y))}{y(1 - f(x)f(y))} \\
&= \lim_{y \to 0}\frac{f(y) + f^2(x)f(y)}{y(1 - f(x)f(y))} = (1 + f^2(x))\lim_{y \to 0}\frac{f(y)}{y} \\
&= (1 + f^2(x))\lim_{y \to 0}\frac{f(y) - f(0)}{y - 0} = f'(0)(1 + f^2(x)),
\end{aligned}$$

因此

$$f'(x) = f'(0)(1 + f^2(x)),$$

故 $\dfrac{f'(x)}{1 + f^2(x)} = f'(0)$,两边积分得

$$\arctan(f(x)) = f'(0)x + C.$$

所以

$$f(x) = \tan(f'(0)x + C),$$

取 $x = 0$,有 $f(0) = \tan C = 0$,得 $C = 0$. 因此

$$f(x) = \tan(f'(0)x).$$

所以 $f(x)$ 在 **R** 上可微.

**例 11**　设 $f$ 是定义在 **R** 上的函数,且对任意的 $x_1, x_2 \in \mathbf{R}$,都有

$$f(x_1 + x_2) = f(x_1) \cdot f(x_2).$$

若 $f'(0) = 1$,证明对任意的 $x \in \mathbf{R}$,都有

$$f'(x) = f(x).$$

**证明**　由于 $f(x) = f(x+0) = f(x) \cdot f(0)$,那么 $f(0) = 1$ 或 $f(x) \equiv 0$. 但 $f'(0) = 1$. 因此 $f(0) = 1$. 故

$$\begin{aligned}
f'(x) &= \lim_{\Delta x \to 0}\frac{f(x + \Delta x) - f(x)}{\Delta x} = \lim_{\Delta x \to 0}\frac{f(x) \cdot f(\Delta x) - f(x)}{\Delta x} \\
&= \lim_{\Delta x \to 0}\frac{f(\Delta x) - f(0)}{\Delta x - 0}f(x) = f'(0)f(x) = f(x),
\end{aligned}$$

结论得证.

**例 12**　设 $g(0) = g'(0) = 0$, $f(x) = \begin{cases} g(x)\sin\dfrac{1}{x}, & x \neq 0 \\ 0, & x = 0 \end{cases}$,求 $f'(0)$.

**解**　因为

$$\lim_{x \to 0}\frac{g(x) - g(0)}{x - 0} = \lim_{x \to 0}\frac{g(x)}{x} = 0,$$

所以 $\dfrac{g(x)}{x}$ 为 $x \to 0$ 时的高阶无穷小量，$g(x)$ 为 $x \to 0$ 时的高阶无穷小量，且 $\sin\dfrac{1}{x}$ 是一有界量.因此

$$\lim_{x \to 0} f(x) = \lim_{x \to 0} g(x) \sin\frac{1}{x} = 0,$$

$$\lim_{x \to 0} \frac{f(x) - f(0)}{x - 0} = \lim_{x \to 0} \frac{g(x)\sin\dfrac{1}{x}}{x} = \lim_{x \to 0} \frac{g(x)}{x} \sin\frac{1}{x} = 0.$$

所以 $f'(0) = 0$.

**例 13**　证明:若函数 $f$ 在 $[a,b]$ 上连续,且 $f(a) = f(b) = K$, $f'_+(a) f'_-(b) > 0$,则至少存在一点 $\xi \in (a,b)$,使 $f(\xi) = K$.

**证明**　假设 $x \in (a,b)$, $f(x) \neq K$,不妨设 $f(x) > K$,则有

$$f'_+(a) = \lim_{\Delta x \to 0^+} \frac{f(a + \Delta x) - f(a)}{\Delta x} > 0, \quad f'_-(b) = \lim_{\Delta x \to 0^-} \frac{f(b + \Delta x) - f(b)}{\Delta x} < 0,$$

所以 $f'_+(a) f'_-(b) < 0$,矛盾.因此,至少存在一点 $\xi \in (a,b)$,使 $f(\xi) = K$.

**例 14**　证明:黎曼函数

$$R(x) = \begin{cases} \dfrac{1}{q}, & x = \dfrac{p}{q}, p < q, (p, q) = 1 \\ 0, & x \text{ 为 } (0,1) \text{ 中无理数以及 } 0,1 \end{cases}$$

在 $[0,1]$ 上处处不可微.

**证明**　由于 $R(x)$ 在 $(0,1)$ 内的有理数处不连续,在 $[0,1]$ 上的无理数或 $0,1$ 处连续,因此只需讨论 $R(x)$ 在 $[0,1]$ 上的无理数或 $0,1$ 处的可微性.

设 $x_0 \in (0,1)$ 为任一无理点或 $0,1$.设 $\{x_n\}$ 和 $\{y_n\}$ 分别为有理数点列和无理数点列,且极限皆为 $x_0$,则

$$\lim_{n \to \infty} \frac{R(y_n) - R(x_0)}{y_n - x_0} = 0.$$

(1) 当 $x_0 = 0$ 或 $1$ 时,分别取 $x_n = \dfrac{1}{10^n}$ 或 $x_n = 1 - \dfrac{1}{10^n}$,则

$$\lim_{n \to \infty} \frac{R(x_n) - R(x_0)}{x_n - x_0} = 1,$$

所以 $R(x)$ 在 $x = 0$ 或 $1$ 处不可微.

(2) 若 $x_0$ 为 $(0,1)$ 中任一无理点,可用无限不循环小数 $x_0 = 0.\alpha_1\alpha_2\cdots\alpha_n\cdots$,截取前 $n$ 位小数,令

$$x_n = 0.\alpha_1\alpha_2\cdots\alpha_n,$$

则 $\{x_n\}$ 以 $x_0$ 为极限.由于 $x_0$ 为无理数,因此 $\{\alpha_n\}$ 中有无穷多项不为零.记第一个不为零的下标为 $N$,当 $n > N$ 时,有

$$R(x_n) = R(0.\alpha_1\alpha_2\cdots\alpha_n) > 10^{-n}.$$

因此

$$\left|\frac{R(x_n)-R(x_0)}{x_n-x_0}\right|=\frac{R(0.\alpha_1\alpha_2\cdots\alpha_n)}{0.00\cdots0\alpha_{n+1}\alpha_{n+2}\cdots}\geqslant 1.$$

故

$$\lim_{n\to\infty}\frac{R(x_n)-R(x_0)}{x_n-x_0}\neq 0,$$

所以由归结原则可知

$$\lim_{x\to x_0}\frac{R(x)-R(x_0)}{x-x_0}$$

不存在,故 $R(x)$ 在 $[0,1]$ 上处处不可微.

# 第 2 节　　求导法则

(1) 四则运算法则.

设函数 $u(x),v(x)$ 在 $x$ 可导,则 $u(x)\pm v(x),u(x)\cdot v(x)$ 在 $x$ 处可导,当 $v(x)\neq 0$ 时,$\dfrac{u(x)}{v(x)}$ 在 $x$ 处可导,且

$$(u(x)\pm v(x))'=u'(x)\pm v'(x);$$
$$(u(x)v(x))'=u'(x)v(x)+u(x)v'(x);$$
$$\left(\frac{u(x)}{v(x)}\right)'=\frac{u'(x)v(x)-u(x)v'(x)}{v^2(x)}.$$

(2) 复合函数求导的链式法则.

**定理 1**　　若函数 $u=\varphi(x)$ 在点 $x_0$ 处可导,$y=f(u)$ 在点 $u_0=\varphi(x_0)$ 处可导,则复合函数 $y=f(\varphi(x))$ 在点 $x_0$ 处可导,且 $\varphi'(x)\neq 0$,则

$$(f(\varphi(x)))'=f'(\varphi(x))\varphi'(x).$$

(3) 反函数求导法则.

**定理 2**　　若函数 $y=f(x)$ 在 $(a,b)$ 内连续、严格单调、可导并且 $f'(x)\neq 0$,记 $\alpha=\min\{f(a+),f(b-)\},\beta=\max\{f(a+),f(b-)\}$,则它的反函数 $x=f^{-1}(y)=\varphi(y)$ 在 $(\alpha,\beta)$ 内可导,且有 $\varphi'(y)=\dfrac{1}{f'(x)}$.

(4) 隐函数求导法则.

方程两侧同时求导.

(5) 参数方程求导法则.

设函数 $y=f(x)$ 由参数方程 $\begin{cases}x=\varphi(t)\\y=\psi(t)\end{cases},\alpha\leqslant t\leqslant\beta$ 给出,若 $x=\varphi(t)$ 具有反函数,$\varphi(t),\psi(t)$ 可导,且 $\varphi'(t)\neq 0$,则 $\dfrac{\mathrm{d}y}{\mathrm{d}x}=\dfrac{\psi'(t)}{\varphi'(t)}$.

**典型例题**

**例 1**　　设 $f_{ij}(x)(i,j=1,2,\cdots,n)$ 为同一区间上的可导函数,证明在该区域上成立

$$\frac{\mathrm{d}}{\mathrm{d}x}\begin{vmatrix} f_{11}(x) & f_{12}(x) & \cdots & f_{1n}(x) \\ f_{21}(x) & f_{22}(x) & \cdots & f_{2n}(x) \\ \vdots & \vdots & & \vdots \\ f_{n1}(x) & f_{n2}(x) & \cdots & f_{nn}(x) \end{vmatrix} = \sum_{i=1}^{n}\begin{vmatrix} f_{11}(x) & f_{12}(x) & \cdots & f_{1n}(x) \\ \vdots & \vdots & & \vdots \\ f'_{i1}(x) & f'_{i2}(x) & \cdots & f'_{in}(x) \\ \vdots & \vdots & & \vdots \\ f_{n1}(x) & f_{n2}(x) & \cdots & f_{nn}(x) \end{vmatrix}.$$

**证明** 令

$$F(x) = \begin{vmatrix} f_{11}(x) & f_{12}(x) & \cdots & f_{1n}(x) \\ f_{21}(x) & f_{22}(x) & \cdots & f_{2n}(x) \\ \vdots & \vdots & & \vdots \\ f_{n1}(x) & f_{n2}(x) & \cdots & f_{nn}(x) \end{vmatrix},$$

则根据行列式的定义有

$$F(x) = \sum (-1)^{N(k_1 k_2 \cdots k_n)} f_{1k_1}(x) f_{2k_2}(x) \cdots f_{nk_n}(x).$$

根据导数的四则运算有

$$F'(x) = \frac{\mathrm{d}}{\mathrm{d}x}\left(\sum (-1)^{N(k_1 k_2 \cdots k_n)} f_{1k_1}(x) f_{2k_2}(x) \cdots f_{nk_n}(x)\right)$$

$$= \sum (-1)^{N(k_1 k_2 \cdots k_n)}\left(\sum_{i=1}^{n} f_{1k_1}(x) f_{2k_2}(x) \cdots f'_{ik_i}(x) \cdots f_{nk_n}(x)\right)$$

$$= \sum_{i=1}^{n}\begin{vmatrix} f_{11}(x) & f_{12}(x) & \cdots & f_{1n}(x) \\ \vdots & \vdots & & \vdots \\ f'_{i1}(x) & f'_{i2}(x) & \cdots & f'_{in}(x) \\ \vdots & \vdots & & \vdots \\ f_{n1}(x) & f_{n2}(x) & \cdots & f_{nn}(x) \end{vmatrix}.$$

**例 2** 令 $x > 0$，求 $f(x) = x^{\sin x}$ 的导函数.

**解** 两边取对数可得 $\ln f(x) = \sin x \ln x$，两边求导，可得

$$\frac{f'(x)}{f(x)} = \cos x \ln x + \frac{\sin x}{x}.$$

于是

$$f'(x) = \left(\cos x \ln x + \frac{\sin x}{x}\right) f(x) = \left(\cos x \ln x + \frac{\sin x}{x}\right) x^{\sin x}.$$

**例 3** 设 $f$ 为可导函数，证明：若 $x = 1$ 时有

$$\frac{\mathrm{d}}{\mathrm{d}x} f(x^2) = \frac{\mathrm{d}}{\mathrm{d}x} f^2(x),$$

则必有 $f'(1) = 0$ 或 $f(1) = 1$.

**证明** 由复合函数的求导法则，有 $\dfrac{\mathrm{d}}{\mathrm{d}x} f(x^2) = f'(x^2) \cdot 2x$, $\dfrac{\mathrm{d}}{\mathrm{d}x} f^2(x) = 2f(x) \cdot f'(x)$. 将 $x = 1$ 代入 $f'(x^2) \cdot 2x = 2f(x) \cdot f'(x)$，得 $f'(1) = 0$ 或 $f(1) = 1$.

**例 4** 设函数 $f(u), g(u)$ 和 $h(u)$ 可微，且 $h(u) > 1$，$u = \varphi(x)$ 也是可微函数，利用一阶微分的形式不变性求下列复合函数的微分.

$(1) f(u) g(u) h(u)$;$(2) h(u)^{g(u)}$;$(3) \log_{h(u)} g(u)$;$(4) \arctan\left(\dfrac{f(u)}{h(u)}\right)$.

**解**  $(1)\ \mathrm{d}(f(u) g(u) h(u)) = (f(u) g(u) h(u))' \mathrm{d}u$

$\qquad = (f'(u) g(u) h(u) + f(u) g'(u) h(u) + f(u) g(u) h'(u)) \mathrm{d}u$

$\qquad = (f'(u) g(u) h(u) + f(u) g'(u) h(u) + f(u) g(u) h'(u)) \varphi'(x) \mathrm{d}x.$

$(2)\ \mathrm{d}(h(u)^{g(u)}) = (\mathrm{e}^{g(u)\ln h(u)})' \mathrm{d}u = \mathrm{e}^{g(u)\ln h(u)}\ (g(u)\ln h(u))' \mathrm{d}u$

$\qquad = \mathrm{e}^{g(u)\ln h(u)}\left(g'(u)\ln h(u) + g(u)\dfrac{h'(u)}{h(u)}\right) \mathrm{d}u$

$\qquad = h(u)^{g(u)}\left(g'(u)\ln h(u) + g(u)\dfrac{h'(u)}{h(u)}\right) \varphi'(x) \mathrm{d}x.$

$(3)\ \mathrm{d}(\log_{h(u)} g(u)) = (\log_{h(u)} g(u))' \mathrm{d}u = \left(\dfrac{\ln g(u)}{\ln h(u)}\right)' \mathrm{d}u$

$\qquad = \dfrac{g'(u) h(u)\ln h(u) - g(u) h'(u)\ln g(u)}{g(u) h(u)\ln^2 h(u)} \mathrm{d}u$

$\qquad = \dfrac{g'(u) h(u)\ln h(u) - g(u) h'(u)\ln g(u)}{g(u) h(u)\ln^2 h(u)} \varphi'(x) \mathrm{d}x.$

$(4)\ \mathrm{d}\left(\arctan\left(\dfrac{f(u)}{h(u)}\right)\right) = \left(\arctan\left(\dfrac{f(u)}{h(u)}\right)\right)' \mathrm{d}u = \dfrac{\left(\dfrac{f(u)}{h(u)}\right)'}{1 + \left(\dfrac{f(u)}{h(u)}\right)^2} \mathrm{d}u$

$\qquad = \dfrac{f'(u) h(u) - f(u) h'(u)}{f^2(u) + h^2(u)} \varphi'(x) \mathrm{d}x.$

**例 5**  设曲线方程 $x = 1 - t^2$，$y = t - t^2$，求它在下列点处的切线方程与法线方程.

$(1) t = 1$；$(2) t = \dfrac{\sqrt{2}}{2}$.

**解**  当 $t = 1$ 时，曲线过点 $(0,0)$，设过该点的切线斜率为 $k$，则有

$$k = \frac{\mathrm{d}y}{\mathrm{d}x}\bigg|_{t=1} = \frac{\mathrm{d}y/\mathrm{d}t}{\mathrm{d}x/\mathrm{d}t}\bigg|_{t=1} = \frac{2t-1}{2t}\bigg|_{t=1} = \frac{1}{2}.$$

那么当 $t = 1$ 时，曲线过点 $(0,0)$ 的切线和法线方程分别为

$$y = \frac{x}{2}, \quad y = -2x.$$

当 $t = \dfrac{\sqrt{2}}{2}$ 时，曲线过点 $\left(\dfrac{1}{2}, \dfrac{\sqrt{2}-1}{2}\right)$，设过该点的切线的斜率为 $k$，则有

$$k = \frac{\mathrm{d}y}{\mathrm{d}x}\bigg|_{t=1} = \frac{\mathrm{d}y/\mathrm{d}t}{\mathrm{d}x/\mathrm{d}t}\bigg|_{t=\frac{\sqrt{2}}{2}} = \frac{2t-1}{2t}\bigg|_{t=\frac{\sqrt{2}}{2}} = \frac{\sqrt{2}-1}{\sqrt{2}}.$$

那么当 $t = \dfrac{\sqrt{2}}{2}$ 时，曲线过点 $\left(\dfrac{1}{2}, \dfrac{\sqrt{2}-1}{2}\right)$ 的切线和法线方程分别为

$$y = \frac{\sqrt{2}-1}{\sqrt{2}}x + \frac{3}{4}\sqrt{2} - 1, \quad y = -(2+\sqrt{2})x + \sqrt{2} + \frac{1}{2}.$$

**例 6**  求由方程确定 $\mathrm{e}^{x^2+y} - xy^2 = 0$ 的隐函数 $y = y(x)$ 的导函数 $y'(x)$.

**解**  方程

$$e^{x^2+y} - xy^2 = 0$$

两边对变量 $x$ 求导,由求导法则,有

$$(e^{x^2+y} - xy^2)' = e^{x^2+y}(2x + y') - (y^2 + 2xyy') = 0,$$

解得

$$y' = -\frac{2x e^{x^2+y} - y^2}{e^{x^2+y} - 2xy}.$$

**例 7** 求由方程 $2y\sin x + x\ln y = 0$ 确定的隐函数 $y = y(x)$ 的导函数 $y'(x)$.

**解** 方程

$$2y\sin x + x\ln y = 0$$

两边对变量 $x$ 求导,由求导法则,有

$$(2y\sin x + x\ln y)' = 2y'\sin x + 2y\cos x + \ln y + x\frac{y'}{y} = 0,$$

解得

$$y' = -\frac{2y^2\cos x + y\ln y}{x + 2y\sin x}.$$

## 第3节    高阶导数与高阶微分

**定义 1** 函数 $y = f(x)$ 的一阶导数的导数,称为二阶导数,记作 $f''(x)$;一般地,$n-1$ 阶导数的导数称为 $n$ 阶导数,记为

$$f^{(n)}(x) \text{ 或 } \frac{d^n f(x)}{dx^n} = \frac{d^n y}{dx^n}.$$

二阶以及二阶以上的导数都称为高阶导数.

**定义 2** 设 $\varphi, \psi$ 在 $[\alpha, \beta]$ 上都二阶可导,则由参数方程 $\begin{cases} x = \varphi(t) \\ y = \psi(t) \end{cases}, \alpha \leqslant t \leqslant \beta$,所确定的函数的二阶导数为

$$\frac{d^2 y}{dx^2} = \frac{d}{dx}\left(\frac{dy}{dx}\right) = \frac{\frac{d}{dt}\left(\frac{\psi'(t)}{\varphi'(t)}\right)}{\varphi'(t)} = \frac{\psi''(t)\varphi'(t) - \psi'(t)\varphi''(t)}{(\varphi'(t))^3}.$$

**莱布尼茨(Leibniz)公式**    $(uv)^{(n)} = \sum_{k=0}^{n} C_n^k u^{(n-k)} v^{(k)}.$

求高阶导数常用的方法:

(1) 利用高阶导数求导公式.

(2) 利用莱布尼茨公式.

(3) 利用数学归纳法求 $n$ 阶导数.

(4) 先化简,再利用高阶导数求导公式.

(5) 利用递推公式求高阶导数.

(6) 分段函数在分点处的高阶导数(必须用导数的定义求解).

**定义 3** 函数 $y = f(x)$ 的一阶微分 $dy$ 的微分,称为二阶微分,记作 $d^2 y$;一般地,$n-$

1 阶微分的微分,称为 $n$ 阶微分,记作 $\mathrm{d}^n y$,即

$$\mathrm{d}^n y = \mathrm{d}(\mathrm{d}^{n-1} y) = \mathrm{d}(\mathrm{d}^{n-1} f(x)) = f^{(n)}(x) \mathrm{d} x^n$$

二阶以及二阶以上的微分都称为高阶微分.

**注**　(1) 高阶微分不再具有形式不变性;

(2) 符号 $\mathrm{d} x^2, \mathrm{d}^2 x, \mathrm{d}(x^2)$ 的意义各不相同,$\mathrm{d} x^2 = \mathrm{d} x \cdot \mathrm{d} x = (\mathrm{d} x)^2$,$\mathrm{d}^2 x$ 表示 $x$ 的二阶微分,$\mathrm{d}(x^2)$ 表示 $x^2$ 的微分.

**复合函数的二阶微分**　设复合函数 $y = f(x)$,$x = \varphi(t)$,一阶微分可以写作 $\mathrm{d} y = f'(x) \mathrm{d} x$,其中 $\mathrm{d} x = \varphi'(t) \mathrm{d} t$,对 $t$ 的二阶微分为

$$\begin{aligned}
\mathrm{d}^2 y &= (f(\varphi(t)))'' \mathrm{d} t^2 = (f'(\varphi(t)) \varphi'(t))' \mathrm{d} t^2 \\
&= (f''(\varphi(t))(\varphi'(t))^2 + f'(\varphi(t)) \varphi''(t)) \mathrm{d} t^2 \\
&= f''(x) \mathrm{d} x^2 + f'(x) \mathrm{d}^2 x,
\end{aligned}$$

从上述结果可以看出二阶微分不满足一阶微分所具有的微分不变性.

**典型例题**

**例 1**　讨论函数 $f(x) = |x^3|$ 在 $x = 0$ 处各阶导数的存在性,并求 $\mathrm{d} y|_{x=-1}$,$\mathrm{d}^2 y|_{x=1}$.

**解**　$f(x) = \begin{cases} x^3, & x \geqslant 0 \\ -x^3, & x < 0 \end{cases}$,则

$$\frac{f(x) - f(0)}{x - 0} = \frac{|x^3|}{x} = \begin{cases} x^2, & x > 0 \\ -x^2, & x < 0 \end{cases}.$$

那么

$$\lim_{x \to 0^-} \frac{f(x) - f(0)}{x - 0} = \lim_{x \to 0^+} \frac{f(x) - f(0)}{x - 0} = 0,$$

所以一阶导数在 $x = 0$ 处存在且 $f'(0) = 0$.

由于 $\dfrac{f'(x) - f'(0)}{x - 0} = \begin{cases} x, & x > 0 \\ -x, & x < 0 \end{cases}$,因此 $\lim\limits_{x \to 0^-} \dfrac{f'(x) - f'(0)}{x - 0} = \lim\limits_{x \to 0^+} \dfrac{f'(x) - f'(0)}{x - 0} = 0$.

所以二阶导数在 $x = 0$ 处存在且 $f''(0) = 0$.

因为 $\lim\limits_{x \to 0^-} \dfrac{f''(x) - f''(0)}{x - 0} = -1$,$\lim\limits_{x \to 0^+} \dfrac{f''(x) - f''(0)}{x - 0} = 1$,所以 $f$ 在 $x = 0$ 处的三阶导数不存在.

综上,$f(x)$ 在 $x = 0$ 处存在一阶、二阶导数,不存在三阶导数. 当 $x \neq 0$ 时,$f(x) = |x^3|$ 存在各阶导数,直接计算并代入,有

$$\mathrm{d} y|_{x=-1} = -3x^2|_{x=-1} \mathrm{d} x = -3 \mathrm{d} x,\ \mathrm{d}^2 y|_{x=1} = 6x|_{x=1} \mathrm{d} x = 6 \mathrm{d} x.$$

**例 2**　设函数 $f(x) = \begin{cases} \mathrm{e}^{-\frac{1}{x^2}}, & x \neq 0 \\ 0, & x = 0 \end{cases}$,试求 $f''(x)$.

**解**　当 $x \neq 0$ 时,有

$$f'(x) = \frac{2}{x^3} \mathrm{e}^{-\frac{1}{x^2}},\ f''(x) = -\frac{6}{x^4} \mathrm{e}^{-\frac{1}{x^2}} + \frac{4}{x^6} \mathrm{e}^{-\frac{1}{x^2}} = \left( \frac{4}{x^6} - \frac{6}{x^4} \right) \mathrm{e}^{-\frac{1}{x^2}}.$$

由导数的定义,有

$$f'(0) = \lim_{x \to 0} \frac{f(x) - f(0)}{x} = \lim_{x \to 0} \frac{e^{-\frac{1}{x^2}}}{x} = 0,$$

$$f''(0) = \lim_{x \to 0} \frac{f'(x) - f'(0)}{x} = \lim_{x \to 0} \frac{\frac{2}{x^3} e^{-\frac{1}{x^2}}}{x} = 0.$$

故

$$f''(x) = \begin{cases} \left(\dfrac{4}{x^6} - \dfrac{6}{x^4}\right) e^{-\frac{1}{x^2}}, & x \neq 0 \\ 0, & x = 0 \end{cases}.$$

**例 3** 设 $f(x) = x^2 \cos 2x$，求 $f^{(2\,023)}(0)$.

**解** 由莱布尼茨公式和 $(\cos kx)^{(n)} = k^n \cos\left(kx + \dfrac{n\pi}{2}\right)$，可得

$$(x^2 \cos 2x)^{(2\,023)} = \sum_{k=0}^{2\,023} C_{2\,023}^k (x^2)^{(2\,023-k)} (\cos 2x)^{(k)}$$

$$= C_{2\,023}^{2\,023} (x^2)^{(0)} (\cos 2x)^{(2\,023)} + C_{2\,023}^{2\,022} (x^2)' (\cos 2x)^{(2\,022)} +$$

$$C_{2\,023}^{2\,021} (x^2)'' (\cos 2x)^{(2\,021)}$$

将 $x = 0$ 代入，得

$$f^{(2\,023)}(0) = 2 C_{2\,023}^{2\,021} (\cos 2x)^{(2\,021)} \big|_{x=0} = 0.$$

**例 4** 求函数 $y = e^{ax} \sin bx$ 的 $n$ 阶导数.

**解** 由于

$$(e^{ax} \sin bx)' = a e^{ax} \sin bx + b e^{ax} \cos bx = \sqrt{a^2 + b^2}\, e^{ax} \sin(bx + \varphi),$$

其中

$$\varphi = \arctan \frac{b}{a},$$

$$(e^{ax} \sin bx)'' = (a e^{ax} \sin bx + b e^{ax} \cos bx)' = (a^2 + b^2) e^{ax} \sin(bx + 2\varphi).$$

因此，一般地可推得

$$(e^{ax} \sin bx)^{(n)} = (a^2 + b^2)^{\frac{n}{2}} e^{ax} \sin(bx + n\varphi).$$

**例 5** 求函数 $y = \dfrac{\ln x}{x}$ 的 $n$ 阶导数.

**解** 由于

$$\left(\frac{1}{x}\right)^{(k)} = \frac{(-1)^k k!}{x^{k+1}}, \quad (\ln x)^{(k)} = \frac{(-1)^{(k-1)} (k-1)!}{x^k},$$

因此由莱布尼茨公式可得

$$f^{(n)}(x) = \sum_{k=0}^n C_n^k \left(\frac{1}{x}\right)^{(k)} (\ln x)^{(n-k)}$$

$$= \frac{(-1)^n n!}{x^{n+1}} \ln x + \sum_{k=0}^{n-1} C_n^k \frac{(-1)^k k!}{x^{k+1}} \frac{(-1)^{(n-k-1)} (n-k-1)!}{x^{n-k}}$$

$$= \frac{(-1)^n n!}{x^{n+1}} \ln x + \sum_{k=0}^{n-1} C_n^k \frac{n! (-1)^{(n-1)}}{x^{n+1} (n-k)} = \frac{(-1)^n n!}{x^{n+1}} \left(\ln x - \sum_{k=1}^n \frac{1}{k}\right).$$

**例 6**　求由下列参量方程所确定的函数的二阶导数 $\dfrac{\mathrm{d}^2 y}{\mathrm{d}x^2}$.

(1) $\begin{cases} x = a\cos^3 t \\ y = a\sin^3 t \end{cases}$; (2) $\begin{cases} x = \mathrm{e}^t\cos t \\ y = \mathrm{e}^t\sin t \end{cases}$.

**解**　(1) 由于

$$\frac{\mathrm{d}y}{\mathrm{d}x} = \frac{\mathrm{d}y/\mathrm{d}t}{\mathrm{d}x/\mathrm{d}t} = -\tan t,$$

因此有

$$\frac{\mathrm{d}^2 y}{\mathrm{d}x^2} = \frac{\mathrm{d}\left(\dfrac{\mathrm{d}y}{\mathrm{d}x}\right)}{\mathrm{d}x} = \frac{\mathrm{d}\left(\dfrac{\mathrm{d}y}{\mathrm{d}x}\right)/\mathrm{d}t}{\mathrm{d}x/\mathrm{d}t} = \frac{\mathrm{d}(-\tan t)/\mathrm{d}t}{\mathrm{d}x/\mathrm{d}t} = \frac{-\sec^2 t}{-3a\cos^2 t\sin t} = \frac{1}{3a\cos^4 t\sin t}.$$

(2) 由于

$$\frac{\mathrm{d}y}{\mathrm{d}x} = \frac{\mathrm{d}y/\mathrm{d}t}{\mathrm{d}x/\mathrm{d}t} = \frac{\mathrm{e}^t(\sin t + \cos t)}{\mathrm{e}^t(\cos t - \sin t)} = \frac{\sin t + \cos t}{\cos t - \sin t},$$

因此有

$$\frac{\mathrm{d}^2 y}{\mathrm{d}x^2} = \frac{\mathrm{d}\left(\dfrac{\mathrm{d}y}{\mathrm{d}x}\right)}{\mathrm{d}x} = \frac{\mathrm{d}\left(\dfrac{\mathrm{d}y}{\mathrm{d}x}\right)/\mathrm{d}t}{\mathrm{d}x/\mathrm{d}t} = \frac{\mathrm{d}\left(\dfrac{\sin t + \cos t}{\cos t - \sin t}\right)/\mathrm{d}t}{\mathrm{d}x/\mathrm{d}t} = \frac{2}{(\cos t - \sin t)^2}.$$

**例 7**　设函数 $y = f(x)$ 在点 $x$ 处三阶可导,且 $f'(x) \neq 0$. 若 $f(x)$ 存在反函数 $x = f^{-1}(y)$,试用 $f'(x), f''(x), f'''(x)$ 表示 $(f^{-1})'''(y)$.

**解**　根据反函数的求导及高阶导数的求导,有

$$(f^{-1})'(y) = \frac{1}{f'(x)},$$

$$(f^{-1})''(y) = ((f^{-1})'(y))' = \left(\frac{1}{f'(x)}\right)' = \frac{-\dfrac{\mathrm{d}f'(x)}{\mathrm{d}x}\dfrac{\mathrm{d}x}{\mathrm{d}y}}{(f'(x))^2} = -\frac{f''(x)}{(f'(x))^3},$$

$$(f^{-1})'''(y) = -\frac{\dfrac{\mathrm{d}f''(x)}{\mathrm{d}y}(f'(x))^3 - f''(x) \cdot 3(f'(x))^2 \dfrac{\mathrm{d}f'(x)}{\mathrm{d}y}}{(f'(x))^6}$$

$$= \frac{3(f'(x))^2 - f'''(x)f'(x)}{(f'(x))^5}.$$

**例 8**　设 $y = \arctan x$.

(1) 证明它满足方程 $(1+x^2)y'' + 2xy' = 0$;

(2) 求 $y^{(n)}\big|_{x=0}$.

**证明**　(1) 由于 $y' = \dfrac{1}{1+x^2}$,因此有

$$(1+x^2)y' = 1,$$

那么上式两边对 $x$ 求导得 $(1+x^2)y'' + 2xy' = 0$.

(2) 对 $(1+x^2)y'' + 2xy' = 0$ 关于 $x$ 求 $n$ 阶导数得

$$(1+x^2)y^{(n+2)} + 2(n+1)xy^{(n+1)} + n(n+1)y^{(n)} = 0,$$

将 $x=0$ 代入上式,得 $y^{(n+2)}(0) = -n(n+1)y^{(n)}(0)$,且有 $y(0)=0, y'(0)=1$,则有

$$y^{(2k)}(0)=0, y^{(2k+1)}(0)=(-1)^k(2k)!.$$

**例 9** 求函数 $y=\arctan x$ 的麦克劳林(Maclaurin)展开式.

**解** 由例 8 可知

$$y^{(n)}(0)=\begin{cases}0, n=2k\\(-1)^k(2k)!, n=2k+1\end{cases}, k=0,1,2,\cdots,$$

所以 $y=\arctan x$ 的麦克劳林展开式为

$$\arctan x=\sum_{k=0}^{\infty}\frac{(-1)^k(2k)!}{(2k+1)!}x^{2k+1}+o(x^{2k+1})=\sum_{k=0}^{\infty}\frac{(-1)^k}{2k+1}x^{2k+1}+o(x^{2k+1}).$$

**例 10** 求下列函数的高阶微分:

(1) 设 $u(x)=\ln x, v(x)=e^x$,求 $d^3(uv), d^3\left(\dfrac{u}{v}\right)$;

(2) 设 $u(x)=e^{\frac{x}{2}}, v(x)=\cos 2x$,求 $d^3(uv), d^3\left(\dfrac{u}{v}\right)$.

**解** (1) 根据 $d^2 y=d(dy)$,有

$$d(uv)=e^x\left(\frac{1}{x}+\ln x\right)dx,$$

$$d^2(uv)=d(d(uv))=\left(\left(\frac{1}{x}+\ln x\right)d(e^x)+e^x d\left(\frac{1}{x}+\ln x\right)\right)dx$$

$$=e^x\left(\ln x+\frac{2}{x}-\frac{1}{x^2}\right)dx^2,$$

$$d^3(uv)=d(d^2(uv))=d\left(e^x\left(\ln x+\frac{2}{x}-\frac{1}{x^2}\right)dx^2\right)=e^x\left(\ln x+\frac{3}{x}-\frac{3}{x^2}+\frac{2}{x^3}\right)dx^3,$$

$$d^3\left(\frac{u}{v}\right)=\left(\frac{u}{v}\right)'''dx^3=e^{-x}\left(-\ln x+\frac{3}{x}+\frac{3}{x^2}+\frac{2}{x^3}\right)dx^3.$$

(2) 应用 $d^3 y=f^{(3)}(x)dx^3$,有

$$d^3(uv)=(uv)'''dx^3=\frac{1}{8}e^{\frac{x}{2}}(52\sin 2x-47\cos 2x)dx^3,$$

$$d^3\left(\frac{u}{v}\right)=\left(\frac{u}{v}\right)'''dx^3=e^{\frac{x}{2}}\sec 2x\left(\frac{49}{8}+\frac{83}{2}\tan 2x+12\tan^2 2x+48\tan^3 3x\right)dx^3.$$

# 第 4 节　微分中值定理

**定理 1(罗尔(Rolle)中值定理)** 若函数 $f(x)$ 满足如下条件:

(1) $f(x)$ 在闭区间 $[a,b]$ 上连续;

(2) $f(x)$ 在开区间 $(a,b)$ 内可导;

(3) $f(a)=f(b)$,

则在 $(a,b)$ 内至少存在一点 $\xi$ 使得 $f'(\xi)=0$.

**注** (1) 几何意义:若函数 $f(x)$ 满足上述条件,则在曲线 $y=f(x)$ 上至少存在一点 $(\xi, f(\xi))$,使得该点处的切线平行于曲线端点的连线.

(2) 此定理可推广为:

若函数 $f(x)$ 在开区间 $(a,b)$（有界或无界）内可导，且

$$\lim_{x \to a^+} f(x) = \lim_{x \to b^-} f(x),$$

其中极限可以是有限数，或 $+\infty$，或 $-\infty$，则在 $(a,b)$ 内至少存在一点 $\xi$ 使得 $f'(\xi) = 0$.

（3）罗尔中值定理通常用来证明零点的存在性问题. 在具体应用过程中应注意区间的选取及辅助函数 $f(x)$ 的构造，难点在于第三个条件，即 $f(a) = f(b)$.

**定理 2（拉格朗日中值定理）**　若函数 $f(x)$ 满足如下条件：

（1）$f(x)$ 在闭区间 $[a,b]$ 上连续；

（2）$f(x)$ 在开区间 $(a,b)$ 内可导，

则在 $(a,b)$ 内至少存在一点 $\xi$，使得 $f'(\xi) = \dfrac{f(b) - f(a)}{b - a}$.

**注**　（1）拉格朗日中值定理是三个中值定理中最核心的内容，通常也称为微分学中值定理.

（2）几何意义：若函数 $f(x)$ 满足上述条件，则在曲线 $y = f(x)$ 上至少存在一点 $(\xi, f(\xi))$，使得该点处的切线平行于曲线端点的连线.

（3）几种不同的表示形式：

（ⅰ）$f(b) - f(a) = f'(\xi)(b - a), a < \xi < b$；

（ⅱ）$f(b) - f(a) = f'(a + \theta(b - a))(b - a), 0 < \theta < 1$；

（ⅲ）$f(b) - f(a) = f'(a + \theta h)h, 0 < \theta < 1$；

（ⅳ）$b - a = \dfrac{f(b) - f(a)}{f'(\xi)}$.

**定理 3（柯西中值定理）**　若函数 $f(x), g(x)$ 满足下列条件：

（1）在闭区间 $[a,b]$ 上连续；

（2）在开区间 $(a,b)$ 内可导，且 $g'(x) \neq 0$；

（3）$g(a) \neq g(b)$，

则在 $(a,b)$ 内至少存在一点 $\xi$，使得 $\dfrac{f'(\xi)}{g'(\xi)} = \dfrac{f(b) - f(a)}{g(b) - g(a)}$.

**注**　（1）几何意义：若在直角坐标平面 $uOv$ 的参数方程

$$\begin{cases} u = g(x) \\ v = f(x) \end{cases}, a \leqslant x \leqslant b$$

满足上述条件，则曲线上至少存在一点 $(u(\xi), v(\xi))$，使得该点的切线平行于曲线两端点的连线.

（2）柯西中值定理是拉格朗日中值定理的推广，拉格朗日中值定理是柯西中值定理中 $g(x) = x$ 的特殊形式. 柯西中值定理结论中分子、分母中的 $\xi$ 是同一值，此结论不能由拉格朗日中值定理证明.

（3）柯西中值定理通常用来证明等式成立，难点在于根据结论中的等式构造辅助函数 $f(x)$ 与 $g(x)$.

**典型例题**

**例1** 设 $f(x)$ 是以 $T(>0)$ 为周期的连续函数, $f(x_0) \neq 0$, 且 $\int_0^T f(x)\mathrm{d}x = 0$, 证明 $f(x)$ 在 $(x_0, x_0 + T)$ 内至少有一根.

**证明** 设 $F(x) = \int_{x_0}^x f(t)\mathrm{d}t$, 则

$$F(x_0) = 0, F(x_0 + T) = \int_{x_0}^{x_0+T} f(t)\mathrm{d}t = 0.$$

由罗尔中值定理, 可知存在 $\xi \in (x_0, x_0 + T)$, 使得 $F'(\xi) = f(\xi) = 0$.

**例2** 设函数 $f(x)$ 在 $[0, +\infty)$ 内可微, 且满足不等式

$$0 \leqslant f(x) \leqslant \ln \frac{2x+1}{x+\sqrt{1+x^2}}.$$

证明: 存在 $\xi \in (0, +\infty)$, 使得 $f'(\xi) = \frac{2}{2\xi+1} - \frac{1}{\sqrt{1+\xi^2}}$.

**证明** (1) 先叙述无限区间上的罗尔中值定理. 设函数 $f(x)$ 在 $(a, +\infty)$ 内可导, 且

$$\lim_{x \to a^+} f(x) = \lim_{x \to +\infty} f(x) = A$$

则在 $(a, +\infty)$ 内至少存在一点 $\xi$, 使得 $f'(\xi) = 0$. 令

$$g(t) = f\left(\frac{1}{t} + a - 1\right),$$

则 $g$ 在 $(0,1)$ 内连续, 那么有

$$\lim_{t \to 0^+} g(t) = \lim_{x \to +\infty} f(x) = A = \lim_{x \to a^+} f(x) = \lim_{t \to 1^-} g(t).$$

设 $G(t) = \begin{cases} g(t), & 0 < t < 1 \\ A, & t = 0, 1 \end{cases}$, 则 $G$ 在 $[0,1]$ 上连续, 在 $(0,1)$ 内可导, 且 $G(0) = G(1)$. 根据罗尔中值定理, 存在 $\eta \in (0,1)$, 使得

$$0 = g'(\eta) = f'\left(\frac{1}{\eta} + a - 1\right) \cdot \left(-\frac{1}{\eta^2}\right).$$

令 $\xi = \frac{1}{\eta} + a - 1$, 则 $\xi > a$ 且 $f'(\xi) = 0$.

(2) 令 $x = 0$, 得 $f(0) = 0$. 令 $x \to +\infty$, 得 $\lim_{x \to +\infty} f(x) = 0$. 设

$$F(x) = f(x) - \ln \frac{2x+1}{x+\sqrt{x^2+1}},$$

则 $F(0) = 0, \lim_{x \to +\infty} F(x) = 0$. 由 (1) 即知结论成立.

**例3** 设函数 $f(x)$ 在 $[a,b]$ 上连续, 在 $(a,b)$ 内可导, 证明: 存在 $\xi \in (a,b)$, 使得 $f'(\xi) = \frac{f(\xi) - f(a)}{b - \xi}$.

**证明** 即要证 $f(x) - f(a) + f'(x)(x-b) = 0$ 在 $(a,b)$ 内有一个零点. 上式左边积分可得

$$\int (f(x) - f(a) + f'(x)(x-b))\mathrm{d}x$$

$$= \int f(x)\mathrm{d}x - f(a)x + \int (x-b)\mathrm{d}f(x)$$

$$= \int f(x)\mathrm{d}x - f(a)x + \left( (x-b)f(x) - \int f(x)\mathrm{d}x \right)$$

$$= x(f(x)-f(a)) - bf(x).$$

设 $F(x) = x(f(x)-f(a)) - bf(x)$，则 $F(a) = -bf(a) = F(b)$. 而由罗尔中值定理知存在 $\xi \in (a,b)$，使得 $F'(\xi) = 0$，即 $f'(\xi) = \dfrac{f(\xi)-f(a)}{b-\xi}$.

**例 4**　若 $f(x), g(x)$ 都在 $[a,b]$ 上连续，都在 $(a,b)$ 内可导，且对任意的 $x \in (a,b)$，有 $g'(x) \neq 0$，则存在 $\xi \in (a,b)$，使 $\dfrac{f'(\xi)}{g'(\xi)} = \dfrac{f(b)-f(a)}{g(b)-g(a)}$.

**证明**　$g(x)$ 在 $[a,b]$ 上连续，在 $(a,b)$ 内可导，对任意的 $x \in (a,b)$，$g'(x) \neq 0$. 因此，由拉格朗日中值定理，有 $g(b)-g(a) = g'(\xi)(b-a) \neq 0$. 于是，$g(b)-g(a)$ 可作为分母. 下面只需要证明存在 $\xi \in (a,b)$，使得

$$(f(b)-f(a))g'(\xi) - (g(b)-g(a))f'(\xi) = 0.$$

为此，只需要证明函数 $(f(b)-f(a))g'(x) - (g(b)-g(a))f'(x)$ 有零点. 令

$$F(x) = (f(b)-f(a))(g(x)-g(a)) - (g(b)-g(a))(f(x)-f(a))$$

则 $F(x)$ 在闭区间 $[a,b]$ 上连续，在开区间 $(a,b)$ 内可导，且 $F(a) = F(b) = 0$，因此，存在 $\xi \in (a,b)$，使得 $F'(\xi) = 0$，即 $\dfrac{f(b)-f(a)}{g(b)-F(a)} = \dfrac{f'(\xi)}{g'(\xi)}$.

**例 5**　设 $f$ 在 $[-1,1]$ 上二阶可导，证明：若

$$f(-1) = f(0) = 0, f(1) = 1,$$

则存在 $\xi \in (-1,1)$，使得 $f''(\xi) = 1$.

**证明**　构造二次多项式

$$g(x) = \frac{1}{2}x(x+1),$$

满足

$$g(-1) = g(0) = 0, g(1) = 1.$$

令 $F(x) = f(x) - g(x)$，则

$$F(-1) = F(0) = F(1) = 0.$$

多次应用罗尔中值定理，存在 $\xi \in (-1,1)$，使得

$$0 = f''(\xi) = f''(\xi) - 1,$$

即 $f''(\xi) = 1$.

**例 6**　设 $f(x)$ 在 $[a,b]$ 上二阶可导，$f(a) = f(b) = 0$，且存在 $c \in (a,b)$ 使得 $f(c) > 0$. 试证明至少存在一点 $\xi \in (a,b)$，使得 $f''(\xi) < 0$.

**证明**　由拉格朗日中值定理，可知存在 $\xi_1 \in (a,c)$ 和 $\xi_2 \in (c,b)$，使得

$$f'(\xi_1) = \frac{f(c)-f(a)}{c-a} > 0, f'(\xi_2) = \frac{f(b)-f(c)}{b-c} < 0.$$

由拉格朗日中值定理，可知存在 $\xi \in (\xi_1, \xi_2) \subset (a,c)$，使得 $f''(\xi) = \dfrac{f'(\xi_2)-f'(\xi_1)}{\xi_2 - \xi_1} < 0$.

**例 7** 设函数 $f(x)$ 在 $[0,1]$ 上连续,在 $(0,1)$ 内可导,且 $f(0)=0,f(1)=1$.证明:存在 $x_1,x_2 \in [0,1]$,使得 $\dfrac{1}{f'(x_1)}+\dfrac{1}{f'(x_2)}=2$.

**证明** 由连续函数介值定理,可知存在 $c \in (0,1)$,使得 $f(c)=\dfrac{1}{2}$.再由拉格朗日中值定理,可知存在 $x_1 \in (0,c),x_2 \in (c,1)$,使得

$$f'(x_1)=\frac{f(c)-f(0)}{c-0}=\frac{1}{2c},f'(x_2)=\frac{f(1)-f(c)}{1-c}=\frac{1}{2(1-c)},$$

故

$$\frac{1}{f'(x_1)}+\frac{1}{f'(x_2)}=2c+2(1-c)=2.$$

**例 8** 设 $f(x)$ 在 $[a,b]$ 上有二阶连续导数,试证存在 $\xi \in (a,b)$,使得

$$f(a)+f(b)+2f\left(\frac{a+b}{2}\right)=\frac{1}{4}(b-a)^2 f''(\xi).$$

**证明** 设

$$F(x)=f(a)+f(x)-2f\left(\frac{a+x}{2}\right),G(x)=(x-a)^2,$$

则

$$\frac{F(b)}{G(b)}=\frac{F(b)-F(a)}{G(b)-G(a)}=\frac{F'(\eta)}{G'(\eta)}=\frac{f'(\eta)-f'\left(\frac{a+\eta}{2}\right)}{2(\eta-a)}$$

$$=\frac{1}{4}\frac{f'(\eta)-f'\left(\frac{a+\eta}{2}\right)}{\eta-\frac{a+\eta}{2}}=\frac{1}{4}f''(\xi),$$

所以

$$f(a)+f(b)+2f\left(\frac{a+b}{2}\right)=\frac{1}{4}(b-a)^2 f''(\xi).$$

**例 9** 若 $f(x)$ 在 $[a,+\infty)$ 上可导, $\lim\limits_{x \to +\infty} f(x)$, $\lim\limits_{x \to +\infty} f'(x)$ 都存在,求证: $\lim\limits_{x \to +\infty} f'(x)=0$.

**证明** 对任意的 $n \in \mathbf{N}_+$,由拉格朗日中值定理可知,存在 $\xi_n \in (n,n+1)$,使得 $f(n+1)-f(n)=f'(\xi_n)$.由于极限 $\lim\limits_{x \to +\infty} f(x)$ 存在,因此由归结原则可知

$$\lim\limits_{n \to \infty} f'(\xi_n)=\lim\limits_{n \to \infty}(f(n+1)-f(n))=\lim\limits_{x \to +\infty}(f(x+1)-f(x))=0$$

又因为极限 $\lim\limits_{x \to +\infty} f'(x)$ 存在,所以再由归结原则可知, $\lim\limits_{x \to +\infty} f'(x)=\lim\limits_{n \to \infty} f'(\xi_n)=0$.

**例 10** 已知 $f(x)$ 在 $(a,+\infty)$ 内可导,且 $\lim\limits_{x \to a^+} f(x)=\lim\limits_{x \to +\infty} f(x)$.证明存在一点 $c \in (a,+\infty)$,使得 $f'(c)=0$.

**证明** 不妨设 $\lim\limits_{x \to a^+} f(x)=\lim\limits_{x \to +\infty} f(x)=m$,则对任意给定的正数 $\varepsilon$,存在 $\delta>0$,对任意的 $x \in (a,a+\delta)$,有 $|f(x)-m|<\varepsilon$.不妨记 $x_1 \in (a,a+\delta)$,使得 $|f(x_1)-m|<\varepsilon$.同理,对于 $m>0,x \in (m,+\infty)$,有 $|f(x)-m|<\varepsilon$.不妨记 $x_2 \in (M,+\infty)$,使得

$|f(x_2) - m| < \varepsilon$. 于是

$$|f(x_1) - f(x_2)| \leqslant |f(x_1) - m| + |f(x_2) - m| < 2\varepsilon.$$

由 $\varepsilon$ 的任意性可知 $f(x_1) = f(x_2)$. 根据罗尔中值定理可知存在 $c \in (x_1, x_2)$, 使得 $f'(c) = 0$.

**例 11**　设函数 $f$ 在 $[0, a]$ 上二阶可导, 且 $|f''(x)| \leqslant M, f$ 在 $(0, a)$ 内取得最大值, 证明: $|f'(0)| + |f'(a)| \leqslant Ma$.

**证明**　设 $\xi \in (0, a)$, 使得 $f(\xi) = \max\limits_{(0,a)} f$, 则 $f'(\xi) = 0$. 根据拉格朗日中值定理, 存在 $\eta \in (0, \xi), \zeta \in (\xi, a)$, 使得

$$|f'(0)| = |f'(0) - f'(\xi)| = |f''(\eta)| \xi \leqslant M\xi,$$
$$|f'(a)| = |f'(a) - f'(\xi)| = |f''(\zeta)|(a - \xi) \leqslant M(a - \xi),$$

所以

$$|f'(0)| + |f'(a)| \leqslant M\xi + M(a - \xi) = Ma.$$

**例 12**　设 $f(x)$ 在 $[a, b]$ 上连续, 在 $(a, b)$ 内可导, 且 $f'(x) > 0$. 若 $\lim\limits_{x \to a^+} \dfrac{f(2x - a)}{x - a}$ 存在, 证明:

(1) 在 $(a, b)$ 内 $f(x) > 0$;

(2) 在 $(a, b)$ 内存在一点 $\xi$, 使 $\dfrac{b^2 - a^2}{\displaystyle\int_a^b f(x)\mathrm{d}x} = \dfrac{2\xi}{f(\xi)}$.

**证明**　(1) 设 $\lim\limits_{x \to a^+} \dfrac{f(2x - a)}{x - a}$ 存在, 则 $\lim\limits_{x \to a^+} f(2x - a) = 0$, 那么 $\lim\limits_{x \to a^+} f(x) = 0$.

设 $f(x)$ 在 $[a, b]$ 上连续, 则 $f(a) = \lim\limits_{x \to a^+} f(x) = 0$. 又 $f(x)$ 在 $(a, b)$ 内可导, 且 $f'(x) > 0$, 故 $f(x)$ 严格单调递增, 故在 $(a, b)$ 内 $f(x) > f(a) = 0$, 即 $f(x) > 0$.

(2) 令 $G(x) = x^2, F(x) = \displaystyle\int_a^x f(t)\mathrm{d}t$, 则 $G(x), F(x)$ 在 $[a, b]$ 上连续, 在 $(a, b)$ 内可导, 且 $F'(x) = f(x) > 0, x \in (a, b)$, 由柯西中值定理, 存在 $\xi \in (a, b)$, 使得

$$\frac{G(b) - G(a)}{F(b) - F(a)} = \frac{G'(\xi)}{F'(\xi)},$$

即

$$\frac{b^2 - a^2}{\displaystyle\int_a^b f(x)\mathrm{d}x} = \frac{2\xi}{f(\xi)}.$$

**例 13**　设 $f(x)$ 在 $[0, 2]$ 上连续, 在 $(0, 2)$ 内可导, $\lim\limits_{x \to 1} \dfrac{f(x)}{\sin \pi x} = 0$, 且 $\displaystyle\int_1^2 f(x)\mathrm{d}x = f(2)$, 证明: 存在 $c \in (0, 2)$, 使 $f''(c) = 0$.

**证明**　由

$$\lim\limits_{x \to 1} \frac{f(x)}{\sin \pi x} = 0, \lim\limits_{x \to 1} \sin \pi x = 0,$$

知 $\lim\limits_{x \to 1} f(x) = 0$. 又 $f(x)$ 在 $[0, 2]$ 上连续, 则 $f(1) = \lim\limits_{x \to 1} f(x) = 0$. 因此 $\lim\limits_{x \to 1} \dfrac{f(x) - f(1)}{\sin \pi(1 - x)} =$

0,即 $\lim\limits_{x \to 1} \dfrac{f(x) - f(1)}{\pi(x-1)} = 0$. 所以 $\lim\limits_{x \to 1} \dfrac{f(x) - f(1)}{x-1} = 0$,即 $f'(1) = 0$.

在 $\int_1^2 f(x)\mathrm{d}x = f(2)$ 中,由积分中值定理知,存在 $\xi \in (1,2)$,使得 $f(\xi) = \int_1^2 f(x)\mathrm{d}x$,故 $f(\xi) = f(2)$.由罗尔中值定理知,存在 $\eta \in (\xi, 2) \subset (1,2)$,使得 $f'(\eta) = 0$.再次应用罗尔中值定理,存在 $c \in (1, \eta) = (0, 2)$,使得 $f''(c) = 0$.

**例 14** 设函数 $f(x)$ 在 $[-1, 1]$ 上连续,在 $(-1, 1)$ 内可导,且 $f(-1)f(1) > 0$,$f(0)f(1) < 0$.证明:存在 $\xi \in (-1, 1)$,使得 $f(\xi) + \xi f'(\xi) = 0$.

**证明** 因为 $f(-1)f(1) > 0$,$f(0)f(1) < 0$,所以 $f(-1)f(0) < 0$.由于 $f(x)$ 在 $[-1, 1]$ 上连续,由零点定理知,存在 $c_1 \in (-1, 0)$ 和 $c_2 \in (0, 1)$,使得 $f(c_1) = f(c_2) = 0$.$f(x)$ 在 $(-1, 1)$ 内可导,令 $F(x) = xf(x)$,则 $F(x)$ 在 $[-1, 1]$ 上连续,在 $(-1, 1)$ 内可导,且 $F(c_1) = F(c_2) = 0$.由罗尔中值定理知,存在 $\xi \in (c_1, c_2) \subset (-1, 1)$,使得 $F'(\xi) = 0$,即 $f(\xi) + \xi f'(\xi) = 0$.

**例 15** 证明:

(1) 方程 $x^2 - 3x + c = 0$(这里 $c$ 为常数)在区间 $[0, 1]$ 上不可能有两个不同实根.

(2) 方程 $x^n + px + q = 0$($n$ 为正整数,$p, q$ 为实数)当 $n$ 为偶数时至多有两个不同实根,当 $n$ 为奇数时至多有三个实根.

**证明** (1) 令 $f(x) = x^2 - 3x + c$,假设 $f = 0$ 在 $[0, 1]$ 上有两个不同实根,记为 $x_1, x_2$,且 $x_1 < x_2$,则根据罗尔中值定理可知存在 $\xi \in (x_1, x_2) \subset (0, 1)$,使得 $f'(\xi) = 0$.但 $f'(x) = 2x - 3$ 在 $(0, 1)$ 内不存在零点,这与 $\xi \in (x_1, x_2) \subset (0, 1)$,$f'(\xi) = 0$ 矛盾.所以方程 $x^2 - 3x + c = 0$(这里 $c$ 为常数)在区间 $[0, 1]$ 上不可能有两个不同实根.

(2) 令 $f(x) = x^n + px + q$,则 $f'(x) = nx^{n-1} + p$.那么:

(i) 若 $n$ 为正偶数,假设 $f = 0$ 有三个不同实根,记为 $x_1, x_2, x_3$,且 $x_1 < x_2 < x_3$.则存在 $\xi_1 \in (x_1, x_2)$,$\xi_2 \in (x_2, x_3)$,使得 $f'(\xi_1) = 0$,$f'(\xi_2) = 0$.但 $f'(x) = nx^{n-1} + p = 0$ 时有 $x = \sqrt[n-1]{-\dfrac{p}{n}}$,这与存在 $\xi_1 \in (x_1, x_2)$,$\xi_2 \in (x_2, x_3)$,使得 $f'(\xi_1) = 0$,$f'(\xi_2) = 0$ 矛盾.所以方程 $x^n + px + q = 0$ 当 $n$ 为偶数时至多有两个不同实根.

(ii) 若 $n$ 为正奇数,假设 $f = 0$ 有四个不同实根,记为 $x_1, x_2, x_3, x_4$,且 $x_1 < x_2 < x_3 < x_4$,则存在 $\xi_1 \in (x_1, x_2)$,$\xi_2 \in (x_2, x_3)$,$\xi_3 \in (x_3, x_4)$,使得 $f'(\xi_1) = 0$,$f'(\xi_2) = 0$,$f'(\xi_3) = 0$.但 $f'(x) = nx^{n-1} + p = 0$ 时有 $x = \pm\sqrt[n-1]{-\dfrac{p}{n}}$,这与存在 $\xi_1 \in (x_1, x_2)$,$\xi_2 \in (x_2, x_3)$,$\xi_3 \in (x_3, x_4)$,使得 $f'(\xi_1) = 0$,$f'(\xi_2) = 0$,$f'(\xi_3) = 0$ 矛盾.所以方程 $x^n + px + q = 0$ 当 $n$ 为奇数时至多有三个实根.

**例 16** 证明:设 $f$ 为 $n$ 阶可导函数,若方程 $f(x) = 0$ 有 $n+1$ 个相异的实根,则方程 $f^{(n)}(x) = 0$ 至少有一个实根.

**证明** 设 $f(x) = 0$ 有 $n+1$ 个相异的实根 $\xi_{11}, \xi_{12}, \cdots, \xi_{1(n+1)}$,且 $\xi_{11} < \xi_{12} < \cdots < \xi_{1n} < \xi_{1(n+1)}$,则存在 $\xi_{21} \in (\xi_{11}, \xi_{12})$,$\xi_{22} \in (\xi_{12}, \xi_{13})$,$\cdots$,$\xi_{2n} \in (\xi_{1n}, \xi_{1(n+1)})$,使得

$$f'(\xi_{2i}) = 0, 1 \leqslant i \leqslant n$$

所以,存在 $\xi_{31} \in (\xi_{21}, \xi_{22})$,$\xi_{32} \in (\xi_{22}, \xi_{23})$,$\cdots$,$\xi_{3(n-1)} \in (\xi_{2(n-1)}, \xi_{2n})$,使得

$$f''(\xi_{3i}) = 0, 1 \leqslant i \leqslant n-1$$

按照上述推理,存在 $\xi_n \in (\xi_{(n-1)1}, \xi_{(n-1)2})$,使得 $f^{(n)}(\xi_n) = 0$.

# 第 5 节　泰勒公式

**1. 泰勒定理(公式)**

若函数 $f(x)$ 在点 $x_0$ 存在 $n$ 阶导数,则称这些导数构造的 $n$ 次多项式

$$T_n(x) = \sum_{k=0}^{n} \frac{f^{(k)}(x_0)}{k!}(x-x_0)^k$$

为函数 $f(x)$ 在点 $x_0$ 处的泰勒多项式, $T_n(x)$ 中的各项系数 $\dfrac{f^{(k)}(x_0)}{k!}(k=1,2,3,\cdots,n)$ 称为泰勒系数.

**2. 带皮亚诺(Peano)型余项的泰勒公式**

若函数 $f(x)$ 在点 $x_0$ 存在直至 $n$ 阶导数,则有

$$f(x) = T_n(x) + o((x-x_0)^n).$$

**3. 带拉格朗日型余项的泰勒公式**

若函数 $f(x)$ 在 $[a,b]$ 上存在直至 $n$ 阶的连续导数,在 $(a,b)$ 内存在 $n+1$ 阶导数,则对任意给定的 $x, x_0 \in [a,b]$,至少存在一点 $\xi \in (x, x_0)$,使得

$$f(x) = T_n(x) + \frac{f^{(n+1)}(\xi)}{(n+1)!}(x-x_0)^{n+1}.$$

当 $x_0 = 0$ 时,上述两个泰勒公式又称为麦克劳林公式.

**典型例题**

**例 1**　设 $f(x) = \ln(x + \sqrt{1+x^2})$,求其在 $x=0$ 处的泰勒展开式.

**解**　因为 $f'(x) = \dfrac{1}{\sqrt{1+x^2}}$,且

$$(1+x)^\alpha = 1 + \alpha x + \frac{\alpha(\alpha-1)}{2!}x^2 + \cdots + \frac{\alpha(\alpha-1)\cdots(\alpha-n+1)}{n!}x^n +$$

$$\frac{\alpha(\alpha-1)\cdots(\alpha-n)}{(n+1)!}(1+\theta x)^{\alpha-n-1}x^{n+1}, 0 < \theta < 1, x > -1,$$

所以

$$f'(x) = \frac{1}{\sqrt{1+x^2}} = 1 + \sum_{n=1}^{\infty} \frac{(-1)^n(2n-1)!}{(2n)!}x^{2n},$$

收敛半径为 1,在零的充分小邻域内可逐项求导、求积分. 于是

$$f(x) = \int_0^x 1 + \left(\sum_{n=1}^{\infty}\frac{(-1)^n(2n-1)!}{(2n)!}t^{2n}\right)\mathrm{d}t = x + \sum_{n=1}^{\infty}\frac{(-1)^n(2n-1)!}{(2n+1)!}x^{2n+1}.$$

**例 2**　设 $f(x)$ 在 $[-1,1]$ 上三次可微

$$f(-1) = f(0) = f'(0) = 0, f(1) = 1.$$

证明:存在 $x \in (-1,1)$,使得 $f'''(x) \geqslant 3$.

**证明**  应用泰勒公式,有

$$f(1) = f(0) + f'(0) \cdot 1 + \frac{f''(0)}{2} \cdot 1^2 + \frac{f'''(\xi)}{3!} \cdot 1^3 = 1, \xi \in (0,1),$$

$$f(-1) = f(0) + f'(0) \cdot (-1) + \frac{f''(0)}{2} \cdot (-1)^2 + \frac{f'''(\eta)}{3!} \cdot (-1)^3 = 0, \eta \in (0,1),$$

则

$$f(1) - f(-1) = \frac{f'''(\xi)}{3!} + \frac{f'''(\eta)}{3!} = 1.$$

令 $f'''(\zeta) = \max\{f'''(\xi), f'''(\eta)\}$,则 $\dfrac{2f'''(\zeta)}{3!} \geqslant 1$,因此 $f'''(\zeta) \geqslant 3$.

**例3**  设 $f(x)$ 在 $[0, +\infty)$ 上二阶可微,$\lim\limits_{x \to +\infty} f(x)$ 存在,但 $\lim\limits_{x \to +\infty} f'(x)$ 不存在. 证明:存在 $x_0 > 0$,使得 $|f''(x_0)| > 1$.

**证明**  用反证法. 设对任意的 $x_0 \in (0, +\infty)$,有 $|f''(x_0)| \leqslant 1$. 应用泰勒定理,对任意的 $h > 0$,有

$$f(x+h) = f(x) + f'(x)h + \frac{f''(\xi)}{2}h^2, \xi \in (x, x+h),$$

则

$$|f'(x)| \leqslant \frac{1}{h} |f(x+h) - f(x)| + \frac{h}{2}.$$

由 $f(x)$ 在 $[0, +\infty)$ 上二阶可微与 $\lim\limits_{x \to +\infty} f(x) = 0$ 存在,知 $f(x)$ 在 $[0, +\infty)$ 上一致连续,对任意的正数 $\varepsilon$,存在正数 $M$,当 $x > M$ 时,取 $h = \varepsilon$,有 $|f(x+h) - f(x)| < \dfrac{\varepsilon^2}{4}$,从而有

$$|f'(x)| \leqslant \frac{h}{4} + \frac{h}{2} < \varepsilon.$$

因此 $\lim\limits_{x \to +\infty} f'(x) = 0$,矛盾.

**例4**  设 $f(t)$ 在 $[0,1]$ 上有二阶导函数,$f$ 在 $[0,1]$ 上的最大值 $\dfrac{1}{4}$ 在 $(0,1)$ 内取得,$|f''(\xi)| \leqslant 1$,证明:

$$|f(0)| + |f(1)| < 1.$$

**证明**  设 $\dfrac{1}{4} = \max\{f(x) \mid x \in [0,1]\}$ 在 $c \in (0,1)$ 处取得,则 $f(c) = \dfrac{1}{4}$,且由极值条件,有 $f'(c) = 0$. 再由泰勒展开式

$$f(0) = f(c) + \frac{f''(\eta)}{2}(0-c)^2, f(1) = f(c) + \frac{f''(\zeta)}{2}(1-c)^2.$$

于是

$$|f(0)| + |f(1)| \leqslant \frac{1}{2} + \frac{1}{2}c^2 + \frac{1}{2}(1-c)^2 < 1.$$

**例5**  设函数 $f(x)$ 在闭区间 $[a,b]$ 上二阶可导,且 $f''(x) \geqslant 0$,证明:

$$f\left(\frac{a+b}{2}\right) \leqslant \frac{1}{b-a} \int_a^b f(x) \mathrm{d}x.$$

**证明**    对 $f(x)$ 在 $x = \dfrac{a+b}{2}$ 处泰勒展开,存在 $\xi \in \left( x, \dfrac{a+b}{2} \right)$,使得

$$f(x) = f\left(\frac{a+b}{2}\right) + f'\left(\frac{a+b}{2}\right)\left(x - \frac{a+b}{2}\right) + \frac{f''(\xi)}{2}\left(x - \frac{a+b}{2}\right)^2.$$

由于 $f''(x) \geqslant 0$,故

$$f(x) \geqslant f\left(\frac{a+b}{2}\right) + f'\left(\frac{a+b}{2}\right)\left(x - \frac{a+b}{2}\right).$$

对上述不等式两边积分可得

$$\int_a^b f(x)\,\mathrm{d}x \geqslant \int_a^b f\left(\frac{a+b}{2}\right)\mathrm{d}x + f'\left(\frac{a+b}{2}\right)\int_a^b \left(x - \frac{a+b}{2}\right)\mathrm{d}x$$

$$= f\left(\frac{a+b}{2}\right)(b-a) + f'\left(\frac{a+b}{2}\right)\left(\frac{1}{2}x^2 - \frac{a+b}{2}x\right)\Big|_a^b$$

$$= f\left(\frac{a+b}{2}\right)(b-a) + f'\left(\frac{a+b}{2}\right)\left(-\frac{ab}{2} + \frac{ab}{2}\right)$$

$$= f\left(\frac{a+b}{2}\right)(b-a).$$

因此

$$f\left(\frac{a+b}{2}\right) \leqslant \frac{1}{b-a}\int_a^b f(x)\,\mathrm{d}x.$$

**例 6**    设 $f(x)$ 在 $[0,2]$ 上二阶可微,且 $|f(x)| \leqslant 1$,$|f''(x)| \leqslant 1$. 证明:$|f'(x)| \leqslant 2$.

**证明**    $f(x)$ 在点 $x$ 处的泰勒公式为

$$f(y) = f(x) + f'(x)(y-x) + \frac{f''(\xi)}{2}(y-x)^2,$$

其中 $\xi$ 在 $x$ 与 $y$ 之间,依赖于 $x, y$. 取 $y = 0$,得到

$$f(0) = f(x) + f'(x)(0-x) + \frac{f''(\xi_1)}{2}(0-x)^2,$$

取 $y = 2$,得到

$$f(2) = f(x) + f'(x)(2-x) + \frac{f''(\xi_2)}{2}(2-x)^2,$$

两式相减,得到

$$2f'(x) = f(2) - f(0) + \frac{f''(\xi_1)}{2}(0-x)^2 - \frac{f''(\xi_2)}{2}(2-x)^2,$$

则应用绝对值三角不等式,有

$$|f'(x)| = \frac{1}{2}\left| f(2) - f(0) + \frac{f''(\xi_1)}{2}(0-x)^2 - \frac{f''(\xi_2)}{2}(2-x)^2 \right|$$

$$\leqslant \frac{1}{2}\left(2 + \frac{1}{2}x^2 + \frac{1}{2}(2-x)^2\right) = \frac{1}{2}(x^2 - 2x + 4)$$

$$= \frac{1}{2}((x-1)^2 + 3) \leqslant \frac{1}{2}(1+3) = 2.$$

**例 7**    已知 $f(x)$ 在 $[0,1]$ 上二阶可微,且 $f(0) = f(1)$,对任意 $x \in [0,1]$,有

$|f''(x)| \leqslant 1$. 证明：$|f'(x)| \leqslant \dfrac{1}{2}$ 对任意 $x \in [0,1]$ 成立.

**证明**  若 $f(x)$ 在 $[0,1]$ 上二阶可微, 且 $f(0)=f(1)$, 则对任意 $x \in [0,1]$, 有 $|f''(x)| \leqslant 1$. 任取 $x \in [0,1]$, 由泰勒公式, 存在 $0 \leqslant \xi \leqslant x$ 和 $x \leqslant \eta \leqslant 1$, 使得

$$f(0)=f(x)-xf'(x)+\frac{f''(\xi)}{2}x^2, \quad f(1)=f(x)+(1-x)f'(x)+\frac{f''(\eta)}{2}(1-x)^2,$$

那么

$$f(x)-xf'(x)+\frac{f''(\xi)}{2}x^2=f(x)+(1-x)f'(x)+\frac{f''(\eta)}{2}(1-x)^2,$$

故

$$f'(x)=\frac{f''(\xi)}{2}x^2-\frac{f''(\eta)}{2}(1-x)^2.$$

因此

$$|f'(x)|=\left|\frac{f''(\xi)}{2}x^2-\frac{f''(\eta)}{2}(1-x)^2\right| \leqslant \frac{|f''(\xi)|}{2}x^2+\frac{f''(\eta)}{2}(1-x)^2$$

$$\leqslant \frac{1}{2}x^2+\frac{1}{2}(1-x)^2 \leqslant \frac{(x+1-x)^2}{2}=\frac{1}{2}.$$

所以对任意 $x \in [0,1]$, 有 $|f'(x)| \leqslant \dfrac{1}{2}$.

**例8**  求常数 $a,b$, 使得 $\ln^2(1+ax)-\sin^2(bx)+x^3$ 在 $x \to 0$ 时为 $x$ 的 4 阶无穷小.

**解**  应用泰勒定理, 有

$$\sin bx=bx-\frac{(bx)^3}{6}+o(x^4);$$

$$\ln(1+ax)=ax-\frac{1}{2}(ax)^2+\frac{1}{3}(ax)^3-\frac{1}{4}(ax)^4+o(x^4),$$

那么, 有

$$\ln(1+ax)-\sin(bx)=(a-b)x-\frac{(ax)^2}{2}+\left(\frac{a^3}{3}+\frac{b^3}{6}\right)x^3-\frac{(ax)^4}{4}+o(x^4);$$

$$\ln(1+ax)+\sin(bx)=(a+b)x-\frac{(ax)^2}{2}+\left(\frac{a^3}{3}-\frac{b^3}{6}\right)x^3-\frac{(ax)^4}{4}+o(x^4).$$

因为 $\ln^2(1+ax)-\sin^2(bx)+x^3$ 在 $x \to 0$ 时为 $x$ 的 4 阶无穷小, 所以 $x^2$ 与 $x^3$ 前的系数为零, 有

$$\begin{cases} (a-b)(a+b)=0 \\ -(a-b)\dfrac{a^2}{2}-(a+b)\dfrac{a^2}{2}+1=0 \end{cases},$$

解得 $a=1, b=\pm 1$.

**例9**  求函数 $f(x)=x^2\ln(1+x)+\mathrm{e}^x$ 直到 $x^5$ 的带皮亚诺余项的麦克劳林公式.

**解**  应用初等函数的泰勒展开式, 有

$$f(x)=x^2\ln(1+x)+\mathrm{e}^x$$

$$=x^2\left(x-\frac{1}{2}x^2+\frac{1}{3}x^3+o(x^3)\right)+1+x+\frac{1}{2}x^2+\frac{1}{6}x^3+\frac{1}{24}x^4+\frac{1}{120}x^5+o(x^5)$$

$$= 1 + x + \frac{1}{2}x^2 + \frac{7}{6}x^3 - \frac{11}{24}x^4 + \frac{41}{120}x^5 + o(x^5).$$

**例 10**　若函数 $f(x)$ 在点 $x_0$ 的某邻域上有 $n+1$ 阶连续导数,试由泰勒公式的拉格朗日型余项推导皮亚诺型余项公式.

**证明**　由于 $f(x)$ 在点 $x_0$ 的某邻域上有 $n+1$ 阶连续导数,因此 $f(x)$ 在点 $x_0$ 处的带拉格朗日型余项的泰勒公式为

$$f(x) = f(x_0) + f'(x_0)(x - x_0) + \cdots + \frac{f^{(n)}(x_0)}{n!}(x - x_0)^n + \frac{f^{(n+1)}(\xi)}{(n+1)!}(x - x_0)^{n+1},$$

其中 $\xi$ 介于 $x$ 与 $x_0$ 之间.

因为导函数 $f^{(n+1)}(x)$ 在点 $x_0$ 的某邻域上连续,所以存在正数 $M$,存在 $\delta > 0$,当 $x \in U(x_0; \delta)$ 时,$|f(x)| \leqslant M$,从而有

$$|R_n(x)| = \left| \frac{f^{(n+1)}(\xi)}{(n+1)!}(x - x_0)^{n+1} \right| \leqslant \frac{M}{(n+1)!}|x - x_0|^{n+1},$$

于是

$$\left| \frac{R_n(x)}{(x - x_0)^n} \right| < \frac{M}{(n+1)!}|x - x_0| < \frac{M\delta}{(n+1)!}.$$

因此 $\lim\limits_{x \to x_0} \dfrac{R_n(x)}{(x - x_0)^n} = 0$,故 $R_n(x) = o((x - x_0)^n)$.

## 第 6 节　导数的应用

**定理 1**　设函数 $f(x)$ 在区间 $I$ 上可导,则 $f(x)$ 在 $I$ 上递增(减)的充分必要条件是 $f'(x) \geqslant 0 (f'(x) \leqslant 0)$.

**定义 1**　若函数 $f(x)$ 在点 $x_0$ 的某邻域 $U(x_0)$ 内有定义,对一切 $x \in U(x_0)$ 都有 $f(x_0) \geqslant f(x)(f(x_0) \leqslant f(x))$,则称函数 $f$ 在点 $x_0$ 取得极大值(极小值),称点 $x_0$ 为极大值点(极小值点),极大值与极小值统称为极值,极大值点与极小值点统称为极值点.

**定理 2**　设函数 $f(x)$ 在点 $x_0$ 连续,在某邻域 $\overset{\circ}{U}(x_0, \delta)$ 内可导.

(1) 若当 $x \in (x_0 - \delta, x_0)$ 时,$f'(x) \leqslant 0$,当 $x \in (x_0, x_0 + \delta)$ 时,$f'(x) \geqslant 0$,则 $f$ 在点 $x_0$ 取得极小值;

(2) 若当 $x \in (x_0 - \delta, x_0)$ 时,$f'(x) \geqslant 0$,当 $x \in (x_0, x_0 + \delta)$ 时,$f'(x) \leqslant 0$,则 $f$ 在点 $x_0$ 取得极大值.

**定理 3**　设函数 $f(x)$ 在点 $x_0$ 的某邻域 $U(x_0, \delta)$ 内一阶可导,在 $x = x_0$ 处二阶可导,且 $f'(x_0) = 0, f''(x_0) \neq 0$.

(1) 若 $f''(x) < 0$,则 $f$ 在点 $x_0$ 取得极大值;

(2) 若 $f''(x) > 0$,则 $f$ 在点 $x_0$ 取得极小值.

**定理 4**　设函数 $f(x)$ 在点 $x_0$ 的某邻域 $U(x_0, \delta)$ 内存在直至 $n-1$ 阶导数,在 $x = x_0$ 处 $n$ 阶可导,且 $f^{(k)}(x_0) = 0 (k = 0, 1, 2, \cdots, n-1)$,$f^{(n)}(x_0) \neq 0$,则:

(1) 当 $n$ 为偶数时,$f(x)$ 在点 $x_0$ 取得极值,且 $f^{(n)}(x_0) < 0$ 取极大值,$f^{(n)}(x_0) > 0$ 取极小值.

(2)当 $n$ 为奇数时，$f(x)$ 在点 $x_0$ 不取极值.

**凸函数的几种定义及其等价关系：**

**定义 2** 设函数 $f(x)$ 在区间 $I$ 上有定义，如果对任意的 $x_1,x_2 \in I,\lambda \in (0,1)$，有
$$f(\lambda x_1 + (1-\lambda)x_2) \leqslant \lambda f(x_1) + (1-\lambda)f(x_2),$$
那么称 $f$ 为 $I$ 上的凸函数.反之，如果总有
$$f(\lambda x_1 + (1-\lambda)x_2) \geqslant \lambda f(x_1) + (1-\lambda)f(x_2),$$
那么称 $f$ 为 $I$ 上的凹函数.

**定义 3** 设函数 $f(x)$ 在区间 $I$ 上有定义，如果对任意的 $x_1,x_2 \in I$，有
$$f\left(\frac{x_1 + x_2}{2}\right) \leqslant \frac{f(x_1) + f(x_2)}{2},$$
那么称 $f$ 为 $I$ 上的凸函数.

**定义 4** 设函数 $f(x)$ 在区间 $I$ 上有定义，如果对任意的 $x_1,\cdots,x_n \in I$，有
$$f\left(\frac{x_1 + \cdots + x_n}{n}\right) \leqslant \frac{f(x_1) + \cdots + f(x_n)}{n},$$
那么称 $f$ 为 $I$ 上的凸函数.

**定义 5** 设函数 $f(x)$ 在区间 $I$ 上有定义，如果对任意的 $x_1,\cdots,x_n \in I,\lambda_i \geqslant 0$，$\sum_{i=1}^{n}\lambda_i = 1$，有
$$f(\lambda_1 x_1 + \cdots + \lambda_n x_n) \leqslant \lambda_1 f(x_1) + \cdots + \lambda_n f(x_n),$$
那么称 $f$ 为 $I$ 上的凸函数.

**注** 定义 2～5 的不等式中"$\leqslant$"为"$<$"时，称为严格凸函数.

**定义 6** 设函数 $f(x)$ 在区间 $I$ 上有定义且可导，如果曲线 $y=f(x)$ 的切线保持在曲线下方，那么称函数 $f(x)$ 为区间 $I$ 上的凸函数.

**定义 7** 设函数 $f(x)$ 在区间 $I$ 上有定义且可导，如果 $f'(x)$ 单调递增，那么称函数 $f(x)$ 为区间 $I$ 上的凸函数.

**注** 定义 2 与定义 5 等价；定义 3 与定义 4 等价；当 $f(x)$ 连续时，定义 2～5 等价；当 $f(x)$ 可导时，定义 2～7 等价.

**凸函数的性质与定理：**

**定理 5** 设函数 $f(x)$ 在区间 $I$ 上有定义，对任意的 $x_1,x_2,x_3 \in I$，且 $x_1 < x_2 < x_3$，则下列条件等价：

(1) $f(x)$ 为区间 $I$ 上的凸函数；

(2) $\dfrac{f(x_2) - f(x_1)}{x_2 - x_1} \leqslant \dfrac{f(x_3) - f(x_1)}{x_3 - x_1}$；

(3) $\dfrac{f(x_3) - f(x_1)}{x_3 - x_1} \leqslant \dfrac{f(x_3) - f(x_2)}{x_3 - x_2}$；

(4) $\dfrac{f(x_2) - f(x_1)}{x_2 - x_1} \leqslant \dfrac{f(x_3) - f(x_2)}{x_3 - x_2}$；

(5) 曲线 $y=f(x)$ 上三点 $A(x_1,f(x_1)),B(x_2,f(x_2)),C(x_3,f(x_3))$ 所围成的有向面积

$$\frac{1}{2}\begin{vmatrix} 1 & x_1 & f(x_1) \\ 1 & x_2 & f(x_2) \\ 1 & x_3 & f(x_3) \end{vmatrix} \geqslant 0.$$

**推论 1**　若函数 $f(x)$ 为区间 $I$ 上的凸函数,则对任意的 $x_1, x_2, x_3 \in I$,当 $x_1 < x_2 < x_3$ 时,有

$$\frac{f(x_2) - f(x_1)}{x_2 - x_1} \leqslant \frac{f(x_3) - f(x_1)}{x_3 - x_1} \leqslant \frac{f(x_3) - f(x_2)}{x_3 - x_2}$$

**推论 2**　若函数 $f(x)$ 为区间 $I$ 上的凸函数,则对任意的 $x_0 \in I$,过 $x_0$ 的弦的斜率 $k = \dfrac{f(x) - f(x_0)}{x - x_0}$ 是 $x$ 的增函数.

**推论 3**　若函数 $f(x)$ 为区间 $I$ 上的凸函数,则对 $I$ 上任意四点 $s < t < u < v$,有

$$\frac{f(t) - f(s)}{t - s} \leqslant \frac{f(v) - f(u)}{v - u}.$$

事实上这也是充分条件.

**推论 4**　若函数 $f(x)$ 为区间 $I$ 上的凸函数,则对任意的 $x_0 \in I$,$x_0$ 的左、右导数均存在,皆为增函数,且对任意的 $x \in \text{int } I$ 有 $f'_-(x) \leqslant f'_+(x)$.

### 典型例题

**例 1**　确定下列函数的单调区间:

(1) $f(x) = 3x - x^2$;(2) $f(x) = \sqrt{2x - x^2}$.

**解**　(1) 因为 $f'(x) = 3 - 2x$,所以 $f'(x) \geqslant 0$ 时有 $x \leqslant \dfrac{3}{2}$,此时 $f$ 单调递增;

$f'(x) < 0$ 时有 $x > \dfrac{3}{2}$,此时 $f$ 单调递减.

(2) 函数 $f(x)$ 的定义域为 $(0, 2)$,因为 $f'(x) = \dfrac{1 - x}{\sqrt{2x - x^2}}$,所以 $f'(x) \geqslant 0$ 时有 $0 < x < 1$,此时 $f$ 单调递增;$f'(x) < 0$ 时有 $1 < x < 2$,此时 $f$ 单调递减.

**例 2**　设函数 $f$ 在 $(a, b)$ 内可导,且 $f'$ 单调,证明:$f'$ 在 $(a, b)$ 内连续.

**证明**　不妨设 $f'$ 在 $(a, b)$ 内严格单调递增,则当 $x_0 \in (a, b)$ 时,$\lim\limits_{x \to x_0^+} f'(x)$ 与 $\lim\limits_{x \to x_0^-} f'(x)$ 均存在,且 $f$ 在 $(a, b)$ 内可导,所以

$$\lim_{x \to x_0^+} f'(x) = \lim_{x \to x_0^-} f'(x) = f'(x_0),$$

因此 $f'$ 在 $(a, b)$ 内连续.

**例 3**　函数 $f(x)$ 在 $[0, c]$ 上连续,$f'(x)$ 在 $(0, c)$ 内存在且单调递减,$f(0) = 0$,证明:$f(a + b) \leqslant f(a) + f(b)$,$0 \leqslant a \leqslant b \leqslant a + b \leqslant c$.

**证明**　设 $F(x) = f(x + b) - f(x) - f(b)$,则 $F'(x) = f'(x + b) - f'(x) \leqslant 0$,所以 $F(a) \leqslant F(0) = 0$.因此 $f(a + b) \leqslant f(a) + f(b)$.

**例 4**　设 $a > b > \mathrm{e}$,证明:$b^a > a^b$.

**证明**  设 $f(x) = \dfrac{\ln x}{x}, x \geqslant e$，则对任意的 $x > e$，有 $f'(x) = \dfrac{1 - \ln x}{x^2} < 0$. 故 $f$ 在

$[e, +\infty)$ 上严格单调递减. 因此当 $e < b < a$ 时，有 $\dfrac{\ln b}{b} = f(b) > f(a) = \dfrac{\ln a}{a}$，即 $b^a > a^b$.

**例 5**  证明：方程 $x^4 + 4x^3 - 3x^2 - x = 0$ 有 4 个实根.

**证明**  令

$$f(x) = x^4 + 4x^3 - 3x^2 - x = x(x^3 + 4x^2 - 3x - 1),$$

则 $x = 0$ 为 $f(x) = 0$ 的单重实根. 令

$$g(x) = x^3 + 4x^2 - 3x - 1,$$

则

$$g'(x) = 3x^2 + 8x - 3 = (x + 3)(3x - 1).$$

那么当 $x < -3$ 时，$g'(x) > 0$；当 $x > \dfrac{1}{3}$ 时，$g'(x) > 0$；当 $-3 < x < \dfrac{1}{3}$ 时，$g'(x) < 0$.

故 $g(x)$ 在 $(-\infty, -3]$ 上严格单调递增，在 $\left[-3, \dfrac{1}{3}\right]$ 上严格单调递减，在 $\left[\dfrac{1}{3}, +\infty\right)$ 上

严格单调递增. 另有

$$g(-\infty) = -\infty, g(-3) = 17 > 0, g\left(\frac{1}{3}\right) = -\frac{41}{27} < 0, g(+\infty) = +\infty.$$

故 $g(x) = 0$ 在 $(-\infty, -3)$，$\left(-3, \dfrac{1}{3}\right)$ 和 $\left(\dfrac{1}{3}, +\infty\right)$ 内均有且只有一个实根. 因此，方程

$f(x) = x^4 + 4x^3 - 3x^2 - x = 0$ 有 4 个实根.

**例 6**  当 $x \in \left(0, \dfrac{\pi}{2}\right)$ 时，证明：不等式

$$\frac{\tan x}{x} > \frac{x}{\sin x}.$$

**证明**  令

$$f(x) = \ln \tan x + \ln \sin x - 2\ln x,$$

则

$$f'(x) = \frac{\sec^2 x}{\tan x} + \frac{\cos x}{\sin x} - \frac{2}{x} = \frac{1}{\sin x \cos x} + \frac{\cos x}{\sin x} - \frac{2}{x}.$$

于是

$$f'(x) \geqslant 2\sqrt{\frac{1}{\sin^2 x}} - \frac{2}{x} = 2\left(\frac{1}{\sin x} - \frac{1}{x}\right) > 0, 0 < x < \frac{\pi}{2}.$$

所以，当 $0 < x < \dfrac{\pi}{2}$ 时，有

$$f(x) > \lim_{x \to 0} f(x) = \ln\left(\lim_{x \to 0} \frac{\tan x \sin x}{x^2}\right) = 0.$$

故 $\dfrac{\tan x}{x} > \dfrac{x}{\sin x}$.

**例 7**  设 $f(x) = \begin{cases} x^4 \sin^2 \dfrac{1}{x}, & x \neq 0 \\ 0, & x = 0 \end{cases}$.

(1) 证明：$x=0$ 是极小值点；

(2) 说明 $f(x)$ 在极小值点 $x=0$ 是否满足第一充分条件或第二充分条件.

**证明**　由于 $f'(x)=\begin{cases}4x^3\sin^2\dfrac{1}{x}-x^2\sin\dfrac{2}{x}, & x\neq 0\\ 0, & x=0\end{cases}$，因此：

(1) $f(x)\geqslant 0=f(0)$，且 $f'(0)=0$，所以 $x=0$ 是极小值点.

(2) 由于 $f'(x)=4x^3\sin^2\dfrac{1}{x}-x^2\sin\dfrac{2}{x}$，$x\neq 0$，取 $x_k=\dfrac{1}{k\pi+\dfrac{\pi}{4}}$，$y_k=\dfrac{1}{k\pi+\dfrac{3\pi}{4}}$，$k=1$，

$2,\cdots$，则 $x_k,y_k>0$，$\lim\limits_{k\to\infty}x_k=0$，$\lim\limits_{k\to\infty}y_k=0$，于是对任意的 $\delta>0$，总存在 $x_k,y_k\in(0,\delta)$，使得 $f'(x_k)<0$，$f'(y_k)>0$，所以 $f(x)$ 在极小值点 $x=0$ 处不满足第一充分条件. 又因

$$f''(0)=\lim_{x\to 0}\frac{f'(x)-f'(0)}{x-0}=\lim_{x\to 0}\left(4x^2\sin^2\frac{1}{x}-x\sin\frac{2}{x}\right)=0$$

所以 $f(x)$ 在极小值点 $x=0$ 处不满足第二充分条件.

**例 8**　设函数 $f$ 和 $g$ 在 $[a,b]$ 上二阶可导，$f(a)=f(b)=g(a)=g(b)=0$，且当 $x\in(a,b)$ 时，$g''(x)\neq 0$. 证明：

(1) 对任意的 $x\in(a,b)$，$g(x)\neq 0$；

(2) 至少存在一点 $\xi\in(a,b)$，使得 $\dfrac{f(\xi)}{g(\xi)}=\dfrac{f''(\xi)}{g''(\xi)}$.

**证明**　(1) $g$ 在 $[a,b]$ 上二阶可导，且当 $x\in(a,b)$ 时，$g''(x)\neq 0$，不妨设 $g''(x)>0$ 在 $(a,b)$ 内恒成立，因此，$g(x)$ 是 $[a,b]$ 上的严格下凸函数，$g(a)=g(b)=0$. 由严格下凸函数的几何意义，$g(x)<0$ 在 $(a,b)$ 内恒成立. 因此，对任意的 $x\in(a,b)$，$g(x)\neq 0$.

(2) 对任意的 $x\in(a,b)$，$g(x)\neq 0$，问题即证明

$$\begin{aligned}f(x)g''(x)-f''(x)g(x)&=(f(x)g''(x)+f'(x)g'(x))-\\&\quad(f'(x)g'(x)+f''(x)g(x))\\&=(f(x)g'(x)-f'(x)g(x))'\end{aligned}$$

在 $(a,b)$ 内有零点，为此，只要证明 $f(x)g'(x)-f'(x)g(x)$ 在 $[a,b]$ 上至少有两个不同零点即可. 事实上，依据题意，$a,b$ 就是它的两个不同零点，至此，结论得证.

**例 9**　设 $k\in\mathbf{R}$，试问 $k$ 为何值时，方程 $\arctan x-kx=0$ 无正实根.

**解**　设 $f(x)=\arctan x-kx$，则 $f(0)=0$，$f'(x)=\dfrac{1}{1+x^2}-k$. 于是当 $k\leqslant 0$ 时，$f'(x)>0$. 那么，此时 $f$ 严格递增. 因此，对任意的 $x>0$，$f(x)>0$，$f(x)=0$ 无正实根.

当 $k\geqslant 1$ 时，$f'(x)<0$，则 $f$ 严格递减. 所以对任意的 $x>0$，$f(x)<0$. 因此 $f(x)=0$ 无正实根.

当 $0<k<1$ 时，有

$$\lim_{x\to-\infty}f(x)=+\infty,\quad\lim_{x\to+\infty}f(x)=-\infty,$$

且

$$\begin{cases} f'(x) > 0, 0 < x < \sqrt{\dfrac{1}{k} - 1} \\ f'(x) < 0, x > \sqrt{\dfrac{1}{k} - 1} \end{cases},$$

所以，$f$ 在 $x = \sqrt{\dfrac{1}{k} - 1}$ 处取得最大值，即

$$f\left(\sqrt{\dfrac{1}{k} - 1}\right) = \arctan \sqrt{\dfrac{1}{k} - 1} - \sqrt{k - k^2}.$$

此时 $f(x) = 0$ 有正实根. 综上，即知 $k \in (-\infty, 0] \bigcup [1, +\infty)$ 时，方程 $\arctan x - kx = 0$ 无正实根.

**例 10** 设函数 $f(x)$ 在区间 $(-\infty, +\infty)$ 内二阶可微且有界，试证：存在点 $x_0 \in (-\infty, +\infty)$ 使得 $f''(x_0) = 0$.

**证明** 若 $f''(x)$ 变号，则由导数的介值性，存在 $\xi \in (-\infty, +\infty)$ 使得 $f''(\xi) = 0$ (下面证明 $f''$ 不会不变号).

若 $f''(x)$ 不变号，例如 $f''(x) > 0 (f''(x) < 0$ 类似可证)，则 $f'(x)$ 严格单调递增，取 $x_0$ 使得 $f'(x_0) \neq 0$，假如 $f'(x_0) > 0$，则当 $x > x_0$，并令 $x \to +\infty$ 时

$$f(x) = f(x_0) + f'(\xi)(x - x_0) > f(x_0) + f'(x_0)(x - x_0) \to +\infty;$$

若 $f'(x_0) < 0$，则当 $x < x_0$，并令 $x \to -\infty$ 时

$$f(x) = f(x_0) + f'(\xi)(x - x_0) > f(x_0) + f'(x_0)(x - x_0) \to +\infty,$$

与 $f(x)$ 有界矛盾.

**例 11** 函数 $f(x)$ 是开区间 $I$ 上的下凸函数. 用下凸函数的定义证明：在 $I$ 的任何一个闭子区间 $[a, b] \subset I$ 上，$f(x)$ 都是有界的.

**证明** 记 $M = \max\{f(a), f(b)\}$.

(1) 先证 $f(x)$ 在 $[a, b]$ 上有上界.

对任意的 $x \in [a, b]$，存在 $\lambda \in [0, 1]$，使 $x = \lambda a + (1-\lambda)b$，于是由下凸函数的定义，有

$$f(x) = f(\lambda a + (1-\lambda)b) \leqslant \lambda f(a) + (1-\lambda)f(b) \leqslant \lambda M + (1-\lambda)M = M$$

于是 $f$ 在 $[a, b]$ 上有上界.

(2) 再证 $f(x)$ 在 $[a, b]$ 上有下界.

对任意的 $x \in [a, b]$，$b + a - x \in [a, b]$，则由下凸函数的定义，有

$$f(x) = 2\left(\frac{f(x)}{2} + \frac{f(b+a-x)}{2}\right) - f(b+a-x) \geqslant 2f\left(\frac{a+b}{2}\right) - f(b+a-x)$$

$$\geqslant 2f\left(\frac{a+b}{2}\right) - M.$$

因此 $f$ 在 $[a, b]$ 上有下界.

**例 12** 应用凸函数的概念证明如下不等式：

(1) 对任意实数 $a, b$，有 $e^{\frac{a+b}{2}} \leqslant \frac{1}{2}(e^a + e^b)$；

(2) 对任意非负实数 $a, b$，有 $2\arctan\left(\frac{a+b}{2}\right) \geqslant \arctan a + \arctan b$.

**证明**　(1) 令 $f(x) = \mathrm{e}^x$，则 $f''(x) = \mathrm{e}^x > 0$，那么 $f(x)$ 是 **R** 上的严格凸函数. 因此 $f\left(\dfrac{a+b}{2}\right) < \dfrac{1}{2}(f(a) + f(b))$，即 $\mathrm{e}^{\frac{a+b}{2}} \leqslant \dfrac{1}{2}(\mathrm{e}^a + \mathrm{e}^b)$.

(2) 令 $f(x) = \arctan x \,(x \geqslant 0)$，则 $f''(x) = \dfrac{-2x}{(x^2+1)^2} \leqslant 0$，那么 $f(x)$ 是 $[0, +\infty)$ 上的凹函数. 因此 $f\left(\dfrac{a+b}{2}\right) \geqslant \dfrac{1}{2}(f(a) + f(b))$，即

$$2\arctan\left(\frac{a+b}{2}\right) \geqslant \arctan a + \arctan b.$$

**例 13**　证明：不等式

$$1 + \left(\sum_{k=1}^{n} p_k x_k\right)^{-1} \leqslant \prod_{k=1}^{n}\left(\frac{1+x_k}{x_k}\right)^{p_k},$$

$$p_k > 0, 0 < x_k < 1, k = 1, 2, \cdots, n, \sum_{k=1}^{n} p_k = 1.$$

**证明**　取函数 $f(x) = \ln\left(1 + \dfrac{1}{x}\right)$，则 $f''(x) > 0$，从而 $f(x)$ 为 $(0, +\infty)$ 内的下凸函数，于是

$$f\left(\sum_{k=1}^{n} p_k x_k\right) \leqslant \sum_{k=1}^{n} p_k f(x_k),$$

即

$$\ln\left(1 + \frac{1}{\displaystyle\sum_{k=1}^{n} p_k x_k}\right) \leqslant \sum_{k=1}^{n} p_k \ln\left(1 + \frac{1}{x_k}\right) = \ln\prod_{k=1}^{n}\left(1 + \frac{1}{x_k}\right)^{p_k},$$

由对数函数的单调性得

$$1 + \left(\sum_{k=1}^{n} p_k x_k\right)^{-1} \leqslant \prod_{k=1}^{n}\left(1 + \frac{1}{x_k}\right)^{p_k}.$$

**例 14**　设函数 $f(x)$ 在区间 $[a,b]$ 上连续，有有限的导函数 $f'(x)$，并且不是线性函数，证明：存在一点 $t \in (a,b)$，使得 $|f'(t)| > \left|\dfrac{f(b)-f(a)}{b-a}\right|$.

**证明**　假设结论不成立，则对任意 $x \in (a,b)$，有

$$|f'(x)| \leqslant \left|\frac{f(b)-f(a)}{b-a}\right|,$$

不妨设 $\dfrac{f(b)-f(a)}{b-a} \geqslant 0$，即

$$f(b) \geqslant f(a)$$

故 $f'(x) \leqslant \dfrac{f(b)-f(a)}{b-a}$. 那么有

$$\left(f(x) - f(a) - \frac{f(b)-f(a)}{b-a}(x-a)\right)' \leqslant 0.$$

令

$$F(x) = f(x) - f(a) - \frac{f(b)-f(a)}{b-a}(x-a),$$

则 $F(x)$ 在 $[a,b]$ 上连续,在 $(a,b)$ 内可导,且 $F'(x) \leqslant 0, x \in (a,b)$,故 $F(x)$ 在 $[a,b]$ 上单调递减,又 $F(a) = F(b) = 0$,故 $F(x) = 0$,即

$$f(x) = f(a) + \frac{f(b) - f(a)}{b - a}(x - a), x \in [a,b],$$

所以 $f(x)$ 是 $[a,b]$ 上的线性函数,但 $f(x)$ 不是 $[a,b]$ 上的线性函数,矛盾! 故原结论是成立的.

**例 15** 设 $f(x)$ 在 $[a,b]$ 上可导,试证:假若无 $(\alpha,\beta) \subset [a,b]$ 使得 $f'(x)$ 在 $(\alpha,\beta)$ 上有界,则每个 $x \in [a,b]$ 都必是 $f'(x)$ 的第二类间断点.

**证明** 对任意的 $x \in (a,b)$,$\left\{ \left[ x - \frac{1}{n}, x + \frac{1}{n} \right] \right\} (n = 1, 2, \cdots)$ 能构成一闭区间套,且 $x$ 是它们的唯一公共点.而当 $n$ 充分大时,$\left( x - \frac{1}{n}, x + \frac{1}{n} \right) \subset [a,b]$.按假设,$f'(x)$ 在 $\left( x - \frac{1}{n}, x + \frac{1}{n} \right) \subset [a,b]$ 上无界,因此存在 $x_n \in \left( x - \frac{1}{n}, x + \frac{1}{n} \right)$ 使得 $|f'(x_n)| > n$,即 $\lim\limits_{n \to \infty} x_n = x$,但 $\lim\limits_{n \to \infty} |f'(x_n)| = +\infty$.可见每个 $x \in (a,b)$ 皆是 $f'(x)$ 的第二类间断点,端点 $a$ 和 $b$ 同样如此.

# 第4讲

# 一元函数积分学

## 第1节 不定积分

### 一、不定积分的概念与性质

**定义 1** 设在区间 $I$ 上,函数 $F(x)$ 和 $f(x)$ 有定义,且成立关系

$$F'(x) = f(x), x \in I,$$

或等价地

$$d(F(x)) = f(x)dx,$$

则称 $F(x)$ 是 $f(x)$ 在区间 $I$ 上的一个原函数. $f(x)$ 在区间 $I$ 上的全体原函数称为 $f(x)$ 的不定积分,记作 $\int f(x)dx$,即 $\int f(x)dx = F(x) + C$,其中 $C$ 为任意常数,通常称为积分常数.

**注 1** 微分和积分构成一对逆运算

$$d(F(x)) = f(x)dx, F(x) + C = \int f(x)dx.$$

**注 2** 原函数的存在性:若函数 $f(x)$ 在区间 $I$ 上连续,则存在原函数;具有第一类间断点的函数没有原函数,则特殊函数中的符号函数、取整函数与黎曼函数都没有原函数;函数 $f(x)$ 具有介值性,则狄利克雷函数没有原函数.

**注 3** 原函数若存在,则就有无穷多个,不同原函数间相差一个常数;初等函数的原函数未必是初等函数,如 $\int e^{x^2}dx, \int \dfrac{1}{\ln x}dx, \int \dfrac{\sin x}{x}dx$.

根据微分和不定积分的关系及初等函数的微分公式,以下是一些最基本的不定积分公式.

微分:

$$d(ax) = adx;$$

$$d\left(\frac{1}{\alpha+1}x^{\alpha+1}\right) = x^{\alpha}dx;$$

不定积分:

$$\int adx = ax + C;$$

$$\int x^{\alpha}dx = \frac{1}{\alpha+1}x^{\alpha+1} + C(\alpha \neq -1);$$

$$\mathrm{d}(\ln x) = \frac{1}{x}\mathrm{d}x; \qquad\qquad \int \frac{1}{x}\mathrm{d}x = \ln |x| + C;$$

$$\mathrm{d}(\mathrm{e}^x) = \mathrm{e}^x \mathrm{d}x; \qquad\qquad \int \mathrm{e}^x \mathrm{d}x = \mathrm{e}^x + C;$$

$$\mathrm{d}\left(\frac{1}{\ln a}a^x\right) = a^x \mathrm{d}x; \qquad\qquad \int a^x \mathrm{d}x = \frac{1}{\ln a}a^x + C (a > 0 \text{ 且 } a \neq 1);$$

$$\mathrm{d}(-\cos x) = \sin x \mathrm{d}x; \qquad\qquad \int \sin x \mathrm{d}x = -\cos x + C;$$

$$\mathrm{d}(\sin x) = \cos x \mathrm{d}x; \qquad\qquad \int \cos x \mathrm{d}x = \sin x + C;$$

$$\mathrm{d}(\tan x) = \sec^2 x \mathrm{d}x; \qquad\qquad \int \sec^2 x \mathrm{d}x = \tan x + C;$$

$$\mathrm{d}(-\cot x) = \csc^2 x \mathrm{d}x; \qquad\qquad \int \csc^2 x \mathrm{d}x = -\cot x + C;$$

$$\mathrm{d}(-\ln(\cos x)) = \tan x \mathrm{d}x; \qquad\qquad \int \tan x \mathrm{d}x = -\ln |\cos x| + C;$$

$$\mathrm{d}(\ln(\sin x)) = \cot x \mathrm{d}x; \qquad\qquad \int \cot x \mathrm{d}x = \ln |\sin x| + C;$$

$$\mathrm{d}(\ln(\sec x + \tan x)) = \sec x \mathrm{d}x; \qquad\qquad \int \sec x \mathrm{d}x = \ln |\sec x + \tan x| + C;$$

$$\mathrm{d}(\ln(\csc x - \cot x)) = \csc x \mathrm{d}x; \qquad\qquad \int \csc x \mathrm{d}x = \ln |\csc x - \cot x| + C;$$

$$\mathrm{d}(\mathrm{ch}\, x) = \mathrm{sh}\, x \mathrm{d}x; \qquad\qquad \int \mathrm{sh}\, x \mathrm{d}x = \mathrm{ch}\, x + C \left(\mathrm{sh}\, x = \frac{\mathrm{e}^x - \mathrm{e}^{-x}}{2}\right);$$

$$\mathrm{d}(\mathrm{sh}\, x) = \mathrm{ch}\, x \mathrm{d}x. \qquad\qquad \int \mathrm{ch}\, x \mathrm{d}x = \mathrm{sh}\, x + C \left(\mathrm{ch}\, x = \frac{\mathrm{e}^x + \mathrm{e}^{-x}}{2}\right).$$

**性质**　(1) 若函数 $f(x)$ 的原函数存在,则有:

( ⅰ ) 若 $f$ 可导,则有 $\int f'(x)\mathrm{d}x = f(x) + C$,其中 $C$ 为任意常数;

( ⅱ ) $\dfrac{\mathrm{d}}{\mathrm{d}x}\int f(x)\mathrm{d}x = f(x)$;

( ⅲ ) $\mathrm{d}\int f(x)\mathrm{d}x = f(x)\mathrm{d}x$.

(2) 若函数 $f(x)$ 和 $g(x)$ 的原函数都存在,则对任意的常数 $k_1$ 和 $k_2$,函数 $k_1 f(x) + k_2 g(x)$ 的原函数也存在,且有

$$\int (k_1 f(x) + k_2 g(x))\mathrm{d}x = k_1 \int f(x)\mathrm{d}x + k_2 \int g(x)\mathrm{d}x.$$

## 二、不定积分法则

### 1. 换元积分法

$$\int f(\varphi(x))\varphi'(x)\mathrm{d}x = \int f(u)\mathrm{d}u (u = \varphi(x))$$

**第一换元积分法**　已知右端不定积分,求左端(凑微分法).

设 $\varphi(x)$ 可导, 且 $\int f(u)\mathrm{d}u = F(u) + C$, 则

$$\int f(\varphi(x))\varphi'(x)\mathrm{d}x = F(\varphi(x)) + C.$$

**第二换元积分法**　已知左端不定积分, 求右端.

设函数 $x = \varphi(t)$ 在 $[\alpha, \beta]$ 上可导, $a \leqslant \varphi(t) \leqslant b$, 且 $\varphi(t) \neq 0$, 函数 $f(x)$ 在 $[a, b]$ 上有定义, 对任一 $t \in [\alpha, \beta]$, 有 $G'(t) = f(\varphi(t))\varphi'(t)$, 则 $f(x)$ 在 $[a, b]$ 上存在原函数, 且

$$\int f(x)\mathrm{d}x = \int f(\varphi(t))\varphi'(t)\mathrm{d}t = G(t) + C = G(\varphi^{-1}(x)) + C.$$

**基本步骤**

(1) 令 $x = \varphi(t)$;

(2) 求 $\int f(\varphi(t))\varphi'(t)\mathrm{d}t = G(t) + C$;

(3) 把 $t = \varphi^{-1}(x)$ 代入得 $\int f(x)\mathrm{d}x = G(\varphi^{-1}(x)) + C$.

**第二换元积分法常用去根号**

被积函数含有:

( ⅰ ) $\sqrt{a^2 - x^2}$, 令 $x = a\sin t$;

( ⅱ ) $\sqrt{a^2 + x^2}$, 令 $x = a\tan t$;

( ⅲ ) $\sqrt{x^2 - a^2}$, 令 $x = a\sec t$,

根据所作的假设, 可画图求其余的各三角函数表达式.

**常用的第二换元积分公式**

(1) $\displaystyle\int \frac{\mathrm{d}x}{\sqrt{a^2 - x^2}} = \arcsin \frac{x}{a} + C$, 特别地, $\displaystyle\int \frac{\mathrm{d}x}{\sqrt{1 - x^2}} = \arcsin x + C$;

(2) $\displaystyle\int \frac{\mathrm{d}x}{\sqrt{x^2 \pm a^2}} = \ln | x + \sqrt{x^2 \pm a^2} | + C.$

**2. 分部积分法**

分部积分常用于:

(1) 对数函数、指数函数、三角函数、反三角函数等与多项式函数之积;

(2) 三角函数与指数函数之积.

常用分部积分公式:

( ⅰ ) $\displaystyle\int \mathrm{e}^{\alpha x}\sin \beta x\,\mathrm{d}x = \frac{\mathrm{e}^{\alpha x}(\alpha\sin \beta x - \beta\cos \beta x)}{\alpha^2 + \beta^2} + C$;

( ⅱ ) $\displaystyle\int \mathrm{e}^{\alpha x}\cos \beta x\,\mathrm{d}x = \frac{\mathrm{e}^{\alpha x}(\beta\sin \beta x + \alpha\cos \beta x)}{\alpha^2 + \beta^2} + C$;

( ⅲ ) $\displaystyle\int \sqrt{a^2 - x^2}\,\mathrm{d}x = \frac{x}{2}\sqrt{a^2 - x^2} + \frac{a^2}{2}\arcsin \frac{x}{a} + C (a > 0)$;

( ⅳ ) $\displaystyle\int \sqrt{x^2 \pm a^2}\,\mathrm{d}x = \frac{x}{2}\sqrt{x^2 \pm a^2} \pm \frac{a^2}{2}\ln | x + \sqrt{x^2 \pm a^2} | + C.$

### 3. 几类函数的不定积分求法

**有理函数的不定积分**

$R(x) = \dfrac{P_m(x)}{Q_n(x)}$，其中 $P_m(x)$，$Q_n(x)$ 分别为 $m$ 次与 $n$ 次多项式，$R(x)$ 可转化为以下形式的不定积分之和.

(1) $\displaystyle\int \frac{A}{(x-a)^n} \mathrm{d}x$；

(2) $\displaystyle\int \frac{Mx+N}{(x^2+px+q)^m} \mathrm{d}x, m \in \mathbf{N}, p^2-4q < 0$.

显然：

(1) $\displaystyle\int \frac{A}{(x-a)^n} \mathrm{d}x = \begin{cases} A\ln|x-a| + C, n=1 \\ \dfrac{A}{(1-n)(x-a)^{n-1}} + C, n>1 \end{cases}$；

(2) $\displaystyle\int \frac{Mx+N}{(x^2+px+q)^m} \mathrm{d}x = M\int \frac{t}{(t^2+a^2)^m} \mathrm{d}t + \left(N - \frac{Mp}{2}\right)\int \frac{\mathrm{d}t}{(t^2+a^2)^m}$,

其中 $t = x + \dfrac{p}{2}, a^2 = q - \dfrac{p^2}{4}$. 当 $m=1$ 时，有

$$\int \frac{t}{t^2+a^2} \mathrm{d}t = \frac{1}{2}\ln(t^2+a^2) + C;$$

当 $m>1$ 时，有

$$J_m = \int \frac{\mathrm{d}t}{(t^2+a^2)^m} = \frac{1}{2(m-1)a^2} \frac{1}{(t^2+a^2)^{m-1}} + \frac{2m-3}{2a^2(m-1)} J_{m-1}.$$

**简单无理函数** 大多数无理函数的不定积分不能用初等函数来表示，如 $\displaystyle\int \sqrt{x^3 \pm 1}\, \mathrm{d}x$.

**基本原则** 化无理函数为有理函数.

(1) $R\left(x, \sqrt[n]{\dfrac{ax+b}{cx+d}}\right)$ 型函数，$a, b, c, d$ 是常数，$n \geqslant 2$，且 $ad-bc \neq 0$. 令

$$\sqrt[n]{\frac{ax+b}{cx+d}} = t, x = \frac{dt^n - b}{a - ct^n} = \varphi(t), \mathrm{d}x = \varphi'(t)\mathrm{d}t.$$

(2) $\displaystyle\int R(x, \sqrt[m]{ax+b})\mathrm{d}x$. 令 $\sqrt[m]{ax+b} = t$.

(3) $R(x, \sqrt{ax^2+bx+c})$，其中 $a, b, c, d$ 是常数，$a \neq 0, b^2-4ac \neq 0$.

若 $b^2-4ac > 0$，则 $ax^2+bx+c = a(x-\alpha)(x-\beta)$，令

$$\sqrt{ax^2+bx+c} = t(x-a),$$

即 $x = \dfrac{a\beta - at^2}{a - t^2}$；

若 $b^2-4ac < 0$，令

$$\sqrt{ax^2+bx+c} = tx \pm \sqrt{c},$$

则得

$$x = \frac{b \mp 2\sqrt{c}\, t}{t^2 - a}.$$

或令 $\sqrt{ax^2 + bx + c} = tx \pm \sqrt{a}\, x$，则得

$$x = \frac{t^2 - c}{b \mp 2\sqrt{a}\, t}.$$

**三角函数 $\int R(\sin x, \cos x)\mathrm{d}x$ 的不定积分**

(1) 万能代换.

设 $\tan \dfrac{x}{2} = t\,(-\pi < x < \pi)$，有

$$x = 2\arctan t, \mathrm{d}x = \frac{2}{1+t^2}\mathrm{d}t, \sin x = \frac{2t}{1+t^2}, \cos x = \frac{1-t^2}{1+t^2},$$

从而

$$\int R(\sin x, \cos x)\mathrm{d}x = \int R\left(\frac{2t}{1+t^2}, \frac{1-t^2}{1+t^2}\right)\frac{2}{1+t^2}\mathrm{d}t,$$

即可化为有理函数的不定积分.

(2) $R(\sin x, \cos x)$ 是 $\cos x$ 的奇函数，即 $R(\sin x, -\cos x) = -R(\sin x, \cos x)$，令 $t = \sin x$.

(3) $R(\sin x, \cos x)$ 是 $\sin x$ 的奇函数，即 $R(-\sin x, \cos x) = -R(\sin x, \cos x)$，令 $t = \cos x$.

(4) 若 $R(-\sin x, -\cos x) = R(\sin x, \cos x)$，则令 $t = \tan x$.

(5) 若被积函数是 $\sin^n x \cos^m x$ 情形，则有：

（ⅰ）$n, m$ 中至少有一个是奇数，比如 $m = 2k+1$，则令 $\sin x = t$，得

$$\int \sin^n x \cos^m x\, \mathrm{d}x = \int \sin^n x \cos^{2k} x\, \mathrm{d}\sin x = \int t^n (1-t^2)^k \mathrm{d}t.$$

（ⅱ）若 $n, m$ 均为偶数，则有

$$\sin^2 x = \frac{1}{2}(1 - \cos 2x), \cos^2 x = \frac{1}{2}(1 + \cos 2x), \sin x \cos x = \frac{1}{2}\sin 2x,$$

将其化简直至某一幂次为奇数为止.

(6) 被积函数是三角函数的乘积形式，可用积化和差公式：

$$\sin mx \cos nx = \frac{1}{2}(\sin(m+n)x + \sin(m-n)x),$$

$$\cos mx \sin nx = \frac{1}{2}(\sin(m+n)x - \sin(m-n)x),$$

$$\cos mx \cos nx = \frac{1}{2}(\cos(m+n)x + \cos(m-n)x),$$

$$\sin mx \sin nx = \frac{1}{2}(\cos(m-n)x - \cos(m+n)x).$$

### 4. 分段函数不定积分的求法

设 $f(x)=\begin{cases}f_1(x),x\in I_1\\f_2(x),x\in I_2\end{cases}$,其中 $I_1\bigcap I_2=a.$ 令 $F(x)=\begin{cases}\int f_1(x)\mathrm{d}x,x\in I_1\\\int f_2(x)\mathrm{d}x,x\in I_2\end{cases}$,为使

$F(x)$ 为 $f(x)$ 的一个原函数,由导数极限定理,只要 $F(x)$ 在点 $a$ 连续即可,即满足

$$\lim_{x\to a^+}F(x)=\lim_{x\to a^-}F(x).$$

**典型例题**

**例 1** 计算 $\displaystyle\int\frac{\sin x\cos^3 x}{1+\sin^2 x}\mathrm{d}x.$

**解** 令 $y=\cos^2 x$,则

$$\mathrm{d}y=-2\sin x\cos x\mathrm{d}x,y\mathrm{d}y=-2\sin x\cos^3 x\mathrm{d}x.$$

那么应用换元积分法,有

$$\int\frac{\sin x\cos^3 x}{1+\sin^2 x}\mathrm{d}x=\int\frac{\sin x\cos^3 x}{2-\cos^2 x}\mathrm{d}x=-\frac{1}{2}\int\frac{y\mathrm{d}y}{2-y}=-\frac{1}{2}\int\left(\frac{2}{2-y}-1\right)\mathrm{d}y$$

$$=\ln(2-\cos^2 x)+\frac{1}{2}\cos^2 x+C.$$

**例 2** 求 $\displaystyle\int x(x+1)^{2\,018}\mathrm{d}x.$

**解** 由于

$$x(x+1)^{2\,018}=(x+1-1)(x+1)^{2\,018}=(x+1)^{2\,019}-(x+1)^{2\,018},$$

则应用换元积分法,有

$$\int x(x+1)^{2\,018}\mathrm{d}x=\int((x+1)^{2\,019}-(x+1)^{2\,018})\mathrm{d}x=\frac{(x+1)^{2\,020}}{2\,020}-\frac{(x+1)^{2\,019}}{2\,019}+C.$$

**例 3** 求不定积分 $\displaystyle\int x^2\arctan x\mathrm{d}x.$

**解** 应用分部积分法,有

$$\int x^2\arctan x\mathrm{d}x=\frac{1}{3}\int\arctan x\mathrm{d}x^3=\frac{1}{3}x^3\arctan x-\frac{1}{3}\int x^3\mathrm{d}(\arctan x)$$

$$=\frac{1}{3}x^3\arctan x-\frac{1}{3}\int\frac{x^3}{1+x^2}\mathrm{d}x$$

$$=\frac{1}{3}x^3\arctan x-\frac{1}{3}\int\left(x-\frac{x}{x^2+1}\right)\mathrm{d}x$$

$$=\frac{1}{3}x^3\arctan x-\frac{1}{3}\left(\frac{1}{2}x^2-\frac{1}{2}\ln(x^2+1)\right)+C$$

$$=\frac{1}{3}x^3\arctan x-\frac{1}{6}x^2+\frac{1}{6}\ln(x^2+1)+C.$$

**例 4** 求不定积分 $\displaystyle I=\int\frac{\arctan x}{x^2}\mathrm{d}x.$

**解** 应用分部积分法和换元积分法,有

$$I = \int \frac{\arctan x}{x^2} \mathrm{d}x = \int \arctan x \mathrm{d}\left(-\frac{1}{x}\right)$$

$$= -\frac{1}{x}\arctan x - \int -\frac{1}{x}\mathrm{d}(\arctan x)$$

$$= -\frac{\arctan x}{x} + \int \frac{1}{x}\mathrm{d}x - \int \frac{x}{1+x^2}\mathrm{d}x$$

$$= -\frac{\arctan x}{x} + \ln|x| - \frac{1}{2}\ln(1+x^2) + C.$$

**例 5**　求不定积分 $\displaystyle\int \frac{x-2}{(2x^2+2x+1)^2}\mathrm{d}x.$

**解**　应用第一换元积分法，有

$$\int \frac{x-2}{(2x^2+2x+1)^2}\mathrm{d}x = \frac{1}{4}\int \frac{\mathrm{d}(2x^2+2x+1)}{(2x^2+2x+1)^2} - \frac{5}{2}\int \frac{1}{(2x^2+2x+1)^2}\mathrm{d}x$$

$$= -\frac{1}{4}\frac{1}{2x^2+2x+1} - \frac{5}{2}\int \frac{1}{(2x^2+2x+1)^2}\mathrm{d}x,$$

在上式第二个积分中应用换元积分法，有

$$\int \frac{1}{(2x^2+2x+1)^2}\mathrm{d}x = \int \frac{4}{((2x+1)^2+1)^2}\mathrm{d}x = 2\int \frac{1}{((2x+1)^2+1)^2}\mathrm{d}(2x+1)$$

$$= 2\int \frac{1}{(t^2+1)^2}\mathrm{d}t = 2\int \frac{\sec^2 u}{\sec^4 u}\mathrm{d}u = u + \frac{1}{2}\sin 2u + C$$

$$= \arctan t + \frac{t}{t^2+1} + C$$

$$= \arctan(2x+1) + \frac{2x+1}{(2x+1)^2+1} + C.$$

所以

$$\int \frac{x-2}{(2x^2+2x+1)^2}\mathrm{d}x = -\frac{5x+3}{2(2x^2+2x+1)} - \frac{5}{2}\arctan(2x+1) + C.$$

**例 6**　求下列不定积分：

$(1)\displaystyle\int \frac{\mathrm{d}x}{5-3\cos x};\ (2)\int \frac{\mathrm{d}x}{2+\sin^2 x};\ (3)\int \frac{\mathrm{d}x}{1+\tan x};\ (4)\int \frac{\mathrm{d}x}{\sqrt{x^2+x}};\ (5)\int \frac{1}{x^2}\sqrt{\frac{1-x}{1+x}}\mathrm{d}x.$

**解**　(1) 令 $t = \tan\dfrac{x}{2}$，则

$$\sin x = \frac{2t}{1+t^2},\ \cos x = \frac{1-t^2}{1+t^2},\ \mathrm{d}x = \frac{2}{1+t^2}\mathrm{d}t.$$

于是

$$\int \frac{\mathrm{d}x}{5-3\cos x} = \int \frac{\mathrm{d}t}{1+4t^2} = \frac{1}{2}\arctan 2t + C = \frac{1}{2}\arctan\left(2\tan\frac{x}{2}\right) + C.$$

(2) 令 $t = \tan x$，则

$$\int \frac{\mathrm{d}x}{2+\sin^2 x} = \int \frac{\mathrm{d}\tan x}{2+3\tan^2 x} = \frac{1}{\sqrt{6}}\arctan\left(\frac{\sqrt{6}}{2}\tan x\right) + C.$$

(3) 令 $I_1 = \displaystyle\int \frac{\cos x\mathrm{d}x}{\cos x+\sin x},\ I_2 = \int \frac{\sin x\mathrm{d}x}{\cos x+\sin x}$，则

$$I_1 + I_2 = x + C_1, I_1 - I_2 = \ln |\cos x + \sin x|.$$

所以

$$\int \frac{\mathrm{d}x}{1 + \tan x} = I_1 = \frac{1}{2}(x + \ln |\cos x + \sin x|) + C.$$

(4) 令 $x + \frac{1}{2} = \frac{1}{2}\sec t$,则

$$\int \frac{\mathrm{d}x}{\sqrt{x^2 + x}} = \int \frac{\mathrm{d}\left(x + \frac{1}{2}\right)}{\sqrt{\left(x + \frac{1}{2}\right)^2 - \left(\frac{1}{2}\right)^2}} = \int \sec t \mathrm{d}t = \ln |\sec t + \tan t| + C_1$$

$$= \ln \left| x + \frac{1}{2} + \sqrt{x^2 + x} \right| + C.$$

(5) 令 $t = \sqrt{\dfrac{1-x}{1+x}}$,则 $x = \dfrac{1-t^2}{1+t^2}$,$\mathrm{d}x = \dfrac{-4t\mathrm{d}t}{(1+t^2)^2}$,则

$$\int \frac{1}{x^2}\sqrt{\frac{1-x}{1+x}}\mathrm{d}x = \int \left(\frac{1+t^2}{1-t^2}\right)^2 \cdot t \cdot \frac{-4t\mathrm{d}t}{(1+t^2)^2} = 4\int \frac{1}{1-t^2}\mathrm{d}t - 4\int \frac{1}{(1-t^2)^2}\mathrm{d}t.$$

$$= 2\ln \left| \frac{1+t}{1-t} \right| - 4\int \frac{1}{(1-t^2)^2}\mathrm{d}t.$$

令 $t = \sin u$,代入上式的积分中,得

$$\int \frac{1}{(1-t^2)^2}\mathrm{d}t = \int \sec^3 u \mathrm{d}u = \int \sec u \mathrm{d}\tan u = \sec u \tan u - \int \tan^2 u \sec u \mathrm{d}u$$

$$= \sec u \tan u - \int \sec^3 u \mathrm{d}u + \int \sec u \mathrm{d}u,$$

则

$$\int \frac{1}{(1-t^2)^2}\mathrm{d}t = \int \sec^3 u \mathrm{d}u = \frac{1}{2}(\sec u \tan u + \ln |\sec u + \tan u|) + C_1$$

$$= \frac{1}{2}\left(\frac{t}{1-t^2} + \ln \left| \frac{1+t}{\sqrt{1-t^2}} \right|\right) + C_1.$$

于是

$$\int \frac{1}{x^2}\sqrt{\frac{1-x}{1+x}}\mathrm{d}x = \ln \left| \frac{1+t}{1-t} \right| - \frac{2t}{1-t^2} + C = \ln \left| \frac{1+\sqrt{1-x^2}}{x} \right| - \frac{\sqrt{1-x^2}}{x} + C.$$

**例 7**　求下列不定积分的递推关系式:

$(1) I_n = \int \sec^n x \, \mathrm{d}x$ ; $(2) I_n = \int \dfrac{\mathrm{d}x}{x^n \sqrt{1+x^2}}$ ; $(3) I_n = \int \dfrac{\sin nx}{\sin x}\mathrm{d}x.$

**解**　(1) 应用分部积分,有

$$I_n = \int \sec^n x \, \mathrm{d}x = \int \sec^{n-2} x \mathrm{d}\tan x = \sec^{n-2} x \tan x - (n-2)\int \sec^{n-2} x \tan^2 x \mathrm{d}x$$

$$= \frac{\sin x}{\cos^{n-1} x} - (n-2)(I_n - I_{n-2}),$$

所以

$$I_n = \frac{\sin x}{(n-1)\cos^{n-1} x} - \frac{n-2}{n-1}I_{n-2}.$$

(2) 令 $u(x)=\dfrac{1}{x^{n+1}},v(x)=\sqrt{1+x^2}$,则应用分部积分,有

$$I_n=\int\frac{\mathrm{d}x}{x^n\sqrt{1+x^2}}=\int\frac{1}{x^{n+1}}\mathrm{d}\sqrt{1+x^2}=\frac{\sqrt{1+x^2}}{x^{n+1}}+(n+1)\int\frac{1+x^2}{x^{n+2}\sqrt{1+x^2}}\mathrm{d}x$$

$$=\frac{\sqrt{1+x^2}}{x^{n+1}}+(n+1)(I_n+I_{n+2}),$$

所以

$$I_n=-\frac{\sqrt{1+x^2}}{(n-1)x^{n-1}}-\frac{n-2}{n-1}I_{n-2}.$$

(3) 根据

$$\sin nx=\sin(n-2)x\cos 2x+\cos(n-2)x\sin 2x$$

有

$$I_n=\int\frac{\sin nx}{\sin x}\mathrm{d}x=\int\frac{\sin(n-2)x\cdot\cos 2x+\cos(n-2)x\cdot\sin 2x}{\sin x}\mathrm{d}x$$

$$=\int\frac{\sin(n-2)x(1-2\sin^2 x)+2\sin x\cos x\cos(n-2)x}{\sin x}\mathrm{d}x$$

$$=\int\left(\frac{\sin(n-2)x}{\sin x}+2(\cos(n-2)x\cdot\cos x-\sin(n-2)x\cdot\sin x)\right)\mathrm{d}x$$

$$=I_{n-2}+\frac{2}{n-1}\sin(n-1)x.$$

**例 8**　求下列不定积分:

$(1)\displaystyle\int|x-1|\mathrm{d}x;(2)\int|\sin x|\mathrm{d}x.$

**解**　(1) 令 $f(x)=|x-1|,F(x)=\displaystyle\int|x-1|\mathrm{d}x$,则 $f(x)$ 为连续函数并存在原函数,且有

$$F(x)=\begin{cases}\displaystyle\int x-1\mathrm{d}x=\frac{x^2}{2}-x,x\geqslant 1\\\displaystyle\int 1-x\mathrm{d}x=x-\frac{x^2}{2}+C_1,x<1\end{cases}.$$

若要 $F(x)$ 为 $f(x)$ 的一个原函数,只要 $F(x)$ 在点 $x=1$ 处连续就可以.因此,有

$$\lim_{x\to 1^+}F(x)=\lim_{x\to 1^-}F(x)=F(1),$$

得 $C_1=-1$. 故有

$$\int|x-1|\mathrm{d}x=\begin{cases}\displaystyle\int x-1\mathrm{d}x=\frac{x^2}{2}-x,x\geqslant 1\\\displaystyle\int 1-x\mathrm{d}x=x-\frac{x^2}{2}-1,x<1\end{cases}+C.$$

(2) 令 $f(x)=|\sin x|,F(x)=\displaystyle\int|\sin x|\mathrm{d}x$,则 $f(x)$ 为连续函数并存在原函数. 为使 $F(x)$ 为 $f(x)$ 的一个原函数,只要求 $F(x)$ 在点 $x=k\pi,k\in\mathbf{Z}$ 处连续即可.

先计算 $x\in[-2\pi,2\pi]$ 时的原函数

$$F(x) = \begin{cases} \int \sin x \, dx = -\cos x + C_3, x \in [-2\pi, -\pi] \\ \int -\sin x \, dx = \cos x + C_2, x \in [-\pi, 0] \\ \int \sin x \, dx = -\cos x, x \in [0, \pi] \\ \int -\sin x \, dx = \cos x + C_1, x \in [\pi, 2\pi] \end{cases}$$

根据 $F(x)$ 在点 $x = -2\pi, -\pi, 0, \pi, 2\pi$ 处的连续性，可得 $C_1 = 2, C_2 = -2, C_3 = -4$，即

$$F(x) = \begin{cases} \int \sin x \, dx = -\cos x - 4, x \in [-2\pi, -\pi] \\ \int -\sin x \, dx = \cos x - 2, x \in [-\pi, 0] \\ \int \sin x \, dx = -\cos x, x \in [0, \pi] \\ \int -\sin x \, dx = \cos x + 2, x \in [\pi, 2\pi] \end{cases}$$

以上式为基础，根据 $F(x)$ 在点 $x = k\pi, k \in \mathbf{Z}$ 处的连续性，可得

$$F(x) = \begin{cases} -\cos x + 4k, x \in [2k\pi, 2k\pi + \pi] \\ \cos x + 4k + 2, x \in [2k\pi + \pi, 2k\pi + 2\pi] \end{cases}, k \in \mathbf{Z}.$$

因此

$$\int |\sin x| \, dx = F(x) + C.$$

## 第 2 节　定积分

### 1. 基本概念与主要结果

**定义 1**　设 $f(x)$ 为定义在 $[a, b]$ 上的有界函数，$J$ 是一个确定的数. 在 $[a, b]$ 上任意取分点 $\{x_i\}_{i=0}^n$，作为一种划分 $T: a = x_0 < x_1 < \cdots < x_n = b$，对任给的正数 $\varepsilon$，总存在某一正数 $\delta$，使得对 $[a, b]$ 的任意分割，以及任意取点 $\xi_i \in [x_{i-1}, x_i](i = 1, 2, \cdots, n)$，只要 $\|T\| < \delta$，就有

$$\left| \sum_{i=1}^n f(\xi_i) \Delta x_i - J \right| < \varepsilon,$$

则称函数 $f(x)$ 在区间 $[a, b]$ 上可积或黎曼可积，数 $J$ 称为 $f(x)$ 在 $[a, b]$ 上的定积分或黎曼积分，记作

$$J = \int_a^b f(x) \, dx,$$

即

$$J = \lim_{\|T\| \to 0} \sum_{i=1}^n f(\xi_i) \Delta x_i = \int_a^b f(x) \, dx.$$

**定理 1**　设 $f(x)$ 在 $[a, b]$ 上可积，作函数

$$F(x) = \int_a^x f(t)\,\mathrm{d}t, x \in [a,b],$$

则：

(1) $F(x)$ 是 $[a,b]$ 上的连续函数；

(2) 若 $f(x)$ 在 $[a,b]$ 上连续，则 $F(x)$ 在 $[a,b]$ 上可微，且有 $F'(x) = f(x)$.

**定理 2(微积分基本定理)**　　设 $f(x)$ 在 $[a,b]$ 上连续，$F(x)$ 是 $f(x)$ 在 $[a,b]$ 上的一个原函数，则成立

$$\int_a^b f(x)\,\mathrm{d}x = F(b) - F(a).$$

上式也称为牛顿－莱布尼茨(Newton-Leibniz)公式.

**2. 可积的必要条件**

若 $f$ 在 $[a,b]$ 上可积，则 $f$ 为 $[a,b]$ 上的有界函数(反之不真).

**3. 可积的充分条件**

若 $f$ 满足下列条件之一，则 $f$ 在 $[a,b]$ 上可积：

(1) $f$ 为 $[a,b]$ 上的连续函数；

(2) $f$ 为 $[a,b]$ 上只有有限个间断点的有界函数(不连续点所成之集的测度为零)；

(3) $f$ 为 $[a,b]$ 上的单调函数.

**4. 可积的充分必要条件**

设 $f(x)$ 为区间 $[a,b]$ 上的有界函数，$T$ 为 $[a,b]$ 的任一分割

$$T: a = x_0 < x_1 < x_2 < \cdots < x_n = b,$$

记 $\Delta_i = [x_{i-1}, x_i]$，$\Delta x_i = x_i - x_{i-1}$，$i = 1, 2, \cdots, n$，由于 $f(x)$ 有界，因此下面的定义是合理的：

$$M = \max_{x \in [a,b]} f(x), m = \min_{x \in [a,b]} f(x),$$

$$M_i = \max_{x \in \Delta_i} f(x), m_i = \min_{x \in \Delta_i} f(x), i = 1, 2, \cdots, n,$$

称

$$S(T) = \sum_{i=1}^n M_i \Delta x_i, s(T) = \sum_{i=1}^n m_i \Delta x_i$$

分别为 $f(x)$ 在 $[a,b]$ 上关于 $T$ 的上和与下和(或称达布(Darboux)上和与达布下和)，有时称为大和与小和，显然有

$$m(b-a) \leqslant s(T) \leqslant \sum_{i=1}^n f(\xi_i) \Delta x_i \leqslant S(T) \leqslant M(b-a).$$

达布上和与下和具有以下重要性质：

（ⅰ）对同一个分割 $T$，有

$$S(T) = \sup_{\{\xi_i\}} \sum_{i=1}^n f(\xi_i) \Delta x_i, s(T) = \inf_{\{\xi_i\}} \sum_{i=1}^n f(\xi_i) \Delta x_i.$$

（ⅱ）当分割中的点加密时，上和不增，下和不减.

（ⅲ）对任意的 $T$，都有

$$s(T) \leqslant S(T).$$

（ⅳ）达布定理：记 $S = \inf S(T), s = \sup s(T)$，则
$$\lim_{\|T\| \to 0} S(T) = S, \quad \lim_{\|T\| \to 0} s(T) = s.$$
通常称 $S$ 为 $f(x)$ 在 $[a,b]$ 上的上积分，$s$ 为 $f(x)$ 在 $[a,b]$ 上的下积分.

**定理 3（可积准则 1）** $f(x)$ 在 $[a,b]$ 上可积的充分必要条件是：$f(x)$ 在 $[a,b]$ 上的上积分与下积分相等，即 $S = s$.

**定理 4（可积准则 2）** $f$ 在 $[a,b]$ 上可积的充分必要条件是：对任意给定的 $\varepsilon > 0$，总存在相应的一个分割 $T$，使得 $S(T) - s(T) < \varepsilon$.

$\Leftrightarrow \forall \varepsilon > 0$，总存在相应的一个分割 $T$，使得 $\displaystyle\sum_{i=1}^{n} \omega_i \Delta x_i < \varepsilon$.

**定理 5（可积准则 3）** $f$ 在 $[a,b]$ 上可积的充分必要条件是：对任意给定的 $\varepsilon, \eta > 0$，总存在某一分割 $T$，使得属于 $T$ 的所有小区间中，对应于振幅 $\omega_k \geqslant \varepsilon$ 的那些小区间 $\Delta x_k$ 的长度之和 $\displaystyle\sum_{k'} \Delta x_{k'} < \eta$.

### 典型例题

**例 1** 求下列极限：

(1) $\displaystyle\lim_{n \to \infty} \left( \frac{1}{n^2} + \frac{2}{n^2} + \frac{3}{n^2} + \cdots + \frac{n-1}{n^2} \right)$；

(2) $\displaystyle\lim_{n \to \infty} \frac{1^p + 2^p + 3^p + \cdots + n^p}{n^{p+1}} (p > 0)$；

(3) $\displaystyle\lim_{n \to \infty} \frac{1}{n} \left( \sin \frac{\pi}{n} + \sin \frac{2\pi}{n} + \sin \frac{3\pi}{n} + \cdots + \sin \frac{(n-1)\pi}{n} \right)$.

**解** (1) 对 $[0,1]$ 进行 $n$ 等分，记分割 $T = \left\{ 0, \dfrac{1}{n}, \dfrac{2}{n}, \cdots, 1 \right\}$. 取 $\xi_i = \dfrac{i}{n} (i = 1, 2, \cdots, n)$，且
$$\frac{1}{n^2} + \frac{2}{n^2} + \frac{3}{n^2} + \cdots + \frac{n-1}{n^2} = \sum_{i=1}^{n} \frac{1}{n} f(\xi_i) - \frac{n}{n^2},$$
则根据定积分的定义有
$$\lim_{n \to \infty} \left( \frac{1}{n^2} + \frac{2}{n^2} + \frac{3}{n^2} + \cdots + \frac{n-1}{n^2} \right) + \lim_{n \to \infty} \frac{n}{n^2} = \int_0^1 x \, \mathrm{d}x = \frac{1}{2}.$$
于是
$$\lim_{n \to \infty} \left( \frac{1}{n^2} + \frac{2}{n^2} + \frac{3}{n^2} + \cdots + \frac{n-1}{n^2} \right) = \frac{1}{2} - \lim_{n \to \infty} \frac{n}{n^2} = \frac{1}{2}.$$

(2) 对 $[0,1]$ 进行 $n$ 等分，记分割 $T = \left\{ 0, \dfrac{1}{n}, \dfrac{2}{n}, \cdots, 1 \right\}$. 取 $\xi_i = \dfrac{i^p}{n^p} (i = 1, 2, \cdots, n)$，且
$$\frac{1^p + 2^p + 3^p + \cdots + n^p}{n^{p+1}} = \sum_{i=1}^{n} \frac{1}{n} f(\xi_i),$$
则根据定积分的定义有
$$\lim_{n \to \infty} \left( \frac{1^p + 2^p + 3^p + \cdots + n^p}{n^{p+1}} \right) = \int_0^1 x^p \, \mathrm{d}x = \frac{1}{p+1}.$$

（3）对 $[0,1]$ 进行 $n$ 等分，记分割 $T=\left\{0,\dfrac{1}{n},\dfrac{2}{n},\cdots,1\right\}$. 取 $\xi_i=\dfrac{i-1}{n}(i=1,2,\cdots,n)$，且

$$\frac{1}{n}\left(\sin\frac{\pi}{n}+\sin\frac{2\pi}{n}+\sin\frac{3\pi}{n}+\cdots+\sin\frac{(n-1)\pi}{n}\right)=\sum_{i=1}^{n}\frac{1}{n}f(\xi_i),$$

则根据定积分的定义有

$$\lim_{n\to\infty}\frac{1}{n}\left(\sin\frac{\pi}{n}+\sin\frac{2\pi}{n}+\sin\frac{3\pi}{n}+\cdots+\sin\frac{(n-1)\pi}{n}\right)=\int_0^1\sin\pi x\,\mathrm{d}x=\frac{2}{\pi}.$$

**例 2**　求下列定积分：

(1) $\displaystyle\int_0^{\pi}\cos^n x\,\mathrm{d}x$；(2) $\displaystyle\int_{-\pi}^{\pi}\sin^n x\,\mathrm{d}x$；(3) $\displaystyle\int_0^a(a^2-x^2)^n\,\mathrm{d}x$；

(4) $\displaystyle\int_0^{\frac{1}{2}}x^2(1-4x^2)^{10}\,\mathrm{d}x$；(5) $\displaystyle\int_0^1 x^n\ln^m x\,\mathrm{d}x$；(6) $\displaystyle\int_1^e x\ln^n x\,\mathrm{d}x$.

**解**　（1）根据定积分的性质，并应用换元积分法，有

$$\int_0^{\pi}\cos^n x\,\mathrm{d}x=\int_0^{\frac{\pi}{2}}\cos^n x\,\mathrm{d}x+\int_{\frac{\pi}{2}}^{\pi}\cos^n x\,\mathrm{d}x=\int_0^{\frac{\pi}{2}}\cos^n x\,\mathrm{d}x-(-1)^n\int_{\frac{\pi}{2}}^0\cos^n t\,\mathrm{d}t,$$

所以，当 $n$ 为奇数时

$$\int_0^{\pi}\cos^n x\,\mathrm{d}x=0;$$

当 $n$ 为偶数时

$$\int_0^{\pi}\cos^n x\,\mathrm{d}x=2\int_0^{\frac{\pi}{2}}\cos^n x\,\mathrm{d}x=\frac{(n-1)(n-3)\cdots1}{n(n-2)\cdots2}\pi.$$

（2）令 $f(x)=\sin^n x,\ x\in[-\pi,\pi]$，则当 $n$ 为奇数时，$f$ 为奇函数；当 $n$ 为偶数时，$f$ 为偶函数. 于是，当 $n$ 为奇数时，$\displaystyle\int_{-\pi}^{\pi}\sin^n x\,\mathrm{d}x=0$.

当 $n$ 为偶数时，根据积分性质与类似（1）中方法有

$$\int_{-\pi}^{\pi}\sin^n x\,\mathrm{d}x=2\int_0^{\pi}\sin^n x\,\mathrm{d}x=4\int_0^{\frac{\pi}{2}}\sin^n x\,\mathrm{d}x=\frac{(n-1)(n-3)\cdots1}{n(n-2)\cdots2}2\pi.$$

（3）令 $x=a\sin t$，则 $\mathrm{d}x=a\cos t\,\mathrm{d}t$，当 $x$ 从 0 变化到 $a$ 时，$t$ 从 0 变化到 $\dfrac{\pi}{2}$. 于是

$$\int_0^a(a^2-x^2)^n\,\mathrm{d}x=a^{2n+1}\int_0^{\frac{\pi}{2}}\cos^{2n+1}t\,\mathrm{d}t=\frac{(2n)!!}{(2n+1)!!}a^{2n+1}.$$

（4）令 $x=\dfrac{1}{2}\sin t$，则 $\mathrm{d}x=\dfrac{1}{2}\cos t\,\mathrm{d}t$，当 $x$ 从 0 变化到 $\dfrac{1}{2}$ 时，$t$ 从 0 变化到 $\dfrac{\pi}{2}$. 于是

$$\int_0^{\frac{1}{2}}x^2(1-4x^2)^{10}\,\mathrm{d}x=\frac{1}{8}\int_0^{\frac{\pi}{2}}\sin^2 x\cos^{21}t\,\mathrm{d}t=\frac{1}{8}\int_0^{\frac{\pi}{2}}(\cos^{21}t-\cos^{23}t)\,\mathrm{d}t=\frac{1}{184}\times\frac{20!!}{21!!}.$$

（5）多次应用分部积分，有

$$\begin{aligned}
\int_0^1 x^n\ln^m x\,\mathrm{d}x&=\frac{1}{n+1}\int_0^1\ln^m x\,\mathrm{d}x^{n+1}=\frac{1}{n+1}x^{n+1}\ln^m x\,\Big|_0^1-\frac{m}{n+1}\int_0^1 x^n\ln^{m-1}x\,\mathrm{d}x\\
&=0-\frac{m}{(n+1)^2}\int_0^1\ln^{m-1}x\,\mathrm{d}x^{n+1}=(-1)^m\frac{m!}{(n+1)^m}\int_0^1 x^n\,\mathrm{d}x\\
&=(-1)^m\frac{m!}{(n+1)^{m+1}}.
\end{aligned}$$

(6) 多次应用分部积分,有

$$\int_1^e x\ln^n x\,\mathrm{d}x = \frac{1}{2}\int_1^e \ln^n x\,\mathrm{d}x^2 = \frac{1}{2}x^2\ln^n x\Big|_1^e - \frac{n}{2}\int_1^e x\ln^{n-1}x\,\mathrm{d}x$$

$$= \frac{e^2}{2} - \frac{n}{2^2}\int_1^e \ln^{n-1}x\,\mathrm{d}x^2$$

$$= \frac{e^2}{2}\left(1 - \frac{n}{2} + \frac{n(n-1)}{2^2} - \cdots + (-1)^{n-1}\frac{n!}{2^{n-1}}\right) + (-1)^{n-1}\frac{n!}{2^n}\int_1^e x\,\mathrm{d}x$$

$$= \frac{e^2}{2}\left(1 - \frac{n}{2} + \frac{n(n-1)}{2^2} - \cdots + (-1)^n\frac{n!}{2^{n+1}}\right) + (-1)^{n+1}\frac{n!}{2^{n+1}}.$$

**例3** 求下列定积分:

(1) $\int_0^6 x^2[x]\mathrm{d}x$;(2) $\int_0^2 \mathrm{sgn}(x-x^3)\mathrm{d}x$;(3) $\int_0^1 x\,|\,x-a\,|\,\mathrm{d}x$;(4) $\int_0^2 [e^x]\mathrm{d}x$.

**解** (1) 当 $x\in[0,6]$ 时,根据取整函数 $[x]$ 的取值,有

$$\int_0^6 x^2[x]\mathrm{d}x = \int_1^2 x^2\mathrm{d}x + 2\int_2^3 x^2\mathrm{d}x + 3\int_3^4 x^2\mathrm{d}x + 4\int_4^5 x^2\mathrm{d}x + 5\int_5^6 x^2\mathrm{d}x = 285.$$

(2) 由于 $\mathrm{sgn}(x-x^3) = \begin{cases} 1, 0 < x < 1 \\ 0, x = 0,1 \\ -1, 1 < x \leqslant 2 \end{cases}$ ,因此

$$\int_0^2 \mathrm{sgn}(x-x^3)\mathrm{d}x = \int_0^1 1\mathrm{d}x + \int_1^2 (-1)\mathrm{d}x = 0.$$

(3) 当 $a \leqslant 0$ 时

$$\int_0^1 x\,|\,x-a\,|\,\mathrm{d}x = \int_0^1 x(x-a)\mathrm{d}x = \frac{1}{3} - \frac{a}{2};$$

当 $0 < a < 1$ 时

$$\int_0^1 x\,|\,x-a\,|\,\mathrm{d}x = \int_0^a x(a-x)\mathrm{d}x + \int_a^1 x(x-a)\mathrm{d}x = \frac{a^3}{3} - \frac{a}{2} + \frac{1}{3};$$

当 $a \geqslant 1$ 时

$$\int_0^1 x\,|\,x-a\,|\,\mathrm{d}x = \int_0^1 x(a-x)\mathrm{d}x = \frac{a}{2} - \frac{1}{3}.$$

(4) 由于 $\ln 7 < 2 < \ln 8$,因此

$$\int_0^2 [e^x]\mathrm{d}x = \int_0^{\ln 2} 1\mathrm{d}x + \int_{\ln 2}^{\ln 3} 2\mathrm{d}x + \int_{\ln 3}^{\ln 4} 3\mathrm{d}x + \int_{\ln 4}^{\ln 5} 4\mathrm{d}x + \int_{\ln 5}^{\ln 6} 5\mathrm{d}x +$$

$$\int_{\ln 6}^{\ln 7} 6\mathrm{d}x + \int_{\ln 7}^2 7\mathrm{d}x = 14 - \ln(7!).$$

**例4** 设 $f(x) = \begin{cases} xe^{-x^2}, x \geqslant 0 \\ \dfrac{1}{1+e^x}, x < 0 \end{cases}$ ,计算 $I = \int_1^4 f(x-2)\mathrm{d}x$.

**解** 令 $t = x-2$,则

$$f(x-2) = f(t) = \begin{cases} te^{-t^2}, 0 \leqslant t \leqslant 2 \\ \dfrac{1}{1+e^t}, -1 \leqslant t < 0 \end{cases}.$$

因此

$$I = \int_{-1}^{0} \frac{1}{1+e^t} dt + \int_{0}^{2} t e^{-t^2} dt = -\int_{-1}^{0} \frac{1}{1+e^{-t}} d(1+e^{-t}) + \frac{1}{2} \int_{0}^{2} e^{-t^2} dt^2$$

$$= \ln \frac{e+1}{2} + \frac{1}{2}(1-e^{-4}).$$

**例 5**　设 $(0,+\infty)$ 内的连续函数 $f(x)$ 满足 $f(x) = \ln x - \int_{1}^{e} f(x) dx$，求 $\int_{1}^{e} f(x) dx$.

**解**　令 $\int_{1}^{e} f(x) dx = a$，则 $f(x) = \ln x - a$，于是

$$a = \int_{1}^{e} (\ln x - a) dx = (x\ln x - x) \mid_{1}^{e} - a(e-1),$$

所以

$$a = \frac{1}{e}(x\ln x - x) \mid_{1}^{e} = \frac{1}{e}.$$

**例 6**　求 $\int_{0}^{n\pi} x \mid \sin x \mid dx$，其中 $n$ 为正整数.

**解**　设 $k$ 为整数，先计算

$$\int_{2k\pi}^{(2k+1)\pi} x \mid \sin x \mid dx = \int_{2k\pi}^{(2k+1)\pi} x\sin x dx = (4k+1)\pi,$$

$$\int_{(2k-1)\pi}^{2k\pi} x \mid \sin x \mid dx = -\int_{(2k-1)\pi}^{2k\pi} x\sin x dx = (4k-1)\pi.$$

于是，当 $n$ 为偶数时，记 $n = 2m$，有

$$\int_{0}^{n\pi} x \mid \sin x \mid dx = \sum_{k=0}^{m-1} \left( \int_{2k\pi}^{(2k+1)\pi} x \mid \sin x \mid dx + \int_{(2k+1)\pi}^{2(k+1)\pi} x \mid \sin x \mid dx \right)$$

$$= \sum_{k=0}^{m-1} ((4k+1)\pi + (4k+3)\pi) = 4m^2\pi.$$

当 $n$ 为奇数时，记 $n = 2m+1$，有

$$\int_{0}^{n\pi} x \mid \sin x \mid dx = \int_{0}^{2m\pi} x \mid \sin x \mid dx + \int_{2m\pi}^{(2m+1)\pi} x \mid \sin x \mid dx = 4m^2\pi + (4m+1)\pi.$$

所以

$$\int_{0}^{n\pi} x \mid \sin x \mid dx = n^2\pi.$$

**例 7**　求 $\int_{0}^{\frac{\pi}{2}} \sin^3 x\cos^4 x dx$.

**解**　应用第一换元积分法，有

$$\int_{0}^{\frac{\pi}{2}} \sin^3 x\cos^4 x dx = -\int_{0}^{\frac{\pi}{2}} (1-\cos^2 x)\cos^4 x d(\cos x)$$

$$= \int_{0}^{\frac{\pi}{2}} (\cos^6 x - \cos^4 x) d(\cos x)$$

$$= \left( \frac{\cos^7 x}{7} - \frac{\cos^5 x}{5} \right) \Big|_{0}^{\frac{\pi}{2}} = \frac{2}{35}.$$

**例 8**　计算 $\int_{\ln 2}^{1} \frac{dx}{\sqrt{e^x - 1}}$.

**解** 作变换 $\sqrt{e^x - 1} = u$，则

$$x = \ln(1 + u^2), \mathrm{d}x = \frac{2u}{1 + u^2}\mathrm{d}u,$$

当 $x$ 从 $\ln 2$ 到 1 时，对应的变换下 $u$ 从 1 到 $\sqrt{e-1}$，代入得

$$\int_{\ln 2}^1 \frac{\mathrm{d}x}{\sqrt{e^x - 1}} = 2\int_1^{\sqrt{e-1}} \frac{1}{1 + u^2}\mathrm{d}u = 2\arctan u \Big|_1^{\sqrt{e-1}} = 2\arctan\sqrt{e-1} - \frac{\pi}{2}.$$

**例 9** 计算 $I = \int_0^1 \frac{\ln(1 + x)}{1 + x^2}\mathrm{d}x.$

**解** 令 $x = \tan t$，则 $\mathrm{d}x = \sec^2 t\mathrm{d}t.$ 于是

$$I = \int_0^{\frac{\pi}{4}} \ln(1 + \tan t)\mathrm{d}t = \int_0^{\frac{\pi}{4}} \ln\frac{\sin t + \cos t}{\cos t}\mathrm{d}t = \int_0^{\frac{\pi}{4}} \ln\frac{\sqrt{2}\cos\left(\frac{\pi}{4} - t\right)}{\cos t}\mathrm{d}t$$

$$= \int_0^{\frac{\pi}{4}} \ln\sqrt{2}\,\mathrm{d}t + \int_0^{\frac{\pi}{4}} \ln\cos\left(\frac{\pi}{4} - t\right)\mathrm{d}t - \int_0^{\frac{\pi}{4}} \ln\cos t\mathrm{d}t$$

$$= \int_0^{\frac{\pi}{4}} \ln\sqrt{2}\,\mathrm{d}t - \int_0^{\frac{\pi}{4}} \ln\cos u\mathrm{d}(-u) - \int_0^{\frac{\pi}{4}} \ln\cos t\mathrm{d}t = \frac{\pi}{4}\ln\sqrt{2}.$$

**例 10** 设 $f(x) = \begin{cases} \sin\dfrac{x}{2}, & x \geqslant 0 \\ x\arctan x, & x < 0 \end{cases}$，计算 $I = \int_0^{\pi+1} f(x - 1)\mathrm{d}x.$

**解** 由于 $f(x - 1) = \begin{cases} \sin\dfrac{x-1}{2}, & x \geqslant 1 \\ (x - 1)\arctan(x - 1), & x < 1 \end{cases}$，因此，应用换元积分法与分部

积分法有

$$I = \int_0^1 (x - 1)\arctan(x - 1)\mathrm{d}x + \int_1^{\pi+1} \sin\frac{x-1}{2}\mathrm{d}x = \int_{-1}^0 u\arctan u\mathrm{d}u + \int_0^{\pi} \sin\frac{u}{2}\mathrm{d}u$$

$$= \frac{1}{2}\int_{-1}^0 \arctan u\mathrm{d}u^2 - 2\cos\frac{u}{2}\Big|_0^{\pi} = \frac{1}{2}u^2\arctan u\Big|_{-1}^0 - \frac{1}{2}\int_{-1}^0 \frac{u^2}{1 + u^2}\mathrm{d}u + 2$$

$$= \frac{\pi}{8} - \frac{1}{2}(u - \arctan u)\Big|_{-1}^0 + 2 = \frac{\pi}{4} + \frac{3}{2}.$$

**例 11** 计算 $\int_0^{\frac{\pi}{2}} \frac{\sin^2 x}{\sin x + \cos x}\mathrm{d}x.$

**解** 令 $x = \frac{\pi}{2} - t$，则有

$$\int_0^{\frac{\pi}{2}} \frac{\sin^2 x}{\sin x + \cos x}\mathrm{d}x = \int_0^{\frac{\pi}{2}} \frac{\cos^2 t}{\sin t + \cos t}\mathrm{d}t.$$

于是

$$\int_0^{\frac{\pi}{2}} \frac{\sin^2 x}{\sin x + \cos x}\mathrm{d}x = \frac{1}{2}\left(\int_0^{\frac{\pi}{2}} \frac{\sin^2 x}{\sin x + \cos x}\mathrm{d}x + \int_0^{\frac{\pi}{2}} \frac{\cos^2 t}{\sin t + \cos t}\mathrm{d}t\right)$$

$$= \frac{1}{2}\int_0^{\frac{\pi}{2}} \frac{1}{\sin x + \cos x}\mathrm{d}x = \frac{1}{2}\int_0^{\frac{\pi}{2}} \frac{1}{\sqrt{2}\sin\left(x + \frac{\pi}{4}\right)}\mathrm{d}x$$

$$= \frac{1}{2\sqrt{2}} \ln \left| -\cot\left(x + \frac{\pi}{4}\right) + \csc\left(x + \frac{\pi}{4}\right) \right| \Big|_0^{\frac{\pi}{2}}$$

$$= \frac{1}{\sqrt{2}} \ln(1 + \sqrt{2}).$$

**例 12**　计算 $\displaystyle\int_{-1}^{1} \frac{2x^2 + \sin x + \tan x}{1 + \sqrt{1 - x^2}} \mathrm{d}x$.

**解**　由于 $\dfrac{\sin x + \tan x}{1 + \sqrt{1 - x^2}}$ 为 $[-1,1]$ 上连续的奇函数,因此

$$\int_{-1}^{1} \frac{\sin x + \tan x}{1 + \sqrt{1 - x^2}} \mathrm{d}x = 0$$

又由于 $\dfrac{2x^2}{1 + \sqrt{1 - x^2}}$ 为 $[-1,1]$ 上连续的偶函数,故

$$\int_{-1}^{1} \frac{2x^2}{1 + \sqrt{1 - x^2}} \mathrm{d}x = 4 \int_{0}^{1} \frac{x^2}{1 + \sqrt{1 - x^2}} \mathrm{d}x.$$

那么

$$\int_{-1}^{1} \frac{2x^2 + \sin x + \tan x}{1 + \sqrt{1 - x^2}} \mathrm{d}x = 4 \int_{0}^{1} \frac{x^2}{1 + \sqrt{1 - x^2}} \mathrm{d}x = 4 \int_{0}^{1} (1 - \sqrt{1 - x^2}) \mathrm{d}x$$

$$= 4 - 4x\sqrt{1 - x^2} \Big|_0^1 + 4 \int_0^1 x \mathrm{d}\sqrt{1 - x^2} = 4 - \pi.$$

**例 13**　求 $\displaystyle\int_{-\frac{1}{2}}^{\frac{1}{2}} \frac{\sin^2 x \tan x + x\ln(x+1)(\cos x + 1)}{\cos x + 1} \mathrm{d}x$.

**解**　由于 $\dfrac{\sin^2 x \tan x}{\cos x + 1}$ 为 $\left[-\dfrac{1}{2}, \dfrac{1}{2}\right]$ 上连续的奇函数,故 $\displaystyle\int_{-\frac{1}{2}}^{\frac{1}{2}} \frac{\sin^2 x \tan x}{\cos x + 1} \mathrm{d}x = 0$. 那么

$$\int_{-\frac{1}{2}}^{\frac{1}{2}} \frac{\sin^2 x \tan x + x\ln(x+1)(\cos x + 1)}{\cos x + 1} \mathrm{d}x = \int_{-\frac{1}{2}}^{\frac{1}{2}} \frac{x\ln(x+1)(\cos x + 1)}{\cos x + 1} \mathrm{d}x$$

$$= \int_{-\frac{1}{2}}^{\frac{1}{2}} x\ln(x+1) \mathrm{d}x = \int_{-\frac{1}{2}}^{\frac{1}{2}} (x+1)\ln(x+1) \mathrm{d}x - \int_{-\frac{1}{2}}^{\frac{1}{2}} \ln(x+1) \mathrm{d}(x+1)$$

$$= \frac{1}{2} \int_{-\frac{1}{2}}^{\frac{1}{2}} \ln(x+1) \mathrm{d}(x+1)^2 - (x+1)\ln(x+1) \Big|_{-\frac{1}{2}}^{\frac{1}{2}} +$$

$$\int_{-\frac{1}{2}}^{\frac{1}{2}} (x+1) \mathrm{d}\ln(x+1) = \frac{1}{2} - \frac{3}{8} \ln 3.$$

**例 14**　计算 $\displaystyle\int_{-\frac{\pi}{2}}^{\frac{\pi}{2}} \frac{\mathrm{e}^x}{1 + \mathrm{e}^x} \sin^4 x \mathrm{d}x$.

**解**　令 $I = \displaystyle\int_{-\frac{\pi}{2}}^{\frac{\pi}{2}} \frac{\mathrm{e}^x}{1 + \mathrm{e}^x} \sin^4 x \mathrm{d}x$,则

$$I = \int_{-\frac{\pi}{2}}^{\frac{\pi}{2}} \frac{\mathrm{e}^{-t}}{1 + \mathrm{e}^{-t}} \sin^4(-t) \mathrm{d}t = \int_{-\frac{\pi}{2}}^{\frac{\pi}{2}} \frac{1}{\mathrm{e}^t + 1} \sin^4 t \mathrm{d}t.$$

令

$$J = \int_{-\frac{\pi}{2}}^{\frac{\pi}{2}} \frac{1}{\mathrm{e}^t + 1} \sin^4 t \mathrm{d}t,$$

则

$$I = \frac{1}{2}(I+J) = \frac{1}{2}\int_{-\frac{\pi}{2}}^{\frac{\pi}{2}} \sin^4 x \mathrm{d}x = \int_0^{\frac{\pi}{2}} \sin^2 x(1-\cos^2 x)\mathrm{d}x$$

$$= \int_0^{\frac{\pi}{2}}\left(\frac{1-\cos 2x}{2} - \frac{\sin^2 2x}{4}\right)\mathrm{d}x = \frac{3\pi}{16}.$$

**例 15**　求积分 $\displaystyle\int_{-1}^1 \frac{1+\sin x + x\ln(2+x^4)}{(1+x^2)^2}\mathrm{d}x.$

**解**　将积分分成两部分分别进行计算,即

$$\int_{-1}^1 \frac{1+\sin x + x\ln(2+x^4)}{(1+x^2)^2}\mathrm{d}x = \int_{-1}^1 \frac{1}{(1+x^2)^2}\mathrm{d}x + \int_{-1}^1 \frac{\sin x + x\ln(2+x^4)}{(1+x^2)^2}\mathrm{d}x.$$

因为 $\dfrac{\sin x + x\ln(2+x^4)}{(1+x^2)^2}$ 为奇函数,则积分为 $0$,所以

$$\int_{-1}^1 \frac{1+\sin x + x\ln(2+x^4)}{(1+x^2)^2}\mathrm{d}x = \int_{-1}^1 \frac{1}{(1+x^2)^2}\mathrm{d}x.$$

令 $x = \tan t, t\in\left(-\dfrac{\pi}{4},\dfrac{\pi}{4}\right)$,代入有

$$\int_{-1}^1 \frac{1}{(1+x^2)^2}\mathrm{d}x = \int_{-\frac{\pi}{4}}^{\frac{\pi}{4}} \frac{1}{\dfrac{1}{\cos^4 t}} \cdot \frac{1}{\cos^2 t}\mathrm{d}t = \int_{-\frac{\pi}{4}}^{\frac{\pi}{4}} \cos^2 t \mathrm{d}t = \int_{-\frac{\pi}{4}}^{\frac{\pi}{4}} \frac{1+\cos 2t}{2}\mathrm{d}t$$

$$= \left(\frac{t}{2} + \frac{\sin 2t}{4}\right)\Big|_{-\frac{\pi}{4}}^{\frac{\pi}{4}} = \frac{\pi}{4} + \frac{1}{2}.$$

**例 16**　设 $f(x)$ 在 $[a,b]$ 上黎曼可积,证明:对任意 $\varepsilon > 0$,存在 $[a,b]$ 上的连续函数 $\varphi(x)$,使得 $\displaystyle\int_a^b |f(x)-\varphi(x)|\mathrm{d}x < \varepsilon.$

**证明**　设 $f(x)$ 是 $[a,b]$ 上的可积函数,故对任意 $\varepsilon > 0$,存在 $[a,b]$ 的一个划分:$T = \{a = x_0 < \cdots < x_n = b\}$,使得 $\displaystyle\sum_{i=1}^n \omega_i\Delta x_i < \varepsilon$,其中 $\omega_i$ 为 $f$ 在区间 $[x_{i-1},x_i]$ 上的振幅,$\Delta x_i = x_i - x_{i-1}.$ 取 $\varphi(x)$ 为连接 $(a,f(a)),(x_1,f(x_1)),\cdots,(x_{n-1},f(x_{n-1})),(b,f(b))$ 的折线函数,则在 $[x_{i-1},x_i]$ 上,有

$$|f(x)-\varphi(x)| = \left|f(x)-\left(\frac{x-x_i}{x_{i-1}-x_i}f(x_{i-1}) + \frac{x-x_{i-1}}{x_i-x_{i-1}}f(x_i)\right)\right|$$

$$= \left|\frac{x-x_i}{x_{i-1}-x_i}(f(x)-f(x_{i-1}))\right| +$$

$$\left|\frac{x-x_{i-1}}{x_i-x_{i-1}}(f(x)-f(x_i))\right|$$

$$\leqslant \frac{x-x_i}{x_{i-1}-x_i}|f(x)-f(x_{i-1})| +$$

$$\frac{x-x_{i-1}}{x_i-x_{i-1}}|f(x)-f(x_i)|$$

$$\leqslant \frac{x-x_i}{x_{i-1}-x_i}\omega_i + \frac{x-x_{i-1}}{x_i-x_{i-1}}\omega_i = \omega_i.$$

因此

$$\int_a^b \mid f(x)-\varphi(x)\mid \mathrm{d}x = \sum_{i=1}^n \int_{x_{i-1}}^{x_i}\mid f(x)-\varphi(x)\mid \mathrm{d}x \leqslant \sum_{i=1}^n \int_{x_{i-1}}^{x_i}\omega_i \mathrm{d}x$$
$$= \sum_{i=1}^n \omega_i \Delta x_i < \varepsilon.$$

**例 17**　设函数 $f(x)$ 在闭区间 $[a,b]$ 上可积,证明: $\int_a^b f^2(x)\mathrm{d}x = 0$ 当且仅当对 $[a,b]$ 上的任意连续点 $x$,有 $f(x)=0$.

**证明**　必要性.因为 $f(x)$ 在闭区间 $[a,b]$ 上可积,所以 $f^2(x)$ 在闭区间 $[a,b]$ 上可积.假设 $x$ 是 $f(x)$ 的连续点,如果 $f(x)\neq 0$,不妨设 $f(x)>0$,于是存在 $\delta_1>0$ 和正数 $\delta$ 使得
$$f(x)\geqslant \delta > 0, x\in (x-\delta_1,x+\delta_1)\bigcap [a,b].$$
于是存在 $[c,d]\subset [a,b]$ 使得 $f(x)\geqslant \delta > 0, x\in [c,d]\subset [a,b]$.因此
$$\int_a^b f^2(x)\mathrm{d}x \geqslant \int_c^d f^2(x)\mathrm{d}x \geqslant \delta^2(d-c)>0,$$
与已知 $\int_a^b f^2(x)\mathrm{d}x = 0$ 矛盾.所以对 $[a,b]$ 上的任意连续点 $x$,有 $f(x)=0$.

充分性.设 $f(x)$ 在区间 $I$ 上可积,只要证明在 $I$ 的任意子区间 $[a,b]$ 上都有 $f(x)$ 的连续点.因为 $f(x)$ 在 $[a,b]$ 上可积,所以任意给出 $\varepsilon > 0$,存在 $[a,b]$ 的分割 $T$,使得 $\sum_T \omega_i \Delta x_i < (b-a)\varepsilon$.取 $\varepsilon_1 = \dfrac{1}{2}$,存在 $[a,b]$ 的分割 $T_1$,使得 $\sum_{T_1}\omega_i \Delta x_i < \dfrac{b-a}{2}$.故必有 $T_1$ 的某个小块 $[x_{i-1},x_i]$ 对应的振幅 $\omega_i \leqslant \dfrac{1}{2}$.否则 $\sum \omega_i > \dfrac{1}{2}\sum \Delta x_i = \dfrac{b-a}{2}$,矛盾.所以可以找到真子区间 $[a_1,b_1]\subset [a,b]$,满足
$$[a_1,b_1]\subset [x_{i-1},x_i]\subset [a,b], a<a_1<b_1<b, b_1-a_1\leqslant \frac{b-a}{2}, \omega[a_1,b_1]\leqslant \frac{1}{2}$$
则 $f^2(x)$ 在 $[a_1,b_1]$ 上可积.取 $\varepsilon_2 = \dfrac{1}{2^2}$,同理存在 $[a_2,b_2]$ 满足
$$[a_2,b_2]\subset [x_{i-1},x_i]\subset [a_1,b_1], a_1<a_2<b_2<b_1, b_2-a_2\leqslant \frac{b_1-a_1}{2}, \omega[a_2,b_2]\leqslant \frac{1}{2^2}$$
继续下去,直到无穷,我们得到一个闭区间套 $[a_n,b_n]$ 满足
$$[a_n,b_n]\subset [x_{i-1},x_i]\subset [a_{n-1},b_{n-1}], a_{n-1}<a_n<b_n<b_{n-1}, \omega[a_n,b_n]\leqslant \frac{1}{2^n}.$$
根据闭区间套定理,存在唯一一点 $\xi \in [a_n,b_n]$.

对于任意 $\varepsilon > 0$,必存在 $n$ 使得 $\dfrac{1}{2^n}<\varepsilon$.取
$$\delta = \min\{x_0-a_n, b_n-x_0\}>0,$$
对于任意 $x\in U(x_0,\delta)\subset [a_n,b_n]$,必有
$$\mid f(x)-f(x_0)\mid \leqslant \omega[a_n,b_n]<\varepsilon,$$
则 $f(x)$ 在 $[a_n,b_n]$ 上连续.所以对于 $[a,b]$ 的任意分割 $T$,其每个小块中必有 $f^2(x)$ 的连续点,其对应的达布小和 $s(T)$ 恒等于 0,所以

$$\int_a^b f^2(x)\mathrm{d}x = \lim_{\|T\|\to 0} s(T) = 0.$$

**例 18** 证明:函数 $f(x) = \begin{cases} 0, x=0 \\ x^2\sin\dfrac{1}{x}, x\in(0,1] \end{cases}$ 的导函数 $f'(x)$ 在$[0,1]$上不是绝对

可积的.

**证明** 由于

$$f'(0) = \lim_{x\to 0}\frac{f(x)-f(0)}{x-0} = \lim_{x\to 0}x\sin\frac{1}{x} = 0,$$

因此

$$f'(x) = \begin{cases} 0, x=0 \\ -\cos\dfrac{1}{x} + 2x\sin\dfrac{1}{x}, 0<x\leqslant 1 \end{cases}.$$

对$[0,1]$作分割

$$x_0 = 0, x_1 = \frac{1}{n\pi}, x_2 = \frac{1}{(n-1)\pi}, \cdots, x_n = \frac{1}{\pi}, x_{n+1} = 1,$$

则

$$\sum_{k=1}^{n+1} |f'(\xi_k)|(x_k - x_{k-1}) \geqslant \sum_{k=2}^{n} |f'(\xi_k)|(x_k - x_{k-1}),$$

$$\sum_{k=2}^{n} |f'(x_k) - f'(x_{k-1})| = \sum_{k=2}^{n} |(-1)^{n-k} - (-1)^{n-k-1}| = 2(n-1).$$

所以

$$\lim_{n\to\infty}\sum_{k=1}^{n+1} |f'(\xi_k)|(x_k - x_{k-1}) = +\infty.$$

故 $|f'|$ 在$[0,1]$上不是绝对可积的.

**例 19** 证明:$\lim\limits_{n\to\infty}\displaystyle\int_0^{\frac{\pi}{2}} \sin^n x\,\mathrm{d}x = 0$.

**证明** 设 $I_n = \displaystyle\int_0^{\frac{\pi}{2}} \sin^n x\,\mathrm{d}x$,则存在 $\delta > 0$,当 $x\in\left[0, \dfrac{\pi}{2}-\delta\right]$ 时,$\sin x <$

$\sin\left(\dfrac{\pi}{2}-\delta\right) < 1$ 成立,所以

$$|I_n| = \left|\int_0^{\frac{\pi}{2}-\delta} \sin^n x\,\mathrm{d}x + \int_{\frac{\pi}{2}-\delta}^{\frac{\pi}{2}} \sin^n x\,\mathrm{d}x\right| \leqslant \int_0^{\frac{\pi}{2}-\delta} \sin^n x\,\mathrm{d}x + \int_{\frac{\pi}{2}-\delta}^{\frac{\pi}{2}} 1\,\mathrm{d}x$$

$$< \left(\frac{\pi}{2}-\delta\right)\sin^n\left(\frac{\pi}{2}-\delta\right) + \delta.$$

令 $n\to\infty$,得 $\varlimsup\limits_{n\to\infty} |I_n| \leqslant \delta$. 再令 $\delta\to 0^+$,得 $\varlimsup\limits_{n\to\infty} |I_n| \leqslant 0$. 所以 $\lim\limits_{n\to\infty} I_n = 0$.

**例 20** 已知 $f(x)$ 与 $g(x)$ 均为定义在$[a,b]$上的有界函数,且仅在有限个点处 $f(x)\neq g(x)$. 证明:若 $f(x)$ 在$[a,b]$上可积,则 $g(x)$ 在$[a,b]$上也可积,且

$$\int_a^b f(x)\mathrm{d}x = \int_a^b g(x)\mathrm{d}x.$$

**证明**　记 $J = \int_a^b f(x)\mathrm{d}x$，设 $[a,b]$ 上的有限个 $t_1, t_2, \cdots, t_k$ 满足 $f(t_i) \neq g(t_i)$，令

$$M = \max\{\mid f(t_i) - g(t_i)\mid, i = 1, 2, \cdots, k\}.$$

由于 $f(x)$ 在 $[a,b]$ 上黎曼可积，因此对任意 $\varepsilon > 0$，存在分割 $T = \{a = x_0 < x_1 < \cdots < x_n = b\}$ 满足 $0 < \parallel T \parallel < \dfrac{\varepsilon}{2kM}$，对任意 $\xi_i \in (x_{i-1}, x_i)$，$\Delta x_i = x_i - x_{i-1}$，$i = 1, 2, \cdots, n$，有

$$\mid \sum_T f(\xi_i)\Delta x_i - J \mid < \frac{\varepsilon}{2}.$$

同时

$$\sum_T \mid g(\xi_i) - f(\xi_i)\mid \Delta x_i \leqslant kM \cdot \parallel T \parallel < \frac{\varepsilon}{2}.$$

从而

$$\begin{aligned}
\mid \sum_T g(\xi_i)\Delta x_i - J \mid &= \mid \sum_T \mid g(\xi_i) - f(\xi_i)\mid \Delta x_i + \sum_T f(\xi_i)\Delta x_i - J \mid \\
&< \sum_T \mid g(\xi_i) - f(\xi_i)\mid \Delta x_i + \mid \sum_T f(\xi_i)\Delta x_i - J \mid \\
&< \frac{\varepsilon}{2} + \frac{\varepsilon}{2} = \varepsilon.
\end{aligned}$$

故 $g(x)$ 在 $[a,b]$ 上也黎曼可积，且 $\int_a^b g(x)\mathrm{d}x = \int_a^b f(x)\mathrm{d}x$.

**例 21**　设 $f(x), g(x)$ 都在 $[a,b]$ 上可积，试证明

$$\lim_{\parallel T \parallel \to 0} \sum_{k=1}^n f(\xi_k)g(\eta_k)\Delta x_k = \int_a^b f(x)g(x)\mathrm{d}x,$$

其中 $\xi_k, \eta_k$ 是分割 $T$ 所属区间 $[x_{k-1}, x_k]$ $(k = 1, 2, \cdots, n)$ 中的任意两点.

**证明**　$f(x), g(x)$ 都在 $[a,b]$ 上可积，故 $f(x)g(x)$ 在 $[a,b]$ 上可积，而 $f(x)$ 在 $[a,b]$ 上有界，即存在正常数 $M$，使得对任意 $x \in [a,b]$，有 $\mid f(x)\mid \leqslant M$. 对 $[a,b]$ 的任意划分 $T$，当 $\parallel T \parallel \to 0$ 时，存在 $\xi_k \in [x_{k-1}, x_k]$，使得

$$\lim_{\parallel T \parallel \to 0} \sum_{k=1}^n f(\xi_k)g(\xi_k)\Delta x_k = \int_a^b f(x)g(x)\mathrm{d}x.$$

对上述划分 $T$，设 $\xi_k, \eta_k \in [x_{k-1}, x_k]$，有

$$\sum_{k=1}^n f(\xi_k)g(\eta_k)\Delta x_k = \sum_{k=1}^n f(\xi_k)g(\xi_k)\Delta x_k + \sum_{k=1}^n f(\xi_k)(g(\eta_k) - g(\xi_k))\Delta x_k,$$

则

$$\begin{aligned}
\mid \sum_{k=1}^n f(\xi_k)(g(\eta_k) - g(\xi_k))\Delta x_k \mid &\leqslant \sum_{k=1}^n \mid f(\xi_k)\mid \mid g(\eta_k) - g(\xi_k)\mid \Delta x_k \\
&\leqslant M \sum_{k=1}^n \omega_k(g)\Delta x_k.
\end{aligned}$$

因此

$$\lim_{\parallel T \parallel \to 0} \mid \sum_{k=1}^n f(\xi_k)(g(\eta_k) - g(\xi_k))\Delta x_k \mid = 0,$$

即

$$\lim_{\|T\|\to 0}\sum_{k=1}^{n}f(\xi_k)(g(\eta_k)-g(\xi_k))\Delta x_k=0.$$

故

$$\lim_{\|T\|\to 0}\sum_{k=1}^{n}f(\xi_k)g(\eta_k)\Delta x_k=\int_a^b f(x)g(x)\mathrm{d}x.$$

**例 22** 设 $f(x)$ 在 $[a,b]$ 上有界,讨论 $f(x)$,$|f(x)|$,$f^2(x)$ 在 $[a,b]$ 上的可积性的关系,并证明或举反例.

**证明** 如果 $f$ 在 $[a,b]$ 上可积,那么 $f$ 在 $[a,b]$ 上有界,即存在正常数 $M$,使得对任意 $x\in[a,b]$,$|f(x)|\leqslant M$. 对 $[a,b]$ 的任何一个划分 $T:T=\{a=x_0<x_1<\cdots<x_{n-1}<x_n=b\}$,则对任意的 $x,y\in[x_{i-1},x_i]$,有

$$|f(x)|-|f(y)|\leqslant|f(x)-f(y)|\leqslant\omega_i(f),$$
$$|f^2(x)-f^2(y)|=|f(x)+f(y)||f(x)-f(y)|$$
$$\leqslant(|f(x)|+|f(y)|)|f(x)-f(y)|$$
$$\leqslant 2M|f(x)-f(y)|\leqslant 2M\omega_i(f).$$

因此

$$\omega_i(|f|)\leqslant\omega_i(f),\omega_i(f^2)\leqslant 2M\omega_i(f).$$

故当 $\|T\|\to 0$ 时,有

$$\sum_{i=1}^{n}\omega_i(|f|)\Delta x_i\leqslant\sum_{i=1}^{n}\omega_i(f)\Delta x_i\to 0,\sum_{i=1}^{n}\omega_i(f_i^2)\Delta x_i\leqslant 2M\sum_{i=1}^{n}\omega_i(f)\Delta x_i\to 0.$$

所以

$$\lim_{\|T\|\to 0}\sum_{i=1}^{n}\omega_i(|f|)\Delta x_i=0,\lim_{\|T\|\to 0}\sum_{i=1}^{n}\omega_i(f^2)\Delta x_i=0.$$

故 $|f|$,$f^2$ 可积.

若 $|f|$ 可积,则 $f^2=|f|^2$ 也可积.

$|f|$ 可积时,$f$ 未必可积,例如,取 $f(x)=\begin{cases}1,x\in\mathbf{Q}\\-1,x\notin\mathbf{Q}\end{cases}$,则 $|f|$ 在任何有界闭区间可积,而 $f$ 在任何有界闭区间不可积. 这个例子中,$|f|=f^2$,这样也说明了 $f^2$ 可积时,$f$ 未必可积.

对任意的 $x,y\in[x_{i-1},x_i]$,有

$$||f(x)|^2-|f(y)|^2|\leqslant|f^2(x)-f^2(y)|;$$
$$||f(x)|-|f(y)||\leqslant\sqrt{|f^2(x)-f^2(y)|}\leqslant\sqrt{\omega_i(f^2)},$$

则 $\omega_i(|f|)\leqslant\sqrt{\omega_i(f^2)}$,且当 $\|T\|\to 0$ 时,有

$$\sum_{i=1}^{n}\omega_i(|f|)\Delta x_i\leqslant\sum_{i=1}^{n}\sqrt{\omega_i(f^2)}\Delta x_i\leqslant\left(\sum_{i=1}^{n}\omega_i(f^2)\Delta x_i\right)^{\frac{1}{2}}\left(\sum_{i=1}^{n}\Delta x_i\right)^{\frac{1}{2}}$$
$$=(b-a)^{\frac{1}{2}}\left(\sum_{i=1}^{n}\omega_i(f^2)\Delta x_i\right)^{\frac{1}{2}}.$$

那么

$$\lim_{\|T\|\to 0}\sum_{i=1}^{n}\omega_i(|f|)\Delta x_i=0,$$

故 $|f|$ 可积. 因此, 若 $f^2$ 可积, 则 $|f|$ 可积.

**例 23**    设 $f(x) = \begin{cases} \dfrac{1}{q}, x = \dfrac{p}{q}, p \text{ 与 } q \text{ 为互素的正整数}, p > q \\ 0, x \neq 0, 1 \text{ 以及 } [0,1] \text{ 上的无理数} \end{cases}$, 判断 $f(x)$ 在 $[0,1]$ 上

是否可积, 并说明理由.

**解**    对任意的 $\varepsilon > 0$, 使 $|f(x)| \geqslant \varepsilon$ 的点 $x$ 为有理数, 必须满足 $x = \dfrac{p}{q}, p$ 与 $q$ 为互

素的正整数, $q > p$, 则满足 $f(x) = \dfrac{1}{q} \geqslant \varepsilon$ 的有理数分母只能在 $\{q, q-1, \cdots, 2\}$ 中选取. 所

以满足 $f(x) = \dfrac{1}{q} \geqslant \varepsilon$ 的有理数至多有 $\dfrac{q(q-1)}{2}$ 个, 不妨设为 $x_1', x_2', \cdots, x_k'$, 且这就是说,

除 $x_1', x_2', \cdots, x_k'$ 这 $k$ 个点外, 其他点的函数值都小于 $\varepsilon$.

对任意的分割
$$T = \{0 = x_0 < x_1 < \cdots < x_{n-1} < x_n = 1\},$$

对上述 $\varepsilon$, 只要 $\|T\| < \dfrac{\varepsilon}{2k}$, 就有 $\sum_{i=1}^n f(\xi_i) \Delta x_i < \varepsilon$. 于是

$$\int_0^1 f(x) dx = \lim_{\|T\| \to 0} \sum_{i=1}^n f(\xi_i) \Delta x_i = \lim_{\|T\| \to 0} \sum_{i=1}^n 0 \Delta x_i = 0.$$

所以 $f$ 在 $[0,1]$ 上可积.

# 第 3 节    积分不等式

**1. 积分不等式的性质**

(1) $f(x)$ 与 $g(x)$ 是区间 $[a,b]$ 上的两个可积函数, 且当 $x \in [a,b]$ 时, $f(x) \leqslant g(x)$, 则有

$$\int_a^b f(x) dx \leqslant \int_a^b g(x) dx.$$

(2) 若 $f(x)$ 在 $[a,b]$ 上可积, 则 $|f(x)|$ 在 $[a,b]$ 上也可积, 且

$$\int_a^b f(x) dx \leqslant \int_a^b |f(x)| dx.$$

**2. 两个重要的积分不等式**

设函数 $f(x), g(x)$ 在 $[a,b]$ 上可积, 则有:

(1) 施瓦茨 (Schwarz) 不等式

$$\left( \int_a^b f(x) g(x) dx \right)^2 \leqslant \int_a^b f^2(x) dx \cdot \int_a^b g^2(x) dx.$$

(2) 闵科夫斯基 (Minkowski) 不等式

$$\left( \int_a^b (f(x) + g(x))^2 dx \right)^{\frac{1}{2}} \leqslant \left( \int_a^b f^2(x) dx \right)^{\frac{1}{2}} + \left( \int_a^b g^2(x) dx \right)^{\frac{1}{2}}.$$

**典型例题**

**例 1**    设函数 $f(x)$ 在闭区间 $[a,b]$ 上二阶可导, 且 $f''(x) \geqslant 0$, 证明

$$f\left(\frac{a+b}{2}\right) \leqslant \frac{1}{b-a}\int_a^b f(x)\mathrm{d}x.$$

**证明**  根据 $f(x)$ 在 $x=\dfrac{a}{2}$ 处的一阶泰勒公式,存在 $\xi$ 介于 $x$ 与 $\dfrac{a+b}{2}$ 之间,有

$$f(x) = f\left(\frac{a+b}{2}\right) + f'\left(\frac{a+b}{2}\right)\left(x - \frac{a+b}{2}\right) + \frac{f''(\xi)}{2}\left(x - \frac{a+b}{2}\right)^2.$$

由于 $f''(x) \geqslant 0$,因此

$$f(x) \geqslant f\left(\frac{a+b}{2}\right) + f'\left(\frac{a+b}{2}\right)\left(x - \frac{a+b}{2}\right).$$

对上述不等式两边积分可得

$$\begin{aligned}
\int_a^b f(x)\mathrm{d}x &\geqslant \int_a^b f\left(\frac{a+b}{2}\right)\mathrm{d}x + f'\left(\frac{a+b}{2}\right)\int_a^b\left(x - \frac{a+b}{2}\right)\mathrm{d}x \\
&= f\left(\frac{a+b}{2}\right)(b-a) + f'\left(\frac{a+b}{2}\right)\left(\frac{1}{2}x^2 - \frac{a+b}{2}x\right)\Big|_a^b \\
&= f\left(\frac{a+b}{2}\right)(b-a) + f'\left(\frac{a+b}{2}\right)\left(-\frac{ab}{2} + \frac{ab}{2}\right) \\
&= f\left(\frac{a+b}{2}\right)(b-a).
\end{aligned}$$

因此

$$f\left(\frac{a+b}{2}\right) \leqslant \frac{1}{b-a}\int_a^b f(x)\mathrm{d}x.$$

**例 2**  设 $f(x)$ 在 $[0,a]$ 上二阶可导($a>0$),且 $f''(x) \geqslant 0$,证明

$$\int_0^a f(x)\mathrm{d}x \geqslant af\left(\frac{a}{2}\right).$$

**证明**  根据 $f(x)$ 在 $x=\dfrac{a+b}{2}$ 处的一阶泰勒公式,存在 $\xi$ 介于 $x$ 与 $\dfrac{a}{2}$ 之间,有

$$f(x) = f\left(\frac{a}{2}\right) + f'\left(\frac{a}{2}\right)\left(x - \frac{a}{2}\right) + \frac{f''(\xi)}{2}\left(x - \frac{a}{2}\right)^2.$$

由于 $f''(x) \geqslant 0$,因此

$$f(x) \geqslant f\left(\frac{a}{2}\right) + f'\left(\frac{a}{2}\right)\left(x - \frac{a}{2}\right).$$

对上述不等式两边积分可得

$$\begin{aligned}
\int_0^a f(x)\mathrm{d}x &\geqslant \int_0^a f\left(\frac{a}{2}\right)\mathrm{d}x + f'\left(\frac{a}{2}\right)\int_0^a\left(x - \frac{a}{2}\right)\mathrm{d}x \\
&= af\left(\frac{a}{2}\right) + f'\left(\frac{a}{2}\right)\left(\frac{1}{2}x^2 - \frac{a}{2}x\right)\Big|_0^a = af\left(\frac{a}{2}\right).
\end{aligned}$$

**例 3**  设 $f(x)$ 在 $[0,1]$ 上二阶可导,且 $f''(x) \leqslant 0$,$x \in [0,1]$,证明:

$$\int_0^1 f(x^2)\mathrm{d}x \leqslant f\left(\frac{1}{3}\right).$$

**证明**  根据 $f(x)$ 在 $x=\dfrac{1}{3}$ 外的一阶泰勒公式,存在 $\xi$ 介于 $x$ 与 $\dfrac{1}{3}$ 之间,有

$$f(x) = f\left(\frac{1}{3}\right) + f'\left(\frac{1}{3}\right)\left(x - \frac{1}{3}\right) + \frac{f''(\xi)}{2}\left(x - \frac{1}{3}\right)^2.$$

由于 $f''(x) \leqslant 0$，因此 $f(x) \leqslant f\left(\dfrac{1}{3}\right) + f'\left(\dfrac{1}{3}\right)\left(x - \dfrac{1}{3}\right)$，用 $x^2$ 替换 $x$ 可得

$$f(x^2) \leqslant f\left(\frac{1}{3}\right) + f'\left(\frac{1}{3}\right)\left(x^2 - \frac{1}{3}\right).$$

对上述不等式两边积分可得

$$\int_0^1 f(x^2)\,\mathrm{d}x \leqslant \int_0^1 f\left(\frac{1}{3}\right)\mathrm{d}x + f'\left(\frac{1}{3}\right)\int_0^1\left(x^2 - \frac{1}{3}\right)\mathrm{d}x$$

$$= f\left(\frac{1}{3}\right) + f'\left(\frac{1}{3}\right)\left(\frac{1}{3}x^3 - \frac{1}{3}x\right)\Big|_0^1$$

$$= f\left(\frac{1}{3}\right).$$

**例 4**　证明：$\displaystyle\int_a^b f(x)\,\mathrm{d}x \leqslant \dfrac{f(a) + f(b)}{2}(b - a)$.

**证明**　令

$$F(x) = \frac{f(a) + f(x)}{2}(x - a) - \int_a^x f(t)\,\mathrm{d}t,$$

则

$$F(a) = \frac{f(a) + f(a)}{2}(a - a) - \int_a^a f(t)\,\mathrm{d}t = 0.$$

对函数 $F(x)$ 求导，有

$$F'(x) = \frac{1}{2}f'(x)(x - a) + \frac{f(a) + f(x)}{2} - f(x) = \frac{1}{2}f'(x)(x - a) + \frac{f(a) - f(x)^2}{2}$$

$$= -\frac{1}{2}(f(x) - f(a)) + \frac{1}{2}f'(x)(x - a).$$

另由拉格朗日中值定理可知，存在 $\xi \in [a, x]$，使得 $f(x) - f(a) = f'(\xi)(x - a)$. 因此

$$F'(x) = \frac{1}{2}(f'(x) - f'(\xi))(x - a).$$

由于当 $x \in [a, b]$ 时，$f''(x) > 0$，则 $f'(x)$ 严格单调递增. 故当 $x > \xi$ 时，有 $f'(x) - f'(\xi) > 0$，因此 $F'(x) \geqslant 0$. 所以 $F(x)$ 在 $[a, b]$ 上单调递增，且有

$$F(b) = \frac{f(a) + f(b)}{2}(x - a) - \int_a^b f(t)\,\mathrm{d}t \geqslant F(a) = 0,$$

即

$$\int_a^b f(x)\,\mathrm{d}x \leqslant \frac{f(a) + f(b)}{2}(b - a).$$

**例 5**　设 $f(x)$ 在 $[a, b]$ 上可微且导函数连续，$f(a) = 0$，$M = \max\limits_{x \in [a, b]} |f(x)|$. 试证：

$M^2 \leqslant (b - a)\displaystyle\int_a^b |f'(x)|^2\,\mathrm{d}x$.

**证明**　当 $M = 0$ 时，结论显然成立.

当 $M > 0$ 时，设 $|f(x_0)| = M$，则 $x_0 > a$. 那么

$$0 \leqslant \int_a^{x_0}\left|f'(x) - \frac{f(x_0) - f(a)}{x_0 - a}\right|^2\mathrm{d}x$$

$$= \int_a^{x_0} (f'(x))^2 \mathrm{d}x - \frac{2f(x_0)}{x_0-a}\int_a^{x_0} f'(x)\mathrm{d}x + \frac{(f(x_0))^2}{(x_0-a)^2}(x_0-a)$$

$$= \int_a^{x_0} (f'(x))^2 \mathrm{d}x - \frac{2f(x_0)}{x_0-a}(f(x_0)-f(a)) + \frac{(f(x_0))^2}{(x_0-a)^2}(x_0-a)$$

$$= \int_a^{x_0} (f'(x))^2 \mathrm{d}x - \frac{(f(x_0))^2}{(x_0-a)^2}.$$

因此

$$\frac{(f(x_0))^2}{(x_0-a)^2} \leqslant \int_a^{x_0} (f'(x))^2 \mathrm{d}x.$$

所以

$$M^2 \leqslant (x_0-a)\int_a^{x_0} (f'(x))^2 \mathrm{d}x \leqslant (b-a)\int_a^b (f'(x))^2 \mathrm{d}x.$$

**例 6** 设 $0 \leqslant f(x) \leqslant 1, f(0)=0, 0 < f'(x) \leqslant 1, x \in [0,1]$,证明:对一切的 $t \in [0,1]$,下式成立

$$\left(\int_0^t f(x)\mathrm{d}x\right)^2 \geqslant \int_0^t f^3(x)\mathrm{d}x.$$

**证明** 令

$$F(t) = \left(\int_0^t f(x)\mathrm{d}x\right)^2 - \int_0^t f^3(x)\mathrm{d}x,$$

则

$$F'(t) = 2f(t)\int_0^t f(x)\mathrm{d}x - f^3(t) = 2f(t)\left(\int_0^t f(x)\mathrm{d}x - \int_0^t f(x)f'(x)\mathrm{d}x\right)$$

$$= 2f(t)\int_0^t f(x)(1-f'(x))\mathrm{d}x,$$

且 $f(0)=0, 0 < f'(x) \leqslant 1$. 所以 $F'(t) \geqslant 0$. 因此,当 $x \in [0,1]$ 时,$F(t) \geqslant F(0)=0$,即有

$$\left(\int_0^t f(x)\mathrm{d}x\right)^2 \geqslant \int_0^t f^3(x)\mathrm{d}x.$$

**例 7** 设 $f(x)$ 在 $[0,1]$ 上有连续导数,$f(0)=f(1)=0$,证明:对任意的 $\xi \in (0,1)$,有

$$|f(\xi)|^2 \leqslant \frac{1}{4}\int_0^1 |f'(x)|^2 \mathrm{d}x.$$

**证明** 应用施瓦茨不等式,有

$$|f(\xi)|^2 = (1-\xi)|f(\xi)|^2 + \xi|f(\xi)|^2$$

$$= (1-\xi)\left|\int_0^\xi f'(x)\mathrm{d}x\right|^2 + \xi\left|\int_\xi^1 f'(x)\mathrm{d}x\right|^2$$

$$\leqslant \xi(1-\xi)\int_0^\xi |f'(x)|^2 \mathrm{d}x + \xi(1-\xi)\int_\xi^1 |f'(x)|^2 \mathrm{d}x$$

$$= \xi(1-\xi)\int_0^1 |f'(x)|^2 \mathrm{d}x \leqslant \frac{1}{4}\int_0^1 |f'(x)|^2 \mathrm{d}x.$$

**例 8** 证明:对 $x \geqslant 0$,函数 $f(x) = \int_0^x (t-t^2)\sin^{2n}t\,\mathrm{d}t$ 有一个上界为 $\frac{1}{(2n+3)(2n+2)}$.

**证明**  由于 $f'(x) = (x - x^2)\sin^{2n}x$，则 $f'(x)\begin{cases} > 0, 0 < x < 1 \\ = 0, x = 1 \\ \leqslant 0, x > 1 \end{cases}$，因此

$$f(x) \leqslant f(1) = \int_0^1 (t - t^2)\sin^{2n}t\,\mathrm{d}t \leqslant \int_0^1 (t - t^2)t^{2n}\,\mathrm{d}t$$

$$= \frac{1}{2n+2} - \frac{1}{2n+3} = \frac{1}{(2n+2)(2n+3)}.$$

**例 9**  设 $f(t)$ 与 $g(t)$ 为 $[t_0, t_1]$ 上的连续函数，若

$$|f(t)| \leqslant M + k\int_{t_0}^t |f(\tau)g(\tau)|\,\mathrm{d}\tau, t_0 \leqslant t \leqslant t_1,$$

其中 $M, k$ 为非负常数，证明

$$|f(t)| \leqslant Me^{k\int_{t_0}^t |g(\tau)|\,\mathrm{d}\tau}, t_0 \leqslant t \leqslant t_1.$$

**证明**  设

$$F(t) = M + k\int_{t_0}^t |f(\tau)g(\tau)|\,\mathrm{d}\tau,$$

则

$$F'(t) = k|f(t)g(t)| \leqslant k|g(t)|F(t).$$

因此

$$\left(e^{-k\int_{t_0}^t |g(\tau)|\,\mathrm{d}\tau}F(t)\right)' \leqslant 0.$$

于是

$$e^{-k\int_{t_0}^t |g(\tau)|\,\mathrm{d}\tau}F(t) \leqslant F(0).$$

所以

$$f(t) \leqslant F(t) \leqslant Me^{k\int_{t_0}^t |g(\tau)|\,\mathrm{d}\tau}.$$

**例 10**  设 $\varphi(t)$ 在 $[0, a]$ 上连续，$f(x)$ 在 $(-\infty, +\infty)$ 内二阶可导，且 $f''(x) \geqslant 0$. 证明

$$f\left(\frac{1}{a}\int_0^a \varphi(t)\,\mathrm{d}t\right) \leqslant \frac{1}{a}\int_0^a f(\varphi(t))\,\mathrm{d}t.$$

**证明**  设 $T = \{0 = t_0 < t_1 < \cdots < t_{n-1} < t_n = a\}$ 为 $[0, a]$ 上的分割，记

$$\Delta t_i = t_i - t_{i-1}, \xi_i \in [t_{i-1}, t_i], \lambda = \max_{1 \leqslant i \leqslant n}\{\Delta t_i\}.$$

由 $f''(x) \geqslant 0$ 知 $f(x)$ 为 $[0, a]$ 上的凸函数，应用延森（Jensen）不等式可得

$$f\left(\sum_{i=1}^n \varphi(\xi_i)\frac{\Delta t_i}{a}\right) \leqslant \sum_{i=1}^n f(\varphi(\xi_i))\frac{\Delta t_i}{a}.$$

令 $\lambda \to 0$，由定积分的定义，上式等价为

$$f\left(\frac{1}{a}\int_0^a \varphi(t)\,\mathrm{d}t\right) \leqslant \frac{1}{a}\int_0^a f(\varphi(t))\,\mathrm{d}t.$$

**例 11（杨（Young）不等式）**  设 $y = f(x)$ 是 $[0, +\infty)$ 上严格单调递增的连续函数，且 $f(0) = 0$，记它的反函数为 $x = f^{-1}(y)$. 证明

$$\int_0^a f(x)\,\mathrm{d}x + \int_0^b f^{-1}(y)\,\mathrm{d}y \geqslant ab, a > 0, b > 0.$$

**证明**　先证 $b=f(a)$ 时等号成立.

对区间 $[0,a]$ 进行分割,记为

$$T_1=\{0=x_0<x_1<\cdots<x_{n-1}<x_n=a\},$$

记 $\Delta x_i=x_i-x_{i-1},y_i=f(x_i)$,则

$$T_2=\{0=y_0<y_1<\cdots<y_{n-1}<y_n=b\}$$

构成了区间 $[0,b]$ 上的分割,再记 $\Delta y_i=y_i-y_{i-1}$,从而有

$$\sum_{i=1}^n f(x_{i-1})\Delta x_i+\sum_{i=1}^n f^{-1}(y_i)\Delta y_i=\sum_{i=1}^n y_{i-1}(x_i-x_{i-1})+\sum_{i=1}^n x_i(y_i-y_{i-1})$$

$$=\sum_{i=1}^n x_i y_{i-1}-\sum_{i=0}^{n-1} x_i y_i+\sum_{i=1}^n x_i y_i-\sum_{i=1}^n x_i y_{i-1}$$

$$=x_n y_n-x_0 y_0=ab.$$

**例 12**　设 $f'(x)$ 在 $[a,b]$ 上连续,证明

$$\max_{a\leqslant x\leqslant b}|f(x)|\leqslant\left|\frac{1}{b-a}\int_a^b f(x)\mathrm{d}x\right|+\int_a^b|f'(x)|\mathrm{d}x.$$

**证明**　由于 $|f(x)|$ 在 $[a,b]$ 上连续,则 $|f(x)|$ 在 $[a,b]$ 上可取得最大值、最小值. 设 $|f(x)|$ 在 $[a,b]$ 上的最大值、最小值分别记为

$$|f(\xi)|=\max_{a\leqslant x\leqslant b}|f(x)|,\ |f(\eta)|=\min_{a\leqslant x\leqslant b}|f(x)|,\xi,\eta\in[a,b].$$

于是

$$|f(\xi)|-|f(\eta)|\leqslant|f(\xi)-f(\eta)|=\int_\eta^\xi|f'(x)|\mathrm{d}x\leqslant\int_a^b|f'(x)|\mathrm{d}x.$$

另由积分第一中值定理可知,存在 $\zeta\in[a,b]$,$|f(\zeta)|=\left|\dfrac{1}{b-a}\int_a^b f(x)\mathrm{d}x\right|$ 成立,则有

$$|f(\eta)|\leqslant|f(\zeta)|=\left|\frac{1}{b-a}\int_a^b f(x)\mathrm{d}x\right|.$$

所以

$$|f(\xi)|=|f(\xi)|-|f(\eta)|+|f(\eta)|\leqslant\left|\frac{1}{b-a}\int_a^b f(x)\mathrm{d}x\right|+\int_a^b|f'(x)|\mathrm{d}x,$$

即

$$\max_{a\leqslant x\leqslant b}|f(x)|\leqslant\left|\frac{1}{b-a}\int_a^b f(x)\mathrm{d}x\right|+\int_a^b|f'(x)|\mathrm{d}x.$$

**例 13**　设 $f(x)$ 为 $[0,2\pi]$ 上的单调递减函数,证明:对任何正整数 $n$ 成立

$$\int_0^{2\pi} f(x)\sin nx\,\mathrm{d}x\geqslant 0.$$

**证明**　$\sin nx$ 是周期函数,最小正周期为 $\dfrac{2\pi}{n}$,设 $k$ 为整数,先计算

$$\int_{\frac{2k\pi}{n}}^{\frac{(2k+1)\pi}{n}} f(x)\sin nx\,\mathrm{d}x=\frac{1}{n}\int_0^\pi f\left(\frac{2k\pi+t}{n}\right)\sin t\,\mathrm{d}x,$$

$$\int_{\frac{(2k+1)\pi}{n}}^{\frac{(2k+2)\pi}{n}} f(x)\sin nx\,\mathrm{d}x=-\frac{1}{n}\int_0^\pi f\left(\frac{(2k+1)\pi+t}{n}\right)\sin t\,\mathrm{d}x.$$

由于 $f(x)$ 为 $[0,2\pi]$ 上的单调递减函数,因此

$$\int_{\frac{2k\pi}{n}}^{\frac{(2k+2)\pi}{n}} f(x)\sin nx\,\mathrm{d}x = \frac{1}{n}\int_0^\pi \left( f\left(\frac{2k\pi+t}{n}\right) - f\left(\frac{(2k+1)\pi+t}{n}\right) \right)\sin t\,\mathrm{d}x \geqslant 0.$$

于是

$$\int_0^{2\pi} f(x)\sin nx\,\mathrm{d}x = \sum_{k=0}^{n-1}\int_{\frac{2k\pi}{n}}^{\frac{(2k+2)\pi}{n}} f(x)\sin nx\,\mathrm{d}x \geqslant 0.$$

# 第 4 节　积分的极限与积分中值定理

**1. 变上限积分**

设函数 $f(x)$ 在区间 $[a,b]$ 上可积,称函数

$$F(x) = \int_a^x f(t)\,\mathrm{d}t, x \in [a,b]$$

为变上限函数.

**性质 1**　设函数 $f(x)$ 在 $[a,b]$ 上有定义.

(1) 若 $f(x)$ 在 $[a,b]$ 上可积,则 $F(x) = \int_a^x f(t)\,\mathrm{d}t$ 在 $[a,b]$ 上连续;

(2) 若 $f(x)$ 在 $[a,b]$ 上连续,则 $F(x) = \int_a^x f(t)\,\mathrm{d}t$ 在 $[a,b]$ 上可微,且 $F'(x) = f(x)$.

**注 1**　此性质说明:连续函数一定存在原函数.(2) 通常称为微分学基本定理.

**注 2**　连续奇函数的一切原函数皆为偶函数;连续偶函数的原函数中只有一个是奇函数.

**性质 2**　设函数 $f(x)$ 在 $[a,b]$ 上连续,$u(x),v(x)$ 为 $[\alpha,\beta]$ 上的可微函数,且 $a \leqslant u(x),v(x) \leqslant b$,则函数 $F(x) = \int_{v(x)}^{u(x)} f(t)\,\mathrm{d}t$ 在 $[\alpha,\beta]$ 上可微,且

$$F'(x) = f(u(x))u'(x) - f(v(x))v'(x).$$

**2. 积分中值定理**

**定理 1(积分第一中值定理)**　若函数 $f(x)$ 在 $[a,b]$ 上连续,则至少存在一点 $\xi \in (a,b)$,使得

$$\int_a^b f(x)\,\mathrm{d}x = f(\xi)(b-a).$$

**定理 2(积分第二中值定理)**　设函数 $f(x)$ 在 $[a,b]$ 上可积.

(1) 若函数 $g(x)$ 在 $[a,b]$ 上单调递减,且 $g(x) \geqslant 0$,则存在 $\xi \in [a,b]$,使得

$$\int_a^b f(x)g(x)\,\mathrm{d}x = g(a)\int_a^\xi f(x)\,\mathrm{d}x.$$

(2) 若函数 $g(x)$ 在 $[a,b]$ 上单调递增,且 $g(x) \geqslant 0$,则存在 $\eta \in [a,b]$,使得

$$\int_a^b f(x)g(x)\,\mathrm{d}x = g(b)\int_\eta^b f(x)\,\mathrm{d}x.$$

**3. 积分中值定理的推广**

**定理 3(积分第一中值定理的推广)**　设函数 $f(x),g(x)$ 均在 $[a,b]$ 上可积,且 $g(x)$ 在 $[a,b]$ 上不变号,$M,m$ 分别为 $f(x)$ 在 $[a,b]$ 上的上确界、下确界,则必存在 $\mu \in [m, M]$,使得

$$\int_a^b f(x)g(x)\mathrm{d}x = \mu \int_a^b g(x)\mathrm{d}x.$$

**注**　当 $g(x) \equiv 1$，$f(x)$ 连续时，即为积分第一中值定理.

**定理 4（积分第二中值定理的推广）**　设函数 $f(x)$ 在 $[a,b]$ 上可积，$g(x)$ 在 $[a,b]$ 上单调，则存在 $\xi \in [a,b]$，使得

$$\int_a^b f(x)g(x)\mathrm{d}x = g(a) \int_a^\xi f(x)\mathrm{d}x + g(b) \int_\xi^b f(x)\mathrm{d}x.$$

## 典型例题

**例 1**　设函数 $f(x)$ 连续，求下列函数 $F(x)$ 的导数：

(1) $F(x) = \displaystyle\int_x^b f(t)\mathrm{d}t$；

(2) $F(x) = \displaystyle\int_a^{\ln x} f(t)\mathrm{d}t$；

(3) $F(x) = \displaystyle\int_a^{\left(\int_0^x \sin^2 t\,\mathrm{d}t\right)} \frac{1}{1+t^2}\mathrm{d}t$.

**解**　(1) 由于 $F(x) = \displaystyle\int_x^b f(t)\mathrm{d}t = -\int_b^x f(t)\mathrm{d}t$，因此 $F'(x) = -f(x)$.

(2) $F'(x) = f(\ln x)(\ln x)' = \dfrac{1}{x} f(\ln x)$.

(3) $F'(x) = \dfrac{1}{1 + \left(\displaystyle\int_0^x \sin^2 t\,\mathrm{d}t\right)^2} \left(\int_0^x \sin^2 t\,\mathrm{d}t\right)' = \dfrac{4\sin^2 x}{4 + (x - \sin x \cos x)^2}$.

**例 2**　设函数 $f(x)$ 是定义在 $[0, +\infty)$ 上的连续函数且恒有 $f(x) > 0$，证明函数

$$g(x) = \frac{\displaystyle\int_0^x t f(t)\mathrm{d}t}{\displaystyle\int_0^x f(t)\mathrm{d}t},$$

在 $[0, +\infty)$ 上单调递增.

**证明**　因为

$$g'(x) = \frac{x f(x)\displaystyle\int_0^x f(t)\mathrm{d}t - f(x)\int_0^x t f(t)\mathrm{d}t}{\left(\displaystyle\int_0^x f(t)\mathrm{d}t\right)^2} = \frac{f(x)\displaystyle\int_0^x (x-t) f(t)\mathrm{d}t}{\left(\displaystyle\int_0^x f(t)\mathrm{d}t\right)^2} \geqslant 0,$$

所以 $g(x)$ 在 $[0, +\infty)$ 上单调递增.

**例 3**　设函数 $f(x) = \dfrac{1}{2}\displaystyle\int_0^x (x-t)^2 g(t)\mathrm{d}t$，其中函数 $g(x)$ 在 $(-\infty, +\infty)$ 内连续，且 $g(1) = 5$，$\displaystyle\int_0^1 g(t)\mathrm{d}t = 2$，证明 $f'(x) = x\displaystyle\int_0^x g(t)\mathrm{d}t - \int_0^x t g(t)\mathrm{d}t$，并计算 $f''(1)$，$f'''(1)$.

**证明**　先对被积函数应用积分性质，有

$$\int_0^x (x-t)^2 g(t)\mathrm{d}t = x^2 \int_0^x g(t)\mathrm{d}t - 2x \int_0^x t g(t)\mathrm{d}t + \int_0^x t^2 g(t)\mathrm{d}t,$$

代入并对两边求导，得到

$$f'(x) = x\int_0^x g(t)\mathrm{d}t + \frac{x^2}{2}g(x) - \left(\int_0^x tg(t)\mathrm{d}t + x^2 g(x)\right) + \frac{x^2}{2}g(x)$$

$$= x\int_0^x g(t)\mathrm{d}t - \int_0^x tg(t)\mathrm{d}t.$$

再求导,可得

$$f''(x) = \int_0^x g(t)\mathrm{d}t, f'''(x) = g(x),$$

则有 $f''(1) = 2, f'''(1) = 5$.

**例 4**  设函数 $f(x)$ 连续,且 $\int_0^1 tf(2x-t)\mathrm{d}t = \frac{1}{2}\arctan x^2, f(1) = 1$. 求 $\int_1^2 f(x)\mathrm{d}x$.

**解**  令 $u = 2x - t$,则

$$\int_0^1 tf(2x-t)\mathrm{d}t = -\int_{2x}^{2x-1}(2x-u)f(u)\mathrm{d}u,$$

所以

$$2x\int_{2x-1}^{2x} f(u)\mathrm{d}u - \int_{2x-1}^{2x} uf(u)\mathrm{d}u = \frac{1}{2}\arctan x^2.$$

上式两边求导,可得

$$2\int_{2x-1}^{2x} f(u)\mathrm{d}u + 4x(f(2x) - f(2x-1)) - 2(2xf(2x) - (2x-1)f(2x-1))$$

$$= \frac{x}{1+x^4},$$

将 $x = 1, f(1) = 1$ 代入上式,得 $\int_1^2 f(x)\mathrm{d}x = \frac{5}{4}$.

**例 5**  $S(x) = \int_0^x |\cos t|\,\mathrm{d}t$,求 $\lim\limits_{x\to+\infty}\dfrac{S(x)}{x}$.

**解**  设 $n\pi < x \leqslant (n+1)\pi$,其中 $n$ 为正整数,则当 $x \to +\infty$ 时,有 $\dfrac{x}{n} \to \pi$,于是

$$\int_0^{n\pi} |\cos t|\,\mathrm{d}t < S(x) = \int_0^x |\cos t|\,\mathrm{d}t \leqslant \int_0^{(n+1)\pi} |\cos t|\,\mathrm{d}t,$$

即 $2n < S(x) \leqslant 2(n+1)$,所以 $\dfrac{2n}{x} < \dfrac{S(x)}{x} \leqslant \dfrac{2(n+1)}{x}$. 因此 $\lim\limits_{x\to+\infty}\dfrac{S(x)}{x} = \dfrac{2}{\pi}$.

**例 6**  设 $f(x), g(x)$ 都在 $[a,b]$ 上可积,且 $g(x)$ 在 $[a,b]$ 上不变号,$M, m$ 分别为 $f(x)$ 在 $[a,b]$ 上的上确界、下确界,试证明:存在 $\mu \in [m,M]$,使

$$\int_a^b f(x)g(x)\mathrm{d}x = \mu\int_a^b g(x)\mathrm{d}x.$$

**证明**  $f(x), g(x)$ 都在 $[a,b]$ 上可积,故 $f(x)g(x)$ 在 $[a,b]$ 上可积. $g(x)$ 在 $[a,b]$ 上不变号,不妨设在 $[a,b]$ 上,有 $g(x) \geqslant 0$. $M, m$ 分别为 $f(x)$ 在 $[a,b]$ 上的上确界和下确界,故

$$m\int_a^b g(x)\mathrm{d}x \leqslant \int_a^b f(x)g(x)\mathrm{d}x \leqslant M\int_a^b g(x)\mathrm{d}x.$$

于是,存在 $\mu \in [m,M]$,使

$$\int_a^b f(x)g(x)\mathrm{d}x = \mu\int_a^b g(x)\mathrm{d}x.$$

**例 7** 设 $f(x)$ 在 $[a,b]$ 上连续,$g(x)$ 在 $[a,b]$ 上可积,且不变号,证明:至少存在一点 $\xi \in [a,b]$,使得

$$\int_a^b f(x)g(x)\mathrm{d}x = f(\xi)\int_a^b g(x)\mathrm{d}x.$$

**证明** 不妨假设在 $[a,b]$ 上,$g(x) \geqslant 0$,则 $\int_a^b g(x)\mathrm{d}x \geqslant 0$. 由于 $f(x)$ 在 $[a,b]$ 上连续,因此,$f(x)$ 在 $[a,b]$ 上有最小值和最大值,分别设为 $m$ 和 $M$,则 $mg(x) \leqslant f(x)g(x) \leqslant Mg(x)$,$\forall x \in [a,b]$,有

$$m\int_a^b g(x)\mathrm{d}x \leqslant \int_a^b f(x)g(x)\mathrm{d}x \leqslant M\int_a^h g(x)\mathrm{d}x.$$

(1) 若 $\int_a^b g(x)\mathrm{d}x = 0$,则 $\int_a^b f(x)g(x)\mathrm{d}x = 0$,任取 $\xi \in [a,b]$,均有

$$\int_a^b f(x)g(x)\mathrm{d}x = f(\xi)\int_a^b g(x)\mathrm{d}x.$$

(2) 若 $\int_a^b g(x)\mathrm{d}x > 0$,则 $m \leqslant \dfrac{\int_a^b f(x)g(x)\mathrm{d}x}{\int_a^b g(x)\mathrm{d}x} \leqslant M$. 由介值定理,存在 $\xi \in [a,b]$,使得 $\dfrac{\int_a^b f(x)g(x)\mathrm{d}x}{\int_a^b g(x)\mathrm{d}x} = f(\xi)$,即

$$\int_a^b f(x)g(x)\mathrm{d}x = f(\xi)\int_a^b g(x)\mathrm{d}x.$$

**例 8** 证明:若 $f$ 在 $[a,b]$ 上连续,且 $\int_a^b f(x)\mathrm{d}x = \int_a^b xf(x)\mathrm{d}x = 0$,则在 $(a,b)$ 内至少存在两点 $x_1,x_2$,使得 $f(x_1) = f(x_2) = 0$.

**证明** 应用积分第一中值定理,存在 $x_1 \in (a,b)$,使得 $f(x_1)(b-a) = \int_a^b f(x)\mathrm{d}x = 0$,则有 $f(x_1) = 0$. 令 $g(x) = (x-x_1)f(x)$,则 $g$ 在 $[a,b]$ 上连续且

$$\int_a^b g(x)\mathrm{d}x = \int_a^b xf(x)\mathrm{d}x - \int_a^b x_1 f(x)\mathrm{d}x = 0.$$

若对任意的 $x \in (a,x_1)$ 及 $x \in (x_1,b)$ 都有 $g(x) \neq 0$,则由介值定理可知,$g$ 在 $(a,x_1)$ 和 $(x_1,b)$ 内符号相反,一正一负. 不妨设 $g$ 在 $(a,x_1)$ 内为负,在 $(x_1,b)$ 内为正,则 $f$ 在 $(a,x_1)$ 内为正,在 $(x_1,b)$ 内为正. 那么有

$$\int_a^b f(x)\mathrm{d}x = \int_a^{x_1} f(x)\mathrm{d}x + \int_{x_1}^b f(x)\mathrm{d}x > 0.$$

这与已知矛盾,所以存在 $x_2 \in (a,b)$,$x_2 \neq x_1$,使得 $g(x_2) = 0$,从而 $f(x_2) = 0$.

**例 9** 设 $f'(x)$ 在 $[0,1]$ 上连续,证明 $\lim\limits_{n\to\infty} n\int_0^1 x^n f(x)\mathrm{d}x = f(1)$.

**证明** 由于 $f'(x)$ 在 $[0,1]$ 上连续,则存在正数 $M$,当 $x \in [0,1]$ 时,有 $|f'(x)| \leqslant M$.

由分部积分和积分第一中值定理,有

$$n\int_0^1 x^n f(x)\mathrm{d}x = \frac{n}{n+1}\int_0^1 f(x)\mathrm{d}x^{n+1} = \frac{n}{n+1}\left(x^{n+1}f(x)\Big|_0^1 - \int_0^1 f'(x)x^{n+1}\mathrm{d}x\right)$$

$$= \frac{n}{n+1}f(1) - \frac{nx^{n+2}}{(n+1)(n+2)}\Big|_0^1 f'(\xi),$$

在上式对 $n$ 取极限,得

$$\lim_{n\to\infty} n\int_0^1 x^n f(x)\mathrm{d}x = \lim_{n\to\infty}\left(\frac{n}{n+1}f(1) - \frac{nf'(\xi)}{(n+1)(n+2)}\right) = f(1).$$

**例 10**　设 $f \in C[0,1]$,证明

$$\lim_{\lambda\to+\infty}\int_0^1 f\left(\frac{x}{\lambda}\right)\frac{1}{1+x^2}\mathrm{d}x = \frac{\pi}{4}f(0).$$

**证明**　由于 $f$ 在 $[0,1]$ 上连续,$\dfrac{1}{1+x^2}$ 在 $[0,1]$ 上连续且恒大于零,那么应用推广的积分第一中值定理,存在 $\xi \in (0,1)$,有

$$\int_0^1 f\left(\frac{x}{\lambda}\right)\frac{1}{1+x^2}\mathrm{d}x = f\left(\frac{\xi}{\lambda}\right)\int_0^1 \frac{1}{1+x^2}\mathrm{d}x = \frac{\pi}{4}f\left(\frac{\xi}{\lambda}\right),$$

上式两边对 $\lambda\to+\infty$ 取极限,得

$$\lim_{\lambda\to+\infty}\int_0^1 f\left(\frac{x}{\lambda}\right)\frac{1}{1+x^2}\mathrm{d}x = \frac{\pi}{4}f(0).$$

**例 11**　已知 $F(x) = \displaystyle\int_0^x tf(x^2-t^2)\mathrm{d}t$,$f$ 连续且 $f(0)=0$,$f'(0)=1$,求 $\displaystyle\lim_{x\to 0}\frac{F(x)}{x^4}$.

**解**　根据换元积分法有

$$F(\sqrt{x}) = \int_0^{\sqrt{x}} tf(x-t^2)\mathrm{d}t = \frac{1}{2}\int_0^{\sqrt{x}} f(x-t^2)\mathrm{d}t^2 = \frac{1}{2}\int_0^x f(x-t)\mathrm{d}t = \frac{1}{2}\int_0^x f(u)\mathrm{d}u,$$

将上式代入极限,并应用洛必达法则,得

$$\lim_{x\to 0}\frac{F(x)}{x^4} = \lim_{x\to 0}\frac{F(\sqrt{x})}{x^2} = \lim_{x\to 0}\frac{\dfrac{1}{2}\displaystyle\int_0^x f(u)\mathrm{d}u}{x^2} = \lim_{x\to 0}\frac{\dfrac{1}{2}f(x)}{2x} = \frac{1}{4}.$$

**例 12**　设 $f$ 在 $[0,1]$ 上有连续的导数,证明

$$\int_0^1 |f(x)|\mathrm{d}x + \int_0^1 |f'(x)|\mathrm{d}x \geqslant |f(0)|.$$

**证明**　由积分中值定理和微积分基本公式可得

$$\int_0^1 f(x)\mathrm{d}x = f(\xi) - f(0) + f(0) = \int_0^\xi f'(x)\mathrm{d}x + f(0),$$

其中 $\xi \in (0,1)$.那么,根据绝对值三角不等式,有

$$\int_0^1 |f(x)|\mathrm{d}x + \int_0^1 |f'(x)|\mathrm{d}x \geqslant |f(0)|.$$

**例 13**　设 $f$ 在 $[0,+\infty)$ 上连续,且 $\displaystyle\lim_{x\to+\infty}f(x)=A$,证明:$\displaystyle\lim_{x\to+\infty}\frac{1}{x}\int_0^x f(t)\mathrm{d}t = A$.

**证明**　设 $f$ 在 $[0,+\infty)$ 上连续,且 $\displaystyle\lim_{x\to+\infty}f(x)=A$,则存在正数 $M$,使得 $f$ 在 $[M,+\infty)$ 上一致连续.因此,$f$ 在 $[0,+\infty)$ 上有界,且对任意的正数 $\varepsilon>0$,当 $x>M$ 时,$|f(x)-A|<\varepsilon$.设 $|f(x)|\leqslant A_1$,根据积分中值定理,存在 $\xi \in (A,+\infty)$,有

$$\frac{1}{x}\int_0^x f(t)\,\mathrm{d}t = \frac{1}{x}\int_0^A f(t)\,\mathrm{d}t + \frac{1}{x}\int_A^x f(t)\,\mathrm{d}t = \frac{1}{x}\int_0^A f(t)\,\mathrm{d}t + \frac{x-A}{x}f(\xi)$$

上式两边对 $x \to +\infty$ 取极限,其中 $\int_0^A f(t)\,\mathrm{d}t$ 是连续函数在闭区间上的定积分,故有界,且 $|f(\xi) - A| < \varepsilon$. 所以

$$\lim_{x \to +\infty}\frac{1}{x}\int_0^x f(t)\,\mathrm{d}t = A.$$

# 第 5 节　广义积分

### 1. 广义积分的概念和计算

**定义 1**　设函数 $f(x)$ 在无穷区间 $[a, +\infty)$ 上有定义,且在任何有限区间 $[a, u]$ 上可积,如果存在极限

$$\lim_{u \to +\infty}\int_a^u f(x)\,\mathrm{d}x = J \tag{1}$$

那么称此极限 $J$ 为函数 $f(x)$ 在 $[a, +\infty)$ 上的无穷限反常积分(简称无穷积分),记作

$$J = \int_a^{+\infty} f(x)\,\mathrm{d}x,$$

并称 $\int_a^{+\infty} f(x)\,\mathrm{d}x$ 收敛. 若式(1)的极限不存在,则称 $\int_a^{+\infty} f(x)\,\mathrm{d}x$ 发散.

类似可定义 $f(x)$ 在 $(-\infty, b]$ 上的无穷积分

$$\int_{-\infty}^b f(x)\,\mathrm{d}x = \lim_{u \to -\infty}\int_u^b f(x)\,\mathrm{d}x.$$

对于 $f(x)$ 在 $(-\infty, +\infty)$ 内的无穷积分,定义为

$$\int_{-\infty}^{+\infty} f(x)\,\mathrm{d}x = \int_{-\infty}^a f(x)\,\mathrm{d}x + \int_a^{+\infty} f(x)\,\mathrm{d}x \tag{2}$$

其中 $a$ 为任意实数,当且仅当右边两个无穷积分都收敛时它才收敛.

**注**　无穷积分(2)的收敛性与收敛时的值,都与 $a$ 的选取无关.

**定义 2**　设函数 $f(x)$ 在 $x = b$ 的左邻域无界,若对于任意 $\eta \in (0, b-a)$,$f(x)$ 在区间 $[a, b-\eta]$ 上有界可积,且极限

$$\lim_{\eta \to 0^+}\int_a^{b-\eta} f(x)\,\mathrm{d}x$$

存在,则称反常积分 $\int_a^b f(x)\,\mathrm{d}x$ 收敛(或称无界函数 $f(x)$ 在 $(a, b)$ 内可积),其积分值为

$$\int_a^b f(x)\,\mathrm{d}x = \lim_{\eta \to 0^+}\int_a^{b-\eta} f(x)\,\mathrm{d}x;$$

否则称反常积分 $\int_a^b f(x)\,\mathrm{d}x$ 发散.

### 2. 广义积分的计算

**定理 1(牛顿－莱布尼茨公式)**　(1)若 $f(x)$ 在 $[a, +\infty)$ 上连续,且 $F(x)$ 为 $f(x)$ 的原函数,则

$$\int_a^{+\infty} f(x)\mathrm{d}x = \lim_{u\to+\infty} F(x)\Big|_a^u = \lim_{u\to+\infty} F(u) - F(a).$$

(2) 若 $f(x)$ 在 $[a,b)$ 上连续,且 $F(x)$ 为 $f(x)$ 的原函数,则

$$\int_a^b f(x)\mathrm{d}x = F(x)\Big|_a^b = \lim_{x\to b} F(x) - F(a).$$

**定理 2(变量替换法)**　(1) 若 $\varphi(t)$ 在 $[\alpha,\beta]$ 上单调且有连续的一阶导数,$\varphi(\alpha) = a$,$\varphi(\beta - 0) = +\infty$,则

$$\int_a^{+\infty} f(x)\mathrm{d}x = \int_\alpha^\beta f(\varphi(t))\varphi'(t)\mathrm{d}t.$$

(2) 若 $\varphi(t)$ 在 $[\alpha,\beta)$ 上单调且有连续的一阶导数,$\varphi(\alpha + 0) = a$,$\varphi(\beta) = b$,则

$$\int_a^b f(x)\mathrm{d}x = \int_\alpha^\beta f(\varphi(t))\varphi'(t)\mathrm{d}t.$$

**定理 3(分部积分法)**　(1) 设 $u(x),v(x)$ 在 $[a,+\infty)$ 上有连续的导数,则

$$\int_a^{+\infty} u(x)v'(x)\mathrm{d}x = \lim_{M\to+\infty}\left(u(x)v(x)\Big|_a^M - \int_a^M u'(x)v(x)\mathrm{d}x\right).$$

(2) 设 $u(x),v(x)$ 在 $[a,+\infty)$ 上有连续的导数,则

$$\int_a^b u(x)v'(x)\mathrm{d}x = u(x)v(x)\Big|_a^b - \int_a^b u'(x)v(x)\mathrm{d}x.$$

**3. 广义积分收敛的判别方法**

(1) 定义.

(2) 柯西收敛原理.

(3) 绝对收敛必收敛.

(4) 比较法则.

**定理 4(柯西收敛原理)**　无穷积分 $\int_a^{+\infty} f(x)\mathrm{d}x$ 收敛的充分必要条件是:对任意给定的正数 $\varepsilon > 0$,存在正数 $M$,使得对任意的 $u_1,u_2 > M$,有 $\left|\int_{u_1}^{u_2} f(x)\mathrm{d}x\right| < \varepsilon$.

**注 1**　无穷积分 $\int_a^{+\infty} f(x)\mathrm{d}x$ 收敛的充分必要条件是:对任意给定的正数 $\varepsilon > 0$,存在正数 $M$,当 $u > M$ 时,有 $\left|\int_u^{+\infty} f(x)\mathrm{d}x\right| < \varepsilon$.

**注 2**　若 $\int_a^{+\infty} |f(x)|\mathrm{d}x$ 收敛,则称 $\int_a^{+\infty} f(x)\mathrm{d}x$ 为绝对收敛;称收敛而非绝对收敛者为条件收敛.

**注 3**　若 $\int_a^{+\infty} f(x)\mathrm{d}x$ 条件收敛,$\int_a^{+\infty} g(x)\mathrm{d}x$ 绝对收敛,则 $\int_a^{+\infty} [f(x) + g(x)]\mathrm{d}x$ 条件收敛.

**注 4**　若瑕积分 $\int_a^b f(x)\mathrm{d}x$ 与无穷积分 $\int_a^{+\infty} f(x)\mathrm{d}x$ 中有一个条件收敛,另一个绝对收敛,则 $\int_a^{+\infty} f(x)\mathrm{d}x$ 条件收敛.

**定理 5(比较法则)**　设定义在 $[a,+\infty)$ 上的两个函数 $f(x),g(x)$ 在任何有限区间

$[a,u]$ 上可积,且满足:$|f(x)|\leqslant g(x),x\in[a,+\infty)$,则当 $\int_a^{+\infty}g(x)\mathrm{d}x$ 收敛时,$\int_a^{+\infty}|f(x)|\mathrm{d}x$ 必收敛.

其极限形式为:

**定理6(比较法则)** 设定义在 $[a,+\infty)$ 上的两个函数 $f(x),g(x)$ 在任何有限区间 $[a,u]$ 上可积,$g(x)>0$,且 $\lim\limits_{x\to+\infty}\dfrac{|f(x)|}{g(x)}=c$,则有:

(1) 当 $0\leqslant c<+\infty$ 时,若 $\int_a^{+\infty}g(x)\mathrm{d}x$ 收敛,则 $\int_a^{+\infty}|f(x)|\mathrm{d}x$ 收敛;

(2) 当 $0<c\leqslant+\infty$ 时,若 $\int_a^{+\infty}g(x)\mathrm{d}x$ 发散,则 $\int_a^{+\infty}|f(x)|\mathrm{d}x$ 发散.

若以 $g(x)=\dfrac{1}{x^p}$ 作为比较的对象,则有下面的柯西判别法.

(3) 设 $f(x)$ 定义在 $[a,+\infty)(a>0)$ 上,且在任何有限区间 $[a,u]$ 上可积,则有:

( i ) 当 $|f(x)|\leqslant\dfrac{1}{x^p},x\in[a,+\infty)$,且 $p>1$ 时,$\int_a^{+\infty}|f(x)|\mathrm{d}x$ 收敛;

( ii ) 当 $|f(x)|\geqslant\dfrac{1}{x^p},x\in[a,+\infty)$,且 $p\leqslant1$ 时,$\int_a^{+\infty}|f(x)|\mathrm{d}x$ 发散.

其极限形式为:

设 $f(x)$ 定义在 $[a,+\infty)(a>0)$ 上,在任何有限区间 $[a,u]$ 上可积,且有
$$\lim_{x\to+\infty}x^p|f(x)|=\lambda.$$

则有:

( i ) 当 $p>1,0\leqslant\lambda<+\infty$ 时,$\int_a^{+\infty}|f(x)|\mathrm{d}x$ 收敛;

( ii ) 当 $p\leqslant1,0<\lambda\leqslant+\infty$ 时,$\int_a^{+\infty}|f(x)|\mathrm{d}x$ 发散.

**定理7** 若满足下列两个条件之一,则 $\int_a^{+\infty}f(x)g(x)\mathrm{d}x$ 收敛.

(1)(阿贝尔(Abel)判别法) 若 $\int_a^{+\infty}f(x)\mathrm{d}x$ 收敛,则 $g(x)$ 在 $[a,+\infty)$ 上单调有界;

(2)(狄利克雷判别法) 若 $F(u)=\int_a^u f(x)\mathrm{d}x$ 在 $[a,+\infty)$ 上有界,则 $g(x)$ 在 $[a,+\infty)$ 上当 $x\to+\infty$ 时单调趋于 $0$.

**几个重要结论**

(1) $\int_1^{+\infty}\dfrac{1}{x^p}\mathrm{d}x\begin{cases}收敛,当\ p>1\\发散,当\ p\leqslant1\end{cases}$.

(2) $\int_2^{+\infty}\dfrac{1}{x\ln^p x}\mathrm{d}x\begin{cases}收敛,当\ p>1\\发散,当\ p\leqslant1\end{cases}$.

(3) $\int_1^{+\infty}\dfrac{\sin x}{x^p}\mathrm{d}x,\int_1^{+\infty}\dfrac{\cos x}{x^p}\mathrm{d}x\begin{cases}绝对收敛,当\ p>1\\条件收敛,当\ p\in(0,1).\\发散,当\ p\leqslant0\end{cases}$

(4) $\int_1^{+\infty} \sin x^2 \, \mathrm{d}x$, $\int_1^{+\infty} \cos x^2 \, \mathrm{d}x$ 为条件收敛.

瑕积分与无穷积分具有完全类似的性质和敛散判别方法,限于篇幅,这里不再给出,请读者自己查阅有关数学分析的教材.

### 典型例题

**例 1**　计算下列无穷区间上的反常积分:

(1) $\displaystyle\int_a^{+\infty} \mathrm{e}^{-2x} \sin 5x \, \mathrm{d}x$; (2) $\displaystyle\int_{-\infty}^{+\infty} \frac{\mathrm{d}x}{(x^2 + x + 1)^2}$; (3) $\displaystyle\int_{-\infty}^{+\infty} \frac{\mathrm{d}x}{(x^2 + 1)^{\frac{3}{2}}}$; (4) $\displaystyle\int_{-\infty}^{+\infty} \frac{\mathrm{d}x}{x^2 + x + 1}$;

(5) $\displaystyle\int_0^{+\infty} \frac{1}{(x^2 + a^2)(x^2 + b^2)} \mathrm{d}x \,(a > 0, b > 0)$; (6) $\displaystyle\int_0^{+\infty} \frac{1}{(\mathrm{e}^x + \mathrm{e}^{-x})^2} \mathrm{d}x$;

(7) $\displaystyle\int_0^{+\infty} \frac{1}{x^4 + 1} \mathrm{d}x$; (8) $\displaystyle\int_0^{+\infty} \frac{\ln x}{x^2 + 1} \mathrm{d}x$.

**解**　(1) 应用分部积分,有

$$
\begin{aligned}
\int_0^u \mathrm{e}^{-2x} \sin 5x \, \mathrm{d}x &= -\frac{1}{5} \int_0^u \mathrm{e}^{-2x} \mathrm{d}(\cos 5x) = -\frac{1}{5} \mathrm{e}^{-2x} \cos 5x \Big|_0^u - \frac{2}{5} \int_0^u \mathrm{e}^{-2x} \cos 5x \, \mathrm{d}x \\
&= -\frac{1}{5} \mathrm{e}^{-2x} \cos 5x \Big|_0^u - \frac{2}{25} \int_0^u \mathrm{e}^{-2x} \mathrm{d}(\sin 5x) \\
&= -\frac{1}{5} \mathrm{e}^{-2x} \cos 5x \Big|_0^u - \frac{2}{25} \mathrm{e}^{-2x} \sin 5x \Big|_0^u - \frac{4}{25} \int_0^u \mathrm{e}^{-2x} \sin 5x \, \mathrm{d}x \\
&= -\frac{1}{5} \mathrm{e}^{-2u} \cos 5u + \frac{1}{5} - \frac{2}{25} \mathrm{e}^{-2u} \sin 5u - \frac{4}{25} \int_0^u \mathrm{e}^{-2x} \sin 5x \, \mathrm{d}x.
\end{aligned}
$$

则

$$
\int_0^u \mathrm{e}^{-2x} \sin 5x \, \mathrm{d}x = -\frac{5}{29} \mathrm{e}^{-2u} \cos 5u + \frac{5}{29} - \frac{2}{29} \mathrm{e}^{-2u} \sin 5u,
$$

所以

$$
\int_a^{+\infty} \mathrm{e}^{-2x} \sin 5x \, \mathrm{d}x = \lim_{u \to +\infty} \left( -\frac{5}{29} \mathrm{e}^{-2u} \cos 5u + \frac{5}{29} - \frac{2}{29} \mathrm{e}^{-2u} \sin 5u \right) = \frac{5}{29}.
$$

(2) 令 $x + \dfrac{1}{2} = \dfrac{\sqrt{3}}{2} \tan \theta$,代入有

$$
\begin{aligned}
\int_{-\infty}^{+\infty} \frac{\mathrm{d}x}{(x^2 + x + 1)^2} &= \int_{-\infty}^{+\infty} \frac{\mathrm{d}x}{\left( \left(x + \frac{1}{2}\right)^2 + \frac{3}{4} \right)^2} = \int_{-\frac{\pi}{2}}^{\frac{\pi}{2}} \frac{\frac{\sqrt{3}}{2} \sec^2 \theta}{\left( \frac{3}{4} \sec^2 \theta \right)^2} \mathrm{d}\theta \\
&= \frac{8\sqrt{3}}{9} \int_{-\frac{\pi}{2}}^{\frac{\pi}{2}} \cos^2 \theta \, \mathrm{d}\theta = \frac{4\sqrt{3}}{9}.
\end{aligned}
$$

(3) 令 $x = \tan \theta$,则

$$
\int_{-\infty}^{+\infty} \frac{\mathrm{d}x}{(x^2 + 1)^{\frac{3}{2}}} = \int_{-\frac{\pi}{2}}^{\frac{\pi}{2}} \frac{\sec^2 \theta}{\sec^3 \theta} \mathrm{d}\theta = \int_{-\frac{\pi}{2}}^{\frac{\pi}{2}} \cos \theta \, \mathrm{d}\theta = 2.
$$

(4) 应用第一换元积分法,有

$$\int_{-\infty}^{+\infty} \frac{\mathrm{d}x}{x^2+x+1} = \int_{-\infty}^{+\infty} \frac{1}{\left(x+\frac{1}{2}\right)^2 + \left(\frac{\sqrt{3}}{2}\right)^2} \mathrm{d}x = \frac{2}{\sqrt{3}} \int_{-\infty}^{+\infty} \frac{1}{1+\left(\frac{2x+1}{\sqrt{3}}\right)^2} \mathrm{d}\left(\frac{2x+1}{\sqrt{3}}\right)$$

$$= \frac{2}{\sqrt{3}} \arctan \frac{2x+1}{\sqrt{3}} \Big|_{-\infty}^{+\infty} = \frac{2}{\sqrt{3}} \pi.$$

(5) 当 $a \neq b$ 时

$$\int_0^{+\infty} \frac{1}{(x^2+a^2)(x^2+b^2)} \mathrm{d}x = \frac{1}{b^2-a^2} \int_0^{+\infty} \left( \frac{1}{(x^2+a^2)} - \frac{1}{(x^2+b^2)} \right) \mathrm{d}x$$

$$= \frac{1}{b^2-a^2} \left( \frac{1}{a} \arctan \frac{x}{a} - \frac{1}{b} \arctan \frac{x}{b} \right) \Big|_0^{+\infty} = \frac{\pi}{2ab(a+b)};$$

当 $a = b$ 时

$$\int_0^{+\infty} \frac{1}{(x^2+a^2)(x^2+b^2)} \mathrm{d}x = \frac{1}{a^2} \int_0^{+\infty} \left( \frac{1}{x^2+a^2} - \frac{x^2}{(x^2+a^2)^2} \right) \mathrm{d}x$$

$$= \frac{1}{a^2} \cdot \frac{1}{a} \arctan \frac{x}{a} \Big|_0^{+\infty} + \frac{1}{2a^2} \int_0^{+\infty} x \mathrm{d}\left( \frac{1}{x^2+a^2} \right)$$

$$= \frac{\pi}{2a^3} - \frac{1}{2a^2} \int_0^{+\infty} \frac{1}{x^2+a^2} \mathrm{d}x = \frac{\pi}{4a^3}.$$

(6) 令 $\mathrm{e}^x = t$,则

$$\int_0^{+\infty} \frac{1}{(\mathrm{e}^x + \mathrm{e}^{-x})^2} \mathrm{d}x = \int_a^{+\infty} \frac{t \mathrm{d}t}{(1+t^2)^2} = -\frac{1}{2(1+t^2)} \Big|_1^{+\infty} = \frac{1}{4}.$$

(7) 由于

$$\frac{1}{x^4+1} = \frac{\frac{\sqrt{2}}{4}x + \frac{1}{2}}{x^2 + \sqrt{2}x + 1} + \frac{\frac{\sqrt{2}}{4}x - \frac{1}{2}}{x^2 - \sqrt{2}x + 1},$$

因此

$$\int_0^{+\infty} \frac{1}{x^4+1} \mathrm{d}x = \int_0^{+\infty} \left[ \frac{\sqrt{2}}{8} \cdot \frac{2x + \sqrt{2} + \sqrt{2}}{x^2 + \sqrt{2}x + 1} + \frac{\sqrt{2}}{8} \cdot \frac{2x - \sqrt{2} - \sqrt{2}}{x^2 - \sqrt{2}x + 1} \right] \mathrm{d}x$$

$$= \frac{\sqrt{2}}{8} \ln \frac{x^2 + \sqrt{2}x + 1}{x^2 - \sqrt{2}x + 1} \Big|_0^{+\infty} +$$

$$\frac{\sqrt{2}}{4} \int_0^{+\infty} \left( \frac{1}{x^2 + \sqrt{2}x + 1} + \frac{1}{x^2 - \sqrt{2}x + 1} \right) \mathrm{d}x$$

$$= \frac{\sqrt{2}}{4} (\arctan(\sqrt{2}x + 1) + \arctan(\sqrt{2}x - 1)) \Big|_0^{+\infty} = \frac{\sqrt{2}}{4} \pi.$$

(8) 将积分分成两部分

$$\int_0^{+\infty} \frac{\ln x}{x^2+1} \mathrm{d}x = \int_0^1 \frac{\ln x}{x^2+1} \mathrm{d}x + \int_1^{+\infty} \frac{\ln x}{x^2+1} \mathrm{d}x,$$

在上式等式右端第二个积分中作变量替换,$x = \frac{1}{t}$,则

$$\int_1^{+\infty} \frac{\ln x}{x^2+1} \mathrm{d}x = -\int_0^1 \frac{\ln t}{t^2+1} \mathrm{d}t = -\int_0^1 \frac{\ln x}{x^2+1} \mathrm{d}x,$$

所以 $\displaystyle\int_0^{+\infty}\frac{\ln x}{x^2+1}\mathrm{d}x=0.$

**例 2**　计算下列反常积分：

$(1)\displaystyle\int_0^{\frac{\pi}{2}}\ln\cos x\mathrm{d}x\,;(2)\int_0^{\pi}x\ln\sin x\mathrm{d}x\,;(3)\int_0^{\frac{\pi}{2}}x\cot x\mathrm{d}x\,;$

$(4)\displaystyle\int_0^1\frac{\arcsin x}{x}\mathrm{d}x\,;(5)\int_0^1\frac{\ln x}{\sqrt{1-x^2}}\mathrm{d}x\,;(6)\int_0^1\frac{\ln x}{\sqrt{x}}\mathrm{d}x.$

**解**　（1）作变量替换 $x=\dfrac{\pi}{2}-t$，有

$$\int_0^{\frac{\pi}{2}}\ln\cos x\mathrm{d}x=\int_0^{\frac{\pi}{2}}\ln\sin t\mathrm{d}t=\int_0^{\frac{\pi}{2}}\ln\sin x\mathrm{d}x,$$

在上式最后一个积分中令 $x=2t$，有

$$\int_0^{\frac{\pi}{2}}\ln\sin x\mathrm{d}x=2\int_0^{\frac{\pi}{4}}\ln\sin 2t\mathrm{d}t=2\left(\frac{\pi}{4}\ln 2+\int_0^{\frac{\pi}{4}}\ln\sin t\mathrm{d}t+\int_0^{\frac{\pi}{4}}\ln\cos t\mathrm{d}t\right),$$

在上式最后一个积分中令 $t=\dfrac{\pi}{2}-u$，有

$$\int_0^{\frac{\pi}{4}}\ln\cos t\mathrm{d}t=\int_{\frac{\pi}{4}}^{\frac{\pi}{2}}\ln\sin t\mathrm{d}t.$$

于是

$$\int_0^{\frac{\pi}{2}}\ln\sin x\mathrm{d}x=2\left(\frac{\pi}{4}\ln 2+\int_0^{\frac{\pi}{2}}\ln\sin t\mathrm{d}t\right)=2\left(\frac{\pi}{4}\ln 2+\int_0^{\frac{\pi}{2}}\ln\sin x\mathrm{d}x\right),$$

故

$$\int_0^{\frac{\pi}{2}}\ln\sin x\mathrm{d}x=\frac{\pi}{2}\ln 2.$$

因此

$$\int_0^{\frac{\pi}{2}}\ln\cos x\mathrm{d}x=\frac{\pi}{2}\ln 2.$$

（2）作变量替换 $x=\pi-t$，有

$$\int_0^{\pi}x\ln\sin x\mathrm{d}x=\pi\int_0^{\pi}\ln\sin x\mathrm{d}x-\int_0^{\pi}t\ln\sin t\mathrm{d}t,$$

在上式等式右端第一个积分中作变量替换 $t=\dfrac{\pi}{2}-x$，有

$$\int_0^{\pi}\ln\sin x\mathrm{d}x=\int_{-\frac{\pi}{2}}^{\frac{\pi}{2}}\ln\cos t\mathrm{d}t=2\int_0^{\frac{\pi}{2}}\ln\cos t\mathrm{d}t,$$

所以

$$\int_0^{\pi}x\ln\sin x\mathrm{d}x=\frac{\pi}{2}\int_0^{\pi}\ln\sin x\mathrm{d}x=\pi\int_0^{\frac{\pi}{2}}\ln\cos x\mathrm{d}x=-\frac{\pi^2}{2}\ln 2.$$

（3）应用分部积分，有

$$\int_0^{\frac{\pi}{2}}x\cot x\mathrm{d}x=\int_0^{\frac{\pi}{2}}x\mathrm{d}(\ln\sin x)=(x\ln\sin x)\Big|_0^{\frac{\pi}{2}}-\int_0^{\frac{\pi}{2}}\ln\sin x\mathrm{d}x=-\frac{\pi}{2}\ln 2.$$

（4）令 $t=\arcsin x$，则

$$\int_0^1 \frac{\arcsin x}{x} \mathrm{d}x = \int_0^{\frac{\pi}{2}} t\cot t \mathrm{d}t = -\frac{\pi}{2}\ln 2.$$

(5) 应用分部积分,有

$$\int_0^1 \frac{\ln x}{\sqrt{1-x^2}} \mathrm{d}x = \int_0^1 \ln x \mathrm{d}(\arcsin x) = (\ln x \arcsin x)\Big|_0^1 - \int_0^1 \frac{\arcsin x}{x}\mathrm{d}x = -\frac{\pi}{2}\ln 2.$$

(6) $\int_0^1 \dfrac{\ln x}{\sqrt{x}}\mathrm{d}x$ 的瑕点为 $x=0$,对任意 $\varepsilon \in (0,1)$,有

$$\int_\varepsilon^1 \frac{\ln x}{\sqrt{x}}\mathrm{d}x = 2\int_\varepsilon^1 \ln x \mathrm{d}\sqrt{x} = 2\sqrt{x}\ln x \Big|_\varepsilon^1 - 2\int_\varepsilon^1 \sqrt{x}\,\mathrm{d}\ln x = -2\sqrt{\varepsilon}\ln \varepsilon - 2\int_\varepsilon^1 \frac{1}{\sqrt{x}}\mathrm{d}x$$

$$= -2\sqrt{\varepsilon}\ln \varepsilon - 4\sqrt{x}\Big|_\varepsilon^1 = -2\sqrt{\varepsilon}\ln \varepsilon - 4(1-\sqrt{\varepsilon}),$$

所以

$$\int_0^1 \frac{\ln x}{\sqrt{x}}\mathrm{d}x = \lim_{\varepsilon \to 0^+}(-2\sqrt{\varepsilon}\ln \varepsilon - 4(1-\sqrt{\varepsilon})) = -4.$$

**例3** 判断下列非负函数反常积分的敛散性.

(1) $\displaystyle\int_1^{+\infty} \frac{x}{\sqrt{x^3 - \mathrm{e}^{-2x} + \ln x + 1}}\mathrm{d}x$; (2) $\displaystyle\int_1^{+\infty} \frac{\arctan x}{1+x^3}\mathrm{d}x$; (3) $\displaystyle\int_1^{+\infty} \frac{1}{1+x\mid \sin x \mid}\mathrm{d}x$;

(4) $\displaystyle\int_1^{+\infty} \frac{x^q}{1+x^p}\mathrm{d}x(p,q>0)$; (5) $\displaystyle\int_1^{+\infty} \frac{\ln x}{x^p(1-x)}\mathrm{d}x$; (6) $\displaystyle\int_0^1 \frac{\ln^2 x}{1-x}\mathrm{d}x$;

(7) $\displaystyle\int_0^1 \frac{1}{\sqrt[3]{x^2(1-x)}}\mathrm{d}x$; (8) $\displaystyle\int_0^{\frac{\pi}{2}} \frac{1}{\cos^2 x \sin^2 x}\mathrm{d}x$; (9) $\displaystyle\int_0^{\frac{\pi}{2}} \frac{1-\cos x}{x^p}\mathrm{d}x$;

(10) $\displaystyle\int_0^1 \mid \ln x \mid^p \mathrm{d}x$; (11) $\displaystyle\int_0^1 x^{p-1}(1-x)^{q-1}\mathrm{d}x$; (12) $\displaystyle\int_0^1 x^{p-1}(1-x)^{q-1}\mid \ln x \mid \mathrm{d}x$.

**解** (1) 当 $x \to +\infty$ 时

$$\frac{x}{\sqrt{x^3 - \mathrm{e}^{-2x} + \ln x + 1}} \sim \frac{1}{x^{\frac{3}{2}}},$$

所以积分 $\displaystyle\int_1^{+\infty} \frac{x}{\sqrt{x^3 - \mathrm{e}^{-2x} + \ln x + 1}}\mathrm{d}x$ 收敛.

(2) 当 $x \to +\infty$ 时, $\dfrac{\arctan x}{1+x^3} \sim \dfrac{\pi}{2x^3}$,所以积分 $\displaystyle\int_1^{+\infty} \frac{x}{\sqrt{x^3 - \mathrm{e}^{-2x} + \ln x + 1}}\mathrm{d}x$ 收敛.

(3) 对一切的 $x \geqslant 0$,有 $\dfrac{1}{1+x\mid \sin x \mid} \geqslant \dfrac{1}{1+x}$,且积分 $\displaystyle\int_1^{+\infty} \frac{1}{1+x}\mathrm{d}x$ 发散,所以积分 $\displaystyle\int_1^{+\infty} \frac{1}{1+x\mid \sin x \mid}\mathrm{d}x$ 发散.

(4) 当 $x \to +\infty$ 时, $\dfrac{x^q}{1+x^p} \sim \dfrac{1}{x^{p-q}}$,所以满足 $p-q>1$ 时,积分 $\displaystyle\int_1^{+\infty} \frac{x^q}{1+x^p}\mathrm{d}x$ 收敛,其余情形下积分 $\displaystyle\int_1^{+\infty} \frac{x^q}{1+x^p}\mathrm{d}x$ 发散.

(5) 由于 $\dfrac{\ln x}{x^p(x-1)}$ 在 $(1,+\infty)$ 内连续,且

$$\lim_{x \to 1^+}\frac{\ln x}{x^p(x-1)} = \lim_{x \to 1^+}\frac{x-1}{x^p(x-1)} = 1,$$

故 $x=1$ 不是瑕点. 所以 $\int_1^{+\infty} \dfrac{\ln x}{x^p(x-1)}\mathrm{d}x$ 也是无穷限积分. 当 $p>0$ 时,有

$$\lim_{x\to+\infty}\frac{\ln\dfrac{x^p(x-1)}{\ln x}}{\ln x}=\lim_{x\to+\infty}\frac{p\ln x\cdot\ln(x-1)-\ln\ln x}{\ln x}=p+1>1,$$

由对数判别法, $\int_1^{+\infty}\dfrac{\ln x}{x^p(x-1)}\mathrm{d}x$ 收敛,即 $\int_1^{+\infty}\dfrac{\ln x}{x^p(1-x)}\mathrm{d}x$ 收敛.

(6) 由于

$$\lim_{x\to1^+}\frac{\ln^2 x}{1-x}=\lim_{x\to1^-}\frac{(x-1)^2}{1-x}=0,\ \lim_{x\to0^+}\frac{\ln^2 x}{1-x}=+\infty,$$

因此瑕点只有 $0$. 当 $x\to0^+$ 时,有

$$\lim_{x\to0^+}\frac{\ln^2 x}{\dfrac{1}{\sqrt{x}}(1-x)}=\lim_{x\to0}\sqrt{x}\,\ln^2 x=0,$$

且 $\int_0^1\dfrac{\mathrm{d}x}{\sqrt{x}}$ 收敛. 所以 $\int_0^1\dfrac{\ln^2 x}{1-x}\mathrm{d}x$ 收敛.

(7) 当 $x\to0^+$ 时, $\dfrac{1}{\sqrt[3]{x^2(1-x)}}\sim\dfrac{1}{x^{\frac{2}{3}}}$ ;当 $x\to1^-$ 时, $\dfrac{1}{\sqrt[3]{x^2(1-x)}}\sim\dfrac{1}{(1-x)^{\frac{1}{3}}}$ ,所以

积分 $\int_0^1\dfrac{1}{\sqrt[3]{x^2(1-x)}}\mathrm{d}x$ 收敛.

(8) 当 $x\to0^+$ 时, $\dfrac{1}{\cos^2 x\sin^2 x}\sim\dfrac{1}{x^2}$ ;当 $x\to\dfrac{\pi}{2}^-$ 时, $\dfrac{1}{\cos^2 x\sin^2 x}\sim\dfrac{1}{\left(x-\dfrac{\pi}{2}\right)^2}$ ,所以

积分 $\int_0^1\dfrac{1}{\sqrt[3]{x^2(1-x)}}\mathrm{d}x$ 发散.

(9) 当 $x\to0^+$ 时, $\dfrac{1-\cos x}{x^p}\sim\dfrac{1}{2x^{p-2}}$ ,所以当 $p<3$ 时积分 $\int_0^{\frac{\pi}{2}}\dfrac{1-\cos x}{x^p}\mathrm{d}x$ 收敛,当

$p\geqslant3$ 时积分 $\int_0^{\frac{\pi}{2}}\dfrac{1-\cos x}{x^p}\mathrm{d}x$ 发散.

(10) 对任意的 $0<\delta<1$ 与任意的 $p$ ,有 $\lim\limits_{x\to0^+}x^\delta\mid\ln x\mid^p=0$ ,即存在正数 $\eta$ 使得 $x\in$

$\mathring{U}_+(0,\eta)$ ,有 $\mid\ln x\mid^p<\dfrac{1}{x^\delta}$ ,且当 $x\to1^-$ 时, $\mid\ln x\mid^p\sim\dfrac{1}{(1-x)^{-p}}$ .所以当 $p>-1$ 时积

分 $\int_0^1\mid\ln x\mid^p\mathrm{d}x$ 收敛,当 $p\leqslant-1$ 时积分 $\int_0^1\mid\ln x\mid^p\mathrm{d}x$ 发散.

(11) 当 $x\to0^+$ 时, $x^{p-1}(1-x)^{q-1}\sim\dfrac{1}{x^{1-p}}$ ;当 $x\to1^-$ 时, $x^{p-1}(1-x)^{q-1}\sim$

$\dfrac{1}{(1-x)^{1-q}}$ ,所以当 $p>0,q>0$ 时,积分 $\int_0^1 x^{p-1}(1-x)^{q-1}\mathrm{d}x$ 收敛, $p,q$ 取其余值情形积分

$\int_0^1 x^{p-1}(1-x)^{q-1}\mathrm{d}x$ 发散.

(12) 当 $p>0$ 时, $\lim\limits_{x\to0^+}(x^{1-\frac{p}{2}}(x^{p-1}(1-x)^{q-1}\mid\ln x\mid))=0$ ,即存在正数 $\delta$ 使得 $x\in$

$\mathring{U}_+ (0,\delta)$，有 $x^{p-1}(1-x)^{q-1}|\ln x| < \dfrac{1}{x^{1-\frac{p}{2}}}$，当 $x\to 1^-$ 时，$x^{p-1}(1-x)^{q-1}|\ln x|\sim$

$\dfrac{1}{(1-x)^{-q}}$，所以当 $p>0,q>-1$ 时，积分 $\displaystyle\int_0^1 x^{p-1}(1-x)^{q-1}|\ln x|\,\mathrm{d}x$ 收敛，$p,q$ 取其余

值情形，积分 $\displaystyle\int_0^1 x^{p-1}(1-x)^{q-1}|\ln x|\,\mathrm{d}x$ 发散.

**例 4** 判断下列反常积分的敛散性.

(1) $\displaystyle\int_2^{+\infty}\dfrac{\ln\ln x}{\ln x}\sin x\,\mathrm{d}x$；(2) $\displaystyle\int_1^{+\infty}\dfrac{\sin x}{x^p}\,\mathrm{d}x\,(p>0)$；

(3) $\displaystyle\int_1^{+\infty}\dfrac{\sin x\arctan x}{x^p}\,\mathrm{d}x\,(p>0)$；(4) $\displaystyle\int_0^{+\infty}\sin x^2\,\mathrm{d}x$；

(5) $\displaystyle\int_a^{+\infty}\dfrac{p_m(x)}{q_n(x)}\sin x\,\mathrm{d}x$（$p_m(x)$ 和 $q_n(x)$ 分别是 $m$ 次和 $n$ 次多项式，$q_n(x)$ 在 $[0,+\infty)$

上没有零点）；

(6) $\displaystyle\int_1^{+\infty}\dfrac{x^q\sin x}{1+x^p}\,\mathrm{d}x\,(p\geqslant 0)$；(7) $\displaystyle\int_0^{+\infty}\dfrac{\mathrm{e}^{\sin x}\cos x}{x^p}\,\mathrm{d}x$；

(8) $\displaystyle\int_0^{+\infty}\dfrac{\mathrm{e}^{\sin x}\sin 2x}{x^p}\,\mathrm{d}x$；(9) $\displaystyle\int_0^1\dfrac{1}{x^p}\cos\dfrac{1}{x^2}\,\mathrm{d}x$；(10) $\displaystyle\int_1^{+\infty}\dfrac{\sin\left(x+\dfrac{1}{x}\right)}{x^p}\,\mathrm{d}x$.

**解** (1) 因为 $F(A)=\displaystyle\int_2^A\sin x\,\mathrm{d}x$ 有界，$\dfrac{\ln\ln x}{\ln x}$ 在 $(\mathrm{e}^\mathrm{e},+\infty)$ 内单调递减，并有

$\displaystyle\lim_{x\to+\infty}\dfrac{\ln\ln x}{\ln x}=0$，所以由狄利克雷判别法，可知积分 $\displaystyle\int_2^{+\infty}\dfrac{\ln\ln x}{\ln x}\sin x\,\mathrm{d}x$ 收敛.

由于

$$\left|\dfrac{\ln\ln x}{\ln x}\sin x\right|\geqslant\left|\dfrac{\ln\ln x}{\ln x}\right|\sin^2 x=\dfrac{1}{2}\left|\dfrac{\ln\ln x}{\ln x}\right|(1-\cos 2x),$$

其中积分 $\displaystyle\int_2^{+\infty}\dfrac{\ln\ln x}{\ln x}\,\mathrm{d}x$ 发散，$\displaystyle\int_2^{+\infty}\dfrac{\ln\ln x}{\ln x}\cos 2x\,\mathrm{d}x$ 收敛，因此积分 $\displaystyle\int_2^{+\infty}\left|\dfrac{\ln\ln x}{\ln x}\sin x\right|\mathrm{d}x$

发散. 故 $\displaystyle\int_2^{+\infty}\dfrac{\ln\ln x}{\ln x}\sin x\,\mathrm{d}x$ 条件收敛.

(2) 因为 $F(A)=\displaystyle\int_1^A\sin x\,\mathrm{d}x$ 有界，$\dfrac{1}{x^p}$ 在 $(1,+\infty)$ 内单调递减，并有 $\displaystyle\lim_{x\to+\infty}\dfrac{1}{x^p}=0$，所以

由狄利克雷判别法，可知积分 $\displaystyle\int_1^{+\infty}\dfrac{\sin x}{x^p}\,\mathrm{d}x$ 收敛.

由于

$$\left|\dfrac{\sin x}{x^p}\right|\geqslant\left|\dfrac{1}{x^p}\right|\sin^2 x=\dfrac{1}{2x^p}(1-\cos 2x),$$

其中当 $p\leqslant 1$ 时积分 $\displaystyle\int_1^{+\infty}\dfrac{1}{x^p}\,\mathrm{d}x$ 发散；$p>1$ 时积分 $\displaystyle\int_1^{+\infty}\dfrac{1}{x^p}\,\mathrm{d}x$ 收敛. 因此当 $0<p\leqslant 1$ 时积

分 $\displaystyle\int_1^{+\infty}\dfrac{\sin x}{x^p}\,\mathrm{d}x$ 条件收敛；当 $p>1$ 时积分 $\displaystyle\int_1^{+\infty}\dfrac{\sin x}{x^p}\,\mathrm{d}x$ 绝对收敛.

(3) 当 $p>1$ 时，$\dfrac{|\sin x\arctan x|}{x^p}\leqslant\dfrac{\pi}{2x^p}$，且 $\displaystyle\int_1^{+\infty}\dfrac{1}{x^p}\,\mathrm{d}x$ 收敛，所以当 $p>1$ 时积分

$\displaystyle\int_1^{+\infty}\dfrac{\sin x\arctan x}{x^p}\mathrm{d}x$ 绝对收敛；当 $0<p\leqslant 1,x\in(1,+\infty)$ 时

$$\left|\dfrac{\sin x\arctan x}{x^p}\right|\geqslant\dfrac{\pi}{4}\left|\dfrac{1}{x^p}\right|\sin^2 x=\dfrac{\pi}{8x^p}(1-\cos 2x).$$

因此当 $0<p\leqslant 1$ 时积分 $\displaystyle\int_1^{+\infty}\dfrac{\sin x\arctan x}{x^p}\mathrm{d}x$ 条件收敛.

(4) 令 $t=x^2$，则 $\displaystyle\int_0^{+\infty}\sin x^2\mathrm{d}x=\int_0^{+\infty}\dfrac{\sin t}{t^{\frac12}}\mathrm{d}t$. 所以由(3)，令 $p=\dfrac12$，可知 $\displaystyle\int_0^{+\infty}\sin x^2\mathrm{d}x$ 条件收敛.

(5) 当 $n>m+1$ 时，$x\to+\infty$，$\dfrac{p_m(x)}{q_n(x)}\sim\dfrac{a_m}{x^2}$，其中 $a_m$ 为 $m$ 次多项式 $p_m(x)$ 中 $x^m$ 的系数，所以当 $n>m+1$ 时，$\displaystyle\int_a^{+\infty}\dfrac{p_m(x)}{q_n(x)}\sin x\mathrm{d}x$ 绝对收敛.

当 $n=m+1$ 时，$\dfrac{p_m(x)}{q_n(x)}$ 单调，且 $\displaystyle\lim_{x\to+\infty}\dfrac{p_m(x)}{q_n(x)}=0$，所以 $\displaystyle\int_a^{+\infty}\dfrac{p_m(x)}{q_n(x)}\sin x\mathrm{d}x$ 收敛.

当 $x\to+\infty$ 时，$\dfrac{p_m(x)}{q_n(x)}\sim\dfrac{a_m}{x}$，其中 $a_m$ 为 $m$ 次多项式 $p_m(x)$ 中 $x^m$ 的系数，所以当 $n=m+1$ 时，$\displaystyle\int_a^{+\infty}\dfrac{p_m(x)}{q_n(x)}\sin x\mathrm{d}x$ 条件收敛.

当 $n<m+1$ 时，则 $\displaystyle\lim_{x\to+\infty}\dfrac{p_m(x)}{q_n(x)}=A$，其中 $A$ 为非零常数或 $\pm\infty$. 因此积分 $\displaystyle\int_a^{+\infty}\dfrac{p_m(x)}{q_n(x)}\sin x\mathrm{d}x$ 发散.

(6) 由于 $\left|\dfrac{x^q\sin x}{1+x^p}\right|<\dfrac{1}{x^{p-q}}$，因此当 $p-q>1$ 时，$\displaystyle\int_1^{+\infty}\dfrac{x^q\sin x}{1+x^p}\mathrm{d}x$ 绝对收敛.

当 $0<p-q\leqslant 1$ 时，由于 $F(A)=\displaystyle\int_1^A\sin x\mathrm{d}x$ 有界，$\dfrac{x^q}{1+x^p}$ 在 $(1,+\infty)$ 内单调递减，并有 $\displaystyle\lim_{x\to+\infty}\dfrac{x^q}{1+x^p}=0$. 所以由狄利克雷判别法，可知积分 $\displaystyle\int_1^{+\infty}\dfrac{x^q\sin x}{1+x^p}\mathrm{d}x$ 收敛. 但积分 $\displaystyle\int_a^{+\infty}\left|\dfrac{x^q\sin x}{1+x^p}\right|\mathrm{d}x$ 发散，故当 $0<p-q\leqslant 1$ 时，积分 $\displaystyle\int_1^{+\infty}\dfrac{x^q\sin x}{1+x^p}\mathrm{d}x$ 条件收敛.

(7) 将积分分成两部分，即有

$$\int_0^{+\infty}\dfrac{\mathrm{e}^{\sin x}\cos x}{x^p}\mathrm{d}x=\int_0^1\dfrac{\mathrm{e}^{\sin x}\cos x}{x^p}\mathrm{d}x+\int_1^{+\infty}\dfrac{\mathrm{e}^{\sin x}\cos x}{x^p}\mathrm{d}x$$

当 $x\to0^+$ 时，$\dfrac{\mathrm{e}^{\sin x}\cos x}{x^p}\sim\dfrac{1}{x^p}$，所以当 $p<1$ 时，积分 $\displaystyle\int_0^1\dfrac{\mathrm{e}^{\sin x}\cos x}{x^p}\mathrm{d}x$ 收敛，$p$ 的其余取值时积分 $\displaystyle\int_0^1\dfrac{\mathrm{e}^{\sin x}\cos x}{x^p}\mathrm{d}x$ 发散.

由于 $F(A)=\displaystyle\int_1^A\mathrm{e}^{\sin x}\cos x\mathrm{d}x=\mathrm{e}^{\sin A}-\mathrm{e}^{\sin 1}$ 有界，当 $0<p<1$ 时，$\dfrac{1}{x^p}$ 在 $(1,+\infty)$ 内单调递减，并有 $\displaystyle\lim_{x\to+\infty}\dfrac{1}{x^p}=0$. 因此由狄利克雷判别法，可知当 $0<p<1$ 时，积分

$\displaystyle\int_1^{+\infty}\dfrac{e^{\sin x}\cos x}{x^p}dx$ 收敛. 由

$$|\,e^{\sin x}\cos x\,|\geqslant|\,e^{\sin x}\,|\,\cos^2 x=\dfrac{e^{\sin x}}{2}(1+\cos 2x),$$

且

$$\int_{2n\pi+\frac{\pi}{4}}^{2n\pi+\frac{\pi}{2}}\dfrac{e^{\sin x}}{x^p}dx\geqslant\dfrac{\pi}{4}e^{\frac{\sqrt{2}}{2}}\int_{2n\pi+\frac{\pi}{4}}^{2n\pi+\frac{\pi}{2}}\dfrac{1}{x^p}dx,$$

可知当 $0<p<1$ 时, 积分 $\displaystyle\int_1^{+\infty}\dfrac{|\,e^{\sin x}\cos x\,|}{x^p}dx$ 发散, 所以当 $0<p<1$ 时, 积分

$\displaystyle\int_1^{+\infty}\dfrac{e^{\sin x}\cos x}{x^p}dx$ 条件收敛.

综上所述, 当 $0<p<1$ 时, 积分 $\displaystyle\int_0^{+\infty}\dfrac{e^{\sin x}\cos x}{x^p}dx$ 条件收敛, $p$ 的其余取值时积分

$\displaystyle\int_0^{+\infty}\dfrac{e^{\sin x}\cos x}{x^p}dx$ 发散.

(8) 将积分分成两部分, 即有

$$\int_0^{+\infty}\dfrac{e^{\sin x}\sin 2x}{x^p}dx=\int_0^1\dfrac{e^{\sin x}\sin 2x}{x^p}dx+\int_1^{+\infty}\dfrac{e^{\sin x}\sin 2x}{x^p}dx.$$

当 $x\to 0^+$ 时, $\dfrac{e^{\sin x}\sin 2x}{x^p}\sim\dfrac{2}{x^{p-1}}$, 所以当 $p<2$ 时, 积分 $\displaystyle\int_0^1\dfrac{e^{\sin x}\sin 2x}{x^p}dx$ 收敛, $p$ 的其余取

值时积分 $\displaystyle\int_0^1\dfrac{e^{\sin x}\sin 2x}{x^p}dx$ 发散.

当 $1<p<2$ 时, 积分 $\displaystyle\int_1^{+\infty}\dfrac{e^{\sin x}\sin 2x}{x^p}dx$ 绝对收敛; 当 $0<p\leqslant 1$ 时, 由于

$$\int_{k\pi}^{(k+1)\pi}e^{\sin x}\sin 2x dx=0,$$

因此 $F(A)=\displaystyle\int_1^A e^{\sin x}\sin 2x dx$ 有界, $\dfrac{1}{x^p}$ 在 $[1,+\infty)$ 上单调递减, 并有 $\displaystyle\lim_{x\to+\infty}\dfrac{1}{x^p}=0$. 因此由狄

利克雷判别法, 可知当 $0<p\leqslant 1$ 时, 积分 $\displaystyle\int_1^{+\infty}\dfrac{e^{\sin x}\sin 2x}{x^p}dx$ 收敛.

由

$$|\,e^{\sin x}\sin 2x\,|\geqslant|\,e^{\sin x}\,|\,\sin^2 2x=\dfrac{e^{\sin x}}{2}(1-\cos 4x),$$

且

$$\int_{2n\pi+\frac{\pi}{4}}^{2n\pi+\frac{\pi}{2}}\dfrac{e^{\sin x}}{x^p}dx\geqslant\dfrac{\pi}{4}e^{\frac{\sqrt{2}}{2}}\int_{2n\pi+\frac{\pi}{4}}^{2n\pi+\frac{\pi}{2}}\dfrac{1}{x^p}dx,$$

可知当 $0<p\leqslant 1$ 时, 积分 $\displaystyle\int_1^{+\infty}\dfrac{|\,e^{\sin x}\sin 2x\,|}{x^p}dx$ 发散, 所以当 $0<p\leqslant 1$ 时, 积分

$\displaystyle\int_1^{+\infty}\dfrac{e^{\sin x}\cos x}{x^p}dx$ 条件收敛. 当 $p\leqslant 0$ 时

$$\int_{2n\pi+\frac{\pi}{4}}^{2n\pi+\frac{3\pi}{8}}\dfrac{e^{\sin x}\sin 2x}{x^p}dx\geqslant\dfrac{\sqrt{2}}{2}e^{\frac{\sqrt{2}}{2}}\int_{2n\pi+\frac{\pi}{4}}^{2n\pi+\frac{3\pi}{8}}\dfrac{1}{x^p}dx\geqslant\dfrac{\sqrt{2}}{16}\pi e^{\frac{\sqrt{2}}{2}},$$

所以 $\displaystyle\int_1^{+\infty}\frac{e^{\sin x}\sin 2x}{x^p}\mathrm{d}x$ 发散.

综上所述,当 $1<p<2$ 时,积分 $\displaystyle\int_0^{+\infty}\frac{e^{\sin x}\sin 2x}{x^p}\mathrm{d}x$ 绝对收敛;当 $0<p\leqslant 1$ 时,积分 $\displaystyle\int_0^{+\infty}\frac{e^{\sin x}\sin 2x}{x^p}\mathrm{d}x$ 条件收敛;$p$ 的其余取值时积分 $\displaystyle\int_0^{+\infty}\frac{e^{\sin x}\sin 2x}{x^p}\mathrm{d}x$ 发散.

(9) 令 $t=\dfrac{1}{x^2}$,则

$$\int_0^1\frac{1}{x^p}\cos\frac{1}{x^2}\mathrm{d}x=\frac{1}{2}\int_1^{+\infty}\frac{1}{t^{\frac{3-p}{2}}}\cos t\,\mathrm{d}t,$$

所以当 $p<1$ 时,积分 $\displaystyle\int_0^1\frac{1}{x^p}\cos\frac{1}{x^2}\mathrm{d}x$ 绝对收敛;当 $1\leqslant p<3$ 时,积分 $\displaystyle\int_0^1\frac{1}{x^p}\cos\frac{1}{x^2}\mathrm{d}x$ 条件收敛;当 $p\geqslant 3$ 时,积分 $\displaystyle\int_0^1\frac{1}{x^p}\cos\frac{1}{x^2}\mathrm{d}x$ 发散.

(10) 由于 $\left|\dfrac{\sin\left(x+\dfrac{1}{x}\right)}{x^p}\right|\leqslant\dfrac{1}{x^p}$,因此当 $p>1$ 时,积分 $\displaystyle\int_1^{+\infty}\frac{\sin\left(x+\dfrac{1}{x}\right)}{x^p}\mathrm{d}x$ 绝对收敛.

因为

$$\int_1^{+\infty}\frac{\sin\left(x+\dfrac{1}{x}\right)}{x^p}\mathrm{d}x=\int_1^{+\infty}\frac{\sin x\cos\dfrac{1}{x}}{x^p}\mathrm{d}x+\int_1^{+\infty}\frac{\sin\dfrac{1}{x}\cos x}{x^p}\mathrm{d}x,$$

当 $x\to+\infty$ 时,$\dfrac{\sin\dfrac{1}{x}}{x^p}$ 与 $\dfrac{\cos\dfrac{1}{x}}{x^p}$ 单调递减,$\displaystyle\int_1^A\sin x\,\mathrm{d}x$ 与 $\displaystyle\int_1^A\cos x\,\mathrm{d}x$ 均有界,所以当 $0<p\leqslant 1$ 时,由狄利克雷判别法,可知当 $0<p\leqslant 1$ 时,$\displaystyle\int_1^{+\infty}\frac{\sin x\cos\dfrac{1}{x}}{x^p}\mathrm{d}x$ 与 $\displaystyle\int_1^{+\infty}\frac{\sin\dfrac{1}{x}\cos x}{x^p}\mathrm{d}x$ 均收敛. 由于 $n\to+\infty$ 时

$$\int_{n\pi+\frac{\pi}{4}}^{n\pi+\frac{\pi}{2}}\left|\frac{\sin\left(x+\dfrac{1}{x}\right)}{x^p}\right|\mathrm{d}x\geqslant\frac{\sqrt{2}\,\pi}{8}\frac{1}{\left(n\pi+\dfrac{\pi}{2}\right)^p},$$

当 $0<p\leqslant 1$ 时,$\displaystyle\sum_{n=1}^{+\infty}\frac{1}{\left(n\pi+\dfrac{\pi}{2}\right)^p}$ 发散,因此当 $0<p\leqslant 1$ 时,积分 $\displaystyle\int_1^{+\infty}\frac{\sin\left(x+\dfrac{1}{x}\right)}{x^p}\mathrm{d}x$ 条件收敛.

**例 5**　判断下列反常积分的敛散性.

(1) $\displaystyle\int_0^1\frac{x^{p-1}-x^{q-1}}{\ln x}\mathrm{d}x\,(p>0,q>0)$; (2) $\displaystyle\int_0^{+\infty}\frac{x^{p-1}}{1+x^2}\mathrm{d}x\,(p>0)$;

(3) $\displaystyle\int_0^{+\infty}\frac{1}{\sqrt[3]{x\,(x-1)^2(x-2)}}\mathrm{d}x$; (4) $\displaystyle\int_0^{+\infty}\frac{\ln(1+x)}{x^p}\mathrm{d}x$;

(5) $\displaystyle\int_0^{+\infty}\frac{\arctan x}{x^p}\mathrm{d}x$; (6) $\displaystyle\int_0^{\frac{\pi}{2}}\frac{\sqrt{\tan x}}{x^p}\mathrm{d}x$; (7) $\displaystyle\int_0^{+\infty}x^{p-1}e^{-x}\mathrm{d}x$.

**解** (1) 将积分分成两部分,有

$$\int_0^1 \frac{x^{p-1}-x^{q-1}}{\ln x}dx = \int_0^{\frac{1}{2}} \frac{x^{p-1}}{\ln x}dx - \int_0^{\frac{1}{2}} \frac{x^{q-1}}{\ln x}dx + \int_{\frac{1}{2}}^1 \frac{x^{p-1}-x^{q-1}}{\ln x}dx.$$

当 $p>0, q>0$ 时,积分 $\int_0^{\frac{1}{2}} \frac{x^{p-1}}{\ln x}dx$ 与积分 $\int_0^{\frac{1}{2}} \frac{x^{q-1}}{\ln x}dx$ 收敛.

由于

$$\frac{x^{p-1}-x^{q-1}}{\ln x} = \frac{((1+(x-1))^{p-1}-1)-((1+(x-1))^{q-1}-1)}{\ln(1+(x-1))},$$

因此当 $x\to 1^-$ 时

$$\frac{x^{p-1}-x^{q-1}}{\ln x} \sim \frac{(p-q)(x-1)}{x-1} = p-q.$$

故 $x=1$ 不是积分 $\int_{\frac{1}{2}}^1 \frac{x^{p-1}-x^{q-1}}{\ln x}dx$ 的瑕点. 于是,当 $p>0, q>0$ 时,积分 $\int_0^1 \frac{x^{p-1}-x^{q-1}}{\ln x}dx$ 收敛.

(2) 将积分分成两部分,即有

$$\int_0^{+\infty} \frac{x^{p-1}}{1+x^2}dx = \int_0^1 \frac{x^{p-1}}{1+x^2}dx + \int_1^{+\infty} \frac{x^{p-1}}{1+x^2}dx.$$

当 $x\to 0^+$ 时,$\frac{x^{p-1}}{1+x^2} \sim \frac{1}{x^{1-p}}$,则当 $p>0$ 时,积分 $\int_0^1 \frac{x^{p-1}}{1+x^2}dx$ 收敛;当 $x\to+\infty$ 时,$\frac{x^{p-1}}{1+x^2} \sim \frac{1}{x^{3-p}}$,则当 $p<2$ 时,积分 $\int_1^{+\infty} \frac{x^{p-1}}{1+x^2}dx$ 收敛. 所以,当 $0<p<2$ 时,积分 $\int_0^{+\infty} \frac{x^{p-1}}{1+x^2}dx$ 收敛.

(3) 根据被积函数的取值,将积分分成三部分,有

$$\int_0^{+\infty} \frac{1}{\sqrt[3]{x(x-1)^2(x-2)}}dx = \int_0^1 \frac{1}{\sqrt[3]{x(x-1)^2(x-2)}}dx + \int_1^2 \frac{1}{\sqrt[3]{x(x-1)^2(x-2)}}dx +$$

$$\int_2^{+\infty} \frac{1}{\sqrt[3]{x(x-1)^2(x-2)}}dx.$$

因此,当 $x\to 0^+$ 时,$\frac{1}{\sqrt[3]{x(x-1)^2(x-2)}} \sim -\frac{1}{\sqrt[3]{2}} \cdot \frac{1}{\sqrt[3]{x}}$;

当 $x\to 1$ 时,$\frac{1}{\sqrt[3]{x(x-1)^2(x-2)}} \sim -\frac{1}{\sqrt[3]{(x-1)^2}}$;

当 $x\to 2$ 时,$\frac{1}{\sqrt[3]{x(x-1)^2(x-2)}} \sim \frac{1}{\sqrt[3]{2}} \cdot \frac{1}{\sqrt[3]{(x-2)}}$;

当 $x\to+\infty$ 时,$\frac{1}{\sqrt[3]{x(x-1)^2(x-2)}} \sim \frac{1}{\sqrt[3]{x^4}}$.

于是,记 $f(x)=\frac{1}{\sqrt[3]{x(x-1)^2(x-2)}}$,积分 $\int_0^1 f(x)dx$ 收敛,积分 $\int_1^2 f(x)dx$ 收敛,积分 $\int_2^{+\infty} f(x)dx$ 收敛. 因此,积分 $\int_0^{+\infty} \frac{1}{\sqrt[3]{x(x-1)^2(x-2)}}dx$ 收敛.

(4) 将积分分成两部分,有

$$\int_0^{+\infty}\frac{\ln(1+x)}{x^p}\mathrm{d}x=\int_0^1\frac{\ln(1+x)}{x^p}\mathrm{d}x+\int_1^{+\infty}\frac{\ln(1+x)}{x^p}\mathrm{d}x.$$

当 $x\to0^+$ 时，$\dfrac{\ln(1+x)}{x^p}\sim\dfrac{1}{x^{p-1}}$，则当 $p<2$ 时，积分 $\displaystyle\int_0^1\frac{\ln(1+x)}{x^p}\mathrm{d}x$ 收敛；当 $p\geqslant2$ 时，积分 $\displaystyle\int_0^1\frac{\ln(1+x)}{x^p}\mathrm{d}x$ 发散.

当 $x\to+\infty$，$p>1$ 时，$\dfrac{\ln(1+x)}{x^p}<\dfrac{1}{x^{\frac{1+p}{2}}}$，则当 $p>1$ 时，积分 $\displaystyle\int_1^{+\infty}\frac{\ln(1+x)}{x^p}\mathrm{d}x$ 收敛；当 $p\leqslant1$ 时，积分 $\displaystyle\int_1^{+\infty}\frac{\ln(1+x)}{x^p}\mathrm{d}x$ 发散. 于是当 $1<p<2$ 时，积分 $\displaystyle\int_1^{+\infty}\frac{\ln(1+x)}{x^p}\mathrm{d}x$ 收敛，$p$ 的取值为其余情况时积分 $\displaystyle\int_1^{+\infty}\frac{\ln(1+x)}{x^p}\mathrm{d}x$ 发散.

（5）将积分分成两部分，有 $\displaystyle\int_0^{+\infty}\frac{\arctan x}{x^p}\mathrm{d}x=\int_0^1\frac{\arctan x}{x^p}\mathrm{d}x+\int_1^{+\infty}\frac{\arctan x}{x^p}\mathrm{d}x.$ 当 $x\to0^+$ 时，$\dfrac{\arctan x}{x^p}\sim\dfrac{1}{x^{p-1}}$，则当 $p<2$ 时，积分 $\displaystyle\int_0^1\frac{\arctan x}{x^p}\mathrm{d}x$ 收敛；当 $p\geqslant2$ 时，积分 $\displaystyle\int_0^1\frac{\arctan x}{x^p}\mathrm{d}x$ 发散.

当 $x\to+\infty$ 时，$\dfrac{\arctan x}{x^p}\sim\dfrac{\pi}{2x^p}$，则当 $p>1$ 时，积分 $\displaystyle\int_1^{+\infty}\frac{\arctan x}{x^p}\mathrm{d}x$ 收敛；当 $p\leqslant1$ 时，积分 $\displaystyle\int_1^{+\infty}\frac{\arctan x}{x^p}\mathrm{d}x$ 发散. 于是当 $1<p<2$ 时，积分 $\displaystyle\int_1^{+\infty}\frac{\arctan x}{x^p}\mathrm{d}x$ 收敛，$p$ 的取值为其余情况时积分 $\displaystyle\int_1^{+\infty}\frac{\arctan x}{x^p}\mathrm{d}x$ 发散.

（6）将积分分成两部分，有

$$\int_0^{\frac{\pi}{2}}\frac{\sqrt{\tan x}}{x^p}\mathrm{d}x=\int_0^{\frac{\pi}{4}}\frac{\sqrt{\tan x}}{x^p}\mathrm{d}x+\int_{\frac{\pi}{4}}^{\frac{\pi}{2}}\frac{\sqrt{\tan x}}{x^p}\mathrm{d}x.$$

当 $x\to0^+$ 时，$\dfrac{\arctan x}{x^p}\sim\dfrac{1}{x^{p-\frac{1}{2}}}$，则当 $p<\dfrac{3}{2}$ 时，积分 $\displaystyle\int_0^{\frac{\pi}{4}}\frac{\sqrt{\tan x}}{x^p}\mathrm{d}x$ 收敛，当 $p\geqslant\dfrac{3}{2}$ 时，积分 $\displaystyle\int_0^{\frac{\pi}{4}}\frac{\sqrt{\tan x}}{x^p}\mathrm{d}x$ 发散；当 $x\to\dfrac{\pi}{2}^-$，$\dfrac{\sqrt{\tan x}}{x^p}\sim\dfrac{\pi}{2\pi^p\left(\frac{\pi}{2}-x\right)^{\frac{1}{2}}}$ 时，则积分 $\displaystyle\int_{\frac{\pi}{4}}^{\frac{\pi}{2}}\frac{\sqrt{\tan x}}{x^p}\mathrm{d}x$ 收敛. 所以，当 $p<\dfrac{3}{2}$ 时，积分 $\displaystyle\int_0^{\frac{\pi}{2}}\frac{\sqrt{\tan x}}{x^p}\mathrm{d}x$ 收敛；当 $p\geqslant\dfrac{3}{2}$ 时，积分 $\displaystyle\int_0^{\frac{\pi}{2}}\frac{\sqrt{\tan x}}{x^p}\mathrm{d}x$ 发散.

（7）将积分分成两部分，有

$$\int_0^{+\infty}x^{p-1}\mathrm{e}^{-x}\mathrm{d}x=\int_0^1x^{p-1}\mathrm{e}^{-x}\mathrm{d}x+\int_1^{+\infty}x^{p-1}\mathrm{e}^{-x}\mathrm{d}x$$

当 $x\to0^+$ 时，$x^{p-1}\mathrm{e}^{-x}\sim\dfrac{1}{x^{1-p}}$，则当 $p>0$ 时，积分 $\displaystyle\int_0^1x^{p-1}\mathrm{e}^{-x}\mathrm{d}x$ 收敛，当 $p\leqslant0$ 时，积分 $\displaystyle\int_0^1x^{p-1}\mathrm{e}^{-x}\mathrm{d}x$ 发散；对任意的 $p$，积分 $\displaystyle\int_1^{+\infty}x^{p-1}\mathrm{e}^{-x}\mathrm{d}x$ 收敛. 所以当 $p>0$ 时，积分

$\int_0^{+\infty} x^{p-1}\mathrm{e}^{-x}\mathrm{d}x$ 收敛；当 $p\leqslant 0$ 时，积分 $\int_0^{+\infty} x^{p-1}\mathrm{e}^{-x}\mathrm{d}x$ 发散.

**例6** 设 $\int_a^{+\infty} f(x)\mathrm{d}x$ 收敛，且 $\lim\limits_{x\to+\infty} f(x)=A$. 证明 $A=0$.

**证明** 由 $\lim\limits_{x\to+\infty} f(x)=A$，可知对任意给定的正数 $\varepsilon$，存在正数 $M_1$，对任意的 $x_1,x_2$，有

$$|f(x_1)-f(x_2)|<\frac{\varepsilon}{2}.$$

由于 $\int_a^{+\infty} f(x)\mathrm{d}x$ 收敛，因此对上述 $\varepsilon$，存在正数 $M_2$，使得当 $x>M_2$ 时，有

$$\left|\int_x^{x+1} f(t)\mathrm{d}t\right|<\frac{\varepsilon}{2}.$$

令 $M=\max\{M_1,M_2\}$，对任意的 $x>M$，存在 $\xi\in(x,x+1)$，使得

$$\left|\int_x^{x+1} f(t)\mathrm{d}t\right|=|f(\xi)|<\frac{\varepsilon}{2},$$

且 $|f(x)-f(\xi)|<\frac{\varepsilon}{2}$. 所以 $|f(x)|<\varepsilon$，故

$$\lim_{x\to+\infty} f(x)=0=A.$$

**例7** 证明下列反常积分收敛：

$(1)\int_0^2 |\ln x|^{-p}\mathrm{d}x;(2)\int_0^{+\infty} x\sin x^4\sin x\mathrm{d}x.$

**证明** (1) 根据换元积分法，令 $-\ln x=t$，有

$$\int_0^2 |\ln x|^{-p}\mathrm{d}x=\int_{+\infty}^{-\ln 2} t^{-p}(-\mathrm{e}^{-t})\mathrm{d}t=\int_{\ln\frac{1}{2}}^{+\infty} t^{-p}\mathrm{e}^{-t}\mathrm{d}t,$$

显然零是瑕点，且当 $t\to 0$ 时，$t^{-p}\mathrm{e}^{-t}\sim t^{-p}$. 当 $p<1$ 时，$\int_{\ln\frac{1}{2}}^{+\infty} t^{-p}\mathrm{d}t$ 收敛. 所以当 $p<1$ 时，

$\int_0^2 \frac{\mathrm{d}x}{|\ln x|^p}$ 收敛.

(2) 对任意的 $A''>A'>0$，应用分部积分，有

$$\int_{A'}^{A''} x\sin x^4\sin x\mathrm{d}x=-\frac{1}{4}\int_{A'}^{A''}\frac{\sin x}{x^2}\mathrm{d}(\cos x^4)$$

$$=-\frac{1}{4}\left(\frac{\sin x}{x^2}\cos x^4\Big|_{A'}^{A''}-\int_{A'}^{A''}\frac{\cos x\cos x^4}{x^2}\mathrm{d}x+\int_{A'}^{A''}\frac{2\sin x\cos x^4}{x^3}\mathrm{d}x\right).$$

由 $\lim\limits_{x\to+\infty}\frac{\sin x}{x^2}\cos x^4=0$，应用柯西收敛原理，可知对任意的 $\varepsilon>0$，存在正数 $A_1$，当 $A''>A'>A_1$ 时，有

$$\left|-\frac{1}{4}\frac{\sin x}{x^2}\cos x^4\Big|_{A'}^{A''}\right|<\frac{\varepsilon}{3}.$$

由于

$$\left|\frac{\cos x\cos x^4}{x^2}\right|\leqslant\frac{1}{x^2},\left|\frac{2\sin x\cos x^4}{x^3}\right|\leqslant\frac{1}{2x^3},$$

因此积分 $\int_1^{+\infty}\frac{\cos x\cos x^4}{x^2}\mathrm{d}x$ 与 $\int_1^{+\infty}\frac{2\sin x\cos x^4}{x^3}\mathrm{d}x$ 绝对收敛. 所以对上述 $\varepsilon>0$，分别存

在正数 $A_2$ 与 $A_3$，当 $A'' > A' > A_2$ 时，有

$$\left| \frac{1}{4} \int_{A'}^{A''} \frac{\cos x \cos x^4}{x^2} \mathrm{d}x \right| < \frac{\varepsilon}{3};$$

当 $A'' > A' > A_3$ 时，有

$$\left| -\frac{1}{4} \int_{A'}^{A''} \frac{2\sin x \cos x^4}{x^3} \mathrm{d}x \right| < \frac{\varepsilon}{3}.$$

令 $A = \max\{A_1, A_2, A_3\}$，对任意的 $A'' > A' > A$，有

$$\left| \int_{A'}^{A''} x \sin x^4 \sin x \mathrm{d}x \right| < \varepsilon,$$

由柯西收敛原理，可知积分 $\int_0^{+\infty} x \sin x^4 \sin x \mathrm{d}x$ 收敛.

**例 8**　证明反常积分 $\int_1^{+\infty} \dfrac{x}{1 + x^2 \sin^2 x} \mathrm{d}x$ 收敛.

**证明**　由 $\dfrac{x}{1 + x^2 \sin^2 x}$ 为 $[1, +\infty)$ 上连续的正函数，知 $\int_1^{+\infty} \dfrac{x}{1 + x^2 \sin^2 x} \mathrm{d}x$ 的收敛性

和无穷级数 $\sum\limits_{n=1}^{\infty} \int_{n\pi}^{(n+1)\pi} \dfrac{x}{1 + x^2 \sin^2 x} \mathrm{d}x$ 的收敛性是一致的. 接下来讨论级数的敛散性

$$\int_{n\pi}^{(n+1)\pi} \frac{x}{1 + x^2 \sin^2 x} \mathrm{d}x > \int_{n\pi}^{(n+1)\pi} \frac{n\pi}{1 + (n+1)^2 \pi^2 \sin^2 x} \mathrm{d}x$$

$$= n\pi \int_0^n \frac{1}{1 + (n+1)^2 \pi^2 \sin^2 (x + n\pi)} \mathrm{d}x;$$

$$n\pi \int_0^x \frac{1}{1 + (n+1)^2 \pi^2 \sin^2 x} \mathrm{d}x = 2n\pi \int_0^{\frac{x}{2}} \frac{1}{1 + (n+1)^2 \pi^2 \sin^2 x} \mathrm{d}x$$

$$= 2n\pi \int_0^{\frac{x}{2}} \frac{1}{\cos^2 x + (1 + (n+1)^2 \pi^2) \sin^2 x} \mathrm{d}x$$

$$= \frac{2n\pi}{\sqrt{1 + (n+1)^2 \pi^2}} \int_0^{\frac{\pi}{2}} \frac{1}{1 + (1 + (n+1)^2 \pi^2) \tan^2 x} \mathrm{d}(\sqrt{1 + (n+1)^2 \pi^2} \tan x)$$

$$= \frac{2n\pi}{\sqrt{1 + (n+1)^2 \pi^2}} \arctan \left( \frac{\pi}{r(n+1)^2 \pi^2} \tan x \right) \bigg|_0^{\frac{\pi}{2}}$$

$$= \frac{2n\pi\rho^2}{\sqrt{1 + (n+1)^2 \pi^2}} \cdot \frac{\pi}{2} = \frac{n\pi^2}{\sqrt{1 + (n+1)^2 \pi^2}} \to \pi, n \to +\infty.$$

故 $\sum\limits_{n=1}^{\infty} \int_{n\pi}^{(n+1)\pi} \dfrac{x}{1 + x^2 \sin^2 x} \mathrm{d}x$ 发散，所以 $\int_1^{+\infty} \dfrac{x}{1 + x^2 \sin^2 x} \mathrm{d}x$ 发散.

**例 9**　设 $f(x)$ 单调，且当 $x \to 0^+$ 时 $f(x) \to +\infty$，证明 $\int_0^1 f(x) \mathrm{d}x$ 收敛的必要条件是

$\lim\limits_{x \to 0^+} x f(x) = 0$.

**证明**　设 $\int_0^1 f(x) \mathrm{d}x$ 收敛，$x = 0$ 是瑕点，则对任意的正数 $\varepsilon$，存在正数 $\delta$，当 $x_1, x_2 \in$

$\mathring{U}_+(0, \delta)$ 时，有 $\int_{x_1}^{x_2} f(t) < \varepsilon$.

设 $f(x)$ 单调递减，有 $0 < \dfrac{x}{2} f(x) \leqslant \int_{\frac{x}{2}}^{x} f(t) \mathrm{d}t$;

设 $f(x)$ 单调递增,有 $0 < \dfrac{x}{2}f\left(\dfrac{x}{2}\right) \leqslant \displaystyle\int_{\frac{x}{2}}^{x} f(t)\mathrm{d}t$.

当 $x \to 0^{+}$ 时,令 $x < \delta$,则有 $\displaystyle\int_{\frac{x}{2}}^{x} f(t)\mathrm{d}t < \varepsilon$.

所以由迫敛性可知 $\lim\limits_{x \to 0^{+}} xf(x) = 0$.

**例 10** 设 $\displaystyle\int_{a}^{+\infty} f(x)\mathrm{d}x$ 收敛,且 $xf(x)$ 在 $[a,+\infty)$ 上单调递减,证明
$$\lim_{x \to +\infty} x(\ln x)f(x) = 0.$$

**证明** 由 $xf(x)$ 在 $[a,+\infty)$ 上单调递减,可知对任意的 $x \in (\mathrm{e},+\infty)$,有
$$\int_{\sqrt{x}}^{x} f(t)\mathrm{d}t = \int_{\sqrt{x}}^{x} (tf(t))\frac{1}{t}\mathrm{d}t = \int_{\sqrt{x}}^{x} tf(t)\mathrm{d}\ln t \geqslant \frac{1}{2}x(\ln x)f(x)$$

由于 $x \to +\infty$ 时,$xf(x)$ 单调递减趋于零,因此此时有 $xf(x) \geqslant 0$.

由 $\displaystyle\int_{a}^{+\infty} f(x)\mathrm{d}x$ 收敛,可知对任意的正数 $\varepsilon$,存在正数 $M > \mathrm{e}$,当 $\sqrt{x} > M$ 时,有 $\displaystyle\int_{\sqrt{x}}^{x} f(t)\mathrm{d}t < \varepsilon$. 从而对任意的 $\sqrt{x} > M$,有 $0 \leqslant \dfrac{1}{2}x(\ln x)f(x) < \varepsilon$. 于是由迫敛性可知 $\lim\limits_{x \to +\infty} x(\ln x)f(x) = 0$.

**例 11** 设 $f(x)$ 单调递减,且 $\lim\limits_{x \to +\infty} f(x) = 0$. 证明:若 $f'(x)$ 在 $[0,+\infty)$ 上单调递减,则反常积分 $\displaystyle\int_{1}^{+\infty} f'(x)\sin^2 x\mathrm{d}x$ 收敛.

**证明** 对任意的 $A > 1$,应用分部积分有
$$\int_{1}^{A} f'(x)\sin^2 x\mathrm{d}x = \int_{1}^{A} \sin^2 x\mathrm{d}f(x) = f(x)\sin^2 x\Big|_{1}^{A} - \int_{1}^{A} f(x)\sin 2x\mathrm{d}x.$$

由于 $f(x)$ 单调递减,$\lim\limits_{x \to +\infty} f(x) = 0$,$\displaystyle\int_{1}^{A}\sin 2x\mathrm{d}x$ 有界,所以应用狄利克雷判别法有积分 $\displaystyle\int_{1}^{A} f(x)\sin 2x\mathrm{d}x$ 收敛. 于是积分 $\displaystyle\int_{1}^{A}\sin^2 x\mathrm{d}x$ 有界,故 $\displaystyle\int_{1}^{+\infty} f'(x)\sin^2 x\mathrm{d}x$ 收敛.

**例 12** 设 $f(x),g(x)$ 在任一 $[a,u] \subset [a,w)$ 上可积,$\displaystyle\int_{a}^{w} f(x)g(x)\mathrm{d}x$ 是反常积分. 若 $F(u) = \displaystyle\int_{a}^{u} f(x)\mathrm{d}x$ 在 $[a,\omega)$ 上有界;$g(x)$ 在 $[a,\omega)$ 上单调且 $\lim\limits_{x \to \omega^{-}} g(x) = 0$,证明反常积分 $\displaystyle\int_{a}^{\omega} f(x)g(x)\mathrm{d}x$ 收敛.

**证明** $F(u) = \displaystyle\int_{a}^{u} f(x)\mathrm{d}x$ 在 $[a,\omega)$ 上有界,故存在正常数 $M$,使得对任意 $u \in [a,\omega)$,恒有 $|F(u)| \leqslant M$,于是,对任意 $A,B \in [a,\omega)$,有
$$|F(A) - F(B)| \leqslant |F(A)| + |F(B)| \leqslant 2M.$$

由于 $\lim\limits_{x \to \omega^{-}} g(x) = 0$,因此对任意 $\varepsilon > 0$,存在一个 $\delta > 0$,使得对任意 $x \in [\omega - \delta, \omega)$,恒有 $|g(x)| < \varepsilon$. 由于 $g(x)$ 在 $[a,\omega)$ 上单调,故对任意 $x' < x'' \in [\omega - \delta,\omega)$,由积分第二中值定理,存在 $\xi \in [x',x'']$,使得
$$\left|\int_{x'}^{\xi} f(x)g(x)\mathrm{d}x\right| = \left|g(x')\int_{x'}^{\xi} f(x)\mathrm{d}x + g(x'')\int_{\xi}^{x''} f(x)\mathrm{d}x\right|$$

$$\leqslant |g(x')| \left|\int_{x'}^{\xi} f(x)\mathrm{d}x\right| + |g(x'')| \left|\int_{\xi}^{x''} f(x)\mathrm{d}x\right|$$

$$< 2M\varepsilon + 2M\varepsilon = 4M\varepsilon.$$

由柯西收敛原理,反常积分 $\displaystyle\int_a^{\omega} f(x)g(x)\mathrm{d}x$ 收敛.

**例 13** 证明:(1) $\displaystyle\lim_{n\to\infty}\int_n^{n+p}\frac{\sin x}{x}\mathrm{d}x = 0(p>0).$

(2) $\displaystyle\int_0^{+\infty}\mathrm{e}^{-x}\frac{\sin ax}{x}\mathrm{d}x = \arctan a.$

**证明** (1) 由积分第二中值定理,存在 $\xi_n \in [n,n+p]$,使得当 $n\to\infty$ 时,有

$$\left|\int_n^{n+p}\frac{\sin x}{x}\mathrm{d}x\right| = \left|\frac{1}{n}\int_n^{n+\xi_n}\sin x\mathrm{d}x\right| = \frac{|\cos n - \cos(n+\xi_n)|}{n} \leqslant \frac{2}{n} \to 0,$$

所以

$$\lim_{n\to\infty}\int_n^{n+p}\frac{\sin x}{x}\mathrm{d}x = 0, p>0.$$

(2) 令 $\displaystyle I(a) = \int_0^{\infty}\mathrm{e}^{-x}\frac{\sin ax}{x}\mathrm{d}x$,则由一致收敛和分部积分知

$$I'(a) = \int_0^{\infty}\mathrm{e}^{-x}\cos ax\,\mathrm{d}x = \frac{1}{1+a^2},$$

所以

$$I(a) = I(0) + \int_0^a I'(t)\mathrm{d}t = \arctan a.$$

**例 14** 讨论无穷积分 $\displaystyle\int_1^{+\infty}(\sqrt{x+1}-\sqrt{x-1})^{\alpha}\mathrm{d}x$ 在 $\alpha$ 取何值时收敛.

**解** 当 $1\leqslant x < 1+\delta(0<\delta<1)$ 时,由

$$1-\sqrt{\delta} \leqslant \sqrt{x+1}-\sqrt{x-1} \leqslant \sqrt{2+\delta},$$

可知 1 不是瑕点. 又由

$$\lim_{x\to\infty}\frac{(\sqrt{x+1}-\sqrt{x-1})^{\alpha}}{x^{-\frac{\alpha}{2}}} = 2^{\alpha}\lim_{x\to\infty}\frac{\sqrt{x}^{\alpha}}{(\sqrt{x+1}+\sqrt{x-1})^{\alpha}}$$

$$= 2^{\alpha}\lim_{x\to\infty}\left[\frac{1}{\sqrt{1+\frac{1}{x}}+\sqrt{1-\frac{1}{x}}}\right]^{\alpha} = 1$$

及比较判别法知当且仅当 $-\dfrac{\alpha}{2}<-1$ 时原无穷积分收敛. 所以 $\alpha>2$.

**例 15** 讨论反常积分 $\displaystyle\int_0^{+\infty}\frac{\arctan x}{(1+x^2)^{\frac{3}{2}}}\mathrm{d}x$ 的敛散性,若收敛,求其值.

**解** 当 $x>1$ 时

$$0 < \frac{\arctan x}{(1+x^2)^{\frac{3}{2}}} < \frac{\frac{\pi}{2}}{(1+x^2)^{\frac{1}{2}}} < \frac{\frac{\pi}{2}}{x^3},$$

$\displaystyle\int_0^{+\infty}\frac{1}{x^3}\mathrm{d}x$ 收敛,故 $\displaystyle\int_1^{+\infty}\frac{\arctan x}{(1+x^2)^{\frac{3}{2}}}\mathrm{d}x$ 收敛,即 $\displaystyle\int_0^{+\infty}\frac{\arctan x}{(1+x^2)^{\frac{3}{2}}}\mathrm{d}x$ 收敛,应用换元积分法,有

$$\int_0^{+\infty} \frac{\arctan x}{(1+x^2)^{\frac{3}{2}}} dx = \int_0^{\frac{\pi}{2}} \frac{t \sec^2 t}{\sec^3 t} dt = \int_0^{\frac{\pi}{2}} t\cos t dt = \frac{\pi}{2} - 1.$$

**例 16** 求 $\lim\limits_{n\to\infty} \int_0^1 \frac{x^n}{1+\sqrt{x}} dx$

**解** 设 $\delta$ 是一个充分小的正数,根据积分的性质,有

$$\int_0^1 \frac{x^n}{1+\sqrt{x}} dx = \int_0^{1-\delta} \frac{x^n}{1+\sqrt{x}} dx + \int_{1-\delta}^1 \frac{x^n}{1+\sqrt{x}} dx,$$

上式取极限,有

$$\lim_{n\to\infty} \int_0^1 \frac{x^n}{1+\sqrt{x}} dx = \lim_{n\to\infty} \int_0^{1-\delta} \frac{x^n}{1+\sqrt{x}} dx + \lim_{n\to\infty} \int_{1-\delta}^1 \frac{x^n}{1+\sqrt{x}} dx,$$

其中

$$\lim_{n\to\infty} \int_0^{1-\delta} \frac{x^n}{1+\sqrt{x}} dx = \int_0^{1-\delta} \lim_{n\to\infty} \frac{x^n}{1+\sqrt{x}} dx = 0.$$

另有

$$0 \leqslant \int_{1-\delta}^1 \frac{x^n}{1+\sqrt{x}} dx \leqslant \int_{1-\delta}^1 x^n dx = \frac{x^{n+1}}{n+1} \Big|_{1-\delta}^1 = \frac{1}{n+1}(1-(1-\delta)^{n+1}) \leqslant \frac{1}{1+n},$$

所以

$$\lim_{n\to\infty} \int_{1-\delta}^1 \frac{x^n}{1+\sqrt{x}} dx = 0.$$

因此

$$\lim_{n\to\infty} \int_0^1 \frac{x^n}{1+\sqrt{x}} dx = 0.$$

**例 17** 设 $f(x)$ 在 $[a,b]$ 上可积,证明

$$\lim_{n\to\infty} \int_a^b f(x)\cos nx \, dx = 0.$$

**证明** (1) 先证明一个结论. 设 $f$ 在 $[a,b]$ 上黎曼可积;$g$ 是 $T-$ 周期函数,在 $[0,T]$ 上可积,则

$$\lim_{n\to\infty} \int_a^b f(x)g(nx) dx = \frac{1}{T} \int_a^b f(x) dx \cdot \int_0^T g(x) dx.$$

通过引进 $g = g^+ - g^-$,$g^+ = \max\{g,0\}$,$g^- = -\min\{g,0\}$,而不妨设 $g \geqslant 0$. 再者,当 $b > a$ 时,存在 $m \in \mathbf{Z}_+$,使得 $a+(m-1)T \leqslant b < a+mT$,则有

$$\lim_{n\to\infty} \int_a^{a+mT} f(x)g(nx) dx = \frac{1}{T} \int_a^{a+mT} f(x) dx \cdot \int_0^T g(x) dx,$$

上式等价于

$$\lim_{n\to\infty} \int_c^{c+T} f(x)g(nx) dx = \frac{1}{T} \int_c^{c+T} f(x) dx \int_0^T g(x) dx.$$

事实上,设

$$x_k^n = c + \frac{k}{n}T, M_k^n = \sup_{[x_{k-1}^n, x_k^n]} f, m_k^n = \lim_{[x_{k-1}^n, x_k^n]} f,$$

则

$$\int_c^{c+T} f(x)g(nx)\mathrm{d}x = \sum_{k=1}^n \int_{x_{k-1}^n}^{x_k^n} f(x)g(nx)\mathrm{d}x$$

$$= \sum_{k=1}^n f(x_k^n)\int_{x_{k-1}^n}^{x_k^n} g(nx)\mathrm{d}x + \sum_{k=1}^n \int_{x_{k-1}^n}^{x_k^n} \left[f(x)-f(x_k^n)\right]g(nx)\mathrm{d}x$$

$$= \sum_{k=1}^n f(x_k^n)\int_{nc+(k-1)T}^{nc+kT} g(t)\frac{\mathrm{d}t}{n} + \sum_{k=1}^n \int_{x_{k-1}^n}^{x_k^n} \left[f(x)-f(x_k^n)\right]g(nx)\mathrm{d}x$$

$$= \frac{1}{T}\int_0^T g(t)\mathrm{d}t \cdot \sum_{k=1}^n f(x_k^n)\frac{T}{n} + \sum_{k=1}^n \int_{x_{k-1}^n}^{x_k^n} \left[f(x)-f(x_k^n)\right]g(nx)\mathrm{d}x.$$

令 $n \to \infty$，并注意到

$$\left| \sum_{k=1}^n \int_{x_{k-1}^n}^{x_k^n} (f(x)-f(x_k^n))g(nx)\mathrm{d}x \right| \leqslant \sum_{k=1}^n (M_k^n - m_k^n)\int_{x_{k-1}^n}^{x_k^n} |g(nx)|\,\mathrm{d}x$$

$$= \sum_{k=1}^n (M_k^n - m_k^n)\int_{nc+(k-1)T}^{nc+kT} |g(t)|\frac{\mathrm{d}t}{n} \to 0, n \to \infty, \text{因为 } f \text{ 可积}.$$

我们得到

$$\lim_{n\to\infty} \int_c^{c+T} f(x)g(nx)\mathrm{d}x = \frac{1}{T}\int_c^{c+mT} f(x)\mathrm{d}x \cdot \int_0^T g(x)\mathrm{d}x.$$

（2）由第 1 步即知

$$\lim_{n\to\infty} \int_a^b f(x)\cos nx\,\mathrm{d}x = \frac{1}{2\pi}\int_a^b f(x)\mathrm{d}x \cdot \int_0^{2\pi} \cos x\,\mathrm{d}x = 0.$$

**例 18**　证明：反常积分

$$\int_1^{+\infty} \frac{\sin x}{x^p + \sin x}\mathrm{d}x,$$

当 $p \leqslant \dfrac{1}{2}$ 时发散，当 $\dfrac{1}{2} < p \leqslant 1$ 时条件收敛，当 $p > 1$ 时绝对收敛.

**证明**　当 $p > 1$ 时，对充分大的 $M > 1$，当 $x > M$ 时，有 $\left|\dfrac{\sin x}{x^p + \sin x}\right| < \dfrac{2}{x^p}$，所以积分 $\displaystyle\int_1^{+\infty} \frac{\sin x}{x^p + \sin x}\mathrm{d}x$ 绝对收敛.

当 $0 < p \leqslant 1$ 时，根据等式

$$\frac{\sin x}{x^p + \sin x} = \frac{x^p \sin x + \sin^2 x - \sin^2 x}{x^p(x^p + \sin x)} = \frac{\sin x}{x^p} - \frac{\sin^2 x}{x^p(x^p + \sin x)},$$

则有

$$\int_1^{+\infty} \frac{\sin x}{x^p + \sin x}\mathrm{d}x = \int_1^{+\infty} \frac{\sin x}{x^p}\mathrm{d}x - \int_1^{+\infty} \frac{\sin^2 x}{x^p(x^p + \sin x)}\mathrm{d}x,$$

其中积分 $\displaystyle\int_1^{+\infty} \frac{\sin x}{x^p}\mathrm{d}x$ 收敛. 当 $\dfrac{1}{2} < p \leqslant 1$ 时积分 $\displaystyle\int_1^{+\infty} \frac{\sin^2 x}{x^p(x^p + \sin x)}\mathrm{d}x$ 收敛；当 $0 < p \leqslant \dfrac{1}{2}$ 时发散.

当 $\dfrac{1}{2} < p \leqslant 1$ 时，由于

$$\int_{n\pi+\frac{\pi}{4}}^{n\pi+\frac{3\pi}{4}} \left|\frac{\sin x}{x^p + \sin x}\right|\mathrm{d}x \geqslant \frac{\pi}{2\sqrt{2}} \cdot \frac{1}{(n+1)^p \pi^p + 1},$$

级数 $\sum_{n=1}^{\infty} \dfrac{1}{(n+1)^p \pi^p + 1}$ 发散,因此:

当 $\dfrac{1}{2} < p \leqslant 1$ 时,$\displaystyle\int_1^{+\infty} \dfrac{\sin x}{x^p + \sin x}\mathrm{d}x$ 条件收敛.

当 $p \leqslant 0$ 时,因为

$$\int_{2n\pi+\frac{\pi}{4}}^{2n\pi+\frac{\pi}{2}} \frac{\sin x}{x^p + \sin x}\mathrm{d}x > \int_{2n\pi+\frac{\pi}{4}}^{2n\pi+\frac{\pi}{2}} \frac{\sin x}{2}\mathrm{d}x > \frac{\sqrt{2}}{16}\pi,$$

所以由柯西收敛原理,可知当 $p \leqslant 0$ 时,积分 $\displaystyle\int_1^{+\infty} \dfrac{\sin x}{x^p + \sin x}\mathrm{d}x$ 发散.

第5讲

# 实数的完备性

**定义 1(确界)**  设 $S \subset \mathbf{R}, S \neq \varnothing$. 若存在 $\eta \in \mathbf{R}$ 满足:

(1) 对一切的 $x \in S$, 有 $x \leqslant \eta$;

(2) 对任意的 $\alpha < \eta$, 存在 $x_0 \in S$, 使得 $x_0 > \alpha$,

则称 $\eta$ 是 $S$ 的上确界, 记为 $\eta = \sup S$.

若存在 $\xi \in \mathbf{R}$ 满足:

(1) 对一切的 $x \in S$, 有 $x \geqslant \xi$;

(2) 对任意的 $\beta > \xi$, 存在 $x_0 \in S$, 使得 $x_0 < \beta$,

则称 $\xi$ 是 $S$ 的下确界, 记为 $\xi = \inf S$.

**定义 2**  设闭区间列 $\{[a_n, b_n]\}$ 满足如下条件:

(1) $[a_n, b_n] \supset [a_{n+1}, b_{n+1}], n = 1, 2, \cdots$;

(2) $\lim\limits_{n \to \infty} (b_n - a_n) = 0$,

则称 $\{[a_n, b_n]\}$ 为闭区间套, 简称区间套. 定义 2 中的条件 (1) 实际上等价于条件

$$a_1 \leqslant a_2 \leqslant \cdots \leqslant a_n \leqslant \cdots \leqslant b_n \leqslant \cdots \leqslant b_2 \leqslant b_1.$$

**定义 3**  设 $S$ 为数轴上的非空点集, $\xi$ 为直线上的一个定点(当然可以属于 $S$ 也可以不属于 $S$). 若对于任意正数 $\varepsilon$, 在 $(\xi - \varepsilon, \xi + \varepsilon)$ 中含有 $S$ 的无限个点, 则称 $\xi$ 是 $S$ 的一个聚点.

**定义 4**  设 $S$ 为数轴上的一个点集, $H$ 为一些开区间的集合(即 $H$ 中的元素均为形如 $(\alpha, \beta)$ 的开区间). 若对于任意 $x \in S$, 都存在 $(\alpha, \beta) \in H$, 使得 $x \in (\alpha, \beta)$, 则称 $H$ 是 $S$ 的一个开覆盖.

## 一、实数基本定理

**确界定理**  对任意非空数集 $E$, 若有上界, 则必有上确界; 若有下界, 则必有下确界.

**单调有界定理**  单调有界数列必收敛.

**闭区间套定理**  任何闭区间套必有唯一的公共点.

**海涅－博雷尔(Borel)有限覆盖定理**  闭区间上的任一开覆盖, 必存在有限子覆盖.

**聚点定理**  有界无穷点集至少有一个聚点.

**致密性定理**  有界数列必有收敛子列.

**柯西收敛原理**    数列 $\{x_n\}$ 收敛的充分必要条件是：对任意给定的 $\varepsilon > 0$，存在 $N > 0$，当 $m, n > N$ 时，有 $|x_m - x_n| < \varepsilon$.

**说明**    这七个定理中，除有限覆盖定理外，其余六个定理属于同一类型，它们都指出，在一定条件下，便有某一种"点"存在，分别是：确界点、极限点、某子列收敛点、聚点、公共点. 有限覆盖定理是这六个定理的逆否形式，不论用这六个定理来分别证明有限覆盖定理，还是用有限覆盖定理证明这六个定理，都可以用反证法证明，而这六个定理都可以直接推出.

## 二、七个定理的环路证明

### 1. 用确界定理证明单调有界定理

**证明**    不妨设数列 $\{a_n\}$ 是单调递增且有上界，由确界定理知其有上确界，记为 $\alpha = \sup\{a_n\}$. 下证 $\lim\limits_{n \to \infty} a_n = \alpha$.

由上确界的定义可知，对任意的 $\varepsilon > 0$，存在某个 $a_N$，使得 $|a_N - \alpha| < \varepsilon$，那么由 $\{a_n\}$ 的单调性可知，当 $n > N$ 时，有 $|a_n - \alpha| < \varepsilon$. 故 $\lim\limits_{n \to \infty} a_n = \alpha$.

### 2. 用单调有界定理证明闭区间套定理

**证明**    设 $\{[a_n, b_n]\}$ 是一闭区间套，则 $\{a_n\}$ 单调递增，$\{b_n\}$ 单调递减，且

$$a_1 \leqslant a_2 \leqslant \cdots \leqslant a_n \leqslant \cdots \leqslant b_n \leqslant \cdots \leqslant b_2 \leqslant b_1,$$

那么 $\{a_n\}$ 有上界，$\{b_n\}$ 有下界. 所以，由单调有界定理可知，$\{a_n\}$ 和 $\{b_n\}$ 均存在极限且

$$\lim_{n \to \infty} a_n = \sup\{a_n\}, \lim_{n \to \infty} b_n = \sup\{b_n\}.$$

记 $\lim\limits_{n \to \infty} a_n = \xi$，因此 $\lim\limits_{n \to \infty} b_n = \xi$ 且

$$a_n \leqslant \xi \leqslant b_n, n = 1, 2, 3, \cdots.$$

上式对 $n$ 取极限，知 $\xi$ 是唯一的. 命题得证.

### 3. 用闭区间套定理证明有限覆盖定理

**证明**    设 $H$ 为 $[a, b]$ 的一个开覆盖，假设定理的结论不成立，即不能用 $H$ 中有限个开区间覆盖 $[a, b]$，则 $H$ 不能覆盖 $[a, b]$ 的某一子区间. 不妨设 $[a, b]$ 的一等分子区间不能被 $H$ 覆盖，记作 $[a_1, b_1]$，那么 $H$ 不能覆盖 $[a_1, b_1]$ 的一等分子区间，记作 $[a_2, b_2]$. 按此步骤一直进行下去，得到一闭区间套 $\{[a_n, b_n]\}$ 均不能被 $H$ 中有限个开区间覆盖. 设 $\lim\limits_{n \to \infty} a_n = \xi$，则对任意的 $\varepsilon > 0$，存在 $N > 0$，当 $n > N$ 时，$[a_n, b_n] \subset U(\xi, \varepsilon) \subset H$，这与 $[a_n, b_n]$ 的构造矛盾. 故命题为真.

### 4. 用有限覆盖定理证明聚点定理

**证明**    设 $S \subset R$ 是一有界无限点集，则存在实数 $a, b$，使得 $S \subset [a, b]$. 对任意给定的正数 $\varepsilon$，记 $H = \{U(x; \varepsilon) \mid x \in [a, b]\}$，则 $H$ 是 $[a, b]$ 的一个开覆盖. 那么由有限覆盖定理可知，存在 $H$ 中有限个 $\varepsilon$-邻域覆盖 $[a, b]$，记为

$H_K = \{U(x_1; \varepsilon), U(x_2; \varepsilon), \cdots, U(x_K; \varepsilon) \mid U(x_i; \varepsilon) \subset H, 1 \leqslant i \leqslant K, K$ 为有限正整数$\}$.

因此，$H_K$ 中至少有一个 $\varepsilon$-邻域含有 $S$ 中的无限个点，记为 $U(x_0; \varepsilon), x_0 \in \{x_1, x_2, \cdots, x_K\}$. 故由定义可知 $x_0$ 是 $S$ 的一个聚点. 定理得证.

**5.用聚点定理证明致密性定理.**

　　**证明**　设 $\{a_n\}$ 是一有界数列. 记 $S=\{a_n\},n=1,2,\cdots$,则 $S$ 是有界集. 若 $S$ 是有限集,则 $S$ 至少有一个元素出现无限多次,取此子列 $\{a_{n_k}\}$ 构成一常数列,则 $\{a_{n_k}\}$ 存在极限,记为 $\lim\limits_{k\to\infty}a_{n_k}=a$. 若 $S$ 是无限集,则 $S$ 存在一个聚点,记为 $\xi$. 所以 $\{a_n\}$ 中存在各项互异的子列 $\{a_{n_k}\}$,使得 $\lim\limits_{k\to\infty}a_{n_k}=\xi$. 命题得证.

**6.用致密性定理证明柯西收敛原理.**

　　**证明**　设 $\{a_n\}$ 是一柯西列,即对任意给定的正数 $\varepsilon$,存在正整数 $N$,当 $m,n>N$ 时,有 $|a_n-a_m|<\varepsilon$. 特别地,取 $\varepsilon=1,m=N+1$,令

$$M=\max\{|a_1|,|a_2|,\cdots,|a_N|,|a_{N+1}|+1\},$$

则对 $\{a_n\}$ 有通项 $|a_n|<M$,即 $\{a_n\}$ 有界. 记 $S=\{a_n\mid n=1,2,\cdots\}$,则 $S$ 是有界集. 若 $S$ 是有限集,则 $S$ 至少有一个元素出现无限多次,取此子列 $\{a_{n_k}\}$ 构成一常数列,则 $\{a_{n_k}\}$ 存在极限,记为 $\lim\limits_{n\to\infty}a_n=a$. 所以,当 $n,k>N$ 时,有 $|a_n-a_{n_k}|<\varepsilon$,即当 $k>N,n>n_k$ 时有 $|a_n-a|<\varepsilon$. 若 $S$ 是无限集,则 $\{a_n\}$ 中存在各项互异的子列 $\{a_{n_k}\}$,使得 $\lim\limits_{k\to\infty}a_{n_k}=\xi$. 由此有

$$|a_n-\xi|\leqslant|a_n-a_{n_k}|+|a_{n_k}-\xi|.$$

　　所以 $\lim\limits_{n\to\infty}a_n=\xi$. 命题得证.

**7.用柯西收敛原理证明确界定理.**

　　**证明**　设 $S$ 为非空有上界集合,不妨设 $S$ 中含有非负数. 由实数的阿基米德性,对任何正数 $\alpha$,总能找到正整数 $K_\alpha$,使得 $\lambda_\alpha=K_\alpha\alpha$ 是 $S$ 的上界,但 $\lambda_\alpha-\alpha=(K_\alpha-1)\alpha$ 不是 $S$ 的上界. 否则,$(K_\alpha-1)\alpha,(K_\alpha-2)\alpha,\cdots,(K_\alpha-n)\alpha$ 都是 $S$ 的上界. 那么当 $n>K_\alpha$ 时,$(K_\alpha-n)\alpha<0$ 也是 $S$ 的上界,这与 $S$ 的假设相矛盾. 特别地,取正数列 $\left\{\alpha_n=\dfrac{1}{n}\right\},n=1,2,\cdots$,存在一个正数列 $\{\lambda_n\}$ 是 $S$ 的上界,但 $\left\{\lambda_n-\dfrac{1}{n}\right\}$ 不是 $S$ 的上界. 所以对任意的正整数 $i,j$,当 $i\neq j$ 时,有

$$\lambda_i>\lambda_j-\frac{1}{j},\lambda_j>\lambda_i-\frac{1}{i},$$

即

$$|\lambda_i-\lambda_j|<\min\left\{\frac{1}{i},\frac{1}{j}\right\}.$$

故对任意正数 $\varepsilon$,取 $N=\left[\dfrac{1}{\varepsilon}\right]+1$,当 $m,n>N$ 时,有 $|\lambda_m-\lambda_n|<\varepsilon$,由柯西收敛原理知 $\{\lambda_n\}$ 收敛,记 $\lim\limits_{n\to\infty}\lambda_n=\lambda$. 下证 $\lambda$ 是 $S$ 的上确界.

　　由于 $\{\lambda_n\},n=1,2,\cdots$ 是 $S$ 的上界,因此对任意的 $a\in S$ 有 $a\leqslant\lambda_n$. 那么由数列极限的保不等式性可知 $\lambda\geqslant a$. 对任意的正数 $\varepsilon$,取 $N=\left[\dfrac{2}{\varepsilon}\right]+1$,当 $n>N$ 时,有

$$\lambda-\frac{\varepsilon}{2}<\lambda_n<\lambda+\frac{\varepsilon}{2}.$$

此外,根据 $\{\lambda_n\}$ 的构造可知,当 $n>N$ 时,存在 $\beta\in S$,使得

$$\beta > \lambda_n - \frac{1}{n} > \lambda_n - \frac{\varepsilon}{2} > \lambda - \varepsilon.$$

所以,由确界的定义可知 $\lambda$ 是 $S$ 的上确界.命题得证.

**典型例题**

**例 1** 设 $H = \left\{ \left( \frac{1}{n+2}, \frac{1}{n} \right) \mid n = 1, 2, \cdots \right\}$. 问:

(1) $H$ 能否覆盖 $(0, 1)$?

(2) 能否从 $H$ 中选出有限个开区间覆盖:(i) $\left( 0, \frac{1}{2} \right)$;(ii) $\left( \frac{1}{100}, 1 \right)$?

**解** (1) $H$ 能覆盖 $(0, 1)$. 因为对任意 $x \in (0, 1)$,必有自然数 $n$,使得 $\frac{1}{n+2} < x < \frac{1}{n}$;

(2)(i) 不能从 $H$ 中选出有限个开区间覆盖 $\left( 0, \frac{1}{2} \right)$. 因为对 $H$ 中任意有限个开区间,设其最小的左端点为 $\frac{1}{n_0 + 2}$,所以当 $0 < x < \frac{1}{n_0 + 2}$ 时,这有限个开区间不能覆盖 $x$.

(ii) 能从 $H$ 中选出有限个开区间覆盖 $\left( \frac{1}{100}, 1 \right)$. 例如,选区间: $\left( \frac{1}{n+2}, \frac{1}{n} \right)$, $n = 1$, $2, \cdots, 99$ 即可.

**例 2** 求数集 $S = \{ \sqrt[n]{1 + 2^{n(-1)^n}} \mid n \in \mathbf{N}_+ \}$ 的上、下确界.

**解** 因为 $\sqrt{5}$ 是 $S$ 中的最大数,于是 $\sup S = \sqrt{5}$. 再证 $\inf S = 1$,这是因为:

(1) 对任意的 $n$,有 $\sqrt[n]{1 + 2^{n(-1)^n}} \geqslant 1$;

(2) 设 $a = \sqrt[2k+1]{1 + \frac{1}{2^{2k+1}}}$,由等式
$$a^n - 1 = (a - 1)(a^{n-1} + a^{n-2} + \cdots + 1),$$
可知
$$\sqrt[2k+1]{1 + \frac{1}{2^{2k+1}}} - 1 = \frac{\frac{1}{2^{2k+1}}}{a^{2k} + a^{2k-1} + \cdots + 1} \leqslant \frac{1}{2^{2k+1}}.$$

于是,对任意的 $\delta > 0$,存在正整数 $k_0$(只要 $k_0 > \frac{1}{2} \left( \log_2 \frac{1}{\varepsilon} - 1 \right)$),使得
$$\sqrt[2k_0+1]{1 + \frac{1}{2^{2k_0+1}}} - 1 \leqslant \frac{1}{2^{2k_0+1}} < \varepsilon,$$

即 $\sqrt[2k_0+1]{1 + \frac{1}{2^{2k_0+1}}} < 1 + \varepsilon$,这样便证得 $\inf S = 1$.

**例 3** 验证数集 $S = \left\{ (-1)^n + \frac{1}{n} \right\}$ 有且只有两个聚点 $\xi_1 = -1$ 和 $\xi_2 = 1$.

**解** 当 $n$ 取奇数 $n = 2k - 1$ 时,$S$ 中的互异子列 $\left\{ -1 + \frac{1}{2k-1} \right\} \to -1$, $k \to \infty$,所以 $\xi_1 = -1$ 是 $S$ 的聚点;当 $n$ 取偶数 $n = 2k$ 时,$S$ 中的互异子列 $\left\{ 1 + \frac{1}{2k} \right\} \to 1$, $k \to \infty$,所以

$\xi_2 = 1$ 是 $S$ 的聚点.

设实数 $a \neq -1, a \neq 1$. 取 $\varepsilon_0 = \dfrac{1}{2} \min\{|a+1|, |a-1|\}$, 因为子列 $\left\{-1 + \dfrac{1}{2k-1}\right\}$ 和子列 $\left\{1 + \dfrac{1}{2k}\right\}$ 的极限都不是 $a$, 所以在邻域 $U(a; \varepsilon_0)$ 内最多只有子列 $\left\{-1 + \dfrac{1}{2k-1}\right\}$ 及子列 $\left\{1 + \dfrac{1}{2k}\right\}$ 中的有限多项, 从而只有数集 $S = \left\{(-1)^n + \dfrac{1}{n}\right\}$ 中的有限多项, 所以 $a$ 不是数集 $S$ 的聚点.

**例 4**　试证明 $\sqrt{3}$ 是无理数, 并利用这个结论证明: 任意给定两个不同的有理数 $r, s$ 之间必存在无理数 $a$.

**证明**　如果 $\sqrt{3}$ 是有理数, 设 $\sqrt{3} = \dfrac{p}{q}$, 其中 $p, q$ 为互素的正整数, 于是, $p^2 = 3q^2$, $3$ 为素数, 故 $3 \mid p$, 设 $p = 3l$, 则 $9l^2 = 3q^2$, 即 $3l^2 = q^2$, 因此, $p, q$ 不互素, 矛盾! 故 $\sqrt{3}$ 是无理数.

不妨设 $r < s$, 存在充分小的正有理数 $t$, 使得 $r + \sqrt{3}t \in (r, s)$. $r, t$ 为有理数, 则 $t > 0$, $\sqrt{3}$ 是无理数, 故 $r + \sqrt{3}t$ 是无理数. 记 $a = r + \sqrt{3}t$, 则 $a$ 为无理数, 且 $r < a < s$. 因此, 任意两个不同的有理数 $r, s$ 之间必存在有理数 $a$.

**例 5**　设 $A, B$ 皆为非空有界数集, 定义数集
$$A + B = \{z \mid z = x + y, x \in A, y \in B\}.$$
证明: (1) $\sup(A + B) = \sup A + \sup B$; (2) $\inf(A + B) = \inf A + \inf B$.

**证明**　(1) 对一切的 $x \in A, y \in B$, 有 $x \leqslant \sup A, y \leqslant \sup B$, 则有
$$x + y \leqslant \sup A + \sup B.$$
由上确界的定义可知, 对任意的 $\varepsilon > 0$, 存在 $x_0 \in A, y_0 \in B$, 使得
$$x_0 > \sup A - \frac{\varepsilon}{2}, y_0 > \sup B - \frac{\varepsilon}{2}.$$
那么
$$z_0 = x_0 + y_0 \in A + B,$$
且
$$z_0 > (\sup A + \sup B) - \varepsilon,$$
所以
$$\sup(A + B) = \sup A + \sup B.$$

(2) 对一切的 $x \in A, y \in B$, 有 $x \geqslant \inf A, y \geqslant \inf B$, 则有
$$x + y \geqslant \inf A + \inf B.$$
由下确界的定义可知, 对任意的 $\varepsilon > 0$, 存在 $x_0 \in A, y_0 \in B$, 使得
$$x_0 < \inf A + \frac{\varepsilon}{2}, y_0 < \inf B + \frac{\varepsilon}{2}.$$
那么
$$z_0 = x_0 + y_0 \in A + B,$$
且
$$z_0 > (\inf A + \inf B) + \varepsilon.$$

所以

$$\inf(A+B)=\inf A+\inf B.$$

**例 6**　设 $S$ 为非空数集，定义 $S^-=\{x\mid-x\in S\}$. 证明：$(1)\inf S^-=-\sup S$；$(2)\sup S^-=-\inf S$.

**证明**　（1）设 $\sup S=\eta$，下证 $\inf S^-=-\eta$.

对一切的 $x\in S^-$，有 $x\geqslant-\eta$.

对任意给定的 $\varepsilon>0$，存在 $x_0\in S$，使得 $x_0>\eta-\varepsilon$. 所以 $-x_0<-\eta+\varepsilon$，其中 $-x_0\in S^-$. 因此 $\inf S^-=-\eta$，即 $\inf S^-=-\sup S$.

（2）设 $\inf S=\xi$，下证 $\sup S^-=-\xi$.

对一切的 $x\in S^-$，有 $x\leqslant-\xi$.

对任意给定的 $\varepsilon>0$，存在 $x_0\in S$，使得 $x_0<\xi+\varepsilon$. 所以 $-x_0>-\xi-\varepsilon$，其中 $-x_0\in S^-$. 因此 $\sup S^-=-\xi$，即 $\inf S^-=-\sup S$.

**例 7**　设 $f(x),g(x)$ 为定义在 $D$ 上的有界函数，证明：

$(1)\ \displaystyle\inf_{x\in D}\{-f(x)\}=-\sup_{x\in D}\{f(x)\}$；

$(2)\ \displaystyle\sup_{x\in D}\{f(x)+g(x)\}\geqslant\inf_{x\in D}\{f(x)\}+\sup_{x\in D}\{g(x)\}$.

**证明**　（1）记 $A=\displaystyle\sup_{x\in D}\{f(x)\}$，则对任意 $x\in D$，有 $f(x)\leqslant A$，且对任意 $\varepsilon>0$，存在 $x_0\in D$，使得 $f(x_0)\geqslant A-\varepsilon$，所以 $-f(x)\geqslant-A$，$-f(x_0)\leqslant-A+\varepsilon$. 因此

$$\inf_{x\in D}\{-f(x)\}=-A=-\sup_{x\in D}\{f(x)\}.$$

（2）因为 $\displaystyle\inf_{x\in D}\{f(x)\}+g(x)\leqslant f(x)+g(x)\leqslant\sup_{x\in D}\{f(x)+g(x)\}$，所以

$$\sup_{x\in D}\{\inf_{x\in D}\{f(x)\}+g(x)\}=\inf_{x\in D}\{f(x)\}+\sup_{x\in D}\{g(x)\}\leqslant\sup_{x\in D}\{f(x)+g(x)\},$$

即

$$\sup_{x\in D}\{f(x)+g(x)\}\geqslant\inf_{x\in D}\{f(x)\}+\sup_{x\in D}\{g(x)\}$$

**例 8**　设 $f(x),g(x)$ 为非空数集 $D$ 上的有界函数，证明：

$$\inf_{x\in D}\{f(x)+g(x)\}\leqslant\inf_{x\in D}\{f(x)\}+\sup_{x\in D}\{g(x)\}.$$

**证明**　任取 $u\in D$，有

$$\inf_{x\in D}\{f(x)+g(x)\}\leqslant f(u)+g(u)\leqslant f(u)+\sup_{v\in D}\{g(v)\}.$$

于是

$$\inf_{x\in D}\{f(x)+g(x)\}\leqslant f(u)+\sup_{v\in D}\{g(v)\}.$$

故

$$\inf_{x\in D}\{f(x)+g(x)\}\leqslant\inf_{u\in D}\{f(u)+\sup_{v\in D}\{g(v)\}\}=\inf_{u\in D}\{f(u)\}+\sup_{v\in D}\{g(v)\},$$

即

$$\inf_{x\in D}\{f(x)+g(x)\}\leqslant\inf_{x\in D}\{f(x)\}+\sup_{x\in D}\{g(x)\}.$$

**例 9**　试利用区间套定理证明确界定理.

**证明**　设 $S$ 为一非空有上界 $M$ 的数集. 因其非空，故有 $a_0\in S$，不妨设 $a_0$ 不是 $S$ 的上界（否则 $a_0$ 为 $S$ 的最大元，即为 $S$ 的上确界），记 $[a_1,b_1]=[a_0,M]$. 将 $[a_1,b_1]$ 二等分，其中必有一子区间，其右端点为 $S$ 的上界，但左端点不是 $S$ 的上界，记为 $[a_2,b_2]$，再将 $[a_2,$

$b_2$]二等分,其中必有一子区间,其右端点是 $S$ 的上界,而左端点不是 $S$ 的上界,记为[$a_3$,$b_3$].依此类推,得到一区间套{[$a_n,b_n$]},其中 $b_n$ 恒为 $S$ 的上界,$a_n$ 恒非 $S$ 的上界,且

$$b_n - a_n = \frac{1}{2}(b_{n-1} - a_{n-1}) = \frac{1}{2^{n-1}}(b_1 - a_1) = \frac{M - a_0}{2^{n-1}} \to 0, n \to \infty.$$

由区间套定理可知,存在 $\xi \in [a_n, b_n], n = 1, 2, \cdots$. 现证 $\xi$ 即为 $\sup S$:(1) 因为对任意的 $x \in S, x \leqslant b_n$,令 $n \to \infty$,取极限,得 $x \leqslant \xi$,即 $\xi$ 为 $S$ 的上界. (2) 对任意的 $\varepsilon > 0$,因为 $\lim\limits_{n \to \infty} a_n = \xi$,故 $a_n > \xi - \varepsilon$,由于 $a_n$ 不是 $S$ 的上界,因此 $\xi - \varepsilon$ 更不是 $S$ 的上界,所以 $\xi$ 是 $S$ 的最小上界,即 $\sup S = \xi$.

同理,可证有下界的非空数集必有下确界.

**例 10**　试用有限覆盖定理证明区间套定理.

**证明**　设{[$a_n, b_n$]}为一区间套,欲证存在唯一的点 $\xi \in [a_n, b_n], n = 1, 2, \cdots$.

下面用反证法来构造[$a_1, b_1$]的一个无限覆盖. 倘若{[$a_n, b_n$]}不存在公共点 $\xi$,则[$a_1, b_1$]中任一点都不是区间套的公共点. 于是,对任意的 $x \in [a_1, b_1]$,存在[$a_n, b_n$],使 $x \notin [a_n, b_n]$,即存在 $U(x; \delta_x)$ 与某个[$a_n, b_n$]不相交. 当 $x$ 取遍[$a_1, b_1$]时,这无限多个邻域构成[$a_1, b_1$]的一个无限开覆盖:$H = \{U(x; \delta_x) \mid x \in [a_1, b_1]\}$.

依据有限覆盖定理可知,存在[$a_1, b_1$]的一个有限覆盖:$\widetilde{H} = \{U_i = U(x_i; \delta_{x_i}) \mid i = 1, 2, \cdots, N\} \subset H$,其中每个邻域 $U_i \bigcap [a_{n_i}, b_{n_i}] = \varnothing, i = 1, 2, \cdots, N$. 若令 $K = \max\{n_1, n_2, \cdots, n_N\}$,则[$a_K, b_K$] $\subset [a_{n_i}, b_{n_i}], i = 1, 2, \cdots, N$,从而

$$[a_K, b_K] \bigcap U_i = \varnothing, i = 1, 2, \cdots, N.$$

但是 $\bigcup\limits_{i=1}^{N} U_i$ 覆盖了[$a_1, b_1$],也就覆盖了[$a_K, b_K$],这与[$a_K, b_K$] $\bigcap U_i = \varnothing$ 相矛盾. 所以必定存在 $\xi \in [a_n, b_n], n = 1, 2, \cdots$.

由于 $\lim\limits_{n \to \infty} a_n = \lim\limits_{n \to \infty} b_n = \xi$,因此 $\xi$ 是唯一的点.

**例 11**　证明:若一个有序域如果具有完备性,则必定具有阿基米德性.

**证明**　用反证法. 若存在某个完备有序域 $F$ 不具有阿基米德性,则必存在两个正元素 $\alpha, \beta \in F$,使序列{$n\alpha$}中没有一项大于 $\beta$. 于是,{$n\alpha$}有上界($\beta$ 就是一个),从而由完备性假设可知,存在上确界 $\sup\{n\alpha\} = \lambda$. 由上确界定义知,对一切正整数 $n$,有 $\lambda \geqslant n\alpha$;同时存在某个正整数 $n_0$,使 $n_0\alpha > \lambda - \alpha$. 由此得出

$$(n_0 + 2)\alpha \leqslant \lambda < (n_0 + 1)\alpha.$$

这与 $\alpha > 0$ 相矛盾. 所以,具有完备性的有序域必定具有阿基米德性.

**例 12**　证明有界性定理.

**证明**　设函数 $f$ 在闭区间[$a, b$]上连续,下面证 $f$ 在闭区间[$a, b$]上有界.

设 $x \in [a, b]$,由连续函数的局部有界性可知,存在 $\delta_x > 0$,使得 $f$ 在集合 $U(x; \delta_x) \bigcap [a, b]$ 上有界. 考虑开区间集

$$H = \{U(x; \delta_x) \mid x \in [a, b]\},$$

由有限覆盖定理可知,存在 $H$ 的有限子集

$$H^* = \{U(x_i; \delta_{x_i}) \mid x_i \in [a, b], i = 1, 2, \cdots, K\}$$

覆盖了[$a, b$],则存在正数 $M_1, M_2, \cdots, M_K$,使得对一切 $x \in U(x_i; \delta_{x_i}) \bigcap [a, b]$ 有

$\mid f(x)\mid\leqslant M_i$. 令 $M=\max\limits_{1\leqslant i\leqslant K}\{M_i\}$，则对任意的 $x\in[a,b]$，有 $\mid f(x)\mid\leqslant M$. 从而证明了 $f$ 在闭区间 $[a,b]$ 上有界.

**例 13** 证明最值定理. 即函数 $f$ 在闭区间 $[a,b]$ 上连续，则 $f$ 在闭区间 $[a,b]$ 上有最大值和最小值.

**证明** 若 $f$ 在闭区间 $[a,b]$ 上连续，则 $f$ 在闭区间 $[a,b]$ 上有界. 那么集合 $S=\{f(x)\mid x\in[a,b]\}$ 有上确界和下确界，不妨设 $\alpha=\sup S,\beta=\inf S$. 下面证明存在 $\xi\in[a,b]$，使得 $f(\xi)=\alpha$.

由上确界的定义可知，对正数列 $\left\{\dfrac{1}{n}\right\}$，$n=1,2,\cdots$，存在点列 $\{x_n\}\subset[a,b]$，使得

$$\alpha-\frac{1}{n}<f(x_n)\leqslant\alpha,$$

那么由致密性定理可知，$\{x_n\}$ 存在收敛子列，不妨记 $\lim\limits_{k\to\infty}x_{n_k}=\xi$，显然 $\xi\in[a,b]$. 特别地，有

$$\alpha-\frac{1}{n_k}<f(x_{n_k})\leqslant\alpha,$$

对上式取极限有

$$\lim\limits_{k\to\infty}\left(\alpha-\frac{1}{n_k}\right)<\lim\limits_{k\to\infty}f(x_{n_k})\leqslant\alpha$$

所以由函数的连续性可知 $f(\xi)=\alpha$.

采用类似的方法可证得在 $\eta\in[a,b]$ 有 $f(\eta)=\beta$. 定理得证.

**例 14** 证明介值定理. 设函数 $f$ 在闭区间 $[a,b]$ 上连续，且 $f(a)\neq f(b)$. 若 $\mu$ 为介于 $f(a)$ 与 $f(b)$ 之间的任何实数，则存在 $\xi\in[a,b]$，使得 $f(\xi)=\mu$.

**证明** 对任意的 $x\in[a,b]$，假设 $f(x)\neq\mu$，则由保号性可知，存在 $\delta_x>0$，使得 $f$ 在集合 $U(x;\delta_x)\bigcap[a,b]$ 上的取值恒大于 $\mu$ 或恒小于 $\mu$. 考虑开区间集

$$H=\{U(x;\delta_x)\mid x\in[a,b]\},$$

由有限覆盖定理可知，存在 $H$ 的有限子集

$$H^*=\{U(x_i;\delta_{x_i})\mid x_i\in[a,b],i=1,2,\cdots,K\}$$

覆盖了 $[a,b]$. 令 $f$ 在 $H^*$ 中的 $U(x_i;\delta_{x_i})\bigcap[a,b]$ 上取值恒大于 $\mu$ 的并集为 $A$，$f$ 在 $H^*$ 中的 $U(x_i;\delta_{x_i})\bigcap[a,b]$ 上取值恒小于 $\mu$ 的并集为 $B$，则 $A\bigcap B\neq\varnothing$. 否则，$f$ 在 $[a,b]$ 上的取值恒大于 $\mu$ 或恒小于 $\mu$，与 $f$ 在 $A\bigcap B$ 的取值矛盾. 因此假设不成立，存在 $\xi\in[a,b]$，使得 $f(\xi)=\mu$. 定理得证.

**例 15** 证明一致连续性定理. 若函数 $f$ 在闭区间 $[a,b]$ 上连续，则 $f$ 在区间 $[a,b]$ 上一致连续.

**证明** 由于 $f$ 在区间 $[a,b]$ 上连续，因此由函数连续的定义可知，对任意的 $\varepsilon>0$，$x\in[a,b]$，存在 $\delta_x>0$，当 $x'\in U(x;\delta_x)$ 时，有 $\mid f(x')-f(x)\mid<\dfrac{\varepsilon}{2}$. 考虑开区间集

$H=\left\{U\left(x;\dfrac{\delta_x}{2}\right)\Big|x\in[a,b]\right\}$，由有限覆盖定理可知，存在 $H$ 的有限子集

$$H^*=\left\{U\left(x_i;\frac{\delta_{x_i}}{2}\right)\Big|x_i\in[a,b],i=1,2,\cdots,K\right\}$$

覆盖了 $[a,b]$，且相邻的两个邻域相交. 令 $\delta=\max\limits_{1\leqslant i\leqslant K}\left\{\dfrac{\delta_{x_i}}{2}\right\}$，对任意的 $x',x''\in[a,b]$，若 $\mid x'-x''\mid<\delta$，则 $x',x''$ 只能是以下两种情形之一：

(1) $x',x''$ 同时在某一邻域 $U\left(x_i;\dfrac{\delta_{x_i}}{2}\right)$ 中，此时

$$\mid f(x')-f(x'')\mid\leqslant\mid f(x')-f(x_i)\mid+\mid f(x_i)-f(x'')\mid<\dfrac{\varepsilon}{2}+\dfrac{\varepsilon}{2}=\varepsilon.$$

(2) $x',x''$ 分别在相邻的两个邻域中，不妨设 $x'\in U\left(x_i;\dfrac{\delta_{x_i}}{2}\right)$，$x''\in U\left(x_{i+1};\dfrac{\delta_{x_{i+1}}}{2}\right)$，则存在 $x_0\in[a,b]$，使得 $x_0\in U\left(x_i;\dfrac{\delta_{x_i}}{2}\right)\bigcap U\left(x_{i+1};\dfrac{\delta_{x_{i+1}}}{2}\right)$，那么有

$$\mid f(x')-f(x'')\mid\leqslant\mid f(x')-f(x_0)\mid+\mid f(x_0)-f(x'')\mid<\dfrac{\varepsilon}{2}+\dfrac{\varepsilon}{2}=\varepsilon,$$

所以对任意的 $x',x''\in[a,b]$，只要 $\mid x'-x''\mid<\delta$，就有 $\mid f(x')-f(x'')\mid<\varepsilon$. 故 $f$ 在区间 $[a,b]$ 上一致连续. 定理得证.

**例 16**　设 $f$ 在区间 $[a,b]$ 上有定义，且在 $[a,b]$ 上每一点都存在极限，试证 $f$ 在 $[a,b]$ 上有界.

**证明**　由函数极限的局部有界性可知，对任意的 $x\in[a,b]$，存在 $\delta_x>0,M_x>0$，当 $x'\in \mathring{U}(x;\delta_x)$ 时，有 $\mid f(x')\mid\leqslant M_x$. 考虑开区间集 $H=\{U(x;\delta_x)\mid x\in[a,b]\}$，由有限覆盖定理可知，存在 $H$ 的有限子集

$$H^*=\{U(x_i;\delta_{x_i})\mid x_i\in[a,b],i=1,2,\cdots,K\}$$

覆盖了 $[a,b]$，相应的 $M_x$ 分别记为 $M_1,M_2,\cdots,M_K$，令

$$M=\max\{M_1,M_2,\cdots,M_K,\mid f(x_1)\mid,\mid f(x_2)\mid,\cdots,\mid f(x_K)\mid\},$$

则对任意的 $x\in[a,b]$，都有 $\mid f(x)\mid\leqslant M$. 故 $f$ 在 $[a,b]$ 上有界.

**例 17**　若函数 $f(x)$ 在 $[a,b]$ 上无界，则必存在 $[a,b]$ 上的某点，使得 $f(x)$ 在该点的任意邻域内无界.

**证明**　用反证法，若对任意的 $x\in[a,b]$，存在 $\delta_x>0$，使得 $f(x)$ 在 $U(x;\delta_x)$ 中有界，则令 $H=\{U(x;\delta_x)\mid x\in[a,b]\}$，它成为 $[a,b]$ 的一个无限开覆盖. 由有限覆盖定理可知，存在 $H^*=\{U(x_i;\delta_{x_i})\mid 1\leqslant i\leqslant k\}\subset H$ 为 $f(x)$ 的有限开覆盖. 由于 $f(x)$ 在 $U(x_i;\delta_{x_i})$ 内有界，因此 $f(x)$ 在 $[a,b]$ 有上界，这与 $f(x)$ 在 $[a,b]$ 上的无界性相矛盾.

**例 18**　证明实数轴上任何一个有界的无限点集合 $S$ 至少有一个聚点.

**证明**　$S$ 为有界的无限点集合，设 $m,M$ 为其上、下确界，假设 $S$ 没有聚点，则 $[m,M]$ 上任意点 $x_0$ 都不是其聚点，于是存在 $x_0$ 的一个邻域 $u(x_0)$，其中只有 $S$ 的有限多项，$\{u(x_0)\}$ 构成了 $[m,M]$ 的一个开覆盖，其中必有有限的子覆盖，设为 $\{u(x_i)\}_{i=1}^{N}$，则 $\bigcup\limits_{i=1}^{N}u(x_i)$ 只有 $S$ 的有限多项，但 $[m,M]\in\bigcup\limits_{i=1}^{N}u(x_i)$，故 $[m,M]$ 中也只有 $S$ 的有限多项，但与 $S\subset[m,M]$ 矛盾，故 $S$ 至少有一个聚点.

**例 19**　设 $\{x_n\}$ 为单调数列. 证明：若 $\{x_n\}$ 存在聚点，则必是唯一的，且为 $\{x_n\}$ 的确界.

**证明** 设 $\{x_n\}$ 为单调递增数列，$\xi$ 为 $\{x_n\}$ 的聚点. 首先，证明 $\xi$ 是唯一的. 假设 $\eta$ 也是 $\{x_n\}$ 的聚点，不妨设 $\xi < \eta$. 取 $\varepsilon = \dfrac{\eta - \xi}{2}$，由聚点的定义可知，在 $\eta$ 的邻域 $U(\eta; \varepsilon)$ 内有 $\{x_n\}$ 的无穷多个点，设 $x_N \in U(\eta; \varepsilon)$. 因为 $\{x_n\}$ 为单调递增数列，所以当 $n > N$ 时，$x_n \geqslant x_N$. 于是在 $\xi$ 的邻域 $U(\xi; \varepsilon)$ 内最多只有 $\{x_n\}$ 中的有限多个点：$x_1, x_2, \cdots, x_{N-1}$. 这与 $\xi$ 为 $\{x_n\}$ 的聚点相矛盾. 故 $\xi$ 为 $\{x_n\}$ 的唯一聚点.

其次，证明 $\xi$ 为 $\{x_n\}$ 的上确界. 先证 $\xi$ 是 $\{x_n\}$ 的一个上界. 假设 $\xi$ 不是 $\{x_n\}$ 的一个上界，于是存在 $x_N > \xi$. 这时取 $\varepsilon = x_N - \xi$，则在 $\xi$ 的邻域 $U(\xi; \varepsilon)$ 内最多只有 $\{x_n\}$ 中的有限多个点：$x_1, x_2, \cdots, x_{N-1}$，这与 $\xi$ 为 $\{x_n\}$ 的聚点相矛盾. 最后，证明 $\xi$ 是 $\{x_n\}$ 的最小上界. 对任意的 $\varepsilon > 0$，在 $\xi$ 的邻域 $U(\xi; \varepsilon)$ 内有 $\{x_n\}$ 中的无限多个点，设 $x_N \in U(\xi; \varepsilon)$，从而 $x_N > \xi - \varepsilon$. 所以 $\xi = \sup\{x_n\}$.

**例 20** 设 $\{a_n\}$ 为收敛数列，证明 $\{a_n\}$ 的上、下确界中至少有一个属于 $\{a_n\}$.

**证明** 因为 $\{a_n\}$ 为收敛数列，所以 $\{a_n\}$ 为非空有界集，由确界定理可知，存在 $\xi = \sup\{a_n\}$，$\eta = \inf\{a_n\}$. 若 $\xi = \eta$，则 $\{a_n\}$ 为常数列，于是 $\xi, \eta \in \{a_n\}$. 若 $\xi \neq \eta$，且 $\xi \notin \{a_n\}$，$\mu \notin \{a_n\}$，则存在两个子列 $\{a_{n'_k}\}$，$\{a_{n''_k}\}$，使得 $\lim\limits_{k \to \infty} a_{n'_k} = \xi$，$\lim\limits_{k \to \infty} a_{n''_k} = \eta$，即 $\{a_n\}$ 存在两个子列收敛于不同的极限，这与 $\{a_n\}$ 为收敛数列相矛盾. 由此可见 $\{a_n\}$ 的上、下确界中至少有一个属于 $\{a_n\}$.

**例 21** 设 $\{(a_n, b_n)\}$ 是一个严格开区间套，即满足 $a_1 < a_2 < \cdots < a_n < b_n < \cdots < b_2 < b_1$，且 $\lim\limits_{n \to \infty}(b_n - a_n) = 0$. 证明：存在唯一的一点 $\xi$，使得 $a_n < \xi < b_n$，$n = 1, 2, \cdots$.

**证明** 由于 $\{a_n\}$ 为严格递增有界数列，故 $\{a_n\}$ 有极限 $\xi$，且有 $a_n \leqslant \xi$，$n = 1, 2, \cdots$. 其中等号不能成立，不然 $a_n = \xi$，因为 $\{a_n\}$ 严格递增，所以必有 $a_{n+1} > a_n = \xi$，矛盾. 故 $a_n < \xi$，$n = 1, 2, \cdots$. 同理，严格递减有界数列 $\{b_n\}$ 也有极限，且

$$\lim_{n \to \infty} b_n = \lim_{n \to \infty} a_n = \xi, \quad a_n < \xi < b_n, \quad n = 1, 2, \cdots.$$

**例 22** 试用有限覆盖定理证明根的存在定理.

**证明** 设 $f$ 在 $[a, b]$ 连续，$f(a) < 0$，$f(b) > 0$. 由连续函数的局部保号性可知，存在 $\delta > 0$，使得在 $[a, a+\delta)$ 内 $f(x) < 0$，在 $(b-\delta, b]$ 内 $f(x) > 0$.

假设对任何 $x_0 \in (a, b)$，都有 $f(x_0) \neq 0$，则由连续函数的局部保号性可知，存在 $x_0$ 的某个邻域 $U(x_0; \delta_{x_0}) = (x_0 - \delta_{x_0}, x_0 + \delta_{x_0})$，使得在此邻域内 $f(x) \neq 0$ 且 $f(x)$ 的符号与 $f(x_0)$ 的符号相同. 集合族

$$H = \{(x - \delta_x, x + \delta_x) \mid x \in (a, b)\} \bigcup \{[a, a+\delta)\} \bigcup \{(b-\delta, b]\}$$

是 $[a, b]$ 的一个开覆盖，由有限覆盖定理可知，存在 $H$ 的一个有限子集

$$H^* = \{(x_i - \delta_i, x_i + \delta_i) \mid i = 1, 2, \cdots, n\} \bigcup \{[a, a+\delta)\} \bigcup \{(b-\delta, b]\}$$

覆盖了 $[a, b]$. 将 $H^*$ 中的邻域分成两部分：使 $f(x) < 0$ 的邻域记为 $H_1^*$，使 $f(x) > 0$ 的邻域记为 $H_2^*$. $H_1^*$ 的所有开区间中右端点最大的区间记为 $(x_k - \delta_k, x_k + \delta_k)$，令这个最大的右端点 $x_k + \delta_k$ 为 $\xi$. 因为在 $(b-\delta, b]$ 内 $f(x) > 0$，所以 $\xi \neq b$ 且 $\xi \neq a$，即 $\xi \in (a, b)$. 因为 $H^*$ 覆盖了 $[a, b]$，所以存在 $H^*$ 中的一个区间 $(x_i - \delta_i, x_i + \delta_i)$，使得 $\xi \in (x_i - \delta_i, x_i + \delta_i)$. 由于 $\xi$ 是 $H_1^*$ 的所有开区间右端点中最大的，故区间 $(x_i - \delta_i, x_i + \delta_i)$ 不属于

$H_1^*$ 而属于 $H_2^*$，从而对任意的 $x \in (x_i - \delta_i, x_i + \delta_i)$，有 $f(x) > 0$. 因为区间 $(x_k - \delta_k, x_k + \delta_k)$ 的右端点 $x_k + \delta_k = \xi$ 属于区间 $(x_i - \delta_i, x_i + \delta_i)$，所以区间 $(x_i - \delta_i, x_i + \delta_i)$ 必与区间 $(x_k - \delta_k, x_k + \delta_k)$ 相交，那么在这两个区间相交的公共部分 $(x_i - \delta_i, x_k + \delta_k)$ 内 $f$ 既大于零，又小于零，矛盾.

**例 23**　试用聚点定理证明柯西收敛原理.

**证明**　设对任意的 $\varepsilon > 0$，存在 $N > 0$，对任意的 $m, n > N$，存在 $|a_m - a_n| < \varepsilon$，要证明数列 $\{a_n\}$ 收敛.

首先，证明数列 $\{a_n\}$ 有界. 取 $\varepsilon = 1$，存在 $N > 0$，当 $n > N$ 时，有 $|a_n - a_{N+1}| < 1$，于是 $|a_n| < |a_{N+1}| + 1$. 令 $M = \max\{|a_1|, |a_2|, \cdots, |a_N|, |a_N| + 1\}$，则 $|a_n| < M$，$n = 1, 2, \cdots$，所以数列 $\{a_n\}$ 有界.

其次，证明数列 $\{a_n\}$ 有收敛的子列. 若集合 $S = \{a_n \mid n = 1, 2, \cdots\}$ 是有限集，则数列 $\{a_n\}$ 有常数子列，当然收敛. 若集合 $S$ 是无限集，并且已经证明了 $S$ 是有界的，则由聚点定理可知，$S$ 有聚点，设 $S$ 的聚点为 $\xi$. 再由聚点的等价定义可知，存在互异的收敛数列 $\{a_{n_k}\} \subset \{a_n\}$，使得 $\lim\limits_{k \to \infty} a_{n_k} = \xi$.

最后，证明 $\lim\limits_{n \to \infty} a_n = \xi$. 由题设可知，对任意的 $\varepsilon > 0$，存在 $N_1 > 0$，对任意的 $m, n > N_1$，存在 $|a_m - a_n| < \varepsilon$. 再由 $\lim\limits_{k \to \infty} a_{n_k} = \xi$ 可知，存在 $N_2 > 0$，对任意的 $k > N_2$，有 $|a_{n_k} - \xi| < \varepsilon$. 现在，取 $N = \max\{N_1, N_2\}$，当 $n > N$ 时，有（任取 $k > N$）$|a_n - \xi| \leqslant |a_n - a_{n_k}| + |a_{n_k} - \xi| < \varepsilon + \varepsilon = 2\varepsilon$. 所以 $\lim\limits_{n \to \infty} a_n = \xi$.

**例 24**　设函数 $f(x)$ 和 $g(x)$ 都在区间 $I$ 上一致连续.

(1) 若 $I$ 为有限区间，证明 $f(x) g(x)$ 在 $I$ 上一致连续；

(2) 若 $I$ 为无限区间，举例说明 $f(x) g(x)$ 在 $I$ 上不一定一致连续.

**证明**　(1) 因为 $f(x)$ 和 $g(x)$ 都在区间 $I$ 上一致连续，所以 $f(x)$ 和 $g(x)$ 都在区间 $I$ 上有界，于是存在 $M > 0$，使得对任意的 $x \in I$ 有 $f(x) \leqslant M, g(x) \leqslant M$. 由一致连续的定义可知，对任意的 $\varepsilon > 0$，存在 $\delta > 0$，使得对任意的 $x', x'' \in I$，只要 $|x' - x''| < \delta$，就有

$$|f(x') - f(x'')| < \varepsilon, \quad |g(x') - g(x'')| < \varepsilon.$$

从而有

$$
\begin{aligned}
|f(x') g(x') - f(x'') g(x'')| &\leqslant |f(x') g(x') - f(x') g(x'')| + \\
&\quad |f(x') g(x'') - f(x'') g(x'')| \\
&= |f(x')| |g(x') - g(x'')| + \\
&\quad |g(x'')| |f(x') - f(x'')| \\
&\leqslant M\varepsilon + M\varepsilon.
\end{aligned}
$$

所以 $f(x) g(x)$ 在 $I$ 上一致连续.

(2) 设 $f(x) = x, g(x) = x, I = (-\infty, +\infty)$，则 $f(x)$ 和 $g(x)$ 都在区间 $I$ 上一致连续，但 $f(x) g(x) = x^2$ 在区间 $I$ 上不一致连续.

**例 25**　设 $f$ 在 $[a, b]$ 上连续，对任意的 $x \in [a, b], f(x) > 0$. 试用有限覆盖定理证明：必存在 $c > 0$，使得对任意 $x \in [a, b]$，满足 $f(x) \geqslant c$.

**证明**  对任意 $x \in [a,b]$，因为 $f(x) > 0$，由连续函数的局部保号性可知，存在 $\delta_x > 0$，对任意的 $x' \in U(x;\delta_x)$，有 $f(x') > \dfrac{f(x)}{2}$. 现令 $H = \{U(x;\delta_x) \mid x \in [a,b]\}$，它是 $[a,b]$ 的一个无限开覆盖，由有限开覆盖定理可知，存在 $H^* = \{U(x_i;\delta_{x_i}) \mid i=1,$ $2,\cdots,n\} \subset H$ 为 $[a,b]$ 的有限开覆盖，取 $c = \min\limits_{1 \leqslant i \leqslant k} \left\{ \dfrac{f(x_i)}{2} \right\}$，对任意的 $x \in [a,b]$，存在某个 $i(1 \leqslant i \leqslant k)$，使得 $x \in U(x_i;\delta_{x_i})$，于是 $f(x) > \dfrac{f(x_i)}{2} \geqslant c$.

**例 26**  试用确界定理证明：若函数 $f(x)$ 在闭区间 $[a,b]$ 上连续，则 $f(x)$ 在 $[a,b]$ 上有界.

**证明**  设 $S = \{x \mid f(x)$ 在 $[a,x]$ 上有界，$x \in (a,b]\}$. 由分析可知，$S$ 为非空有上界的数集，于是由确界定理可知，存在 $\xi = \sup S$. 现用反证法证明 $\xi = b$.

若 $\xi < b$，由连续函数的局部有界性可知，存在 $\delta_0 > 0$，使得 $f(x)$ 在 $(\xi - \delta_0, \xi + \delta_0)$ 内有界，即存在 $\delta_0 > \xi$，而这与 $\xi = \sup S$ 相矛盾，所以 $\xi = b$.

再证函数 $f(x)$ 在 $[a,b]$ 上有界. 因为 $f(x)$ 在点 $b$ 连续，所以存在 $\delta_0 > 0$，使得 $f(x)$ 在 $(b-\delta,b]$ 上有界；再由 $b = \sup S$ 可知，$f(x)$ 在 $\left(a,b-\dfrac{\delta}{2}\right]$ 上，于是 $f(x)$ 在 $[a,b]$ 上有界.

## 第6讲

# 数项级数

## 一、数项级数及其敛散性

**定义1** 给定一个数列$\{u_n\}$,对它的各项依次用"+"号连接起来的表达式

$$u_1 + u_2 + \cdots + u_n + \cdots \tag{1}$$

称为数项级数或无穷级数,简称为级数,记为$\sum\limits_{n=1}^{\infty} u_n$,其中$u_n$称为数项(1)的通项.数项级数(1)的前$n$项之和记为$S_n = \sum\limits_{k=1}^{n} u_k$,称为式(1)的前$n$项部分和,简称为部分和.

**定义2** 若级数(1)的部分和数列$\{S_n\}$收敛于$S$(即$\lim\limits_{n\to\infty} S_n = S$),则称级数(1)收敛,并称$S$为(1)的和,记为$S = \sum\limits_{n=1}^{\infty} u_n$.若$\{S_n\}$是发散数列,则称级数(1)发散.

## 二、收敛级数的基本性质.

(1)收敛级数的柯西收敛原理.

**定理1** 级数(1)收敛的充分必要条件是:对任意$\varepsilon > 0$,存在$N > 0$,当$n > N$时,对任意的正整数$p$,有$|u_{n+1} + u_{n+2} + \cdots + u_{n+p}| < \varepsilon$成立.

(2)级数收敛的必要条件:若级数$\sum\limits_{n=1}^{\infty} a_n$收敛,则$\lim\limits_{n\to\infty} a_n = 0$.

(3)去掉、增加或改变级数的有限项并不改变级数的敛散性.

(4)在收敛级数的项中任意加括号,既不改变级数的收敛性,也不改变它的和(正项级数亦如此),即收敛级数满足结合律.

(5)若级数适当加括号后发散,则原级数发散.

(6)在级数中,若不改变级数中各项的位置,只把符号相同的项加括号组成一个新级数,则两个级数具有相同的敛散性.

(7)线性运算性质.

若级数$\sum\limits_{n=1}^{\infty} u_n$与$\sum\limits_{n=1}^{\infty} v_n$都收敛,$c,d$是常数,则$\sum\limits_{n=1}^{\infty} (cu_n + dv_n)$也收敛,且

$$\sum_{n=1}^{\infty}(cu_n \pm dv_n) = c\sum_{n=1}^{\infty}u_n \pm d\sum_{n=1}^{\infty}v_n.$$

### 三、正项级数收敛性判别法

**1. 数项级数收敛的充分必要条件**

$\sum_{n=1}^{\infty}u_n$ 收敛的充分必要条件是部分和数列 $\{S_n\}$ 有界.

**2. 比较判别法**

**定理 2**　设 $\sum_{n=1}^{\infty}u_n$ 与 $\sum_{n=1}^{\infty}v_n$ 是两个正项级数,若存在正整数 $N$,当 $n > N$ 时,都有 $u_n \leqslant v_n$,则:

(1) 若 $\sum_{n=1}^{\infty}v_n$ 收敛,则 $\sum_{n=1}^{\infty}u_n$ 收敛;

(2) 若 $\sum_{n=1}^{\infty}u_n$ 发散,则 $\sum_{n=1}^{\infty}v_n$ 发散.

**3. 比较原则的极限形式**

**定理 3**　有两个正项级数 $\sum_{n=1}^{\infty}u_n$ 和 $\sum_{n=1}^{\infty}v_n$,若 $\lim\limits_{n \to \infty}\dfrac{u_n}{v_n} = l$,则:

(1) 当 $0 < l < +\infty$ 时,$\sum_{n=1}^{\infty}u_n$ 和 $\sum_{n=1}^{\infty}v_n$ 具有相同的敛散性;

(2) 当 $l = 0$ 时,若 $\sum_{n=1}^{\infty}v_n$ 收敛,则 $\sum_{n=1}^{\infty}u_n$ 收敛;

(3) 当 $l \to +\infty$ 时,若 $\sum_{n=1}^{\infty}v_n$ 发散,则 $\sum_{n=1}^{\infty}u_n$ 发散.

**4. 比值判别法**

**定理 4**　设 $\sum_{n=1}^{\infty}a_n$ 和 $\sum_{n=1}^{\infty}b_n$ 是两个正项级数,且存在 $N > 0$,对任意的 $n > N$,有 $\dfrac{a_{n+1}}{a_n} \leqslant \dfrac{b_{n+1}}{b_n}$,则:

(1) 若 $\sum_{n=1}^{\infty}b_n$ 收敛,则 $\sum_{n=1}^{\infty}a_n$ 收敛;

(2) 若 $\sum_{n=1}^{\infty}a_n$ 发散,则 $\sum_{n=1}^{\infty}b_n$ 发散.

**5. 比值判别法(达朗贝尔(d'Alembert) 判别法)**

**定理 5**　设 $\sum_{n=1}^{\infty}u_n$ 是正项级数,若存在 $N_0 > 0$ 及常数 $q > 0$,有:

(1) 当 $n > N_0$ 时,$\dfrac{u_{n+1}}{u_n} \leqslant q < 1$,则 $\sum_{n=1}^{\infty}u_n$ 收敛;

(2) 当 $n > N_0$ 时,$\dfrac{u_{n+1}}{u_n} \geqslant 1$,则 $\sum_{n=1}^{\infty}u_n$ 发散.

**6. 比值判别法极限形式**

**定理 6**　设 $\sum\limits_{n=1}^{\infty} u_n$ 为正项级数，且 $\lim\limits_{n\to\infty}\dfrac{u_{n+1}}{u_n}=q$，则：

(1) 当 $q<1$ 时，$\sum\limits_{n=1}^{\infty} u_n$ 收敛；

(2) 当 $q>1$ 时，$\sum\limits_{n=1}^{\infty} u_n$ 发散；

(3) 当 $q=1$ 时，失效.

当比式极限不存在时，我们有下面的定理.

**定理 7**　设 $\sum\limits_{n=1}^{\infty} u_n$ 为正项级数.

(1) 若 $\varlimsup\limits_{n\to\infty}\dfrac{u_{n+1}}{u_n}=q<1$，则级数收敛；

(2) 若 $\varliminf\limits_{n\to\infty}\dfrac{u_{n+1}}{u_n}=q>1$，则级数发散.

**7. 柯西判别法**

**定理 8**　设 $\sum\limits_{n=1}^{\infty} u_n$ 为正项级数，且存在某个正整数 $N_0$ 及正常数 $l$.

(1) 若对一切 $n>N_0$，不等式 $\sqrt[n]{u_n}\leqslant l<1$ 成立，则级数 $\sum\limits_{n=1}^{\infty} u_n$ 收敛；

(2) 若对一切 $n>N_0$，不等式 $\sqrt[n]{u_n}\geqslant 1$ 成立，则级数 $\sum\limits_{n=1}^{\infty} u_n$ 发散.

**8. 柯西判别法极限形式**

**定理 9**　设 $\sum\limits_{n=1}^{\infty} u_n$ 为正项级数，且 $\varlimsup\limits_{n\to\infty}\sqrt[n]{u_n}=l$，则：

(1) 当 $l<1$ 时，级数收敛；

(2) 当 $l>1$ 时，级数发散.

**9. 积分判别法**

**定理 10**　设 $f(x)$ 为 $[1,+\infty)$ 上非负递减函数，那么正项级数 $\sum\limits_{n=1}^{\infty} f(n)$ 与反常积分 $\int_{1}^{+\infty} f(x)\mathrm{d}x$ 同时收敛或同时发散.

**10. 高斯(Gauss) 指标判别法**

**定理 11**　有正项级数 $\sum\limits_{n=1}^{\infty} u_n$，记 $G=\lim\limits_{n\to\infty}\left(n\ln\left(\dfrac{u_n}{u_{n+1}}\right)-1\right)\ln n$ 为数列 $\{u_n\}$ 的高斯指标，则：

(1) 当 $G>1$ 或 $G\to+\infty$ 时，级数 $\sum\limits_{n=1}^{\infty} u_n$ 收敛；

(2) 当 $G<1$ 或 $G\to-\infty$ 时，级数 $\sum\limits_{n=1}^{\infty} u_n$ 发散.

**11. 拉比(Raabe)判别法**

**定理 12** 设 $\sum\limits_{n=1}^{\infty} u_n$ 为正项级数,且存在正整数 $N_0$ 及常数 $r$.

(1) 若对一切 $n > N_0$,不等式 $n\left(1 - \dfrac{u_{n+1}}{u_n}\right) \geqslant r > 1$ 成立,则级数 $\sum\limits_{n=1}^{\infty} u_n$ 收敛;

(2) 若对一切 $n > N_0$,不等式 $n\left(1 - \dfrac{u_{n+1}}{u_n}\right) \leqslant 1$ 成立,则级数 $\sum\limits_{n=1}^{\infty} u_n$ 发散.

**注** 拉比判别法中,(1) $n\left(1 - \dfrac{u_{n+1}}{u_n}\right) \geqslant r > 1$ 可转化为 $\dfrac{u_{n+1}}{u_n} \leqslant 1 - \dfrac{r}{n}, r > 1$,级数收敛;(2) $n\left(1 - \dfrac{u_{n+1}}{u_n}\right) \leqslant r$ 可转化为 $\dfrac{u_{n+1}}{u_n} \geqslant 1 - \dfrac{r}{n}, r \leqslant 1$,级数发散.

**12. 拉比判别法极限形式**

**定理 13** 若 $\lim\limits_{n \to \infty} n\left(1 - \dfrac{u_{n+1}}{u_n}\right) = r$,则有:

(1) 当 $r > 1$ 时,$\sum\limits_{n=1}^{\infty} u_n$ 收敛;

(2) 当 $r < 1$ 时,$\sum\limits_{n=1}^{\infty} u_n$ 发散.

# 四、一般项级数

**1. 莱布尼茨判别法**

**定理 14** 若交错级数 $\sum\limits_{n=1}^{\infty} (-1)^{n-1} u_n, u_n > 0$,满足下列两个条件:

(1) 数列 $\{u_n\}$ 单减;

(2) $\lim\limits_{n \to \infty} u_n = 0$,

则 $\sum\limits_{n=1}^{\infty} u_n$ 收敛.

**注** 若交错级数 $\sum\limits_{n=1}^{\infty} (-1)^{n-1} u_n$ 满足莱布尼茨判别法,则称这类级数为莱布尼茨级数,其余项 $R_n(x)$ 满足 $|R_n(x)| \leqslant u_{n+1}$.

**2. 绝对收敛级数及其性质**

**定义 3** 对于级数 $\sum\limits_{n=1}^{\infty} u_n$,若 $\sum\limits_{n=1}^{\infty} |u_n|$ 收敛,则称 $\sum\limits_{n=1}^{\infty} u_n$ 绝对收敛;若 $\sum\limits_{n=1}^{\infty} u_n$ 收敛,而 $\sum\limits_{n=1}^{\infty} |u_n|$ 发散,则称 $\sum\limits_{n=1}^{\infty} u_n$ 是条件收敛的.

显然,若 $\sum\limits_{n=1}^{\infty} u_n$ 绝对收敛,则 $\sum\limits_{n=1}^{\infty} u_n$ 一定收敛,反之不真.

绝对收敛级数的性质:

(1) 重排性. 若 $\sum\limits_{n=1}^{\infty} u_n$ 绝对收敛, 其和为 $S$, 则任意重排后所得级数亦绝对收敛, 且有相同的和数. 此说明: 绝对收敛级数满足交换律. 对于条件收敛级数适当重排后, 可得到发散级数, 或收敛于任何事先指定的数(黎曼).

(2) 级数的乘积. 若 $\sum\limits_{n=1}^{\infty} u_n$ 和 $\sum\limits_{n=1}^{\infty} v_n$ 都绝对收敛, 其和分别为 $A$ 和 $B$, 则其乘积 $\sum\limits_{n=1}^{\infty} u_n \cdot \sum\limits_{n=1}^{\infty} v_n$ 按任意方式排列所得的级数也绝对收敛, 且其和为 $AB$(柯西).

乘积的排列方式通常有两种: 正方形法和对角线法.

**3. 一般级数收敛判别法**

一般级数除应用前面正项级数方法判定其绝对收敛外, 莱布尼茨判别法和下面的狄利克雷判别法和阿贝尔判别法也是判定其可能条件收敛的主要方法.

**定理 15(级数的阿贝尔 — 狄利克雷判别法)**　若下列两个条件之一满足, 则级数 $\sum\limits_{n=1}^{\infty} a_n b_n$ 收敛.

(1)(阿贝尔判别法)$\{a_n\}$ 单调有界, $\sum\limits_{n=1}^{\infty} b_n$ 收敛;

(2)(狄利克雷判别法)$\{a_n\}$ 单调递减且收敛于零, $\sum\limits_{i=1}^{n} b_i$ 的部分和数列有界.

**注**　莱布尼茨判别法是狄利克雷判别法的特例, 阿贝尔判别法亦可由狄利克雷判别法推证. 若数列 $\{a_n\}$ 单调有界, 且 $\sum\limits_{n=1}^{\infty} b_n$ 收敛, 则级数 $\sum\limits_{n=1}^{\infty} a_n b_n$ 收敛.

## 五、常用于比较判别法的已知级数

(1) 几何级数 $\sum\limits_{n=1}^{\infty} q^n$, $|q| < 1$ 时, 级数收敛, $|q| \geqslant 1$ 时, 级数发散;

(2) $p$ — 级数 $\sum\limits_{n=1}^{\infty} \dfrac{1}{n^p}$, $p > 1$ 时, 级数收敛, $p \leqslant 1$ 时, 级数发散;

(3) $\sum\limits_{n=1}^{\infty} \dfrac{1}{n(\ln n)^p}$, $p > 1$ 时, 级数收敛, $p \leqslant 1$ 时, 级数发散.

### 典型例题

**例 1**　求八进制无限循环小数 $(36.073\ 607\ 360\ 736\cdots)_8$ 的值.

**解**　八进制无限循环小数的值可以用等比级数的和表示, 有

$$(36.073\ 607\ 360\ 736\cdots)_8$$

$$= 3 \times 8 + 6 + \sum_{n=0}^{+\infty} \left( 7 \times \left(\frac{1}{8}\right)^{4n+2} + 3 \times \left(\frac{1}{8}\right)^{4n+3} + 6 \times \left(\frac{1}{8}\right)^{4n+4} \right)$$

$$= 30\ \frac{478}{4\ 095}.$$

**例2** 设 $x_n = \int_0^1 x^2(1-x)^n \mathrm{d}x$，求级数 $\sum\limits_{n=1}^{\infty} x_n$ 的和.

**解** 令 $t = 1-x$，有

$$x_n = \int_0^1 x^2(1-x)^n \mathrm{d}x = \int_0^1 (1-t)^2 t^n \mathrm{d}t = \frac{1}{n+1} - \frac{2}{n+2} + \frac{1}{n+3}.$$

于是

$$S_n = \sum_{k=1}^n x_k = \frac{1}{2} - \frac{1}{3} - \frac{1}{n+2} + \frac{1}{n+3},$$

所以

$$\sum_{n=1}^{+\infty} x_n = \lim_{n\to\infty} S_n = \frac{1}{6}.$$

**例3** 设抛物线 $l_n : y = nx^2 + \dfrac{1}{n}$ 和 $l'_n : y = (n+1)x^2 + \dfrac{1}{n+1}$ 的交点的横坐标的绝对值为 $a_n (n = 1, 2, \cdots)$.

(1) 求抛物线 $l_n$ 与 $l'_n$ 所围成的平面图形的面积 $S_n$；

(2) 求级数 $\sum\limits_{n=1}^{\infty} \dfrac{S_n}{a_n}$ 的和.

**解** (1) 曲线 $l_n : y = nx^2 + \dfrac{1}{n}$ 和 $l'_n : y = (n+1)x^2 + \dfrac{1}{n+1}$ 的交点的横坐标的绝对值

为 $a_n = \dfrac{1}{\sqrt{n(n+1)}}$，所以

$$S_n = \int_{-\frac{1}{\sqrt{n(n+1)}}}^{\frac{1}{\sqrt{n(n+1)}}} \left( \left( nx^2 + \frac{1}{n} \right) - \left( (n+1)x^2 + \frac{1}{n+1} \right) \right) \mathrm{d}x$$

$$= 2\int_0^{a_n} \left( \left( nx^2 + \frac{1}{n} \right) - \left( (n+1)x^2 + \frac{1}{n+1} \right) \right) \mathrm{d}x = \frac{4}{3} a_n^3.$$

(2) 将 $S_n$ 代入级数 $\sum\limits_{n=1}^{\infty} \dfrac{S_n}{a_n}$，有

$$\sum_{n=1}^{+\infty} \frac{S_n}{a_n} = \frac{4}{3} \sum_{n=1}^{+\infty} a_n^2 = \frac{4}{3} \sum_{n=1}^{+\infty} \frac{1}{n(n+1)} = \frac{4}{3}.$$

**例4** 利用不等式 $\dfrac{1}{n+1} < \int_n^{n+1} \dfrac{\mathrm{d}x}{x} < \dfrac{1}{n}$，证明：

$$\lim_{n\to\infty} \left( 1 + \frac{1}{2} + \frac{1}{3} + \cdots + \frac{1}{n} - \ln n \right)$$

存在.

**证明** 设 $x_n = 1 + \dfrac{1}{2} + \dfrac{1}{3} + \cdots + \dfrac{1}{n} - \ln n$，则

$$x_{n+1} - x_n = \frac{1}{n+1} - \ln(n+1) + \ln n = \frac{1}{n+1} - \int_n^{n+1} \frac{\mathrm{d}x}{x} < 0$$

$$x_n > \int_1^2 \frac{\mathrm{d}x}{x} + \int_2^3 \frac{\mathrm{d}x}{x} + \cdots + \int_n^{n+1} \frac{\mathrm{d}x}{x} - \int_1^n \frac{\mathrm{d}x}{x} = \int_n^{n+1} \frac{\mathrm{d}x}{x} > 0$$

所以数列 $\{x_n\}$ 单调递减有下界，因此数列 $\{x_n\}$ 收敛.

**例 5**　设正项级数 $\displaystyle\sum_{n=1}^{\infty} x_n$ 收敛,则当 $p > \dfrac{1}{2}$ 时,级数 $\displaystyle\sum_{n=1}^{+\infty} \dfrac{\sqrt{x_n}}{n^p}$ 收敛,当 $0 < p \leqslant \dfrac{1}{2}$ 时,结论是否仍然成立?

**证明**　设正项级数 $\displaystyle\sum_{n=1}^{\infty} x_n$ 收敛. 由于当 $p > \dfrac{1}{2}$ 时,级数 $\displaystyle\sum_{n=1}^{\infty} \dfrac{1}{n^{2p}}$ 收敛,因此根据不等式 $2\dfrac{\sqrt{x_n}}{n^p} \leqslant x_n + \dfrac{\sqrt{x_n}}{n^p}$,由比较判别法可知级数 $\displaystyle\sum_{n=1}^{\infty} \dfrac{\sqrt{x_n}}{n^p}$ 收敛.

当 $0 < p \leqslant \dfrac{1}{2}$ 时,级数 $\displaystyle\sum_{n=1}^{\infty} \dfrac{\sqrt{x_n}}{n^p}$ 不一定收敛. 例如 $x_n = \dfrac{1}{n \ln^2 n}$,则 $\displaystyle\sum_{n=2}^{\infty} x_n$ 收敛,但 $\displaystyle\sum_{n=2}^{\infty} \dfrac{\sqrt{x_n}}{n^p} = \sum_{n=2}^{\infty} \dfrac{1}{n^{\frac{1+p}{2}} \ln^2 n}$,当 $n$ 充分大时,有 $\dfrac{1}{n^{\frac{1+p}{2}} \ln^2 n} < \dfrac{1}{n}$. 于是,当 $0 < p \leqslant \dfrac{1}{2}$ 时,$\displaystyle\sum_{n=2}^{\infty} x_n$ 收敛,但 $\displaystyle\sum_{n=2}^{\infty} \dfrac{\sqrt{x_n}}{n^p}$ 发散.

**例 6**　设 $f(x)$ 在 $[1, +\infty)$ 上单调递增,且 $\displaystyle\lim_{x \to +\infty} f(x) = A$.

(1) 证明级数 $\displaystyle\sum_{n=1}^{\infty} (f(n+1) - f(n))$ 收敛,并求其和;

(2) 设 $f(x)$ 在 $[1, +\infty)$ 上二阶可导,且 $f''(x) < 0$,证明级数 $\displaystyle\sum_{n=1}^{\infty} f'(n)$ 收敛.

**证明**　(1) 级数 $\displaystyle\sum_{n=1}^{\infty} (f(n+1) - f(n))$ 的部分和为 $S_n = f(n+1) - f(1)$,由于 $\displaystyle\lim_{x \to +\infty} f(x) = A$,因此应用归结原则有 $\displaystyle\lim_{n \to \infty} S_n = A - f(1)$,故级数

$$\sum_{n=1}^{\infty} (f(n+1) - f(n)) = A - f(1).$$

(2) 设 $f(x)$ 在 $[1, +\infty)$ 上单调递增,且 $f''(x) < 0$,则 $f'(x) \geqslant 0$,$f'(x)$ 单调递减,应用拉格朗日中值定理,有 $0 \leqslant f'(n) < f'(\xi) = f(n+1) - f(n)$,所以应用比较判别法,由 $\displaystyle\sum_{n=1}^{\infty} (f(n+1) - f(n))$ 可知 $\displaystyle\sum_{n=1}^{\infty} f'(n)$ 收敛.

**例 7**　设 $a_n = \displaystyle\int_0^{\frac{\pi}{4}} \tan^n x \, \mathrm{d}x$,$n = 1, 2, \cdots$.

(1) 求级数 $\displaystyle\sum_{n=1}^{\infty} \dfrac{a_n + a_{n+2}}{n}$ 的和;

(2) 设 $\lambda > 0$,证明级数 $\displaystyle\sum_{n=1}^{\infty} \dfrac{a_n}{n^{\lambda}}$ 收敛.

**证明**　(1) 应用关系式 $\sec^2 x = 1 + \tan^2 x$,有

$$a_n + a_{n+2} = \int_0^{\frac{\pi}{4}} \tan^n x \, \mathrm{d}x + \int_0^{\frac{\pi}{4}} \tan^{n+2} x \, \mathrm{d}x = \int_0^{\frac{\pi}{4}} \tan^n x \, \mathrm{d}\tan x = \frac{1}{n+1}.$$

(2) 由于 $a_n > 0$,$\dfrac{a_n + a_{n+2}}{n} = \dfrac{1}{n(n+1)}$,因此 $a_n < \dfrac{1}{n+1} < \dfrac{1}{n}$,故当 $\lambda > 0$ 时,有 $\dfrac{a_n}{n^{\lambda}} < \dfrac{1}{n^{\lambda+1}}$,于是级数 $\displaystyle\sum_{n=1}^{\infty} \dfrac{a_n}{n^{\lambda}}$ 收敛.

**例 8**　设 $x_n > 0, \dfrac{x_{n+1}}{x_n} > 1 - \dfrac{1}{n}(n=1,2,\cdots)$，证明 $\displaystyle\sum_{n=1}^{\infty} x_n$ 发散.

**证明**　由于 $\dfrac{x_{n+1}}{x_n} > 1 - \dfrac{1}{n} = \dfrac{n-1}{n}$，因此 $nx_{n+1} > (n-1)x_n$，故数列 $\{nx_{n+1}\}$ 单调递增. 于是，当 $n > 2$ 时，存在正数 $\alpha$，使得 $nx_{n+1} > x_2 > \alpha$，则有 $x_{n+1} > \dfrac{\alpha}{n}$. 因此，由级数 $\displaystyle\sum_{n=1}^{\infty} \dfrac{\alpha}{n}$ 发散知级数 $\displaystyle\sum_{n=1}^{\infty} x_n$ 发散.

**例 9**　设正项级数 $\displaystyle\sum_{n=1}^{\infty} x_n$ 发散 $(x_n > 0, n=1,2,\cdots)$，证明：必存在发散的正项级数 $\displaystyle\sum_{n=1}^{\infty} y_n$，使得 $\displaystyle\lim_{n\to\infty} \dfrac{y_n}{x_n} = 0$.

**证明**　设正项级数 $\displaystyle\sum_{n=1}^{\infty} x_n$ 发散，记 $S_n = \displaystyle\sum_{k=1}^{n} x_k$，则 $\displaystyle\lim_{n\to\infty} S_n = +\infty$. 令
$$y_1 = \sqrt{S_1}, \quad y_n = \sqrt{S_n} - \sqrt{S_{n-1}}, \quad n=2,3,4,\cdots,$$
于是 $\displaystyle\sum_{k=1}^{n} y_k = \sqrt{S_n}$，故正项级数 $\displaystyle\sum_{n=1}^{\infty} y_n$ 发散，且
$$\lim_{n\to\infty} \frac{y_n}{x_n} = \lim_{n\to\infty} \frac{\sqrt{S_n} - \sqrt{S_{n-1}}}{x_n} = \lim_{n\to\infty} \frac{1}{\sqrt{S_n} + \sqrt{S_{n-1}}} = 0.$$

**例 10**　设正项级数 $\displaystyle\sum_{n=1}^{\infty} x_n$ 发散，$S_n = \displaystyle\sum_{k=1}^{n} x_k$，证明级数 $\displaystyle\sum_{n=1}^{\infty} \dfrac{x_n}{S_n^2}$ 收敛.

**证明**　由于 $S_n$ 为正项级数的部分和，因此数列 $\{S_n\}$ 单调递增，于是
$$\frac{x_n}{S_n^2} \leqslant \frac{x_n}{S_{n-1}S_n} = \frac{S_n - S_{n-1}}{S_{n-1}S_n} = \frac{1}{S_{n-1}} - \frac{1}{S_n},$$
由此得到
$$\sum_{k=1}^{n} \frac{x_k}{S_n^2} \leqslant \frac{2}{x_1} - \frac{1}{S_n}.$$
所以，由 $\displaystyle\lim_{n\to\infty} S_n = +\infty$，可得
$$\sum_{n=1}^{\infty} \frac{x_n}{S_n^2} \leqslant \frac{2}{x_1}.$$

**例 11**　设 $\{a_n\}$ 为斐波那契 (Fibonacci) 数列，证明级数 $\displaystyle\sum_{n=1}^{\infty} \dfrac{a_n}{2^n}$ 收敛，并求其和.

**证明**　设 $\{a_n\}$ 为斐波那契数列，满足关系式 $a_{n+1} = a_n + a_{n-1}$，所以通过关系式可得 $\displaystyle\lim_{n\to\infty} \dfrac{a_{n+1}}{a_n} = \dfrac{1+\sqrt{5}}{2}$. 设 $x_n = \dfrac{a_n}{2^n}$，则 $\displaystyle\lim_{n\to\infty} \dfrac{x_{n+1}}{x_n} = \dfrac{1+\sqrt{5}}{4} < 1$，由比值判别法知级数 $\displaystyle\sum_{n=1}^{\infty} \dfrac{a_n}{2^n}$ 收敛.

记 $S = \displaystyle\sum_{n=1}^{\infty} \dfrac{a_n}{2^n}$，则 $S = \displaystyle\sum_{n=0}^{\infty} \dfrac{a_{n+1}}{2^{n+1}}$，于是 $2S = a_1 + \displaystyle\sum_{n=1}^{\infty} \dfrac{a_{n+1}}{2^n}$，故
$$3S = a_1 + \sum_{n=1}^{\infty} \frac{a_n + a_{n+1}}{2^n} = a_1 + \sum_{n=1}^{\infty} \frac{a_{n+2}}{2^n} = a_1 + 4\sum_{n=1}^{\infty} \frac{a_{n+2}}{2^{n+2}}$$

$$= a_1 + 4 \sum_{n=3}^{\infty} \frac{a_n}{2^n} - 4 \left( \frac{a_2}{2^2} + \frac{a_1}{2} \right) = 4S - a_2 - a_1.$$

因此 $S = a_1 + a_2$.

**例 12**　讨论级数 $\sum_{n=1}^{\infty} (-1)^n \frac{\sin^2 n}{n}$ 的收敛性(若收敛,则需讨论绝对收敛性).

**解**　由于 $\sin^2 n = \frac{1 - \cos 2n}{2}$,因此有

$$\sum_{n=1}^{\infty} (-1)^n \frac{\sin^2 n}{n} = \sum_{n=1}^{\infty} (-1)^n \frac{1 - \cos 2n}{2n} = \frac{1}{2} \left( \sum_{n=1}^{\infty} \frac{(-1)^n}{n} - \sum_{n=1}^{\infty} \frac{(-1)^n \cos 2n}{n} \right).$$

对上式中第二项求和的前 $2n$ 项部分和为

$$\left| \sum_{k=1}^{2n} (-1)^k \cos 2k \right| = \left| \sum_{k=1}^{n} \left[ \cos 4k - \cos(4k-2) \right] \right| = \left| - \sum_{k=1}^{n} 2 \sin(4k-1) \sin 1 \right|$$

$$= \left| \frac{\sin 1}{\sin 2} \sum_{k=1}^{n} 2 \sin(4k-1) \sin 2 \right|$$

$$= \left| \frac{\sin 1}{\sin 2} \sum_{k=1}^{n} \left[ \cos(4k+1) - \cos(4k-3) \right] \right|$$

$$= \frac{\sin 1}{\sin 2} \left| \cos(4n+1) - \cos 1 \right| \leqslant \frac{\sin \frac{1}{2}}{\cos 1},$$

那么对前 $2n+1$ 项部分和为

$$\left| \sum_{k=1}^{2n+1} (-1)^k \cos 2k \right| \leqslant \left| \sum_{k=1}^{2n} (-1)^k \cos 2k \right| + 1 \leqslant \frac{\sin \frac{1}{2}}{\cos 1} + 1.$$

所以 $\sum_{k=1}^{\infty} (-1)^k \cos 2k$ 的前 $n$ 项部分和有界. 因此,由狄利克雷判别法知级数 $\sum_{n=1}^{\infty} \frac{(-1)^n \cos 2n}{n}$ 收敛. 故原级数收敛.

**例 13**　设级数 $\sum_{n=1}^{\infty} n C_n$ 收敛,证明:序列 $t_n = \sum_{k=1}^{\infty} k C_{n+k-1}$ 收敛且极限为零.

**证明**　设 $T_n = \sum_{k=1}^{n} k C_k$,则 $T_0 = 0, n C_n = T_n - T_{n-1}$. 记 $\lim_{n \to \infty} T_n = T$,于是

$$\sum_{k=1}^{m} k C_{n+k-1} = \sum_{k=1}^{m} k \frac{T_{n+k-1} - T_{n+k-2}}{n+k-1} = \sum_{k=1}^{m} \frac{k}{n+k-1} T_{n+k-1} - \sum_{k=0}^{m-1} \frac{k+1}{n+k} T_{n+k-1}$$

$$= \frac{m}{n+m-1} T_{n+m-1} + \sum_{k=1}^{m-1} \frac{k}{n+k-1} T_{n+k-1} - \sum_{k=1}^{m-1} \frac{k+1}{n+k} T_{n+k-1} - \frac{T_{n-1}}{n}$$

$$= \frac{m}{n+m-1} T_{n+m-1} - \frac{T_{n-1}}{n} - (n-1) \sum_{k=1}^{m-1} \frac{T_{n+k-1}}{(n+k-1)(n+k)}.$$

令 $m \to \infty$,得

$$t_n = T - \frac{T_{n-1}}{n} - (n-1) \sum_{k=1}^{\infty} \frac{T_{n+k-1}}{(n+k-1)(n+k)} = T - \frac{T_{n-1}}{n} - (n-1) \sum_{j=n}^{\infty} \frac{T_j}{j(j+1)},$$

其中

$$\left| T - (n-1) \sum_{j=n}^{\infty} \frac{T_j}{j(j+1)} \right| = \left| (n-1) \sum_{j=n}^{\infty} \frac{T_j - T}{j(j+1)} \right|$$

$$\leqslant \sup_{j \geqslant n} |T_j - T| \cdot (n-1) \sum_{j=n}^{\infty} \frac{1}{j(j+1)}$$

$$= \frac{n-1}{n} \sup_{j \geqslant n} |T_j - T|.$$

上式取 $n \to \infty$ 的极限,有 $\lim\limits_{n \to \infty} \dfrac{n-1}{n} \sup\limits_{j \geqslant n} |T_j - T| = 0$. 所以

$$\lim_{n \to \infty} t_n = \lim_{n \to \infty} \left( T - (n-1) \sum_{j=n}^{\infty} \frac{T}{j(j+1)} - \frac{T_{n-1}}{n} \right) = 0.$$

**例 14**　设 $\{a_n\}$, $1 \leqslant n < \infty$ 为正数列.

(1) 求证:若 $\sum\limits_{n=1}^{\infty} a_n < \infty$,则 $\sum\limits_{n=1}^{\infty} \sqrt{a_n a_{n+1}} < \infty$;

(2)(1) 中结论的逆命题成立吗? 请说明理由.

**证明**　(1) 设 $\sum\limits_{n=1}^{\infty} a_n < \infty$,则

$$\sum_{n=1}^{\infty} \sqrt{a_n a_{n+1}} \leqslant \sum_{n=1}^{\infty} \frac{a_n + a_{n+1}}{2} \leqslant \frac{1}{2} \sum_{n=1}^{\infty} a_n + \frac{1}{2} \sum_{n=1}^{\infty} a_n = \sum_{n=1}^{\infty} a_n < \infty,$$

故结论成立.

(2)(1) 的逆命题不成立. 考虑如下例子:

$$a_n = \begin{cases} \dfrac{1}{k}, & n = 2k \\[2mm] \dfrac{1}{k^3}, & n = 2k-1 \end{cases},$$

则有

$$\sum_{n=1}^{\infty} a_n > \sum_{k=1}^{\infty} \frac{1}{k} \to +\infty,$$

但

$$\sqrt{a_n a_{n+1}} = \begin{cases} \sqrt{\dfrac{1}{k} \dfrac{1}{(k+1)^3}}, & n = 2k \\[3mm] \sqrt{\dfrac{1}{k^3} \cdot \dfrac{1}{k}}, & n = 2k-1 \end{cases},$$

那么

$$\sum_{n=1}^{\infty} \sqrt{a_n a_{n+1}} = \sum_{n=1}^{\infty} \frac{1}{n^2} < \infty.$$

从以上反例可以看出(1)的逆命题不成立.

**例 15**　设 $-1 < a_n \leqslant 0$,则 $\sum\limits_{n=1}^{\infty} a_n$ 收敛等价于 $\sum\limits_{n=1}^{\infty} \ln(1+a_n)$ 收敛.

**证明**　若 $\sum\limits_{n=1}^{\infty} a_n$ 收敛,则 $\lim\limits_{n \to \infty} a_n = 0$. 根据拉格朗日中值定理有

$$\ln(1+a_n) = \frac{a_n}{1+\xi_n}, \xi_n = \theta_n a_n, \theta_n \in (0,1),$$

所以

$$\lim_{n \to \infty} \frac{1}{1+\xi_n} = 1.$$

特别地，取 $\varepsilon = \frac{1}{2}$，故存在 $N > 0$，使得 $n > N$ 时，$\frac{1}{2} \leqslant \frac{1}{1+\xi_n} \leqslant \frac{3}{2}$. 因此

$$\frac{1}{2} a_n \geqslant \frac{a_n}{1+\xi_n} \geqslant \frac{3}{2} a_n,$$

即

$$\frac{1}{2} a_n \geqslant \ln(1+a_n) \geqslant \frac{3}{2} a_n,$$

且 $\sum\limits_{n=1}^{\infty} a_n$ 收敛. 所以 $\sum\limits_{n=1}^{\infty} \ln(1+a_n)$ 收敛.

若 $\sum\limits_{n=1}^{\infty} \ln(1+a_n)$ 收敛，则 $\lim\limits_{n \to \infty} \ln(1+a_n) = 0$，故 $\lim\limits_{n \to \infty} a_n = 0$. 所以 $\sum\limits_{n=1}^{\infty} a_n$ 和 $\sum\limits_{n=1}^{\infty} \ln(1+a_n)$ 具有相同的敛散性，故 $\sum\limits_{n=1}^{\infty} a_n$ 收敛.

**例 16**　设数列 $\{a_n\}$ 为单调递增正数列，试证明：级数 $\sum\limits_{n=1}^{\infty} \left(1 - \frac{a_n}{a_{n+1}}\right)$ 收敛当且仅当数列 $\{a_n\}$ 收敛.

**证明**　设 $\{a_n\}$ 为单调递增的正数列，故 $0 \leqslant 1 - \frac{a_n}{a_{n+1}} < 1$，由已知结论 $\sum\limits_{n=1}^{\infty} \left(1 - \frac{a_n}{a_{n+1}}\right)$ 收敛等价于

$$\sum_{n=1}^{\infty} \ln\left(1 - \left(1 - \frac{a_n}{a_{n+1}}\right)\right) = \sum_{n=1}^{\infty} \ln \frac{a_n}{a_{n+1}}$$

收敛，且

$$\sum_{k=1}^{n} \ln \frac{a_k}{a_{k+1}} = \ln \frac{a_1}{a_{n+1}}.$$

故 $\sum\limits_{n=1}^{\infty} \ln \frac{a_n}{a_{n+1}}$ 收敛等价于 $\left\{\ln \frac{a_1}{a_{k+1}}\right\} = \{\ln a_1 - \ln a_{k+1}\}$ 收敛，等价于 $\{a_n\}$ 收敛.

**例 17**　若 $\{a_n\}$ 满足：存在正常数 $M$，使得对所有 $n = 2, 3, \cdots$，都有

$$|a_2 - a_1| + |a_3 - a_2| + \cdots + |a_n - a_{n-1}| \leqslant M. \tag{$*$}$$

证明：(1) 数列 $\{a_n\}$ 收敛；

(2) 试问上述条件 ($*$) 是不是数列 $\{a_n\}$ 收敛的必要条件？为什么？

**解**　(1) 数列 $S_n = \sum\limits_{k=1}^{n} |a_{k+1} - a_k|$ 单调递增，且

$$|a_2 - a_1| + |a_3 - a_2| + \cdots + |a_n - a_{n-1}| \leqslant M, n = 2, 3, \cdots,$$

故 $\sum\limits_{k=1}^{n} |a_{k+1} - a_k|$ 有上界，故 $\sum\limits_{k=1}^{\infty} |a_{k+1} - a_k|$ 收敛，即 $\sum\limits_{k=1}^{\infty} (a_{n+1} - a_n)$ 绝对收敛，故

$\sum\limits_{n=1}^{\infty}(a_{n+1}-a_n)$ 收敛,即数列 $\{a_n\}$ 收敛.

(2) 上述条件 (*) 不是数列 $\{a_n\}$ 收敛的必要条件. 例如,取 $a_n=\dfrac{(-1)^{n-1}}{n}$, $n=1,2,\cdots$, 则数列 $\{a_n\}$ 收敛,但它并不满足条件 (*).

**例 18** 判断 $\sum\limits_{n=1}^{\infty}\dfrac{1}{n^p+a^n}(p>0,a>0)$ 的敛散性.

**解** (1) 当 $a>1$ 时,对任意的 $p>0$,有 $0<\dfrac{1}{n^p+a^n}<\dfrac{1}{a^n}$. 由于 $\sum\limits_{n=1}^{\infty}\dfrac{1}{a^n}$ 收敛,故由比较原则知原级数也收敛.

(2) 当 $0<a\leqslant 1$ 时,有 $0<a^n\leqslant 1$,于是 $\dfrac{1}{n^p+1}\leqslant\dfrac{1}{n^p+a^n}<\dfrac{1}{n^p}$. 当 $p>1$ 时,由 $\sum\limits_{n=1}^{\infty}\dfrac{1}{n^p}$ 收敛可知级数 $\sum\limits_{n=1}^{\infty}\dfrac{1}{n^p+a^n}$ 也收敛. 当 $0<p\leqslant 1$ 时,由于 $\sum\limits_{n=1}^{\infty}\dfrac{1}{n^p}$ 发散,且 $\lim\limits_{n\to+\infty}\dfrac{n^p}{n^p+1}=1$,根据比较原则可知 $\sum\limits_{n=1}^{\infty}\dfrac{1}{n^p+a^n}$ 发散.

综上可知,当 $a>1$ 或 $p>1$ 时,级数 $\sum\limits_{n=1}^{\infty}\dfrac{1}{n^p+a^n}$ 收敛;当 $0<a\leqslant 1$ 且 $0<p\leqslant 1$ 时,级数 $\sum\limits_{n=1}^{\infty}\dfrac{1}{n^p+a^n}$ 发散.

**例 19** 判断级数 $\sum\limits_{n=1}^{\infty}\dfrac{(-1)^n}{n^{p+\frac{1}{n}}}$ 的收敛性,其中 $p>0$.若收敛,是条件收敛还是绝对收敛?

**解** 由于

$$\lim\limits_{n\to\infty}\dfrac{\dfrac{1}{n^{p+\frac{1}{n}}}}{\dfrac{1}{n^p}}=\lim\limits_{n\to\infty}\dfrac{1}{n^{\frac{1}{n}}}=1,$$

故 $\sum\limits_{n=1}^{\infty}\dfrac{1}{n^{p+\frac{1}{n}}}$ 与 $\sum\limits_{n=1}^{\infty}\dfrac{1}{n^p}$ 具有相同的敛散性. 所以当 $p>1$ 时,级数 $\sum\limits_{n=1}^{\infty}\dfrac{(-1)^n}{n^{p+\frac{1}{n}}}$ 绝对收敛.

当 $p\leqslant 1$ 时,$\sum\limits_{n=1}^{\infty}\dfrac{1}{n^p}$ 发散. 当 $n>3$ 时,数列 $\left\{\dfrac{1}{n^{\frac{1}{n}}}\right\}$ 单调递增并趋于 1,且当 $0<p\leqslant 1$ 时,由莱布尼茨判别法可知级数 $\sum\limits_{n=1}^{\infty}\dfrac{(-1)^n}{n^p}$ 收敛,此时由阿贝尔判别法可知级数 $\sum\limits_{n=1}^{\infty}\dfrac{(-1)^n}{n^{p+\frac{1}{n}}}$ 收敛. 所以当 $0<p\leqslant 1$ 时,级数 $\sum\limits_{n=1}^{\infty}\dfrac{(-1)^n}{n^{p+\frac{1}{n}}}$ 条件收敛.

当 $p<0$ 时,$\lim\limits_{n\to\infty}\dfrac{(-1)^n}{n^{p+\frac{1}{n}}}\neq 0$,所以级数 $\sum\limits_{n=1}^{\infty}\dfrac{(-1)^n}{n^{p+\frac{1}{n}}}$ 发散.

**例 20** 讨论级数 $\sum\limits_{n=1}^{\infty}\dfrac{\ln(n+1)}{n+1}\sin n$ 是条件收敛还是绝对收敛.

**解**　设 $f(x)=\dfrac{\ln x}{x}$，当 $x\geqslant e$ 时，$f'(x)=\dfrac{1-\ln x}{x^2}<0$. 于是 $\left\{\dfrac{\ln(n+1)}{n+1}\right\}$，$n\geqslant 3$ 递减且趋于 0，且有

$$\sum_{k=1}^{n}\sin k=\frac{1}{2\sin\frac{1}{2}}\left(\cos\frac{1}{2}-\cos\left(n+\frac{1}{2}\right)\right).$$

那么由狄利克雷判别法知级数 $\displaystyle\sum_{n=1}^{\infty}\dfrac{\ln(n+1)}{n+1}\sin n$ 收敛. 又由

$$\left|\frac{\ln(n+1)}{n+1}\sin n\right|\geqslant\frac{\ln(n+1)}{n+1}\sin^2 n=\frac{\ln(n+1)}{2(n+1)}-\frac{\ln(n+1)}{2(n+1)}\cos 2n$$

知 $\displaystyle\sum_{n=1}^{\infty}\dfrac{\ln(n+1)}{n+1}\sin n$ 条件收敛.

**例 21**　判断当 $p>0$ 时 $\displaystyle\sum_{n=5}^{\infty}\dfrac{1}{n\ln n(\ln\ln n)^p}$ 的敛散性.

**解**　设 $f(x)=\dfrac{1}{x\ln x(\ln\ln x)^p}$，则当 $p>0$ 时，$f$ 在 $[5,+\infty)$ 上严格单调递减且为正. 那么无穷级数 $\displaystyle\sum_{n=5}^{\infty}\dfrac{1}{n\ln n(\ln\ln n)^p}$ 的收敛性和广义积分 $\displaystyle\int_{5}^{+\infty}\dfrac{\mathrm{d}x}{x\ln x(\ln\ln x)^p}$ 的收敛性一致，对任意的 $A>5$，有

$$\int_{5}^{A}\frac{\mathrm{d}x}{x\ln x(\ln\ln x)^p}=\begin{cases}\dfrac{(\ln\ln A)^{1-p}-(\ln\ln 5)^{1-p}}{1-p},&p\neq 1,\\[2mm]\ln\ln A-\ln\ln 5,&p=1\end{cases},$$

所以

$$\lim_{A\to\infty}\int_{5}^{A}\frac{\mathrm{d}x}{x\ln x(\ln\ln x)^p}=\begin{cases}\dfrac{-(\ln\ln 5)^{1-p}}{1-p},&p>1,\\[2mm]+\infty,&p\leqslant 1\end{cases}.$$

因此，当且仅当 $p>1$ 时，$\displaystyle\int_{5}^{+\infty}\dfrac{\mathrm{d}x}{x\ln x(\ln\ln x)^p}$ 收敛，即当 $p>1$ 时，$\displaystyle\sum_{n=5}^{\infty}\dfrac{1}{n\ln n(\ln\ln n)^p}$ 收敛.

**例 22**　设 $x>1$，$f(x)=\displaystyle\sum_{n=2}^{+\infty}\dfrac{1}{n^x+\cos x}$，判断 $f(x)$ 的连续性.

**解**　当 $x>1$ 时，有 $\displaystyle\lim_{n\to\infty}\dfrac{n^x}{n^x+\cos x}=1$，则级数 $\displaystyle\sum_{n=2}^{+\infty}\dfrac{1}{n^x+\cos x}$ 与 $\displaystyle\sum_{n=2}^{+\infty}\dfrac{1}{n^x}$ 具有相同的敛散性. 所以当 $x>1$ 时，级数 $\displaystyle\sum_{n=2}^{+\infty}\dfrac{1}{n^x+\cos x}$ 一致收敛，且对任意的 $n\geqslant 2$，$\dfrac{1}{n^x+\cos x}$ 在 $(1,+\infty)$ 上连续. 所以 $f(x)$ 在 $(1,+\infty)$ 上连续.

**例 23**　已知 $\{a_n\}$ 单调递减且趋于 0，证明：$\displaystyle\sum_{n=1}^{\infty}a_n$ 与 $\displaystyle\sum_{n=1}^{\infty}2^n a_{2^n}$ 同敛散.

**证明**　设 $\{a_n\}$ 单调递减且趋于 0，则有

$$\sum_{n=1}^{2^m}a_n=a_1+a_2+\cdots+a_{2^m}\leqslant\sum_{n=0}^{m}2^n a_{2^n},$$

又有

$$\frac{1}{2}\sum_{n=0}^{m}2^{n}a_{2^{n}}=\frac{1}{2}a_{1}+a_{2}+2a_{4}+4a_{8}+\cdots+2^{m-1}a_{2^{m}}$$

$$\leqslant a_{1}+a_{2}+a_{3}+a_{4}+a_{5}+a_{6}+a_{7}+\cdots+a_{2^{m-1}}+\cdots+a_{2^{m}-1}$$

$$=\sum_{n=0}^{2^{m}}a_{n}-a_{2^{m}},$$

所以 $\sum_{n=1}^{\infty}a_{n}$ 与 $\sum_{n=1}^{\infty}2^{n}a_{2^{n}}$ 同敛散.

**例 24**　若正项级数 $\sum_{n=1}^{\infty}a_{n}$ 收敛,且 $e^{a_{n}}=a_{n}+e^{a_{n}+b_{n}}$, $n=1,2,\cdots$,证明:级数 $\sum_{n=1}^{\infty}b_{n}$ 收敛.

**证明**　由于

$$e^{a_{n}}=a_{n}+e^{a_{n}+b_{n}}, n=1,2,\cdots; b_{n}=\ln(e^{a_{n}}-a_{n})-a_{n},$$

且 $\sum_{n=1}^{\infty}a_{n}$ 收敛,故 $\sum_{n=1}^{\infty}b_{n}$ 收敛当且仅当 $\sum_{n=1}^{\infty}\ln(e^{a_{n}}-a_{n})$ 收敛.由正项级数 $\sum_{n=1}^{\infty}a_{n}$ 收敛和归结原则可得

$$\lim_{n\to\infty}\frac{\ln(e^{a_{n}}-a_{n})}{a_{n}}=\lim_{x\to0^{+}}\frac{\ln(e^{x}-x)}{x}=\lim_{x\to0^{+}}\frac{e^{x}-x-1}{x}=\lim_{x\to0^{+}}(e^{x}-1)=0.$$

当 $a_{n}>0$ 时,由函数 $e^{x}$ 的泰勒展开式知 $\ln(e^{a_{n}}-a_{n})>0$.所以由比较判别法可知 $\sum_{n=1}^{\infty}\ln(e^{a_{n}}-a_{n})$ 收敛.因此,级数 $\sum_{n=1}^{\infty}b_{n}$ 收敛.

**例 25**　设 $a_{n}(n=1,2,\cdots)$ 是正实数列,如果级数 $\sum_{n=1}^{\infty}\frac{1}{a_{n}}$ 收敛,那么级数 $\sum_{n=1}^{\infty}\frac{n^{2}}{(a_{1}+a_{2}+\cdots+a_{n})^{2}}a_{n}$ 也收敛.

**证明**　设收敛级数 $\sum_{n=1}^{\infty}\frac{1}{a_{n}}$ 的和为 $P$,则对任意正整数 $n$ 有 $0<\sum_{k=1}^{n}\frac{1}{a_{k}}<P$.令

$$S_{n}=a_{1}+a_{2}+\cdots+a_{n}, T_{n}=\sum_{k=1}^{n}\frac{k^{2}a_{k}}{(a_{1}+a_{2}+\cdots+a_{k})^{2}},$$

则有

$$T_{n}=\sum_{k=1}^{n}\frac{k^{2}a_{k}}{(a_{1}+a_{2}+\cdots+a_{k})^{2}}=\frac{1}{a_{1}}+\sum_{k=2}^{n}\frac{k^{2}(S_{k}-S_{k-1})}{S_{k}^{2}}<\frac{1}{a_{1}}+\sum_{k=2}^{n}\frac{k^{2}(S_{k}-S_{k-1})}{S_{k}S_{k-1}}$$

$$=\frac{1}{a_{1}}+\sum_{k=2}^{n}k^{2}\left(\frac{1}{S_{k-1}}-\frac{1}{S_{k}}\right)=\frac{1}{a_{1}}+\sum_{k=1}^{n-1}\frac{(k+1)^{2}}{S_{k}}-\sum_{k=2}^{n}\frac{k^{2}}{S_{k}}$$

$$=\frac{5}{a_{1}}+\sum_{k=2}^{n-1}\frac{2k+1}{S_{k}}-\frac{n^{2}}{S_{n}}<\frac{5}{a_{1}}+2\sum_{k=2}^{n-1}\frac{k}{S_{k}}+\sum_{k=2}^{n-1}\frac{1}{S_{k}}$$

$$=\frac{5}{a_{1}}+2\sum_{k=1}^{n-1}\frac{k}{S_{k}}+\sum_{k=1}^{n-1}\frac{1}{a_{k}},$$

对上式中最后一项应用柯西不等式有

$$\sum_{k=1}^{n-1}\frac{k}{S_{k}}=\sum_{k=1}^{n-k}\frac{k}{S_{k}}\sqrt{a_{k}}\frac{1}{\sqrt{a_{k}}}\leqslant\left(\sum_{k=1}^{n-1}\frac{k^{2}}{S_{k}^{2}}a_{k}\right)^{\frac{1}{2}}\left(\sum_{k=1}^{n}\frac{1}{a_{k}}\right)^{\frac{1}{2}}<P^{\frac{1}{2}}\left(\sum_{k=1}^{n-1}\frac{k^{2}a_{k}}{S_{k}^{2}}\right)^{\frac{1}{2}},$$

故 $T_n < c + 2P^{\frac{1}{2}}T_n^{\frac{1}{2}}$，其中 $c = \dfrac{5}{a_1} + \displaystyle\sum_{k=1}^{n-1}\dfrac{1}{a_k}$. 那么有

$$T_n - 2S^{\frac{1}{2}}T_n^{\frac{1}{2}} - c < 0,$$

故

$$T_n^{\frac{1}{2}} < \frac{2P^{\frac{1}{2}} + \sqrt{4P + 4c}}{2} = P^{\frac{1}{2}} + (P + c)^{\frac{1}{2}}.$$

因此，$\displaystyle\sum_{n=1}^{\infty}\dfrac{n^2}{(a_1 + a_2 + \cdots + a_n)^2}a_n$ 收敛.

**例 26**　利用柯西收敛准则证明下列级数发散：

(1) $1 + \dfrac{1}{2} - \dfrac{1}{3} + \dfrac{1}{4} + \dfrac{1}{5} - \dfrac{1}{6} + \dfrac{1}{7} + \dfrac{1}{8} - \dfrac{1}{9} + \cdots$；

(2) $1 - \dfrac{1}{2} + \dfrac{1}{3} + \dfrac{1}{4} - \dfrac{1}{5} + \dfrac{1}{6} + \dfrac{1}{7} - \dfrac{1}{8} + \dfrac{1}{9} + \cdots$.

**证明**　(1) 设级数的一般项为 $x_n$，则

$$x_{3n+1} + x_{3n+2} + \cdots + x_{6n} > \frac{1}{3n+1} + \frac{1}{3n+4} + \cdots + \frac{1}{6n-2} > \frac{n}{6n-2} > \frac{1}{6}.$$

由于 $n$ 可以取任意大，由柯西收敛准则可知级数发散.

(2) 设级数的一般项为 $x_n$，则

$$x_{3n+1} + x_{3n+2} + \cdots + x_{6n} > \frac{1}{3n+3} + \frac{1}{3n+6} + \cdots + \frac{1}{6n} > \frac{n}{6n} = \frac{1}{6}.$$

由于 $n$ 可以取任意大，由柯西收敛准则可知级数发散.

**例 27**　设正项级数 $\displaystyle\sum_{n=1}^{\infty}x_n$ 收敛，$\{x_n\}$ 单调递减，利用柯西收敛准则证明：

$$\lim_{n\to\infty} nx_n = 0.$$

**证明**　设正项级数 $\displaystyle\sum_{n=1}^{\infty}x_n$ 收敛，则对任意给定的 $\varepsilon > 0$，存在正数 $N_1$，当 $m > n > N_1$ 时，有

$$x_{n+1} + x_{n+2} + \cdots + x_m < \frac{\varepsilon}{2}.$$

特别地，取 $N = 2N_1 + 3$，则当 $n > N$ 时，有 $\left[\dfrac{n}{2}\right] > N_1 + 1$，于是

$$0 < \frac{n}{2}x_n < x_{\left[\frac{n}{2}\right]} + x_{\left[\frac{n}{2}\right]+1} + \cdots + x_n < \frac{\varepsilon}{2}$$

成立，因此取极限，由迫敛性可知，$\displaystyle\lim_{n\to\infty} nx_n = 0$.

**例 28**　设正项数列 $\{x_n\}$ 单调递减，且级数 $\displaystyle\sum_{n=1}^{\infty}(-1)^n x_n$ 发散. 问级数 $\displaystyle\sum_{n=1}^{\infty}\left(\dfrac{1}{1+x_n}\right)^n$ 是否收敛？并说明理由.

**解**　设正项数列 $\{x_n\}$ 单调递减，则 $\displaystyle\lim_{n\to\infty}x_n$ 存在，不妨记 $\displaystyle\lim_{n\to\infty}x_n = \alpha$，因此 $\alpha > 0$，否则由莱布尼茨判别法可知级数 $\displaystyle\sum_{n=1}^{\infty}(-1)^n x_n$ 收敛. 于是

$$\lim_{n \to \infty} \sqrt[n]{\left(\frac{1}{1+x_n}\right)^n} = \frac{1}{1+\alpha} < 1.$$

因此级数 $\sum\limits_{n=1}^{\infty} \left(\frac{1}{1+x_n}\right)^n$ 收敛.

**例 29**　若 $\{nx_n\}$ 收敛, $\sum\limits_{n=2}^{\infty}(x_n - x_{n-1})$ 收敛, 则级数 $\sum\limits_{n=1}^{\infty} x_n$ 收敛.

**证明**　令 $a_n = x_n$, $b_n = 1$, 则 $B_k = \sum\limits_{i=1}^{k} b_i = k$. 应用阿贝尔变换, 得到

$$\sum_{k=1}^{n} x_k = nx_n - \sum_{k=1}^{n-1} k(x_{k+1} - x_k) = k.$$

由于

$$\sum_{n=1}^{\infty} n(x_n - x_{n-1}) = \sum_{n=1}^{\infty} \left((n+1)(x_{n+1} - x_n) \cdot \frac{n}{n+1}\right),$$

因为数列 $\left\{\frac{n}{n+1}\right\}$ 单调递增且有上界 1, 级数 $\sum\limits_{n=1}^{\infty}(x_{n+1} - x_n) = \sum\limits_{n=2}^{\infty}(x_n - x_{n-1})$ 收敛, 由阿贝尔判别法可知, 级数 $\sum\limits_{n=1}^{\infty} n(x_{n+1} - x_n)$ 收敛. 再由数列 $\left\{\frac{n}{n+1}\right\}$ 的收敛性可知, 级数 $\sum\limits_{n=1}^{\infty} x_n$ 收敛.

**例 30**　若 $\sum\limits_{n=2}^{\infty}(x_n - x_{n-1})$ 绝对收敛, $\sum\limits_{n=1}^{\infty} y_n$ 收敛, 则级数 $\sum\limits_{n=1}^{\infty} x_n y_n$ 收敛.

**证明**　由于 $\sum\limits_{n=1}^{\infty} y_n$ 收敛, 因此对任意给定的 $\varepsilon > 0$, 存在 $N$, 当 $n > N$ 时, 有 $\left| \sum\limits_{n+1}^{n+p} y_k \right| < \varepsilon$. 由 $\sum\limits_{n=2}^{\infty}(x_n - x_{n-1})$ 绝对收敛可知, $\{x_n\}$ 收敛.

设 $\sum\limits_{n=2}^{\infty}(x_n - x_{n-1}) = A$, $|x_n| \leqslant B$, 令

$$B_{n+k} = y_{n+1} + y_{n+2} + \cdots + y_{n+k},$$

应用阿贝尔变换, 得到

$$\left| \sum_{n+1}^{n+p} x_k y_k \right| = \left| x_{n+p} B_{n+p} - \sum_{n+1}^{n+p} (x_{k+1} - x_k) B_k \right| < (A + B)\varepsilon.$$

由柯西收敛准则可知级数 $\sum\limits_{n=1}^{\infty} x_n y_n$ 收敛.

**例 31**　设 $f(x)$ 在 $[-1,1]$ 上具有二阶连续导数, 且 $\lim\limits_{x \to 0} \dfrac{f(x)}{x} = 0$. 证明级数 $\sum\limits_{n=1}^{\infty} f\left(\frac{1}{n}\right)$ 绝对收敛.

**证明**　由 $\lim\limits_{x \to 0} \dfrac{f(x)}{x} = 0$, 则对任意给定的 $\varepsilon > 0$, 存在正数 $\delta < \dfrac{1}{2}$, 当 $x \in \mathring{U}(0; \delta)$ 时, 有 $\left| \dfrac{f(x)}{x} \right| < \varepsilon$, 所以 $|f(x)| < \varepsilon$, 故由 $f(x)$ 在 $[-1,1]$ 上具有二阶连续导数可知

$$\lim_{x \to 0} f(x) = 0 = f(0)$$

及

$$f'(0) = \lim_{x \to 0} \frac{f(x) - f(0)}{x - 0} = 0.$$

$f\left(\dfrac{1}{n}\right)$ 在 $x = 0$ 处的一阶泰勒展开式为

$$f\left(\frac{1}{n}\right) = f(0) + f'(0)\frac{1}{n} + \frac{f''(\xi)}{2}\frac{1}{n^2}, \xi \in \left(0, \frac{1}{n}\right),$$

所以当 $n \to \infty$ 时，$f\left(\dfrac{1}{n}\right) \sim \dfrac{f''(0)}{2} \cdot \dfrac{1}{n^2}$. 于是，级数 $\displaystyle\sum_{n=1}^{\infty} f\left(\frac{1}{n}\right)$ 绝对收敛.

**例 32**　利用

$$1 + \frac{1}{2} + \frac{1}{3} + \cdots + \frac{1}{n} - \ln n \to \gamma, n \to \infty,$$

其中 $\gamma$ 是欧拉(Euler)常数，求下述 $\displaystyle\sum_{n=1}^{\infty} \frac{(-1)^{n+1}}{n}$ 的更序级数的和

$$1 + \frac{1}{3} - \frac{1}{2} + \frac{1}{5} + \frac{1}{7} - \frac{1}{4} + \frac{1}{9} + \frac{1}{11} - \frac{1}{6} + \cdots.$$

**解**　设 $b_n = 1 + \dfrac{1}{2} + \dfrac{1}{3} + \cdots + \dfrac{1}{n} - \ln n$，级数

$$1 + \frac{1}{3} - \frac{1}{2} + \frac{1}{5} + \frac{1}{7} - \frac{1}{4} + \frac{1}{9} + \frac{1}{11} - \frac{1}{6} + \cdots + \frac{1}{4n-3} + \frac{1}{4n-1} - \frac{1}{2n} + \cdots$$

的部分和数列为 $\{S_n\}$，则

$$S_{3n} + \frac{1}{2}(b_n + \ln n) = 1 + \frac{1}{3} + \frac{1}{5} + \frac{1}{7} + \frac{1}{9} + \frac{1}{11} + \cdots + \frac{1}{4n-3} + \frac{1}{4n-1},$$

$$S_{3n} + \frac{1}{2}(b_n + \ln n) + \frac{1}{2}(b_{2n} + \ln 2n) = b_{4n} + \ln 4n.$$

于是

$$S_{3n} = b_{4n} - \frac{1}{2}b_n - \frac{1}{2}b_{2n} + \frac{3}{2}\ln 2.$$

由 $\displaystyle\lim_{n \to \infty} b_n = \gamma$，得 $\displaystyle\lim_{n \to \infty} S_{3n} = \frac{3}{2}\ln 2.$ 由于

$$\lim_{n \to \infty} S_{3n} = \lim_{n \to \infty} S_{3n+1} = \lim_{n \to \infty} S_{3n+2},$$

因此 $\displaystyle\lim_{n \to \infty} S_n = \frac{3}{2}\ln 2.$

**例 33**　利用拉比判别法判断下列级数的敛散性：

(1) $\displaystyle\sum_{n=1}^{\infty} \frac{n!}{(a+1)(a+2)\cdots(a+n)} (a > 0)$；(2) $\displaystyle\sum_{n=1}^{\infty} \frac{1}{3^{\ln n}}$；(3) $\displaystyle\sum_{n=1}^{\infty} \left(\frac{1}{2}\right)^{1+\frac{1}{2}+\cdots+\frac{1}{n}}.$

**解**　(1) 设

$$u_n = \frac{n!}{(a+1)(a+2)\cdots(a+n)},$$

则

$$\lim_{n \to \infty} n\left(1 - \frac{u_{n+1}}{u_n}\right) = a.$$

由拉比判别法,当 $a>1$ 时,级数收敛;当 $a<1$ 时,级数发散;当 $a=1$ 时,级数发散.

(2) 设 $u_n=\dfrac{1}{3^{\ln n}}$,则

$$\lim_{n\to\infty}n\left(1-\frac{u_{n+1}}{u_n}\right)=\ln 3>1.$$

由拉比判别法可知,级数收敛.

(3) 设 $u_n=\left(\dfrac{1}{2}\right)^{1+\frac{1}{2}+\cdots+\frac{1}{n}}$,则

$$\lim_{n\to\infty}n\left(1-\frac{u_{n+1}}{u_n}\right)=\ln 2<1.$$

由拉比判别法可知,级数发散.

**例 34** 设 $x_n>0$,$\lim\limits_{n\to\infty}n\left(\dfrac{x_n}{x_{n+1}}-1\right)>0$,证明:交错级数 $\sum\limits_{n=1}^{\infty}(-1)^{n+1}x_n$ 收敛.

**证明** 设 $\lim\limits_{n\to\infty}n\left(\dfrac{x_n}{x_{n+1}}-1\right)=\gamma>0$,则对充分大的正数 $N$,当 $n>N$ 时,$\dfrac{x_n}{x_{n+1}}-1>0$,故当 $n$ 充分大时,数列 $\{x_n\}$ 单调递减.从而对正数 $\alpha,\beta$,满足 $\gamma>\beta>\alpha>0$,可知当 $n$ 充分大时,有

$$\frac{x_n}{x_{n+1}}>1+\frac{\beta}{n}>\left(1+\frac{1}{n}\right)^{\alpha}=\frac{(1+n)^{\alpha}}{n^{\alpha}}.$$

于是 $(1+n)^{\alpha}x_{n+1}<n^{\alpha}x_n$,即数列 $\{n^{\alpha}x_n\}$ 当 $n$ 充分大时单调递减,故存在正数 $A$,使得 $0<x_n\leqslant\dfrac{A}{n^{\alpha}}$,因此数列 $\{n^{\alpha}x_n\}$ 单调递减且趋于零,故交错级数 $\sum\limits_{n=1}^{\infty}(-1)^{n+1}x_n$ 是莱布尼茨级数,从而交错级数 $\sum\limits_{n=1}^{\infty}(-1)^{n+1}x_n$ 收敛.

**例 35** 设 $p>0$,判断级数 $\sum\limits_{n=1}^{\infty}\left(\dfrac{(2n-1)!}{(2n)!}\right)^{p}$ 的敛散性.

**解** 令 $a_n=(2n-1)!$,则 $\dfrac{a_n}{a_{n+1}}=\left(\dfrac{2n+2}{2n+1}\right)^{p}$,因此

$$\lim_{n\to\infty}n\left(\frac{a_n}{a_{n+1}}-1\right)=\lim_{n\to\infty}\frac{\left(\dfrac{2n+2}{2n+1}\right)^{p}-1}{\dfrac{1}{n}}=\lim_{n\to\infty}\frac{1+\dfrac{p}{2n+1}+o\left(\dfrac{1}{n}\right)-1}{\dfrac{1}{n}}=\frac{p}{2}.$$

故当 $p>2$ 时,级数 $\sum\limits_{n=1}^{\infty}\left(\dfrac{(2n-1)!}{(2n)!}\right)^{p}$ 收敛;当 $p<2$ 时,级数 $\sum\limits_{n=1}^{\infty}\left(\dfrac{(2n-1)!}{(2n)!}\right)^{p}$ 发散.

**例 36** 设 $a,b,d>0$,判断级数 $\dfrac{a}{b}+\dfrac{a(a+d)}{b(b+d)}+\dfrac{a(a+d)(a+2d)}{b(b+d)(b+2d)}+\cdots$ 的敛散性.

**解** 令 $a_n=\dfrac{a(a+d)\cdots(a+nd)}{b(b+d)\cdots(b+nd)}$,则 $\dfrac{a_n}{a_{n+1}}=\dfrac{b+nd}{a+nd}$,因此

$$\lim_{n\to\infty}n\left(\frac{a_n}{a_{n+1}}-1\right)=\lim_{n\to\infty}n\left(\frac{b+nd}{a+nd}-1\right)=\lim_{n\to\infty}\frac{(b-a)n}{a+nd}=\frac{b-a}{d}.$$

故当 $\dfrac{b-a}{d}>1$ 时,级数 $\sum\limits_{n=0}^{\infty}\dfrac{a(a+d)\cdots(a+nd)}{b(b+d)\cdots(b+nd)}$ 收敛;当 $\dfrac{b-a}{d}<1$ 时,级数

$$\sum_{n=0}^{\infty} \frac{a(a+d)\cdots(a+nd)}{b(b+d)\cdots(b+nd)} \text{ 发散.}$$

**例 37**　判断级数 $\displaystyle\sum_{n=1}^{\infty} \frac{\sqrt{n!}}{(2+\sqrt{1})(2+\sqrt{2})\cdots(2+\sqrt{n})}$ 的敛散性.

**解**　令

$$a_n = \frac{\sqrt{n!}}{(2+\sqrt{1})(2+\sqrt{2})\cdots(2+\sqrt{n})},$$

则

$$\frac{a_n}{a_{n+1}} = \frac{2+\sqrt{n+1}}{\sqrt{n+1}},$$

因此

$$\lim_{n\to\infty} n\left(\frac{a_n}{a_{n+1}} - 1\right) = \lim_{n\to\infty} n\left(\frac{2+\sqrt{n+1}}{\sqrt{n+1}} - 1\right) = \lim_{n\to\infty} \frac{2n}{\sqrt{n+1}} = +\infty,$$

故级数 $\displaystyle\sum_{n=1}^{\infty} \frac{\sqrt{n!}}{(2+\sqrt{1})(2+\sqrt{2})\cdots(2+\sqrt{n})}$ 收敛.

**例 38**　设 $p > 0$,判断级数 $\displaystyle\sum_{n=1}^{\infty} \frac{1}{n^p}\left(1 - \frac{x\ln n}{n}\right)^n$ 的敛散性.

**解**　令

$$a_n = \frac{1}{n^p}\left(1 - \frac{x\ln n}{n}\right)^n,$$

由于 $\displaystyle\lim_{n\to\infty} \frac{x\ln n}{n} = 0$,因此当 $n$ 充分大时,$a_n > 0$.

当 $x = 0$ 时,级数为 $\displaystyle\sum_{n=1}^{\infty} \frac{1}{n^p}$,当 $p > 1$ 时,级数收敛,而当 $p < 1$ 时,级数发散.

当 $x \neq 0$ 时,有

$$\ln(a_n n^{p+x}) = x\ln n + n\ln\left(1 - \frac{x\ln n}{n}\right)$$

$$= nu_n + n\ln(1 - u_n)$$

$$= nu_n^2 \cdot \frac{u_n + \ln(1 - u_n)}{u_n^2},$$

其中

$$u_n = \frac{x\ln n}{n} \neq 0, n > 1,$$

$$u_n \to 0, nu_n^2 \to 0, n \to \infty.$$

应用洛必达法则,可得

$$\lim_{n\to\infty} \frac{u_n + \ln(1 - u_n)}{u_n^2} = \lim_{v\to 0} \frac{v + \ln(1 - v)}{v^2} = \lim_{n\to\infty} \frac{1 - \dfrac{1}{1-v}}{2v} = -\frac{1}{2},$$

所以

$$\lim_{n\to\infty}\ln(a_n n^{p+x})=0 \ \text{或} \ \frac{a_n}{n^{p+x}}=1.$$

因此,级数 $\sum\limits_{n=1}^{\infty}a_n$ 与 $\sum\limits_{n=1}^{\infty}\frac{1}{n^{p+x}}$ 具有相同的敛散性,故当 $p+x>1$ 时,级数 $\sum\limits_{n=1}^{\infty}a_n$ 收敛,

而当 $p+x\leqslant 1$ 时,级数 $\sum\limits_{n=1}^{\infty}a_n$ 发散.

**例 39** 证明:若 $a_n>0(n=1,2,\cdots)$,且 $\lim\limits_{n\to\infty}n\left(\dfrac{a_n}{a_{n+1}}-1\right)=p$,则 $a_n=o\left(\dfrac{1}{n^{p-\varepsilon}}\right)(\varepsilon>0)$.

**证明** 记 $\alpha_n,\alpha_n',\beta_n',\beta_n'',\varepsilon_n$ 为无穷小量. 由 $\lim\limits_{n\to\infty}n\left(\dfrac{a_n}{a_{n+1}}-1\right)=p$ 可知,当 $n\to\infty$ 时,有

$$\frac{a_n}{a_{n+1}}=1+\frac{p}{n}+\frac{\alpha_n}{n}.$$ 取对数,即得

$$\ln a_n-\ln a_{n+1}=\ln\left(1+\frac{p}{n}+\frac{\alpha_n}{n}\right)=\frac{p}{n}+\frac{\alpha_n}{n}+o\left(\frac{1}{n^2}\right)=\frac{1}{n}(p+\alpha_n'),$$

于是

$$\ln\frac{a_1}{a_N}=\sum_{n=1}^{N-1}\frac{1}{n}(p+\alpha_n').$$

根据已知结果

$$\lim_{N\to\infty}\frac{\sum\limits_{n=1}^{N-1}\dfrac{\alpha_n'}{n}}{\sum\limits_{n=1}^{N-1}\dfrac{1}{n}}=\lim_{N\to\infty}\alpha_N'=0 \ \text{与} \ \sum_{n=1}^{N-1}\frac{1}{n}=\gamma+\ln(N-1)+\varepsilon_n,$$

其中 $\gamma$ 为欧拉常数(见例 33). 令 $\beta_N=\dfrac{\sum\limits_{n=1}^{N-1}\dfrac{\alpha_n'}{n}}{\sum\limits_{n=1}^{N-1}\dfrac{1}{n}}$,从而有

$$\begin{aligned}\ln\frac{a_1}{a_N}&=(p+\beta_N)\sum_{n=1}^{N-1}\frac{1}{n}=(p+\beta_N)[\gamma+\ln(N-1)+\varepsilon_n]\\&=(p+\beta_N)\ln(N-1)+k+\beta_N',\end{aligned}$$

其中 $k$ 为常数. 所以

$$\ln a_N=-(p+\beta_N)\ln(N-1)+k'-\beta_N',$$

其中 $k'=\ln a_1-k$ 为常数,因此

$$a_N=\mathrm{e}^{k'-\beta_N'}(N-1)^{-(p+\beta_N)}=\mathrm{e}^{k'-\beta_N'}\left(\frac{N-1}{N}\right)^{-(p+\beta_N)}N^{\beta_n''}N^{-p},$$

其中 $|\beta_n''|=-\beta_N$. 由于 $|\beta_n''|$ 是无穷小量,因此对任意给定的 $\varepsilon>0$,当 $N$ 充分大时,有 $|\beta_n''|<\dfrac{\varepsilon}{2}$,故 $N^{\beta_n''}<N^{\frac{\varepsilon}{2}}$,并有

$$\lim_{N\to\infty}\left(\frac{N-1}{N}\right)^{-(p+\beta_N)}=1.$$

于是,当 $N$ 充分大时,有 $0<a_N\leqslant k''N^{\frac{\varepsilon}{2}}N^{-p}$,其中 $k''$ 是常数,故 $a_N=o\left(\dfrac{1}{N^{p-\varepsilon}}\right)$,即有

$$a_n = o\left(\frac{1}{n^{p-\varepsilon}}\right).$$

**例 40**　利用级数的柯西乘积证明：

(1) $\displaystyle\sum_{n=0}^{\infty} \frac{1}{n!} \cdot \sum_{n=0}^{\infty} \frac{(-1)^n}{n!} = 1$；

(2) $\displaystyle\sum_{n=0}^{\infty} q^n \cdot \sum_{n=0}^{\infty} q^n = \sum_{n=0}^{\infty} (n+1)q^n = \frac{1}{(1-q)^2}(\mid q \mid < 1)$.

**解**　(1) 设

$$\sum_{n=0}^{\infty} \frac{1}{n!} \cdot \sum_{n=0}^{\infty} \frac{(-1)^n}{n!} = \sum_{n=0}^{\infty} c_n,$$

则 $c_0 = 1$，且当 $n \geqslant 1$ 时，则应用二项式定理，有

$$c_n = \sum_{i+j=n} \frac{(-1)^j}{i! \cdot j!} = \frac{1}{n!} \sum_{i+j=n} \frac{n!}{i! \cdot j!} (-1)^j = \frac{1}{n!} (1-1)^n = 0,$$

因此

$$\sum_{n=0}^{\infty} \frac{1}{n!} \cdot \sum_{n=0}^{\infty} \frac{(-1)^n}{n!} = 1.$$

(2) 设

$$\sum_{n=0}^{\infty} q^n \cdot \sum_{n=0}^{\infty} q^n = \sum_{n=0}^{\infty} c_n,$$

则

$$c_n = \sum_{i+j=n} (q^i \cdot q^j) = (n+1)q^n.$$

所以当 $\mid q \mid < 1$ 时，有

$$\sum_{n=0}^{\infty} q^n \cdot \sum_{n=0}^{\infty} q^n = \sum_{n=0}^{\infty} (n+1)q^n = \frac{1}{(1-q)^2}.$$

**例 41**　判断级数 $\displaystyle\sum_{n=0}^{\infty} \frac{(-1)^n \ln(n+1)}{n+1}$ 是绝对收敛、条件收敛还是发散的.

**解**　记 $u_n = \dfrac{\ln(n+1)}{n+1}$，由 $u_n > \dfrac{1}{n+1}(n \geqslant 3)$，故可知 $\sum u_n$ 发散，即原级数不是绝对收敛的. 又记

$$f(x) = \frac{\ln(x+1)}{x+1}, f'(x) = \frac{1-\ln(x+1)}{(x+1)^2} < 0,$$

所以当 $x \geqslant 2$ 时，$f(x)$ 为单调减函数，又

$$\lim_{x \to +\infty} f(x) = \lim_{x \to +\infty} \frac{\ln(x+1)}{x+1} = \lim_{x \to +\infty} \frac{1}{1+x} = 0,$$

所以 $u_n(n \geqslant 2)$ 为单调递减数列且 $u_n \to 0(n \to +\infty)$，由莱布尼茨判别法可得原级数条件收敛.

**例 42**　设 $\{a_n\}$ 是等差数列，$b > 1$，求级数 $\displaystyle\sum_{n=1}^{\infty} \frac{a_n}{b^n}$ 的和.

**解**　设

$$a_n = a + (n-1)d, n = 1, 2, \cdots,$$

则

$$\sum_{n=1}^{\infty} \frac{a_n}{b^n} = a \sum_{n=1}^{\infty} \frac{1}{b^n} + d \sum_{n=2}^{\infty} \frac{n-1}{b^n},$$

当 $b > 1$ 时,有

$$\sum_{n=1}^{\infty} \frac{1}{b^n} = \frac{1}{b-1}, \sum_{n=2}^{\infty} \frac{n-1}{b^n} = \frac{1}{(b-1)^2},$$

所以

$$\sum_{n=1}^{\infty} \frac{a_n}{b^n} = \frac{a(b-1)+d}{(b-1)^2}.$$

# 第7讲

# 函数项级数

## 一、函数列及其一致收敛性

**定义 1** 设 $\{f_n(x)\}$ 是定义在同一数集 $E$ 上的函数,若 $x_0 \in E$,数列 $\{f_n(x_0)\}$ 收敛,则称函数列 $\{f_n(x)\}$ 在点 $x_0$ 收敛,$x_0$ 称为 $\{f_n(x)\}$ 的收敛点,否则称函数列 $\{f_n(x)\}$ 在点 $x_0$ 发散.若 $\{f_n(x)\}$ 在 $D \subset E$ 上每点都收敛,则称 $\{f_n(x)\}$ 在 $D$ 上收敛,全体收敛点所成之集称为收敛域,此时在收敛域上的每一点,都有数列 $\{f_n(x)\}$ 的一个极限值与之对应,由这个对应法则所确定的 $D$ 上的函数,称为 $\{f_n(x)\}$ 的极限函数.若记之为 $f$,则有

$$\lim_{n \to \infty} f_n(x) = f(x), x \in D$$

或

$$f_n(x) \to f(x), n \to \infty, x \in D.$$

**定义 2** $\lim\limits_{n \to \infty} f_n(x) = f(x), x \in D$,即对 $x \in D$,对任意的 $\varepsilon > 0$,存在正数 $N$,当 $n > N$ 时,有

$$|f_n(x) - f(x)| < \varepsilon.$$

若对所有 $x \in D$,存在 $N > 0$,则称 $f(x)$ 在 $D$ 上一致收敛.

**定义 3** 设 $\{f_n(x)\}$ 与 $f(x)$ 定义在同一数集 $D$ 上,若对任意给定的 $\varepsilon > 0$,存在仅与 $\varepsilon$ 有关的正整数 $N(\varepsilon)$,当 $n > N(\varepsilon)$ 时

$$|f_n(x) - f(x)| < \varepsilon$$

对一切 $x \in D$ 成立,则称 $\{f_n(x)\}$ 在 $D$ 上一致收敛于 $f(x)$,记作 $f_n(x) \overset{D}{\Rightarrow} f(x)$.

### 1. 判定方法

除用定义判断一致收敛以外,还可以用下面几种方法.

**定理 1(柯西收敛原理)** 函数列 $\{f_n(x)\}$ 在集合 $D$ 上一致收敛的充分必要条件是:对任意给定的 $\varepsilon > 0$,存在正数 $N$,使

$$|f_n(x) - f_m(x)| < \varepsilon$$

对一切正整数 $m > n > N$ 与一切 $x \in D$ 成立.

**定理 2** 设函数列 $\{f_n(x)\}$ 在集合 $D$ 上点态收敛于 $f(x)$,定义 $f_n(x)$ 与 $f(x)$ 的"距离"为

$$d(f_n, f) = \sup_{x \in D} |f_n(x) - f(x)|,$$

则$\{f_n(x)\}$在集合$D$上一致收敛的充分必要条件是：

$$\lim_{n\to\infty}d(f_n,f)=0.$$

**命题**    在$D$上，$f_n\to f(n\to\infty)$，若存在数列$\{a_n\}$，使得$\mid f_n(x)-f(x)\mid\leqslant a_n$，且$\lim_{n\to\infty}a_n=0$，则$f_n(x)\overset{D}{\Rightarrow}f(x)$.

**注**    定理2比定理1更为适用，其困难在于求上确界. 先求出$f(x)$（把$x$看成常数，令$n\to\infty$求之），然后求$f_n(x)-f(x)$的极值和最值.

**2. 收敛与一致收敛的关系**

(1) 若$f_n(x)\overset{D}{\Rightarrow}f(x)$，则有$f_n(x)\to f(x),n\to\infty,x\in D$.

(2) 在有限区间$D$上，$f_n(x)\to f(x),n\to\infty,x\in D$，则挖去充分小区间后，$f_n$一致收敛到$f(x)$.

**3. 一致收敛函数列的性质**

**定理3**    设函数列$\{f_n(x)\}$在$(a,x_0)\bigcup(x_0,b)$上一致收敛于$f(x)$，且对每个$n$，有$\lim_{x\to x_0}f_n(x)=a_n$，则$\lim_{n\to\infty}a_n$与$\lim_{x\to x_0}f(x)$均存在且相等，即

$$\lim_{n\to\infty}\lim_{x\to x_0}f_n(x)=\lim_{x\to x_0}\lim_{n\to\infty}f_n(x).$$

此说明在一致收敛的条件下两种极限可交换顺序.

**定理4(连续性)**    若函数列$\{f_n(x)\}$在区间$I$上一致收敛于$f(x)$，且对任意的$n$，$f_n(x)$在$I$上连续，则$f(x)$在$I$上也连续.

**注**    若各项为连续函数的函数列$\{f_n(x)\}$在区间$I$上的极限函数不连续，则此函数列$\{f_n(x)\}$在区间$I$上不一致收敛，如$\{x^n\}$在$(-1,1]$上. 常用此来证明非一致收敛.

**定理5(可积性)**    若函数列$\{f_n(x)\}$在$[a,b]$上一致收敛，且每一项都连续，则

$$\int_a^b\lim_{n\to\infty}f_n(x)\mathrm{d}x=\lim_{n\to\infty}\int_a^b f_n(x)\mathrm{d}x.$$

**注**    (1) 该定理指出：在一致收敛的条件下，极限运算与积分运算可以交换顺序；

(2) 一致收敛只是这两种运算换序的充分条件，而并非必要条件. 如设函数

$$f_n(x)=\begin{cases}2n\alpha_n x,0\leqslant x<\dfrac{1}{2n}\\2\alpha_n-2n\alpha_n x,\dfrac{1}{2n}\leqslant x<\dfrac{1}{n},n=1,2,\cdots,\\0,\dfrac{1}{n}\leqslant x\leqslant 1\end{cases}$$

显然$f_n(x)$在$[0,1]$上连续，且$f_n(x)\to0(n\to\infty)$，而$\sup_{x\in[0,1]}\mid f_n(x)-0\mid=\alpha_n$，因此，函数列一致收敛的充分必要条件是$\alpha_n\to0(n\to\infty)$. 由于$\int_0^1 f_n(x)\mathrm{d}x=\dfrac{\alpha_n}{2n}$，因此，$\int_0^1 f_n(x)\mathrm{d}x\to\int_0^1 f(x)\mathrm{d}x$的充分必要条件是$\dfrac{\alpha_n}{2n}\to0(n\to\infty)$. 当$\alpha_n\equiv1$时，函数列非一致收敛，但定理5的结论仍成立.

**定理6(可微性)**    设$\{f_n(x)\}$为定义在$[a,b]$上的函数列，若$x_0\in[a,b]$为$\{f_n(x)\}$

的收敛点,$\{f_n(x)\}$ 的每一项在 $[a,b]$ 上有连续的导数,且 $\{f'_n(x)\}$ 在 $[a,b]$ 上一致收敛,则

$$\frac{\mathrm{d}}{\mathrm{d}x}(\lim_{n\to\infty}f_n(x))=\lim_{n\to\infty}\frac{\mathrm{d}}{\mathrm{d}x}f_n(x).$$

**注**　由定理的条件可证:$\{f_n(x)\}$ 在 $[a,b]$ 上也一致收敛.

## 二、函数项级数及其一致收敛性

**定义 4**　设 $\{u_n(x)\}$ 是定义在数集 $E$ 上的一个函数列,表达式

$$u_1(x)+u_2(x)+\cdots+u_n(x)+\cdots,x\in E \tag{1}$$

称为定义在 $E$ 上的函数项级数,简记为 $\sum\limits_{n=1}^{\infty}u_n(x)$,称 $S_n(x)=\sum\limits_{k=1}^{n}u_k(x),x\in E$ 为函数项

级数的部分和. 若 $x_0\in E$,级数 $\sum\limits_{n=1}^{\infty}u_n(x_0)$ 收敛,则称级数 $\sum\limits_{n=1}^{\infty}u_n(x)$ 在点 $x_0$ 收敛,$x_0$ 称为

级数(1)的收敛点;若级数 $\sum\limits_{n=1}^{\infty}u_n(x_0)$ 发散,则称式(1)在点 $x_0$ 发散. 若式(1)在点集 $D$ 上

每点都收敛,则称式(1)在 $D$ 上收敛;级数(1)的全体收敛点所成之集称为收敛域,这样收

敛级数在收敛域 $D$ 上定义的这个函数,记为 $S(x)$,称为式(1)的和函数,即

$$S(x)=\sum_{n=1}^{\infty}u_n(x),x\in D.$$

**定义 5**　设 $\{S_n(x)\}$ 是 $\sum\limits_{n=1}^{\infty}u_n(x)$ 的部分和函数列. 若 $\{S_n(x)\}$ 在数集 $D$ 上一致收敛

于函数 $S(x)$,则称 $\sum\limits_{n=1}^{\infty}u_n(x)$ 在 $D$ 上一致收敛于函数 $S(x)$,或称 $\sum\limits_{n=1}^{\infty}u_n(x)$ 在 $D$ 上一致收

敛.

### 1. 判断定理

**定理 7(函数项级数一致收敛的柯西收敛原理)**　函数项级数 $\sum\limits_{n=1}^{\infty}u_n(x)$ 在 $D$ 上一致收

敛的充分必要条件是:对任意给定的 $\varepsilon>0$,存在正整数 $N(\varepsilon)$,使

$$|u_{n+1}(x)+u_{n+2}(x)+\cdots+u_m(x)|<\varepsilon$$

对一切正整数 $m>n>N$ 与一切 $x\in D$ 成立.

**定理 8(M - 判别法、优级数判别法、魏尔斯特拉斯(Weiersttass)判别法)**　设

$\sum\limits_{n=1}^{\infty}u_n(x)$ 为定义数集 $D$ 上的级数. 若存在正项级数 $\sum\limits_{n=1}^{\infty}M_n$,$|u_n(x)|\leqslant M_n,n\geqslant N$,则当

$\sum\limits_{n=1}^{\infty}M_n$ 收敛时,$\sum\limits_{n=1}^{\infty}u_n(x)$ 在 $D$ 上一致收敛.

**定理 9**　$\sum\limits_{n=1}^{\infty}u_n(x)$ 在 $D$ 上一致收敛于 $S(x)$ 的充分必要条件为

$$\limsup_{n\to\infty}\limits_{x\in D}|S(x)-S_n(x)|=0.$$

**推论**　级数 $\sum\limits_{n=1}^{\infty}u_n(x)$ 在 $D$ 上一致收敛的必要条件是:$\{u_n(x)\}$ 一致收敛于零.

**定理 10(级数的阿贝尔－狄利克雷判别法)** 设函数项级数 $\sum\limits_{n=1}^{\infty} u_n(x)v_n(x)(x \in D)$ 满足下列两个条件之一,则级数 $\sum\limits_{n=1}^{\infty} u_n(x)v_n(x)$ 在 $D$ 上一致收敛.

(1)(阿贝尔判别法) 函数序列 $\{u_n(x)\}$ 对每一个固定的 $x \in D$ 关于 $n$ 是单调的,且 $\{u_n(x)\}$ 在 $D$ 上一致有界:$|u_n(x)| \leqslant M, x \in D, n \in \mathbf{N}_+$;同时,函数项级数 $\sum\limits_{n=1}^{\infty} v_n(x)$ 在 $D$ 上一致收敛.

(2)(狄利克雷判别法) 函数序列 $\{u_n(x)\}$ 对每一个固定的 $x \in D$ 关于 $n$ 是单调的,且 $\{u_n(x)\}$ 在 $D$ 上一致收敛于零;同时,函数项级数 $\sum\limits_{n=1}^{\infty} v_n(x)$ 的部分和序列在 $D$ 上一致有界,有

$$| \sum_{k=1}^{n} v_k(x) | \leqslant M, x \in D, n \in \mathbf{N}_+.$$

**2. 和函数的分析性质**

**定理 11** 若 $u_n(x)(n=1,2,\cdots)$ 在 $x_0$ 处连续,且 $\sum\limits_{n=1}^{\infty} u_n(x)$ 在 $x_0$ 某邻域一致收敛,则 $S(x) = \sum\limits_{k=1}^{n} u_k(x)$ 在 $x_0$ 处连续.

**定理 12** 若 $u_n(x)(n=1,2,\cdots)$ 在 $(a,b)$ 内连续,且 $\sum\limits_{n=1}^{\infty} u_n(x)$ 在 $(a,b)$ 内闭一致收敛,则 $S(x) = \sum\limits_{k=1}^{n} u_k(x)$ 在 $(a,b)$ 内连续.

**定理 13(连续性定理)** 设对每个 $n, u_n(x)$ 在 $[a,b]$ 上连续,且 $\sum\limits_{n=1}^{\infty} u_n(x)$ 在 $[a,b]$ 上一致收敛于 $S(x)$,则 $S(x)$ 在 $[a,b]$ 上也连续. 这时,对任意 $x_0 \in [a,b]$,有

$$\lim_{x \to x_0} ( \sum_{n=1}^{\infty} u_n(x)) = \sum_{n=1}^{\infty} (\lim_{x \to x_0} u_n(x))$$

成立,即求和与求极限可以交换次序.

**定理 14(逐项积分定理)** 设对每个 $n, u_n(x)$ 在 $[a,b]$ 上连续,且 $\sum\limits_{n=1}^{\infty} u_n(x)$ 在 $[a,b]$ 上一致收敛于 $S(x)$,则 $S(x)$ 在 $[a,b]$ 上可积,且

$$\int_a^b ( \sum_{n=1}^{\infty} u_n(x)) \mathrm{d}x = \sum_{n=1}^{\infty} \int_a^b u_n(x) \mathrm{d}x,$$

即求和与求积分可交换次序.

**定理 15(逐项求导定理)** 若函数项级数 $\sum\limits_{n=1}^{\infty} u_n(x)$ 满足条件:

(1)$u_n(x)(n=1,2,\cdots)$ 在 $[a,b]$ 上有连续的导函数;

(2)$\sum\limits_{n=1}^{\infty} u_n(x)$ 在 $[a,b]$ 上点收敛于 $S(x)$;

(3) $\sum\limits_{n=1}^{\infty} u'_n(x)$ 在 $[a,b]$ 上一致收敛,则 $(\sum\limits_{n=1}^{\infty} u_n(x))' = \sum\limits_{n=1}^{\infty} u'_n(x)$.

**定理 16(迪尼(Dini)定理)**　设函数序列 $\{S_n(x)\}$ 在闭区间 $[a,b]$ 上点态收敛于 $S(x)$,如果:

(1) $S_n(x)(n=1,2,\cdots)$ 在 $[a,b]$ 上连续;

(2) $S(x)$ 在 $[a,b]$ 上连续;

(3) $\{S_n(x)\}$ 关于 $n$ 单调,即对任意固定的 $x \in [a,b]$,$\{S_n(x)\}$ 是单调数列,则 $\{S_n(x)\}$ 在 $[a,b]$ 上一致收敛于 $S(x)$.

## 三、幂级数及其收敛域

形如 $\sum\limits_{n=1}^{\infty} a_n (x-x_0)^n$ 的函数项级数称为幂级数,通过变换可化为 $\sum\limits_{n=1}^{\infty} a_n x^n$.

**1. 收敛半径、收敛区间、收敛域**

在幂级数 $\sum\limits_{n=0}^{\infty} a_n x^n$ 中,令 $A = \varlimsup\limits_{n\to\infty} \sqrt[n]{|a_n|}$,定义

$$R = \begin{cases} +\infty, & A=0 \\ \dfrac{1}{A}, & A \in (0,+\infty), \\ 0, & A=+\infty \end{cases}$$

则有如下定理:

**定理 17(柯西-阿达马(Hadamard)定理)**　幂级数 $\sum\limits_{n=0}^{\infty} a_n x^n$ 当 $|x| < R(R>0)$ 时绝对收敛;当 $|x| > R$ 时发散.

**2. 收敛半径 $R$ 的求法**

**定理 18(达朗贝尔判别法)**　如果对幂级数 $\sum\limits_{n=0}^{\infty} a_n x^n$,有

$$\lim\limits_{n\to\infty} \frac{|a_{n+1}|}{|a_n|} = A$$

成立,则此幂级数的收敛半径 $R = \dfrac{1}{A}$.

**3. 幂级数的性质**

**定理 19**　若 $\sum\limits_{n=1}^{\infty} a_n x^n$ 的收敛半径 $R>0$,则它在 $(-R,R)$ 内任一闭区间都一致收敛且绝对收敛;若 $\sum\limits_{n=1}^{\infty} a_n R^n$ 收敛,则 $\sum\limits_{n=1}^{\infty} a_n x^n$ 在 $[0,R]$ 上一致收敛.

**定理 20**　若幂级数 $\sum\limits_{n=1}^{\infty} a_n x^n$ 的收敛半径 $R>0$,则其和函数在 $(-R,R)$ 内连续、可积、可微,且有任意 $n$ 阶导数,并满足逐项可积和逐项求导法则.

**注**　幂级数与其诱导级数(逐项求导或求积)具有相同的收敛半径,但其收敛域有可

能变化,即收敛区间端点的收敛性可能发生变化.

### 四、函数的幂级数展开

**1. 泰勒级数**

若 $f(x)$ 在 $U(x_0)$ 存在任意阶导数,则称幂级数

$$f(x_0) + f'(x_0)(x - x_0) + \cdots + \frac{f^{(n)}(x_0)}{n!}(x - x_0)^n + \cdots$$

为函数 $f(x)$ 在 $x_0$ 的泰勒级数.

**注** (1)泰勒级数未必收敛;

(2)泰勒级数即使收敛,也未必收敛于 $f(x)$. 如

$$f(x) = \begin{cases} e^{\frac{1}{x^2}}, & x \neq 0 \\ 0, & x = 0 \end{cases}$$

在 $x = 0$ 处收敛.

**2. 收敛定理**

**定理 21** 设 $f(x)$ 在点 $x_0$ 具有任意阶导数,那么 $f(x)$ 在 $U(x_0)$ 收敛于它的泰勒级数的和函数的充分必要条件是:对任意的 $x \in U(x_0)$,$\lim\limits_{n \to \infty} R_n(x) = 0$. 这里 $R_n(x)$ 是 $f(x)$ 在 $x_0$ 的泰勒公式余项.

**定理 22** 若函数 $f(x)$ 在 $U(x_0)$ 存在任意阶导数,且存在 $M > 0$,有

$$|f^{(n)}(x)| \leqslant M, n = 1, 2, x \in U(x_0),$$

则

$$f(x) = \sum_{n=0}^{\infty} \frac{f^{(n)}(x_0)}{n!}(x - x_0)^n.$$

若函数 $f(x)$ 在 $x_0$ 的泰勒级数收敛于 $f(x)$,则称泰勒级数为 $f(x)$ 在 $x_0$ 的泰勒展开式或幂级数展开式,也称 $f(x)$ 在 $x_0$ 可展为幂级数或泰勒级数. 在 $x_0 = 0$ 处的泰勒级数又称为麦克劳林级数.

**3. 初等函数的幂级数展开式**

(1) $e^x = \sum\limits_{n=0}^{\infty} \dfrac{x^n}{n!}, x \in \mathbf{R}$;

(2) $\sin x = \sum\limits_{n=1}^{\infty} (-1)^{n-1} \dfrac{x^{2n-1}}{(2n-1)!}, x \in \mathbf{R}$;

(3) $\cos x = \sum\limits_{n=0}^{\infty} (-1)^n \dfrac{x^{2n}}{(2n)!}, x \in \mathbf{R}$;

(4) $\ln(1+x) = \sum\limits_{n=1}^{\infty} \dfrac{(-1)^{n-1} x^n}{n}, x \in (-1, 1]$;

(5) $(1+x)^\alpha = 1 + \sum\limits_{n=1}^{\infty} \dfrac{\alpha(\alpha-1)\cdots(\alpha-n+1)}{n!} x^n$,当 $\alpha \leqslant -1$ 时,$x \in (-1, 1)$;当 $-1 < \alpha < 0$ 时,$x \in (-1, 1]$;当 $\alpha > 0$ 时,$x \in [-1, 1]$;

(6) $\dfrac{1}{1-x}=\sum\limits_{n=0}^{\infty}x^{n}$，$|x|<1$；

(7) $\dfrac{1}{1+x}=\sum\limits_{n=0}^{\infty}(-1)^{n}x^{n}$，$|x|<1$.

## 典型例题

**例 1**　设 $f_{n}(x)=\begin{cases}0,-1\leqslant x\leqslant-\dfrac{1}{n}\\[2mm]\cos\dfrac{\pi x}{2},-\dfrac{1}{n}<x<\dfrac{1}{n}\\[2mm]2,\dfrac{1}{n}\leqslant x\leqslant1\end{cases}$，试讨论函数列 $\{f_{n}(x)\}$ 在 $[-1,1]$ 上的

一致收敛性.

**解**　对任意 $x\in[-1,0)$，总存在正整数 $N$，使得对任意 $n>N$，恒有 $x<-\dfrac{1}{n}$，故 $f_{n}(x)=0$，因此 $\lim\limits_{n\to\infty}f_{n}(x)=0$.

对任意 $x\in(0,1]$，总存在正整数 $N$，使得对任意 $n>N$，恒有 $x>\dfrac{1}{n}$，故 $f_{n}(x)=2$，因此 $\lim\limits_{n\to\infty}f_{n}(x)=2$.

当 $x=0$ 时，有 $\lim\limits_{n\to\infty}f_{n}(0)=\lim\limits_{n\to\infty}1=1$. 所以

$$\lim_{n\to\infty}f_{n}(x)=f(x)=\begin{cases}0,-1\leqslant x<0\\1,x=0\\2,0<x\leqslant1\end{cases}.$$

那么

$$f_{n}(x)-f(x)=\begin{cases}0,x=0\\[2mm]\cos\dfrac{\pi x}{2},-\dfrac{1}{n}<x<0\\[2mm]\cos\dfrac{\pi x}{2}-2,0<x<\dfrac{1}{n}\\[2mm]0,\dfrac{1}{n}\leqslant x\leqslant1\end{cases}.$$

因此

$$\sup_{x\in(-\frac{1}{n},0)}|f_{n}(x)-f(x)|=0,$$

$$\sup_{x\in(-\frac{1}{n},0)}|f_{n}(x)-f(x)|=\sup_{x\in(-\frac{1}{n},0)}2\left|\cos\dfrac{nx\pi}{2}\right|=1,$$

$$\sup_{x=0}|f_{n}(0)-f(0)|=0,$$

$$\sup_{x\in(-\frac{1}{n},0)}|f_{y}(x)-f(x)|=\sup_{x\in(-\frac{1}{n},0)}\left|\cos\dfrac{nx\pi}{2}-2\right|=2,$$

$$\sup_{x\in[\frac{1}{n},1]}|f_{n}(x)-f(x)|=0,$$

故

$$\sup_{x \in [-1,1]} | f_n(x) - f(x) | = 2,$$

所以

$$\lim_{n \to \infty} \sup_{x \in [-1,1]} | f_n(x) - f(x) | = 2.$$

那么，$\{f_n(x)\}$ 在 $[-1,1]$ 上不一致收敛.

**例 2**  设 $f(x)$ 为定义在 $[a,b]$ 上的任一函数，$f_n(x) = \dfrac{[nf(x)]}{n}$，$n = 1, 2, \cdots$. 证明 $f_n(x)$ 在 $(a,b)$ 内一致收敛(其中 $[\cdot]$ 表示取整函数).

**证明**  因为

$$| f_n(x) - f(x) | = \left| \frac{[nf(x)]}{n} - f(x) \right| = \frac{nf(x) - [nf(x)]}{n} < \frac{1}{n},$$

所以

$$\lim_{n \to \infty} (f_n(x) - f(x)) = 0.$$

故 $\{f_n(x)\}$ 在 $[a,b]$ 上一致收敛于 $f(x)$.

**例 3**  讨论函数列 $\{f_n(x) = n^2 x e^{-n^2 x}\}$，$x \in [0,1]$ 的一致敛散性.

**证明**  由于

$$\lim_{n \to \infty} f_n(x) = \lim_{n \to \infty} n^2 x e^{-n^2 x} = 0, \quad x \in [0,1],$$

特别地，有 $f_n\left(\dfrac{1}{n^2}\right) = e^{-1}$，那么有

$$\sup_{x \in [0,1]} | f_n(x) | \geqslant f_n\left(\frac{1}{n^2}\right) = e^{-1},$$

故 $\lim\limits_{n \to \infty} \sup\limits_{x \in [0,1]} | f_n(x) | \neq 0$，因此，函数列 $\{f_n(x) = n^2 x e^{-n^2 x}\}$，$x \in [0,1]$ 不一致收敛.

**例 4**  证明：若函数列 $\{f_n(x)\}$ 在 $[a,b]$ 上一致收敛于 $f(x)$，且其每一项连续，则 $f(x)$ 在 $[a,b]$ 上也连续.

**证明**  设 $\{f_n(x)\}$ 在 $[a,b]$ 上一致收敛于 $f(x)$，对任意 $\varepsilon > 0$，存在正整数 $N$，当 $n > N$ 时，对任意 $x \in [a,b]$，恒有 $| f_n(x) - f(x) | < \dfrac{1}{3}\varepsilon$. 由于 $\{f_n(x)\}$ 的每一项都在 $[a,b]$ 上连续，故 $\{f_n(x)\}$ 在 $[a,b]$ 上一致连续，则存在 $\delta > 0$，使得对任意 $x, y \in [a,b]$，只要 $| x - y | < \delta$，就有 $| f_n(x) - f_n(y) | < \dfrac{1}{3}\varepsilon$. 特别地，取 $n = N+1$，有

$$| f(x) - f(y) | \leqslant | f(x) - f_{N+1}(x) | + | f_{N+1}(x) - f_{N+1}(y) | + | f_{N+1}(y) - f(y) |$$
$$< \frac{1}{3}\varepsilon + \frac{1}{3}\varepsilon + \frac{1}{3}\varepsilon = \varepsilon.$$

所以 $f(x)$ 在 $[a,b]$ 上一致连续，显然 $f(x)$ 在 $[a,b]$ 上连续.

**例 5**  叙述函数列 $\{f_n(x)\}$ 在区间 $D$ 上一致收敛于 $f(x)$ 的定义，并讨论函数列 $f_n(x) = \dfrac{nx}{1 + n^2 x^2}$ 在 $[0,1]$ 上的一致收敛性.

**证明**  函数列一致收敛的定义：对任意给定的 $\varepsilon > 0$，总存在某一正整数 $N$，使得对任意 $n > N$ 和 $x \in D$，恒有 $| f_n(x) - f(x) | < \varepsilon$，则称函数列 $\{f_n(x)\}$ 在区间 $D$ 上一致

收敛于 $f(x)$.

对任意的 $x \in [0,1]$,有

$$\lim_{n \to \infty} f_n(x) = \lim_{n \to \infty} \frac{nx}{1+n^2x^2} = 0.$$

令 $f(x) = 0$,则有

$$| f_n(x) - f(x) | = \frac{nx}{1+n^2x^2} \leqslant \frac{\frac{1}{2}(1+n^2x^2)}{1+n^2x^2} = \frac{1}{2},$$

上式中 $x = \frac{1}{n}$ 时,$| f_n(x) - f(x) |$ 取得最大值,此时

$$\sup_{x \in [0,1]} | f_n(x) - f(x) | = \frac{1}{2},$$

所以,当 $\varepsilon_0 = \frac{1}{2}$ 时,对任意的正整数 $N$,取 $x = \frac{1}{n}$,总有

$$\left| f_N\left(\frac{1}{n}\right) - f\left(\frac{1}{n}\right) \right| \geqslant \varepsilon_0.$$

故 $f_n(x) = \frac{nx}{1+n^2x^2}$ 在 $[0,1]$ 上不一致收敛.

**例 6**　证明:函数项级数 $\sum\limits_{n=1}^{\infty} \frac{1}{1+n^2x}$ 在 $(0,+\infty)$ 内点点收敛,但不一致收敛,而对任意的 $\delta > 0$,级数在 $[\delta, +\infty)$ 上一致收敛.

**证明**　因为对任意 $x > 0$,有 $0 < \frac{1}{1+n^2x} < \frac{1}{n^2x}$,且 $\sum\limits_{n=1}^{\infty} \frac{1}{n^2x} > 0$ 收敛,所以 $\sum\limits_{n=1}^{\infty} \frac{1}{1+n^2x}$ 收敛. 故 $\sum\limits_{n=1}^{\infty} \frac{1}{1+n^2x}$ 在 $(0,+\infty)$ 内点点收敛. 又因为

$$\sup_{x \in (0,+\infty)} \frac{1}{1+n^2x} = 1,$$

所以

$$\lim_{n \to \infty} \sup_{x \in (0,+\infty)} \frac{1}{1+n^2x} = 1 \neq 0.$$

故 $\sum\limits_{n=1}^{\infty} \frac{1}{1+n^2x}$ 在 $(0,+\infty)$ 内不一致收敛.

对任意 $\delta > 0$. 当 $x \in [\delta, +\infty)$ 时,有 $0 < \frac{1}{1+n^2x} \leqslant \frac{1}{1+n^2\delta}$,且 $\sum\limits_{n=1}^{\infty} \frac{1}{1+n^2\delta}$ 收敛. 所以级数在 $[\delta, +\infty)$ 上一致收敛.

**例 7**　设 $u_1(x)$ 在 $[a,b]$ 上可积,且 $u_{n+1}(x) = \int_a^x u_n(t)\mathrm{d}t$. 判断 $\sum\limits_{n=1}^{\infty} u_n(x)$ 在 $[a,b]$ 上是否一致收敛,并说明理由.

**解**　$u_1(x)$ 在 $[a,b]$ 上可积,故 $u_1(x)$ 在 $[a,b]$ 上有界,即存在正常数 $M$,使得对任意 $x \in [a,b]$,有 $| u_1(x) | \leqslant M$. 那么,由

$$u_{n+1} = \int_a^x u_n(t)\,\mathrm{d}t, \quad n = 1, 2, \cdots$$

可知

$$|u_{n+1}| \leqslant \int_a^x |u_n(t)|\,\mathrm{d}t,$$

$$|u_2(x)| \leqslant \int_a^x |u_1(t)|\,\mathrm{d}t \leqslant \int_a^x M\,\mathrm{d}t = M(x-a),$$

$$|u_3(x)| \leqslant \int_a^x |u_2(t)|\,\mathrm{d}t \leqslant \int_a^x M(t-a)\,\mathrm{d}t = \frac{M}{2!}(x-a)^2,$$

$$|u_4(x)| \leqslant \int_a^x |u_3(t)|\,\mathrm{d}t \leqslant \frac{1}{2!}\int_a^x M(t-a)^2\,\mathrm{d}t = \frac{M}{3!}(x-a)^3.$$

现对任意的 $n$ 假设有 $|u_n(x)| \leqslant \dfrac{M(x-a)^{n-1}}{(n-1)!}$，以下用数学归纳法证明.

当 $n = 1$ 时，结论显然成立. 假设 $n = k$ 时，结论成立，即

$$|u_k(x)| \leqslant \frac{M(x-a)^{k-1}}{(k-1)!},$$

则当 $n = k+1$ 时

$$|u_{k+1}(x)| \leqslant \left|\int_a^x u_k(t)\,\mathrm{d}t\right| = \int_a^x |u_k(t)|\,\mathrm{d}t \leqslant \frac{M(t-a)^{k-1}\int_a^x \mathrm{d}t}{(k-1)!} = \frac{M(x-a)^k}{k!}.$$

那么当 $n = k+1$ 时，结论也成立. 故结论对任意自然数都成立. 因此

$$\lim_{n\to\infty} |u_n(x)| \leqslant \lim_{n\to\infty} \frac{M(x-a)^{n-1}}{(n-1)!} \leqslant \lim_{n\to\infty} \frac{M(b-a)^{n-1}}{(n-1)!} = 0.$$

故 $\{u_n(x)\}$ 在 $[a,b]$ 上一致收敛于零. 由于 $\displaystyle\sum_{n=1}^{\infty} \frac{M(b-a)^{n-1}}{(n-1)!}$ 收敛，所以 $\displaystyle\sum_{n=1}^{\infty} u_n(x)$ 在 $[a,b]$ 上绝对一致收敛.

**例 8**  设 $f_n(x) = \dfrac{x}{1+n^2x^2}$，$n = 1, 2, \cdots$，讨论函数列 $\{f_n\}$ 在 $(-\infty, \infty)$ 内是否一致收敛.

**解**  对任意的 $x \in (-\infty, \infty)$，有 $\displaystyle\lim_{n\to\infty} f_n(x) = 0$. 另由

$$f_n'(x) = \frac{1-n^2x^2}{(1+n^2x^2)^2} \begin{cases} > 0, & 0 < x < \dfrac{1}{n} \\[2mm] < 0, & \dfrac{1}{n} < x < \infty \end{cases}$$

知 $\displaystyle\max_{x\in\mathbf{R}} |f_n(x)| = f_n\left(\dfrac{1}{n}\right) = \dfrac{1}{2n}$. 于是 $f_n$ 在 $\mathbf{R}$ 上一致收敛于零.

**例 9**  设 $f(x)$ 在 $\left[\dfrac{\pi}{4}, \dfrac{\pi}{2}\right]$ 上连续，证明：

(1) $\{\sin^n x \cdot f(x)\}_{n=1}^{\infty}$ 在 $\left[\dfrac{\pi}{4}, \dfrac{\pi}{2}\right]$ 上逐点收敛；

(2) $\{\sin^n x \cdot f(x)\}_{n=1}^{\infty}$ 在 $\left[\dfrac{\pi}{4}, \dfrac{\pi}{2}\right]$ 上一致收敛的充分必要条件是 $f\left(\dfrac{\pi}{2}\right) = 0$.

**证明** (1) 设 $g_n(x) = \sin^n x \cdot f(x)$,则有

$$g(x) = \lim_{n \to \infty} g_n(x) = \lim_{n \to \infty} \sin^n x \cdot f(x) = \begin{cases} 0, x \in \left[\dfrac{\pi}{4}, \dfrac{\pi}{2}\right) \\ f\left(\dfrac{\pi}{2}\right), x = \dfrac{\pi}{2} \end{cases}.$$

(2) 必要性. 由于 $\sin^n x \cdot f(x) \rightrightarrows g(x)$,且 $\sin^n x \cdot f(x)$ 在 $\left[\dfrac{\pi}{4}, \dfrac{\pi}{2}\right]$ 上连续,那么有

$$\lim_{x \to \frac{\pi}{2}} g(x) = f\left(\frac{\pi}{2}\right) = 0.$$

充分性. 由于 $f(x)$ 在 $\left[\dfrac{\pi}{4}, \dfrac{\pi}{2}\right]$ 上连续,因此 $f(x)$ 在 $\left[\dfrac{\pi}{4}, \dfrac{\pi}{2}\right]$ 上有界. 那么存在 $M > 0$,使得 $|f(x)| \leqslant M$. 又由 $f\left(\dfrac{\pi}{2}\right) = 0$ 可知,对任意 $\varepsilon > 0$,存在 $\delta \in \left(0, \dfrac{\pi}{4}\right)$,使得对任意的 $x \in \left(\dfrac{\pi}{2} - \delta, \dfrac{\pi}{2}\right]$,有

$$\lim_{n \to \infty} |\sin^n x \cdot f(x)| = \left|f\left(\frac{\pi}{2}\right)\right| < \varepsilon.$$

另外,对上述 $\delta$,由 $\lim_{n \to \infty} \sin^n\left(\dfrac{\pi}{2} - \delta\right) = 0$ 可知,对任意的正数 $\varepsilon$,存在 $N > 0$,当 $n > N$ 时,有

$$\sin^n\left(\frac{\pi}{2} - \delta\right) < \frac{\varepsilon}{M}.$$

于是 $n > N$ 时,当 $x \in \left[\dfrac{\pi}{4}, \dfrac{\pi}{2} - \delta\right]$ 时,有

$$|\sin^n x \cdot f(x)| < \frac{\varepsilon}{M} \cdot M = \varepsilon.$$

综上所述,可知 $\{\sin^n x \cdot f(x)\}_{n=1}^{\infty}$ 在 $\left[\dfrac{\pi}{4}, \dfrac{\pi}{2}\right]$ 上一致收敛于零.

**例 10** 设连续函数列 $\{f_n(x)\}$ 在 $[a,b]$ 上一致收敛于 $f(x)$,而 $g(x)$ 在 $(-\infty, +\infty)$ 内连续,证明 $\{g(f_n(x))\}$ 在 $[a,b]$ 上一致收敛于 $g(f(x))$.

**证明** 由 $\{f_n(x)\}$ 在 $[a,b]$ 上连续且一致收敛可知,$f(x)$ 在 $[a,b]$ 上连续. 那么存在 $M > 0$,使得对任意的 $x \in [a,b]$,有 $|f(x)| \leqslant M$,且对任意的正数 $\varepsilon$,存在正数 $N_1$,当 $n \geqslant N_1$ 时,对任意的 $x \in [a,b]$,有 $|f_n(x) - f(x)| < \varepsilon$. 不妨设 $\varepsilon < 1$,令

$$A = \max\left\{\max_{x \in [a,b]} |f_1(x)|, \max_{x \in [a,b]} |f_2(x)|, \cdots, \max_{x \in [a,b]} |f_{N_1}(x)|, M+1\right\},$$

故对任意的 $n$ 及 $x \in [a,b]$,有 $|f_n(x)| \leqslant A$.

由于函数 $g(x)$ 在 $[-A, A]$ 上连续,从而一致连续,则对任意的正数 $\varepsilon$,存在正数 $\delta$,对任意的 $u_1, u_2 \in [-A, A]$,只要 $|u_1 - u_2| < \delta$,就有 $|g(u_1) - g(u_2)| < \varepsilon$. 对上述 $\delta > 0$,由 $\{f_n(x)\}$ 在 $[a,b]$ 上一致收敛于 $f(x)$ 可知,存在正数 $N$,当 $n \geqslant N$ 时,对任意的 $x \in [a,b]$,有 $|f_n(x) - f(x)| < \delta$. 那么对任意的 $x \in [a,b]$,当 $n \geqslant N$ 时,有 $|g(f_n(x)) - g(f(x))| < \varepsilon$. 故 $\{g(f_n(x))\}$ 在 $[a,b]$ 上一致收敛于 $g(f(x))$.

**例 11**　证明：$\displaystyle\sum_{n=1}^{\infty} x^{n}(1-x)^{2}$ 在 $[0,1]$ 上一致收敛.

**证明**　因为

$$
\sup_{x\in[0,1]}\left|\sum_{k=n+1}^{\infty} x^{k}(1-x)^{2}\right| = \sup_{x\in[0,1]}\left|\frac{x^{n+1}}{1-x}(1-x)^{2}\right| = \sup_{x\in[0,1]} x^{n+1}(1-x)
$$

$$
= \sup_{x\in[0,1]}\left[(n+1)^{n+1}\cdot\frac{x}{n+1}\cdot\cdots\cdot\frac{x}{n+1}(1-x)\right]
$$

$$
\leqslant \sup_{x\in[0,1]}\left[(n+1)^{n+1}\left(\frac{(n+1)\dfrac{x}{n+1}+1-x}{n+2}\right)^{n+2}\right]
$$

$$
= (n+1)^{n+1}\left(\frac{1}{n+2}\right)^{n+2} < \frac{1}{n+2},
$$

所以

$$
\lim_{n\to\infty}\left|\sum_{k=n+1}^{\infty} x^{k}(1-x)^{2}\right| = 0.
$$

故由柯西收敛原理知函数项级数 $\displaystyle\sum_{n=1}^{\infty} x^{n}(1-x)^{2}$ 在 $[0,1]$ 上一致收敛.

**例 12**　设 $f(x)$ 在 $[0,1]$ 上连续，且 $f(1)=0$，证明：序列 $g_{n}(x)=x^{n}f(x)$ 在 $[0,1]$ 上一致收敛.

**证明**　由 $f(x)$ 在 $[0,1]$ 上连续可知，存在 $M>0$，使得对任意的 $x\in[0,1]$，有 $|f(x)|\leqslant M$. 由 $f(1)=0$ 知，对任意的正数 $\varepsilon$，存在正数 $\delta\in(0,1)$，对任意的 $1-\delta<x\leqslant 1$，有 $|f(x)|<\varepsilon$. 对上述正数 $\delta\in(0,1)$，有 $\displaystyle\lim_{n\to\infty}(1-\delta)^{n}M=0$. 那么存在正数 $N$，当 $n\geqslant N$ 时，有 $(1-\delta)^{n}M<\varepsilon$. 于是当 $n\geqslant N$ 时，对任意的 $x\in[0,1]$，有

$$
|g_{n}(x)|<\varepsilon.
$$

这就证明了 $g_{n}$ 在 $[0,1]$ 上一致收敛于零.

**例 13**　设 $S_{n}(x)=n(x^{n}-x^{2n})$，则函数序列 $\{S_{n}(x)\}$ 在 $[0,1]$ 上收敛但不一致收敛，且极限运算与积分运算不能交换，即

$$
\lim_{n\to\infty}\int_{0}^{1} S_{n}(x)\mathrm{d}x \neq \int_{0}^{1}\lim_{n\to\infty} S_{n}(x)\mathrm{d}x.
$$

**证明**　函数序列 $\{S_{n}(x)\}$ 在 $[0,1]$ 上收敛于 $S(x)=0$. 取 $x_{n}=1-\dfrac{1}{n}$，则

$$
|S_{n}(x_{n})-S(x_{n})|=n\left(\left(1-\frac{1}{n}\right)^{n}-\left(1-\frac{1}{2n}\right)^{2n}\right),
$$

所以

$$
\lim_{n\to\infty}|S_{n}(x_{n})-S(x_{n})|\to+\infty,
$$

故 $\{S_{n}(x)\}$ 在 $[0,1]$ 上不一致收敛.

由于

$$
\lim_{n\to\infty}\int_{0}^{1} S_{n}(x)\mathrm{d}x = \lim_{n\to\infty}\int_{0}^{1} n(x^{n}-x^{2n})\mathrm{d}x = \lim_{n\to\infty}\left(\frac{n}{n+1}x^{n}\Big|_{0}^{1}-\frac{2n}{2n+1}x^{2n+1}\Big|_{0}^{1}\right)=\frac{1}{2},
$$

$$
\int_{0}^{1}\lim_{n\to\infty} S_{n}(x)\mathrm{d}x = 0,
$$

因此

$$\lim_{n\to\infty}\int_0^1 S_n(x)\mathrm{d}x \neq \int_0^1 \lim_{n\to\infty} S_n(x)\mathrm{d}x.$$

**例 14**　设 $S_n(x)=\dfrac{x}{1+n^2x^2}$，则：

(1) 函数序列 $\{S_n(x)\}$ 在 $(-\infty,+\infty)$ 内一致收敛；

(2) $\left\{\dfrac{\mathrm{d}}{\mathrm{d}x}S_n(x)\right\}$ 在 $(-\infty,+\infty)$ 内不一致收敛；

(3) 极限运算与求导运算不能交换，即

$$\lim_{n\to\infty}\frac{\mathrm{d}}{\mathrm{d}x}S_n(x)=\frac{\mathrm{d}}{\mathrm{d}x}\lim_{n\to\infty}S_n(x)$$

并不对一切 $x\in(-\infty,+\infty)$ 成立.

**证明**　(1) 因为 $|S_n(x)|=\dfrac{|x|}{1+n^2x^2}\leqslant\dfrac{1}{2n}$ 对一切的 $x\in\mathbf{R}$ 成立，所以 $\lim\limits_{n\to\infty}S_n(x)=$

$0$，于是函数序列 $\{S_n(x)\}$ 在 $(-\infty,+\infty)$ 上一致收敛于 $0$.

(2) 由 $\dfrac{\mathrm{d}}{\mathrm{d}x}S_n(x)=\dfrac{1-n^2x^2}{(1+n^2x^2)^2}$，知 $\dfrac{\mathrm{d}}{\mathrm{d}x}S_n(x)$ 收敛于函数 $S(x)=\begin{cases}1,x=0\\0,x\neq 0\end{cases}$，取 $x_n=\dfrac{1}{2n}$，

则

$$\lim_{n\to\infty}\left(\frac{\mathrm{d}}{\mathrm{d}x}S_n(x_n)-S(x_n)\right)=\frac{12}{25}.$$

所以 $\left\{\dfrac{\mathrm{d}}{\mathrm{d}x}S_n(x)\right\}$ 在 $(-\infty,+\infty)$ 内不一致收敛.

(3) 由于在 $x=0$ 处，有

$$\frac{\mathrm{d}}{\mathrm{d}x}\lim_{n\to\infty}S_n(x)=0, S(x)=\lim_{n\to\infty}\frac{\mathrm{d}}{\mathrm{d}x}S_n(x)=1.$$

因此在 $x=0$ 处，$\lim\limits_{n\to\infty}\dfrac{\mathrm{d}}{\mathrm{d}x}S_n(x)=\dfrac{\mathrm{d}}{\mathrm{d}x}\lim\limits_{n\to\infty}S_n(x)$ 不成立.

**例 15**　设 $S_n(x)=\dfrac{1}{n}\arctan x^n$，则函数序列 $\{S_n(x)\}$ 在 $(0,+\infty)$ 内一致收敛，试问极

限运算与求导运算能否交换，即

$$\lim_{n\to\infty}\frac{\mathrm{d}}{\mathrm{d}x}S_n(x)=\frac{\mathrm{d}}{\mathrm{d}x}\lim_{n\to\infty}S_n(x)$$

是否成立？

**证明**　设 $S_n(x)=\dfrac{1}{n}\arctan x^n$，对一切的 $x\in(0,+\infty)$，有 $|S_n(x)|\leqslant\dfrac{\pi}{2n}$，所以 $\lim\limits_{n\to\infty}$

$S_n(x)=S(x)=0$. 则函数序列 $\{S_n(x)\}$ 在 $(0,+\infty)$ 内一致收敛于 $S(x)=0$.

由于 $S_n'(x)=\dfrac{x^{n-1}}{1+x^{2n}}$，$S'(x)=0$，因此 $\lim\limits_{n\to\infty}S_n'(1)=\dfrac{1}{2}\neq S'(1)=0$，故

$$\lim_{n\to\infty}\frac{\mathrm{d}}{\mathrm{d}x}S_n(x)=\frac{\mathrm{d}}{\mathrm{d}x}\lim_{n\to\infty}S_n(x)$$

在 $x=1$ 处不成立.

**例 16** 设 $S_n(x) = n^\alpha x \mathrm{e}^{-nx}$，其中 $\alpha$ 是参数. 求 $\alpha$ 的取值范围，使得函数序列 $\{S_n(x)\}$ 在 $[0,1]$ 上：

(1) 一致收敛；

(2) 积分运算与极限运算可以交换，即

$$\lim_{n \to \infty} \int_0^1 S_n(x) \mathrm{d}x = \int_0^1 \lim_{n \to \infty} S_n(x) \mathrm{d}x;$$

(3) 求导运算与极限运算可以交换，即对一切 $x \in [0,1]$ 有

$$\lim_{n \to \infty} \frac{\mathrm{d}}{\mathrm{d}x} S_n(x) = \frac{\mathrm{d}}{\mathrm{d}x} \lim_{n \to \infty} S_n(x)$$

成立.

**证明** (1) 设 $S_n(x) = n^\alpha x \mathrm{e}^{-nx}$，则 $\lim\limits_{n \to \infty} S_n(x) = S(x) = 0$. 由

$$S_n'(x) = n^\alpha \mathrm{e}^{-nx}(1 - nx)$$

与

$$S_n''(x) = -n^{\alpha+1} \mathrm{e}^{-nx}(2 - nx)$$

可知，当 $S_n'(x) = 0$ 时，$x = \dfrac{1}{n}$，且 $S_n''\left(\dfrac{1}{n}\right) = -n^{\alpha+1} \mathrm{e}^{-1} < 0$. 所以

$$\mathrm{d}(S_n, S) = \sup_{x \in [0,1]} | S_n(x) - S(x) | = \left| S_n\left(\frac{1}{n}\right) \right| = n^{\alpha-1} \mathrm{e}^{-1},$$

故当 $\alpha < 1$ 时，$\lim\limits_{n \to \infty} \mathrm{d}(S_n, S) = 0$. 于是，当 $\alpha < 1$ 时，$\{S_n(x)\}$ 一致收敛于 $S(x) = 0$.

(2) 因为

$$\int_0^1 \lim_{n \to \infty} S_n(x) \mathrm{d}x = \int_0^1 S(x) \mathrm{d}x = 0,$$

$$\int_0^1 S_n(x) \mathrm{d}x = \int_0^1 n^\alpha x \mathrm{e}^{-nx} \mathrm{d}x = -\int_0^1 n^{\alpha-1} x \mathrm{d}\mathrm{e}^{-nx}$$

$$= -n^{\alpha-1} x \mathrm{e}^{-nx} \Big|_0^1 + n^{\alpha-1} \int_0^1 \mathrm{e}^{-nx} \mathrm{d}x$$

$$= n^{\alpha-1} x \mathrm{e}^{-1} - n^{\alpha-2} \mathrm{e}^{-nx} \Big|_0^1$$

$$= n^{\alpha-2} - n^{\alpha-1} \mathrm{e}^{-n} \left(1 + \frac{1}{n}\right).$$

所以，当 $\alpha < 2$ 时

$$\lim_{n \to \infty} S_n(x) = 0, \lim_{n \to \infty} \int_0^1 S_n(x) \mathrm{d}x = \int_0^1 \lim_{n \to \infty} S_n(x) \mathrm{d}x.$$

(3) $\quad \dfrac{\mathrm{d}}{\mathrm{d}x} \lim\limits_{n \to \infty} S_n(x) = \dfrac{\mathrm{d}}{\mathrm{d}x} S(x) = 0, \dfrac{\mathrm{d}}{\mathrm{d}x} S_n(x) = n^\alpha \mathrm{e}^{-nx}(1 - nx),$

其中

$$\lim_{n \to \infty} \mathrm{e}^{-nx}(1 - nx) = \begin{cases} 0, x \in (0,1] \\ 1, x = 0 \end{cases},$$

所以，当 $\alpha < 0$ 时

$$\lim_{n \to \infty} \frac{\mathrm{d}}{\mathrm{d}x} S_n(x) = \frac{\mathrm{d}}{\mathrm{d}x} \lim_{n \to \infty} S_n(x)$$

对一切 $x \in [0,1]$ 成立.

**例 17**　设 $S'(x)$ 在区间 $(a,b)$ 内连续，

$$S_n(x) = n\left(S\left(x + \frac{1}{n}\right) - S(x)\right),$$

证明：$\{S_n(x)\}$ 在 $(a,b)$ 内内闭一致收敛于 $S'(x)$.

**证明**　对任意 $\eta > 0$，取 $0 < \alpha < \eta$，则 $S'(x)$ 在区间 $[a+\alpha, b-\alpha]$ 上一致连续，即对任意 $\varepsilon > 0$，存在 $\delta > 0$，对任意的 $x', x'' \in [a+\alpha, b-\alpha]$，只要 $|x' - x''| < \delta$，就有
$$|S'(x') - S'(x'')| < \varepsilon.$$

取 $N = \max\left\{\left[\dfrac{1}{\delta}\right], \left[\dfrac{1}{\eta-\alpha}\right]\right\}$，则当 $n > N, x \in [a+\eta, b-\eta]$ 时，有 $x + \dfrac{1}{n} \in [a +$

$\alpha, b-\alpha]$，应用拉格朗日中值定理，$S_n(x) = S'(\xi), \xi \in \left(x, x+\dfrac{1}{n}\right)$，于是

$$|S_n(x) - S'(x)| = |S'(\xi) - S'(x)| < \varepsilon,$$

从而有 $\{S_n(x)\}$ 在 $(a,b)$ 内内闭一致收敛于 $S'(x)$.

**例 18**　设 $S_0(x)$ 在 $[0,a]$ 上连续，令

$$S_n(x) = \int_0^x S_{n-1}(t)\,\mathrm{d}t, \quad n = 1, 2, \cdots,$$

证明：$\{S_n(x)\}$ 在 $[0,a]$ 上一致收敛于零.

**证明**　由于 $S_0(x)$ 在闭区间 $[0,a]$ 上连续，因此一致连续. 因此，存在正数 $M$，使得 $x \in [0,a]$ 时，有 $|S_0(x)| \leqslant M$，则

$$|S_1(x)| = \left|\int_0^x S_0(t)\,\mathrm{d}t\right| \leqslant \int_0^x |S_0(t)|\,\mathrm{d}t \leqslant Mx,$$

$$|S_2(x)| = \left|\int_0^x S_1(t)\,\mathrm{d}t\right| \leqslant \int_0^x |S_1(t)|\,\mathrm{d}t \leqslant M\frac{x^2}{2!},$$

$$\vdots$$

$$|S_n(x)| = \left|\int_0^x S_{n-1}(t)\,\mathrm{d}t\right| \leqslant \int_0^x |S_{n-1}(t)|\,\mathrm{d}t \leqslant M\frac{x^n}{n!}.$$

由于

$$M\frac{x^n}{n!} \leqslant M\frac{a^n}{n!}, \quad \lim_{n \to \infty} M\frac{a^n}{n!} = 0,$$

因此 $\{S_n(x)\}$ 在 $[0,a]$ 上一致收敛于零.

**例 19**　设 $S(x)$ 在 $[0,1]$ 上连续，且 $S(1) = 0$. 证明：$\{x^n S(x)\}$ 在 $[0,1]$ 上一致收敛.

**证明**　因为 $S(x)$ 在闭区间 $[0,1]$ 上连续，所以一致连续. 故存在正数 $M$，使得 $x \in [0,1]$ 时，有 $|S(x)| < M$. 由于当 $x \in [0,1)$ 时，$\lim\limits_{n \to \infty} x^n = 0$，且 $\lim\limits_{x \to 1^-} S(x) = S(1) = 0$，因此，对任意给定的 $\varepsilon > 0$，存在 $\delta > 0$，当 $x \in (1-\delta, 1]$ 时，有 $|S(x)| < \varepsilon$；存在正整数 $N$，当 $n > N, x \in [0, 1-\delta]$ 时，有 $|x^n| < \dfrac{\varepsilon}{M}$. 于是，当 $n > N$ 时，有 $|x^n S(x)| < \varepsilon$ 对一切的 $x \in [0,1]$ 成立. 故 $\{x^n S(x)\}$ 在 $[0,1]$ 上一致收敛.

**例 20**　证明：函数 $f(x) = \sum\limits_{n=0}^{\infty} \dfrac{\cos nx}{n^2 + 1}$ 在 $(0, 2\pi)$ 内连续，且有连续的导函数.

**证明** 记 $u_n(x) = \dfrac{\cos nx}{n^2+1}$，则 $\left|\dfrac{\cos nx}{n^2+1}\right| \leqslant \dfrac{1}{n^2+1}$，且 $\{u_n(x)\}$ 在 $(0,2\pi)$ 内连续，所以

$\displaystyle\sum_{n=0}^{\infty} \dfrac{\cos nx}{n^2+1}$ 在 $(0,2\pi)$ 内一致收敛，且函数 $f(x) = \displaystyle\sum_{n=0}^{\infty} \dfrac{\cos nx}{n^2+1}$ 在 $(0,2\pi)$ 内连续.

设

$$\sigma(x) = \sum_{n=0}^{\infty} \left(\dfrac{\cos nx}{n^2+1}\right)' = -\sum_{n=0}^{\infty} \dfrac{n\sin nx}{n^2+1},$$

由于 $\left\{\dfrac{n}{n^2+1}\right\}$ 单调递减且趋于零，因此对任意的 $0 < \delta < \pi$，当 $x \in [\delta, 2\pi-\delta]$ 时，有

$$\sum_{k=1}^{n} \sin kx = \dfrac{1}{2\sin\frac{x}{2}}\left(\cos\frac{x}{2} - \cos\left(n+\frac{1}{2}\right)x\right) \leqslant \dfrac{1}{\sin\frac{\delta}{2}}.$$

由狄利克雷判别法，可知 $-\displaystyle\sum_{n=0}^{\infty} \dfrac{n\sin nx}{n^2+1}$ 在 $[\delta, 2\pi-\delta]$ 上一致收敛，所以 $-\displaystyle\sum_{n=0}^{\infty} \dfrac{n\sin nx}{n^2+1}$ 在 $(0,2\pi)$ 内内闭一致收敛，且 $-\dfrac{n\sin nx}{n^2+1}$ 在 $(0,2\pi)$ 内连续，于是，由逐项求导定理，可知 $f'(x) = \sigma(x)$ 在 $(0,2\pi)$ 内成立，故函数 $f(x) = \displaystyle\sum_{n=0}^{\infty} \dfrac{\cos nx}{n^2+1}$ 在 $(0,2\pi)$ 内连续，且有连续的导函数.

**例 21** 证明：函数 $f(x) = \displaystyle\sum_{n=1}^{\infty} n\mathrm{e}^{-nx}$ 在 $(0, +\infty)$ 内连续，且有各阶连续导数.

**证明** 对任意的 $0 < a < A < +\infty$，当 $x \in [a, A]$ 时，有 $0 < n\mathrm{e}^{-nx} \leqslant n\mathrm{e}^{-na}$，且 $\displaystyle\sum_{n=1}^{\infty} n\mathrm{e}^{-na}$ 收敛，所以由比较判别法可知，$\displaystyle\sum_{n=1}^{\infty} n\mathrm{e}^{-nx}$ 在 $[a, A]$ 上一致收敛，故 $\displaystyle\sum_{n=1}^{\infty} n\mathrm{e}^{-nx}$ 在 $(0, +\infty)$ 内内闭一致收敛，且 $n\mathrm{e}^{-nx}$ 在 $(0, +\infty)$ 内连续，因此函数 $f(x) = \displaystyle\sum_{n=1}^{\infty} n\mathrm{e}^{-nx}$ 在 $(0, +\infty)$ 内连续.

设 $\sigma(x) = \displaystyle\sum_{n=1}^{\infty} (n\mathrm{e}^{-nx})' = -\displaystyle\sum_{n=1}^{\infty} n^2\mathrm{e}^{-nx}$，类似地，证明 $-\displaystyle\sum_{n=1}^{\infty} n^2\mathrm{e}^{-nx}$ 在 $(0, +\infty)$ 内内闭一致收敛，且 $-n^2\mathrm{e}^{-nx}$ 在 $(0, +\infty)$ 内连续，因此函数 $\sigma(x) = -\displaystyle\sum_{n=1}^{\infty} n^2\mathrm{e}^{-nx}$ 在 $(0, +\infty)$ 内连续. 应用逐项求导定理，可知 $f'(x) = \sigma(x)$ 在 $(0, +\infty)$ 内成立，故函数 $f(x) = \displaystyle\sum_{n=1}^{\infty} n\mathrm{e}^{-nx}$ 在 $(0, +\infty)$ 内有连续导数.

用类似的方法可证明级数

$$\sum_{n=1}^{\infty} (n\mathrm{e}^{-nx})^{(k)} = (-1)^k \sum_{n=1}^{\infty} n^{k+1}\mathrm{e}^{-nx}, k = 1, 2, \cdots$$

在 $(0, +\infty)$ 内内闭一致收敛，且 $-n^{k+1}\mathrm{e}^{-nx}$ 在 $(0, +\infty)$ 内连续. 上述过程可以逐次进行下去，应用逐项求导定理与数学归纳法，可知函数 $f(x) = \displaystyle\sum_{n=1}^{\infty} n\mathrm{e}^{-nx}$ 在 $(0, +\infty)$ 内连续，且有各阶连续导数.

**例 22**　设数项级数 $\displaystyle\sum_{n=1}^{\infty}a_n$ 收敛,证明:

$$\lim_{x\to 0^+}\sum_{n=1}^{\infty}\frac{a_n}{n^x}=\sum_{n=1}^{\infty}a_n.$$

**证明**　对每一个固定的 $x\in[0,\delta)(\delta>0)$,$\dfrac{1}{n^x}$ 关于 $n$ 单调递减,且对一切的 $x\in[0,\delta)$ 与一切的正整数 $n$,有 $0<\dfrac{1}{n^x}\leqslant 1$,又因为 $\displaystyle\sum_{n=1}^{\infty}a_n$ 关于 $x$ 一致收敛,所以由阿贝尔判别法可知,$\displaystyle\sum_{n=1}^{\infty}\frac{a_n}{n^x}$ 在 $[0,\delta)$ 上一致收敛,故和函数 $\displaystyle\sum_{n=1}^{\infty}\frac{a_n}{n^x}$ 在 $[0,\delta)$ 内连续,从而有

$$\lim_{x\to 0^+}\sum_{n=1}^{\infty}\frac{a_n}{n^x}=\sum_{n=1}^{\infty}a_n.$$

**例 23**　设 $u_n(x),v_n(x)$ 在区间 $(a,b)$ 内连续,且 $|u_n(x)|\leqslant v_n(x)$ 对一切 $n\in\mathbf{N}_+$ 成立. 证明:若 $\displaystyle\sum_{n=1}^{\infty}v_n(x)$ 在 $(a,b)$ 内点态收敛于一个连续函数,则 $\displaystyle\sum_{n=1}^{\infty}u_n(x)$ 也必然收敛于一个连续函数.

**证明**　设任意闭区间 $[c,d]\subset(a,b)$. 由于 $v_n(x)\geqslant 0$ 在 $[c,d]$ 上连续,且和函数 $\displaystyle\sum_{n=1}^{\infty}v_n(x)$ 在 $[c,d]$ 上连续,则由迪尼定理可知 $\displaystyle\sum_{n=1}^{\infty}v_n(x)$ 在 $[c,d]$ 上一致收敛. 于是,由柯西收敛原理,可知对任意给定的 $\varepsilon>0$,存在正数 $N$,对任意的 $m>n>N$,当 $x\in[c,d]$ 时,有

$$|u_{n+1}(x)+u_{n+2}(x)+\cdots+u_m(x)|\leqslant|v_{n+1}(x)+v_{n+2}(x)+\cdots+v_m(x)|<\varepsilon$$

成立,从而有 $\displaystyle\sum_{n=1}^{\infty}u_n(x)$ 在 $[c,d]$ 上一致收敛,故 $\displaystyle\sum_{n=1}^{\infty}u_n(x)$ 在 $[c,d]$ 上连续. 由于 $[c,d]\subset(a,b)$ 的任意性,可知 $\displaystyle\sum_{n=1}^{\infty}u_n(x)$ 在区间 $(a,b)$ 内连续.

**例 24**　设函数项级数 $\displaystyle\sum_{n=1}^{\infty}u_n(x)$ 在 $x=a$ 与 $x=b$ 收敛,且对一切 $n\in\mathbf{N}_+$,$u_n(x)$ 在闭区间 $[a,b]$ 上单调增加,证明:$\displaystyle\sum_{n=1}^{\infty}u_n(x)$ 在 $[a,b]$ 上一致收敛.

**证明**　由于 $\displaystyle\sum_{n=1}^{\infty}u_n(x)$ 在 $x=a$ 与 $x=b$ 收敛,由柯西收敛原理,可知对任意给定的 $\varepsilon>0$,存在正数 $N$,对任意的 $m>n>N$,有 $\left|\displaystyle\sum_{k=n+1}^{m}u_k(a)\right|<\varepsilon$ 与 $\left|\displaystyle\sum_{k=n+1}^{m}u_k(b)\right|<\varepsilon$ 成立. 根据 $u_n(x)$ 在闭区间 $[a,b]$ 上单调递增,那么对一切的 $x\in[a,b]$,有

$$\left|\sum_{k=n+1}^{m}u_k(x)\right|\leqslant\max\left\{\left|\sum_{k=n+1}^{m}u_k(a)\right|,\left|\sum_{k=n+1}^{m}u_k(b)\right|\right\}<\varepsilon$$

成立. 因此,$\displaystyle\sum_{n=1}^{\infty}u_n(x)$ 在 $[a,b]$ 上一致收敛.

**例25** 设对一切 $n \in \mathbf{N}_+$，$u_n(x)$ 在 $x=a$ 右连续，且 $\sum\limits_{n=1}^{\infty} u_n(x)$ 在 $x=a$ 发散，证明：对任意的 $\delta > 0$，$\sum\limits_{n=1}^{\infty} u_n(x)$ 在 $(a, a+\delta)$ 内必定非一致收敛.

**证明** 应用反证法. 设 $\sum\limits_{n=1}^{\infty} u_n(x)$ 在 $(a, a+\delta)$ 内一致收敛，则对任意给定的 $\varepsilon > 0$，存在正数 $N$，对任意的 $m > n > N$，当 $x \in (a, a+\delta)$ 时，有

$$\left| \sum_{k=n+1}^{m} u_k(x) \right| < \frac{\varepsilon}{2}$$

成立.

令 $x \to a^+$，得到

$$\left| \sum_{k=n+1}^{m} u_k(a) \right| \leqslant \frac{\varepsilon}{2} < \varepsilon,$$

因此 $\sum\limits_{n=1}^{\infty} u_n(x)$ 在 $x=a$ 处收敛，与题设条件矛盾，故 $\sum\limits_{n=1}^{\infty} u_n(x)$ 在 $(a, a+\delta)$ 内必定非一致收敛.

**例26** 证明：函数项级数 $\sum\limits_{n=2}^{\infty} \ln\left(1 + \dfrac{x}{n \ln^2 n}\right)$ 在 $[-a, a]$ 上是一致收敛的，其中 $a$ 是小于 $2 \ln^2 2$ 的任意固定正数.

**证明** 设 $0 < a < 2 \ln^2 2$，则当 $x \in [-a, a]$ 时，$1 + \dfrac{x}{n \ln^2 n} > 0$ 对一切 $n \geqslant 2$ 成立，且函数 $\ln\left(1 + \dfrac{x}{n \ln^2 n}\right)$ 在 $[-a, a]$ 上单调递增，所以

$$\ln\left(1 - \frac{a}{n \ln^2 n}\right) \leqslant \ln\left(1 + \frac{x}{n \ln^2 n}\right) \leqslant \ln\left(1 + \frac{a}{n \ln^2 n}\right),$$

当 $n \to +\infty$ 时，有

$$\ln\left(1 \pm \frac{a}{n \ln^2 n}\right) \sim \pm \frac{a}{n \ln^2 n}.$$

由于 $\sum\limits_{n=2}^{\infty} \left| \dfrac{a}{n \ln^2 n} \right|$ 收敛，且

$$\lim_{n \to \infty} \frac{\left| \dfrac{a}{n \ln^2 n} \right|}{\left| \ln\left(1 \pm \dfrac{a}{n \ln^2 n}\right) \right|} = 1,$$

因此 $\sum\limits_{n=2}^{\infty} \ln\left(1 \pm \dfrac{a}{n \ln^2 n}\right)$ 收敛，故由例15可知级数 $\sum\limits_{n=2}^{\infty} \ln\left(1 + \dfrac{x}{n \ln^2 n}\right)$ 在 $[-a, a]$ 上一致收敛.

**例27** 设

$$f(x) = \sum_{n=1}^{\infty} \frac{1}{2^n} \tan \frac{x}{2^n},$$

(1) 证明：$f(x)$ 在 $\left[0, \dfrac{\pi}{2}\right]$ 上连续；

(2) 计算 $\displaystyle\int_{\frac{\pi}{6}}^{\frac{\pi}{2}} f(x)\,\mathrm{d}x$.

**证明**　(1) 对一切的 $x \in \left[0, \dfrac{\pi}{2}\right]$, 有

$$0 \leqslant \frac{1}{2^n} \tan \frac{x}{2^n} \leqslant \frac{1}{2^n}.$$

由于 $\displaystyle\sum_{n=1}^{\infty} \frac{1}{2^n}$ 收敛, 由比较判别法, 可知 $\displaystyle\sum_{n=1}^{\infty} \frac{1}{2^n} \tan \frac{x}{2^n}$ 在 $\left[0, \dfrac{\pi}{2}\right]$ 上一致收敛, 从而

$$f(x) = \sum_{n=1}^{\infty} \frac{1}{2^n} \tan \frac{x}{2^n}$$

在 $\left[0, \dfrac{\pi}{2}\right]$ 上连续.

(2) 由 (1) 可知, $\displaystyle\sum_{n=1}^{\infty} \frac{1}{2^n} \tan \frac{x}{2^n}$ 在 $\left[\dfrac{\pi}{6}, \dfrac{\pi}{2}\right]$ 上一致收敛, 应用逐项积分定理, 有

$$\int_{\frac{\pi}{6}}^{\frac{\pi}{2}} f(x)\,\mathrm{d}x = \sum_{n=1}^{\infty} \int_{\frac{\pi}{6}}^{\frac{\pi}{2}} \frac{1}{2^n} \tan \frac{x}{2^n}\,\mathrm{d}x = \sum_{n=1}^{\infty} \ln \frac{\displaystyle\prod_{n=1}^{\infty} \cos \frac{\pi}{3 \cdot 2^{n+1}}}{\displaystyle\prod_{n=1}^{\infty} \cos \frac{\pi}{2^{n+1}}},$$

应用已知结论 $\displaystyle\prod_{n=1}^{\infty} \cos \frac{x}{2^n} = \frac{\sin x}{x}$, 得到

$$\int_{\frac{\pi}{6}}^{\frac{\pi}{2}} f(x)\,\mathrm{d}x = \sum_{n=1}^{\infty} \ln \frac{\displaystyle\prod_{n=1}^{\infty} \cos \frac{\pi}{3 \cdot 2^{n+1}}}{\displaystyle\prod_{n=1}^{\infty} \cos \frac{\pi}{2^{n+1}}} = \ln \frac{3}{2}.$$

**例 28**　设 $f(x) = \displaystyle\sum_{n=1}^{\infty} \frac{\cos nx}{\sqrt{n^3 + n}}$.

(1) 证明: $f(x)$ 在 $(-\infty, +\infty)$ 内连续;

(2) 记 $F(x) = \displaystyle\int_0^x f(t)\,\mathrm{d}t$, 证明:

$$\frac{\sqrt{2}}{2} - \frac{1}{15} < F\left(\frac{\pi}{2}\right) < \frac{\sqrt{2}}{2}.$$

**证明**　(1) 对一切的 $x \in (-\infty, +\infty)$, 有 $\left| \dfrac{\cos nx}{\sqrt{n^3 + n}} \right| < \dfrac{1}{n^{\frac{3}{2}}}$, 由于 $\displaystyle\sum_{n=1}^{\infty} \frac{1}{n^{\frac{3}{2}}}$ 收敛, 根据

比较判别法, 可知 $\displaystyle\sum_{n=1}^{\infty} \frac{\cos nx}{\sqrt{n^3 + n}}$ 在 $(-\infty, +\infty)$ 内一致收敛, 所以

$$f(x) = \sum_{n=1}^{\infty} \frac{\cos nx}{\sqrt{n^3 + n}}$$

在 $(-\infty, +\infty)$ 内连续.

(2) 由于 $\displaystyle\sum_{n=1}^{\infty} \frac{\cos nx}{\sqrt{n^3 + n}}$ 在 $(-\infty, +\infty)$ 内一致收敛, 应用逐项积分定理, 有

$$F(x) = \int_0^x f(t)\,\mathrm{d}t = \sum_{n=1}^{\infty} \int_0^x \frac{\cos nt}{\sqrt{n^3+n}}\,\mathrm{d}t = \sum_{n=1}^{\infty} \frac{\sin nx}{n\sqrt{n^3+n}},$$

从而,有

$$F\left(\frac{\pi}{2}\right) = \sum_{n=1}^{\infty} \frac{\sin\frac{n\pi}{2}}{n\sqrt{n^3+n}} = \sum_{n=1}^{\infty} \frac{(-1)^n}{(2n-1)\sqrt{(2n-1)^3+(2n-1)}}.$$

这是一个莱布尼茨级数,它的前两项为 $\frac{\sqrt{2}}{2}$ 与 $-\frac{1}{3\sqrt{30}}$,所以

$$\frac{\sqrt{2}}{2} - \frac{1}{15} < \frac{\sqrt{2}}{2} - \frac{1}{3\sqrt{30}} < F\left(\frac{\pi}{2}\right) < \frac{\sqrt{2}}{2}.$$

**例 29** 判断下列级数 $\sum\limits_{n=1}^{\infty}\left(\sin\left(nx+\frac{1}{n}\right) - \sin(nx)\right)$ 的敛散性(绝对收敛,条件收敛或发散)并说明理由.

**解** 题中函数项级数是 $2\pi$ 周期函数,不妨设 $x \in [0, 2\pi)$.

若 $x=0$,则级数 $\sum\limits_{n=1}^{\infty}\left(\sin\left(nx+\frac{1}{n}\right) - \sin(nx)\right) = \sum\limits_{n=1}^{\infty}\sin\frac{1}{n}$ 是发散的.

若 $x=\pi$,则级数 $\sum\limits_{n=1}^{\infty}\left(\sin\left(nx+\frac{1}{n}\right) - \sin(nx)\right) = \sum\limits_{n=1}^{\infty}(-1)^n\sin\frac{1}{n}$ 条件收敛.

若 $x \in (0,\pi) \bigcup (\pi, 2\pi)$,有

$$\sin\left(nx+\frac{1}{n}\right) - \sin nx = \sin nx\left(\cos\frac{1}{n} - 1\right) + \cos nx \sin\frac{1}{n}$$

$$= -2\sin nx \sin^2\frac{1}{2n} + \cos nx \sin\frac{1}{n},$$

其中

$$\left| -2\sin nx \sin^2\frac{1}{2n} \right| \leqslant 2\left(\frac{1}{2n}\right)^2 = \frac{1}{2n^2}.$$

因此 $\sum\limits_{n=1}^{\infty}\left(-2\sin nx \sin^2\frac{1}{2n}\right)$ 绝对收敛. 另有

$$\left| 2\sin\frac{x}{2}\sum_{k=1}^{n}\cos kx \right| = \left| \sum_{k=1}^{n}\sin\frac{2k+1}{2}x - \sum_{k=1}^{\infty}\sin\frac{2k-1}{2}x \right|$$

$$= \left| \sin\left(n+\frac{1}{2}\right)x - \sin\frac{x}{2} \right|.$$

所以由狄利克雷判别法知 $\sum\limits_{n=1}^{\infty}\cos nx \sin\frac{1}{n}$ 收敛. 故级数 $\sum\limits_{n=1}^{\infty}\left(\sin\left(nx+\frac{1}{n}\right) - \sin(nx)\right)$ 收敛. 但

$$\left| \sin\left(nx+\frac{1}{n}\right) - \sin nx \right| \geqslant |\cos nx|\sin\frac{1}{n} - \left| 2\sin nx \sin^2\frac{1}{n} \right|$$

$$\geqslant \cos^2 nx \sin\frac{1}{n} - \left| 2\sin nx \sin^2\frac{1}{n} \right|$$

$$= \frac{1+\cos 2nx}{2}\sin\frac{1}{n} - \left| 2\sin nx \sin^2\frac{1}{n} \right|,$$

对上式最后一项求和,有 $\sum\limits_{n=1}^{\infty}\cos 2nx\sin\dfrac{1}{n}$ 收敛, $\sum\limits_{n=1}^{\infty}\sin\dfrac{1}{n}$ 发散, $\sum\limits_{n=1}^{\infty}2\sin nx\sin^2\dfrac{1}{n}$ 绝对收敛,此时 $\sum\limits_{n=1}^{\infty}\left|\sin\left(nx+\dfrac{1}{n}\right)-\sin nx\right|$ 大于或等于一个发散级数与收敛级数的和,是发散的. 这就证明了原级数条件收敛.

综上,当 $x\in\{2k\pi\mid k\in\mathbf{Z}\}$ 时,原级数发散;当 $x\in\mathbf{R}\backslash\{2k\pi\mid k\in\mathbf{Z}\}$ 时,原级数条件收敛.

**例 30**　应用逐项求导或逐项求积分等性质,求下列幂级数的和函数,并指出它们的定义域:

(1) $\sum\limits_{n=1}^{\infty}\dfrac{n}{n+1}x^n$;(2) $\sum\limits_{n=1}^{\infty}\dfrac{(x+1)^n}{n+1}$;(3) $\sum\limits_{n=1}^{\infty}(-1)^{n-1}n^2 x^n$;

(4) $-x+\sum\limits_{n=2}^{+\infty}\dfrac{x^n}{n(n-1)}$;(5) $\sum\limits_{n=1}^{\infty}n^2 x^{n+1}$;(6) $\sum\limits_{n=1}^{\infty}n(n+1)x^n$;

(7) $1+\sum\limits_{n=1}^{\infty}\dfrac{x^{2n}}{(2n)!}$;(8) $\sum\limits_{n=1}^{\infty}\dfrac{n}{(n+1)!}x^{n+1}$;(9) $\sum\limits_{n=0}^{\infty}(-1)^n\dfrac{x^{2n+1}}{2n+1}$.

**解**　(1) 幂级数 $\sum\limits_{n=1}^{\infty}\dfrac{n}{n+1}x^n$ 的收敛半径为

$$\lim_{n\to\infty}\frac{\dfrac{n}{n+1}}{\dfrac{n+1}{n+2}}=1$$

且其在 $x=\pm 1$ 处的通项都不是无穷小量,故在 $x=\pm 1$ 处都是发散的,因此幂级数的收敛域为 $(-1,1)$. 记其和函数为 $S(x)$,则 $S(0)=0$. 那么,有

$$S(x)=\sum_{n=1}^{\infty}\frac{n}{n+1}x^n=\sum_{n=1}^{\infty}x^n-\sum_{n=1}^{\infty}\frac{x^n}{n+1}=\frac{x}{1-x}-\frac{1}{x}\sum_{n=1}^{\infty}\frac{x^{n+1}}{n+1},$$

其中

$$\sum_{n=1}^{\infty}\frac{x^n}{n+1}=\frac{1}{x}\sum_{n=1}^{\infty}\frac{x^{n+1}}{n+1}=\frac{1}{x}\int_0^x\left(\sum_{n=1}^{\infty}\frac{t^{n+1}}{n+1}\right)'\mathrm{d}x=-\frac{\ln(1-x)+x}{x}.$$

因此

$$\sum_{n=1}^{\infty}\frac{n}{n+1}x^n=\frac{x}{1-x}-\frac{\ln(1-x)+x}{x}.$$

(2) 显然,收敛域为

$$-1<x+1<1,$$

即

$$-2<x<0.$$

当 $-2\leqslant x<0$ 时($x=-1$ 时级数的和为 $0$),

$$\sum_{n=1}^{\infty}\frac{(x+1)^n}{n+1}=\frac{1}{x+1}\sum_{n=1}^{\infty}\frac{(x+1)^{n+1}}{n+1}=\frac{1}{x+1}\sum_{n=1}^{\infty}\int_0^{x+1}t^n\mathrm{d}t=\frac{1}{x+1}\int_0^{x+1}\sum_{n=1}^{\infty}t^n\mathrm{d}t$$

$$=\frac{1}{x+1}\int_0^{x+1}\frac{t}{1-t}\mathrm{d}t=-\frac{x+1+\ln|x|}{x+1}.$$

(3) 级数 $\sum\limits_{n=1}^{\infty}(-1)^{n-1}n^2x^n$ 的收敛半径 $R=1$,当 $x=\pm1$ 时,级数发散,所以定义域为 $D=(-1,1)$.

设

$$S(x)=\sum_{n=1}^{\infty}(-1)^{n-1}n^2x^n,\ f(x)=\frac{S(x)}{x}=\sum_{n=1}^{\infty}(-1)^{n-1}n^2x^{n-1},$$

应用逐项求积定理,得到

$$\int_0^x f(t)\mathrm{d}t=\sum_{n=1}^{\infty}\int_0^x(-1)^{n-1}n^2t^{n-1}\mathrm{d}t=\sum_{n=1}^{\infty}(-1)^{n-1}nx^n=\frac{x}{(x+1)^2},$$

所以

$$S(x)=x\frac{\mathrm{d}}{\mathrm{d}x}\Big(\frac{x}{(x+1)^2}\Big)=\frac{x(1-x)}{(x+1)^3}.$$

(4) 易知原级数的收敛域为 $[-1,1]$. 设

$$f(x)=-x+\sum_{n=2}^{\infty}\frac{x^n}{n(n-1)},x\in[-1,1],$$

则

$$f(0)=0,f'(x)=-1+\sum_{n=2}^{\infty}\frac{x^{n-1}}{n-1},f'(0)=-1,f''(x)=\sum_{n=2}^{\infty}x^{n-2}=\frac{1}{1-x}.$$

因此

$$f'(x)=-1+\int_0^x\frac{1}{1-t}\mathrm{d}t=-1-\ln(1-x),$$

$$f(x)=\int_0^x f'(t)\mathrm{d}t=(1-x)\ln(1-x).$$

(5) 容易求得级数 $\sum\limits_{n=1}^{\infty}n^2x^{n+1}$ 的收敛区域为 $(-1,1)$. 当 $x\in(-1,1)$ 时,有

$$\sum_{n=1}^{\infty}n^2x^{n+1}=\sum_{n=1}^{\infty}(n(n-1)+n)x^{n+1}=\sum_{n=2}^{\infty}n(n-1)x^{n+1}+x^2\sum_{n=1}^{\infty}nx^{n-1}$$

$$=x^3\sum_{n=2}^{\infty}(x^n)''+x^2\sum_{n=1}^{\infty}(x^n)'=x^3\Big(\sum_{n=0}^{\infty}x^n\Big)''+x^2\Big(\sum_{n=0}^{\infty}x^n\Big)'$$

$$=x^3\Big(\frac{1}{1-x}\Big)''+x^2\Big(\frac{1}{1-x}\Big)'=\frac{x^2(x+1)}{(1-x)^3},|x|<1.$$

(6) 因为 $a_n=n(n+1)x^n$,而 $\lim\limits_{n\to\infty}\dfrac{a_{n+1}}{a_n}=x$,且在 $x=\pm1$ 时,级数均发散,故收敛域为 $(-1,1)$.

记 $f(x)=\sum\limits_{n=1}^{\infty}n(n+1)x^n$,则

$$\int_0^x f(t)\mathrm{d}t=\sum_{n=1}^{\infty}nx^{n+1}=x^2\sum_{n=1}^{\infty}nx^{n-1}=\frac{x^2}{(1-x)^2}.$$

所以

$$f(x)=\Big(\frac{x^2}{(1-x)^2}\Big)'=\frac{2x}{(1-x)^3},x\in(-1,1).$$

(7) 级数 $1 + \sum\limits_{n=1}^{\infty} \dfrac{x^{2n}}{(2n)!}$ 的收敛半径 $R \to +\infty$，所以定义域为 $D = (-\infty, +\infty)$. 设

$$S(x) = 1 + \sum_{n=1}^{\infty} \frac{x^{2n}}{(2n)!},$$

则

$$S'(x) = \sum_{n=1}^{\infty} \frac{x^{2n-1}}{(2n-1)!},$$

所以

$$S(x) + S'(x) = 1 + \sum_{n=1}^{\infty} \frac{x^{2n}}{(2n)!} + \sum_{n=1}^{\infty} \frac{x^{2n-1}}{(2n-1)!} = \sum_{n=0}^{\infty} \frac{x^n}{n!} = \mathrm{e}^x,$$

$$S(x) - S'(x) = 1 + \sum_{n=1}^{\infty} \frac{x^{2n}}{(2n)!} - \sum_{n=1}^{\infty} \frac{x^{2n-1}}{(2n-1)!} = \sum_{n=0}^{\infty} \frac{(-x)^n}{n!} = \mathrm{e}^{-x},$$

由上式可得

$$S(x) = \frac{1}{2}(\mathrm{e}^x + \mathrm{e}^{-x}).$$

(8) 幂级数 $\sum\limits_{n=0}^{\infty} \dfrac{x^n}{n!}$ 的收敛半径 $R \to +\infty$，和函数为 $\mathrm{e}^x$，故

$$\sum_{n=1}^{\infty} \frac{n}{(n+1)!} x^{n+1} = \sum_{n=1}^{\infty} \frac{n+1}{(n+1)!} x^{n+1} - \sum_{n=1}^{\infty} \frac{1}{(n+1)!} x^{n+1} = x \sum_{n=1}^{\infty} \frac{x^n}{n!} - \sum_{n=2}^{\infty} \frac{x^n}{n!}$$

$$= x \left( \sum_{n=1}^{\infty} \frac{x^n}{n!} - 1 \right) - \left( \sum_{n=1}^{\infty} \frac{x^n}{n!} - 1 - x \right) = x(\mathrm{e}^x - 1) - (\mathrm{e}^x - 1 - x)$$

$$= (x-1)\mathrm{e}^x + 1.$$

其收敛半径 $R \to +\infty$.

(9) 幂级数的收敛半径为 $\sqrt{\lim\limits_{n \to \infty} \dfrac{\frac{1}{2n+1}}{\frac{1}{2n+3}}} = 1$，且其在 $x = \pm 1$ 处收敛，故其收敛域为

$[-1, 1]$. 记其和函数为 $S(x)$，对任意的 $x \in (0, 1)$，有

$$S(x) = \sum_{n=0}^{\infty} (-1)^n \int_0^x t^{2n} \mathrm{d}t = \int_0^x \sum_{n=0}^{\infty} (-1)^n t^{2n} \mathrm{d}t = \int_0^x \frac{\mathrm{d}t}{1+t^2} = \arctan x,$$

$$S(1) = \lim_{x \to 1^-} S(x) = \lim_{x \to 1^-} \arctan x = \arctan 1,$$

$$S(-1) = \lim_{x \to (-1)^+} S(x) = \lim_{x \to (-1)^+} \arctan x = \arctan(-1).$$

**例 31**　应用幂级数性质求下列级数的和：

(1) $\sum\limits_{n=1}^{\infty} (-1)^{n-1} \dfrac{n}{2^n}$；(2) $\sum\limits_{n=1}^{\infty} \dfrac{1}{n \cdot 2^n}$；(3) $\sum\limits_{n=1}^{\infty} \dfrac{n(n+2)}{4^{n+1}}$；

(4) $\sum\limits_{n=0}^{\infty} \dfrac{(n+1)^2}{2^n}$；(5) $\sum\limits_{n=0}^{\infty} \dfrac{1}{2n+1} \left( \dfrac{1}{2} \right)^n$；(6) $\sum\limits_{n=0}^{\infty} (-1)^n \dfrac{1}{3^n(2n+1)}$；

(7) $\sum\limits_{n=2}^{\infty} (-1)^n \dfrac{1}{2^n(n^2-1)}$；(8) $\sum\limits_{n=0}^{\infty} (-1)^n \dfrac{2^{n+1}}{n!}$.

**解** (1) 设 $f(x) = \sum\limits_{n=1}^{\infty} (-1)^{n-1} n x^n$，令 $g(x) = \dfrac{f(x)}{x} = \sum\limits_{n=1}^{\infty} (-1)^{n-1} n x^{n-1}$，应用逐项积分定理，可得

$$g(x) = \frac{1}{(x+1)^2},$$

于是 $f(x) = \dfrac{1}{(x+1)^2}$，所以

$$\sum_{n=1}^{\infty} (-1)^{n-1} \frac{n}{2^n} = f\left(\frac{1}{2}\right) = \frac{2}{9}.$$

(2) 设 $f(x) = \sum\limits_{n=1}^{\infty} \dfrac{1}{n} x^n$，应用逐项积分定理，可得

$$f(x) = \ln \frac{1}{1-x},$$

所以

$$\sum_{n=1}^{\infty} \frac{1}{n \cdot 2^n} = f\left(\frac{1}{2}\right) = \ln 2.$$

(3) 由逐项积分定理，可得 $\sum\limits_{n=1}^{\infty} n x^{n-1} = \dfrac{1}{(1-x)^2}$。设 $f(x) = \sum\limits_{n=1}^{\infty} n(n+2) x^{n+1}$，再次应用逐项积分定理，有

$$\int_0^x f(t)\,\mathrm{d}t = \sum_{n=1}^{\infty} n x^{n+1} = \frac{x^3}{(1-x)^3},$$

于是

$$f(x) = \frac{x^3(3-x)}{(1-x)^3},$$

所以

$$\sum_{n=1}^{\infty} \frac{n(n+2)}{4^{n+1}} = f\left(\frac{1}{4}\right) = \frac{11}{27}.$$

(4) 设 $f(x) = \sum\limits_{n=1}^{\infty} (n+1)^2 x^n$，应用逐项积分定理，可得

$$\int_0^x f(t)\,\mathrm{d}t = \sum_{n=0}^{\infty} (n+1) x^{n+1} = \sum_{n=1}^{\infty} n x^n = \frac{x}{(1-x)^2},$$

于是 $f(x) = \dfrac{1+x}{(1-x)^3}$，所以

$$\sum_{n=0}^{\infty} \frac{(n+1)^2}{2^n} = f\left(\frac{1}{2}\right) = 12.$$

(5) 当 $x \in (-1, 1)$ 时，考虑幂级数

$$\sum_{n=0}^{\infty} \frac{1}{2n+1} x^{2n} = \frac{1}{x} \sum_{n=0}^{\infty} \frac{1}{2n+1} x^{2n+1} = \frac{1}{2x} \ln \frac{1+x}{1-x}.$$

特别地，取 $x = \dfrac{\sqrt{2}}{2}$，代入得

$$\sum_{n=0}^{\infty} \frac{1}{2n+1}\left(\frac{1}{2}\right)^n = \frac{\sqrt{2}\,(1+\sqrt{2})}{2}.$$

（6）令

$$f(x)=\sum_{n=0}^{\infty} \frac{(-1)^n}{2n+1}x^{2n},\ g(x)=xf(x)=\sum_{n=0}^{\infty} \frac{(-1)^n}{2n+1}x^{2n+1},$$

则

$$g'(x)=\sum_{n=0}^{\infty}(-1)^n x^{2n}=\frac{1}{1+x^2},$$

所以

$$g(x)=\arctan x,\ f(x)=\frac{\arctan x}{x}.$$

因此

$$\sum_{n=0}^{\infty}(-1)^n \frac{1}{3^n(2n+1)}=f\!\left(\frac{\sqrt{3}}{3}\right)=\frac{\sqrt{3}}{6}\pi.$$

（7）令

$$f(x)=\sum_{n=2}^{\infty} \frac{(-1)^n}{n^2-1}x^n,\ g(x)=xf(x)=\sum_{n=2}^{\infty} \frac{(-1)^n}{n^2-1}x^{n+1},$$

则

$$g'(x)=\sum_{n=2}^{\infty} \frac{(-1)^n}{n-1}x^n=\sum_{n=1}^{\infty} \frac{(-1)^{n+1}}{n}x^{n+1}=x\sum_{n=1}^{\infty} \frac{(-1)^{n+1}}{n}x^n,$$

应用逐项求导，可得

$$\sum_{n=1}^{\infty} \frac{(-1)^{n+1}}{n}x^n=\ln(1+x),$$

所以

$$g(x)=\int_0^x t\ln(1+t)\mathrm{d}t=\frac{1}{2}(x^2-1)\ln(1+x)-\frac{1}{4}x^2+\frac{1}{2}x,$$

从而有

$$f(x)=\frac{1}{2}\left(x-\frac{1}{x}\right)\ln(1+x)-\frac{1}{4}x+\frac{1}{2}.$$

因此

$$\sum_{n=0}^{\infty}(-1)^n \frac{1}{2^n(n^2-1)}=f\!\left(\frac{1}{2}\right)=\frac{3}{8}-\frac{3}{2}\ln\frac{3}{2}.$$

（8）设

$$f(x)=\sum_{n=0}^{\infty} \frac{(-1)^n}{n!}x^{n+1}=xg(x)=x\sum_{n=0}^{\infty} \frac{(-1)^n}{n!}x^n,$$

其中

$$g(x)=\sum_{n=0}^{\infty} \frac{(-1)^n}{n!}x^n=\sum_{n=0}^{\infty} \frac{(-x)^n}{n!}=\mathrm{e}^{-x},$$

所以 $f(x)=x\mathrm{e}^{-x}$，故

$$\sum_{n=0}^{\infty} (-1)^n \frac{2^{n+1}}{n!} = f(2) = \frac{2}{e^2}.$$

**例 32** 设 $f(x) = \sum_{n=0}^{\infty} \frac{1}{2^n + x}$.

(1) 证明 $f(x)$ 在 $(0, +\infty)$ 内可导,且一致收敛;

(2) 证明反常积分 $\int_0^{+\infty} f(x) \mathrm{d}x$ 发散.

**证明** (1) 由 $\frac{1}{2^n + x} \leqslant \frac{1}{2^n}$,且 $\sum_{n=0}^{\infty} \frac{1}{2^n}$ 收敛,可知 $f(x) = \sum_{n=0}^{\infty} \frac{1}{2^n + x}$ 在 $(0, +\infty)$ 内一致收敛.

由于 $\frac{1}{2^n + x}$ 对每一个 $n \in \mathbf{N}_+$ 都在 $x \in [0, +\infty)$ 连续,那么 $f(x)$ 在 $[0, +\infty)$ 上是连续的,且 $\frac{1}{2^n + x}$ 的导数为 $-\frac{1}{(2^n + x)^2}$. 因此,由 $\frac{1}{(2^n + x)^2} \leqslant \frac{1}{2^{2n}}$,可知 $-\sum_{n=0}^{\infty} \frac{1}{(2^n + x)^2}$ 在 $x \in [0, +\infty)$ 上一致收敛,故 $f(x)$ 在 $[0, +\infty)$ 上可导.

(2) 考虑

$$F(u) = \int_0^u f(x) \mathrm{d}x = \int_0^u \sum_{n=0}^{\infty} \frac{1}{2^n + x} \mathrm{d}x \geqslant \int_0^u \frac{1}{1 + x} \mathrm{d}x,$$

则有

$$\lim_{u \to +\infty} F(u) \geqslant \lim_{u \to +\infty} \int_0^u \frac{1}{1 + x} \mathrm{d}x = +\infty.$$

那么 $\int_0^{+\infty} f(x) \mathrm{d}x$ 发散.

**例 33** 先求幂级数 $\sum_{n=1}^{\infty} (-1)^{n-1} \frac{x^n}{n}$ 的收敛区间,再求 $\sum_{n=1}^{\infty} (-1)^{n-1} \frac{1}{2^n n}$ 的和.

**解** 幂级数 $\sum_{n=1}^{\infty} (-1)^{n-1} \frac{x^n}{n}$ 的收敛半径 $R = \lim_{n \to \infty} \frac{\frac{1}{n}}{\frac{1}{n+1}} = 1$,故其收敛区间为 $(-1, 1)$.

当 $x = -1$ 时,级数发散;当 $x = 1$ 时,级数收敛,故其收敛域为 $(-1, 1]$,记其和函数为 $s(x)$,则在 $(-1, 1)$ 内,有

$$s(x) = \sum_{n=1}^{\infty} (-1)^{n-1} \frac{x^n}{n} = \sum_{n=1}^{\infty} (-1)^{n-1} \int_0^x t^{n-1} \mathrm{d}t = \ln(1 + x),$$

$$s(1) = \lim_{x \to 1^-} s(x) = \lim_{x \to 1^-} \ln(1 + x) = \ln 2,$$

故 $s(x) = \ln(1 + x)$,$x \in (-1, 1]$. 特别地,取 $x = \frac{1}{2}$,有

$$\sum_{n=1}^{\infty} (-1)^{n-1} \frac{1}{2^n n} = \ln\left(1 + \frac{1}{2}\right) = \ln \frac{3}{2}.$$

**例 34** 设函数 $f$ 在 $(-\infty, +\infty)$ 内一致连续且有界,定义

$$f_n(x) = \int_0^1 f(x + t) \frac{n e^{-nt}}{1 - e^{-n}} \mathrm{d}t,$$

证明：$f_n$ 在 $(-\infty, +\infty)$ 内一致收敛到 $f(x)$.

**证明** $f(x)$ 在 $(-\infty, +\infty)$ 上一致连续，因此，对任意 $\varepsilon > 0$，存在 $\delta \in (0, 1)$，使得对任意 $x, y \in (-\infty, +\infty)$，只要 $|x-y| < \delta$，就有 $|f(x) - f(y)| < \varepsilon$. $f(x)$ 在 $(-\infty, +\infty)$ 上有界，故存在正常数 $L$，使得对任意 $x \in (-\infty +\infty)$，恒有 $|f(x)| \leqslant L$. 于是

$$\left| \int_0^1 [f(x+t) - f(x)] \frac{n e^{-n}}{1 - e^{-nt}} dt \right|$$

$$\leqslant \left| \int_0^{\delta} (f(x+t) - f(x)) \frac{n e^{-nt}}{1 - e^{-n}} dt \right| + \int_{\delta}^1 (|f(x+t)| + |f(x)|) \frac{n e^{-nx}}{1 - e^{-nx}} dt$$

$$< \int_0^{\delta} \varepsilon \frac{n e^{-nr}}{1 - e^{-n}} dt + 2L \int_{\delta}^1 \frac{n e^{-nt}}{1 - e^{-n}} dt < \varepsilon \int_0^1 \frac{n e^{-nt}}{1 - e^{-n}} dt + 2L \int_{\delta}^1 \frac{n e^{-nt}}{1 - e^{-n}} dt$$

$$= \varepsilon + 2L \frac{e^{-2y} - e^{-n}}{1 - e^{-n}},$$

$$\lim_{n \to \infty} \left( 2L \frac{e^{-n\delta} - e^{-n}}{1 - e^{-n}} \right) = 0,$$

故存在 $N > 0$，使得对任意 $n > N$，恒有 $2L \frac{e^{-n\delta} - e^{-n}}{1 - e^{-n}} < \varepsilon c$，因此

$$\int_0^1 [f(x+t) - f(x)] \frac{n e^{-nt}}{1 - e^{-n}} dt < 2\varepsilon,$$

故 $\displaystyle \int_0^1 (f(x+t) - f(x)) \frac{n e^{-nt}}{1 - e^{-n}} dt$ 一致收敛于 $0$，所以

$$\int_0^1 f(x) \frac{n e^{-nt}}{1 - e^{-n}} dt = f(x).$$

因此，$f_n$ 在 $(-\infty, +\infty)$ 上一致收敛到 $f(x)$.

**例 35** 证明函数项级数 $\displaystyle \sum_{n=1}^{\infty} \frac{\sin nx}{n}$ 在 $[a, \pi]$ $(0 < a < \pi)$ 上收敛，但在 $[0, \pi]$ 上不一致收敛.

**证明** 对任意 $n \in \mathbf{N}$，有

$$2 \sin \frac{x}{2} \sum_{k=1}^n \sin kx = \sum_{k=1}^n \left[ \cos\left(k - \frac{1}{2}\right) x - \cos\left(k + \frac{1}{2}\right) x \right]$$

$$= \cos \frac{1}{2} x - \cos\left(n + \frac{1}{2}\right) x.$$

若 $\sin \dfrac{x}{2} \neq 0$，则

$$\sum_{k=1}^n \sin kx = \frac{\cos \frac{1}{2} x - \cos\left(n + \frac{1}{2}\right) x}{2 \sin \frac{x}{2}},$$

因此

$$\left| \sum_{k=1}^n \sin kx \right| = \left| \frac{\cos \frac{1}{2} x - \cos\left(n + \frac{1}{2}\right) x}{2 \sin \frac{x}{2}} \right| \leqslant \frac{2}{2 \left| \sin \frac{x}{2} \right|} = \frac{1}{\left| \sin \frac{x}{2} \right|}.$$

因此，对任意 $n \in \mathbf{N}$ 和 $x \in [a, \pi]$，有

$$\left| \sum_{k=1}^{n} \sin kx \right| \leqslant \frac{1}{\sin \frac{x}{2}} \leqslant \frac{1}{\sin \frac{a}{2}},$$

且 $\left\{ \frac{1}{n} \right\}$ 单调递减且趋于零，故由狄利克雷判别法可知 $\sum_{n=1}^{\infty} \frac{\sin nx}{n}$ 收敛.

反证法. 如果 $\sum_{n=1}^{\infty} \frac{\sin nx}{n}$ 在 $[0, \pi]$ 上一致收敛，对任意 $\varepsilon > 0$，存在 $N > 0$，使得对任意 $n > N$ 和 $x \in [0, \pi]$，恒有 $\left| \sum_{k=n}^{2n} \frac{\sin kx}{k} \right| < \varepsilon$. 取 $x = \frac{\pi}{4n}$，则

$$\sum_{k=n}^{2n} \frac{\sin kx}{k} = \sum_{k=n}^{2n} \frac{\sin \frac{k\pi}{4n}}{k} \geqslant \sum_{k=n}^{2n} \frac{\sin \frac{n\pi}{4n}}{k} = \frac{1}{\sqrt{2}} \sum_{k=n}^{2n} \frac{1}{k} > \frac{1}{\sqrt{2}} \cdot \frac{n+1}{2n} > \frac{1}{2\sqrt{2}},$$

矛盾. 所以，$\sum_{n=1}^{\infty} \frac{\sin nx}{n}$ 在 $[0, \pi]$ 上不一致收敛.

**例 36** 试确定函数项级数 $\sum_{n=1}^{\infty} \left( x + \frac{1}{n} \right)^n$ 的收敛域，并讨论其和函数的连续性.

**解** 因为

$$\lim_{n \to \infty} \sqrt[n]{\left( x + \frac{1}{n} \right)^n} = x,$$

所以，当 $|x| < 1$ 时，$\sum_{n=1}^{\infty} \left( x + \frac{1}{n} \right)^n$ 收敛；当 $|x| > 1$ 时，$\sum_{n=1}^{\infty} \left( x + \frac{1}{n} \right)^n$ 发散；当 $|x| = 1$ 时，

$$\lim_{n \to \infty} \left( 1 + \frac{1}{n} \right)^n = e, \lim_{n \to \infty} \left( -1 + \frac{1}{n} \right)^n = \frac{\pm 1}{e},$$

故级数在 $x = \pm 1$ 处均发散，那么级数的收敛域为 $(-1, 1)$.

对任意 $\delta \in (0, 1)$ 和 $x \in [-\delta, \delta]$，有 $\left| \left( x + \frac{1}{n} \right)^n \right| \leqslant \left( \delta + \frac{1}{n} \right)^n$，且 $\sum_{n=1}^{\infty} \left( \delta + \frac{1}{n} \right)^n$ 收敛，则 $\sum_{n=1}^{\infty} \left( x + \frac{1}{n} \right)^n$ 在 $[-\delta, \delta]$ 上一致收敛. 又 $\left( x + \frac{1}{n} \right)^n$ 总是连续的，故 $\sum_{n=1}^{\infty} \left( x + \frac{1}{n} \right)^n$ 在 $[-\delta, \delta]$ 上连续. 由 $\delta$ 的任意性，知 $\sum_{n=1}^{\infty} \left( x + \frac{1}{n} \right)^n$ 在 $(-1, 1)$ 内是连续的.

**例 37** 求极限 $\lim_{n \to \infty} \left( \frac{1}{a} + \frac{3}{a^2} + \frac{5}{a^3} + \cdots + \frac{2n-1}{a^n} \right) (a > 1)$.

**解** 幂级数 $\sum_{n=1}^{\infty} (2n-1)x^n$ 的收敛半径为 $\lim_{n \to \infty} \frac{2n-1}{2n+1} = 1$，且其在 $x = \pm 1$ 处的通项都是无穷大量，故在 $x = \pm 1$ 处都是发散的. 当 $x \in (-1, 1)$ 时，有

$$\sum_{n=1}^{\infty} (2n-1)x^n = 2x \sum_{n=1}^{\infty} nx^{n-1} - \sum_{n=1}^{\infty} x^n = 2x \sum_{n=1}^{\infty} (x^n)' - \frac{x}{1-x}$$

$$= 2x \left( \sum_{n=1}^{\infty} x^n \right)' - \frac{x}{1-x} = 2x \left( \frac{x}{1-x} \right)' - \frac{x}{1-x}$$

$$= \frac{2x}{(1-x)^2} - \frac{x}{1-x} = \frac{x(1+x)}{(1-x)^2}.$$

将 $x = \dfrac{1}{a}$ 代入有

$$\lim_{n \to \infty} \left( \frac{1}{a} + \frac{3}{a^2} + \frac{5}{a^3} + \cdots + \frac{2n-1}{a^n} \right) = \frac{1+a}{(1-a)^2}.$$

**例 38**　讨论无穷级数 $\displaystyle\sum_{n=1}^{\infty} \frac{x^n}{n+y^n}$ $(y \geqslant 0)$ 的绝对收敛,条件收敛及其收敛域.

**解**　记 $u_n = \dfrac{1}{n+y^n}$,则有

$$\lim_{n \to \infty} \frac{u_{n+1}}{u_n} = \lim_{n \to \infty} \frac{\dfrac{n+1}{n+1+y^{n+1}}}{\dfrac{1}{n+y^n}} = \begin{cases} 1, & y \leqslant 1 \\ \dfrac{1}{y}, & y > 1 \end{cases}.$$

因此,该级数的收敛半径 $R = \begin{cases} 1, & y \leqslant 1 \\ |y|, & y > 1 \end{cases}.$

当 $y \leqslant 1$ 时,级数的绝对收敛区间为 $(-1,1)$,当 $x=1$ 时,$\dfrac{1}{n+y^n} \sim \dfrac{1}{n}$,而级数 $\displaystyle\sum_{n=1}^{\infty} \frac{1}{n}$ 发散,从而级数 $\displaystyle\sum_{n=1}^{\infty} \frac{x^n}{n+y^n}$ 发散;当 $x=-1$ 时,级数改写为 $\displaystyle\sum_{n=1}^{\infty} \frac{(-1)^n}{n+y^n}$,由于 $\dfrac{1}{n+y^n}$ 随 $n$ 单调递减且趋于 $0$,故由莱布尼茨判别法知级数 $\displaystyle\sum_{n=1}^{\infty} \frac{(-1)^n}{n+y^n}$ 收敛.因此,级数 $\displaystyle\sum_{n=1}^{\infty} \frac{x^n}{n+y^n}$ 的绝对收敛域为 $(-1,1)$,条件收敛域为 $[-1,1)$.

当 $y > 1$ 时,级数的绝对收敛区间为 $(-y,y)$,而当 $|x|=y$ 时,通项 $\dfrac{x^n}{n+y^n}$ 均不以 $0$ 为极限,因而级数发散.因此,级数 $\displaystyle\sum_{n=1}^{\infty} \frac{x^n}{n+y^n}$ 的绝对收敛域与条件收敛域均为 $(-y,y)$.

**例 39**　讨论函数项级数 $\displaystyle\sum_{n=1}^{\infty} \frac{x(x+n)^n}{n^{2+n}}$ 在 $[0,1]$ 上是否一致收敛.

**解**　由于

$$\lim_{n \to +\infty} \left( n^2 \cdot \frac{(1+n)^n}{n^{2+n}} \right) = \lim_{n \to +\infty} \left( 1 + \frac{1}{n} \right)^n = e,$$

从而由比较原则可知 $\displaystyle\sum_{n=1}^{\infty} \frac{x(x+n)^n}{n^{2+n}}$ 收敛.对于任意 $x \in [0,1]$ 有 $\left| \dfrac{x(x+n)^n}{n^{2+n}} \right| \leqslant \dfrac{(1+n)^n}{n^{2+n}}$.从而由 M - 判别法可知 $\displaystyle\sum_{n=1}^{\infty} \frac{x(x+n)^n}{n^{2+n}}$ 在 $[0,1]$ 上一致收敛.

**例 40**　证明函数项级数 $\displaystyle\sum_{n=0}^{\infty} 2^n \sin \frac{x}{3^n}$ 在区间 $(0,+\infty)$ 内不一致收敛,但内闭一致收敛.

**证明**　设 $u_n(x) = 2^n \sin \dfrac{x}{3^n}$,取 $x_n = \dfrac{\pi 3^n}{2}$,则 $x_n \in (0,+\infty)$,且 $|u_n(x_n)| = 2^n$,所以

$\sum\limits_{n=0}^{\infty} u_n(x)$ 在 $(0,+\infty)$ 内不一致收敛.

对任意的 $l>0$,当 $x \in [-l,l]$ 时,$|u_n(x)| \leqslant l \cdot \left(\dfrac{2}{3}\right)^n$,由于 $\sum\limits_{n=0}^{\infty} l \cdot \left(\dfrac{2}{3}\right)^n$ 收敛,由魏尔斯特拉斯判别法,$\sum\limits_{n=0}^{\infty} 2^n \sin\dfrac{x}{3^n}$ 在 $[-l,l]$ 上一致收敛.

**例 41** 证明:函数项级数 $\sum\limits_{n=1}^{\infty} \dfrac{x}{n}\mathrm{e}^{-nx^2}$ 在 **R** 上连续.

**证明** 设 $f_n(x)=\dfrac{x}{n}\mathrm{e}^{-nx^2}$,则

$$f_n'(x)=\frac{\mathrm{e}^{-nx^2}(1-2nx^2)}{n},$$

那么有

$$\max_{\mathbf{R}} |f_n(x)|=f_n\left(\frac{1}{\sqrt{2n}}\right)=\frac{1}{\sqrt{2}\,n^{\frac{3}{2}}}.$$

因此,原函数项级数有优级数 $\sum\limits_{n=1}^{\infty} \dfrac{1}{\sqrt{2}\,n^{\frac{3}{2}}}$,据魏尔斯特拉斯判别法即知原函数项级数在 **R** 上一致收敛,而和函数连续.

**例 42** 求幂级数 $\sum\limits_{n=0}^{\infty} \dfrac{2n-1}{n}x^{2n}$ 的收敛半径,并求其在收敛区域内的和函数.

**解** 因为

$$\rho=\lim_{n\to\infty}\sqrt[n]{a_n}=\lim_{n\to\infty}\sqrt[n]{\frac{2n-1}{n}}=1,$$

所以收敛半径为 $R=\dfrac{1}{\rho}=1$. 下面考虑端点 $x=\pm 1$ 处的敛散性. 当 $x=\pm 1$ 时,

$\sum\limits_{n=0}^{\infty} \dfrac{2n-1}{n}x^{2n}=\sum\limits_{n=0}^{\infty} \dfrac{2n-1}{n}$ 发散. 所以幂级数 $\sum\limits_{n=0}^{\infty} \dfrac{2n-1}{n}x^{2n}$ 的收敛域为 $x \in (-1,1)$. 那么,当 $x \in (-1,1)$ 时,有

$$\sum_{n=0}^{\infty} \frac{2n-1}{n}x^{2n}=2\sum_{n=0}^{\infty} x^{2n}-\sum_{n=0}^{\infty} \frac{1}{n}x^{2n}=\frac{2}{1-x^2}-2\sum_{n=0}^{\infty} \frac{x^{2n}}{2n}$$

$$=\frac{2}{1-x^2}-2\left(-\frac{1}{2}\ln(1-x^2)\right)$$

$$=\frac{2}{1-x^2}+\ln(1-x^2).$$

**例 43** 求 $\sum\limits_{n=1}^{\infty} \left(\dfrac{n+1}{n}\right)^{n^2} x^n$ 的收敛区间,并说明其在收敛区间端点的敛散性.

**解** 令 $a_n=\left(\dfrac{n+1}{n}\right)^{n^2}$,则由

$$\lim_{n\to\infty}\sqrt[n]{a_n}=\lim_{n\to\infty}\left(1+\frac{1}{n}\right)^n=\mathrm{e},$$

可知原级数的收敛区间为 $\left(-\dfrac{1}{e},\dfrac{1}{e}\right)$. 当 $x=\pm\dfrac{1}{e}$ 时,级数 $\displaystyle\sum_{n=1}^{\infty}(\pm 1)^n\left[\dfrac{\left(1+\frac{1}{n}\right)^n}{e}\right]^n$ 的通

项为

$$\lim_{n\to\infty}\left[\dfrac{\left(1+\frac{1}{n}\right)^n}{e}\right]^n=\exp\left(\lim_{n\to\infty}n\left(n\ln\left(1+\frac{1}{n}\right)-1\right)\right)=\exp\left(\lim_{x\to 0}\dfrac{\frac{\ln(1+x)}{x}-1}{x}\right)$$

$$=\exp\left(\lim_{x\to 0}\dfrac{\ln(1+x)-x}{x^2}\right)=\exp\left(\lim_{x\to 0}\dfrac{\frac{1}{1+x}-1}{2x}\right)$$

$$=\exp\left(\lim_{x\to 0}\dfrac{-1}{2(1+x)}\right)=e^{-\frac{1}{2}}$$

所以级数 $\displaystyle\sum_{n=1}^{\infty}(\pm 1)^n\left[\dfrac{\left(1+\frac{1}{n}\right)^n}{e}\right]^n$ 在 $x=\pm\dfrac{1}{e}$ 处发散,其收敛域为 $\left(-\dfrac{1}{e},\dfrac{1}{e}\right)$.

**例 44**　设 $f(x)=\displaystyle\sum_{n=0}^{\infty}a_n x^n$,则不论 $\displaystyle\sum_{n=0}^{\infty}a_n x^n$ 在 $x=r$ 是否收敛,只要 $\displaystyle\sum_{n=0}^{\infty}\dfrac{a_n}{n+1}x^{n+1}$ 在

$x=r$ 收敛,就有

$$\int_0^r f(x)\mathrm{d}x=\sum_{n=0}^{\infty}\dfrac{a_n}{n+1}r^{n+1}$$

成立,并由此证明

$$\int_0^1\ln\dfrac{1}{1-x}\cdot\dfrac{\mathrm{d}x}{x}=\sum_{n=1}^{\infty}\dfrac{1}{n^2}.$$

**证明**　由于 $\displaystyle\sum_{n=0}^{\infty}\dfrac{a_n}{n+1}x^{n+1}$ 在 $x=r$ 收敛,因此 $\displaystyle\sum_{n=0}^{\infty}\dfrac{a_n}{n+1}x^{n+1}$ 的收敛半径至少为 $r$,所以

$\displaystyle\sum_{n=0}^{\infty}a_n x^n$ 的收敛半径至少为 $r$. 当 $x\in[0,r)$ 时,利用逐项积分,得到

$$\int_0^x f(t)\mathrm{d}t=\sum_{n=0}^{\infty}\dfrac{a_n}{n+1}x^{n+1}.$$

由 $\displaystyle\sum_{n=0}^{\infty}\dfrac{a_n}{n+1}r^{n+1}$ 收敛,知 $\displaystyle\sum_{n=0}^{\infty}\dfrac{a_n}{n+1}x^{n+1}$ 在 $[0,r]$ 上连续,令 $x\to r^-$,得到

$$\int_0^r f(x)\mathrm{d}x=\sum_{n=0}^{\infty}\dfrac{a_n}{n+1}r^{n+1}.$$

对 $f(x)=\dfrac{1}{x}\ln\dfrac{1}{1-x}$ 应用上述结果,可得

$$\int_0^1\ln\dfrac{1}{1-x}\cdot\dfrac{\mathrm{d}x}{x}=\int_0^1\sum_{n=0}^{\infty}\dfrac{x^{n-1}}{n}\mathrm{d}x=\sum_{n=1}^{\infty}\dfrac{1}{n^2}.$$

**例 45**　证明:

(1) $y=f(x)=\displaystyle\sum_{n=0}^{\infty}\dfrac{x^{4n}}{(4n)!}$,求 $f^{(4)}(3)-f(3)$;

(2) $y=\displaystyle\sum_{n=0}^{\infty}\dfrac{x^n}{(n!)^2}$ 满足方程 $xy''+y'-y=0$.

**证明**  容易得到幂级数的收敛域为全体实数,故有

$$f'(x) = \left(\sum_{n=0}^{\infty} \frac{x^{4n}}{(4n)!}\right)' = \sum_{n=0}^{\infty} \frac{x^{4n-1}}{(4n-1)!},$$

$$f''(x) = \left(\sum_{n=1}^{\infty} \frac{x^{4n-1}}{(4n-1)!}\right)' = \sum_{n=1}^{\infty} \frac{x^{4n-2}}{(4n-2)!},$$

$$f'''(x) = \left(\sum_{n=1}^{\infty} \frac{x^{4n-2}}{(4n-2)!}\right)' = \sum_{n=1}^{\infty} \frac{x^{4n-3}}{(4n-3)!},$$

$$f^{(4)}(x) = \left(\sum_{n=1}^{\infty} \frac{x^{4n-3}}{(4n-3)!}\right)' = \sum_{n=1}^{\infty} \frac{x^{4n-4}}{(4n-4)!} = \sum_{n=1}^{\infty} \frac{x^{4n-4}}{(4n-4)!} = \sum_{n=1}^{\infty} \frac{x^{4n}}{(4n)!},$$

即 $f^{(4)}(x) = f(x)$,也就是 $f^{(4)}(x) - f(x) = 0$,故 $f^{(4)}(3) - f(3) = 0$.

(2) 应用逐项求导定理,可得

$$y'(x) = \sum_{n=1}^{\infty} \frac{x^{n-1}}{(n-1)! \; n!}, y''(x) = \sum_{n=2}^{\infty} \frac{x^{n-2}}{(n-2)! \; n!},$$

于是

$$xy'' + y' = 1 + \sum_{n=2}^{\infty} \frac{nx^{n-1}}{(n-1)! \; n!} = 1 + \sum_{n=2}^{\infty} \frac{x^{n-1}}{((n-2)! \;)^2} = \sum_{n=1}^{\infty} \frac{x^n}{(n! \;)^2} = y.$$

**例 46**  设正项级数 $\sum_{n=1}^{\infty} a_n$ 发散,$A_n = \sum_{k=1}^{n} a_k$,且 $\lim_{n\to\infty} \frac{a_n}{A_n} = 0$,求幂级数 $\sum_{n=1}^{\infty} a_n x^n$ 的收敛半径.

**解**  设幂级数 $\sum_{n=1}^{\infty} a_n x^n$ 的收敛半径为 $R_1$,$\sum_{n=1}^{\infty} A_n x^n$ 的收敛半径为 $R_2$. 由 $0 \leqslant a_n \leqslant A_n$,可知 $R_1 \geqslant R_2$;又有正项级数 $\sum_{n=1}^{\infty} a_n$ 发散,所以 $R_1 \leqslant 1$. 由于

$$\lim_{n\to\infty} \frac{A_n}{A_{n+1}} = \lim_{n\to\infty} \frac{A_{n+1} - a_{n+1}}{A_{n+1}} = 1 - \lim_{n\to\infty} \frac{a_{n+1}}{A_{n+1}} = 1,$$

所以 $R_2 = 1$,故幂级数 $\sum_{n=1}^{\infty} a_n x^n$ 的收敛半径为 $R_1 = 1$.

**例 47**  设 $f(x) = \sum_{n=1}^{\infty} \frac{2^n}{n^2} x^n$.

(1) 证明:$f(x)$ 在 $\left[-\frac{1}{2}, \frac{1}{2}\right]$ 上连续,在 $\left[-\frac{1}{2}, \frac{1}{2}\right)$ 上可导;

(2) $f(x)$ 在 $x = \frac{1}{2}$ 处的左导数是否存在?

**证明**  (1) 级数 $\sum_{n=1}^{\infty} \frac{2^n}{n^2} x^n$ 的收敛半径

$$R = \lim_{n\to\infty} \frac{2^n (n+1)^2}{2^{n+1} n^2} = \frac{1}{2}.$$

当 $x = \pm \frac{1}{2}$ 时,级数

$$\sum_{n=1}^{\infty} \frac{2^n}{n^2} x^n = \sum_{n=1}^{\infty} \frac{(\pm 1)^n}{n^2}$$

收敛. 所以 $\sum\limits_{n=1}^{\infty} \dfrac{2^n}{n^2} x^n$ 在 $\left[-\dfrac{1}{2}, \dfrac{1}{2}\right]$ 上一致收敛, 且 $\left\{\dfrac{2^n}{n^2} x^n\right\}$ 连续, 故 $f(x)$ 在 $\left[-\dfrac{1}{2}, \dfrac{1}{2}\right]$ 上连续.

记 $u_n(x) = \dfrac{2^n}{n^2} x^n$, 则 $u_n'(x) = \dfrac{2^n}{n} x^{n-1}$. 所以 $\sum\limits_{n=1}^{\infty} u_n'(x)$ 的收敛半径为 $\dfrac{1}{2}$, 当 $x = -\dfrac{1}{2}$ 时,

$\sum\limits_{n=1}^{\infty} u_n'\left(-\dfrac{1}{2}\right) = 2\sum\limits_{n=1}^{\infty} \dfrac{(-1)^n}{n}$ 收敛; 当 $x = \dfrac{1}{2}$ 时, $\sum\limits_{n=1}^{\infty} u_n'\left(\dfrac{1}{2}\right) = 2\sum\limits_{n=1}^{\infty} \dfrac{1}{n}$ 发散. 所以 $\sum\limits_{n=1}^{\infty} u_n'(x)$

在 $\left[-\dfrac{1}{2}, \dfrac{1}{2}\right)$ 上一致收敛, 且 $\{u_n'(x)\}$ 在 $\left[-\dfrac{1}{2}, \dfrac{1}{2}\right)$ 上连续, 则 $f'(x) = \sum\limits_{n=1}^{\infty} u_n'(x), x \in$

$\left[-\dfrac{1}{2}, \dfrac{1}{2}\right)$, 即 $f(x)$ 在 $\left[-\dfrac{1}{2}, \dfrac{1}{2}\right)$ 上可导.

（2）令 $t = 2x$, 则

$$f(x) = \sum_{n=1}^{\infty} \dfrac{2^n}{n^2} x^n = \sum_{n=1}^{\infty} \dfrac{t^n}{n^2}.$$

令 $g(t) = \sum\limits_{n=1}^{\infty} \dfrac{t^n}{n^2}$, 则级数 $\sum\limits_{n=1}^{\infty} \dfrac{t^n}{n^2}$ 的收敛半径为 1. 当 $|t| < 1$ 时, 逐项求导, 得

$$g'(t) = \sum_{n=1}^{\infty} \dfrac{t^{n-1}}{n} = \dfrac{1}{t} \sum_{n=1}^{\infty} \dfrac{t^n}{n} = -\dfrac{\ln(1-t)}{t},$$

所以

$$g(t) = \int_0^u -\dfrac{\ln(1-t)}{t} dt,$$

其中 $t \in [-1, 1]$. 应用洛必达法则, 得到

$$\lim_{x \to \frac{1}{2}^-} \dfrac{f(x) - f\left(\dfrac{1}{2}\right)}{x - \dfrac{1}{2}} = \lim_{t \to 1^-} \dfrac{2}{t-1} \left(\int_0^t -\dfrac{\ln(1-u)}{u} du - \int_0^1 -\dfrac{\ln(1-u)}{u} du\right)$$

$$= \lim_{t \to 1^-} \dfrac{2}{t-1} \int_1^t -\dfrac{\ln(1-u)}{u} du = \lim_{t \to 1^-} \left(-\dfrac{2\ln(1-t)}{t}\right) \to +\infty.$$

**例 48** 应用 $\dfrac{e^x - 1}{x}$ 在 $x = 0$ 的幂级数展开式, 证明:

$$\sum_{n=1}^{\infty} \dfrac{n}{(n+1)!} = 1.$$

**证明** 直接应用 $e^x = \sum\limits_{n=0}^{\infty} \dfrac{x^n}{n!}$, 有

$$\dfrac{e^x - 1}{x} = \dfrac{1}{x}\left(\sum_{n=0}^{\infty} \dfrac{x^n}{n!} - 1\right) = \sum_{n=1}^{\infty} \dfrac{x^{n-1}}{n!} = \sum_{n=0}^{\infty} \dfrac{x^n}{(n+1)!},$$

应用逐项求导定理, 得到

$$\dfrac{xe^x - e^x + 1}{x^2} = \sum_{n=1}^{\infty} \dfrac{nx^{n-1}}{(n+1)!},$$

将 $x = 1$ 代入, 得到 $\sum\limits_{n=1}^{\infty} \dfrac{n}{(n+1)!} = 1$.

**例 49** 求下列函数项级数的和函数：

(1) $\sum_{n=1}^{\infty} \frac{(-1)^{n-1}}{n(n+1)} \left(\frac{2+x}{2-x}\right)^{2n}$；(2) $\sum_{n=1}^{\infty} \left(1+\frac{1}{2}+\cdots+\frac{1}{n}\right) x^n$.

**解** (1) 令 $f(t) = \sum_{n=1}^{\infty} \frac{(-1)^{n-1}}{n(n+1)} \cdot t^{n+1}$，应用逐项求导定理，得到

$$f''(t) = \sum_{n=1}^{\infty} (-1)^{n-1} t^{n-1} = \frac{1}{1+t},$$

于是

$$f'(t) = \ln(1+t), f(t) = \int_0^t \ln(1+u)\,\mathrm{d}u = \left(1+\frac{1}{t}\right)\ln(1+t) - 1,$$

从而得到

$$\sum_{n=1}^{\infty} \frac{(-1)^{n-1}}{n(n+1)} \cdot t^n = (1+t)\ln(1+t) - t, t \in [-1,1].$$

将 $t = \left(\frac{2+x}{2-x}\right)^2$ 代入，得到

$$\sum_{n=1}^{\infty} \frac{(-1)^{n-1}}{n(n+1)} \cdot \left(\frac{2+x}{2-x}\right)^{2n} = \frac{2(x^2+4)}{(2+x)^2} \ln \frac{2(x^2+4)}{(2-x)^2} - 1, x \in (-\infty, 0].$$

(2) 由级数乘法的柯西乘积，有

$$\sum_{n=1}^{\infty} \left(1+\frac{1}{2}+\cdots+\frac{1}{n}\right) x^n = \left(\sum_{n=1}^{\infty} x^n\right)\left(\sum_{n=1}^{\infty} \frac{x^n}{n}\right) = \frac{1}{1-x} \ln \frac{1}{1-x},$$

其中 $x \in (-1, 1)$.

**例 50** 利用幂级数展开式，计算 $\int_0^1 \frac{\ln x}{1-x^2}\,\mathrm{d}x$.

**解** 根据 $\frac{1}{1-x^2} = \sum_{n=0}^{\infty} x^{2n}$，应用分部积分，有

$$\int_0^1 \frac{\ln x}{1-x^2}\,\mathrm{d}x = \int_0^1 \left(\sum_{n=0}^{\infty} x^{2n} \ln x\right)\mathrm{d}x = \sum_{n=0}^{\infty} \frac{1}{2n+1} \int_0^1 \ln x\,\mathrm{d}x^{2n+1}$$

$$= \sum_{n=0}^{\infty} \left(\frac{1}{2n+1} x^{2n+1} \ln x \Big|_0^1 - \frac{1}{2n+1} \int_0^1 x^{2n}\,\mathrm{d}x\right)$$

$$= -\sum_{n=0}^{\infty} \frac{1}{(2n+1)^2}.$$

应用已知结果 $\sum_{n=1}^{\infty} \frac{1}{n^2} = \frac{\pi^2}{6}$，有 $\sum_{n=0}^{\infty} \frac{1}{(2n)^2} = \frac{\pi^2}{24}$，从而有 $\sum_{n=1}^{\infty} \frac{1}{(2n+1)^2} = \frac{\pi^2}{8}$，故

$$\int_0^1 \frac{\ln x}{1-x^2}\,\mathrm{d}x = -\frac{\pi^2}{8}.$$

**例 51** (1) 将 $\arctan x$ 展开成幂级数，并求其收敛半径；

(2) 利用(1)证明：$\pi = \frac{4}{1} - \frac{4}{3} + \frac{4}{5} + \cdots + \frac{4(-1)^{n-1}}{2n-1} + \cdots$；

(3) 利用(2)的公式计算 $\pi$ 的近似值，需要多少项才能使误差小于 $10^{-m}$（$m$ 为自然数）？

**解**　(1) 由于 $\dfrac{1}{1+x^2} = \sum\limits_{n=0}^{\infty} (-1)^n x^{2n}$，$x \in (-1,1)$，根据幂级数的内闭一致收敛性得到

$$\arctan x = \int_0^x \frac{1}{1+t^2}\,\mathrm{d}x = \sum_{n=0}^{\infty} \frac{(-1)^n}{2n+1} x^{2n+1}.$$

当 $x = \pm 1$ 时，级数 $\sum\limits_{n=0}^{\infty} \dfrac{(-1)^n}{2n+1} x^{2n+1}$ 收敛. 所以级数 $\sum\limits_{n=0}^{\infty} \dfrac{(-1)^n}{2n+1} x^{2n+1}$ 的收敛半径为 $R=1$. 收敛域为 $[-1,1]$.

(2) 根据内闭一致收敛性，在(1)中，取 $x=1$，得到 $\dfrac{\pi}{4} = \sum\limits_{n=0}^{\infty} \dfrac{(-1)^n}{2n+1}$，可化为

$$\pi = \frac{4}{1} - \frac{4}{3} + \frac{4}{5} + \cdots + \frac{4(-1)^{n-1}}{2n-1} + \cdots.$$

(3) 根据(2)的公式计算 $\pi$ 的近似值，误差可以通过通项的绝对值来计算，则有

$$\left| \frac{(-1)^n}{2n+1} \right| < 10^{-m}.$$

解得 $n > \dfrac{10^m - 1}{2}$，故 $n > \left[ \dfrac{10^m - 1}{2} \right]$ 为所求.

第8讲

# 傅里叶级数

## 一、函数的傅里叶(Fourier)级数展开

### 1. 正交性与正交函数系

**定义1** 设 $f(x),g(x)$ 在 $[a,b]$ 上有定义,且可积. 若 $\int_a^b f(x)g(x)\mathrm{d}x=0$,则称 $f(x)$, $g(x)$ 在 $[a,b]$ 上正交.

**性质** 三角函数系 $\{1,\cos x,\sin x,\cdots,\cos nx,\sin nx,\cdots\}$ 在 $[-\pi,\pi]$ 或 $[0,2\pi]$ 上具有正交性,称之为 $[-\pi,\pi]$ 上的正交函数系. 称形如 $\dfrac{a_0}{2}+\sum\limits_{n=1}^{\infty}(a_n\cos nx+b_n\sin nx)$ 的函数级数为三角级数.

### 2. 傅里叶系数及级数

设函数 $f(x)$ 是以 $2\pi$ 为周期且在 $[-\pi,\pi]$ 上可积的函数,称

$$a_n=\frac{1}{\pi}\int_{-\pi}^{\pi}f(x)\cos nx\,\mathrm{d}x,n=0,1,2,\cdots,$$

$$b_n=\frac{1}{\pi}\int_{-\pi}^{\pi}f(x)\sin nx\,\mathrm{d}x,n=1,2,\cdots$$

为函数 $f(x)$ 的傅里叶系数,以 $f(x)$ 的傅里叶系数为系数的三角级数称为 $f(x)$ 的傅里叶级数,记为

$$f(x)\sim\frac{a_0}{2}+\sum_{n=1}^{\infty}(a_n\cos nx+b_n\sin nx). \tag{1}$$

### 3. 奇、偶函数的傅里叶级数

设 $f(x)$ 是以 $2\pi$ 为周期,且在 $[-\pi,\pi]$ 上按段光滑的函数,则:

(1) 若 $f(x)$ 为偶函数,则 $b_n=0,n=1,2,\cdots,a_n=\dfrac{2}{\pi}\int_0^{\pi}f(x)\cos nx\,\mathrm{d}x,n=0,1,2,\cdots$,此时的傅里叶级数常称为余弦级数;

(2) 若 $f(x)$ 为奇函数,则 $a_n=0,n=0,1,2,\cdots,b_n=\dfrac{2}{\pi}\int_0^{\pi}f(x)\sin nx\,\mathrm{d}x,n=1,2,\cdots$,此时的傅里叶级数常称为正弦级数.

**注** 对给予 $[0,\pi]$ 区间上的函数,常作奇(偶)延拓,使其傅里叶级数简单化.

**4. 以 $2l$ 为周期的函数的展开式**

设函数 $f(x)$ 是以 $2l$ 为周期,且在 $[-l,l]$ 上按段光滑的函数,则对任意的 $x\in[-l,l]$,有

$$\frac{f(x+0)-f(x-0)}{2}=\frac{a_0}{2}+\sum_{n=1}^{\infty}(a_n\cos nx+b_n\sin nx),$$

其中

$$a_n=\frac{1}{l}\int_{-l}^{l}f(x)\cos\frac{n\pi x}{l}\mathrm{d}x,n=0,1,2,\cdots,$$

$$b_n=\frac{1}{l}\int_{-l}^{l}f(x)\sin\frac{n\pi x}{l}\mathrm{d}x,n=1,2,\cdots.$$

## 二、收敛判别法

**1. 黎曼引理及其推论**

**定理 1(黎曼引理)**　若函数 $\psi(x)$ 在 $[a,b]$ 上可积或绝对可积,则

$$\lim_{p\to+\infty}\int_a^b\psi(x)\sin px\mathrm{d}x=\lim_{p\to+\infty}\int_a^b\psi(x)\cos px\mathrm{d}x=0$$

成立.

**推论 1(局部性原理)**　可积或绝对可积函数 $f(x)$ 的傅里叶级数在点 $x$ 是否收敛只与 $f(x)$ 在 $(x-\delta,x+\delta)$ 的性质有关,这里 $\delta$ 是任意小的正常数.

**推论 2**　若函数 $\psi(u)$ 在 $[0,\delta]$ 上可积或绝对可积,则

$$\lim_{m\to\infty}\int_0^{\delta}\psi(u)\frac{\sin\dfrac{2m+1}{2}u}{2\sin\dfrac{u}{2}}\mathrm{d}u=\lim_{m\to\infty}\int_0^{\delta}\psi(u)\frac{\sin\dfrac{2m+1}{2}u}{u}\mathrm{d}u$$

成立.

**2. 傅里叶级数的收敛判别法**

**定义 2**　设函数 $f(x)$ 在 $[a,b]$(或 $(a,b)$)上有定义. 如果在 $[a,b]$(或 $(a,b)$)上存在有限个点

$$a=x_0<x_1<x_2<\cdots<x_N=b,$$

使得 $f(x)$ 在每个区间 $(x_{i-1},x_i)(i=1,2,\cdots,N)$ 上是单调函数,则称 $f(x)$ 在 $[a,b]$(或 $(a,b)$)上分段单调.

**定义 3**　设点 $x$ 是函数 $f(x)$ 的连续点或第一类不连续点,若对充分小的正常数 $\delta$,存在常数 $L>0$ 和 $\alpha\in(0,1]$,使得

$$|f(x\pm u)-f(x\pm u)|<Lu^{\alpha},0<u<\delta$$

成立,则称 $f(x)$ 在点 $x$ 处满足指数为 $\alpha\in(0,1]$ 的赫尔德(Hölder)条件(当 $\alpha=1$ 时也称为利普希茨条件).

**定理 2**　设函数 $f(x)$ 在 $[-\pi,\pi]$ 上可积或绝对可积,且满足下列两个条件之一,则 $f(x)$ 的傅里叶级数在点 $x$ 处收敛于 $\dfrac{f(x^+)+f(x^-)}{2}$.

(1)(狄利克雷－若尔当(Jordan)判别法)$f(x)$ 在点 $x$ 的某个邻域 $U(x;\delta)$ 上分段单

调有界函数；

（2）（迪尼－莱布尼茨判别法）$f(x)$ 在点 $x$ 处满足指数为 $\alpha \in (0,1]$ 的赫尔德条件.

**定理 3（狄利克雷引理）** 设函数 $\psi(x)$ 在 $[0,\delta]$ 上单调,则

$$\lim_{p \to +\infty} \int_a^b \frac{\psi(x) - \psi(0^+)}{u} \sin px \, dx = 0$$

成立.

### 三、傅里叶级数的性质

**定理 4** 设 $f(x)$ 在 $[-\pi, \pi]$ 上可积或绝对可积,则对于 $f(x)$ 的傅里叶系数 $a_n, b_n$,有

$$\lim_{n \to \infty} a_n = 0, \lim_{n \to \infty} b_n = 0.$$

**定理 5（傅里叶级数的逐项积分定理）** 设 $f(x)$ 在 $[-\pi, \pi]$ 上可积或绝对可积,有

$$f(x) \sim \frac{a_0}{2} + \sum_{n=1}^{\infty} (a_n \cos nx + b_n \sin nx),$$

则 $f(x)$ 的傅里叶级数可以逐项积分,即对于任意 $c, x \in [-\pi, \pi]$,有

$$\int_c^x f(t) dt = \int_c^x \frac{a_0}{2} dt + \sum_{n=1}^{\infty} \int_c^x (a_n \cos nt + b_n \sin nt) dt.$$

**定理 6（傅里叶级数的逐项微分定理）** 设 $f(x)$ 在 $[-\pi, \pi]$ 上连续,有

$$f(x) \sim \frac{a_0}{2} + \sum_{n=1}^{\infty} (a_n \cos nx + b_n \sin nx),$$

$$f(-\pi) = f(\pi),$$

且除有限个点外 $f(x)$ 可导.进一步,假设 $f'(x)$ 在 $[-\pi, \pi]$ 上可积或绝对可积,则 $f'(x)$ 的傅里叶级数可由 $f(x)$ 的傅里叶级数逐项微分得到,即

$$f'(x) \sim \frac{d}{dx}\left(\frac{a_0}{2}\right) + \sum_{n=1}^{\infty} \frac{d}{dx}(a_n \cos nx + b_n \sin nx) = \sum_{n=1}^{\infty} (-a_n n \sin nx + b_n n \cos nx).$$

**定理 7（帕塞瓦尔（Parseval）等式）** 设 $f(x)$ 在 $[-\pi, \pi]$ 上可积或绝对可积,则等式

$$\frac{a_0^2}{2} + \sum_{k=1}^{\infty} (a_k^2 + b_k^2) = \frac{1}{\pi} \int_{-\pi}^{\pi} f^2(x) dx$$

成立.

### 典型例题

**例 1** 设交流电的变化规律为 $E(t) = A \sin \omega t$,将它转变为直流电的整流过程有两种类型：

（1）半波整流 $f_1(t) = \dfrac{A}{2}(\sin \omega t + |\sin \omega t|)$;

（2）全波整流 $f_2(t) = A |\sin \omega t|$.

现取 $\omega = 1$,试将 $f_1(x)$ 和 $f_2(x)$ 在 $[-\pi, \pi]$ 展开为傅里叶级数.

**解** （1）先计算傅里叶系数

$$a_0 = \frac{1}{\pi} \int_{-\pi}^{\pi} f_1(x) dx = \frac{2A}{\pi},$$

$$a_n = \frac{1}{\pi} \int_{-\pi}^{\pi} f_1(x) \cos nx \, \mathrm{d}x = \frac{A}{2\pi} \int_0^{\pi} 2\sin x \cos nx \, \mathrm{d}x$$

$$= \frac{A}{2\pi} \int_0^{\pi} (\sin(n+1)x - \sin(n-1)x) \mathrm{d}x$$

$$= \frac{A}{2\pi} \left( -\frac{1}{n+1} \cos(n+1)x \Big|_0^{\pi} + \frac{1}{n-1} \cos(n-1)x \Big|_0^{\pi} \right)$$

$$= \begin{cases} -\dfrac{2A}{\pi(n^2-1)}, n = 2,4,6,\cdots, \\ 0, n = 1,3,5,\cdots \end{cases},$$

$$b_1 = \frac{1}{\pi} \int_{-\pi}^{\pi} f_1(x) \sin x \, \mathrm{d}x = \frac{A}{2\pi} \int_0^{\pi} 2\sin^2 x \, \mathrm{d}x = \frac{A}{2\pi} \int_0^{\pi} (1 - \cos 2x) \mathrm{d}x = \frac{A}{2}$$

$$b_n = \frac{1}{\pi} \int_{-\pi}^{\pi} f_1(x) \sin nx \, \mathrm{d}x = \frac{A}{2\pi} \int_0^{\pi} 2\sin x \sin nx \, \mathrm{d}x$$

$$= \frac{A}{2\pi} \int_0^{\pi} (\cos(n-1)x - \cos(n+1)x) \mathrm{d}x$$

$$= \frac{A}{2\pi} \left( \frac{1}{n-1} \sin(n-1)x \Big|_0^{\pi} - \frac{1}{n+1} \sin(n+1)x \Big|_0^{\pi} \right)$$

$$= 0, n = 2,3,4,\cdots,$$

所以

$$f_1(x) \sim \frac{A}{\pi} + \frac{A}{2} \sin x - \frac{2A}{\pi} \sum_{k=2}^{\infty} \frac{\cos 2kx}{(4k^2-1)}.$$

（2）先计算傅里叶系数

$$a_0 = \frac{1}{\pi} \int_{-\pi}^{\pi} f_2(x) \mathrm{d}x = \frac{2A}{\pi} \int_0^{\pi} \sin x \, \mathrm{d}x = \frac{4A}{\pi},$$

$$a_n = \frac{1}{\pi} \int_{-\pi}^{\pi} f_2(x) \cos nx \, \mathrm{d}x = \frac{2A}{\pi} \int_0^{\pi} \sin x \cos nx \, \mathrm{d}x$$

$$= \frac{A}{\pi} \int_0^{\pi} (\sin(n+1)x - \sin(n-1)x) \mathrm{d}x$$

$$= \frac{A}{\pi} \left( -\frac{1}{n+1} \cos(n+1)x \Big|_0^{\pi} + \frac{1}{n-1} \cos(n-1)x \Big|_0^{\pi} \right)$$

$$= \begin{cases} -\dfrac{4A}{\pi(n^2-1)}, n = 2,4,6,\cdots, \\ 0, n = 1,3,5,\cdots \end{cases},$$

$$b_n = \frac{1}{\pi} \int_{-\pi}^{\pi} f_2(x) \sin nx \, \mathrm{d}x = 0, n = 1,2,3,\cdots,$$

所以

$$f_2(x) \sim \frac{2A}{\pi} - \frac{4A}{\pi} \sum_{k=1}^{\infty} \frac{\cos 2kx}{4k^2-1}.$$

**例 2**　将下列函数在 $[-\pi, \pi]$ 上展开成傅里叶级数：

$(1) f(x) = \operatorname{sgn} x ; (2) f(x) = |\cos x| ; (3) f(x) = \dfrac{x^2}{2} - \pi^2;$

$(4) f(x) = \begin{cases} x, x \in [-\pi, 0) \\ 0, x \in [0, \pi) \end{cases}; (5) f(x) = \begin{cases} ax, x \in [-\pi, 0) \\ bx, x \in [0, \pi) \end{cases}.$

**解** (1) 因为函数 $f(x) = \operatorname{sgn} x$ 在 $[-\pi, \pi]$ 上为奇函数，所以

$$a_0 = \frac{1}{\pi} \int_{-\pi}^{\pi} \operatorname{sgn} x \, dx = 0, a_n = \frac{1}{\pi} \int_{-\pi}^{\pi} \operatorname{sgn} x \cos nx \, dx = 0, n = 1, 2, 3, \cdots,$$

$$b_n = \frac{1}{\pi} \int_{-\pi}^{\pi} f_1(x) \sin nx \, dx = \frac{1}{\pi} \int_{-\pi}^{\pi} \operatorname{sgn} x \sin nx \, dx = \frac{2}{\pi} \int_{0}^{\pi} \sin nx \, dx$$

$$= \frac{2}{n\pi} \left( -\cos nx \Big|_{0}^{\pi} \right) = \frac{2}{n\pi} (1 - \cos n\pi),$$

所以

$$f(x) \sim \frac{4}{\pi} \sum_{k=1}^{\infty} \frac{\sin(2k-1)x}{2k-1}.$$

(2) 因为函数 $f(x) = |\cos x|$ 在 $[-\pi, \pi]$ 上为偶函数，所以

$$b_n = \frac{1}{\pi} \int_{-\pi}^{\pi} f(x) \sin nx \, dx = 0, n = 1, 2, 3, \cdots,$$

$$a_0 = \frac{1}{\pi} \int_{-\pi}^{\pi} |\cos x| \, dx = \frac{4}{\pi} \int_{0}^{\frac{\pi}{2}} \cos x \, dx = \frac{4}{\pi},$$

$$a_n = \frac{1}{\pi} \int_{-\pi}^{\pi} f(x) \cos nx \, dx = \frac{2}{\pi} \int_{0}^{\pi} |\cos x| \cos nx \, dx$$

$$= \frac{2}{\pi} \left( \int_{0}^{\frac{\pi}{2}} \cos x \cos nx \, dx - \int_{\frac{\pi}{2}}^{\pi} \cos x \cos nx \, dx \right)$$

$$= \frac{1}{\pi} \left( \int_{0}^{\frac{\pi}{2}} (\cos(n+1)x + \cos(n-1)x) \, dx + \int_{\frac{\pi}{2}}^{\pi} (\cos(n+1)x + \cos(n-1)x) \, dx \right)$$

$$= \frac{1}{\pi} \left( \left( \frac{\sin(n+1)x}{n+1} - \frac{\sin(n-1)x}{n-1} \right) \Big|_{0}^{\frac{\pi}{2}} + \left( \frac{\sin(n+1)x}{n+1} - \frac{\sin(n-1)x}{n-1} \right) \Big|_{\frac{\pi}{2}}^{\pi} \right)$$

$$= \frac{2}{\pi} \left[ \frac{\sin \frac{(n+1)\pi}{2}}{n+1} + \frac{\sin \frac{(n-1)\pi}{2}}{n-1} \right],$$

所以

$$a_n = \begin{cases} 0, n = 1, 3, 5, \cdots, 2k-1, \cdots \\ \frac{4}{\pi} \cdot \frac{(-1)^{k+1}}{4k^2-1}, n = 2, 4, 6, \cdots, 2k, \cdots \end{cases}.$$

于是

$$f(x) \sim \frac{2}{\pi} + \frac{4}{\pi} \sum_{k=1}^{\infty} \frac{(-1)^{k+1}}{4k^2-1} \cos 2kx.$$

(3) 因为函数 $f(x) = \frac{x^2}{2} - \pi^2$ 在 $[-\pi, \pi]$ 上为偶函数，所以

$$b_n = \frac{1}{\pi} \int_{-\pi}^{\pi} f(x) \sin nx \, dx = 0, n = 1, 2, 3, \cdots,$$

$$a_0 = \frac{1}{\pi} \int_{-\pi}^{\pi} \frac{x^2}{2} - \pi^2 \, dx = \frac{2}{\pi} \int_{0}^{\pi} \frac{x^2}{2} - \pi^2 \, dx = -\frac{5\pi^2}{3},$$

$$a_n = \frac{1}{\pi} \int_{-\pi}^{\pi} f(x) \cos nx \, \mathrm{d}x = \frac{2}{\pi} \int_0^{\pi} \left( \frac{x^2}{2} - \pi^2 \right) \cos nx \, \mathrm{d}x$$

$$= \frac{2}{\pi} \int_0^{\pi} \frac{x^2}{2} \cos nx \, \mathrm{d}x - 2\pi \int_0^{\pi} \cos nx \, \mathrm{d}x = \frac{1}{n\pi} \int_0^{\pi} x^2 \, \mathrm{d}\sin nx$$

$$= \frac{1}{n\pi} x^2 \sin nx \Big|_0^{\pi} - \frac{2}{n\pi} \int_0^{\pi} 2x \sin nx \, \mathrm{d}x = \frac{1}{n^2\pi} \int_0^{\pi} x \, \mathrm{d}\cos nx$$

$$= \frac{1}{n^2\pi} x \cos nx \Big|_0^{\pi} - \int_0^{\pi} \cos nx \, \mathrm{d}x = \frac{2(-1)^n}{n^2}, n = 1, 2, 3, \cdots,$$

所以

$$f(x) \sim -\frac{5\pi^2}{6} + \sum_{k=1}^{\infty} \frac{2(-1)^n}{n^2} \cos nx.$$

（4）先计算傅里叶系数

$$a_0 = \frac{1}{\pi} \int_{-\pi}^{\pi} f(x) \, \mathrm{d}x = \frac{1}{\pi} \int_{-\pi}^{0} x \, \mathrm{d}x = -\frac{\pi}{2},$$

$$a_n = \frac{1}{\pi} \int_{-\pi}^{0} f(x) \cos nx \, \mathrm{d}x = \frac{1}{\pi} \int_{-\pi}^{0} x \cos nx \, \mathrm{d}x = \frac{1 - (-1)^n}{\pi n^2}, n = 1, 2, 3, \cdots,$$

$$b_n = \frac{1}{\pi} \int_{-\pi}^{\pi} f(x) \sin nx \, \mathrm{d}x = \frac{1}{\pi} \int_{-\pi}^{0} x \sin nx \, \mathrm{d}x = \frac{\cos n\pi}{n}, n = 1, 2, 3, \cdots,$$

所以

$$f(x) \sim -\frac{\pi}{4} + \frac{2}{\pi} \sum_{k=0}^{\infty} \frac{\cos(2k+1)x}{(2k+1)^2} + \sum_{n=1}^{\infty} \frac{(-1)^{n+1}}{n} \sin nx.$$

（5）先计算傅里叶系数

$$a_0 = \frac{1}{\pi} \int_{-\pi}^{\pi} f(x) \, \mathrm{d}x = \frac{1}{\pi} \int_{-\pi}^{0} ax \, \mathrm{d}x + \frac{1}{\pi} \int_0^{\pi} bx \, \mathrm{d}x = \frac{(b-a)\pi}{2},$$

$$a_n = \frac{1}{\pi} \int_{-\pi}^{\pi} f(x) \cos nx \, \mathrm{d}x = \frac{1}{\pi} \int_{-\pi}^{0} ax \cos nx \, \mathrm{d}x + \frac{1}{\pi} \int_0^{\pi} bx \cos nx \, \mathrm{d}x$$

$$= \frac{a-b}{n^2\pi}(1 - (-1)^n), n = 1, 2, 3, \cdots,$$

$$b_n = \frac{1}{\pi} \int_{-\pi}^{\pi} f(x) \sin nx \, \mathrm{d}x = \frac{1}{\pi} \int_{-\pi}^{0} ax \sin nx \, \mathrm{d}x + \frac{1}{\pi} \int_0^{\pi} bx \sin nx \, \mathrm{d}x$$

$$= \frac{(a+b)(-1)^{n+1}}{n\pi}, n = 1, 2, 3, \cdots,$$

所以

$$f(x) \sim \frac{(b-a)\pi}{4} + \frac{2(a-b)}{\pi} \sum_{k=0}^{\infty} \frac{\cos(2k+1)x}{(2k+1)^2} + (a+b) \sum_{n=1}^{\infty} \frac{(-1)^{n+1}}{n\pi} \sin nx.$$

**例 3**　将下列函数展开成正弦级数：

（1）$f(x) = \pi + x, x \in [0, \pi]$；（2）$f(x) = \mathrm{e}^{-2x}, x \in [0, \pi]$；

（3）$f(x) = \begin{cases} 2x, x \in \left[0, \dfrac{\pi}{2}\right) \\ \pi, x \in \left[\dfrac{\pi}{2}, \pi\right] \end{cases}$；（4）$f(x) = \begin{cases} \cos \dfrac{\pi x}{2}, x \in [0, 1) \\ 0, x \in [1, 2] \end{cases}$.

**解**　（1）正弦级数傅里叶系数为

$$b_n = \frac{2}{\pi} \int_0^\pi f(x) \sin nx \, dx = \frac{2}{\pi} \int_0^\pi (\pi + x) \sin nx \, dx$$

$$= -\frac{2}{n} \cos nx \Big|_0^\pi - \frac{2}{n\pi} \int_0^\pi x \, \mathrm{d}\cos nx$$

$$= \frac{2}{n}(1 - (-1)^n) - \frac{2}{n\pi} x \cos nx \Big|_0^\pi + \frac{2}{n\pi} \int_0^\pi \cos nx \, dx$$

$$= \frac{2}{n}(1 - 2(-1)^n), n = 1, 2, 3, \cdots,$$

所以

$$f(x) \sim 2 \sum_{n=1}^\infty \frac{1 - 2(-1)^n}{n} \sin nx.$$

（2）正弦级数傅里叶系数为

$$b_n = \frac{2}{\pi} \int_0^\pi f(x) \sin nx \, dx = \frac{2}{\pi} \int_0^\pi e^{-2x} \sin nx \, dx = -\frac{2}{n\pi} \int_0^\pi e^{-2x} \mathrm{d}\cos nx$$

$$= -\frac{2}{n\pi} e^{-2x} \cos nx \Big|_0^\pi - \frac{4}{n^2\pi} \int_0^\pi e^{-2x} \mathrm{d}\sin nx$$

$$= \frac{2}{n\pi} - \frac{2}{n\pi} e^{-2\pi} \cos n\pi - \frac{4}{n^2\pi} e^{-2x} \sin nx \Big|_0^\pi - \frac{8}{n^2\pi} \int_0^\pi e^{-2x} \sin nx \, dx,$$

解得

$$b_n = \frac{2}{\pi} \frac{n(1 - (-1)^n e^{-2\pi})}{4 + n^2}, n = 1, 2, 3, \cdots.$$

所以

$$f(x) \sim \frac{2}{\pi} \sum_{n=1}^\infty \frac{n(1 - (-1)^n e^{-2\pi})}{4 + n^2} \sin nx.$$

（3）正弦级数傅里叶系数为

$$b_n = \frac{2}{\pi} \int_0^\pi f(x) \sin nx \, dx = \frac{2}{\pi} \left( \int_0^{\frac{\pi}{2}} 2x \sin nx \, dx - \int_{\frac{\pi}{2}}^\pi \pi \sin nx \, dx \right)$$

$$= \frac{2}{\pi} \left( -\frac{2}{n} \int_0^{\frac{\pi}{2}} x \, \mathrm{d}\cos nx - \frac{\pi}{n} \cos nx \Big|_{\frac{\pi}{2}}^\pi \right)$$

$$= \frac{2}{\pi} \left( -\frac{\pi}{n} x \cos nx \Big|_0^{\frac{\pi}{2}} + \frac{2}{n^2} \sin nx \Big|_0^{\frac{\pi}{2}} - \frac{\pi}{n} \left( \cos n\pi - \cos \frac{n\pi}{2} \right) \right)$$

$$= \frac{2}{\pi} \left( \frac{2}{n^2} \sin \frac{n\pi}{2} - \frac{\pi}{n} \cos n\pi \right)$$

$$= \frac{2 \left( 2 \sin \frac{n\pi}{2} + n\pi (-1)^{n+1} \right)}{n^2 \pi}, n = 1, 2, 3, \cdots,$$

所以

$$f(x) \sim \frac{2}{\pi} \sum_{n=1}^\infty \frac{2 \sin \frac{n\pi}{2} + n\pi (-1)^{n+1}}{n^2} \sin nx.$$

（4）正弦级数傅里叶系数为

$$b_1 = \frac{2}{2}\int_0^2 f(x)\sin\frac{\pi}{2}x\,\mathrm{d}x = \int_0^1 \cos\frac{\pi}{2}x\sin\frac{n\pi}{2}x\,\mathrm{d}x = \frac{1}{\pi},$$

$$b_n = \frac{2}{2}\int_0^1\left(\sin\frac{(n+1)\pi}{2}x + \sin\frac{(n-1)\pi}{2}x\right)\mathrm{d}x = \frac{2\left(n - \sin\frac{n\pi}{2}\right)}{(n^2-1)\pi},\ n=2,3,\cdots,$$

所以

$$f(x) \sim \frac{1}{\pi}\sin\frac{\pi}{2}x + \frac{2}{\pi}\sum_{n=2}^\infty \frac{n - \sin\frac{n\pi}{2}}{n^2-1}\sin\frac{n\pi}{2}x.$$

**例 4**　将下列函数展开成余弦级数：

$(1) f(x) = x(\pi - x), x \in [0,\pi]; (2) f(x) = \mathrm{e}^x, x \in [0,\pi];$

$(3) f(x) = \begin{cases} \sin 2x, & x \in \left[0, \dfrac{\pi}{4}\right) \\[2mm] 1, & x \in \left[\dfrac{\pi}{4}, \dfrac{\pi}{2}\right] \end{cases}; (4) f(x) = x - \dfrac{\pi}{2} + \left|x - \dfrac{\pi}{2}\right|, x \in [0,\pi].$

**解**　（1）余弦级数傅里叶系数为

$$a_0 = \frac{2}{\pi}\int_0^\pi f(x)\,\mathrm{d}x = \frac{2}{\pi}\int_0^\pi x(\pi-x)\,\mathrm{d}x = \frac{\pi^2}{3},$$

$$a_n = \frac{2}{\pi}\int_0^\pi x(\pi-x)\cos nx\,\mathrm{d}x = 2\int_0^\pi x\cos nx\,\mathrm{d}x - \frac{2}{\pi}\int_0^\pi x^2\cos nx\,\mathrm{d}x$$

$$= \frac{2}{n}\int_0^\pi x\,\mathrm{d}\sin nx - \frac{2}{n\pi}\int_0^\pi x^2\,\mathrm{d}\sin nx$$

$$= \frac{2}{n}x\sin nx\,\Big|_0^\pi - \frac{2}{n}\int_0^\pi \sin nx\,\mathrm{d}x - \frac{2}{n\pi}x^2\sin nx\,\Big|_0^\pi + \frac{4}{n\pi}\int_0^\pi x\sin nx\,\mathrm{d}x$$

$$= \frac{2}{n^2}(\cos n\pi - 1) - \frac{4}{n^2\pi}x\cos nx\,\Big|_0^\pi + \frac{4}{n\pi}\int_0^\pi \cos nx\,\mathrm{d}x$$

$$= -\frac{2((-1)^n + 1)}{n^2},\ n=1,2,3,\cdots,$$

所以

$$f(x) \sim \frac{\pi^2}{6} - \sum_{k=1}^\infty \frac{\cos 2kx}{k^2}.$$

（2）余弦级数傅里叶系数为

$$a_0 = \frac{2}{\pi}\int_0^\pi f(x)\,\mathrm{d}x = \frac{2}{\pi}\int_0^\pi \mathrm{e}^x\,\mathrm{d}x = \frac{2}{\pi}(\mathrm{e}^\pi - 1),$$

$$a_n = \frac{2}{\pi}\int_0^\pi \mathrm{e}^x\cos nx\,\mathrm{d}x = \frac{2}{n\pi}\int_0^\pi \mathrm{e}^x\,\mathrm{d}\sin nx = \frac{2}{n\pi}\mathrm{e}^x\sin nx\,\Big|_0^\pi + \frac{2}{n^2\pi}\int_0^\pi \mathrm{e}^x\,\mathrm{d}\cos nx$$

$$= \frac{2}{n^2\pi}\mathrm{e}^x\cos nx\,\Big|_0^\pi - \frac{2}{n^2\pi}\int_0^\pi \mathrm{e}^x\cos nx\,\mathrm{d}x,$$

解得

$$a_n = \frac{2}{\pi}\cdot\frac{(-1)^n\mathrm{e}^\pi - 1}{n^2 + 1},\ n=1,2,3,\cdots,$$

所以

$$f(x) \sim \frac{(\mathrm{e}^\pi - 1)}{\pi} + \frac{2}{\pi} \sum_{n=1}^{\infty} \frac{(-1)^n \mathrm{e}^\pi - 1}{n^2 + 1} \cos nx.$$

（3）余弦级数傅里叶系数为

$$a_0 = \frac{4}{\pi} \int_0^{\frac{\pi}{2}} f(x) \mathrm{d}x = \frac{4}{\pi} \int_0^{\frac{\pi}{4}} \sin 2x \mathrm{d}x + \frac{4}{\pi} \int_{\frac{\pi}{4}}^{\frac{\pi}{2}} \mathrm{d}x = \frac{2 + \pi}{\pi},$$

$$a_1 = \frac{4}{\pi} \int_0^{\frac{\pi}{4}} \sin 2x \cos 2x \mathrm{d}x + \frac{4}{\pi} \int_{\frac{\pi}{4}}^{\frac{\pi}{2}} \cos 2x \mathrm{d}x = -\frac{1}{\pi},$$

$$a_n = \frac{4}{\pi} \int_0^{\frac{\pi}{4}} \sin 2x \cos 2nx \mathrm{d}x + \frac{4}{\pi} \int_{\frac{\pi}{4}}^{\frac{\pi}{2}} \cos 2nx \mathrm{d}x$$

$$= \frac{2}{\pi} \int_0^{\frac{\pi}{4}} (\sin 2(n+1) - \sin 2(n-1)) \mathrm{d}x + \frac{2}{n\pi} \sin 2nx \Big|_{\frac{\pi}{4}}^{\frac{\pi}{2}}$$

$$= \frac{2}{n(n^2 - 1)\pi} \left( \sin \frac{n\pi}{2} - n \right), n = 2, 3, \cdots,$$

所以

$$f(x) \sim \frac{2 + \pi}{2\pi} - \frac{1}{\pi} \cos 2x - \frac{2}{\pi} \sum_{n=1}^{\infty} \frac{\sin \dfrac{n\pi}{2} - n}{n(n^2 - 1)} \cos 2nx.$$

（4）余弦级数傅里叶系数为

$$a_0 = \frac{2}{\pi} \int_0^{\pi} f(x) \mathrm{d}x = \frac{2}{\pi} \int_{\frac{\pi}{2}}^{\pi} (2x - \pi) \mathrm{d}x = \frac{\pi}{2},$$

$$a_n = \frac{2}{\pi} \int_{\frac{\pi}{2}}^{\pi} (2x - \pi) \cos nx \mathrm{d}x = \frac{4}{n\pi} \int_{\frac{\pi}{2}}^{\pi} x \mathrm{d}\sin nx - \frac{2}{n} \sin nx \Big|_{\frac{\pi}{2}}^{\pi}$$

$$= \frac{4}{n\pi} x \sin nx \Big|_{\frac{\pi}{2}}^{\pi} - \frac{4}{n\pi} \int_{\frac{\pi}{2}}^{\pi} \sin nx \mathrm{d}x + \frac{2}{n} \sin \frac{n\pi}{2}$$

$$= \frac{4}{n^2 \pi} \left( (-1)^n - \cos \frac{n\pi}{2} \right), n = 1, 2, 3, \cdots,$$

所以

$$f(x) \sim \frac{\pi}{4} + \frac{4}{\pi} \sum_{n=1}^{\infty} \frac{(-1)^n - \cos \dfrac{n\pi}{2}}{n^2} \cos nx.$$

**例 5** 求定义在任意一个长度为 $2\pi$ 的区间 $[a, a + 2\pi]$ 上的函数 $f(x)$ 的傅里叶级数及其系数的计算公式.

**解**
$$f(x) \sim \frac{a_0}{2} + \sum_{n=1}^{\infty} (a_n \cos nx + b_n \sin nx),$$

则

$$\int_a^{a+2\pi} f(x) \cos mx \mathrm{d}x = \int_a^{a+2\pi} \left( \frac{a_0}{2} + \sum_{n=1}^{\infty} (a_n \cos nx + b_n \sin nx) \right) \cos mx \mathrm{d}x$$

$$= a_m \pi, m = 0, 1, 2, \cdots,$$

$$\int_a^{a+2\pi} f(x) \sin mx \mathrm{d}x = \int_a^{a+2\pi} \left( \frac{a_0}{2} + \sum_{n=1}^{\infty} (a_n \cos nx + b_n \sin nx) \right) \sin mx \mathrm{d}x$$

$$= b_m \pi, m = 1, 2, \cdots,$$

所以

$$a_n = \frac{1}{\pi} \int_a^{a+2\pi} f(x) \cos nx \, \mathrm{d}x, n = 0, 1, 2, \cdots,$$

$$b_n = \frac{1}{\pi} \int_a^{a+2\pi} f(x) \sin nx \, \mathrm{d}x, n = 1, 2, \cdots.$$

**例 6**　设函数 $f(x)$ 是以 $2\pi$ 为周期的连续函数且 $a_n, b_n (n = 0, 1, 2, \cdots)$ 为其傅里叶系数，求卷积函数 $F(x) = \frac{1}{\pi} \int_{-\pi}^{\pi} f(t) f(x+t) \mathrm{d}t$ 的傅里叶系数 $A_n, B_n (n = 0, 1, 2, \cdots)$.

**解**　记

$$\cos X_n = \cos nx \cos nt - \sin nx \sin nt,$$

$$\sin X_n = \sin nx \cos nt + \cos nx \sin nt,$$

代入积分，有

$$
\begin{aligned}
F(x) &= \frac{1}{\pi} \int_{-\pi}^{\pi} f(t) \left\{ \frac{a_0}{2} + \sum_{n=1}^{\infty} (a_n \cos n(x+t) + b_n \sin n(x+t)) \right\} \mathrm{d}t \\
&= \frac{1}{\pi} \int_{-\pi}^{\pi} f(t) \left( \frac{a_0}{2} + \sum_{n=1}^{\infty} (a_n \cos X_n + b_n \sin X_n) \right) \mathrm{d}t \\
&= \frac{a_0^2}{2} + \sum_{n=1}^{\infty} (a_n^2 \cos nx - a_n b_n \sin nx + b_n a_n \sin nx + b_n^2 \cos nx) \\
&= \frac{a_0^2}{2} + \sum_{n=1}^{\infty} (a_n^2 + b_n^2) \cos nx.
\end{aligned}
$$

所以 $F$ 的傅里叶系数为 $A_0 = a_0^2; A_n = a_n^2 + b_n^2, B_n = 0, n \geqslant 1$.

**例 7**　已知周期为 $2\pi$ 的可积函数 $f(x)$ 的傅里叶系数为 $a_n, b_n (n = 0, 1, 2 \cdots)$，计算函数 $f(x+h) (h$ 为常数$)$ 的傅里叶系数 $\overline{a}_n, \overline{b}_n (n = 0, 1, 2, \cdots)$.

**解**　由 $f(x) \sim \dfrac{a_0}{2} + \displaystyle\sum_{n=1}^{\infty} (a_n \cos nx + b_n \sin nx)$ 知

$$f(x+h) \sim \frac{a_0}{2} + \sum_{n=1}^{\infty} (a_n \cos n(x+h) + b_n \sin n(x+h)),$$

所以

$$
\begin{aligned}
f(x+h) \sim \frac{a_0}{2} + \sum_{n=1}^{\infty} ( &(a_n \cos nh + b_n \sin nh) \cos nx + \\
&(b_n \cos nh - a_n \sin nh) \sin nx ),
\end{aligned}
$$

那么有

$$\overline{a}_0 = a_0, \overline{a}_n = a_n \cos nh + b_n \sin nh, \overline{b}_n = b_n \cos nh - a_n \sin nh.$$

**例 8**　某可控硅控制电路中的负载电流为

$$I(t) = \begin{cases} 0, 0 \leqslant t < T_0 \\ 5 \sin \omega t, T_0 \leqslant t < T \end{cases},$$

其中 $\omega$ 为圆频率，周期 $T = \dfrac{2\pi}{\omega}$. 现设初始导通时间 $T_0 = \dfrac{T}{8}$，求 $I(t)$ 在 $[0, T]$ 上的傅里叶级数.

**解** 先计算傅里叶系数

$$a_0 = \frac{2}{T}\int_0^T I(t)\,\mathrm{d}t = \frac{2}{T}\int_{\frac{T}{8}}^T 5\sin\frac{2\pi}{T}t\,\mathrm{d}t = \frac{5(\sqrt{2}-2)}{2\pi},$$

$$a_1 = \frac{2}{T}\int_{\frac{T}{8}}^T 5\sin\frac{2\pi}{T}t\cos\frac{2\pi}{T}t\,\mathrm{d}t = -\frac{5}{4\pi},$$

$$a_n = \frac{2}{T}\int_{\frac{T}{8}}^T 5\sin\frac{2\pi}{T}t\cos\frac{2n\pi}{T}t\,\mathrm{d}t = \frac{5}{T}\int_{\frac{T}{8}}^T \left(\sin(n+1)\frac{2\pi}{T}t - \sin(n-1)\frac{2\pi}{T}t\right)\mathrm{d}t$$

$$= \frac{5}{T}\left(-\frac{T}{2(n+1)\pi}\cos(n+1)\frac{2\pi}{T}t\Big|_{\frac{T}{8}}^T + \frac{T}{2(n-1)\pi}\cos(n-1)\frac{2\pi}{T}t\Big|_{\frac{T}{8}}^T\right)$$

$$= \frac{5}{2\pi}\left(\frac{1}{n+1}\cos\frac{(n+1)\pi}{4} - \frac{1}{n-1}\cos\frac{(n-1)\pi}{4} + \frac{2}{n^2-1}\right), n = 2, 3, \cdots,$$

$$b_1 = \frac{2}{T}\int_{\frac{T}{8}}^T 5\sin\frac{2\pi}{T}t\sin\frac{2\pi}{T}t\,\mathrm{d}t = \frac{5}{T}\int_{\frac{T}{8}}^T \left(1-\cos\frac{4\pi}{T}t\right)\mathrm{d}t = \frac{5(7\pi+2)}{8\pi},$$

$$b_n = \frac{2}{T}\int_{\frac{T}{8}}^T 5\sin\frac{2\pi}{T}t\sin\frac{2n\pi}{T}t\,\mathrm{d}t = \frac{5}{T}\int_{\frac{T}{8}}^T \left(\cos(n-1)\frac{2\pi}{T}t - \cos(n+1)\frac{2\pi}{T}t\right)\mathrm{d}t$$

$$= \frac{5}{T}\left(\frac{T}{2(n-1)\pi}\sin(n-1)\frac{2\pi}{T}t\Big|_{\frac{T}{8}}^T - \frac{T}{2(n+1)\pi}\sin(n+1)\frac{2\pi}{T}t\Big|_{\frac{T}{8}}^T\right)$$

$$= \frac{5}{2\pi}\left(\frac{1}{n+1}\sin\frac{(n+1)\pi}{4} - \frac{1}{n-1}\sin\frac{(n-1)\pi}{4}\right), n = 2, 3, \cdots,$$

则

$$f(x) \sim \frac{5(\sqrt{2}-2)}{4\pi} - \frac{5}{4\pi}\cos\omega t + \left(\frac{5}{4\pi} + \frac{35}{8}\right)\sin\omega t +$$

$$\frac{5}{2\pi}\sum_{n=2}^{\infty}\left(\frac{1}{n+1}\cos\frac{(n+1)\pi}{4} - \frac{1}{n-1}\cos\frac{(n-1)\pi}{4} + \frac{2}{n^2-1}\right)\cos n\omega t +$$

$$\frac{5}{2\pi}\sum_{n=2}^{\infty}\left(\frac{1}{n+1}\sin\frac{(n+1)\pi}{4} - \frac{1}{n-1}\sin\frac{(n-1)\pi}{4}\right)\sin n\omega t.$$

**例 9** 设 $f(x)$ 在 $[-\pi, \pi]$ 上可积或绝对可积,证明:

(1) 若对于任意的 $x \in [-\pi, \pi]$, $f(x) = f(x+\pi)$ 成立,则 $a_{2n-1} = b_{2n-1} = 0$;

(2) 若对于任意的 $x \in [-\pi, \pi]$, $f(x) = -f(x+\pi)$ 成立,则 $a_{2n} = b_{2n} = 0$.

**解** (1)直接计算傅里叶系数

$$a_{2n-1} = \frac{1}{\pi}\int_{-\pi}^{\pi} f(x)\cos(2n-1)x\,\mathrm{d}x$$

$$= \frac{1}{\pi}\int_{-\pi}^0 f(x)\cos(2n-1)x\,\mathrm{d}x + \frac{1}{\pi}\int_0^{\pi} f(x)\cos(2n-1)x\,\mathrm{d}x$$

$$= \frac{1}{\pi}\int_0^{\pi} f(t-\pi)\cos((2n-1)(t-\pi))\,\mathrm{d}x +$$

$$\frac{1}{\pi}\int_0^{\pi} f(x)\cos(2n-1)x\,\mathrm{d}x$$

$$= -\frac{1}{\pi}\int_0^{\pi} f(t)\cos((2n-1)t)\,\mathrm{d}x +$$

$$\frac{1}{\pi}\int_0^{\pi} f(x)\cos(2n-1)x\,\mathrm{d}x = 0, n = 1, 2, 3, \cdots,$$

$$b_{2n-1} = \frac{1}{\pi} \int_{-\pi}^{\pi} f(x) \sin(2n-1)x \, dx$$

$$= \frac{1}{\pi} \int_{-\pi}^{0} f(x) \sin(2n-1)x \, dx + \frac{1}{\pi} \int_{0}^{\pi} f(x) \sin(2n-1)x \, dx$$

$$= \frac{1}{\pi} \int_{0}^{\pi} f(t-\pi) \sin((2n-1)(t-\pi)) \, dx +$$

$$\frac{1}{\pi} \int_{0}^{\pi} f(x) \sin(2n-1)x \, dx$$

$$= -\frac{1}{\pi} \int_{0}^{\pi} f(t) \sin((2n-1)t) \, dx +$$

$$\frac{1}{\pi} \int_{0}^{\pi} f(x) \sin(2n-1)x \, dx = 0, n = 1,2,3,\cdots.$$

（2）直接计算傅里叶系数

$$a_{2n} = \frac{2}{\pi} \int_{-\pi}^{\pi} f(x) \cos 2nx \, dx = \frac{1}{\pi} \int_{-\pi}^{0} f(x) \cos 2nx \, dx + \frac{1}{\pi} \int_{0}^{\pi} f(x) \cos 2nx \, dx$$

$$= \frac{1}{\pi} \int_{0}^{\pi} f(t-\pi) \cos 2n(t-\pi) \, dx + \frac{1}{\pi} \int_{0}^{\pi} f(x) \cos 2nx \, dx$$

$$= -\frac{1}{\pi} \int_{0}^{\pi} f(t) \cos 2nt \, dx + \frac{1}{\pi} \int_{0}^{\pi} f(x) \cos 2nx \, dx = 0, n = 1,2,3,\cdots,$$

$$b_{2n} = \frac{1}{\pi} \int_{-\pi}^{\pi} f(x) \sin 2nx \, dx = \frac{1}{\pi} \int_{-\pi}^{0} f(x) \sin 2nx \, dx + \frac{1}{\pi} \int_{0}^{\pi} f(x) \sin 2nx \, dx$$

$$= \frac{1}{\pi} \int_{0}^{\pi} f(t-\pi) \sin 2n(t-\pi) \, dx + \frac{1}{\pi} \int_{0}^{\pi} f(x) \sin 2nx \, dx$$

$$= -\frac{1}{\pi} \int_{0}^{\pi} f(t) \sin 2nt \, dx + \frac{1}{\pi} \int_{0}^{\pi} f(x) \sin 2nx \, dx = 0, n = 1,2,3,\cdots.$$

**例 10**　设 $f(x)$ 在 $\left(0, \frac{\pi}{2}\right)$ 上可积或绝对可积，应分别对它进行怎么样的延拓，才能使它在 $[-\pi, \pi]$ 上的傅里叶级数的形式为：

$(1) f(x) \sim \sum\limits_{n=1}^{\infty} a_n \cos(2n-1)x$；

$(2) f(x) \sim \sum\limits_{n=1}^{\infty} b_n \sin 2nx$．

**解**　（1）显然 $f(x)$ 为偶函数，并且

$$a_{2n} = \frac{2}{\pi} \int_{0}^{\frac{\pi}{2}} f(x) \cos 2nx \, dx + \frac{2}{\pi} \int_{\frac{\pi}{2}}^{\pi} f(x) \cos 2nx \, dx$$

$$= \frac{2}{\pi} \int_{0}^{\frac{\pi}{2}} f(x) \cos 2nx \, dx + \frac{2}{\pi} \int_{0}^{\frac{\pi}{2}} f(\pi-t) \cos 2n(\pi-t) \, dx$$

$$= \frac{2}{\pi} \int_{0}^{\frac{\pi}{2}} (f(x) + f(\pi-x)) \cos 2nx \, dx = 0,$$

所以 $f(x) + f(\pi-x) = 0$，于是

$$\tilde{f}(x) = \begin{cases} -f(\pi + x), x \in \left(-\pi, -\dfrac{\pi}{2}\right) \\ f(-x), x \in \left(-\dfrac{\pi}{2}, 0\right) \\ f(x), x \in \left(0, \dfrac{\pi}{2}\right) \\ -f(\pi - x), x \in \left(\dfrac{\pi}{2}, \pi\right) \end{cases}.$$

（2）显然 $f(x)$ 为奇函数，并且

$$b_{2n-1} = \frac{2}{\pi} \int_0^{\frac{\pi}{2}} f(x) \sin(2n-1)x \, \mathrm{d}x + \frac{2}{\pi} \int_{\frac{\pi}{2}}^{\pi} f(x) \sin(2n-1)x \, \mathrm{d}x$$

$$= \frac{2}{\pi} \int_0^{\frac{\pi}{2}} f(x) \sin(2n-1)x \, \mathrm{d}x + \frac{2}{\pi} \int_0^{\frac{\pi}{2}} f(\pi-t) \sin(2n-1)(\pi-t) \, \mathrm{d}x$$

$$= \frac{2}{\pi} \int_0^{\frac{\pi}{2}} (f(x) + f(\pi-x)) \sin(2n-1)x \, \mathrm{d}x = 0,$$

所以

$$f(x) + f(\pi - x) = 0,$$

于是

$$\tilde{f}(x) = \begin{cases} f(\pi + x), x \in \left(-\pi, -\dfrac{\pi}{2}\right) \\ -f(-x), x \in \left(-\dfrac{\pi}{2}, 0\right) \\ f(x), x \in \left(0, \dfrac{\pi}{2}\right) \\ -f(\pi - x), x \in \left(\dfrac{\pi}{2}, \pi\right) \end{cases}.$$

**例 11** 设周期为 $2\pi$ 的函数 $f(x)$ 在 $[-\pi, \pi]$ 上的傅里叶系数为 $a_n$ 和 $b_n$，求下列函数的傅里叶系数 $\tilde{a}_n$ 和 $\tilde{b}_n$：

（1）$g(x) = f(-x)$；

（2）$h(x) = f(x + C)$（$C$ 是常数）；

（3）$F(x) = \dfrac{1}{\pi} \int_{-\pi}^{\pi} f(t) f(x-t) \, \mathrm{d}t$（假定积分顺序可以交换）.

**解** （1）根据 $f(x)$ 的傅里叶系数，有

$$\tilde{a}_n = \frac{1}{\pi} \int_{-\pi}^{\pi} g(x) \cos nx \, \mathrm{d}x = \frac{1}{\pi} \int_{-\pi}^{\pi} f(-x) \cos nx \, \mathrm{d}x$$

$$= \frac{1}{\pi} \int_{-\pi}^{\pi} f(t) \cos(-nt) \, \mathrm{d}x = a_n, n = 0, 1, 2, \cdots,$$

$$\tilde{b}_n = \frac{1}{\pi} \int_{-\pi}^{\pi} g(x) \sin nx \, \mathrm{d}x = \frac{1}{\pi} \int_{-\pi}^{\pi} f(-x) \sin nx \, \mathrm{d}x$$

$$= \frac{1}{\pi} \int_{-\pi}^{\pi} f(t) \sin(-nt) \, \mathrm{d}x = -b_n, n = 1, 2, \cdots.$$

（2）因为 $x + C \in [-\pi, \pi]$，所以 $x \in [-\pi - C, \pi - C]$. 根据 $f(x)$ 的傅里叶系数，有

$$\widetilde{a}_n = \frac{1}{\pi} \int_{-\pi-C}^{\pi-C} h(x) \cos nx \, \mathrm{d}x = \frac{1}{\pi} \int_{-\pi-C}^{\pi-C} f(x+C) \cos nx \, \mathrm{d}x$$

$$= \frac{1}{\pi} \int_{-\pi}^{\pi} f(t) \cos(n(t-C)) \, \mathrm{d}x$$

$$= \frac{1}{\pi} \int_{-\pi}^{\pi} f(t) \cos nt \cos nC \, \mathrm{d}x + \frac{1}{\pi} \int_{-\pi}^{\pi} f(t) \sin nt \sin nC \, \mathrm{d}x$$

$$= a_n \cos nC + b_n \sin nC, n = 0, 1, 2, \cdots,$$

$$\widetilde{b}_n = \frac{1}{\pi} \int_{-\pi-C}^{\pi-C} h(x) \sin nx \, \mathrm{d}x = \frac{1}{\pi} \int_{-\pi-C}^{\pi-C} f(x+C) \sin nx \, \mathrm{d}x$$

$$= \frac{1}{\pi} \int_{-\pi}^{\pi} f(t) \sin(n(t-C)) \, \mathrm{d}x$$

$$= \frac{1}{\pi} \int_{-\pi}^{\pi} f(t) \sin nt \cos nC \, \mathrm{d}x - \frac{1}{\pi} \int_{-\pi}^{\pi} f(t) \cos nt \sin nC \, \mathrm{d}x$$

$$= b_n \cos nC - a_n \sin nC, n = 1, 2, \cdots.$$

（3）根据 $f(x)$ 的傅里叶系数，有

$$\widetilde{a}_n = \frac{1}{\pi} \int_{-\pi}^{\pi} F(x) \cos nx \, \mathrm{d}x = \frac{1}{\pi} \int_{-\pi}^{\pi} \frac{1}{\pi} \int_{-\pi}^{\pi} f(t) f(x-t) \mathrm{d}t \cos nx \, \mathrm{d}x$$

$$= \frac{1}{\pi} \int_{-\pi}^{\pi} \left( \frac{1}{\pi} \int_{-\pi}^{\pi} f(x-t) \cos(n(x-t) + nt) \mathrm{d}x \right) f(t) \mathrm{d}t.$$

当 $n = 0$ 时

$$\widetilde{a}_0 = \frac{1}{\pi} \int_{-\pi}^{\pi} \left( \frac{1}{\pi} \int_{-\pi}^{\pi} f(x-t) \mathrm{d}x \right) f(t) \mathrm{d}t = \frac{1}{\pi} \int_{-\pi}^{\pi} a_0 f(t) \mathrm{d}t = a_0^2.$$

当 $n > 0$ 时，由

$$\frac{1}{\pi} \int_{-\pi}^{\pi} f(x-t) (\cos n(x-t) \cos nt - \cos n(x-t) \cos nt) \cos nt \, \mathrm{d}x$$

$$= a_n \cos nt - b_n \sin nt,$$

可得

$$\widetilde{a}_n = \frac{1}{\pi} \int_{-\pi}^{\pi} \left( \frac{1}{\pi} \int_{-\pi}^{\pi} f(x-t) (\cos n(x-t) \cos nt - \sin n(x-t) \sin nt) \mathrm{d}x \right) f(t) \mathrm{d}t$$

$$= \frac{1}{\pi} \int_{-\pi}^{\pi} \left( \frac{1}{\pi} \int_{-\pi}^{\pi} a_n \cos nt - b_n \sin nt \right) f(t) \mathrm{d}t = a_n^2 - b_n^2, n = 1, 2, \cdots,$$

$$\widetilde{b}_n = \frac{1}{\pi} \int_{-\pi}^{\pi} F(x) \sin nx \, \mathrm{d}x = \frac{1}{\pi} \int_{-\pi}^{\pi} \frac{1}{\pi} \int_{-\pi}^{\pi} f(t) f(x-t) \mathrm{d}t \sin nx \, \mathrm{d}x$$

$$= \frac{1}{\pi} \int_{-\pi}^{\pi} \left( \frac{1}{\pi} \int_{-\pi}^{\pi} f(x-t) \sin(n(x-t) + nt) \mathrm{d}x \right) f(t) \mathrm{d}t$$

$$= \frac{1}{\pi} \int_{-\pi}^{\pi} \left( \frac{1}{\pi} \int_{-\pi}^{\pi} f(x-t) (\sin n(x-t) \cos nt + \cos n(x-t) \sin nt) \mathrm{d}x \right) f(t) \mathrm{d}t$$

$$= \frac{1}{\pi} \int_{-\pi}^{\pi} (b_n \cos nt + a_n \sin nt) f(t) \mathrm{d}t = 2 a_n b_n, n = 1, 2, \cdots.$$

**例 12**　将 $f(x) = x$ 在 $[-\pi, \pi]$ 上展开为傅里叶级数，求其和函数并求 $\displaystyle\sum_{n=1}^{\infty} \frac{(-1)^n}{2n-1}$ 的和.

**解**　由于 $f(x)$ 的傅里叶系数为

$$a_n = \frac{1}{\pi}\int_{-\pi}^{\pi} f(x)\cos nx \, \mathrm{d}x = 0, n = 0,1,2,\cdots,$$

$$b_n = \frac{1}{\pi}\int_{-\pi}^{\pi} f(x)\sin nx \, \mathrm{d}x = \frac{2}{\pi}\int_{0}^{\pi} x\sin nx \, \mathrm{d}x = \frac{2(-1)^{n+1}}{n},$$

因此

$$f(x) \sim \sum_{n=1}^{\infty} \frac{2(-1)^{n+1}}{n}\sin nx.$$

又因为 $f(x)$ 光滑，由狄利克雷收敛定理可知，$f(x)$ 在 $x = \pm\pi$ 处收敛于 $\dfrac{f(\pi-0)+f(\pi+0)}{2} = 0$. 故

$$\sum_{n=1}^{\infty} \frac{2(-1)^{n+1}}{n}\sin nx = \begin{cases} x, & x \in (-\pi,\pi) \\ 0, & x = \pm\pi \end{cases}.$$

当 $x = \dfrac{\pi}{2}$ 时，有

$$f\left(\frac{\pi}{2}\right) = \sum_{n=1}^{\infty} \frac{2(-1)^{n+1}}{n}\sin\frac{n\pi}{2} = \frac{2}{1} - \frac{2}{3} + \frac{2}{5} - \frac{2}{7} - \cdots + \cdots = \frac{\pi}{2},$$

所以

$$\sum_{n=1}^{\infty} \frac{(-1)^n}{2n-1} = -\frac{1}{2}f\left(\frac{\pi}{2}\right) = -\frac{\pi}{4}.$$

**例 13**　把

$$f(x) = \begin{cases} x, & x \in [0,1] \\ 1, & x \in (1,2) \\ 3-x, & x \in [2,3] \end{cases},$$

展开为周期为 6 的余弦级数，并讨论其收敛性.

**解**　注意到，$f(x)$ 在 $[0,3]$ 上连续且 $f(0) = f(3)$，从而将 $f(x)$ 进行偶延拓后，得到一个最小正周期为 3 的连续偶函数，设

$$f(x) \sim \frac{a_0}{2} + \sum_{n=1}^{\infty} a_n \cos\frac{n\pi x}{l},$$

其中 $l = \dfrac{3}{2}, \dfrac{n\pi x}{l} = \dfrac{2n\pi x}{3}$，则对于任意的 $n \in \mathbf{N}$，有

$$a_0 = \frac{2}{l}\int_{0}^{l} f(x)\,\mathrm{d}x = \frac{4}{3}\left(\int_{0}^{1} x\,\mathrm{d}x + \int_{1}^{\frac{3}{2}} 1\,\mathrm{d}x\right) = \frac{4}{3},$$

$$a_n = \frac{2}{l}\int_{0}^{l} f(x)\cos\frac{2n\pi x}{3}\,\mathrm{d}x = \frac{4}{3}\left(\int_{0}^{1} x\cos\frac{2n\pi x}{3}\,\mathrm{d}x + \int_{1}^{\frac{3}{2}} \cos\frac{2n\pi x}{3}\,\mathrm{d}x\right)$$

$$= \frac{4}{3}\left[\left(\frac{3x}{2n\pi}\sin\frac{2n\pi x}{3} + \frac{9}{4n^2\pi^2}\cos\frac{2n\pi x}{3}\right)\Big|_{0}^{1} + \frac{3x}{2n\pi}\sin\frac{2n\pi x}{3}\Big|_{1}^{\frac{3}{2}}\right]$$

$$= \frac{3}{n^2\pi^2}\left(\cos\frac{2n\pi}{3} - 1\right) + \frac{2}{n\pi}\sin\frac{2n\pi}{3} - \frac{2}{n\pi}\sin\frac{2n\pi}{3}$$

$$= \frac{3}{n^2\pi^2}\left(\cos\frac{2n\pi}{3} - 1\right),$$

从而 $f(x)$ 的余弦级数为

$$f(x) \sim \frac{2}{3} + \sum_{n=1}^{\infty} \frac{3}{n^2 \pi^2}\left(\cos\frac{2n\pi}{3} - 1\right)\cos\frac{2n\pi x}{3}.$$

显然,所求余弦级数满足题设,且由收敛定理可知 $f(x)$ 的余弦级数处处收敛.

**例 14**　将 $f(x) = \begin{cases} -1, x \in [-\pi, 0] \\ 1, x \in (0, \pi) \end{cases}$ 展开成傅里叶级数,并讨论该级数的收敛性.

**解**　因为

$$a_0 = \frac{1}{\pi}\int_{-\pi}^{\pi} f(x)\mathrm{d}x = 0, a_n = \frac{1}{\pi}\int_{-\pi}^{\pi} f(x)\cos nx\,\mathrm{d}x = 0, n = 1, 2, \cdots,$$

$$b_n = \frac{1}{\pi}\int_{-\pi}^{\pi} f(x)\sin nx\,\mathrm{d}x = \frac{2}{\pi}\int_0^{\pi} \sin nx\,\mathrm{d}x = \frac{2}{n\pi}(1 - (-1)^n), n = 1, 2, \cdots,$$

所以,当 $x \neq k\pi, k = 0, \pm 1, \pm 2, \cdots$ 时

$$f(x) = \frac{4}{\pi}\left(\sin x + \frac{1}{3}\sin 3x + \cdots + \frac{1}{2n-1}\sin(2n-1)x\right).$$

当 $x = k\pi, k = 0, \pm 1, \pm 2, \cdots$ 时级数收敛于 0.

**例 15**　将函数 $f(x) = x^2, -\pi < x < \pi$ 展开成傅里叶级数,并利用展开式求级数 $\sum_{n=1}^{\infty} \frac{1}{n^2}$ 的和.

**解**　由于当 $-\pi < x < \pi$ 时, $f(x) = x^2$ 为偶函数,因此有 $b_n = 0, n = 1, 2, \cdots$,另有

$$a_0 = \frac{2}{\pi}\int_0^{\pi} f(x)\mathrm{d}x = \frac{2}{\pi}\int_0^{\pi} x^2\mathrm{d}x = \frac{2}{3}\pi^2,$$

$$a_n = \frac{2}{\pi}\int_0^{\pi} f(x)\cos nx\,\mathrm{d}x = \frac{2}{\pi}\int_0^{\pi} x^2\cos nx\,\mathrm{d}x = \frac{4(-1)^n}{n^2},$$

所以 $f(x)$ 的傅里叶级数为 $\frac{1}{3}\pi^2 + 4\sum_{n=1}^{\infty} \frac{(-1)^n}{n^2}\cos nx$. $f(x)$ 为 $[-\pi, \pi]$ 上光滑的偶函数. 因此, $f(x)$ 的傅里叶级数收敛于 $f(x)$,那么有

$$f(\pi) = \frac{1}{3}\pi^2 + 4\sum_{n=1}^{\infty} \frac{1}{n^2},$$

故

$$\sum_{n=1}^{\infty} \frac{1}{n^2} = \frac{\pi^2}{6}.$$

**例 16**　设 $\psi(x)$ 在 $[0, +\infty)$ 内连续且单调, $\lim_{x \to +\infty} \psi(x) = 0$,证明

$$\lim_{p \to +\infty}\int_0^{+\infty} \psi(x)\sin px\,\mathrm{d}x = 0.$$

**证明**　因为 $\lim_{x \to +\infty} \psi(x) = 0$,所以存在 $N > 0$,使得当 $x \geq N$ 时, $|\psi(x)| < 1$. 对任意 $A > N$,应用积分第二中值定理,可得

$$\left|\int_N^A \psi(x)\sin px\,\mathrm{d}x\right| = \left|\psi(N)\int_N^A \sin px\,\mathrm{d}x + \psi(A)\int_N^A \sin px\,\mathrm{d}x\right|$$

$$< \left|\int_N^A \sin px\,\mathrm{d}x\right| + \left|\int_N^A \sin px\,\mathrm{d}x\right| < \frac{4}{p}.$$

因此

$$\left| \int_N^{+\infty} \psi(x) \sin px\, dx \right| < \frac{4}{p},$$

故

$$\lim_{p \to +\infty} \int_N^{+\infty} \psi(x) \sin px\, dx = 0.$$

另由黎曼引理, 知

$$\lim_{p \to +\infty} \int_0^N \psi(x) \sin px\, dx = 0,$$

所以

$$\lim_{p \to +\infty} \int_0^{+\infty} \psi(x) \sin px\, dx = \lim_{p \to +\infty} \int_0^N \psi(x) \sin px\, dx + \lim_{p \to +\infty} \int_N^{+\infty} \psi(x) \sin px\, dx = 0.$$

**例 17** 设函数 $\psi(u)$ 在 $[-\pi, \pi]$ 上可积或绝对可积, 在 $u = 0$ 点连续且有单侧导数, 证明

$$\lim_{p \to +\infty} \int_{-\pi}^{\pi} \psi(u) \frac{\cos \dfrac{u}{2} - \cos pu}{2\sin \dfrac{u}{2}} du = \frac{1}{2} \int_0^{\pi} (\psi(u) - \psi(-u)) \frac{\cos pu}{\sin \dfrac{u}{2}} du.$$

**证明** 应用变量变换, 有

$$\int_{-\pi}^{\pi} \psi(u) \frac{\cos \dfrac{u}{2} - \cos pu}{2\sin \dfrac{u}{2}} du = \int_{-\pi}^{0} \psi(u) \frac{\cos \dfrac{u}{2} - \cos pu}{2\sin \dfrac{u}{2}} du + \int_0^{\pi} \psi(u) \frac{\cos \dfrac{u}{2} - \cos pu}{2\sin \dfrac{u}{2}} du$$

$$= -\int_0^{\pi} \psi(-u) \frac{\cos \dfrac{u}{2} - \cos pu}{2\sin \dfrac{u}{2}} du +$$

$$\int_0^{\pi} \psi(u) \frac{\cos \dfrac{u}{2} - \cos pu}{2\sin \dfrac{u}{2}} du$$

$$= \frac{1}{2} \int_0^{\pi} (\psi(u) - \psi(-u)) \frac{\cos \dfrac{u}{2} - \cos pu}{\sin \dfrac{u}{2}} du.$$

由于 $\psi(u)$ 在 $u = 0$ 点连续且有单侧导数, 又有

$$\lim_{u \to 0^+} \frac{\psi(u) - \psi(-u)}{2\sin \dfrac{u}{2}} = \lim_{u \to 0^+} \frac{\psi(u) - \psi(0) - (\psi(-u) - \psi(0))}{u} \cdot \frac{\dfrac{u}{2}}{2\sin \dfrac{u}{2}}$$

$$= \psi'_+(0) - \psi'_-(0).$$

因此, 函数 $\dfrac{\cos \dfrac{u}{2} - \cos pu}{2\sin \dfrac{u}{2}}$ 在 $[0, \pi]$ 上可积或绝对可积, 由黎曼引理可得

$$\lim_{p \to +\infty} \int_0^{\pi} (\psi(u) - \psi(-u)) \frac{\cos pu}{2\sin \frac{u}{2}} du = 0,$$

从而有

$$\int_{-\pi}^{\pi} \psi(u) \frac{\cos \frac{u}{2} - \cos pu}{2\sin \frac{u}{2}} du - \frac{1}{2} \int_0^{\pi} (\psi(u) - \psi(-u)) \cot \frac{u}{2} du$$

$$= \frac{1}{2} \int_0^{\pi} (\psi(u) - \psi(-u)) \frac{\cos \frac{u}{2} - \cos pu}{\sin \frac{u}{2}} du - \frac{1}{2} \int_0^{\pi} (\psi(u) - \psi(-u)) \cot \frac{u}{2} du$$

$$= \int_0^{\pi} (\psi(u) - \psi(-u)) \frac{\cos pu}{2\sin \frac{u}{2}} du.$$

因此

$$\lim_{p \to +\infty} \int_{-\pi}^{\pi} \psi(u) \frac{\cos \frac{u}{2} - \cos pu}{2\sin \frac{u}{2}} du = \frac{1}{2} \int_0^{\pi} (\psi(u) - \psi(-u)) \cot \frac{u}{2} du.$$

**例 18**　将下列函数在指定区间展开成傅里叶级数，验证它们的傅里叶级数满足收敛判别法的条件，并分别写出这些傅里叶级数的和函数．

$(1) f(x) = \dfrac{\pi - x}{2}, x \in [0, 2\pi]; (2) f(x) = x^2, x \in [0, 2\pi];$

$(3) f(x) = x, x \in [0, 1]; (4) f(x) = \begin{cases} e^{3x}, x \in [-1, 0) \\ 0, x \in [0, 1) \end{cases};$

$(5) f(x) = \begin{cases} C, x \in [-T, 0] \\ 0, x \in [0, T] \end{cases}$ ($C$ 是常数)．

**解**　(1) 先计算傅里叶系数

$$a_n = \frac{1}{\pi} \int_0^{2\pi} \frac{\pi - x}{2} \cos nx \, dx = 2 \frac{1}{\pi} \left( \pi \frac{\sin nx}{n} \Big|_0^{2\pi} - \frac{1}{n} \int_0^{2\pi} x \, d\sin nx \right)$$

$$= \frac{1}{n\pi} \left( x \sin nx \Big|_0^{2\pi} - \int_0^{2\pi} \sin nx \, dx \right) = 0, n = 0, 1, 2, \cdots,$$

$$b_n = \frac{1}{\pi} \int_0^{2\pi} \frac{\pi - x}{2} \sin nx \, dx = \frac{1}{2\pi} \left( -\frac{\pi}{n} \cos nx \Big|_0^{2\pi} + \frac{1}{n} \int_0^{2\pi} x \, d\cos nx \right)$$

$$= \frac{1}{n}, n = 1, 2, \cdots,$$

则 $f(x) \sim \displaystyle\sum_{n=1}^{\infty} \frac{1}{n} \sin nx$. 由狄利克雷收敛定理可知

$$\sum_{n=1}^{\infty} \frac{1}{n} \sin nx = \begin{cases} \dfrac{\pi - x}{2}, x \in (0, 2\pi) \\ 0, x = 0, 2\pi \end{cases}.$$

（2）先计算傅里叶系数

$$a_0 = \frac{1}{\pi}\int_0^{2\pi} f(x)\,\mathrm{d}x = \frac{1}{\pi}\int_0^{2\pi} x^2\,\mathrm{d}x = \frac{8\pi^2}{3},$$

$$a_n = \frac{1}{\pi}\int_0^{2\pi} x^2\cos nx\,\mathrm{d}x = \frac{1}{n\pi}\left(\int_0^{2\pi} x^2\,\mathrm{d}\sin nx\right)$$

$$= \frac{1}{n\pi}\left(x^2\sin nx\,\Big|_0^{2\pi} - 2\int_0^{2\pi} x\sin nx\,\mathrm{d}x\right)$$

$$= \frac{2}{n^2\pi}\int_0^{2\pi} x\,\mathrm{d}\cos nx = \frac{4}{n^2}, n = 1,2,\cdots,$$

$$b_n = \frac{1}{\pi}\int_0^{2\pi} x^2\sin nx\,\mathrm{d}x = -\frac{1}{n\pi}\int_0^{2\pi} x^2\,\mathrm{d}\cos nx$$

$$= -\frac{1}{n\pi}\left(x^2\cos nx\,\Big|_0^{2\pi} + 2\int_0^{2\pi} x\,\mathrm{d}\cos nx\right)$$

$$= \frac{4(1-\pi)}{n}, n = 1,2,\cdots,$$

则

$$f(x) \sim \frac{4\pi^2}{3} + 4\sum_{n=1}^{\infty}\left(\frac{4}{n^2}\cos nx + \frac{4(1-\pi)}{n}\sin nx\right).$$

由狄利克雷收敛定理可知

$$\frac{4\pi^2}{3} + 4\sum_{n=1}^{\infty}\left(\frac{4}{n^2}\cos nx + \frac{4(1-\pi)}{n}\sin nx\right) = \begin{cases} x^2, & x \in (0,2\pi) \\ 2\pi^2, & x = 0,2\pi \end{cases}.$$

（3）先计算傅里叶系数

$$a_0 = 2\int_0^1 f(x)\,\mathrm{d}x = 2\int_0^1 x\,\mathrm{d}x = 1,$$

$$a_n = 2\int_0^1 x\cos 2\pi nx\,\mathrm{d}x = \frac{1}{n\pi}\left(\int_0^1 x\,\mathrm{d}\sin 2\pi nx\right)$$

$$= \frac{1}{n\pi}\left(x\sin 2\pi nx\,\Big|_0^1 - 2\int_0^1 \sin 2\pi nx\,\mathrm{d}x\right) = 0, n = 1,2,\cdots,$$

$$b_n = 2\int_0^1 x\sin 2\pi nx\,\mathrm{d}x = -\frac{1}{n\pi}\int_0^1 x\,\mathrm{d}\cos 2\pi nx$$

$$= -\frac{1}{n\pi}\left(x\cos 2\pi nx\,\Big|_0^1 + 2\int_0^1 \cos 2\pi nx\,\mathrm{d}x\right)$$

$$= -\frac{1}{n\pi}, n = 1,2,\cdots,$$

则

$$f(x) \sim \frac{1}{2} - \frac{1}{\pi}\sum_{n=1}^{\infty}\frac{1}{n}\sin 2\pi nx.$$

由狄利克雷收敛定理可知

$$\frac{1}{2} - \frac{1}{\pi}\sum_{n=1}^{\infty}\frac{1}{n}\sin 2\pi nx = \begin{cases} x, & x \in (0,1) \\ \dfrac{1}{2}, & x = 0,1 \end{cases}.$$

（4）先计算傅里叶系数

$$a_0 = \int_{-1}^{1} f(x)\,\mathrm{d}x = \int_{-1}^{0} \mathrm{e}^{3x}\,\mathrm{d}x = \frac{1}{3}(1 - \mathrm{e}^{-3}),$$

$$a_n = \int_{-1}^{0} \mathrm{e}^{3x}\cos \pi n x\,\mathrm{d}x = \frac{1}{n\pi}\left(\int_{-1}^{0} \mathrm{e}^{3x}\,\mathrm{d}\sin \pi n x\right)$$

$$= \frac{1}{n\pi}\left(\mathrm{e}^{3x}\sin \pi n x \,\Big|_{-1}^{0} - 3\int_{-1}^{0} \mathrm{e}^{3x}\sin \pi n x\,\mathrm{d}x\right)$$

$$= \frac{3}{n^2 \pi^2}\left(\mathrm{e}^{3x}\cos \pi n x \,\Big|_{-1}^{0} - 3\int_{-1}^{0} \mathrm{e}^{3x}\cos \pi n x\,\mathrm{d}x\right),$$

解得

$$a_n = \frac{3(1 - (-1)^n \mathrm{e}^{-3})}{n^2 \pi^2 + 9}, n = 1, 2, \cdots,$$

$$b_n = \int_{-1}^{0} \mathrm{e}^{3x}\sin \pi n x\,\mathrm{d}x = -\frac{1}{n\pi}\int_{-1}^{0} \mathrm{e}^{3x}\,\mathrm{d}\cos \pi n x$$

$$= -\frac{1}{n\pi}\left(\mathrm{e}^{3x}\cos \pi n x \,\Big|_{-}^{0} 1 - 3\int_{-1}^{0} \mathrm{e}^{3x}\cos \pi n x\,\mathrm{d}x\right)$$

$$= -\frac{1}{n\pi}(1 - (-1)^n \mathrm{e}^{-3}) + \frac{3}{n^2 \pi^2}\left(\mathrm{e}^{3x}\sin \pi n x \,\Big|_{-1}^{0} - 3\int_{-1}^{0} \mathrm{e}^{3x}\sin \pi n x\,\mathrm{d}x\right),$$

解得

$$b_n = -\frac{n\pi}{n^2 \pi^2 + 9}(1 - (-1)^n \mathrm{e}^{-3}), n = 1, 2, \cdots,$$

则

$$f(x) \sim \frac{1 - \mathrm{e}^{-3}}{6} + \sum_{n=1}^{\infty}\left(\frac{3(1 - (-1)^n \mathrm{e}^{-3})}{n^2 \pi^2 + 9}\cos \pi n x - \frac{n\pi(1 - (-1)^n \mathrm{e}^{-3})}{n^2 \pi^2 + 9}\sin \pi n x\right)$$

$$\frac{1 - \mathrm{e}^{-3}}{6} + \sum_{n=1}^{\infty}\left(\frac{3(1 - (-1)^n \mathrm{e}^{-3})}{n^2 \pi^2 + 9}\cos \pi n x - \frac{n\pi(1 - (-1)^n \mathrm{e}^{-3})}{n^2 \pi^2 + 9}\sin \pi n x\right)$$

$$= \begin{cases} \mathrm{e}^{3x}, & x \in (-1, 0) \\ 0, & x \in (0, 1) \\ \dfrac{1}{2}, & x = 0 \\ \dfrac{\mathrm{e}^{-3}}{2}, & x = \pm 1 \end{cases}.$$

（5）先计算傅里叶系数

$$a_0 = \frac{1}{T}\int_{-T}^{T} f(x)\,\mathrm{d}x = \frac{1}{T}\int_{-T}^{0} C\,\mathrm{d}x = C,$$

$$a_n = \frac{1}{T}\int_{-T}^{0} f(x)\cos \frac{\pi n}{T}x\,\mathrm{d}x = \frac{1}{T}\int_{-T}^{0} C\cos \frac{\pi n}{T}x\,\mathrm{d}x = 0, n = 1, 2, \cdots,$$

$$b_n = \frac{1}{T}\int_{-T}^{0} f(x)\sin \frac{\pi n}{T}x\,\mathrm{d}x = \frac{1}{T}\int_{-T}^{0} C\sin \frac{\pi n}{T}x\,\mathrm{d}x = -\frac{C}{n\pi}(1 - (-1)^n), n = 1, 2, \cdots,$$

则

$$f(x) \sim \frac{C}{2} - \sum_{n=1}^{\infty} -\frac{2C}{(2n-1)\pi}\sin \frac{(2n-1)\pi}{T}x,$$

$$\frac{C}{2} - \sum_{n=1}^{\infty} - \frac{2C}{(2n-1)\pi} \sin \frac{(2n-1)\pi}{T} x = \begin{cases} C, x \in (-T, 0) \\ 0, x \in (0, T) \\ \frac{C}{2}, x = 0, \pm T \end{cases}.$$

**例 19** 已知 $f(x) = x (x \in [0, \pi])$ 的正弦级数为

$$x \sim 2\sum_{n=1}^{\infty} \frac{(-1)^{n+1}}{n} \sin nx, x \in (-\pi, \pi),$$

用逐项积分法求 $x^2$ 和 $x^3$ 的傅里叶级数.

**解** 由于 $x$ 在 $[-\pi, \pi]$ 上有界可积,因此其傅里叶级数可以逐项积分

$$x^2 = 2\int_0^x t\, dt = 4\sum_{n=1}^{\infty} \int_0^x \frac{(-1)^{n+1}}{n} \sin nt\, dt = 4\sum_{n=1}^{\infty} \frac{(-1)^n}{n^2} (\cos nx - 1)$$

$$= 4\sum_{n=1}^{\infty} \frac{(-1)^{n+1}}{n^2} + 4\sum_{n=1}^{\infty} \frac{(-1)^n}{n^2} \cos nx$$

$$= \frac{\pi^2}{3} + 4\sum_{n=1}^{\infty} \frac{(-1)^n}{n^2} \cos nx, x \in [-\pi, \pi].$$

对 $3x^2$ 的傅里叶级数逐项积分

$$x^3 = 3\int_0^x t^2\, dt = 3\int_0^x \frac{\pi^2}{3}\, dt + 12\sum_{n=1}^{\infty} \int_0^x \frac{(-1)^n}{n^2} \cos nx\, dt$$

$$= \pi^2 x + 12\sum_{n=1}^{\infty} \frac{(-1)^n}{n^3} \sin nx$$

$$= 2\sum_{n=1}^{\infty} \frac{(-1)^n (6 - \pi^2 n^2)}{n^3} \sin nx, x \in [-\pi, \pi].$$

**例 20** 利用已知结果

$$f(x) = \begin{cases} x, x \in [0, \pi) \\ -x, x \in [-\pi, 0) \end{cases} \sim \frac{\pi}{2} + \frac{2}{\pi} \sum_{n=1}^{\infty} \frac{(-1)^n - 1}{n^2} \cos nx$$

和帕塞瓦尔等式,求

$$\sum_{n=1}^{\infty} \frac{1}{(2n-1)^4}.$$

**解** 因为 $f(x)$ 在 $[-\pi, \pi]$ 上可积且平方可积,所以由帕塞瓦尔等式,有

$$\frac{1}{\pi} \int_{-\pi}^{\pi} f^2(x)\, dx = \frac{2}{\pi} \int_0^{\pi} x^2\, dx = \frac{2\pi^2}{3} = \frac{\pi^2}{2} + \sum_{n=1}^{\infty} \left( \frac{4}{\pi(2n-1)^2} \right)^2,$$

故

$$\sum_{n=1}^{\infty} \frac{1}{(2n-1)^4} = \frac{\pi^4}{96}.$$

**例 21** 利用

$$x^2 = \frac{\pi^2}{3} + 4\sum_{n=1}^{\infty} \frac{(-1)^n}{n^2} \cos nx, x \in (-\pi, \pi)$$

和帕塞瓦尔等式,求 $\sum_{n=1}^{\infty} \frac{1}{n^4}$.

**解**　记 $f(x)=x^2$. 因为 $f(x)$ 在 $[-\pi,\pi]$ 上可积且平方可积,所以由帕塞瓦尔等式,有

$$\frac{1}{\pi}\int_{-\pi}^{\pi}f^2(x)\,\mathrm{d}x=\frac{2}{\pi}\int_{0}^{\pi}x^4\,\mathrm{d}x=\frac{2\pi^4}{5}=2\left(\frac{\pi^2}{3}\right)^2+\sum_{n=1}^{\infty}\left(\frac{4}{n^2}\right)^2,$$

故

$$\sum_{n=1}^{\infty}\frac{1}{n^4}=\frac{\pi^4}{90}.$$

**例 22**　设 $f(x)$ 为 $(-\infty,+\infty)$ 内以 $2\pi$ 为周期,且具有二阶连续导数的函数,记

$$b_n=\frac{1}{\pi}\int_{-\pi}^{\pi}f(x)\sin nx\,\mathrm{d}x,\quad b''_n=\frac{1}{\pi}\int_{-\pi}^{\pi}f''(x)\sin nx\,\mathrm{d}x.$$

证明:若 $\displaystyle\sum_{n=1}^{\infty}b''_n$ 绝对收敛,则

$$\sum_{n=1}^{\infty}\sqrt{|b_n|}<\frac{1}{2}\left(2+\sum_{n=1}^{\infty}|b''_n|\right).$$

**证明**　应用分部积分,有

$$b''_n=\frac{1}{\pi}\int_{-\pi}^{\pi}f''(x)\sin nx\,\mathrm{d}x=\frac{1}{\pi}\left(f'(x)\sin nx\,\Big|_{-\pi}^{\pi}-n\int_{-\pi}^{\pi}\cos nx\,\mathrm{d}f(x)\right)$$

$$=-\frac{n}{\pi}\left(f(x)\cos nx\,\Big|_{-\pi}^{\pi}-n\int_{-\pi}^{\pi}f(x)\sin nx\,\mathrm{d}x\right)=-n^2b_n,$$

并有不等式估计

$$\sqrt{|b_n|}=\frac{1}{n}\sqrt{n^2|b_n|}\leqslant\frac{1}{2}\left(\frac{1}{n^2}+|n^2b_n|\right)=\frac{1}{2}\left(\frac{1}{n^2}+|b''_n|\right),\quad n=1,2,\cdots,$$

所以

$$\sum_{n=1}^{\infty}\sqrt{|b_n|}\leqslant\frac{1}{2}\sum_{n=1}^{\infty}\left(\frac{1}{n^2}+|b''_n|\right)=\frac{1}{2}\left(\frac{\pi^2}{6}+\sum_{n=1}^{\infty}|b''_n|\right)<\frac{1}{2}\left(2+\sum_{n=1}^{\infty}|b''_n|\right).$$

## 第9讲

# 多元函数微分学及其应用

## 第1节　多元函数的极限与连续

### 一、欧几里得(Euclid) 空间上的多元函数

**1. 欧几里得空间上的点集**

(1) 邻域.

记 $\mathbf{R}$ 为全体实数,定义 $n$ 个 $\mathbf{R}$ 上的笛卡儿(Descartes) 乘积集为

$$\mathbf{R}^n = \mathbf{R} \times \mathbf{R} \times \cdots \times \mathbf{R} = \{(x_1, x_2, \cdots, x_n) \mid x_i \in \mathbf{R}, i = 1, 2, \cdots, n\}.$$

$\mathbf{R}^n$ 中的元素 $\boldsymbol{x} = (x_1, x_2, \cdots, x_n)$ 称为向量或点,$x_i$ 称为 $\boldsymbol{x}$ 的第 $i$ 个坐标.特别地,$\mathbf{R}^n$ 中的零元素记为 $\boldsymbol{0} = (0, 0, \cdots, 0)$.

设 $\boldsymbol{x} = (x_1, x_2, \cdots, x_n), \boldsymbol{y} = (y_1, y_2, \cdots, y_n)$ 为 $\mathbf{R}^n$ 中任意两个向量,$\lambda$ 为任意实数,定义 $\mathbf{R}^n$ 中的加法和数乘运算

$$\boldsymbol{x} + \boldsymbol{y} = (x_1 + y_1, x_2 + y_2, \cdots, x_n + y_n), \lambda \boldsymbol{x} = (\lambda x_1, \lambda x_2, \cdots, \lambda x_n),$$

$\mathbf{R}^n$ 就成为向量空间.如果再在 $\mathbf{R}^n$ 上引入内积运算

$$(\boldsymbol{x}, \boldsymbol{y}) = x_1 y_1 + x_2 y_2 + \cdots + x_n y_n = \sum_{k=1}^{n} x_k y_k,$$

那么它就被称为欧几里得空间.

**定义 1**　平面点集 $\{(x,y) \mid (x-x_0)^2 + (y-y_0)^2 < \delta^2\}$ 和 $\{(x,y) \mid \mid x-x_0 \mid < \delta, \mid y-y_0 \mid < \delta\}$ 分别称为以 $P(x_0, y_0)$ 为中心的 $\delta$ 圆邻域与 $\delta$ 方邻域,通常均记为 $U(P; \delta)$,这里 $\delta > 0$,称 $\{(x,y) \mid 0 < (x-x_0)^2 + (y-y_0)^2 < \delta^2$ 和 $\{(x,y) \mid \mid x-x_0 \mid < \delta, \mid y-y_0 \mid < \delta, (x,y) \neq (x_0, y_0)\}$ 分别为点 $A$ 的去心圆邻域与去心方邻域,记为 $\mathring{U}(P; \delta)$.

(2) 几类特殊点.

设点集 $E$ 是 $\mathbf{R}^2$ 上的点集,它在 $\mathbf{R}^2$ 上的补集 $\mathbf{R}^2 \backslash E$ 记为 $E^c$.设点 $P \in \mathbf{R}^2$,从其邻域与 $E$ 的关系来划分,则 $P$ 与 $E$ 之间必有下列三种关系之一:

(i) 内点:存在 $P$ 的一个 $\delta$ 邻域 $U(P, \delta)$ 完全落在 $E$ 的内部,使得 $U(P) \subset E$,则称点 $P$ 为 $E$ 的内点;

（ⅱ）**外点**：存在 $P$ 的一个 $\delta$ 邻域 $U(P,\delta)$ 完全不落在 $E$ 的内部，使得 $U(P) \cap E = \varnothing$，则称 $P$ 为 $E$ 的外点；

（ⅲ）**边界点**：$P$ 的任何一个 $\delta$ 邻域 $U(P,\delta)$，使得有 $U(P,\delta) \cap E \neq \varnothing$，$U(P,\delta) \cap E^c \neq \varnothing$，则称点 $P$ 为 $E$ 的边界点. $E$ 的边界点的全体称为 $E$ 的边界，记为 $\partial E$.

若存在 $P$ 的一个邻域，其中只有点 $P$ 属于 $E$，则称 $P$ 是 $E$ 的孤立点. 显然，孤立点必是边界点.

若对任意的 $\delta > 0$，有 $\mathring{U}(P;\delta) \cap E \neq \varnothing$，则称点 $P$ 为 $E$ 的聚点.

**注**　聚点的等价定义：

(1) 若点 $P$ 的任一邻域均含有 $E$ 中无穷多个点，则称点 $P$ 为 $E$ 的聚点；

(2) 若 $E$ 中存在一彼此互异的点列 $P_n$，使得 $P_n \to P (n \to \infty)$，则称点 $P$ 为 $E$ 的聚点.

设 $P \in \mathbf{R}^2$，$E \subset \mathbf{R}^2$ 为一子集，则 $P$ 与 $E$ 之间必有下列三种关系之一：

$$A \text{ 是 } E \text{ 的} \begin{cases} 内点 \\ 界点，\\ 外点 \end{cases} \text{或 } A \text{ 是 } E \text{ 的} \begin{cases} 聚点 \\ 孤立点. \\ 外点 \end{cases}$$

(3) 几类特殊点集

**开集**　若 $E$ 中任意一点都是 $E$ 的内点，则称 $E$ 为开集，即 $E = \mathrm{int}\, E$.

**闭集**　若 $E$ 的所有聚点都属于 $E$，则称 $E$ 为闭集，等价地，若 $E^c$ 是开集，则称 $E$ 为闭集.

**连通性**　若 $E$ 中任意两点都可用完全含于 $E$ 的有限条折线连接起来，则称 $E$ 具有连通性.

**开(区)域**　具有连通性的非空开集.

**闭(区)域**　开域连同其边界所成的点集.

**区域**　开域、闭域或开域连同其一部分界点所成的点集，统称为区域.

**有界集**　若存在 $U(O;r)$，使 $E \subset U(O;r)$，则称 $E$ 为有界集；否则称为无界集. 其中 $O$ 表示坐标原点.

**性质 1**　称 $d(D) = \sup\limits_{P_1,P_2 \in D} \rho(P_1,P_2)$ 为 $D$ 的直径，若 $d(D) < +\infty$，则 $D$ 有界.

**2. $\mathbf{R}^2$ 上的基本定理**

**定义 2**　设 $P_n \subset \mathbf{R}^2$ 为平面点列，$P_0 \in \mathbf{R}^2$ 为一固定点. 若对任意的 $\varepsilon > 0$，存在 $N > 0$，当 $n > N$ 时，有 $P_n \in U(P_0;\varepsilon)$，则称点列 $\{P_n\}$ 收敛于点 $P_0$，记作

$$\lim_{n \to \infty} P_n = P_0 \text{ 或 } P_n \to P_0, n \to \infty. \tag{1}$$

**注**　点列收敛的坐标表示：

设 $P_n(x_n,y_n)$，$P_0(x_0,y_0)$，则式(1)等价于

$$x_n \to x_0, y_n \to y_0, n \to \infty.$$

**定理 1(柯西准则)**　点列 $\{P_n\}$ 收敛的充分必要条件是：对任意的 $\varepsilon > 0$，存在 $N > 0$，当 $n > N$ 时，对任意的 $p \in \mathbf{N}_+$，有 $\rho(P_n,P_{n+p}) < \varepsilon$.

**定理 2(闭域套定理)**　设 $\{D_n\}$ 是 $\mathbf{R}^2$ 中的闭域列，它满足：

(1) $D_n \supset D_{n+1}$，$n = 1,2,\cdots$；

(2) $\lim\limits_{n\to\infty}\mathrm{d}(D_n)=0$.

则存在唯一的点 $P_0\in D_n$, $n=1,2,3,\cdots$.

**定理 3(聚点定理)** 设 $E\subset\mathbf{R}^2$ 为有界无限点集,则 $E$ 在 $\mathbf{R}^2$ 中至少有一个聚点.

**推论 1(致密性定理)** 有界无限点列 $\{P_n\}$ 必存在收敛子列.

**定理 4(有限覆盖定理)** 设 $D\subset\mathbf{R}^2$ 为一有界闭域, $\{\Delta_\alpha\}$ 为一开域族,它覆盖了 $D$,则在 $\{\Delta_\alpha\}$ 中必存在有限个域 $\Delta_1,\Delta_2,\cdots,\Delta_n$,它们同样覆盖了 $D$.

**3. 多元函数**

**定义 3** 设 $D$ 是 $\mathbf{R}^n$ 上的点集, $D$ 到 $\mathbf{R}$ 的映射,记作

$$f:D\to\mathbf{R}, P\mapsto z \text{ 或 } z=f(P), P\in D,$$

称为 $n$ 元函数,记为 $z=f(P)$. 这时 $D$ 为 $f$ 的定义域, $f(D)$ 为值域.

## 二、多元函数的极限(以二元函数为例)及其性质

**定义 4** 设 $f$ 为定义在 $D\subset\mathbf{R}^2$ 上的二元函数, $P_0$ 为 $D$ 的一个聚点, $A$ 是一个确定的数,若给定任意的 $\varepsilon>0$,存在 $\delta>0$,使得当 $P\in\mathring{U}(P_0,\delta)\bigcap D$ 时,都有 $|f(P)-A|<\varepsilon$,则当 $P\to P_0$ 时称 $f$ 在 $D$ 上,以 $A$ 为极限,记作 $\lim\limits_{P\to P_0,P\in D}f(P)=A$. 当 $P\in D$ 不致产生误会时,简记为

$$\lim\limits_{P\to P_0}f(P)=A.$$

当 $P_0,P$ 分别采用坐标 $(x_0,y_0),(x,y)$ 表示时,则有

$$\lim\limits_{(x,y)\to(x_0,y_0)}f(x,y)=A \text{ 或 } \lim\limits_{\substack{x\to x_0\\y\to y_0}}f(x,y)=A.$$

**注** 函数极限是否存在与定义域有很大关系.

**定义 5** 设 $D$ 为二元函数 $f$ 的定义域, $P_0$ 为 $D$ 的聚点.若对任意的 $M>0$,存在 $\delta>0$,使得当 $P\in U(P_0,\delta)\bigcap D$ 时,有 $f(P)>M$,则当 $P\to P_0$ 时, $f$ 在 $D$ 上存在非正常极限 $+\infty$,记作:

$$\lim\limits_{P\to P_0,P\in D}f(P)=+\infty.$$

类似地,可定义 $\lim\limits_{P\to P_0}f(P)\to-\infty$ 或 $+\infty$.

**定义 6(累次极限)** 设 $E_x,E_y\subset\mathbf{R}$, $x_0,y_0$ 分别是 $E_x$ 与 $E_y$ 的聚点,二元函数 $f$ 在集合 $D=E_x\times E_y$ 上有定义.若对任意的 $y\in E_y$, $y\neq y_0$,极限 $\lim\limits_{x\to x_0,x\in E_x}f(x,y)$ 存在,记作 $\varphi(y)$,即

$$\lim\limits_{x\to x_0,x\in E_x}f(x,y)=\varphi(y)$$

且 $\lim\limits_{y\to y_0,y\in E_y}\varphi(y)=L$,则称 $L$ 为二元函数 $f$ 先对 $x(x\to x_0)$ 后对 $y(y\to y_0)$ 的累次极限.记作

$$\lim\limits_{y\to y_0,y\in E_y}\lim\limits_{x\to x_0,x\in E_x}f(x,y)=L.$$

类似地,可定义先对 $y$ 后对 $x$ 的累次极限.定义 4 所定义的极限称为重极限.

**定理 5** $\lim\limits_{P\to P_0,P\in D}f(P)=A$ 的充分必要条件是:对于 $D$ 的任意子集 $E$,只要 $P_0$ 是 $E$ 的

聚点,就有
$$\lim_{P \to P_0, P \in E} f(P) = A.$$

**推论 2**　设 $E_1 \subset D$, $P_0$ 是 $E_1$ 的聚点,若 $\lim\limits_{P \to P_0, P \in E_1} f(P) = A$ 不存在,则 $\lim\limits_{P \to P_0, P \in D} f(P)$
不存在.

**推论 3**　设 $E_1 \subset D$, $E_2 \subset D$, $P_0$ 是它们的聚点.若极限
$$\lim_{P \to P_0, P \in E_1} f(P) = A_1, \quad \lim_{P \to P_0, P \in E_2} f(P) = A_2,$$
但 $A_1 \neq A_2$,则 $\lim\limits_{P \to P_0, P \in D} f(P)$ 不存在.

**推论 4**　$\lim\limits_{P \to P_0, P \in D} f(P)$ 存在的充分必要条件是:对于 $D$ 中任一满足条件 $P_n \neq P_0$ 且 $\lim\limits_{n \to \infty} P_n = P_0$ 的点列 $\{P_n\}$,它所对应的数列 $\{f(P_n)\}$ 都收敛.

**定理 6**　若函数 $f(x, y)$ 在点 $(x_0, y_0)$ 处存在重极限 $\lim\limits_{(x, y) \to (x_0, y_0)} f(x, y)$ 与累次极限 $\lim\limits_{x \to x_0} \lim\limits_{y \to y_0} f(x, y)$,则它们必相等.

**推论 5**　若两个累次极限与重极限都存在,则三者必相等.

**推论 6**　若两个累次极限存在,但不相等,则重极限必不存在.

**推论 7**　若 $\lim\limits_{(x, y) \to (x_0, y_0)} f(x, y)$ 存在,且 $\lim\limits_{x \to x_0} f(x, y)$ 存在,则 $\lim\limits_{y \to y_0} \lim\limits_{x \to x_0} f(x, y)$ 存在且
$$\lim_{P \to P_0} f(x, y) = \lim_{y \to y_0} \lim_{x \to x_0} f(x, y).$$

**几点说明:**

(1) 重极限是否存在与函数定义域 $D$ 有很大关系,如函数
$$f(x, y) = \begin{cases} 1, & 0 < y < x^2, -\infty < x < +\infty \\ 0, & \text{其余部分} \end{cases},$$
当 $D = \{(x, y) \mid 0 < y < x^2, -\infty < x < +\infty\}$ 时
$$\lim_{(x, y) \to (0, 0)} f(x, y) = 1,$$
而在 $D$ 的余集 $D^c$ 上,却有
$$\lim_{(x, y) \to (0, 0)} f(x, y) = 0.$$

(2) 若 $D = E_1 \bigcup E_2 \bigcup \cdots \bigcup E_k$,且在每个 $E_1$ 上极限存在且相等,则在 $D$ 上极限也成立,且相等.当 $k$ 为无限时结论不再成立.

(3) $P \to P_0$ 的方式是任意的,即使沿任何射线趋于 $P_0$ 时,极限存在且相等,也不能保证重极限存在.如当 $P$ 沿 $y = kx$ 趋于 $(0, 0)$ 时极限均为 $0$,但当 $P$ 沿 $y = kx^2$ $(0 < k < 1)$ 趋于 $(0, 0)$ 时,极限为 $1$,从而极限不存在.

(4) 两个累次极限存在,但不相等.如 $f(x, y) = \dfrac{x - y}{x + y}$ 在点 $(0, 0)$,此时重极限一定不存在.

(5) 两个累次极限都存在且相等,但重极限不存在,如 $f(x, y) = \dfrac{xy}{x^2 + y^2}$ 在点 $(0, 0)$.

(6) 重极限存在,但两个累次极限都不存在.如

$$f(x,y)=\begin{cases} x\sin\dfrac{1}{y}+y\sin\dfrac{1}{x}, & xy\neq 0, \\ 0, & xy=0 \end{cases},$$

在点 $(0,0)$.

（7）重极限存在，某一个累次极限存在，另一个累次极限不存在. 如

$$f(x,y)=\begin{cases} x\sin\dfrac{1}{y}, & y\neq 0, x\in\mathbf{R}, \\ 0, & 其他 \end{cases},$$

在点 $(0,0)$.

（8）重极限与累次极限都不存在，如

$$f(x,y)=\begin{cases} \sin\dfrac{1}{x}+\sin\dfrac{1}{y}, & xy\neq 0, \\ xy=0 \end{cases},$$

在点 $(0,0)$.

（9）多元函数极限与一元函数极限具有完全类似的性质，如局部有界性、保序性和四则运算、复合运算等.

## 三、二元函数的连续性

**定义 7**　设 $f$ 为定义在点集 $D\subset\mathbf{R}^2$ 上的二元函数，$P_0\in D$. 若对任意的正数 $\varepsilon$，存在 $\delta>0$，对一切的 $P\in U(P_0,\delta)\bigcap D$，有 $|f(P)-f(P_0)|<\varepsilon$，则称 $f$ 关于集合 $D$ 在点 $P_0$ 连续. 若 $f$ 在 $D$ 上任何点关于 $D$ 连续，则称 $f$ 为 $D$ 上连续函数.

**注 1**　注意极限与连续定义的差别：在极限定义中，要求 $P_0$ 是聚点，连续则不要求；但连续要求 $P_0\in D$，而极限不要求；

**注 2**　孤立点一定是连续点，从而连续点未必存在极限，这是与一元函数的不同之处.

**注 3**　若 $P_0$ 是聚点，则 $f(P)$ 在 $P_0$ 连续，且 $\lim\limits_{P\to P_0,P\in D}f(P)=f(P_0)$.

**注 4**　若 $P_0\in D$ 是 $D$ 的聚点，而 $\lim\limits_{P\to P_0}f(P)$ 不存在，或 $\lim\limits_{P\to P_0}f(P)$ 存在但不等于 $f(P_0)$，则称 $P_0$ 是 $f(P)$ 的不连续点.

**定义 8**　设 $p_0(x_0,y_0),p(x,y)\in D,\Delta x=x-x_0,\Delta y=y-y_0$，称

$$\Delta z=\Delta f(x_0,y_0)=f(x,y)-f(x_0,y_0)=f(x_0+\Delta x,y_0+\Delta y)-f(x_0,y_0)$$

为函数 $f$ 在点 $P_0$ 的全增量；称

$$\Delta_x f(x_0,y_0)=f(x_0+\Delta x,y_0)-f(x_0,y_0),$$
$$\Delta_y f(x_0,y_0)=f(x_0,y_0+\Delta y)-f(x_0,y_0)$$

分别为 $f$ 关于 $x$ 与 $y$ 的偏增量.

**定理 7（复合函数的连续性）**　设函数 $u=\varphi(x,y),v=\psi(x,y)$ 在 $U(P_0;\delta)$ 有定义，且在点 $P_0$ 连续，函数 $f(u,v)$ 在 $uv$ 平面上点 $Q(u_0,v_0)$ 某邻域有定义，且在 $Q_0$ 连续，其中 $u_0=\varphi(P_0),v_0=\psi(P_0)$，则复合函数 $g(x,y)=f(\varphi(x,y),w(x,y))$ 在 $(x_0,y_0)$ 连续.

**2. 连续函数的性质**

**定理 8(有界性与最大、最小值定理)**　若函数 $f(P)$ 在有界闭域 $D \subset \mathbf{R}^2$ 上连续,则 $f(P)$ 在 $D$ 上有界,且能取到最大值与最小值.

**定理 9(一致连续性)**　若函数 $f(P)$ 在有界闭域 $D \subset \mathbf{R}^2$ 上连续,则 $f(P)$ 在 $D$ 上一致连续.

**定理 10(介值性)**　设函数 $f(P)$ 在区域 $D \subset \mathbf{R}^2$ 上连续,若 $P_1, P_2 \in D$,且 $f(P_1) < f(P_2)$,则对任何满足不等式

$$f(P_1) < u < f(P_2)$$

的实数 $u$,必存在 $P_0 \in D$,使得 $f(P_0) = u$.

**典型例题**

**例 1**　讨论下列函数当 $(x, y)$ 趋于 $(0, 0)$ 时的极限是否存在:

(1) $f(x, y) = \dfrac{x - y}{x + y}$;(2) $f(x, y) = \dfrac{xy}{x^2 + y^2}$;(3) $f(x, y) = \begin{cases} 1, 0 < y < x^2 \\ 0, \text{其他点} \end{cases}$;

(4) $f(x, y) = \dfrac{x^3 y^3}{x^4 + y^8}$;(5) $f(x, y) = \dfrac{\sin(xy)}{x^2 + y^2}$.

**解**　(1) 因为当 $(x, y)$ 沿着直线 $y = kx$ 趋近于 $(0, 0)$ 时,$f(x, kx) = \dfrac{x - kx}{x + kx} = \dfrac{1 - k}{1 + k}$ 依赖于 $k$,所以 $(x, y)$ 趋近于 $(0, 0)$ 时,$f(x, y) = \dfrac{x - y}{x + y}$ 的极限不存在.

(2) 因为当 $(x, y)$ 沿着直线 $y = kx$ 趋近于 $(0, 0)$ 时,$f(x, kx) = \dfrac{kx^2}{x^2 + k^2 y^2} = \dfrac{k}{1 + k^2}$ 依赖于 $k$,所以 $(x, y)$ 趋近于 $(0, 0)$ 时,$f(x, y) = \dfrac{xy}{x^2 + y^2}$ 的极限不存在.

(3) 因为当 $(x, y)$ 沿着直线 $y = \dfrac{x^2}{2}$ 趋近于 $(0, 0)$ 时,函数极限为 1;当 $(x, y)$ 沿着 $x$ 趋近于 $(0, 0)$ 时,函数极限为 0. 所以 $(x, y)$ 趋近于 $(0, 0)$ 时函数极限不存在.

(4) 应用均值不等式

$$\frac{x^4 + y^8}{3} = \frac{\frac{1}{2}x^4 + \frac{1}{2}x^4 + y^8}{3} \geqslant \sqrt[3]{\frac{1}{4} x^8 y^8},$$

可得

$$|f(x, y)| = \frac{|x^3 y^3|}{x^4 + y^8} \leqslant \frac{\sqrt[3]{4}}{3} |xy|^{\frac{1}{3}},$$

所以

$$\lim_{(x, y) \to (0, 0)} \frac{x^3 y^3}{x^4 + y^8} = 0.$$

(5) 取如下不同路径的极限

$$\lim_{\substack{(x, y) \to (0, 0) \\ x = y}} \frac{\sin xy}{x^2 + y^2} = \lim_{x \to 0} \frac{\sin x^2}{2x^3} = \frac{1}{2}, \quad \lim_{\substack{(x, y) \to (0, 0) \\ y = -x}} \frac{\sin xy}{x^2 + y^2} = \lim_{x \to 0} \frac{\sin (-x)^2}{2x^2} = -\frac{1}{2},$$

则

$$\lim_{\substack{(x,y) \\ x=y} \to (0,0)} \frac{\sin xy}{x^2 + y^2} \neq \lim_{\substack{(x,y) \\ y=-x} \to (0,0)} \frac{\sin xy}{x^2 + y^2},$$

那么有 $\lim\limits_{(x,y) \to (0,0)} \dfrac{\sin xy}{x^2 + y^2}$ 不存在.

**例2** 求下列各极限:

(1) $\lim\limits_{(x,y) \to (0,1)} \dfrac{1-xy}{x^2+y^2}$;(2) $\lim\limits_{(x,y) \to (0,0)} \dfrac{1+x^2+y^2}{x^2+y^2}$;(3) $\lim\limits_{(x,y) \to (0,0)} \dfrac{\sqrt{1+xy}-1}{xy}$;

(4) $\lim\limits_{(x,y) \to (0,0)} \dfrac{x^2+y^2}{\sqrt{1+x^2+y^2}-1}$;(5) $\lim\limits_{(x,y) \to (0,0)} \dfrac{\ln(x^2+\mathrm{e}^{y^2})}{x^2+y^2}$;(6) $\lim\limits_{(x,y) \to (0,0)} \dfrac{\sin(x^3+y^3)}{x^2+y^2}$;

(7) $\lim\limits_{(x,y) \to (0,0)} \dfrac{1-\cos(x^2+y^2)}{(x^2+y^2)x^2y^2}$;(8) $\lim\limits_{(x,y) \to (0,0)} \dfrac{\sin x^3y^2}{x^2+y^2}$;(9) $\lim\limits_{x \to +\infty, y \to +\infty} (x^2+y^2)\mathrm{e}^{-(x+y)}$;

(10) $\lim\limits_{x \to +\infty, y \to +\infty} \left(\dfrac{xy}{x^2+y^2}\right)^{x^2}$.

**解** (1) 应用极限的四则运算

$$\lim_{(x,y) \to (0,1)} \frac{1-xy}{x^2+y^2} = \frac{\lim\limits_{(x,y) \to (0,1)} (1-xy)}{\lim\limits_{(x,y) \to (0,1)} (x^2+y^2)} = 1.$$

(2) 由于 $\lim\limits_{(x,y) \to (0,0)} (1+x^2+y^2) = 1$,$\lim\limits_{(x,y) \to (0,0)} (x^2+y^2) = 0$,因此

$$\lim_{(x,y) \to (0,0)} \frac{1+x^2+y^2}{x^2+y^2} = +\infty.$$

(3) 直接计算

$$\lim_{(x,y) \to (0,0)} \frac{\sqrt{1+xy}-1}{xy} = \lim_{(x,y) \to (0,0)} \frac{1}{\sqrt{1+xy}+1} = \frac{1}{2}.$$

(4) 直接计算

$$\lim_{(x,y) \to (0,0)} \frac{x^2+y^2}{\sqrt{1+x^2+y^2}-1} = \lim_{(x,y) \to (0,0)} \sqrt{1+x^2+y^2}+1 = 2.$$

(5) 由于

$$\ln(x^2+\mathrm{e}^{y^2}) = \ln(1+x^2+y^2+o(y^2)) = x^2+y^2+o(x^2+y^2),$$

因此

$$\lim_{(x,y) \to (0,0)} \frac{\ln(x^2+\mathrm{e}^{y^2})}{x^2+y^2} = 1.$$

(6) 由于

$$|x^3+y^3| = |(x+y)(x^2-xy+y^2)| \leqslant \frac{3}{2}|(x+y)(x^2+y^2)|,$$

因此

$$\lim_{(x,y) \to (0,0)} \frac{\sin(x^3+y^3)}{x^2+y^2} = \lim_{(x,y) \to (0,0)} \frac{x^3+y^3}{x^2+y^2} = 0.$$

(7) 由于当 $(x,y) \to (0,0)$ 时

$$1-\cos(x^2+y^2) \sim \frac{1}{2}(x^2+y^2)^2, \frac{\frac{1}{2}(x^2+y^2)^2}{(x^2+y^2)x^2y^2} \geqslant \frac{1}{|xy|},$$

因此

$$\lim_{(x,y)\to(0,0)} \frac{1-\cos(x^2+y^2)}{(x^2+y^2)x^2y^2} = \lim_{(x,y)\to(0,0)} \frac{\frac{1}{2}(x^2+y^2)^2}{(x^2+y^2)x^2y^2} = +\infty.$$

（8）首先，由均值不等式可知 $x^2+y^2 \geqslant 2\mid xy\mid$，即 $(x,y)\neq(0,0)$ 时，有 $\dfrac{\mid xy\mid}{x^2+y^2} \leqslant \dfrac{1}{2}$，于是

$$\left|\frac{\sin(x^3y^2)}{x^2+y^2}\right| \leqslant \frac{\mid x^3y^2\mid}{x^2+y^2} = \frac{\mid xy\mid}{x^2+y^2}\mid x^2y\mid \leqslant \frac{1}{2}\mid x^2y\mid.$$

而明显

$$\lim_{(x,y)\to(0,0)} \frac{1}{2}\mid x^2y\mid = 0,$$

所以

$$\lim_{(x,y)\to(0,0)} \frac{\sin(x^3y^2)}{x^2+y^2} = 0.$$

（9）因为

$$\lim_{x\to+\infty} x^2\mathrm{e}^{-x} = 0,\ \lim_{y\to+\infty} y^2\mathrm{e}^{-y} = 0,$$

所以

$$\lim_{x\to+\infty,y\to+\infty}\left(\frac{xy}{x^2+y^2}\right)^{x^2} = \lim_{x\to+\infty,y\to+\infty}(x^2\mathrm{e}^{-x})\mathrm{e}^{-y} + \lim_{x\to+\infty,y\to+\infty}(y^2\mathrm{e}^{-y})\mathrm{e}^{-x} = 0.$$

（10）因为 $\left|\dfrac{xy}{x^2+y^2}\right| \leqslant \dfrac{1}{2}$，所以

$$\lim_{(x,y)\to(+\infty,+\infty)}\left(\frac{xy}{x^2+y^2}\right)^{x^2} \leqslant \lim_{(x,y)\to(+\infty,+\infty)} \frac{1}{2^{x^2}} = 0,$$

且

$$\lim_{(x,y)\to(+\infty,+\infty)}\left(\frac{xy}{x^2+y^2}\right)^{x^2} \geqslant 0.$$

因此

$$\lim_{(x,y)\to(+\infty,+\infty)}\left(\frac{xy}{x^2+y^2}\right)^{x^2} = 0.$$

**例 3**　讨论下列函数在原点的二重极限和累次极限：

$(1)f(x,y)=\dfrac{x^2y^2}{x^2+y^2}$；$(2)f(x,y)=\dfrac{x^3y^2}{x^3+y^3}$；$(3)f(x,y)=\dfrac{x^2y^2}{x^2y^2+(x-y)^2}$；

$(4)f(x,y)=\dfrac{x^2(1+x^2)-y^2(1+y^2)}{x^2+y^2}$；$(5)f(x,y)=x\sin\dfrac{1}{y}+y\sin\dfrac{1}{x}.$

**解**　（1）对任意 $(x,y)\neq(0,0)$，有

$$0 \leqslant \frac{x^2y^2}{x^2+y^2} \leqslant \frac{\left(\dfrac{x^2+y^2}{2}\right)^2}{x^2+y^2} = \frac{x^2+y^2}{4},$$

所以

$$\lim_{(x,y)\to(0,0)} \frac{x^2y^2}{x^2+y^2} = 0.$$

对累次极限可计算得

$$\lim_{y\to 0}\lim_{x\to 0}\frac{x^2y^2}{x^2+y^2}=\lim_{y\to 0}0=0,\lim_{x\to 0}\lim_{y\to 0}\frac{x^2y^2}{x^2+y^2}=\lim_{x\to 0}0=0.$$

（2）当$(x,y)$沿着直线$y=x$趋近于$(0,0)$时，有

$$\lim_{(x,y=x)\to(0,0)}f(x,y)=\lim_{x\to 0}\frac{x^5}{2x^3}=0.$$

而当$(x,y)$沿着曲线$y=f(x)=(x^5-x^3)^{\frac{1}{3}}$趋近于$(0,0)$时，有

$$\lim_{(x,y=f(x))\to(0,0)}f(x,y)=\lim_{x\to 0}\frac{x^3(x^5-x^3)^{\frac{2}{3}}}{x^5}=1.$$

由此可知重极限$\lim_{(x,y)\to(0,0)}f(x,y)$不存在.

对任意的$x\neq 0$，有

$$\lim_{y\to 0}f(x,y)=\lim_{y\to 0}\frac{x^3y^2}{x^3+y^3}=0,$$

所以

$$\lim_{x\to 0}\lim_{y\to 0}f(x,y)=\lim_{x\to 0}0=0.$$

同理，可知$\lim_{y\to 0}\lim_{x\to 0}f(x,y)=0.$

（3）当$(x,y)$沿着直线$y=x+kx^2$趋近于$(0,0)$时，有

$$\lim_{(x,y=x+kx^2)\to(0,0)}f(x,y)=\lim_{x\to 0}\frac{x^4(1+kx)^2}{(1+kx)^2+k^2x^4}=\frac{1}{1+k^2}=0,$$

所以$\lim_{(x,y)\to(0,0)}f(x,y)$不存在.

对任意的$x\neq 0$，有

$$\lim_{y\to 0}f(x,y)=\lim_{y\to 0}\frac{x^2y^2}{x^2y^2+(x-y)^2}=0,$$

所以

$$\lim_{x\to 0}\lim_{y\to 0}f(x,y)=\lim_{x\to 0}0=0.$$

同理，可知

$$\lim_{y\to 0}\lim_{x\to 0}f(x,y)=0.$$

（4）当$(x,y)$沿着直线$y=kx$趋近于$(0,0)$时，有

$$\lim_{(x,y=kx)\to(0,0)}f(x,y)=\lim_{x\to 0}\frac{x^2(1+x^2)-k^2x^2(1+k^2x^2)}{x^2(1+k^2)}=\frac{1-k^2}{1+k^2}.$$

所以$\lim_{(x,y)\to(0,0)}f(x,y)$不存在. 又

$$\lim_{y\to 0}\lim_{x\to 0}f(x,y)=-\lim_{y\to 0}(1+y^2)=-1,\lim_{x\to 0}\lim_{y\to 0}f(x,y)=\lim_{x\to 0}(1+x^2)=1,$$

所以累次极限存在但不相等.

（5）由于

$$|f(x,y)|=\left|x\sin\frac{1}{y}+y\sin\frac{1}{x}\right|\leqslant|x+y|,$$

因此

$$\lim_{(x,y)\to(0,0)}x\sin\frac{1}{y}+y\sin\frac{1}{x}=0.$$

对任意的 $x \neq 0, \lim\limits_{x \to 0} y \sin \dfrac{1}{x}$ 不存在；对任意的 $y \neq 0, \lim\limits_{y \to 0} x \sin \dfrac{1}{y}$ 不存在. 所以两个累次极限均不存在.

**例 4**　已知一元函数 $f(h)$ 在点 $h_0$ 可导，设

$$g(x,y) = \frac{f(h_0 + x) - f(h_0 - y)}{x + y}$$

为定义在 $D \subset \mathbf{R}^2$ 上的二元函数，其中 $D$ 为 $R^2$ 的第一象限. 试用 $\varepsilon - \delta$ 定义求 $g$ 在 $D$ 上当 $(x,y) \to (0,0)$ 时的极限.

**解**　由 $f(h)$ 在点 $h_0$ 可导知，对任意 $\varepsilon > 0$，存在 $\delta > 0$，使得当 $0 < |x| < \delta$ 时，有

$$\left| \frac{f(h_0 + x) - f(h_0)}{x} - f'(h_0) \right| < \varepsilon.$$

于是，当 $0 < x < \delta, 0 < y < \delta$ 时

$$|g(x,y) - f'(h_0)| = \left| \frac{f(h_0 + x) - f(h_0 - y)}{x + y} - f'(h_0) \right|$$

$$= \left| \frac{f(h_0 + x) - f(h_0)}{x} \cdot \frac{x}{x + y} + \frac{f(h_0 - y) - f(h_0)}{-y} \cdot \frac{y}{x + y} \right|$$

$$= \left| \left( \frac{f(h_0 + x) - f(h_0)}{x} - f'(h_0) \right) \frac{x}{x + y} + \left( \frac{f(h_0 - y) - f(h_0)}{-y} - f'(h_0) \right) \frac{y}{x + y} \right|$$

$$\leqslant \left| \frac{f(h_0 + x) - f(h_0)}{x} - f'(h_0) \right| \frac{x}{x + y} + \left| \frac{f(h_0 - y) - f(h_0)}{-y} - f'(h_0) \right| \frac{y}{x + y}$$

$$\leqslant \max \left\{ \left| \frac{f(h_0 + x) - f(h_0)}{x} - f'(h_0) \right|, \left| \frac{f(h_0 - y) - f(h_0)}{-y} - f'(h_0) \right| \right\} < \varepsilon.$$

因此

$$\lim_{D \ni (x,y) \to (0,0)} g(x,y) = f'(h_0).$$

**例 5**　验证函数

$$f(x,y) = \begin{cases} \dfrac{2}{x^2}\left(y - \dfrac{1}{2}x^2\right), & x > 0 \text{ 且 } \dfrac{1}{2}x^2 < y \leqslant x^2 \\[2mm] \dfrac{1}{x^2}(2x^2 - y), & x > 0 \text{ 且 } x^2 < y < 2x^2 \\[2mm] 0, & \text{其他点} \end{cases}$$

在原点不连续，而在其他点连续.

**解**　设 $x > 0, f(x, x^2) = \dfrac{2}{x^2}\left(x^2 - \dfrac{1}{2}x^2\right) = 1$，所以当 $(x,y)$ 沿着直线 $y = x^2 (x > 0)$ 趋近于 $(0,0)$ 时，函数 $f(x,y)$ 的极限为 1，而当 $(x,y)$ 沿着 $x$ 轴趋近于 $(0,0)$ 时，函数 $f(x,y)$ 的极限为 0，所以函数 $f(x,y)$ 在原点不连续.

当 $(x,y)$ 不为原点时，只需考虑函数在曲线 $y = \dfrac{1}{2}x^2, y = x^2, y = 2x^2 (x > 0)$ 上的情况.

设 $x_0 > 0$，在点 $(x_0, y_0) = \left(x_0, \dfrac{1}{2}x_0^2\right)$，有

$$\lim_{(x,y)\to(x_0,y_0)} f(x,y) = \lim_{(x,y)\to(x_0,y_0)} \frac{2}{x^2}\left(y - \frac{1}{2}x^2\right) = 0 = f(x_0,y_0),$$

所以 $f(x,y)$ 在曲线 $y = \frac{1}{2}x^2$ 上连续.

设 $x_0 > 0$,在点 $(x_0,y_0) = (x_0,x_0^2)$,有

$$\lim_{(x,y)\to(x_0,y_0)} f(x,y) = \lim_{(x,y)\to(x_0,y_0)} \frac{2}{x^2}\left(y - \frac{1}{2}x^2\right) = 1 = f(x_0,y_0),$$

所以 $f(x,y)$ 在曲线 $y = x^2$ 上连续.

设 $x_0 > 0$,在点 $(x_0,y_0) = (x_0,2x_0^2)$,有

$$\lim_{(x,y)\to(x_0,y_0)} f(x,y) = \lim_{(x,y)\to(x_0,y_0)} \frac{1}{x^2}(2x^2 - y) = 0 = f(x_0,y_0),$$

所以 $f(x,y)$ 在曲线 $y = 2x^2$ 上连续.

综上,函数 $f(x,y)$ 除在原点不连续,在其他点都连续.

**例6** 设 $f(P)$ 在 $\mathbf{R}^2$ 上连续,且 $\lim\limits_{|p|\to+\infty} f(P)$ 存在,其中 $P=(x,y)$,试证明 $f(P)$ 在 $\mathbf{R}^2$ 上有界,且一致连续.

**解** $\lim\limits_{|p|\to+\infty} f(P)$ 存在,记 $\lim\limits_{|p|\to+\infty} f(P) = A$,则存在 $G > 0$,使得当 $|P| > G$ 时,$|f(P) - A| < 1$,故 $|f(P)| \leqslant |f(P) - A| + |A| \leqslant 1 + |A|$ 时,当 $|P| > G$ 时,$f(P)$ 有界,且 $f(P)$ 在 $\mathbf{R}^2$ 上连续,则有 $f(P)$ 在 $|P| \leqslant G$ 时连续,此时 $f$ 在 $|P| \leqslant G$ 上一致连续.那么 $f(P)$ 在 $|P| \leqslant G$ 时有界. 故 $f(P)$ 在 $\mathbf{R}^2$ 上有界. $\lim\limits_{|p|\to+\infty} f(P)$ 存在,故对任意 $\varepsilon > 0$,存在 $G > 0$,使得对任意 $P,Q \in \mathbf{R}^2$,只要 $|P| \geqslant G$,$|Q| \geqslant G$,就有 $|f(P)|^2 - |f(Q)| < \frac{\varepsilon}{2}$. 在闭区域 $|P| \leqslant G$ 上 $f$ 也连续,故 $f$ 在 $|P| \leqslant G$ 上一致连续,且存在 $\delta > 0$,使得对任意 $|P| \leqslant G$,$|Q| \leqslant G$,只要 $|P-Q| < \delta$ 就有 $|f(P) - f(Q)| < \frac{1}{2}\varepsilon$,现在任取 $P,Q \in \mathbf{R}^2$,使得 $|P| \leqslant |Q|$,$|P-Q| < \delta$. 如果 $|P| \leqslant G$,$|Q| \leqslant G$ 或 $|P| \geqslant G$,$|Q| \geqslant G$,都有 $|f(P) - f(Q)| < \frac{1}{2}\varepsilon$. 如果 $|P| \leqslant G$,$|Q| \geqslant G$,联结 $P,Q$,设 $PQ$ 与圆周 $|P| = G$ 的交点为 $T$,则有

$$|f(P) - f(Q)| \leqslant |f(P) - f(T)| + |f(T) - f(Q)| < \frac{1}{2}\varepsilon + \frac{1}{2}\varepsilon = \varepsilon,$$

故 $f(P)$ 在 $\mathbf{R}^2$ 上一致连续.

**例7** 设 $f(x,y)$ 在开区域 $D$ 中分别对 $x,y$ 连续,且固定其中一个变量时函数对另外一个变量是单调的,证明 $f(x,y)$ 在 $D$ 内连续.

**解** 不妨设固定 $y$ 时 $f(x,y)$ 关于 $x$ 单调递增.任取 $P_0(x_0,y_0)$,因为 $f$ 对 $x$ 及 $y$ 都连续,故对任意给定的正数 $\varepsilon$,存在正数 $\delta_1$,当 $|y - y_0| < \delta_1$ 时,有

$$|f(x_0+\delta_1,y) - f(x_0+\delta_1,y_0)| < \varepsilon,\quad |f(x_0-\delta_1,y) - f(x_0-\delta_1,y_0)| < \varepsilon,$$

存在正数 $\delta_2$,当 $|x - x_0| < \delta_2$ 时,有

$$|f(x,y_0) - f(x_0,y_0)| < \varepsilon.$$

令 $\delta = \min\left\{\frac{\delta_1}{2},\frac{\delta_2}{2}\right\}$,则当 $|x - x_0| < \delta$,$|y - y_0| < \delta$ 时,根据 $f(x,y)$ 关于 $x$ 单调

递增,有

$$f(x,y) - f(x_0,y_0) \geqslant f(x_0 - \delta, y) - f(x_0, y_0)$$
$$= f(x_0 - \delta, y) - f(x^0 - \delta, y^0) + f(x^0 - \delta, y^0) - f(x^0, y^0) > -2\varepsilon;$$
$$f(x,y) - f(x_0,y_0) \leqslant f(x_0 + \delta, y) - f(x_0, y_0)$$
$$= f(x_0 + \delta, y) - f(x_0 + \delta, y_0) + f(x_0 + \delta, y_0) - f(x_0, y_0) < 2\varepsilon.$$

那么,有

$$| f(x,y) - f(x_0,y_0) | < 2\varepsilon.$$

所以,$f(x,y)$ 在 $D$ 内连续.

**例 8**　设二元函数 $f(x,y)$ 在某区域 $U(P, \delta_0)$ 内的两个偏导数 $f_x$ 和 $f_y$ 有界,求证:$f(x,y)$ 在 $U(P, \delta_0)$ 内连续.

**证明**　设 $f_x$ 和 $f_y$ 在某邻域 $U(P, \delta_0)$ 内有界,则存在正常数 $M$,使得对任意 $(x,y) \in U(P, \delta_0)$,有 $| f_x(x,y) | \leqslant M$,$| f_y(x,y) | \leqslant M$. 那么对任意的 $(x_1, y_1), (x_2, y_2) \in U(P, \delta_0)$,分别对其中一个变量应用中值定理,可得

$$| f(x_1, y_1) - f(x_2, y_2) | \leqslant | f(x_2, y_2) - f(x_1, y_2) | + | f(x_1, y_2) - f(x_2, y_2) |$$
$$= | f_y(x_1, \theta_1 y_1 + (1 - \theta_1) y_2)(y_1 - y_2) | +$$
$$| f_x(\theta_2 x_1 + (1 - \theta_2) x_2, y_2)(x_1 - x_2) |$$
$$\leqslant M | y_1 - y_2 | + M | x_1 - x_2 |$$
$$\leqslant 2M\sqrt{(x_1 - x_2)^2 + (y_1 - y_2)^2}$$

其中 $\theta_1, \theta_2 \in (0,1)$. 对任意的 $\varepsilon > 0$,取

$$\delta = \min\left\{\frac{\varepsilon}{2}, \delta_0\right\},$$

则对任意 $P_1(x_1, y_2), P_2(x_2, y_2) \in U(P, \delta_0)$,当 $| P_1 - P_2 | < \delta$ 时,有

$$| f(x_1, y_1) - f(x_2, y_2) | \leqslant 2M\delta < \varepsilon.$$

所以 $f(x,y)$ 在 $U(P, \delta_0)$ 内连续.

**例 9**　若 $f(x,y)$ 在区域 $D$ 内对 $x$ 连续,$f_y(x,y)$ 在 $D$ 内存在且有界. 证明 $f(x,y)$ 在 $D$ 内连续.

**证明**　设 $f_y(x,y)$ 在 $D$ 内存在且有界,故存在正常数 $L$,使得对任意 $(x,y) \in D$,有 $| f_y(x,y) | \leqslant L$. 任取 $P_0(x_0, y_0) \in D$,存在 $\delta_1 > 0$,使得 $U(P_0, \delta_1) \subset D$,当 $P(x,y) \in U(P_0, \delta_1)$,由拉格朗日中值定理,可得

$$| f(x,y) - f(x_0, y_0) | = | f(x,y) - f(x, y_0) + f(x, y_0) - f(x_0, y_0) |$$
$$\leqslant | f(x,y) - f(x, y_0) | + | f(x, y_0) - f(x_0, y_0) |$$
$$= | f_y(x, \xi) | | y - y_0 | + | f(x, y_0) - f(x_0, y_0) |,$$

其中 $\xi = \theta y + (1 - \theta) y_0, \theta \in (0,1)$. 由于 $f(x,y)$ 在区域 $D$ 内对 $x$ 连续,则对任意的 $\varepsilon > 0$,存在 $0 < \delta_2 < \delta_1$,使得 $P_x(x, y_0) \in U(P_0, \delta_1)$,当 $| x - x_0 | < \delta_2$ 时,有 $| f(x,y) - f(x, y_0) | < \frac{\varepsilon}{2}$. 令 $\delta = \min\left\{\frac{\varepsilon}{2L}, \delta_2\right\}$,当 $P(x,y) \in U(P_0, \delta)$ 时,有

$$| f_y(x, \xi) | | y - y_0 | + | f(x, y_0) - f(x_0, y_0) | \leqslant L\delta + \frac{\varepsilon}{2} < \varepsilon,$$

所以
$$| f(x,y) - f(x_0,y_0) | < \varepsilon.$$
故 $f(x,y)$ 在 $D$ 内连续.

**例 10** 已知二元函数 $f(x,y)$ 的偏导数 $f_x(x,y)$ 与 $f_y(x,y)$ 在区域 $D$ 上有界,证明:$f(x,y)$ 在 $D$ 上一致连续.

**解** 由中值定理可知,对任意的 $(x_1,y_1),(x_2,y_2) \in D$,存在 $\xi$ 介于 $x_1$ 与 $x_2$ 之间,$\eta$ 介于 $y_1$ 与 $y_2$ 之间,使得
$$f(x_1,y_1) - f(x_2,y_2) = f_x(\xi,y_1)(x_1 - x_2) + f_y(x_2,\eta)(y_1 - y_2).$$
又因为 $f_x, f_y$ 在 $D$ 上有界,从而存在正数 $M$ 满足对任意 $(x,y) \in D$,有
$$| f_x(x,y) | \leqslant M, \; | f_y(x,y) | \leqslant M.$$
那么对任意 $\varepsilon > 0$,取 $\delta = \dfrac{\varepsilon}{2M}$,当 $| x_1 - x_2 | < \delta$,$| y_1 - y_2 | < \delta$ 时,有
$$| f(x_1,y_2) - f(x_2,y_2) | \leqslant M | x_1 - x_2 | + M | y_1 - y_2 | < M\delta + M\delta = \varepsilon,$$
即 $f(x,y)$ 在 $D$ 上一致连续.

**例 11** 设 $u = \varphi(x,y), v = \psi(x,y)$ 在点 $P_0(x_0,y_0)$ 连续,且 $u_0 = \varphi(x_0,y_0)$,$v_0 = v(x_0,y_0), f(u,v)$ 在 $Q_0(u_0,v_0)$ 处连续,证明:复合函数 $F(x,y) = f(\varphi(x,y), y(x,y))$ 在点 $P_0$ 处连续.

**解** 由于 $f(u,v)$ 在 $Q_0(u_0,v_0)$ 处连续,所以对任意的 $\varepsilon > 0$,存在 $\delta' > 0$,当 $| u - u_0 | < \delta'$,$| v - v_0 | < \delta'$ 时,有
$$| f(u,v) - f(u_0,v_0) | < \varepsilon \tag{1}$$
而 $u = \varphi(x,y)$ 在点 $P_0(x_0,y_0)$ 连续,所以存在 $\delta_0 > 0$,使得当 $| x - x_0 | < \delta_0$,$| y - y_0 | < \delta_0$ 时,有
$$| u(x,y) - u(x_0,y_0) | < \delta'.$$
同时,$v = \psi(x,y)$ 在点 $P_0(x_0,y_0)$ 连续,所以存在 $\delta_0 > 0$,使得当 $| x - x_0 | < \delta_0$,$| y - y_0 | < \delta_0$ 时,有
$$| v(x,y) - v(x_0,y_0) | < \delta'.$$
现在记 $\delta = \min\{\delta_0, \delta_0\}$,那么当 $| x - x_0 | < \delta$,$| y - y_0 | < \delta$ 时,就有
$$| u(x,y) - u(x_0,y_0) | < \delta', \; | v(x,y) - v(x_0,y_0) | < \delta'.$$
进而结合式(1),还有
$$| f(u(x,y),v(x,y)) - f(u(x_0,y_0),v(x_0,y_0)) | < \varepsilon.$$
这就说明复合函数 $F(x,y) = f(\varphi(x,y),\psi(x,y))$ 在点 $P_0$ 处连续.

**例 12** $f(x,y)$ 在 $\Omega$ 上有定义,关于 $x,y$ 连续且关于 $y$ 单调递减,证明:$f(x,y)$ 在 $\Omega$ 上连续.

**证明** 任取 $M_0(x_0,y_0) \in \Omega$,则对给定的正数 $\varepsilon > 0$,由 $f(x,y)$ 对于 $y$ 是连续的,可知存在正数 $\delta_1 > 0$,使得
$$f(x_0,y_0 - \delta_1) < f(x_0,y_0) + \varepsilon, f(x_0,y_0 + \delta_1) > f(x_0,y_0) - \varepsilon.$$
又由 $f(x,y)$ 对于 $x$ 是连续的,故存在公共的 $\delta > 0$,使得
$$f(x,y_0 - \delta_1) < f(x_0,y_0 - \delta_1) + \varepsilon, x \in (x_0 - \delta, x_0 + \delta),$$

$$f(x, y_0 + \delta_1) > f(x_0, y_0 + \delta_1) - \varepsilon, x \in (x_0 - \delta, x_0 + \delta).$$

那么对任意的 $(x, y) \in (x_0 - \delta, x_0 + \delta) \cdot (y_0 - \delta, y_0 + \delta)$，根据 $f(x, y)$ 关于 $y$ 单调递减有

$$f(x, y) \leqslant f(x, y_0 - \delta_1) < f(x_0, y_0 - \delta_1) + \varepsilon < f(x_0, y_0) + 2\varepsilon.$$

同理

$$f(x, y) \geqslant f(x, y_0 + \delta_1) > f(x_0, y_0) - 2\varepsilon.$$

所以 $| f(x, y) - f(x_0, y_0) | < 2\varepsilon$. 故 $f(x, y)$ 在 $M_0$ 连续, 由 $M_0$ 的任意性, 知 $f(x, y)$ 在 $\Omega$ 上连续.

**例 13**    讨论函数

$$f(x, y) = \begin{cases} \dfrac{x^2 y}{x^2 + y^2}, & x^2 + y^2 \neq 0 \\ 0, & x^2 + y^2 = 0 \end{cases}$$

的连续范围.

**解**    函数 $f(x, y)$ 在区域 $\{(x, y) \mid x^2 + y^2 \neq 0\}$ 上连续, 所以只要考虑函数 $f(x, y)$ 在原点的连续性. 由 $2 \mid xy \mid \leqslant x^2 + y^2$, 得到

$$\left| \frac{x^2 y}{x^2 + y^2} \right| \leqslant \frac{1}{2} \mid x \mid,$$

所以

$$\lim_{(x,y) \to (0,0)} f(x, y) = \lim_{(x,y) \to (0,0)} \frac{x^2 y}{x^2 + y^2} = 0,$$

即函数 $f(x, y)$ 在原点连续, 故 $f(x, y)$ 在整个平面上点点连续.

**例 14**    设 $f(t)$ 在区间 $(a, b)$ 上具有连续导数, $D = (a, b) \cdot (a, b)$. 定义 $D$ 上的函数

$$F(x, y) = \begin{cases} \dfrac{f(x) - f(y)}{x - y}, & x \neq y \\ f'(x), & x = y \end{cases}.$$

证明: 对于任何的 $c \in (a, b)$, 有 $\lim\limits_{(x,y) \to (c,c)} F(x, y) = f'(c)$.

**证明**    应用拉格朗日中值定理, 有 $f(x) - f(y) = f'(\xi)(x - y)$, 其中 $\xi$ 介于 $x$ 和 $y$ 之间. 所以由 $f(t)$ 在区间 $(a, b)$ 上具有连续导数, 有

$$\lim_{(x,y) \to (c,c), x \neq y} F(x, y) = \lim_{(x,y) \to (c,c)} f'(\xi) = f'(c),$$

$$\lim_{(x,y) \to (c,c), x \neq y} F(x, y) = \lim_{(x,y) \to (c,c)} f'(x) = f'(c),$$

因此

$$\lim_{(x,y) \to (c,c)} F(x, y) = f'(c).$$

# 第 2 节    偏导数与全微分

## 一、可微性

### 1. 可微与全微分、偏导数

**定义 1**    设函数 $z = f(x, y)$ 在点 $P_0(x_0, y_0)$ 的某邻域 $U(P_0)$ 内有定义, 对 $U(P_0)$ 中任意点 $P(x, y)$, 若函数 $f$ 在 $P_0$ 的全增量 $\Delta z$ 可表示为

$$\Delta z = A\Delta x + B\Delta y + o(\rho) \tag{1}$$

其中 $A,B$ 是仅与 $(x_0,y_0)$ 有关的常数, $\rho = \sqrt{\Delta x^2 + \Delta y^2}$, 则称 $f$ 在点 $P_0$ 可微, 并称式(1) 中关于 $\Delta x,\Delta y$ 的线性函数 $A\Delta x + B\Delta y$ 为函数 $f$ 在点 $P_0$ 的全微分, 记作

$$\mathrm{d}z\,|_{P_0} = A\Delta x + B\Delta y \tag{2}$$

**注 1**  当 $|\Delta x|,|\Delta y|$ 很小时, $\Delta z \approx \mathrm{d}z$, 即

$$f(x,y) \approx f(x_0,y_0) + A(x-x_0) + B(y-y_0).$$

此式常用于近似计算.

**注 2**  在使用上, 式(1) 也可写成

$$\Delta z = A\Delta x + B\Delta y + \alpha\Delta x + \beta\Delta y,$$

其中, $\lim\limits_{\Delta x \to 0, \Delta y \to 0} \alpha = \lim\limits_{\Delta x \to 0, \Delta y \to 0} \beta = 0$. 这个等式在可微性证明中经常用到.

**定义 2**  设函数 $z = f(x,y)$ 在点 $P_0(x_0,y_0)$ 的某邻域有定义, 当极限

$$\lim_{\Delta x \to 0} \frac{\Delta_x z}{\Delta x} = \lim_{\Delta x \to 0} \frac{f(x_0+\Delta x, y_0) - f(x_0,y_0)}{\Delta x} = \lim_{x \to x_0} \frac{f(x,y_0) - f(x_0,y_0)}{x - x_0}$$

存在时, 称这个极限为函数 $f$ 在点 $(x_0,y_0)$ 关于 $x$ 的偏导数, 记作

$$f_x(x_0,y_0) \text{ 或} \frac{\partial f}{\partial x}\Big|_{(x_0,y_0)} \text{ 或} \frac{\partial z}{\partial x}\Big|_{(x_0,y_0)}.$$

同理, 可定义关于 $y$ 的偏导数(偏导数反映了函数沿平行于坐标轴方向上的变化率).

**2. 方向导数与梯度**

**定义 3**  设三元函数 $f$ 在点 $P_0(x_0,y_0,z_0)$ 的某邻域 $U(P_0) \subset \mathbf{R}^3$ 内有定义, $l$ 为从点 $P_0$ 出发的射线, $P(x,y,z)$ 为 $l$ 上且含于 $U(P_0)$ 内的任一点, 以 $\rho$ 表示 $P$ 与 $P_0$ 两点间的距离, 若极限

$$\lim_{\rho \to 0^+} \frac{f(p) - f(p_0)}{\rho} = \lim_{\rho \to 0^+} \frac{\Delta f}{\rho}$$

存在, 则称此极限为函数 $f$ 在点 $P_0$ 沿方向 $l$ 的方向导数, 记作

$$\frac{\partial f}{\partial l}\Big|_{P_0}, f_l(P_0) \text{ 或} f_l(x_0,y_0,z_0).$$

**定义 4**  若 $f$ 在点 $P_0(x_0,y_0,z_0)$ 存在对所有自变量的偏导数, 则称向量 $(f_x(P_0),$ $f_y(P_0),f_z(P_0))$ 为函数 $f$ 在点 $P_0$ 的梯度, 记作

$$\mathrm{grad}\,f = (f_x(P_0),f_y(P_0),f_z(P_0)).$$

**3. 性质、区别与联系**

(1) 可微的必要条件.

若二元函数 $f$ 在其定义域内一点 $P_0(x_0,y_0)$ 处可微, 则 $f$ 关于每个自变量的偏导数 都存在, 且有

$$\mathrm{d}z\,|_{P_0} = f_x(P_0)\mathrm{d}x + f_y(P_0)\mathrm{d}y.$$

一般地, 有

$$\mathrm{d}z = f_x\mathrm{d}x + f_y\mathrm{d}y.$$

(2) 可微的充分条件.

若 $z = f(x,y)$ 的偏导数在点 $P_0$ 的某邻域 $U(P_0)$ 内存在, 且 $f_x,f_y$ 在 $P_0$ 连续, 则函

数 $f$ 在 $P_0$ 可微.

**注**　条件可减弱为一个偏导数存在,另一个偏导数连续.

(3) 中值公式.

设 $f$ 在 $P_0$ 的某邻域 $U(P_0)$ 内存在偏导数,则存在

$$\xi = x_0 + \theta\Delta(x - x_0), \eta = y_0 + \theta\Delta(y - y_0), \theta_1 > 0, \theta_2 < 1,$$

使得

$$f(x, y) - f(x_0, y_0) = f_x(\xi, y)(x - x_0) + f_y(x_0, \eta)(y - y_0).$$

(4) 可微与方向导数之间的关系.

若 $f$ 在 $P_0$ 可微,则 $f$ 在 $P_0$ 处沿任一方向 $l$ 的方向导数都存在,且

$$f_l(P_0) = f_x(P_0)\cos\alpha + f_y(P_0)\cos\beta + f_z(P_0)\cos\gamma,$$

其中 $\cos\alpha, \cos\beta, \cos\gamma$ 为 $l$ 的方向余弦.

(5) 梯度与变化率.

梯度方向就是函数值 $f(P)$ 增加最快的方向.

设 $f$ 在 $P_0$ 可微,记为

$$|\operatorname{grad} f(P_0)| = \sqrt{f_x(P_0)^2 + f_y(P_0)^2 + f_z(P_0)^2},$$

则有

$$f_l(P_0) = \operatorname{grad} f(P_0) \cdot l_0 = |\operatorname{grad} f(P_0)| \cos\theta,$$

其中, $l_0 = (\cos\alpha, \cos\beta, \cos\gamma)$ 为 $l$ 的的方向余弦, $\theta$ 为 $\operatorname{grad} f(P_0)$ 与 $l$ 的夹角.由上式易得:当 $\theta = 0$ 时,即 $l$ 与 $\operatorname{grad} f(P_0)$ 同方向时, $f_l(P_0)$ 最大,且变化率就是该点梯度的模.说明梯度方向是 $f$ 的值增长最快的方向.

(6) 相互关系与反例.

( i ) $f$ 在 $P_0$ 可微 $\Rightarrow$ 在点 $P_0$ 处, $f$ 连续,偏导数存在,且沿任意方向的方向导数存在;反之不真.

( ii ) $f$ 关于每个变量的偏导数都存在 $\Rightarrow$ 关于每个变量连续.

( iii ) 函数连续 $\Rightarrow$ 关于每个变量连续;反之不真.

( iv ) $f$ 关于每个变量的偏导数都存在且连续 $\Rightarrow f$ 可微;反之不真.

( v ) $f$ 关于每个变量的偏导数存在 $\nRightarrow(\nLeftarrow) f$ 连续.

( vi ) 沿任意方向方向导数都存在 $\nRightarrow(\nLeftarrow)$ 偏导数存在.

## 二、偏导数的计算

**1. 定义法(分段点,分段函数)**

**2. 一阶(全)微分形式不变性**

**3. 复合函数的求(偏)导法则**

若函数 $x = \varphi(s, t), y = \psi(s, t)$ 在 $(s, t) \in D$ 可微, $z = f(x, y)$ 在点 $(x, y) = (\varphi(s, t), \psi(s, t))$ 可微,则复合函数 $z = f(\varphi(s, t), \psi(s, t))$ 在点 $(s, t)$ 可微,且有

$$\frac{\partial z}{\partial s} = \frac{\partial z}{\partial x} \cdot \frac{\partial x}{\partial s} + \frac{\partial z}{\partial y} \cdot \frac{\partial y}{\partial s}, \frac{\partial z}{\partial t} = \frac{\partial z}{\partial x} \cdot \frac{\partial x}{\partial t} + \frac{\partial z}{\partial y} \cdot \frac{\partial y}{\partial t}.$$

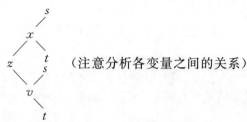

（注意分析各变量之间的关系）

**注** 复合函数求导的"树形法"，其原则是：沿线相乘，分线相加.

典型例题

**例1** 说明函数 $f(x,y)=\begin{cases}(x^2+y^2)\sin\dfrac{1}{\sqrt{x^2+y^2}},(x,y)\neq(0,0)\\0,(x,y)=(0,0)\end{cases}$ 在原点$(0,0)$可

微，但是其偏导数在原点$(0,0)$不连续.

**解** 根据导数的定义，有

$$f_x(0,0)=\lim_{x\to 0}\frac{f(x,0)-f(0,0)}{x}=\lim_{x\to 0}\frac{x^2\sin\dfrac{1}{\sqrt{x^2}}}{x}=0,$$

$$f_y(0,0)=\lim_{y\to 0}\frac{f(0,y)-f(0,0)}{y}=\lim_{x\to 0}\frac{y^2\sin\dfrac{1}{\sqrt{y^2}}}{y}=0,$$

那么

$$\lim_{(x,y)\to(0,0)}\frac{f(x,y)-f(0,0)-f_x(0,0)x-f_y(0,0)y}{\sqrt{x^2+y^2}}$$

$$=\lim_{(x,y)\to(0,0)}\frac{(x^2+y^2)\sin\dfrac{1}{\sqrt{x^2+y^2}}-0}{\sqrt{x^2+y^2}}=0.$$

故 $f(x,y)$ 在原点可微.

当$(x,y)\neq(0,0)$时，有

$$f_x(x,y)=2x\sin\frac{1}{\sqrt{x^2+y^2}}-\frac{x}{\sqrt{x^2+y^2}}\cos\frac{1}{\sqrt{x^2+y^2}},$$

$$f_y(x,y)=2y\sin\frac{1}{\sqrt{x^2+y^2}}-\frac{y}{\sqrt{x^2+y^2}}\cos\frac{1}{\sqrt{x^2+y^2}},$$

那么当$(x,y)$沿着$x$轴的正向趋近于$(0,0)$时，有

$$\lim_{(x,y)\to(0,0)}f_x(x,y)=-\frac{1}{2},\quad\lim_{(x,y)\to(0,0)}f_y(x,y)=-\frac{1}{2},$$

所以 $f_x(x,y),f_y(x,y)$ 在原点均不连续.

**例2** 设 $z=z(x,y)$ 由方程 $x^2+xy-z^2+\mathrm{e}^z=1$ 确定，求 $\mathrm{d}z$ 及 $\dfrac{\partial^2 z}{\partial y^2}\Big|_{(0,0)}$.

**解** 设

$$f = x^2 + xy - z^2 + e^z = 1,$$

则

$$f_x = 0, f_y = 0, f_z = 0,$$

且

$$f_x + f_z z_x = 0, f_y + f_z z_y = 0,$$

那么有

$$\mathrm{d}z = z_x \mathrm{d}x + z_y \mathrm{d}y = -\frac{f_x \mathrm{d}x + f_y \mathrm{d}y}{f_z} = \frac{(2x+y)\mathrm{d}x + x\mathrm{d}y}{2z - e^z}. \qquad (*)$$

由 $f_y + f_z z_y = 0$ 知

$$f_{yy} + f_{yz} z_y + (f_{zy} z_y + f_{zz} z_y^2 + f_z z_{yy}) = 0.$$

注意到,由式( * )可得 $z_x(0,0) = z_y(0,0) = 0$. 联合 $f_{yy} = 0$ 即知 $\left.\dfrac{\partial^2 z}{\partial y^2}\right|_{(0,0)} = 0$.

**例 3**　设 $f(x,y) = \begin{cases} \dfrac{1 - e^{y(x^2+y^2)}}{x^2 + y^2}, & (x,y) \neq (0,0) \\ 0, & (x,y) = (0,0) \end{cases}$,讨论 $f(x,y)$ 在 $(0,0)$ 处的连续性,可导性与可微性.

**解**　由于

$$\lim_{(x,y) \to (0,0)} f(x,y) = \lim_{(x,y) \to (0,0)} \frac{-y(x^2 + y^2)}{x^2 + y^2} = 0 = f(0,0),$$

则 $f$ 在原点连续. 由

$$f_x(0,0) = \lim_{x \to 0} \frac{f(x,0) - f(0,0)}{x} = 0,$$

$$f_y(0,0) = \lim_{y \to 0} \frac{f(0,y) - f(0,0)}{y} = \lim_{y \to 0} \frac{1 - e^{-y^3}}{y} = \lim_{y \to 0} \frac{-(-y^3)}{y} = 0,$$

知 $f$ 在原点的偏导数存在.

当 $(x,y) \to (0,0)$ 时,有

$$\frac{f(x,y) - f(0,0) - f_x(0,0)x - f_y(0,0)y}{\sqrt{x^2 + y^2}} = \frac{1 - e^{y(x^2+y^2)}}{(x^2 + y^2)^{\frac{3}{2}}} \sim -\frac{y(x^2 + y^2)}{(x^2 + y^2)^{\frac{3}{2}}},$$

则 $(x,y)$ 沿着 $y$ 轴正向趋近于 $(0,0)$ 时,有

$$\lim_{y \to 0^+, x = 0} \frac{f(x,y) - f(0,0) - f_x(0,0)x - f_y(0,0)y}{\sqrt{x^2 + y^2}} = -1.$$

所以 $f(x,y)$ 在 $(0,0)$ 处不可微.

**例 4**　若 $z = yf(x^2 - y^2)$,其中 $f$ 为任意阶可微函数,证明:

$$y^2 \frac{\partial z}{\partial x} + xy \frac{\partial z}{\partial y} = xz.$$

**解**　由于

$$z_x = yf'(x^2 - y^2) \cdot 2x, \quad z_y = f(x^2 - y^2) + yf'(x^2 - y^2) \cdot (-2y),$$

则有

$$y^2 z_x + xy z_y = 2xy^3 f'(x^2 - y^2) + xyf(x^2 - y^2) - 2xy^3 f'(x^2 - y^2) = xz.$$

**例 5** 设函数 $z=f(u)$ 中的 $u$ 由方程 $u=\varphi(u)+\int_{y}^{x}p(t)\mathrm{d}t$ 确定，$u$ 是 $x,y$ 的函数，其中 $f(u),\varphi(u)$ 可微，$p(t),\varphi'(u)$ 连续，$\varphi'(u)\neq1$，求

$$p(y)\frac{\partial z}{\partial x}+p(x)\frac{\partial z}{\partial y}.$$

**解** 由题设知

$$u_x=\varphi'(u)u_x+p(x),\quad u_y=\varphi'(u)u_y-p(y),$$

即

$$u_x=\frac{p(x)}{1-\varphi'(u)},\quad u_y=\frac{-p(y)}{1-\varphi'(u)}.$$

于是

$$
\begin{aligned}
p(y)z_x+p(x)z_y &=p(y)f'(u)u_x+p(x)f'(u)u_y\\
&=p(y)f'(u)\frac{p(x)}{1-\varphi'(u)}+\\
&\quad p(x)f'(u)\frac{-p(y)}{1-\varphi'(u)}=0.
\end{aligned}
$$

**例 6** 证明：函数 $f(x)=\begin{cases}\dfrac{xy}{\sqrt{x^2+y^2}},&x^2+y^2\neq0\\0,&x^2+y^2=0\end{cases}$ 在点 $(0,0)$ 的邻域中连续且有界的一阶偏导数，但在此点不可微.

**证明** 由于 $\left|\dfrac{xy}{\sqrt{x^2+y^2}}\right|\leqslant|x|$，则有

$$\lim_{(x,y)\to(0,0)}f(x,y)=\lim_{(x,y)\to(0,0)}\frac{xy}{\sqrt{x^2+y^2}}=0=f(0,0).$$

所以 $f$ 在原点连续，从而 $f$ 在 $\mathbf{R}^2$ 上连续.

按偏导数的定义有

$$f_x(0,0)=\lim_{x\to0}\frac{f(x,0)-f(0,0)}{x}=\lim_{x\to0}\frac{0}{x}=0,$$

$$f_y(0,0)=\lim_{y\to0}\frac{f(0,y)-f(0,0)}{y}=\lim_{x\to0}\frac{0}{y}=0.$$

当 $(x,y)\neq(0,0)$ 时，有

$$f_x(x,y)=\frac{y^3}{(x^2+y^2)^{\frac{3}{2}}},\quad f_y(x,y)=\frac{x^3}{(x^2+y^2)^{\frac{3}{2}}},$$

那么有

$$|f_x(x,y)|=\left|\frac{y^3}{(x^2+y^2)^{\frac{3}{2}}}\right|\leqslant1,\quad|f_y(x,y)|=\left|\frac{x^3}{(x^2+y^2)^{\frac{3}{2}}}\right|\leqslant1.$$

因此，$f$ 的偏导数在 $\mathbf{R}^2$ 上有界.

由于

$$\frac{f(x,y)-f(0,0)-f_x(0,0)x-f_y(0,0)y}{\sqrt{x^2+y^2}}=\frac{xy}{x^2+y^2},$$

则 $(x,y)$ 沿着直线 $y=kx$ 趋近于 $(0,0)$ 时,有

$$\lim_{(x,y)\to(0,0),y=kx}\frac{f(x,y)-f(0,0)-f_x(0,0)x-f_y(0,0)y}{\sqrt{x^2+y^2}}=\frac{k}{1+k^2},$$

所以 $f(x,y)$ 在 $(0,0)$ 处不可微.

**例 7**　请讨论 $f(x,y)=\begin{cases}\dfrac{(x+y)\sin(xy)}{x^2+y^2},x^2+y^2\neq 0 \\ 0,x^2+y^2=0\end{cases}$ 在点 $(0,0)$ 处的连续性与可

微性.

**解**　对任意 $(x,y)\neq(0,0)$,有

$$|f(x,y)|=\left|\frac{(x+y)\sin(xy)}{x^2+y^2}\right|\leqslant\frac{|x+y||xy|}{x^2+y^2}\leqslant\frac{|x+y|\dfrac{x^2+y^2}{2}}{x^2+y^2}=\frac{|x+y|}{2},$$

则有

$$\lim_{(x,y)\to(0,0)}|f(x,y)|=0=f(0,0).$$

故 $f(x,y)$ 在 $(0,0)$ 处连续.

当 $(x,y)=(0,0)$ 时,根据偏导数的定义有

$$f_x(0,0)=\lim_{x\to 0}\frac{f(x,0)-f(0,0)}{x}=\lim_{x\to 0}\frac{0-0}{x}=0,$$

$$f_y(0,0)=\lim_{y\to 0}\frac{f(0,y)-f(0,0)}{y}=\lim_{y\to 0}\frac{0-0}{y}=0.$$

对任意 $(x,y)\neq(0,0)$,有

$$\frac{f(x,y)-f(0,0)-f_x(0,0)x-f_y(0,0)y}{\sqrt{x^2+y^2}}=\frac{(x+y)\sin(xy)}{(x^2+y^2)^{\frac{3}{2}}},$$

则当 $(x,y)$ 沿着路径 $y=x$ 趋于原点 $(0,0)$ 时,有

$$\lim_{(x,y)\to(0,0),x=y}\frac{(x+y)\sin(xy)}{(x^2+y^2)^{\frac{3}{2}}}=\lim_{(x,y)\to(0,0),x=y}\frac{(2x)\sin x^2}{(x^2+x^2)^{\frac{3}{2}}}$$

$$=\lim_{(x,y)\to(0,0),x=y}\frac{2x^3}{2\sqrt{2}x^3}=\frac{1}{\sqrt{2}}\neq 0,$$

即

$$\lim_{(x,y)\to(0,0)}\frac{f(x,y)-f(0,0)-f_x(0,0)x-f_y(0,0)y}{\sqrt{x^2+y^2}}\neq 0.$$

故 $f(x,y)$ 在 $(0,0)$ 处不可微.

**例 8**　设 $w(x,y)=f(xy,x+y,x-y)$,$f$ 存在二阶连续导数,求 $w_{xy}$.

**解**
$$w_x=f_1y+f_2+f_3,$$
$$w_{xy}=(f_{11}x+f_{12}-f_{13})y+f_1+(f_{21}x+f_{22}-f_{23})+(f_3x+f_{32}-f_{33})$$
$$=f_1+xyf_{11}+(x+y)f_{12}+(x-y)f_{13}+f_{22}-f_{33}.$$

**例 9**　设 $D$ 为平面上的有界域,$f(x,y)$ 在 $D$ 上可微,在 $\overline{D}$ 上连续,在 $D$ 的边界上

$f(x,y)=0$,且满足 $\left(\dfrac{\partial f(x,y)}{\partial x}+\dfrac{\partial f(x,y)}{\partial y}\right)^2=f(x,y)$,试证明在 $\overline{D}$ 上 $f(x,y)\equiv 0$.

**解**　设 $D$ 为平面上的有界域，$f(x,y)$ 在 $D$ 上可微，在 $\overline{D}$ 上连续，则 $f(x,y)$ 在 $\overline{D}$ 上有最大值和最小值。在 $\overline{D}$ 的边界上 $f(x,y)=0$，如果在 $\overline{D}$ 上 $f(x,y)\equiv 0$ 不成立，则 $f(x,y)$ 在 $D$ 内可以取到正的最大值或负的最小值，不妨设 $f(x,y)$ 在 $D$ 内可以取到正的最大值，设最大值点为 $(x_0,y_0)$，则

$$f(x_0,y_0)>0,\quad \frac{\partial f(x_0,y_0)}{\partial x}=0,\quad \frac{\partial f(x_0,y_0)}{\partial y}=0,$$

故

$$\frac{\partial f(x_0,y_0)}{\partial x}+\frac{\partial f(x_0,y_0)}{\partial y}=0.$$

在 $D$ 上满足

$$\left(\frac{\partial f(x_0,y_0)}{\partial x}+\frac{\partial f(x_0,y_0)}{\partial y}\right)^2=f(x,y),$$

那么

$$0=\left(\frac{\partial f(x_0,y_0)}{\partial x}+\frac{\partial f(x_0,y_0)}{\partial y}\right)^2=f(x_0,y_0)>0.$$

矛盾！故在 $\overline{D}$ 上 $f(x,y)\equiv 0$。

**例 10**　证明：函数 $f(x)=\begin{cases}\dfrac{xy}{\sqrt{x^2+y^2}}, & x^2+y^2\neq 0\\ 0, & x^2+y^2=0\end{cases}$ 在点 $(0,0)$ 的邻域中有连续且有界的一阶偏导数，但在此点不可微。

**证明**　(1) 当 $(x,y)\to(0,0)$ 时，$\left|\dfrac{xy}{\sqrt{x^2+y^2}}\right|\leqslant |x|\to 0$，即知 $f(x)$ 在原点连续，而 $f(x)$ 在 $\mathbf{R}^2$ 上连续。

(2) 按定义即知 $f_x(0,0)=f_y(0,0)=0$。再由

$$|f_x|=\left|\frac{y^3}{(x^2+y^2)^{\frac{3}{2}}}\right|\leqslant 1,\quad |f_y|=\left|\frac{x^3}{(x^2+y^2)^{\frac{3}{2}}}\right|\leqslant 1,$$

知 $f(x)$ 的偏导数在 $\mathbf{R}^2$ 上有界。

(3) 由当 $y$ 沿着 $y=kx$ 趋近于零，有

$$\frac{|f(x,y)-f(0,0)-f_x(0,0)x-f_y(0,0)y|}{\sqrt{x^2+y^2}}=\frac{xy}{x^2+y^2}=\frac{k}{1+k^2}.$$

此时极限与 $k$ 取值有关，所以 $f(x)$ 在 $(0,0)$ 处不可微。

**例 11**　设 $f(x,y)=\begin{cases}\dfrac{1-e^{y(x^2+y^2)}}{x^2+y^2}, & (x,y)\neq(0,0)\\ 0, & (x,y)=(0,0)\end{cases}$，讨论 $f(x,y)$ 在 $(0,0)$ 处的连续性，可导性与可微性。

**解**　当 $(x,y)\to(0,0)$ 时，$1-e^{y(x^2+y^2)}\sim -y(x^2+y^2)$，则有

$$\lim_{(x,y)\to(0,0)}f(x,y)=\lim_{(x,y)\to(0,0)}\frac{-y(x^2+y^2)}{x^2+y^2}=0=f(0,0).$$

所以 $f$ 在原点连续。

由导数的定义可知

$$f_x(0,0) = \lim_{x \to 0} \frac{f(x,0) - f(0,0)}{x} = 0,$$

$$f_y(0,0) = \lim_{y \to 0} \frac{f(0,y) - f(0,0)}{y} = \lim_{y \to 0} \frac{1 - e^{-y^3}}{y} = \lim_{y \to 0} \frac{-(-y^3)}{y} = 0,$$

知 $f$ 在原点的偏导数存在. 最后,由

$$\left| \frac{f(x,y) - f(0,0) - f_x(0,0)x - f_y(0,0)y}{\sqrt{x^2 + y^2}} \right| = \left| \frac{1 - e^{y(x^2+y^2)}}{(x^2+y^2)^{\frac{3}{2}}} \right|$$

知 $f$ 在原点不可微.

**例 12**　求函数 $z = x e^{2y}$ 在点 $P(1,0)$ 处的沿点 $P(1,0)$ 到点 $Q(2,-1)$ 方向的方向导数.

**解**　由于

$$v = \frac{\overrightarrow{PQ}}{|\overrightarrow{PQ}|} = \frac{(2,-1) - (1,0)}{|(2,-1) - (1,0)|} = \frac{1}{\sqrt{2}}(1,-1) = (v_1, v_2),$$

且

$$\frac{\partial z}{\partial x} = e^{2y}, \frac{\partial z}{\partial y} = e^{2y},$$

所以

$$\frac{\partial z}{\partial v} = \frac{\partial z}{\partial x} v_1 + \frac{\partial z}{\partial y} v_2 = -\frac{1}{\sqrt{2}}.$$

**例 13**　设 $z = x^2 - xy + y^2$,求它在点 $(1,1)$ 处的沿方向 $v = (\cos \alpha, \sin \alpha)$ 的方向导数,并指出:

(1) 沿哪个方向的方向导数最大?

(2) 沿哪个方向的方向导数最小?

(3) 沿哪个方向的方向导数为零?

**解**　由于

$$\frac{\partial z}{\partial v} = \frac{\partial z}{\partial x} \cos \alpha + \frac{\partial z}{\partial y} \sin \alpha = (2x - y)\cos \alpha + (-x + 2y)\sin \alpha,$$

因此

$$\left. \frac{\partial z}{\partial v} \right|_{(1,1)} = \cos \alpha + \sin \alpha = \sin\left(\frac{\pi}{2} - \alpha\right) + \sin \alpha = 2\sin \frac{\pi}{4} \cos\left(\frac{\pi}{4} - \alpha\right).$$

(1) 当 $\alpha = \dfrac{\pi}{4}$ 时,沿 $v = \left(\cos \dfrac{\pi}{4}, \sin \dfrac{\pi}{4}\right)$ 的方向导数最大.

(2) 当 $\alpha = \dfrac{5\pi}{4}$ 时,沿 $v = \left(\cos \dfrac{5\pi}{4}, \sin \dfrac{5\pi}{4}\right)$ 的方向导数最小.

(3) 当 $\alpha = \dfrac{3\pi}{4}$ 或 $\dfrac{7\pi}{4}$ 时,沿 $v = \left(\cos \dfrac{3\pi}{4}, \sin \dfrac{3\pi}{4}\right)$ 或 $v = \left(\cos \dfrac{7\pi}{4}, \sin \dfrac{7\pi}{4}\right)$ 的方向导数为零.

**例 14**　如果可微函数 $f(x,y)$ 在点 $(1,2)$ 处的从点 $(1,2)$ 到点 $(2,2)$ 方向的方向导数为 2,从点 $(1,2)$ 到点 $(1,1)$ 方向的方向导数为 $-2$.求:

（1）这个函数在点$(1,2)$处的梯度；

（2）点$(1,2)$处的从点$(1,2)$到点$(4,6)$方向的方向导数.

**解** 因为

$$v_1 = (2,2) - (1,2) = (1,0), \frac{\partial z}{\partial v_1} = \frac{\partial z}{\partial x} \cdot 1 + \frac{\partial z}{\partial y} \cdot 0 = 2,$$

$$v_2 = (1,1) - (1,2) = (0,-1), \frac{\partial z}{\partial v_2} = \frac{\partial z}{\partial x} \cdot 0 + \frac{\partial z}{\partial y} \cdot (-1) = -2,$$

所以在$(1,2)$处，$\frac{\partial z}{\partial x} = \frac{\partial z}{\partial y} = 2.$

（1）grad $f(1,2) = (2,2).$

（2）因为$(4,6) - (1,2) = (3,4), v = \frac{(3,4)}{\sqrt{3^2 + 4^2}} = \frac{(3,4)}{5}$，所以$\frac{\partial f}{\partial v}\Big|_{(1,2)} = 2 \times \frac{3}{5} + 2 \times$

$\frac{4}{5} = \frac{11}{5}.$

**例 15** 对于函数$f(x,y) = xy$，在第一象限（包括边界）的每一点，指出函数值增加最快的方向.

**解** 在$(x,y) \neq (0,0)$处，函数值增长最快的方向为 grad $f = (y,x).$

在$(0,0)$处，由于梯度为零向量，不能直接从梯度得出函数增长最快的方向. 设沿方向$v = (\cos \alpha, \sin \alpha)$自变量的改变量为$\Delta x = t\cos \alpha, \Delta y = t\sin \alpha$，则函数值的改变量为

$$f(\Delta x, \Delta y) - f(0,0) = \Delta x \Delta y = t^2 \cos \alpha \sin \alpha = \frac{t^2}{2} \sin 2\alpha.$$

由此可知当$\alpha = \frac{\pi}{4}$和$\frac{5\pi}{4}$时函数值增长最快，即函数值增长最快的方向为$(1,1)$和$(-1, -1)$.

**例 16** 验证函数

$$f(x,y) = \sqrt[3]{xy}$$

在原点$(0,0)$连续且可偏导，但除方向$e_i$和$-e_i (i = 1,2)$外，在原点的沿其他方向的方向导数都不存在.

**解** 因为

$$\lim_{(x,y) \to (0,0)} f(x,y) = \lim_{(x,y) \to (0,0)} \sqrt[3]{xy} = 0 = f(0,0),$$

所以$f(x,y)$在原点$(0,0)$连续. 根据偏导的定义，有

$$f_x(0,0) = \lim_{\Delta x \to 0} \frac{f(\Delta x, 0) - f(0,0)}{\Delta x - 0} = \lim_{\Delta x \to 0} \frac{\sqrt[3]{\Delta x \cdot 0}}{\Delta x} = 0,$$

$$f_y(0,0) = \lim_{\Delta y \to 0} \frac{f(0, \Delta y) - f(0,0)}{\Delta y - 0} = \lim_{\Delta y \to 0} \frac{\sqrt[3]{0 \cdot \Delta y}}{\Delta y} = 0,$$

所以$f(x,y)$在原点$(0,0)$处存在偏导. 取方向$v = (\cos \alpha, \sin \alpha)$，则

$$\frac{\partial f}{\partial v} = \lim_{t \to 0^+} \frac{f(0 + t\cos \alpha, 0 + t\sin \alpha) - f(0,0)}{t} = \lim_{t \to 0^+} \frac{\sqrt[3]{\sin 2\alpha}}{\sqrt[3]{2t}}.$$

当$\sin 2\alpha = 0$，即$\alpha = \frac{k\pi}{2}$时，极限存在且为零；当$\sin 2\alpha \neq 0$，即$\alpha \neq \frac{k\pi}{2}$时，极限不存在. 所

以除方向 $e_i$ 和 $-e_i(i=1,2)$ 外,在原点的沿其他方向的方向导数都不存在.

**例 17**　验证函数

$$f(x,y)=\begin{cases}(x^2+y^2)\sin\dfrac{1}{x^2+y^2},x^2+y^2\neq 0\\[2mm]0,x^2+y^2=0\end{cases}$$

的偏导函数 $f_x(x,y),f_y(x,y)$ 在原点 $(0,0)$ 不连续,但它在该点可微.

**解**　由偏导的定义,有

$$f_x(0,0)=\lim_{\Delta x\to 0}\frac{f(\Delta x,0)-f(0,0)}{\Delta x-0}=\lim_{\Delta x\to 0}\Delta x^2\sin\frac{1}{\Delta x^2}=0.$$

当 $(x,y)\neq(0,0)$ 时

$$f_x(x,y)=2x\sin\frac{1}{x^2+y^2}-\frac{2x}{x^2+y^2}\cos\frac{1}{x^2+y^2},x^2+y^2\neq 0.$$

由于

$$\lim_{x\to 0,x=y}f_x(x,y)=\lim_{x\to 0}\left(2x\sin\frac{1}{2x^2}-\frac{1}{x}\cos\frac{1}{2x^2}\right)$$

不存在,所以 $f_x(x,y)$ 在原点 $(0,0)$ 不连续.根据类似的方法,可知 $f_y(x,y)$ 在原点 $(0,0)$ 不连续.但由于

$$f(0+\Delta x,0+\Delta y)-f(0,0)-(f_x(0,0)\Delta x+f_y(0,0)\Delta y)$$

$$=(\Delta x^2+\Delta y^2)\sin\frac{1}{\Delta x^2+\Delta y^2}=o(\Delta x^2+\Delta y^2),$$

所以函数在 $(0,0)$ 可微.

**例 18**　证明函数

$$f(x,y)=\begin{cases}\dfrac{2xy^2}{x^2+y^4},x^2+y^2\neq 0\\[2mm]0,x^2+y^2=0\end{cases}$$

在原点 $(0,0)$ 处沿各个方向的方向导数都存在,但它在该点不连续,因而不可微.

**证明**　函数 $f(x,y)$ 在原点 $(0,0)$ 处沿方向 $v=(\cos\alpha,\sin\alpha)$ 的方向导数为

$$\frac{\partial f}{\partial v}=\lim_{t\to 0^+}\frac{f(0+t\cos\alpha,0+t\sin\alpha)-f(0,0)}{t}$$

$$=\lim_{t\to 0^+}\frac{2t^3\sin^2\alpha\cos\alpha}{(\cos^2\alpha+t^2\sin^4\alpha)t^3}$$

$$=\begin{cases}\dfrac{\sin^2\alpha}{\cos\alpha},\cos\alpha\neq 0\\[2mm]0,\cos\alpha=0\end{cases}.$$

所以函数在原点 $(0,0)$ 处沿各个方向的方向导数都存在.但当 $(x,y)$ 沿曲线 $x=ky^2$ 趋于 $(0,0)$ 时,极限

$$\lim_{x\to 0,x=ky^2}f(x,y)=\lim_{y\to 0}\frac{2ky^4}{k^2y^4+y^4}=\frac{2k}{k^2+1}$$

与 $k$ 有关,所以函数在原点 $(0,0)$ 处不连续,因而不可微.

**例19** 设二元函数 $f(x,y) = \begin{cases} (x^2+y^2)^a \ln \dfrac{1}{x^2+y^2}, & x^2+y^2 \neq 0 \\ b, & x^2+y^2 = 0 \end{cases}$，在 $a,b$ 取何值时，

$f(x,y)$ 在 $\mathbf{R}^2$ 上连续，在 $(0,0)$ 处可微.

**解** 当 $x^2+y^2 \neq 0$ 时，$f(x,y)$ 显然连续，只需考虑 $(0,0)$ 处的连续性. 令 $x = r\cos\theta, y = r\sin\theta, r \to 0$，若 $f$ 在 $(0,0)$ 处连续，则有

$$b = \lim_{(x,y)\to(0,0)} (x^2+y^2)^a \ln \frac{1}{x^2+y^2} = \lim_{r\to 0} (r^2)^a \ln \frac{1}{r^2} = -2 \lim_{r\to 0} r^{2a} \ln r,$$

所以 $a > 0, b = 0$. 下面考虑可微性.

$$f_x(0,0) = \lim_{x\to 0} \frac{f(x,0) - f(0,0)}{x} = \begin{cases} 0, & a > \dfrac{1}{2} \\ +\infty, & 0 < a \leqslant \dfrac{1}{2} \end{cases},$$

$$f_y(0,0) = \lim_{y\to 0} \frac{f(0,y) - f(0,0)}{y} = \begin{cases} 0, & a > \dfrac{1}{2} \\ +\infty, & 0 < a \leqslant \dfrac{1}{2} \end{cases}.$$

当 $a > \dfrac{1}{2}$ 时

$$\lim_{(x,y)\to(0,0)} \frac{f(x,y) - f(0,0) - f_x(0,0)x - f_y(0,0)y}{\sqrt{x^2+y^2}} = \lim_{(x,y)\to(0,0)} \frac{(x^2+y^2)^a \ln \dfrac{1}{x^2+y^2}}{\sqrt{x^2+y^2}} = 0.$$

当 $0 < a \leqslant \dfrac{1}{2}$ 时，显然不可微；当 $a \leqslant 0$ 时，$f(x,y)$ 不连续，显然不可微. 综上所述，

当 $a > 0, b = 0$ 时，$f(x,y)$ 在 $\mathbf{R}^3$ 上连续. 当 $a > \dfrac{1}{2}, b = 0$ 时，$f(x,y)$ 在 $(0,0)$ 处可微.

**例20** 设 $f(x,y) = \begin{cases} \dfrac{x^2 y^3}{x^4+y^4}, & (x,y) \neq (0,0) \\ 0, & (x,y) = (0,0) \end{cases}$，研究以下性质：

(1) 该函数的连续性；

(2) 一阶偏导的连续性；

(3) 该函数的可微性.

**解** (1) 当 $(x,y) \neq (0,0)$ 时，显然 $f$ 是连续的. 由于

$$\left| \frac{x^2 y^3}{x^4+y^4} \right| \leqslant \left| \frac{x^2 y^3}{2x^2 y^2} \right| = \frac{|y|}{2},$$

因此有

$$\lim_{(x,y)\to(0,0)} f(x,y) = \lim_{(x,y)\to(0,0)} \frac{x^2 y^3}{x^4+y^4} = 0 = f(0,0).$$

即知 $f$ 在 $(0,0)$ 连续. 所以 $f$ 在 $\mathbf{R}^2$ 上连续.

(2) 当 $(x,y) \neq (0,0)$ 时

$$f_x = \frac{-2x(x-y)y^3(x+y)(x^2+y^2)}{(x^4+y^4)^2}, \quad f_y = \frac{x^2 y^2 (3x^4-y^4)}{(x^4+y^4)^2}.$$

当 $(x,y)=(0,0)$ 时,根据偏导数的定义有

$$f_x(0,0)=\lim_{x\to 0}\frac{f(x,0)-f(0,0)}{x}=0,\ f_y(0,0)=\lim_{x\to 0}\frac{f(0,y)-f(0,0)}{y}=0.$$

当 $(x,y)$ 沿着路径 $y=2x$ 趋于原点 $(0,0)$ 时,有

$$\lim_{(x,y)\to(0,0),y=2x}f_x(x,y)=\frac{240}{289},\quad \lim_{(x,y)\to(0,0),y=2x}f_y(x,y)=-\frac{52}{289}.$$

所以 $f_x$ 与 $f_y$ 在 $\mathbf{R}^2$ 上除了原点 $(0,0)$ 外都连续.

（3）由于

$$\lim_{(x,y)\to(0,0)}\frac{f(x,y)-f(0,0)-f_x(0,0)x-f_y(0,0)y}{\sqrt{x^2+y^2}}=\lim_{(x,y)\to(0,0)}\frac{x^2y^3}{x^4+y^4}\cdot\frac{1}{\sqrt{x^2+y^2}},$$

当 $(x,y)$ 沿着路径 $y=kx$ 趋于原点 $(0,0)$ 时,有

$$\lim_{(x,y)\to(0,0)}\frac{x^2y^3}{x^4+y^4}\cdot\frac{1}{\sqrt{x^2+y^2}}=\frac{k^3}{(1+k^4)\sqrt{1+k^2}}.$$

显然,上式极限与 $k$ 有关,所以 $f$ 在 $\mathbf{R}^2$ 上除了原点 $(0,0)$ 外都可微.

**例 21**　设 $f(x,y)=\begin{cases}(x^2+y^2)\sin\dfrac{1}{\sqrt{x^2+y^2}},x^2+y^2\neq 0\\[2mm]0,x^2+y^2=0\end{cases}$,证明: $f(x,y)$ 在 $(0,0)$ 连续,可偏导,偏导数不连续,但是可微.

**证明**　由于 $\left|\sin\dfrac{1}{\sqrt{x^2+y^2}}\right|\leqslant 1$,因此有

$$\lim_{(x,y)\to(0,0)}f(x,y)=0=f(0,0).$$

所以 $f(z,y)$ 在 $(0,0)$ 连续.

根据偏导数的定义有

$$f_x(0,0)=\lim_{x\to 0}\frac{f(x,0)-f(0,0)}{x-0}=\lim_{x\to 0}\frac{x^2\sin\dfrac{1}{|x|}}{x}=0,$$

$$f_y(0,0)=\lim_{y\to 0}\frac{f(0,y)-f(0,0)}{y-0}=\lim_{y\to 0}\frac{y^2\sin\dfrac{1}{|y|}}{y}=0,$$

则 $f$ 在 $(0,0)$ 处存在偏导.

当 $(x,y)\neq(0,0)$ 时,有

$$f_x(x,y)=\begin{cases}2x\sin\dfrac{1}{\sqrt{x^2+y^2}}-\dfrac{x}{x^2+y^2}\cos\dfrac{1}{\sqrt{x^2+y^2}},x^2+y^2\neq 0\\[2mm]0,x^2+y^2=0\end{cases},$$

则有

$$\lim_{(x,y)\to(0,0)}f_x(x,y)=0-\lim_{(x,y)\to(0,0)}\frac{x}{x^2+y^2}\cos\frac{1}{\sqrt{x^2+y^2}},$$

其中

$$\lim_{(x,y)\to(0,0)}\frac{x}{x^2+y^2}\cos\frac{1}{\sqrt{x^2+y^2}}$$

不存在,所以 $f_x(x,y)$ 在 $(0,0)$ 处不连续,同理,$f_y(x,y)$ 在 $(0,0)$ 处不连续.

由于

$$f(x,y) - f(0,0) - f_x(0,0)x - f_y(0,0)y = (x^2 + y^2)\sin\frac{1}{\sqrt{x^2+y^2}},$$

因此有

$$\lim_{(x,y)\to(0,0)} \frac{f(x,y) - f(0,0) - f_x(0,0)x - f_y(0,0)y}{\sqrt{x^2+y^2}}$$

$$= \lim_{(x,y)\to(0,0)} \sqrt{x^2+y^2}\sin\frac{1}{\sqrt{x^2+y^2}} = 0,$$

故 $f(x,y)$ 在 $(0,0)$ 处可微.

**例 22** 设 $f(x,y)$ 的二阶混合偏导数在 $(x_0,y_0)$ 的邻域内连续,试证明存在 $0<\theta_i<1(i=1,2,3,4)$,使得

$$f_{xy}(x_0 + \theta_1\Delta x, y_0 + \theta_2\Delta y) = f_{yx}(x_0 + \theta_3\Delta x, y_0 + \theta_4\Delta y).$$

**解** 根据导数的定义有

$$f_{xy}(x_0,y_0)$$

$$= \lim_{\Delta y\to 0} \frac{f_x(x_0,y_0+\Delta y) - f_x(x_0,y_0)}{\Delta y}$$

$$= \lim_{\Delta y\to 0,\Delta x\to 0} \frac{\dfrac{f(x_0+\Delta x,y_0+\Delta y) - f(x_0+\Delta x,y_0)}{\Delta x} - \dfrac{f(x_0+\Delta x,y_0) - f(x_0,y_0)}{\Delta x}}{\Delta y}$$

令 $\varphi(y) = f(x_0 + \Delta x, y) - f(x_0, y)$,则由拉格朗日中值定理得

$$f(x_0+\Delta x,y_0+\Delta y) - f(x_0,y_0+\Delta y) - (f(x_0+\Delta x,y_0) - f(x_0,y_0))$$

$$= (f(x_0+\Delta x,y_0+\Delta y) - f(x_0+\Delta x,y_0)) - (f(x_0,y_0+\Delta y) - f(x_0,y_0))$$

$$= \varphi(y_0+\Delta y) - \varphi(y_0) = \varphi'(y_0+\theta_4\Delta y)\Delta y$$

$$= (f_y(x_0+\Delta x,y_0+\theta_4\Delta y) - f_y(x_0,y_0+\theta_4\Delta y))\Delta y$$

$$= f_{yx}(x_0+\theta_3\Delta x,y_0+\theta_4\Delta y)\Delta x\Delta y, \theta_3,\theta_4 \in (0,1).$$

令 $\psi(x) = f(x,y_0+\Delta y) - f(x,y_0)$,则由拉格朗日中值定理得

$$(f(x_0+\Delta x,y_0+\Delta y) - f(x_0+\Delta x,y_0)) - (f(x_0,y_0+\Delta y) - f(x_0,y_0))$$

$$= \psi(x_0+\Delta x) - \psi(x_0) = \psi'(x_0+\theta_1\Delta x)\Delta x$$

$$= (f_x(x_0+\theta_1\Delta x,y_0+\Delta y) - f_x(x_0+\theta_1\Delta x,y_0))\Delta x$$

$$= f_{xy}(x_0+\theta_1\Delta x,y_0+\theta_2\Delta y)\Delta x\Delta y, \theta_1,\theta_2 \in (0,1).$$

所以,若 $\Delta x,\Delta y$ 都不为 $0$,则存在 $0<\theta_i<1(i=1,2,3,4)$ 使得

$$f_{xy}(x_0+\theta_1\Delta x,y_0+\theta_2\Delta y) = f_{yx}(x_0+\theta_3\Delta x,y_0+\theta_4\Delta y).$$

当 $\Delta x = 0$ 时,取 $\theta_2 = \theta_4$,由于 $f(x,y)$ 在 $(x_0,y_0)$ 邻域上二阶偏于连续,故

$$f_{xy}(x_0,y_0+\theta_2\Delta y) = f_{yx}(x_0,y_0+\theta_4\Delta y).$$

同理,$\Delta y = 0$ 时,取 $\theta_1 = \theta_3$,亦成立.

**例 23** 设函数 $f$ 在点 $(x_0,y_0)$ 的某个邻域中有连续偏导数 $f_y$,在该点存在偏导数 $f_x$.试证 $f$ 在该点可微.

**证明** 使用中值定理有

$$f(x_0 + \Delta x, y_0 + \Delta y) - f(x_0 + \Delta x, y_0) = f_y(x_0 + \Delta x, y_0 + \theta \Delta y) \Delta y.$$

因为 $f_y(x, y)$ 在 $(x_0, y_0)$ 处连续. 所以

$$\lim_{(\Delta x, \Delta y) \to (0,0)} f_y(x_0 + \Delta x, y_0 + \theta \Delta y) = f_y(x_0, y_0).$$

因此, 可写为

$$f_y(x_0 + \Delta x, y_0 + \theta \Delta y) = f_y(x_0, y_0) + \varepsilon_1 \Delta y,$$

其中, 当 $\Delta x, \Delta y$ 趋于 0 时 $\varepsilon_0 \to 0$. 由于 $f_x(x_0, y_0)$ 存在, 即

$$\lim_{\Delta x \to 0} \frac{f(x_0 + \Delta x, y_0) - f(x_0, y_0)}{\Delta x} = f_x(x_0, y_0),$$

所以有

$$f(x_0 + \Delta x, y_0) - f(x_0, y_0) = f_x(x_0, y_0) \Delta x + \varepsilon_2 \Delta x,$$

其中, 当 $\Delta x$ 趋于 0 时 $\varepsilon_2 \to 0$. 因此

$$f(x_0 + \Delta x, y_0 + \Delta y) - f(x_0, y_0)$$
$$= f(x_0 + \Delta x, y_0 + \Delta y) - f(x_0 + \Delta x, y_0) + f(x_0 + \Delta x, y_0) - f(x_0, y_0)$$
$$= f_y(x_0, y_0) \Delta y + \varepsilon_1 \Delta y + f_x(x_0, y_0) \Delta x + \varepsilon_2 \Delta x.$$

故可微.

**例 24**　求二元函数 $f(x, y) = \begin{cases} \dfrac{x^2 y}{x^2 + y^2}, & (x, y) \neq (0, 0) \\ 0, & (x, y) = (0, 0) \end{cases}$ 的梯度, 并讨论 $f$ 在 $(0, 0)$ 处的可微性.

**证明**　当 $(x, y) \neq (0, 0)$ 时, 有

$$f_x(x, y) = \frac{2xy^3}{(x^2 + y^2)^2}, \quad f_y(x, y) = \frac{x^2(x - y)(x + y)}{(x^2 + y^2)^2}.$$

当 $(x, y) = (0, 0)$ 时, 根据偏导数的定义有

$$f_x(0, 0) = \lim_{x \to 0} \frac{f(x, 0) - f(0, 0)}{x} = \lim_{x \to 0} \frac{0 - 0}{x} = 0,$$

$$f_y(0, 0) = \lim_{y \to 0} \frac{f(0, y) - f(0, 0)}{y} = \lim_{y \to 0} \frac{0 - 0}{y} = 0,$$

那么有

$$\operatorname{grad} f = \begin{cases} \begin{pmatrix} \dfrac{2xy^3}{(x^2 + y^2)^2} \\ \dfrac{x^2(x - y)(x + y)}{(x^2 + y^2)^2} \end{pmatrix}, & (x, y) \neq (0, 0) \\ \begin{pmatrix} 0 \\ 0 \end{pmatrix}, & (x, y) = (0, 0) \end{cases}.$$

由于

$$\frac{f(x, y) - f(0, 0) - f_x(0, 0)x - f_y(0, 0)y}{\sqrt{x^2 + y^2}} = \frac{\dfrac{x^2 y}{x^2 + y^2}}{\sqrt{x^2 + y^2}} = \frac{x^2 y}{(x^2 + y^2)^{\frac{3}{2}}},$$

因此 $(x, y)$ 沿着直线 $x = y > 0$ 趋近于 $(0, 0)$ 时, 有

$$\lim_{(x,y)\to(0,0),y=x} \frac{f(x,y)-f(0,0)-f_x(0,0)x-f_y(0,0)y}{\sqrt{x^2+y^2}}$$

$$=\lim_{(x,y)\to(0,0),y=x} \frac{x^2 y}{(x^2+y^2)^{\frac{3}{2}}}=\frac{1}{2\sqrt{2}}.$$

故 $f(x,y)$ 于 $(0,0)$ 处不可微.

**例 25**  试证明:函数

$$f(x,y)=\begin{cases} \dfrac{x^2 y^2}{(x^2+y^2)^{\frac{3}{2}}}, & x^2+y^2\neq 0 \\ 0, & x^2+y^2=0 \end{cases}$$

在点 $(0,0)$ 处连续且偏导数存在,而函数在点 $(0,0)$ 处不可微.

**证明**  应用基础不等式 $x^2+y^2\leqslant 2\mid xy\mid$,当 $(x,y)\neq(0,0)$ 时,有

$$\mid f(x,y)-0\mid=\frac{x^2 y^2}{(x^2+y^2)^{\frac{3}{2}}}\leqslant\frac{\mid xy\mid^{\frac{1}{2}}}{2},$$

那么

$$\lim_{(x,y)\to(0,0)} f(x,y)=0=f(0,0).$$

所以 $f$ 在点 $(0,0)$ 处连续.

按偏导数的定义有

$$f_x(0,0)=\lim_{x\to 0}\frac{f(x,0)-f(0,0)}{x}=\lim_{x\to 0}\frac{0}{x}=0,$$

$$f_y(0,0)=\lim_{y\to 0}\frac{f(0,y)-f(0,0)}{y}=\lim_{x\to 0}\frac{0}{y}=0,$$

那么有

$$\frac{f(x,y)-f(0,0)-f_x(0,0)x-f_y(0,0)y}{\sqrt{x^2+y^2}}=\frac{x^2 y^2}{(x^2+y^2)^2},$$

则 $(x,y)$ 沿着直线 $y=kx$ 趋近于 $(0,0)$ 时,有

$$\lim_{(x,y)\to(0,0),y=kx} \frac{f(x,y)-f(0,0)-f_x(0,0)x-f_y(0,0)y}{\sqrt{x^2+y^2}}=\left(\frac{k}{1+k^2}\right)^2.$$

所以 $f(x,y)$ 在 $(0,0)$ 处不可微.

**例 26**  证明函数 $f(x,y)=\begin{cases} (x^2+y^2)\sin\dfrac{1}{\sqrt{x^2+y^2}}, & (x,y)\neq(0,0) \\ 0, & (x,y)=(0,0) \end{cases}$ 在原点 $(0,0)$ 可微,但是其偏导数在原点 $(0,0)$ 不连续.

**证明**  当 $(x,y)\neq(0,0)$ 时,有

$$\left|\frac{f(x,y)-f(0,0)}{\sqrt{x^2+y^2}}\right|=\left|\frac{(x^2+y^2)\sin\dfrac{1}{\sqrt{x^2+y^2}}}{\sqrt{x^2+y^2}}\right|\leqslant\sqrt{x^2+y^2}\to 0,$$

则

$$\lim_{(x,y)\to(0,0)}\frac{f(x,y)-f(0,0)}{\sqrt{x^2+y^2}}=0.$$

故 $f(x,y)$ 在原点可微,且微分为 0,于是 $f_x(0,0)=f_y(0,0)=0$.

当 $(x,y)\neq(0,0)$ 时

$$f_x(x,y)=2x\sin\frac{1}{\sqrt{x^2+y^2}}-\frac{x}{\sqrt{x^2+y^2}}\cos\frac{1}{\sqrt{x^2+y^2}},$$

其中

$$\lim_{(x,y)\to(0,0)}\left(2x\sin\frac{1}{\sqrt{x^2+y^2}}\right)=0.$$

但 $\lim\limits_{x\to0}\dfrac{x}{\sqrt{x^2+0^2}}\cos\dfrac{1}{\sqrt{x^2+0^2}}$ 不存在,因此 $\lim\limits_{(x,y)\to(0,0)}\dfrac{x}{\sqrt{x^2+y^2}}\cos\dfrac{1}{\sqrt{x^2+y^2}}$ 不存在. 所以 $\lim\limits_{(x,y)\to(0,0)}f_x(x,y)$,故 $f_x(x,y)$ 在原点不连续,由对称性可知,$f_y(x,y)$ 在原点也不连续.

**例 27**　求 $y=x^{\sin x}\cdot\cos x$ 的微分.

**解**　由于

$$y=\mathrm{e}^{\sin x\ln x+\ln\cos x},$$

因此

$$\mathrm{d}y=\left(\mathrm{e}^{\sin x\ln x}\left(\cos x\ln x+\frac{\sin x}{x}\right)\cos x-\mathrm{e}^{\sin x\ln x}\sin x\right)\mathrm{d}x$$

$$=x^{\sin x}\left(\cos^2 x\ln x+\frac{\sin x\cos x}{x}-\sin x\right)\mathrm{d}x.$$

**例 28**　计算下列函数的高阶导数:

(1) $z=\arctan\dfrac{y}{x}$,求 $\dfrac{\partial^2 z}{\partial x^2},\dfrac{\partial^2 z}{\partial x\partial y},\dfrac{\partial^2 z}{\partial y^2}$;

(2) $z=x\sin(x+y)+y\cos(x+y)$,求 $\dfrac{\partial^2 z}{\partial x^2},\dfrac{\partial^2 z}{\partial x\partial y},\dfrac{\partial^2 z}{\partial y^2}$;

(3) $z=x\mathrm{e}^{xy}$,求 $\dfrac{\partial^3 z}{\partial x^2\partial y},\dfrac{\partial^3 z}{\partial x\partial y^2}$;(4) $u=\ln(ax+by+cz)$,求 $\dfrac{\partial^4 u}{\partial x^4},\dfrac{\partial^4 u}{\partial x^2\partial y^2}$;

(5) $z=(x-a)^p(y-b)^q$,求 $\dfrac{\partial^{p+q}z}{\partial x^p\partial y^q}$;(6) $u=xyz\mathrm{e}^{x+y+z}$,求 $\dfrac{\partial^{p+q+r}u}{\partial x^p\partial y^q\partial z^r}$.

**解**　(1) 先求一阶偏导,有

$$\frac{\partial z}{\partial x}=\frac{1}{1+\left(\frac{y}{x}\right)^2}\left(-\frac{y}{x^2}\right)=\frac{y}{x^2+y^2},\frac{\partial z}{\partial y}=\frac{1}{1+\left(\frac{y}{x}\right)^2}\left(\frac{1}{x}\right)=\frac{x}{x^2+y^2},$$

于是

$$\frac{\partial^2 z}{\partial x^2}=\frac{2xy}{(x^2+y^2)^2},\frac{\partial^2 z}{\partial x\partial y}=\frac{y^2-x^2}{(x^2+y^2)^2},\frac{\partial^2 z}{\partial y^2}=-\frac{2xy}{(x^2+y^2)^2}.$$

(2) 先求一阶偏导,有

$$\frac{\partial z}{\partial x}=(1-y)\sin(x+y)+x\cos(x+y),\frac{\partial z}{\partial y}=(1+x)\cos(x+y)-y\sin(x+y),$$

于是

$$\frac{\partial^2 z}{\partial x^2}=(2-y)\cos(x+y)-x\sin(x+y),$$

$$\frac{\partial^2 z}{\partial x \partial y} = (1 - y)\cos(x + y) - (1 + x)\sin(x + y),$$

$$\frac{\partial^2 z}{\partial y^2} = (1 - y)\cos(x + y) - (1 + x)\sin(x + y).$$

(3) 由

$$\frac{\partial z}{\partial y} = x^2 e^{xy}, \frac{\partial^2 z}{\partial x \partial y} = (2x + x^2 y)e^{xy}, \frac{\partial^2 z}{\partial y^2} = x^3 e^{xy},$$

得到

$$\frac{\partial^3 z}{\partial x^2 \partial y} = (2 + 4xy + x^2 y^2)e^{xy}, \frac{\partial^3 z}{\partial x \partial y^2} = (3x^2 + x^3 y)e^{xy}.$$

(4) 经计算,依次可得

$$\frac{\partial u}{\partial x} = \frac{1}{ax + by + cz} \cdot \frac{\partial(ax + by + cz)}{\partial x} = \frac{a}{ax + by + cz},$$

$$\frac{\partial^2 u}{\partial x^2} = -\frac{a}{(ax + by + cz)^2} \cdot \frac{\partial(ax + by + cz)}{\partial x} = -\frac{a^2}{(ax + by + cz)^2},$$

$$\frac{\partial^3 u}{\partial x^3} = \frac{2a^2}{(ax + by + cz)^3} \cdot \frac{\partial(ax + by + cz)}{\partial x} = -\frac{2a^3}{(ax + by + cz)^3},$$

$$\frac{\partial^4 u}{\partial x^4} = \frac{3 \cdot 2a^2}{(ax + by + cz)^4} \cdot \frac{\partial(ax + by + cz)}{\partial x} = -\frac{6a^4}{(ax + by + cz)^4},$$

$$\frac{\partial^3 u}{\partial x^2 \partial y} = \frac{\partial^3 u}{\partial y \partial x^2} = \frac{2a^2}{(ax + by + cz)^3} \cdot \frac{\partial(ax + by + cz)}{\partial y} = -\frac{2a^2 b}{(ax + by + cz)^3},$$

$$\frac{\partial^4 u}{\partial x^2 \partial y^2} = \frac{\partial^4 u}{\partial y^2 \partial x^2} = -\frac{3 \cdot 2a^2 b}{(ax + by + cz)^4} \cdot \frac{\partial(ax + by + cz)}{\partial y} = -\frac{6a^2 b^2}{(ax + by + cz)^4}.$$

(5) 由于 $z$ 的任意阶偏导数连续,因此

$$\frac{\partial^{p+q} z}{\partial x^p \partial y^q} = \frac{\partial^p}{\partial x^p}\left(\frac{\partial^q z}{\partial y^q}\right) = \frac{\partial^p}{\partial x^p}\left((y - b)^q \frac{\partial^q (y - b)^q}{\partial y^q}\right) = p! \ q!.$$

(6) 对 $x, y, z$ 应用莱布尼茨公式,有

$$\frac{\partial^{p+q+r} u}{\partial x^p \partial y^q \partial z^r} = \frac{\partial^p (x e^x) \partial^q (y e^y) \partial^r (z e^z)}{\partial x^p \partial y^q \partial z^r} = (x + p)e^x \cdot (y + p)e^y \cdot (z + p)e^z$$

$$= (x + p)e^x \cdot (y + p)e^y \cdot (z + p)e^z$$

$$= (x + p)(y + p)(z + p)e^{x+y+z}.$$

**例 29** 计算下列函数的高阶微分:

(1) $z = x \ln(xy)$,求 $d^2 z$;

(2) $z = \sin^2(ax + by)$,求 $d^3 z$;

(3) $z = e^x \sin y$,求 $d^k z$.

**解** (1) 根据

$$dz = \frac{\partial z}{\partial x}dx + \frac{\partial z}{\partial x}dy, d^2 z = d(dz),$$

有

$$dz = (\ln(xy) + 1)dx + \frac{x}{y}dy, d^2 z = \frac{1}{x}dx^2 + \frac{2}{y}dxdy - \frac{x}{y^2}dy^2.$$

（2）根据

$$\mathrm{d}z = \frac{\partial z}{\partial x}\mathrm{d}x + \frac{\partial z}{\partial x}\mathrm{d}y, \mathrm{d}^2 z = \mathrm{d}(\mathrm{d}z), \mathrm{d}^3 z = \mathrm{d}(\mathrm{d}^2 z),$$

依次有

$$\begin{aligned}
\mathrm{d}z &= a(2\sin(ax+by)\cos(ax+by))\mathrm{d}x + \\
&\quad b(2\sin(ax+by)\cos(ax+by))\mathrm{d}y \\
&= \sin 2(ax+by)\mathrm{d}(ax+by), \\
\mathrm{d}^2 z &= 2\cos 2(ax+by)(a\mathrm{d}x+b\mathrm{d}y)^2, \\
\mathrm{d}^3 z &= -4\sin 2(ax+by)(a\mathrm{d}x+b\mathrm{d}y)^3.
\end{aligned}$$

（3）根据公式

$$\mathrm{d}^k z = \left(\mathrm{d}x\,\frac{\partial z}{\partial x} + \mathrm{d}y\,\frac{\partial z}{\partial y}\right)^k,$$

有

$$\mathrm{d}^k z = \sum_{i=0}^{k} C_k^i \frac{\partial^i \mathrm{e}^x}{\partial x^i}\mathrm{d}x^i \cdot \frac{\partial^{k-i}\sin y}{\partial y^{k-i}}\mathrm{d}y^{k-i} = \sum_{i=0}^{k} C_k^i \mathrm{e}^x \sin\left(y + \frac{k-i}{2}\pi\right)\mathrm{d}x^i \mathrm{d}y^{k-i}.$$

**例 30** 函数 $z = f(x,y)$ 满足

$$\frac{\partial z}{\partial x} = -\sin y + \frac{1}{1-xy} \ \text{及}\ f(0,y) = 2\sin y + y^3,$$

求 $f(x,y)$ 的表达式.

**解** 对 $x$ 积分,得到

$$f(x,y) = -x\sin y - \frac{1}{y}\ln(1-xy) + \varphi(y).$$

将 $f(0,y) = 2\sin y + y^3$ 代入上式,得到 $\varphi(y) = 2\sin y + y^3$,所以

$$f(x,y) = -x\sin y - \frac{1}{y}\ln(1-xy) + 2\sin y + y^3.$$

**例 31** 利用链式法则求偏导数:

（1）$z = \tan(3t + 2x^2 - y^2)$，$x = \dfrac{1}{t}$，$y = \sqrt{t}$，求 $\dfrac{\mathrm{d}z}{\mathrm{d}t}$；

（2）$z = \mathrm{e}^{x-2y}$，$x = \sin t$，$y = t^3$，求 $\dfrac{\mathrm{d}^2 z}{\mathrm{d}t^2}$；

（3）$w = \dfrac{\mathrm{e}^{ax}(y-z)}{a^2+1}$，$y = a\sin x$，$z = \cos x$，求 $\dfrac{\mathrm{d}w}{\mathrm{d}x}$；

（4）$w = (x+y+z)\sin(x^2+y^2+z^2)$，$x = t\mathrm{e}^s$，$y = \mathrm{e}^t$，$z = \mathrm{e}^{s+t}$，求 $\dfrac{\partial w}{\partial s}$，$\dfrac{\partial w}{\partial t}$；

（5）$z = x^2 + y^2 + \cos(x+y)$，$x = u+v$，$y = \arcsin v$，求 $\dfrac{\partial z}{\partial u}$，$\dfrac{\partial^2 z}{\partial v\partial u}$；

（以下假设 $f$ 具有二阶连续偏导数）

（6）$u = f\left(xy, \dfrac{x}{y}\right)$，求 $\dfrac{\partial u}{\partial x}$，$\dfrac{\partial u}{\partial y}$，$\dfrac{\partial^2 u}{\partial x\partial y}$，$\dfrac{\partial^2 u}{\partial y^2}$；

（7）$w = f(x,y,z)$，$x = u+v$，$y = u-v$，$z = uv$，求 $\dfrac{\partial w}{\partial u}$，$\dfrac{\partial w}{\partial v}$，$\dfrac{\partial^2 w}{\partial u\partial v}$.

**解** (1) 记 $u = 3t + 2x^2 - y^2$，则

$$\frac{\mathrm{d}z}{\mathrm{d}t} = \frac{\mathrm{d}z}{\mathrm{d}u} \frac{\mathrm{d}u}{\mathrm{d}t} = \frac{\mathrm{d}z}{\mathrm{d}u} \left( \frac{\partial u}{\partial t} + \frac{\partial u}{\partial x} \frac{\mathrm{d}x}{\mathrm{d}t} + \frac{\partial u}{\partial y} \frac{\mathrm{d}y}{\mathrm{d}t} \right)$$

$$= \sec^2 u \left( 3 + 4 \cdot \left( -\frac{1}{t^2} \right) - 2y \cdot \frac{1}{2\sqrt{t}} \right)$$

$$= \left( 2 - \frac{4}{t^3} \right) \sec^2 \left( 2t + \frac{2}{t^2} \right)$$

(2) 根据复合函数导数的链式法则，有

$$\frac{\mathrm{d}z}{\mathrm{d}t} = \frac{\partial z}{\partial x} \frac{\mathrm{d}x}{\mathrm{d}t} + \frac{\partial z}{\partial y} \frac{\mathrm{d}y}{\mathrm{d}t} = \mathrm{e}^{x-2y} (\cos t - 6t^2) = z(\cos t - 6t^2),$$

$$\frac{\mathrm{d}^2 z}{\mathrm{d}t^2} = \frac{\mathrm{d}}{\mathrm{d}t} \left( \frac{\mathrm{d}z}{\mathrm{d}t} \right) = \frac{\mathrm{d}}{\mathrm{d}t} (z(\cos t - 6t^2))$$

$$= (\cos t - 6t^2) \frac{\mathrm{d}z}{\mathrm{d}t} + z \frac{\mathrm{d}}{\mathrm{d}t} (\cos t - 6t^2)$$

$$= \mathrm{e}^{\sin t - 2t^3} ((\cos t - 6t^2)^2 - \sin t - 12t).$$

(3) 根据链式法则，有

$$\frac{\mathrm{d}w}{\mathrm{d}x} = \frac{\partial w}{\partial x} + \frac{\partial w}{\partial y} \frac{\mathrm{d}y}{\mathrm{d}x} + \frac{\partial w}{\partial z} \frac{\mathrm{d}z}{\mathrm{d}x}$$

$$= \frac{a \mathrm{e}^{ax} (y - z)}{a^2 + 1} + \frac{\mathrm{e}^{ax}}{a^2 + 1} \cdot a \cos x - \frac{\mathrm{e}^{ax}}{a^2 + 1} \cdot (-\sin x)$$

$$= \mathrm{e}^{ax} \sin x$$

(4) 记 $u = x^2 + y^2 + z^2$，$v = x + y + z$. 根据链式法则，有

$$\frac{\partial w}{\partial s} = \frac{\partial w}{\partial x} \frac{\partial x}{\partial s} + \frac{\partial w}{\partial y} \frac{\partial y}{\partial s} + \frac{\partial w}{\partial z} \frac{\partial z}{\partial s}$$

$$= x(\sin u + 2xv \cos u) + y(\sin u + 2yv \cos u) + z(\sin u + 2zv \cos u)$$

$$= t \mathrm{e}^s (\sin u + 2xv \cos u) + \mathrm{e}^{s+t} (\sin u + 2zv \cos u),$$

$$\frac{\partial w}{\partial t} = \frac{\partial w}{\partial x} \frac{\partial x}{\partial t} + \frac{\partial w}{\partial y} \frac{\partial y}{\partial t} + \frac{\partial w}{\partial z} \frac{\partial z}{\partial t}$$

$$= \mathrm{e}^s (\sin u + 2xv \cos u) + y(\sin u + 2yv \cos u) + z(\sin u + 2zv \cos u)$$

$$= \mathrm{e}^s (\sin u + 2xv \cos u) + \mathrm{e}^t (\sin u + 2yv \cos u) + \mathrm{e}^{s+t} (\sin u + 2zv \cos u).$$

(5) 根据链式法则，有

$$\frac{\partial z}{\partial u} = \frac{\partial z}{\partial x} \frac{\partial x}{\partial u} + \frac{\partial z}{\partial y} \frac{\partial y}{\partial u}$$

$$= (2x - \sin(x + y)) \cdot 1 + (2y - \sin(x + y)) \cdot 0$$

$$= 2(u + v) - \sin(u + v + \arcsin v),$$

$$\frac{\partial^2 z}{\partial v \partial u} = \frac{\partial}{\partial v} \left( \frac{\partial z}{\partial u} \right) = 2 - \cos(u + v + \arcsin v) \left( 1 + \frac{1}{\sqrt{1 - v^2}} \right).$$

(6) 记 $v = xy$，$w = \dfrac{x}{y}$，则

$$\frac{\partial u}{\partial x} = \frac{\partial u}{\partial v} \frac{\partial v}{\partial x} + \frac{\partial u}{\partial w} \frac{\partial w}{\partial x} = y f_1 \left( xy, \frac{x}{y} \right) + \frac{1}{y} f_2 \left( xy, \frac{x}{y} \right),$$

$$\frac{\partial u}{\partial y} = \frac{\partial u}{\partial v}\frac{\partial v}{\partial y} + \frac{\partial u}{\partial w}\frac{\partial w}{\partial y} = xf_1\left(xy, \frac{x}{y}\right) + \frac{x}{y^2}f_2\left(xy, \frac{x}{y}\right),$$

$$\frac{\partial^2 u}{\partial x \partial y} = \frac{\partial}{\partial x}\left(\frac{\partial u}{\partial y}\right) = f_1\left(xy, \frac{x}{y}\right) - \frac{1}{y^2}f_2\left(xy, \frac{x}{y}\right) + x\frac{\partial}{\partial x}f_1\left(xy, \frac{x}{y}\right) - \frac{x}{y^2}\frac{\partial}{\partial x}f_2\left(xy, \frac{x}{y}\right)$$

$$= f_1\left(xy, \frac{x}{y}\right) - \frac{1}{y^2}f_2\left(xy, \frac{x}{y}\right) + xy\frac{\partial}{\partial x}f_{11}\left(xy, \frac{x}{y}\right) - \frac{x}{y^3}\frac{\partial}{\partial x}f_{22}\left(xy, \frac{x}{y}\right),$$

$$\frac{\partial^2 u}{\partial y^2} = \frac{\partial}{\partial y}\left(\frac{\partial u}{\partial y}\right) = \frac{2x}{y^3}f_2\left(xy, \frac{x}{y}\right) + x\frac{\partial}{\partial y}f_1\left(xy, \frac{x}{y}\right) - \frac{x}{y^2}\frac{\partial}{\partial y}f_2\left(xy, \frac{x}{y}\right)$$

$$= \frac{2x}{y^3}f_2\left(xy, \frac{x}{y}\right) + x^2 f_{11}\left(xy, \frac{x}{y}\right) - \frac{2x^2}{y^2}f_{12}\left(xy, \frac{x}{y}\right) + \frac{x^2}{y^4}f_{22}\left(xy, \frac{x}{y}\right).$$

(7) 根据链式法则,有

$$\frac{\partial w}{\partial u} = \frac{\partial w}{\partial x}\frac{\partial x}{\partial u} + \frac{\partial w}{\partial y}\frac{\partial y}{\partial u} + \frac{\partial w}{\partial z}\frac{\partial z}{\partial u} = f_x + f_y + vf_z,$$

$$\frac{\partial w}{\partial v} = \frac{\partial w}{\partial x}\frac{\partial x}{\partial u} + \frac{\partial w}{\partial y}\frac{\partial y}{\partial u} + \frac{\partial w}{\partial z}\frac{\partial z}{\partial u} = f_x - f_y + uf_z,$$

$$\frac{\partial^2 w}{\partial u \partial v} = \frac{\partial}{\partial u}\frac{\partial w}{\partial v} = f_z + \frac{\partial f_x}{\partial u} - \frac{\partial f_y}{\partial u} + u\frac{\partial f_z}{\partial u}$$

$$= f_z + \frac{\partial f_x}{\partial x}\frac{\partial x}{\partial u} + \frac{\partial f_x}{\partial y}\frac{\partial y}{\partial u} + \frac{\partial f_x}{\partial z}\frac{\partial z}{\partial u} - \frac{\partial f_x}{\partial x}\frac{\partial x}{\partial u}.$$

**例 32**　设 $f(x,y)$ 具有连续偏导数,且 $f(x,x^2)=1, f_x(x,x^2)=x$,求 $f_y(x,x^2)$.

**解**　在等式 $f(x,x^2)=1$ 两边对 $x$ 求导,有

$$\frac{\partial f}{\partial x} + \frac{\partial f}{\partial y}\frac{\partial y}{\partial x} = f_x(x,x^2) + 2xf_y(x,x^2) = 0.$$

将 $f_x(x,x^2)=x$ 代入,可得

$$f_y(x,x^2) = -\frac{1}{2}.$$

**例 33**　设 $f(x,y)$ 具有连续偏导数,且 $f(1,1)=1, f_x(1,1)=2, f_y(1,1)=3$. 如果 $\varphi(x)=f(x,f(x,x))$,求 $\varphi'(1)$.

**解**　
$$\frac{\mathrm{d}\varphi(x)}{\mathrm{d}x} = \frac{\partial f}{\partial x}(x,y(x)) + \frac{\partial f}{\partial y}(x,y(x))\frac{\mathrm{d}y(x)}{\mathrm{d}x},$$

其中

$$y(x) = f(x,x), \quad \frac{\mathrm{d}y(x)}{\mathrm{d}x} = \frac{\partial f}{\partial x}(x,x) + \frac{\partial f}{\partial y}(x,x),$$

将 $y(1)=f(1,1)=1$,以 $x=1$ 代入上述不等式,得到

$$\varphi'(1) = f_x(1,1) + f_y(1,1)(f_x(1,1) + f_y(1,1)) = 17.$$

**例 34**　设 $z=\dfrac{y}{f(x^2-y^2)}$,其中 $f(t)$ 具有连续导数,且 $f(t)\neq 0$,求 $\dfrac{1}{x}\dfrac{\partial z}{\partial x} + \dfrac{1}{y}\dfrac{\partial z}{\partial y}$.

**解**　由于

$$\frac{\partial z}{\partial x} = -\frac{y}{f^2(x^2-y^2)}\frac{\partial f(x^2-y^2)}{\partial x} = -\frac{2xyf'(x^2-y^2)}{f^2(x^2-y^2)},$$

$$\frac{\partial z}{\partial y} = \frac{1}{f(x^2-y^2)} - \frac{y}{f^2(x^2-y^2)}\frac{\partial f(x^2-y^2)}{\partial y} = \frac{1}{f(x^2-y^2)} + \frac{2y^2 f'(x^2-y^2)}{f^2(x^2-y^2)},$$

所以

$$\frac{1}{x}\frac{\partial z}{\partial x} + \frac{1}{y}\frac{\partial z}{\partial y} = \frac{1}{yf(x^2 - y^2)}.$$

**例35** 设 $\varphi$ 和 $\psi$ 具有二阶连续导数，验证：

(1) $u = y\varphi(x^2 - y^2)$ 满足 $y\dfrac{\partial u}{\partial x} + x\dfrac{\partial u}{\partial y} = \dfrac{x}{y}u$；

(2) $u = \varphi(x - at) + \psi(x + at)$ 满足波动方程 $\dfrac{\partial^2 u}{\partial t^2} = a^2\dfrac{\partial^2 u}{\partial x^2}$.

**解** （1）因为

$$\frac{\partial u}{\partial x} = y\frac{\partial \varphi(x^2 - y^2)}{\partial x} = y\varphi'(x^2 - y^2)\frac{\partial(x^2 - y^2)}{\partial x} = 2xy\varphi'(x^2 - y^2),$$

$$\frac{\partial u}{\partial y} = \varphi(x^2 - y^2) + y\frac{\partial \varphi(x^2 - y^2)}{\partial y}$$

$$= \varphi(x^2 - y^2) + y\varphi'(x^2 - y^2)\frac{\partial(x^2 - y^2)}{\partial y}$$

$$= \varphi(x^2 - y^2) - 2y^2\varphi'(x^2 - y^2),$$

所以

$$y\frac{\partial u}{\partial x} + x\frac{\partial u}{\partial y} = \frac{x}{y}u.$$

（2）因为

$$\frac{\partial u}{\partial x} = \varphi'(x - at) + \psi'(x + at), \frac{\partial^2 u}{\partial x^2} = \varphi''(x - at) + \psi''(x + at),$$

$$\frac{\partial u}{\partial t} = -a\varphi'(x - at) + a\psi'(x + at), \frac{\partial^2 u}{\partial t^2} = a^2\varphi''(x - at) + a^2\psi''(x + at),$$

所以

$$\frac{\partial^2 u}{\partial t^2} = a^2\frac{\partial^2 u}{\partial x^2}.$$

**例36** 设 $z = f(x, y)$ 具有二阶连续偏导数，写出 $\dfrac{\partial^2 z}{\partial x^2} + \dfrac{\partial^2 z}{\partial y^2}$ 在坐标变换

$$\begin{cases} u = x^2 - y^2 \\ v = 2xy \end{cases}$$

下的表达式.

**解** 根据链式法则，有

$$\frac{\partial z}{\partial x} = \frac{\partial z}{\partial u}\frac{\partial u}{\partial x} + \frac{\partial z}{\partial v}\frac{\partial v}{\partial x} = 2x\frac{\partial z}{\partial u} + 2y\frac{\partial z}{\partial v},$$

$$\frac{\partial^2 z}{\partial x^2} = 2\frac{\partial z}{\partial u} + 2x\left(\frac{\partial^2 z}{\partial u^2}\frac{\partial u}{\partial x} + \frac{\partial^2 z}{\partial v \partial u}\frac{\partial v}{\partial x}\right) + 2y\left(\frac{\partial^2 z}{\partial u \partial v}\frac{\partial u}{\partial x} + \frac{\partial^2 z}{\partial v^2}\frac{\partial v}{\partial x}\right)$$

$$= 2\frac{\partial z}{\partial u} + 4x^2\frac{\partial^2 z}{\partial u^2} + 8xy\frac{\partial^2 z}{\partial v \partial u} + 4y^2\frac{\partial^2 z}{\partial v^2},$$

$$\frac{\partial z}{\partial y} = \frac{\partial z}{\partial u}\frac{\partial u}{\partial y} + \frac{\partial z}{\partial v}\frac{\partial v}{\partial y} = -2y\frac{\partial z}{\partial u} + 2x\frac{\partial z}{\partial v},$$

$$\frac{\partial^2 z}{\partial y^2} = -2\frac{\partial z}{\partial u} - 2y\left(\frac{\partial^2 z}{\partial u^2}\frac{\partial u}{\partial y} + \frac{\partial^2 z}{\partial v\partial u}\frac{\partial v}{\partial y}\right) + 2x\left(\frac{\partial^2 z}{\partial u\partial v}\frac{\partial u}{\partial y} + \frac{\partial^2 z}{\partial v^2}\frac{\partial v}{\partial y}\right)$$

$$= -2\frac{\partial z}{\partial u} + 4y^2\frac{\partial^2 z}{\partial u^2} - 8xy\frac{\partial^2 z}{\partial v\partial u} + 4x^2\frac{\partial^2 z}{\partial v^2}.$$

所以

$$\frac{\partial^2 z}{\partial x^2} + \frac{\partial^2 z}{\partial y^2} = 4(x^2 + y^2)\left(\frac{\partial^2 z}{\partial u^2} + \frac{\partial^2 z}{\partial v^2}\right) = 4\sqrt{u^2 + v^2}\left(\frac{\partial^2 z}{\partial u^2} + \frac{\partial^2 z}{\partial v^2}\right).$$

**例 37**　设 $f(x,y) = \displaystyle\int_0^{xy} \mathrm{e}^{-t^2}\,\mathrm{d}t$，求 $\dfrac{x}{y}\dfrac{\partial^2 f}{\partial x^2} - 2\dfrac{\partial^2 f}{\partial x\partial y} + \dfrac{y}{x}\dfrac{\partial^2 f}{\partial y^2}$.

**解**　根据变上限积分的导数，有

$$\frac{\partial f}{\partial x} = y\mathrm{e}^{-x^2 y^2},\ \frac{\partial f}{\partial y} = x\mathrm{e}^{-x^2 y^2},\ \frac{\partial^2 f}{\partial x^2} = -2xy^3\mathrm{e}^{-x^2 y^2},$$

$$\frac{\partial^2 f}{\partial x\partial y} = \mathrm{e}^{-x^2 y^2} - 2x^2 y^2\mathrm{e}^{-x^2 y^2},\ \frac{\partial^2 f}{\partial y^2} = -2x^3 y\mathrm{e}^{-x^2 y^2},$$

所以

$$\frac{x}{y}\frac{\partial^2 f}{\partial x^2} - 2\frac{\partial^2 f}{\partial x\partial y} + \frac{y}{x}\frac{\partial^2 f}{\partial y^2} = -2\mathrm{e}^{-x^2 y^2}.$$

**例 38**　如果函数 $f(x,y)$ 满足：对于任意的实数 $t$ 及 $x,y$，有

$$f(tx,ty) = t^n f(x,y)$$

成立，那么 $f$ 称为 $n$ 次齐次函数.

（1）证明 $n$ 次齐次函数 $f$ 满足方程

$$x\frac{\partial f}{\partial x} + y\frac{\partial f}{\partial y} = nf.$$

（2）利用上述性质，对于 $z = \sqrt{x^2 + y^2}$ 求出 $x\dfrac{\partial z}{\partial x} + y\dfrac{\partial z}{\partial y}$.

**证明**　在等式 $f(tx,ty) = t^n f(x,y)$ 两边对 $t$ 求导，有

$$\frac{\partial f(tx,ty)}{\partial t} = xf_1(tx,ty) + yf_2(tx,ty) = nt^{n-1}f(x,y).$$

将 $t = 1$ 代入，即得

$$x\frac{\partial f}{\partial x} + y\frac{\partial f}{\partial y} = nf.$$

（2）由于 $z(tx,ty) = tz(x,y)$，因此 $n = 1$，由（1）得

$$x\frac{\partial z}{\partial x} + y\frac{\partial z}{\partial y} = \sqrt{x^2 + y^2}.$$

**例 39**　设 $z = f\left(xy, \dfrac{x}{y}\right) + g\left(\dfrac{x}{y}\right)$，其中 $f$ 具有二阶连续偏导数，$g$ 具有二阶连续导数，求 $\dfrac{\partial^2 z}{\partial x\partial y}$.

**解**　令 $u = xy, v = \dfrac{x}{y}$，则

$$\frac{\partial z}{\partial y} = \frac{\partial z}{\partial u} \frac{\partial u}{\partial y} + \frac{\partial z}{\partial v} \frac{\partial v}{\partial y} + \frac{dg}{dv} \frac{\partial v}{\partial y} = x f_1(u,v) - \frac{x}{y^2} f_2(u,v) - \frac{x}{y^2} g'(v),$$

$$\frac{\partial^2 z}{\partial x \partial y} = f_1(u,v) - \frac{1}{y^2} f_2(u,v) - \frac{1}{y^2} g'(v) + x\left( f_{11}(u,v) \frac{\partial u}{\partial x} + f_{12}(u,v) \frac{\partial v}{\partial x} \right) -$$

$$\frac{x}{y^2} \left( f_{21}(u,v) \frac{\partial u}{\partial x} + f_{22}(u,v) \frac{\partial v}{\partial x} + g''(v) \frac{\partial v}{\partial x} \right)$$

$$= f_1\left( xy, \frac{x}{y} \right) - \frac{1}{y^2} f_2\left( xy, \frac{x}{y} \right) + xy f_{11}\left( xy, \frac{x}{y} \right) -$$

$$\frac{x}{y^3} f_{22}\left( xy, \frac{x}{y} \right) - \frac{1}{y^2} g'\left( \frac{x}{y} \right) - \frac{x}{y^3} g''\left( \frac{x}{y} \right)$$

**例 40** 设 $S_t$ 是变动球面 $(\xi - x)^2 + (\eta - y)^2 + (\zeta - z)^2 = t^2$，$f(\xi, \eta, \zeta)$ 有二阶偏导数，函数 $u(\xi, \eta, \zeta) = \frac{1}{4\pi t} \iint\limits_{S_t} f(\xi, \eta, \zeta) ds$，求 $\frac{\partial^2 u}{\partial t^2}$.

**解** 设 $\xi = x + tu, \eta = y + tv, \zeta = z + tw$，则

$$u = \frac{1}{4\pi t} \iint\limits_{u^2+v^2+w^2=1} f(x+tu, y+tv, z+tw) dS = \frac{t}{4\pi} \iint\limits_{u^2+v^2+w^2=1} f dS.$$

那么

$$u_t = \frac{1}{4\pi} \iint\limits_{u^2+v^2+w^2=1} f dS + \frac{t}{4\pi} \iint\limits_{u^2+v^2+w^2=1} (f_1 u + f_2 v + f_3 w) dS$$

$$= \frac{u}{t} + \frac{t}{4\pi} \iiint\limits_{u^2+v^2+w^2\leqslant 1} (f_1 u + f_2 v + f_3 w) du dv dw$$

$$= \frac{u}{t} + \frac{t^2}{4\pi} \iiint\limits_{u^2+v^2+w^2\leqslant 1} (f_{11} + f_{22} + f_{33}) du dv dw$$

$$= \frac{u}{t} + \frac{1}{4\pi t} \iiint\limits_{(\xi-x)^2+(\eta-y)^2+(\zeta-z)^2} (f_{11}(\xi,\eta,\zeta) + f_{22}(\xi,\eta,\zeta) + f_{33}(\xi,\eta,\zeta)) d\xi d\eta d\zeta$$

$$= \frac{u}{t} + \frac{1}{4\pi t} \int_0^T dr \iint\limits_{S_r} (f_{11}(\xi,\eta,\zeta) + f_{22}(\xi,\eta,\zeta) + f_{33}(\xi,\eta,\zeta)) dS$$

$$= \frac{u}{t} + \frac{1}{t} \int_0^T \Delta u(x,y,z,r) dr.$$

于是

$$t u_t = u + \int_0^T \Delta u(x,y,z,t) dr.$$

关于 $t$ 求导得

$$u_{tt} = \Delta u(x,y,z,t) = u_{xx}(x,y,z,t) + u_{yy}(x,y,z,t) + u_{zz}(x,y,z,t).$$

**例 41** 设 $f_x(x_0, y_0)$ 存在，$f_y(x,y)$ 在 $(x_0, y_0)$ 处连续，试证明：$f(x,y)$ 在点 $(x_0, y_0)$ 可微.

**证明** 任取点 $(x,y) \neq (x_0, y_0)$，则

$$\frac{f(x,y) - f(x_0,y_0) - f_x(x_0,y_0)(x-x_0) - f_y(x_0,y_0)(y-y_0)}{\sqrt{(x-x_0)^2 + (y-y_0)^2}}$$

$$= \frac{f(x,y) - f(x,y_0) + f(x,y_0) - f(x_0,y_0) - f_x(x_0,y_0)(x-x_0) - f_y(x_0,y_0)(y-y_0)}{\sqrt{(x-x_0)^2 + (y-y_0)^2}}$$

$$= \frac{f_y(x,\xi)(y-y_0) - f_y(x_0,y_0)(y-y_0) + (f(x,y_0) - f(x_0,y_0) - f_x(x_0,y_0)(x-x_0))}{\sqrt{(x-x_0)^2 + (y-y_0)^2}}.$$

由于 $f_y(x_0,y_0)$ 在 $(x_0,y_0)$ 连续,则当 $(x,y) \to (x_0,y_0)$ 时,有

$$\left| \frac{f_y(x,\xi)(y-y_0) - f_y(x_0,y_0)(y-y_0)}{\sqrt{(x-x_0)^2 + (y-y_0)^2}} \right|$$

$$= | f_y(x,\xi) - f_y(x_0,y_0) | \frac{| y-y_0 |}{\sqrt{(x-x_0)^2 + (y-y_0)^2}}$$

$$\leqslant | f_y(x,\xi) - f_y(x_0,y_0) | \to 0.$$

那么

$$\lim_{(x,y)\to(x_0,y_0)} \frac{f_y(x,\xi)(y-y_0) - f_y(x_0,y_0)(y-y_0)}{\sqrt{(x-x_0)^2 + (y-y_0)^2}} = 0.$$

若 $x = x_0$,则

$$\frac{f(x,y_0) - f(x_0,y_0) - f_x(x_0,y_0)(x-x_0)}{\sqrt{(x-x_0)^2 + (y-y_0)^2}} = 0.$$

若 $x \neq x_0$,则当 $x \to x_0$ 时,有

$$\left| \frac{f(x,y_0) - f(x_0,y_0) - f_x(x_0,y_0)(x-x_0)}{\sqrt{(x-x_0)^2 + (y-y_0)^2}} \right|$$

$$\leqslant \left| \frac{f(x,y_0) - f(x_0,y_0) - f_x(x_0,y_0)(x-x_0)}{x-x_0} \right| \to 0.$$

那么

$$\lim_{(x,y)\to(x_0,y_0)} \frac{f(xy_0) - f(x_0,y_0) - f_r(x_0,y_0)(x-x_0)}{\sqrt{(x-x_0)^2 + (y-y_0)^2}} = 0.$$

所以

$$\lim_{(x,y)\to(x_0,y_0)} \frac{f(x,y) - f(x_0,y_0) - f_x(x_0,y_0)(x-x_0) - f_y(x_0,y_0)(y-y_0)}{\sqrt{(x-x_0)^2 + (y-y_0)^2}} = 0.$$

因此,$f(x,y)$ 在 $(x_0,y_0)$ 可微.

**例 42**　设 $z = f(xy, \varphi(x-y))$,其中 $f(u,v)$ 具有二阶连续导数,$\varphi(\omega)$ 二阶可导,求 $\dfrac{\partial^2 z}{\partial x \partial y}$.

**解**　$z = f(xy, \varphi(x-y))$,其中 $f(u,v)$ 具有二阶连续导数,$\varphi(\omega)$ 二阶可导,故

$$\frac{\partial z}{\partial x} = y f_1' + \varphi f_2',$$

$$\frac{\partial^2 z}{\partial x \partial y} = f_1' + y(x f_{11}'' + \varphi f_{12}'') - \varphi' f_2' + \varphi'(x f_{21}'' - \varphi' f_{22}'')$$

$$= f_1' - \varphi'' f_2' + xy f_{11}'' + (x-y)\varphi' f_{12}'' - (\varphi')^2 f_{22}''.$$

# 第3节    中值定理和泰勒公式

## 一、高阶偏导数

$n-1$ 阶偏导数的偏导数称为 $n$ 阶偏导数.

**定理1**    若 $f_{xy}(x,y)$ 和 $f_{yx}(x,y)$ 都在点 $(x_0,y_0)$ 连续,则 $f_{xy}(x_0,y_0)=f_{yx}(x_0,y_0)$.

## 二、中值定理与泰勒公式

若区域 $D$ 上任意两点的连续都含于 $D$,则称 $D$ 为凸区域.

**定理2(中值定理)**    设 $f(x,y)$ 在凸开区域 $D \subset \mathbf{R}^2$ 上连续,在 $D$ 的所有内点都可微,则对 $D$ 内任意两点 $P(a,b),Q(a+h,b+k)$,存在 $\theta \in (0,1)$,使得

$$f(a+h,b+k)-f(a,b)=f_x(a+\theta h,b+\theta k)h+f_y(a+\theta h,b+\theta k)k$$

**推论**    若函数 $f$ 在区域 $D$ 上存在偏导,且 $f_x \equiv f_y \equiv 0$,则 $f$ 在 $D$ 上为常量函数.

**定理3(泰勒定理)**    若函数 $f$ 在点 $P_0(x_0,y_0,z_0)$ 的某邻域 $U(P_0)$ 内有直到 $n+1$ 阶的连续偏导数,则对 $U(P_0)$ 内任意一点 $(x_0+h,y_0+k)$,存在相应的 $\theta \in (0,1)$,使得

$$f(x_0+h,y_0+k)=f(x_0,y_0)+\left(h\frac{\partial}{\partial x}+k\frac{\partial}{\partial y}\right)f(x_0,y_0)+\cdots+$$

$$\frac{1}{n!}\left(h\frac{\partial}{\partial x}+k\frac{\partial}{\partial y}\right)^n f(x_0,y_0)+$$

$$\frac{1}{(n+1)!}\left(h\frac{\partial}{\partial x}+k\frac{\partial}{\partial y}\right)^{n+1}f(x_0+\theta h,y_0+\theta k),$$

其中

$$\left(h\frac{\partial}{\partial x}+k\frac{\partial}{\partial y}\right)^m f(x_0,y_0)=\sum_{i=0}^{m}C_m^i \frac{\partial^m}{\partial x^i \partial y^{m-i}}f(x_0,y_0)h^i k^{m-i}.$$

### 典型例题

**例1**    对函数 $f(x,y)=\sin x\cos y$ 应用中值定理,证明:存在 $\theta \in (0,1)$,使得

$$\frac{3}{4}=\frac{\pi}{3}\cos\frac{\pi\theta}{3}\cos\frac{\pi\theta}{6}-\frac{\pi}{6}\sin\frac{\pi\theta}{3}\sin\frac{\pi\theta}{6}.$$

**证明**    设 $(x_0,y_0)=(0,0)$,$(\Delta x,\Delta y)=\left(\frac{\pi}{3},\frac{\pi}{6}\right)$,对函数 $f(x,y)=\sin x\cos y$ 应用微分中值定理(即 $k=0$ 时的泰勒公式),可知存在 $\theta \in (0,1)$,使得

$$\frac{3}{4}=f\left(\frac{\pi}{3},\frac{\pi}{6}\right)-f(0,0)$$

$$=f_x(\theta\Delta x,\theta\Delta y)\Delta x+f_y(\theta\Delta x,\theta\Delta y)\Delta y$$

$$=\frac{\pi}{3}\cos\frac{\pi\theta}{3}\cos\frac{\pi\theta}{6}-\frac{\pi}{6}\sin\frac{\pi\theta}{3}\sin\frac{\pi\theta}{6}.$$

**例 2**　设 $f(x,y)=\dfrac{\cos y}{x},x>0$.

（1）求 $f(x,y)$ 在点 $(1,0)$ 的泰勒展开式（展开到二阶导数），并计算余项 $R_2$.

（2）求 $f(x,y)$ 在点 $(1,0)$ 的 $k$ 阶泰勒展开式，并证明在点 $(1,0)$ 的某个邻域内，余项 $R_k$ 满足当 $k\to\infty$ 时，$R_k\to0$.

**解**　（1）　$f(x,y)=1-(x-1)+(x-1)^2-\dfrac{1}{2}y^2+R_2$,

$$R_2=\frac{1}{3!}\left[(x-1)\frac{\partial}{\partial x}+y\frac{\partial}{\partial y}\right]^3 f(1+\theta(x-1),\theta y)$$

$$=-\frac{\cos\eta}{\xi^4}(x-1)^3-\frac{\sin\eta}{\xi^3}(x-1)^2 y+$$

$$\frac{\cos\eta}{2\xi^2}(x-1)y^2+\frac{\sin\eta}{6\xi}y^3,$$

其中

$$\xi=1+\theta(x-1),\eta=\theta y,0<\theta<1.$$

（2）$f(x,y)=1+\displaystyle\sum_{n=1}^{k}\left[\frac{1}{n!}\sum_{j=0}^{n}C_n^j(-1)^{n-j}(n-j)!\cos\left(\frac{j}{2}\pi\right)(x-1)^{n-j}y^j\right]+R_k$,

$$R_k=\frac{1}{(k+1)!}\sum_{j=0}^{k+1}C_{k+1}^j(-1)^{k+1-j}(k+1-j)!\frac{1}{\xi^{k-j+2}}\cos\left(\eta+\frac{j}{2}\pi\right)(x-1)^{k+1-j}y^j.$$

当 $x=1$ 时，$\xi=1$，对任意 $y\in(-\infty,+\infty)$，$R_k\to0(k\to\infty)$ 显然成立；当 $0<|x-1|<\dfrac{1}{3}$ 时，$\dfrac{2}{3}<\xi<\dfrac{4}{3}$，$\left|\dfrac{x-1}{\xi}\right|<\dfrac{1}{2}$，于是对任意 $y\in(-\infty,+\infty)$，有

$$|R_k|\leqslant\frac{1}{(k+1)!}\sum_{j=0}^{k+1}\frac{(k+1)!}{j!(k+1-j)!}(k+1-j)!\frac{1}{|\xi|^{k-j+2}}|x-1|^{k+1-j}|y|^j$$

$$=\frac{1}{|\xi|}\sum_{j=0}^{k+1}\frac{1}{j!}\left|\frac{x-1}{\xi}\right|^{k+1-j}|y|^j$$

$$\leqslant\frac{1}{|\xi|}\left|\frac{x-1}{\xi}\right|^{k+1}\sum_{j=0}^{\infty}\frac{1}{j!}\left|\frac{y\xi}{x-1}\right|^j$$

$$=\frac{1}{|\xi|}\left|\frac{x-1}{\xi}\right|^{k+1}e^{\left|\frac{y\xi}{x-1}\right|}$$

因此，也成立 $R_k\to0(k\to\infty)$.

**例 3**　利用泰勒公式近似计算 $8.96^{2.03}$（展开到二阶导数）.

**解**　考虑 $f(x,y)=(9+x)^{2+y}$ 在点 $(0,0)$ 的泰勒公式

$$f(x,y)=81+18x+81\ln9\cdot y+x^2+(9+18\ln9)xy+\frac{81}{2}\ln^2 9\cdot y^2+R_2(x,y),$$

于是

$$8.96^{2.03}=f(-0.04,0.03)$$

$$\approx81+18(-0.04)+81\ln9\cdot0.03+(-0.04)^2+$$

$$(9+18\ln9)\cdot(-0.04)\cdot0.03+\frac{81}{2}\cdot\ln^2 9\cdot0.03^2$$

$$\approx85.74.$$

**例 4** 设 $f(x,y)$ 在 $\mathbf{R}^2$ 上可微. $l_1$ 与 $l_2$ 是 $\mathbf{R}^2$ 上两个线性无关的单位向量(方向). 若

$$\frac{\partial f(x,y)}{\partial l_i} \equiv 0, i=1,2,$$

证明:在 $\mathbf{R}^2$ 上 $f(x,y) \equiv$ 常数.

**证明** 设 $l_1 = (\cos \alpha_1, \sin \alpha_1)$, $l_2 = (\cos \alpha_2, \sin \alpha_2)$. 由于 $f(x,y)$ 在 $\mathbf{R}^2$ 上可微,因此

$$\frac{\partial f(x,y)}{\partial l_1} = f_x(x,y)\cos \alpha_1 + f_y(x,y)\sin \alpha_1 \equiv 0,$$

$$\frac{\partial f(x,y)}{\partial l_2} = f_x(x,y)\cos \alpha_2 + f_y(x,y)\sin \alpha_2 \equiv 0.$$

因为 $l_1$ 与 $l_2$ 线性无关,所以 $\begin{vmatrix} \cos \alpha_1 & \sin \alpha_1 \\ \cos \alpha_2 & \sin \alpha_2 \end{vmatrix} \neq 0$. 因此,上面的线性方程组只有零解,即 $f_x(x,y) \equiv 0$, $f_y(x,y) \equiv 0$. 于是 $f(x,y) \equiv$ 常数.

**例 5** 设 $f(x,y) = \sin \dfrac{y}{x} (x \neq 0)$,证明:

$$\left(x \frac{\partial}{\partial x} + y \frac{\partial}{\partial y}\right)^k f(x,y) \equiv 0, k \geqslant 1.$$

**证明** 因为

$$\left(x \frac{\partial}{\partial x} + y \frac{\partial}{\partial y}\right) f(x,y) = x \cdot \cos \frac{y}{x} \cdot \left(-\frac{y}{x^2}\right) + y \cdot \cos \frac{y}{x} \cdot \frac{1}{x} \equiv 0,$$

所以当 $k > 1$ 时

$$\left(x \frac{\partial}{\partial x} + y \frac{\partial}{\partial y}\right)^k f(x,y) = \left(x \frac{\partial}{\partial x} + y \frac{\partial}{\partial y}\right)^{k-1} \left(x \frac{\partial}{\partial x} + y \frac{\partial}{\partial y}\right) f(x,y) \equiv 0$$

成立.

# 第 4 节　隐函数

## 一、隐函数求偏导数

### 1. 隐函数存在定理

**定理 1(隐函数存在唯一性定理)** 若 $F(x,y)$ 满足下列条件:

(1) 函数 $F(x,y)$ 在以 $P_0(x_0, y_0)$ 为内点的某邻域(区域)$D \subset \mathbf{R}^2$ 上连续;

(2) $F(x_0, y_0) = 0$(通常称为初始条件);

(3) 在 $D$ 内存在连续的偏导数 $F_y(x,y)$;

(4) $F_y(x_0, y_0) \neq 0$.

则在点 $P_0$ 的某邻域 $U(P_0) \subset D$,方程 $F(x,y) = 0$ 唯一地确定了一个定义在某区间 $(x_0 - \alpha, x_0 + \alpha)$ 内的隐函数 $y = f(x)$,使得:

(1) $f(x_0) = y_0$;

(2) $f(x)$ 在 $(x_0 - \alpha, x_0 + \alpha)$ 内连续.

**定理 2(隐函数可微性定理)** 设 $F(x,y)$ 满足定理 1 中 $(1) \sim (4)$,又设在 $D$ 内还存在连续偏导数 $F_x(x,y)$,则由 $F(x,y) = 0$ 所确定的隐函数 $y = f(x)$ 在某邻域 $(x_0 - \alpha,$

$x_0 + a$) 内有连续的导函数,且

$$f'(x) = -\frac{F_x(x,y)}{F_y(x,y)}.$$

**定理 3**　若函数 $F(x_1, x_2, \cdots, x_n, y)$ 满足条件:

(1) $F(x_1, x_2, \cdots, x_n, y)$ 在以点 $P_0(x_1^0, x_2^0, \cdots, x_n^0, y^0)$ 为内点的区域 $D \subset \mathbf{R}^{n+1}$ 上连续;

(2) $F(x_1^0, x_2^0, \cdots, x_n^0, y^0) = 0$;

(3) $F_{x_1}, \cdots, F_{x_n}, F_y$ 在 $D$ 内存在且连续;

(4) $F_y(P_0) \neq 0$,

则在点 $P_0$ 的某邻域 $U(P_0) \subset D$,方程 $F(x_1, x_2, \cdots, x_n, y) = 0$ 唯一地确定了一个定义在 $Q_0(x_1^0, x_2^0, \cdots, x_n^0)$ 的某邻域 $U(Q_0) \subset \mathbf{R}^n$ 内的 $n$ 元连续隐函数 $y = f(x_1, x_2, \cdots, x_n)$,使得:

(1) $F(x_1, x_2, \cdots, x_n, f(x_1, x_2, \cdots, x_n)) \equiv 0$;

(2) $y^0 = f(x_1^0, x_2^0, \cdots, x_n^0)$;

(3) $f_{x_i} = -\dfrac{F_{x_i}}{F_y}, i = 1, 2, \cdots, n.$

**2. 隐函数求导(公式法或复合函数法)**

直接应用隐函数可微性定理中的求偏导计算公式,或复合函数法:将方程中某一变量看成其余变量的函数,两边求关于自变量的偏导,解一元一次方程便得所求的偏导数;或应用隐函数求导公式.

**3. 隐函数组**

(1) 隐函数组定理.

若方程组 $\begin{cases} F(P) = 0 \\ G(P) = 0 \end{cases}$, $P \in V$ 满足:

( i ) $F(x, y, u, v), G(x, y, u, v)$ 在以点 $P_0(x_0, y_0, u_0, v_0)$ 为内点的区域 $V \subset \mathbf{R}^4$ 内连续;

( ii ) $F(P_0) = G(P_0) = 0$(初始条件);

( iii ) 在 $V$ 内 $F, G$ 具有一阶连续偏导数.

$J = \dfrac{\partial(x, y)}{\partial(u, v)}\bigg|_{P_0} \neq 0$($J$ 称为 $F, G$ 关于 $u, v$ 的雅可比(Jacobi)行列式),则在 $P_0$ 的某一邻域 $U(P_0) \subset V$ 内,方程组 $\begin{cases} F(P) = 0 \\ G(P) = 0 \end{cases}$, $P \in V$ 唯一确定了定义在点 $Q_0(x_0, y_0)$ 的某一二维邻域 $U(Q_0)$ 内的两个二元函数 $u = f(x, y), v = g(x, y)$,使得:

( i ) $u_0 = f(x_0, y_0), v_0 = g(x_0, y_0)$,且

$$F(x, y, f(x, y), g(x, y)) \equiv 0, G(x, y, f(x, y), g(x, y)) = 0;$$

( ii ) $f(x, y), g(x, y)$ 在 $U(Q_0)$ 内连续;

( iii ) $f(x, y), g(x, y)$ 在 $U(Q_0)$ 内有一阶连续偏导数,且

$$\frac{\partial u}{\partial x} = \frac{\partial(F, G)}{\partial(x, v)} / (-J), \frac{\partial u}{\partial y} = \frac{\partial(F, G)}{\partial(y, v)} / (-J),$$

$$\frac{\partial v}{\partial x} = \frac{\partial(F,G)}{\partial(u,x)} / (-J), \quad \frac{\partial v}{\partial y} = \frac{\partial(F,G)}{\partial(v,y)} / (-J).$$

（2）反函数组定理.

设 $u = u(x,y), v = v(x,y)$ 及其一阶偏导数在某区域 $D \subset \mathbf{R}^2$ 上连续，点 $P_0(x_0,y_0)$ 是其内点，且有 $u_0 = u(x_0,y_0), v_0 = v(x_0,y_0), \dfrac{\partial(u,v)}{\partial(x,y)}\Big|_{P_0} \neq 0$，则在点 $Q_0(u_0,v_0)$ 的某一邻域 $U(Q_0)$ 内存在唯一的反函数组

$$x = x(u,v), y = y(u,v), x_0 = x(u_0,v_0), y_0 = y(u_0,v_0),$$

且当 $(u,v) \in U(Q_0)$ 时，有

$$u = u(x(u,v),y(u,v)), v = v(x(u,v),y(u,v)),$$

$$\frac{\partial x}{\partial u} = \frac{\partial v}{\partial y} / \frac{\partial(u,v)}{\partial(x,y)}, \quad \frac{\partial x}{\partial v} = \frac{\partial u}{\partial y} / \frac{\partial(u,v)}{\partial(x,y)},$$

$$\frac{\partial y}{\partial u} = \frac{\partial v}{\partial y} / \frac{\partial(u,v)}{\partial(x,y)}, \quad \frac{\partial y}{\partial v} = \frac{\partial u}{\partial y} / \frac{\partial(u,v)}{\partial(x,y)},$$

且

$$\frac{\partial(x,y)}{\partial(u,v)} \cdot \frac{\partial(u,v)}{\partial(x,y)} = 1.$$

**注** 此性质是前者的特例.

**典型例题**

**例 1** 求下列方程所确定的隐函数的导数或偏导数：

（1）$\sin y + \mathrm{e}^x - xy^2 = 0$，求 $\dfrac{\mathrm{d}y}{\mathrm{d}x}$；

（2）$x^y = y^x$，求 $\dfrac{\mathrm{d}y}{\mathrm{d}x}$；

（3）$\ln\sqrt{x^2 + y^2} = \arctan\dfrac{y}{x}$，求 $\dfrac{\mathrm{d}y}{\mathrm{d}x}$；

（4）$\arctan\dfrac{x+y}{a} - \dfrac{y}{a} = 0$，求 $\dfrac{\mathrm{d}y}{\mathrm{d}x}$ 和 $\dfrac{\mathrm{d}^2 y}{\mathrm{d}x^2}$；

（5）$\dfrac{x}{z} = \ln\dfrac{x}{y}$，求 $\dfrac{\partial z}{\partial x}$ 和 $\dfrac{\partial z}{\partial y}$；

（6）$\mathrm{e}^z - xyz = 0$，求 $\dfrac{\partial z}{\partial x}, \dfrac{\partial z}{\partial y}, \dfrac{\partial^2 z}{\partial x^2}$ 和 $\dfrac{\partial^2 z}{\partial x \partial y}$；

（7）$z^3 - 3xyz = a^3$，求 $\dfrac{\partial z}{\partial x}, \dfrac{\partial z}{\partial y}, \dfrac{\partial^2 z}{\partial x^2}$ 和 $\dfrac{\partial^2 z}{\partial x \partial y}$；

（8）$f(x+y, y+z, z+x) = 0$，求 $\dfrac{\partial z}{\partial x}$ 和 $\dfrac{\partial z}{\partial y}$；

（9）$z = f(xz, z-y)$，求 $\dfrac{\partial z}{\partial x}, \dfrac{\partial z}{\partial y}$ 和 $\dfrac{\partial^2 z}{\partial x^2}$；

（10）$f(x, x+y, x+y+z) = 0$，求 $\dfrac{\partial z}{\partial x}, \dfrac{\partial z}{\partial y}, \dfrac{\partial^2 z}{\partial x^2}$ 和 $\dfrac{\partial^2 z}{\partial x \partial y}$.

**解** （1）设 $F(x,y) = \sin y + \mathrm{e}^x - xy^2 = 0$，则

$$\frac{\mathrm{d}y}{\mathrm{d}x} = -\frac{F_x}{F_y} = \frac{y^2 - \mathrm{e}^x}{\cos\ y - 2xy}.$$

（2）设 $F(x,y) = x^y - y^x = 0$，则

$$\frac{\mathrm{d}y}{\mathrm{d}x} = -\frac{F_x}{F_y} = \frac{y(x\ln\ y - y)}{x(y\ln\ x - x)}.$$

**注**　本题也可先在等式 $x^y = y^x$ 两边取对数，然后设 $G(x,y) = y\ln\ x - x\ln\ y = 0$.

（3）设 $F(x,y) = \ln\sqrt{x^2 + y^2} - \arctan\frac{y}{x} = 0$，则

$$\frac{\mathrm{d}y}{\mathrm{d}x} = -\frac{F_x}{F_y} = \frac{x + y}{x - y}.$$

（4）设 $F(x,y) = \arctan\frac{x + y}{a} - \frac{y}{a} = 0$，则

$$\frac{\mathrm{d}y}{\mathrm{d}x} = -\frac{F_x}{F_y} = \frac{a^2}{(x + y)^2},$$

$$\frac{\mathrm{d}^2 y}{\mathrm{d}x^2} = \frac{\mathrm{d}}{\mathrm{d}x}\left(\frac{\mathrm{d}y}{\mathrm{d}x}\right) = -\frac{2a^2}{(x + y)^3}\left(1 + \frac{\mathrm{d}y}{\mathrm{d}x}\right) = -\frac{2a^2}{(x + y)^5}[a^2 + (x + y)^2].$$

（5）设 $F(x,y,z) = \frac{x}{z} - \ln\frac{z}{y} = 0$，则

$$\frac{\partial z}{\partial x} = -\frac{F_x}{F_z} = \frac{z}{x + z}, \frac{\partial z}{\partial y} = -\frac{F_y}{F_z} = \frac{z^2}{y(x + z)}.$$

（6）设 $F(x,y,z) = \mathrm{e}^z - xyz = 0$，则

$$\frac{\partial z}{\partial x} = -\frac{F_x}{F_z} = \frac{yz}{\mathrm{e}^z - xy}, \frac{\partial z}{\partial y} = -\frac{F_y}{F_z} = \frac{xz}{\mathrm{e}^z - xy},$$

$$\frac{\partial^2 z}{\partial x^2} = \frac{\partial}{\partial x}\left(\frac{\partial z}{\partial x}\right) = \frac{y}{\mathrm{e}^z - xy} \cdot \frac{\partial z}{\partial x} - \frac{yz}{(\mathrm{e}^z - xy)^2}\left(\mathrm{e}^z\frac{\partial z}{\partial x} - y\right) = \frac{2y^2 z}{(\mathrm{e}^z - xy)^2} - \frac{y^2 z^2 \mathrm{e}^z}{(\mathrm{e}^z - xy)^3},$$

$$\frac{\partial^2 z}{\partial x \partial y} = \frac{\partial}{\partial x}\left(\frac{\partial z}{\partial y}\right) = \frac{1}{\mathrm{e}^z - xy}\left(z + x\frac{\partial z}{\partial x}\right) - \frac{xz}{(\mathrm{e}^z - xy)^2}\left(\mathrm{e}^z\frac{\partial z}{\partial x} - y\right)$$

$$= \frac{z}{\mathrm{e}^z - xy} + \frac{2xyz}{(\mathrm{e}^z - xy)^2} - \frac{xyz^2 \mathrm{e}^z}{(\mathrm{e}^z - xy)^3}.$$

（7）设 $F(x,y,z) = z^3 - 3xyz - a^3 = 0$，则

$$\frac{\partial z}{\partial x} = -\frac{F_x}{F_z} = \frac{yz}{z^2 - xy}, \frac{\partial z}{\partial y} = -\frac{F_y}{F_x} = \frac{xz}{z^2 - xy},$$

$$\frac{\partial^2 z}{\partial x^2} = \frac{\partial}{\partial x}\left(\frac{\partial z}{\partial x}\right) = \frac{y}{z^2 - xy}\left(\frac{\partial z}{\partial x}\right) - \frac{yz}{(z^2 - xy)^2}\left(2z\frac{\partial z}{\partial x} - y\right) = -\frac{2xy^3 z}{(z^2 - xy)^3},$$

$$\frac{\partial^2 z}{\partial x \partial y} = \frac{\partial}{\partial x}\left(\frac{\partial z}{\partial y}\right) = \frac{1}{z^2 - xy}\left(z + x\frac{\partial z}{\partial x}\right) - \frac{xz}{(z^2 - xy)^2}\left(2z\frac{\partial z}{\partial x} - y\right)$$

$$= \frac{z^5 - 2xyz^3 - x^2 y^2 z}{(z^2 - xy)^3}.$$

（8）由 $f(x + y, y + z, z + x) = 0$ 即可得到

$$\frac{\partial z}{\partial x} = -\frac{f_1 + f_3}{f_2 + f_3}, \frac{\partial z}{\partial y} = -\frac{f_1 + f_2}{f_2 + f_3}.$$

（9）设 $F(x,y,z) = z - f(xz, z - y) = 0$，则

$$\frac{\partial z}{\partial x} = -\frac{F_x}{F_z} = \frac{zf_1}{1-xf_1-f_2}, \frac{\partial z}{\partial y} = -\frac{F_y}{F_z} = -\frac{f_2}{1-xf_1-f_2},$$

$$\frac{\partial^2 z}{\partial x^2} = \frac{\partial}{\partial x}\left(\frac{\partial z}{\partial x}\right) = \frac{1}{1-xf_1-f_2}\left(\frac{\partial z}{\partial x}f_1 + z\left(z+x\frac{\partial z}{\partial x}\right)f_{11} + z\frac{\partial z}{\partial x}f_{12}\right) +$$

$$\frac{zf_1}{(1-xf_1-f_2)^2}\left(f_1 + x\left(z+x\frac{\partial z}{\partial x}\right)f_{11} + x\frac{\partial z}{\partial x}f_{12} + \left(z+x\frac{\partial z}{\partial x}\right)f_{21} + \frac{\partial z}{\partial x}f_{22}\right)$$

$$= \frac{1}{1-xf_1-f_2}\left(2\frac{\partial z}{\partial x}f_1 + \left(z+x\frac{\partial z}{\partial x}\right)^2 f_{11} + 2\frac{\partial z}{\partial x}\left(z+x\frac{\partial z}{\partial x}\right)f_{12} + \left(\frac{\partial z}{\partial x}\right)^2 f_{22}\right).$$

(10) 由 $f(x, x+y, x+y+z) = 0$ 即可得到

$$\frac{\partial z}{\partial x} = -\frac{f_1+f_2+f_3}{f_3}, \frac{\partial z}{\partial y} = -\frac{f_2+f_3}{f_3},$$

$$\frac{\partial^2 z}{\partial x^2} = \frac{\partial}{\partial x}\left(\frac{\partial z}{\partial x}\right)$$

$$= -\frac{1}{f_3}\left(f_{11} + f_{12} + \left(1+\frac{\partial z}{\partial x}\right)f_{13} + f_{21} + f_{22} + \left(1+\frac{\partial z}{\partial x}\right)f_{23}\right) +$$

$$\frac{f_1+f_2}{f_3^2}\left(f_{31} + f_{32} + \left(1+\frac{\partial z}{\partial x}\right)f_{33}\right)$$

$$= -\frac{1}{f_3^3}\left[f_3^2(f_{11}+2f_{12}+f_{22}) - 2f_3(f_1+f_2)(f_{13}+f_{23}) + (f_1+f_2)^2 f_{33}\right],$$

$$\frac{\partial^2 z}{\partial x \partial y} = \frac{\partial}{\partial x}\left(\frac{\partial z}{\partial y}\right) = -\frac{1}{f_3}\left(f_{21} + f_{22} + \left(1+\frac{\partial z}{\partial x}\right)f_{23}\right) + \frac{f_2}{f_3^2}\left(f_{31} + f_{32} + \left(1+\frac{\partial z}{\partial x}\right)f_{33}\right)$$

$$= -\frac{1}{f_3^3}(f_3^2(f_{12}+f_{22}) - f_2 f_3 f_{13} + f_2(f_1+f_2)f_{33} - f_3(f_1+2f_2)f_{23}).$$

**例 2** 设 $y = \tan(x+y)$，确定 $y$ 为 $x$ 的隐函数，验证

$$\frac{d^3 y}{dx^3} = -\frac{2(3y^4 + 8y^2 + 5)}{y^8}.$$

**证明** 由 $y' = \sec^2(x+y)(1+y') = (1+y^2)(1+y')$ 解出 $y' = -1 - \frac{1}{y^2}$，再求二阶和三阶导数，有

$$y'' = \frac{2}{y^3}y' = -\frac{2}{y^3} - \frac{2}{y^5}, y''' = \left(\frac{6}{y^4} + \frac{10}{y^6}\right)y' = -\frac{2(3y^4+8y^2+5)}{y^8}.$$

**例 3** 设 $\varphi$ 是可微函数，证明由 $\varphi(cx-az, cy-bz) = 0$ 所确定的隐函数 $z = f(x,y)$ 满足方程

$$a\frac{\partial z}{\partial x} + b\frac{\partial z}{\partial y} = c.$$

**证明** 由 $\varphi(cx-az, cy-bz) = 0$ 可得到

$$\frac{\partial z}{\partial x} = -\frac{c\varphi_1}{-a\varphi_1-b\varphi_2} = \frac{c\varphi_1}{a\varphi_1+b\varphi_2}, \frac{\partial z}{\partial y} = -\frac{c\varphi_2}{-a\varphi_1-b\varphi_2} = \frac{c\varphi_2}{a\varphi_1+b\varphi_2},$$

所以

$$a\frac{\partial z}{\partial x} + b\frac{\partial z}{\partial y} = c.$$

**例 4**　函数 $z = z(x, y)$ 由方程 $F\left(x + \dfrac{z}{y} y + \dfrac{z}{x}\right) = 0$ 所给出,证明:

$$x \frac{\partial z}{\partial x} + y \frac{\partial z}{\partial y} = z - xy.$$

**证明**　令

$$G(x, y, z) = F\left(x + \frac{z}{y} y + \frac{z}{x}\right),$$

则由隐函数存在定理的结论得

$$\frac{\partial z}{\partial x} = -\frac{G_x}{G_z} = -\frac{F_1' - \dfrac{z}{x^2} F_2'}{\dfrac{1}{y} F_1' + \dfrac{1}{x} F_2'}, \frac{\partial z}{\partial y} = -\frac{G_y}{G_1} = -\frac{\dfrac{z}{y^2} F_1' + F_2'}{\dfrac{1}{y} F_1' + \dfrac{1}{x} F_2'}.$$

故

$$
\begin{aligned}
x \frac{\partial z}{\partial x} + y \frac{\partial z}{\partial y} &= -\frac{x F_1' - \dfrac{z}{x} F_1'}{\dfrac{1}{y} F_1' + \dfrac{1}{x} F_2'} - \frac{\dfrac{z}{y} F_1' + y F_1'}{\dfrac{1}{y} F_1' + \dfrac{1}{x} F_2'} \\
&= \frac{xy\left(\dfrac{1}{y} F_1' + \dfrac{1}{x} F_2'\right) - z\left(\dfrac{1}{y} F_1' + \dfrac{1}{x} F_2'\right)}{\dfrac{1}{y} F_1' + \dfrac{1}{x} F_2'} \\
&= z - xy.
\end{aligned}
$$

**例 5**　设 $y$ 是 $x$ 的函数,满足 $\ln\sqrt{x^2 + y^2} = \arcsin\dfrac{y}{x}$,求 $\dfrac{\mathrm{d}y}{\mathrm{d}x}$.

**解**　设

$$f(x, y) = \frac{1}{2}\ln(x^2 + y^2) - \arctan\frac{y}{x},$$

则由 $f_x + f_y y' = 0$,有

$$f_x = \frac{1}{2} \cdot \frac{2x}{x^2 + y^2} - \frac{\dfrac{y}{x^2}}{1 + \left(\dfrac{y}{x}\right)^2} = \frac{x + y}{x^2 + y^2}, f_y = \frac{1}{2} \cdot \frac{2y}{x^2 + y^2} - \frac{\dfrac{1}{x}}{1 + \left(\dfrac{y}{x}\right)^2} = \frac{y - x}{x^2 + y^2},$$

知

$$y' = -\frac{f_x}{f_y} = \frac{x + y}{x - y}.$$

**例 6**　设方程 $\varphi(x + zy^{-1}, y + zx^{-1}) = 0$,确定隐函数 $z = f(x, y)$,证明:它满足方程

$$x \frac{\partial z}{\partial x} + y \frac{\partial z}{\partial y} = z - xy.$$

**证明**　由于

$$\frac{\partial z}{\partial x} = -\frac{\varphi_1 + z\left(-\dfrac{1}{x^2}\right)\varphi_2}{\dfrac{1}{y}\varphi_1 + \dfrac{1}{x}\varphi_2} = \frac{yz\varphi_2 - x^2 y\varphi_1}{x(x\varphi_1 + y\varphi_2)}, \frac{\partial z}{\partial y} = -\frac{z\left(-\dfrac{1}{y^2}\right)\varphi_1 + \varphi_2}{\dfrac{1}{y}\varphi_1 + \dfrac{1}{x}\varphi_2}$$

$$=\frac{xz\varphi_1-xy^2\varphi_2}{y(x\varphi_1+y\varphi_2)},$$

因此

$$x\frac{\partial z}{\partial x}+y\frac{\partial z}{\partial y}=z-xy.$$

**例 7**　求下列方程组所确定的隐函数的导数或偏导数：

(1) $\begin{cases} z-x^2-y^2=0 \\ x^2+2y^2+3z^2=4a^2 \end{cases}$，求$\dfrac{\mathrm{d}y}{\mathrm{d}x}$，$\dfrac{\mathrm{d}z}{\mathrm{d}x}$，$\dfrac{\mathrm{d}^2y}{\mathrm{d}x^2}$和$\dfrac{\mathrm{d}^2z}{\mathrm{d}x^2}$；

(2) $\begin{cases} xu+yv=0 \\ yu+xv=1 \end{cases}$，求$\dfrac{\partial u}{\partial x}$，$\dfrac{\partial u}{\partial y}$，$\dfrac{\partial^2 u}{\partial x^2}$和$\dfrac{\partial^2 u}{\partial x\partial y}$；

(3) $\begin{cases} u=f(ux,v+y) \\ v=g(u-x,v^2y) \end{cases}$，求$\dfrac{\partial u}{\partial x}$和$\dfrac{\partial v}{\partial x}$；

(4) $\begin{cases} x=u+v \\ y=u-v \\ z=u^2v^2 \end{cases}$，求$\dfrac{\partial z}{\partial x}$和$\dfrac{\partial z}{\partial y}$；

(5) $\begin{cases} x=\mathrm{e}^u\cos v \\ y=\mathrm{e}^u\sin v \\ z=u^2+v^2 \end{cases}$，求$\dfrac{\partial z}{\partial x}$和$\dfrac{\partial z}{\partial y}$.

**解**　(1) 在方程组中对 $x$ 求导，得到

$$\begin{cases} \dfrac{\mathrm{d}z}{\mathrm{d}x}-2x-2y\dfrac{\mathrm{d}y}{\mathrm{d}x}=0 \\ 2x+4y\dfrac{\mathrm{d}y}{\mathrm{d}x}+6z\dfrac{\mathrm{d}z}{\mathrm{d}x}=0 \end{cases},$$

由此解出

$$\frac{\mathrm{d}y}{\mathrm{d}x}=-\frac{x(1+6z)}{y(2+6z)},\quad \frac{\mathrm{d}z}{\mathrm{d}x}=\frac{x}{1+3z}.$$

再求二阶导数，得到

$$\frac{\mathrm{d}^2y}{\mathrm{d}x^2}=-\frac{(1+6z)}{y(2+6z)}+\frac{x(1+6z)}{y^2(2+6z)}\frac{\mathrm{d}y}{\mathrm{d}x}+\frac{x(-3)}{2y(1+3z)^2}\frac{\mathrm{d}z}{\mathrm{d}x}$$

$$=\frac{1}{2y}\left(\frac{1}{1+3z}-\frac{x^2(1+6z)^2}{2y^2(1+3z)^2}-\frac{3x^2}{(1+3z)^3}-2\right),$$

$$\frac{\mathrm{d}^2z}{\mathrm{d}x^2}=\frac{1}{1+3z}-\frac{3x}{(1+3z)^2}\frac{\mathrm{d}z}{\mathrm{d}x}=\frac{1}{1+3z}-\frac{3x^2}{(1+3z)^3}.$$

(2) 在方程组中对 $x$ 求偏导，得到

$$\begin{cases} u+x\dfrac{\partial u}{\partial x}+y\dfrac{\partial v}{\partial x}=0 \\ y\dfrac{\partial u}{\partial x}+v+x\dfrac{\partial v}{\partial x}=0 \end{cases},$$

解此方程组，得到

$$\frac{\partial u}{\partial x}=\frac{ux-vy}{y^2-x^2},\quad \frac{\partial v}{\partial x}=\frac{vx-uy}{y^2-x^2}.$$

在方程组中对 $y$ 求偏导, 得到

$$\begin{cases} x \dfrac{\partial u}{\partial y} + v + y \dfrac{\partial v}{\partial y} = 0 \\[3mm] u + y \dfrac{\partial u}{\partial y} + x \dfrac{\partial v}{\partial y} = 0 \end{cases},$$

解此方程组, 得到

$$\frac{\partial u}{\partial y} = \frac{vx - uy}{y^2 - x^2}, \frac{\partial v}{\partial y} = \frac{ux - vy}{y^2 - x^2}.$$

于是

$$\frac{\partial^2 u}{\partial x^2} = \frac{1}{y^2 - x^2}\left(u + x \frac{\partial u}{\partial x} - y \frac{\partial v}{\partial x}\right) + \frac{ux - vy}{(y^2 - x^2)^2} 2x = \frac{2u(x^2 + y^2) - 4xyv}{(y^2 - x^2)^2},$$

$$\frac{\partial^2 u}{\partial x \partial y} = \frac{1}{y^2 - x^2}\left(v + x \frac{\partial v}{\partial x} - y \frac{\partial u}{\partial x}\right) + \frac{ux - uy}{(y^2 - x^2)^2} 2x = \frac{2v(x^2 + y^2) - 4xyu}{(y^2 - x^2)^2}.$$

(3) 在方程组中对 $x$ 求偏导, 得到

$$\begin{cases} \dfrac{\partial u}{\partial x} = \left(u + x \dfrac{\partial u}{\partial x}\right) f_1 + \dfrac{\partial v}{\partial x} f_2 \\[3mm] \dfrac{\partial v}{\partial x} = \left(\dfrac{\partial u}{\partial x} - 1\right) g_1 + 2vy g_2 \dfrac{\partial v}{\partial x} \end{cases},$$

解此方程组, 得到

$$\frac{\partial u}{\partial x} = \frac{f_2 g_1 + u f_1 (2vy g_2 - 1)}{f_2 g_1 - (x f_1 - 1)(2vy g_2 - 1)}, \frac{\partial v}{\partial x} = \frac{(1 - x f_1) g_1 - u f_1 g_1}{f_2 g_1 - (x f_1 - 1)(2vy g_2 - 1)}.$$

(4) 在方程组中分别对 $x$ 与 $y$ 求偏导, 得到

$$\begin{cases} 1 = \dfrac{\partial u}{\partial x} + \dfrac{\partial v}{\partial x} \\[3mm] 0 = \dfrac{\partial u}{\partial x} - \dfrac{\partial v}{\partial x} \end{cases} \quad \text{与} \quad \begin{cases} 0 = \dfrac{\partial u}{\partial y} + \dfrac{\partial v}{\partial y} \\[3mm] 1 = \dfrac{\partial u}{\partial y} - \dfrac{\partial v}{\partial y} \end{cases}.$$

**解**　由这两个方程组, 得到

$$\frac{\partial u}{\partial x} = \frac{\partial v}{\partial x} = \frac{1}{2} \text{与} \frac{\partial u}{\partial y} = -\frac{\partial v}{\partial y} = \frac{1}{2},$$

所以

$$\frac{\partial z}{\partial x} = 2uv^2 \frac{\partial u}{\partial x} + 2u^2 v \frac{\partial v}{\partial x} = uv(u + v),$$

$$\frac{\partial z}{\partial y} = 2uv^2 \frac{\partial u}{\partial y} + 2u^2 v \frac{\partial v}{\partial y} = uv(v - u).$$

(5) 在方程组中对 $x$ 求偏导, 得到

$$\begin{cases} 1 = e^u \cos v \dfrac{\partial u}{\partial x} - e^u \sin v \dfrac{\partial v}{\partial x} \\[3mm] 0 = e^u \sin v \dfrac{\partial u}{\partial x} + e^u \cos v \dfrac{\partial v}{\partial x} \end{cases},$$

解此方程组, 得到

$$\frac{\partial u}{\partial x} = e^{-u} \cos v, \frac{\partial v}{\partial x} = -e^{-u} \sin v,$$

所以

$$\frac{\partial z}{\partial x} = 2u\frac{\partial u}{\partial x} + 2v\frac{\partial v}{\partial x} = \frac{2(u\cos v - v\sin v)}{e^u}.$$

在方程组中对 $y$ 求偏导,得到

$$\begin{cases} 0 = e^u\cos v\,\dfrac{\partial u}{\partial y} - e^u\sin v\,\dfrac{\partial v}{\partial y} \\[2mm] 1 = e^u\sin v\,\dfrac{\partial u}{\partial y} + e^u\cos v\,\dfrac{\partial v}{\partial y} \end{cases},$$

解此方程组,得到

$$\frac{\partial u}{\partial y} = e^{-u}\sin v, \frac{\partial v}{\partial y} = e^{-u}\cos v,$$

所以

$$\frac{\partial z}{\partial y} = 2u\frac{\partial u}{\partial y} + 2v\frac{\partial v}{\partial y} = \frac{2(v\cos v + u\sin v)}{e^u}.$$

**例 8** 求微分:

(1) $x + 2y + z - 2\sqrt{xyz} = 0$,求 $\mathrm{d}z$;

(2) $\begin{cases} x + y = u + v \\[1mm] \dfrac{x}{y} = \dfrac{\sin u}{\sin v} \end{cases}$,求 $\mathrm{d}u$ 与 $\mathrm{d}v$.

**解** (1) 直接对等式两边求微分,得到

$$\mathrm{d}x + 2\mathrm{d}y + \mathrm{d}z - \frac{1}{\sqrt{xyz}}(yz\,\mathrm{d}x + xz\,\mathrm{d}y + xy\,\mathrm{d}z) = 0,$$

由此解出

$$\mathrm{d}z = \frac{yz - \sqrt{xyz}}{\sqrt{xyz} - xy}\mathrm{d}x + \frac{xz - 2\sqrt{xyz}}{\sqrt{xyz} - xy}\mathrm{d}y.$$

(2) 直接在方程组中求微分,得到

$$\begin{cases} \mathrm{d}x + \mathrm{d}y = \mathrm{d}u + \mathrm{d}v \\[2mm] \dfrac{1}{y}\mathrm{d}x - \dfrac{x}{y^2}\mathrm{d}y = \dfrac{\cos u}{\sin v}\mathrm{d}u - \dfrac{\sin u\cos v}{\sin^2 v}\mathrm{d}v \end{cases},$$

解此方程组,得到

$$\mathrm{d}u = \frac{\sin v + x\cos v}{x\cos v + y\cos u}\mathrm{d}x + \frac{x\cos v - \sin u}{x\cos v + y\cos u}\mathrm{d}y,$$

$$\mathrm{d}v = \frac{y\cos u - \sin v}{x\cos v + y\cos u}\mathrm{d}x + \frac{y\cos u + \sin u}{x\cos v + y\cos u}\mathrm{d}y.$$

**例 9** 设 $\begin{cases} x = x(y) \\ z = z(y) \end{cases}$ 是由方程组 $\begin{cases} F(y - x, y - z) = 0, \\ G\left(xy, \dfrac{z}{y}\right) = 0 \end{cases}$ 所确定的向量值隐函数,其中

二元函数 $F$ 和 $G$ 分别具有连续的偏导数,求 $\dfrac{\mathrm{d}x}{\mathrm{d}y}$ 和 $\dfrac{\mathrm{d}z}{\mathrm{d}y}$.

**解** 在方程组中对 $y$ 求导数,有

$$\begin{cases} \left(1 - \dfrac{\mathrm{d}x}{\mathrm{d}y}\right)F_1 + \left(1 - \dfrac{\mathrm{d}z}{\mathrm{d}y}\right)F_2 = 0 \\ \left(x + y\dfrac{\mathrm{d}x}{\mathrm{d}y}\right)G_1 + \left(-\dfrac{z}{y^2} + \dfrac{1}{y}\dfrac{\mathrm{d}z}{\mathrm{d}y}\right)G_2 = 0 \end{cases},$$

解此方程组, 得到

$$\frac{\mathrm{d}x}{\mathrm{d}y} = \frac{yF_1G_2 + xy^2F_2G_1 + (y-z)F_2G_2}{y(F_1G_2 - y^2F_2G_1)},$$

$$\frac{\mathrm{d}z}{\mathrm{d}y} = \frac{zF_1G_2 - y^3F_2G_1 - y^2(x+y)F_1G_1}{y(F_1G_2 - y^2F_2G_1)}.$$

**例 10** 设 $f(x,y)$ 具有二阶连续偏导数. 在极坐标 $\begin{cases} x = r\cos\theta \\ y = r\sin\theta \end{cases}$ 的变换下, 求 $\dfrac{\partial^2 f}{\partial x^2} + \dfrac{\partial^2 f}{\partial y^2}$

关于极坐标的表达式.

**解** 经计算, 有

$$\frac{\partial f}{\partial r} = \frac{\partial f}{\partial x}\frac{\partial x}{\partial r} + \frac{\partial f}{\partial y}\frac{\partial y}{\partial r} = \cos\theta\frac{\partial f}{\partial x} + \sin\theta\frac{\partial f}{\partial y},$$

$$\frac{\partial f}{\partial \theta} = \frac{\partial f}{\partial x}\frac{\partial x}{\partial \theta} + \frac{\partial f}{\partial y}\frac{\partial y}{\partial \theta} = -r\sin\theta\frac{\partial f}{\partial x} + r\cos\theta\frac{\partial f}{\partial y},$$

$$\frac{\partial^2 f}{\partial r^2} = \cos\theta\left(\cos\theta\frac{\partial^2 f}{\partial x^2} + \sin\theta\frac{\partial^2 f}{\partial y\partial x}\right) + \sin\theta\left(\cos\theta\frac{\partial^2 f}{\partial x\partial y} + \sin\theta\frac{\partial^2 f}{\partial y^2}\right)$$

$$= \cos^2\theta\frac{\partial^2 f}{\partial x^2} + 2\cos\theta\sin\theta\frac{\partial^2 f}{\partial y\partial x} + \sin^2\theta\frac{\partial^2 f}{\partial y^2},$$

$$\frac{\partial^2 f}{\partial \theta^2} = -r\cos\theta\frac{\partial f}{\partial x} - r\sin\theta\frac{\partial f}{\partial y} - r\sin\theta\left(-r\sin\theta\frac{\partial^2 f}{\partial x^2} + r\cos\theta\frac{\partial^2 f}{\partial y\partial x}\right) +$$

$$r\cos\theta\left(-r\sin\theta\frac{\partial^2 f}{\partial x\partial y} + r\cos\theta\frac{\partial^2 f}{\partial^2 y}\right)$$

$$= -r\cos\theta\frac{\partial f}{\partial x} - r\sin\theta\frac{\partial f}{\partial y} +$$

$$r^2\left(\sin^2\theta\frac{\partial^2 f}{\partial x^2} - 2\sin\theta\cos\theta\frac{\partial^2 f}{\partial y\partial x} + \cos^2\theta\frac{\partial^2 f}{\partial y^2}\right).$$

容易验证

$$\frac{\partial^2 f}{\partial r^2} + \frac{1}{r^2}\frac{\partial^2 f}{\partial \theta^2} + \frac{1}{r}\frac{\partial f}{\partial r} = \frac{\partial^2 f}{\partial x^2} + \frac{\partial^2 f}{\partial y^2}.$$

**例 11** 设二元函数 $f$ 具有二阶连续偏导数. 证明: 通过适当线性变换

$$\begin{cases} u = x + \lambda y \\ v = x + \mu y \end{cases},$$

可以将方程

$$A\frac{\partial^2 f}{\partial x^2} + 2B\frac{\partial^2 f}{\partial x\partial y} + C\frac{\partial^2 f}{\partial y^2} = 0, AC - B^2 < 0$$

化简为

$$\frac{\partial^2 f}{\partial u\partial v} = 0,$$

并说明此时 $\lambda,\mu$ 为一元二次方程 $A+2Bt+Ct^2=0$ 的两个相异实根.

**证明** 经计算,有

$$\frac{\partial f}{\partial x}=\frac{\partial f}{\partial u}\frac{\partial u}{\partial x}+\frac{\partial f}{\partial v}\frac{\partial v}{\partial x}=\frac{\partial f}{\partial u}+\frac{\partial f}{\partial v},$$

$$\frac{\partial f}{\partial y}=\frac{\partial f}{\partial u}\frac{\partial u}{\partial y}+\frac{\partial f}{\partial v}\frac{\partial v}{\partial y}=\lambda\frac{\partial f}{\partial u}+\mu\frac{\partial f}{\partial v},$$

$$\frac{\partial^2 f}{\partial x^2}=\frac{\partial^2 f}{\partial u^2}\frac{\partial u}{\partial x}+\frac{\partial^2 f}{\partial v\partial u}\frac{\partial v}{\partial x}+\frac{\partial^2 f}{\partial u\partial v}\frac{\partial u}{\partial x}+\frac{\partial^2 f}{\partial v^2}\frac{\partial v}{\partial x}=\frac{\partial^2 f}{\partial u^2}+2\frac{\partial^2 f}{\partial v\partial u}+\frac{\partial^2 f}{\partial v^2},$$

$$\frac{\partial^2 f}{\partial y^2}=\lambda\left(\frac{\partial^2 f}{\partial u^2}\frac{\partial u}{\partial y}+\frac{\partial^2 f}{\partial v\partial u}\frac{\partial v}{\partial y}\right)+\mu\left(\frac{\partial^2 f}{\partial u\partial v}\frac{\partial u}{\partial y}+\frac{\partial^2 f}{\partial v^2}\frac{\partial v}{\partial y}\right)$$

$$=\lambda^2\frac{\partial^2 f}{\partial u^2}+2\lambda\mu\frac{\partial^2 f}{\partial v\partial u}+\mu^2\frac{\partial^2 f}{\partial v^2},$$

$$\frac{\partial^2 f}{\partial y\partial x}=\frac{\partial^2 f}{\partial u^2}\frac{\partial u}{\partial y}+\frac{\partial^2 f}{\partial v\partial u}\frac{\partial v}{\partial y}+\frac{\partial^2 f}{\partial u\partial v}\frac{\partial u}{\partial y}+\frac{\partial^2 f}{\partial v^2}\frac{\partial v}{\partial y}$$

$$=\lambda\frac{\partial^2 f}{\partial u^2}+(\lambda+\mu)\frac{\partial^2 f}{\partial v^2 u}+\mu\frac{\partial^2 f}{\partial v^2},$$

所以

$$0=A\frac{\partial^2 f}{\partial x^2}+2B\frac{\partial^2 f}{\partial x\partial y}+C\frac{\partial^2 f}{\partial y^2}$$

$$=(A+2B\lambda+C\lambda^2)\frac{\partial^2 f}{\partial u^2}+(A+2B\mu+C\mu^2)\frac{\partial^2 f}{\partial v^2}+$$

$$2[A+B(\lambda+\mu)+C\lambda\mu]\frac{\partial^2 f}{\partial v\partial u}.$$

由条件 $AC-B^2<0$ 知一元二次方程 $A+2Bt+Ct^2=0$ 有两个相异实根,所以 $\lambda,\mu$ 为方程的两个相异实根. 此时由 $\lambda+\mu=-\dfrac{2B}{C}$ 与 $\lambda\mu=\dfrac{A}{C}$,可得

$$A+B(\lambda+\mu)+C\lambda\mu=2\frac{AC-B^2}{C}\neq 0.$$

于是原方程化简为 $\dfrac{\partial^2 f}{\partial u\partial v}=0$.

**例 12** 通过自变量变换 $\begin{cases} x=\mathrm{e}^{\xi} \\ y=\mathrm{e}^{\eta} \end{cases}$,变换方程

$$ax^2\frac{\partial^2 z}{\partial x^2}+2bxy\frac{\partial^2 z}{\partial x\partial y}+cy^2\frac{\partial^2 z}{\partial y^2}=0,a,b,c\text{ 为常数}.$$

**解** 由 $\xi=\ln x,\eta=\ln y$,可得

$$\frac{\partial z}{\partial x}=\frac{\partial z}{\partial \xi}\frac{\partial \xi}{\partial x}=\frac{1}{x}\frac{\partial z}{\partial \xi},\frac{\partial z}{\partial y}=\frac{\partial z}{\partial \eta}\frac{\partial \eta}{\partial y}=\frac{1}{y}\frac{\partial z}{\partial \eta},$$

$$\frac{\partial^2 z}{\partial x^2}=\frac{1}{x^2}\frac{\partial^2 z}{\partial \xi^2}-\frac{1}{x^2}\frac{\partial z}{\partial \xi},\frac{\partial^2 z}{\partial y^2}=\frac{1}{y^2}\frac{\partial^2 z}{\partial \eta^2}-\frac{1}{y^2}\frac{\partial z}{\partial \eta},\frac{\partial^2 z}{\partial y\partial x}=\frac{1}{xy}\frac{\partial^2 z}{\partial \eta\partial \xi},$$

代入原方程,得到

$$ax^2\frac{\partial^2 z}{\partial x^2}+2bxy\frac{\partial^2 z}{\partial x\partial y}+cy^2\frac{\partial^2 z}{\partial y^2}=a\left(\frac{\partial^2 z}{\partial \xi^2}-\frac{\partial z}{\partial \xi}\right)+2b\frac{\partial^2 z}{\partial \xi\partial \eta}+c\left(\frac{\partial^2 z}{\partial \eta^2}-\frac{\partial z}{\partial \eta}\right)=0.$$

**例 13**　通过自变量变换 $\begin{cases} u = x - 2\sqrt{y}, \\ v = x + 2\sqrt{y} \end{cases}$ 变换方程

$$\frac{\partial^2 z}{\partial x^2} - y \frac{\partial^2 z}{\partial y^2} = \frac{1}{2} \frac{\partial z}{\partial y}, y > 0.$$

**解**　经计算, 有

$$\frac{\partial z}{\partial x} = \frac{\partial z}{\partial u} \frac{\partial u}{\partial x} + \frac{\partial z}{\partial v} \frac{\partial v}{\partial x} = \frac{\partial z}{\partial u} + \frac{\partial z}{\partial v}, \frac{\partial z}{\partial y} = \frac{\partial z}{\partial u} \frac{\partial u}{\partial y} + \frac{\partial z}{\partial v} \frac{\partial v}{\partial y} = -\frac{1}{\sqrt{y}} \left( \frac{\partial z}{\partial u} - \frac{\partial z}{\partial v} \right),$$

$$\frac{\partial^2 z}{\partial x^2} = \frac{\partial^2 z}{\partial u^2} + 2 \frac{\partial^2 z}{\partial v \partial u} + \frac{\partial^2 z}{\partial v^2}, \frac{\partial^2 z}{\partial y^2} = \frac{1}{2 \sqrt{y^3}} \left( \frac{\partial z}{\partial u} - \frac{\partial z}{\partial v} \right) - \frac{1}{y} \left( \frac{\partial^2 z}{\partial u^2} - 2 \frac{\partial^2 z}{\partial v \partial u} + \frac{\partial^2 z}{\partial v^2} \right),$$

代入原方程, 得到

$$\frac{\partial^2 z}{\partial x^2} - y \frac{\partial^2 z}{\partial y^2} - \frac{1}{2} \frac{\partial z}{\partial y} = 4 \frac{\partial^2 z}{\partial u \partial v} = 0,$$

所以原方程变换为

$$\frac{\partial^2 z}{\partial u \partial v} = 0.$$

**例 14**　导出新的因变量, 关于新的自变量的偏导数所满足的方程:

(1) 用 $\begin{cases} u = x^2 + y^2 \\ v = \dfrac{1}{x} + \dfrac{1}{y} \end{cases}$, 及 $w = \ln z - (x + y)$ 变换方程

$$y \frac{\partial z}{\partial x} - x \frac{\partial z}{\partial y} = (y - x) z.$$

(2) 用 $\begin{cases} u = x \\ v = x + y \end{cases}$, 及 $w = x + y + z$ 变换方程

$$\frac{\partial^2 z}{\partial x^2} - 2 \frac{\partial^2 z}{\partial x \partial y} + \left( 1 + \frac{y}{x} \right) \frac{\partial^2 z}{\partial y^2} = 0.$$

(3) 用 $\begin{cases} u = x + y \\ v = \dfrac{y}{x} \end{cases}$ 及 $w = \dfrac{z}{x}$ 变换方程

$$\frac{\partial^2 z}{\partial x^2} - 2 \frac{\partial^2 z}{\partial x \partial y} + \frac{\partial^2 z}{\partial y^2} = 0.$$

**解**　(1) 由 $w = \ln z - (x + y)$ 得到

$$\frac{\partial z}{\partial x} = z \left( \frac{\partial w}{\partial x} + 1 \right) = z \left( 2x \frac{\partial w}{\partial u} - \frac{1}{x^2} \frac{\partial w}{\partial v} + 1 \right),$$

$$\frac{\partial z}{\partial y} = z \left( \frac{\partial w}{\partial y} + 1 \right) = z \left( 2y \frac{\partial w}{\partial u} - \frac{1}{y^2} \frac{\partial w}{\partial v} + 1 \right),$$

代入 $y \dfrac{\partial z}{\partial x} - x \dfrac{\partial z}{\partial y} = (y - x)z$, 得到

$$z \left( 2xy \frac{\partial w}{\partial u} - \frac{y}{x^2} \frac{\partial w}{\partial v} + y \right) - z \left( 2xy \frac{\partial w}{\partial u} - \frac{x}{y^2} \frac{\partial w}{\partial v} + x \right) - z(y - x) = 0,$$

化简后得到 $\dfrac{\partial w}{\partial v} = 0.$

（2）由 $w=x+y+z$ 得到

$$\frac{\partial z}{\partial x}=\frac{\partial w}{\partial x}-1=\frac{\partial w}{\partial u}+\frac{\partial w}{\partial v}-1, \frac{\partial z}{\partial y}=\frac{\partial w}{\partial y}-1=\frac{\partial w}{\partial v}-1,$$

$$\frac{\partial^2 z}{\partial x^2}=\frac{\partial^2 w}{\partial u^2}+2\frac{\partial^2 w}{\partial u\partial v}+\frac{\partial^2 w}{\partial v^2}, \frac{\partial^2 z}{\partial x\partial y}=\frac{\partial^2 w}{\partial u\partial v}+\frac{\partial^2 w}{\partial v^2}, \frac{\partial^2 z}{\partial y^2}=\frac{\partial^2 w}{\partial v^2},$$

代入

$$\frac{\partial^2 z}{\partial x^2}-2\frac{\partial^2 z}{\partial x\partial y}+\left(1+\frac{y}{x}\right)\frac{\partial^2 z}{\partial y^2}=0,$$

得到

$$\frac{\partial^2 w}{\partial u^2}+\left(\frac{v}{u}-1\right)\frac{\partial^2 w}{\partial v^2}=0.$$

（3）由 $w=\frac{z}{x}$ 得到

$$\frac{\partial z}{\partial x}=w+x\frac{\partial w}{\partial x}=w+\left(x\frac{\partial w}{\partial u}-\frac{y}{x}\frac{\partial w}{\partial v}\right), \frac{\partial z}{\partial y}=x\frac{\partial w}{\partial y}=x\frac{\partial w}{\partial u}+\frac{\partial w}{\partial v}$$

$$\frac{\partial^2 z}{\partial x^2}=\frac{\partial w}{\partial u}-\frac{y}{x^2}\frac{\partial w}{\partial v}+\left(\frac{\partial w}{\partial u}+\frac{y}{x^2}\frac{\partial w}{\partial v}+x\frac{\partial^2 w}{\partial u^2}-\frac{2y}{x}\frac{\partial^2 w}{\partial u\partial v}+\frac{y^2}{x^3}\frac{\partial^2 w}{\partial v^2}\right)$$

$$=2\frac{\partial w}{\partial u}+x\frac{\partial^2 w}{\partial u^2}-\frac{2y}{x}\frac{\partial^2 w}{\partial u\partial v}+\frac{y^2}{x^3}\frac{\partial^2 w}{\partial v^2},$$

$$\frac{\partial^2 z}{\partial x\partial y}=\frac{\partial w}{\partial u}+x\frac{\partial^2 w}{\partial^2 u}+\left(1-\frac{y}{x}\right)\frac{\partial^2 w}{\partial u\partial v}-\frac{y}{x^2}\frac{\partial^2 w}{\partial v^2},$$

$$\frac{\partial^2 z}{\partial y^2}=x\frac{\partial^2 w}{\partial u^2}+2\frac{\partial^2 w}{\partial u\partial v}+\frac{1}{x}\frac{\partial^2 w}{\partial v^2},$$

代入

$$\frac{\partial^2 z}{\partial x^2}-2\frac{\partial^2 z}{\partial x\partial y}+\frac{\partial^2 z}{\partial y^2}=0,$$

得到 $\frac{\partial^2 w}{\partial v^2}=0$.

**例15** 设 $y=f(x,t)$，而 $t$ 是由方程 $F(x,y,t)=0$ 所确定的 $x,y$ 的隐函数，其中 $f$ 和 $F$ 都具有连续偏导数. 证明

$$\frac{\mathrm{d}y}{\mathrm{d}x}=\frac{\frac{\partial f}{\partial x}\frac{\partial F}{\partial t}-\frac{\partial f}{\partial t}\frac{\partial F}{\partial x}}{\frac{\partial f}{\partial t}\frac{\partial F}{\partial y}+\frac{\partial F}{\partial t}}.$$

**证明** 设由方程 $F(x,y,t)=0$ 所确定的隐函数为 $t=h(x,y)$，于是就由方程 $y=f(x,t)=f(x,h(x,y))$ 确定了隐函数 $y=y(x)$，并由此可知，$t$ 也是 $x$ 的一元函数，即 $t=h(x,y(x))=t(x)$.

首先，在等式 $F(x,y,t)=F(x,y(x),t(x))=0$ 两边对 $x$ 求导，得到

$$\frac{\partial F}{\partial x}+\frac{\partial F}{\partial y}\frac{\mathrm{d}y}{\mathrm{d}x}+\frac{\partial F}{\partial t}\frac{\mathrm{d}t}{\mathrm{d}x}=0$$

解出

$$\frac{\mathrm{d}t}{\mathrm{d}x} = -\frac{\dfrac{\partial F}{\partial x} + \dfrac{\partial F}{\partial y}\dfrac{\mathrm{d}y}{\mathrm{d}x}}{\dfrac{\partial F}{\partial t}}$$

然后, 再在等式 $y = f(x, t(x))$ 两边对 $x$ 求导, 得到

$$\frac{\mathrm{d}y}{\mathrm{d}x} = \frac{\partial f}{\partial x} + \frac{\partial f}{\partial t}\frac{\mathrm{d}t}{\mathrm{d}x} = \frac{\partial f}{\partial x} - \frac{\partial f}{\partial t}\left(\frac{\partial F}{\partial x} + \frac{\partial F}{\partial y}\frac{\mathrm{d}y}{\mathrm{d}x}\right)\left(\frac{\partial F}{\partial t}\right)^{-1}$$

从而解出

$$\frac{\mathrm{d}y}{\mathrm{d}x} = \frac{\dfrac{\partial f}{\partial x}\dfrac{\partial F}{\partial t} - \dfrac{\partial f}{\partial t}\dfrac{\partial F}{\partial x}}{\dfrac{\partial f}{\partial t}\dfrac{\partial F}{\partial y} + \dfrac{\partial F}{\partial t}}$$

## 第 5 节　　偏导数在几何中的应用

**1. 平面曲线的切线与法线**

设平面曲线的方程由 $F(x, y) = 0$ 给出, 它在点 $P_0(x_0, y_0)$ 的某邻域内满足隐函数定理条件, 则在点 $P_0$ 处的切线与法线方程分别为

$$F_x(x_0, y_0)(x - x_0) + F_y(x_0, y_0)(y - y_0) = 0$$
$$F_y(x_0, y_0)(x - x_0) - F_x(x_0, y_0)(y - y_0) = 0$$

**2. 空间曲线的切线与法平面**

(1) 设空间曲线方程为

$$L: x = x(t), y = y(t), z = z(t), \alpha \leqslant t \leqslant \beta$$

$t = t_0$ 对应于其上一点 $P_0(x_0, y_0, z_0)$, 则当 1 中函数在 $t = t_0$ 处可导, 且

$$[x'(t_0)]^2 + [y'(t_0)]^2 + [z'(t_0)]^2 \neq 0$$

则在点 $P_0$ 处的切线与法平面方程分别为:

切线方程为

$$\frac{x - x_0}{x'(t_0)} = \frac{y - y_0}{y'(t_0)} = \frac{z - z_0}{z'(t_0)}$$

法平面方程为

$$x'(t_0)(x - x_0) + y'(t_0)(y - y_0) + z'(t_0)(z - z_0) = 0.$$

**注**　当某分母为 0, 如 $x'(t_0) = 0$, 则替换为 $x = x_0$.

(2) 若空间曲线方程为

$$\begin{cases} F(x, y, z) = 0 \\ G(x, y, z) = 0 \end{cases},$$

且在 $P_0(x_0, y_0, z_0)$ 的某邻域内满足隐函数组定理条件 (不妨设 $\dfrac{\partial(F, G)}{\partial(x, y)}\Big|_{P_0}$), 则在 $P_0$ 处的切线与法平面方程为

$$\frac{x - x_0}{\dfrac{\partial(F, G)}{\partial(y, z)}\dfrac{\partial(F, G)}{\partial(u, x)}\Big|_{P_0}} = \frac{y - y_0}{\dfrac{\partial(F, G)}{\partial(z, x)}\Big|_{P_0}} = \frac{z - z_0}{\dfrac{\partial(F, G)}{\partial(x, y)}\Big|_{P_0}}.$$

和

$$\frac{\partial(F,G)}{\partial(y,z)}\Big|_{P_0}(x-x_0)+\frac{\partial(F,G)}{\partial(z,x)}\Big|_{P_0}(y-y_0)+\frac{\partial(F,G)}{\partial(x,y)}\Big|_{P_0}(z-z_0)=0.$$

(3) 曲面的切平面与法线方程

设曲面方程为 $F(x,y,z)=0$，且满足隐函数定理的条件（不妨设 $F'_z\neq0$），则在 $P_0(x_0,y_0,z_0)$ 处的切平面与法线方程分别为

$$F'_x(P_0)(x-x_0)+F'_y(P_0)(y-y_0)+F'_z(P_0)(z-z_0)=0$$

和

$$\frac{x-x_0}{F'_x(p_0)}=\frac{y-y_0}{F'_y(p_0)}=\frac{z-z_0}{F'_z(p_0)}.$$

 典型例题

**例1** 在曲线 $x=2t^2,y=3t^2,z=2t$ 上确定一点，使在该点处的切线平行于 $x^2+y^2+z^2=4$ 在点 $(1,-1,\sqrt2)$ 处的切平面.

**解** $x^2+y^2+z^2=4$ 在点 $(1,-1,\sqrt2)$ 处的法向量为 $\{x,y,z\}|_{1,-1,\sqrt2}=\{1,-1,\sqrt2\}$. 而由题意得

$$0=\{x',y',z'\}\cdot\{1,-1,\sqrt2\}=\{4t,6t,2\}\cdot\{1,-1,\sqrt2\}=4t-6t+2\sqrt2=-2t+2\sqrt2,$$

解得 $t=\sqrt2,x=4,y=6,z=2\sqrt2$，即该点为 $(4,6,2\sqrt2)$.

**例2** 求曲面 $2x^2+y^2+3z^2=84$ 的切平面，使得切平面与平面 $4x+y+6z=12$ 平行.

**解** 设切点为 $(x_0,y_0,z_0)$，则切平面的法方向为 $(4x_0,2y_0,6z_0)$，则

$$2x_0^2+y_0^2+3z_0^2=84,\frac{4x_0}{4}=\frac{2y_0}{1}=\frac{6z_0}{6},$$

解得 $x_0=4,y_0=2,z_0=4$ 或者 $x_0=-4,y_0=-2,z_0=-4$. 所以所求点为 $(4,2,4)$ 或者 $(-4,-2,-4)$.

**例3** 设 $\dfrac{\partial u}{\partial\boldsymbol{n}}$ 与 $\dfrac{\partial v}{\partial\boldsymbol{n}}$ 为函数 $u,v$ 沿曲面 $F(x,y,z)=0$ 上点的法线方向的导数. 证明

$$\frac{\partial(uv)}{\partial\boldsymbol{n}}=u\frac{\partial v}{\partial\boldsymbol{n}}+v\frac{\partial u}{\partial\boldsymbol{n}}.$$

**证明** 设 $\boldsymbol{n}=(\cos\alpha,\cos\beta,\cos\gamma)$，则对任一具有连续偏导数的函数 $f(x,y,z)$，有

$$\frac{\partial f}{\partial\boldsymbol{n}}=f_x\cos\alpha+f_y\cos\beta+f_z\cos\gamma,$$

那么

$$\frac{\partial(uv)}{\partial\boldsymbol{n}}=(uv)_x\cos\alpha+(uv)_y\cos\beta+(uv)_z\cos\gamma$$

$$=(u_xv+uv_x)\cos\alpha+(u_yv+uv_y)\cos\beta+$$

$$(u_zv+uv_z)\cos\gamma=u\frac{\partial v}{\partial\boldsymbol{n}}+v\frac{\partial u}{\partial\boldsymbol{n}}.$$

**例4** 记球面 $\Omega:x^2+y^2+z^2=1$，函数 $f(x)=x+y+z$. 求：

(1) 求 $f(x,y,z)$ 在球面 $\Omega$ 上点 $P_0(x_0,y_0,z_0)$ 处沿球面在该点的外法方向的方向导数;

(2) 上述方向导数最大值在何处取到?

**解** (1) 由 $\boldsymbol{v}=(2x_0,2y_0,2z_0)$,知 $\boldsymbol{n}=\dfrac{\boldsymbol{v}}{|\boldsymbol{v}|}=(x_0,y_0,z_0)$. 另有 $\mathrm{grad}\,f=(1,1,1)$ 且 $\mathrm{grad}\,f(P_0)=(1,1,1)$. 故 $f_{\boldsymbol{v}}(P_0)=\mathrm{grad}\,f \cdot \boldsymbol{n}=x_0+y_0+z_0$.

(2) 由于 $f_{\boldsymbol{v}}(P_0)=|\mathrm{grad}\,f||\boldsymbol{n}|\cos\theta$,其中 $\cos\theta$ 为 $\mathrm{grad}\,f$ 与 $\boldsymbol{n}$ 的夹角. 因此 $\mathrm{grad}\,f$ 与 $\boldsymbol{n}$ 同方向时,$f_{\boldsymbol{v}}(P_0)$ 取得最大值,此时 $\boldsymbol{n} \parallel \mathrm{grad}\,f$. 故 $x_0=y_0=z_0$,且 ${x_0}^2+{y_0}^2+{z_0}^2=1$. 所以在点 $P_0\left(\dfrac{\sqrt{3}}{3},\dfrac{\sqrt{3}}{3},\dfrac{\sqrt{3}}{3}\right)$ 处取得最大值 $f_{\boldsymbol{v}}(P_0)=\sqrt{3}$.

**例 5** 求下列曲线在指定点处的切线与法平面方程:

(1) $\begin{cases} y=x^2 \\ z=\dfrac{x}{1+x} \end{cases}$,在点 $\left(1,1,\dfrac{1}{2}\right)$;

(2) $\begin{cases} x=t-\sin t \\ y=1-\cos t \\ z=4\sin\dfrac{t}{2} \end{cases}$,在 $t=\dfrac{\pi}{2}$ 对应的点;

(3) $\begin{cases} x+y+z=0 \\ x^2+y^2+z^2=6 \end{cases}$,在点 $(1,-2,1)$;

(4) $\begin{cases} x^2+y^2=R^2 \\ x^2+z^2=R^2 \end{cases}$,在点 $\left(\dfrac{R}{\sqrt{2}},\dfrac{R}{\sqrt{2}},\dfrac{R}{\sqrt{2}}\right)$.

**解** (1) 曲线的切向量函数为 $\left(1,2x,\dfrac{1}{(1+x)^2}\right)$,在点 $\left(1,1,\dfrac{1}{2}\right)$ 的切向量为 $\left(1,2,\dfrac{1}{4}\right)$. 于是曲线在点 $\left(1,1,\dfrac{1}{2}\right)$ 的切线方程为

$$2(x-1)=y-1=4(2z-1),$$

法平面方程为

$$8x+16y+2z=25.$$

(2) 曲线的切向量函数为 $\left(1-\cos t,\sin t,2\cos\dfrac{t}{2}\right)$,在 $t=\dfrac{\pi}{2}$ 对应点的切向量为 $(1,1,\sqrt{2})$. 于是曲线在 $t=\dfrac{\pi}{2}$ 对应点的切线方程为

$$x-\dfrac{\pi}{2}+1=y-1=\dfrac{\sqrt{2}}{2}z-2,$$

法平面方程为

$$\left(x-\dfrac{\pi}{2}+1\right)+(y-1)+\sqrt{2}(z-2\sqrt{2})=x+y+\sqrt{2}z-\dfrac{\pi}{2}-4=0.$$

(3) 曲线的切向量函数为 $2(y-z,z-x,x-y)$,在点 $(1,-2,1)$ 的切向量为 $(-6,0,$

6).于是曲线在点 $(1,-2,1)$ 的切线方程为 $\begin{cases} x+z=2 \\ y=-2 \end{cases}$,法平面方程为 $x=z$.

(4)曲线的切向量函数为 $4(yz,-xz,-xy)$,在点 $\left(\dfrac{R}{\sqrt{2}},\dfrac{R}{\sqrt{2}},\dfrac{R}{\sqrt{2}}\right)$ 的切向量为 $2R^2(1,$

$-1,-1)$.于是曲线在点 $\left(\dfrac{R}{\sqrt{2}},\dfrac{R}{\sqrt{2}},\dfrac{R}{\sqrt{2}}\right)$ 的切线方程为

$$x-\frac{R}{\sqrt{2}}=-y+\frac{R}{\sqrt{2}}=-z+\frac{R}{\sqrt{2}},$$

法平面方程为

$$x-y-z+\frac{\sqrt{2}}{2}R=0.$$

**例 6** 在曲线 $x=t,y=t^2,z=t^3$ 上求一点,使曲线在这一点的切线与平面 $x+2y+z=10$ 平行.

**解** 曲线的切向量为 $(1,2t,3t^2)$,平面的法向量为 $(1,2,1)$,由题设知

$$(1,2t,3t^2)\cdot(1,2,1)=1+4t+3t^2=0,$$

由此解出 $t=-1$ 或 $-\dfrac{1}{3}$,于是 $(-1,1,-1)$ 和 $\left(-\dfrac{1}{3},\dfrac{1}{9},-\dfrac{1}{27}\right)$ 为满足题目要求的点.

**例 7** 求下列曲面在指定点的切平面与法线方程:

(1) $z=2x^4+3y^3$,在点 $(2,1,35)$;

(2) $\mathrm{e}^{\frac{x}{z}}+\mathrm{e}^{\frac{y}{z}}=4$,在点 $(\ln 2,\ln 2,1)$;

(3) $x=u+v,y=u^2+v^2,z=u^3+v^3$,在点 $u=0,v=1$ 所对应的点.

**解** (1)曲面的法向量函数为 $(8x^3,9y^2,-1)$,以 $(x,y,z)=(2,1,35)$ 代入,得到 $(64,9,-1)$,所以切平面方程为

$$64(x-2)+9(y-1)-(z-35)=0,$$

即

$$64x+9y-z-102=0,$$

法线方程为

$$\frac{x-2}{64}=\frac{y-1}{9}=\frac{z-35}{-1}.$$

(2)曲面的法向量函数为 $\left(\mathrm{e}^{\frac{x}{z}}\dfrac{1}{z},\mathrm{e}^{\frac{y}{z}}\dfrac{1}{z},-\dfrac{x}{z^2}\mathrm{e}^{\frac{x}{z}}-\dfrac{y}{z^2}\mathrm{e}^{\frac{y}{z}}\right)$,以 $(x,y,z)=(\ln 2,\ln 2,$

$1)$ 代入,得到 $(2,2,-4\ln 2)$,所以切平面方程为

$$x-\ln 2+y-\ln 2-2\ln 2(z-1)=0,$$

即

$$x+y-2z\ln 2=0,$$

法线方程为

$$x-\ln 2=y-\ln 2=-\frac{1}{2\ln 2}(z-1).$$

（3）由于 $\boldsymbol{J} = \begin{pmatrix} 1 & 1 \\ 2u & 2v \\ 3u^2 & 3v^2 \end{pmatrix}$，所以在 $u=0, v=1$ 所对应的点处的法向量为 $(0,-3,2)$，所以切平面方程为

$$-3(y-1)+2(z-1)=0,$$

即

$$-3y+2z+1=0,$$

法线方程为 $\begin{cases} x-1=0 \\ \dfrac{y-1}{-3}=\dfrac{z-1}{2} \end{cases}$，即 $\begin{cases} x=1 \\ 2y+3z=5 \end{cases}$.

**例 8**　在马鞍面 $z=xy$ 上求一点，使得这一点的法线与平面 $x+3y+z+9=0$ 垂直，并写出此法线的方程.

**解**　马鞍面的法向量 $(y,x,-1)$ 与 $(1,3,1)$ 平行，所以 $\dfrac{y}{1}=\dfrac{x}{3}=\dfrac{-1}{1}$，即

$$y=-1, x=-3, z=xy=3,$$

于是该点为 $(-3,-1,3)$，在该点处的法线方程为

$$x+3=\frac{1}{3}(y+1)=z-3.$$

**例 9**　求椭球面 $x^2+2y^2+3z^2=498$ 的平行于平面 $x+3y+5z=7$ 的切平面.

**解**　由于椭球面的法向量 $(2x,4y,6z)$ 与 $(1,3,5)$ 平行，所以 $\dfrac{x}{1}=\dfrac{2y}{3}=\dfrac{3z}{5}$，解出 $y=\dfrac{3}{2}x, z=\dfrac{5}{3}x$，代入椭球面方程可得 $x=\pm 6$，即切点为 $\pm(6,9,10)$. 所以有两个切平面满足条件，切平面的方程分别为

$$(x-6)+3(y-9)+5(z-10)=0 \text{ 与 } (x+6)+3(y+9)+5(z+10)=0,$$

即

$$x+3y+5z\pm 83=0.$$

**例 10**　求圆柱面 $x^2+y^2=a^2$ 与马鞍面 $bz=xy$ 的交角.

**解**　设 $(x,y,z)$ 是圆柱面与马鞍面交线上一点. 圆柱面在该点的法向量为 $(2x,2y,0)$，马鞍面在该点的法向量为 $(y,x,-b)$，于是两法向量的夹角 $\theta$ 的余弦为

$$\cos\theta = \frac{(2x,2y,0)}{\sqrt{(2x)^2+(2y)^2}} \cdot \frac{(y,x,-b)}{\sqrt{x^2+y^2+b^2}} = \frac{2xy}{a\sqrt{a^2+b^2}} = \frac{2bz}{a\sqrt{a^2+b^2}},$$

所以

$$\theta = \arccos\frac{2bz}{a\sqrt{a^2+b^2}}.$$

**例 11**　已知曲面 $x^2-y^2-3z=0$，求经过点 $A(0,0,-1)$ 且与直线 $\dfrac{x}{2}=\dfrac{y}{1}=\dfrac{z}{2}$ 平行的切平面的方程.

**解**　设切点为 $(x_0,y_0,z_0)$，则曲面在该点的法向量为 $(2x_0,-2y_0,-3)$，切平面方程为

$$2x_0x - 2y_0y - 3(z+1) = 0,$$

由于切点在切平面上,所以

$$2x_0^2 - 2y_0^2 - 3(z_0+1) = 0,$$

与曲面方程相比较可得 $z_0 = 1$. 由于平面与直线平行,所以

$$(2x_0, -2y_0, -3) \cdot (2,1,2) = 4x_0 - 2y_0 - 6 = 0.$$

与曲面方程联立,并注意到 $z_0 = 1$,可以求出切点坐标为 $(2,1,1)$. 于是,切平面方程为

$$4x - 2y - 3z - 3 = 0.$$

**例 12** 设椭球面 $2x^2 + 3y^2 + z^2 = 6$ 上点 $P(1,1,1)$ 处指向外侧的法向量为 $\boldsymbol{n}$,求函数 $u = \dfrac{\sqrt{6x^2 + 8y^2}}{z}$ 在点 $P$ 处沿方向 $\boldsymbol{n}$ 的方向导数.

**解** 曲面的单位法向量为 $\boldsymbol{n} = \dfrac{(4x, 6y, 2z)}{\| 4x, 6y, 2z \|}$,将点 $P(1,1,1)$ 的坐标代入,得到 $\boldsymbol{n} = \dfrac{(2,3,1)}{\sqrt{14}}$. 于是,函数 $u$ 在点 $P$ 处沿方向 $\boldsymbol{n}$ 的方向导数为

$$\frac{\partial u}{\partial \boldsymbol{n}} = \left( \frac{\partial u}{\partial x}, \frac{\partial u}{\partial y}, \frac{\partial u}{\partial z} \right) \cdot \boldsymbol{n} = \left( \frac{6}{\sqrt{14}}, \frac{8}{\sqrt{14}}, -\sqrt{14} \right) \cdot \frac{(2,3,1)}{\sqrt{14}} = \frac{11}{7}.$$

**例 13** 证明:曲面 $\sqrt{x} + \sqrt{y} + \sqrt{z} = \sqrt{a} \ (a > 0)$ 上任一点的切平面在各坐标轴上的截距之和等于 $a$.

**证明** 设切点为 $(x_0, y_0, z_0)$,则曲面在该点的法向量为 $\left( \dfrac{1}{2\sqrt{x_0}}, \dfrac{1}{2\sqrt{y_0}}, \dfrac{1}{2\sqrt{z_0}} \right)$,切平面方程为

$$\frac{1}{\sqrt{x_0}}(x - x_0) + \frac{1}{\sqrt{y_0}}(y - y_0) + \frac{1}{\sqrt{z_0}}(z - z_0) = 0,$$

即

$$\frac{1}{\sqrt{x_0}}x + \frac{1}{\sqrt{y_0}}y + \frac{1}{\sqrt{z_0}}z = \sqrt{x_0} + \sqrt{y_0} + \sqrt{z_0} = \sqrt{a},$$

所以截距之和为

$$\sqrt{x_0}\sqrt{a} + \sqrt{y_0}\sqrt{a} + \sqrt{z_0}\sqrt{a} = (\sqrt{a})^2 = a.$$

**例 14** 证明:曲面 $z = xf\left(\dfrac{y}{x}\right) \ (x \neq 0)$ 在任一点处的切平面都通过原点,其中函数 $f$ 具有连续偏导数.

**证明** 易知曲面上任意一点 $(x_0, y_0, z_0)$ 处的切向量为 $\left( f\left(\dfrac{y_0}{x_0}\right) - \dfrac{y_0}{x_0} f'\left(\dfrac{y_0}{x_0}\right), f'\left(\dfrac{y_0}{x_0}\right), -1 \right)$,因此过点 $(x_0, y_0, z_0)$ 的切平面为

$$\left( f\left(\frac{y_0}{x_0}\right) - \frac{y_0}{x_0} f'\left(\frac{y_0}{x_0}\right) \right)(x - x_0) + f'\left(\frac{y_0}{x_0}\right)(y - y_0) - (z - z_0) = 0,$$

容易验证,$(0,0,0)$ 满足上述方程,即所有切平面都经过原点.

**例 15** 证明:曲面 $F\left(\dfrac{z}{y}, \dfrac{x}{z}, \dfrac{y}{x}\right) = 0$ 的所有切平面都过某一定点,其中函数 $F$ 具有连

续偏导数.

**证明**　易知曲面上任意一点 $(x_0,y_0,z_0)$ 处的切向量为

$$\left(\frac{1}{z_0}F_2-\frac{y_0}{x_0^2}F_3,\frac{1}{x_0}F_3-\frac{z_0}{y_0^2}F_1,\frac{1}{y_0}F_1-\frac{x_0}{z_0^2}F_2\right),$$

因此过点 $(x_0,y_0,z_0)$ 的切平面为

$$\left(\frac{1}{z_0}F_2-\frac{y_0}{x_0^2}F_3\right)(x-x_0)+\left(\frac{1}{x_0}F_3-\frac{z_0}{y_0^2}F_1\right)(y-y_0)+\left(\frac{1}{y_0}F_1-\frac{x_0}{z_0^2}F_2\right)(z-z_0)=0.$$

容易验证, $(0,0,0)$ 满足上述方程, 即所有切平面都经过原点.

**例 16**　设 $F(x,y,z)$ 具有连续偏导数, 且 $F_x^2+F_y^2+F_z^2\neq 0$. 进一步, 设 $k$ 为正整数, $F(x,y,z)$ 为 $k$ 次齐次函数, 即对于任意的实数 $t$ 和 $(x,y,z)$, 成立

$$F(tx,ty,tz)=t^kF(x,y,z).$$

证明:曲面 $F(x,y,z)=0$ 上所有点的切平面相交于一定点.

**证明**　利用齐次条件对 $t$ 求导, 有

$$xF_x(tx,ty,tz)+yF_y(tx,ty,tz)+zF_z(tx,ty,tz)=kt^{k-1}F(x,y,z),$$

再令 $t=1$, 得到曲面上的点 $(x,y,z)$ 所满足的恒等式

$$xF_x(x,y,z)+yF_y(x,y,z)+zF_z(x,y,z)=kF(x,y,z).$$

因为曲面上任意一点 $(x_0,y_0,z_0)$ 处的法向量为

$$(F_x(x_0,y_0,z_0),F_y(x_0,y_0,z_0),F_z(x_0,y_0,z_0)),$$

所以过点 $(x_0,y_0,z_0)$ 的切平面方程为

$$F_x(x_0,y_0,z_0)(x-x_0)+F_y(x_0,y_0,z_0)(y-y_0)+F_z(x_0,y_0,z_0)(z-z_0)=0.$$

利用前面的恒等式, 切平面方程化为

$$F_x(x_0,y_0,z_0)x+F_y(x_0,y_0,z_0)y+F_z(x_0,y_0,z_0)z=kF(x_0,y_0,z_0)=0,$$

显然切平面经过原点, 所以原点就是所有切平面的交点.

# 第 6 节　多元函数的极值

**1. 极值的充分条件与必要条件**

设 $f(P)$ 在 $U(P_0)$ 有定义. 若 $\forall P\in U(P_0)$, 有

$$f(P)\leqslant f(P_0)(f(P)\geqslant f(P_0)),$$

则称 $f$ 在 $P_0$ 取得极大(小)值, $P_0$ 称为 $f$ 的极大(小)值点, 极大值与极小值统称极值, 极大值点与极小值点统称为极值点.

**定理1(极值的必要条件)**　若函数 $f$ 在 $P_0(x_0,y_0)$ 存在偏导数, 且在 $P_0$ 取得极值, 则有

$$f_x(P_0)=0,f_y(P_0)=0,$$

称满足上式的点 $P_0$ 为 $f$ 的稳定点(或驻点).

若 $f$ 在 $P_0$ 具有二阶连续偏导数, 记

$$\boldsymbol{H}_f(P_0)=\begin{bmatrix}f_{xx}(P_0)&f_{xy}(P_0)\\f_{yx}(P_0)&f_{yy}(P_0)\end{bmatrix}=\begin{bmatrix}f_{xx}&f_{xy}\\f_{yx}&f_{yy}\end{bmatrix}\Big|_{P_0},$$

称之为 $f$ 在 $P_0$ 的黑塞(Hesse)阵.

**定理2(极值的充分条件)**  设二元函数 $f$ 在点 $P_0(x_0,y_0)$ 的某邻域 $U(P_0)$ 内具有二阶连续偏导数,且 $P_0$ 是 $f$ 的稳定点,则当 $\boldsymbol{H}_f(P_0)$ 是正定矩阵时,$f$ 在 $P_0$ 取得极小值;当 $\boldsymbol{H}_f(P_0)$ 是负定矩阵时,$f$ 在 $P_0$ 取得极大值;当 $\boldsymbol{H}_f(P_0)$ 是不定矩阵时,$f$ 在 $P_0$ 不取极值.

通常情况下,定理9.6.2写成如下较为适用的形式:

设 $f$ 在 $U(P_0)$ 具有二阶连续偏导数,$P_0$ 是 $f$ 的稳定点,则有:

( i ) 当 $(f_{xx}f_{yy}-f_{xy}^2)(P_0)>0$ 时,$f$ 在 $P_0$ 取得极值,且当 $f_{xx}(P_0)>0$ 时取极小值,$f_{xx}(P_0)<0$ 时,$f$ 在 $P_0$ 取得极大值;

( ii ) 当 $(f_{xx}f_{yy}-f_{xy}^2)(P_0)<0$ 时,$f$ 在 $P_0$ 不取极值;

( iii ) 当 $(f_{xx}f_{yy}-f_{xy}^2)(P_0)=0$ 时,不能肯定 $f$ 在 $P_0$ 是否取得极值.

**2. 条件极值 —— 拉格朗日乘数法**

等式约束优化

$$\min f(P_0)=f(x_1,x_2,\cdots,x_n),$$
$$\text{s. t. } \varphi_k(x_1,x_2,\cdots,x_n)=0,1\leqslant k\leqslant m,m<n.$$

第一步:

$$L(x_1,x_2,\cdots,x_n,\lambda_1,\cdots,\lambda_m)=f(x_1,x_2,\cdots,x_n)-\sum_{i=1}^{m}\lambda_i\varphi_i(x_1,x_2,\cdots,x_n);$$

第二步:计算 $\dfrac{\partial L}{\partial x_i},\dfrac{\partial L}{\partial \lambda_j},i=1,2,\cdots,n,j=1,2,\cdots,m$;

第三步:解方程组 $\begin{cases}\dfrac{\partial L}{\partial x_i}=0,i=1,2,\cdots,n\\[2mm]\dfrac{\partial L}{\partial \lambda_j}=0,j=1,2,\cdots,m\end{cases}$;

第四步:根据第三步所得之解逐个检验或根据实际意义判定.

### 典型例题

**例1**  讨论下列函数的极值:

(1) $f(x,y)=x^4+2y^4-2x^2-12y^2+6$;

(2) $f(x,y)=x^4+y^4-x^2-2xy-y^2$;

(3) $f(x,y,z)=x^2+y^2-z^2$;

(4) $f(x,y)=(y-x^2)(y-x^4)$;

(5) $f(x,y)=xy+\dfrac{a^3}{x}+\dfrac{b^3}{y}$,其中常数 $a>0,b>0$;

(6) $f(x,y,z)=x+\dfrac{y}{x}+\dfrac{z}{y}+\dfrac{2}{z}(x,y,z>0)$.

**解**  (1)先求驻点.由

$$\begin{cases}f_x=4x^3-4x=0\\ f_y=8y^3-24y=0\end{cases},$$

解得 $x=0,\pm1;y=0,\pm\sqrt{3}$,即函数有9个驻点.再由

$$f_{xx} = 4(3x^2 - 1), f_{xy} = 0, f_{yy} = 24(y^2 - 1),$$

可知

$$H = 96(3x^2 - 1)(y^2 - 1).$$

应用定理 9.6.2,驻点 $(0,0),(1,\sqrt{3}),(1,-\sqrt{3}),(-1,\sqrt{3}),(-1,-\sqrt{3})$ 满足 $H > 0$,所以是极值点,而其余驻点不是极值点.再根据 $f_{xx}$ 的符号,可知函数在点 $(0,0)$ 取得极大值 6;在 $(1,\sqrt{3}),(1,-\sqrt{3}),(-1,\sqrt{3}),(-1,-\sqrt{3})$ 四点取得极小值 $-13$.

**注**    本题可使用配方法得到
$$f(x,y) = (x^2 - 1)^2 + 2(y^2 - 3)^2 - 13,$$
由此易知 $(1,\sqrt{3}),(1,-\sqrt{3}),(-1,\sqrt{3}),(-1,-\sqrt{3})$ 四点为函数的最小值点,最小值为 $-13$,函数无最大值,点 $(0,0)$ 为函数的极大值点,极大值为 6.

(2)先求驻点.由
$$\begin{cases} f_x = 4x^3 - 2x - 2y = 0 \\ f_y = 4y^3 - 2x - 2y = 0 \end{cases},$$
两式相减,可解得 $x = y = 0, \pm 1$,即驻点为 $(0,0),(1,1),(-1,-1)$ 三点.再由
$$f_{xx} = 12x^2 - 2, f_{xy} = -2, f_{yy} = 12y^2 - 2,$$
可知
$$H = 4(6x^2 - 1)(6y^2 - 1) - 4.$$

应用定理 9.6.2,驻点 $(1,1),(-1,-1)$ 满足 $H > 0$,所以是极值点,再根据 $f_{xx}$ 的符号,可知函数在 $(1,1),(-1,-1)$ 两点取得极小值 $-2$.

在点 $(0,0)$,有 $H = 0$,且 $f(0,0) = 0$.由于
$$f(x,x) = 2x^2(x^2 - 2), f(x,-x) = 2x^4,$$
可知函数在点 $(0,0)$ 附近变号,所以 $(0,0)$ 不是极值点.

(3)先求驻点.由
$$\begin{cases} f_x = 2x = 0 \\ f_y = 2y = 0 \\ f_t = -2z = 0 \end{cases},$$
解得 $(0,0,0)$ 是唯一的驻点.由
$$f(0,0,0) = 0, f(x,y,0) = x^2 + y^2, f(0,0,z) = -z^2,$$
可知函数在点 $(0,0,0)$ 附近变号,即 $(0,0,0)$ 不是极值点,所以函数无极值点.

(4)先求驻点.由
$$\begin{cases} f_x = 2x(3x^4 - 2yx^2 - y) = 0 \\ f_y = 2y - x^2 - x^4 = 0 \end{cases},$$
解得
$$x = y = 0; x = \pm 1, y = 1; x = \pm \frac{\sqrt{2}}{2}, y = \frac{3}{8},$$
即驻点为 $(0,0),(1,1),(-1,1),\left(\frac{\sqrt{2}}{2}, \frac{3}{8}\right)$ 和 $\left(-\frac{\sqrt{2}}{2}, \frac{3}{8}\right)$ 五点.再由

$$f_{xx} = 30x^4 - 12yx^2 - 2y, \quad f_{xy} = -2x - 4x^3, \quad f_{yy} = 2,$$

可知

$$H = 2(30x^4 - 12yx^2 - 2y) - (2x + 4x^3)^2.$$

应用定理9.6.2,驻点 $\left(\dfrac{\sqrt{2}}{2}, \dfrac{3}{8}\right)$, $\left(-\dfrac{\sqrt{2}}{2}, \dfrac{3}{8}\right)$ 满足 $H > 0$,所以是极值点,再根据 $f_{xx}$ 的

符号,可知函数在 $\left(\dfrac{\sqrt{2}}{2}, \dfrac{3}{8}\right)$, $\left(-\dfrac{\sqrt{2}}{2}, \dfrac{3}{8}\right)$ 取得极小值 $-\dfrac{1}{64}$.

在点 $(1,1)$, $(-1,1)$ $H < 0$,所以 $(1,1)$, $(-1,1)$ 不是极值点.

在点 $(0,0)$ $H = 0$,且 $f(0,0) = 0$. 由于 $f(x, x^3) = -x^5(1-x)^2$,易知函数在点 $(0,0)$ 附近变号,所以 $(0,0)$ 不是极值点.

(5) 先求驻点. 由

$$\begin{cases} f_x = y - \dfrac{a^3}{x^2} = 0 \\ f_y = x - \dfrac{b^3}{y^2} = 0 \end{cases},$$

解得 $\left(\dfrac{a^2}{b}, \dfrac{b^2}{a}\right)$ 是唯一的驻点. 再由

$$f_{xx} = \dfrac{2a^3}{x^3}, \quad f_{xy} = 1, \quad f_{yy} = \dfrac{2b^3}{y^3},$$

可知 $H = \dfrac{4a^3b^3}{x^3y^3} - 1$. 应用定理9.6.2,由于在驻点 $\left(\dfrac{a^2}{b}, \dfrac{b^2}{a}\right)$ 有 $H > 0$,再根据 $f_{xx}$ 的符号,可

知函数在点 $\left(\dfrac{a^2}{b}, \dfrac{b^2}{a}\right)$ 取得极小值 $3ab$.

(6) 先求驻点. 由

$$\begin{cases} f_x = 1 - \dfrac{y}{x^2} = 0 \\ f_y = \dfrac{1}{x} - \dfrac{z}{y^2} = 0, \\ f_z = \dfrac{1}{y} - \dfrac{2}{z^2} = 0 \end{cases}$$

解得唯一的驻点 $(2^{\frac{1}{4}}, 2^{\frac{1}{2}}, 2^{\frac{3}{4}})$. 由于函数在点 $(2^{\frac{1}{4}}, 2^{\frac{1}{2}}, 2^{\frac{1}{4}})$ 的黑塞矩阵

$$\begin{bmatrix} 2^{\frac{3}{4}} & -2^{-\frac{1}{2}} & 0 \\ -2^{-\frac{1}{2}} & 2^{\frac{1}{4}} & -2^{-1} \\ 0 & -2^{-1} & 2^{-\frac{1}{4}} \end{bmatrix}$$ 是正定的,所以函数在 $(2^{\frac{1}{4}}, 2^{\frac{1}{2}}, 2^{\frac{3}{4}})$ 取得极小值 $4 \cdot 2^{\frac{1}{4}}$.

**例 2** 设 $f(x, y, z) = x^2 + 3y^2 + 2z^2 - 2xy + 2xz$. 证明:函数 $f$ 的最小值为 $0$.

**证明** 先求驻点. 由

$$\begin{cases} f_x = 2x - 2y + 2z = 0 \\ f_y = 6y - 2x = 0 \\ f_z = 4z + 2x = 0 \end{cases},$$

解得唯一驻点 $(0,0,0)$，由于函数在点 $(0,0,0)$ 的黑塞矩阵 $\begin{bmatrix} 2 & -2 & 2 \\ -2 & 6 & 0 \\ 2 & 0 & 4 \end{bmatrix}$ 是正定的，所以

函数在点 $(0,0,0)$ 取得极小值 $f(0,0,0)=0$.

**例 3**　证明：函数 $f(x,y)=(1+e^y)\cos x-ye^y$ 有无穷多个极大值点，但无极小值点.

**证明**　由

$$\begin{cases} f_x(x,y)=-(1+e^y)\sin x=0 \\ f_y(x,y)=e^y\cos x-(1+y)e^y=0 \end{cases},$$

解得

$$x=k\pi,\ y=\cos k\pi-1,$$

所以驻点为 $(k\pi,\cos k\pi-1)$，$k=0,\pm1,\pm2,\cdots$，由

$$f_{xx}=-(1+e^y)\cos x,\ f_{xy}=-e^y\sin x,\ f_{yy}=e^y\cos x-(2+y)e^y,$$

可知在驻点 $(k\pi,\cos k\pi-1)$ 处，$H=\cos k\pi(1+e^y)e^y$，所以当 $k$ 为奇数时，$H<0$，$(k\pi,\cos k\pi-1)$ 不是极值点；当 $k$ 为偶数时，$H>0$，再由 $f_{xx}<0$，可知 $(k\pi,\cos k\pi-1)$ 是极大值点. 所以函数有无穷多个极大值点，但无极小值点.

**例 4**　求函数 $f(x,y)=\sin x+\sin y-\sin(x+y)$ 在闭区域

$$D=\{(x,y)\mid x\geqslant 0,y\geqslant 0,x+y\leqslant 2\pi\}$$

上的最大值与最小值.

**解**　由

$$\begin{cases} f_x=\cos x-\cos(x+y)=0 \\ f_y=\cos y-\cos(x+y)=0 \end{cases},$$

得到

$$\cos x=\cos y=\cos(x+y).$$

在 $D^0=\{(x,y)\mid 0<x,y<x+y<2\pi\}$ 上考虑，得到 $x=y=2\pi-x-y$，即 $\left(\dfrac{2}{3}\pi,\dfrac{2}{3}\pi\right)$ 是函数在区域内部唯一的驻点. 由于在区域边界上，即当 $x=0$ 或 $y=0$ 或 $x+y=2\pi$ 时，有 $f(x,y)=0$，而在区域内部唯一的驻点上取值为 $f\left(\dfrac{2}{3}\pi,\dfrac{2}{3}\pi\right)=\dfrac{3\sqrt 3}{2}>0$，根据闭区域上连续函数的性质，可知函数的最大值为 $f_{\max}=\dfrac{3\sqrt 3}{2}$，最小值为 $f_{\min}=0$.

**例 5**　在半径为 $R$ 的圆上，求内接三角形的面积最大值.

**解**　设圆内接三角形的各边所对的圆心角为 $\alpha_1,\alpha_2,\alpha_3$，则三角形的面积为

$$S=\frac{R^2}{2}[\sin\alpha_1+\sin\alpha_2+\sin\alpha_3]=\frac{R^2}{2}[\sin\alpha_1+\sin\alpha_2-\sin(\alpha_1+\alpha_2)].$$

由例 4 题知，$\alpha_1=\alpha_2=\dfrac{2\pi}{3}=\alpha_3$ 时三角形面积最大，这时圆内接三角形为正三角形

$$S_{\max}=\frac{3\sqrt 3}{4}R^2.$$

**例 6**　要做一个圆柱形帐幕，并给它加一个圆锥形的顶. 问：在体积为定值时，圆柱的

半径 $R$,高 $H$ 及圆锥的高 $h$ 满足什么关系时,所用的布料最省?

**解**　由帐幕的体积

$$V = \pi R^2 H + \frac{1}{3}\pi R^2 h,$$

得到 $H = \dfrac{V}{\pi R^2} - \dfrac{1}{3}h$,于是帐幕的表面积为

$$S = 2\pi R H + \pi R\sqrt{R^2 + h^2} = \frac{2V}{R} - \frac{2\pi R h}{3} + \pi R\sqrt{R^2 + h^2},$$

对 $R$ 与 $h$ 求偏导数,得到

$$\begin{cases} \dfrac{\partial S}{\partial h} = -\dfrac{2\pi R}{3} + \dfrac{\pi R h}{\sqrt{R^2 + h^2}} = 0 \\[3mm] \dfrac{\partial S}{\partial R} = -\dfrac{2V}{R^2} - \dfrac{2\pi h}{3} + \pi\sqrt{R^2 + h^2} + \dfrac{\pi R^2}{\sqrt{R^2 + h^2}} = 0 \end{cases}.$$

由第一个方程,得到 $R = \dfrac{\sqrt{5}}{2}h$,再将 $R = \dfrac{\sqrt{5}}{2}h$ 与 $V = \pi R^2 H + \dfrac{1}{3}\pi R^2 h$ 代入第二个方程,

得到 $H = \dfrac{1}{2}h$,所以当 $\dfrac{R}{\sqrt{5}} = \dfrac{H}{1} = \dfrac{h}{2}$ 时,布料最省.

**例7**　求由方程 $x^2 + 2xy + 2y^2 = 1$ 所确定的隐函数 $y = y(x)$ 的极值.

**解**　由 $y' = -\dfrac{x+y}{x+2y} = 0$ 得到 $x+y=0$,再代入 $x^2 + 2xy + 2y^2 = 1$ 得到 $y^2 = 1$,由此可知,隐函数 $y = y(x)$ 的驻点为 $x = \pm 1$,且当 $x = \pm 1$ 时有 $y = \mp 1$.

由于在驻点有

$$y'' = -\frac{1+y'}{x+2y} + \frac{x+y}{(x+2y)^2}(1+2y') = -\frac{1}{y},$$

根据 $y''(\pm 1)$ 的符号可知,$y = y(x)$ 在 $x = -1$ 取得极大值 $1$,在 $x = 1$ 取得极小值 $-1$.

**例8**　求由方程 $2x^2 + 2y^2 + z^2 + 8yz - z + 8 = 0$ 所确定的隐函数 $z = z(x, y)$ 的极值.

**解**　由

$$\begin{cases} \dfrac{\partial z}{\partial x} = \dfrac{4x}{1 - 2z - 8y} = 0 \\[3mm] \dfrac{\partial z}{\partial y} = \dfrac{4(y + 2z)}{1 - 2z - 8y} = 0 \end{cases},$$

得到 $x = 0$ 与 $y + 2z = 0$,再代入

$$2x^2 + 2y^2 + z^2 + 8yz - z + 8 = 0,$$

得

$$7z^2 + z - 8 = 0,$$

即 $z = 1, -\dfrac{8}{7}$.由此可知隐函数 $z = z(x, y)$ 的驻点为 $(0, -2)$ 与 $\left(0, \dfrac{16}{7}\right)$.由

$$\frac{\partial^2 z}{\partial x^2} = \frac{4}{1 - 2z - 8y}, \frac{\partial^2 z}{\partial x \partial y} = 0, \frac{\partial^2 z}{\partial y^2} = \frac{4}{1 - 2z - 8y},$$

可知在驻点 $(0,-2)$ 与 $\left(0,\dfrac{16}{7}\right)$ 有 $H>0$.

在点 $(0,-2)$，$z=1$，因此 $\dfrac{\partial^2 z}{\partial x^2}=\dfrac{4}{15}>0$，所以 $(0,-2)$ 为极小值点，极小值为 $z=1$；在

点 $\left(0,\dfrac{16}{7}\right)$，$z=-\dfrac{8}{7}$，因此 $\dfrac{\partial^2 z}{\partial x^2}=-\dfrac{4}{15}<0$，所以 $\left(0,\dfrac{16}{7}\right)$ 为极大值点，极大值为 $z=-\dfrac{8}{7}$.

**例 9**　在 $xOy$ 平面上求一点，使它到三条直线 $x=0$，$y=0$ 和 $x+2y-16=0$ 的距离的平方和最小.

**解**　平面上点 $(x,y)$ 到三条直线的距离平方和为 $D(x,y)=x^2+y^2+\left(\dfrac{x+2y-16}{\sqrt{5}}\right)^2$. 对 $x,y$ 求偏导数

$$
\begin{cases}
D_x=2x+\dfrac{2}{5}(x+2y-16)=0 \\[2mm]
D_y=2y+\dfrac{4}{5}(x+2y-16)=0
\end{cases},
$$

得到 $x=\dfrac{8}{5}$，$y=\dfrac{16}{5}$，所以函数只有一个驻点 $\left(\dfrac{8}{5},\dfrac{16}{5}\right)$. 由于 $\lim\limits_{|(x,y)|\to\infty}D(x,y)=+\infty$，可知函

数 $D(x,y)$ 在驻点 $\left(\dfrac{8}{5},\dfrac{16}{5}\right)$ 有最小值.

**例 10**　证明：圆的所有外切三角形中，以正三角形的面积为最小.

**证明**　设圆半径为 1，外切三角形的两个顶角为 $2\alpha$ 与 $2\beta$，则三角形的面积为

$$
S=\cot\alpha+\cot\beta+\cot\left(\dfrac{\pi}{2}-\alpha-\beta\right)=\cot\alpha+\cot\beta+\tan(\alpha+\beta).
$$

由

$$
\begin{cases}
\dfrac{\partial S}{\partial\alpha}=-\csc^2\alpha+\sec^2(\alpha+\beta)=0 \\[2mm]
\dfrac{\partial S}{\partial\beta}=-\csc^2\beta+\sec^2(\alpha+\beta)=0
\end{cases},
$$

得到

$$
\alpha=\beta=\dfrac{\pi}{2}-\alpha-\beta,
$$

所以 $\alpha=\beta=\dfrac{\pi}{6}$，故外切正三角形的面积为最小.

**例 11**　证明：圆的所有内接 $n$ 边形中，以正 $n$ 边形的面积为最大.

**证明**　设圆半径为 1，圆内接 $n$ 边形的各边所对的圆心角为 $\alpha_k(k=1,2,\cdots,n)$，则 $n$ 边形的面积为

$$
S=\dfrac{1}{2}\left[\sin\alpha_1+\sin\alpha_2+\cdots+\sin\alpha_{n-1}-\sin(\alpha_1+\alpha_2+\cdots+\alpha_{n-1})\right],
$$

由

$$\frac{\partial S}{\partial \alpha_k} = \frac{1}{2} \left[ \cos \alpha_k - \cos(\alpha_1 + \alpha_2 + \cdots + \alpha_{n-1}) \right] = 0, k = 1, 2, \cdots, n-1,$$

推出

$$\alpha_1 = \alpha_2 = \cdots = \alpha_{n-1} = 2\pi - (\alpha_1 + \alpha_2 + \cdots + \alpha_{n-1}),$$

所以 $\alpha_k = \dfrac{2\pi}{n}, k = 1, 2, \cdots, n$, 即内接正 $n$ 边形的面积为最大.

**例 12** 证明: 当 $0 < x < 1, 0 < y < +\infty$ 时, 成立不等式

$$y x^y (1-x) < e^{-1}.$$

**证明** 令 $f(x, y) = y x^y (1-x)$, 对 $y$ 求偏导

$$\frac{\partial f}{\partial y} = x^y (1-x)(1 + y \ln x) = 0,$$

解得 $y = \dfrac{-1}{\ln x}$. 对固定的 $x \in (0, 1)$, 根据 $\dfrac{\partial f}{\partial y}$ 在 $y = \dfrac{-1}{\ln x}$ 附近的符号变化, 可知 $f(x, y)$ (作为 $y$ 的函数) 的极大值点为 $y = \dfrac{-1}{\ln x}$, 极大值为 $\varphi(x) = \dfrac{-(1-x)}{e \ln x}$. 再对 $\varphi(x)$ 求导, 得到

$$\varphi'(x) = \frac{1}{e x \ln^2 x}(1 - x + x \ln x).$$

记 $g(x) = 1 - x + x \ln x, x \in (0, 1)$, 则

$$g'(x) = \ln x < 0, g(0^+) = 1, g(1^-) = 0,$$

所以 $g(x) > 0$, 于是 $\varphi(x)$ 严格单调增加. 再由

$$\lim_{x \to 1^-} \varphi(x) = e^{-1},$$

得到

$$f(x, y) \leqslant \varphi(x) < e^{-1}, 0 < x < 1, 0 < y < +\infty.$$

**例 13** 某养殖场饲养两种鱼, 若甲种鱼放养 $x$(万尾), 乙种鱼放养 $y$(万尾), 收获时两种鱼的收获量分别为 $(3 - \alpha x - \beta y)x$ 和 $(4 - \beta x - 2\alpha y)y (\alpha > \beta > 0)$. 求使产鱼总量最大的放养数.

**解** 产鱼总量为

$$P = (3 - \alpha x - \beta y)x + (4 - \beta x - 2\alpha y)y = -\alpha x^2 - 2\beta xy - 2\alpha y^2 + 3x + 4y,$$

对 $x, y$ 求偏导数

$$\begin{cases} P_x = -2\alpha x - 2\beta y + 3 = 0 \\ P_y = -2\beta x - 4\alpha y + 4 = 0 \end{cases},$$

解得

$$x = \frac{3\alpha - 2\beta}{2\alpha^2 - \beta^2}, y = \frac{4\alpha - 3\beta}{4\alpha^2 - 2\beta^2}.$$

因为 $P = -\alpha x^2 - 2\beta xy - 2\alpha y^2 + 3x + 4y$ 是二次多项式, 由

$$H = (-2\alpha)(-4\alpha) - (2\beta)^2 = 4(2\alpha^2 - \beta^2) > 0, P_{xx} = -2\alpha < 0,$$

可知其黑塞矩阵是负定的, 所以函数有最大值, 即当 $x = \dfrac{3\alpha - 2\beta}{2\alpha^2 - \beta^2}, y = \dfrac{4\alpha - 3\beta}{4\alpha^2 - 2\beta^2}$ 时产鱼总

量最大.

**例 14**　求下列函数的条件极值:

(1) $f(x,y) = xy$, 约束条件为 $x + y = 1$;

(2) $f(x,y,z) = x - 2y + 2z$, 约束条件为 $x^2 + y^2 + z^2 = 1$;

(3) $f(x,y,z) = \dfrac{x^2}{a^2} + \dfrac{y^2}{b^2} + \dfrac{z^2}{c^2}$, 约束条件为

$$\begin{cases} x^2 + y^2 + z^2 = 1 \\ Ax + By + Cz = 0 \end{cases},$$

其中 $a > b > c > 0, A^2 + B^2 + C^2 = 1$.

**解**　(1) 令 $L(x,y,\lambda) = xy - \lambda(x + y - 1)$, 求偏导, 得到

$$\begin{cases} L_x = y - \lambda = 0 \\ L_y = x - \lambda = 0 \\ L_\lambda = -(x + y - 1) = 0 \end{cases},$$

解得 $x = y = \dfrac{1}{2}$, 即目标函数只有一个驻点 $\left(\dfrac{1}{2}, \dfrac{1}{2}\right)$.

由 $xy \leqslant \left(\dfrac{x+y}{2}\right)^2 = \dfrac{1}{4}$, 可知 $\left(\dfrac{1}{2}, \dfrac{1}{2}\right)$ 是目标函数的条件极大值点, 也是条件最大值点. 条件最大值为

$$f_{\max} = f\left(\dfrac{1}{2}, \dfrac{1}{2}\right) = \dfrac{1}{4}.$$

(2) 令

$$L(x,y,z,\lambda) = x - 2y + 2z - \lambda(x^2 + y^2 + z^2 - 1),$$

求偏导, 得到

$$\begin{cases} L_x = 1 - 2\lambda x = 0 \\ L_y = -2 - 2\lambda y = 0 \\ L_z = 2 - 2\lambda z = 0 \\ L_\lambda = -(x^2 + y^2 + z^2 - 1) = 0 \end{cases},$$

由前三式得到 $y = -z = -2x$, 代入约束条件 $x^2 + y^2 + z^2 = 1$, 解得

$$(x,y,z) = \pm\left(\dfrac{1}{3}, -\dfrac{2}{3}, \dfrac{2}{3}\right).$$

因为满足约束条件的点集是连通紧集, 目标函数连续, 所以必有最大值和最小值. 由于目标函数的驻点为 $\pm\left(\dfrac{1}{3}, -\dfrac{2}{3}, \dfrac{2}{3}\right)$, 对应的目标函数值为 $\pm 3$, 所以

$$f_{\max} = f\left(\dfrac{1}{3}, -\dfrac{2}{3}, \dfrac{2}{3}\right) = 3, \quad f_{\min} = f\left(-\dfrac{1}{3}, \dfrac{2}{3}, -\dfrac{2}{3}\right) = -3.$$

(3) 令

$$L(x,y,z,\lambda,\mu) = \dfrac{x^2}{a^2} + \dfrac{y^2}{b^2} + \dfrac{z^2}{c^2} - \lambda(x^2 + y^2 + z^2 - 1) - \mu(Ax + By + Cz),$$

求偏导,得到

$$\begin{cases} L_x = \dfrac{2x}{a^2} - 2\lambda x - \mu A = 0 \\[2mm] L_y = \dfrac{2y}{b^2} - 2\lambda y - \mu B = 0 \\[2mm] L_z = \dfrac{2z}{c^2} - 2\lambda z - \mu C = 0 \\[2mm] L_\lambda = -(x^2 + y^2 + z^2 - 1) = 0 \\[2mm] L_\mu = -(Ax + By + Cz) = 0 \end{cases},$$

于是

$$\frac{1}{2}(xL_x + yL_y + zL_z) = \frac{x^2}{a^2} + \frac{y^2}{b^2} + \frac{z^2}{c^2} - \lambda = 0.$$

因为满足约束条件的点集是连通紧集,目标函数连续,所以必有最大值和最小值. 由上式可知,最大值和最小值包含在上面的方程组关于 $\lambda$ 的解中.

由

$$AL_x + BL_y + CL_z = 2\left(\frac{Ax}{a^2} + \frac{By}{b^2} + \frac{Cz}{c^2}\right) - \mu(A^2 + B^2 + C^2) = 0,$$

得到

$$\mu = \frac{2}{A^2 + B^2 + C^2}\left(\frac{Ax}{a^2} + \frac{By}{b^2} + \frac{Cz}{c^2}\right) = 2\left(\frac{Ax}{a^2} + \frac{By}{b^2} + \frac{Cz}{c^2}\right).$$

代入上面的方程组,得到

$$\begin{cases} \dfrac{L_x}{2} = \left(\dfrac{1 - A^2}{a^2} - \lambda\right)x - \dfrac{AB}{b^2}y - \dfrac{AC}{c^2}z = 0 \\[3mm] \dfrac{L_y}{2} = -\dfrac{AB}{a^2}x + \left(\dfrac{1 - B^2}{b^2} - \lambda\right)y - \dfrac{BC}{c^2}z = 0. \\[3mm] \dfrac{L_z}{2} = -\dfrac{AC}{a^2}x - \dfrac{BC}{b^2}y + \left(\dfrac{1 - C^2}{c^2} - \lambda\right)z = 0 \end{cases}$$

由约束条件可知驻点不在原点,即上面方程组有非零解,所以其系数行列式为零. 经计算得到

$$-\lambda\left[\lambda^2 + \left(\frac{A^2 - 1}{a^2} + \frac{B^2 - 1}{b^2} + \frac{C^2 - 1}{c^2}\right)\lambda + \left(\frac{A^2}{b^2 c^2} + \frac{B^2}{c^2 a^2} + \frac{C^2}{a^2 b^2}\right)\right] = 0,$$

显然目标函数的最大值与最小值不为零,即 $\lambda \neq 0$,所以 $f$ 的最大值与最小值分别为方程

$$\lambda^2 + \left(\frac{A^2 - 1}{a^2} + \frac{B^2 - 1}{b^2} + \frac{C^2 - 1}{c^2}\right)\lambda + \left(\frac{A^2}{b^2 c^2} + \frac{B^2}{c^2 a^2} + \frac{C^2}{a^2 b^2}\right) = 0$$

的两个根.

**例 15** 在周长为 $2p$ 的一切三角形中,找出面积最大的三角形.

**解** 记三角形的边长为 $a, b, c$,面积为 $S$,则

$$S^2 = p(p - a)(p - b)(p - c).$$

令

$$L(a, b, c, \lambda) = p(p - a)(p - b)(p - c) - \lambda(a + b + c - 2p),$$

求偏导数,得到

$$\begin{cases} L_a = -p(p-b)(p-c) - \lambda = 0 \\ L_b = -p(p-a)(p-c) - \lambda = 0, \\ L_c = -p(p-a)(p-b) - \lambda = 0 \end{cases}$$

于是

$$p-a = p-b = p-c,$$

再根据约束条件得到 $a = b = c = \dfrac{2}{3}p$,所以面积最大的三角形为正三角形,最大面积为

$\dfrac{\sqrt{3}}{9}p^2$.

**例 16**　要做一个容积为 $1\ \mathrm{m}^3$ 的有盖铝圆桶,什么样的尺寸才能使用料最省?

**解**　假设圆桶的底面半径为 $r$,高为 $h$,则圆桶的容积为 $\pi r^2 h = 1$,表面积为 $S = 2\pi rh + 2\pi r^2$. 令

$$L(r,h,\lambda) = 2\pi rh + 2\pi r^2 - \lambda(\pi r^2 h - 1),$$

求偏导,得到

$$\begin{cases} L_r = 2\pi h + 4\pi r - 2\pi rh\lambda = 0 \\ L_h = 2\pi r - \pi r^2 \lambda = 0 \end{cases},$$

解得 $h = 2r$,再代入约束条件 $\pi r^2 h = 1$,得到

$$r = \sqrt[3]{\dfrac{1}{2\pi}}, h = \sqrt[3]{\dfrac{4}{\pi}}.$$

根据题意,目标函数必有最小值,所以可知,当底面半径为 $\sqrt[3]{\dfrac{1}{2\pi}}$,高为 $\sqrt[3]{\dfrac{4}{\pi}}$ 时用料最省.

**例 17**　抛物面 $z = x^2 + y^2$ 被平面 $x + y + z = 1$ 截成一椭圆,求原点到这个椭圆的最长距离与最短距离.

**解**　设原点到椭圆上一点的距离为 $d(x,y,z)$,则 $d^2 = x^2 + y^2 + z^2$. 令

$$L(x,y,z,\lambda,\mu) = x^2 + y^2 + z^2 - \lambda(x^2 + y^2 - z) - \mu(x + y + z - 1),$$

求偏导数,得到

$$\begin{cases} L_x = 2x - 2\lambda x - \mu = 0 \\ L_y = 2y - 2\lambda y - \mu = 0, \\ L_z = 2z + \lambda - \mu = 0 \end{cases}$$

将前两式相减,得到 $(\lambda - 1)(x - y) = 0$.

若 $\lambda = 1$,则有 $\mu = 0$,$z = -\dfrac{1}{2}$,显然不满足约束条件.

若 $\lambda \neq 1$,则 $x = y$,再联立约束条件 $z = x^2 + y^2$ 与 $x + y + z = 1$,可解出

$$x = y = \dfrac{1}{2}(-1 \pm \sqrt{3}), z = 2x^2 = 2 \mp \sqrt{3},$$

从而有 $d^2 = 9 \mp 5\sqrt{3}$.

由于满足约束条件的点集是连通紧集,目标函数连续,所以必有最大值和最小值. 于

是得到
$$d_{\max} = \sqrt{9+5\sqrt{3}}, d_{\min} = \sqrt{9-5\sqrt{3}}.$$

**例 18**　求椭圆 $x^2 + 3y^2 = 12$ 的内接等腰三角形,其底边平行于椭圆的长轴,而使面积最大.

**解**　设 $(x,y), x \geqslant 0$ 为三角形底边上的顶点,则三角形面积为 $S = x(2-y)$,令
$$L(x,y,\lambda) = x(2-y) - \lambda(x^2 + 3y^2 - 12),$$
求偏导数,得到
$$\begin{cases} L_x = 2 - y - 2\lambda x = 0 \\ L_y = -x - 6\lambda y = 0 \end{cases},$$

消去 $\lambda$,可得 $6y - 3y^2 + x^2 = 0$,再联立约束条件 $x^2 + 3y^2 = 12$,可得满足 $x \geqslant 0$ 的驻点只有 $(0,2)$ 和 $(3,-1)$.

当 $(x,y) = (0,2)$ 时 $S = 0$,当 $(x,y) = (3,-1)$ 时 $S = 9$. 由题意知三角形面积一定存在最大值,于是得到 $S_{\max} = 9$.

**例 19**　求空间一点 $(a,b,c)$ 到平面 $Ax + By + Cz + D = 0$ 的距离.

**解**　设 $(x,y,z)$ 为平面上的一点,它与点 $(a,b,c)$ 之间的距离为 $d(x,y,z)$,则
$$d^2 = (x-a)^2 + (y-b)^2 + (z-c)^2.$$

令
$$L(x,y,z,\lambda) = d^2(x,y,z) - \lambda(Ax + By + Cz + D),$$
求偏导,得到
$$\begin{cases} L_x = 2(x-a) - A\lambda = 0 \\ L_y = 2(y-b) - B\lambda = 0 \\ L_z = 2(z-c) - C\lambda = 0 \end{cases},$$

解得
$$x = a + \frac{1}{2}\lambda A, \quad y = b + \frac{1}{2}\lambda B, \quad z = c + \frac{1}{2}\lambda C.$$

代入约束条件 $Ax + By + Cz + D = 0$,得到
$$\frac{\lambda}{2} = -\frac{Aa + Bb + Cc + D}{A^2 + B^2 + C^2},$$

于是
$$d^2 = \left(\frac{\lambda A}{2}\right)^2 + \left(\frac{\lambda B}{2}\right)^2 + \left(\frac{\lambda C}{2}\right)^2 = \frac{(Aa + Bb + Cc + D)^2}{A^2 + B^2 + C^2},$$

所以 $(a,b,c)$ 到平面 $Ax + By + Cz + D = 0$ 的距离为
$$d = \frac{|aA + bB + cC + D|}{\sqrt{A^2 + B^2 + C^2}}.$$

**例 20**　求平面 $Ax + By + Cz = 0$ 与柱面 $\dfrac{x^2}{a^2} + \dfrac{y^2}{b^2} = 1$ 相交所成的椭圆的面积($A,B,C$ 都不为零; $a,b$ 为正数).

**解**　椭圆的中心在原点,原点到椭圆周上点 $(x,y,z)$ 的距离 $d$ 的最大值和最小值分

别为椭圆的长半轴和短半轴. 令

$$L(x,y,z,\lambda,\mu)=x^2+y^2+z^2-\lambda\left(\frac{x^2}{a^2}+\frac{y^2}{b^2}-1\right)-\mu(Ax+By+Cz),$$

求偏导数, 得到

$$\begin{cases} L_x=2x-\dfrac{2\lambda x}{a^2}-\mu A=0 \\[2mm] L_y=2y-\dfrac{2\lambda y}{b^2}-\mu B=0 \\[2mm] L_z=2z-\mu C=0 \\[2mm] L_\lambda=-\left(\dfrac{x^2}{a^2}+\dfrac{y^2}{b^2}-1\right)=0 \\[2mm] L_\mu=-(Ax+By+Cz)=0 \end{cases},$$

于是

$$\frac{1}{2}(xL_x+yL_y+zL_z)=x^2+y^2+z^2-\lambda=0.$$

因为满足约束条件的点集是连通紧集, 目标函数连续, 所以必有最大值和最小值. 由上式可知最大值和最小值包含在上面的方程组关于 $\lambda$ 的解中. 以 $\mu=\dfrac{2z}{C}=-2\dfrac{Ax+By}{C^2}$ 代入前两个方程, 可得

$$\begin{cases} \dfrac{L_x}{2}=\left(1-\dfrac{\lambda}{a^2}+\dfrac{A^2}{C^2}\right)x+\dfrac{AB}{C^2}y=0 \\[3mm] \dfrac{L_y}{2}=\dfrac{AB}{C^2}x+\left(1-\dfrac{\lambda}{b^2}+\dfrac{B^2}{C^2}\right)y=0 \end{cases},$$

此方程组有非零解, 所以系数行列式为 0. 因此

$$\left(1-\frac{\lambda}{a^2}+\frac{A^2}{C^2}\right)\left(1-\frac{\lambda}{b^2}+\frac{B^2}{C^2}\right)-\frac{A^2B^2}{C^4}=0,$$

即

$$A^2\left(1-\frac{\lambda}{b^2}\right)+B^2\left(1-\frac{\lambda}{a^2}\right)+C^2\left(1-\frac{\lambda}{b^2}\right)\left(1-\frac{\lambda}{a^2}\right)=0,$$

这个二次方程的两个根 $\lambda_1$ 与 $\lambda_2$ 就是椭圆的长半轴和短半轴的平方, 因此椭圆面积为 $S=\pi\sqrt{\lambda_1\lambda_2}$, 利用多项式根与系数的关系可得

$$\lambda_1\lambda_2=(A^2+B^2+C^2)\frac{a^2b^2}{C^2},$$

所以

$$S=\frac{\pi ab}{C}\sqrt{A^2+B^2+C^2}.$$

**例 21**　求由方程 $x^2+2xy+2y^2=1$ 所确定的隐函数 $y=f(x)$ 的驻点, 并判断求得的驻点是否是极值点, 若为极值点, 说明是极大值点还是极小值点, 并求对应极值.

**解**　$y'=f'(x)=-\dfrac{F_x(x,y)}{F_y(x,y)}=0, F(x,y)=x^2+2xy+2y^2-1,$

即求 $\begin{cases} F(x,y)=0 \\ F_x(x,y)=0 \end{cases}$，即 $\begin{cases} x^2+2xy+2y^2-1=0 \\ 2x+2y=0 \end{cases}$，解得 $\begin{cases} x=1 \\ y=-1 \end{cases}$ 和 $\begin{cases} x=-1 \\ y=1 \end{cases}$，则 $F_y(x,y)=$

$2x+4y\neq 0$. 所以驻点为 $(1,-1)$，$(-1,1)$，且 $y''=-\dfrac{F_{xx}}{F_y}=-\dfrac{2}{2x+4y}$，所以 $(1,-1)$ 为

极小值点，极小值为 $-1$；$(-1,1)$ 为极大值点，极大值为 1.

**例 22** 研究 $u=xyz$ 在条件 $x^2+y^2-z^2=1$ 及 $x+y+z=0$ 之下是否有极值.

**解** 方程组

$$\begin{cases} x^2+y^2-z^2=1, \\ x+y+z=0 \end{cases}$$

消去 $z$，得

$$x^2+y^2-(-x-y)^2=-2xy=1,$$

则有

$$y=-\frac{1}{2x},z=\frac{1}{2x}-x,$$

那么

$$\mu=xyz=x\left(-\frac{1}{2x}\right)\left(\frac{1}{2x}-x\right)=\frac{1}{2}\left(x-\frac{1}{2x}\right).$$

令 $f(x)=\dfrac{1}{2}\left(x-\dfrac{1}{2x}\right)$，则

$$f'(x)=\frac{1}{2}\left(1+\frac{1}{2x^2}\right),$$

那么 $f'(x)$ 没有零点，且 $f'(x)$ 在 $x=0$ 的邻域不变号. 所以 $\mu=xyz$ 在 $\begin{cases} x^2+y^2-z^2=1 \\ x+y+z=0 \end{cases}$ 没有极值.

**例 23** 设 $f(x,y)\in \mathbf{R}^3$，且 $f(x,y)$ 是二阶连续可微函数，$(0,0)$ 是 $f(x,y)$ 的极小

值点. 证明：矩阵 $\begin{vmatrix} \dfrac{\partial^2 f(0,0)}{\partial x^2} & \dfrac{\partial^2 f(0,0)}{\partial x\partial y} \\ \dfrac{\partial^2 f(0,0)}{\partial y\partial x} & \dfrac{\partial^2 f(0,0)}{\partial y^2} \end{vmatrix}$ 是半正定的.

**证明** $f(x,y)$ 是 $\mathbf{R}^2$ 上的二阶连续可微函数，且 $(0,0)$ 是 $f(x,y)$ 的极小值点，由费马引理，有 $f_x(0,0)=f_y(0,0)$. 由于 $(0,0)$ 是 $f(x,y)$ 的极小值点，则存在 $(0,0)$ 的一个邻域 $U((0,0),\delta)$，使得对任意 $(x,y)\in U((0,0),\delta)$，恒有 $f(x,y)\geqslant f(0,0)$. 任取单位方向向量 $(a,b)$，对任意 $t\in(0,\delta)$，有 $\dfrac{f(ta,tb)-f(0,0)}{t^2}\geqslant 0$. 那么有

$$\lim_{t\to 0^+}\frac{f(ta,tb)-f(0,0)}{t^2}=\lim_{t\to 0^+}\frac{af_x(ta,tb)+bf_y(ta,tb)}{2t}$$

$$=\lim_{t\to 0}\frac{a(af_{xx}(ta,tb)+bf_{xy}(ta,tb))+b(af_{yx}(ta,tb)+bf_{yy}(ta,tb))}{2}$$

$$=\frac{1}{2}(f_{xx}(0,0)a^2+2f_{xy}(0,0)ab+f_{yy}(0,0)b^2),$$

故
$$\frac{1}{2}(f_{xx}(0,0)a^2 + 2f_{xy}(0,0)ab + f_{yy}(0,0)b^2) \geqslant 0,$$

即
$$f_{xx}(0,0)a^2 + 2f_{xy}(0,0)ab + f_{yy}(0,0)b^2 \geqslant 0.$$

由 $(a,b)$ 的任意性,二次型 $f_{xx}(0,0)u^2 + 2f_{xy}(0,0)uv + f_{yy}(0,0)v^2$ 半正定,即其矩阵

半正定,即矩阵 $\begin{vmatrix} \dfrac{\partial^2 f(0,0)}{\partial x^2} & \dfrac{\partial^2 f(0,0)}{\partial x \partial y} \\ \dfrac{\partial^2 f(0,0)}{\partial y \partial x} & \dfrac{\partial^2 f(0,0)}{\partial y^2} \end{vmatrix}$ 是半正定的.

**例 24**　设 $x > 0, y > 0$,证明不等式 $\dfrac{x^{2\,022} + y^{2\,022}}{2} \geqslant \left(\dfrac{x+y}{2}\right)^{2\,022}$.

**证明**　设 $n \geqslant 1, x \geqslant 0, y \geqslant 0$,我们只需证
$$\frac{x^n + y^n}{2} \geqslant \left(\frac{x+y}{2}\right)^n.$$

事实上,先求函数 $f(x,y) = \dfrac{x^n + y^n}{2}$ 在条件 $x + y = c, x \geqslant 0, y \geqslant 0$ 下的极值.设
$$L = \frac{x^n + y^n}{2} + \lambda(x + y - c),$$

则由
$$\begin{cases} L_x = \dfrac{nx^{n-1}}{2} + \lambda = 0 \\ L_y = \dfrac{ny^{n-1}}{2} + \lambda = 0, \\ L_\lambda = x + y - c = 0 \end{cases}$$

知 $x = y = \dfrac{c}{2}$. 又在 $\left(\dfrac{c}{2}, \dfrac{c}{2}\right)$ 处
$$L_{xx} = \frac{n(n-1)x^{n-2}}{2} > 0, \quad L_{xy} = 0, \quad L_{yy} = \frac{n(n-1)y^{n-2}}{2} > 0.$$

又因为 $f$ 在 $\left(\dfrac{c}{2}, \dfrac{c}{2}\right)$ 处取得唯一极小值 $\left(\dfrac{c}{2}\right)^n$. 所以
$$\frac{x^n + y^n}{2} = f(x,y) \geqslant f\left(\frac{c}{2}, \frac{c}{2}\right) \xlongequal{c = x + y} \left(\frac{c}{2}\right)^n = \left(\frac{x+y}{2}\right)^n.$$

**例 25**　当 $x > 0, y > 0, z > 0$ 时,求函数
$$f(x,y,z) = \ln x + 2\ln y + 3\ln z.$$

在球面 $x^2 + y^2 + z^2 = 6R^2$ 上的最大值.并由此证明:当 $a, b, c$ 为正实数时,成立不等式
$$ab^2c^3 \leqslant 108\left(\frac{a+b+c}{6}\right)^6.$$

**解**　令
$$L(x,y,z,\lambda) = \ln x + 2\ln y + 3\ln z - \lambda(x^2 + y^2 + z^2 - 6R^2),$$

求偏导数,得到

$$\begin{cases} L_x = \dfrac{1}{x} - 2x\lambda = 0 \\[2mm] L_y = \dfrac{2}{y} - 2y\lambda = 0 \, , \\[2mm] L_z = \dfrac{3}{z} - 2z\lambda = 0 \end{cases}$$

解得

$$2\lambda = \frac{1}{x^2} = \frac{2}{y^2} = \frac{3}{z^2} \, ,$$

代入约束条件

$$x^2 + y^2 + z^2 = 6R^2 \, ,$$

可得 $x^2 = R^2, y^2 = 2R^2, z^2 = 3R^2$.

由于目标函数无最小值,所以唯一的驻点必是最大值点. 于是得到

$$\ln x + 2\ln y + 3\ln z \leqslant \ln \left[ \sqrt{R^2} (2R^2)(3R^2)^{\frac{3}{2}} \right] = \ln(6\sqrt{3}R^6) \, ,$$

即

$$xy^2 z^3 \leqslant 6\sqrt{3} \left( \frac{x^2 + y^2 + z^2}{6} \right)^3 .$$

由前一式得到

$$f_{\max} = f(R, \sqrt{2}R, \sqrt{3}R) = \ln(6\sqrt{3}R^6) \, ,$$

在后一式中令 $a = x^2, b = y^2$ 和 $c = z^2$,得到

$$ab^2 c^3 \leqslant 108 \left( \frac{a+b+c}{6} \right)^6 .$$

**例 26** (1) 求函数 $f(x,y,z) = x^a y^b z^c \ (x > 0, y > 0, z > 0)$ 在约束条件 $x^k + y^k + z^k = 1$ 下的极大值,其中 $k, a, b, c$ 均为正常数;

(2) 利用(1)的结果证明:对于任何正数 $u, v, w$,成立不等式

$$\left( \frac{u}{a} \right)^a \left( \frac{v}{b} \right)^b \left( \frac{w}{c} \right)^c \leqslant \left( \frac{u+v+w}{a+b+c} \right)^{a+b+c} .$$

**解** (1) 令

$$L(x,y,z,\lambda) = a\ln x + b\ln y + c\ln z - \lambda(x^k + y^k + z^k - 1) \, ,$$

求偏导数,得到

$$\begin{cases} L_x = \dfrac{a}{x} - k\lambda x^{k-1} = 0 \\[2mm] L_y = \dfrac{b}{y} - k\lambda y^{k-1} = 0 \, , \\[2mm] L_z = \dfrac{c}{z} - k\lambda z^{k-1} = 0 \end{cases}$$

解得

$$k\lambda = \frac{a}{x^k} = \frac{b}{y^k} = \frac{c}{z^k} \, ,$$

代入约束条件 $x^k + y^k + z^k = 1$,得到 $\dfrac{a+b+c}{k\lambda} = 1$,所以

$$x^k = \frac{a}{a+b+c}, y^k = \frac{b}{a+b+c}, z^k = \frac{c}{a+b+c}.$$

由于目标函数无最小值,所以唯一的驻点必是最大值点. 于是

$$a\ln x + b\ln y + c\ln z = \ln(x^a y^b z^c) \leqslant \ln\left[\frac{a^a b^b c^c}{(a+b+c)^{a+b+c}}\right]^{\frac{1}{k}},$$

即得到

$$x^a y^b z^c \leqslant \left[\frac{a^a b^b c^c}{(a+b+c)^{a+b+c}}\right]^{\frac{1}{k}}.$$

(2) 令 $k=1, x = \dfrac{u}{u+v+w}, y = \dfrac{v}{u+v+w}, z = \dfrac{w}{u+v+w}$,则 $x+y+z=1$,且

$$x^a y^b z^c = \left(\frac{u}{u+v+w}\right)^a \left(\frac{v}{u+v+w}\right)^b \left(\frac{w}{u+v+w}\right)^c = \frac{u^a v^b w^c}{(u+v+w)^{a+b+c}}.$$

利用(1) 的结果,有

$$x^a y^b z^c \leqslant \frac{a^a b^b c^c}{(a+b+c)^{a+b+c}},$$

整理后得到

$$\left(\frac{u}{a}\right)^a \left(\frac{v}{b}\right)^b \left(\frac{w}{c}\right)^c \leqslant \left(\frac{u+v+w}{a+b+c}\right)^{a+b+c}.$$

**例 27**　求 $a,b$ 之值,使得椭圆 $\dfrac{x^2}{a^2} + \dfrac{y^2}{b^2} = 1$ 包含圆 $(x-1)^2 + y^2 = 1$,且面积最小.

**解**　为了使椭圆 $\dfrac{x^2}{a^2} + \dfrac{y^2}{b^2} = 1$ 既包含圆 $(x-1)^2 + y^2 = 1$,又面积最小,可以要求圆心 $(1,0)$ 到椭圆周上的点的最短距离为 1. 为此先考虑目标函数 $g(x,y) = (x-1)^2 + y^2$ 在 $\dfrac{x^2}{a^2} + \dfrac{y^2}{b^2} = 1$ 条件下的极小值问题,并设条件极小值为 $g_{\min} = 1$,由此导出 $a,b$ 之间的关系.

构造 拉格朗日函数

$$L(x,y,\lambda) = (x-1)^2 + y^2 - \lambda\left(\frac{x^2}{a^2} + \frac{y^2}{b^2} - 1\right),$$

求偏导数,得到

$$\begin{cases} \dfrac{1}{2} L_x = (x-1) - \dfrac{\lambda x}{a^2} = 0 \\[2mm] \dfrac{1}{2} L_y = y - \dfrac{\lambda y}{b^2} = y\left(1 - \dfrac{\lambda}{b^2}\right) = 0, \\[2mm] L_\lambda = -\left(\dfrac{x^2}{a^2} + \dfrac{y^2}{b^2} - 1\right) = 0 \end{cases}$$

并由此可得

$$g_{\min} = (x-1)^2 + y^2 = \lambda\left(1 - \frac{x}{a^2}\right) = 1.$$

若 $y=0$,则 $x=a$. 由

$$g_{\min} = (x-1)^2 + y^2 = 1,$$

可得 $a=2$. 在方程组

$$\begin{cases} (x-1)^2 + y^2 = 1 \\ \dfrac{x^2}{4} + \dfrac{y^2}{b^2} = 1 \end{cases}$$

中消去 $y$,得到

$$\left(1 - \frac{b^2}{4}\right)x^2 - 2x + b^2 = 0.$$

容易知道当 $b < \sqrt{2}$ 时,方程除了解 $x_1 = 2$ 另有一解 $x_2 \in (0,2)$,这说明椭圆 $\dfrac{x^2}{4} + \dfrac{y^2}{b^2} = 1$ 不完全包含圆 $(x-1)^2 + y^2 = 1$,不满足条件. 所以 $b \geqslant \sqrt{2}$,这时椭圆面积 $S \geqslant 2\sqrt{2}\pi$.

若 $\lambda = b^2$,则 $x = \dfrac{a^2}{a^2 - b^2}$,代入 $g_{\min} = \lambda\left(1 - \dfrac{x}{a^2}\right) = 1$,得到 $a,b$ 必须满足关系式

$$a^2 b^2 = a^2 + b^4,$$

现求目标函数 $f(a,b) = \pi ab$ 在 $a^2 b^2 = a^2 + b^4$ 条件下的极小值. 令

$$l(a,b,\lambda) = \pi ab - \lambda(a^2 b^2 - a^2 - b^4),$$

求偏导数,得到

$$\begin{cases} l_a = \pi b - 2\lambda a(b^2 - 1) = 0 \\ l_b = \pi a - 2\lambda b(a^2 - 2b^2) = 0 \end{cases},$$

消去 $\lambda$,得到 $a = \sqrt{2}b^2$,再代入关于 $a,b$ 的约束条件 $a^2 b^2 = a^2 + b^4$,解得

$$a = \frac{3\sqrt{2}}{2}, \quad b = \frac{\sqrt{6}}{2},$$

这时椭圆面积 $S = \dfrac{3\sqrt{3}}{2}\pi$. 由于 $\dfrac{3\sqrt{3}}{2}\pi < 2\sqrt{2}\pi$,所以当 $a = \dfrac{3\sqrt{2}}{2}, b = \dfrac{\sqrt{6}}{2}$ 时,椭圆 $\dfrac{x^2}{a^2} + \dfrac{y^2}{b^2} = 1$ 包含圆 $(x-1)^2 + y^2 = 1$,且面积最小.

**例 28** 设 $a_1, a_2, \cdots, a_n$ 为 $n$ 个已知正数. 求 $n$ 元函数

$$f(x_1, x_2, \cdots, x_n) = \sum_{k=1}^{n} a_k x_k$$

在约束条件

$$\sum_{k=1}^{n} x_k^2 \leqslant 1$$

下的最大值与最小值.

**解** 由于 $f(x_1, x_2, \cdots, x_n)$ 在 $\{(x_1, x_2, \cdots, x_n) \mid x_1^2 + x_2^2 + \cdots + x_n^2 < 1\}$ 上没有驻点,所以只需要求 $f(x_1, x_2, \cdots, x_n)$ 在约束条件 $x_1^2 + x_2^2 + \cdots + x_n^2 = 1$ 下的最大值与最小值. 令

$$L(x_1, x_2, \cdots, x_n, \lambda) = f(x_1, x_2, \cdots, x_n) - \lambda(x_1^2 + x_2^2 + \cdots + x_n^2 - 1),$$

求偏导数,得到

$$L_{x_k} = a_k - 2\lambda x_k = 0, \quad k = 1, 2, \cdots, n,$$

所以 $x_k = \dfrac{a_k}{2\lambda}, k = 1, 2, \cdots, n$,代入约束条件

$$x_1^2 + x_2^2 + \cdots + x_n^2 = 1,$$

可得 $2\lambda = \pm \sqrt{\sum\limits_{k=1}^{n} a_k^2}$，于是

$$f(x_1, x_2, \cdots, x_n) = \frac{\sum\limits_{k=1}^{n} a_k^2}{\pm \sqrt{\sum\limits_{k=1}^{n} a_k^2}} = \pm \sqrt{\sum\limits_{k=1}^{n} a_k^2},$$

从而

$$f_{\max} = \sqrt{\sum_{k=1}^{n} a_k^2}, \quad f_{\min} = -\sqrt{\sum_{k=1}^{n} a_k^2}.$$

**例 29**　求二次型 $\sum\limits_{i,j=1}^{n} a_{ij} x_i x_j (a_{ij} = a_{ji})$ 在 $n$ 维单位球面

$$\{(x_1, x_2, \cdots, x_n) \in \mathbf{R}^n \mid \sum_{k=1}^{n} x_k^2 = 1\}$$

上的最大值与最小值.

**解**　令

$$L(x_1, x_2, \cdots, x_n, \lambda) = \sum_{i,j=1}^{n} a_{ij} x_i x_j - \lambda(x_1^2 + x_2^2 + \cdots + x_n^2 - 1),$$

求偏导数，得到

$$\begin{cases} \dfrac{1}{2} L_{x_k} = \sum\limits_{i=1}^{n} a_{ik} x_i - \lambda x_k = 0, k = 1, 2, \cdots, n, \\ L_\lambda = -(x_1^2 + x_2^2 + \cdots + x_n^2 - 1) = 0 \end{cases},$$

由

$$\frac{1}{2} \sum_{k=1}^{n} x_k L_{x_k} = \sum_{i,k=1}^{n} a_{ik} x_i x_k - \lambda \sum_{k=1}^{n} x_k^2 = 0,$$

可知 $\sum\limits_{i,j=1}^{n} a_{ij} x_i x_j = \lambda$，即目标函数的最大值和最小值包含在上面的方程组关于 $\lambda$ 的解中.

记 $\boldsymbol{A} = (a_{ij})$，由于方程组

$$\sum_{i=1}^{n} a_{ik} x_i - \lambda x_k = 0, k = 1, 2, \cdots, n$$

有非零解，所以系数行列式 $|\boldsymbol{A} - \lambda \boldsymbol{I}| = 0$，即 $\lambda$ 是矩阵 $\boldsymbol{A} = (a_{ij})$ 的特征值. 由于 $\boldsymbol{A} = (a_{ij})$ 是实对称矩阵，所以特征值都是实数，将它们按照大小排序为 $\lambda_1 \leqslant \lambda_2 \leqslant \cdots \leqslant \lambda_n$，则得到

$$f_{\max} = \lambda_n, \quad f_{\min} = \lambda_1.$$

**例 30**　设生产某种产品必须投入两种要素，$x_1$ 和 $x_2$ 分别为两种要素的投入量，$Q$ 为产出量. 若生产函数为 $Q = 2x_1^\alpha x_2^\beta$，其中 $\alpha, \beta$ 为正的常数，且 $\alpha + \beta = 1$. 假定两种要素的价格分别为 $p_1$ 和 $p_2$，试问：当产出量为 12 时，两种要素各投入多少可以使得投入总费用最小？

**解**　目标函数为 $f(x_1, x_2) = p_1 x_1 + p_2 x_2$，约束条件为 $x_1^\alpha x_2^{1-\alpha} = 6$，则

$$L(x_1, x_2, \lambda) = p_1 x_1 + p_2 x_2 - \lambda(2x_1^\alpha x_2^{1-\alpha} - 12),$$

求偏导数，得到

$$\begin{cases} L_{x_1} = p_1 - 2\alpha\lambda x_1^{\alpha-1} x_2^{1-\alpha} = 0 \\ L_{x_2} = p_2 - 2(1-\alpha)\lambda x_1^{\alpha} x_2^{-\alpha} = 0 \end{cases},$$

消去 $\lambda$，得到 $x_2 = \dfrac{\beta p_1}{\alpha p_2} x_1$，代入约束条件 $x_1^{\alpha} x_2^{1-\alpha} = 6$，可解得

$$x_1 = \frac{6 p_1^{\alpha-1} p_2^{\beta}}{\alpha^{\alpha-1}\beta^{\beta}}, x_2 = \frac{6 p_1^{\alpha} p_2^{\beta-1}}{\alpha^{\alpha}\beta^{\beta-1}}.$$

由于

$$\lim_{(x_1,x_2)\to\infty} f(x_1,x_2) = +\infty,$$

所以目标函数的唯一驻点必是最小值点，即当 $x_1 = \dfrac{6 p_1^{\alpha-1} p_2^{\beta}}{\alpha^{\alpha-1}\beta^{\beta}}$，$x_2 = \dfrac{6 p_1^{\alpha} p_2^{\beta-1}}{\alpha^{\alpha}\beta^{\beta-1}}$ 时投入总费用最小.

第10讲

# 多元函数积分理论

**1. 二重积分的定义与计算及变量变换**

背景：曲顶柱体的体积．

**定义 1**　设 $D$ 为 $\mathbf{R}^2$ 上可求面积的有界闭区域，函数 $z=f(x,y)$ 在 $D$ 上有界，将 $D$ 用曲线网分成 $n$ 个可求面积的小区域 $\Delta D_1,\Delta D_2,\cdots,\Delta D_n$（它称为 $D$ 的一个划分），并记所有的小区域 $\Delta D_i$ 的最大直径为 $\lambda$，即 $\lambda=\max\limits_{1\leqslant i\leqslant n}\{\mathrm{diam}\ \Delta D_i\}$．在每个 $\Delta D_i$ 上任取一点 $(\xi_i,\eta_i)$，记 $\Delta\sigma_i$ 为 $\Delta D_i$ 的面积，若 $\lambda$ 趋于零时，和式

$$\sum_{i=1}^{n}f(\xi_i,\eta_i)\Delta\sigma_i$$

的极限存在且与区域的分法和点 $(\xi_i,\eta_i)$ 的取法无关，则称此极限为 $f(x,y)$ 在 $D$ 上的二重积分，记为

$$\iint\limits_{D}f(x,y)\mathrm{d}\sigma\Big(=\lim_{\lambda\to0}\sum_{i=1}^{n}f(\xi_i,\eta_i)\Delta\sigma_i\Big),$$

$f(x,y)$ 称为被积函数，$D$ 称为积分区域，$x$ 和 $y$ 称为积分变量，$\mathrm{d}\sigma$ 称为面积元素，$\iint\limits_{D}f(x,y)\mathrm{d}\sigma$ 也称为积分值．

**注**　二重积分具有与定积分完全类似的性质，且在可积情形下，可选取特殊分割，如平行于坐标轴的直线网分割 $D$，则 $\Delta\sigma=\Delta x\Delta y$，因此，通常情形下，二重积分常记为

$$\iint\limits_{D}f(x,y)\mathrm{d}x\mathrm{d}y.$$

**定理 1**　设二元函数 $f(x,y)$ 在闭矩形 $D=[a,b]\times[c,d]$ 上可积，若积分

$$h(x)=\int_{c}^{d}f(x,y)\mathrm{d}y$$

对每个 $x\in[a,b]$，存在，则 $h(x)$ 在 $[a,b]$ 上可积，并有等式

$$\iint\limits_{D}f(x,y)\mathrm{d}x\mathrm{d}y=\int_{a}^{b}h(x)\mathrm{d}x=\int_{a}^{b}\Big(\int_{c}^{d}f(x,y)\mathrm{d}y\Big)\mathrm{d}x=\int_{a}^{b}\mathrm{d}x\int_{c}^{d}f(x,y)\mathrm{d}y.$$

关于另一累次积分有相同的结论．特别地，当 $f(x,y)$ 为 $D=[a,b]\times[c,d]$ 上的连续函数时，则有

$$\iint\limits_{D}f(x,y)\mathrm{d}x\mathrm{d}y=\int_{a}^{b}\mathrm{d}x\int_{c}^{d}f(x,y)\mathrm{d}y=\int_{c}^{d}\mathrm{d}y\int_{a}^{b}f(x,y)\mathrm{d}x.$$

**定义 2** 称平面点集 $D=\{(x,y) \mid y_1(x) \leqslant y \leqslant y_2(x), a \leqslant x \leqslant b\}$ 为 $x$ 型区域;称平面点集 $\{(x,y) \mid x_1(y) \leqslant x \leqslant x_2(y), c \leqslant y \leqslant d\}$ 为 $y$ 型区域;

**定理 2** 设 $f(x,y)$ 在 $x$ 型区域上连续,其中 $y_1(x), y_2(x)$ 在 $[a,b]$ 上连续,则

$$\iint\limits_{D} f(x,y)\mathrm{d}x\mathrm{d}y = \int_a^b \mathrm{d}x \int_{y_1(x)}^{y_2(x)} f(x,y)\mathrm{d}y$$

在 $y$ 型区域上有类似的结果.

**定理 3** 设 $f(x,y)$ 在有界闭区域 $D$ 上可积,变换 $T: x=x(u,v), y=y(u,v)$,将 $uv$ 平面上由按段光滑封闭曲线所围成的闭区域 $\Delta$ 一对一地映成 $xy$ 平面上的闭区域 $D$,函数 $x(u,v), y(u,v)$ 在 $\Delta$ 内分别具有一阶连续偏导数且它们的函数行列式

$$J(u,v) = \frac{\partial(x,y)}{\partial(u,v)} \neq 0, (u,v) \in \Delta,$$

则

$$\iint\limits_{D} f(x,y)\mathrm{d}x\mathrm{d}y = \iint\limits_{\Delta} f(x(u,v),y(u,v)) \cdot |J(u,v)| \, \mathrm{d}u\mathrm{d}v.$$

特别地,对于极坐标变换 $\begin{cases} x = r\cos\theta \\ y = r\sin\theta \end{cases}$,$|J|=r$,因此有

$$\iint\limits_{D} f(x,y)\mathrm{d}x\mathrm{d}y = \iint\limits_{\Delta} f(r\cos\theta, r\sin\theta) r\mathrm{d}r\mathrm{d}\theta.$$

**2. $n$ 重积分的定义与计算及变量变换**

同 $\mathbf{R}^2$ 中原理一样,我们引入 $n$ 重积分的概念:

**定义 3** 设 $\Omega$ 为 $\mathbf{R}^n$ 上的零边界区域,函数 $u=f(x_1,x_2,\cdots,x_n)$ 在 $\Omega$ 上有界. 将 $\Omega$ 用曲面网分成 $n$ 个小区域 $\Delta\Omega_1, \Delta\Omega_2, \cdots, \Delta\Omega_n$(称为 $\Omega$ 的一个划分),记 $\Delta V_i$ 为 $\Delta\Omega_i$ 的体积,并记所有的小区域 $\Delta\Omega_i$ 的最大直径为 $\lambda$. 在每个 $\Delta\Omega_i$ 上任取一点 $P_i$,和式 $\sum\limits_{i=1}^{n} f(P_i)\Delta V_i$ 的极限存在且与区域的分法和点 $P_i$ 的取法无关,则称 $f(x_1,x_2,\cdots,x_n)$ 在 $\Omega$ 上可积,并称此极限为 $f(x_1,x_2,\cdots,x_n)$ 在有界闭区域 $\Omega$ 上的 $n$ 重积分,记为

$$\int_{\Omega} f\mathrm{d}V = \lim_{\lambda \to 0} \sum_{i=1}^{n} f(P_i)\Delta V_i,$$

$f(x_1,x_2,\cdots,x_n)$ 称为被积函数,$\Omega$ 称为积分区域,$x_1,x_2,\cdots,x_n$ 称为积分变量,$\mathrm{d}V$ 称为体积元素,$\int_{\Omega} f\mathrm{d}V$ 也称为积分值.

在 $\mathbf{R}^3$ 中,在 $\Omega$ 上的三重积分记为

$$J = \iiint\limits_{\Omega} f(x,y,z)\mathrm{d}V \text{ 或 } J = \iiint\limits_{\Omega} f(x,y,z)\mathrm{d}x\mathrm{d}y\mathrm{d}z.$$

**定理 4** 若函数 $f(x,y,z)$ 在长方体 $V=[a,b]\times[c,d]\times[e,h]$ 上的三重积分存在,且对任何 $x \in [a,b]$,二重积分

$$I(x) = \iint\limits_{D} f(x,y,z)\mathrm{d}y\mathrm{d}z$$

存在,其中 $D=[c,d]\times[e,h]$,则积分

$$\int_a^b \mathrm{d}x \iint_D f(x,y,z)\mathrm{d}y\mathrm{d}z$$

也存在,且

$$\iiint_V f(x,y,z)\mathrm{d}x\mathrm{d}y\mathrm{d}z = \int_a^b \mathrm{d}x \iint_D f(x,y,z)\mathrm{d}y\mathrm{d}z.$$

对于一般区域上的三重积分的计算,总是化为累次积分来计算,这时要根据积分区域的形状和被积函数的形式,灵活地采取不同的积分次序,通常情况下化为三次积分,但特别注意,有时化为先一后二或先二后一更简单,即化为以下两种形式

$$\int_a^b \mathrm{d}z \iint_{D_z} f(x,y,z)\mathrm{d}x\mathrm{d}y, \tag{1}$$

$$\iint_{D_{xy}} \mathrm{d}x\mathrm{d}y \int_{z_1(x,y)}^{z_2(x,y)} f(x,y,z)\mathrm{d}z. \tag{2}$$

对于式(1),首先将积分区域 $V$ 向 $z$ 轴投影,确定 $z$ 的变化范围;然后对给定区域内的任一 $z$ 值,积分区域 $V$ 的截面 $D_z$ 是规范图形(如圆、椭圆、矩形、三角形等)且积分

$$\iint_{D_z} f(x,y,z)\mathrm{d}x\mathrm{d}y$$

易于计算.

对于式(2),往往是积分区域 $V$ 向 $xy$ 平面的投影区域的面积很容易计算,而且积分

$$\int_{z_1(x,y)}^{z_2(x,y)} f(x,y,z)\mathrm{d}z$$

是常数.

设变换

$$\begin{cases} x=x(u,v,w) \\ y=y(u,v,w) \\ z=z(u,v,w) \end{cases}$$

将 $uvw$ 空间中的区域 $V'$ 一对一地映射成 $xyz$ 空间中的区域 $V$,并设函数 $x(u,v,w),y(u,v,w),z(u,v,w)$ 及它们的一阶偏导数在 $V'$ 内连续,且函数行列式

$$\frac{\partial(x,y,z)}{\partial(u,v,w)} \neq 0, (u,v,w)\in V',$$

则有

$$\iiint_V f(x,y,z)\mathrm{d}x\mathrm{d}y\mathrm{d}z = \iiint_V f(x(u,v,w),y(u,v,w),z(u,v,w)) \left|\frac{\partial(x,y,z)}{\partial(u,v,w)}\right| \mathrm{d}u\mathrm{d}v\mathrm{d}w.$$

**3. 几个常用的坐标变换**

(1) 柱面坐标变换

$$T: \begin{cases} x=r\cos\theta, 0\leqslant r<+\infty \\ y=r\sin\theta, 0\leqslant \theta\leqslant 2\pi \\ z=z, -\infty<z<+\infty \end{cases}, J(r,\theta,z)=r.$$

(2) $n$ 维球面坐标变换

在 $\mathbf{R}^n(n\geqslant 3)$ 上都可以引入球面坐标变换

$$T = \begin{cases} x_1 = r\cos\varphi_1 \\ x_2 = r\sin\varphi_1\cos\varphi_2 \\ x_3 = r\sin\varphi_1\sin\varphi_2\cos\varphi_3 \\ \quad\vdots \\ x_{n-1} = r\sin\varphi_1\sin\varphi_2\cdots\sin\varphi_{n-2}\cos\varphi_{n-1} \\ x_n = r\sin\varphi_1\sin\varphi_2\cdots\sin\varphi_{n-2}\sin\varphi_{n-1} \end{cases},$$

其中

$$0 \leqslant r < +\infty, 0 \leqslant \varphi_1 \leqslant \pi, \cdots, 0 \leqslant \varphi_{n-2} \leqslant \pi, 0 \leqslant \varphi_{n-1} \leqslant 2\pi,$$

显然

$$x_1^2 + x_2^2 + \cdots + x_n^2 = r^2$$

易于计算,这个变换的雅可比行列式为

$$J(r, \varphi_1, \cdots, \varphi_{n-1}) = r^{n-1}\sin^{n-2}\varphi_1\sin^{n-3}\varphi_2\cdots\sin\varphi_{n-2}.$$

(3)广义球坐标变换

$$T: \begin{cases} x = ar\sin\varphi\cos\theta \\ y = br\sin\varphi\sin\theta, J(r,\varphi,\theta) = abcr^2\sin\varphi. \\ z = cr\cos\varphi \end{cases}$$

**4. 反常重积分**

(1)无界区域上的反常重积分

设 $D$ 为平面 $\mathbf{R}^2$ 上的无界区域,它的边界是由有限条光滑曲线组成的. 假设 $\Gamma$ 为一条面积为零的曲线,它将 $D$ 割出一个有界子区域,记为 $D_\Gamma$,并记 $d(\Gamma) = \inf\{\sqrt{x^2 + y^2} \mid (x, y) \in \Gamma\}$ 为 $\Gamma$ 到原点的距离.

**定义 4** 若当 $d(\Gamma)$ 趋于无穷大,即 $D_\Gamma$ 趋于 $D$ 时,$\iint\limits_{D_\Gamma} f(x,y)\mathrm{d}x\mathrm{d}y$ 的极限存在,就称 $f(x,y)$ 在 $D$ 上可积,并记

$$\iint\limits_D f(x,y)\mathrm{d}x\mathrm{d}y = \lim_{d(\Gamma)\to+\infty} \iint\limits_{D_\Gamma} f(x,y)\mathrm{d}x\mathrm{d}y,$$

这个极限称为 $f(x,y)$ 在 $D$ 上的反常二重积分,这时也称反常二重积分 $\iint\limits_D f(x,y)\mathrm{d}x\mathrm{d}y$ 收敛. 如果右端的极限不存在,那么称这一反常二重积分发散.

(2)无界函数的反常重积分

设 $D$ 为平面 $\mathbf{R}^2$ 上的有界区域,点 $P_0 \in D$,$f(x,y)$ 在 $D\backslash P_0$ 上有定义,但在 $P_0$ 的任何去心邻域内无界,这时 $P_0$ 称为 $f$ 的奇点.

设 $\gamma$ 的内部含有 $P_0$ 的、面积为零的闭曲线,记 $\sigma$ 为它所包围的区域. 并设二重积分

$$\iint\limits_{D\backslash P_0} f(x,y)\mathrm{d}x\mathrm{d}y$$

总是存在.

它的边界是由有限条光滑曲线组成的. 假设 $\Gamma$ 为一条面积为零的曲线,它将 $D$ 割出一个有界子区域,记为 $D_\Gamma$,并记

$$d(\Gamma) = \inf\{\sqrt{x^2 + y^2} \mid (x, y) \in \Gamma\}$$

为 $\Gamma$ 到原点的距离.

**定义 5**    设 $\rho(\gamma) = \sup\{\mid P - P_0 \mid \mid P \in \gamma\}$. 若 $\rho(\gamma)$ 趋于零时, $\iint\limits_{D\backslash\sigma} f(x, y)\mathrm{d}x\mathrm{d}y$ 的极限存在, 则称 $f(x, y)$ 在 $D$ 上可积, 并记

$$\iint\limits_{D} f(x, y)\mathrm{d}x\mathrm{d}y = \lim_{\rho(\gamma) \to 0} \iint\limits_{D\backslash\sigma} f(x, y)\mathrm{d}x\mathrm{d}y,$$

这个极限称为无界函数 $f(x, y)$ 在 $D$ 上的反常二重积分, 这时也称无界函数的反常二重积分 $\iint\limits_{D} f(x, y)\mathrm{d}x\mathrm{d}y$ 收敛. 如果右端的极限不存在, 那么称这一反常二重积分发散.

**典型例题**

**例 1**    设函数 $f(x, y)$ 在矩形 $D = [0, \pi] \times [0, 1]$ 上有界, 而且除了曲线段 $y = \sin x$, $0 \leqslant x \leqslant \pi$, $f(x, y)$ 在 $D$ 上其他点连续. 证明: $f$ 在 $D$ 上可积.

**证明**    设 $\mid f(x, y) \mid \leqslant M$, $(x, y) \in D$, 将 $D$ 用平行于两坐标轴的直线分成 $n$ 个小区域 $\Delta D_i(i = 1, 2, \cdots, n)$, 记 $\lambda = \max\limits_{1 \leqslant i \leqslant n}\{\mathrm{diam}\ \Delta D_1\}$, 不妨设 $\Delta D_i(i = 1, 2, \cdots, k)$, 将曲线段 $y = \sin x$, $0 \leqslant x \leqslant \pi$ 包含在内, 于是 $f(x, y)$ 在有界闭区域 $\bigcup\limits_{i=k+1}^{n} \Delta D_i$ 上连续, 因此 $f(x, y)$ 在 $\bigcup\limits_{i=k+1}^{n} \Delta D_i$ 上可积, 即对任意给定的 $\varepsilon > 0$, 存在 $\delta_1 > 0$, 当 $\lambda < \delta_1$ 时

$$\sum_{i=k+1}^{n} \omega_i \Delta \sigma_i < \frac{\varepsilon}{2},$$

而当 $\lambda < \sqrt{\dfrac{\varepsilon}{4kM}}$ 时

$$\sum_{i=1}^{k} \omega_i \Delta \sigma_i < 2M \sum_{i=1}^{k} \Delta \sigma_i < 2kM\lambda^2 < \frac{\varepsilon}{2},$$

取 $\delta = \min\left(\delta_1, \dfrac{\varepsilon}{4kM}\right)$, 当 $\lambda < \delta$ 时, 就有

$$\sum_{i=1}^{n} \omega_i \Delta \sigma_i < \frac{\varepsilon}{2} + \frac{\varepsilon}{2} = \varepsilon,$$

所以 $f$ 在 $D$ 上可积.

**例 2**    按定义计算二重积分 $\iint\limits_{D} xy\mathrm{d}x\mathrm{d}y$, 其中 $D = [0, 1] \times [0, 1]$.

**解**    将 $D$ 分成 $n^2$ 个小正方形

$$\Delta D_{ij} = \left\{(x, y) \,\middle|\, \frac{i-1}{n} \leqslant x \leqslant \frac{i}{n}, \frac{j-1}{n} \leqslant y \leqslant \frac{j}{n}\right\}, i, j = 1, 2, \cdots, n,$$

取 $\xi_i = \dfrac{i}{n}$, $\eta_j = \dfrac{j}{n}$, 则

$$\iint\limits_{D} xy\mathrm{d}x\mathrm{d}y = \lim_{n \to \infty} \sum_{i, j=1}^{n} \xi_i \eta_j \Delta \sigma_i = \lim_{n \to \infty} \frac{1}{n^4} \sum_{i, j=1}^{n} ij = \lim_{n \to \infty} \frac{1}{n^4} \cdot \frac{1}{4} n^2 (n+1)^2 = \frac{1}{4}.$$

**例3** 设一元函数 $f(x)$ 在 $[a,b]$ 上可积,$D=[a,b]\times[c,d]$.定义二元函数
$$F(x,y)=f(x),(x,y)\in D.$$

证明:$F(x,y)$ 在 $D$ 上可积.

**证明** 将 $[a,b],[c,d]$ 分别作划分
$$a=x_0<x_1<x_2<\cdots<x_{n-1}<x_n=b,c=y_0<y_1<y_2<\cdots<y_{n-1}<y_n=d,$$
则 $D$ 分成了 $nm$ 个小矩形 $\Delta D_{ij}(i=1,2,\cdots,n;j=1,2,\cdots,m)$.记 $\omega_i$ 是 $f(x)$ 在小区间 $[x_{i-1},x_i]$ 上的振幅,$\omega_{ij}(F)$ 是 $F$ 在 $\Delta D_{ij}$ 上的振幅,则 $\omega_{ij}(F)=\omega_i$,于是
$$\sum_{i,j=1}^{n}\omega_{ij}(F)\Delta\sigma_{ij}=\sum_{i,j=1}^{n}\omega_i\Delta x_i\Delta y_j=(d-c)\sum_{i=1}^{n}\omega_i\Delta x_i.$$

由 $f(x)$ 在 $[a,b]$ 上可积,可知 $\sum_{i=1}^{n}\omega_i\Delta x_i\to 0(\lambda\to 0)$,所以
$$\lim_{\lambda\to 0}\sum_{i,j=1}^{n}\omega_{ij}(F)\Delta\sigma_{ij}=\lim_{\lambda\to 0}\{(d-c)\sum_{i=1}^{n}\omega_i\Delta x_i\}=0,$$
即 $F(x,y)$ 在 $D$ 上可积.

**例4** 设 $D$ 是 $\mathbf{R}^2$ 上的零边界闭区域,二元函数 $f(x,y)$ 和 $g(x,y)$ 在 $D$ 上可积.证明
$$H(x,y)=\max\{f(x,y),g(x,y)\}$$

和
$$h(x,y)=\min\{f(x,y),g(x,y)\}$$

也在 $D$ 上可积.

**证明** 首先我们有
$$H(x,y)=\frac{1}{2}(f(x,y)+g(x,y)+|f(x,y)-g(x,y)|),$$
$$h(x,y)=-\frac{1}{2}(f(x,y)+g(x,y)+|f(x,y)-g(x,y)|).$$

设 $\varphi(x,y)=|f(x,y)-g(x,y)|$,将 $D$ 划分成 $n$ 个小区域 $\Delta D_i(i=1,2,\cdots,n)$,利用不等式
$$||a-b|-|c-d||\leqslant|(a-b)-(c-d)|\leqslant|a-c|+|b-d|,$$
可得
$$\omega_i(\varphi)\leqslant\omega_i(f)+\omega_i(g),i=1,2,\cdots,n,$$
于是
$$\omega_i(H)\leqslant\omega_i(f)+\omega_i(g),i=1,2,\cdots,n,$$
所以
$$0\leqslant\sum_{i=1}^{n}\omega_i(H)\Delta\sigma_i\leqslant\sum_{i=1}^{n}\omega_i(f)\Delta\sigma_i+\sum_{i=1}^{n}\omega_i(g)\Delta\sigma_i.$$

由 $f,g$ 在 $D$ 上可积,可知
$$\lim_{\lambda\to 0}\sum_{i=1}^{n}\omega_i(H)\Delta\sigma_i=0,$$
即 $H(x,y)=\max\{f(x,y),g(x,y)\}$ 在 $D$ 上可积.

类似地,可得

$$\omega_i(h) \leqslant \omega_i(f) + \omega_i(g), i = 1, 2, \cdots, n,$$

从而 $h(x, y) = \min \{f(x, y), g(x, y)\}$ 在 $D$ 上可积.

**例 5**　设平面薄片所占的区域是由直线 $x + y = 2, y = x$ 和 $x$ 轴所围成的,它的面密度为 $\rho(x, y) = x^2 + y^2$,求这个薄片的质量.

**解**　设薄片的质量为 $m$,则

$$m = \iint\limits_{D} \rho(x, y) dx dy = \int_0^1 dy \int_y^{2-y} (x^2 + y^2) dx = \int_0^1 \left( \frac{8}{3} - 4y + 4y^2 - \frac{8}{3} y^3 \right) dy = \frac{4}{3}.$$

**例 6**　求抛物线 $y^2 = 2px + p^2$ 与 $y^2 = -2qx + q^2 (p, q > 0)$ 所围图形的面积.

**解**　联立两个抛物线方程,解得 $x = \dfrac{q - p}{2}, y = \pm \sqrt{pq}$,于是两个抛物线所围的面积为

$$S = \int_{-\sqrt{pq}}^{\sqrt{pq}} dy \int_{\frac{y^2}{2p} - \frac{p}{2}}^{\frac{q}{2} - \frac{y^2}{2q}} dx = \int_0^{\sqrt{pq}} \left[ (p + q) - \frac{p + q}{pq} y^2 \right] dy = \frac{2}{3} (p + q) \sqrt{pq}.$$

**例 7**　求曲线 $r = \sqrt{2} \sin \theta, r^2 = \cos 2\theta$ 所围成的区域的面积.

**解**　如图 1 所示,圆与双纽线所围区域面积 $S$ 即为所求.设 $S_1$ 为圆与双纽线围成的右侧部分的封闭图形面积,则由图形的对称性知

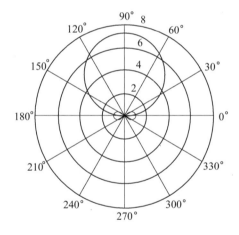

图 1

$$S = 2S_1 = 2 \left( \frac{1}{2} \int_0^{\frac{\pi}{6}} 2 \sin^2 \theta d\theta + \frac{1}{2} \int_{\frac{\pi}{6}}^{\frac{\pi}{4}} \cos 2\theta d\theta \right) = \int_0^{\frac{\pi}{6}} 2 \sin^2 \theta d\theta + \int_{\frac{\pi}{6}}^{\frac{\pi}{4}} \cos 2\theta d\theta$$

$$= \int_0^{\frac{\pi}{6}} (1 - \cos 2\theta) d\theta + \int_{\frac{\pi}{6}}^{\frac{\pi}{4}} \cos 2\theta d\theta$$

$$= \left( \theta - \frac{1}{2} \sin 2\theta \right) \Big|_0^{\frac{\pi}{6}} + \frac{1}{2} \sin 2\theta \Big|_{\frac{\pi}{6}}^{\frac{\pi}{4}} = \frac{\pi}{6} + \frac{1 - \sqrt{3}}{2}.$$

**例 8**　计算下列二重积分:

(1) $\iint\limits_{D} xy^2 dx dy$,其中 $D$ 为抛物线 $y^2 = 2px$ 和直线 $x = \dfrac{p}{2} (p > 0)$ 所围的区域;

(2) $\iint\limits_{D} \dfrac{dx dy}{\sqrt{2a - x}} (a > 0)$,其中 $D$ 为圆心在 $(a, a)$,半径为 $a$ 并且和坐标轴相切的圆周上

较短的一段弧和坐标轴所围的区域;

(3) $\iint\limits_{D} e^{x+y} dx dy$,其中 $D$ 为区域 $\{(x,y) \mid |x|+|y| \leqslant 1\}$;

(4) $\iint\limits_{D} (x^2+y^2) dx dy$,其中 $D$ 为直线 $y=x, y=x+a, y=a$ 和 $y=3a(a>0)$ 所围的

区域;

(5) $\iint\limits_{D} y dx dy$,其中 $D$ 为摆线的一拱 $x=a(t-\sin t)$,$y=a(1-\cos t)(0 \leqslant t \leqslant 2\pi)$ 与

$x$ 轴所围的区域;

(6) $\iint\limits_{D} y[1+x e^{\frac{1}{2}(x^2+y^2)}] dx dy$,其中 $D$ 为直线 $y=x, y=-1$ 和 $x=1$ 所围的区域;

(7) $\iint\limits_{D} x^2 y dx dy$,其中 $D=\{(x,y) \mid x^2+y^2 \geqslant 2x, 0 \leqslant x \leqslant 2, 0 \leqslant y \leqslant x\}$.

**解** (1) 选取 $y$ -型积分区域,有
$$\iint\limits_{D} x y^2 dx dy = \int_{-p}^{p} y^2 dy \int_{\frac{y^2}{2p}}^{\frac{p}{2}} x dx = \frac{1}{8} \int_{-p}^{p} y^2 \left(p^2 - \frac{y^4}{p^2}\right) dy = \frac{1}{21} p^5.$$

(2) 选取 $x$ -型积分区域,有
$$\iint\limits_{D} \frac{dx dy}{\sqrt{2a-x}} = \int_{0}^{a} \frac{dx}{\sqrt{2a-x}} \int_{0}^{a-\sqrt{2ax-x^2}} dy = \int_{0}^{a} \left(\frac{a}{\sqrt{2a-x}} - \sqrt{x}\right) dx = \left(2\sqrt{2} - \frac{8}{3}\right) a^{\frac{3}{2}}.$$

(3) 去绝对值符号,将积分区域分成两部分,有
$$\iint\limits_{D} e^{x+y} dx dy = \int_{-1}^{0} e^x dx \int_{-1-x}^{1+x} e^y dy + \int_{0}^{1} e^x dx \int_{x-1}^{1-x} e^y dy = e - \frac{1}{e}.$$

(4) 选取 $x$ -型积分区域,有
$$\iint\limits_{D} (x^2+y^2) dx dy = \int_{a}^{3a} dy \int_{y-a}^{y} (x^2+y^2) dx = \int_{a}^{3a} \left(2ay^2 - a^2 y + \frac{1}{3} a^3\right) dy = 14a^4.$$

(5) 选取 $x$ -型积分区域,有
$$\iint\limits_{D} y dx dy = \int_{0}^{2\pi a} dx \int_{0}^{y(x)} y dy = \frac{a^3}{2} \int_{0}^{2\pi} (1-\cos t)^3 dt = \frac{5\pi}{2} a^3.$$

(6) 选取 $x$ -型积分区域,有
$$\iint\limits_{D} y(1+x e^{\frac{1}{2}(x^2+y^2)}) dx dy = \int_{-1}^{1} y dy \int_{y}^{1} (1+x e^{\frac{1}{2}(x^2+y^2)}) dx$$
$$= \int_{-1}^{1} \left(y - y^2 + \frac{1}{2} y(e^{\frac{y^2+1}{2}} - e^{y^2})\right) dy = -\int_{-1}^{1} y^2 dy = -\frac{2}{3}.$$

(7) 选取 $y$ -型积分区域,有
$$\iint\limits_{D} x^2 y dx dy = \int_{1}^{2} x^2 dx \int_{\sqrt{2x-x^2}}^{x} y dy = \int_{1}^{2} x^2 (x^2-x) dx = \frac{49}{20}.$$

**例 9** 计算二重积分 $\iint\limits_{D} (x^2+y^2) dx dy$,其中 $D=\{(x,y) \mid |x| \leqslant 1, |y| \leqslant 1\}$.

**解** 由于积分区域 $D=\{(x,y) \mid |x| \leqslant 1, |y| \leqslant 1\}$ 关于直线 $y=x$ 对称,关于两个坐标轴也对称,记 $D_1=\{(x,y) \mid x,y \geqslant 0, |x| \leqslant 1, |y| \leqslant 1\}$,且 $x^2$ 为 $x$ 的偶函数,

$y^2$ 为 $y$ 的偶函数. 因此只需计算第一象限的积分. 则

$$\iint\limits_{D}(x^2+y^2)\mathrm{d}x\mathrm{d}y=4\iint\limits_{D_1}(x^2+y^2)\mathrm{d}x\mathrm{d}y=8\iint\limits_{D_1}x^2\mathrm{d}x\mathrm{d}y=8\int_0^1 x^2\mathrm{d}x\int_0^{1-x}\mathrm{d}y$$

$$=8\int_0^1 x^2(1-x)\mathrm{d}x=\frac{2}{3}.$$

**例 10**　计算 $\iint\limits_{D}\mathrm{e}^{\frac{x-y}{x+y}}\mathrm{d}x\mathrm{d}y$, $D$ 为 $x=0,y=0,x+y=1$ 围成的区域.

**解**　令 $x-y=u,x+y=v$, 则 $x=\dfrac{v+u}{2},y=\dfrac{v-u}{2}$, 积分区域

$$D'=\{(u,v)\mid 0\leqslant v\leqslant 1,-v\leqslant u\leqslant v\},$$

积分变化的雅可比行列式

$$J=\begin{vmatrix}\dfrac{\partial x}{\partial u}&\dfrac{\partial x}{\partial v}\\\dfrac{\partial y}{\partial u}&\dfrac{\partial y}{\partial v}\end{vmatrix}=\begin{vmatrix}\dfrac{1}{2}&\dfrac{1}{2}\\-\dfrac{1}{2}&\dfrac{1}{2}\end{vmatrix}=\frac{1}{2},$$

于是

$$\iint\limits_{D}\mathrm{e}^{\frac{x-y}{x+y}}\mathrm{d}x\mathrm{d}y=\frac{1}{2}\iint\limits_{D'}\mathrm{e}^{\frac{u}{v}}\mathrm{d}u\mathrm{d}v=\frac{1}{2}\int_0^1\mathrm{d}v\int_{-v}^{v}\mathrm{e}^{\frac{u}{v}}\mathrm{d}u$$

$$=\frac{1}{2}\int_0^1 v(\mathrm{e}^2-\mathrm{e}^{-1})\mathrm{d}v=\frac{1}{4}(\mathrm{e}^2-\mathrm{e}^{-1}).$$

**例 11**　利用重积分的性质估计下列重积分的值:

(1) $\iint\limits_{D}xy(x+y)\mathrm{d}x\mathrm{d}y$, 其中 $D$ 为闭矩形 $[0,1]\times[0,1]$;

(2) $\iint\limits_{D}\dfrac{\mathrm{d}x\mathrm{d}y}{100+\cos^2 x+\cos^2 y}$, 其中 $D$ 为区域 $\{(x,y)\mid\mid x\mid+\mid y\mid\leqslant 10\}$;

(3) $\iiint\limits_{\Omega}\dfrac{\mathrm{d}x\mathrm{d}y\mathrm{d}z}{1+x^2+y^2+z^2}$, 其中 $\Omega$ 为单位球 $\{(x,y,z)\mid x^2+y^2+z^2\leqslant 1\}$.

**解**　(1) 因为在 $D$ 上成立 $0\leqslant xy(x+y)\leqslant 2$, 所以

$$0\leqslant\iint\limits_{D}xy(x+y)\mathrm{d}x\mathrm{d}y\leqslant 2.$$

(2) 因为在 $D$ 上成立

$$\frac{1}{102}\leqslant\frac{1}{100+\cos^2 x+\cos^2 y}\leqslant\frac{1}{100},$$

所以

$$\frac{100}{51}\leqslant\iint\limits_{D}\frac{\mathrm{d}x\mathrm{d}y}{100+\cos^2 x+\cos^2 y}\leqslant 2.$$

(3) 因为在 $\Omega$ 上成立

$$\frac{1}{2}\leqslant\frac{1}{1+x^2+y^2+z^2}\leqslant 1,$$

所以

$$\frac{2}{3}\pi \leqslant \iiint\limits_{\Omega} \frac{\mathrm{d}x\mathrm{d}y\mathrm{d}z}{1+x^2+y^2+z^2} \leqslant \frac{4}{3}\pi.$$

**例 12**  设 $f(x)$ 在 **R** 上连续，$a,b$ 为常数. 证明：

$(1)\int_a^b \mathrm{d}x \int_a^x f(y)\mathrm{d}y = \int_a^b f(y)(b-y)\mathrm{d}y;$

$(2)\int_0^a \mathrm{d}y \int_0^y f(x)\mathrm{d}x = \int_0^a (a-x)\mathrm{e}^{(a-x)}f(x)\mathrm{d}x (a>0).$

**证明**  （1）交换积分次序，则得到

$$\int_a^b \mathrm{d}x \int_a^x f(y)\mathrm{d}y = \int_a^b f(y)\mathrm{d}y \int_y^b \mathrm{d}x = \int_a^b f(y)(b-y)\mathrm{d}y.$$

（2）交换积分次序，则得到

$$\int_0^a \mathrm{d}y \int_0^y \mathrm{e}^{(a-x)}f(x)\mathrm{d}x = \int_0^a \mathrm{e}^{(a-x)}f(x)\mathrm{d}x \int_x^a \mathrm{d}y = \int_0^a (a-x)\mathrm{e}^{(a-x)}f(x)\mathrm{d}x.$$

**例 13**  设 $f(x)$ 在 $[0,1]$ 上连续，证明

$$\int_0^1 \mathrm{d}y \int_y^{\sqrt{y}} \mathrm{e}^y f(x)\mathrm{d}x = \int_0^1 (\mathrm{e}^x - \mathrm{e}^{x^2})f(x)\mathrm{d}x.$$

**证明**  交换积分次序，则得到

$$\int_0^1 \mathrm{d}y \int_y^{\sqrt{y}} \mathrm{e}^y f(x)\mathrm{d}x = \int_0^1 f(x)\mathrm{d}x \int_{x^2}^x \mathrm{e}^y \mathrm{d}y = \int_0^1 (\mathrm{e}^x - \mathrm{e}^{x^2})f(x)\mathrm{d}x.$$

**例 14**  设 $D=[0,1]\times[0,1]$，证明

$$1 \leqslant \iint\limits_{D} [\sin(x^2)+\cos(y^2)]\mathrm{d}x\mathrm{d}y \leqslant \sqrt{2}.$$

**证明**
$$\iint\limits_{D} [\sin(x^2)+\cos(y^2)]\mathrm{d}x\mathrm{d}y = \int_0^1 \sin(x^2)\mathrm{d}x \int_0^1 \mathrm{d}y + \int_0^1 \cos(y^2)\mathrm{d}y \int_0^1 \mathrm{d}x$$

$$= \int_0^1 \sin(x^2)\mathrm{d}x + \int_0^1 \cos(y^2)\mathrm{d}y$$

$$= \int_0^1 [\sin(x^2)+\cos(x^2)]\mathrm{d}x$$

$$= \sqrt{2}\int_0^1 \sin\left(x^2+\frac{\pi}{4}\right)\mathrm{d}x.$$

当 $x \in [0,1]$ 时，成立

$$\frac{1}{\sqrt{2}} \leqslant \sin\left(x^2+\frac{\pi}{4}\right) \leqslant 1,$$

所以

$$1 \leqslant \iint\limits_{D} [\sin(x^2)+\cos(y^2)]\mathrm{d}x\mathrm{d}y \leqslant \sqrt{2}.$$

**例 15**  设 $D=[0,1]\times[0,1]$，利用不等式 $1-\frac{t^2}{2} \leqslant \cos t \leqslant 1\left(|t| \leqslant \frac{\pi}{2}\right)$. 证明

$$\frac{49}{50} \leqslant \iint\limits_{D} \cos(xy)^2 \mathrm{d}x\mathrm{d}y \leqslant 1.$$

**证明**  由

$$1 - \frac{(xy)^4}{2} \leqslant \cos(xy)^2 \leqslant 1,$$

易知

$$\iint_D \cos(xy)^2 \mathrm{d}x\mathrm{d}y \leqslant 1,$$

另外,由于

$$\iint_D \left[1 - \frac{(xy)^4}{2}\right] \mathrm{d}x\mathrm{d}y = 1 - \frac{1}{2}\int_0^1 x^4 \mathrm{d}x \int_0^1 y^4 \mathrm{d}y = \frac{49}{50},$$

所以

$$\frac{49}{50} \leqslant \iint_D \cos(xy)^2 \mathrm{d}x\mathrm{d}y.$$

**例 16**　设 $D$ 是由 $xy$ 平面上的分段光滑简单闭曲线所围成的区域,$D$ 在 $x$ 轴和 $y$ 轴上的投影长度分别为 $l_x$ 和 $l_y$,$(\alpha,\beta)$ 是 $D$ 内任意一点. 证明:

(1) $\left| \iint_D (x-\alpha)(y-\beta)\mathrm{d}x\mathrm{d}y \right| \leqslant l_x l_y mD$;

(2) $\left| \iint_D (x-\alpha)(y-\beta)\mathrm{d}x\mathrm{d}y \right| \leqslant \dfrac{l_x^2 l_y^2}{4}.$

**证明**　(1) $\left| \iint_D (x-\alpha)(y-\beta)\mathrm{d}x\mathrm{d}y \right| \leqslant \iint_D |x-\alpha||y-\beta|\mathrm{d}x\mathrm{d}y$

$$\leqslant l_x l_y \iint_D \mathrm{d}x\mathrm{d}y = l_x l_y mD.$$

(2) 设 $D \subseteq D' = [a,b] \times [c,d]$,且 $b-a = l_x$,$d-c = l_y$,则

$$\left| \iint_D (x-\alpha)(y-\beta)\mathrm{d}x\mathrm{d}y \right| \leqslant \iint_D |(x-\alpha)(y-\beta)|\mathrm{d}x\mathrm{d}y$$

$$\leqslant \iint_{D'} |x-\alpha||y-\beta|\mathrm{d}x\mathrm{d}y = \int_a^b |x-\alpha|\mathrm{d}x \int_c^d |y-\beta|\mathrm{d}y.$$

由于 $\alpha \in [a,b]$,于是

$$\int_a^b |x-\alpha|\mathrm{d}x = -\int_a^\alpha |x-\alpha|\mathrm{d}x + \int_\alpha^b |x-\alpha|\mathrm{d}x = \frac{1}{2}\left[(\alpha-a)^2 + (b-\alpha)^2\right]$$

$$= \frac{1}{2}\left[(b-\alpha)(\alpha-a)\right]^2 - (b-\alpha)(\alpha-a) \leqslant \frac{1}{2}(b-a)^2 = \frac{1}{2}l_x^2,$$

同理可得

$$\int_c^d |y-\beta|\mathrm{d}y \leqslant \frac{1}{2}l_y^2,$$

所以

$$\left| \iint_D (x-\alpha)(y-\beta)\mathrm{d}x\mathrm{d}y \right| \leqslant \frac{l_x^2 l_y^2}{4},$$

**例 17**　利用重积分的性质和计算方法证明:设 $f(x)$ 在 $[a,b]$ 上连续,则

$$\left[\int_a^b f(x)\mathrm{d}x\right]^2 \leqslant (b-a)\int_a^b [f(x)]^2 \mathrm{d}x.$$

**证明**　由于

$$\left[\int_a^b f(x)\mathrm{d}x\right]^2 = \iint\limits_{[a,b]\times[a,b]} f(x)f(y)\mathrm{d}x\mathrm{d}y \leqslant \frac{1}{2}\iint\limits_{[a,b]\times[a,b]}(f^2(x)+f^2(y))\mathrm{d}x\mathrm{d}y,$$

由对称性

$$\iint\limits_{[a,b]\times[a,b]}(f^2(x)+f^2(y))\mathrm{d}x\mathrm{d}y = 2\iint\limits_{[a,b]\times[a,b]}f^2(x)\mathrm{d}x\mathrm{d}y = 2\int_a^b f^2(x)\mathrm{d}x\int_a^b\mathrm{d}y$$

$$= 2(b-a)\int_a^b f^2(x)\mathrm{d}x,$$

所以

$$\left[\int_a^b f(x)\mathrm{d}x\right]^2 \leqslant (b-a)\int_a^b [f(x)]^2\mathrm{d}x.$$

**例 18** 设 $f(x)$ 在 $[a,b]$ 上连续,证明

$$\iint\limits_{[a,b]\times(a,b)} \mathrm{e}^{f(x)-f(y)}\mathrm{d}x\mathrm{d}y \geqslant (b-a)^2.$$

**证明** 将区间 $[a,b]$ $n$ 等分,并取 $\xi_i \in [x_{i-1},x_i]$,则

$$\iint\limits_{[a,b]\times(a,b)} \mathrm{e}^{f(x)-f(y)}\mathrm{d}x\mathrm{d}y = \lim_{n\to\infty}\left\{\frac{(b-a)^2}{n^2}\sum_{i=1}^n \mathrm{e}^{f(\xi_i)}\cdot\sum_{i=1}^n \mathrm{e}^{-f(\xi_i)}\right\},$$

再利用不等式:当 $x_i > 0(i=1,2,\cdots,n)$ 时,成立

$$(x_1+x_2+\cdots+x_n)\left(\frac{1}{x_1}+\frac{1}{x_2}+\cdots+\frac{1}{x_n}\right) \geqslant n^2.$$

(注:上述不等式可由算数平均不小于几何平均得到)

就有

$$\frac{(b-a)^2}{n^2}\sum_{i=1}^n \mathrm{e}^{f(\xi_i)}\cdot\sum_{i=1}^n \mathrm{e}^{-f(\xi_i)} \geqslant (b-a)^2,$$

所以

$$\iint\limits_{[a,b]\times(a,b)} \mathrm{e}^{f(x)-f(y)}\mathrm{d}x\mathrm{d}y \geqslant (b-a)^2.$$

**例 19** 利用极坐标计算下列二重积分:

(1) $\iint\limits_D \mathrm{e}^{-(x^2+y^2)}\mathrm{d}x\mathrm{d}y$,其中 $D$ 是由圆周 $x^2+y^2=R^2(R>0)$ 所围区域;

(2) $\iint\limits_D \sqrt{x}\,\mathrm{d}x\mathrm{d}y$,其中 $D$ 是由圆周 $x^2+y^2=x$ 所围区域;

(3) $\iint\limits_D (x+y)\mathrm{d}x\mathrm{d}y$,其中 $D$ 是由圆周 $x^2+y^2=x+y$ 所围区域;

(4) $\iint\limits_D \sqrt{\dfrac{1-x^2-y^2}{1+x^2+y^2}}\,\mathrm{d}x\mathrm{d}y$,其中 $D$ 是由圆周 $x^2+y^2=1$ 及坐标轴所围成的在第一象限上的区域.

**解** (1) $\iint\limits_D \mathrm{e}^{-(x^2+y^2)}\mathrm{d}x\mathrm{d}y = \int_0^{2\pi}\mathrm{d}\theta\int_0^R \mathrm{e}^{-r^2}r\mathrm{d}r = \pi(1-\mathrm{e}^{-R^2}).$

(2) $\iint\limits_D \sqrt{x}\,\mathrm{d}x\mathrm{d}y = \int_{-\frac{\pi}{2}}^{\frac{\pi}{2}}\sqrt{\cos\theta}\,\mathrm{d}\theta\int_0^{\cos\theta}\sqrt{r}r\mathrm{d}r = \frac{4}{5}\int_0^{\frac{\pi}{2}}\cos^3\theta\mathrm{d}\theta = \frac{8}{15}.$

$(3) \iint\limits_{D}(x+y)\mathrm{d}x\mathrm{d}y = \int_{-\frac{\pi}{4}}^{\frac{3\pi}{4}}(\sin\theta+\cos\theta)\mathrm{d}\theta\int_{0}^{\sin\theta+\cos\theta}r^2\mathrm{d}r$

$$= \frac{1}{3}\int_{-\frac{\pi}{4}}^{\frac{3\pi}{4}}(\sin\theta+\cos\theta)^4\mathrm{d}\theta$$

$$= \frac{4}{3}\int_{-\frac{\pi}{4}}^{\frac{3\pi}{4}}\sin^4\left(\theta+\frac{\pi}{4}\right)\mathrm{d}\theta$$

$$= \frac{4}{3}\int_{0}^{\pi}\sin^4 t\mathrm{d}t = \frac{\pi}{2}.$$

$(4) \iint\limits_{D}\sqrt{\frac{1-x^2-y^2}{1+x^2+y^2}}\mathrm{d}x\mathrm{d}y = \int_{0}^{\frac{\pi}{2}}\mathrm{d}\theta\int_{0}^{1}\sqrt{\frac{1-r^2}{1+r^2}}r\mathrm{d}r = \frac{\pi}{4}\int_{0}^{1}\sqrt{\frac{1-t}{1+t}}\mathrm{d}t$

$$= \frac{\pi}{4}\int_{0}^{1}\frac{1-t}{\sqrt{1-t^2}}\mathrm{d}t = \frac{\pi^2}{8}-\frac{\pi}{4}.$$

**例 20**　求下列图形的面积：

(1) $(a_1 x+b_1 y+c_1)^2+(a_2 x+b_2 y+c_2)^2=1(\delta=a_1 b_2-a_2 b_1\neq 0)$ 所围的区域；

(2) 由抛物线 $y^2=mx$，$y^2=nx(0<m<n)$，直线 $y=\alpha x$，$y=\beta x(0<\alpha<\beta)$ 所围的区域；

(3) 三叶玫瑰线 $(x^2+y^2)^2=a(x^3-3xy^2)(a>0)$ 所围的图形；

(4) 曲线 $\left(\dfrac{x}{h}+\dfrac{y}{k}\right)^4=\dfrac{x^2}{a^2}+\dfrac{y^2}{b^2}(h,k>0;a,b>0)$ 所围图形在 $x>0,y>0$ 的部分.

**解**　(1) 作变换

$$u=a_1 x+b_1 y+c_1,\quad v=a_2 x+b_2 y+c_2,$$

则 $\dfrac{\partial(u,v)}{\partial(x,y)}=a_1 b_2-a_2 b_1$，于是面积

$$S=\iint\limits_{D'}\left|\frac{\partial(x,y)}{\partial(u,v)}\right|\mathrm{d}u\mathrm{d}v=\frac{1}{|a_1 b_2-a_2 b_1|}\iint\limits_{D'}\mathrm{d}u\mathrm{d}v=\frac{\pi}{|a_1 b_2-a_2 b_1|}.$$

(2) 作变换 $u=\dfrac{y^2}{x}$，$v=\dfrac{y}{x}$，则 $x=\dfrac{u}{v^2}$，$y=\dfrac{u}{v}$，$\dfrac{\partial(x,y)}{\partial(u,v)}=\dfrac{u}{v^4}$，于是面积

$$S=\iint\limits_{D'}\left|\frac{\partial(x,y)}{\partial(u,v)}\right|\mathrm{d}u\mathrm{d}v=\int_{m}^{n}u\mathrm{d}u\int_{\alpha}^{\beta}\frac{\mathrm{d}v}{v^4}=\frac{1}{6}(n^2-m^2)\left(\frac{1}{\alpha^3}-\frac{1}{\beta^3}\right).$$

(3) 令 $x=r\cos\theta$，$y=r\sin\theta$，则曲线方程可化为极坐标形式 $r=a\cos 3\theta$，于是面积

$$S=3\int_{-\frac{\pi}{6}}^{\frac{\pi}{6}}\mathrm{d}\theta\int_{0}^{a\cos 3\theta}r\mathrm{d}r=3a^2\int_{0}^{\frac{\pi}{6}}\cos^2 3\theta\mathrm{d}\theta=\frac{\pi}{4}a^2.$$

(4) 作变换 $\begin{cases}x=hr\cos^2\theta\\ y=kr\sin^2\theta\end{cases}$，则 $\dfrac{\partial(x,y)}{\partial(r,\theta)}=hkr\sin 2\theta$，而曲线方程化为

$$r^2=\frac{h^2}{a^2}\cos^4\theta+\frac{k^2}{b^2}\sin^4\theta.$$

于是面积

$$S=hk\int_{0}^{\frac{\pi}{2}}\sin 2\theta\mathrm{d}\theta\int_{0}^{\sqrt{\frac{h^2}{a^2}\cos^4\theta+\frac{k^2}{b^2}\sin^4\theta}}r\mathrm{d}r$$

$$= hk\left(\int_0^{\frac{\pi}{2}} \frac{h^2}{a^2}\sin\theta\cos^5\theta d\theta + \int_0^{\frac{\pi}{2}} \frac{k^2}{b^2}\sin^5\theta\cos\theta\right)$$

$$= \frac{hk(a^2k^2 + b^2h^2)}{6a^2b^2}.$$

**例 21** 求极限

$$\lim_{\rho\to 0}\frac{1}{\pi\rho^2}\iint\limits_{x^2+y^2\leqslant\rho^2} f(x,y)\mathrm{d}x\mathrm{d}y,$$

其中 $f(x,y)$ 在原点附近连续.

**解** 由积分中值定理

$$\iint\limits_{x^2+y^2\leqslant\rho^2} f(x,y)\mathrm{d}x\mathrm{d}y = f(\xi,\eta)\pi\rho^2,$$

其中,$\xi^2+\eta^2\leqslant\rho^2$. 因为 $f$ 连续,且当 $\rho\to 0$ 时,$(\xi,\eta)\to(0,0)$,所以

$$\lim_{\rho\to 0}\frac{1}{\pi\rho^2}\iint\limits_{x^2+y^2\leqslant\rho^2} f(x,y)\mathrm{d}x\mathrm{d}y = f(0,0).$$

**例 22** 选取适当的坐标变换计算下列二重积分:

(1) $\iint\limits_D(\sqrt{x}+\sqrt{y})\mathrm{d}x\mathrm{d}y$,其中 $D$ 是由坐标轴及抛物线 $\sqrt{x}+\sqrt{y}=1$ 所围的区域;

(2) $\iint\limits_D\left(\dfrac{x^2}{a^2}+\dfrac{y^2}{b^2}\right)\mathrm{d}x\mathrm{d}y$,其中 $D$ 是由:(ⅰ)椭圆 $\dfrac{x^2}{a^2}+\dfrac{y^2}{b^2}=1$ 所围区域;(ⅱ)圆 $x^2+y^2=R^2$ 所围的区域;

(3) $\iint\limits_D y\mathrm{d}x\mathrm{d}y$,其中 $D$ 是由直线 $x=-2,y=0,y=2$,以及曲线 $x=-\sqrt{2y-y^2}$ 所围的区域;

(4) $\iint\limits_D \mathrm{e}^{\frac{x-y}{x+y}}\mathrm{d}x\mathrm{d}y$,其中 $D$ 是由直线 $x+y=2,x=0$ 及 $y=0$ 所围的区域;

(5) $\iint\limits_D \dfrac{(x+y)^2}{1+(x-y)^2}\mathrm{d}x\mathrm{d}y$,其中闭区域 $D=\{(x,y)\mid |x|+|y|\leqslant 1\}$;

(6) $\iint\limits_D \dfrac{\sqrt{x^2+y^2}}{\sqrt{4a^2-x^2-y^2}}\mathrm{d}x\mathrm{d}y$,其中闭区域 $D$ 是由曲线 $y=\sqrt{a^2-x^2}-a(a>0)$ 和直线 $y=-x$ 所围成.

**解** (1) 作变换 $\begin{cases}u=\sqrt{x}\\v=\sqrt{y}\end{cases}$,则 $\begin{cases}x=u^2\\y=v^2\end{cases}$,$\dfrac{\partial(x,y)}{\partial(u,v)}=4uv$,于是

$$\iint\limits_D(\sqrt{x}+\sqrt{y})\mathrm{d}x\mathrm{d}y = \iint\limits_{D'}(u+v)4uv\mathrm{d}u\mathrm{d}v = 8\int_0^1 v\mathrm{d}v\int_0^{1-v}u^2\mathrm{d}u$$

$$= \frac{8}{3}\int_0^1\left[(1-v)^3-(1-v)^4\right]\mathrm{d}v = \frac{2}{15}.$$

(2)(ⅰ)作广义极坐标变换 $\begin{cases}x=ar\cos\theta\\y=br\sin\theta\end{cases}$,则 $\dfrac{\partial(x,y)}{\partial(r,\theta)}=abr$,于是

$$\iint\limits_{D}\left(\frac{x^2}{a^2}+\frac{y^2}{b^2}\right)\mathrm{d}x\,\mathrm{d}y=ab\int_0^{2\pi}\mathrm{d}\theta\int_0^1 r^3\,\mathrm{d}r=\frac{\pi}{2}ab.$$

（ⅱ）利用极坐标变换，得到

$$\iint\limits_{D}\left(\frac{x^2}{a^2}+\frac{y^2}{b^2}\right)\mathrm{d}x\,\mathrm{d}y=\int_0^{2\pi}\left(\frac{\cos^2\theta}{a^2}+\frac{\sin^2\theta}{b^2}\right)\mathrm{d}\theta\int_0^R r^3\,\mathrm{d}r=\frac{\pi(a^2+b^2)R^4}{4a^2b^2}.$$

（3）
$$\iint\limits_{D}y\mathrm{d}x\,\mathrm{d}y=\iint\limits_{\substack{-2\leqslant x\leqslant 0\\ 0\leqslant y\leqslant 2}}y\mathrm{d}x\,\mathrm{d}y-\iint\limits_{\sqrt{2y-y^2}\geqslant -x}y\mathrm{d}x\,\mathrm{d}y$$

$$=\int_{-2}^0\mathrm{d}x\int_0^2 y\mathrm{d}y-\int_{\frac{\pi}{2}}^{\pi}\sin\theta\mathrm{d}\theta\int_0^{2\sin\theta}r^2\,\mathrm{d}r$$

$$=4-\frac{8}{3}\int_{\frac{\pi}{2}}^{\pi}\sin^4\theta\mathrm{d}\theta$$

$$=4-\frac{8}{3}\int_0^{\frac{\pi}{2}}\sin^4\theta\mathrm{d}\theta=4-\frac{\pi}{2}.$$

（4）作变换 $u=x+y$，$v=\dfrac{x-y}{x+y}$，则 $x=\dfrac{1}{2}u(1+v)$，$y=\dfrac{1}{2}u(1-v)$，直接计算得

$$\frac{\partial(x,y)}{\partial(u,v)}=-\frac{u}{2},$$

由 $x\geqslant 0$，$y\geqslant 0$，$x+y\leqslant 2$，可得 $0\leqslant u\leqslant 2$，$-1\leqslant v\leqslant 1$，于是

$$\iint\limits_{D}\mathrm{e}^{\frac{x-y}{x+y}}\mathrm{d}x\,\mathrm{d}y=\frac{1}{2}\int_0^2 u\mathrm{d}u\int_{-1}^1\mathrm{e}^v\mathrm{d}v=\mathrm{e}-\frac{1}{\mathrm{e}}.$$

（5）作变换 $u=x+y$，$v=x-y$，则 $\dfrac{\partial(u,v)}{\partial(x,y)}=-2$，$\dfrac{\partial(x,y)}{\partial(u,v)}=-\dfrac{1}{2}$，于是

$$\iint\limits_{D}\frac{(x+y)^2}{1+(x-y)^2}\mathrm{d}x\,\mathrm{d}y=\frac{1}{2}\int_{-1}^1 u^2\mathrm{d}u\int_{-1}^1\frac{\mathrm{d}v}{1+v^2}=\frac{\pi}{6}.$$

（6）利用极坐标，得到

$$\iint\limits_{D}\frac{\sqrt{x^2+y^2}}{\sqrt{4a^2-x^2-y^2}}\mathrm{d}x\,\mathrm{d}y=\int_{-\frac{\pi}{4}}^0\mathrm{d}\theta\int_0^{-2a\sin\theta}\frac{r^2}{\sqrt{4a^2-r^2}}\mathrm{d}r,$$

由

$$\int\frac{r^2}{\sqrt{4a^2-r^2}}\mathrm{d}r=-\int r\mathrm{d}\sqrt{4a^2-r^2}=-r\sqrt{4a^2-r^2}+\int\sqrt{4a^2-r^2}\,\mathrm{d}r,$$

以及

$$\int\frac{r^2}{\sqrt{4a^2-r^2}}\mathrm{d}r=\int\frac{4a^2-(4a^2-r^2)}{\sqrt{4a^2-r^2}}\mathrm{d}r=4a^2\arcsin\frac{r}{2a}-\int\sqrt{4a^2-r^2}\,\mathrm{d}r,$$

可得

$$\int\frac{r^2}{\sqrt{4a^2-r^2}}\mathrm{d}r=2a^2\arcsin\frac{r}{2a}-\frac{r}{2}\sqrt{4a^2-r^2}+C,$$

所以

$$\iint\limits_{D}\frac{\sqrt{x^2+y^2}}{\sqrt{4a^2-x^2-y^2}}\mathrm{d}x\,\mathrm{d}y=2a^2\int_{-\frac{\pi}{4}}^0(\sin\theta\cos\theta-\theta)\mathrm{d}\theta=\frac{\pi^2-8}{16}a^2.$$

**例 23**　计算下列三重积分：

(1) $\iiint\limits_{\Omega} xy^2z^3\,dxdydz$,其中 $\Omega$ 为曲面 $z=xy$,平面 $y=x,x=1$ 和 $z=0$ 所围的区域;

(2) $\iiint\limits_{\Omega} \dfrac{dxdydz}{(1+x+y+z)^3}$,其中 $\Omega$ 为平面 $x=0,y=0,z=0$ 和 $x+y+z=1$ 所围成的四面体;

(3) $\iiint\limits_{\Omega} z\,dxdydz$,其中 $\Omega$ 为抛物面 $z=x^2+y^2$ 与平面 $z=h(h>0)$ 所围的区域;

(4) $\iiint\limits_{\Omega} z^2\,dxdydz$,其中 $\Omega$ 为球体 $x^2+y^2+z^2\leqslant R^2$ 和 $x^2+y^2+z^2\leqslant 2Rz(R>0)$ 的公共部分;

(5) $\iiint\limits_{\Omega} x^2\,dxdydz$,其中 $\Omega$ 为椭球体 $\dfrac{x^2}{a^2}+\dfrac{y^2}{b^2}+\dfrac{z^2}{c^2}\geqslant 1$.

**解** (1) 应用三重积分积分中先一后二的积分方法,有

$$\iiint\limits_{\Omega} xy^2z^3\,dxdydz=\int_0^1 x\,dx\int_0^x y^2\,dy\int_0^{xy} z^3\,dz=\frac{1}{4}\int_0^1 x^5\,dx\int_0^x y^6\,dy=\frac{1}{364}.$$

(2) 应用三重积分积分中先一后二的积分方法,有

$$
\begin{aligned}
\iiint\limits_{\Omega} \frac{dxdydz}{(1+x+y+z)^3} &=\int_0^1 dx\int_0^{1-x} dy\int_0^{1-x-y} \frac{dz}{(1+x+y+z)^3}\\
&=\frac{1}{2}\int_0^1 dx\int_0^{1-x}\left[\frac{1}{(1+x+y)^2}-\frac{1}{4}\right]dy\\
&=\frac{1}{2}\int_0^1\left(\frac{1}{1+x}-\frac{1}{2}-\frac{1-x}{4}\right)dx\\
&=\frac{1}{2}\ln 2-\frac{5}{16}.
\end{aligned}
$$

(3) 应用三重积分积分中先二后一的积分方法,有

$$\iiint\limits_{\Omega} z\,dxdydz=\int_0^h z\,dz\iint\limits_{\Omega_z} dxdy=\pi\int_0^h z^2\,dz=\frac{1}{3}\pi h^3.$$

(4) 应用三重积分积分中先二后一的积分方法,有

$$\iiint\limits_{\Omega} z^2\,dxdydz=\int_0^R z^2\,dz\iint\limits_{\Omega_z} dxdy=\pi\int_0^{\frac{R}{2}} z^2(2Rz-z^2)\,dz+\pi\int_{\frac{R}{2}}^R z^2(R^2-z^2)\,dz=\frac{59}{480}\pi R^2.$$

(5) 应用三重积分积分中先二后一的积分方法,有

$$\iiint\limits_{\Omega} x^2\,dxdydz=\int_{-a}^a x^2\,dx\iint\limits_{\Omega_x} dydz=\pi bc\int_{-a}^a x^2\left(1-\frac{x^2}{a^2}\right)dx=\frac{4}{15}\pi a^3 bc.$$

**例 24** 求四张平面 $x=0,y=0,x=1,y=1$ 所围成的柱体被平面 $z=0$ 和 $2x+3y+z=6$ 截的立体的体积.

**解** 设 $D:0\leqslant x\leqslant 1,0\leqslant y\leqslant 1$,利用对称性,有

$$\iint\limits_{D} x\,dxdy=\iint\limits_{D} y\,dxdy.$$

于是

$$V = \iint\limits_{D} (6 - 2x - 3y)\,dx\,dy = 6 - 5 \int_0^1 dx \int_0^1 y\,dy = \frac{7}{2},$$

**例 25**　求柱面 $y^2 + z^2 = 1$ 与三张平面 $x = 0, y = x, z = 0$ 所围的在第一象限的立体的体积.

**解**　设 $D$ 是所围空间区域在 $xy$ 平面的投影,则
$$D = \{(x, y) \mid 0 \leqslant x \leqslant y, 0 \leqslant y \leqslant 1\},$$
于是
$$V = \iint\limits_{D} \sqrt{1 - y^2}\,dx\,dy = \int_0^1 \sqrt{1 - y^2}\,dy \int_0^y dx = \int_0^1 y\sqrt{1 - y^2}\,dy = \frac{1}{3}.$$

**例 26**　求旋转抛物面 $z = x^2 + y^2$,三个坐标平面及平面 $x + y = 1$ 所围有界区域的体积.

**解**　设 $D$ 是所围空间区域在 $xy$ 平面的投影,则
$$D = \{(x, y) \mid x + y \leqslant 1, x \geqslant 0, y \geqslant 0\},$$
于是
$$V = \iint\limits_{D} (x^2 + y^2)\,dx\,dy = 2\iint\limits_{D} x^2\,dx\,dy = 2 \int_0^1 x^2\,dx \int_0^{1-x} dy = \frac{1}{6}.$$

**例 27**　求三重积分 $\iiint\limits_{V} (x^2 + y^2 + z^2)\,dx\,dy\,dz$,其中 $V$ 是由曲面 $z = \sqrt{x^2 + y^2}$ 和 $z = x^2 + y^2$ 围成的区域.

**解**　因为 $z = \sqrt{x^2 + y^2}$ 与 $z = x^2 + y^2$ 的交线为 $\begin{cases} x^2 + y^2 = 1 \\ z = 1 \end{cases}$,所以
$$\iiint\limits_{V} (x^2 + y^2 + z^2)\,dx\,dy\,dz = \int_0^1 dz \iint\limits_{z^2 \leqslant x^2 + y^2 < z} (x^2 + y^2 + z^2)\,dx\,dy$$
$$= \int_0^1 \left( z^2 \pi (z - z^2) + \frac{1}{2} \pi (z^2 - z^4) \right) dz = \frac{\pi}{5}.$$

**例 28**　$V$ 是由曲面 $x^2 + y^2 = z^2, z = 1$ 所包围的区域,求
$$\iiint\limits_{V} \sqrt{x^2 + y^2}\,dx\,dy\,dz.$$

**解**　应用三重积分积分中先二后一的积分方法,有
$$\iiint\limits_{V} \sqrt{x^2 + y^2}\,dx\,dy\,dz = \int_0^1 dz \iint\limits_{x^2 + y^2 \leqslant z^2} \sqrt{x^2 + y^2}\,dx\,dy = \int_0^1 dz \int_0^z r^2\,dr \int_0^{2\pi} d\theta$$
$$= \int_0^1 \frac{2\pi}{3} z^3\,dz = \frac{\pi}{6}.$$

**例 29**　设曲线 $y = ax^2 (a > 0, x \geqslant 0)$ 与 $y = 1 - x^2$ 交于点 $A$,过坐标原点 $O$ 和点 $A$ 的直线与曲线的 $y = ax^2$ 围成一平面图形,问 $a$ 为何值时,该图形绕 $x$ 轴旋转一周所得的旋转体体积最大? 最大体积是多少?

**解**　联立两抛物线方程 $\begin{cases} y = ax^2 \\ y = 1 - x^2 \end{cases} (x \geqslant 0)$,可得一组解为 $\begin{cases} x = \dfrac{1}{\sqrt{a + 1}} \\ y = \dfrac{a}{a + 1} \end{cases}$. 过坐标原

点 $O$ 和点 $A$ 的直线方程为 $y=\dfrac{a}{\sqrt{a+1}}x$. 过坐标原点 $O$ 和点 $A$ 的直线与曲线 $y=ax^2$ 围成

一平面图形,该图形绕着 $x$ 轴旋转一周所得的旋转体体积为

$$V=\pi\int_0^{\frac{1}{\sqrt{a+1}}}\left(\left(\frac{a}{\sqrt{a+1}}x\right)^2-(ax^2)^2\right)\mathrm{d}x=\pi\left(\frac{a^2}{3(a+1)}x^3-\frac{a^2}{5}x^5\right)\Big|_0^{\frac{1}{\sqrt{a+1}}}$$

$$=\pi\left(\frac{a^2}{3(a+1)}\frac{1}{(a+1)^{\frac{3}{2}}}-\frac{a^2}{5}\frac{1}{(a+1)^{\frac{5}{2}}}\right)=\frac{2}{15}\pi\frac{a^2}{(a+1)^{\frac{5}{2}}}.$$

应用均值不等式,有

$$\frac{a^2}{(a+1)^{\frac{5}{2}}}=\sqrt{\frac{a^4}{(a+1)^5}}=\sqrt{\left(\frac{a}{a+1}\right)^4\frac{1}{a+1}}=\sqrt{\frac{1}{4}\left(\frac{a}{a+1}\right)^4\frac{4}{a+1}}$$

$$\leqslant\sqrt{\frac{1}{4}\left(\frac{4\frac{a}{a+1}+\frac{4}{a+1}}{5}\right)^5}=\frac{16}{25\sqrt{5}},$$

当且仅当 $\dfrac{a}{a+1}=\dfrac{4}{a+1}$,即 $a=4$ 时,取得等号,因此,$V$ 的最大值为

$$V(4)=\frac{2}{15}\pi\times\frac{16}{25\sqrt{5}}=\frac{32}{375\sqrt{5}}\pi.$$

**例 30** 计算积分 $\iiint\limits_{\Omega}(x^2+z^2)\mathrm{d}x\mathrm{d}y\mathrm{d}z$,其中 $\Omega$ 为椭球体 $x^2+\dfrac{y^2}{4}+z^2\leqslant 1$.

**解** 令 $\dfrac{y}{2}=u$,应用对称性,有

$$\iiint\limits_{\Omega}(x^2+z^2)\mathrm{d}x\mathrm{d}y\mathrm{d}z=2\iiint\limits_{x^2+u^2+z^2\leqslant 1}(x^2+z^2)\mathrm{d}x\mathrm{d}y\mathrm{d}z$$

$$=\frac{4}{3}\iiint\limits_{x^2+u^2+z^2\leqslant 1}(x^2+u^2+z^2)\mathrm{d}x\mathrm{d}y\mathrm{d}z$$

$$=\frac{4}{3}\int_0^1 r^2\cdot 4\pi r^2\mathrm{d}r=\frac{16\pi}{15}.$$

**例 31** 求积分 $I=\iiint\limits_V z^2\mathrm{d}x\mathrm{d}y\mathrm{d}z$,其中 $V$ 是由下列曲面所围

$$z=x^2+y^2,x^2+y^2+z^2=2.$$

**解** 将曲面 $z$ 分成两部分,有

$$I=\int_0^1 z^2\mathrm{d}z\iint\limits_{x^2+y^2\leqslant z}\mathrm{d}x\mathrm{d}y+\int_1^{\sqrt{2}}z^2\mathrm{d}z\iint\limits_{x^2+y^2\leqslant 2-z^2}\mathrm{d}x\mathrm{d}y$$

$$=\int_0^1 z^2\cdot\pi z\mathrm{d}z+\int_1^{\sqrt{2}}z^2\cdot\pi(2-z^2)\mathrm{d}z$$

$$=\frac{8\sqrt{2}}{15}\pi-\frac{13\pi}{60}.$$

**例 32** 求三重积分 $I=\iiint\limits_V(x^2+y^2)\mathrm{d}x\mathrm{d}y\mathrm{d}z$,其中 $V$ 由 $z\geqslant\sqrt{3(x^2+y^2)}$ 和 $x^2+y^2+z^2\leqslant 1$ 所确定.

**解**　由

$$\begin{cases} z^2 = 3(x^2 + y^2) \\ x^2 + y^2 + z^2 = 1 \end{cases},$$

得 $z = \dfrac{\sqrt{3}}{2}$. 根据先二后一积分法,可得

$$I = \int_0^{\frac{\sqrt{3}}{2}} \mathrm{d}z \iint\limits_{x^2+y^2 \leqslant \frac{z^2}{3}} (x^2 + y^2)\mathrm{d}x\mathrm{d}y + \int_{\frac{\sqrt{3}}{2}}^1 \mathrm{d}z \iint\limits_{x^2+y^2 \leqslant 1-z^2} (x^2 + y^2)\mathrm{d}x\mathrm{d}y$$

$$= \int_0^{\frac{\sqrt{3}}{2}} \mathrm{d}z \int_0^{\frac{z}{\sqrt{3}}} r^2 \cdot 2\pi r\mathrm{d}r + \int_{\frac{\sqrt{3}}{2}}^1 \mathrm{d}z \int_0^{\sqrt{1-z^2}} r^2 \cdot 2\pi r\mathrm{d}r$$

$$= \frac{4\pi}{15} - \frac{3\sqrt{3}\,\pi}{20}.$$

**例 33**　用三重积分求椭球体

$$V = \left\{ (x, y, z) \in \mathbf{R}^3 \mid \frac{x^2}{a^2} + \frac{y^2}{b^2} + \frac{z^2}{c^2} \leqslant 1, a, b, c > 0 \right\}$$

的体积.

**解**　令 $x = au, y = bv, z = cw$,则

$$V = \iiint\limits_{\frac{x^2}{a^2}+\frac{y^2}{b^2}+\frac{z^2}{c^2} \leqslant 1} \mathrm{d}x\mathrm{d}y\mathrm{d}z = \iiint\limits_{u^2+v^2+w^2 \leqslant 1} abc\,\mathrm{d}u\mathrm{d}v\mathrm{d}w = \frac{4\pi abc}{3}.$$

**例 34**　求抛物面 $z = 2(x^2 + y^2), z = x^2 + y^2$ 以及 $z = 2$ 所围闭区域的体积.

**解**　设抛物球面 $z = 2(x^2 + y^2), z = x^2 + y^2$ 以及 $z = 2$ 所围闭区域为 $\Omega$,第一象限的所围闭区域为 $\Omega'$,则

$$V = \iiint\limits_{\Omega} \mathrm{d}x\mathrm{d}y\mathrm{d}z = 4\iiint\limits_{\Omega'} \mathrm{d}x\mathrm{d}y\mathrm{d}z = 4\left( \int_0^{\sqrt{2}} \mathrm{d}x \int_0^{\sqrt{2}} \mathrm{d}y \int_{x^2+y^2}^2 \mathrm{d}z - \int_0^{\sqrt{2}} \mathrm{d}x \int_0^{\sqrt{2}} \mathrm{d}y \int_{2(x^2+y^2)}^2 \mathrm{d}z \right)$$

$$= 4\left( \int_0^{\sqrt{2}} \mathrm{d}x \int_0^{\sqrt{2}} (2 - x^2 - y^2)\mathrm{d}y - \int_0^1 \mathrm{d}x \int_0^1 (2 - 2x^2 - 2y^2)\mathrm{d}y \right)$$

$$= 4\int_0^{\sqrt{2}} \left( 2y - x^2 y - \frac{1}{3}y^3 \Big|_{y=0}^{y=\sqrt{2}} \right) \mathrm{d}x - 8\int_0^1 \left( y - x^2 y - \frac{1}{3}y^3 \Big|_{y=0}^{y=1} \right) \mathrm{d}x$$

$$= 4\int_0^{\sqrt{2}} \left( \frac{4\sqrt{2}}{3} - \sqrt{2}x^2 \right) \mathrm{d}x - 8\int_0^1 \left( \frac{2}{3} - x^2 \right) \mathrm{d}x$$

$$= 4\left( \frac{4\sqrt{2}}{3}x - \frac{\sqrt{2}}{3}x^3 \Big|_{x=0}^{x=\sqrt{2}} \right) - 8\left( \frac{2}{3}x - \frac{1}{3}x^3 \Big|_{x=0}^{x=1} \right) = \frac{8}{3}.$$

**例 35**　求函数 $f(x, y, z) = x^2 + y^2 + z^2$ 在 $x^2 + y^2 + z^2 \leqslant x + y + z$ 内的平均值.

**解**　令 $I = \dfrac{I_1}{I_2}$,其中

$$I_1 = \iiint\limits_{x^2+y^2+z^2 \leqslant x+y+z} (x^2 + y^2 + z^2)\mathrm{d}x\mathrm{d}y\mathrm{d}z$$

$$= \iiint\limits_{(x-\frac{1}{2})^2+(y-\frac{1}{2})^2+(z-\frac{1}{2})^2 \leqslant \frac{3}{4}} (x^2 + y^2 + z^2)\mathrm{d}x\mathrm{d}y\mathrm{d}z$$

$$= \iiint\limits_{u^2+v^2+w^2 \leqslant \frac{3}{4}} \left[ \left( u+\frac{1}{2} \right)^2 + \left( v+\frac{1}{2} \right)^2 + \left( w+\frac{1}{2} \right)^2 \right] \mathrm{d}u\mathrm{d}v\mathrm{d}w$$

$$= \iiint\limits_{u^2+v^2+w^2 \leqslant \frac{3}{4}} \left( u^2+v^2+w^2+\frac{3}{4} \right) \mathrm{d}u\mathrm{d}v\mathrm{d}w$$

$$= \int_0^{\frac{\sqrt{3}}{2}} \left( r^2+\frac{3}{4} \right) \cdot 4\pi r^2 \mathrm{d}r = \frac{3\sqrt{3}\pi}{5},$$

$$I_2 = \iiint\limits_{x^2+y^2+z^2 \leqslant x+y+z} \mathrm{d}x\mathrm{d}y\mathrm{d}z = \frac{4\pi}{3} \left( \frac{\sqrt{3}}{2} \right)^3,$$

故 $I = \dfrac{I_1}{I_2} = \dfrac{6}{5}$.

**例 36** 求

$$\lim_{r \to 0^+} \frac{\iiint\limits_{\Omega} f(x^2+y^2+z^2, 1-\cos\sqrt{x^2+y^2+z^2}, \tan(x^2+y^2+z^2))\mathrm{d}x\mathrm{d}y\mathrm{d}z}{r^3},$$

其中

$$\Omega = \{ (x,y,z) \mid x^2+y^2+z^2 \leqslant r^2 \}$$

**解** 不妨设 $f(x^2+y^2+z^2, 1-\cos\sqrt{x^2+y^2+z^2}, \tan(x^2+y^2+z^2))$ 连续. 则 $x^2+y^2+z^2 < \dfrac{1}{2}\pi$ 时,因此由积分中值定理,有

$$\frac{\iiint\limits_{\Omega} f(x^2+y^2+z^2, 1-\cos\sqrt{x^2+y^2+z^2}, \tan(x^2+y^2+z^2))\mathrm{d}x\mathrm{d}y\mathrm{d}z}{r^3}$$

$$= \frac{4}{3}\pi \frac{\iiint\limits_{\Omega} f(x^2+y^2+z^2, 1-\cos\sqrt{x^2+y^2+z^2}, \tan(x^2+y^2+z^2))\mathrm{d}x\mathrm{d}y\mathrm{d}z}{r^3}$$

$$= \frac{4}{3}\pi \frac{f(\xi^2+\eta^2+\zeta^2, 1-\cos\sqrt{\xi^2+\eta^2+\zeta^2}, \tan(\xi^2+\eta^2+\zeta^2))}{\frac{4}{3}\pi r^3},$$

其中

$$0 \leqslant \xi^2+\eta^2+\zeta^2 \leqslant r^2,$$

所以

$$\lim_{r \to 0^+} (\xi^2+\eta^2+\zeta^2) = 0,$$

因此

$$\lim_{r \to 0^+} \frac{\iiint\limits_{\Omega} f(x^2+y^2+z^2, 1-\cos\sqrt{x^2+y^2+z^2}, \tan(x^2+y^2+z^2))\mathrm{d}x\mathrm{d}y\mathrm{d}z}{r^3}$$

$$= \frac{4}{3}\pi \lim_{r \to 0^+} f(\xi^2+\eta^2+\zeta^2, 1-\cos\sqrt{\xi^2+\eta^2+\zeta^2}, \tan(\xi^2+\eta^2+\zeta^2))$$

$$= \frac{4}{3}\pi f(0,0,0).$$

**例 37**　设 $\Omega = \{(x_1, x_2, \cdots, x_n) \mid 0 \leqslant x_i \leqslant 1, i = 1, 2, \cdots, n\}$，计算下列 $n$ 重积分：

$(1) \displaystyle\int_\Omega (x_1^2 + x_2^2 + \cdots + x_n^2) \mathrm{d}x_1 \mathrm{d}x_2 \cdots \mathrm{d}x_n;$

$(2) \displaystyle\int_\Omega (x_1 + x_2 + \cdots + x_n)^2 \mathrm{d}x_1 \mathrm{d}x_2 \cdots \mathrm{d}x_n.$

**解**　(1) 应用对称性，有

$$\int_\Omega (x_1^2 + x_2^2 + \cdots + x_n^2) \mathrm{d}x_1 \mathrm{d}x_2 \cdots \mathrm{d}x_n = n \int_\Omega x_1^2 \mathrm{d}x_1 \mathrm{d}x_2 \cdots \mathrm{d}x_n$$

$$= n \int_0^1 x_1^2 \mathrm{d}x_1 \int_0^1 \mathrm{d}x_2 \cdots \int_0^1 \mathrm{d}x_n = \frac{n}{3}.$$

(2) 由于 $n$ 为有限数，则可以交换运算次序，有

$$\int_\Omega (x_1 + x_2 + \cdots + x_n)^2 \mathrm{d}x_1 \mathrm{d}x_2 \cdots \mathrm{d}x_n = \int_\Omega \sum_{i,j=1}^n x_i x_j \mathrm{d}x_1 \mathrm{d}x_2 \cdots \mathrm{d}x_n$$

$$= \sum_{i,j=1}^n \int_\Omega x_i x_j \mathrm{d}x_1 \mathrm{d}x_2 \cdots \mathrm{d}x_n$$

$$= \sum_{i=1}^n \int_\Omega x_i^2 \mathrm{d}x_1 \mathrm{d}x_2 \cdots \mathrm{d}x_n + 2 \sum_{1 \leqslant i < j \leqslant n} \int_\Omega x_i x_j \mathrm{d}x_1 \mathrm{d}x_2 \cdots \mathrm{d}x_n$$

$$= \frac{n}{3} + 2 \sum_{1 \leqslant i < j \leqslant n} \frac{1}{4} = \frac{n}{3} + \frac{1}{4} n(n-1) = \frac{n(3n+1)}{12}.$$

**例 38**　选取适当的坐标变换计算下列三重积分：

$(1) \displaystyle\iiint_\Omega (x^2 + y^2 + z^2) \mathrm{d}x \mathrm{d}y \mathrm{d}z$，其中 $\Omega$ 为球 $\{(x,y,z) \mid x^2 + y^2 + z^2 \leqslant 1\}$；

$(2) \displaystyle\iiint_\Omega \sqrt{1 - \frac{x^2}{a^2} - \frac{y^2}{b^2} - \frac{z^2}{c^2}} \mathrm{d}x \mathrm{d}y \mathrm{d}z$，其中 $\Omega$ 为椭球 $\left\{ (x,y,z) \left| \frac{x^2}{a^2} + \frac{y^2}{b^2} + \frac{z^2}{c^2} \leqslant 1 \right. \right\}$；

$(3) \displaystyle\iiint_\Omega z \sqrt{x^2 + y^2} \mathrm{d}x \mathrm{d}y \mathrm{d}z$，其中 $\Omega$ 为柱面 $y = \sqrt{2x - x^2}$ 及平面 $z = 0, z = a (a > 0)$ 和 $y = 0$ 所围的区域；

$(4) \displaystyle\iiint_\Omega \frac{z \ln(1 + x^2 + y^2 + z^2)}{1 + x^2 + y^2 + z^2} \mathrm{d}x \mathrm{d}y \mathrm{d}z$，其中 $\Omega$ 为半球 $\{(x,y,z) \mid x^2 + y^2 + z^2 \leqslant 1, z \geqslant 0\}$ 的区域；

$(5) \displaystyle\iiint_\Omega (x + y + z)^2 \mathrm{d}x \mathrm{d}y \mathrm{d}z$，其中 $\Omega$ 为抛物面 $x^2 + y^2 = 2az$ 与球面 $x^2 + y^2 + z^2 = 3a^2$ $(a > 0)$ 所围的区域；

$(6) \displaystyle\iiint_\Omega (x^2 + y^2) \mathrm{d}x \mathrm{d}y \mathrm{d}z$，其中 $\Omega$ 为平面曲线 $\begin{cases} y^2 = 2z \\ x = 0 \end{cases}$ 绕 $z$ 轴旋转一周形成的曲面与平面 $z = 8$ 所围的区域；

$(7) \displaystyle\iiint_\Omega \frac{1}{\sqrt{x^2 + y^2 + z^2}} \mathrm{d}x \mathrm{d}y \mathrm{d}z$，其中闭区域 $\Omega = \{(x,y,z) \mid x^2 + y^2 + (z-1)^2 \leqslant 1\}$；

(8) $\iiint\limits_{\Omega}(x+y-z)(x-y+z)(y+z-x)\mathrm{d}x\mathrm{d}y\mathrm{d}z$,其中闭区域

$$\Omega=\{(x,y,z)\mid 0\leqslant x+y-z\leqslant 1,0\leqslant x-y+z\leqslant 1,0\leqslant y+z-x\leqslant 1\}$$

**解** (1) 应用球面坐标,则

$$\iiint\limits_{\Omega}(x^2+y^2+z^2)\mathrm{d}x\mathrm{d}y\mathrm{d}z=\int_0^{2\pi}\mathrm{d}\theta\int_0^{\pi}\sin\varphi\mathrm{d}\varphi\int_0^1 r^4\mathrm{d}r=\frac{4\pi}{5}.$$

(2) 应用广义球面坐标变换,则

$$\iiint\limits_{\Omega}\sqrt{1-\frac{x^2}{a^2}-\frac{y^2}{b^2}-\frac{z^2}{c^2}}\,\mathrm{d}x\mathrm{d}y\mathrm{d}z=abc\int_0^{2\pi}\mathrm{d}\theta\int_0^{\pi}\sin\varphi\mathrm{d}\varphi\int_0^1\sqrt{1-r^2}\,r^2\mathrm{d}r$$

$$=4\pi abc\int_0^1\sqrt{1-r^2}\,r^2\mathrm{d}r.$$

令 $r=\sin t$,则

$$\iiint\limits_{\Omega}\sqrt{1-\frac{x^2}{a^2}-\frac{y^2}{b^2}-\frac{z^2}{c^2}}\,\mathrm{d}x\mathrm{d}y\mathrm{d}z=4\pi abc\int_0^{\frac{\pi}{2}}\cos^2 t\sin^2 t\mathrm{d}t$$

$$=\pi abc\int_0^{\frac{\pi}{2}}\sin^2 2t\mathrm{d}t=\frac{1}{2}\pi abc\int_0^{\frac{\pi}{2}}(1-\cos 4t)\mathrm{d}t=\frac{1}{4}\pi^2 abc.$$

(3) 应用柱面坐标变换,则

$$\iiint\limits_{\Omega}z\sqrt{x^2+y^2}\,\mathrm{d}x\mathrm{d}y\mathrm{d}z=\int_0^{\frac{\pi}{2}}\mathrm{d}\theta\int_0^{2\cos\theta}r^2\mathrm{d}r\int_0^a z\mathrm{d}z=\frac{4}{3}a^2\int_0^{\frac{\pi}{2}}\cos^3\theta\mathrm{d}\theta=\frac{8}{9}a^2.$$

(4) 应用柱面坐标变换,则

$$\iiint\limits_{\Omega}\frac{z\ln(1+x^2+y^2+z^2)}{1+x^2+y^2+z^2}\mathrm{d}x\mathrm{d}y\mathrm{d}z=\int_0^{2\pi}\mathrm{d}\theta\int_0^1 r\mathrm{d}r\int_0^{\sqrt{1-r^2}}\frac{z\ln(1+r^2+z^2)}{1+r^2+z^2}\mathrm{d}z$$

$$=\frac{\pi}{2}\int_0^1 r(\ln^2 2-\ln^2(1+r^2))\mathrm{d}r$$

$$=\frac{\pi}{4}\ln^2 2-\frac{\pi}{4}\int_1^2\ln^2 t\mathrm{d}t$$

$$=\left(\ln 2-\frac{1}{2}-\frac{1}{4}\ln^2 2\right)\pi.$$

(5) 由于 $\Omega$ 关于 $yz$ 平面和 $zx$ 平面都对称,则

$$\iiint\limits_{\Omega}(x+y+z)^2\mathrm{d}x\mathrm{d}y\mathrm{d}z=\iiint\limits_{\Omega}yz\mathrm{d}x\mathrm{d}y\mathrm{d}z=\iiint\limits_{\Omega}zx\mathrm{d}x\mathrm{d}y\mathrm{d}z=0,$$

于是

$$\iiint\limits_{\Omega}(x+y+z)^2\mathrm{d}x\mathrm{d}y\mathrm{d}z=\iiint\limits_{\Omega}(x^2+y^2+z^2)\mathrm{d}x\mathrm{d}y\mathrm{d}z.$$

应用柱面坐标变换,就有

$$\iiint\limits_{\Omega}(x+y+z)^2\mathrm{d}x\mathrm{d}y\mathrm{d}z=\int_0^{2\pi}\mathrm{d}\theta\int_0^{\sqrt{2}a}r\mathrm{d}r\int_{\frac{r^2}{2a}}^{\sqrt{3a^2-r^2}}(r^2+z^2)\mathrm{d}z$$

$$=2\pi\int_0^{\sqrt{2}a}\left(r^2\sqrt{3a^2-r^2}-\frac{r^4}{2a^2}+\frac{1}{3}(3a^2-r^2)^{\frac{3}{2}}-\frac{r^6}{24a^3}\right)r\mathrm{d}r$$

$$= 2\pi \int_0^{\sqrt{2}a} \left( 3a^2 \sqrt{3a^2 - r^2} - \frac{2}{3} \left( 3a^2 - r^2 \right)^{\frac{3}{2}} - \frac{r^4}{2a} - \frac{r^6}{24a^3} \right) r \mathrm{d}r$$

$$= \pi \left( 2(3\sqrt{3} - 1)a^5 - \frac{4}{15}(9\sqrt{3} - 1)a^5 - \frac{8a^6}{6a} - \frac{16a^8}{96a^3} \right)$$

$$= \frac{108\sqrt{3} - 97}{30} \pi a^5 .$$

（6）可得 $\Omega$ 由曲面 $x^2 + y^2 = 2z$ 与平面 $z = 8$ 所围，应用柱面坐标，则

$$\iiint\limits_{\Omega} (x^2 + y^2) \mathrm{d}x\mathrm{d}y\mathrm{d}z = \int_0^{2\pi} \mathrm{d}\theta \int_0^4 r^3 \mathrm{d}r \int_{\frac{r^2}{2}}^8 \mathrm{d}z = 2\pi \int_0^4 r^3 \left( 8 - \frac{r^2}{2} \right) \mathrm{d}r = \frac{1\,024}{3} \pi .$$

（7）应用球面坐标，则

$$\iiint\limits_{\Omega} \frac{1}{\sqrt{x^2 + y^2 + z^2}} \mathrm{d}x\mathrm{d}y\mathrm{d}z = \int_0^{2\pi} \mathrm{d}\theta \int_0^{\frac{\pi}{2}} \sin \varphi \mathrm{d}\varphi \int_0^{2\cos \varphi} r \mathrm{d}r$$

$$= 4\pi \int_0^{\frac{\pi}{2}} \sin \varphi \cos^2 \varphi \mathrm{d}\varphi = \frac{4}{3} \pi .$$

（8）作变换

$$u = x + y - z , v = x - y + z , w = y + z - x ,$$

则 $\dfrac{\partial(u,v,w)}{\partial(x,y,z)} = -4$，于是 $\dfrac{\partial(x,y,z)}{\partial(u,v,w)} = -\dfrac{1}{4}$，所以

$$\iiint\limits_{\Omega} (x + y - z)(x - y + z)(y + z - x) \mathrm{d}x\mathrm{d}y\mathrm{d}z$$

$$= \iiint\limits_{\Omega} uvw \left| \frac{\partial(x,y,z)}{\partial(u,v,w)} \right| \mathrm{d}u\mathrm{d}v\mathrm{d}w$$

$$= \frac{1}{4} \int_0^1 u \mathrm{d}u \int_0^1 v \mathrm{d}v \int_0^1 w \mathrm{d}w = \frac{1}{32} .$$

**例 39**　求三重积分 $\iiint\limits_{V} y \mathrm{d}x\mathrm{d}y\mathrm{d}z$，其中

$$V = \left\{ (x,y,z) \,\Big|\, \frac{x^2}{a^2} + \frac{y^2}{b^2} + \frac{z^2}{c^2} \leqslant 1 , y \geqslant 0 \right\} .$$

**解**　首先，由广义球坐标变换

$$x = ar\sin \varphi \cos \theta , y = br\sin \varphi \sin \theta , z = cr\cos \varphi ,$$

将 $V$ 映射成

$$V' = \{ (r,\varphi,\theta) \mid r \in [0,1] , \varphi \in [0,\pi] , \theta \in [0,2\pi] \} ,$$

然后，有

$$\iiint\limits_{V} y \mathrm{d}x\mathrm{d}y\mathrm{d}z = \iiint\limits_{V'} ab^2 cr^3 \sin^2 \varphi \sin \theta \mathrm{d}\theta \mathrm{d}\varphi \mathrm{d}r$$

$$= 2ab^2 c \int_0^{\pi} \sin \theta \mathrm{d}\theta \int_0^{\pi} \sin^2 \varphi \mathrm{d}\varphi \int_0^1 r^3 \mathrm{d}r$$

$$= 2ab^2 c \times 2 \times \frac{\pi}{2} \times \frac{1}{4} = \frac{1}{2} ab^2 c\pi .$$

**例 40**　计算曲面 $\left( \dfrac{x^2}{a^2} + \dfrac{y^2}{b^2} + \dfrac{z^2}{c^2} \right)^2 = \dfrac{x^2}{a^2} + \dfrac{y^2}{b^2}$ 围成集合体的体积.

**解** 令 $x = ar\sin\varphi\cos\theta, y = br\sin\varphi\sin\theta, z = cr\sin\varphi, \theta \in [0, 2\pi], \varphi \in \left[-\dfrac{\pi}{2}, \dfrac{\pi}{2}\right]$,

则 $r^4 = r^2\cos^2\varphi$, 即 $r = \cos\varphi$, 且有

$$\frac{\partial(x, y, z)}{\partial(\varphi, \theta, r)} = \begin{vmatrix} -ar\sin\varphi\cos\theta & -ar\cos\varphi\sin\theta & a\cos\varphi\cos\theta \\ -br\sin\varphi\sin\theta & br\cos\varphi\cos\theta & b\cos\varphi\sin\theta \\ cr\cos\varphi & 0 & c\sin\varphi \end{vmatrix} = abcr^2\sin\varphi,$$

因此

$$\begin{aligned}
V &= abc\int_{-\frac{\pi}{2}}^{\frac{\pi}{2}} d\varphi \int_0^{2\pi} d\theta \int_0^{\cos\varphi} r^2\cos\varphi dr = \frac{2\pi}{3}abc\int_{-\frac{\pi}{2}}^{\frac{\pi}{2}}\cos^4\varphi d\varphi \\
&= \frac{\pi}{3}abc\int_0^{\frac{\pi}{2}}(1 + 2\cos 2\varphi + \cos^2 2\varphi)d\varphi \\
&= \frac{\pi}{3}abc\int_0^{\frac{\pi}{2}}\left(1 + 2\cos 2\varphi + \frac{1 + \cos 4\varphi}{2}\right)d\varphi \\
&= \frac{\pi}{3}abc\left(\varphi + \sin 2\varphi + \frac{\varphi + \frac{1}{4}\sin 4\varphi}{2}\right)\Bigg|_0^{\frac{\pi}{2}} \\
&= \frac{\pi^2}{4}abc.
\end{aligned}$$

**例 41** 求球面 $x^2 + y^2 + z^2 = R^2$ 和圆柱面 $x^2 + y^2 = Rx(R > 0)$ 所围立体的体积.

**解** 应用柱面坐标变换,有

$$\begin{aligned}
V &= 2\iint\limits_{x^2+y^2 \leqslant Rx} \sqrt{R^2 - x^2 - y^2}\, dx dy = 4\int_0^{\frac{\pi}{2}} d\theta \int_0^{R\cos\theta} \sqrt{R^2 - r^2}\, r dr \\
&= \frac{4}{3}R^3\int_0^{\frac{\pi}{2}}(1 - \sin^3\theta)d\theta = \frac{6\pi - 8}{9}R^3.
\end{aligned}$$

**例 42** 求下列曲面所围空间区域的体积:

(1) $\left(\dfrac{x^2}{a^2} + \dfrac{y^2}{b^2} + \dfrac{z^2}{c^2}\right)^2 = ax(a, b, c > 0)$;

(2) $\left(\dfrac{x}{a} + \dfrac{y}{b}\right)^2 + \left(\dfrac{z}{c}\right)^2 = 1(a, b, c > 0)$ 与三张平面 $x = 0, y = 0, z = 0$ 所围的在第一象限的立体.

**解** (1) 作变量代换

$$\begin{cases} x = ar\sin\varphi\cos\theta \\ y = br\sin\varphi\cos\theta, \\ z = cr\cos\varphi \end{cases}$$

则

$$\left|\frac{\partial(x, y, z)}{\partial(r, \varphi, \theta)}\right| = abcr^2\sin\varphi,$$

由于 $x \geqslant 0$, 所以

$$-\frac{\pi}{2} \leqslant \theta \leqslant \frac{\pi}{2}, 0 \leqslant \varphi \leqslant \pi, 0 \leqslant r \leqslant (a^2\sin\varphi\cos\theta)^{\frac{1}{3}},$$

于是

$$V = abc \int_{-\frac{\pi}{2}}^{\frac{\pi}{2}} \mathrm{d}\theta \int_0^{\pi} \sin\varphi \mathrm{d}\varphi \int_0^{(a^2 \sin\varphi \cos\theta)^{\frac{1}{3}}} r^2 \mathrm{d}r$$

$$= \frac{1}{3} a^3 bc \int_{-\frac{\pi}{2}}^{\frac{\pi}{2}} \cos\theta \mathrm{d}\theta \int_0^{\pi} \sin^2\varphi \mathrm{d}\varphi$$

$$= \frac{\pi}{3} a^3 bc.$$

（2）作变量代换

$$\begin{cases} x = ar\sin\varphi\cos^2\theta \\ y = br\sin\varphi\cos^2\theta, \\ z = cr\cos\varphi \end{cases}$$

则

$$\left| \frac{\partial(x,y,z)}{\partial(r,\varphi,\theta)} \right| = abcr^2 \sin\varphi\sin 2\theta,$$

于是

$$V = abc \int_0^{\frac{\pi}{2}} \sin 2\theta \mathrm{d}\theta \int_0^{\frac{\pi}{2}} \sin\varphi \mathrm{d}\varphi \int_0^1 r^2 \mathrm{d}r = \frac{abc}{3}.$$

**例 43**　计算下列 $n$ 重积分：

（1）$\displaystyle\int_\Omega \sqrt{x_1 + x_2 + \cdots + x_n} \, \mathrm{d}x_1 \mathrm{d}x_2 \cdots \mathrm{d}x_n$，其中

$\Omega = \{(x_1, x_2, \cdots, x_n) \mid x_1 + x_2 + \cdots + x_n \leqslant 1, x_i \geqslant 0, i = 1, 2, \cdots, n\}$；

（2）$\displaystyle\int_\Omega (x_1^2 + x_2^2 + \cdots + x_n^2) \mathrm{d}x_1 \mathrm{d}x_2 \cdots \mathrm{d}x_n$，其中 $\Omega$ 为 $n$ 维球体

$$\{(x_1, x_2, \cdots, x_n) \mid x_1^2 + x_2^2 + \cdots + x_n^2 \leqslant 1\}.$$

**解**　（1）作变量代换

$$\begin{cases} y_1 = x_1 + x_2 + x_3 + \cdots + x_n \\ y_2 = x_2 + x_3 + \cdots + x_n \\ \qquad\qquad\vdots \\ y_n = x_n \end{cases},$$

则

$$\frac{\partial(y_1, y_2, \cdots, y_n)}{\partial(x_1, x_2, \cdots, x_n)} = 1,$$

从而

$$\frac{\partial(x_1, x_2, \cdots, x_n)}{\partial(y_1, y_2, \cdots, y_n)} = 1,$$

于是

$$\int_\Omega \sqrt{x_1 + x_2 + \cdots + x_n} \, \mathrm{d}x_1 \mathrm{d}x_2 \cdots \mathrm{d}x_n = \int_{\Omega'} \sqrt{y_1} \, \mathrm{d}y_1 \mathrm{d}y_2 \cdots \mathrm{d}y_n$$

$$= \int_0^1 \sqrt{y_1} \, \mathrm{d}y_1 \int_0^{y_1} \mathrm{d}y_2 \int_0^{y_2} \mathrm{d}y_3 \cdots \int_0^{y_{n-1}} \mathrm{d}y_n$$

$$= \frac{1}{(n-i)!} \int_0^1 \sqrt{y_1}\,\mathrm{d}y_1 \int_0^{y_1} \mathrm{d}y_2 \int_0^{y_2} \mathrm{d}y_3 \cdots \int_0^{y_{i-1}} y_i^{n-i}\,\mathrm{d}y_i$$

$$= \frac{1}{(n-1)!} \int_0^1 y_1^{\frac{1}{2}+n-1}\,\mathrm{d}y_1 = \frac{2}{(n-1)!\,(2n+1)}.$$

（2）作球面坐标变换

$$\begin{cases} x_1 = r\cos\varphi_1 \\ x_2 = r\sin\varphi_1\cos\varphi_2 \\ x_3 = r\sin\varphi_1\sin\varphi_2\cos\varphi_3 \\ \qquad\vdots \\ x_{n-1} = r\sin\varphi_1\sin\varphi_2\cdots\sin\varphi_{n-2}\cos\varphi_{n-1} \\ x_n = r\sin\varphi_1\sin\varphi_2\cdots\sin\varphi_{n-2}\sin\varphi_{n-1} \end{cases},$$

它把 $\Omega$ 变为 $\{(r,\varphi_1,\cdots,\varphi_{n-2},\varphi_{n-1}) \mid 0 \leqslant r \leqslant 1, 0 \leqslant \varphi_i \leqslant \pi(i=1,2,\cdots,n-2), 0 \leqslant \varphi_{n-1} \leqslant 2\pi\}$. 它的雅可比行列式为

$$J = \frac{\partial(x_1,x_2,\cdots,x_n)}{\partial(r,\varphi_1,\cdots,\varphi_{n-1})} = r^{n-1}\,\sin^{n-2}\varphi_1\,\sin^{n-3}\varphi_2\cdots\sin\varphi_{n-2},$$

于是

$$\int_\Omega (x_1^2+x_2^2+\cdots+x_n^2)\,\mathrm{d}x_1\,\mathrm{d}x_2\cdots\mathrm{d}x_n$$

$$= \int_0^1 r^{n+1}\,\mathrm{d}r \int_0^\pi \sin^{n-2}\varphi_1\,\mathrm{d}\varphi_1 \cdots \int_0^\pi \sin^2\varphi_{n-3}\,\mathrm{d}\varphi_{n-3} \int_0^\pi \sin\varphi_{n-2}\,\mathrm{d}\varphi_{n-2} \int_0^{2\pi} \mathrm{d}\varphi_{n-1}.$$

由于当 $k$ 为正整数时

$$\int_0^\pi \sin^{k-1}\varphi\,\mathrm{d}\varphi = 2\int_0^{\frac{\pi}{2}} \sin^{k-1}\varphi\,\mathrm{d}\varphi,$$

利用瓦利斯（Wallis）公式

$$\int_0^{\frac{\pi}{2}} \sin^n\varphi\,\mathrm{d}\varphi = \begin{cases} \dfrac{(2m-1)!!}{(2m)!!}\,\dfrac{\pi}{2}, & n=2m \\[2mm] \dfrac{(2m)!!}{(2m+1)!!}, & n=2m+1 \end{cases},$$

于是得到

$$\int_\Omega (x_1^2+x_2^2+\cdots+x_n^2)\,\mathrm{d}x_1\,\mathrm{d}x_2\cdots\mathrm{d}x_n = \begin{cases} \dfrac{\pi^m}{(m-1)!\,(m+1)}, & n=2m \\[2mm] \dfrac{2^{m+1}\,\pi^m}{(2m-1)!!\,(2m+3)}, & n=2m+1 \end{cases}.$$

**例 44** 设一物体在空间的表示为由曲面 $4z^2=25(x^2+y^2)$ 与平面 $z=5$ 所围成的一立体，其密度为 $\rho(x,y,z)=x^2+y^2$，求此物体的质量.

**解** 设物体的质量为 $M$，则

$$M = \iiint_\Omega \rho(x,y,z)\,\mathrm{d}x\mathrm{d}y\mathrm{d}z = \int_0^{2\pi} \mathrm{d}\theta \int_0^2 r^3\,\mathrm{d}r \int_{\frac{5}{2}r}^5 \mathrm{d}z$$

$$= 2\pi \int_0^2 r^3\left(5-\frac{5}{2}r\right)\mathrm{d}r = 8\pi.$$

**例 45** 在一个形状为旋转抛物面 $z=x^2+y^2$ 的容器内，已经盛有 $8\pi$ cm$^3$ 的水，现又

倒入 $120\pi$ cm³ 的水,问水面比原来升高多少厘米.

**解**    设容器盛有 $8\pi$ cm³ 水时,水面的高为 $h$,则

$$\int_0^{2\pi} d\theta \int_0^{\sqrt{h}} r(h-r^2)dr = 8\pi,$$

即 $\frac{1}{2}h^2 - \frac{1}{4}h^2 = 4$,从而解得 $h=4$ cm. 又设容器盛有 $128\pi$ cm³ 水时,水面的高为 $H$,则

$$\int_0^{2\pi} d\theta \int_0^{\sqrt{H}} r(H-r^2)dr = 128\pi,$$

即

$$\frac{1}{2}H^2 - \frac{1}{4}H^2 = 64,$$

从而解得 $H=16$ cm,所以水面比原来升高 12 cm.

**例 46**    求质量为 $M$ 的均匀薄片 $\begin{cases} x^2+y^2 \leqslant a^2 \\ z=0 \end{cases}$,对 $z$ 轴上点 $(0,0,c)(c>0)$ 处的单位质量的质点的引力.

**解**    设薄片对单位质量的质点的引力为 $F=(F_x, F_y, F_z)$,由对称性,$F_x = F_y = 0$.

在均匀薄片上点 $(x,y,0)$ 的附近取一小块,其面积设为 $d\sigma = dxdy$,根据万有引力定律,这小块微元对质点的引力为

$$dF = \left( \frac{G\rho x}{(x^2+y^2+c^2)^{\frac{3}{2}}}dxdy, \frac{G\rho y}{(x^2+y^2+c^2)^{\frac{3}{2}}}dxdy, -\frac{G\rho c}{(x^2+y^2+c^2)^{\frac{3}{2}}}dxdy \right),$$

于是

$$dF_z = -\frac{G\rho c}{(x^2+y^2+c^2)^{\frac{3}{2}}}dxdy,$$

$$F_z = -\iint_D \frac{G\rho c}{(x^2+y^2+c^2)^{\frac{3}{2}}}dxdy = -G\rho c \int_0^{2\pi} d\theta \int_0^a \frac{rdr}{(r^2+c^2)^{\frac{3}{2}}}$$

$$= -2\pi G\rho c \left( \frac{1}{c} - \frac{1}{\sqrt{a^2+c^2}} \right) = -\frac{2MG}{a^2}\left( 1 - \frac{c}{\sqrt{a^2+c^2}} \right),$$

其中 $G$ 是万有引力常数,$M$ 是均匀薄片的质量,$\rho$ 是均匀薄片的密度.

**例 47**    已知球体 $x^2+y^2+z^2 \leqslant 2Rz$,在其上任一点的密度在数量上等于该点到原点距离的平方,求球体的质量与质心.

**解**    设球体的质量为 $M$,则

$$M = \iiint_\Omega (x^2+y^2+z^2)dxdydz = \int_0^{2\pi}d\theta \int_0^{\frac{\pi}{2}}\sin\varphi d\varphi \int_0^{2R\cos\theta} r^4 dr = \frac{32}{15}\pi R^5.$$

设质心的坐标为 $(\overline{x}, \overline{y}, \overline{z})$,由对称性,$\overline{x} = \overline{y} = 0$. 由

$$\iiint_\Omega z(x^2+y^2+z^2)dxdydz = \int_0^{2\pi}d\theta \int_0^{\frac{\pi}{2}}\sin\varphi\cos\varphi d\varphi \int_0^{2R\cos\theta} r^5 dr = \frac{8}{3}\pi R^6,$$

得到

$$\overline{z} = \frac{\iiint_\Omega z(x^2+y^2+z^2)dxdydz}{M} = \frac{5}{4}R.$$

所以质心的坐标为 $\left(0,0,\dfrac{5}{4}R\right)$.

**例 48** 证明不等式

$$2\pi(\sqrt{17}-4) \leqslant \iint\limits_{x^2+y^2\leqslant 1} \frac{\mathrm{d}x\mathrm{d}y}{\sqrt{16+\sin^2 x+\sin^2 y}} \leqslant \frac{\pi}{4}.$$

**证明** 一方面,有

$$\iint\limits_{x^2+y^2\leqslant 1} \frac{\mathrm{d}x\mathrm{d}y}{\sqrt{16+\sin^2 x+\sin^2 y}} \leqslant \iint\limits_{x^2+y^2\leqslant 1} \frac{1}{4}\mathrm{d}x\mathrm{d}y = \frac{\pi}{4},$$

另一方面,由 $\sin^2 u \leqslant u^2$,得到

$$\iint\limits_{x^2+y^2\leqslant 1} \frac{\mathrm{d}x\mathrm{d}y}{\sqrt{16+\sin^2 x+\sin^2 y}} \geqslant \iint\limits_{x^2+y^2\leqslant 1} \frac{\mathrm{d}x\mathrm{d}y}{\sqrt{16+x^2+y^2}} = \int_0^{2\pi}\mathrm{d}\theta\int_0^1 \frac{r\mathrm{d}r}{\sqrt{16+r^2}}$$
$$= 2\pi(\sqrt{17}-4),$$

所以

$$2\pi(\sqrt{17}-4) \leqslant \iint\limits_{x^2+y^2\leqslant 1} \frac{\mathrm{d}x\mathrm{d}y}{\sqrt{16+\sin^2 x+\sin^2 y}} \leqslant \frac{\pi}{4}.$$

**例 49** 设一元函数 $f(u)$ 在 $[-1,1]$ 上连续,证明

$$\iint\limits_{|x|+|y|\leqslant 1} f(x+y)\mathrm{d}x\mathrm{d}y = \int_{-1}^1 f(u)\mathrm{d}u.$$

**证明** 作变换 $u=x+y, v=x-y$,则 $-1\leqslant u\leqslant 1, -1\leqslant v\leqslant 1$,变换的雅可比行列式为

$$\frac{\partial(u,v)}{\partial(x,y)} = -2 \frac{\partial(x,y)}{\partial(u,v)} = -\frac{1}{2},$$

于是

$$\iint\limits_{|x|+|y|\leqslant 1} f(x+y)\mathrm{d}x\mathrm{d}y = \iint\limits_{D'} f(u)\left|\frac{\partial(x,y)}{\partial(u,v)}\right|\mathrm{d}u\mathrm{d}v = \frac{1}{2}\int_{-1}^1 f(u)\mathrm{d}u\int_{-1}^1 \mathrm{d}v = \int_{-1}^1 f(u)\mathrm{d}u.$$

**例 50** 设一元函数 $f(u)$ 在 $[-1,1]$ 上连续. 证明

$$\iiint\limits_{\Omega} f(z)\mathrm{d}x\mathrm{d}y\mathrm{d}z = \pi\int_{-1}^1 f(u)(1-u^2)\mathrm{d}u,$$

其中 $\Omega$ 为单位球 $x^2+y^2+z^2\leqslant 1$.

**证明** 由于

$$\iiint\limits_{\Omega} f(z)\mathrm{d}x\mathrm{d}y\mathrm{d}z = \int_{-1}^1 f(z)\mathrm{d}z\iint\limits_{\Omega_z}\mathrm{d}x\mathrm{d}y,$$

其中 $\Omega_z$ 为单位球 $x^2+y^2\leqslant 1-z^2$,因此

$$\iiint\limits_{\Omega} f(z)\mathrm{d}x\mathrm{d}y\mathrm{d}z = \int_{-1}^1 f(z)\mathrm{d}z\iint\limits_{\Omega_z}\mathrm{d}x\mathrm{d}y = \pi\int_{-1}^1 f(z)(1-z^2)\mathrm{d}z = \pi\int_{-1}^1 f(u)(1-u^2)\mathrm{d}u.$$

**例 51** 设 $I=\iiint\limits_{\Omega}(x+y-z+10)\mathrm{d}x\mathrm{d}y\mathrm{d}z$,其中 $\Omega$ 是 $x^2+y^2+z^2=3$ 的内部区域,试证明:$28\sqrt{3}\,\pi \leqslant I \leqslant 52\sqrt{3}\,\pi$.

**证明** 令 $f(x,y,z)=x+y-z+10$,则

$$f_x = 1 \neq 0, f_y = 1 \neq 0, f_z = -1 \neq 0,$$

所以 $f$ 在 $\Omega$ 内部没有极值点,因此最值在边界上取得.

令 $L = f + \lambda(x^2 + y^2 + z^2 - 3)$. 分别求偏导数有

$$\begin{cases} L_x = 1 + 2\lambda x = 0 \\ L_y = 1 + 2\lambda y = 0 \\ L_z = -1 + 2\lambda z = 0 \\ L_\lambda = x^2 + y^2 + z^2 - 3 = 0 \end{cases},$$

解得驻点 $P_1(1,1,-1), P_2(-1,-1,1)$,计算可得 $f(P_1) = 13, f(P_2) = 7$. 于是

$$28\sqrt{3}\,\pi \leqslant I \leqslant \iiint\limits_{\Omega} 13 \mathrm{d}x\mathrm{d}y\mathrm{d}z = 52\sqrt{3}\,\pi.$$

**例 52**　讨论下列反常重积分的敛散性:

(1) $\displaystyle\iint\limits_{\mathbf{R}^2} \frac{\mathrm{d}x\mathrm{d}y}{(1+|x|^p)(1+|y|^q)}$;(2) $\displaystyle\iint\limits_{[0,a]\times[0,a]} \frac{\mathrm{d}x\mathrm{d}y}{|x-y|^p}$;(3) $\displaystyle\iiint\limits_{x^2+y^2+z^2\leqslant 1} \frac{\mathrm{d}x\mathrm{d}y\mathrm{d}z}{(x^2+y^2+z^2)^p}$;

(4) $\displaystyle\iint\limits_{D} \frac{\varphi(x,y)}{(1+x^2+y^2)^p}\mathrm{d}x\mathrm{d}y, D = \{(x,y) \mid 0 \leqslant y \leqslant 1\}$,而且 $0 < m \leqslant |\varphi(x,y)| \leqslant$

$M(m, M$ 为常数$)$;

(5) $\displaystyle\iint\limits_{x^2+y^2\leqslant 1} \frac{\varphi(x,y)}{(1-x^2-y^2)^p}\mathrm{d}x\mathrm{d}y$,其中 $\varphi(x,y)$ 满足与上题同样的条件.

**解**　(1) 由于

$$\iint\limits_{|x|\leqslant A,|y|\leqslant B} \frac{\mathrm{d}x\mathrm{d}y}{(1+|x|^p)(1+|y|^q)} = \int_{-A}^{A} \frac{\mathrm{d}x}{1+|x|^p} \int_{-B}^{B} \frac{\mathrm{d}y}{1+|y|^q},$$

当 $A, B$ 都趋于正无穷大时,等式右端的积分当且仅当 $p > 1$ 且 $q > 1$ 时收敛,所以原积分当 $p > 1$ 且 $q > 1$ 时收敛,而在其他情况下发散.

(2) $[0,a]\times[0,a] = D_1 \bigcup D_2$,其中

$$D_1 = \{(x,y) \mid 0 \leqslant y \leqslant x \leqslant a\}, D_2 = \{(x,y) \mid 0 \leqslant x \leqslant y \leqslant a\},$$

则由

$$\iint\limits_{[0,a]\times[0,a]} \frac{\mathrm{d}x\mathrm{d}y}{|x-y|^p} = \iint\limits_{D_1} \frac{\mathrm{d}x\mathrm{d}y}{(x-y)^p} + \iint\limits_{D_2} \frac{\mathrm{d}x\mathrm{d}y}{(y-x)^p} = \int_0^a \mathrm{d}y \int_y^a \frac{\mathrm{d}x}{(x-y)^p} + \int_0^a \mathrm{d}x \int_x^a \frac{\mathrm{d}y}{(y-x)^p},$$

可知当 $p < 1$ 时积分收敛,当 $p \geqslant 1$ 时积分发散.

(3) 利用球面坐标变换,得到

$$\iiint\limits_{x^2+y^2+z^2\leqslant 1} \frac{\mathrm{d}x\mathrm{d}y\mathrm{d}z}{(x^2+y^2+z^2)^p} = 4\pi \int_\rho^1 \frac{\mathrm{d}r}{r^{2p-2}},$$

当 $\rho \to 0$ 时,右边的积分当且仅当 $2p-2 < 1$,即 $p < \dfrac{3}{2}$ 时收敛,所以原积分当 $p < \dfrac{3}{2}$ 时收敛,当 $p \geqslant \dfrac{3}{2}$ 时发散.

(4) 由于

$$\frac{m}{(1+x^2+y^2)^p} \leqslant \frac{|\varphi(x,y)|}{(1+x^2+y^2)^p} \leqslant \frac{M}{(1+x^2+y^2)^p},$$

而积分 $\displaystyle\iint\limits_{D}\frac{\varphi(x,y)}{(1+x^2+y^2)^p}\mathrm{d}x\mathrm{d}y$,当 $p>\dfrac{1}{2}$ 时收敛,当 $p\leqslant\dfrac{1}{2}$ 时发散,所以原积分当 $p>\dfrac{1}{2}$ 时收敛,当 $p\leqslant\dfrac{1}{2}$ 时发散.

(5) 由于

$$\frac{m}{(1-x^2-y^2)^p}\leqslant\frac{\mid\varphi(x,y)\mid}{(1-x^2-y^2)^p}\leqslant\frac{M}{(1-x^2-y^2)^p},$$

而

$$\iint\limits_{\rho^2\leqslant x^2+y^2\leqslant 1}\frac{1}{(1-x^2-y^2)^p}\mathrm{d}x\mathrm{d}y=\int_0^{2\pi}\mathrm{d}\theta\int_\rho^1\frac{r\mathrm{d}r}{(1-r^2)^p}=-\pi\int_\rho^1\frac{\mathrm{d}(1-r^2)}{(1-r^2)^p},$$

当 $\rho\to 0$ 时,等式右端的积分当 $p<1$ 时收敛,当 $p\geqslant 1$ 时发散,所以原积分当 $p<1$ 时收敛,当 $p\geqslant 1$ 时发散.

**例 53** 计算下列反常重积分:

(1) $\displaystyle\iint\limits_{D}\frac{\mathrm{d}x\mathrm{d}y}{x^p y^q}$,其中 $D=\{(x,y)\mid xy\geqslant 1,x\geqslant 1\}$,且 $p>q>1$;

(2) $\displaystyle\iint\limits_{\frac{x^2}{a^2}+\frac{y^2}{b^2}\geqslant 1}\mathrm{e}^{-\left(\frac{x^2}{a^2}+\frac{y^2}{b^2}\right)}\mathrm{d}x\mathrm{d}y$;

(3) $\displaystyle\iiint\limits_{\mathbf{R}^3}\mathrm{e}^{-(x^2+y^2+z^2)}\mathrm{d}x\mathrm{d}y\mathrm{d}z$.

**解** (1) 应用累次积分,有

$$\iint\limits_{D}\frac{\mathrm{d}x\mathrm{d}y}{x^p y^q}=\int_a^{+\infty}\frac{1}{x^p}\mathrm{d}x\int_{\frac{1}{x}}^{+\infty}\frac{1}{y^q}\mathrm{d}y=\frac{1}{q-1}\int_a^{+\infty}\frac{1}{x^{p-q+1}}\mathrm{d}x=\frac{1}{(p-q)(q-1)}.$$

(2) 作广义极坐标变换 $x=ar\cos\theta,y=br\sin\theta$,则

$$\iint\limits_{\frac{x^2}{a^2}+\frac{y^2}{b^2}\geqslant 1}\mathrm{e}^{-\left(\frac{x^2}{a^2}+\frac{y^2}{b^2}\right)}\mathrm{d}x\mathrm{d}y=ab\iint\limits_{r\geqslant 1}\mathrm{e}^{-r^2}r\mathrm{d}r\mathrm{d}\theta=ab\int_0^{2\pi}\mathrm{d}\theta\int_1^{+\infty}\mathrm{e}^{-r^2}r\mathrm{d}r=\frac{\pi ab}{\mathrm{e}}.$$

(3) 应用累次积分,有

$$\iiint\limits_{\mathbf{R}^3}\mathrm{e}^{-(x^2+y^2+z^2)}\mathrm{d}x\mathrm{d}y\mathrm{d}z=\int_{-\infty}^{+\infty}\mathrm{e}^{-x^2}\mathrm{d}x\int_{-\infty}^{+\infty}\mathrm{e}^{-y^2}\mathrm{d}y\int_{-\infty}^{+\infty}\mathrm{e}^{-z^2}\mathrm{d}z$$

$$=\left(\int_{-\infty}^{+\infty}\mathrm{e}^{-x^2}\mathrm{d}x\right)^3=\pi^{\frac{3}{2}}.$$

**例 54** 设 $D$ 是由第一象限内的抛物线 $y=x^2$,圆周 $x^2+y^2=1$ 以及 $x$ 轴所围的平面区域,证明: $\displaystyle\iint\limits_{D}\frac{\mathrm{d}x\mathrm{d}y}{x^2+y^2}$ 收敛.

**证明** 取 $r>0$ 充分小,设 $D_r=\{(x,y)\mid 0\leqslant y\leqslant x^2,0\leqslant x\leqslant r\}$,$x_0$ 是抛物线 $y=x^2$ 与圆周 $x^2+y^2=1$ 交点的横坐标,则

$$\iint\limits_{D\backslash D_r}\frac{\mathrm{d}x\mathrm{d}y}{x^2+y^2}=\int_r^{x_0}\mathrm{d}x\int_0^{x^2}\frac{\mathrm{d}y}{x^2+y^2}+\int_{x_0}^1\mathrm{d}x\int_0^{\sqrt{1-x^2}}\frac{\mathrm{d}y}{x^2+y^2}$$

$$= \int_r^{x_0} \frac{\arctan x}{x} \mathrm{d}x + \int_{x_0}^1 \mathrm{d}x \int_0^{\sqrt{1-x^2}} \frac{\mathrm{d}y}{x^2 + y^2},$$

由于 $\displaystyle\lim_{r \to 0} \int_r^{x_0} \frac{\arctan x}{x} \mathrm{d}x$ 存在,所以 $\displaystyle\lim_{r \to 0} \iint\limits_{D \backslash D_r} \frac{\mathrm{d}x\mathrm{d}y}{x^2 + y^2}$ 存在,即反常积分 $\displaystyle\iint\limits_{D} \frac{\mathrm{d}x\mathrm{d}y}{x^2 + y^2}$ 收敛.

**例 55**　设 $F(t) = \displaystyle\iint\limits_{\substack{0 \leqslant x \leqslant t \\ 0 \leqslant y \leqslant t}} \mathrm{e}^{-\frac{tx}{y^2}} \mathrm{d}x\mathrm{d}y$,求 $F'(t)$.

**解**　当 $t > 0$ 时,令 $\begin{cases} x = tu \\ y = tv \end{cases}$,则 $\dfrac{\partial(x,y)}{\partial(u,v)} = t^2$,于是

$$F(t) = t^2 \iint\limits_{\substack{0 \leqslant u \leqslant 1 \\ 0 \leqslant v \leqslant 1}} \mathrm{e}^{-\frac{u}{v^2}} \mathrm{d}u\mathrm{d}v,$$

所以

$$F'(t) = 2t \iint\limits_{\substack{0 \leqslant u \leqslant 1 \\ 0 \leqslant v \leqslant 1}} \mathrm{e}^{-\frac{u}{v^2}} \mathrm{d}u\mathrm{d}v = \frac{2F(t)}{t}.$$

当 $t = 0$ 时,$F(0) = 0$,易得

$$F'(0) = \lim_{t \to 0^+} \frac{F(t) - F(0)}{t} = 0.$$

**例 56**　设函数 $f(x)$ 在 $[0, a]$ 上连续,证明

$$\iint\limits_{0 \leqslant y \leqslant x \leqslant a} \frac{f(y)}{\sqrt{(a-x)(x-y)}} \mathrm{d}x\mathrm{d}y = \pi \int_0^a f(x)\mathrm{d}x.$$

**证明**　由于

$$\iint\limits_{0 \leqslant y \leqslant x \leqslant a} \frac{f(y)}{\sqrt{(a-x)(x-y)}} \mathrm{d}x\mathrm{d}y = \int_0^a f(y)\mathrm{d}y \int_y^a \frac{1}{\sqrt{(a-x)(x-y)}} \mathrm{d}x,$$

在积分 $\displaystyle\int_y^a \frac{1}{\sqrt{(a-x)(x-y)}} \mathrm{d}x$ 中,令 $x = y\cos^2 t + a\sin^2 t$,则 $\mathrm{d}x = (a-y)\sin 2t\,\mathrm{d}t$,且当 $x$ 取 $y \to a$ 时,$t$ 取 $0 \to \dfrac{\pi}{2}$,于是

$$\int_y^a \frac{1}{\sqrt{(a-x)(x-y)}} \mathrm{d}x = \int_0^{\frac{\pi}{2}} 2\mathrm{d}t = \pi,$$

所以

$$\iint\limits_{0 \leqslant y \leqslant x \leqslant a} \frac{f(y)}{\sqrt{(a-x)(x-y)}} \mathrm{d}x\mathrm{d}y = \pi \int_0^a f(x)\mathrm{d}x.$$

## 第11讲

# 曲线积分与曲面积分

## 一、曲线积分

### 1. 第一类曲线积分的定义与计算

**定义 1** 设 $L$ 是空间 $\mathbf{R}^3$ 上一条可求长的连续曲线,其端点为 $A$ 和 $B$,函数 $f(x,y,z)$ 在 $L$ 上有界. 令 $A=P_0$, $B=P_n$. 在 $L$ 上从 $A$ 到 $B$ 顺序地插入分点 $P_1$, $P_2$, $\cdots$, $P_{n-1}$, 再分别在每个小弧段 $P_{i-1}P_i$ 上任取一点 $(\xi_i,\eta_i,\zeta_i)$, 并记第 $i$ 个小弧段的长度为 $\Delta s_i (i=1, 2,\cdots,n)$, 作和式

$$\sum_{i=1}^{n} f(\xi_i,\eta_i,\zeta_i)\Delta s_i,$$

如果当所有小弧段的最大长度 $\lambda$ 趋于零时,这个和式的极限存在,且与分点 $\{P_i\}$ 的取法及 $P_{i-1}P_i$ 上的点 $(\xi_i,\eta_i,\zeta_i)$ 的取法无关,那么称这个极限值为 $f(x,y,z)$ 在曲线 $L$ 上的第一类曲线积分,记为

$$\int_L f(x,y,z)\mathrm{d}s \ \text{或} \int_L f(P)\mathrm{d}s,$$

即

$$\int_L f(x,y,z)\mathrm{d}s = \lim_{\lambda \to 0}\sum_{i=1}^{n} f(\xi_i,\eta_i,\zeta_i)\Delta s_i,$$

其中 $f(x,y,z)$ 称为被积函数, $L$ 称为积分路径.

在平面情形下,函数 $f(x,y)$ 在平面曲线 $L$ 上的第一类曲线积分记为 $\displaystyle\int_L f(x,y)\mathrm{d}s$.

第一型曲线积分具有与定积分完全类似的性质.

设 $L$ 的方程为 $x=x(t)$, $y=y(t)$, $z=z(t)$, $t\in[\alpha,\beta]$,其中 $x(t)$, $y(t)$, $z(t)$ 具有连续导数,且 $x'(t)$, $y'(t)$, $z'(t)$ 不同时为零,那么 $L$ 可求长,且曲线的弧长为

$$s=\int_\alpha^\beta f(x(t),y(t),z(t))\sqrt{x'^2(t)+y'^2(t)+z'^2(t)}\,\mathrm{d}t.$$

**定理 1** 设 $L$ 为光滑曲线,函数 $f(x,y,z)$ 在 $L$ 上连续. 则 $f(x,y,z)$ 在 $L$ 上的第一类曲线积分存在,且

$$\int_L f(x,y,z)\mathrm{d}s = \int_\alpha^\beta f(x(t),y(t),z(t))\sqrt{x'^2(t)+y'^2(t)+z'^2(t)}\,\mathrm{d}t.$$

**2. 第二类曲线积分的定义与计算**

**定义 2**　设 $L$ 为一条定向的光滑曲线,起点为 $A$,终点为 $B$. 在 $L$ 每一点取单位切向量 $\boldsymbol{\tau} = (\cos \alpha, \cos \beta, \cos \gamma)$,使它与 $L$ 的方向一致. 设

$$\boldsymbol{f}(x, y, z) = P(x, y, z)\boldsymbol{i} + Q(x, y, z)\boldsymbol{j} + R(x, y, z)\boldsymbol{k}$$

是定义在 $L$ 上的向量值函数,则称

$$\int_L \boldsymbol{f} \cdot \boldsymbol{\tau} \mathrm{d}s = \int_L (P(x, y, z)\cos \alpha + Q(x, y, z)\cos \beta + R(x, y, z)\cos \gamma)\mathrm{d}s$$

$$= \int_L P(x, y, z)\mathrm{d}x + Q(x, y, z)\mathrm{d}y + R(x, y, z)\mathrm{d}z$$

为 $\boldsymbol{f}$ 在 $L$ 上的第二类曲线积分.

设光滑曲线 $L$ 的方程为 $x = x(t), y = y(t), z = z(t), t:a \to b$(这里 $t:a \to b$ 表示参数 $t$ 从 $a$ 变化到 $b$),这就确定了 $L$ 的方向,则 $L$ 是可求长的,且曲线的弧长的微分

$$\mathrm{d}s = \sqrt{x'^2(t) + y'^2(t) + z'^2(t)}\, \mathrm{d}t.$$

注意到 $(x'(t), y'(t), z'(t))$ 是曲线的切向量,因此它的单位切向量为

$$\boldsymbol{\tau} = (\cos \alpha, \cos \beta, \cos \gamma) = \frac{1}{\sqrt{\sqrt{x'^2(t) + y'^2(t) + z'^2(t)}}}(x'(t), y'(t), z'(t)).$$

若向量值函数

$$\boldsymbol{f}(x, y, z) = P(x, y, z)\boldsymbol{i} + Q(x, y, z)\boldsymbol{j} + R(x, y, z)\boldsymbol{k}$$

在 $L$ 上连续,那么由定理 1 得到第二类曲线积分的计算公式

$$\int_L P(x, y, z)\mathrm{d}x + Q(x, y, z)\mathrm{d}y + R(x, y, z)\mathrm{d}z$$

$$= \int_L (P(x, y, z)\cos \alpha + Q(x, y, z)\cos \beta + R(x, y, z)\cos \gamma)\mathrm{d}s$$

$$= \int_L (P(x(t), y(t), z(t))x'(t) + Q(x(t), y(t), z(t))y'(t) +$$

$$R(x(t), y(t), z(t))z'(t))\mathrm{d}t.$$

特别地,如果 $L$ 的方程是 $x = x(t), y = y(t), t:a \to b$,那么

$$\int_L P(x, y)\mathrm{d}x + Q(x, y)\mathrm{d}y = \int_L (P(x(t), y(t))x'(t) + Q(x(t), y(t))y'(t))\mathrm{d}t.$$

## 二、曲面积分

**1. 第一类曲面积分的定义与计算**

**定义 3**　设 $S$ 是空间中可求面积的曲面,$f(x, y, z)$ 为定义在 $S$ 上的函数. 对曲面 $S$ 作分割 $T$,它把 $S$ 分成 $n$ 个小曲面块 $S_i (i = 1, 2, \cdots, n)$,以 $\Delta S_i$ 记小曲面块 $S_i$ 的面积,分割 $T$ 的细度 $\|T\| = \max_{1 \leqslant i \leqslant n}\{S_i \text{ 的直径}\}$,在 $S_i$ 上任取一点 $(\xi_i, \eta_i, \zeta_i) (i = 1, 2, \cdots, n)$,若极限

$$\lim_{\|T\| \to 0} \sum_{i=1}^{n} f(\xi_i, \eta_i, \zeta_i) \Delta S_i$$

存在,且与分割 $T$ 及 $(\xi_i, \eta_i, \zeta_i) (i = 1, 2, \cdots, n)$ 的取法无关,则称此极限为 $f(x, y, z)$ 在 $S$ 上的第一类曲面积分,记作

$$\iint_S f(x,y,z)\mathrm{d}s.$$

**定理 2** 设有光滑曲面

$$S: z = z(x,y), (x,y) \in D,$$

$f(x,y,z)$ 为 $S$ 上的连续函数,则

$$\iint_S f(x,y,z)\mathrm{d}s = \iint_D f(x,y,z(x,y))\sqrt{1+z_x^2+z_y^2}\,\mathrm{d}x\mathrm{d}y.$$

**定理 3** 若光滑曲面 $S$ 由参数方程给出

$$S: \begin{cases} x = x(u,v) \\ y = y(u,v) \,, (u,v) \in D, \\ z = z(u,v) \end{cases}$$

$f(x,y,z)$ 为 $S$ 上的连续函数,则

$$\iint_S f(x,y,z)\mathrm{d}s = \iint_D f(x(u,v),y(u,v),z(u,v))\sqrt{EG-F^2}\,\mathrm{d}u\mathrm{d}v,$$

其中

$$E = x_u^2 + y_u^2 + z_u^2, F = x_u x_v + y_u y_v + z_u z_v, G = x_v^2 + y_v^2 + z_v^2,$$

这里还要求雅可比行列式 $\dfrac{\partial(x,y)}{\partial(u,v)}, \dfrac{\partial(y,z)}{\partial(u,v)}, \dfrac{\partial(z,x)}{\partial(u,v)}$ 中至少有一个不等于零.

**2. 第二型曲面积分的定义与计算**

**定义 4** 设 $P,Q,R$ 为定义在双侧曲面 $S$ 上的函数,在 $S$ 所指定的一侧作分割 $T$,它把 $S$ 分成 $n$ 个小曲面 $S_1, S_2, \cdots, S_n$,分割 $T$ 的细度 $\|T\| = \max\limits_{1\leqslant i\leqslant n}\{S_i$ 的直径$\}$,以 $\Delta S_{i_{yz}}, \Delta S_{i_{zx}}$, $\Delta S_{i_{xy}}$ 分别表示 $S_i$ 在三个坐标平面上的投影区域的面积,它们的符号由 $S_i$ 的方向来确定. 如 $S_i$ 的法线正向与 $z$ 轴正向成锐角时,$S_i$ 在 $xy$ 平面投影区域的面积 $\Delta S_{i_{xy}}$ 为正,反之为负. 在各个小曲面 $S_i$ 上任取一点 $(\xi_i, \eta_i, \zeta_i)$,若

$$\lim_{\|T\|\to 0}\sum_{i=1}^n f(\xi_i,\eta_i,\zeta_i)\Delta S_{i_{yz}} + \lim_{\|T\|\to 0}\sum_{i=1}^n f(\xi_i,\eta_i,\zeta_i)\Delta S_{i_{zx}} + \lim_{\|T\|\to 0}\sum_{i=1}^n f(\xi_i,\eta_i,\zeta_i)\Delta S_{i_{xy}}$$

存在,且与曲面 $S$ 的分割 $T$ 和 $(\xi_i,\eta_i,\zeta_i)$ 在 $S_i$ 上的取法无关,则称此极限为函数 $P,Q,R$ 在曲面 $S$ 的指定的一侧上的第二型曲面积分,记作

$$\iint_S P(x,y,z)\mathrm{d}y\mathrm{d}z + Q(x,y,z)\mathrm{d}z\mathrm{d}x + R(x,y,z)\mathrm{d}x\mathrm{d}y. \tag{1}$$

若以 $-S$ 表示 $S$ 的另一侧,则

$$\iint_{-S} P(x,y,z)\mathrm{d}y\mathrm{d}z + Q(x,y,z)\mathrm{d}z\mathrm{d}x + R(x,y,z)\mathrm{d}x\mathrm{d}y$$

$$= -\iint_S P(x,y,z)\mathrm{d}y\mathrm{d}z + Q(x,y,z)\mathrm{d}z\mathrm{d}x + R(x,y,z)\mathrm{d}x\mathrm{d}y.$$

此外,式(1)可表示为

$$\iint_S P\mathrm{d}y\mathrm{d}z + \iint_S Q\mathrm{d}z\mathrm{d}x + \iint_S R\mathrm{d}x\mathrm{d}y.$$

**定理 4** 设 $R(x,y,z)$ 是定义在光滑曲面

$$S:z=z(x,y),(x,y)\in D_{xy}$$

上的连续函数,以 $S$ 的上侧为正侧(这时 $S$ 的法线与 $z$ 轴成锐角),则有

$$\iint\limits_{S}R(x,y,z)\mathrm{d}x\mathrm{d}y=\iint\limits_{D_{xy}}R(x,y,z(x,y))\mathrm{d}x\mathrm{d}y.$$

**定理 5**　若光滑曲面 $S$ 由参数方程给出

$$S:\begin{cases}x=x(u,v)\\y=y(u,v),(u,v)\in D,\\z=z(u,v)\end{cases}$$

$P,Q,R$ 为 $S$ 上的连续函数,若在 $D$ 上各点它们的雅可比行列式 $\dfrac{\partial(x,y)}{\partial(u,v)},\dfrac{\partial(y,z)}{\partial(u,v)},\dfrac{\partial(z,x)}{\partial(u,v)}$

不同时为零,则分别有

$$\iint\limits_{S}P\mathrm{d}y\mathrm{d}z=\pm\iint\limits_{D}P(x(u,v),y(u,v),z(u,v))\,\frac{\partial(y,z)}{\partial(u,v)}\mathrm{d}u\mathrm{d}v$$

$$\iint\limits_{S}Q\mathrm{d}z\mathrm{d}x=\pm\iint\limits_{D}Q(x(u,v),y(u,v),z(u,v))\,\frac{\partial(z,x)}{\partial(u,v)}\mathrm{d}u\mathrm{d}v,$$

$$\iint\limits_{S}R\mathrm{d}x\mathrm{d}y=\pm\iint\limits_{D}R(x(u,v),y(u,v),z(u,v))\,\frac{\partial(x,y)}{\partial(u,v)}\mathrm{d}u\mathrm{d}v$$

其中正负号分别对应曲面 $S$ 的两个侧面:当 $uv$ 平面的正方向对应于曲面 $S$ 所选定的正向一侧时,取正号,否则取负号.

### 三、几类积分之间的联系

#### 1. 两类曲线积分间的联系

设 $L$ 为从 $A$ 到 $B$ 的有向光滑曲线,它以弧长 $s$ 为参数,即 $L:x=x(s),y=y(s),z=z(s),0\leqslant s\leqslant l$,其中 $l$ 为曲线 $L$ 的全长,且 $A(x(0),y(0),z(0)),B(x(l),y(l),z(l))$ 曲线 $L$ 上每一点的切线方向指向弧长增加的方向,以 $\langle\boldsymbol{\tau},x\rangle,\langle\boldsymbol{\tau},y\rangle,\langle\boldsymbol{\tau},z\rangle$ 表示切线方向 $\boldsymbol{\tau}$ 与 $x$ 轴、$y$ 轴、$z$ 轴正向的夹角,则在曲线每一点的切线的方向余弦是

$$\frac{\mathrm{d}x}{\mathrm{d}s}=\cos\langle\boldsymbol{\tau},x\rangle,\frac{\mathrm{d}y}{\mathrm{d}s}=\cos\langle\boldsymbol{\tau},y\rangle,\frac{\mathrm{d}z}{\mathrm{d}s}=\cos\langle\boldsymbol{\tau},z\rangle.$$

若 $P(x,y,z),Q(x,y,z),R(x,y,z)$ 为 $L$ 上的连续函数,则有

$$\int_{L}P\mathrm{d}x+Q\mathrm{d}y+R\mathrm{d}z$$

$$=\int_{0}^{l}(P(x(s),y(s),z(s))\cos\langle\boldsymbol{\tau},x\rangle+Q(x(s),y(s),z(s))\cos\langle\boldsymbol{\tau},y\rangle+$$

$$R(x(s),y(s),z(s))\cos\langle\boldsymbol{\tau},z\rangle)\mathrm{d}s$$

$$=\int_{L}(P(x,y,z)\cos\langle\boldsymbol{\tau},x\rangle+Q(x,y,z)\cos\langle\boldsymbol{\tau},y\rangle+$$

$$R(x,y,z)\cos\langle\boldsymbol{\tau},z\rangle)\mathrm{d}s.$$

#### 2. 两类曲面积分之间的联系

设 $S$ 为光滑曲面,并以上侧为正,$R$ 为 $S$ 上的连续函数,曲面积分在 $S$ 的正侧进行,则

$$\iint\limits_{S} R(x,y,z)\mathrm{d}x\mathrm{d}y = \iint\limits_{S} R(x,y,z)\cos\gamma\mathrm{d}S,$$

其中,$\gamma$ 为曲面 $S$ 的正侧与 $z$ 轴正向的夹角. 一般地

$$\iint\limits_{S} P\mathrm{d}y\mathrm{d}z + Q\mathrm{d}z\mathrm{d}x + R\mathrm{d}x\mathrm{d}y = \iint\limits_{S}(P\cos\alpha + Q\cos\beta + R\cos\gamma)\mathrm{d}S,$$

其中$(\cos\alpha,\cos\beta,\cos\gamma)$ 为 $S$ 上的法线的方向余弦函数.

**3. 第二型曲线积分与重积分的关系**

(1) 格林(Green) 公式

**定理 6** 若函数 $P(x,y),Q(x,y)$ 在闭区域 $D$ 上连续,且有连续的一阶偏导数,则

$$\oint_{L} P\mathrm{d}x + Q\mathrm{d}y = \iint\limits_{D}\left(\frac{\partial Q}{\partial x} - \frac{\partial P}{\partial y}\right)\mathrm{d}x\mathrm{d}y,$$

这里 $L$ 为区域 $D$ 的边界,并取正方向.

(2) 曲线积分与路径的无关性

**定理 7** 设 $D$ 是单连通闭区域. 若 $P(x,y),Q(x,y)$ 在 $D$ 内连续,且具有一阶连续偏导数,则下列四个条件等价:

(ⅰ) 对 $D$ 内任一按段光滑封闭曲线 $L$,有 $\oint_{L} P\mathrm{d}x + Q\mathrm{d}y = 0$;

(ⅱ) 对 $D$ 内任一按段光滑曲线 $L$,曲线积分 $\oint_{L} P\mathrm{d}x + Q\mathrm{d}y$ 只与 $L$ 的起点及终点有关,而与路线无关:

(ⅲ) $P\mathrm{d}x + Q\mathrm{d}y$ 是 $D$ 内某一函数 $u(x,y)$ 的全微分,即在 $D$ 内有 $\mathrm{d}u = P\mathrm{d}x + Q\mathrm{d}y$;

(ⅳ) 在 $D$ 内处处有 $\dfrac{\partial Q}{\partial x} = \dfrac{\partial P}{\partial y}$.

**注** 满足条件(ⅲ)中的函数 $u(x,y)$,称为 $P\mathrm{d}x + Q\mathrm{d}y$. 求原函数可用特殊路线.

**4. 第二型曲线积分与第二型曲面积分的关系(斯托克斯(Stokes) 公式)**

**定理 8** 设光滑曲面 $S$ 的边界 $L$ 是按段光滑的连续曲线. 若 $P,Q,R$ 在 $S$(连同 $L$) 内连续,且具有一阶连续偏导数,则

$$\oint_{L} P\mathrm{d}x + Q\mathrm{d}y + R\mathrm{d}z = \iint\limits_{S}\left(\frac{\partial R}{\partial y} - \frac{\partial Q}{\partial z}\right)\mathrm{d}y\mathrm{d}z + \left(\frac{\partial P}{\partial z} - \frac{\partial R}{\partial x}\right)\mathrm{d}z\mathrm{d}x + \left(\frac{\partial Q}{\partial x} - \frac{\partial P}{\partial y}\right)\mathrm{d}x\mathrm{d}y$$

$$= \iint\limits_{S}\begin{vmatrix} \mathrm{d}y\mathrm{d}z & \mathrm{d}z\mathrm{d}x & \mathrm{d}x\mathrm{d}y \\ \dfrac{\partial}{\partial x} & \dfrac{\partial}{\partial y} & \dfrac{\partial}{\partial z} \\ P & Q & R \end{vmatrix},$$

其中 $S$ 的侧面与 $L$ 的方向按右手法则确定.

**定理 9** 设 $\Omega \subset \mathbf{R}^3$ 为空间单连通区域. 函数 $P,Q,R$ 在 $\Omega$ 上连续,且有一阶连续偏导数,则下列四个条件是等价的:

(1) 对于 $\Omega$ 内任一按段光滑的封闭曲线 $L$ 有

$$\oint_{L} P\mathrm{d}x + Q\mathrm{d}y + R\mathrm{d}z = 0.$$

(2) 对于 $\Omega$ 内任一(按段) 光滑的曲线 $L$ 上的曲线积分 $\int_{L} P\mathrm{d}x + Q\mathrm{d}y + R\mathrm{d}z$ 与路线无

关;

（3）$P\mathrm{d}x + Q\mathrm{d}y + R\mathrm{d}z$ 是 $\Omega$ 内某一函数的全微分；

（4）$\dfrac{\partial P}{\partial y} = \dfrac{\partial Q}{\partial x}, \dfrac{\partial Q}{\partial z} = \dfrac{\partial R}{\partial y}, \dfrac{\partial R}{\partial x} = \dfrac{\partial P}{\partial z}$ 在 $R$ 内处处成立.

**5. 第二型曲面积分与三重积分之间的联系（高斯公式）**

**定理 10**　设空间区域 $V$ 由分片光滑的双侧封闭曲面 $S$ 围成. 若函数 $P,Q,R$ 在 $V$ 上连续，且有一阶连续偏导数，则

$$\oiint_{S} P\mathrm{d}y\mathrm{d}z + Q\mathrm{d}z\mathrm{d}x + R\mathrm{d}x\mathrm{d}y = \iiint_{V} \left( \frac{\partial P}{\partial x} + \frac{\partial Q}{\partial y} + \frac{\partial R}{\partial z} \right) \mathrm{d}x\mathrm{d}y\mathrm{d}z,$$

其中 $S$ 取外侧.

## 四、重积分的应用

### 1. 曲面的面积

设 $D$ 为可求面积的平面有界区域，函数 $f(x,y)$ 在 $D$ 上具有连续的一阶偏导数，则由方程

$$z = f(x,y), (x,y) \in D$$

所确定的曲面 $S$ 的面积 $\Delta S$ 为

$$\Delta S = \iint_{D} \sqrt{1 + f_x^2 + f_y^2}\,\mathrm{d}x\mathrm{d}y = \iint_{D} \frac{\mathrm{d}x\mathrm{d}y}{|\cos\langle \boldsymbol{n}, z \rangle|},$$

$\cos\langle \boldsymbol{n}, z \rangle$ 为曲面法向量 $\boldsymbol{n}$ 与 $z$ 轴正向夹角的余弦.

若空间曲面是以参数方程 $x = x(u,v), y = y(u,v), z = z(u,v), (u,v) \in D$ 表示，其中 $x(u,v), y(u,v), z(u,v)$ 在 $D$ 上具有连续的一阶偏导数，且 $\dfrac{\partial(x,y)}{\partial(u,v)}, \dfrac{\partial(y,z)}{\partial(u,v)}, \dfrac{\partial(z,x)}{\partial(u,v)}$ 中至少有一个不为零，则曲面面积公式为

$$\Delta S = \iint_{D} \sqrt{EG - F^2}\,\mathrm{d}u\mathrm{d}v,$$

其中

$$E = x_u^2 + y_u^2 + z_u^2, F = x_u x_v + y_u y_v + z_u z_v, G = x_v^2 + y_v^2 + z_v^2.$$

### 2. 重心坐标

设 $V$ 是密度函数为 $\rho(x,y,z)$ 的空间物体，$\rho(x,y,z)$ 在 $V$ 上连续，则 $V$ 的重心坐标为

$$\bar{x} = \frac{\iiint_{V} x\rho(x,y,z)\mathrm{d}V}{\iiint_{V} \rho(x,y,z)\mathrm{d}V}, \bar{y} = \frac{\iiint_{V} y\rho(x,y,z)\mathrm{d}V}{\iiint_{V} \rho(x,y,z)\mathrm{d}V}, \bar{z} = \frac{\iiint_{V} z\rho(x,y,z)\mathrm{d}V}{\iiint_{V} \rho(x,y,z)\mathrm{d}V}.$$

### 3. 转动惯量

在前面的假设条件下，物体 $V$ 关于 $x$ 轴、$y$ 轴、$z$ 轴的转动惯量为

$$J_x = \iiint_{V} (y^2 + z^2)\rho(x,y,z)\mathrm{d}V,$$

$$J_y = \iiint_{V} (x^2 + z^2)\rho(x,y,z)\mathrm{d}V,$$

$$J_z = \iiint\limits_{V} (x^2 + y^2)\rho(x,y,z)\mathrm{d}V,$$

对于坐标平面的转动惯量分别为

$$J_{xy} = \iiint\limits_{V} z^2 \rho(x,y,z)\mathrm{d}V, J_{yz} = \iiint\limits_{V} x^2 \rho(x,y,z)\mathrm{d}V, J_{zx} = \iiint\limits_{V} y^2 \rho(x,y,z)\mathrm{d}V.$$

### 4. 引力

密度为 $\rho(x,y,z)$ 的立体 $V$ 对体外质量为 1 的质点的引力为

$$\boldsymbol{F} = F_x \boldsymbol{i} + F_y \boldsymbol{j} + F_z \boldsymbol{k},$$

其中

$$F_x = k \iiint\limits_{V} \frac{x-\xi}{r^3} \rho \mathrm{d}V, F_y = k \iiint\limits_{V} \frac{y-\eta}{r^3} \rho \mathrm{d}V, F_z = k \iiint\limits_{V} \frac{z-\zeta}{r^3} \rho \mathrm{d}V,$$

而 $(\xi,\eta,\zeta)$ 为质点的坐标，$k$ 为引力系数

$$r = \sqrt{(x-\xi)^2 + (y-\eta)^2 + (z-\zeta)^2}.$$

## 五、场论初步

### 1. 通量与散度

**定义 5** 设 $\boldsymbol{a}(x,y,z) = P(x,y,z)\boldsymbol{i} + Q(x,y,z)\boldsymbol{j} + R(x,y,z)\boldsymbol{k}, (x,y,z) \in \Omega$ 是一个向量场，$P(x,y,z), Q(x,y,z), R(x,y,z)$ 在 $\Omega$ 上具有连续偏导数. $\Sigma$ 为场中的定向曲面，称曲面积分

$$\Phi = \iint\limits_{\Sigma} \boldsymbol{a} \cdot \mathrm{d}\boldsymbol{S}$$

为向量场 $\boldsymbol{a}$ 沿指定侧通过曲面 $\Sigma$ 的通量.

设 $M$ 为这个场中任一点. 称

$$\frac{\partial P(M)}{\partial x} + \frac{\partial Q(M)}{\partial y} + \frac{\partial R(M)}{\partial z}$$

为向量场 $\boldsymbol{a}$ 在点 $M$ 的散度，记为 $\mathrm{div}\,\boldsymbol{a}(M)$.

利用散度的记号，高斯公式就可写成如下形式

$$\iiint\limits_{\Omega} \mathrm{div}\,\boldsymbol{a}\mathrm{d}V = \iint\limits_{\partial\Omega} \boldsymbol{a} \cdot \mathrm{d}\boldsymbol{S}.$$

设 $M$ 为这个场中任一点. 作包含 $M$ 的一张封闭曲面 $\Sigma$，记 $\Sigma$ 所围成的区域为 $V,V$ 的体积记为 $mV$.

**定理 11** $\boldsymbol{a}$ 的散度是通量关于体积的变化率，即

$$\mathrm{div}\,\boldsymbol{a}(M) = \lim_{V \to M} \frac{\displaystyle\iint\limits_{\Sigma} \boldsymbol{a} \cdot \mathrm{d}\boldsymbol{S}}{mV}.$$

### 2. 环量与旋度

**定义 6** 设 $\boldsymbol{a}(x,y,z) = P(x,y,z)\boldsymbol{i} + Q(x,y,z)\boldsymbol{j} + R(x,y,z)\boldsymbol{k}, (x,y,z) \in \Omega$ 是一个向量场，$P(x,y,z), Q(x,y,z), R(x,y,z)$ 在 $\Omega$ 上具有连续偏导数.

设 $\Gamma$ 为场中的定向曲线，称曲线积分

$$\int_{\Gamma} \boldsymbol{a} \cdot \mathrm{d}\boldsymbol{S}$$

为向量场 $\boldsymbol{a}$ 沿定向曲线 $\Gamma$ 的环量.

设 $M$ 为这个场中任一点. 称向量

$$\begin{vmatrix} \boldsymbol{i} & \boldsymbol{j} & \boldsymbol{k} \\ \dfrac{\partial}{\partial x} & \dfrac{\partial}{\partial y} & \dfrac{\partial}{\partial z} \\ P & Q & R \end{vmatrix}_{M} = \left(\frac{\partial R}{\partial y} - \frac{\partial Q}{\partial z}\right)_{M}\boldsymbol{i} + \left(\frac{\partial P}{\partial z} - \frac{\partial R}{\partial x}\right)_{M}\boldsymbol{j} + \left(\frac{\partial Q}{\partial x} - \frac{\partial P}{\partial y}\right)_{M}\boldsymbol{k}$$

为向量场 $\boldsymbol{a}$ 在点 $M$ 的旋度,记为 $\operatorname{rot}\boldsymbol{a}(M)$ 或 $\operatorname{curl}\boldsymbol{a}(M)$.

斯托克斯公式就可写成

$$\iint_{\Sigma} \operatorname{rot}\boldsymbol{a} \cdot \mathrm{d}\boldsymbol{S} = \int_{\partial\Sigma} \boldsymbol{a} \cdot \mathrm{d}\boldsymbol{S}.$$

对于旋度可以作类似于散度的解释. 在场中一点 $M$ 处任取一个向量 $\boldsymbol{n}$,作小平面片 $\Sigma$ 过点 $M$ 且以 $\boldsymbol{n}$ 为法向量,并按右手法则取定 $\partial\Sigma$ 的方向. 记 $\Sigma$ 的面积为 $m\Sigma$. 如果 $\Sigma$ 收缩到点 $M$ 时(记为 $\Sigma \to M$)

$$\frac{\int_{\partial\Sigma} \boldsymbol{a} \cdot \mathrm{d}\boldsymbol{S}}{m\Sigma}$$

的极限存在,那么称此极限值为向量场 $\boldsymbol{a}$ 在点 $M$ 沿方向 $\boldsymbol{n}$ 的环量面密度. 它的环量关于面积的变化率,即沿平面上单位面积边缘的环量.

**定理 12**　向量场 $\boldsymbol{a}$ 在点 $M$ 的旋度就是这样一个向量;$\boldsymbol{a}$ 在点 $M$ 处沿旋度方向的环量面密度最大,而且最大值就是 $\|\operatorname{rot}\boldsymbol{a}(M)\|$.

**典型例题**

**例 1**　求下列第一类曲线积分:

(1) $\displaystyle\int_{L} (x+y)\mathrm{d}s$,其中 $L$ 是以 $O(0,0),A(1,0),B(0,1)$ 为顶点的三角形;

(2) $\displaystyle\int_{L} |y|\mathrm{d}s$,其中 $L$ 为单位圆周 $x^2+y^2=1$;

(3) $\displaystyle\int_{L} |x|^{1/3}\mathrm{d}s$,其中 $L$ 为星形线 $x^{2/3}+y^{2/3}=a^{2/3}$;

(4) $\displaystyle\int_{L} |x|\mathrm{d}s$,其中 $L$ 为双纽线 $(x^2+y^2)^2=x^2-y^2$;

(5) $\displaystyle\int_{L} (x^2+y^2+z^2)\mathrm{d}s$,$L$ 为一段螺旋线 $x=a\cos t,y=a\sin t,z=bt,0 \leqslant t \leqslant 2\pi$;

(6) $\displaystyle\int_{L} xyz\,\mathrm{d}s$,其中 $L$ 为曲线 $x=t,y=\dfrac{2\sqrt{2t^3}}{3},z=\dfrac{1}{2}t^2$ 上相应于 $t$ 从 0 变到 1 的一段弧;

(7) $\displaystyle\int_{L} (xy+yz+zx)\mathrm{d}s$,其中 $L$ 为球面 $x^2+y^2+z^2=a^2$ 和平面 $x+y+z=0$ 的交线.

**解** (1) $\int_L (x+y)\mathrm{d}s = \int_{OA}(x+y)\mathrm{d}s + \int_{AB}(x+y)\mathrm{d}s + \int_{BO}(x+y)\mathrm{d}s$

$$= \int_0^1 x\mathrm{d}x + \int_0^1 \sqrt{2}\,\mathrm{d}x + \int_0^1 y\mathrm{d}y = 1 + \sqrt{2}.$$

(2) $\int_L |y|\mathrm{d}s = \int_0^{2\pi} |\sin t|\,\mathrm{d}t = 4.$

(3) 令 $x = a\cos^3 t, y = a\sin^3 t$, 则 $\mathrm{d}s = 3a|\sin t\cos t|\,\mathrm{d}t$, 于是

$$\int_L |x|^{\frac{1}{3}}\mathrm{d}s = 3a^{\frac{4}{3}}\int_0^{2\pi} |\sin t\cos^2 t|\,\mathrm{d}t = 12a^{\frac{4}{3}}\int_0^{\frac{\pi}{2}}\sin t\cos^2 t\,\mathrm{d}t = 4a^{\frac{4}{3}}.$$

(4) 将 $L$ 表示为参数方程 $\begin{cases} x = \sqrt{\cos 2\theta}\cos\theta \\ y = \sqrt{\cos 2\theta}\sin\theta \end{cases}$, 再利用对称性, 就有

$$\int_L |x|\mathrm{d}s = 4\int_0^{\frac{\pi}{4}}\sqrt{\cos 2\theta}\cos\theta\sqrt{x'^2 + y'^2}\,\mathrm{d}\theta = 4\int_0^{\frac{\pi}{4}}\cos\theta\,\mathrm{d}\theta = 2\sqrt{2}.$$

(5) $\int_L (x^2 + y^2 + z^2)\mathrm{d}s = \int_0^{2\pi}(a^2 + b^2 t^2)\sqrt{a^2 + b^2}\,\mathrm{d}t$

$$= \frac{2\pi}{3}(3a^2 + 4\pi^2 b^2)\sqrt{a^2 + b^2}.$$

(6) $\int_L xyz\mathrm{d}s = \frac{\sqrt{2}}{3}\int_0^1 t^{\frac{9}{2}}\sqrt{1 + 2t + t^2}\,\mathrm{d}t = \frac{16\sqrt{2}}{143}.$

(7) 因为在 $L$ 上成立

$$xy + yz + zx = \frac{1}{2}\left[(x + y + z)^2 - (x^2 + y^2 + z^2)\right],$$

所以

$$\int_L (xy + yz + zx)\mathrm{d}s = -\frac{a^2}{2}\int_L \mathrm{d}s = -\pi a^3.$$

**例 2** 求椭圆周 $x = a\cos t, y = b\sin t, 0 \leqslant t \leqslant 2\pi$ 的质量, 已知曲线在点 $M(x,y)$ 处的线密度是 $\rho(x,y) = |y|$.

**解** 质量

$$m = \int_L \rho\mathrm{d}s = b\int_0^{2\pi} |\sin t|\sqrt{a^2\sin^2 t + b^2\cos^2 t}\,\mathrm{d}t$$

$$= 2b\int_0^{\pi}\sin t\sqrt{a^2 + (b^2 - a^2)\cos^2 t}\,\mathrm{d}t$$

$$= \begin{cases} 2b^2 + \dfrac{2a^2 b}{\sqrt{a^2 - b^2}}\arcsin\dfrac{\sqrt{a^2 - b^2}}{a}, & a > b \\[2mm] 4a^2, & a = b \\[2mm] 2b^2 + \dfrac{2a^2 b}{\sqrt{b^2 - a^2}}\ln\dfrac{b + \sqrt{b^2 - a^2}}{a}, & a < b \end{cases}.$$

**例 3** 计算 $\displaystyle\int_0^{\infty}\frac{\mathrm{e}^{-a^2 x^2} - \mathrm{e}^{-b^2 x^2}}{x^2}\mathrm{d}x$, 其中 $a > b > 0$.

**解** 令 $\sqrt{t}x = s$, 则有

$$\int_0^\infty \frac{e^{-a^2x^2} - e^{-b^2x^2}}{x^2} dx = \int_0^\infty \int_{a^2}^{b^2} e^{-tx^2} dt dx = \int_{a^2}^{b^2} dt \int_0^\infty e^{-tx^2} dx$$

$$= \int_{a^2}^{b^2} \frac{1}{\sqrt{t}} dt \int_0^\infty e^{-s^2} ds = \sqrt{\pi}(b-a).$$

**例 4**　计算 $\int_{\widehat{AB}} (x^2 - yz) dx + (y^2 - xz) dy + (z^2 - xy) dz$，此积分路径是从 $A(a,0,$

$0)$ 到 $B(a,0,h)$ 沿螺旋线 $x = a\cos\theta, y = a\sin\theta, z = \dfrac{h}{2\pi}\theta$ 取得.

**解**　设

$$P = x^2 - yz, Q = y^2 - xz, R = z^2 - xy,$$

则

$$R_y = Q_z, P_z = R_x, Q_x = P_y,$$

则积分与路径无关. 那么

$$\int_{\widehat{AB}} (x^2 - yz) dx + (y^2 - xz) dy + (z^2 - xy) dz$$

$$= \int_{(a,0,0)\to(a,0,h)} P dx + Q dy + R dz$$

$$= \int_0^h (z^2 - xy) dz = \frac{h^3}{3}.$$

**例 5**　求 $\oint_C \left( \left(x + \dfrac{1}{2}\right)^2 + \left(\dfrac{y}{2} + 1\right)^2 \right) ds, C: x^2 + y^2 = 1.$

**解**　连续两次应用对称性，有

$$\oint_C \left( \left(x + \frac{1}{2}\right)^2 + \left(\frac{y}{2} + 1\right)^2 \right) ds = \oint_C \left( x^2 + x + \frac{1}{4} + \frac{y^2}{4} + y + 1 \right) ds$$

$$= \oint_C x^2 ds + \frac{1}{4} \oint_C y^2 ds + \frac{5}{4} \oint_C ds$$

$$= \left(\frac{1}{2} + \frac{1}{8}\right) \oint_C (x^2 + y^2) ds + \frac{5}{4} \oint_C ds$$

$$= \left(\frac{1}{2} + \frac{1}{8} + \frac{5}{4}\right) \oint_C ds = \frac{15\pi}{4}.$$

**例 6**　计算 $\oint_L y dx + \sin x dy$，其中 $L$ 是由 $y = \cos x (0 \leqslant x \leqslant \pi)$，$y = -1$ 及 $x$ 轴所围成的闭曲线，取逆时针方向.

**解**　记 $D$ 为 $L$ 围成的区域，由格林公式，有

$$\oint_L y dx + \sin x dy = \iint_D \left( \frac{\partial \sin x}{\partial x} - \frac{\partial y}{\partial y} \right) dx dy = \iint_D (\cos x - 1) dx dy$$

$$= \int_0^\pi (\cos x - 1) dx \int_{-1}^{\cos x} dy$$

$$= \int_0^\pi (\cos x - 1)(\cos x + 1) dx$$

$$= \int_0^\pi (-\sin^2 x) dx = -\frac{1}{2}\pi.$$

**例7**  设 $f(x,y)$ 是连续函数，且 $f(x,y)=f(y,x)$，证明

$$\int_0^1 \mathrm{d}x \int_0^x f(x,y)\mathrm{d}y = \int_0^1 \mathrm{d}x \int_0^x f(1-x,1-y)\mathrm{d}y.$$

**证明**  应用变量替换，有

$$\int_0^1 \mathrm{d}x \int_0^x f(1-x,1-y)\mathrm{d}y = -\int_1^0 \mathrm{d}u \int_0^{1-u} f(u,1-y)\mathrm{d}y = \int_0^1 \mathrm{d}u \int_0^{1-u} f(u,1-y)\mathrm{d}y$$

$$= \int_0^1 \mathrm{d}x \int_0^{1-x} f(x,1-y)\mathrm{d}y = \int_0^1 \mathrm{d}x \int_1^x f(x,v)\mathrm{d}(1-v)$$

$$= \int_0^1 \mathrm{d}x \int_x^1 f(x,v)\mathrm{d}v = \int_0^1 \mathrm{d}x \int_x^1 f(x,y)\mathrm{d}y$$

$$= \int_0^1 \mathrm{d}x \int_0^x f(y,x)\mathrm{d}y = \int_0^1 \mathrm{d}x \int_0^x f(x,y)\mathrm{d}y.$$

**例8**  求第一型曲线积分

$$\int_\Gamma \sqrt{x^2+2y^2}\,\mathrm{d}s,$$

其中 $\Gamma$ 为 $x^2+y^2+z^2=a^2$ 与 $x=y$ 的交线.

**解**  联立方程 $\begin{cases} x^2+y^2+z^2=a^2 \\ x=y \end{cases}$，可得 $2x^2+z^2=a^2$. 设 $\Gamma$ 的参数方程为

$$x=\frac{a}{\sqrt{2}}\cos t, y=\frac{a}{\sqrt{2}}\cos t, z=a\sin t, 0\leqslant t\leqslant 2\pi,$$

则

$$\int_\Gamma \sqrt{x^2+2y^2}\,\mathrm{d}s = \int_\Gamma \sqrt{x^2+2x^2}\,\mathrm{d}s = \sqrt{3}\int_\Gamma |x|\,\mathrm{d}s$$

$$= \sqrt{3}\int_0^{2x} \left|\frac{a}{\sqrt{2}}\cos t\right| \sqrt{\left(\frac{\mathrm{d}x}{\mathrm{d}t}\right)^2 + \left(\frac{\mathrm{d}y}{\mathrm{d}t}\right)^2 + \left(\frac{\mathrm{d}z}{\mathrm{d}t}\right)^2}\,\mathrm{d}t$$

$$= \frac{\sqrt{6}}{2}a\int_0^{2\pi} |\cos t| \sqrt{\left(-\frac{a}{\sqrt{2}}\sin t\right)^2 + \left(-\frac{a}{\sqrt{2}}\sin t\right)^2 + (a\cos t)^2}\,\mathrm{d}t$$

$$= \frac{\sqrt{6}}{2}a^2\int_0^{2\pi} |\cos t|\,\mathrm{d}t$$

$$= 2\sqrt{6}a^2\int_0^{\frac{1}{2}\pi} \cos t\,\mathrm{d}t = 2\sqrt{6}a^2.$$

**例9**  计算曲线积分

$$\oint_L ((y-1)^2+2(z-2)^2)\mathrm{d}x + (2(x-3)^2+(z+1)^2)\mathrm{d}y + ((x+2)^2+2(y+3)^2)\mathrm{d}z,$$

其中 $L$ 为 $x+y+z=1$ 与三坐标面的交线，从上方看取逆时针方向.

**解**  令

$$P=(y-1)^2+2(z-2)^2, Q=2(x-3)^2+(z+1)^2, R=(x+2)^2+2(y+3)^2,$$

和 $S: x+y+z=1, x,y,z\geqslant 0$，取正向，则由斯托克斯公式知

$$I = \iint_S \begin{vmatrix} \cos\alpha & \cos\beta & \cos\gamma \\ \dfrac{\partial}{\partial x} & \dfrac{\partial}{\partial y} & \dfrac{\partial}{\partial z} \\ P & Q & R \end{vmatrix} \mathrm{d}S \left(\cos\alpha=\cos\beta=\cos\gamma=\frac{1}{\sqrt{3}}\right)$$

$$= \iint_S \frac{1}{\sqrt{3}} \cdot 2(x+y+z-6)\,\mathrm{d}S$$

$$= \frac{2}{\sqrt{3}} \iint_S (1-6)\,\mathrm{d}S = -5.$$

**例 10**　验证积分

$$\int_{(1,1,1)}^{(2,3,-4)} x\,\mathrm{d}x + y^2\,\mathrm{d}y - z^3\,\mathrm{d}z$$

与积分路径无关,并求出其积分.

**解**　因为

$$x\,\mathrm{d}x + y^2\,\mathrm{d}y - z^3\,\mathrm{d}z = \mathrm{d}\left(\frac{1}{2}x^2 + \frac{1}{3}y^3 - \frac{1}{4}z^4\right),$$

所以

$$\int_{(1,1,1)}^{(2,3,-4)} x\,\mathrm{d}x + y^2\,\mathrm{d}y - z^3\,\mathrm{d}z$$

与积分路径无关. 选取沿着平行于坐标轴的路径,有

$$\int_{(1,1,1)}^{(2,3,-4)} x\,\mathrm{d}x + y^2\,\mathrm{d}y - z^3\,\mathrm{d}z = \int_1^2 x\,\mathrm{d}x + \int_1^3 y^2\,\mathrm{d}y - \int_1^{-4} z^3\,\mathrm{d}z$$

$$= \frac{1}{2}(2^2 - 1^2) + \frac{1}{3}(3^3 - 1^3) - \frac{1}{4}((-4)^4 - 1^4)$$

$$= \frac{3}{2} + \frac{26}{3} - \frac{255}{4} = -\frac{643}{12}.$$

**例 11**　设 $l$ 为圆周 $x^2 + y^2 + z^2 = 1, x+y+z=0$,从 $x$ 轴正向看去,按逆时针方向,计算曲线积分 $\displaystyle\int 2y\,\mathrm{d}x + 3z\,\mathrm{d}y + 4x\,\mathrm{d}z$.

**解**　由方程组 $\begin{cases} x^2 + y^2 + z^2 = 1 \\ x+y+z = 0 \end{cases}$,消去 $z$ 可得

$$x^2 + xy + y^2 = \frac{1}{2},$$

即

$$\left(x + \frac{y}{2}\right)^2 + \left(\frac{\sqrt{3}}{2}y\right)^2 = \left(\frac{1}{\sqrt{2}}\right)^2.$$

令 $x + \dfrac{y}{2} = \dfrac{1}{\sqrt{2}}\cos\theta, \dfrac{\sqrt{3}}{2}y = \dfrac{1}{\sqrt{2}}\sin\theta, 0 \leqslant \theta \leqslant 2\pi$. 则

$$y = \frac{2}{\sqrt{6}}\sin\theta, \quad x = \frac{1}{\sqrt{2}}\cos\theta - \frac{1}{\sqrt{6}}\sin\theta, \quad z = -\frac{1}{\sqrt{2}}\cos\theta - \frac{1}{\sqrt{6}}\sin\theta,$$

于是

$$\int 2y\,\mathrm{d}x + 3z\,\mathrm{d}y + 4x\,\mathrm{d}z = \int_0^{2\pi} (2yx' + 3zy' + 4xz')\,\mathrm{d}\theta$$

$$= \int_0^{2\pi} \frac{1}{6}(-9\sqrt{3} - \sqrt{3}\cos 2\theta + 3\sin 2\theta)\,\mathrm{d}\theta = -3\sqrt{3}\pi.$$

**例 12**　设在某闭矩形区域 $D$ 上满足 $\dfrac{\partial Q}{\partial x} = \dfrac{\partial P}{\partial y}$. 证明: $u(x,y) = \displaystyle\int_{x_0}^x P(x,y)\,\mathrm{d}x +$

$$\int_{y_0}^{y} Q(x_0,y)\mathrm{d}y + u(x_0,y_0) \text{ 为 } P\mathrm{d}x + Q\mathrm{d}y \text{ 的原函数.}$$

**证明**

$$\frac{\partial u}{\partial y} = \lim_{\Delta y \to 0} \frac{u(x,y+\Delta y)-u(x,y)}{\Delta y}$$

$$= \lim_{\Delta y \to 0} \frac{\int_{x_0}^{x} P(x,y+\Delta y)\mathrm{d}x + \int_{y_0}^{y+\Delta y} Q(x_0,y)\mathrm{d}y - (\int_{x_0}^{x} P(x,y)\mathrm{d}x + \int_{y_0}^{y} Q(x_0,y)\mathrm{d}y)}{\Delta y}$$

$$= \lim_{\Delta y \to 0} \frac{\int_{x_0}^{x} (P(x,y+\Delta y)-P(x,y))\mathrm{d}x + \int_{y_0}^{y+\Delta y} Q(x_0,y)\mathrm{d}y}{\Delta y}$$

$$= \lim_{\Delta y \to 0} \frac{\int_{x_0}^{x} \frac{\partial P(x,\eta)}{\partial y}\Delta y \mathrm{d}x + Q(x_0,\xi)\Delta y}{\Delta y}$$

$$= \lim_{\Delta y \to 0} \int_{x_0}^{x} \frac{\partial Q(x,\eta)}{\partial x}\mathrm{d}x + Q(x_0,\xi)$$

$$= \lim_{\Delta y \to 0} Q(x,\eta) - Q(x_0,\eta) + Q(x_0,\xi) = Q(x,y),$$

其中 $\xi,\eta \in [y,y+\Delta y]$.

同理可证明 $\dfrac{\partial u}{\partial x} = P(x,y)$，因此 $\mathrm{d}u = P\mathrm{d}x + Q\mathrm{d}y$.

**例 13**  利用格林公式计算下列积分：

(1) $\int_{L} (x+y)^2 \mathrm{d}x - (x^2+y^2)\mathrm{d}y$，其中 $L$ 是以 $A(1,1)$，$B(3,2)$，$C(2,5)$ 为顶点的三角形的边界，逆时针方向；

(2) $\int_{L} xy^2 \mathrm{d}x - x^2 y \mathrm{d}y$，其中 $L$ 是圆周 $x^2+y^2=a^2$，逆时针方向；

(3) $\int_{L} (x^2 y\cos x + 2xy\sin x - y^2 \mathrm{e}^x)\mathrm{d}x + (x^2\sin x - 2y\mathrm{e}^x)\mathrm{d}y$，其中 $L$ 是星形线 $x^{\frac{2}{3}} + y^{\frac{2}{3}} = a^{\frac{2}{3}}(a>0)$，逆时针方向；

(4) $\int_{L} \mathrm{e}^x[(1-\cos y)\mathrm{d}x - (y-\sin y)\mathrm{d}y]$，其中 $L$ 是曲线 $y=\sin x$ 上从 $(0,0)$ 到 $(\pi,0)$ 的一段；

(5) $\int_{L} (x^2-y)\mathrm{d}x - (x+\sin^2 y)\mathrm{d}y$，其中 $L$ 是圆周 $x^2+y^2=2x$ 的上半部分，方向从点 $(0,0)$ 到点 $(2,0)$；

(6) $\int_{L} [\mathrm{e}^x \sin y - b(x+y)]\mathrm{d}x + (\mathrm{e}^x\cos y - ax)\mathrm{d}y$，其中 $a,b$ 是正常数，$L$ 为从点 $A(2a,0)$ 沿曲线 $y=\sqrt{2ax-x^2}$ 到点 $O(0,0)$ 的一段；

(7) $\int_{L} \dfrac{x\,\mathrm{d}y - y\,\mathrm{d}x}{4x^2+y^2}$，其中 $L$ 是以点 $(1,0)$ 为中心，$R$ 为半径的圆周 $(R>1)$，逆时针方向；

(8) $\int_{L} \dfrac{(x-y)\mathrm{d}x + (x+4y)\mathrm{d}y}{x^2+4y^2}$，其中 $L$ 为单位圆周 $x^2+y^2=1$，逆时针方向；

(9) $\displaystyle\int_L \frac{e^x\big[(x\sin y - y\cos y)dx + (x\cos y + y\sin y)dy\big]}{x^2 + y^2}$,其中 $L$ 是包围原点的简单光滑闭曲线,逆时针方向.

**解**　$(1)\displaystyle\int_L (x+y)^2 dx - (x^2+y^2)dy = \iint\limits_D (-4x-2y)dxdy$

$$= -2\int_1^2 dx\int_{\frac{1}{2}(x+1)}^{4x-3}(2x+y)dy -$$

$$2\int_2^3 dx\int_{\frac{1}{2}(x+1)}^{11-3x}(2x+y)dy = -\frac{140}{3}.$$

$(2)\displaystyle\int_L xy^2 dx - x^2 y dy = \iint\limits_D (-2xy - 2xy)dxdy = -4\int_0^{2\pi}\sin\theta\cos\theta d\theta\int_0^a r^3 dr = 0.$

$(3)\displaystyle\int_L (x^2 y\cos x + 2xy\sin x - y^2 e^x)dx + (x^2\sin x - 2ye^x)dy = \iint\limits_D 0\,dxdy = 0.$

(4) 设 $L_1: y = 0.\ x:0\to\pi$,则

$$\int_{L+L_1^-} e^x((1-\cos y)dx - (y-\sin y)dy) = \iint\limits_D e^x y\,dxdy = \int_0^\pi e^x dx\int_0^{\sin x} y\,dy = \frac{e^\pi - 1}{5},$$

所以

$$\int_L e^x((1-\cos y)dx - (y-\sin y)dy) = \int_{L_1} e^x((1-\cos y)dx - (y-\sin y)dy) + \frac{e^\pi - 1}{5}$$

$$= \frac{e^\pi - 1}{5}.$$

(5) 设 $L_1: y = 0.\ x:0\to 2$,则

$$\int_{L+L_1^-} (x^2 - y)dx - (x+\sin^2 y)dy = \iint\limits_D (1-1)dxdy = 0,$$

所以

$$\int_L (x^2 - y)dx - (x+\sin^2 y)dy = \int_{L_1} (x^2 - y)dx - (x+\sin^2 y)dy = \int_0^2 x^2 dx = \frac{8}{3}.$$

(6) 设 $L_1: y = 0.\ x:0\to 2a$,则

$$\int_{L+L_1} \big[e^x\sin y - b(x+y)\big]dx + (e^x\cos y - ax)dy = \iint\limits_D (b-a)dxdy = \frac{\pi}{2}a^2(b-a),$$

所以

$$\int_L \big[e^x\sin y - b(x+y)\big]dx + (e^x\cos y - ax)dy$$

$$= \frac{\pi}{2}a^2(b-a) - \int_{L_1}\big[e^x\sin y - b(x+y)\big]dx + (e^x\cos y - ax)dy$$

$$= \frac{\pi}{2}a^2(b-a) + b\int_0^{2a} x\,dx = \left(2+\frac{\pi}{2}\right)a^2 b - \frac{\pi}{2}a^3.$$

(7) 设

$$P(x,y) = -\frac{y}{4x^2+y^2},\ Q(x,y) = \frac{x}{4x^2+y^2},$$

则

$$\frac{\partial P}{\partial y} = \frac{y^2 - 4x^2}{(4x^2 + y^2)^2} = \frac{\partial Q}{\partial x},$$

取路径 $L_1 : 4x^2 + y^2 = 1$，逆时针方向，由格林公式

$$\int_L \frac{x\,\mathrm{d}y - y\,\mathrm{d}x}{4x^2 + y^2} = \int_{L_1} \frac{x\,\mathrm{d}y - y\,\mathrm{d}x}{4x^2 + y^2}$$

令 $x = \frac{1}{2}\cos t, y = \sin t$，得到

$$\int_L \frac{x\,\mathrm{d}y - y\,\mathrm{d}x}{4x^2 + y^2} = \int_{L_1} \frac{x\,\mathrm{d}y - y\,\mathrm{d}x}{4x^2 + y^2} = \int_0^{2\pi} \left( \frac{1}{2}\cos^2 t + \frac{1}{2}\sin^2 t \right) \mathrm{d}t = \pi.$$

(8) 设 $P(x,y) = \dfrac{x-y}{x^2 + 4y^2}, Q(x,y) = \dfrac{x + 4y}{x^2 + 4y^2}$，则

$$\frac{\partial P}{\partial y} = \frac{4y^2 - 8xy - x^2}{(x^2 + 4y^2)^2} = \frac{\partial Q}{\partial x},$$

取路径 $L_1 : x^2 + 4y^2 = 1$，逆时针方向，由格林公式

$$\int_L \frac{(x-y)\mathrm{d}x + (x+4y)\mathrm{d}y}{x^2 + 4y^2} = \int_{L_1} \frac{(x-y)\mathrm{d}x + (x+4y)\mathrm{d}y}{x^2 + 4y^2}.$$

令 $x = \cos t, y = \frac{1}{2}\sin t$，得到

$$\int_L \frac{(x-y)\mathrm{d}x + (x+4y)\mathrm{d}y}{x^2 + 4y^2} = \int_L \frac{(x-y)\mathrm{d}x + (x+4y)\mathrm{d}y}{x^2 + 4y^2} = \int_0^{2\pi} \frac{1}{2}\mathrm{d}t = \pi.$$

(9) 设

$$P(x,y) = \frac{\mathrm{e}^x(x\sin y - y\cos y)}{x^2 + y^2}, Q(x,y) = \frac{\mathrm{e}^x(x\cos y + y\sin y)}{x^2 + y^2},$$

则

$$\frac{\partial P}{\partial y} = \frac{[(x^2 + y^2)x + y^2 - x^2]\cos y + (x^2 + y^2 - 2x)y\sin y}{(x^2 + y^2)^2} = \frac{\partial Q}{\partial x},$$

取路径 $L_r : x^2 + y^2 = r^2$，即 $x = r\cos t, y = r\sin t, t : 0 \to 2\pi$，由格林公式

$$\int_L \frac{\mathrm{e}^x((x\sin y - y\cos y)\mathrm{d}x + (x\cos y + y\sin y)\mathrm{d}y)}{x^2 + y^2}$$
$$= \int_{L_r} \frac{\mathrm{e}^x((x\sin y - y\cos y)\mathrm{d}x + (x\cos y + y\sin y)\mathrm{d}y)}{x^2 + y^2},$$

于是

$$I = \int_{L_r} \frac{\mathrm{e}^x[(x\sin y - y\cos y)\mathrm{d}x + (x\cos y + y\sin y)\mathrm{d}y]}{x^2 + y^2} = \int_0^{2\pi} \mathrm{e}^{r\cos t}\cos(r\sin t)\mathrm{d}t,$$

令 $r \to 0$，即得到 $I = 2\pi$.

**例 14** 利用曲线积分，求下列曲线所围成的图形的面积：

(1) 星形线 $x = a\cos^3 t, y = a\sin^3 t$；

(2) 抛物线 $(x+y)^2 = ax(a > 0)$ 与 $x$ 轴；

(3) 旋轮线的一段：$\begin{cases} x = a(t - \sin t) \\ y = a(1 - \cos t) \end{cases}, t \in [0, 2\pi]$ 与 $x$ 轴.

**解** (1) $S = \dfrac{1}{2}\displaystyle\int_L x\,\mathrm{d}y - y\,\mathrm{d}x = \dfrac{3a^2}{2}\displaystyle\int_0^{2\pi} \sin^2 t\cos^2 t\,\mathrm{d}t = \dfrac{3}{8}\pi a^2.$

(2) 令 $y=tx$，则 $x=\dfrac{a}{(1+t)^2},y=\dfrac{at}{(1+t)^2},t:0\rightarrow+\infty$. 于是

$$S=-\int_L y\,\mathrm{d}x=2a^2\int_0^{+\infty}\frac{t}{(1+t)^5}\mathrm{d}t=\frac{1}{6}a^2.$$

$(3)S=\dfrac{1}{2}\displaystyle\int_L x\,\mathrm{d}y-y\,\mathrm{d}x=\dfrac{a^2}{2}\int_0^{2\pi}(2-t\sin t-2\cos t)\mathrm{d}t=3\pi a^2.$

**例 15**　先证明曲线积分与路径无关，再计算积分值：

$(1)\displaystyle\int_{(0,0)}^{(1,1)}(x-y)(\mathrm{d}x-\mathrm{d}y);$

$(2)\displaystyle\int_{(2,1)}^{(1,2)}\varphi(x)\mathrm{d}x+\psi(y)\mathrm{d}y,$其中 $\varphi(x),\psi(y)$ 为连续函数；

$(3)\displaystyle\int_{(1,0)}^{(6,8)}\dfrac{x\mathrm{d}x+y\mathrm{d}y}{\sqrt{x^2+y^2}},$沿不通过原点的路径.

**解**　(1) 设 $P(x,y)=x-y,Q(x,y)=-(x-y)$，则 $\dfrac{\partial P}{\partial y}=-1=\dfrac{\partial Q}{\partial x}$，所以曲线积分与路径无关.

取积分路径为 $L:y=x.x:0\rightarrow 1$，于是

$$\int_{(0,0)}^{(1,1)}(x-y)(\mathrm{d}x-\mathrm{d}y)=0.$$

(2) 设 $P(x,y)=\varphi(x),Q(x,y)=\psi(y)$，则 $\dfrac{\partial P}{\partial y}=0=\dfrac{\partial Q}{\partial x}$，所以曲线积分与路径无关.

取积分路径为 $L:$折线 $\overline{ABC}$，其中 $A(2,1),B(1,1),C(1,2)$，于是

$$\int_{(2,1)}^{(1,2)}\varphi(x)\mathrm{d}x+\psi(y)\mathrm{d}y=\int_2^1\varphi(x)\mathrm{d}x+\int_1^2\psi(y)\mathrm{d}y=\int_1^2[\psi(t)-\varphi(t)]\mathrm{d}t.$$

(3) 设 $P(x,y)=\dfrac{x}{\sqrt{x^2+y^2}},Q(x,y)=\dfrac{y}{\sqrt{x^2+y^2}}$，则 $\dfrac{\partial P}{\partial y}=-\dfrac{xy}{(x^2+y^2)^{\frac{3}{2}}}=\dfrac{\partial Q}{\partial x}$，所以曲线积分与路径无关.

取积分路径为 $L:$折线 $\overline{ABC}$，其中 $A(1,0),B(6,0),C(6,8)$，于是

$$\int_{(1,0)}^{(6,8)}\frac{x\mathrm{d}x+y\mathrm{d}y}{\sqrt{x^2+y^2}}=\int_1^6\mathrm{d}x+\int_0^8\frac{y\mathrm{d}y}{\sqrt{36+y^2}}=9.$$

**例 16**　证明：$(2x\cos y+y^2\cos x)\mathrm{d}x+(2y\sin x-x^2\sin y)\mathrm{d}y$ 在整个 $xy$ 平面上是某个函数的全微分，并找出它的一个原函数.

**证明**　设

$$P(x,y)=2x\cos y+y^2\cos x,Q(x,y)=2y\sin x-x^2\sin y,$$

因为

$$\frac{\partial P}{\partial y}=-2x\sin y+2y\cos x=\frac{\partial Q}{\partial x},$$

所以 $(2x\cos y+y^2\cos x)\mathrm{d}x+(2y\sin x-x^2\sin y)\mathrm{d}y$ 在整个 $xy$ 平面上是某个函数的全微分.

设这个函数为 $u(x,y)$，则

$$u(x,y)=\int_{(0,0)}^{(x,y)}(2x\cos y+y^2\cos x)\mathrm{d}x+(2y\sin x-x^2\sin y)\mathrm{d}y+C$$

$$= \int_0^x 2x \mathrm{d}x + \int_0^y (2y\sin x - x^2 \sin y)\mathrm{d}y = x^2 \cos y + y^2 \sin x + C.$$

**例 17** 设 $Q(x,y)$ 在 $xy$ 平面上有连续偏导数，曲线积分 $\int_L 2xy\mathrm{d}x + Q(x,y)\mathrm{d}y$ 与路径无关，并且对任意 $t$ 恒有

$$\int_{(0,0)}^{(t,1)} 2xy\mathrm{d}x + Q(x,y)\mathrm{d}y = \int_{(0,0)}^{(1,t)} 2xy\mathrm{d}x + Q(x,y)\mathrm{d}y,$$

求 $Q(x,y)$.

**解** 因为曲线积分 $\int_L 2xy\mathrm{d}x + Q(x,y)\mathrm{d}y$ 与路径无关，所以 $\dfrac{\partial Q}{\partial x} = 2x$，两边关于 $x$ 积分，即得到 $Q(x,y) = x^2 + \varphi(y)$，其中 $\varphi$ 待定.

由条件

$$\int_{(0,0)}^{(t,1)} 2xy\mathrm{d}x + Q(x,y)\mathrm{d}y = \int_{(0,0)}^{(1,t)} 2xy\mathrm{d}x + Q(x,y)\mathrm{d}y,$$

可得

$$\int_0^1 (t^2 + \varphi(y))\mathrm{d}y = \int_0^t (1 + \varphi(y))\mathrm{d}y,$$

两边对 $t$ 求导，得到 $2t = 1 + \varphi(t)$，即 $\varphi(y) = 2y - 1$，所以 $Q(x,y) = x^2 + 2y - 1$.

**例 18** 确定常数 $\lambda$，使得右半平面 $x > 0$ 上的向量函数 $\boldsymbol{r}(x,y) = 2xy\,(x^4 + y^2)^\lambda \boldsymbol{i} - x^2\,(x^4 + y^2)^\lambda \boldsymbol{j}$ 为某二元函数 $u(x,y)$ 的梯度，并求 $u(x,y)$.

**解** 由题意

$$\frac{\partial (2xy\,(x^4 + y^2)^\lambda)}{\partial y} = \frac{\partial(-x^2\,(x^4 + y^2)^\lambda)}{\partial x},$$

即

$$2x\,(x^4 + y^2)^\lambda + 4\lambda xy^2\,(x^4 + y^2)^{\lambda-1} = -2x\,(x^4 + y^2)^\lambda - 4\lambda x^5\,(x^4 + y^2)^{\lambda-1},$$

化简后，求得 $\lambda = -1$. 这时

$$u(x,y) = \int_{(1,0)}^{(x,y)} \frac{2xy\mathrm{d}x - x^2\mathrm{d}y}{x^4 + y^2} + C = -\int_0^y \frac{x^2\mathrm{d}y}{x^4 + y^2} + C = -\arctan\frac{y}{x^2} + C.$$

**例 19** $L$ 为曲线 $x = a(\cos t + t\sin t)$，$y = a(\sin t - t\cos t)(0 \leqslant t \leqslant 2\pi)$，求 $\int_L (x^2 + y^2)\mathrm{d}s$.

**解** 因为

$$\mathrm{d}s = \sqrt{\left(\frac{\mathrm{d}x}{\mathrm{d}t}\right)^2 + \left(\frac{\mathrm{d}y}{\mathrm{d}t}\right)^2},$$

所以

$$\int_L (x^2 + y^2)\mathrm{d}t = \int_0^{2\pi} ((a(\cos t + t\sin t))^2 + (a(\sin t - t\cos t))^2) \sqrt{\left(\frac{\mathrm{d}x}{\mathrm{d}t}\right)^2 + \left(\frac{\mathrm{d}y}{\mathrm{d}t}\right)^2} \mathrm{d}t$$

$$= a^2 \int_0^{2\pi} (1 + t^2) \sqrt{a^2 t^2}\,\mathrm{d}t = a^2 \mid a \mid \left(\frac{1}{2}t^2 + \frac{1}{4}t^4\right)\Big|_0^{2\pi}$$

$$= (2\pi^2 + 4\pi^4)a^2 \mid a \mid.$$

**例 20** 设 $k > 0$ 常数，定义曲线 $x^2 + xy + y^2 = R^2$ 逆时针方向 $I(R) = \int_L \dfrac{x\mathrm{d}y - y\mathrm{d}x}{(x^2 + y^2)^k}$，

求极限 $\lim\limits_{R\to+\infty} I(R)$.

**解**　令

$$P = -\frac{y}{(x^2+y^2)^k}, Q = \frac{x}{(x^2+y^2)^k},$$

则

$$\frac{\partial Q}{\partial x} = \frac{(1-2k)x^2+y^2}{(x^2+y^2)^{k+1}}, \frac{\partial P}{\partial y} = -\frac{x^2+(1-2k)y^2}{(x^2+y^2)^{k+1}},$$

那么

$$\frac{\partial Q}{\partial x} - \frac{\partial P}{\partial y} = 2(1-k)\frac{x}{(x^2+y^2)^k},$$

用极坐标 $x = r\cos t, y = r\sin t$，则 $r^2+r^2\sin t\cos t = R^2$，所以 $r = R\sqrt{\dfrac{1}{1+\sin t\cos t}}$，且最

短长度 $r = \sqrt{\dfrac{2}{3}}R$.

作圆 $L_1: x^2+y^2 = \left(\sqrt{\dfrac{2}{3}}R\right)^2$，则 $L$ 包含 $L_1$. 设 $L$ 与 $L_1$ 围成区域 $D$，则 $I(R) =$

$\displaystyle\int_L \frac{x\,\mathrm{d}y - y\,\mathrm{d}x}{(x^2+y^2)^k}.$

因此在 $L\bigcup L_1$ 上应用格林公式可得

$$\int_{L\cup L_1^-} \frac{x\,\mathrm{d}y-y\,\mathrm{d}x}{(x^2+y^2)^k} = 2(1-k)\iint\limits_D \frac{1}{(x^2+y^2)^k}\mathrm{d}x\mathrm{d}y = 2(1-k)\int_0^{2\pi}\mathrm{d}t\int_{\sqrt{\frac{2}{3}}R}^{R\sqrt{\frac{1}{1+\sin t\cos t}}} \frac{r}{r^{2k}}\mathrm{d}r$$

$$= \int_0^{2\pi} r^{2-2k}\bigg|_{\sqrt{\frac{2}{3}}R}^{R\sqrt{\frac{1}{1+\sin t\cos t}}}\mathrm{d}t$$

$$= R^{2-2k}\int_0^{2\pi}\left(\left(\frac{1}{1+\sin t\cos t}\right)^{1-k} - \left(\frac{2}{3}\right)^{1-k}\right)\mathrm{d}t,$$

所以

$$I(R) = R^{2-2k}\int_0^{2\pi}\left(\left(\frac{1}{1+\sin t\cos t}\right)^{1-k} - \left(\frac{2}{3}\right)^{1-k}\right)\mathrm{d}t + \int_{L_1}\frac{x\,\mathrm{d}y-y\,\mathrm{d}x}{(x^2+y^2)^k}$$

$$= R^{2-2k}\int_0^{2\pi}\left(\left(\frac{1}{1+\sin t\cos t}\right)^{1-k} - \left(\frac{2}{3}\right)^{1-k}\right)\mathrm{d}t +$$

$$\int_0^{2\pi}\frac{\sqrt{\frac{2}{3}}R\sqrt{\frac{2}{3}}R\cos t\cos t\mathrm{d}t + \sqrt{\frac{2}{3}}R\sqrt{\frac{2}{3}}R\sin t\sin t\mathrm{d}t}{\left(\sqrt{\frac{2}{3}}R\right)^{2k}}$$

$$= R^{2-2k}\int_0^{2\pi}\left(\left(\frac{1}{1+\sin t\cos t}\right)^{1-k}_{2-2k} - \left(\frac{2}{3}\right)^{1-k}\right)\mathrm{d}t + 2\pi\left(\sqrt{\frac{2}{3}}R\right)^{2-2k}$$

$$= R^{2-2k}\int_0^{2\pi}\left(\frac{1}{1+\sin t\cos t}\right)^{1-k}\mathrm{d}t,$$

所以

$$\lim_{R\to+\infty} I(R) = \begin{cases} 0, & k>1 \\ 2\pi, & k=1 \\ +\infty, & k<1 \end{cases}.$$

**例 21** 计算 $\displaystyle\int_C xy^2\,\mathrm{d}x - x^2 y\mathrm{d}y$. 其中 $C$ 为 $\dfrac{x^2}{a^2} + \dfrac{y^2}{b^2} = 1$, 方向为逆时针.

**解** 令 $x = a\cos t, y = b\sin t$, 则

$$\int_C xy^2\,\mathrm{d}x - x^2 y\mathrm{d}y = \int_0^{2\pi} (a\cos t \cdot b^2 \sin^2 t(-a\sin t) - a^2\cos^2 t \cdot b\sin t \cdot (b\cos t))\mathrm{d}t$$

$$= -a^2 b^2 \int_0^{2\pi} (\sin^3 t\cos t + \sin t\cos^3 t)\mathrm{d}t$$

$$= -a^2 b^2 \int_0^{2\pi} \sin t\cos t\mathrm{d}t = 0.$$

**例 22** 求 $\displaystyle\int_{AB} (\mathrm{e}^x\sin y - 2y)\mathrm{d}x + (\mathrm{e}^x\cos y - 2)\mathrm{d}y$, 其中 $AB$ 为由 $(a,0)$ 到 $(0,0)$ 经过圆 $x^2 + y^2 = ax$ 上半部分的路线.

**解** 由于 $AB$ 不是封闭曲线, 增加一段 $BA$ 线段构成封闭, 利用格林公式可得

$$\int_{AB} (\mathrm{e}^x\sin y - 2y)\mathrm{d}x + (\mathrm{e}^x\cos y - 2)\mathrm{d}y$$

$$= \iint_D 2\mathrm{d}x\mathrm{d}y - \int_{AB} (\mathrm{e}^x\sin y - 2y)\mathrm{d}x + (\mathrm{e}^x\cos y - 2)\mathrm{d}y$$

$$= \iint_D 2\mathrm{d}x\mathrm{d}y = \frac{a^2\pi}{4}.$$

**例 23** 计算 $\displaystyle\oint_L (x+y)^2\mathrm{d}x - (x^2 - y^2)\mathrm{d}y$, 其中 $L$ 是以 $A(1,1), B(3,2), C(2,5)$ 为顶点的三角形, 方向取正向.

**解** 线段 $AB$ 的方程为 $y = 1 + \dfrac{1}{2}(x-1) = \dfrac{x+1}{2}, x\in[1,3]$; 线段 $AC$ 的方程为 $y = 1 + 4(x-1) = 4x - 3, x\in[1,2]$; 线段 $CB$ 的方程为 $y = 5 - 3(x-2) = 11 - 3x, x\in[2,3]$. 作出三角形 $\triangle ABC$, 记三角形区域为 $D$, 由格林公式, 有

$$\oint_L (x+y)^2\mathrm{d}x - (x^2-y^2)\mathrm{d}y = \iint_D \left(\frac{\partial(y^2-x^2)}{\partial x} - \frac{\partial(x+y)^2}{\partial y}\right)\mathrm{d}x\mathrm{d}y$$

$$= \iint_D (-2x - 2x - 2y)\mathrm{d}x\mathrm{d}y$$

$$= -2\iint_D (2x+y)\mathrm{d}x\mathrm{d}y$$

$$= -2\int_1^2 \mathrm{d}x\int_{\frac{x+1}{2}}^{4x-3} (2x+y)\mathrm{d}y - 2\int_2^3 \mathrm{d}x\int_{\frac{x+1}{2}}^{11-3x} (2x+y)\mathrm{d}y$$

$$= -\int_1^2 (2x+y)^2\Big|_{\frac{x+1}{2}}^{4x-3}\mathrm{d}x - \int_2^3 (2x+y)^2\Big|_{\frac{x+1}{2}}^{11-3x}\mathrm{d}x$$

$$= -\int_1^2 \left((6x-3)^2 - \left(\frac{5}{2}x + \frac{1}{2}\right)^2\right)\mathrm{d}x -$$

$$\int_2^3 \left( (11-x)^2 - \left( \frac{5}{2}x + \frac{1}{2} \right)^2 \right) \mathrm{d}x$$

$$= \int_1^3 \left( \frac{5}{2}x + \frac{1}{2} \right)^2 \mathrm{d}x - \int_1^2 (6x-3)^2 \mathrm{d}x -$$

$$\int_2^3 (11-x)^2 \mathrm{d}x = \frac{140}{3}.$$

**例 24**　求第二型曲面积分

$$\iint\limits_S xy^2 \mathrm{d}y\mathrm{d}z + yz^2 \mathrm{d}z\mathrm{d}x + (zx^2 + xy)\mathrm{d}x\mathrm{d}y,$$

其中 $S$ 为 $x^2 + y^2 + z^2 = a^2$ 的上半球面,方向向上.

**解**　$\displaystyle\iint\limits_S xy^2 \mathrm{d}y\mathrm{d}z + yz^2 \mathrm{d}z\mathrm{d}x + (zx^2 + xy)\mathrm{d}x\mathrm{d}y$

$$= \iint\limits_{x^2+y^2 \leqslant a^2} (-xy^2 z_x - yz^2 z_y + zx^2 + xy)\mathrm{d}x\mathrm{d}y$$

$$= \iint\limits_{x^2+y^2 \leqslant a^2} \left( -xy^2 \left( -\frac{x}{z} \right) - yz^2 \left( -\frac{y}{z} \right) + zx^2 + xy \right) \mathrm{d}x\mathrm{d}y$$

$$= \iint\limits_{x^2+y^2 \leqslant a^2} \left( \frac{x^2 y^2}{z} + y^2 z + zx^2 + xy \right) \mathrm{d}x\mathrm{d}y$$

$$= \iint\limits_{x^2+y^2 \leqslant a} \left( \frac{x^2 y^2}{z} + (y^2 + x^2)z \right) \mathrm{d}x\mathrm{d}y$$

$$= \iint\limits_{x^2+y^2 \leqslant a} \left( \frac{x^2 y^2}{\sqrt{a^2 - x^2 - y^2}} + (x^2 + y^2)\sqrt{a^2 - x^2 - y^2} \right) \mathrm{d}x\mathrm{d}y$$

$$= \int_0^a r\mathrm{d}r \int_0^{2\pi} \left( \frac{r^2 \cos^2\theta \, r^2 \sin^2\theta}{\sqrt{a^2 - r^2}} + r^2 \sqrt{a^2 - r^2} \right) \mathrm{d}\theta$$

$$= \int_0^a \frac{r^5}{\sqrt{a^2 - r^2}}\mathrm{d}r \int_0^{2\pi} \sin^2\theta(1 - \sin^2\theta)\mathrm{d}\theta + 2\pi \int_0^a r^3 \sqrt{a^2 - r^2}\,\mathrm{d}r$$

$$= \int_0^{\frac{\pi}{2}} \frac{a^5 \sin^5 t}{a\cos t} a\cos t\,\mathrm{d}t \cdot 4\left( \frac{1}{2} \times \frac{\pi}{2} - \frac{3}{4} \times \frac{1}{2} \times \frac{\pi}{2} \right) + 2\pi \int_0^a a^3 \sin^3 t a\cos t a\cos t\,\mathrm{d}t$$

$$= \frac{4}{5} \times \frac{2}{3} a^5 \cdot \frac{\pi}{4} + 2\pi a^5 \int_0^a \sin t(1 - \sin^2 t)\mathrm{d}t = \frac{2}{5}\pi a^5.$$

**例 25**　求 $\displaystyle\iint\limits_S z^2 \mathrm{d}S$,其中 $S$ 是锥面 $z = \sqrt{x^2 + y^2}$ 在球面 $x^2 + y^2 + z^2 = 2$ 内的部分.

**解**　显然 $S: z = \sqrt{x^2 + y^2},(x,y) \in D$,其中 $D$ 为单位圆 $x^2 + y^2 \leqslant 1$. 于是

$$\sqrt{1 + z_x^2 + z_y^2} = \sqrt{1 + \frac{x^2}{x^2 + y^2} + \frac{y^2}{x^2 + y^2}} = \sqrt{2},$$

所以,结合极坐标变换 $x = r\cos\theta, y = r\sin\theta$,有

$$\iint\limits_S z^2 \mathrm{d}S = \iint\limits_D (x^2 + y^2)\sqrt{2}\,\mathrm{d}x\mathrm{d}y = \sqrt{2}\int_0^1 \mathrm{d}r \int_0^{2\pi} r^2 \cdot r\mathrm{d}\theta = \frac{\sqrt{2}}{2}\pi.$$

**例 26**　计算 $\displaystyle\iint\limits_S x^2 \mathrm{d}y\mathrm{d}z + y^2 \mathrm{d}z\mathrm{d}x + z^2 \mathrm{d}x\mathrm{d}y$,其中 $S$ 是锥面 $x^2 + y^2 = z^2$ 被平面 $z = 0$

和 $z=h$ 所截取的部分 $(h>0)$ 方向取外侧.

**解** 由高斯公式知,所求 $I$ 满足

$$I + \iint\limits_{\substack{x^2y^2\leqslant h^2 \\ z=h}} z^2\,\mathrm{d}x\mathrm{d}y = \iiint\limits_{V}(2x+2y+2z)\,\mathrm{d}x\mathrm{d}y\mathrm{d}z,$$

由对称性知

$$I = 2\iiint\limits_{V}z\,\mathrm{d}x\mathrm{d}y\mathrm{d}z - h^2\cdot\pi h^2 = 2\int_0^h z\,\mathrm{d}z\iint\limits_{x^2y^2\leqslant z^2}\mathrm{d}x\mathrm{d}y - \pi h^4$$

$$= 2\int_0^h z\cdot\pi z^2\,\mathrm{d}z - \pi h^4 = -\frac{\pi h^4}{2}.$$

**例 27** 计算 $\iint\limits_{S}xyz\,\mathrm{d}x\mathrm{d}y$,其中 $S$ 是上半球面 $x^2+y^2+z^2=1, z\geqslant 0$ 与平面 $z=0$ 所围空间区域的表面,取外侧.

**解** 记 $\Omega$ 为 $S$ 围成的上半球,由高斯公式,有

$$\iint\limits_{S}xyz\,\mathrm{d}x\mathrm{d}y = \iiint\limits_{\Omega}\frac{\partial(xyz)}{\partial z}\mathrm{d}x\mathrm{d}y\mathrm{d}z = \iiint\limits_{\Omega}xy\,\mathrm{d}x\mathrm{d}y\mathrm{d}z,$$

这里,$\Omega$ 关于 $yOz$ 对称,而 $xy$ 关于 $x$ 为奇函数,故 $\iiint\limits_{\Omega}xy\,\mathrm{d}x\mathrm{d}y\mathrm{d}z = 0$.

**例 28** 设函数 $P,Q,R$ 在 $\mathbf{R}^3$ 内具有连续的偏导数,且对于任意光滑曲面 $S$ 成立

$$\iint\limits_{S}P\mathrm{d}y\mathrm{d}z + Q\mathrm{d}z\mathrm{d}x + R\mathrm{d}x\mathrm{d}y = 0.$$

证明:在 $\mathbf{R}^3$ 内 $\dfrac{\partial P}{\partial x} + \dfrac{\partial Q}{\partial y} + \dfrac{\partial R}{\partial z} \equiv 0$.

**证明** 任取 $\mathbf{R}^3$ 内一点 $P_0(x_0,y_0,z_0)$,记 $B(P_0,r)$ 为以 $P_0$ 为中心,$r$ 为半径的球,由题目所给的条件以及高斯公式

$$\iiint\limits_{B(P_0,r)}\left(\frac{\partial P}{\partial x} + \frac{\partial Q}{\partial y} + \frac{\partial R}{\partial z}\right)\mathrm{d}x\mathrm{d}y\mathrm{d}z = 0.$$

但由于 $P,Q,R$ 在 $\mathbf{R}^3$ 内具有连续的偏导数,故

$$0 = \lim_{r\to 0^+}\frac{1}{\frac{4}{3}\pi r^3}\iiint\limits_{B(P_0,r)}\left(\frac{\partial P}{\partial x} + \frac{\partial Q}{\partial y} + \frac{\partial R}{\partial z}\right)\mathrm{d}x\mathrm{d}y\mathrm{d}z = \left(\frac{\partial P}{\partial x} + \frac{\partial Q}{\partial y} + \frac{\partial R}{\partial z}\right)_{P_0},$$

由 $P_0$ 的任意性,在 $\mathbf{R}^3$ 内 $\dfrac{\partial P}{\partial x} + \dfrac{\partial Q}{\partial y} + \dfrac{\partial R}{\partial z} \equiv 0$.

**例 29** 计算 $\oiint\limits_{S}x^2\mathrm{d}y\mathrm{d}z + y^2\mathrm{d}z\mathrm{d}x + z^2\mathrm{d}x\mathrm{d}y$,其中 $S$ 是立方体 $0\leqslant x,y,z\leqslant a$ 表面的外侧.

**解** 记 $V$ 为 $S$ 围成的立体,由高斯公式

$$\oiint\limits_{S}x^2\mathrm{d}y\mathrm{d}z + y^2\mathrm{d}z\mathrm{d}x + z^2\mathrm{d}x\mathrm{d}y = \iiint\limits_{V}\left(\frac{\partial x^2}{\partial x} + \frac{\partial y^2}{\partial y} + \frac{\partial z^2}{\partial z}\right)\mathrm{d}x\mathrm{d}y\mathrm{d}z$$

$$= 2\iiint\limits_{V}(x+y+z)\,\mathrm{d}x\mathrm{d}y\mathrm{d}z$$

$$= 6 \iiint_{V} x \, dx \, dy \, dz$$

$$= 6 \int_{0}^{a} x \, dx \int_{0}^{a} dy \int_{0}^{a} dz = 3a^{4}.$$

**例 30** 求 $x^{2} + y^{2} + 2z = 16$ 将 $x^{2} + y^{2} + z^{2} - 8z \leqslant 0$ 所划成两部分的面积.

**解** 联立

$$\begin{cases} x^{2} + y^{2} + 2z = 16 \\ x^{2} + y^{2} + z^{2} - 8z = 0 \end{cases},$$

解得 $z = 8$ 或 $z = 2$,从而有一条交线及一个交点,那么

$$S_{1} = \int_{2}^{8} 2\pi \sqrt{8z - z^{2}} \, dz = 2\pi \left( 2\sqrt{3} + \frac{16\pi}{3} \right),$$

$$S_{2} = \int_{2}^{8} 2\pi \sqrt{16 - 2z} \, dz = 16\sqrt{3}\,\pi,$$

因此,被截得的上半部分面积为

$$S_{\text{上}} = \int_{2}^{8} 2\pi \sqrt{8z - z^{2}} \, dz + \int_{2}^{8} 2\pi \sqrt{16 - 2z} \, dz = 2\pi \left( 10\sqrt{3} + \frac{16\pi}{3} \right),$$

被截得的下半部分面积为

$$S_{\text{下}} = 64\pi - \int_{2}^{8} 2\pi \sqrt{8z - z^{2}} \, dz + \int_{2}^{8} 2\pi \sqrt{16 - 2z} \, dz$$

$$= 64\pi - 2\pi \left( 2\sqrt{3} + \frac{16\pi}{3} \right) + 16\sqrt{3}\,\pi$$

$$= 2\pi \left( 32 + 6\sqrt{3} - \frac{16\pi}{3} \right).$$

**例 31** 求 $\iint_{S} x^{2} dy dz + y^{2} dz dx + z^{2} dx dy$,其中 $S$ 是立体 $0 \leqslant x, y, z \leqslant a$ 的表面,方向取外侧.

**解** 由于积分区域封闭,因此由高斯公式可知

$$\iint_{S} x^{2} dy dz + y^{2} dz dx + z^{2} dx dy = \iiint_{\Omega} (2x + 2y + 2z) dx dy dz$$

$$= 2 \int_{0}^{a} dx \int_{0}^{a} dy \int_{0}^{a} (x + y + z) dz$$

$$= 2 \int_{0}^{a} dx \int_{0}^{a} \left( xa + ya + \frac{1}{2}a^{2} \right) dy$$

$$= 2 \int_{0}^{a} (xa^{2} + a^{3}) dx$$

$$= 2 \left( \frac{1}{2} x^{2} a^{2} + a^{3} x \Big|_{0}^{1} \right) = 3a^{4}.$$

**例 32** 计算曲面积分 $I = \iint_{S} xz \, dy dz + 2zy \, dz dx + 3xy \, dx dy$,其中 $S$ 为曲面 $z = 1 - x^{2} - \dfrac{y^{2}}{4} (0 \leqslant z \leqslant 1)$ 的上侧.

**解** 设 $S_1:\begin{cases} x^2+\dfrac{y^2}{4}\leqslant 1 \\ z=0 \end{cases}$,取下侧,$\Omega$ 为 $S,S_1$ 围成的立体,则

$$\iint\limits_{S_1} xz\,\mathrm{d}y\mathrm{d}z+2zy\,\mathrm{d}z\mathrm{d}x+3xy\,\mathrm{d}x\mathrm{d}y=-3\iint\limits_{S_1}xy\,\mathrm{d}x\mathrm{d}y=0,$$

应用高斯公式,有

$$I=\Big(\iint\limits_{S\cup S_1}-\iint\limits_{S_1}\Big)xz\,\mathrm{d}y\mathrm{d}z+2zy\,\mathrm{d}z\mathrm{d}x+3xy\,\mathrm{d}x\mathrm{d}y$$

$$=\iiint\limits_{\Omega}\Big(\frac{\partial(xz)}{\partial x}+\frac{\partial(2zy)}{\partial y}+\frac{\partial(3xy)}{\partial z}\Big)\mathrm{d}x\mathrm{d}y\mathrm{d}z$$

$$=3\iiint\limits_{\Omega}z\,\mathrm{d}x\mathrm{d}y\mathrm{d}z=3\int_0^1 z\,\mathrm{d}x^2\iint\limits_{x^2+\frac{y^2}{4}\leqslant 1-z}\mathrm{d}x\mathrm{d}y$$

$$=6\pi\int_0^1 z(1-z)\mathrm{d}z=\pi.$$

**例 33** 利用高斯公式计算 $\oiint\limits_S x^2\mathrm{d}y\mathrm{d}z+y^2\mathrm{d}z\mathrm{d}x+z^2\mathrm{d}x\mathrm{d}y$,其中 $S$ 是锥面 $x^2+y^2=z^2$ 与平面 $z=h$ 所围空间区域($0\leqslant z\leqslant h$)的表面,方向取外侧.

**解** 记 $V$ 为 $S$ 所围成的圆锥体,则由高斯公式

$$\oiint\limits_S x^2\mathrm{d}y\mathrm{d}z+y^2\mathrm{d}z\mathrm{d}x+z^2\mathrm{d}x\mathrm{d}y=\iiint\limits_V\Big(\frac{\partial x^2}{\partial x}+\frac{\partial y^2}{\partial y}+\frac{\partial z^2}{\partial z}\Big)\mathrm{d}x\mathrm{d}y\mathrm{d}z$$

$$=2\iiint\limits_V(x+y+z)\mathrm{d}x\mathrm{d}y\mathrm{d}z=2\iiint\limits_V z\,\mathrm{d}x\mathrm{d}y\mathrm{d}z$$

$$=2\int_0^h z\,\mathrm{d}z\iint\limits_{x^2+y^2\leqslant z^2}\mathrm{d}x\mathrm{d}y=2\pi\int_0^h z^3\mathrm{d}z=\frac{1}{2}\pi h^4.$$

**例 34** $S$ 为球 $((x-a)^2+(y-b)^2+(z-c)^2=R^2$ 的外表面,求 $\iint\limits_S x^2\mathrm{d}y\mathrm{d}z+y^2\mathrm{d}z\mathrm{d}x+z^2\mathrm{d}x\mathrm{d}y$.

**解** 由高斯公式,有

$$\oiint\limits_S x^2\mathrm{d}y\mathrm{d}z+y^2\mathrm{d}z\mathrm{d}x+z^2\mathrm{d}x\mathrm{d}y=\iiint\limits_{(x-a)^2+(y-b)^2+(z-c)^2\leqslant R^2}\Big(\frac{\partial x^2}{\partial x}+\frac{\partial y^2}{\partial y}+\frac{\partial z^2}{\partial z}\Big)\mathrm{d}x\mathrm{d}y\mathrm{d}z$$

$$=\iiint\limits_{(x-a)^2+(y-b)^2+(z-c)^2\leqslant R^2}(2x+2y+2z)\mathrm{d}x\mathrm{d}y\mathrm{d}z$$

$$=2\iiint\limits_{x^2+y^2+z^2\leqslant R^2}(x+a+y+b+z+c)y\,\mathrm{d}x\mathrm{d}y\mathrm{d}z$$

$$=\frac{8}{3}\pi(a+b+c)R^3.$$

**例 35** 计算曲线积分:$\int_L(\mathrm{e}^x\sin y-8y)\mathrm{d}x+(\mathrm{e}^x\cos y-8)\mathrm{d}y$,其中 $L$ 是由点 $A(a,0)$ 到 $O(0,0)$ 的上半圆周 $x^2+y^2=ax(a>0)$.

**解**　令

$$P(x,y) = e^x \sin y, Q(x,y) = e^x \cos y - 8,$$

则

$$\frac{\partial P(x,y)}{\partial y} = \frac{\partial Q(x,y)}{\partial x} = e^x \cos y,$$

所以积分与路径无关,有

$$\int_L e^x \sin y dx + (e^x \cos y - 8) dy = \int_L d(e^x \sin y - 8y) = (e^x \sin y - 8y) \Big|_{(a,0)}^{(0,0)} = 0.$$

记 $L_1$ 是有向直线段 $\overrightarrow{OA}$, $D$ 为 $L, L_1$ 围成的平面区域,则 $\int_{L_1} -8y dx = 0.$ 由格林公式

$$\int_L 8y dx = -\left( \int_{L \cup L_1} - \int_{L_1} \right) 8y dx = \iint_D \frac{\partial(8y)}{\partial y} dx dy = 4\pi a^2.$$

**例 36**　计算 $\iint_S \dfrac{dS}{z}$,其中 $S$ 是 $x^2 + y^2 + z^2 = a^2$ 被 $z = h(y \leqslant h < a)$ 所截的顶部.

**解**　由于 $dS = \sqrt{1 + z_x^2 + z_y^2} dx dy$,因此

$$\iint_S \frac{dS}{z} = \iint_{x^2+y^2 \leqslant a^2-h^2} \frac{\sqrt{1 + z_x^2 + z_y^2}}{z} dx dy = \iint_{x^2+y^2 \leqslant a^2-h^2} \frac{\sqrt{1 + \left(-\dfrac{x}{z}\right)^2 + \left(-\dfrac{y}{z}\right)^2}}{z} dx dy$$

$$= a \iint_{x^2+y^2 \leqslant a^2-h^2} \frac{1}{z^2} dx dy = a \iint_{x^2+y^2 \leqslant a^2-b^2} \frac{1}{a^2 - x^2 - y^2} dx dy$$

$$= a \int_0^{\sqrt{a^2-h^2}} \frac{r}{a^2 - r^2} dr \int_0^{2\pi} d\theta$$

$$= -\pi a \ln(a^2 - r^2) \Big|_0^{\sqrt{a^2-h^2}} = 2\pi a \ln \frac{a}{h}.$$

**例 37**　证明:第二型曲线积分

$$\int_{(1,0)}^{(2,1)} (2xy - y^4 + 3) dx + (x^2 - 4xy^3) dy$$

在 $xOy$ 平面内与路径无关,并计算积分值.

**证明**　因为

$$(2xy - y^4 + 3) dx + (x^2 - 4xy^3) dy = d(x^2 y - xy^4 + 3x),$$

所以,第二型曲线积分

$$\int_{(1,0)}^{(2,1)} (2xy - y^4 + 3) dx + (x^2 - 4xy^3) dy$$

在 $xOy$ 平面内与路径无关. 则

$$\int_{(1,0)}^{(2,1)} (2xy - y^4 + 3) dx + (x^2 - 4xy^3) dy = (x^2 y - xy^4 + 3x) \Big|_{(1,0)}^{(2,1)} = 5.$$

**例 38**　证明:全微分 $e^x(e^y(2y - x - 1) + (x+1)y) dx + e^x(e^y(2y - x + 2) + x) dy$ 有原函数,并求其原函数.

**证明**　令

$$P(x,y) = e^x(e^y(2y - x - 1) + (x+1)y), Q(x,y) = e^x(e^y(2y - x + 2) + x),$$

则
$$P_y = e^x(e^y(2y-x+1)+x+1), Q_x = e^x(e^y(2y-x+1)+x+1),$$

那么
$$P_y = e^x(e^y(1-x+2y)+x+1) = Q_x,$$

于是 $P\mathrm{d}x + Q\mathrm{d}y$ 有原函数,设 $\mathrm{d}u = P\mathrm{d}x + Q\mathrm{d}y$,则有
$$u_x = e^x(e^y(2y-x-1)+(x+1)y),$$

上式两边对 $x$ 积分得
$$u = \int P\mathrm{d}x + f(y) = e^x(e^y(2y-x)+xy)+f(y),$$

上式对 $y$ 求导可得
$$u_y = e^x(e^y(2y-x+2)+x)+f'(y),$$

那么有 $f'(y)=0$,故 $f(y)=C$. 所以
$$u = e^x(e^x(2y-x+2)+x)+C.$$

**例 39** 求下列曲面的面积:

(1) $z = axy$ 包含在圆柱面 $x^2+y^2 = a^2(a>0)$ 内的部分;

(2) 锥面 $x^2+y^2 = \dfrac{1}{3}z^2(z \geqslant 0)$ 被平面 $x+y+z = 2a(a>0)$ 所截的部分;

(3) 球面 $x^2+y^2+z^2 = a^2$ 包含在锥面 $z = \sqrt{x^2+y^2}$ 内的部分;

(4) 圆柱面 $x^2+y^2 = a^2$ 被两平面 $x+z = 0, x-z = 0(x>0, y>0)$ 所截部分;

(5) 抛物面 $x^2+y^2 = 2az$ 包含在柱面 $(x^2+y^2)^2 = 2a^2xy(a>0)$ 内的部分;

(6) 环面 $\begin{cases} x = (b+a\cos\theta)\cos\varphi \\ y = (b+a\cos\theta)\sin\varphi, 0 \leqslant \theta \leqslant 2\pi, 0 \leqslant \varphi \leqslant 2\pi,\text{其中 } 0 < a < b. \\ z = a\sin\theta \end{cases}$

**解** (1) $A = \iint\limits_{D} \sqrt{1+a^2(x^2+y^2)}\,\mathrm{d}x\mathrm{d}y = \int_0^{2\pi}\mathrm{d}\theta\int_0^a \sqrt{1+a^2r^2}\,r\mathrm{d}r$

$= \dfrac{2\pi}{3a^2}(\sqrt{(1+a^4)^3}-1).$

(2) 联立锥面与平面方程,消去 $z$,得到
$$x^2+y^2-xy+2a(x+y) = 2a^2,$$

这是所截的部分在 $xy$ 平面上投影区域的边界,它是个椭圆. 记
$$D = \{(x,y) \mid (x^2-xy+y^2)+2a(x+y) \leqslant 2a^2\},$$

再令 $\begin{cases} x = u+v \\ y = u-v \end{cases}$,则区域 $D$ 与区域

$$D' = \{(u,v) \mid (u+2a)^2+3v^2 \leqslant 6a^2\}$$

对应,且 $\dfrac{\partial(x,y)}{\partial(u,v)} = -2$,于是所截部分的面积为

$$A = \iint\limits_{D} \sqrt{1+z_x'^2+z_y'^2}\,\mathrm{d}x\mathrm{d}y = \iint\limits_{D} 2\mathrm{d}x\mathrm{d}y = \iint\limits_{D'} 4\mathrm{d}u\mathrm{d}v = 8\sqrt{3}\,\pi a^2.$$

(3) 这部分球面在 $xy$ 平面上的投影区域为 $D = \left\{(x,y) \mid x^2+y^2 \leqslant \dfrac{a^2}{2}\right\}$,于是

$$A = \iint\limits_{D} \sqrt{1 + z_x'^2 + z_y'^2}\, \mathrm{d}x\mathrm{d}y = \iint\limits_{D} \frac{a}{\sqrt{a^2 - x^2 - y^2}}\, \mathrm{d}x\mathrm{d}y$$

$$= \int_0^{2\pi} \mathrm{d}\theta \int_0^{\frac{a}{\sqrt{2}}} \frac{a}{\sqrt{a^2 - r^2}}\, r\mathrm{d}r = (2 - \sqrt{2})\pi a^2.$$

（4）圆柱面方程可写成 $y = \sqrt{a^2 - x^2}$，区域

$$D = \{(z, x) \mid -x \leqslant z \leqslant x, 0 \leqslant x \leqslant a\},$$

于是

$$A = \iint\limits_{D} \sqrt{1 + y_x'^2 + y_z'^2}\, \mathrm{d}z\mathrm{d}x = \iint\limits_{D} \frac{a}{\sqrt{a^2 - x^2}}\, \mathrm{d}z\mathrm{d}x = \int_0^a \mathrm{d}x \int_{-x}^x \frac{a}{\sqrt{a^2 - x^2}}\, \mathrm{d}z = 2a^2.$$

（5）方程 $(x^2 + y^2)^2 = 2a^2 xy$ 可化为极坐标方程 $r^2 = a^2 \sin 2\theta$，于是

$$A = 2\iint\limits_{D} \sqrt{1 + z_x'^2 + z_y'^2}\, \mathrm{d}x\mathrm{d}y = 2\iint\limits_{D} \sqrt{1 + \frac{x^2 + y^2}{a^2}}\, \mathrm{d}x\mathrm{d}y = \frac{2}{a} \int_0^{\frac{\pi}{2}} \mathrm{d}\theta \int_0^{a\sqrt{\sin 2\theta}} \sqrt{a^2 + r^2}\, r\mathrm{d}r$$

$$= \frac{2}{3}a^2 \int_0^{\frac{\pi}{2}} \left[ (\sin\theta + \cos\theta)^3 - 1 \right] \mathrm{d}\theta = \frac{1}{9}(20 - 3\pi)a^2.$$

（6）由

$$x_\theta' = -a\sin\theta\cos\varphi,\ y_\theta' = -a\sin\theta\sin\varphi,\ z_\theta' = a\cos\theta,$$

$$x_\varphi' = -(b + a\cos\theta)\sin\varphi,\ y_\varphi' = (b + a\cos\theta)\cos\varphi,\ z_\varphi' = 0,$$

可得

$$E = a^2, G = (b + a\cos\theta)^2, F = 0,$$

所以

$$A = \iint\limits_{D} \sqrt{EG - F^2}\, \mathrm{d}\theta\mathrm{d}\varphi = \int_0^{2\pi} \mathrm{d}\varphi \int_0^{2\pi} a(b + a\cos\theta)\mathrm{d}\theta = 4\pi^2 ab.$$

**例 40**　求下列第一类曲面积分：

（1）$\iint\limits_{\Sigma} (x + y + z)\mathrm{d}S$，其中 $\Sigma$ 是左半球面 $x^2 + y^2 + z^2 = a^2, y \leqslant 0$；

（2）$\iint\limits_{\Sigma} (x^2 + y^2)\mathrm{d}S$，其中 $\Sigma$ 是区域 $\{(x, y, z) \mid \sqrt{x^2 + y^2} \leqslant z \leqslant 1\}$ 的边界；

（3）$\iint\limits_{\Sigma} (xy + yz + zx)\mathrm{d}S$，其中 $\Sigma$ 是锥面 $z = \sqrt{x^2 + y^2}$ 被柱面 $x^2 + y^2 = 2ax$ 所截部分；

（4）$\iint\limits_{\Sigma} \frac{1}{x^2 + y^2 + z^2}\mathrm{d}S$，其中 $\Sigma$ 是圆柱面 $x^2 + y^2 = a^2$ 介于平面 $z = 0$ 与 $z = H$ 之间的部分；

（5）$\iint\limits_{\Sigma} \left( \frac{x^2}{2} + \frac{y^2}{3} + \frac{z^2}{4} \right)\mathrm{d}S$，其中 $\Sigma$ 是球面 $x^2 + y^2 + z^2 = a^2$；

（6）$\iint\limits_{\Sigma} (x^3 + y^2 + z)\mathrm{d}S$，其中 $\Sigma$ 是抛物面 $2z = x^2 + y^2$ 介于平面 $z = 0$ 与 $z = 8$ 之间的部分；

（7）$\iint\limits_{\Sigma} z\mathrm{d}S$，其中 $\Sigma$ 是螺旋面 $x = u\cos v, y = u\sin v, z = v, 0 \leqslant u \leqslant a, 0 \leqslant v \leqslant 2\pi$ 的一

部分.

**解** （1）由对称性

$$\iint\limits_{\Sigma}(x+y+z)\mathrm{d}S=\iint\limits_{\Sigma}y\mathrm{d}S=-\iint\limits_{\Sigma}\sqrt{a^2-x^2-z^2}\,\frac{a}{\sqrt{a^2-x^2-z^2}}\mathrm{d}z\mathrm{d}x=-\pi a^3.$$

（2）设 $\Sigma_1:z=\sqrt{x^2+y^2}$. $\Sigma_2:z=1(x^2+y^2\leqslant1)$，则

$$\iint\limits_{\Sigma}(x^2+y^2)\mathrm{d}S=\iint\limits_{\Sigma_1}(x^2+y^2)\mathrm{d}S+\iint\limits_{\Sigma_2}(x^2+y^2)\mathrm{d}S$$

$$=(1+\sqrt2)\int_0^{2\pi}\mathrm{d}\theta\int_0^1 r^3\mathrm{d}r=\frac{1+\sqrt2}{2}\pi.$$

（3）$\iint\limits_{\Sigma}(xy+yz+zx)\mathrm{d}S=\iint\limits_{\Sigma_{xy}}\left[xy+(x+y)\sqrt{x^2+y^2}\right]\sqrt2\,\mathrm{d}x\mathrm{d}y$

$$=\sqrt2\int_{-\frac{\pi}{2}}^{\frac{\pi}{2}}(\sin\theta\cos\theta+\cos\theta+\sin\theta)\mathrm{d}\theta\int_0^{2a\cos\theta}r^3\mathrm{d}r$$

$$=4\sqrt2\,a^4\int_{-\frac{\pi}{2}}^{\frac{\pi}{2}}\cos^5\theta\mathrm{d}\theta=\frac{64}{15}\sqrt2\,a^4.$$

（4）设 $\Sigma_1:x=\sqrt{a^2-y^2}$. $\Sigma_2:x=-\sqrt{a^2-y^2}(0\leqslant z\leqslant H)$，则

$$\iint\limits_{\Sigma}\frac{1}{x^2+y^2+z^2}\mathrm{d}S=\iint\limits_{\Sigma_1}\frac{1}{x^2+y^2+z^2}\mathrm{d}S+\iint\limits_{\Sigma_2}\frac{1}{x^2+y^2+z^2}\mathrm{d}S,$$

$$2\iint\limits_{\Sigma_{yz}}\frac{1}{a^2+z^2}\frac{a}{\sqrt{a^2-y^2}}\mathrm{d}y\mathrm{d}z=2\int_0^H\frac{a\mathrm{d}z}{a^2+z^2}\int_{-a}^a\frac{1}{\sqrt{a^2-y^2}}\mathrm{d}y=2\pi\arctan\frac{H}{a},$$

（5）由对称性，有

$$\iint\limits_{\Sigma}x^2\mathrm{d}S=\iint\limits_{\Sigma}y^2\mathrm{d}S=\iint\limits_{\Sigma}z^2\mathrm{d}S,$$

又由于

$$\iint\limits_{\Sigma}(x^2+y^2+z^2)\mathrm{d}S=\iint\limits_{\Sigma}a^2\mathrm{d}S=4\pi a^4,$$

所以

$$\iint\limits_{\Sigma}\left(\frac{x^2}{2}+\frac{y^2}{3}+\frac{z^2}{4}\right)\mathrm{d}S=\frac{13}{12}\iint\limits_{\Sigma}x^2\mathrm{d}S=\frac{13}{9}\pi a^4.$$

（6）由对称性，有

$$\iint\limits_{\Sigma}x^3\mathrm{d}S=0,\iint\limits_{\Sigma}y^2\mathrm{d}S=\frac{1}{2}\iint\limits_{\Sigma}(x^2+y^2)\mathrm{d}S,$$

再由

$$\iint\limits_{\Sigma}z\mathrm{d}S=\frac{1}{2}\iint\limits_{\Sigma}(x^2+y^2)\mathrm{d}S,$$

得到

$$\iint\limits_{\Sigma}(x^3+y^2+z)\mathrm{d}S=\iint\limits_{\Sigma_{xy}}(x^2+y^2)\sqrt{1+x^2+y^2}\,\mathrm{d}x\mathrm{d}y$$

$$= \int_0^{2\pi} d\theta \int_0^4 \sqrt{1+r^2}\, r^3\, dr$$

$$= \pi \int_0^4 ((1+r^2)^{\frac{3}{2}} - (1+r^2)^{\frac{1}{2}})\, d(1+r^2)$$

$$= \frac{1\,564\sqrt{17}+4}{15}\pi.$$

（7）由

$$x'_u = \cos v,\, y'_u = \sin v,\, z'_u = 0,\, x'_v = -u\sin v,\, y'_v = u\cos v,\, z'_v = 1,$$

得到

$$E=1, G=1+u^2, F=0,$$

于是

$$\iint_\Sigma z\, dS = \iint_D v\sqrt{1+u^2}\, dudv = \int_0^{2\pi} v\, dv \int_0^a \sqrt{1+u^2}\, du$$

$$= \pi^2(a\sqrt{1+a^2} + \ln(a+\sqrt{1+a^2})).$$

**例 41**　计算 $\iint_S (x+y+z)\, dS$，其中 $S$ 为曲面 $x^2+y^2+z^2=a^2\,(a>0),\, z\geqslant 0$.

**解**　由 $z=\sqrt{a^2-x^2-y^2}$，得 $\sqrt{1+z_x^2+z_y^2}=\dfrac{a}{z}$，于是根据对称性，有

$$\iint_S (x+y+z)\, dS = \iint_S z\, dS = \iint_{x^2+y^2\leqslant a^2} a\, dxdy = \pi a^3.$$

**例 42**　求 $\iint_\Sigma \dfrac{x\, dydz + y\, dzdx + z\, dxdy}{\sqrt{(x^2+y^2+z^2)^3}}$，其中 $\Sigma$ 为曲面

$$1-\frac{z}{5} = \frac{(x-2)^2}{16} + \frac{(y-1)^2}{9},\, 0\leqslant z$$

的上侧.

**解**　设 $\{P,Q,R\} = \dfrac{\{x,y,z\}}{(x^2+y^2+z^2)^{\frac{3}{2}}}$，则 $P_x+Q_y+R_z=0$. 设 $S: x^2+y^2+z^2=\varepsilon^2$，$z\geqslant 0$，取外侧，其中 $0<\varepsilon\leqslant 1$，取得使 $S$ 含于 $\Sigma$ 内. 再设 $S_1: z=0, x^2+y^2\geqslant \varepsilon^2, 1\geqslant \dfrac{(x-2)^2}{16} + \dfrac{(y-1)^2}{9}$，取下侧，则由高斯公式

$$\left(\iint_\Sigma - \iint_S + \iint_{S_1}\right) P\, dydz + Q\, dzdx + R\, dxdy = 0,$$

注意到在 $S_1$ 上，$z=0, dz=0$，而 $\iint_{S_1}\cdots=0$，我们有

$$\iint_\Sigma \frac{x\, dydz + y\, dzdx + z\, dxdy}{\sqrt{(x^2+y^2+z^2)^3}} = \iint_S P\, dydz + Q\, dzdx + R\, dzdx$$

$$= \frac{1}{\varepsilon^3} \iint_S x\, dydz + y\, dzdx + z\, dxdy$$

$$= \frac{1}{\varepsilon^3} \iiint_{x^2+y^2+z^2\leqslant \varepsilon^2} 3\, dxdydz = 2\pi,$$

倒数第二个等式中,我们补上 $S_2 : x^2 + y^2 < \varepsilon^2, z = 0$ 后利用高斯公式,再利用

$$\iint\limits_{S_2} x\mathrm{d}y\mathrm{d}z + y\mathrm{d}z\mathrm{d}x + z\mathrm{d}x\mathrm{d}y = 0.$$

**例 43** 设 $\Sigma$ 是光滑闭曲面,所围成区域为 $\Omega$,函数 $F(x,y,z)$ 满足 $\Delta F = \left(\dfrac{\partial^2}{\partial x^2} + \dfrac{\partial^2}{\partial y^2} + \dfrac{\partial^2}{\partial z^2}\right)F = 0$,证明

$$\oiint\limits_{\Sigma} F\frac{\partial F}{\partial \boldsymbol{n}}\mathrm{d}S = \iiint\limits_{\Omega}\left(\left(\frac{\partial F}{\partial x}\right)^2 + \left(\frac{\partial F}{\partial y}\right)^2 + \left(\frac{\partial F}{\partial z}\right)^2\right)\mathrm{d}V,$$

其中 $\boldsymbol{n}$ 是 $\Sigma$ 的外法向量.

**证明**

$$\iiint\limits_{\Omega}\left(\left(\frac{\partial F}{\partial x}\right)^2 + \left(\frac{\partial F}{\partial y}\right)^2 + \left(\frac{\partial F}{\partial z}\right)^2\right)\mathrm{d}V$$

$$= \iiint\limits_{\Omega}\left(\left(\frac{\partial F}{\partial x}\right)^2 + \left(\frac{\partial F}{\partial y}\right)^2 + \left(\frac{\partial F}{\partial z}\right)^2 + f\left(\frac{\partial^2 f}{\partial x^2} + \frac{\partial^2 f}{\partial y^2} + \frac{\partial^2 f}{\partial z^2}\right)\right)\mathrm{d}V$$

$$= \iiint\limits_{\Omega}\left(\frac{\partial}{\partial x}\left(f\frac{\partial f}{\partial x}\right) + \frac{\partial}{\partial y}\left(f\frac{\partial f}{\partial y}\right) + \frac{\partial}{\partial z}\left(f\frac{\partial f}{\partial z}\right)\right)\mathrm{d}V$$

$$= \oiint\limits_{\Sigma}\left(f\frac{\partial f}{\partial x}\cos\alpha + f\frac{\partial f}{\partial y}\cos\beta + f\frac{\partial f}{\partial z}\cos\gamma\right)\mathrm{d}S$$

$$= \oiint\limits_{\Sigma} F\frac{\partial F}{\partial \boldsymbol{n}}\mathrm{d}S.$$

**例 44** 设 $S_t$ 是变动球面 $(\xi - x)^2 + (\eta - y)^2 + (\zeta - z)^2 = t^2$,$f(\xi,\eta,\zeta)$ 有二阶偏导数,函数 $u(\xi,\eta,\zeta,t) = \dfrac{1}{4\pi t}\iint\limits_{S_t} f(\xi,\eta,\zeta)\mathrm{d}S$,求 $\dfrac{\partial^2 u}{\partial t^2}$.

**解** 设 $\xi = x + tu, \eta = y + tv, \zeta = z + tw$,则

$$u = \frac{1}{4\pi t}\iint\limits_{u^2+v^2+w^2=1} f(x + tuy + tvz + tw)\mathrm{d}S = \frac{t}{4\pi}\iint\limits_{u^2+v^2+w^2=1} f\mathrm{d}S,$$

$$u_t = \frac{1}{4\pi}\iint\limits_{u^2+v^2+w^2=1} f\mathrm{d}S + \frac{t}{4\pi}\iint\limits_{u^2+v^2+w^2=1}(f_1 u + f_2 v + f_3 w)\mathrm{d}S$$

$$= \frac{u}{t} + \frac{t}{4\pi}\iiint\limits_{u^2+v^2+w^2\leqslant 1}(f_{1u} + f_{2v} + f_{3w})\mathrm{d}u\mathrm{d}v\mathrm{d}w$$

$$= \frac{u}{t} + \frac{t^2}{4\pi}\iiint\limits_{u^2+v^2+w^2\leqslant 1}(f_{11} + f_{22} + f_{33})\mathrm{d}u\mathrm{d}v\mathrm{d}w$$

$$= \frac{u}{t} + \frac{1}{4\pi t}\iiint\limits_{(\xi-x)^2+(\eta-y)^2+(\zeta-z)^2}(f_{11}(\xi,\eta,\zeta) + f_{22}(\xi,\eta,\zeta) + f_{33}(\xi,\eta,\zeta))\mathrm{d}\xi\mathrm{d}\eta\mathrm{d}\zeta$$

$$= \frac{u}{t} + \frac{1}{4\pi t}\int_0^t\mathrm{d}r\iint\limits_{S_t}(f_{11}(\xi,\eta,\zeta) + f_{22}(\xi,\eta,\zeta) + f_{33}(\xi,\eta,\zeta))\mathrm{d}S$$

$$= \frac{u}{t} + \frac{1}{t}\int_0^t\Delta u(x,y,z,r)\mathrm{d}r,$$

于是

$$tu_t = u + \int_0^t \Delta u(x, y, z, t) \mathrm{d}r$$

关于 $t$ 求导得

$$u_{tt} = \Delta u(x, y, z, t) = u_{xx}(x, y, z, t) + u_{yy}(x, y, z, t) + u_{zz}(x, y, z, t).$$

**例 45**　设 $\Sigma$ 为球面 $x^2 + y^2 + z^2 = 4$ 与锥面 $z = \sqrt{x^2 + y^2}$ 所围成区域的边界曲面外侧，$f(t)$ 具有连续导数，求

$$\oiint_\Sigma \left( \frac{1}{z+1} f\left( \frac{x+2}{z+1} \right) + x^3 \right) \mathrm{d}y \mathrm{d}z + y^3 \mathrm{d}z \mathrm{d}x + \left( \frac{1}{x+2} f\left( \frac{x+2}{z+1} \right) + z^3 \right) \mathrm{d}x \mathrm{d}y.$$

**解**　设

$$P = \frac{1}{z+1} f\left( \frac{x+2}{z+1} \right) + x^3, Q = y^3, R = \frac{1}{x+2} f\left( \frac{x+2}{z+1} \right) + z^3,$$

则

$$P_x + Q_y + R_z = 3(x^2 + y^2 + z^2),$$

那么有

$$\oiint_\Sigma \left( \frac{1}{z+1} f\left( \frac{x+2}{z+1} \right) + x^3 \right) \mathrm{d}y \mathrm{d}z + y^3 \mathrm{d}z \mathrm{d}x + \left( \frac{1}{x+2} f\left( \frac{x+2}{z+1} \right) + z^3 \right) \mathrm{d}x \mathrm{d}y$$

$$= 3 \iiint\limits_{\substack{x^2+y^2+z^2 \leqslant 4 \\ x^2+\sqrt{x^2+y^2}}} (x^2 + y^2 + z^2) \mathrm{d}x \mathrm{d}y \mathrm{d}z$$

$$= 3 \int_0^{\frac{\pi}{4}} \mathrm{d}\varphi \int_0^2 \mathrm{d}r \int_0^{2\pi} r^2 \cdot r^2 \sin\theta \mathrm{d}\theta$$

$$= \frac{96}{5} (2 - \sqrt{2}) \pi.$$

**例 46**　计算曲面积分

$$I = \oiint_S y(x - z) \mathrm{d}y \mathrm{d}z + z^2 \mathrm{d}z \mathrm{d}x + (y^2 + xz) \mathrm{d}x \mathrm{d}y,$$

其中 $S$ 是立方体 $[0, 2] \times [0, 2] \times [0, 2]$ 的表面.

**解**　由斯托克斯公式有

$$I = \oiint_S y(x - z) \mathrm{d}y \mathrm{d}z + z^2 \mathrm{d}z \mathrm{d}x + (y^2 + xz) \mathrm{d}x \mathrm{d}y = \iiint\limits_V (x + y) \mathrm{d}x \mathrm{d}y \mathrm{d}z$$

$$= \int_0^2 \mathrm{d}z \int_0^2 \mathrm{d}y \int_0^2 (x + y) \mathrm{d}x = 2 \int_0^2 \left( \frac{1}{2} x^2 + xy \right) \Big|_{x=0}^{x=2} \mathrm{d}y$$

$$= 2 \int_0^2 (2 + 2y) \mathrm{d}y = 2(2y + y^2) \Big|_0^2 = 16.$$

**例 47**　设球面 $\Sigma$ 的半径为 $R$，球心在球面 $x^2 + y^2 + z^2 = a^2$ 上. 问当 $R$ 为何值时，$\Sigma$ 在球面 $x^2 + y^2 + z^2 = a^2$ 内部面积最大? 并求该最大面积.

**解**　不妨设 $\Sigma$ 的球心坐标为 $(0, 0, a)$，于是 $\Sigma$ 在球面 $x^2 + y^2 + z^2 = a^2$ 内部的曲面方程为

$$z = a - \sqrt{R^2 - (x^2 + y^2)}.$$

将此方程与球面方程 $x^2 + y^2 + z^2 = a^2$ 联立，解得 $z = \dfrac{2a^2 - R^2}{2a}$，这样，$\Sigma$ 在球面 $x^2 + y^2 +$

$z^2 = a^2$ 内部的部分在 $xOy$ 平面上的投影为

$$D = \left\{ (x,y) \,\middle|\, x^2 + y^2 \leqslant R^2 - \frac{R^4}{4a^2} \right\},$$

从而面积为

$$S(R) = \iint\limits_{D} \sqrt{1 + z_x'^2 + z_y'^2}\, dx dy = \iint\limits_{D} \frac{R}{\sqrt{R^2 - x^2 - y^2}}\, dx dy$$

$$= \int_0^{2\pi} d\theta \int_0^{R\sqrt{1 - \frac{R^2}{4a^2}}} \frac{R}{\sqrt{R^2 - r^2}}\, r dr = 2\pi R^2 \left( 1 - \frac{R}{2a} \right),$$

对 $S(R)$ 求导,得

$$S'(R) = \frac{\pi}{a}(4aR - 3R^2),$$

令 $S'(R) = 0$,得到 $R = \frac{4}{3}a$. 由于 $S''\left(\frac{4}{3}a\right) = -4\pi < 0$,所以当 $R = \frac{4}{3}a$ 时,面积最大,面积最大值为

$$S_{\max} = \frac{32}{27}\pi a^2.$$

**例 48** 求密度为 $\rho(x,y) = z$ 的抛物面壳 $z = \frac{1}{2}(x^2 + y^2), 0 \leqslant z \leqslant 1$ 的质量与质心.

**解** 质量

$$M = \iint\limits_{\Sigma} \rho(x,y) dS = \frac{1}{2} \iint\limits_{\Sigma_{xy}} (x^2 + y^2)\sqrt{1 + x^2 + y^2}\, dx dy = \frac{1}{2}\int_0^{2\pi} d\theta \int_0^{\sqrt{2}} r^3\sqrt{1 + r^2}\, dr$$

$$= \frac{\pi}{2}\int_0^{\sqrt{2}} r^2\sqrt{1 + r^2}\, dr^2 = \frac{12\sqrt{3} + 2}{15}\pi.$$

设质心坐标为 $(\bar{x}, \bar{y}, \bar{z})$,由对称性,$\bar{x} = 0, \bar{y} = 0$,且

$$\iint\limits_{\Sigma} z\rho(x,y) dS = \frac{1}{4}\iint\limits_{\Sigma_{xy}} (x^2 + y^2)^2 \sqrt{1 + x^2 + y^2}\, dx dy$$

$$= \frac{1}{4}\int_0^{2\pi} d\theta \int_0^{\sqrt{2}} r^5\sqrt{1 + r^2}\, dr$$

$$= \frac{\pi}{4}\int_0^{\sqrt{2}} r^4\sqrt{1 + r^2}\, dr^2,$$

作代换 $t = \sqrt{1 + r^2}$,得到

$$\iint\limits_{\Sigma} z\rho(x,y) dS = \frac{\pi}{4}\int_1^{\sqrt{3}} 2(t^2 - 1)^2 t^2\, dt = \frac{66\sqrt{3} - 4}{105}\pi,$$

于是

$$\bar{z} = \frac{\iint\limits_{\Sigma} z\rho(x,y) dS}{M} = \frac{596 - 45\sqrt{3}}{749},$$

所以质心为 $\left(0, 0, \dfrac{596 - 45\sqrt{3}}{749}\right)$.

**例 49**　求均匀球面(半径是 $a$,密度是 1)对不在该球面上的质点(质量为 1)的引力.

**解**　设球面方程为 $x^2 + y^2 + z^2 = a^2$,质点的坐标为 $(0,0,b)(0 \leqslant b \neq a)$.在球面上 $(x,y,z)$ 处取一微元,面积为 $\mathrm{d}S$,它对质点的引力为

$$\mathrm{d}\boldsymbol{F} = \frac{G\mathrm{d}S}{x^2 + y^2 + (z-b)^2},$$

由对称性得

$$F_x = F_y = 0, F_z = \iint_{\Sigma} \frac{G(z-b)}{[x^2 + y^2 + (z-b)^2]^{\frac{3}{2}}} \mathrm{d}S.$$

令 $\begin{cases} x = a\sin\varphi\cos\theta \\ y = a\sin\varphi\sin\theta \\ z = a\cos\varphi \end{cases}$,得到 $\sqrt{EG - F^2} = a^2\sin\varphi$,于是

$$F_z = \int_0^{2\pi} \mathrm{d}\theta \int_0^{\pi} \frac{G(a\cos\varphi - b)a^2\sin\varphi}{(a^2 + b^2 - 2ab\cos\varphi)^{\frac{3}{2}}} \mathrm{d}\varphi,$$

在上述积分中,再令 $t = \sqrt{a^2 + b^2 - 2ab\cos\varphi}$,得到

$$F_z = -\frac{\pi Ga}{b^2} \int_{|a-b|}^{a+b} \frac{b^2 - a^2 + t^2}{t^2} \mathrm{d}t = \begin{cases} 0, & b < a \\ -\dfrac{4\pi Ga^2}{b^2}, & b > a \end{cases},$$

所以当 $b < a$ 时,引力 $\boldsymbol{F} = (0,0,0)$;当 $b > a$ 时,引力 $\boldsymbol{F} = \left(0, 0, -\dfrac{4\pi Ga^2}{b^2}\right)$.

**例 50**　设 $u(x,y,z)$ 为连续函数,它在 $M(x_0,y_0,z_0)$ 处有连续的二阶偏导数.记 $\Sigma$ 为以点 $M$ 为中心,半径为 $R$ 的球面,以及

$$T(R) = \frac{1}{4\pi R^2} \iint_{\Sigma} u(x,y,z)\mathrm{d}S.$$

(1) 证明:$\lim_{R \to 0} T(R) = u(x_0,y_0,z_0)$;

(2) 若 $\left(\dfrac{\partial^2 u}{\partial x^2} + \dfrac{\partial^2 u}{\partial y^2} + \dfrac{\partial^2 u}{\partial z^2}\right)\bigg|_{(x_0,y_0,z_0)} \neq 0$,求当 $R \to 0$ 时无穷小量 $T(R) - u(x_0,y_0,z_0)$ 的主要部分.

**解**　(1) 由于 $u(x,y,z)$ 在 $M(x_0,y_0,z_0)$ 处连续,所以 $\forall \varepsilon > 0, \exists \delta > 0$,当 $\sqrt{(x-x_0)^2 + (y-y_0)^2 + (z-z_0)^2} < \delta$ 时,成立

$$|u(x,y,z) - u(x_0,y_0,z_0)| < \varepsilon,$$

于是当 $R = \sqrt{(x-x_0)^2 + (y-y_0)^2 + (z-z_0)^2} < \delta$ 时

$$\left|\frac{1}{4\pi R^2} \iint_{\Sigma} u(x,y,z)\mathrm{d}S - u(x_0,y_0,z_0)\right| \leqslant \frac{1}{4\pi R^2} \iint_{\Sigma} |u(x,y,z) - u(x_0,y_0,z_0)| \mathrm{d}S < \varepsilon,$$

所以成立

$$\lim_{R \to 0} T(R) = u(x_0,y_0,z_0).$$

(2) 令 $\begin{cases} x = x_0 + R\xi \\ y = y_0 + R\eta \\ z = z_0 + R\zeta \end{cases}$,则

$$T(R) = \frac{1}{4\pi} \iint\limits_{\Sigma^*} u(x_0 + R\xi, y_0 + R\eta, z_0 + R\zeta) \, dS,$$

其中 $\Sigma^* = \{(\xi, \eta, \zeta) \mid \xi^2 + \eta^2 + \zeta^2 = 1\}$. 利用对称性, 有

$$\iint\limits_{\Sigma^*} \xi \, dS = \iint\limits_{\Sigma^*} \eta \, dS = \iint\limits_{\Sigma^*} \zeta \, dS = 0, \quad \iint\limits_{\Sigma^*} \xi\eta \, dS = \iint\limits_{\Sigma^*} \eta\zeta \, dS = \iint\limits_{\Sigma^*} \zeta\xi \, dS = 0,$$

$$\iint\limits_{\Sigma^*} \xi^2 \, dS = \iint\limits_{\Sigma^*} \eta^2 \, dS = \iint\limits_{\Sigma^*} \zeta^2 \, dS = \frac{1}{3} \iint\limits_{\Sigma^*} (\xi^2 + \eta^2 + \zeta^2) \, dS = \frac{4}{3}\pi,$$

由于

$$T'(R) = \frac{1}{4\pi} \iint\limits_{\Sigma^*} [\xi u'_x + \eta u'_y + \zeta u'_z] \, dS$$

$$T''(R) = \frac{1}{4\pi} \iint\limits_{\Sigma^*} [\xi^2 u''_{xx} + \eta^2 u''_{yy} + \zeta^2 u''_{zz} + 2(\xi\eta u''_{xy} + \xi\zeta u''_{xz} + \eta\zeta u''_{yz})] \, dS,$$

以 $R = 0$ 代入, 得到

$$T'(0) = 0, \quad T''(0) = \frac{1}{3}\left(\frac{\partial^2 u}{\partial x^2} + \frac{\partial^2 u}{\partial y^2} + \frac{\partial^2 u}{\partial z^2}\right)\Big|_{(x_0, y_0, z_0)},$$

由泰勒公式, 即知当 $R \to 0$ 时, 无穷小量 $T(R) - u(x_0, y_0, z_0)$ 的主要部分为 $\dfrac{R^2}{6}\left(\dfrac{\partial^2 u}{\partial x^2} + \dfrac{\partial^2 u}{\partial y^2} + \dfrac{\partial^2 u}{\partial z^2}\right)\Big|_{(x_0, y_0, z_0)}$.

**例 51** 设 $\Sigma$ 为上半椭球面 $\dfrac{x^2}{2} + \dfrac{y^2}{2} + z^2 = 1 (z \geqslant 0)$, $\pi$ 为 $\Sigma$ 在点 $P(x, y, z)$ 处的切平面, $\rho(x, y, z)$ 为原点 $O(0, 0, 0)$ 到平面 $\pi$ 的距离, 求 $\iint\limits_{\Sigma} \dfrac{z}{\rho(x, y, z)} \, dS$.

**解** 因为椭球面 $\dfrac{x^2}{2} + \dfrac{y^2}{2} + z^2 = 1$ 在点 $P(x, y, z)$ 的法向量为 $\boldsymbol{n} = (x, y, 2z)$, 所以切平面 $\pi$ 的方程为

$$xX + yY + 2zZ = 2,$$

从而原点到 $\pi$ 的距离为

$$\rho(x, y, z) = \frac{2}{\sqrt{x^2 + y^2 + 4z^2}}.$$

令 $\begin{cases} x = \sqrt{2} \sin\varphi \cos\theta \\ y = \sqrt{2} \sin\varphi \sin\theta \\ z = \cos\varphi \end{cases}$, 则

$$\sqrt{x^2 + y^2 + 4z^2} = \sqrt{2\sin^2\varphi + 4\cos^2\varphi},$$

由

$$x'_\varphi = \sqrt{2}\cos\varphi\cos\theta, \quad y'_\varphi = \sqrt{2}\cos\varphi\sin\theta, \quad z'_\varphi = -\sin\varphi,$$

$$x'_\theta = -\sqrt{2}\sin\varphi\sin\theta, \quad y'_\theta = \sqrt{2}\sin\varphi\cos\theta, \quad z'_\theta = 0,$$

得到

$$\sqrt{EG - F^2} = \sin\varphi\sqrt{2\sin^2\varphi + 4\cos^2\varphi},$$

由此得到

$$\iint_{\Sigma} \frac{z}{\rho(x,y,z)} \mathrm{d}S = \int_0^{2\pi} \mathrm{d}\theta \int_0^{\frac{\pi}{2}} \cos\varphi\sin\varphi(\sin^2\varphi + 2\cos^2\varphi)\mathrm{d}\varphi = \frac{3}{2}\pi.$$

**例 52**　设 $\Sigma$ 是单位球面 $x^2 + y^2 + z^2 = 1$. 证明

$$\iint_{\Sigma} f(ax + by + cz)\mathrm{d}S = 2\pi\int_{-1}^1 f(u\sqrt{a^2+b^2+c^2})\mathrm{d}u,$$

其中 $a,b,c$ 为不全为零的常数, $f(u)$ 是 $|u| \leqslant \sqrt{a^2+b^2+c^2}$ 上的一元连续函数.

**证明**　将 $xyz$ 坐标系保持原点不动旋转成 $x'y'z'$ 坐标系, 使 $z'$ 轴上的单位向量为

$\dfrac{1}{\sqrt{a^2+b^2+c^2}}(a,b,c)$, 由于旋转变换是正交变换, 保持度量不变, 所以球面 $\Sigma$ 上的面积元

$\mathrm{d}S$ 也不变. 设球面 $\Sigma$ 上一点 $(x,y,z)$ 的新坐标为 $(x',y',z')$, 则

$$ax + by + cz = \sqrt{a^2+b^2+c^2}\,z',$$

于是

$$\iint_{\Sigma} f(ax+by+cz)\mathrm{d}S = \iint_{\Sigma} f(\sqrt{a^2+b^2+c^2}\,z')\mathrm{d}S.$$

下面计算这一曲面积分. 令球面 $\Sigma$ 的参数方程为

$$x' = \sin\varphi\cos\theta, \quad y' = \sin\varphi\sin\theta, \quad z' = \cos\varphi,$$

则

$$\sqrt{EG - F^2} = \sin\varphi,$$

所以

$$\iint_{\Sigma} f(ax+by+cz)\mathrm{d}S = \int_0^{2\pi}\mathrm{d}\theta\int_0^{\pi} f(\sqrt{a^2+b^2+c^2}\cos\varphi)\sin\varphi\mathrm{d}\varphi$$

$$= 2\pi\int_{-1}^1 f(u\sqrt{a^2+b^2+c^2})\mathrm{d}u.$$

**例 53**　设有一高度为 $h(t)$ ($t$ 为时间) 的雪堆在融化过程中, 其侧面满足方程 (设长度单位为 cm, 时间单位为 h)

$$z = h(t) - \frac{2(x^2+y^2)}{h(t)}.$$

已知体积减小的速率与侧面积成正比 (比例系数为 0.9). 问高度为 130 cm 的雪堆全部融化需多少时间?

**解**　雪堆的体积为

$$V(t) = \iint_D \left( h(t) - \frac{2(x^2+y^2)}{h(t)} \right) \mathrm{d}x\mathrm{d}y = \int_0^{2\pi}\mathrm{d}\theta\int_0^{\frac{h(t)}{\sqrt{2}}}\left( h(t) - \frac{2}{h(t)}r^2 \right)r\mathrm{d}r = \frac{\pi}{4}h^3(t),$$

雪堆的侧面积为

$$S(t) = \iint_D \sqrt{1 + z_x'^2 + z_y'^2}\,\mathrm{d}x\mathrm{d}y = \frac{1}{h(t)}\iint_D \sqrt{h^2(t) + 16(x^2+y^2)}\,\mathrm{d}x\mathrm{d}y$$

$$= \frac{1}{h(t)}\int_0^{2\pi}\mathrm{d}\theta\int_0^{\frac{h(t)}{\sqrt{2}}}\sqrt{h^2(t) + 16r^2}\,r\mathrm{d}r = \frac{13}{12}\pi h^2(t),$$

由 $\dfrac{\mathrm{d}V}{\mathrm{d}t} = -\dfrac{9}{10}S(t)$, 得到 $h'(t) = -\dfrac{13}{10}$, 注意到 $h(0) = 130$ cm, 得到

$$h(t) = 130 - \frac{13}{10}t.$$

因为当雪堆全部融化,即 $h(t) = 0$ 时,有 $t = 100$ h,所以雪堆全部融化需 100 h.

**例 54** 求下列第二类曲线积分:

(1) $\displaystyle\int_L (x^2 + y^2)\mathrm{d}x + (x^2 - y^2)\mathrm{d}y$,其中 $L$ 是以 $A(1,0), B(2,0), C(2,1), D(1,1)$ 为顶点的正方形,方向为逆时针方向;

(2) $\displaystyle\int_L (x^2 - 2xy)\mathrm{d}x + (y^2 - 2xy)\mathrm{d}y$,其中 $L$ 是抛物线的一段: $y = x^2, -1 \leqslant x \leqslant 1$,方向由 $(-1,1)$ 到 $(1,1)$;

(3) $\displaystyle\int_L \frac{(x+y)\mathrm{d}x - (x-y)\mathrm{d}y}{x^2 + y^2}$,其中 $L$ 是圆周 $x^2 + y^2 = a^2$,方向为逆时针方向;

(4) $\displaystyle\int_L y\mathrm{d}x - x\mathrm{d}y + (x^2 + y^2)\mathrm{d}z$,其中 $L$ 是曲线 $x = \mathrm{e}^t, y = \mathrm{e}^{-t}, z = a^t, 0 \leqslant t \leqslant 1$,方向由 $(\mathrm{e}, \mathrm{e}^{-1}, a)$ 到 $(1,1,1)$;

(5) $\displaystyle\int_L x\mathrm{d}x + y\mathrm{d}y + (x + y - 1)\mathrm{d}z$,其中 $L$ 是从点 $(1,1,1)$ 到点 $(2,3,4)$ 的直线段;

(6) $\displaystyle\int_L y\mathrm{d}x + z\mathrm{d}y + x\mathrm{d}z$,其中 $L$ 为曲线 $\begin{cases} x^2 + y^2 + z^2 = 2az \\ x + z = a(a > 0) \end{cases}$,若从 $z$ 轴的正向看去,$L$ 的方向为逆时针方向;

(7) $\displaystyle\int_L (y - z)\mathrm{d}x + (z - x)\mathrm{d}y + (x - y)\mathrm{d}z$,$L$ 为圆周 $\begin{cases} x^2 + y^2 + z^2 = 1 \\ y = x\tan\alpha \left(0 < \alpha < \dfrac{\pi}{2}\right) \end{cases}$,若从 $x$ 轴的正向看去,这个圆周的方向为逆时针方向.

**解** (1) $\displaystyle\int_L (x^2 + y^2)\mathrm{d}x + (x^2 - y^2)\mathrm{d}y$

$$= \left\{\int_{AB} + \int_{BC} + \int_{CD} + \int_{DA}\right\}(x^2 + y^2)\mathrm{d}x + (x^2 - y^2)\mathrm{d}y$$

$$= \int_1^2 x^2\mathrm{d}x + \int_0^1 (4 - y^2)\mathrm{d}y + \int_2^1 (x^2 + 1)\mathrm{d}x + \int_1^0 (1 - y^2)\mathrm{d}y = 2.$$

(2) $\displaystyle\int_L (x^2 - 2xy)\mathrm{d}x + (y^2 - 2xy)\mathrm{d}y = \int_{-1}^1 ((x^2 - 2x^3) + (x^4 - 2x^3)2x)\mathrm{d}x$

$$= \int_{-1}^1 (x^2 - 4x^4)\mathrm{d}x = -\frac{14}{15}.$$

(3) $\displaystyle\int_L \frac{(x+y)\mathrm{d}x - (x-y)\mathrm{d}y}{x^2 + y^2}$

$$= \int_0^{2\pi} ((\cos t + \sin t)(-\sin t) - (\cos t - \sin t)\cos t)\mathrm{d}t = -2\pi.$$

(4) $\displaystyle I = \int_L y\mathrm{d}x - x\mathrm{d}y + (x^2 + y^2)\mathrm{d}z = \int_1^0 (2 + (\mathrm{e}^{2t} + \mathrm{e}^{-2t})a^t\ln a)\mathrm{d}t.$

当 $a = \mathrm{e}^2$ 时,$\displaystyle I = \int_1^0 (4 + 2\mathrm{e}^{4t})\mathrm{d}t = -\frac{1}{2}(7 + \mathrm{e}^4)$;

当 $a = \mathrm{e}^{-2}$ 时, $I = \int_0^1 2\mathrm{e}^{-4t}\mathrm{d}t = \dfrac{1}{2}(1 - \mathrm{e}^{-4})$；

当 $a \neq \mathrm{e}^2$ 且 $a \neq \mathrm{e}^{-2}$ 时

$$I = -2 + \ln a \int_1^0 \left[(a\mathrm{e}^2)^t + (a\mathrm{e}^{-2})^t\right]\mathrm{d}t = -2 + \left(\dfrac{1 - a\mathrm{e}^2}{\ln a + 2} + \dfrac{1 - a\mathrm{e}^{-2}}{\ln a - 2}\right)\ln a.$$

(5) $\displaystyle\int_L x\,\mathrm{d}x + y\mathrm{d}y + (x + y - 1)\mathrm{d}z = \int_0^1 (1 + t + 2(1 + 2t) + 3(1 + 3t))\mathrm{d}t = 13.$

(6) 由曲线积分的定义, 以 $z = a - x$ 代入积分, 得到

$$\int_L y\mathrm{d}x + z\mathrm{d}y + x\mathrm{d}z = \int_{L_{xy}} (y - x)\mathrm{d}x + (a - x)\mathrm{d}y,$$

其中 $L_{xy}$ 为 $L$ 在 $xy$ 平面上的投影曲线（椭圆）$2x^2 + y^2 = a^2$, 取逆时针方向. 令 $x = \dfrac{1}{\sqrt{2}}a\cos t, y = a\sin t, t:0 \to 2\pi$, 则

$$\int_L y\mathrm{d}x + z\mathrm{d}y + x\mathrm{d}z = a^2 \int_0^{2\pi} \left(\left(\sin t - \dfrac{1}{\sqrt{2}}\cos t\right)\left(-\dfrac{1}{\sqrt{2}}\sin t\right) + \left(1 - \dfrac{1}{\sqrt{2}}\cos t\right)\cos t\right)\mathrm{d}t$$

$$= -\sqrt{2}\pi a^2.$$

(7) 由曲线积分的定义, 以 $y = x\tan\alpha$ 代入积分, 得到

$$\int_L (y - z)\mathrm{d}x + (z - x)\mathrm{d}y + (x - y)\mathrm{d}z = (1 - \tan\alpha)\int_{L_{zx}} x\mathrm{d}z - z\mathrm{d}x$$

其中 $L_{zx}$ 为 $L$ 在 $zx$ 平面上的投影曲线（椭圆）$z^2 + x^2 \sec^2\alpha = 1$, 取顺时针方向.

令 $x = \cos\alpha\sin t, z = \cos t, t:2\pi \to 0$, 则

$$\int_L (y - z)\mathrm{d}x + (z - x)\mathrm{d}y + (x - y)\mathrm{d}z$$

$$= (1 - \tan\alpha)\int_{2\pi}^0 \cos\alpha(-\sin^2 t - \cos^2 t)\mathrm{d}t$$

$$= 2\pi(\cos\alpha - \sin\alpha).$$

**例 55**　证明:不等式

$$\left|\int_L P(x, y)\mathrm{d}x + Q(x, y)\mathrm{d}y\right| \leqslant MC,$$

其中, $C$ 是曲线 $L$ 的弧长, 且

$$M = \{\max | \sqrt{P^2(x, y) + Q^2(x, y)} \mid (x, y) \in L\}.$$

记圆周 $x^2 + y^2 = R^2$ 为 $L_R$, 利用以上不等式估计

$$I_R = \int_{L_R} \dfrac{y\mathrm{d}x - x\mathrm{d}y}{(x^2 + xy + y^2)^2},$$

并证明: $\displaystyle\lim_{R \to +\infty} I_R = 0.$

**证明**　由施瓦茨不等式及 $\cos^2\alpha + \cos^2\beta = 1$, 可得

$$\left|\int_L P(x, y)\mathrm{d}x + Q(x, y)\mathrm{d}y\right| = \left|\int_L \left[P(x, y)\cos\alpha + Q(x, y)\cos\beta\right]\mathrm{d}s\right|$$

$$\leqslant \int_L | P(x, y)\cos\alpha + Q(x, y)\cos\beta | \,\mathrm{d}s$$

$$\leqslant \int_L \sqrt{[P^2(x,y)+Q^2(x,y)][\cos^2\alpha+\cos^2\beta]}\,ds$$

$$\leqslant M\int_L ds = MC,$$

在积分 $I_R = \int_{L_R} \dfrac{y\,dx - x\,dy}{(x^2+xy+y^2)^2}$ 中,令

$$P(x,y) = \frac{y}{(x^2+xy+y^2)^2}, Q(x,y) = \frac{-x}{(x^2+xy+y^2)^2},$$

则

$$P^2(x,y)+Q^2(x,y) = \frac{x^2+y^2}{(x^2+xy+y^2)^4} \leqslant \frac{16}{(x^2+y^2)^3},$$

于是 $|I_R| \leqslant \dfrac{4}{R^3}C = \dfrac{8\pi}{R^2}$,所以

$$\lim_{R\to+\infty} I_R = 0.$$

**例 56** 计算下列第二类曲面积分:

(1) $\iint_\Sigma (x+y)dydz + (y+z)dzdx + (z+x)dxdy$,其中 $\Sigma$ 是中心在原点,边长为 $2h$ 的立方体 $[-h,h]\times[-h,h]\times[-h,h]$ 的表面,方向取外侧;

(2) $\iint_\Sigma yz\,dzdx$,其中 $\Sigma$ 是椭球面 $\dfrac{x^2}{a^2}+\dfrac{y^2}{b^2}+\dfrac{z^2}{c^2}=1$ 的上半部分,方向取上侧;

(3) $\iint_\Sigma z\,dydz + x\,dzdx + y\,dxdy$,其中 $\Sigma$ 是柱面 $x^2+y^2=1$ 被平面 $z=0$ 和 $z=4$ 所截部分,方向取外侧;

(4) $\iint_\Sigma zx\,dydz + 3dxdy$,其中 $\Sigma$ 是抛物面 $z=4-x^2-y^2$ 在 $z\geqslant 0$ 的部分,方向取下侧;

(5) $\iint_\Sigma [f(x,y,z)+x]dydz + [2f(x,y,z)+y]dzdx + [f(x,y,z)+z]dxdy$,其中 $f(x,y,z)$ 为连续函数,$\Sigma$ 是平面 $x-y+z=1$ 在第四象限部分,方向取上侧;

(6) $\iint_\Sigma x^2 dydz + y^2 dzdx + (z^2+5)dxdy$,其中 $\Sigma$ 是锥面 $z=\sqrt{x^2+y^2}$ $(0\leqslant z\leqslant h)$,方向取下侧;

(7) $\iint_\Sigma \dfrac{e^{\sqrt{y}}}{\sqrt{z^2+x^2}}dzdx$,其中 $\Sigma$ 是抛物面 $y=x^2+z^2$ 与平面 $y=1,y=2$ 所围立体的表面,方向取外侧;

(8) $\iint_\Sigma \dfrac{1}{x}dydz + \dfrac{1}{y}dzdx + \dfrac{1}{z}dxdy$,其中 $\Sigma$ 为椭球面 $\dfrac{x^2}{a^2}+\dfrac{y^2}{b^2}+\dfrac{z^2}{c^2}=1$,方向取外侧;

(9) $\iint_\Sigma x^2 dydz + y^2 dzdx + z^2 dxdy$,其中 $\Sigma$ 是球面 $(x-a)^2+(y-b)^2+(z-c)^2=R^2$,方向取外侧.

**解** (1) 将 $\Sigma$ 的上、下、左、右、前、后六个面分别记为 $\Sigma_i(i=1,2,3,4,5,6)$,则

$$\iint\limits_{\Sigma}(x+y)\mathrm{d}y\mathrm{d}z=\iint\limits_{\Sigma_5}(x+y)\mathrm{d}y\mathrm{d}z+\iint\limits_{\Sigma_6}(x+y)\mathrm{d}y\mathrm{d}z=\iint\limits_{\Sigma_5}x\mathrm{d}y\mathrm{d}z+\iint\limits_{\Sigma_6}x\mathrm{d}y\mathrm{d}z$$

$$=2h\iint\limits_{D_{yz}}\mathrm{d}y\mathrm{d}z=8h^3,$$

$$\iint\limits_{\Sigma}(y+z)\mathrm{d}z\mathrm{d}x=\iint\limits_{\Sigma_3}(y+z)\mathrm{d}z\mathrm{d}x+\iint\limits_{\Sigma_4}(y+z)\mathrm{d}z\mathrm{d}x=\iint\limits_{\Sigma_3}y\mathrm{d}z\mathrm{d}x+\iint\limits_{\Sigma_4}y\mathrm{d}z\mathrm{d}x$$

$$=2h\iint\limits_{D_{zx}}\mathrm{d}z\mathrm{d}x=8h^3,$$

$$\iint\limits_{\Sigma}(z+x)\mathrm{d}x\mathrm{d}y=\iint\limits_{\Sigma_1}(z+x)\mathrm{d}x\mathrm{d}y+\iint\limits_{\Sigma_2}(z+x)\mathrm{d}x\mathrm{d}y=\iint\limits_{\Sigma_1}z\mathrm{d}x\mathrm{d}y+\iint\limits_{\Sigma_2}z\mathrm{d}x\mathrm{d}y$$

$$=2h\iint\limits_{D_{xy}}\mathrm{d}x\mathrm{d}y=8h^3,$$

所以

$$\iint\limits_{\Sigma}(x+y)\mathrm{d}y\mathrm{d}z+(y+z)\mathrm{d}z\mathrm{d}x+(z+x)\mathrm{d}x\mathrm{d}y=24h^3.$$

（2）设曲面 $\Sigma$ 的单位法向量为 $(\cos\alpha,\cos\beta,\cos\gamma)$，由

$$\mathrm{d}z\mathrm{d}x=\cos\beta\mathrm{d}S\ \text{与}\ \mathrm{d}x\mathrm{d}y=\cos\gamma\mathrm{d}S,$$

得到

$$\mathrm{d}z\mathrm{d}x=\frac{\cos\beta}{\cos\gamma}\mathrm{d}x\mathrm{d}y=\frac{c^2y}{b^2z}\mathrm{d}x\mathrm{d}y.$$

由于 $\Sigma$ 的方向取上侧，它在 $xy$ 平面的投影区域为

$$D=\left\{(x,y)\ \middle|\ \frac{x^2}{a^2}+\frac{y^2}{b^2}\leqslant 1\right\},$$

于是

$$\iint\limits_{\Sigma}yz\mathrm{d}z\mathrm{d}x=\iint\limits_{\Sigma}\frac{c^2}{b^2}y^2\mathrm{d}x\mathrm{d}y=\iint\limits_{D}\frac{c^2}{b^2}y^2\mathrm{d}x\mathrm{d}y=abc^2\int_0^{2\pi}\sin^2\theta\mathrm{d}\theta\int_0^1r^3\mathrm{d}r=\frac{\pi}{4}abc^2.$$

（3）取曲面 $\Sigma$ 的参数表示 $\begin{cases}x=\cos\theta\\y=\sin\theta\\z=z\end{cases},D=\{(\theta,z)\mid 0\leqslant\theta\leqslant 2\pi,0\leqslant z\leqslant 4\}$，则

$$\frac{\partial(y,z)}{\partial(\theta,z)}=\cos\theta,\frac{\partial(z,x)}{\partial(\theta,z)}=\sin\theta,\frac{\partial(x,y)}{\partial(\theta,z)}=0,$$

由于 $\Sigma$ 的方向取外侧，于是

$$\iint\limits_{\Sigma}z\mathrm{d}y\mathrm{d}z+x\mathrm{d}z\mathrm{d}x+y\mathrm{d}x\mathrm{d}y=\iint\limits_{D}\left(z\frac{\partial(y,z)}{\partial(\theta,z)}+\cos\theta\frac{\partial(z,x)}{\partial(\theta,z)}+\sin\theta\frac{\partial(x,y)}{\partial(\theta,z)}\right)\mathrm{d}\theta\mathrm{d}z$$

$$=\int_0^{2\pi}\cos\theta\mathrm{d}\theta\int_0^4z\mathrm{d}z+\int_0^{2\pi}\sin\theta\cos\theta\mathrm{d}\theta\int_0^4\mathrm{d}z=0.$$

（4）设曲面 $\Sigma$ 的单位法向量为 $(\cos\alpha,\cos\beta,\cos\gamma)$，由 $\mathrm{d}y\mathrm{d}z=\cos\alpha\mathrm{d}S$ 与 $\mathrm{d}x\mathrm{d}y=\cos\gamma\mathrm{d}S$，得到

$$\mathrm{d}y\mathrm{d}z=\frac{\cos\alpha}{\cos\gamma}\mathrm{d}x\mathrm{d}y=2x\mathrm{d}x\mathrm{d}y.$$

由于 $\Sigma$ 的方向取下侧，它在 $xy$ 平面的投影区域为 $D=\{(x,y)\mid x^2+y^2\leqslant 1\}$，于是

$$\iint\limits_{\Sigma}zx\,\mathrm{d}y\mathrm{d}z+3\mathrm{d}x\mathrm{d}y=\iint\limits_{\Sigma}(2x^2z+3)\mathrm{d}x\mathrm{d}y=-\iint\limits_{D}(2x^2(4-x^2-y^2)+3)\mathrm{d}x\mathrm{d}y$$

$$=-\int_0^{2\pi}\mathrm{d}\theta\int_0^2(2r^2\cos^2\theta(4-r^2)+3)r\mathrm{d}r$$

$$=-\frac{32}{3}\int_0^{2\pi}\cos^2\theta\mathrm{d}\theta-12\pi=-\frac{68}{3}\pi.$$

(5) 平面 $\Sigma$ 的方程为 $x-y+z=1$，方向取上侧，由此可知

$$\mathrm{d}y\mathrm{d}z=\mathrm{d}x\mathrm{d}y,\mathrm{d}z\mathrm{d}x=-\mathrm{d}x\mathrm{d}y,$$

于是

$$\iint\limits_{\Sigma}(f(x,y,z)+x)\mathrm{d}y\mathrm{d}z+(2f(x,y,z)+y)\mathrm{d}z\mathrm{d}x+(f(x,y,z)+z)\mathrm{d}x\mathrm{d}y$$

$$=\iint\limits_{\Sigma}((f(x,y,z)+x)-(2f(x,y,z)+y)+(f(x,y,z)+z))\mathrm{d}x\mathrm{d}y$$

$$=\iint\limits_{D_{xy}}\mathrm{d}x\mathrm{d}y=\frac{1}{2}.$$

(6) 由对称性

$$\iint\limits_{\Sigma}x^2\mathrm{d}y\mathrm{d}z=0,\iint\limits_{\Sigma}y^2\mathrm{d}z\mathrm{d}x=0,$$

所以

$$\iint\limits_{\Sigma}x^2\mathrm{d}y\mathrm{d}z+y^2\mathrm{d}z\mathrm{d}x+(z^2+5)\mathrm{d}x\mathrm{d}y=-\iint\limits_{D_{xy}}(x^2+y^2+5)\mathrm{d}x\mathrm{d}y$$

$$=-\int_0^{2\pi}\mathrm{d}\theta\int_0^h(r^2+5)r\mathrm{d}r=-\frac{\pi}{2}(h^4+10h^2).$$

(7) 记 $\Sigma_1:y=x^2+z^2(1\leqslant y\leqslant 2)$，方向取外侧. $\Sigma_2:y=1(x^2+z^2\leqslant 1)$，方向取左侧.
$\Sigma_3:y=2(x^2+z^2\leqslant 2)$，方向取右侧，则

$$\iint\limits_{\Sigma_1}\frac{\mathrm{e}^{\sqrt{y}}}{\sqrt{z^2+x^2}}\mathrm{d}z\mathrm{d}x=-\iint\limits_{D_{1zx}}\frac{\mathrm{e}^{\sqrt{x^2+z^2}}}{\sqrt{z^2+x^2}}\mathrm{d}z\mathrm{d}x=-\int_0^{2\pi}\mathrm{d}\theta\int_1^{\sqrt{2}}\mathrm{e}^r\mathrm{d}r=-2\pi(\mathrm{e}^{\sqrt{2}}-\mathrm{e})$$

$$\iint\limits_{\Sigma_2}\frac{\mathrm{e}^{\sqrt{y}}}{\sqrt{z^2+x^2}}\mathrm{d}z\mathrm{d}x=-\iint\limits_{D_{2zx}}\frac{\mathrm{e}}{\sqrt{z^2+x^2}}\mathrm{d}z\mathrm{d}x=-\int_0^{2\pi}\mathrm{d}\theta\int_0^1\mathrm{e}\mathrm{d}r=-2\mathrm{e}\pi$$

$$\iint\limits_{\Sigma_3}\frac{\mathrm{e}^{\sqrt{y}}}{\sqrt{z^2+x^2}}\mathrm{d}z\mathrm{d}x=\iint\limits_{D_{3zx}}\frac{\mathrm{e}^{\sqrt{2}}}{\sqrt{z^2+x^2}}\mathrm{d}z\mathrm{d}x=\int_0^{2\pi}\mathrm{d}\theta\int_0^{\sqrt{2}}\mathrm{e}^{\sqrt{2}}\mathrm{d}r=2\sqrt{2}\,\mathrm{e}^{\sqrt{2}}\pi,$$

所以

$$\iint\limits_{\Sigma}\frac{\mathrm{e}^{\sqrt{y}}}{\sqrt{z^2+x^2}}\mathrm{d}z\mathrm{d}x=2\mathrm{e}^{\sqrt{2}}(\sqrt{2}-1)\pi.$$

(8) 设 $\Sigma_1,\Sigma_2$ 分别表示上、下两半椭球面，方向分别取上、下侧，则

$$\iint\limits_{\Sigma}\frac{1}{z}\mathrm{d}x\mathrm{d}y=\iint\limits_{\Sigma_1}\frac{1}{z}\mathrm{d}x\mathrm{d}y+\iint\limits_{\Sigma_2}\frac{1}{z}\mathrm{d}x\mathrm{d}y=2\iint\limits_{D_{xy}}\frac{1}{c\sqrt{1-\dfrac{x^2}{a^2}-\dfrac{y^2}{b^2}}}\mathrm{d}x\mathrm{d}y$$

$$= 2\int_0^{2\pi} \mathrm{d}\theta \int_0^1 \frac{abr\,\mathrm{d}r}{c\sqrt{1-r^2}} = \frac{4\pi ab}{c},$$

由对称性,可得

$$\iint\limits_{\Sigma} \frac{1}{y}\mathrm{d}z\mathrm{d}x = \frac{4\pi ac}{b}, \iint\limits_{\Sigma} \frac{1}{x}\mathrm{d}y\mathrm{d}z = \frac{4\pi bc}{a},$$

所以

$$\iint\limits_{\Sigma} \frac{1}{x}\mathrm{d}y\mathrm{d}z + \frac{1}{y}\mathrm{d}z\mathrm{d}x + \frac{1}{z}\mathrm{d}x\mathrm{d}y = \frac{4\pi}{abc}(a^2b^2 + b^2c^2 + c^2a^2).$$

(9) 设 $\Sigma_1, \Sigma_2$ 分别表示上、下两半球面,方向分别取上、下侧. 则

$$\iint\limits_{\Sigma} z^2\mathrm{d}x\mathrm{d}y = \iint\limits_{\Sigma_1} z^2\mathrm{d}x\mathrm{d}y + \iint\limits_{\Sigma_2} z^2\mathrm{d}x\mathrm{d}y$$

$$= \iint\limits_{D_{xy}} \left[c + \sqrt{R^2-(x-a)^2-(y-b)^2}\right]^2 \mathrm{d}x\mathrm{d}y -$$

$$\iint\limits_{D_{xy}} \left[c - \sqrt{R^2-(x-a)^2-(y-b)^2}\right]^2 \mathrm{d}x\mathrm{d}y$$

$$= 4c\iint\limits_{D_{xy}} \sqrt{R^2-(x-a)^2-(y-b)^2}\,\mathrm{d}x\mathrm{d}y = \frac{8}{3}\pi cR^3,$$

同理可得

$$\iint\limits_{\Sigma} x^2\mathrm{d}y\mathrm{d}z = \frac{8}{3}\pi aR^3, \iint\limits_{\Sigma} y^2\mathrm{d}z\mathrm{d}x = \frac{8}{3}\pi bR^3,$$

所以

$$\iint\limits_{\Sigma} x^2\mathrm{d}y\mathrm{d}z + y^2\mathrm{d}z\mathrm{d}x + z^2\mathrm{d}x\mathrm{d}y = \frac{8\pi}{3}(a+b+c)R^3,$$

**例 57**  利用高斯公式计算下列曲面积分:

(1) $\iint\limits_{\Sigma} x^2\mathrm{d}y\mathrm{d}z + y^2\mathrm{d}z\mathrm{d}x + z^2\mathrm{d}x\mathrm{d}y$,$\Sigma$ 为立方体 $0 \leqslant x,y,z \leqslant a$ 的表面,方向取外侧;

(2) $\iint\limits_{\Sigma} (x-y+z)\mathrm{d}y\mathrm{d}z + (y-z+x)\mathrm{d}z\mathrm{d}x + (z-x+y)\mathrm{d}x\mathrm{d}y$,其中 $\Sigma$ 为闭曲面 $|x-y+z|+|y-z+x|+|z-x+y|=1$,方向取外侧;

(3) $\iint\limits_{\Sigma} (x^2\cos\alpha + y^2\cos\beta + z^2\cos\gamma)\mathrm{d}S$,其中 $\Sigma$ 为锥面 $z^2=x^2+y^2$ 介于平面 $z=0$ 与 $z=h(h>0)$ 之间的部分,方向取下侧;

(4) $\iint\limits_{\Sigma} x\mathrm{d}y\mathrm{d}z + y\mathrm{d}z\mathrm{d}x + z\mathrm{d}x\mathrm{d}y$,其中 $\Sigma$ 为上半球面 $z=\sqrt{R^2-x^2-y^2}$,方向取上侧;

(5) $\iint\limits_{\Sigma} 2(1-x^2)\mathrm{d}y\mathrm{d}z + 8xy\mathrm{d}z\mathrm{d}x - 4zx\mathrm{d}x\mathrm{d}y$,其中 $\Sigma$ 是由 $xy$ 平面上的曲线 $x=\mathrm{e}^y$ ($0 \leqslant y \leqslant a$) 绕 $x$ 轴旋转而成的旋转面,曲面的法向量与 $x$ 轴的正向的夹角为钝角;

(6) $\iint\limits_{\Sigma} (2x+z)\mathrm{d}y\mathrm{d}z + z\mathrm{d}x\mathrm{d}y$,其中 $\Sigma$ 是曲面 $z=x^2+y^2$ ($0 \leqslant z \leqslant 1$),曲面的法向量与

$z$ 轴的正向的夹角为锐角;

(7) $\displaystyle\iint\limits_{\Sigma}\dfrac{ax\,\mathrm{d}y\mathrm{d}z+(a+z)^2\,\mathrm{d}x\mathrm{d}y}{(x^2+y^2+z^2)^{1/2}}(a>0)$,其中 $\Sigma$ 是下半球面 $z=-\sqrt{a^2-x^2-y^2}$,方向取上侧;

(8) $\displaystyle\iint\limits_{\Sigma}\dfrac{x\,\mathrm{d}y\mathrm{d}z+y\,\mathrm{d}z\mathrm{d}x+z\,\mathrm{d}x\mathrm{d}y}{(x^2+y^2+z^2)^{3/2}}$,其中 $\Sigma$ 是(ⅰ)椭球面 $x^2+2y^2+3z^2=1$,方向取外侧;

(ⅱ)抛物面 $1-\dfrac{z}{5}=\dfrac{(x-2)^2}{16}+\dfrac{(y-1)^2}{9}(z\leqslant 0)$,方向取上侧.

**解** (1)设 $\Omega$ 是 $\Sigma$ 所围的空间区域,则

$$\iint\limits_{\Sigma}x^2\,\mathrm{d}y\mathrm{d}z+y^2\,\mathrm{d}z\mathrm{d}x+z^2\,\mathrm{d}x\mathrm{d}y=\iiint\limits_{\Omega}2(x+y+z)\mathrm{d}x\mathrm{d}y\mathrm{d}z$$

$$=6\int_0^a\mathrm{d}x\int_0^a\mathrm{d}y\int_0^a z\mathrm{d}z=3a^4.$$

(2)设 $\Omega$ 是 $\Sigma$ 所围的空间区域,作变换 $\varphi:\begin{cases}u=x-y+z\\v=y-z+x\\w=z-x+y\end{cases}$,则 $\dfrac{\partial(u,v,w)}{\partial(x,y,z)}=4$,且变换 $\varphi$

将 $\Omega$ 变为

$$\Omega'=\{(u,v,w)\mid |u|+|v|+|w|\leqslant 1\},$$

记 $\Omega''$ 是 $\Omega'$ 在第一象限的部分,则

$$\iint\limits_{\Sigma}(x-y+z)\mathrm{d}y\mathrm{d}z+(y-z+x)\mathrm{d}z\mathrm{d}x+(z-x+y)\mathrm{d}x\mathrm{d}y$$

$$=\iiint\limits_{\Omega}3\mathrm{d}x\mathrm{d}y\mathrm{d}z=\iiint\limits_{\Omega'}\dfrac{3}{4}\mathrm{d}u\mathrm{d}v\mathrm{d}w=6\iiint\limits_{\Omega''}\mathrm{d}u\mathrm{d}v\mathrm{d}w=1.$$

(3)补充 $\Sigma_1:z=h(x^2+y^2\leqslant h^2)$,方向取上侧,设 $\Omega$ 是 $\Sigma+\Sigma_1$ 所围的空间区域,因为 $\Omega$ 的对称性,有

$$\iiint\limits_{\Omega}x\,\mathrm{d}x\mathrm{d}y\mathrm{d}z=\iiint\limits_{\Omega}y\,\mathrm{d}x\mathrm{d}y\mathrm{d}z=0.$$

由高斯公式

$$\iint\limits_{\Sigma+\Sigma_1}(x^2\cos\alpha+y^2\cos\beta+z^2\cos\gamma)\mathrm{d}S=\iiint\limits_{\Omega}2(x+y+z)\mathrm{d}x\mathrm{d}y\mathrm{d}z$$

$$=2\iiint\limits_{\Omega}z\,\mathrm{d}x\mathrm{d}y\mathrm{d}z=2\int_0^{2\pi}\mathrm{d}\theta\int_0^h r\mathrm{d}r\int_r^h z\mathrm{d}z=\dfrac{\pi}{2}h^4,$$

于是

$$\iint\limits_{\Sigma}(x^2\cos\alpha+y^2\cos\beta+z^2\cos\gamma)\mathrm{d}S=\dfrac{\pi}{2}h^4-\iint\limits_{\Sigma_1}(x^2\cos\alpha+y^2\cos\beta+z^2\cos\gamma)\mathrm{d}S$$

$$=\dfrac{\pi}{2}h^4-\iint\limits_{\Sigma_1}h^2\,\mathrm{d}x\mathrm{d}y=-\dfrac{1}{2}\pi h^4.$$

(4)补充 $\Sigma_1:z=0(x^2+y^2\leqslant R^2)$,方向取下侧,设 $\Omega$ 是 $\Sigma+\Sigma_1$ 所围的空间区域,由高

斯公式

$$\iint\limits_{\Sigma+\Sigma_1} x\,\mathrm{d}y\mathrm{d}z + y\,\mathrm{d}z\mathrm{d}x + z\,\mathrm{d}x\mathrm{d}y = \iiint\limits_{\Omega} 3\mathrm{d}x\mathrm{d}y\mathrm{d}z = 2\pi R^3,$$

于是

$$\iint\limits_{\Sigma} x\,\mathrm{d}y\mathrm{d}z + y\,\mathrm{d}z\mathrm{d}x + z\,\mathrm{d}x\mathrm{d}y = 2\pi R^3 - \iint\limits_{\Sigma_1} x\,\mathrm{d}y\mathrm{d}z + y\,\mathrm{d}z\mathrm{d}x + z\,\mathrm{d}x\mathrm{d}y = 2\pi R^3.$$

(5) 由题意,可得 $\Sigma: x = \mathrm{e}^{\sqrt{y^2+z^2}}$ ($y^2 + z^2 \leqslant a^2$),方向取后侧. 补充 $\Sigma_1: x = \mathrm{e}^a$($y^2 + z^2 \leqslant a^2$),方向取前侧,设 $\Omega$ 是 $\Sigma + \Sigma_1$ 所围的空间区域,由高斯公式

$$\iint\limits_{\Sigma+\Sigma_1} 2(1-x^2)\mathrm{d}y\mathrm{d}z + 8xy\mathrm{d}z\mathrm{d}x - 4zx\,\mathrm{d}x\mathrm{d}y = \iiint\limits_{\Omega} 0\mathrm{d}x\mathrm{d}y\mathrm{d}z = 0,$$

于是

$$\iint\limits_{\Sigma} 2(1-x^2)\mathrm{d}y\mathrm{d}z + 8xy\mathrm{d}z\mathrm{d}x - 4zx\,\mathrm{d}x\mathrm{d}y = -\iint\limits_{\Sigma_1} 2(1-\mathrm{e}^{2a})\mathrm{d}y\mathrm{d}z = 2\pi a^2 (\mathrm{e}^{2a}-1).$$

(6) 补充 $\Sigma_1: z = 1$($x^2 + y^2 \leqslant 1$),方向取下侧,设 $\Omega$ 是 $\Sigma + \Sigma_1$ 所围的空间区域,由高斯公式

$$\iint\limits_{\Sigma+\Sigma_1} (2x+z)\mathrm{d}y\mathrm{d}z + z\mathrm{d}x\mathrm{d}y = -\iiint\limits_{\Omega} 3\mathrm{d}x\mathrm{d}y\mathrm{d}z = -3\int_0^{2\pi}\mathrm{d}\theta\int_0^1 r\mathrm{d}r\int_{r^2}^1 \mathrm{d}z = -\frac{3}{2}\pi,$$

于是

$$\iint\limits_{\Sigma} (2x+z)\mathrm{d}y\mathrm{d}z + z\mathrm{d}x\mathrm{d}y = -\frac{3}{2}\pi - \iint\limits_{\Sigma_1} 1\mathrm{d}x\mathrm{d}y = -\frac{\pi}{2}.$$

(7) 由题意

$$\iint\limits_{\Sigma} \frac{ax\,\mathrm{d}y\mathrm{d}z + (a+z)^2\mathrm{d}x\mathrm{d}y}{(x^2+y^2+z^2)^{\frac{1}{2}}} = \frac{1}{a}\iint\limits_{\Sigma} ax\,\mathrm{d}y\mathrm{d}z + (a+z)^2\mathrm{d}x\mathrm{d}y.$$

补充 $\Sigma_1: z = 0$($x^2 + y^2 \leqslant a^2$),方向取下侧,设 $\Omega$ 是 $\Sigma + \Sigma_1$ 所围的空间区域,由高斯公式

$$\iint\limits_{\Sigma+\Sigma_1} ax\,\mathrm{d}y\mathrm{d}z + (a+z)^2\mathrm{d}x\mathrm{d}y = -\iiint\limits_{\Omega} (3a+2z)\mathrm{d}x\mathrm{d}y\mathrm{d}z$$

$$= -2\pi a^4 - 2\pi\int_{-a}^0 z(a^2-z^2)\mathrm{d}z = -\frac{3}{2}\pi a^4,$$

于是

$$\iint\limits_{\Sigma} ax\,\mathrm{d}y\mathrm{d}z + (a+z)^2\mathrm{d}x\mathrm{d}y = -\frac{3}{2}\pi a^4 - \iint\limits_{\Sigma_1} a^2\mathrm{d}x\mathrm{d}y = -\frac{1}{2}\pi a^4,$$

从而

$$\iint\limits_{\Sigma} \frac{ax\,\mathrm{d}y\mathrm{d}z + (a+z)^2\mathrm{d}x\mathrm{d}y}{(x^2+y^2+z^2)^{\frac{1}{2}}} = -\frac{1}{2}\pi a^3.$$

(8)( i )记 $r = \sqrt{x^2+y^2+z^2}$,设原积分为 $\iint\limits_{\Sigma} P\mathrm{d}y\mathrm{d}z + Q\mathrm{d}z\mathrm{d}x + R\mathrm{d}x\mathrm{d}y$,则

$$\frac{\partial P}{\partial x} = \frac{r^2-3x^2}{r^5}, \frac{\partial Q}{\partial y} = \frac{r^2-3y^2}{r^5}, \frac{\partial R}{\partial z} = \frac{r^2-3z^2}{r^5}.$$

设 $\Sigma' = \{(x,y,z) \mid x^2 + y^2 + z^2 = \varepsilon^2\}$，方向为外侧，设 $\Omega$ 是 $\Sigma + (-\Sigma')$ 所围的空间区域，由高斯公式

$$\iint\limits_{\Sigma+(-\Sigma')} P\mathrm{d}y\mathrm{d}z + Q\mathrm{d}z\mathrm{d}x + R\mathrm{d}x\mathrm{d}y = \iiint\limits_{\Omega}\left(\frac{\partial P}{\partial x} + \frac{\partial Q}{\partial y} + \frac{\partial R}{\partial z}\right)\mathrm{d}x\mathrm{d}y\mathrm{d}z = 0,$$

由于

$$\cos\alpha = \frac{x}{r}, \cos\beta = \frac{y}{r}, \cos\gamma = \frac{z}{r},$$

$$\iint\limits_{\Sigma}\frac{x\,\mathrm{d}y\mathrm{d}z + y\mathrm{d}z\mathrm{d}x + z\mathrm{d}x\mathrm{d}y}{r^3} = \iint\limits_{\Sigma'}\frac{x\,\mathrm{d}y\mathrm{d}z + y\mathrm{d}z\mathrm{d}x + z\mathrm{d}x\mathrm{d}y}{r^3}$$

$$= \frac{1}{\varepsilon^2}\iint\limits_{\Sigma'}\cos\alpha\mathrm{d}y\mathrm{d}z + \cos\beta\mathrm{d}z\mathrm{d}x + \cos\gamma\mathrm{d}x\mathrm{d}y$$

$$= \frac{1}{\varepsilon^2}\iint\limits_{\Sigma'}(\cos^2\alpha + \cos^2\beta + \cos^2\gamma)\mathrm{d}S = \frac{1}{\varepsilon^2}\iint\limits_{\Sigma'}\mathrm{d}S = 4\pi.$$

**注**    对上面的积分，也可取 $\Sigma'$ 的参数表示为 $\begin{cases} x = \varepsilon\sin\varphi\cos\theta \\ y = \varepsilon\sin\varphi\sin\theta \\ z = \varepsilon\cos\varphi \end{cases}$，其中 $(\varphi,\theta) \in D' =$

$\{0 \leqslant \varphi \leqslant \pi, 0 \leqslant \theta \leqslant 2\pi\}$，则

$$\iint\limits_{\Sigma}\frac{x\,\mathrm{d}y\mathrm{d}z + y\mathrm{d}z\mathrm{d}x + z\mathrm{d}x\mathrm{d}y}{r^3} = \iint\limits_{\Sigma'}\frac{x\,\mathrm{d}y\mathrm{d}z + y\mathrm{d}z\mathrm{d}x + z\mathrm{d}x\mathrm{d}y}{r^3} = \iint\limits_{D'}\sin\varphi\mathrm{d}\varphi\mathrm{d}\theta = 4\pi.$$

（ⅱ）设 $\Sigma' = \left\{(x,y,z) \mid \dfrac{(x-2)^2}{16} + \dfrac{(y-1)^2}{9} \leqslant 1, z = 0\right\} - \{(x,y,z) \mid x^2 + y^2 < \varepsilon^2,$

$z = 0\}$，方向为下侧

$$\Sigma'' = \{(x,y,z) \mid x^2 + y^2 + z^2 = \varepsilon^2, z \geqslant 0\},$$

方向为下侧，则由高斯公式

$$\iint\limits_{\Sigma+\Sigma'+\Sigma''}\frac{x\,\mathrm{d}y\mathrm{d}z + y\mathrm{d}z\mathrm{d}x + z\mathrm{d}x\mathrm{d}y}{r^3} = 0,$$

由此得到

$$\iint\limits_{\Sigma}\frac{x\,\mathrm{d}y\mathrm{d}z + y\mathrm{d}z\mathrm{d}x + z\mathrm{d}x\mathrm{d}y}{r^3} = \iint\limits_{-\Sigma''}\frac{x\,\mathrm{d}y\mathrm{d}z + y\mathrm{d}z\mathrm{d}x + z\mathrm{d}x\mathrm{d}y}{r^3}$$

$$\frac{1}{\varepsilon^2}\iint\limits_{-\Sigma''}\cos\alpha\mathrm{d}y\mathrm{d}z + \cos\beta\mathrm{d}z\mathrm{d}x + \cos\gamma\mathrm{d}x\mathrm{d}y$$

$$\frac{1}{\varepsilon^2}\iint\limits_{-\Sigma''}(\cos^2\alpha + \cos^2\beta + \cos^2\gamma)\mathrm{d}S = \frac{1}{\varepsilon^2}\iint\limits_{-\Sigma''}\mathrm{d}S = 2\pi.$$

**注**    对上面的积分，也可取 $\Sigma''$ 的参数表示为 $\begin{cases} x = \varepsilon\sin\varphi\cos\theta \\ y = \varepsilon\sin\varphi\sin\theta \\ z = \varepsilon\cos\varphi \end{cases}$，其中

$$(\varphi,\theta) \in D'' = \left\{0 \leqslant \varphi \leqslant \frac{\pi}{2}, 0 \leqslant \theta \leqslant 2\pi\right\},$$

则

$$\iint\limits_{\Sigma}\frac{x\,\mathrm{d}y\,\mathrm{d}z+y\,\mathrm{d}z\,\mathrm{d}x+z\,\mathrm{d}x\,\mathrm{d}y}{r^3}=\iint\limits_{-\Sigma'}\frac{x\,\mathrm{d}y\,\mathrm{d}z+y\,\mathrm{d}z\,\mathrm{d}x+z\,\mathrm{d}x\,\mathrm{d}y}{r^3}=\iint\limits_{D'}\sin\varphi\,\mathrm{d}\varphi\,\mathrm{d}\theta=2\pi.$$

**例 58**　利用高斯公式证明阿基米德原理:将物体全部浸没在液体中时,物体所受的浮力等于与物体同体积的液体的质量,而方向是垂直向上的.

**证明**　以液面为 $xy$ 平面,垂直向上的轴为 $z$ 轴,在物体表面上点 $(x,y,z)$ 处任取一微元,其面积为 $\mathrm{d}S$,设 $\boldsymbol{n}$ 为物体表面上点 $(x,y,z)$ 处的单位(外)法向量,$\rho$ 为液体密度.则这小块面积所受的压力大小为

$$\mathrm{d}F=\rho z\,\mathrm{d}S,$$

它在 $x$ 轴方向、$y$ 轴方向、$z$ 轴方向的分力分别为

$$\mathrm{d}F_x=\rho z\cos(\boldsymbol{n},x)\mathrm{d}S,\mathrm{d}F_y=\rho z\cos(\boldsymbol{n},y)\mathrm{d}S,\mathrm{d}F_z=\rho z\cos(\boldsymbol{n},z)\mathrm{d}S,$$

于是由高斯公式

$$F_x=\rho\iint\limits_{\Sigma}z\cos(\boldsymbol{n},x)\mathrm{d}S=0,F_y=\rho\iint\limits_{\Sigma}z\cos(\boldsymbol{n},y)\mathrm{d}S=0,$$

$$F_z=\rho\iint\limits_{\Sigma}z\cos(\boldsymbol{n},z)\mathrm{d}S=\rho\iiint\limits_{\Omega}\mathrm{d}x\,\mathrm{d}y\,\mathrm{d}z=\rho V,$$

这就是所要证明的.

**例 59**　设某种流体的速度场为 $\boldsymbol{v}=yz\boldsymbol{i}+xz\boldsymbol{j}+xy\boldsymbol{k}$,求单位时间内流体:

(1) 流过圆柱:$x^2+y^2\leqslant a^2,0\leqslant z\leqslant h$ 的侧面(方向取外侧)的流量;

(2) 流过该圆柱的全表面(方向取外侧)的流量.

**解**　(1) 设 $\Sigma_1:z=0(x^2+y^2\leqslant a^2)$,方向取下侧.$\Sigma_2:z=h(x^2+y^2\leqslant a^2)$,方向取上侧,$D$ 是 $\Sigma_1,\Sigma_2$ 在 $xy$ 平面上的投影区域.由于

$$\iint\limits_{\Sigma_1}v\mathrm{d}S=-\iint\limits_{D}xy\,\mathrm{d}x\,\mathrm{d}y=0,\iint\limits_{\Sigma_2}v\mathrm{d}S=\iint\limits_{D}xy\,\mathrm{d}x\,\mathrm{d}y=0,$$

由高斯公式

$$\iint\limits_{\Sigma+\Sigma_1+\Sigma_2}v\mathrm{d}S=\iiint\limits_{\Omega}0\mathrm{d}x\,\mathrm{d}y\,\mathrm{d}z=0,$$

所以流量

$$\iint\limits_{\Sigma}v\mathrm{d}S=0.$$

(2) 由(1)可知,流过该圆柱的全表面的流量 $\iint\limits_{\Sigma}v\mathrm{d}S=0$.

**例 60**　利用斯托克斯公式计算下列曲线积分:

(1) $\displaystyle\int_L y\mathrm{d}x+z\mathrm{d}y+x\mathrm{d}z$,其中 $L$ 是球面 $x^2+y^2+z^2=a^2$ 与平面 $x+y+z=0$ 的交线(它是圆周),从 $x$ 轴的正向看去,此圆周的方向是逆时针方向;

(2) $\displaystyle\int_L 3z\mathrm{d}x+5x\mathrm{d}y-2y\mathrm{d}z$,其中 $L$ 是圆柱面 $x^2+y^2=1$ 与平面 $z=y+3$ 的交线(它是椭圆),从 $z$ 轴的正向看去,是逆时针方向.

(3) $\displaystyle\int_L (y-z)\mathrm{d}x+(z-x)\mathrm{d}y+(x-y)\mathrm{d}z$,其中 $L$ 为圆柱面 $x^2+y^2=a^2$ 和平面 $\dfrac{x}{a}+$

$\dfrac{z}{h}=1(a>0,h>0)$ 的交线(它是椭圆),从 $x$ 轴的正向看去,是逆时针方向;

(4)$\displaystyle\int_L (y^2-z^2)\mathrm{d}x+(z^2-x^2)\mathrm{d}y+(x^2-y^2)\mathrm{d}z$,其中 $L$ 是用平面 $x+y+z=\dfrac{3}{2}$ 截立方体 $0\leqslant x,y,z\leqslant 1$ 的表面所得的截痕,从 $x$ 轴的正向看去,是逆时针方向;

(5)$\displaystyle\int_L (x^2-yz)\mathrm{d}x+(y^2-xz)\mathrm{d}y+(z^2-xy)\mathrm{d}z$,其中 $L$ 是沿着螺线 $x=a\cos\varphi,y=a\sin\varphi,z=\dfrac{h}{2\pi}\varphi$ 从点 $A(a,0,0)$ 至点 $B(a,0,h)$ 的路径;

(6)$\displaystyle\int_L (y^2-z^2)\mathrm{d}x+(2z^2-x^2)\mathrm{d}y+(3x^2-y^2)\mathrm{d}z$,其中 $L$ 是平面 $x+y+z=2$ 与柱面 $|x|+|y|=1$ 的交线,从 $z$ 轴的正向看去,是逆时针方向.

**解** (1)设 $\Sigma$ 是 $L$ 所围的平面 $x+y+z=0$ 的部分,方向由右手法则确定(即取上侧).由斯托克斯公式

$$\int_L y\mathrm{d}x+z\mathrm{d}y+x\mathrm{d}z=\iint_\Sigma\begin{vmatrix}\mathrm{d}y\mathrm{d}z & \mathrm{d}z\mathrm{d}x & \mathrm{d}x\mathrm{d}y\\[4pt]\dfrac{\partial}{\partial x} & \dfrac{\partial}{\partial y} & \dfrac{\partial}{\partial z}\\[6pt] y & z & x\end{vmatrix}=-\iint_\Sigma\mathrm{d}y\mathrm{d}z+\mathrm{d}z\mathrm{d}x+\mathrm{d}x\mathrm{d}y$$

$$=-\sqrt{3}\iint_\Sigma\mathrm{d}S=-\sqrt{3}\pi a^2.$$

(2)设 $\Sigma$ 是 $L$ 所围的平面 $z=y+3$ 的部分,方向由右手法则确定(即取上侧),则 $\Sigma$ 是一个长半轴为 $\sqrt{2}$、短半轴为 $1$ 的椭圆.由斯托克斯公式

$$\int_L 3z\mathrm{d}x+5x\mathrm{d}y-2y\mathrm{d}z=\iint_\Sigma\begin{vmatrix}\mathrm{d}y\mathrm{d}z & \mathrm{d}z\mathrm{d}x & \mathrm{d}x\mathrm{d}y\\[4pt]\dfrac{\partial}{\partial x} & \dfrac{\partial}{\partial y} & \dfrac{\partial}{\partial z}\\[6pt] 3z & 5x & -2y\end{vmatrix}=\iint_\Sigma -2\mathrm{d}y\mathrm{d}z+3\mathrm{d}z\mathrm{d}x+5\mathrm{d}x\mathrm{d}y$$

$$=\iint_\Sigma\left(0-\dfrac{3}{\sqrt{2}}+\dfrac{5}{\sqrt{2}}\right)\mathrm{d}S=2\pi.$$

(3)设 $\Sigma$ 是 $L$ 所围的平面 $\dfrac{x}{a}+\dfrac{z}{h}=1$ 的部分,方向由右手法则确定(即取上侧).由斯托克斯公式

$$\int_L (y-z)\mathrm{d}x+(z-x)\mathrm{d}y+(x-y)\mathrm{d}z=-2\iint_\Sigma\mathrm{d}y\mathrm{d}z+\mathrm{d}z\mathrm{d}x+\mathrm{d}x\mathrm{d}y$$

$$=-2\iint_\Sigma\dfrac{a+h}{\sqrt{a^2+h^2}}\mathrm{d}S=-2\pi a(a+h).$$

(4)设 $\Sigma$ 是 $L$ 所围的平面 $x+y+z=\dfrac{3}{2}$ 的部分,方向由右手法则确定(即取上侧),则 $\Sigma$ 是一个边长为 $\dfrac{1}{\sqrt{2}}$ 的正六边形.由斯托克斯公式

$$\int_L (y^2-z^2)\mathrm{d}x+(z^2-x^2)\mathrm{d}y+(x^2-y^2)\mathrm{d}z$$

$$= -2\iint\limits_{\Sigma}(y+z)\mathrm{d}y\mathrm{d}z+(z+x)\mathrm{d}z\mathrm{d}x+(x+y)\mathrm{d}x\mathrm{d}y$$

$$= -\frac{4}{\sqrt{3}}\iint\limits_{\Sigma}(x+y+z)\mathrm{d}S=-2\sqrt{3}\iint\limits_{\Sigma}\mathrm{d}S=-\frac{9}{2}.$$

（5）设 $L_1:\begin{cases}x=a\\y=0\\z=t\end{cases}(t:0\to h)$，由斯托克斯公式

$$\int_{L+(-L_1)}(x^2-yz)\mathrm{d}x+(y^2-xz)\mathrm{d}y+(z^2-xy)\mathrm{d}z=0,$$

于是

$$\int_{L}(x^2-yz)\mathrm{d}x+(y^2-xz)\mathrm{d}y+(z^2-xy)\mathrm{d}z=\int_0^h z^2\mathrm{d}z=\frac{1}{3}h^3.$$

（6）设 $\Sigma$ 是 $L$ 所围的平面 $x+y+z=2$ 的部分，方向由右手法则确定（即取上侧）．设 $\Sigma$ 在 $xy$ 平面的投影区域为 $D_{xy}=\{(x,y)\mid|x|+|y|\leqslant 1\}$，则

$$\iint\limits_{D_{xy}}x\mathrm{d}x\mathrm{d}y=\iint\limits_{D_{xy}}y\mathrm{d}x\mathrm{d}y=0.$$

由斯托克斯公式

$$\int_{L}(y^2-z^2)\mathrm{d}x+(2z^2-x^2)\mathrm{d}y+(3x^2-y^2)\mathrm{d}z$$

$$=-2\iint\limits_{\Sigma}(y+2z)\mathrm{d}y\mathrm{d}z+(z+3x)\mathrm{d}z\mathrm{d}x+(x+y)\mathrm{d}x\mathrm{d}y$$

$$=-\frac{2}{\sqrt{3}}\iint\limits_{\Sigma}(4x+2y+3z)\mathrm{d}S$$

$$=-\frac{2}{\sqrt{3}}\iint\limits_{\Sigma}(x-y+6)\mathrm{d}S-2\iint\limits_{D_{xy}}(x-y+6)\mathrm{d}x\mathrm{d}y=-24.$$

**例 61**  设 $D$ 为两条直线 $y=x,y=4x$ 和两条双曲线 $xy=1,xy=4$ 所围成的区域，$F(u)$ 是具有连续导数的一元函数，记 $f(u)=F'(u)$．证明

$$\int_{\partial D}\frac{F(xy)}{y}\mathrm{d}y=\ln 2\int_1^4 f(u)\mathrm{d}u,$$

其中 $\partial D$ 的方向为逆时针方向．

**证明**  由格林公式，得

$$\int_{\partial D}\frac{F(xy)}{y}\mathrm{d}y=\iint\limits_{D}f(xy)\mathrm{d}x\mathrm{d}y.$$

作变换 $u=xy,v=\dfrac{y}{x}$，则此变换将区域 $D$ 变为

$$D_{uv}=\{(u,v)\mid 1\leqslant u\leqslant 4,1\leqslant v\leqslant 4\},$$

变换的雅可比行列式为 $J=\dfrac{\partial(x,y)}{\partial(u,v)}=\dfrac{1}{2v}$，于是

$$\iint\limits_{D}f(xy)\mathrm{d}x\mathrm{d}y=\iint\limits_{D_{uv}}\frac{f(u)}{2v}\mathrm{d}u\mathrm{d}v=\int_1^4 f(u)\mathrm{d}u\int_1^4\frac{1}{2v}\mathrm{d}v=\ln 2\int_1^4 f(u)\mathrm{d}u,$$

所以

$$\int_{\partial D} \frac{F(xy)}{y} \mathrm{d}y = \ln 2 \int_1^4 f(u) \mathrm{d}u.$$

**例 62** 证明：若 $\Sigma$ 为封闭曲面，$l$ 为一固定向量，则

$$\iint_{\Sigma} \cos\langle \boldsymbol{n}, \boldsymbol{l} \rangle \mathrm{d}S = 0,$$

其中 $\boldsymbol{n}$ 为曲面 $\Sigma$ 的单位外法向量.

**证明** 记 $\boldsymbol{l} = (a, b, c)$，而 $\boldsymbol{n} = (\cos\alpha, \cos\beta, \cos\gamma)$，则

$$\cos\langle \boldsymbol{n}, \boldsymbol{l} \rangle = \frac{\boldsymbol{n} \cdot \boldsymbol{l}}{|\boldsymbol{l}|} = \frac{1}{|\boldsymbol{l}|}(a\cos\alpha + b\cos\beta + c\cos\gamma),$$

于是由高斯公式，得到

$$\iint_{\Sigma} \cos\langle \boldsymbol{n}, \boldsymbol{l} \rangle \mathrm{d}S = \frac{1}{|\boldsymbol{l}|} \iint_{\Sigma} a\, \mathrm{d}y\mathrm{d}z + b\,\mathrm{d}z\mathrm{d}x + c\,\mathrm{d}x\mathrm{d}y = 0.$$

**例 63** 设区域 $\Omega$ 由分片光滑封闭曲面 $\Sigma$ 所围成. 证明

$$\iiint_{\Omega} \frac{\mathrm{d}x\mathrm{d}y\mathrm{d}z}{|\boldsymbol{r}|} = \frac{1}{2} \iint_{\Sigma} \cos\langle \boldsymbol{r}, \boldsymbol{n} \rangle \mathrm{d}S,$$

其中 $\boldsymbol{n}$ 为曲面 $\Sigma$ 的单位外法向量，$\boldsymbol{r} = (x, y, z)$，$r = |\boldsymbol{r}| = \sqrt{x^2 + y^2 + z^2}$.

**证明** 由

$$\cos\langle \boldsymbol{r}, \boldsymbol{n} \rangle = \frac{\boldsymbol{r} \cdot \boldsymbol{n}}{|\boldsymbol{r}|} = \frac{1}{|\boldsymbol{r}|}(x\cos\alpha + y\cos\beta + z\cos\gamma),$$

可知

$$\iint_{\Sigma} \cos\langle \boldsymbol{r}, \boldsymbol{n} \rangle \mathrm{d}S = \iint_{\Sigma} \frac{1}{|\boldsymbol{r}|}(x\,\mathrm{d}y\mathrm{d}z + y\,\mathrm{d}z\mathrm{d}x + z\,\mathrm{d}x\mathrm{d}y),$$

因为

$$\frac{\partial}{\partial x}\left(\frac{x}{r}\right) = \frac{y^2 + z^2}{r^3}, \frac{\partial}{\partial y}\left(\frac{y}{r}\right) = \frac{x^2 + z^2}{r^3}, \frac{\partial}{\partial z}\left(\frac{z}{r}\right) = \frac{x^2 + y^2}{r^3},$$

由高斯公式，得到

$$\frac{1}{2} \iint_{\Sigma} \cos\langle \boldsymbol{r}, \boldsymbol{n} \rangle \mathrm{d}S = \iiint_{\Omega} \frac{\mathrm{d}x\mathrm{d}y\mathrm{d}z}{r}.$$

**例 64** 设函数 $P(x,y,z)$，$Q(x,y,z)$ 和 $R(x,y,z)$ 在 $\mathbf{R}^3$ 上具有连续偏导数. 且对于任意光滑曲面 $\Sigma$，成立

$$\iint_{\Sigma} P\,\mathrm{d}y\mathrm{d}z + Q\,\mathrm{d}z\mathrm{d}x + R\,\mathrm{d}x\mathrm{d}y = 0.$$

证明：在 $\mathbf{R}^3$ 上，$\dfrac{\partial P}{\partial x} + \dfrac{\partial Q}{\partial y} + \dfrac{\partial R}{\partial z} \equiv 0$.

**证明** 用反证法. 若存在点 $M_0(x_0, y_0, z_0)$，使得 $\dfrac{\partial P}{\partial x} + \dfrac{\partial Q}{\partial y} + \dfrac{\partial R}{\partial z} \neq 0$，则不妨设 $\left(\dfrac{\partial P}{\partial x} + \dfrac{\partial Q}{\partial y} + \dfrac{\partial R}{\partial z}\right)_{M_0} > 0$. 由于函数 $P(x,y,z)$，$Q(x,y,z)$ 和 $R(x,y,z)$ 在 $\mathbf{R}^3$ 上具有连续偏导数，即 $\dfrac{\partial P}{\partial x} + \dfrac{\partial Q}{\partial y} + \dfrac{\partial R}{\partial z}$ 连续，所以存在 $r, c > 0$，使得当

$$(x,y,z) \in \Omega = \{(x,y,z) \mid (x-x_0)^2 + (y-y_0)^2 + (z-z_0)^2 \leqslant r^2\}$$

时,成立 $\dfrac{\partial P}{\partial x} + \dfrac{\partial Q}{\partial y} + \dfrac{\partial R}{\partial z} > c > 0$. 于是由高斯公式

$$\iint\limits_{\partial\Omega} P\mathrm{d}y\mathrm{d}z + Q\mathrm{d}z\mathrm{d}x + R\mathrm{d}x\mathrm{d}y = \iiint\limits_{\Omega} \left(\frac{\partial P}{\partial x} + \frac{\partial Q}{\partial y} + \frac{\partial R}{\partial z}\right)\mathrm{d}x\mathrm{d}y\mathrm{d}z$$

$$\geqslant \iiint\limits_{\Omega} c\,\mathrm{d}x\mathrm{d}y\mathrm{d}z = \frac{4}{3}\pi r^3 c > 0,$$

这就与题设矛盾.

**例 65**   设 $L$ 是平面 $x\cos\alpha + y\cos\beta + z\cos\gamma - p = 0$ 上的简单闭曲线,它所包围的区域 $D$ 的面积为 $S$,其中 $(\cos\alpha, \cos\beta, \cos\gamma)$ 是平面取定方向上的单位向量. 证明

$$S = \frac{1}{2}\int_L \begin{vmatrix} \mathrm{d}x & \mathrm{d}y & \mathrm{d}z \\ \cos\alpha & \cos\beta & \cos\gamma \\ x & y & z \end{vmatrix},$$

其中,$L$ 的定向与平面的定向符合右手定则.

**证明**   由斯托克斯公式

$$\int_L \begin{vmatrix} \mathrm{d}x & \mathrm{d}y & \mathrm{d}z \\ \cos\alpha & \cos\beta & \cos\gamma \\ x & y & z \end{vmatrix}$$

$$= \int_L (z\cos\beta - y\cos\gamma)\mathrm{d}x + (x\cos\gamma - z\cos\alpha)\mathrm{d}y + (y\cos\alpha - x\cos\beta)\mathrm{d}z$$

$$= \iint\limits_D \begin{vmatrix} \cos\alpha & \cos\beta & \cos\gamma \\ \dfrac{\partial}{\partial x} & \dfrac{\partial}{\partial y} & \dfrac{\partial}{\partial z} \\ z\cos\beta - y\cos\gamma & x\cos\gamma - z\cos\alpha & y\cos\alpha - x\cos\beta \end{vmatrix}\mathrm{d}S$$

$$= 2\iint\limits_D (\cos^2\alpha + \cos^2\beta + \cos^2\gamma)\mathrm{d}S = 2\iint\limits_D \mathrm{d}S = 2S,$$

所以

$$S = \frac{1}{2}\int_L \begin{vmatrix} \mathrm{d}x & \mathrm{d}y & \mathrm{d}z \\ \cos\alpha & \cos\beta & \cos\gamma \\ x & y & z \end{vmatrix}.$$

**例 66**   求向量场 $\boldsymbol{a} = x^2\boldsymbol{i} + y^2\boldsymbol{j} + z^2\boldsymbol{k}$ 穿过球面 $x^2 + y^2 + z^2 = 1$ 在第一象限部分的通量,其中球面在这一部分的定向为上侧.

**解**   设 $\Sigma: x^2 + y^2 + z^2 = 1 (x \geqslant 0, y \geqslant 0, z \geqslant 0)$,方向取上侧,则所求通量为

$$\iint\limits_{\Sigma} x^2\mathrm{d}y\mathrm{d}z + y^2\mathrm{d}z\mathrm{d}x + z^2\mathrm{d}x\mathrm{d}y,$$

由于

$$\iint\limits_{\Sigma} z^2\mathrm{d}x\mathrm{d}y = \iint\limits_{\Sigma_{xy}} (1 - x^2 - y^2)\mathrm{d}x\mathrm{d}y = \frac{\pi}{4} - \int_0^{\frac{\pi}{2}}\mathrm{d}\theta\int_0^1 r^3\mathrm{d}r = \frac{\pi}{8},$$

同理可得

$$\iint\limits_{\Sigma} x^2 \, \mathrm{d}y\mathrm{d}z = \iint\limits_{\Sigma} y^2 \, \mathrm{d}z\mathrm{d}x = \frac{\pi}{8},$$

所以

$$\iint\limits_{\Sigma} x^2 \, \mathrm{d}y\mathrm{d}z + y^2 \, \mathrm{d}z\mathrm{d}x + z^2 \, \mathrm{d}x\mathrm{d}y = \frac{3}{8}\pi.$$

**例 67**   设 $\boldsymbol{r} = x\boldsymbol{i} + y\boldsymbol{j} + z\boldsymbol{k}, r = |\boldsymbol{r}|$,求:

(1) 满足 $\mathrm{div}(f(r)\boldsymbol{r}) = 0$ 的函数 $f(r)$;

(2) 满足 $\mathrm{div}(\mathrm{grad}\, f(r)) = 0$ 的函数 $f(r)$.

**解**   (1) 经计算得到

$$\frac{\partial(f(r)x)}{\partial x} = f(r) + f'(r)\frac{x^2}{r},$$

$$\frac{\partial(f(r)y)}{\partial y} = f(r) + f'(r)\frac{y^2}{r},$$

$$\frac{\partial(f(r)z)}{\partial z} = f(r) + f'(r)\frac{z^2}{r},$$

所以

$$\mathrm{div}(f(r)\boldsymbol{r}) = 3f(r) + rf'(r),$$

由 $\mathrm{div}[f(r)\boldsymbol{r}] = 0$,得 $3f(r) + rf'(r) = 0$,解此微分方程,得到

$$f(r) = \frac{c}{r^3},$$

其中 $c$ 为任意常数.

(2) 由

$$\frac{\partial f(r)}{\partial x} = \frac{x}{r}f'(r), \frac{\partial f(r)}{\partial y} = \frac{y}{r}f'(r), \frac{\partial f(r)}{\partial z} = \frac{z}{r}f'(r),$$

得到

$$\frac{\partial}{\partial x}\left(\frac{x}{r}f'(r)\right) = \frac{r^2 - x^2}{r^3}f'(r) + \frac{x^2}{r^2}f''(r), \frac{\partial}{\partial y}\left(\frac{y}{r}f'(r)\right) = \frac{r^2 - y^2}{r^3}f'(r) + \frac{y^2}{r^2}f''(r),$$

$$\frac{\partial}{\partial z}\left(\frac{z}{r}f'(r)\right) = \frac{r^2 - z^2}{r^3}f'(r) + \frac{z^2}{r^2}f''(r),$$

所以

$$\mathrm{div}(\mathrm{grad}\, f(r)) = \frac{2}{r}f'(r) + f''(r),$$

由 $\mathrm{div}(\mathrm{grad}\, f(r)) = 0$,得 $2f'(r) + rf''(r) = 0$,解此微分方程,得到

$$f(r) = \frac{c_1}{r} + c_2,$$

其中 $c_1, c_2$ 为任意常数.

**例 68**   计算

$$\mathrm{grad}\left\{\boldsymbol{c} \cdot \boldsymbol{r} + \frac{1}{2}\ln(\boldsymbol{c} \cdot \boldsymbol{r})\right\},$$

其中,$\boldsymbol{c}$ 是常矢量,$\boldsymbol{r} = x\boldsymbol{i} + y\boldsymbol{j} + z\boldsymbol{k}$,且 $\boldsymbol{c} \cdot \boldsymbol{r} > 0$.

**解**　设 $c = (c_1, c_2, c_3)$，$u = c \cdot r + \dfrac{1}{2}\ln(c \cdot r)$，则

$$\frac{\partial u}{\partial x} = c_1 + \frac{c_1}{2(c \cdot r)}, \frac{\partial u}{\partial y} = c_2 + \frac{c_2}{2(c \cdot r)}, \frac{\partial u}{\partial z} = c_3 + \frac{c_3}{2(c \cdot r)},$$

所以

$$\mathrm{grad}\left\{c \cdot r + \frac{1}{2}\ln(c \cdot r)\right\} = c + \frac{1}{2}\frac{c}{c \cdot r}.$$

**例 69**　计算向量场 $a = \mathrm{grad}\left(\arctan\dfrac{y}{x}\right)$ 沿下列定向曲线的环量：

(1) 圆周 $(x-2)^2 + (y-2)^2 = 1, z = 0$，从 $z$ 轴的正向看去为逆时针方向；

(2) 圆周 $x^2 + y^2 = 4, z = 1$，从 $z$ 轴的正向看去为顺时针方向.

**解**　经计算，可得

$$a = \mathrm{grad}\left(\arctan\frac{y}{x}\right) = \frac{1}{x^2 + y^2}(-y, x, 0),$$

$$\mathrm{rot}\, a = \begin{vmatrix} i & j & k \\ \dfrac{\partial}{\partial x} & \dfrac{\partial}{\partial y} & \dfrac{\partial}{\partial z} \\ \dfrac{-y}{x^2 + y^2} & \dfrac{x}{x^2 + y^2} & 0 \end{vmatrix} = 0,$$

它在除去 $z$ 轴的空间上是无旋场.

(1) 设 $L = \{(x, y, z) \mid (x-2)^2 + (y-2)^2 = 1, z = 0\}$，从 $z$ 轴正向看去为逆时针方向

$$\Sigma = \{(x, y, z) \mid (x-2)^2 + (y-2)^2 \leqslant 1, z = 0\},$$

方向取上侧. 由于 $z$ 轴不穿过曲面 $\Sigma$，根据斯托克斯公式

$$\int_L a\,\mathrm{d}s = \iint_\Sigma \mathrm{rot}\, a\,\mathrm{d}S = 0.$$

(2) 令 $x = 2\cos\theta, y = 2\sin\theta, z = 0$，则

$$\int_L a\,\mathrm{d}s = \int_L \frac{x\,\mathrm{d}y - y\,\mathrm{d}x}{x^2 + y^2} = -\int_0^{2\pi} \mathrm{d}\theta = -2\pi.$$

**例 70**　计算向量场 $r = xyz(i + j + k)$ 在点 $M(1, 3, 2)$ 处的旋度，以及在这点沿方向 $n = i + 2j + 2k$ 的环量面密度.

**解**　由

$$\mathrm{rot}\, r \begin{vmatrix} i & j & k \\ \dfrac{\partial}{\partial x} & \dfrac{\partial}{\partial y} & \dfrac{\partial}{\partial z} \\ xyz & xyz & xyz \end{vmatrix} = x(z-y)i + y(x-z)j + z(y-x)k,$$

可得

$$\mathrm{rot}\, r(M) = -i - 3j + 4k,$$

向量场 $r = xyz(i + j + k)$ 在点 $M(1, 3, 2)$ 沿方向 $n$ 的环量面密度为

$$\lim_{\Sigma \to M} \frac{1}{m(\Sigma)}\int_{\partial\Sigma} r \cdot \mathrm{d}r = \mathrm{rot}\, r(M) \cdot \frac{n}{|n|} = \frac{1}{3}.$$

**例 71** 用 $i,j,k$，分别表示 $\mathbf{R}^3$ 中 $x,y,z$ 轴正方向的单位向量，令 $\boldsymbol{F}$ 表示如下向量场
$$\boldsymbol{F} = (x^2 + y - 4)\boldsymbol{i} + 3xy\boldsymbol{j} + (2xz + z^2)\boldsymbol{k}$$

(1) 计算 $\bigtriangledown \times \boldsymbol{F}$（$\boldsymbol{F}$ 的旋度）；

(2) 计算在曲面 $H:x^2 + y^2 + z^2 = 16, z \geqslant 0$ 上 $\bigtriangledown \times \boldsymbol{F}$ 的积分 $\iint\limits_{H}(\bigtriangledown \times \boldsymbol{F}) \cdot \mathrm{d}\boldsymbol{S}$.

**解** （1）$\bigtriangledown \times \boldsymbol{F} = \begin{vmatrix} \boldsymbol{i} & \boldsymbol{j} & \boldsymbol{k} \\ \dfrac{\partial}{\partial x} & \dfrac{\partial}{\partial y} & \dfrac{\partial}{\partial z} \\ x^2 + y - 4 & 3xy & 2xz + z^2 \end{vmatrix} = (1 - 2z)\boldsymbol{j} + (1 + 3y)\boldsymbol{k}.$

（2）应用格林公式和对称性，有

$$\iint\limits_{H}(\bigtriangledown \times \boldsymbol{F}) \cdot \mathrm{d}\boldsymbol{S} = \oint\limits_{x^2+y^2=16} \boldsymbol{F} \cdot \mathrm{d}\boldsymbol{r} = \oint\limits_{x^2+y^2=16} (x^2 - y + z\mathrm{d}x + 3xy\mathrm{d}y + (2xz - z)\mathrm{d}z$$

$$= \oint\limits_{x^2+y^2=16} (x^2 - y)\mathrm{d}x + 3xy\mathrm{d}y$$

$$= \iint\limits_{x^2+y^2\leqslant 16} (3y - (-1))\mathrm{d}x\mathrm{d}y = 16\pi.$$

**例 72** 设 $\boldsymbol{a} = a_x\boldsymbol{i} + a_y\boldsymbol{j} + a_z\boldsymbol{k}$ 为向量场，$f(x,y,z)$ 为数量场，证明：（假设函数 $a_x,a_y$，$a_z$ 和 $f$ 具有必要的连续偏导数）

(1) $\mathrm{div}(\mathrm{rot}\,\boldsymbol{a}) = 0$；(2) $\mathrm{rot}(\mathrm{grad}\,f) = \boldsymbol{0}$；(3) $\mathrm{grad}(\mathrm{div}\,\boldsymbol{a}) - \mathrm{rot}(\mathrm{rot}\,\boldsymbol{a}) = \Delta\boldsymbol{a}$.

**证明** （1）$\mathrm{rot}\,\boldsymbol{a} = \left(\dfrac{\partial a_z}{\partial y} - \dfrac{\partial a_y}{\partial z}\right)\boldsymbol{i} + \left(\dfrac{\partial a_x}{\partial z} - \dfrac{\partial a_z}{\partial x}\right)\boldsymbol{j} + \left(\dfrac{\partial a_y}{\partial x} - \dfrac{\partial a_x}{\partial y}\right)\boldsymbol{k}.$

设 $a_x, a_y, a_z$ 的二阶偏导数连续，则

$$\mathrm{div}(\mathrm{rot}\,\boldsymbol{a}) = \dfrac{\partial}{\partial x}\left(\dfrac{\partial a_z}{\partial y} - \dfrac{\partial a_y}{\partial z}\right) + \dfrac{\partial}{\partial y}\left(\dfrac{\partial a_x}{\partial z} - \dfrac{\partial a_z}{\partial x}\right) + \dfrac{\partial}{\partial z}\left(\dfrac{\partial a_y}{\partial x} - \dfrac{\partial a_x}{\partial y}\right) = 0.$$

（2）$\mathrm{rot}(\mathrm{grad}\,f) = \begin{vmatrix} \boldsymbol{i} & \boldsymbol{j} & \boldsymbol{k} \\ \dfrac{\partial}{\partial x} & \dfrac{\partial}{\partial y} & \dfrac{\partial}{\partial z} \\ \dfrac{\partial f}{\partial x} & \dfrac{\partial f}{\partial y} & \dfrac{\partial f}{\partial z} \end{vmatrix} = \boldsymbol{0}.$

（3）由

$$\mathrm{grad}(\mathrm{div}\,\boldsymbol{a}) = \dfrac{\partial \mathrm{div}\,\boldsymbol{a}}{\partial x}\boldsymbol{i} + \dfrac{\partial \mathrm{div}\,\boldsymbol{a}}{\partial y}\boldsymbol{j} + \dfrac{\partial \mathrm{div}\,\boldsymbol{a}}{\partial z}\boldsymbol{k}$$

$$= \left(\dfrac{\partial^2 a_x}{\partial x^2} + \dfrac{\partial^2 a_y}{\partial x\partial y} + \dfrac{\partial^2 a_z}{\partial x\partial z}\right)\boldsymbol{i} + \left(\dfrac{\partial^2 a_x}{\partial x\partial y} + \dfrac{\partial^2 a_y}{\partial y^2} + \dfrac{\partial^2 a_z}{\partial y\partial z}\right)\boldsymbol{j} +$$

$$\left(\dfrac{\partial^2 a_x}{\partial x\partial z} + \dfrac{\partial^2 a_y}{\partial y\partial z} + \dfrac{\partial^2 a_z}{\partial z^2}\right)\boldsymbol{k},$$

以及

$$\mathrm{rot}\,\boldsymbol{a} = \left(\dfrac{\partial a_z}{\partial y} - \dfrac{\partial a_y}{\partial z}\right)\boldsymbol{i} + \left(\dfrac{\partial a_x}{\partial z} - \dfrac{\partial a_z}{\partial x}\right)\boldsymbol{j} + \left(\dfrac{\partial a_y}{\partial x} - \dfrac{\partial a_x}{\partial y}\right)\boldsymbol{k},$$

$$\mathrm{rot}(\mathrm{rot}\,\boldsymbol{a}) = \left(\dfrac{\partial^2 a_y}{\partial x\partial y} - \dfrac{\partial^2 a_x}{\partial y^2} - \dfrac{\partial^2 a_x}{\partial z^2} + \dfrac{\partial^2 a_z}{\partial x\partial z}\right)\boldsymbol{i} + \left(\dfrac{\partial^2 a_z}{\partial y\partial z} - \dfrac{\partial^2 a_y}{\partial z^2} - \dfrac{\partial^2 a_y}{\partial x^2} + \dfrac{\partial^2 a_x}{\partial x\partial y}\right)\boldsymbol{j} +$$

$$\left(\frac{\partial^2 a_x}{\partial x \partial z} - \frac{\partial^2 a_z}{\partial x^2} - \frac{\partial^2 a_z}{\partial y^2} + \frac{\partial^2 a_y}{\partial y \partial z}\right)\boldsymbol{k},$$

得到

$$\text{grad}(\text{div}\,\boldsymbol{a}) - \text{rot}(\text{rot}\,\boldsymbol{a}) = \Delta a_x \boldsymbol{i} + \Delta a_y \boldsymbol{j} + \Delta a_z \boldsymbol{k} = \Delta\boldsymbol{a}.$$

**例 73**　位于原点的点电荷 $q$ 产生的静电场的电场强度为 $\boldsymbol{E} = \dfrac{q}{4\pi\varepsilon_0 r^3}(x\boldsymbol{i} + y\boldsymbol{j} + z\boldsymbol{k})$，其中 $r = \sqrt{x^2 + y^2 + z^2}$，$\varepsilon_0$ 为真空介电常数. 求 $\text{rot}\,\boldsymbol{E}$.

**解**

$$\frac{\partial}{\partial y}\left(\frac{z}{r^3}\right) - \frac{\partial}{\partial z}\left(\frac{y}{r^3}\right) = -\frac{3yz}{r^4} + \frac{3yz}{r^4} = 0,$$

$$\frac{\partial}{\partial z}\left(\frac{x}{r^3}\right) - \frac{\partial}{\partial x}\left(\frac{z}{r^3}\right) = -\frac{3zx}{r^4} + \frac{3zx}{r^4} = 0,$$

$$\frac{\partial}{\partial x}\left(\frac{y}{r^3}\right) - \frac{\partial}{\partial y}\left(\frac{x}{r^3}\right) = -\frac{3xy}{r^4} + \frac{3xy}{r^4} = 0,$$

所以

$$\text{rot}\,\boldsymbol{E} = \boldsymbol{0}, (x, y, z) \neq \boldsymbol{0}.$$

# 第12讲

# 含参变量积分

## 一、含参量的正常积分

**定义1** 设 $f(x,y)$ 为矩形区域 $R=[a,b]\times[c,d]$ 上的二元函数，若对任意的 $y\in[c,d]$，一元函数 $f(x,y)$ 在 $[a,b]$ 上可积，则其积分值是 $y$ 在 $[c,d]$ 上取值的函数，记为 $\varphi(y)$，即

$$\varphi(y)=\int_a^b f(x,y)\mathrm{d}x, y\in[c,d],$$

称之为含参量的有限积分，$y$ 称为参变量.

更一般地，我们有如下含参量积分（$f$ 在 $G=\{(x,y)\mid a(y)\leqslant x\leqslant b(y), \alpha\leqslant y\leqslant \beta\}$）

$$\varphi(y)=\int_{a(y)}^{b(y)} f(x,y)\mathrm{d}x, y\in[\alpha,\beta],$$

其中 $a(y),b(y)$ 为 $[\alpha,\beta]$ 上的连续函数.

### 1. 连续性

设二元函数 $f(x,y)$ 在区域 $D=\{(x,y)\mid c(x)\leqslant y\leqslant d(x), a\leqslant x\leqslant b\}$ 上连续，其中 $c(x),d(x)$ 为 $[a,b]$ 上的连续函数，则函数

$$F(x)=\int_{c(x)}^{d(x)} f(x,y)\mathrm{d}y$$

在 $[a,b]$ 上连续.

### 2. 可微性

若函数 $f$ 与 $\dfrac{\partial}{\partial x}f$ 在 $[a,b]\times[c,d]$ 上连续，则有

$$I(x)=\int_c^d f(x,y)\mathrm{d}y$$

在 $[a,b]$ 上可微，且

$$I'(x)=\int_c^d \frac{\partial}{\partial x}f(x,y)\mathrm{d}y.$$

### 3. 可积性

若 $f(x,y)$ 在 $[a,b]\times[c,d]$ 上连续，则 $I(x)$ 和 $J(y)$ 分别在 $[a,b]$ 和 $[c,d]$ 上可积. 此说明，在连续的假设之下，同时存在两个求积顺序不同的积分

$$\int_a^b \left( \int_c^d f(x,y)\mathrm{d}y \right)\mathrm{d}x \text{ 与 } \int_c^d \left( \int_a^b f(x,y)\mathrm{d}x \right)\mathrm{d}y.$$

为了书写简便起见,上述两个积分分别写作

$$\int_a^b \mathrm{d}x \int_c^d f(x,y)\mathrm{d}y \text{ 与 } \int_c^d \mathrm{d}y \int_a^b f(x,y)\mathrm{d}x.$$

上面两个积分统称为累次积分. 若 $f(x,y)$ 在 $[a,b] \times [c,d]$ 上连续,则

$$\int_a^b \mathrm{d}x \int_c^d f(x,y)\mathrm{d}y = \int_c^d \mathrm{d}y \int_a^b f(x,y)\mathrm{d}x.$$

## 二、含参量的反常积分

### 1. 一致收敛性及其判别法

**定义 2**　设函数 $f(x,y)$ 定义在无界区域 $D = \{(x,y) \mid a \leqslant x < +\infty, c \leqslant y \leqslant d\}$ 上,且对任意的 $y \in [c,d]$,反常积分

$$I(y) = \int_a^{+\infty} f(x,y)\mathrm{d}x \tag{1}$$

存在. 如果对于任意给定的 $\varepsilon > 0$,存在与 $y$ 无关的正数 $A_0$,使得 $A > A_0$ 时,对于所有的 $y \in [c,d]$,成立

$$\left| \int_a^A f(x,y)\mathrm{d}x - I(y) \right| < \varepsilon,$$

即

$$\left| \int_A^{+\infty} f(x,y)\mathrm{d}x \right| < \varepsilon,$$

则称 $\displaystyle\int_a^{+\infty} f(x,y)\mathrm{d}x$ 关于 $y$ 在 $[c,d]$ 上一致收敛(于 $I(y)$). 在参变量明确时,也简称 $\displaystyle\int_a^{+\infty} f(x,y)\mathrm{d}x$ 在 $[c,d]$ 上一致收敛.

同样可以对 $\displaystyle\int_{-\infty}^a f(x,y)\mathrm{d}x$ 或 $\displaystyle\int_{-\infty}^{+\infty} f(x,y)\mathrm{d}x$ 定义关于 $y$ 的一致收敛概念.

**定理 1(柯西收敛原理)**　含参量反常积分(1) 在 $[c,d]$ 上一致收敛的充分必要条件是:对任意给定的 $\varepsilon > 0$,存在与 $y$ 无关的正数 $A_0$,使得对于任意的 $A', A > A_0$ 时,成立

$$\left| \int_A^{A'} f(x,y)\mathrm{d}y \right| < \varepsilon.$$

**定理 2(魏尔斯特拉斯(Weierstrass) 判别法)**　如果存在函数 $F(x)$ 使得

(1) $|f(x,y)| \leqslant F(x), a \leqslant x < +\infty, c \leqslant y \leqslant d$,

(2) 反常积分 $\displaystyle\int_a^{+\infty} F(x)\mathrm{d}x$ 收敛,那么含参量的反常积分 $\displaystyle\int_a^{+\infty} f(x,y)\mathrm{d}x$ 在 $[c,d]$ 上一致收敛.

**定理 3**　含参量反常积分(1) 在 $[a,b]$ 上一致收敛的充分必要条件是:对任一趋于 $+\infty$ 的递增数列 $\{A_n\}$(其中,$A_1 = c$),函数项级数

$$\sum_{n=1}^{\infty} \int_{A_n}^{A_{n+1}} f(x,y)\mathrm{d}y = \sum_{n=1}^{\infty} u_n(x)$$

在 $[a,b]$ 上一致收敛.

**定理 4**　设函数 $f(x,y)$ 与 $g(x,y)$ 满足以下两组条件之一,则含参量的反常积分

$$\int_c^{+\infty} f(x,y)g(x,y)\mathrm{d}x$$

关于 $y$ 在 $[c,d]$ 上一致收敛.

(1)(阿贝尔判别法)

(ⅰ) $\int_c^{+\infty} f(x,y)\mathrm{d}y$ 关于 $y$ 在 $[c,d]$ 上一致收敛;

(ⅱ) $g(x,y)$ 关于 $x$ 单调,即对每一个固定的 $y\in[c,d]$,$g$ 关于 $x$ 是单调函数;

(ⅲ) $g(x,y)$ 一致有界,即存在 $L<0$,使得 $|g(x,y)|<L$,$a\leqslant x<+\infty$,$c\leqslant y\leqslant d$,且对参量 $y$,$g(x,y)$ 在 $[c,d]$ 上一致有界,即存在 $L<0$,使得 $|g(x,y)|<L$.

(2)(狄利克雷判别法)

(ⅰ) $\int_a^A f(x,y)\mathrm{d}x$ 一致有界,即存在正数 $L$,使得 $\left|\int_a^A f(x,y)\mathrm{d}x\right|<L$,$a\leqslant x<+\infty$,$c\leqslant y\leqslant d$;

(ⅱ) $g(x,y)$ 关于 $x$ 单调,即对每一个固定的 $y\in[c,d]$,$g$ 关于 $x$ 是单调函数;

(ⅲ) 当 $x\to+\infty$ 时,$g(x,y)$ 关于 $y$ 在 $[c,d]$ 上一致趋于零,即对于任意给定的 $\varepsilon>0$,存在与 $y$ 无关的正数 $A_0$,使得对于任意的 $x\geqslant A_0$ 时,对于任意的 $y\in[c,d]$ 成立 $|g(x,y)|\leqslant\varepsilon$.

**2.含参量反常积分的性质**

**定理 5(连续性)**　设 $f(x,y)$ 在 $[a,b]\times[c,+\infty)$ 内连续,若 $I(x)=\int_c^{+\infty} f(x,y)\mathrm{d}y$ 在 $[a,b]$ 上一致收敛,则 $I(x)$ 在 $[a,b]$ 上连续.

**定理 6(可微性)**　设 $f(x,y)$,$f_x(x,y)$ 在区域 $[a,b]\times[c,+\infty)$ 内连续,若 $I(x)=\int_c^{+\infty} f(x,y)\mathrm{d}y$ 在 $[a,b]$ 上收敛,$\int_c^{+\infty} f_x(x,y)\mathrm{d}y$ 在 $[a,b]$ 上一致收敛,则 $I(x)$ 在 $[a,b]$ 上可微,且

$$I'(x)=\int_c^{+\infty} f_x(x,y)\mathrm{d}y.$$

**定理 7(可积性)**　设 $f(x,y)$ 在 $[a,b]\times[c,+\infty)$ 内连续,若 $I(x)=\int_c^{+\infty} f(x,y)\mathrm{d}y$ 在 $[a,b]$ 上一致收敛,则 $I(x)$ 在 $[a,b]$ 上可积,且

$$\int_a^b \mathrm{d}x\int_c^{+\infty} f(x,y)\mathrm{d}y=\int_c^{+\infty}\mathrm{d}y\int_a^b f(x,y)\mathrm{d}x.$$

**定理 8**　设 $f(x,y)$ 在 $[a,+\infty)\times[c,+\infty)$ 内连续,若:

(1) $\int_a^{+\infty} f(x,y)\mathrm{d}x$ 关于 $y$ 在任何闭区间 $[c,d]$ 上一致收敛,$\int_c^{+\infty} f(x,y)\mathrm{d}y$ 关于 $x$ 在任何闭区间 $[a,b]$ 上一致收敛;

(2) 积分

$$\int_a^{+\infty}\mathrm{d}x\int_c^{+\infty}|f(x,y)|\mathrm{d}y \text{ 与 } \int_c^{+\infty}\mathrm{d}y\int_a^{+\infty}|f(x,y)|\mathrm{d}x$$

中有一个收敛,则另一个也收敛,且两者相等.

关于含参量的无界函数反常积分与含参量无穷积分十分类似,从略.

## 三、欧拉积分

含参量积分

$$B(p,q)=\int_0^1 x^{p-1}(1-x)^{q-1}\mathrm{d}x,p>0,q>0;\Gamma(s)=\int_0^{+\infty}x^{s-1}\mathrm{e}^{-x}\mathrm{d}x,s>0$$

分别称为第一类和第二类欧拉积分(又称 Beta 函数与 Gamma 函数),它们具有下列性质:

**1. Γ 函数**

(1) $\Gamma(s)$ 在定义域 $s>0$ 内连续且可导;

(2) 递推公式:$\Gamma(s+1)=s\Gamma(s),\Gamma(n+1)=n!\ (n\in\mathbf{Z}_+)$.

**2. B 函数**

(1) 在定义域内连续;

(2) 递推公式

$$B(p,q)=\frac{q-1}{p+q-1}B(p,q-1),p>0,q>1,$$

$$B(p,q)=\frac{p-1}{p+q-1}B(p-1,q),p>1,q>0,$$

$$B(p,q)=\frac{(p-1)(q-1)}{(p+q-1)(p+q-2)}B(p-1,q-1),p>1,q>1.$$

(3) 对称性:$B(p,q)=B(q,p)$.

**3. 两者之间的关系**

$$B(p,q)=\frac{\Gamma(p)\Gamma(q)}{\Gamma(p+q)},p>0,q>0.$$

**4. 注意 Γ 函数与 B 函数的其他表现形式**

$$\Gamma(s)=\int_0^{+\infty}x^{s-1}\mathrm{e}^{-x}\mathrm{d}x=2\int_0^{+\infty}x^{2s-1}\mathrm{e}^{-x^2}\mathrm{d}x=p^s\int_0^{+\infty}x^{s-1}\mathrm{e}^{-px}\mathrm{d}x,$$

$$B(p,q)=\int_0^1 x^{p-1}(1-x)^{q-1}\mathrm{d}x=2\int_0^{\frac{\pi}{2}}\sin^{2q-1}\varphi\cos^{2p-1}\varphi\mathrm{d}\varphi.$$

## 四、进一步性质

**Γ 函数的基本变形**

(ⅰ)$\Gamma(\alpha)=2\int_0^{+\infty}x^{2\alpha-1}\mathrm{e}^{-t^2}\mathrm{d}t(\text{令 }t^2=x),\alpha>0$;

(ⅱ)$\Gamma(\alpha)=\int_0^1\left(\ln\frac{1}{t}\right)^{\alpha-1}\mathrm{d}t(\text{令 }x=\ln\frac{1}{t})$.

**性质 1**　$\Gamma(\alpha)$ 在 $(0,+\infty)$ 内闭一致收敛,$\Gamma(\alpha)$ 在 $(0,+\infty)$ 连续有各阶导数,且可在积分号下求导.

(ⅰ)递推公式:$\Gamma(\alpha+1)=\alpha\Gamma(\alpha);\Gamma(n+1)=n!;\Gamma\left(\frac{1}{2}\right)=\sqrt{\pi}$;

(ⅱ)余元公式:$\Gamma(\alpha)\Gamma(1-\alpha)=\dfrac{\pi}{\sin\alpha\pi}(0<\alpha<1)$;

（ⅲ）倍元公式：$\Gamma(2\alpha) = \dfrac{2^{2\alpha-1}}{\sqrt{\pi}}\Gamma(\alpha)\Gamma(\alpha+1)(\alpha > 0)$.

**B 函数的基本变形**

（ⅰ）$B(p,q) = 2\displaystyle\int_0^{\frac{\pi}{2}} \cos^{2p-1}\theta \sin^{2q-1}\theta\,\mathrm{d}\theta\left(\text{令 } x = \cos^2\theta\right)$；

（ⅱ）$B(p,q) = \displaystyle\int_0^{+\infty} \dfrac{u^{p-1}}{(1+u)^{p+q}}\,\mathrm{d}u\left(\text{令 } x = \dfrac{u}{1+u}\right)$.

**性质 2**

（ⅰ）在其任一闭矩形上一致收敛，$B(p,q)$ 在 $(p,q) \in (0,+\infty)\times(0,+\infty)$ 内连续，且存在连续的各阶偏导数；

（ⅱ）对称性：$B(p,q) = B(q,p)$；

（ⅲ）递推公式：$B(p,q) = \dfrac{q-1}{p+q-1}B(p,q-1) = \dfrac{p-1}{p+q-1}B(p-1,q)$；

（ⅳ）余元公式：$B(p,1-p) = \dfrac{\pi}{\sin p\pi}(0 < p < 1)$，特别地，$B\left(\dfrac{1}{2},\dfrac{1}{2}\right) = \pi$；

（ⅴ）狄利克雷公式：$B(p,q) = \dfrac{\Gamma(p)\Gamma(q)}{\Gamma(p+q)}$.

### 典型例题

**例 1** 求下列极限：

(1) $\displaystyle\lim_{\alpha\to 0}\int_0^{1+\alpha} \dfrac{\mathrm{d}x}{1+x^2+\alpha^2}$；(2) $\displaystyle\lim_{n\to\infty}\int_0^1 \dfrac{\mathrm{d}x}{1+\left(1+\dfrac{x}{n}\right)^n}$.

**解** （1）应用积分第一中值定理，存在 $\xi$ 介于 1 与 $1+\alpha$ 之间，有

$$\int_0^{1+\alpha}\dfrac{\mathrm{d}x}{1+x^2+\alpha^2} = \int_0^1\dfrac{\mathrm{d}x}{1+x^2+\alpha^2} + \int_1^{1+\alpha}\dfrac{\mathrm{d}x}{1+x^2+\alpha^2} = \int_0^1\dfrac{\mathrm{d}x}{1+x^2+\alpha^2} + \dfrac{\alpha}{1+\xi^2+\alpha^2},$$

于是

$$\lim_{\alpha\to 0}\int_0^{1+\alpha}\dfrac{\mathrm{d}x}{1+x^2+\alpha^2} = \lim_{\alpha\to 0}\int_0^1\dfrac{\mathrm{d}x}{1+x^2+\alpha^2} + \lim_{\alpha\to 0}\dfrac{\alpha}{1+\xi^2+\alpha^2} = \int_0^1\dfrac{\mathrm{d}x}{1+x^2} = \dfrac{\pi}{4}.$$

（2）由连续性定理，有

$$\lim_{n\to\infty}\int_0^1\dfrac{\mathrm{d}x}{1+\left(1+\dfrac{x}{n}\right)^n} = \int_0^1\dfrac{\mathrm{d}x}{1+\mathrm{e}^x} = \int_0^1\dfrac{\mathrm{e}^{-x}\,\mathrm{d}x}{1+\mathrm{e}^{-x}} = -\ln(1+\mathrm{e}^{-x})\,\Big|_0^1 = \ln\dfrac{2\mathrm{e}}{1+\mathrm{e}}.$$

**例 2** 设 $f(x,y)$ 当 $y$ 固定时，关于 $x$ 在 $[a,b]$ 上连续，且当 $y \to y_0^-$ 时，它关于 $y$ 单调增加地趋于连续函数 $\varphi(x)$，证明

$$\lim_{y\to y_0^-}\int_a^b f(x,y)\,\mathrm{d}x = \int_a^b \varphi(x)\,\mathrm{d}x.$$

**证明** 用反证法，设 $\displaystyle\lim_{y\to y_0^-}f(x,y) = \varphi(x)$ 关于 $x \in [a,b]$ 不是一致的，则存在 $\varepsilon_0 > 0$，对任意的 $\delta > 0$，存在 $y \in (y_0-\delta, y_0)$，$x \in [a,b]$，使得 $|f(x,y) - \varphi(x)| \geqslant \varepsilon_0$.

依次取 $\delta_1 = 1$，存在 $y_1 \in (y_0-\delta, y_0)$，$x_1 \in [a,b]$，使得 $|f(x_1,y_1) - \varphi(x_1)| \geqslant \varepsilon_0$；

$\delta_2 = \min\left\{\dfrac{1}{2}, y_0 - y_1\right\}$，存在 $y_2 \in (y_0 - \delta, y_0)$，$x_2 \in [a,b]$，使得 $| f(x_2, y_2) - \varphi(x_2) | \geqslant$

$\varepsilon_0$；$\cdots\cdots$；$\delta_n = \min\left\{\dfrac{1}{n}, y_0 - y_{n-1}\right\}$，存在 $y_n \in (y_0 - \delta, y_0)$，$x_n \in [a,b]$，使得 $| f(x_n, y_n) -$

$\varphi(x_n) | \geqslant \varepsilon_0$，由此得到两个数列 $\{x_n\}$，$\{y_n\}$。由于 $\{x_n\}$，$\{y_n\}$ 有界，由致密性定理，存在收

敛子列 $\{x_{n_k}\}$，$\{y_{n_k}\}$，其中 $\{y_{n_k}\}$ 单调递增，且有 $\lim\limits_{n\to\infty} y_n = y_0$，$\lim\limits_{k\to\infty} x_{n_k} = \xi$.

由 $f(x,y) \to \varphi(x)(y \to y_0^-)$，可知存在 $\delta > 0$，对任意 $y \in (y_0 - \delta, y_0)$，使得 $| f(\xi,$

$y) - \varphi(\xi) | < \dfrac{\varepsilon_0}{2}$，注意，$\lim\limits_{n\to\infty} y_n = y_0$，取充分大的 $K$，使得 $\delta < y_K - y_0 < 0$，从而

$| f(\xi, y_K) - \varphi(\xi) | < \dfrac{\varepsilon_0}{2}$。又 $f(x, y_K) - \varphi(x)$ 在点 $x = \xi$ 处连续，以及 $\lim\limits_{k\to\infty} x_{n_k} = \xi$，存在

$K_1 > 0$，当 $k > K_1$ 时，有

$$| f(x_{n_k}, y_K) - \varphi(x_{n_k}) - (f(\xi, y_K) - \varphi(\xi)) | < \dfrac{\varepsilon_0}{2}.$$

于是

$$| f(x_{n_k}, y_K) - \varphi(x_{n_k}) | < \varepsilon_0,$$

但是对固定的 $x_n$，当 $y \to y_0^-$ 时，$f(x_n, y)$ 关于 $y$ 单调递增趋于 $\varphi(x_{n_k})$，所以当 $k >$

$\max\{K, K_1\}$ 时，成立

$$| f(x_{n_k}, y_{n_k}) - \varphi(x_{n_k}) | \leqslant | f(x_{n_k}, y_K) - \varphi(x_{n_k}) | < \varepsilon_0,$$

这与

$$| f(x_{n_k}, y_{n_k}) - \varphi(x_{n_k}) | \geqslant \varepsilon_0, n = 1, 2, \cdots,$$

矛盾.

因此，$\lim\limits_{y\to y_0^-} f(x,y) = \varphi(x)$ 关于 $x \in [a,b]$ 是一致的，即对任意的 $\varepsilon > 0$，存在 $\delta > 0$，

对任意的 $y \in (y_0 - \delta, y_0)$，对任意的 $x \in [a,b]$，有 $| f(x,y) - \varphi(x) | < \varepsilon$，则

$$| \int_a^b (f(x,y) - \varphi(x)) \mathrm{d}x | \leqslant \int_a^b | f(x,y) - \varphi(x) | \mathrm{d}x \leqslant (b-a)\varepsilon,$$

故

$$\lim_{y\to y_0^-} \int_a^b f(x,y)\mathrm{d}x = \int_0^b \varphi(x)\mathrm{d}x.$$

**例 3**　利用交换积分顺序的方法计算下列积分：

$(1) \int_0^1 \sin\left(\ln\dfrac{1}{x}\right) \dfrac{x^b - x^a}{\ln x}\mathrm{d}x (b > a > 0)$；$(2) \int_0^{\frac{\pi}{2}} \ln\dfrac{1 + a\sin x}{1 - a\sin x} \dfrac{\mathrm{d}x}{\sin x} (1 > a > 0)$.

**解**　(1) 对任意 $b > a > 0$，有

$$\lim_{x\to 0} \frac{x^b - x^a}{\ln x} = 0, \lim_{x\to 1^-} \frac{x^b - x^a}{\ln x} = \lim_{x\to 1^-} \frac{bx^{b-1} - ax^{a-1}}{\dfrac{1}{x}} = b - a,$$

所以

$$\frac{x^b - x^a}{\ln x} = \int_a^b x^y \mathrm{d}y,$$

代入积分有

$$\int_0^1 \sin\left(\ln\frac{1}{x}\right)\frac{x^b-x^a}{\ln x}\mathrm{d}x = \int_0^1 \sin\left(\ln\frac{1}{x}\right)\int_a^b x^y\mathrm{d}y\mathrm{d}x = \int_a^b \mathrm{d}y\int_0^1 x^y\sin\left(\ln\frac{1}{x}\right)\mathrm{d}x,$$

其中

$$\int_0^1 x^y\sin\left(\ln\frac{1}{x}\right)\mathrm{d}x = \frac{1}{y+1}\int_0^1 \sin\left(\ln\frac{1}{x}\right)\mathrm{d}x^{y+1}$$

$$= \frac{1}{y+1}x^{y+1}\sin\left(\ln\frac{1}{x}\right)\Big|_0^1 + \frac{1}{y+1}\int_0^1 x^y\cos\left(\ln\frac{1}{x}\right)\mathrm{d}x$$

$$= \frac{1}{(y+1)^2}x^{y+1}\cos\left(\ln\frac{1}{x}\right)\Big|_0^1 - \frac{1}{(y+1)^2}\int_0^1 x^y\sin\left(\ln\frac{1}{x}\right)\mathrm{d}x,$$

于是

$$\int_0^1 x^y\sin\left(\ln\frac{1}{x}\right)\mathrm{d}x = \frac{1}{1+(y+1)^2},$$

所以

$$\int_0^1 \sin\left(\ln\frac{1}{x}\right)\frac{x^b-x^a}{\ln x}\mathrm{d}x = \int_a^b \frac{1}{1+(y+1)^2}\mathrm{d}y = \arctan(1+b) - \arctan(1+a).$$

(2) 应用 $\ln\dfrac{1+a\sin x}{1-a\sin x}\dfrac{1}{\sin x} = 2\displaystyle\int_0^a \dfrac{\mathrm{d}y}{1-y^2\sin^2 x}$,代入有

$$\int_0^{\frac{\pi}{2}} \ln\frac{1+a\sin x}{1-a\sin x}\frac{\mathrm{d}x}{\sin x} = 2\int_0^a \mathrm{d}y\int_0^{\frac{\pi}{2}} \frac{\mathrm{d}y}{1-y^2\sin^2 x},$$

其中

$$\int_0^{\frac{\pi}{2}} \frac{\mathrm{d}x}{1-y^2\sin^2 x} = -\int_0^{\frac{\pi}{2}} \frac{\mathrm{d}\cot x}{1+\cot^2 x-y^2} = -\frac{1}{\sqrt{1-y^2}}\arctan\frac{\cot x}{\sqrt{1-y^2}}\Big|_0^{\frac{\pi}{2}} = \frac{\pi}{2\sqrt{1-y^2}},$$

故

$$\int_0^{\frac{\pi}{2}} \ln\frac{1+a\sin x}{1-a\sin x}\frac{\mathrm{d}x}{\sin x} = \pi\int_0^a \frac{\mathrm{d}y}{\sqrt{1-y^2}} = \pi\arcsin a.$$

**例 4**   求下列函数的导数：

(1) $I(y) = \displaystyle\int_y^{y^2} \mathrm{e}^{-x^2 y}\mathrm{d}x$;

(2) $I(y) = \displaystyle\int_y^{y^2} \frac{\cos xy}{x}\mathrm{d}x$;

(3) $F(t) = \displaystyle\int_0^{t^2} \mathrm{d}x\int_{x-t}^{x+t} \sin(x^2+y^2-t^2)\mathrm{d}y$.

**解**   (1) $I'(y) = 2y\mathrm{e}^{-y^5} - \mathrm{e}^{-y^3} - \displaystyle\int_y^{y^2} x^2\mathrm{e}^{-x^2 y}\mathrm{d}x$.

(2) $I'(y) = 2y\dfrac{\cos y^3}{y^2} - \dfrac{\cos y^2}{y} - \displaystyle\int_y^{y^2} \sin(xy)\mathrm{d}x = \dfrac{3\cos y^3 - 2\cos y^2}{y}$.

(3) 设 $g(x,t) = \displaystyle\int_{x-t}^{x+t} \sin(x^2+y^2-t^2)\mathrm{d}y$,则

$$g_t(x,t) = -2t\int_{x-t}^{x+t} \cos(x^2+y^2-t^2)\mathrm{d}y + \sin(2x^2+2xt) + \sin(2x^2-2xt),$$

所以

$$F'(t) = \int_0^{t^2} g_t(x,t)\,dx + 2\tan(t^2,t)$$

$$= -2t \int_0^{t^2} dx \int_{x-t}^{x+t} \cos(x^2 + y^2 - t^2)\,dy + 2 \int_0^{t^2} \sin 2x^2 \cos 2xt\,dx +$$

$$2t \int_{t^2-t}^{t^2+t} \sin(t^4 - t^2 + y^2)\,dy.$$

**例 5**　设 $F(y) = \int_a^b f(x)\,|\,y - x\,|\,dx(a < b)$，其中 $f(x)$ 为可微函数，求 $f''(y)$.

**解**　当 $y \leqslant a$ 时，$F(y) = \int_a^b f(x)(x - y)\,dx$，于是

$$F'(y) = -\int_a^b f(x)\,dx,\ f''(y) = 0.$$

当 $y \geqslant b$ 时，$F(y) = \int_a^b f(x)(y - x)\,dx$，于是

$$F'(y) = \int_a^b f(x)\,dx,\ f''(y) = 0,$$

当 $a < y < b$ 时

$$F(y) = \int_a^y f(x)(y - x)\,dx + \int_y^b f(x)(x - y)\,dx.$$

于是

$$F'(y) = \int_a^y f(x)\,dx - \int_y^b f(x)\,dx,\ f''(y) = f(y) + f(y) = 2f(y).$$

**例 6**　设函数 $f(x)$ 具有二阶导数，$F(x)$ 是可导的，证明：函数

$$u(x,t) = \frac{1}{2}(f(x - at) + f(x + at)) + \frac{1}{2a} \int_{x-at}^{x+at} F(y)\,dy$$

满足弦振动方程

$$\frac{\partial^2 u}{\partial t^2} = a^2 \frac{\partial^2 u}{\partial x^2}$$

及初值条件 $u(x,0) = f(x), \dfrac{\partial u}{\partial t}(x,0) = F(x)$.

**证明**　直接计算，可得

$$\frac{\partial u}{\partial t} = \frac{a}{2}(-f'(x - at) + f'(x + at)) + \frac{1}{2}(F(x + at) + F(x - at)),$$

$$\frac{\partial^2 u}{\partial t^2} = \frac{a^2}{2}(f''(x - at) + f''(x + at)) + \frac{a}{2}(F'(x + at) - F'(x - at)),$$

$$\frac{\partial u}{\partial x} = \frac{1}{2}(f'(x - at) + f'(x + at)) + \frac{1}{2a}(F(x + at) - F(x - at)),$$

$$\frac{\partial^2 u}{\partial x^2} = \frac{1}{2}(f''(x - at) + f''(x + at)) + \frac{1}{2a}(F'(x + at) - F'(x - at)),$$

所以

$$\frac{\partial^2 u}{\partial t^2} = a^2 \frac{\partial^2 u}{\partial x^2},$$

且显然成立 $u(x,0)=f(x),\dfrac{\partial u}{\partial t}(x,0)=F(x)$.

**例 7**　利用积分号下求导法计算下列积分:

(1) $\displaystyle\int_0^{\frac{\pi}{2}}\ln(a^2-\sin^2 x)\mathrm{d}x\ (a>1)$;

(2) $\displaystyle\int_0^{\pi}\ln(1-2\alpha\cos x+\alpha^2)\mathrm{d}x\ (|\alpha|<1)$;

(3) $\displaystyle\int_0^{\frac{\pi}{2}}\ln(a^2\sin^2 x+b^2\cos^2 x)\mathrm{d}x$.

**解**　(1) 设 $I(a)=\displaystyle\int_0^{\frac{\pi}{2}}\ln(a^2-\sin^2 x)\mathrm{d}x$,则

$$I'(a)=\int_0^{\frac{\pi}{2}}\frac{2a}{a^2-\sin^2 x}\mathrm{d}x=-\int_0^{\frac{\pi}{2}}\frac{2a}{a^2\cot^2 x+a^2-1}\mathrm{d}\cot x$$

$$=-\frac{2}{\sqrt{a^2-1}}\arctan\frac{a\cot x}{\sqrt{a^2-1}}\bigg|_0^{\frac{\pi}{2}}=\frac{\pi}{\sqrt{a^2-1}},$$

于是

$$I(a)=\pi\ln(a+\sqrt{a^2-1})+C$$

令 $a\to 1^+$,则

$$C=I(1)=2\int_0^{\frac{\pi}{2}}\ln\cos x\mathrm{d}x=-\pi\ln 2,$$

所以

$$I(a)=\pi\ln\frac{a+\sqrt{a^2-1}}{2}.$$

(2) 设 $I(\alpha)=\displaystyle\int_0^{\pi}\ln(1-2\alpha\cos x+\alpha^2)\mathrm{d}x$,则 $I(0)=0$. 设 $\alpha\neq 0$,由于

$$I'(\alpha)=\int_0^{\pi}\frac{2\alpha-2\cos x}{1-2\alpha\cos x+\alpha^2}\mathrm{d}x,$$

作变换 $t=\tan\dfrac{x}{2}$,得到

$$I'(\alpha)=4\int_0^{+\infty}\frac{\alpha-1+(\alpha+1)t^2}{[(1-\alpha)^2+(1+\alpha)^2 t^2](1+t^2)}\mathrm{d}t$$

$$=\frac{2}{\alpha}\int_0^{+\infty}\frac{\mathrm{d}t}{1+t^2}+2\Big(\alpha-\frac{1}{\alpha}\Big)\int_0^{+\infty}\frac{\mathrm{d}t}{(1-\alpha)^2+(1+\alpha)^2 t^2}$$

$$=\frac{2}{\alpha}\int_0^{+\infty}\frac{\mathrm{d}t}{1+t^2}-\frac{2}{\alpha}\int_0^{+\infty}\frac{\mathrm{d}\Big(\frac{1+\alpha}{1-\alpha}t\Big)}{1+\Big(\frac{1+\alpha}{1-\alpha}\Big)^2 t^2}=0,$$

所以 $I(\alpha)=C$,再由 $I(0)=0$,得到

$$I(\alpha)=0,\ |\alpha|<1.$$

(3) 设 $I(a)=\displaystyle\int_0^{\frac{\pi}{2}}\ln(a^2\sin^2 x+b^2\cos^2 x)\mathrm{d}x$,且不妨设 $a>0,b>0$.

当 $a = b$ 时，$I(a) = \pi\ln|a|$. 以下设 $a \neq b$.

由于

$$I'(a) = \int_0^{\frac{\pi}{2}} \frac{2a\sin^2 x}{a^2\sin^2 x + b^2\cos^2 x}\mathrm{d}x,$$

记

$$A = \int_0^{\frac{\pi}{2}} \frac{\sin^2 x}{a^2\sin^2 x + b^2\cos^2 x}\mathrm{d}x, B = \int_0^{\frac{\pi}{2}} \frac{\cos^2 x}{a^2\sin^2 x + b^2\cos^2 x}\mathrm{d}x,$$

则

$$a^2 A + b^2 B = \frac{\pi}{2},$$

$$A + B = \int_0^{\frac{\pi}{2}} \frac{\mathrm{d}x}{a^2\sin^2 x + b^2\cos^2 x} = \int_0^{\frac{\pi}{2}} \frac{\mathrm{dtan}\, x}{a^2\tan^2 x + b^2} = \frac{1}{ab}\arctan\frac{a}{b}\tan x\Big|_0^{\frac{\pi}{2}} = \frac{\pi}{2ab}.$$

由此解得 $A = \frac{\pi}{2}\frac{1}{a(a+b)}$，于是 $I'(a) = \frac{\pi}{a+b}$，积分后得到 $I(a) = \pi\ln(a+b) + C$. 由 $I(0) = \pi\ln\frac{b}{2}$，得到 $C = -\pi\ln 2$，从而 $I(a) = \pi\ln\frac{a+b}{2}$，或者一般地有 $I(a) = \pi\ln\frac{|a|+|b|}{2}$.

**例 8**　证明：第二类椭圆积分

$$E(k) = \int_0^{\frac{\pi}{2}} \sqrt{1 - k^2\sin^2 t}\,\mathrm{d}t, 0 < k < 1,$$

满足微分方程

$$E''(k) + \frac{1}{k}E'(k) + \frac{E(k)}{1-k^2} = 0.$$

**证明**　直接计算，有

$$E'(K) = \int_0^{\frac{\pi}{2}} \frac{-k\sin^2 t}{\sqrt{1 - k^2\sin^2 t}}\mathrm{d}t,$$

$$E''(k) = -\int_0^{\frac{\pi}{2}} \frac{\sin^2 t}{\sqrt{1 - k^2\sin^2 t}}\mathrm{d}t - \int_0^{\frac{\pi}{2}} \frac{k^2\sin^4 t}{(1 - k^2\sin^2 t)^{\frac{3}{2}}}\mathrm{d}t = -\int_0^{\frac{\pi}{2}} \frac{\sin^2 t}{(1 - k^2\sin^2 t)^{\frac{3}{2}}}\mathrm{d}t$$

$$= \int_0^{\frac{\pi}{2}} \frac{\mathrm{d}t}{k^2\sqrt{1 - k^2\sin^2 t}} - \int_0^{\frac{\pi}{2}} \frac{\sin^2 t + \cos^2 t}{k^2(1 - k^2\sin^2 t)^{\frac{3}{2}}}\mathrm{d}t,$$

于是

$$E''(k) = \frac{1}{k^2-1}\int_0^{\frac{\pi}{2}} \frac{\mathrm{d}t}{\sqrt{1 - k^2\sin^2 t}} - \frac{1}{k^2-1}\int_0^{\frac{\pi}{2}} \frac{\cos t}{(1 - k^2\sin^2 t)^{\frac{3}{2}}}\mathrm{dsin}\, t$$

$$= \frac{1}{k^2-1}\int_0^{\frac{\pi}{2}} \frac{\mathrm{d}t}{\sqrt{1 - k^2\sin^2 t}} - \frac{1}{k^2-1}\int_0^{\frac{\pi}{2}} \cos t\,\mathrm{d}\frac{\sin t}{\sqrt{1 - k^2\sin^2 t}}$$

$$= \frac{1}{k^2-1}\int_0^{\frac{\pi}{2}} \frac{\mathrm{d}t}{\sqrt{1 - k^2\sin^2 t}} - \frac{1}{k^2-1}\int_0^{\frac{\pi}{2}} \frac{\sin^2 t}{\sqrt{1 - k^2\sin^2 t}}\mathrm{d}t,$$

所以

$$E''(k) + \frac{1}{k}E'(k) + \frac{E(k)}{1-k^2}$$

$$= \frac{1}{k^2-1} \int_0^{\frac{\pi}{2}} \frac{\cos^2 t \mathrm{d}t}{\sqrt{1-k^2 \sin^2 t}} - \frac{1}{k^2-1} \int_0^{\frac{\pi}{2}} \frac{(k^2-1)\sin^2 t}{\sqrt{1-k^2 \sin^2 t}} \mathrm{d}t + \frac{E(k)}{1-k^2}$$

$$= \frac{1}{k^2-1} \int_0^{\frac{\pi}{2}} \sqrt{1-k^2 \sin^2 t} \, \mathrm{d}t + \frac{E(k)}{1-k^2} = 0.$$

**例 9**  设函数 $f(u,v)$ 在 $\mathbf{R}^2$ 上具有二阶连续偏导数. 证明:函数

$$w(x,y,z) = \int_0^{2\pi} f(x+z\cos\varphi, y+z\sin\varphi)\mathrm{d}\varphi$$

满足偏微分方程

$$z\left(\frac{\partial^2 w}{\partial x^2} + \frac{\partial^2 w}{\partial y^2} - \frac{\partial^2 w}{\partial z^2}\right) = \frac{\partial w}{\partial z}.$$

**证明**  直接计算,可得

$$\frac{\partial w}{\partial x} = \int_0^{2\pi} f_u \mathrm{d}\varphi, \frac{\partial^2 w}{\partial x^2} = \int_0^{2\pi} f_{uu} \mathrm{d}\varphi, \frac{\partial w}{\partial y} = \int_0^{2\pi} f_v \mathrm{d}\varphi, \frac{\partial^2 w}{\partial y^2} = \int_0^{2\pi} f_{vv} \mathrm{d}\varphi,$$

$$\frac{\partial w}{\partial z} = \int_0^{2\pi} (f_u \cos\varphi + f_v \sin\varphi)\mathrm{d}\varphi, \frac{\partial^2 w}{\partial z^2} = \int_0^{2\pi} (f_{uu}\cos^2\varphi + f_{uv}\sin 2\varphi + f_{vv}\sin^2\varphi)\mathrm{d}\varphi,$$

于是

$$z\left(\frac{\partial^2 w}{\partial x^2} + \frac{\partial^2 w}{\partial y^2} - \frac{\partial^2 w}{\partial z^2}\right) = z\int_0^{2\pi} (f_{uu}\sin^2\varphi - f_{uv}\sin 2\varphi + f_{vv}\cos^2\varphi)\mathrm{d}\varphi.$$

另外,由分部积分可得

$$\int_0^{2\pi} f_u \cos\varphi \mathrm{d}\varphi = -\int_0^{2\pi} \sin\varphi [f_{uu}(-z\sin\varphi) + f_{uv}z\cos\varphi]\mathrm{d}\varphi,$$

$$\int_0^{2\pi} f_v \sin\varphi \mathrm{d}\varphi = \int_0^{2\pi} \cos\varphi [f_{uv}(-z\sin\varphi) + f_{vv}z\cos\varphi]\mathrm{d}\varphi,$$

所以

$$z\left(\frac{\partial^2 w}{\partial x^2} + \frac{\partial^2 w}{\partial y^2} - \frac{\partial^2 w}{\partial z^2}\right) = \frac{\partial w}{\partial z}.$$

**例 10**  设 $f(x)$ 在 $[0,1]$ 上连续,且 $f(x) > 0$. 研究函数

$$I(y) = \int_0^1 \frac{yf(x)}{x^2+y^2}\mathrm{d}x$$

的连续性.

**解**  设 $y_0 \neq 0$,由于 $\frac{yf(x)}{x^2+y^2}$ 在 $[0,1] \times \left[y_0 - \frac{|y_0|}{2}, y_0 + \frac{|y_0|}{2}\right]$ 上连续,可知 $I(y) = \int_0^1 \frac{yf(x)}{x^2+y^2}\mathrm{d}x$ 在 $y_0 \neq 0$ 处连续.

设 $y_0 = 0$,则 $I(y_0) = I(0) = 0$,由于 $f(x)$ 在 $[0,1]$ 上连续,且 $f(x) > 0$,所以 $f(x)$ 在 $[0,1]$ 上的最小值 $m > 0$. 当 $y > 0$ 时,成立 $\frac{yf(x)}{x^2+y^2} \geqslant \frac{my}{x^2+y^2}$,于是

$$I(y) \geqslant m\int_0^1 \frac{y}{x^2+y^2}\mathrm{d}x = m\arctan\frac{1}{y},$$

由

$$\lim_{y\to 0^+} m\arctan\frac{1}{y} = \frac{m\pi}{2} > 0,$$

可知

$$\lim_{y \to 0^+} I(y) \neq 0 = I(0),$$

则 $I(y) = \int_0^1 \dfrac{yf(x)}{x^2 + y^2}\mathrm{d}x$ 在 $y_0 = 0$ 处不连续.

**例 11**　证明下列含参变量反常积分在指定区间上一致收敛:

(1) $\displaystyle\int_0^{+\infty} \dfrac{\cos xy}{x^2 + y^2}\mathrm{d}x$, $y \geqslant a > 0$;

(2) $\displaystyle\int_0^{+\infty} \dfrac{\sin 2x}{x + \alpha}\mathrm{e}^{-\alpha x}\mathrm{d}x$, $0 \leqslant \alpha \leqslant \alpha_0$;

(3) $\displaystyle\int_0^{+\infty} x\sin x^4 \cos \alpha x\,\mathrm{d}x$, $a \leqslant \alpha \leqslant b$.

**证明**　(1) 由于 $\left| \dfrac{\cos xy}{x^2 + y^2} \right| \leqslant \dfrac{1}{x^2 + a^2}$, 且 $\displaystyle\int_0^{+\infty} \dfrac{1}{x^2 + a^2}\mathrm{d}x$ 收敛, 因此由 Weierstrass 判别法, $\displaystyle\int_0^{+\infty} \dfrac{\cos xy}{x^2 + y^2}\mathrm{d}x$ 在 $[0, +\infty)$ 内一致收敛.

(2) $\left| \displaystyle\int_0^A \sin 2x\,\mathrm{d}x \right| \leqslant 1$, 即 $\displaystyle\int_0^A \sin 2x\,\mathrm{d}x$ 关于 $\alpha \in [0, \alpha_0]$ 一致有界, 且

$$\left( \dfrac{\mathrm{e}^{-\alpha x}}{x + \alpha} \right)' = \dfrac{-\alpha \mathrm{e}^{-\alpha x}}{x + \alpha} - \dfrac{\mathrm{e}^{-\alpha x}}{(x + \alpha)^2} = -\dfrac{\mathrm{e}^{-\alpha x}}{x + \alpha}\left( \alpha + \dfrac{1}{x + \alpha} \right) < 0,$$

所以 $\dfrac{\mathrm{e}^{-\alpha x}}{x + \alpha}$ 关于 $x$ 单调递减, 且 $\left| \dfrac{\mathrm{e}^{-\alpha x}}{x + \alpha} \right| \leqslant \dfrac{1}{x}$, 因此当 $x \to +\infty$ 时, $\dfrac{\mathrm{e}^{-\alpha x}}{x + \alpha}$ 关于 $\alpha \in [0, \alpha_0]$ 一致单调递减趋于零. 从而由狄利克雷判别法知, $\displaystyle\int_0^{+\infty} \dfrac{\sin 2x}{x + \alpha}\mathrm{e}^{-\alpha x}\mathrm{d}x$ 在 $\alpha \in [0, \alpha_0]$ 内一致收敛.

(3) 由分部积分法得

$$\int_A^{+\infty} x \cdot \sin x^4 \cdot \cos \alpha x\,\mathrm{d}x = -\dfrac{1}{4}\int_A^{+\infty} \dfrac{\cos \alpha x}{x^2}\mathrm{d}\cos x^4$$

$$= -\dfrac{\cos \alpha x}{4x^2}\cos x^4 \Big|_A^{+\infty} - \dfrac{1}{4}\int_A^{+\infty} \dfrac{\sin \alpha x \cdot \cos x^4}{x^2}\mathrm{d}x -$$

$$\dfrac{1}{2}\int_A^{+\infty} \dfrac{\cos \alpha x \cdot \cos x^4}{x^3}\mathrm{d}x,$$

其中

$$\left| \dfrac{\cos \alpha x \cdot \cos x}{x^2} \Big|_A^{+\infty} \right| \leqslant \dfrac{1}{A^2},$$

再由

$$\left| \dfrac{\alpha \sin \alpha x \cdot \cos x^4}{x^2} \right| \leqslant \dfrac{\max\{|a|, |b|\}}{x^2} \text{ 及 } \left| \dfrac{\cos \alpha x \cdot \cos x^4}{x^3} \right| \leqslant \dfrac{1}{x^3},$$

可得到

$$\left| \int_A^{+\infty} \dfrac{\alpha \sin \alpha x \cdot \cos x^4}{x^2}\mathrm{d}x \right| \leqslant \max\{|a|, |b|\} \cdot \int_A^{+\infty} \dfrac{1}{x^2}\mathrm{d}x = \dfrac{\max\{|a|, |b|\}}{A}$$

与

$$\left| \int_A^{+\infty} \frac{\cos \alpha x \cdot \cos x^4}{x^3} \mathrm{d}x \right| \leqslant \int_A^{+\infty} \frac{1}{x^3} \mathrm{d}x = \frac{1}{2A^2}.$$

当 $A \to +\infty$ 时,上述三式关于 $\alpha$ 在 $[a,b]$ 上一致趋于零,所以原积分关于 $\alpha$ 在 $[a,b]$ 上一致收敛.

**例 12** 说明下列含参变量反常积分在指定区间上非一致收敛:

$(1) \int_0^{+\infty} \frac{x \sin \alpha x}{\alpha(1+x^2)} \mathrm{d}x, 0 < \alpha < +\infty; (2) \int_0^1 \frac{1}{x^a} \sin \frac{1}{x} \mathrm{d}x, 0 < \alpha < 2.$

**解** (1) 取 $\varepsilon_0 = \frac{\sqrt{2}}{18} > 0$,对任意 $A_0 > 0$,取 $A' = \frac{n\pi}{4} > A_0, A'' = \frac{3n\pi}{4}, \alpha = \alpha_n = \frac{1}{n}$,则当 $n$ 充分大时

$$\left| \int_{A'}^{A''} \frac{x \cdot \sin \alpha x}{\alpha(1+x^2)} \mathrm{d}x \right| = \int_{\frac{n\pi}{4}}^{\frac{3n\pi}{4}} \frac{x \cdot \sin \alpha_n x}{\alpha_n(1+x^2)} \mathrm{d}x \geqslant \frac{\sqrt{2} n^2 \pi^2}{16\left(1 + \left(\frac{3n\pi}{4}\right)^2\right)} > \frac{\sqrt{2}}{8} = \varepsilon_0,$$

由柯西收敛原理,$\int_0^{+\infty} \frac{x \sin \alpha x}{\alpha(1+x^2)} \mathrm{d}x$ 在 $\alpha \in (0, +\infty)$ 上不一致收敛.

(2) 作变量替换 $x = \frac{1}{t}$,则 $\int_0^1 \frac{1}{x^a} \sin \frac{1}{x} \mathrm{d}x = \int_1^{+\infty} \frac{1}{t^{2-a}} \sin t \mathrm{d}t$. 取 $\varepsilon_0 = \frac{\sqrt{2}}{8}\pi > 0$,对任意的 $A_0 > 0$,取 $A' = 2n\pi + \frac{\pi}{4} > A_0, A'' = 2n\pi + \frac{3\pi}{4}, \alpha = \alpha_n = 2 - \frac{1}{n}$,则当 $n$ 充分大时,有

$$\left| \int_{A'}^{A''} \frac{1}{t^{2-a}} \sin t \mathrm{d}t \right| = \left| \int_{2n\pi + \frac{\pi}{4}}^{2n\pi + \frac{3\pi}{4}} \frac{1}{t^{2-a_n}} \sin t \mathrm{d}t \right| \geqslant \frac{\pi}{2} \cdot \frac{\sqrt{2}}{2} \frac{1}{\left(2n\pi + \frac{\pi^3}{4}\right)^{\frac{1}{n}}} > \frac{\sqrt{2}}{8}\pi = \varepsilon_0,$$

由柯西收敛原理,$\int_0^1 \frac{1}{x^a} \sin \frac{1}{x} \mathrm{d}x$ 在 $\alpha \in (0,2)$ 上不一致收敛.

**例 13** 设 $f(t)$ 在 $t > 0$ 上连续,反常积分 $\int_0^{+\infty} t^\lambda f(t) \mathrm{d}t$ 当 $\lambda = a$ 与 $\lambda = b$ 时都收敛,证明:$\int_0^{+\infty} t^\lambda f(t) \mathrm{d}t$ 关于 $\lambda$ 在 $[a,b]$ 上一致收敛.

**证明** 将反常积分 $\int_0^{+\infty} t^\lambda f(t) \mathrm{d}t$ 写成

$$\int_0^{+\infty} t^\lambda f(t) \mathrm{d}t = \int_0^1 t^{\lambda-a} [t^a f(t)] \mathrm{d}t + \int_a^{+\infty} t^{\lambda-b} [t^b f(t)] \mathrm{d}t.$$

上式右边的第一个积分中,对于 $\int_0^1 t^{\lambda-a} [t^a f(t)] \mathrm{d}t$,函数 $t^{\lambda-a}$ 关于 $t \in [0,1]$ 单调递增,且 $t^{\lambda-a} \leqslant 1$,即 $t^{\lambda-a}$ 在 $t \in [0,1]$ 上关于 $\lambda \in [a,b]$ 一致有界,且 $\int_0^1 t^a f(t) \mathrm{d}t$ 关于 $\lambda$ 在 $[a,b]$ 上一致收敛,所以由阿贝尔判别法可知,$\int_0^1 t^{\lambda-a} [t^a f(t)] \mathrm{d}t$ 关于 $\lambda$ 在 $[a,b]$ 上一致收敛.

对于 $\int_a^{+\infty} t^{\lambda-b} [t^b f(t)] \mathrm{d}t$,其中 $t^{\lambda-b}$ 关于 $t \in [1, +\infty)$ 单调递减,且 $|t^{\lambda-b}| \leqslant 1$,即 $t^{\lambda-b}$ 关于 $t \in [1, +\infty)$ 单调,且对 $\lambda \in [a,b]$ 一致有界,由于 $\int_1^{+\infty} t^b f(t) \mathrm{d}t$ 收敛,因此,

$$\int_1^{+\infty} t^{\lambda-b}\big[t^b f(t)\big]\mathrm{d}t = \int_1^{+\infty} t^\lambda f(t)\mathrm{d}t \ \text{关于}\,\lambda\ \text{在}\,[a,b]\ \text{上一致收敛.}$$

故 $\displaystyle\int_0^{+\infty} t^\lambda f(t)\mathrm{d}t$ 关于 $\lambda$ 在 $[a,b]$ 上一致收敛.

**例 14**　讨论下列含参变量反常积分的一致收敛性:

(1) $\displaystyle\int_0^{+\infty} \frac{\cos xy}{\sqrt{x}}\mathrm{d}x$, 在 $y \geqslant y_0 > 0$.

(2) $\displaystyle\int_{-\infty}^{+\infty} \mathrm{e}^{-(x-a)^2}\mathrm{d}x$, 在 ( ⅰ ) $a < \alpha < b$; ( ⅱ ) $-\infty < \alpha < +\infty$.

(3) $\displaystyle\int_0^1 x^{p-1}\ln^2 x\,\mathrm{d}x$, 在 ( ⅰ ) $p \geqslant p_0 > 0$; ( ⅱ ) $p > 0$.

(4) $\displaystyle\int_0^{+\infty} \mathrm{e}^{-\alpha x}\sin x\,\mathrm{d}x$, 在 ( ⅰ ) $\alpha \geqslant \alpha_0 > 0$; ( ⅱ ) $\alpha > 0$.

**解**　(1) 将积分分成两部分

$$\int_0^{+\infty} \frac{\cos xy}{\sqrt{x}}\mathrm{d}x = \int_0^1 \frac{\cos xy}{\sqrt{x}}\mathrm{d}x + \int_1^{+\infty} \frac{\cos xy}{\sqrt{x}}\mathrm{d}x,$$

对于 $\displaystyle\int_0^1 \frac{\cos xy}{\sqrt{x}}\mathrm{d}x$, 由于 $\left|\dfrac{\cos xy}{\sqrt{x}}\right| \leqslant \dfrac{1}{\sqrt{x}}$, $\displaystyle\int_0^1 \frac{\mathrm{d}x}{\sqrt{x}}$ 收敛, 由 M—判别法, 可知 $\displaystyle\int_0^1 \frac{\cos xy}{\sqrt{x}}\mathrm{d}x$ 关于 $y$ 一致收敛.

对于 $\displaystyle\int_1^{+\infty} \frac{\cos xy}{\sqrt{x}}\mathrm{d}x$, 由于

$$\left|\int_1^A \cos xy\,\mathrm{d}x\right| = \left|\frac{1}{y}(\cos A - \cos 1)\right| \leqslant \frac{2}{y_0},$$

即 $\displaystyle\int_1^A \cos xy\,\mathrm{d}y$ 关于 $y \in [y_0, +\infty)$ 一致有界, 由于 $\dfrac{1}{\sqrt{x}}$ 在 $[1, +\infty)$ 上单调递减, 且对于 $y \in [y_0, +\infty)$, $\displaystyle\lim_{x\to+\infty}\frac{1}{\sqrt{x}} = 0$, 因此由狄利克雷判别法可知, $\displaystyle\int_1^{+\infty} \frac{\cos xy}{\sqrt{x}}\mathrm{d}x$ 关于 $y \in [y_0, +\infty)$ 一致收敛, 所以 $\displaystyle\int_0^{+\infty} \frac{\cos xy}{\sqrt{x}}\mathrm{d}x$ 关于 $y \in [y_0, +\infty)$ 一致收敛.

(2)( ⅰ ) 当 $a < \alpha < b$ 时, 取 $A > 0$, 使 $(a,b) \subset [-A, A]$, 则对任意 $|x| \geqslant A$, $|\mathrm{e}^{-(x-a)^2}| \leqslant \mathrm{e}^{-(|x|-A)^2}$, 而 $\displaystyle\int_{-\infty}^{-A} \mathrm{e}^{-(|x|-A)^2}\mathrm{d}x$ 与 $\displaystyle\int_A^{+\infty} \mathrm{e}^{-(|x|-A)^2}\mathrm{d}x$ 收敛, 由 M—判别法, 可知反常积分 $\displaystyle\int_{-\infty}^0 \mathrm{e}^{-(x-a)^2}\mathrm{d}x$ 与 $\displaystyle\int_0^{+\infty} \mathrm{e}^{-(x-a)^2}\mathrm{d}x$ 在 $\alpha \in (a,b)$ 内一致收敛, 所以 $\displaystyle\int_{-\infty}^{+\infty} \mathrm{e}^{-(x-a)^2}\mathrm{d}x$ 在 $\alpha \in (a,b)$ 内一致收敛.

( ⅱ ) 当 $-\infty < \alpha < +\infty$ 时, 对于 $\displaystyle\int_0^{+\infty} \mathrm{e}^{-(x-a)^2}\mathrm{d}x$, 取 $\varepsilon_0 = \dfrac{1}{\mathrm{e}} > 0$, 对任意 $A_0 > 0$, 取 $A' = n > A_0$, $A'' = n + 1$, $\alpha = \alpha_n = n$, 则当 $n$ 充分大时

$$\left|\int_{A'}^{A''} \mathrm{e}^{-(x-a)^2}\mathrm{d}x\right| = \int_n^{n+1} \mathrm{e}^{-(x-a)^2}\mathrm{d}x = \int_0^1 \mathrm{e}^{-x^2}\mathrm{d}x > \frac{1}{\mathrm{e}} = \varepsilon_0.$$

由柯西收敛原理, $\displaystyle\int_0^{+\infty} \mathrm{e}^{-(x-a)^2}\mathrm{d}x$ 在 $\alpha \in (-\infty, +\infty)$ 内不一致收敛, 同理,

$\int_{-\infty}^{0} e^{-(x-a)^2} dx$ 在 $\alpha \in (-\infty, +\infty)$ 内也不一致收敛,所以 $\int_{-\infty}^{+\infty} e^{-(x-a)^2} dx$ 在 $\alpha \in (-\infty, +\infty)$ 内也不一致收敛.

(3)(i) 当 $p \geqslant p_0 > 0$ 时,$| x^{p-1} \ln^2 x | \leqslant x^{p_0-1} \ln^2 x$,而 $\int_0^1 x^{p_0-1} \ln^2 x dx$ 收敛,由 M — 判别法,知 $\int_0^1 x^{p-1} \ln^2 x dx$ 在 $p \in [p_0, +\infty)$ 上一致收敛.

(ii) 当 $p > 0$ 时,取 $p_n = \dfrac{1}{n} > 0$,由于

$$\left| \int_{\frac{1}{2n}}^{\frac{1}{n}} x^{p_n-1} \ln^2 x dx \right| \geqslant \ln^2 \frac{1}{n} \int_{\frac{1}{2n}}^{\frac{1}{n}} x^{\frac{1}{n}-1} dx = n \left( \sqrt[n]{\frac{1}{n}} - \sqrt[n]{\frac{1}{2n}} \right) \ln^2 \frac{1}{n} \to +\infty, p \to 0^+,$$

$$\left( \frac{1}{n} \right)^{\frac{1}{n}} = e^{\frac{1}{n} \ln \left( \frac{1}{n} \right)} = e^{-\frac{\ln n}{n}},$$

$$\left( \frac{1}{2n} \right)^{\frac{1}{n}} = e^{\frac{1}{n} \ln \left( \frac{1}{2n} \right)} = e^{-\frac{\ln(2n)}{n}} = e^{-\frac{\ln 2 + \ln n}{n}},$$

则 $e^{-\frac{\ln n}{n}} - e^{-\frac{\ln 2 + \ln n}{n}}$,应用泰勒展开式,记 $x = -\dfrac{\ln n}{n}, y = -\dfrac{\ln 2 + \ln n}{n}$,则 $e^{x-y} \approx 1 + (x+y)$,有 $e^x = e^y (1 + (x-y))$,即 $e^x - e^y \approx e^y (x-y)$,于是 $e^x - e^a \approx e^{-\frac{\ln 2 + \ln n}{n}} \cdot \dfrac{\ln 2}{n}$. 因此

$$n \left( \left( \frac{1}{n} \right)^{\frac{1}{n}} - \left( \frac{1}{2n} \right)^{\frac{1}{n}} \right) \cdot (\ln n)^2 \approx e^{-\frac{\ln 2 + \ln n}{n}} \cdot \ln 2 \cdot (\ln n)^2,$$

从而由柯西收敛原理,可知 $\int_0^1 x^{p-1} \ln^2 x dx$ 在 $p \in [0, +\infty)$ 内不一致收敛.

(4)(i) 当 $\alpha \geqslant \alpha_0 > 0$ 时,$| e^{-\alpha x} \sin x | \leqslant e^{-\alpha_0 x} (x \geqslant 0)$,而 $\int_0^{+\infty} e^{-\alpha_0 x} dx$ 收敛,由 M — 判别法,知 $\int_0^{+\infty} e^{-\alpha x} \sin x dx$ 在 $\alpha \in [\alpha_0, +\infty)$ 上一致收敛.

(ii) 当 $\alpha > 0$ 时,取 $\varepsilon_0 = 2e^{-\pi}$,对任意 $A > 0$,取 $A' = n\pi > A, A'' = (n+1)\pi, \alpha = \alpha_n = \dfrac{1}{n+1}$,则当 $n$ 充分大时,有

$$\int_{n\pi}^{(n+1)\pi} | e^{-\alpha_n x} \sin x dx | \geqslant \left| e^{-\pi} \int_{n\pi}^{(n+1)\pi} \sin x dx \right| = 2e^{-\pi} = \varepsilon_0,$$

由柯西收敛原理,知 $\int_0^{+\infty} e^{-\alpha x} \sin x dx$ 在 $\alpha \in (0, +\infty)$ 内不一致收敛.

**例 15** 证明:函数 $F(\alpha) = \int_1^{+\infty} \dfrac{\cos x}{x^\alpha} dx$ 在 $(0, +\infty)$ 内连续.

**证明** 任取 $[a,b] \subset (0, +\infty)$,$| \int_1^A \cos x dx | \leqslant 2$,即 $\int_1^A \cos x dx$ 关于 $\alpha \in [a,b]$ 一致有界;$\dfrac{1}{x^\alpha}$ 关于 $x$ 单调,且 $\forall \alpha \in [a,b]$ 成立 $\dfrac{1}{x^\alpha} \leqslant \dfrac{1}{x^a}$,所以当 $x \to +\infty$ 时,$\dfrac{1}{x^\alpha}$ 关于 $\alpha \in [a, b]$ 一致趋于零. 由狄利克雷判别法,可知 $F(\alpha) = \int_1^{+\infty} \dfrac{\cos x}{x^\alpha} dx$ 在 $\alpha \in [a,b]$ 上一致收敛,从

而 $F(\alpha) = \int_1^{+\infty} \dfrac{\cos x}{x^\alpha} \mathrm{d}x$ 在 $[a,b]$ 上连续，由 $a,b$ 的任意性，即知 $F(\alpha) = \int_1^{+\infty} \dfrac{\cos x}{x^\alpha} \mathrm{d}x$ 在 $(0,+\infty)$ 内连续.

**例 16**　确定函数 $F(y) = \int_0^\pi \dfrac{\sin x}{x^y (\pi - x)^{2-y}} \mathrm{d}x$ 的连续范围.

**解**　函数 $F(y) = \int_0^\pi \dfrac{\sin x}{x^y (\pi - x)^{2-y}} \mathrm{d}x$ 的定义域为 $(0,2)$. 下面证明

$$F(y) = \int_0^\pi \frac{\sin x}{x^y (\pi - x)^{2-y}} \mathrm{d}x$$

在 $(0,2)$ 内内闭一致收敛，即 $\forall \eta > 0, F(y) = \int_0^\pi \dfrac{\sin x}{x^y (\pi - x)^{2-y}} \mathrm{d}x$ 在 $y \in [\eta, 2-\eta]$ 上一致收敛，从而得到 $F(y)$ 在 $(0,2)$ 内的连续性.

由于积分有两个奇点，所以将 $F(y) = \int_0^\pi \dfrac{\sin x}{x^y (\pi - x)^{2-y}} \mathrm{d}x$ 写成

$$F(y) = \int_0^{\frac{\pi}{2}} \frac{\sin x}{x^y (\pi - x)^{2-y}} \mathrm{d}x + \int_{\frac{\pi}{2}}^\pi \frac{\sin x}{x^y (\pi - x)^{2-y}} \mathrm{d}x = F_1(y) + F_2(y).$$

当 $x \in (0,1), y \leqslant 2-\eta$ 时

$$\left| \frac{\sin x}{x^y (\pi - x)^{2-y}} \right| \leqslant \frac{\sin x}{x^{2-\eta}},$$

而 $\int_0^1 \dfrac{\sin x}{x^{2-\eta}} \mathrm{d}x$ 收敛，由 M－判别法的证明，可知反常积分 $F_1(y) = \int_0^{\frac{\pi}{2}} \dfrac{\sin x}{x^y (\pi - x)^{2-y}} \mathrm{d}x$ 在 $y \in [\eta, 2-\eta]$ 上一致收敛.

当 $x \in (\pi - 1, \pi), y \geqslant \eta$ 时

$$\left| \frac{\sin x}{x^y (\pi - x)^{2-y}} \right| \leqslant \frac{\sin x}{(\pi - x)^{2-\eta}},$$

而 $\int_{\pi-1}^\pi \dfrac{\sin x}{(\pi - x)^{2-\eta}} \mathrm{d}x$ 收敛.

由 M－判别法的证明，可知反常积分 $F_2(y) = \int_{\frac{\pi}{2}}^\pi \dfrac{\sin x}{x^y (\pi - x)^{2-y}} \mathrm{d}x$ 在 $y \in [\eta, 2-\eta]$ 上一致收敛.

所以 $F(y) = \int_0^\pi \dfrac{\sin x}{x^y (\pi - x)^{2-y}} \mathrm{d}x$ 在 $y \in [\eta, 2-\eta]$ 上一致收敛.

**例 17**　设 $\int_0^{+\infty} f(x) \mathrm{d}x$ 存在. 证明：$f(x)$ 的拉普拉斯（Laplace）变换 $F(s) = \int_0^{+\infty} \mathrm{e}^{-sx} f(x) \mathrm{d}x$ 在 $[0, +\infty)$ 内连续.

**证明**　$\int_0^{+\infty} f(x) \mathrm{d}x$ 收敛，即关于 $s$ 在 $[0, +\infty)$ 上一致收敛，$\mathrm{e}^{-sx}$ 关于 $x \in [0, +\infty)$ 单调递减，且 $| \mathrm{e}^{-sx} | \leqslant 1$，即 $\mathrm{e}^{-sx}$ 在 $x \in [0, +\infty), s \in [0, +\infty)$ 上一致有界，由阿贝尔判别法，知 $\int_0^{+\infty} \mathrm{e}^{-sx} f(x) \mathrm{d}x$ 在 $s \in [0, +\infty)$ 上一致收敛，从而 $F(s)$ 在 $[0, +\infty)$ 内连续.

**例 18**　证明：函数 $I(t) = \int_0^{+\infty} \dfrac{\cos x}{1 + (x+t)^2} \mathrm{d}x$ 在 $(-\infty, +\infty)$ 内可微.

**证明** 对任意 $t \in (-\infty, +\infty)$，$\dfrac{1}{1+(x+t)^2}$ 在 $(0, +\infty)$ 内单调递减且一致趋于

零，且对任意 $A > 0$，$\left| \displaystyle\int_0^A \cos x \mathrm{d}x \right| \leqslant 2$，从而由狄利克雷判别法，可知 $I(t) =$

$\displaystyle\int_0^{+\infty} \dfrac{\cos x}{1+(x+t)^2} \mathrm{d}x$ 在 $(-\infty, +\infty)$ 内一致收敛. 此外，有

$$\int_0^{+\infty} \frac{\partial}{\partial t}\left(\frac{\cos x}{1+(x+t)^2}\right)\mathrm{d}x = -\int_0^{+\infty} \frac{\cos x}{(1+(x+t)^2)^2}(2(x+t))\mathrm{d}x.$$

记 $c = \max\{|a|, |b|\}$，当 $x > c, t \in [a, b]$ 时，$\dfrac{2(x+t)}{(1+(x+t)^2)^2}$ 关于 $x$ 单调，且

$$\left| \frac{2(x+t)}{(1+(x+t)^2)^2} \right| \leqslant \frac{1}{1+(x-c)^2},$$

即当 $x \to +\infty$ 时，$\dfrac{2(x+t)}{(1+(x+t)^2)^2}$ 关于 $t \in [a, b]$ 一致趋于零. 由狄利克雷判别法，可知

$-\displaystyle\int_0^{+\infty} \dfrac{2(x+t)}{(1+(x+t)^2)^2}\cos x \mathrm{d}x$ 在 $t \in [a, b]$ 上一致收敛，所以 $I(t) = \displaystyle\int_0^{+\infty} \dfrac{\cos x}{1+(x+t)^2}\mathrm{d}x$

在 $t \in [a, b]$ 上可微，且有

$$I'(t) = -\int_0^{+\infty} \frac{2(x+t)}{(1+(x+t)^2)^2}\cos x \mathrm{d}x,$$

由 $a, b$ 的任意性，即知 $I(t) = \displaystyle\int_0^{+\infty} \dfrac{\cos x}{1+(x+t)^2}\mathrm{d}x$ 在 $(-\infty, +\infty)$ 内可微.

**例 19** 利用 $\dfrac{\mathrm{e}^{-ax} - \mathrm{e}^{-bx}}{x} = \displaystyle\int_a^b \mathrm{e}^{-xy}\mathrm{d}y$，计算 $\displaystyle\int_0^{+\infty} \dfrac{\mathrm{e}^{-ax} - \mathrm{e}^{-bx}}{x}\mathrm{d}x (b > a > 0)$.

**解** 当 $y \in [a, b]$ 时，$|\mathrm{e}^{-xy}| \leqslant \mathrm{e}^{-ax}$，而 $\displaystyle\int_0^{+\infty} \mathrm{e}^{-ax}\mathrm{d}x$ 收敛，所以 $\displaystyle\int_0^{+\infty} \mathrm{e}^{-xy}\mathrm{d}x$ 关于 $y \in [a,$

$b]$ 一致收敛，由积分次序交换定理

$$\int_0^{+\infty} \frac{\mathrm{e}^{-ax} - \mathrm{e}^{-bx}}{x}\mathrm{d}x = \int_0^{+\infty} \mathrm{d}x \int_a^b \mathrm{e}^{-xy}\mathrm{d}y = \int_a^b \mathrm{d}y \int_0^{+\infty} \mathrm{e}^{-xy}\mathrm{d}x = \int_a^b \frac{\mathrm{d}y}{y} = \ln \frac{b}{a}.$$

**例 20** 利用 $\dfrac{\sin bx - \sin ax}{x} = \displaystyle\int_a^b \cos xy \mathrm{d}y$ 计算 $\displaystyle\int_0^{+\infty} \mathrm{e}^{-px} \dfrac{\sin bx - \sin ax}{x}\mathrm{d}x (p > 0,$

$b > a > 0)$.

**解** 当 $y \in [a, b]$ 时，$\left| \displaystyle\int_0^A \cos xy \mathrm{d}x \right| \leqslant \dfrac{2}{a}$，即 $\displaystyle\int_0^A \cos xy \mathrm{d}x$ 关于 $y \in [a, b]$ 一致有界；

$\mathrm{e}^{-px}$ 关于 $x$ 单调，且当 $x \to +\infty$ 时，$\mathrm{e}^{-px}$ 关于 $y$ 一致趋于零. 由狄利克雷判别法，$\displaystyle\int_0^{+\infty} \mathrm{e}^{-px}$ ·

$\cos xy \mathrm{d}x$ 关于 $y \in [a, b]$ 一致收敛，由积分次序交换定理

$$\int_0^{+\infty} \mathrm{e}^{-px} \frac{\sin bx - \sin ax}{x}\mathrm{d}x = \int_0^{+\infty} \mathrm{e}^{-px}\mathrm{d}x \int_a^b \cos(xy)\mathrm{d}y = \int_a^b \mathrm{d}y \int_0^{+\infty} \mathrm{e}^{-px}\cos(xy)\mathrm{d}x,$$

利用分部积分

$$\int_0^{+\infty} \mathrm{e}^{-px}\cos(xy)\mathrm{d}x = \frac{1}{y}\int_0^{+\infty} \mathrm{e}^{-px}\mathrm{d}(\sin(xy)) = \frac{1}{y}\mathrm{e}^{-px}\sin(xy)\Big|_0^{+\infty} + \frac{p}{y}\int_0^{+\infty} \mathrm{e}^{-px}\sin(xy)\mathrm{d}x$$

$$= -\frac{p}{y^2}\int_0^{+\infty} \mathrm{e}^{-px}\mathrm{d}(\cos(xy))$$

$$= -\frac{p}{y^2} e^{-px} \cos(xy) \Big|_0^{+\infty} - \frac{p^2}{y^2} \int_0^{+\infty} e^{-px} \cos(xy) \, dx,$$

解得 $\int_0^{+\infty} e^{-px} \cos(xy) \, dx = \frac{p}{p^2 + y^2}$，于是

$$\int_0^{+\infty} e^{-px} \frac{\sin bx - \sin ax}{x} dx = \int_a^b \frac{p}{p^2 + y^2} dy = \arctan \frac{b}{p} - \arctan \frac{a}{p}.$$

**例 21**　利用 $\int_0^{+\infty} \frac{dx}{a + x^2} = \frac{\pi}{2\sqrt{a}} (a > 0)$，计算 $I_n = \int_0^{+\infty} \frac{dx}{(a + x^2)^{n+1}}$（$n$ 为正整数）.

**解**　由于 $\int_0^{+\infty} \frac{dx}{a + x^2}$ 对一切 $a \in (0, +\infty)$ 收敛，且

$$\int_0^{+\infty} \frac{\partial}{\partial a} \left( \frac{1}{a + x^2} \right) dx = -\int_0^{+\infty} \frac{dx}{(a + x^2)^2}$$

关于 $a$ 在 $(0, +\infty)$ 内内闭一致收敛，因此 $\int_0^{+\infty} \frac{dx}{a + x^2}$ 在 $a \in (0, +\infty)$ 内可微且成立

$$\frac{d}{da} \int_0^{+\infty} \frac{dx}{a + x^2} = \int_0^{+\infty} \frac{\partial}{\partial a} \left( \frac{1}{a + x^2} \right) dx = -\int_0^{+\infty} \frac{dx}{(a + x^2)^2},$$

所以 $I_2 = -\frac{d}{da} \left( \frac{\pi}{2\sqrt{a}} \right)$.

同理上述积分仍可在积分号下求导，并可不断进行下去，由

$$\frac{d^n}{da^n} (a^{-\frac{1}{2}}) = (-1)^n \frac{(2n-1)!!}{2^n} a^{-\frac{1}{2} - n}$$

与

$$\frac{\partial^n}{\partial a^n} \left( \frac{1}{a + x^2} \right) = \frac{(-1)^n n!}{(a + x^2)^{n+1}},$$

即可得到

$$I_n = \int_0^{+\infty} \frac{dx}{(a + x^2)^{n+1}} = \frac{(2n-1)!!}{2(2n)!!} a^{-\frac{2n+1}{2}} \pi.$$

**例 22**　计算 $g(\alpha) = \int_1^{+\infty} \frac{\arctan \alpha x}{x^2 \sqrt{x^2 - 1}} dx$.

**解**　应用分部积分，有

$$g(\alpha) = \int_1^{+\infty} \arctan \alpha x \, d\sqrt{1 - \frac{1}{x^2}} = \frac{\pi}{2} \operatorname{sgn} \alpha - \int_1^{+\infty} \frac{\alpha \sqrt{x^2 - 1}}{x(1 + \alpha^2 x^2)} dx,$$

在最后一个积分中，令 $t = \sqrt{x^2 - 1}$，则

$$g(\alpha) = \frac{\pi}{2} \operatorname{sgn} \alpha - \int_0^{+\infty} \frac{\alpha t^2}{(1 + t^2)(1 + \alpha^2 + \alpha^2 t^2)} dt$$

$$= \frac{\pi}{2} \operatorname{sgn} \alpha - \alpha \int_0^{+\infty} \frac{1 + \alpha^2}{1 + \alpha^2 + \alpha^2 t^2} - \frac{1}{1 + t^2} dt$$

$$= \frac{\pi}{2} \operatorname{sgn} \alpha \cdot (|\alpha| + 1 - \sqrt{1 + \alpha^2}).$$

**例 23**　设 $f(x)$ 在 $[0, +\infty)$ 内连续，且 $\lim_{x \to +\infty} f(x) = 0$，证明

$$\int_0^{+\infty} \frac{f(ax)-f(bx)}{x}\mathrm{d}x = f(0)\ln\frac{b}{a}, a,b>0.$$

**证明** 设 $A''>A'>0$,则

$$\int_{A'}^{A''}\frac{f(ax)-f(bx)}{x}\mathrm{d}x = \int_{A'}^{A''}\frac{f(ax)}{x}\mathrm{d}x - \int_{A'}^{A''}\frac{f(bx)}{x}\mathrm{d}x = \int_{aA'}^{aA''}\frac{f(x)}{x}\mathrm{d}x - \int_{bA'}^{bA''}\frac{f(x)}{x}\mathrm{d}x$$

$$= \int_{aA'}^{bA'}\frac{f(ax)}{x}\mathrm{d}x - \int_{aA''}^{bA''}\frac{f(bx)}{x}\mathrm{d}x = [f(\xi_1)-f(\xi_2)]\ln\frac{b}{a}.$$

最后一个等式利用了积分中值定理,其中 $\xi_1$ 在 $aA'$ 与 $bA'$ 之间, $\xi_2$ 在 $aA''$ 与 $bA''$ 之间. 令 $A'\to 0^+$, $A''\to +\infty$,则 $\xi_1\to 0$, $\xi_2\to+\infty$,由 $f(x)$ 在 $[0,+\infty)$ 内连续,且 $\lim\limits_{x\to+\infty}f(x)=0$,即得

$$\int_0^{+\infty}\frac{f(ax)-f(bx)}{x}\mathrm{d}x = f(0)\ln\frac{b}{a}.$$

**例 24** (1) 利用 $\int_0^{+\infty}\mathrm{e}^{-y^2}\mathrm{d}y=\dfrac{\sqrt{\pi}}{2}$ 推出 $L(c)=\int_0^{+\infty}\mathrm{e}^{-y^2-\frac{c^2}{y^2}}\mathrm{d}y=\dfrac{\sqrt{\pi}}{2}\mathrm{e}^{-2c}(c>0)$;

(2) 利用积分号下求导的方法引出 $\dfrac{\mathrm{d}L}{\mathrm{d}c}=-2L$,以此推出与(1)同样的结果,并计算

$$\int_0^{+\infty}\mathrm{e}^{-ay^2-\frac{b}{y^2}}\mathrm{d}y, a>0, b>0.$$

**解** (1) 令 $y=\dfrac{c}{t}$,则

$$L(c)=\int_0^{+\infty}\mathrm{e}^{-y^2-\frac{c^2}{y^2}}\mathrm{d}y = -\int_{+\infty}^{0}\mathrm{e}^{-t^2-\frac{c^2}{t^2}}\frac{c}{t^2}\mathrm{d}t = \int_0^{+\infty}\mathrm{e}^{-y^2-\frac{c^2}{y^2}}\frac{c}{y^2}\mathrm{d}y,$$

于是

$$2L(c)=\int_0^{+\infty}\mathrm{e}^{-y^2-\frac{c^2}{y^2}}\left(1+\frac{c}{y^2}\right)\mathrm{d}y = \int_0^{+\infty}\mathrm{e}^{-\left(y-\frac{c}{y}\right)^2-2c}\mathrm{d}\left(y-\frac{c}{y}\right),$$

再令 $y-\dfrac{c}{y}=x$,得到

$$L(c)=\int_0^{+\infty}\mathrm{e}^{-y^2-\frac{c^2}{y^2}}\mathrm{d}y = \frac{\mathrm{e}^{-2c}}{2}\int_{-\infty}^{+\infty}\mathrm{e}^{-x^2}\mathrm{d}x = \frac{\sqrt{\pi}}{2}\mathrm{e}^{-2c}.$$

(2) 利用积分号下求导

$$\frac{\mathrm{d}L}{\mathrm{d}c}=-2c\int_0^{+\infty}\frac{1}{y^2}\mathrm{e}^{-y^2-\frac{c^2}{y^2}}\mathrm{d}y = -2L,$$

于是 $\dfrac{\mathrm{d}L}{L}=-2\mathrm{d}c$,对等式两边积分,得到 $L(c)=L_0\mathrm{e}^{-2c}$,注意到 $L(0)=\dfrac{\sqrt{\pi}}{2}$,所以 $L(c)=\dfrac{\sqrt{\pi}}{2}\mathrm{e}^{-2c}$. 令 $t=\sqrt{a}\,y$,得到

$$\int_0^{+\infty}\mathrm{e}^{-ay^2-\frac{b}{y^2}}\mathrm{d}y = \frac{1}{\sqrt{a}}\int_0^{+\infty}\mathrm{e}^{-t^2-\frac{ab}{t^2}}\mathrm{d}t = \frac{1}{2}\sqrt{\frac{\pi}{a}}\mathrm{e}^{-2\sqrt{ab}}.$$

**例 25** 利用 $\int_0^{+\infty}\mathrm{e}^{-t(\alpha^2+x^2)}\mathrm{d}t=\dfrac{1}{\alpha^2+x^2}$,计算 $J=\int_0^{+\infty}\dfrac{\cos\beta x}{\alpha^2+x^2}\mathrm{d}x(\alpha>0)$.

**解** 首先有

$$J = \int_0^{+\infty} \frac{\cos \beta x}{\alpha^2 + x^2} \mathrm{d}x = \int_0^{+\infty} \cos \beta x \, \mathrm{d}x \int_0^{+\infty} \mathrm{e}^{-t^2(x^2+a^2)} \mathrm{d}t$$

$$= \int_0^{+\infty} \mathrm{d}t \int_0^{+\infty} \mathrm{e}^{-t(x^2+a^2)} \cos \beta x \, \mathrm{d}x,$$

应用已知结果

$$I(x) = \int_0^{+\infty} \mathrm{e}^{-t^2} \cos 2xt \, \mathrm{d}t = \frac{\sqrt{\pi}}{2} \mathrm{e}^{-x^2},$$

可得

$$\int_0^{+\infty} \mathrm{e}^{-tx^2} \cos \beta x \, \mathrm{d}x = \frac{1}{\sqrt{t}} \int_0^{+\infty} \mathrm{e}^{-tx^2} \cos\left(2\frac{\beta}{2\sqrt{t}}\sqrt{t}\,x\right) \mathrm{d}(\sqrt{t}\,x) = \frac{\sqrt{\pi}}{2} \frac{1}{\sqrt{t}} \mathrm{e}^{-\frac{\beta^2}{4t}},$$

于是

$$J = \sqrt{\pi} \int_0^{+\infty} \mathrm{e}^{-\left(ta^2 + \frac{\beta^2}{4t}\right)} \mathrm{d}\sqrt{t} = \frac{\pi}{2\alpha} \mathrm{e}^{-\alpha|\beta|}.$$

**例 26**　计算下列积分：

$(1)\displaystyle\int_0^1 \sqrt{x - x^2}\, \mathrm{d}x\,; (2)\displaystyle\int_0^\pi \frac{\mathrm{d}x}{\sqrt{3 - \cos x}}\,; (3)\displaystyle\int_0^1 \frac{\mathrm{d}x}{\sqrt[n]{1 - x^n}}\,(n > 0)\,;$

$(4)\displaystyle\int_0^{+\infty} \frac{x^{m-1}}{1 + x^n}\mathrm{d}x\,(n > m > 0)\,; (5)\displaystyle\int_0^{+\infty} \frac{\sqrt[4]{x}}{(1 + x)^2}\mathrm{d}x\,; (6)\displaystyle\int_0^{\frac{\pi}{2}} \sin^7 x \cos^{\frac{1}{2}} x \, \mathrm{d}x\,;$

$(7)\displaystyle\int_0^{+\infty} x^m \mathrm{e}^{-x^n}\mathrm{d}x\,(m,n > 0)\,; (8)\displaystyle\int_0^1 x^{p-1}(1 - x^n)^{q-1}\mathrm{d}x\,(p,q,n > 0).$

**解**　(1) 应用公式 $\mathrm{B}(p,q) = \dfrac{\Gamma(p)\Gamma(q)}{\Gamma(p+q)}$，有

$$\int_0^1 \sqrt{x - x^2}\, \mathrm{d}x = \int_0^1 x^{\frac{1}{2}}(1 - x)^{\frac{1}{2}}\mathrm{d}x = \mathrm{B}\left(\frac{3}{2}, \frac{3}{2}\right) = \frac{\Gamma^2\left(\frac{3}{2}\right)}{\Gamma(3)} = \frac{1}{8}\Gamma^2\left(\frac{1}{2}\right) = \frac{\pi}{8}.$$

(2) 作变换 $\sqrt{t} = \dfrac{1 - \cos x}{2}$，则

$$x = 2\arcsin t^{\frac{1}{4}},\, \mathrm{d}x = \frac{\mathrm{d}t}{2t^{\frac{3}{4}}\sqrt{1 - t^{\frac{1}{2}}}},\, 3 - \cos x = 2(1 + t^{\frac{1}{2}}),$$

于是

$$\int_0^\pi \frac{\mathrm{d}x}{\sqrt{3 - \cos x}} = \frac{1}{2\sqrt{2}} \int_0^1 t^{-\frac{3}{4}}(1 - t)^{-\frac{1}{2}}\mathrm{d}t = \frac{1}{2\sqrt{2}}\mathrm{B}\left(\frac{1}{4}, \frac{1}{2}\right).$$

(3) 作变换 $t = x^n$，则

$$\int_0^1 \frac{\mathrm{d}x}{\sqrt[n]{1 - x^n}} = \frac{1}{n}\int_0^1 t^{\frac{1}{n}-1}(1 - t)^{-\frac{1}{n}}\mathrm{d}t = \frac{1}{n}\mathrm{B}\left(\frac{1}{n}, 1 - \frac{1}{n}\right) = \frac{\pi}{n\sin\frac{\pi}{n}}.$$

(4) 作变换 $x^{\frac{n}{2}} = \tan \theta$，则

$$\int_0^{+\infty} \frac{x^{m-1}}{1 + x^n}\mathrm{d}x = \frac{2}{n}\int_0^{\frac{\pi}{2}} \tan^{\frac{2m}{n}-1}\theta \, \mathrm{d}\theta = \frac{2}{n}\int_0^{\frac{\pi}{2}} \sin^{\frac{2m}{n}-1}\theta \cos^{1-\frac{2m}{n}}\theta \, \mathrm{d}\theta,$$

再作变换 $t = \sin^2\theta$，得到

$$\int_0^{+\infty} \frac{x^{m-1}}{1+x^n}\mathrm{d}x = \frac{1}{n}\int_0^1 t^{\frac{m}{n}-1}(1-t)^{-\frac{m}{n}}\mathrm{d}t = \frac{1}{n}\mathrm{B}\left(\frac{m}{n},1-\frac{m}{n}\right) = \frac{\pi}{n\sin\frac{m\pi}{n}}.$$

(5) 作变换 $t = \dfrac{x}{1+x}$，则 $x = \dfrac{t}{1-t}, \mathrm{d}x = \dfrac{1}{(1-t)^2}\mathrm{d}t$，于是

$$\int_0^{+\infty} \frac{\sqrt[4]{x}}{(1+x)^2}\mathrm{d}x = \int_0^1 t^{\frac{1}{4}}(1-t)^{\frac{1}{4}}\mathrm{d}t = \mathrm{B}\left(\frac{5}{4},\frac{3}{4}\right) = \frac{1}{4}\Gamma\left(\frac{1}{4}\right)\Gamma\left(\frac{3}{4}\right) = \frac{\pi}{4\sin\frac{\pi}{4}} = \frac{\pi}{2\sqrt{2}}.$$

(6) 作变换 $t = \sin^2 x$，则

$$\int_0^{\frac{\pi}{2}} \sin^7 x \cos^{\frac{1}{2}}x\,\mathrm{d}x = \frac{1}{2}\int_0^1 t^3(1-t)^{-\frac{1}{4}}\mathrm{d}t = \frac{1}{2}\cdot\frac{\Gamma(4)\Gamma\left(\dfrac{3}{4}\right)}{\Gamma\left(4+\dfrac{3}{4}\right)}$$

$$= \frac{3!}{2\times\dfrac{15}{4}\times\dfrac{11}{4}\times\dfrac{7}{4}\times\dfrac{3}{4}} = \frac{256}{1\,155}.$$

(7) 作变换 $t = x^n$，则

$$\int_0^{+\infty} x^m \mathrm{e}^{-x^n}\mathrm{d}x = \frac{1}{n}\int_0^{+\infty} t^{\frac{m+1}{n}-1}\mathrm{e}^{-t}\mathrm{d}t = \frac{1}{n}\Gamma\left(\frac{m+1}{n}\right).$$

(8) 作变换 $t = x^n$，则

$$\int_0^1 x^{p-1}(1-x^n)^{q-1}\mathrm{d}x = \frac{1}{n}\int_0^1 t^{\frac{p}{n}-1}(1-t)^{q-1}\mathrm{d}t = \frac{1}{n}\mathrm{B}\left(\frac{p}{n},q\right).$$

**例 27**　证明：$\displaystyle\int_0^{+\infty} \mathrm{e}^{-x^n}\mathrm{d}x = \frac{1}{n}\Gamma\left(\frac{1}{n}\right)$（$n$ 为正整数），并推出 $\displaystyle\lim_{x\to\infty}\int_0^{+\infty} \mathrm{e}^{-x^n}\mathrm{d}x = 1$.

**证明**　令 $t = x^n$，则

$$\int_0^{+\infty} \mathrm{e}^{-x^n}\mathrm{d}x = \frac{1}{n}\int_0^{+\infty} \mathrm{e}^{-t}t^{\frac{1}{n}-1}\mathrm{d}t = \frac{1}{n}\Gamma\left(\frac{1}{n}\right),$$

利用 $\Gamma(s+1) = s\Gamma(s)$ 以及 $\Gamma$ 函数的连续性，得到

$$\lim_{n\to\infty}\int_0^{+\infty} \mathrm{e}^{-x^n}\mathrm{d}x = \lim_{n\to\infty}\Gamma\left(1+\frac{1}{n}\right) = \Gamma(1) = 1.$$

**例 28**　证明：$\Gamma(s)$ 在 $s > 0$ 上可导，且 $\Gamma'(s) = \displaystyle\int_0^{+\infty} x^{s-1}\mathrm{e}^{-x}\ln x\,\mathrm{d}x$. 进一步证明

$$\Gamma^{(n)}(s) = \int_0^{+\infty} x^{s-1}\mathrm{e}^{-x}(\ln x)^n\mathrm{d}x, n \geqslant 1.$$

**证明**　$\displaystyle\int_0^{+\infty}\frac{\partial}{\partial s}(x^{s-1}\mathrm{e}^{-x})\mathrm{d}x = \int_0^{+\infty} x^{s-1}\mathrm{e}^{-x}\ln x\,\mathrm{d}x$. 任意取 $0 < s_0 < S_0 < +\infty$.

当 $s \geqslant s_0, x \in (0,1]$ 时，$|x^{s-1}\mathrm{e}^{-x}\ln x| \leqslant x^{s_0-1}|\ln x|$，而 $\displaystyle\int_0^1 x^{s_0-1}|\ln x|\mathrm{d}x$ 收敛，

所以 $\displaystyle\int_0^1 x^{s-1}\mathrm{e}^{-x}\ln x\,\mathrm{d}x$ 在 $s \geqslant s_0$ 上一致收敛；

当 $s \leqslant S_0, x \in [1,+\infty]$ 时，$|x^{s-1}\mathrm{e}^{-x}\ln x| \leqslant x^{S_0}\mathrm{e}^{-x}$，而 $\displaystyle\int_1^{+\infty} x^{S_0}\mathrm{e}^{-x}\mathrm{d}x$ 收敛，所以

$\displaystyle\int_1^{+\infty} x^{s-1}\mathrm{e}^{-x}\ln x\,\mathrm{d}x$ 在 $s \leqslant S_0$ 上一致收敛.

因此 $\int_0^{+\infty} x^{s-1} \mathrm{e}^{-x} \ln x \mathrm{d}x$ 关于 $s$ 在 $(0, +\infty)$ 内内闭一致收敛. 于是 $\Gamma(s)$ 在 $s > 0$ 上可导,且

$$\Gamma'(s) = \int_0^{+\infty} x^{s-1} \mathrm{e}^{-x} \ln x \mathrm{d}x,$$

进而有

$$\Gamma^{(n-1)}(s) = \int_0^{+\infty} x^{s-1} \mathrm{e}^{-x} (\ln x)^{n-1} \mathrm{d}x,$$

且

$$\int_0^{+\infty} \frac{\partial}{\partial s} (x^{s-1} \mathrm{e}^{-x} (\ln x)^{n-1}) \mathrm{d}x = \int_0^{+\infty} x^{s-1} \mathrm{e}^{-x} (\ln x)^n \mathrm{d}x,$$

再次应用上述的证明方法,可知 $\int_0^{+\infty} x^{s-1} \mathrm{e}^{-x} (\ln x)^n \mathrm{d}x$ 在 $(0, +\infty)$ 内内闭一致收敛. 故 $\Gamma^{(n-1)}(s)$ 在 $s > 0$ 上可导,且

$$\Gamma^{(n)}(s) = \int_0^{+\infty} x^{s-1} \mathrm{e}^{-x} (\ln x)^n \mathrm{d}x.$$

**例 29**　计算 $\int_0^1 \ln \Gamma(x) \mathrm{d}x$.

**解**　作变换 $x = 1 - t$,则

$$\int_0^1 \ln \Gamma(x) \mathrm{d}x = \int_0^1 \ln \Gamma(1-t) \mathrm{d}t = \int_0^1 \ln \Gamma(1-x) \mathrm{d}x,$$

相加后利用余元公式,即得到

$$2 \int_0^1 \ln \Gamma(x) \mathrm{d}x = \int_0^1 \ln [\Gamma(x) \Gamma(1-x)] \mathrm{d}x = \int_0^1 (\ln \pi - \ln \sin \pi x) \mathrm{d}x,$$

再由

$$\int_0^1 \ln \sin \pi x \mathrm{d}x = \frac{1}{\pi} \int_0^\pi \ln \sin u \mathrm{d}u = -\ln 2,$$

得到

$$\int_0^1 \ln \Gamma(x) \mathrm{d}x = \ln \sqrt{2\pi}.$$

**例 30**　设 $\Omega = \{(x,y,z) \mid x^2 + y^2 + z^2 \leqslant 1\}$. 确定正数 $p$,使得反常重积分

$$I = \iiint\limits_\Omega \frac{\mathrm{d}x \mathrm{d}y \mathrm{d}z}{(1 - x^2 - y^2 - z^2)^p}$$

收敛. 并在收敛时,计算 $I$ 的值.

**解**　利用球坐标变换,可得

$$I = \int_0^{2\pi} \mathrm{d}\theta \int_0^\pi \sin \varphi \mathrm{d}\varphi \int_0^1 \frac{r^2 \mathrm{d}r}{(1 - r^2)^p} = 4\pi \int_0^1 \frac{r^2 \mathrm{d}r}{(1 - r^2)^p},$$

由此可知,当 $p < 1$ 时,反常重积分 $I = \iiint\limits_\Omega \dfrac{\mathrm{d}x \mathrm{d}y \mathrm{d}z}{(1 - x^2 - y^2 - z^2)^p}$ 收敛. 且当 $p < 1$ 时

$$I = 4\pi \int_0^1 \frac{r^2 \mathrm{d}r}{(1 - r^2)^p} = 2\pi \int_0^1 t^{\frac{1}{2}} (1 - t)^{-p} \mathrm{d}t = 2\pi \mathrm{B}\left(\frac{3}{2}, 1 - p\right)$$

**例 31**　设 $\Omega = \{(x,y,z) \mid x \geqslant 0, y \geqslant 0, z \geqslant 0\}$. 确定正数 $\alpha, \beta, \gamma$,使得反常重积分

$$I = \iiint\limits_{\Omega} \frac{\mathrm{d}x\,\mathrm{d}y\,\mathrm{d}z}{1 + x^{\alpha} + y^{\beta} + z^{\gamma}}$$

收敛. 并在收敛时, 计算 $I$ 的值.

**解** 作变换 $\begin{cases} x = u^{\frac{2}{\alpha}} \\ y = v^{\frac{2}{\beta}} \\ z = w^{\frac{2}{\gamma}} \end{cases}$, 则

$$I = \frac{8}{\alpha\beta\gamma} \iiint\limits_{\Omega'} \frac{u^{\frac{2}{\alpha}-1} v^{\frac{2}{\beta}-1} w^{\frac{2}{\gamma}-1}}{1 + u^2 + v^2 + w^2} \mathrm{d}u\,\mathrm{d}v\,\mathrm{d}w,$$

其中

$$\Omega' = \{(u,v,w) \mid u \geqslant 0, v \geqslant 0, w \geqslant 0\}.$$

再令 $\begin{cases} u = r\sin\varphi\cos\theta \\ v = r\sin\varphi\sin\theta \\ w = r\cos\varphi \end{cases}$, 则

$$I = \frac{8}{\alpha\beta\gamma} \int_0^{\frac{\pi}{2}} \sin^{\frac{2}{\beta}-1}\theta\,\cos^{\frac{2}{\alpha}-1}\theta\,\mathrm{d}\theta \int_0^{\frac{\pi}{2}} \sin^{\frac{2}{\alpha}+\frac{2}{\beta}-1}\varphi\cos^{\frac{2}{\gamma}-1}\varphi\,\mathrm{d}\varphi \int_0^{+\infty} \frac{r^{\frac{2}{\alpha}+\frac{2}{\beta}+\frac{2}{\gamma}-1}}{1+r^2}\mathrm{d}r,$$

对于上式中所包含的前两个积分, 有

$$\int_0^{\frac{\pi}{2}} \sin^{\frac{2}{\beta}-1}\theta\cos^{\frac{2}{\alpha}-1}\theta\,\mathrm{d}\theta = \frac{1}{2}\int_0^{\frac{\pi}{2}} (\sin^2\theta)^{\frac{1}{\beta}-1}\theta\,(\cos^2\theta)^{\frac{1}{\alpha}-1}\theta\,\mathrm{d}\sin^2\theta$$

$$= \frac{1}{2}\int_0^1 t^{\frac{1}{\beta}-1}(1-t)^{\frac{1}{\alpha}-1}\mathrm{d}t = \frac{1}{2}\mathrm{B}\left(\frac{1}{\alpha}, \frac{1}{\beta}\right),$$

$$\int_0^{\frac{\pi}{2}} \sin^{\frac{2}{\alpha}+\frac{2}{\beta}-1}\varphi\cos^{\frac{2}{\gamma}-1}\varphi\,\mathrm{d}\varphi = \frac{1}{2}\mathrm{B}\left(\frac{1}{\alpha}+\frac{1}{\beta}, \frac{1}{\gamma}\right),$$

对于第三个积分, 有

$$\int_0^{+\infty} \frac{r^{\frac{2}{\alpha}+\frac{2}{\beta}+\frac{2}{\gamma}-1}}{1+r^2}\mathrm{d}r = \int_0^1 \frac{r^{\frac{2}{\alpha}+\frac{2}{\beta}+\frac{2}{\gamma}-1}}{1+r^2}\mathrm{d}r + \int_1^{+\infty} \frac{r^{\frac{2}{\alpha}+\frac{2}{\beta}+\frac{2}{\gamma}-1}}{1+r^2}\mathrm{d}r.$$

因为 $\frac{2}{\alpha}+\frac{2}{\beta}+\frac{2}{\gamma}-1 > -1$, 所以积分 $\int_0^1 \frac{r^{\frac{2}{\alpha}+\frac{2}{\beta}+\frac{2}{\gamma}-1}}{1+r^2}\mathrm{d}r$ 收敛, 而积分 $\int_1^{+\infty} \frac{r^{\frac{2}{\alpha}+\frac{2}{\beta}+\frac{2}{\gamma}-1}}{1+r^2}\mathrm{d}r$ 当且仅当 $\frac{2}{\alpha}+\frac{2}{\beta}+\frac{2}{\gamma}-1 < 1$, 即 $\frac{1}{\alpha}+\frac{1}{\beta}+\frac{1}{\gamma} < 1$ 时收敛. 所以当 $\frac{1}{\alpha}+\frac{1}{\beta}+\frac{1}{\gamma} < 1$ 时, $\int_0^{+\infty} \frac{r^{\frac{2}{\alpha}+\frac{2}{\beta}+\frac{2}{\gamma}-1}}{1+r^2}\mathrm{d}r$ 收敛, 从而原积分收敛.

这时作变量代换 $r^2 = t$, 得到

$$\int_0^{+\infty} \frac{r^{\frac{2}{\alpha}+\frac{2}{\beta}+\frac{2}{\gamma}-1}}{1+r^2}\mathrm{d}r = \frac{1}{2}\int_0^{+\infty} \frac{t^{\frac{1}{\alpha}+\frac{1}{\beta}+\frac{1}{\gamma}-1}}{1+t}\mathrm{d}t = \frac{1}{2}\mathrm{B}\left(\frac{1}{\alpha}+\frac{1}{\beta}+\frac{1}{\gamma}, 1-\left(\frac{1}{\alpha}+\frac{1}{\beta}+\frac{1}{\gamma}\right)\right),$$

所以

$$I = \frac{1}{\alpha\beta\gamma}\mathrm{B}\left(\frac{1}{\alpha}, \frac{1}{\beta}\right)\mathrm{B}\left(\frac{1}{\alpha}+\frac{1}{\beta}, \frac{1}{\gamma}\right)\mathrm{B}\left(\frac{1}{\alpha}+\frac{1}{\beta}+\frac{1}{\gamma}, 1-\frac{1}{\alpha}-\frac{1}{\beta}-\frac{1}{\gamma}\right)$$

$$= \frac{1}{\alpha\beta\gamma}\Gamma\left(\frac{1}{\alpha}\right)\Gamma\left(\frac{1}{\beta}\right)\Gamma\left(\frac{1}{\gamma}\right)\Gamma\left(1-\frac{1}{\alpha}-\frac{1}{\beta}-\frac{1}{\gamma}\right).$$

**例 32** 计算

$$I = \iint_D x^{m-1} y^{n-1} (1-x-y)^{p-1} \mathrm{d}x\mathrm{d}y,$$

其中 $D$ 是由三条直线 $x=0, y=0$ 及 $x+y=1$ 所围成的闭区域，$m,n,p$ 均为大于 0 的正数．

**解** 作变换 $\begin{cases} u=x+y \\ v=\dfrac{y}{x+y} \end{cases}$，则 $\begin{cases} x=u(1-v) \\ y=uv \end{cases}$，且 $\dfrac{\partial(x,y)}{\partial(u,v)}=u$，该变换将区域 $D$ 映照成正方形

$$\{(u,v) \mid 0 \leqslant u \leqslant 1, 0 \leqslant v \leqslant 1\},$$

于是

$$I = \int_0^1 u^{m+n-1}(1-u)^{p-1}\mathrm{d}u \int_0^1 v^{n-1}(1-v)^{m-1}\mathrm{d}v = \mathrm{B}(m+n,p)\mathrm{B}(n,m)$$

$$= \frac{\Gamma(m)\Gamma(n)\Gamma(p)}{\Gamma(m+n+p)}.$$

**例 33** 证明：$\displaystyle\int_0^{\frac{\pi}{2}} \tan^\alpha x \,\mathrm{d}x = \frac{\pi}{2\cos\frac{\alpha\pi}{2}} (\mid\alpha\mid<1).$

**证明** 通过分部积分与变量变换，有

$$\int_0^{\frac{\pi}{2}} \tan^\alpha x \,\mathrm{d}x = \int_0^{\frac{\pi}{2}} \sin^\alpha x \cos^{-\alpha} x \,\mathrm{d}x = \frac{1}{2}\mathrm{B}\left(\frac{\alpha+1}{2},\frac{1-\alpha}{2}\right) = \frac{1}{2}\Gamma\left(\frac{\alpha+1}{2}\right)\Gamma\left(\frac{1-\alpha}{2}\right)$$

$$= \frac{\pi}{2\sin\frac{\alpha+1}{2}\pi} = \frac{\pi}{2\cos\frac{\alpha\pi}{2}}.$$

**例 34** 设 $0<\alpha<2, 0<k<1$，证明

$$\int_0^\pi \left(\frac{\sin\varphi}{1+\cos\varphi}\right)^{\alpha-1} \frac{\mathrm{d}\varphi}{1+k\cos\varphi} = \frac{1}{1+k}\left(\sqrt{\frac{1+k}{1-k}}\right)^\alpha \frac{\pi}{\sin\frac{\alpha}{2}\pi}.$$

**证明** 作变量代换 $t=\tan\dfrac{\varphi}{2}$，则

$$\int_0^\pi \left(\frac{\sin\varphi}{1+\cos\varphi}\right)^{\alpha-1} \frac{\mathrm{d}\varphi}{1+k\cos\varphi} = 2\int_0^{+\infty} \frac{t^{\alpha-1}\mathrm{d}t}{(1+k)+(1-k)t^2}$$

$$= \frac{2}{1+k}\left(\sqrt{\frac{1+k}{1-k}}\right)^\alpha \int_0^{\frac{\pi}{2}} \sin^{\alpha-1}\theta\cos^{1-\alpha}\theta\,\mathrm{d}\theta$$

$$= \frac{1}{1+k}\left(\sqrt{\frac{1+k}{1-k}}\right)^\alpha \mathrm{B}\left(\frac{\alpha}{2},1-\frac{\alpha}{2}\right)$$

$$= \frac{1}{1+k}\left(\sqrt{\frac{1+k}{1-k}}\right)^\alpha \Gamma\left(\frac{\alpha}{2}\right)\Gamma\left(1-\frac{\alpha}{2}\right)$$

$$= \frac{1}{1+k}\left(\sqrt{\frac{1+k}{1-k}}\right)^\alpha \frac{\pi}{\sin\frac{\alpha}{2}\pi}（余元公式），$$

所以

$$\int_0^\pi \left(\frac{\sin\varphi}{1+\cos\varphi}\right)^{\alpha-1}\frac{\mathrm{d}\varphi}{1+k\cos\varphi} = \frac{1}{1+k}\left(\sqrt{\frac{1+k}{1-k}}\right)^\alpha\frac{\pi}{\sin\frac{\alpha}{2}\pi}.$$

**例 35**　设 $0 \leqslant h < 1$,正整数 $n \geqslant 3$,证明

$$\int_0^h (1-t^2)^{\frac{n-3}{2}}\mathrm{d}t \geqslant \frac{\sqrt{\pi}}{2}\frac{\Gamma\left(\frac{n-1}{2}\right)}{\Gamma\left(\frac{n}{2}\right)}h.$$

**证明**　作变量代换 $t = hu$,则

$$\int_0^h (1-t^2)^{\frac{n-3}{2}}\mathrm{d}t = h\int_0^1 (1-h^2u^2)^{\frac{n-3}{2}}\mathrm{d}u \geqslant h\int_0^1 (1-u^2)^{\frac{n-3}{2}}\mathrm{d}u,$$

再作变量代换 $u = \sin\theta$,得到

$$h\int_0^1 (1-u^2)^{\frac{n-3}{2}}\mathrm{d}u = h\int_0^{\frac{\pi}{2}}\cos^{n-2}\theta\mathrm{d}\theta = \frac{h}{2}\mathrm{B}\left(\frac{1}{2},\frac{n-1}{2}\right)$$

$$= \frac{h}{2}\frac{\Gamma\left(\frac{1}{2}\right)\Gamma\left(\frac{n-1}{2}\right)}{\Gamma\left(\frac{n}{2}\right)} = \frac{\sqrt{\pi}}{2}\frac{\Gamma\left(\frac{n-1}{2}\right)}{\Gamma\left(\frac{n}{2}\right)}h,$$

所以

$$\int_0^h (1-t^2)^{\frac{n-3}{2}}\mathrm{d}t \geqslant \frac{\sqrt{\pi}}{2}\frac{\Gamma\left(\frac{n-1}{2}\right)}{\Gamma\left(\frac{n}{2}\right)}h.$$

**例 36**　用含参量积分计算 $\displaystyle\int_0^{\frac{\pi}{2}}\frac{\arctan\left(\frac{1}{2}\tan x\right)}{\tan x}\mathrm{d}x$.

**解**　设 $I(\alpha) = \displaystyle\int_0^{\frac{\pi}{2}}\frac{\arctan(\alpha\tan x)}{\tan x}\mathrm{d}x$,则 $I(0) = 0$,且

$$I'(\alpha) = \int_0^{\frac{\pi}{2}}\frac{\mathrm{d}x}{1+\alpha^2\tan^2 x}\tan x = \int_0^\infty \frac{\mathrm{d}t}{(1+\alpha^2 t^2)(1+t^2)}$$

$$= \frac{1}{1-\alpha^2}\int_0^\infty \left(\frac{1}{1+t^2} - \frac{\alpha^2}{1+\alpha^2 t^2}\right)\mathrm{d}t$$

$$= \frac{1}{1-\alpha^2}\cdot\frac{\pi}{2}(1-\alpha) = \frac{\pi}{2(1+\alpha)},$$

因此

$$\int_0^{\frac{\pi}{2}}\frac{\arctan\left(\frac{1}{2}\tan x\right)}{\tan x}\mathrm{d}x = I\left(\frac{1}{2}\right) = \int_0^{\frac{1}{2}}\frac{\pi}{2(1+\alpha)}\mathrm{d}\alpha = \frac{\pi}{2}\ln\frac{3}{2}.$$

**例 37**　已知 $b > a > 0$,求积分 $I = \displaystyle\int_0^1 \sin\left(\ln\frac{1}{x}\right)\frac{x^b - x^a}{\ln x}\mathrm{d}x$.

**解**　因为

$$\int_a^b x^y\mathrm{d}y = \frac{x^y}{\ln x}\bigg|_a^b = \frac{x^b - x^a}{\ln x},$$

所以

$$I = \int_0^1 \sin\left(\ln\frac{1}{x}\right)\frac{x^b - x^a}{\ln x}\mathrm{d}x = \int_0^1 \sin\left(\ln\frac{1}{x}\right)\left(\int_a^b x^y \mathrm{d}y\right)\mathrm{d}x$$

$$= \int_0^1 \left(\int_a^b x^y \sin\left(\ln\frac{1}{x}\right)\mathrm{d}y\right)\mathrm{d}x = \int_a^b \left(\int_0^1 x^y \sin\left(\ln\frac{1}{x}\right)\mathrm{d}x\right)\mathrm{d}y,$$

又

$$\int_0^1 x^y \sin\left(\ln\frac{1}{x}\right)\mathrm{d}x = \frac{x^{y+1}}{y+1}\sin\left(\ln\frac{1}{x}\right)\Big|_0^1 + \frac{1}{y+1}\int_0^1 x^y \cos\left(\ln\frac{1}{x}\right)\mathrm{d}x$$

$$= \frac{x^{y+1}}{y+1}\sin\left(\ln\frac{1}{x}\right) = \frac{1}{y+1}\int_0^1 x^y \cos\left(\ln\frac{1}{x}\right)\mathrm{d}x$$

$$= \frac{1}{1+(y+1)^2},$$

所以

$$\int_a^b \left(\int_0^1 x^y \sin\left(\ln\frac{1}{x}\right)\mathrm{d}x\right)\mathrm{d}y = \int_a^b \frac{1}{1+(y+1)^2}\mathrm{d}y = \arctan(b+1) - \arctan(a+1).$$

**例 38**　计算 $\displaystyle\int_0^\pi \ln(2+\cos x)\mathrm{d}x$.

**解**　本题考查含参变量积分.可以把 $r$ 看作参数,有

$$I(r) = \int_0^\pi \ln(1 - 2r\cos x + r^2)\mathrm{d}x,$$

先考虑 $|r| < 1$

$$I'(r) = \int_0^\pi \frac{-2\cos x + 2r}{1 - 2r\cos x + r^2}\mathrm{d}x,$$

由此可得 $I'(0) = -2\displaystyle\int_0^\pi \cos x\mathrm{d}x = 0$,现设 $r \neq 0$,则

$$I'(r) = \frac{1}{r}\int_0^\pi \left(1 - \frac{1-r^2}{1-2r\cos x + r^2}\right)\mathrm{d}x = \frac{1}{r}\left(\pi - (1-r^2)\int_0^\pi \frac{\mathrm{d}x}{1-2r\cos x + r^2}\right),$$

作变换 $t = \tan\left(\dfrac{x}{2}\right)$,可得

$$(1-r^2)\int_0^\pi \frac{\mathrm{d}x}{1-2r\cos x + r^2} = \frac{1+r}{1-r}\int_0^{+\infty} \frac{2\mathrm{d}t}{1+\left(\frac{1+r}{1-r}t\right)^2} = 2\arctan\frac{1+r}{1-r}t\,\Big|_0^{+\infty} = \pi,$$

所以得到 $I'(r) = 0$,当 $|r| < 1$ 成立.因此 $I(r) = c$.又因为 $I(0) = 0$.所以

$$I(r) = \int_0^\pi \ln(1 - 2r\cos x + r^2)\mathrm{d}x = 0, \quad |r| < 1.$$

当 $|r| > 1$ 时,令 $a = \dfrac{1}{r}$ 转换为前面的情况,可得 $I(r) = 2\pi\ln|r|$.

当 $r = 1$ 时.有

$$I(1) = \int_0^\pi \ln(2 - 2\cos x)\mathrm{d}x = \int_0^\pi \ln 2\mathrm{d}x + \int_0^\pi \ln(1 - \cos x)\mathrm{d}x$$

$$= \pi\ln 2 + \int_0^\pi \ln 2\sin^2\frac{x}{2}\mathrm{d}x = 2\pi\ln 2 + 4\int_0^{\frac{\pi}{2}} \ln\sin x\mathrm{d}x = 0.$$

同样可以计算出 $I(-1) = 0$.所以 $I(r) = \{0, 2\pi\ln|r|, |r|\}$.将它变形为

$$\int_0^\pi \ln(1 - 2r\cos x + r^2)\,\mathrm{d}x = \int_0^\pi \ln\frac{r^2+1}{2} \cdot \left(2 - \frac{4r}{r^2+1}\cos x\right)\mathrm{d}x$$

$$= \pi\ln\frac{r^2+1}{2} + \int_0^\pi \ln\left(2 - \frac{4r}{r^2+1}\cos x\right)\mathrm{d}x,$$

令 $-\dfrac{4r}{r^2+1} = 1$. 解得 $r = -2 \pm \sqrt{3}$. 不管取哪一个,都可以求出

$$\int_0^\pi \ln(2 + \cos x)\,\mathrm{d}x = \pi\ln\frac{2+\sqrt{3}}{2}.$$

**例 39** 计算广义积分 $I = \displaystyle\int_0^{+\infty} \frac{\mathrm{e}^{-2x}(\sin 5x - \sin 3x)}{x}\mathrm{d}x.$

**解** 将 $\dfrac{(\sin 5x - \sin 3x)}{x} = \displaystyle\int_3^5 \cos(yx)\,\mathrm{d}y$ 代入得

$$I = \int_0^{+\infty} \frac{\mathrm{e}^{-2x}(\sin 5x - \sin 3x)}{x}\mathrm{d}x = \int_0^{+\infty} \mathrm{e}^{-2x}\int_3^5 \cos(yx)\,\mathrm{d}y\,\mathrm{d}x$$

$$= \int_3^5 \int_0^{+\infty} \mathrm{e}^{-2x}\cos(yx)\,\mathrm{d}x\,\mathrm{d}y,$$

所以

$$\int_0^{+\infty} \mathrm{e}^{-2x}\cos(yx)\,\mathrm{d}x = -\frac{1}{2}\int_0^{+\infty}\cos(yx)\,\mathrm{d}\mathrm{e}^{-2x}$$

$$= -\frac{1}{2}\mathrm{e}^{-2x}\cos(yx)\Big|_0^{+\infty} - \frac{y}{2}\int_0^{+\infty} \mathrm{e}^{-2x}\sin(yx)\,\mathrm{d}x$$

$$= \frac{1}{2} + \frac{y}{4}\int_0^{+\infty}\sin(yx)\,\mathrm{d}\mathrm{e}^{-2x}$$

$$= \frac{1}{2} + \frac{y}{4}\mathrm{e}^{-2x}\sin(yx)\Big|_0^{+\infty} = -\frac{y^2}{4}\int_0^{+\infty} \mathrm{e}^{-2x}\cos(yx)\,\mathrm{d}x,$$

因此

$$\int_0^{+\infty} \mathrm{e}^{-2x}\cos(yx)\,\mathrm{d}x = \frac{1}{2} \cdot \frac{1}{1+\dfrac{y^2}{4}},$$

所以

$$I = \int_3^5 \int_0^{+\infty} \mathrm{e}^{-2x}\cos(yx)\,\mathrm{d}x\,\mathrm{d}y = \int_3^5 \frac{1}{2} \cdot \frac{1}{1+\dfrac{y^2}{4}}\,\mathrm{d}y = \arctan\frac{y}{2}\Big|_3^5$$

$$= \arctan\frac{5}{2} - \arctan\frac{3}{2}.$$

**例 40** 证明: $f(s) = \displaystyle\int_0^{+\infty} x^{s-1}\mathrm{e}^{-2x}\,\mathrm{d}x$ 在 $(0, +\infty)$ 内可微.

**证明** 记

$$f(s) = \int_0^1 x^{s-1}\mathrm{e}^{-2x}\,\mathrm{d}x + \int_1^{+\infty} x^{s-1}\mathrm{e}^{-2x}\,\mathrm{d}x,$$

对于

$$f_1(s) = \int_0^1 x^{s-1}\mathrm{e}^{-2x}\,\mathrm{d}x, \quad x^{s-1}\mathrm{e}^{-2x} \sim x^{s-1}, \quad x \to 0,$$

替换可知，$f_1(s)$ 与 $\displaystyle\int_0^1 x^{s-1}\mathrm{d}x$ 具有相同的敛散性，且 $s\in(0,+\infty)$ 时 $f_1(s)$ 收敛．此外，由于

$$\lim_{x\to\infty}\mathrm{e}^x x^{s-1}\mathrm{e}^{-2x}=\lim_{x\to\infty}\mathrm{e}^{-x}x^{s-1}=0,$$

$$f_2(s)=\int_1^{+\infty}x^{s-1}\mathrm{e}^{-2x}\mathrm{d}x$$

那么 $f_2(s)$ 与 $\displaystyle\int_1^{+\infty}\mathrm{e}^{-x}\mathrm{d}x$ 具有相同的敛散性，因此 $f_2(s)$ 收敛．综上所述，$f(s)$ 在 $s\in(0,+\infty)$ 内收敛．对任意的 $s\in[a,b]$，其中 $0<a<b<+\infty$，此时 $x^{s-1}\mathrm{e}^{-2x}\leqslant x^{a-1}\mathrm{e}^{-2x}$．那么，由 $\displaystyle\int_0^1 x^{a-1}\mathrm{e}^{-2x}\mathrm{d}x$ 收敛可知，$f_1(s)$ 在 $s\in[a,b]$ 一致收敛．

同理，可证得 $f_2(s)$ 在 $s\in[a,b]$ 一致收敛．于是 $f(s)$ 关于 $s\in(0,+\infty)$ 内闭一致收敛．

由 $x^{s-1}\mathrm{e}^{-2x}$ 关于 $x\in(0,+\infty)$ 连续可知 $f(s)$ 连续．由于 $x^{s-1}\mathrm{e}^{-2x}$ 对任意的 $x\in(0,+\infty)$ 都关于 $s$ 可导，其导函数为 $x^{s-1}\mathrm{e}^{-2x}\ln x\mathrm{d}x$．下证 $\displaystyle\int_0^1 x^{s-1}\mathrm{e}^{-2x}\ln x\mathrm{d}x$ 与 $\displaystyle\int_1^{+\infty}x^{s-1}\mathrm{e}^{-2x}\cdot\ln x\mathrm{d}x$ 的一致收敛性．

由于 $x^{s-1}\mathrm{e}^{-2x}\ln x\sim x^{s-1}\ln x(x\to 0)$，则存在 $r\in(1-s,1)$ 使得 $x^r\dfrac{1}{x^{1-s}}\ln x\to 0$ $(x\to 0)$．

故 $\displaystyle\int_0^1 x^{s-1}\mathrm{e}^{-2x}\ln x\mathrm{d}x$ 收敛，同时可证其关于 $s\in(0,+\infty)$ 内闭一致收敛．由

$$\mathrm{e}^x x^{s-1}\mathrm{e}^{-2x}\ln x=\dfrac{\mathrm{e}^{-2x}\ln x}{\mathrm{e}^x}\to 0(x\to+\infty)$$

那么 $\displaystyle\int_1^{+\infty}x^{s-1}\mathrm{e}^{-2x}\mathrm{e}^x\mathrm{d}x$ 与 $\displaystyle\int_1^{+\infty}\mathrm{e}^{-x}\mathrm{d}x$ 具有相同的敛散性．因此，同上可以证得 $\displaystyle\int_1^{+\infty}x^{s-1}\mathrm{e}^{-2x}\mathrm{e}^x\mathrm{d}x$ 关于 $s\in(0,+\infty)$ 内闭一致收敛．

综上可知，$\displaystyle\int_0^{+\infty}x^{s-1}\mathrm{e}^{-2x}\mathrm{e}^x\mathrm{d}x$ 关于 $s\in(0,+\infty)$ 内闭一致收敛．于是证得 $f(s)$ 在 $s\in(0,+\infty)$ 内是可微的．

# 参 考 文 献

[1] 李世金,赵浩.数学分析解题方法 600 例[M].长春:东北师范大学出版社,1992.

[2] 沈燮昌,邵品琮.数学分析纵横谈[M].北京:北京大学出版社,1991.

[3] 汪林.数学分析中的问题和反例[M].北京:高等教育出版社,2015.

[4] Apostol T M. Mathematical Analysis[M]. Addison-Wesley Publishing Company, 1975.

[5] 菲赫金哥尔兹.微积分学教程[M].北京:高等教育出版社,2006.

[6] Rudin W.数学分析原理(英文版原书第 3 版)[M].北京:机械工业出版社,2019.

[7] 吉米多维奇.谢惠民,沐定夷译.数学分析习题集[M].北京:高等教育出版社,2011.

[8] 谢惠民,恽自求,易法槐等.数学分析习题课讲义(上、下册)[M].北京:北京高等教育出版社,2018.

[9] 朱时.数学分析札记[M].贵阳:贵州教育出版社,2012.

[10] 林源渠,方企勤.数学分析解题指南[M].北京:北京大学出版社,2003.

[11] 华东师范大学数学科学学院.数学分析(第五版)[M].北京:高等教育出版社,2019.

[12] 陈纪修,於崇华,金路.数学分析(上、下册)[M].北京:高等教育出版社,2019.

[13] 裴礼文.数学分析中的典型问题与方法[M].北京:高等教育出版社,2006.

[14] 张筑生.数学分析新讲[M].北京:北京大学出版社,2021.

[15] 杨鎏.数学分析基础 18 讲[M].哈尔滨:哈尔滨工业大学出版社,2021.

# 刘培杰数学工作室
## 已出版(即将出版)图书目录——高等数学

| 书 名 | 出版时间 | 定 价 | 编号 |
|---|---|---|---|
| 距离几何分析导引 | 2015—02 | 68.00 | 446 |
| 大学几何学 | 2017—01 | 78.00 | 688 |
| 关于曲面的一般研究 | 2016—11 | 48.00 | 690 |
| 近世纯粹几何学初论 | 2017—01 | 58.00 | 711 |
| 拓扑学与几何学基础讲义 | 2017—04 | 58.00 | 756 |
| 物理学中的几何方法 | 2017—06 | 88.00 | 767 |
| 几何学简史 | 2017—08 | 28.00 | 833 |
| 微分几何学历史概要 | 2020—07 | 58.00 | 1194 |
| 解析几何学史 | 2022—03 | 58.00 | 1490 |
| 曲面的数学 | 2024—01 | 98.00 | 1699 |
| 复变函数引论 | 2013—10 | 68.00 | 269 |
| 伸缩变换与抛物旋转 | 2015—01 | 38.00 | 449 |
| 无穷分析引论(上) | 2013—04 | 88.00 | 247 |
| 无穷分析引论(下) | 2013—04 | 98.00 | 245 |
| 数学分析 | 2014—04 | 28.00 | 338 |
| 数学分析中的一个新方法及其应用 | 2013—01 | 38.00 | 231 |
| 数学分析例选:通过范例学技巧 | 2013—01 | 88.00 | 243 |
| 高等代数例选:通过范例学技巧 | 2015—06 | 88.00 | 475 |
| 基础数论例选:通过范例学技巧 | 2018—09 | 58.00 | 978 |
| 三角级数论(上册)(陈建功) | 2013—01 | 38.00 | 232 |
| 三角级数论(下册)(陈建功) | 2013—01 | 48.00 | 233 |
| 三角级数论(哈代) | 2013—06 | 48.00 | 254 |
| 三角级数 | 2015—07 | 28.00 | 263 |
| 超越数 | 2011—03 | 18.00 | 109 |
| 三角和方法 | 2011—03 | 18.00 | 112 |
| 随机过程(Ⅰ) | 2014—01 | 78.00 | 224 |
| 随机过程(Ⅱ) | 2014—01 | 68.00 | 235 |
| 算术探索 | 2011—12 | 158.00 | 148 |
| 组合数学 | 2012—04 | 28.00 | 178 |
| 组合数学浅谈 | 2012—03 | 28.00 | 159 |
| 分析组合学 | 2021—09 | 88.00 | 1389 |
| 丢番图方程引论 | 2012—03 | 48.00 | 172 |
| 拉普拉斯变换及其应用 | 2015—02 | 38.00 | 447 |
| 高等代数.上 | 2016—01 | 38.00 | 548 |
| 高等代数.下 | 2016—01 | 38.00 | 549 |
| 高等代数教程 | 2016—01 | 58.00 | 579 |
| 高等代数引论 | 2020—07 | 48.00 | 1174 |
| 数学解析教程.上卷.1 | 2016—01 | 58.00 | 546 |
| 数学解析教程.上卷.2 | 2016—01 | 38.00 | 553 |
| 数学解析教程.下卷.1 | 2017—04 | 48.00 | 781 |
| 数学解析教程.下卷.2 | 2017—06 | 48.00 | 782 |
| 数学分析.第1册 | 2021—03 | 48.00 | 1281 |
| 数学分析.第2册 | 2021—03 | 48.00 | 1282 |
| 数学分析.第3册 | 2021—03 | 28.00 | 1283 |
| 数学分析精选习题全解.上册 | 2021—03 | 38.00 | 1284 |
| 数学分析精选习题全解.下册 | 2021—03 | 38.00 | 1285 |
| 数学分析专题研究 | 2021—11 | 68.00 | 1574 |
| 实分析中的问题与解答 | 2024—06 | 98.00 | 1737 |
| 函数构造论.上 | 2016—01 | 38.00 | 554 |
| 函数构造论.中 | 2017—06 | 48.00 | 555 |
| 函数构造论.下 | 2016—09 | 48.00 | 680 |
| 函数逼近近论(上) | 2019—02 | 98.00 | 1014 |
| 概周期函数 | 2016—01 | 48.00 | 572 |
| 变叙的项的极限分布律 | 2016—01 | 18.00 | 573 |
| 整函数 | 2012—08 | 18.00 | 161 |
| 近代拓扑学研究 | 2013—04 | 38.00 | 239 |
| 多项式和无理数 | 2008—01 | 68.00 | 22 |
| 密码学与数论基础 | 2021—01 | 28.00 | 1254 |

# 刘培杰数学工作室
## 已出版(即将出版)图书目录——高等数学

| 书　名 | 出版时间 | 定　价 | 编号 |
|---|---|---|---|
| 模糊数据统计学 | 2008—03 | 48.00 | 31 |
| 模糊分析学与特殊泛函空间 | 2013—01 | 68.00 | 241 |
| 常微分方程 | 2016—01 | 58.00 | 586 |
| 平稳随机函数导论 | 2016—03 | 48.00 | 587 |
| 量子力学原理.上 | 2016—01 | 38.00 | 588 |
| 图与矩阵 | 2014—08 | 40.00 | 644 |
| 钢丝绳原理:第二版 | 2017—01 | 78.00 | 745 |
| 代数拓扑和微分拓扑简史 | 2017—06 | 68.00 | 791 |
| 半序空间泛函分析.上 | 2018—06 | 48.00 | 924 |
| 半序空间泛函分析.下 | 2018—06 | 68.00 | 925 |
| 概率分布的部分识别 | 2018—07 | 68.00 | 929 |
| Cartan 型单模李超代数的上同调及极大子代数 | 2018—07 | 38.00 | 932 |
| 纯数学与应用数学若干问题研究 | 2019—03 | 98.00 | 1017 |
| 数理金融学与数理经济学若干问题研究 | 2020—07 | 98.00 | 1180 |
| 清华大学"工农兵学员"微积分课本 | 2020—09 | 48.00 | 1228 |
| 力学若干基本问题的发展概论 | 2023—04 | 58.00 | 1262 |
| Banach 空间中前后分离算法及其收敛率 | 2023—06 | 98.00 | 1670 |
| 基于广义加法的数学体系 | 2024—03 | 168.00 | 1710 |
| 向量微积分、线性代数和微分形式:统一方法:第 5 版 | 2024—03 | 78.00 | 1707 |
| 向量微积分、线性代数和微分形式:统一方法:第 5 版:习题解答 | 2024—03 | 48.00 | 1708 |
| 分布式多智能体系统主动安全控制方法 | 2023—08 | 98.00 | 1687 |
| 受控理论与解析不等式 | 2012—05 | 78.00 | 165 |
| 不等式的分拆降维降幂方法与可读证明(第 2 版) | 2020—07 | 78.00 | 1184 |
| 石焕南文集:受控理论与不等式研究 | 2020—09 | 198.00 | 1198 |
| 实变函数论 | 2012—06 | 78.00 | 181 |
| 复变函数论 | 2015—08 | 38.00 | 504 |
| 非光滑优化及其变分分析(第 2 版) | 2024—05 | 68.00 | 230 |
| 疏散的马尔科夫链 | 2014—01 | 58.00 | 266 |
| 马尔科夫过程论基础 | 2015—01 | 28.00 | 433 |
| 初等微分拓扑学 | 2012—07 | 18.00 | 182 |
| 方程式论 | 2011—03 | 38.00 | 105 |
| Galois 理论 | 2011—03 | 18.00 | 107 |
| 古典数学难题与伽罗瓦理论 | 2012—11 | 58.00 | 223 |
| 伽罗华与群论 | 2014—01 | 28.00 | 290 |
| 代数方程的根式解及伽罗瓦理论 | 2011—03 | 28.00 | 108 |
| 代数方程的根式解及伽罗瓦理论(第二版) | 2015—01 | 28.00 | 423 |
| 线性偏微分方程讲义 | 2011—03 | 18.00 | 110 |
| 几类微分方程数值方法的研究 | 2015—05 | 38.00 | 485 |
| 分数阶微分方程理论与应用 | 2020—05 | 95.00 | 1182 |
| N 体问题的周期解 | 2011—03 | 28.00 | 111 |
| 代数方程式论 | 2011—05 | 18.00 | 121 |
| 线性代数与几何:英文 | 2016—06 | 58.00 | 578 |
| 动力系统的不变量与函数方程 | 2011—07 | 48.00 | 137 |
| 基于短语评价的翻译知识获取 | 2012—02 | 48.00 | 168 |
| 应用随机过程 | 2012—04 | 48.00 | 187 |
| 概率论导引 | 2012—04 | 18.00 | 179 |
| 矩阵论(上) | 2013—06 | 58.00 | 250 |
| 矩阵论(下) | 2013—06 | 48.00 | 251 |
| 对称锥互补问题的内点法:理论分析与算法实现 | 2014—08 | 68.00 | 368 |
| 抽象代数:方法导引 | 2013—06 | 38.00 | 257 |
| 集论 | 2016—01 | 48.00 | 576 |
| 多项式理论研究综述 | 2016—01 | 38.00 | 577 |
| 函数论 | 2014—11 | 78.00 | 395 |
| 反问题的计算方法及应用 | 2011—11 | 28.00 | 147 |
| 数阵及其应用 | 2012—02 | 28.00 | 164 |
| 绝对值方程—折边与组合图形的解析研究 | 2012—07 | 48.00 | 186 |
| 代数函数论(上) | 2015—07 | 38.00 | 494 |
| 代数函数论(下) | 2015—07 | 38.00 | 495 |

# 刘培杰数学工作室
## 已出版(即将出版)图书目录——高等数学

| 书  名 | 出版时间 | 定价 | 编号 |
|---|---|---|---|
| 偏微分方程论:法文 | 2015—10 | 48.00 | 533 |
| 粒子图像测速仪实用指南:第二版 | 2017—08 | 78.00 | 790 |
| 数域的上同调 | 2017—08 | 98.00 | 799 |
| 图的正交因子分解(英文) | 2018—01 | 38.00 | 881 |
| 图的度因子和分支因子:英文 | 2019—09 | 88.00 | 1108 |
| 点云模型的优化配准方法研究 | 2018—07 | 58.00 | 927 |
| 锥形波入射粗糙表面反散射问题理论与算法 | 2018—03 | 68.00 | 936 |
| 广义逆的理论与计算 | 2018—07 | 58.00 | 973 |
| 不定方程及其应用 | 2018—12 | 58.00 | 998 |
| 几类椭圆型偏微分方程高效数值算法研究 | 2018—08 | 48.00 | 1025 |
| 现代密码算法概论 | 2019—05 | 98.00 | 1061 |
| 模形式的 $p$ —进性质 | 2019—06 | 78.00 | 1088 |
| 混沌动力学:分形、平铺、代换 | 2019—09 | 48.00 | 1109 |
| 微分方程,动力系统与混沌引论:第3版 | 2020—05 | 65.00 | 1144 |
| 分数阶微分方程理论与应用 | 2020—05 | 95.00 | 1187 |
| 应用非线性动力系统与混沌导论:第2版 | 2021—05 | 58.00 | 1368 |
| 非线性振动,动力系统与向量场的分支 | 2021—06 | 55.00 | 1369 |
| 遍历理论引论 | 2021—11 | 46.00 | 1441 |
| 动力系统与混沌 | 2022—05 | 48.00 | 1485 |
| Galois上同调 | 2020—04 | 138.00 | 1131 |
| 毕达哥拉斯定理:英文 | 2020—03 | 38.00 | 1133 |
| 模糊可拓多属性决策理论与方法 | 2021—06 | 98.00 | 1357 |
| 统计方法和科学推断 | 2021—10 | 48.00 | 1428 |
| 有关几类种群生态学模型的研究 | 2022—04 | 98.00 | 1486 |
| 加性数论:典型基 | 2022—05 | 48.00 | 1491 |
| 加性数论:反问题与和集的几何 | 2023—08 | 58.00 | 1672 |
| 乘性数论:第三版 | 2022—07 | 38.00 | 1528 |
| 解析数论 | 2024—10 | 58.00 | 1771 |
| 交替方向乘子法及其应用 | 2022—08 | 98.00 | 1553 |
| 结构元理论及模糊决策应用 | 2022—08 | 98.00 | 1573 |
| 随机微分方程和应用:第二版 | 2022—12 | 48.00 | 1580 |
| 吴振奎高等数学解题真经(概率统计卷) | 2012—01 | 38.00 | 149 |
| 吴振奎高等数学解题真经(微积分卷) | 2012—01 | 68.00 | 150 |
| 吴振奎高等数学解题真经(线性代数卷) | 2012—01 | 58.00 | 151 |
| 高等数学解题全攻略(上卷) | 2013—06 | 58.00 | 252 |
| 高等数学解题全攻略(下卷) | 2013—06 | 58.00 | 253 |
| 高等数学复习纲要 | 2014—01 | 18.00 | 384 |
| 数学分析历年考研真题解析.第一卷 | 2021—04 | 38.00 | 1288 |
| 数学分析历年考研真题解析.第二卷 | 2021—04 | 38.00 | 1289 |
| 数学分析历年考研真题解析.第三卷 | 2021—04 | 38.00 | 1290 |
| 数学分析历年考研真题解析.第四卷 | 2022—09 | 68.00 | 1560 |
| 数学分析历年考研真题解析.第五卷 | 2024—10 | 58.00 | 1773 |
| 数学分析历年考研真题解析.第六卷 | 2024—10 | 68.00 | 1774 |
| 硕士研究生入学考试数学试题及解答.第1卷 | 2024—01 | 58.00 | 1703 |
| 硕士研究生入学考试数学试题及解答.第2卷 | 2024—04 | 68.00 | 1704 |
| 硕士研究生入学考试数学试题及解答.第3卷 | 即将出版 | | 1705 |
| 超越吉米多维奇.数列的极限 | 2009—11 | 48.00 | 58 |
| 超越普里瓦洛夫.留数卷 | 2015—01 | 48.00 | 437 |
| 超越普里瓦洛夫.无穷乘积与它对解析函数的应用卷 | 2015—05 | 28.00 | 477 |
| 超越普里瓦洛夫.积分卷 | 2015—06 | 18.00 | 481 |
| 超越普里瓦洛夫.基础知识卷 | 2015—06 | 28.00 | 482 |
| 超越普里瓦洛夫.数项级数卷 | 2015—07 | 38.00 | 489 |
| 超越普里瓦洛夫.微分、解析函数、导数卷 | 2018—01 | 48.00 | 852 |
| 统计学专业英语(第三版) | 2015—04 | 68.00 | 465 |
| 代换分析:英文 | 2015—07 | 38.00 | 499 |

# 刘培杰数学工作室
## 已出版(即将出版)图书目录——高等数学

| 书　名 | 出版时间 | 定　价 | 编号 |
|---|---|---|---|
| 历届美国大学生数学竞赛试题集.第一卷(1938—1949) | 2015—01 | 28.00 | 397 |
| 历届美国大学生数学竞赛试题集.第二卷(1950—1959) | 2015—01 | 28.00 | 398 |
| 历届美国大学生数学竞赛试题集.第三卷(1960—1969) | 2015—01 | 28.00 | 399 |
| 历届美国大学生数学竞赛试题集.第四卷(1970—1979) | 2015—01 | 18.00 | 400 |
| 历届美国大学生数学竞赛试题集.第五卷(1980—1989) | 2015—01 | 28.00 | 401 |
| 历届美国大学生数学竞赛试题集.第六卷(1990—1999) | 2015—01 | 28.00 | 402 |
| 历届美国大学生数学竞赛试题集.第七卷(2000—2009) | 2015—08 | 18.00 | 403 |
| 历届美国大学生数学竞赛试题集.第八卷(2010—2012) | 2015—01 | 18.00 | 404 |
| | | | |
| 超越普特南试题:大学数学竞赛中的方法与技巧 | 2017—04 | 98.00 | 758 |
| 历届国际大学生数学竞赛试题集(1994—2020) | 2021—01 | 58.00 | 1252 |
| 历届美国大学生数学竞赛试题集(全3册) | 2023—10 | 168.00 | 1693 |
| 全国大学生数学夏令营数学竞赛试题及解答 | 2007—03 | 28.00 | 15 |
| 全国大学生数学竞赛辅导教程 | 2012—07 | 28.00 | 189 |
| 全国大学生数学竞赛复习全书(第2版) | 2017—05 | 58.00 | 787 |
| 历届美国大学生数学竞赛试题集 | 2009—03 | 88.00 | 43 |
| 前苏联大学生数学奥林匹克竞赛题解(上编) | 2012—04 | 28.00 | 169 |
| 前苏联大学生数学奥林匹克竞赛题解(下编) | 2012—04 | 38.00 | 170 |
| 大学生数学竞赛讲义 | 2014—09 | 28.00 | 371 |
| 大学生数学竞赛教程——高等数学(基础篇、提高篇) | 2018—09 | 128.00 | 968 |
| 普林斯顿大学数学竞赛 | 2016—06 | 38.00 | 669 |
| 高等数学竞赛:1962—1991年米克洛什·施外策竞赛 | 2024—09 | 128.00 | 1743 |
| 考研高等数学高分之路 | 2020—10 | 45.00 | 1203 |
| 考研高等数学基础必刷 | 2021—01 | 45.00 | 1251 |
| 考研概率论与数理统计 | 2022—06 | 58.00 | 1522 |
| 越过211,刷到985:考研数学二 | 2019—10 | 68.00 | 1115 |
| | | | |
| 初等数论难题集(第一卷) | 2009—05 | 68.00 | 44 |
| 初等数论难题集(第二卷)(上、下) | 2011—02 | 128.00 | 82,83 |
| 数论概貌 | 2011—03 | 18.00 | 93 |
| 代数数论(第二版) | 2013—08 | 58.00 | 94 |
| 代数多项式 | 2014—06 | 38.00 | 289 |
| 初等数论的知识与问题 | 2011—02 | 28.00 | 95 |
| 超越数论基础 | 2011—03 | 28.00 | 96 |
| 数论初等教程 | 2011—03 | 28.00 | 97 |
| 数论基础 | 2011—03 | 18.00 | 98 |
| 数论基础与维诺格拉多夫 | 2014—03 | 18.00 | 292 |
| 解析数论基础 | 2012—08 | 28.00 | 216 |
| 解析数论基础(第二版) | 2014—01 | 48.00 | 287 |
| 解析数论问题集(第二版)(原版引进) | 2014—05 | 88.00 | 343 |
| 解析数论问题集(第二版)(中译本) | 2016—04 | 88.00 | 607 |
| 解析数论基础(潘承洞,潘承彪著) | 2016—07 | 98.00 | 673 |
| 解析数论导引 | 2016—07 | 58.00 | 674 |
| 数论入门 | 2011—03 | 38.00 | 99 |
| 代数数论入门 | 2015—03 | 38.00 | 448 |
| 数论开篇 | 2012—07 | 28.00 | 194 |
| 解析数论引论 | 2011—03 | 48.00 | 100 |
| Barban Davenport Halberstam 均值和 | 2009—01 | 40.00 | 33 |
| 基础数论 | 2011—03 | 28.00 | 101 |
| 初等数论100例 | 2011—05 | 18.00 | 122 |
| 初等数论经典例题 | 2012—07 | 18.00 | 204 |
| 最新世界各国数学奥林匹克中的初等数论试题(上、下) | 2012—01 | 138.00 | 144,145 |
| 初等数论(Ⅰ) | 2012—01 | 18.00 | 156 |
| 初等数论(Ⅱ) | 2012—01 | 18.00 | 157 |
| 初等数论(Ⅲ) | 2012—01 | 28.00 | 158 |

| 书 名 | 出版时间 | 定 价 | 编号 |
|---|---|---|---|
| Gauss，Euler，Lagrange 和 Legendre 的遗产：把整数表示成平方和 | 2022—06 | 78.00 | 1540 |
| 平面几何与数论中未解决的新老问题 | 2013—01 | 68.00 | 229 |
| 代数数论简史 | 2014—11 | 28.00 | 408 |
| 代数数论 | 2015—09 | 88.00 | 532 |
| 代数、数论及分析习题集 | 2016—11 | 98.00 | 695 |
| 数论导引提要及习题解答 | 2016—01 | 48.00 | 559 |
| 素数定理的初等证明．第2版 | 2016—09 | 48.00 | 686 |
| 数论中的模函数与狄利克雷级数(第二版) | 2017—11 | 78.00 | 837 |
| 数论：数学导引 | 2018—01 | 68.00 | 849 |
| 域论 | 2018—04 | 68.00 | 884 |
| 代数数论(冯克勤 编著) | 2018—04 | 68.00 | 885 |
| 范氏大代数 | 2019—02 | 98.00 | 1016 |
| 高等算术：数论导引：第八版 | 2023—04 | 78.00 | 1689 |
| | | | |
| 新编640个世界著名数学智力趣题 | 2014—01 | 88.00 | 242 |
| 500个最新世界著名数学智力趣题 | 2008—06 | 48.00 | 3 |
| 400个最新世界著名数学最值问题 | 2008—09 | 48.00 | 36 |
| 500个世界著名数学征解问题 | 2009—06 | 48.00 | 52 |
| 400个中国最佳初等数学征解老问题 | 2010—01 | 48.00 | 60 |
| 500个俄罗斯数学经典老题 | 2011—01 | 28.00 | 81 |
| 1000个国外中学物理好题 | 2012—04 | 48.00 | 174 |
| 300个日本高考数学题 | 2012—05 | 38.00 | 142 |
| 700个早期日本高考数学试题 | 2017—02 | 88.00 | 752 |
| 500个前苏联早期高考数学试题及解答 | 2012—05 | 28.00 | 185 |
| 546个早期俄罗斯大学生数学竞赛题 | 2014—03 | 38.00 | 285 |
| 548个来自美苏的数学好问题 | 2014—11 | 28.00 | 396 |
| 20所苏联著名大学早期入学试题 | 2015—02 | 18.00 | 452 |
| 161道德国工科大学生必做的微分方程习题 | 2015—05 | 28.00 | 469 |
| 500个德国工科大学生必做的高数习题 | 2015—06 | 28.00 | 478 |
| 360个数学竞赛问题 | 2016—08 | 58.00 | 677 |
| 德国讲义日本考题．微积分卷 | 2015—04 | 48.00 | 456 |
| 德国讲义日本考题．微分方程卷 | 2015—04 | 38.00 | 457 |
| 二十世纪中叶中、英、美、日、法、俄高考数学试题精选 | 2017—06 | 38.00 | 783 |
| | | | |
| 博弈论精粹 | 2008—03 | 58.00 | 30 |
| 博弈论精粹．第二版(精装) | 2015—01 | 88.00 | 461 |
| 数学 我爱你 | 2008—01 | 28.00 | 20 |
| 精神的圣徒 别样的人生——60位中国数学家成长的历程 | 2008—09 | 48.00 | 39 |
| 数学史概论 | 2009—06 | 78.00 | 50 |
| 数学史概论(精装) | 2013—03 | 158.00 | 272 |
| 数学史选讲 | 2016—01 | 48.00 | 544 |
| 斐波那契数列 | 2010—02 | 28.00 | 65 |
| 数学拼盘和斐波那契魔方 | 2010—07 | 38.00 | 72 |
| 斐波那契数列欣赏 | 2011—01 | 28.00 | 160 |
| 数学的创造 | 2011—02 | 48.00 | 85 |
| 数学美与创造力 | 2016—01 | 48.00 | 595 |
| 数海拾贝 | 2016—01 | 48.00 | 590 |
| 数学中的美 | 2011—02 | 38.00 | 84 |
| 数论中的美学 | 2014—12 | 38.00 | 351 |
| 数学王者 科学巨人——高斯 | 2015—01 | 28.00 | 428 |
| 振兴祖国数学的圆梦之旅：中国初等数学研究史话 | 2015—06 | 98.00 | 490 |
| 二十世纪中国数学史料研究 | 2015—10 | 48.00 | 536 |
| 数字谜、数阵图与棋盘覆盖 | 2016—01 | 58.00 | 298 |
| 时间的形状 | 2016—01 | 38.00 | 556 |
| 数学发现的艺术：数学探索中的合情推理 | 2016—07 | 58.00 | 671 |
| 活跃在数学中的参数 | 2016—07 | 48.00 | 675 |

# 刘培杰数学工作室
## 已出版(即将出版)图书目录——高等数学

| 书　名 | 出版时间 | 定　价 | 编号 |
|---|---|---|---|
| 格点和面积 | 2012—07 | 18.00 | 191 |
| 射影几何趣谈 | 2012—04 | 28.00 | 175 |
| 斯潘纳尔引理——从一道加拿大数学奥林匹克试题谈起 | 2014—01 | 28.00 | 228 |
| 李普希兹条件——从几道近年高考数学试题谈起 | 2012—10 | 18.00 | 221 |
| 拉格朗日中值定理——从一道北京高考试题的解法谈起 | 2015—10 | 18.00 | 197 |
| 闵科夫斯基定理——从一道清华大学自主招生试题谈起 | 2014—01 | 28.00 | 198 |
| 哈尔测度——从一道冬令营试题的背景谈起 | 2012—08 | 28.00 | 202 |
| 切比雪夫逼近问题——从一道中国台北数学奥林匹克试题谈起 | 2013—04 | 38.00 | 238 |
| 伯恩斯坦多项式与贝齐尔曲面——从一道全国高中数学联赛试题谈起 | 2013—03 | 38.00 | 236 |
| 卡塔兰猜想——从一道普特南竞赛试题谈起 | 2013—06 | 18.00 | 256 |
| 麦卡锡函数和阿克曼函数——从一道前南斯拉夫数学奥林匹克试题谈起 | 2012—08 | 18.00 | 201 |
| 贝蒂定理与拉姆贝克莫斯尔定理——从一个拣石子游戏谈起 | 2012—08 | 18.00 | 217 |
| 皮亚诺曲线和豪斯道夫分球定理——从无限集谈起 | 2012—08 | 18.00 | 211 |
| 平面凸图形与凸多面体 | 2012—10 | 28.00 | 218 |
| 斯坦因豪斯问题——从一道二十五省市自治区中学数学竞赛试题谈起 | 2012—07 | 18.00 | 196 |
| 纽结理论中的亚历山大多项式与琼斯多项式——从一道北京市高一数学竞赛试题谈起 | 2012—07 | 28.00 | 195 |
| 原则与策略——从波利亚"解题表"谈起 | 2013—04 | 38.00 | 244 |
| 转化与化归——从三大尺规作图不能问题谈起 | 2012—08 | 28.00 | 214 |
| 代数几何中的贝祖定理(第一版)——从一道IMO试题的解法谈起 | 2013—08 | 18.00 | 193 |
| 成功连贯理论与约当块理论——从一道比利时数学竞赛试题谈起 | 2012—04 | 18.00 | 180 |
| 素数判定与大数分解 | 2014—08 | 18.00 | 199 |
| 置换多项式及其应用 | 2012—10 | 18.00 | 220 |
| 椭圆函数与模函数——从一道美国加州大学洛杉矶分校(UCLA)博士资格考题谈起 | 2012—10 | 28.00 | 219 |
| 差分方程的拉格朗日方法——从一道2011年全国高考理科试题的解法谈起 | 2012—08 | 28.00 | 200 |
| 力学在几何中的一些应用 | 2013—01 | 38.00 | 240 |
| 高斯散度定理、斯托克斯定理和平面格林定理——从一道国际大学生数学竞赛试题谈起 | 即将出版 | | |
| 康托洛维奇不等式——从一道全国高中联赛试题谈起 | 2013—03 | 28.00 | 337 |
| 拉克斯定理和阿廷定理——从一道IMO试题的解法谈起 | 2014—01 | 58.00 | 246 |
| 毕卡大定理——从一道美国大学数学竞赛试题谈起 | 2014—07 | 18.00 | 350 |
| 拉格朗日乘子定理——从一道2005年全国高中联赛试题的高等数学解法谈起 | 2015—05 | 28.00 | 480 |
| 雅可比定理——从一道日本数学奥林匹克试题谈起 | 2013—04 | 48.00 | 249 |
| 李天岩—约克定理——从一道波兰数学竞赛试题谈起 | 2014—06 | 28.00 | 349 |
| 受控理论与初等不等式:从一道IMO试题的解法谈起 | 2023—03 | 48.00 | 1601 |
| 布劳维不动点定理——从一道前苏联数学奥林匹克试题谈起 | 2014—01 | 38.00 | 273 |
| 莫德尔—韦伊定理——从一道日本数学奥林匹克试题谈起 | 2024—10 | 48.00 | 1602 |
| 斯蒂尔杰斯积分——从一道国际大学生数学竞赛试题的解法谈起 | 2024—10 | 68.00 | 1605 |

# 刘培杰数学工作室
## 已出版（即将出版）图书目录——高等数学

| 书 名 | 出版时间 | 定 价 | 编号 |
|---|---|---|---|
| 切博塔廖夫猜想——从一道1978年全国高中数学竞赛试题谈起 | 2024—10 | 38.00 | 1606 |
| 卡西尼卵形线——从一道高中数学期中考试试题谈起 | 2024—10 | 48.00 | 1607 |
| 格罗斯问题——亚纯函数的唯一性问题 | 2024—10 | 48.00 | 1608 |
| 布格尔问题——从一道第6届全国中学生物理竞赛预赛试题谈起 | 2024—09 | 68.00 | 1609 |
| 多项式逼近问题——从一道美国大学生数学竞赛试题谈起 | 2024—10 | 48.00 | 1748 |
| 中国剩余定理——总数法构建中国历史年表 | 2015—01 | 28.00 | 430 |
| 斯特林公式——从一道2023年高考数学（天津卷）试题的背景谈起 | 2025—01 | 28.00 | 1754 |
| 分圆多项式——从一道美国国家队选拔考试试题的解法谈起 | 2025—01 | 48.00 | 1786 |
| 费马数与广义费马数——从一道USAMO试题的解法谈起 | 2025—01 | 48.00 | 1794 |
| 沙可夫斯基定理——从一道韩国数学奥林匹克竞赛试题的解法谈起 | 2025—01 | 68.00 | 1753 |
| 信息论中的香农熵——从一道近年高考压轴题谈起 | 即将出版 | | |
| 约当不等式——从一道希望杯竞赛试题谈起 | 即将出版 | | |
| 拉比诺维奇定理 | 即将出版 | | |
| 刘维尔定理——从一道《美国数学月刊》征解问题的解法谈起 | 即将出版 | | |
| 卡塔兰恒等式与级数求和——从一道IMO试题的解法谈起 | 即将出版 | | |
| 勒让猜想与素数分布——从一道爱尔兰竞赛试题谈起 | 即将出版 | | |
| 天平称重与信息论——从一道基辅市数学奥林匹克试题谈起 | 即将出版 | | |
| 哈密尔顿—凯莱定理：从一道高中数学联赛试题的解法谈起 | 2014—09 | 18.00 | 376 |
| 艾思特曼定理——从一道CMO试题的解法谈起 | 即将出版 | | |
| 一个爱尔特希问题——从一道西德数学奥林匹克试题谈起 | 即将出版 | | |
| 有限群中的爱丁格尔问题——从一道北京市初中二年级数学竞赛试题谈起 | 即将出版 | | |
| 糖水中的不等式——从初等数学到高等数学 | 2019—07 | 48.00 | 1093 |
| 帕斯卡三角形 | 2014—03 | 18.00 | 294 |
| 蒲丰投针问题——从2009年清华大学的一道自主招生试题谈起 | 2014—01 | 38.00 | 295 |
| 斯图姆定理——从一道"华约"自主招生试题的解法谈起 | 2014—01 | 18.00 | 296 |
| 许瓦兹引理——从一道加利福尼亚大学伯克利分校数学系博士生试题谈起 | 2014—08 | 18.00 | 297 |
| 拉姆塞定理——从王诗宬院士的一个问题谈起 | 2016—04 | 48.00 | 299 |
| 坐标法 | 2013—12 | 28.00 | 332 |
| 数论三角形 | 2014—04 | 38.00 | 341 |
| 毕克定理 | 2014—07 | 18.00 | 352 |
| 数林掠影 | 2014—09 | 48.00 | 389 |
| 我们周围的概率 | 2014—10 | 38.00 | 390 |
| 凸函数最值定理：从一道华约自主招生题的解法谈起 | 2014—10 | 28.00 | 391 |
| 易学与数学奥林匹克 | 2014—10 | 38.00 | 392 |
| 生物数学趣谈 | 2015—01 | 18.00 | 409 |
| 反演 | 2015—01 | 28.00 | 420 |
| 因式分解与圆锥曲线 | 2015—01 | 18.00 | 426 |
| 轨迹 | 2015—01 | 28.00 | 427 |
| 面积原理：从常庚哲的一道CMO试题的积分解法谈起 | 2015—01 | 48.00 | 431 |
| 形形色色的不动点定理：从一道28届IMO试题谈起 | 2015—01 | 38.00 | 439 |
| 柯西函数方程：从一道上海交大自主招生的试题谈起 | 2015—02 | 28.00 | 440 |

# 刘培杰数学工作室
## 已出版(即将出版)图书目录——高等数学

| 书　名 | 出版时间 | 定　价 | 编号 |
|---|---|---|---|
| 三角恒等式 | 2015—02 | 28.00 | 442 |
| 无理性判定:从一道2014年"北约"自主招生试题谈起 | 2015—01 | 38.00 | 443 |
| 数学归纳法 | 2015—03 | 18.00 | 451 |
| 极端原理与解题 | 2015—04 | 28.00 | 464 |
| 法雷级数 | 2014—08 | 18.00 | 367 |
| 摆线族 | 2015—01 | 38.00 | 438 |
| 函数方程及其解法 | 2015—05 | 38.00 | 470 |
| 含参数的方程和不等式 | 2012—09 | 28.00 | 213 |
| 希尔伯特第十问题 | 2016—01 | 38.00 | 543 |
| 无穷小量的求和 | 2016—01 | 28.00 | 545 |
| 切比雪夫多项式:从一道清华大学金秋营试题谈起 | 2016—01 | 38.00 | 583 |
| 泽肯多夫定理 | 2016—03 | 38.00 | 599 |
| 代数等式证题法 | 2016—01 | 28.00 | 600 |
| 三角等式证题法 | 2016—01 | 28.00 | 601 |
| 吴大任教授藏书中的一个因式分解公式:从一道美国数学邀请赛试题的解法谈起 | 2016—06 | 28.00 | 656 |
| 易卦——类万物的数学模型 | 2017—08 | 68.00 | 838 |
| "不可思议"的数与数系可持续发展 | 2018—01 | 38.00 | 878 |
| 最短线 | 2018—01 | 38.00 | 879 |
| 从毕达哥拉斯到怀尔斯 | 2007—10 | 48.00 | 9 |
| 从迪利克雷到维斯卡尔迪 | 2008—01 | 48.00 | 21 |
| 从哥德巴赫到陈景润 | 2008—05 | 98.00 | 35 |
| 从庞加莱到佩雷尔曼 | 2011—08 | 138.00 | 136 |
| 从费马到怀尔斯——费马大定理的历史 | 2013—10 | 198.00 | I |
| 从庞加莱到佩雷尔曼——庞加莱猜想的历史 | 2013—10 | 298.00 | II |
| 从切比雪夫到爱尔特希(上)——素数定理的初等证明 | 2013—07 | 48.00 | III |
| 从切比雪夫到爱尔特希(下)——素数定理100年 | 2012—12 | 98.00 | III |
| 从高斯到盖尔方特——二次域的高斯猜想 | 2013—10 | 198.00 | IV |
| 从库默尔到朗兰兹——朗兰兹猜想的历史 | 2014—01 | 98.00 | V |
| 从比勒巴赫到德布朗斯——比勒巴赫猜想的历史 | 2014—02 | 298.00 | VI |
| 从麦比乌斯到陈省身——麦比乌斯变换与麦比乌斯带 | 2014—02 | 298.00 | VII |
| 从布尔到豪斯道夫——布尔方程与格论漫谈 | 2013—10 | 198.00 | VIII |
| 从开普勒到阿诺德——三体问题的历史 | 2014—05 | 298.00 | IX |
| 从华林到华罗庚——华林问题的历史 | 2013—10 | 298.00 | X |
| 数学物理大百科全书.第1卷 | 2016—01 | 418.00 | 508 |
| 数学物理大百科全书.第2卷 | 2016—01 | 408.00 | 509 |
| 数学物理大百科全书.第3卷 | 2016—01 | 396.00 | 510 |
| 数学物理大百科全书.第4卷 | 2016—01 | 408.00 | 511 |
| 数学物理大百科全书.第5卷 | 2016—01 | 368.00 | 512 |
| 朱德祥代数与几何讲义.第1卷 | 2017—01 | 38.00 | 697 |
| 朱德祥代数与几何讲义.第2卷 | 2017—01 | 28.00 | 698 |
| 朱德祥代数与几何讲义.第3卷 | 2017—01 | 28.00 | 699 |

# 刘培杰数学工作室
## 已出版(即将出版)图书目录——高等数学

| 书 名 | 出版时间 | 定 价 | 编号 |
|---|---|---|---|
| 闵嗣鹤文集 | 2011—03 | 98.00 | 102 |
| 吴从炘数学活动三十年(1951～1980) | 2010—07 | 99.00 | 32 |
| 吴从炘数学活动又三十年(1981～2010) | 2015—07 | 98.00 | 491 |
| 斯米尔诺夫高等数学.第一卷 | 2018—03 | 88.00 | 770 |
| 斯米尔诺夫高等数学.第二卷.第一分册 | 2018—03 | 68.00 | 771 |
| 斯米尔诺夫高等数学.第二卷.第二分册 | 2018—03 | 68.00 | 772 |
| 斯米尔诺夫高等数学.第二卷.第三分册 | 2018—03 | 48.00 | 773 |
| 斯米尔诺夫高等数学.第三卷.第一分册 | 2018—03 | 58.00 | 774 |
| 斯米尔诺夫高等数学.第三卷.第二分册 | 2018—03 | 58.00 | 775 |
| 斯米尔诺夫高等数学.第三卷.第三分册 | 2018—03 | 68.00 | 776 |
| 斯米尔诺夫高等数学.第四卷.第一分册 | 2018—03 | 48.00 | 777 |
| 斯米尔诺夫高等数学.第四卷.第二分册 | 2018—03 | 88.00 | 778 |
| 斯米尔诺夫高等数学.第五卷.第一分册 | 2018—03 | 58.00 | 779 |
| 斯米尔诺夫高等数学.第五卷.第二分册 | 2018—03 | 68.00 | 780 |
| zeta 函数,q-zeta 函数,相伴级数与积分(英文) | 2015—08 | 88.00 | 513 |
| 微分形式:理论与练习(英文) | 2015—08 | 58.00 | 514 |
| 离散与微分包含的逼近和优化(英文) | 2015—08 | 58.00 | 515 |
| 艾伦·图灵:他的工作与影响(英文) | 2016—01 | 98.00 | 560 |
| 测度理论概率导论,第 2 版(英文) | 2016—01 | 88.00 | 561 |
| 带有潜在故障恢复系统的半马尔柯夫模型控制(英文) | 2016—01 | 98.00 | 562 |
| 数学分析原理(英文) | 2016—01 | 88.00 | 563 |
| 随机偏微分方程的有效动力学(英文) | 2016—01 | 88.00 | 564 |
| 图的谱半径(英文) | 2016—01 | 58.00 | 565 |
| 量子机器学习中数据挖掘的量子计算方法(英文) | 2016—01 | 98.00 | 566 |
| 量子物理的非常规方法(英文) | 2016—01 | 118.00 | 567 |
| 运输过程的统一非局部理论:广义波尔兹曼物理动力学,第 2 版(英文) | 2016—01 | 198.00 | 568 |
| 量子力学与经典力学之间的联系在原子、分子及电动力学系统建模中的应用(英文) | 2016—01 | 58.00 | 569 |
| 算术域(英文) | 2018—01 | 158.00 | 821 |
| 高等数学竞赛:1962—1991 年的米洛克斯·史怀哲竞赛(英文) | 2018—01 | 128.00 | 822 |
| 用数学奥林匹克精神解决数论问题(英文) | 2018—01 | 108.00 | 823 |
| 代数几何(德文) | 2018—04 | 68.00 | 824 |
| 丢番图逼近论(英文) | 2018—01 | 78.00 | 825 |
| 代数几何学基础教程(英文) | 2018—01 | 98.00 | 826 |
| 解析数论入门课程(英文) | 2018—01 | 78.00 | 827 |
| 数论中的丢番图问题(英文) | 2018—01 | 78.00 | 829 |
| 数论(梦幻之旅):第五届中日数论研讨会演讲集(英文) | 2018—01 | 68.00 | 830 |
| 数论新应用(英文) | 2018—01 | 68.00 | 831 |
| 数论(英文) | 2018—01 | 78.00 | 832 |
| 测度与积分(英文) | 2019—04 | 68.00 | 1059 |
| 卡塔兰数入门(英文) | 2019—05 | 68.00 | 1060 |
| 多变量数学入门(英文) | 2021—05 | 68.00 | 1317 |
| 偏微分方程入门(英文) | 2021—05 | 88.00 | 1318 |
| 若尔当典范性:理论与实践(英文) | 2021—07 | 68.00 | 1366 |
| R 统计学概论(英文) | 2023—03 | 88.00 | 1614 |
| 基于不确定静态和动态问题解的仿射算术(英文) | 2023—03 | 38.00 | 1618 |

# 刘培杰数学工作室
## 已出版(即将出版)图书目录——高等数学

| 书 名 | 出版时间 | 定 价 | 编号 |
|---|---|---|---|
| 湍流十讲(英文) | 2018—04 | 108.00 | 886 |
| 无穷维李代数:第3版(英文) | 2018—04 | 98.00 | 887 |
| 等值、不变量和对称性(英文) | 2018—04 | 78.00 | 888 |
| 解析数论(英文) | 2018—09 | 78.00 | 889 |
| 《数学原理》的演化:伯特兰·罗素撰写第二版时的手稿与笔记(英文) | 2018—04 | 108.00 | 890 |
| 哈密尔顿数学论文集(第4卷):几何学、分析学、天文学、概率和有限差分等(英文) | 2019—05 | 108.00 | 891 |
| 数学王子——高斯 | 2018—01 | 48.00 | 858 |
| 坎坷奇星——阿贝尔 | 2018—01 | 48.00 | 859 |
| 闪烁奇星——伽罗瓦 | 2018—01 | 58.00 | 860 |
| 无穷统帅——康托尔 | 2018—01 | 48.00 | 861 |
| 科学公主——柯瓦列夫斯卡娅 | 2018—01 | 48.00 | 862 |
| 抽象代数之母——埃米·诺特 | 2018—01 | 48.00 | 863 |
| 电脑先驱——图灵 | 2018—01 | 58.00 | 864 |
| 昔日神童——维纳 | 2018—01 | 48.00 | 865 |
| 数坛怪侠——爱尔特希 | 2018—01 | 68.00 | 866 |
| 当代世界中的数学.数学思想与数学基础 | 2019—01 | 38.00 | 892 |
| 当代世界中的数学.数学问题 | 2019—01 | 38.00 | 893 |
| 当代世界中的数学.应用数学与数学应用 | 2019—01 | 38.00 | 894 |
| 当代世界中的数学.数学王国的新疆域(一) | 2019—01 | 38.00 | 895 |
| 当代世界中的数学.数学王国的新疆域(二) | 2019—01 | 38.00 | 896 |
| 当代世界中的数学.数林撷英(一) | 2019—01 | 38.00 | 897 |
| 当代世界中的数学.数林撷英(二) | 2019—01 | 48.00 | 898 |
| 当代世界中的数学.数学之路 | 2019—01 | 38.00 | 899 |
| 偏微分方程全局吸引子的特性(英文) | 2018—09 | 108.00 | 979 |
| 整函数与下调和函数(英文) | 2018—09 | 118.00 | 980 |
| 幂等分析(英文) | 2018—09 | 118.00 | 981 |
| 李群,离散子群与不变量理论(英文) | 2018—09 | 108.00 | 982 |
| 动力系统与统计力学(英文) | 2018—09 | 118.00 | 983 |
| 表示论与动力系统(英文) | 2018—09 | 118.00 | 984 |
| 分析学练习.第1部分(英文) | 2021—01 | 88.00 | 1247 |
| 分析学练习.第2部分.非线性分析(英文) | 2021—01 | 88.00 | 1248 |
| 初级统计学:循序渐进的方法:第10版(英文) | 2019—05 | 68.00 | 1067 |
| 工程师与科学家微分方程用书:第4版(英文) | 2019—07 | 58.00 | 1068 |
| 大学代数与三角学(英文) | 2019—06 | 78.00 | 1069 |
| 培养数学能力的途径(英文) | 2019—07 | 38.00 | 1070 |
| 工程师与科学家统计学:第4版(英文) | 2019—06 | 58.00 | 1071 |
| 贸易与经济中的应用统计学:第6版(英文) | 2019—06 | 58.00 | 1072 |
| 傅立叶级数和边值问题:第8版(英文) | 2019—05 | 48.00 | 1073 |
| 通往天文学的途径:第5版(英文) | 2019—05 | 58.00 | 1074 |

# 刘培杰数学工作室
## 已出版(即将出版)图书目录——高等数学

| 书 名 | 出版时间 | 定 价 | 编号 |
|---|---|---|---|
| 拉马努金笔记.第1卷(英文) | 2019—06 | 165.00 | 1078 |
| 拉马努金笔记.第2卷(英文) | 2019—06 | 165.00 | 1079 |
| 拉马努金笔记.第3卷(英文) | 2019—06 | 165.00 | 1080 |
| 拉马努金笔记.第4卷(英文) | 2019—06 | 165.00 | 1081 |
| 拉马努金笔记.第5卷(英文) | 2019—06 | 165.00 | 1082 |
| 拉马努金遗失笔记.第1卷(英文) | 2019—06 | 109.00 | 1083 |
| 拉马努金遗失笔记.第2卷(英文) | 2019—06 | 109.00 | 1084 |
| 拉马努金遗失笔记.第3卷(英文) | 2019—06 | 109.00 | 1085 |
| 拉马努金遗失笔记.第4卷(英文) | 2019—06 | 109.00 | 1086 |
| 数论:1976年纽约洛克菲勒大学数论会议记录(英文) | 2020—06 | 68.00 | 1145 |
| 数论:卡本代尔1979:1979年在南伊利诺伊卡本代尔大学举行的数论会议记录(英文) | 2020—06 | 78.00 | 1146 |
| 数论:诺德韦克豪特1983:1983年在诺德韦克豪特举行的Journees Arithmetiques数论大会会议记录(英文) | 2020—06 | 68.00 | 1147 |
| 数论:1985—1988年在纽约城市大学研究生院和大学中心举办的研讨会(英文) | 2020—06 | 68.00 | 1148 |
| 数论:1987年在乌尔姆举行的Journees Arithmetiques数论大会会议记录(英文) | 2020—06 | 68.00 | 1149 |
| 数论:马德拉斯1987:1987年在马德拉斯安娜大学举行的国际拉马努金百年纪念大会会议记录(英文) | 2020—06 | 68.00 | 1150 |
| 解析数论:1988年在东京举行的日法研讨会会议记录(英文) | 2020—06 | 68.00 | 1151 |
| 解析数论:2002年在意大利切特拉罗举行的C.I.M.E.暑期班演讲集(英文) | 2020—06 | 68.00 | 1152 |
| 量子世界中的蝴蝶:最迷人的量子分形故事(英文) | 2020—06 | 118.00 | 1157 |
| 走进量子力学(英文) | 2020—06 | 118.00 | 1158 |
| 计算物理学概论(英文) | 2020—06 | 48.00 | 1159 |
| 物质,空间和时间的理论:量子理论(英文) | 即将出版 | | 1160 |
| 物质,空间和时间的理论:经典理论(英文) | 即将出版 | | 1161 |
| 量子场理论:解释世界的神秘背景(英文) | 2020—07 | 38.00 | 1162 |
| 计算物理学概论(英文) | 即将出版 | | 1163 |
| 行星状星云(英文) | 即将出版 | | 1164 |
| 基本宇宙学:从亚里士多德的宇宙到大爆炸(英文) | 2020—08 | 58.00 | 1165 |
| 数学磁流体力学(英文) | 2020—07 | 58.00 | 1166 |
| 计算科学:第1卷,计算的科学(日文) | 2020—07 | 88.00 | 1167 |
| 计算科学:第2卷,计算与宇宙(日文) | 2020—07 | 88.00 | 1168 |
| 计算科学:第3卷,计算与物质(日文) | 2020—07 | 88.00 | 1169 |
| 计算科学:第4卷,计算与生命(日文) | 2020—07 | 88.00 | 1170 |
| 计算科学:第5卷,计算与地球环境(日文) | 2020—07 | 88.00 | 1171 |
| 计算科学:第6卷,计算与社会(日文) | 2020—07 | 88.00 | 1172 |
| 计算科学.别卷,超级计算机(日文) | 2020—07 | 88.00 | 1173 |
| 多复变函数论(日文) | 2022—06 | 78.00 | 1518 |
| 复变函数入门(日文) | 2022—06 | 78.00 | 1523 |

# 刘培杰数学工作室
## 已出版(即将出版)图书目录——高等数学

| 书　　名 | 出版时间 | 定　价 | 编号 |
|---|---|---|---|
| 代数与数论:综合方法(英文) | 2020—10 | 78.00 | 1185 |
| 复分析:现代函数理论第一课(英文) | 2020—07 | 58.00 | 1186 |
| 斐波那契数列和卡特兰数:导论(英文) | 2020—10 | 68.00 | 1187 |
| 组合推理:计数艺术介绍(英文) | 2020—07 | 88.00 | 1188 |
| 二次互反律的傅里叶分析证明(英文) | 2020—07 | 48.00 | 1189 |
| 旋瓦兹分布的希尔伯特变换与应用(英文) | 2020—07 | 58.00 | 1190 |
| 泛函分析:巴拿赫空间理论入门(英文) | 2020—07 | 48.00 | 1191 |
| 典型群,错排与素数(英文) | 2020—11 | 58.00 | 1204 |
| 李代数的表示:通过 gln 进行介绍(英文) | 2020—10 | 38.00 | 1205 |
| 实分析演讲集(英文) | 2020—10 | 38.00 | 1206 |
| 现代分析及其应用的课程(英文) | 2020—10 | 58.00 | 1207 |
| 运动中的抛射物数学(英文) | 2020—10 | 38.00 | 1208 |
| 2—扭结与它们的群(英文) | 2020—10 | 38.00 | 1209 |
| 概率,策略和选择:博弈与选举中的数学(英文) | 2020—11 | 58.00 | 1210 |
| 分析学引论(英文) | 2020—11 | 58.00 | 1211 |
| 量子群:通往流代数的路径(英文) | 2020—11 | 38.00 | 1212 |
| 集合论入门(英文) | 2020—10 | 48.00 | 1213 |
| 酉反射群(英文) | 2020—11 | 58.00 | 1214 |
| 探索数学:吸引人的证明方式(英文) | 2020—11 | 58.00 | 1215 |
| 微分拓扑短期课程(英文) | 2020—10 | 48.00 | 1216 |
| 抽象凸分析(英文) | 2020—11 | 68.00 | 1222 |
| 费马大定理笔记(英文) | 2021—03 | 48.00 | 1223 |
| 高斯与雅可比和(英文) | 2021—03 | 78.00 | 1224 |
| π与算术几何平均:关于解析数论和计算复杂性的研究(英文) | 2021—01 | 58.00 | 1225 |
| 复分析入门(英文) | 2021—03 | 48.00 | 1226 |
| 爱德华·卢卡斯与素性测定(英文) | 2021—03 | 78.00 | 1227 |
| 通往凸分析及其应用的简单路径(英文) | 2021—01 | 68.00 | 1229 |
| 微分几何的各个方面.第一卷(英文) | 2021—01 | 58.00 | 1230 |
| 微分几何的各个方面.第二卷(英文) | 2020—12 | 58.00 | 1231 |
| 微分几何的各个方面.第三卷(英文) | 2020—12 | 58.00 | 1232 |
| 沃克流形几何学(英文) | 2020—11 | 58.00 | 1233 |
| 彷射和韦尔几何应用(英文) | 2020—12 | 58.00 | 1234 |
| 双曲几何学的旋转向量空间方法(英文) | 2021—02 | 58.00 | 1235 |
| 积分:分析学的关键(英文) | 2020—12 | 48.00 | 1236 |
| 为有天分的新生准备的分析学基础教材(英文) | 2020—11 | 48.00 | 1237 |

# 刘培杰数学工作室
## 已出版(即将出版)图书目录——高等数学

| 书　名 | 出版时间 | 定价 | 编号 |
|---|---|---|---|
| 数学不等式.第一卷.对称多项式不等式(英文) | 2021—03 | 108.00 | 1273 |
| 数学不等式.第二卷.对称有理不等式与对称无理不等式(英文) | 2021—03 | 108.00 | 1274 |
| 数学不等式.第三卷.循环不等式与非循环不等式(英文) | 2021—03 | 108.00 | 1275 |
| 数学不等式.第四卷.Jensen不等式的扩展与加细(英文) | 2021—03 | 108.00 | 1276 |
| 数学不等式.第五卷.创建不等式与解不等式的其他方法(英文) | 2021—04 | 108.00 | 1277 |
| 冯·诺依曼代数中的谱位移函数:半有限冯·诺依曼代数中的谱位移函数与谱流(英文) | 2021—06 | 98.00 | 1308 |
| 链接结构:关于嵌入完全图的直线中链接单形的组合结构(英文) | 2021—05 | 58.00 | 1309 |
| 代数几何方法.第1卷(英文) | 2021—06 | 68.00 | 1310 |
| 代数几何方法.第2卷(英文) | 2021—06 | 68.00 | 1311 |
| 代数几何方法.第3卷(英文) | 2021—06 | 58.00 | 1312 |
| 代数、生物信息和机器人技术的算法问题.第四卷,独立恒等式系统(俄文) | 2020—08 | 118.00 | 1119 |
| 代数、生物信息和机器人技术的算法问题.第五卷,相对覆盖性和独立可拆分恒等式系统(俄文) | 2020—08 | 118.00 | 1200 |
| 代数、生物信息和机器人技术的算法问题.第六卷,恒等式和准恒等式的相等 问题、可推导性和可实现性(俄文) | 2020—08 | 128.00 | 1201 |
| 分数阶微积分的应用:非局部动态过程,分数阶导热系数(俄文) | 2021—01 | 68.00 | 1241 |
| 泛函分析问题与练习:第2版(俄文) | 2021—01 | 98.00 | 1242 |
| 集合论、数学逻辑和算法论问题:第5版(俄文) | 2021—01 | 98.00 | 1243 |
| 微分几何和拓扑短期课程(俄文) | 2021—01 | 98.00 | 1244 |
| 素数规律(俄文) | 2021—01 | 88.00 | 1245 |
| 无穷边值问题解的递减:无界域中的拟线性椭圆和抛物方程(俄文) | 2021—01 | 48.00 | 1246 |
| 微分几何讲义(俄文) | 2020—12 | 98.00 | 1253 |
| 二次型和矩阵(俄文) | 2021—01 | 98.00 | 1255 |
| 积分和级数.第2卷,特殊函数(俄文) | 2021—01 | 168.00 | 1258 |
| 积分和级数.第3卷,特殊函数补充:第2版(俄文) | 2021—01 | 178.00 | 1264 |
| 几何图上的微分方程(俄文) | 2021—01 | 138.00 | 1259 |
| 数论教程:第2版(俄文) | 2021—01 | 98.00 | 1260 |
| 非阿基米德分析及其应用(俄文) | 2021—03 | 98.00 | 1261 |

# 刘培杰数学工作室
## 已出版(即将出版)图书目录——高等数学

| 书 名 | 出版时间 | 定 价 | 编号 |
|---|---|---|---|
| 古典群和量子群的压缩(俄文) | 2021－03 | 98.00 | 1263 |
| 数学分析习题集.第3卷,多元函数:第3版(俄文) | 2021－03 | 98.00 | 1266 |
| 数学习题:乌拉尔国立大学数学力学系大学生奥林匹克(俄文) | 2021－03 | 98.00 | 1267 |
| 柯西定理和微分方程的特解(俄文) | 2021－03 | 98.00 | 1268 |
| 组合极值问题及其应用:第3版(俄文) | 2021－03 | 98.00 | 1269 |
| 数学词典(俄文) | 2021－01 | 98.00 | 1271 |
| 确定性混沌分析模型(俄文) | 2021－06 | 168.00 | 1307 |
| 精选初等数学习题和定理.立体几何.第3版(俄文) | 2021－06 | 68.00 | 1316 |
| 微分几何习题:第3版(俄文) | 2021－05 | 98.00 | 1336 |
| 精选初等数学习题和定理.平面几何.第4版(俄文) | 2021－05 | 68.00 | 1335 |
| 曲面理论在欧氏空间 $En$ 中的直接表示 | 2022－01 | 68.00 | 1444 |
| 维纳－霍普夫离散算子和托普利兹算子:某些可数赋范空间中的诺特性和可逆性(俄文) | 2022－03 | 108.00 | 1496 |
| Maple中的数论:数论中的计算机计算(俄文) | 2022－03 | 88.00 | 1497 |
| 贝尔曼和克努特问题及其概括:加法运算的复杂性(俄文) | 2022－03 | 138.00 | 1498 |
| 复分析:共形映射(俄文) | 2022－07 | 48.00 | 1542 |
| 微积分代数样条和多项式及其在数值方法中的应用(俄文) | 2022－08 | 128.00 | 1543 |
| 蒙特卡罗方法中的随机过程和场模型:算法和应用(俄文) | 2022－08 | 88.00 | 1544 |
| 线性椭圆型方程组:论二阶椭圆型方程的迪利克雷问题(俄文) | 2022－08 | 98.00 | 1561 |
| 动态系统解的增长特性:估值、稳定性、应用(俄文) | 2022－08 | 118.00 | 1565 |
| 群的自由积分解:建立和应用(俄文) | 2022－08 | 78.00 | 1570 |
| 混合方程和偏差自变数方程问题:解的存在和唯一性(俄文) | 2023－01 | 78.00 | 1582 |
| 拟度量空间分析:存在和逼近定理(俄文) | 2023－01 | 108.00 | 1583 |
| 二维和三维流形上函数的拓扑性质:函数的拓扑分类(俄文) | 2023－03 | 68.00 | 1584 |
| 齐次马尔科夫过程建模的矩阵方法:此类方法能够用于不同目的的复杂系统研究、设计和完善(俄文) | 2023－03 | 68.00 | 1594 |
| 周期函数的近似方法和特性:特殊课程(俄文) | 2023－04 | 158.00 | 1622 |
| 扩散方程解的矩函数:变分法(俄文) | 2023－03 | 58.00 | 1623 |
| 多赋范空间和广义函数:理论及应用(俄文) | 2023－03 | 98.00 | 1632 |
| 分析中的多值映射:部分应用(俄文) | 2023－06 | 98.00 | 1634 |
| 数学物理问题(俄文) | 2023－03 | 78.00 | 1636 |
| 函数的幂级数与三角级数分解(俄文) | 2024－01 | 58.00 | 1695 |
| 星体理论的数学基础:原子三元组(俄文) | 2024－01 | 98.00 | 1696 |
| 素数规律:专著(俄文) | 2024－01 | 118.00 | 1697 |
| 狭义相对论与广义相对论:时空与引力导论(英文) | 2021－07 | 88.00 | 1319 |
| 束流物理学和粒子加速器的实践介绍:第2版(英文) | 2021－07 | 88.00 | 1320 |
| 凝聚态物理中的拓扑和微分几何简介(英文) | 2021－05 | 88.00 | 1321 |
| 混沌映射:动力学、分形学和快速涨落(英文) | 2021－05 | 128.00 | 1322 |
| 广义相对论:黑洞、引力波和宇宙学介绍(英文) | 2021－06 | 68.00 | 1323 |
| 现代分析电磁均质化(英文) | 2021－06 | 68.00 | 1324 |
| 为科学家提供的基本流体动力学(英文) | 2021－06 | 88.00 | 1325 |
| 视觉天文学:理解夜空的指南(英文) | 2021－06 | 68.00 | 1326 |

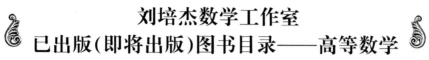

# 刘培杰数学工作室
## 已出版(即将出版)图书目录——高等数学

| 书　　名 | 出版时间 | 定　价 | 编号 |
|---|---|---|---|
| 物理学中的计算方法(英文) | 2021—06 | 68.00 | 1327 |
| 单星的结构与演化:导论(英文) | 2021—06 | 108.00 | 1328 |
| 超越居里:1903年至1963年物理界四位女性及其著名发现(英文) | 2021—06 | 68.00 | 1329 |
| 范德瓦尔斯流体热力学的进展(英文) | 2021—06 | 68.00 | 1330 |
| 先进的托卡马克稳定性理论(英文) | 2021—06 | 88.00 | 1331 |
| 经典场论导论:基本相互作用的过程(英文) | 2021—07 | 88.00 | 1332 |
| 光致电离量子动力学方法原理(英文) | 2021—07 | 108.00 | 1333 |
| 经典域论和应力:能量张量(英文) | 2021—05 | 88.00 | 1334 |
| 非线性太赫兹光谱的概念与应用(英文) | 2021—06 | 68.00 | 1337 |
| 电磁学中的无穷空间并矢格林函数(英文) | 2021—06 | 88.00 | 1338 |
| 物理科学基础数学.第1卷,齐次边值问题、傅里叶方法和特殊函数(英文) | 2021—07 | 108.00 | 1339 |
| 离散量子力学(英文) | 2021—07 | 68.00 | 1340 |
| 核磁共振的物理学和数学(英文) | 2021—07 | 108.00 | 1341 |
| 分子水平的静电学(英文) | 2021—08 | 68.00 | 1342 |
| 非线性波:理论、计算机模拟、实验(英文) | 2021—06 | 108.00 | 1343 |
| 石墨烯光学:经典问题的电解解决方案(英文) | 2021—06 | 68.00 | 1344 |
| 超材料多元宇宙(英文) | 2021—07 | 68.00 | 1345 |
| 银河系外的天体物理学(英文) | 2021—07 | 68.00 | 1346 |
| 原子物理学(英文) | 2021—07 | 68.00 | 1347 |
| 将光打结:将拓扑学应用于光学(英文) | 2021—07 | 68.00 | 1348 |
| 电磁学:问题与解法(英文) | 2021—07 | 88.00 | 1364 |
| 海浪的原理:介绍量子力学的技巧与应用(英文) | 2021—07 | 108.00 | 1365 |
| 多孔介质中的流体:输运与相变(英文) | 2021—07 | 68.00 | 1372 |
| 洛伦兹群的物理学(英文) | 2021—08 | 68.00 | 1373 |
| 物理导论的数学方法和解决方法手册(英文) | 2021—08 | 68.00 | 1374 |
| 非线性波数学物理学入门(英文) | 2021—08 | 88.00 | 1376 |
| 波:基本原理和动力学(英文) | 2021—07 | 68.00 | 1377 |
| 光电子量子计量学.第1卷,基础(英文) | 2021—07 | 88.00 | 1383 |
| 光电子量子计量学.第2卷,应用与进展(英文) | 2021—07 | 68.00 | 1384 |
| 复杂流的格子玻尔兹曼建模的工程应用(英文) | 2021—08 | 68.00 | 1393 |
| 电偶极矩挑战(英文) | 2021—08 | 108.00 | 1394 |
| 电动力学:问题与解法(英文) | 2021—09 | 68.00 | 1395 |
| 自由电子激光的经典理论(英文) | 2021—08 | 68.00 | 1397 |
| 曼哈顿计划——核武器物理学简介(英文) | 2021—09 | 68.00 | 1401 |

| 书　　名 | 出版时间 | 定　价 | 编号 |
|---|---|---|---|
| 粒子物理学(英文) | 2021-09 | 68.00 | 1402 |
| 引力场中的量子信息(英文) | 2021-09 | 128.00 | 1403 |
| 器件物理学的基本经典力学(英文) | 2021-09 | 68.00 | 1404 |
| 等离子体物理及其空间应用导论.第1卷,基本原理和初步过程(英文) | 2021-09 | 68.00 | 1405 |
| 伽利略理论力学:连续力学基础(英文) | 2021-10 | 48.00 | 1416 |
| 磁约束聚变等离子体物理:理想MHD理论(英文) | 2023-03 | 68.00 | 1613 |
| 相对论量子场论.第1卷,典范形式体系(英文) | 2023-03 | 38.00 | 1615 |
| 相对论量子场论.第2卷,路径积分形式(英文) | 2023-06 | 38.00 | 1616 |
| 相对论量子场论.第3卷,量子场论的应用(英文) | 2023-06 | 38.00 | 1617 |
| 涌现的物理学(英文) | 2023-05 | 58.00 | 1619 |
| 量子化旋涡:一本拓扑激发手册(英文) | 2023-04 | 68.00 | 1620 |
| 非线性动力学:实践的介绍性调查(英文) | 2023-05 | 68.00 | 1621 |
| 静电加速器:一个多功能工具(英文) | 2023-06 | 58.00 | 1625 |
| 相对论多体理论与统计力学(英文) | 2023-06 | 58.00 | 1626 |
| 经典力学.第1卷,工具与向量(英文) | 2023-04 | 38.00 | 1627 |
| 经典力学.第2卷,运动学和匀加速运动(英文) | 2023-04 | 58.00 | 1628 |
| 经典力学.第3卷,牛顿定律和匀速圆周运动(英文) | 2023-04 | 58.00 | 1629 |
| 经典力学.第4卷,万有引力定律(英文) | 2023-04 | 38.00 | 1630 |
| 经典力学.第5卷,守恒定律与旋转运动(英文) | 2023-04 | 38.00 | 1631 |
| 对称问题:纳维尔-斯托克斯问题(英文) | 2023-04 | 38.00 | 1638 |
| 摄影的物理和艺术.第1卷,几何与光的本质(英文) | 2023-04 | 78.00 | 1639 |
| 摄影的物理和艺术.第2卷,能量与色彩(英文) | 2023-04 | 78.00 | 1640 |
| 摄影的物理和艺术.第3卷,探测器与数码的意义(英文) | 2023-04 | 78.00 | 1641 |
| 拓扑与超弦理论焦点问题(英文) | 2021-07 | 58.00 | 1349 |
| 应用数学:理论、方法与实践(英文) | 2021-07 | 78.00 | 1350 |
| 非线性特征值问题:牛顿型方法与非线性瑞利函数(英文) | 2021-07 | 58.00 | 1351 |
| 广义膨胀和齐性:利用齐性构造齐次系统的李雅普诺夫函数和控制律(英文) | 2021-06 | 48.00 | 1352 |
| 解析数论焦点问题(英文) | 2021-07 | 58.00 | 1353 |
| 随机微分方程:动态系统方法(英文) | 2021-07 | 58.00 | 1354 |
| 经典力学与微分几何(英文) | 2021-07 | 58.00 | 1355 |
| 负定相交形式流形上的瞬子模空间几何(英文) | 2021-07 | 68.00 | 1356 |
| 广义卡塔兰轨道分析:广义卡塔兰轨道计算数字的方法(英文) | 2021-07 | 48.00 | 1367 |
| 洛伦兹方法的变分:二维与三维洛伦兹方法(英文) | 2021-08 | 38.00 | 1378 |
| 几何、分析和数论精编(英文) | 2021-08 | 68.00 | 1380 |
| 从一个新角度看数论:通过遗传方法引入现实的概念(英文) | 2021-07 | 58.00 | 1387 |
| 动力系统:短期课程(英文) | 2021-08 | 68.00 | 1382 |

| 书 名 | 出版时间 | 定价 | 编号 |
|---|---|---|---|
| 几何路径:理论与实践(英文) | 2021—08 | 48.00 | 1385 |
| 广义斐波那契数列及其性质(英文) | 2021—08 | 38.00 | 1386 |
| 论天体力学中某些问题的不可积性(英文) | 2021—07 | 88.00 | 1396 |
| 对称函数和麦克唐纳多项式:余代数结构与 Kawanaka 恒等式 | 2021—09 | 38.00 | 1400 |
| 杰弗里·英格拉姆·泰勒科学论文集:第 1 卷.固体力学(英文) | 2021—05 | 78.00 | 1360 |
| 杰弗里·英格拉姆·泰勒科学论文集:第 2 卷.气象学、海洋学和湍流(英文) | 2021—05 | 68.00 | 1361 |
| 杰弗里·英格拉姆·泰勒科学论文集:第 3 卷.空气动力学以及落弹数和爆炸的力学(英文) | 2021—05 | 68.00 | 1362 |
| 杰弗里·英格拉姆·泰勒科学论文集:第 4 卷.有关流体力学(英文) | 2021—05 | 58.00 | 1363 |
| 非局域泛函演化方程:积分与分数阶(英文) | 2021—08 | 48.00 | 1390 |
| 理论工作者的高等微分几何:纤维丛、射流流形和拉格朗日理论(英文) | 2021—08 | 68.00 | 1391 |
| 半线性退化椭圆微分方程:局部定理与整体定理(英文) | 2021—07 | 48.00 | 1392 |
| 非交换几何、规范理论和重整化:一般简介与非交换量子场论的重整化(英文) | 2021—09 | 78.00 | 1406 |
| 数论论文集:拉普拉斯变换和带有数论系数的幂级数(俄文) | 2021—09 | 48.00 | 1407 |
| 挠理论专题:相对极大值,单射与扩充模(英文) | 2021—09 | 88.00 | 1410 |
| 强正则图与欧几里得若尔当代数:非通常关系中的启示(英文) | 2021—10 | 48.00 | 1411 |
| 拉格朗日几何和哈密顿几何:力学的应用(英文) | 2021—10 | 48.00 | 1412 |
| 时滞微分方程与差分方程的振动理论:二阶与三阶(英文) | 2021—10 | 98.00 | 1417 |
| 卷积结构与几何函数理论:用以研究特定几何函数理论方向的分数阶微积分算子与卷积结构(英文) | 2021—10 | 48.00 | 1418 |
| 经典数学物理的历史发展(英文) | 2021—10 | 78.00 | 1419 |
| 扩展线性丢番图问题(英文) | 2021—10 | 38.00 | 1420 |
| 一类混沌动力系统的分歧分析与控制:分歧分析与控制(英文) | 2021—11 | 38.00 | 1421 |
| 伽利略空间和伪伽利略空间中一些特殊曲线的几何性质(英文) | 2022—01 | 48.00 | 1422 |
| 一阶偏微分方程:哈密尔顿—雅可比理论(英文) | 2021—11 | 48.00 | 1424 |
| 各向异性黎曼多面体的反问题:分段光滑的各向异性黎曼多面体反边界谱问题:唯一性(英文) | 2021—11 | 38.00 | 1425 |

# 刘培杰数学工作室
## 已出版(即将出版)图书目录——高等数学

| 书　名 | 出版时间 | 定　价 | 编号 |
|---|---|---|---|
| 项目反应理论手册.第一卷,模型(英文) | 2021—11 | 138.00 | 1431 |
| 项目反应理论手册.第二卷,统计工具(英文) | 2021—11 | 118.00 | 1432 |
| 项目反应理论手册.第三卷,应用(英文) | 2021—11 | 138.00 | 1433 |
| 二次无理数:经典数论入门(英文) | 2022—05 | 138.00 | 1434 |
| 数,形与对称性:数论,几何和群论导论(英文) | 2022—05 | 128.00 | 1435 |
| 有限域手册(英文) | 2021—11 | 178.00 | 1436 |
| 计算数论(英文) | 2021—11 | 148.00 | 1437 |
| 拟群与其表示简介(英文) | 2021—11 | 88.00 | 1438 |
| 数论与密码学导论:第二版(英文) | 2022—01 | 148.00 | 1423 |
| 几何分析中的柯西变换与黎兹变换:解析调和容量和李普希兹调和容量、变化和振荡以及一致可求长性(英文) | 2021—12 | 38.00 | 1465 |
| 近似不动点定理及其应用(英文) | 2022—05 | 28.00 | 1466 |
| 局部域的相关内容解析:对局部域的扩展及其伽罗瓦群的研究(英文) | 2022—01 | 38.00 | 1467 |
| 反问题的二进制恢复方法(英文) | 2022—03 | 28.00 | 1468 |
| 对几何函数中某些类的各个方面的研究:复变量理论(英文) | 2022—01 | 38.00 | 1469 |
| 覆盖、对应和非交换几何(英文) | 2022—01 | 28.00 | 1470 |
| 最优控制理论中的随机线性调节器问题:随机最优线性调节器问题(英文) | 2022—01 | 38.00 | 1473 |
| 正交分解法:涡流流体动力学应用的正交分解法(英文) | 2022—01 | 38.00 | 1475 |
| 芬斯勒几何的某些问题(英文) | 2022—03 | 38.00 | 1476 |
| 受限三体问题(英文) | 2022—05 | 38.00 | 1477 |
| 利用马利亚万微积分进行 Greeks 的计算:连续过程、跳跃过程中的马利亚万微积分和金融领域中的 Greeks(英文) | 2022—05 | 48.00 | 1478 |
| 经典分析和泛函分析的应用:分析学的应用(英文) | 2022—05 | 38.00 | 1479 |
| 特殊芬斯勒空间的探究(英文) | 2022—03 | 48.00 | 1480 |
| 某些图形的施泰纳距离的细谷多项式:细谷多项式与图的维纳指数(英文) | 2022—05 | 38.00 | 1481 |
| 图论问题的遗传算法:在新鲜与模糊的环境中(英文) | 2022—05 | 48.00 | 1482 |
| 多项式映射的渐近簇(英文) | 2022—05 | 38.00 | 1483 |
| 一维系统中的混沌:符号动力学,映射序列,一致收敛和沙可夫斯基定理(英文) | 2022—05 | 38.00 | 1509 |
| 多维边界层流动与传热分析:粘性流体流动的数学建模与分析(英文) | 2022—05 | 38.00 | 1510 |

# 刘培杰数学工作室
## 已出版（即将出版）图书目录——高等数学

| 书　名 | 出版时间 | 定　价 | 编号 |
|---|---|---|---|
| 演绎理论物理学的原理：一种基于量子力学波函数的逐次置信估计的一般理论的提议（英文） | 2022—05 | 38.00 | 1511 |
| $R^2$ 和 $R^3$ 中的仿射弹性曲线：概念和方法（英文） | 2022—08 | 38.00 | 1512 |
| 算术数列中除数函数的分布：基本内容、调查、方法、第二矩、新结果（英文） | 2022—05 | 28.00 | 1513 |
| 抛物型狄拉克算子和薛定谔方程：不定常薛定谔方程的抛物型狄拉克算子及其应用（英文） | 2022—07 | 28.00 | 1514 |
| 黎曼-希尔伯特问题与量子场论：可积重正化、戴森-施温格方程（英文） | 2022—08 | 38.00 | 1515 |
| 代数结构和几何结构的形变理论（英文） | 2022—08 | 48.00 | 1516 |
| 概率结构和模糊结构上的不动点：概率结构和直觉模糊度量空间的不动点定理（英文） | 2022—08 | 38.00 | 1517 |
| 反若尔当对：简单反若尔当对的自同构（英文） | 2022—07 | 28.00 | 1533 |
| 对某些黎曼—芬斯勒空间变换的研究：芬斯勒几何中的某些变换（英文） | 2022—07 | 38.00 | 1534 |
| 内诣零流形映射的尼尔森数的阿诺索夫关系（英文） | 2023—01 | 38.00 | 1535 |
| 与广义积分变换有关的分数次演算：对分数次演算的研究（英文） | 2023—01 | 48.00 | 1536 |
| 强子的芬斯勒几何和吕拉几何（宇宙学方面）：强子结构的芬斯勒几何和吕拉几何（拓扑缺陷）（英文） | 2022—08 | 38.00 | 1537 |
| 一种基于混沌的非线性最优化问题：作业调度问题（英文） | 即将出版 | | 1538 |
| 广义概率论发展前景：关于趣味数学与置信函数实际应用的一些原创观点（英文） | 即将出版 | | 1539 |

| 书　名 | 出版时间 | 定　价 | 编号 |
|---|---|---|---|
| 纽结与物理学：第二版（英文） | 2022—09 | 118.00 | 1547 |
| 正交多项式和 q—级数的前沿（英文） | 2022—09 | 98.00 | 1548 |
| 算子理论问题集（英文） | 2022—03 | 108.00 | 1549 |
| 抽象代数：群、环与域的应用导论：第二版（英文） | 2023—01 | 98.00 | 1550 |
| 菲尔兹奖得主演讲集：第三版（英文） | 2023—01 | 138.00 | 1551 |
| 多元实函数教程（英文） | 2022—09 | 118.00 | 1552 |
| 球面空间形式群的几何学：第二版（英文） | 2022—09 | 98.00 | 1566 |

| 书　名 | 出版时间 | 定　价 | 编号 |
|---|---|---|---|
| 对称群的表示论（英文） | 2023—01 | 98.00 | 1585 |
| 纽结理论：第二版（英文） | 2023—01 | 88.00 | 1586 |
| 拟群理论的基础与应用（英文） | 2023—01 | 88.00 | 1587 |
| 组合学：第二版（英文） | 2023—01 | 98.00 | 1588 |
| 加性组合学：研究问题手册（英文） | 2023—01 | 68.00 | 1589 |
| 扭曲、平铺与镶嵌：几何折纸中的数学方法（英文） | 2023—01 | 98.00 | 1590 |
| 离散与计算几何手册：第三版（英文） | 2023—01 | 248.00 | 1591 |
| 离散与组合数学手册：第二版（英文） | 2023—01 | 248.00 | 1592 |

# 刘培杰数学工作室
## 已出版(即将出版)图书目录——高等数学

| 书　名 | 出版时间 | 定　价 | 编号 |
|---|---|---|---|
| 分析学教程.第1卷,一元实变量函数的微积分分析学介绍(英文) | 2023—01 | 118.00 | 1595 |
| 分析学教程.第2卷,多元函数的微分和积分,向量微积分(英文) | 2023—01 | 118.00 | 1596 |
| 分析学教程.第3卷,测度与积分理论,复变量的复值函数(英文) | 2023—01 | 118.00 | 1597 |
| 分析学教程.第4卷,傅里叶分析,常微分方程,变分法(英文) | 2023—01 | 118.00 | 1598 |
| 共形映射及其应用手册(英文) | 2024—01 | 158.00 | 1674 |
| 广义三角函数与双曲函数(英文) | 2024—01 | 78.00 | 1675 |
| 振动与波:概论:第二版(英文) | 2024—01 | 88.00 | 1676 |
| 几何约束系统原理手册(英文) | 2024—01 | 120.00 | 1677 |
| 微分方程与包含的拓扑方法(英文) | 2024—01 | 98.00 | 1678 |
| 数学分析中的前沿话题(英文) | 2024—01 | 198.00 | 1679 |
| 流体力学建模:不稳定性与湍流(英文) | 2024—03 | 88.00 | 1680 |
| 动力系统:理论与应用(英文) | 2024—03 | 108.00 | 1711 |
| 空间统计学理论:概述(英文) | 2024—03 | 68.00 | 1712 |
| 梅林变换手册(英文) | 2024—03 | 128.00 | 1713 |
| 非线性系统及其绝妙的数学结构.第1卷(英文) | 2024—03 | 88.00 | 1714 |
| 非线性系统及其绝妙的数学结构.第2卷(英文) | 2024—03 | 108.00 | 1715 |
| Chip-firing中的数学(英文) | 2024—04 | 88.00 | 1716 |
| 阿贝尔群的可确定性:问题、研究、概述(俄文) | 2024—05 | 716.00(全7册) | 1727 |
| 素数规律:专著(俄文) | 2024—05 | 716.00(全7册) | 1728 |
| 函数的幂级数与三角级数分解(俄文) | 2024—05 | 716.00(全7册) | 1729 |
| 星体理论的数学基础:原子三元组(俄文) | 2024—05 | 716.00(全7册) | 1730 |
| 技术问题中的数学物理微分方程(俄文) | 2024—05 | 716.00(全7册) | 1731 |
| 概率论边界问题:随机过程边界穿越问题(俄文) | 2024—05 | 716.00(全7册) | 1732 |
| 代数和幂等配置的正交分解:不可交换组合(俄文) | 2024—05 | 716.00(全7册) | 1733 |
| 数学物理精选专题讲座:李理论的进一步应用(英文) | 2024—10 | 252.00(全4册) | 1775 |
| 工程师和科学家应用数学概论:第二版(英文) | 2024—10 | 252.00(全4册) | 1775 |
| 高等微积分快速入门(英文) | 2024—10 | 252.00(全4册) | 1775 |
| 微分几何的各个方面.第四卷(英文) | 2024—10 | 252.00(全4册) | 1775 |
| 具有连续变量的量子信息形式主义概论(英文) | 2024—10 | 378.00(全6册) | 1776 |
| 拓扑绝缘体(英文) | 2024—10 | 378.00(全6册) | 1776 |
| 论全息度量原则:从大学物理到黑洞热力学(英文) | 2024—10 | 378.00(全6册) | 1776 |
| 量化测量:无所不在的数字(英文) | 2024—10 | 378.00(全6册) | 1776 |
| 21世纪的彗星:体验下一颗伟大彗星的个人指南(英文) | 2024—10 | 378.00(全6册) | 1776 |
| 激光及其在玻色—爱因斯坦凝聚态观测中的应用(英文) | 2024—10 | 378.00(全6册) | 1776 |

# 刘培杰数学工作室
# 已出版（即将出版）图书目录——高等数学

| 书　名 | 出 版 时 间 | 定　价 | 编号 |
|---|---|---|---|
| 随机矩阵理论的最新进展（英文） | 2025—02 | 78.00 | 1797 |
| 计算代数几何的应用（英文） | 2025—02 | 78.00 | 1798 |
| 纽结与物理学的交界（英文） | 即将出版 | | 1799 |
| 公钥密码学（英文） | 即将出版 | | 1800 |
| 量子计算：一个对21世纪和千禧年的宏大的数学挑战（英文） | 即将出版 | | 1801 |
| 信息流的数学基础（英文） | 即将出版 | | 1802 |
| 偏微分方程的最新研究进展：威尼斯1996（英文） | 即将出版 | | 1803 |
| 拉东变换、反问题及断层成像（英文） | 即将出版 | | 1804 |
| 应用与计算拓扑学进展（英文） | 2025—02 | 98.00 | 1805 |
| 复动力系统：芒德布罗集与朱利亚集背后的数学（英文） | 即将出版 | | 1806 |
| 双曲问题：理论、数值数据及应用（全2册）（英文） | 即将出版 | | 1807 |

**联系地址:**哈尔滨市南岗区复华四道街10号　哈尔滨工业大学出版社刘培杰数学工作室
**邮　编:**150006
**联系电话:**0451—86281378　　13904613167
**E-mail:**lpj1378@163.com